D1985196

Handbuch der Orchideenkunde

I

Stein's

Orchideenbuch.

Beschreibung,

Abbildung und Kulturanweisung

der empfehlenswertesten Arten.

Mit 184 in den Text gedruckten Abbildungen.

Reprint 1980

Brücke-Verlag Hildesheim, Arnekenstraße 22–25

ISBN 3-87105-014-8

Druck: Hagemann-Druck, Hildesheim

VORWORT.

Die Orchideenkultur hat in Deutschland während des letzten Jahrzehnts ausserordentlich an Ausdehnung gewonnen, und in den weitesten Kreisen anerkennt man jetzt das Bedürfnis, Orchideen nicht mehr als einzelne Prunkblumen, sondern auch in grossen Mengen in den Handelsgärtnereien zu ziehen. Für Orchideenliebhaber und Kultivateure macht sich daher auch von Jahr zu Jahr mehr der Mangel eines guten Handbuches fühlbar, welches eine korrekte Schilderung der Arten und Varietäten mit einer Kulturanweisung verbindet und die empfehlenswertesten Formen in guten Abbildungen bringt. Geradezu erstaunlich ist es, dass der letzte deutsche Führer durch das Reich der Orchideen vor dreissig Jahren geschrieben wurde und dass seitdem immer nur Bearbeitungen einzelner Gruppen erschienen. Deswegen glaubt der Verfasser mit der vorliegenden Gesamt-Zusammenstellung Gärtnern und Liebhabern in gleicher Weisse zu dienen, da in ihr alle kulturwerten Arten berücksichtigt sind.

Vom Standpunkte des Praktikers ausgehend, ist der Verfasser bei der Anordnung des Materials den praktischen Engländern gefolgt, und hat, von jeder botanischen Anordnung absehend, für die Besprechung der Arten lediglich alphabetische Reihenfolge inne gehalten. Obgleich auf wissenschaftlicher Grundlage beruhend, macht das Orchideenbuch überhaupt nicht den Anspruch eines streng wissenschaftlichen Werkes, weil es lediglich dem Praktiker dienen will; deshalb wurde auch Abstand genommen von der Aufzählung längst vergessener Synonyme, und nur die heutzutage noch gebräuchlichen Gleichnamen sind angegeben. Aus demselben Grunde ist auch eine Aufzählung von Litteraturnotizen unterblieben. Unsere Freiland-Orchideen sind vollzählig aufgenommen, weil die auch gärtnerisch vielfach lohnende Kultur von Freiland-Orchideen in deutschen Gärten noch lange nicht verbreitet genug ist. Die importierten Arten der letzten Jahre und die in diesem Zeitraum bekannt gewordenen Gartenkreuzungen sind soweit berücksichtigt, als es sich um wirklich kulturwerte Formen handelt. Der Verfasser hat seit 25 Jahren, als er zuerst die kostbare Reichenheim'sche Sammlung in Berlin sah, sich mit Orchideenkunde und Kultur beschäftigt, und seitdem in Tirol und Schlesien reichlich Gelegenheit gehabt zu Studium und Beobachtung.

Gelingt es dem Verfasser, den Dank seiner Leser zu gewinnen, so gebührt davon ein reicher Teil allen den zahlreichen Fachmännern, welche ihm mit Rat und That an vorliegendem Buche mitwirkend zur Seite gestanden haben.

Der schönste Lohn für den Verfasser würde es aber sein, wenn er durch sein Orchideenbuch dazu beitrüge, die Liebe zu dieser herrlichen Pflanzenfamilie in immer weitere Kreise zu tragen.

Breslau, im Sommer 1892.

B. Stein.

VORWORT ZUM 'STEIN'

Ist ein Reprint eine Aufgabe oder eine billige Umsatzmöglichkeit? Der Frage sollte man nicht ausweichen, sondern sie sich ohne Hintergedanken offen stellen. In diesem Falle ist die Antwort einfach und glaubhaft. Der Verlag sieht darin eine Aufgabe. Lassen Sie mich die Begründung dafür liefern.

Mit der Neuherausgabe des 'Stein', ja wohl dem ältesten deutschen Orchideen-Handbuch, versucht der Herausgeber eine Idee fortzusetzen, die diesem Buch offensichtlich zu Grunde lag. Seine Gedanken dazu drückt Stein in seinem Vorwort von 1892 aus. Es ist in wesentlichen Einzelheiten so aktuell, als wenn es erst gestern geschrieben worden wäre. Entweder hat dieser Praktiker so weit in die Zukunft sehen können oder die Situationen haben sich kaum geändert.

Zweifellos, und das sind sicherlich die Wünsche des Hintergrundes gewesen, wollte ein Praktiker Anleitungen und Kenntnisse für vereinfachte Anwendung geben. Wir meinen, ein gutes Motiv, das damals wie heute seine Berechtigung hat.

Vielleicht hätte diese Begründung aber zum Reprint allein nicht ausgereicht. Betrachtet man die Orchideenkunde etwas weniger oberflächlich – ohne unbedingt ganz intensiv zu werden – muß man sich über Entwicklung und Aussagen der Vergangenheit immer wieder in Kenntnis setzen. Das betrifft Kulturmaßnahmen wie auch jede wissenschaftliche Bearbeitung gleichermaßen.

Dieses Buch, auf das sich Schlechter namentlich in seinem Vorwort zur Ausgabe 1915 bezieht, war schon wenige Jahre nach seinem Erscheinen total vergriffen, so daß es auch heute nur in ganz seltenen Exemplaren erhalten sein kann.

In demselben Vorwort wird aber auch der Wunsch nach einem Gesamtwerk für 'Minderbemittelte' geäußert. Die Antwort der Erfüllung blieb bis heute offen. Sie wird auch in einem einzelnen Buch nicht ermöglicht werden können. Mehrere in zwangloser Folge erscheinende Bände, Themen und Reihenfolgen, den Gegebenheiten entsprechend, dürften im Rahmen einer Fachreihe, die 'Altes und Neues' verbindet, diesem Problem Abhilfe schaffen.

Dabei stellt der 'Stein' wiederum eine Ausnahme dar. Er bringt seine tatsächlichen Erfahrungen, die er in einem intensiven praktischen Orchideen-Leben gesammelt hat, ein.

Hieraus leiten wir eine weitere Aufgabe ab. Enthalten zum Beispiel die Kulturhinweise teilweise nur praktische und völlig unwissenschaftlich dargebotene Tips und Vereinfachungen, die wir heute noch ebenso erfolgreich anwenden können, so sind wissenschaftlich aufgezogene Beschreibungen und Aufzählungen eine Fundgrube für Erklärungen und das Verständnis heutiger Neu-Beschreibungen und Entwicklungen.

Zeitgemäßes durch das Verständnis des Vergessenen zu erklären oder zu verbinden, ist eine resultierende Forderung, auf die wir eingehen möchten.

So stellt dieser Reprint des 'Stein' – und möglicherweise anderer vergessener Ausgaben – die Basis einer daran frei sich anschließenden und teilweise auch darauf aufbauenden Erscheinungsserie von Handbüchern der Orchideenkunde dar, in denen Fachleute aller Richtungen ihre fundierten Kenntnisse und Meinungen zu den Orchideen frei äußern.

Die Orchideen sind selbst heute noch ein so wenig komplett durchdachtes Kapitel, daß sich keiner scheuen sollte, den Dschungel der Meinungen sicher durchdringen zu wollen. Selbst ein fundierter Irrtum stellt eine Basis dar, seine Korrektur möglicherweise einen Fortschritt, Totschweigen eine wissentliche Fehlinformation.

Diese Vorgaben berücksichtigend und die wenig zu beeinflussenden Symptome der heutigen schnellebigen Zeit, die sich großen langsam entwikkelnden Gesamtwerken entgegenstellen – im Gegenteil sie einzubeziehen – sind die Forderungen die wir stellen und deren Lösung wir in einer solchen Reihe einzelner, kurzer Bände zu ermöglichen wünschen.

September 1980 *Gerd Röllke*

INHALT.

Einleitung.

Die natürliche Familie der Orchideen ist so in sich abgerundet und abgeschlossen, dass immer nur einzelne Merkmale einen Anschluss an scheinbare Verwandte vermitteln, in Wahrheit stehen die Orchideen vollkommen isoliert allen anderen Familien der Einkeimblätter (Monocotyledonen) gegenüber. Diese Trennung kennzeichnet sich auch in den Samen, welche in fast gleicher Winzigkeit allerdings auch den Burmanniaceen eigen sind, in dieser Familie aber einen so wesentlich anderen inneren Bau zeigen, dass nur eine gewaltsame Künstelei nach äusseren Ähnlichkeiten hin verwandtschaftliche Brücken bauen kann.

Samen. Die Samen aller Orchideen sind staubfein und stets in grosser Anzahl in den Früchten enthalten. Die grossen Kapseln von Stanhopea enthalten Millionen einzelner Samenkörner und selbst in den Kapseln unserer einheimischen Orchisarten ruhen Hunderttausende staubartiger Körnchen, deren jedes — theoretisch — zu einer neuen Pflanze heranzuwachsen vermag. Nach der überall citierten Beccari'schen Berechnung wiegt ein Samenkorn von Dendrobium antennatum — und sehr viele Arten haben noch winzigere Samen — etwa 0,005 Milligramm, d. h. es sind 200 000 einzelne Samen nötig, um das Gewicht von einem Gramm auszugleichen.

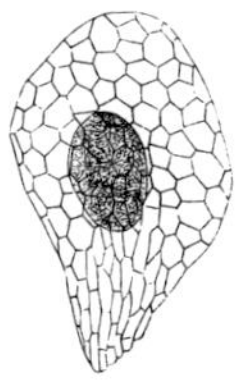
Fig. 1. Vergrössertes Samenkorn von Stanhopea.

Unter dem Mikroskop zeigen die entweder flach-rundlichen oder langgezogenen Samen meist eine lockere dünnhäutige braune Samenschale, deren grossmaschiges Zellnetz keinen fertigen Keim einhüllt, sondern nur eine oft bloss aus wenigen Zellen bestehende Anlage, aus welcher erst sich langsam der Keim (Embryo) bildet. Ein Nährgewebe, wie es eiweisshaltig in den Keimlappen der Samen aller Blütenpflanzen sonst vorkommt und während der Keimung als Magazin für den Aufbau der jungen Pflanze dient, fehlt den Orchideen vollkommen. Zuweilen nimmt die Samenschale die Form eines zarten Flügelchens an (Fig. 1, Same von Stanhopea, stark vergrössert), um die Flugfähigkeit der Samen zu erhöhen, oder sie wird hartkrustig z. B. in den fleischigen Früchten von Vanilla. Der zukünftige Keim besteht anfangs entweder nur aus ein paar gleichmässigen Zellen, welche zu einem nur unter guter Vergrösserung wahrnehmbaren Kügelchen zusammengeklumpt sind, oder er zeigt zwei deutlich abgegrenzte Hälften, von welchen die eine aus grösseren, die andere aus kleineren Zellen besteht. Diese Zellen sind meist nicht anders gefärbt als die sie umgebenden Hautzellen, nur sehr selten ist schon ein grünliches Keimblättchen im reifen Samen erkennbar. Eine als Vorbildung der künftigen Wurzel aufzufassende Zellgruppe ist nie vorhanden.

Keimung. Diese winzigen Samen werden nun entweder durch natürliche Verhältnisse oder durch die Hand des Gärtners der reifen Fruchtkapsel entnommen und in den Stand gesetzt zu keimen. Im Freien werden die Samenstäubchen von Wind und Wetter herumgeweht und bleiben schliesslich am Boden liegen, sinken in ein Moospolster oder haften an der Rinde eines Baumes, wo sie entweder langsam ihren Keim ausbilden oder zu Grunde gehen, was der weitaus häufigere Fall ist. Junge Orchideenpflänzchen sind in Europa auf sonst reich mit Orchideen besetzten Wiesen so ausserordentlich selten, dass namhafte europäische Floristen die Überzeugung ausgesprochen haben, die Orchideen seien eine aussterbende Familie, deren Glieder überhaupt nicht mehr oder nur in ganz geringem Masse die Fähigkeit besässen sich durch Samen zu vermehren. Auch in den gärtnerischen Fachkreisen galt vor dreissig Jahren die Anzucht von Orchideen aus Samen für nicht durchführbar, während unsere jungen Kollegen von heut ganz genau wissen, dass die Orchideenaussaat zwar schwierig und die Ausdauer aufs äusserste anspannend, aber durchaus nicht aussichtslos ist. Die Samen keimen entsetzlich langsam, aber unter den richtigen Vorbedingungen fast ebenso sicher wie jeder andere gut gereifte und überhaupt keimfähige Samen. Allerdings gehört oft die Geduld eines vollen Jahres dazu, ehe die Samenstäubchen durch eine wesentliche, dem blossen Auge erkennbare Änderung zeigen, dass sie im Keimen begriffen sind. Äusserlich dokumentiert sich die beginnende Keimung durch ein immer stärker werdendes Anschwellen entweder des ganzen Samens (Fig. 3 A) oder nur der Mittelpartie (Fig. 4 A) welche den sich bildenden Keim birgt. Dieser baut sich langsam im Inneren der Samenschale auf und durchbricht dieselbe, je nach der Eigenheit der ausgesäten Art entweder „schon“ nach 5—6 Monaten oder erst nach Jahresfrist, indem fast gleichzeitig ein winziges grünes Blattspitzchen (Fig. 2 A, 3 B, 4 B, C) und einige Wurzelhärchen aus dem kugelig gerundeten Samenknöllchen aussprossen, welches höchstens nach Millimetern, oft nur nach Bruchteilen davon, misst. Im Laufe eines weiteren halben Jahres ungefähr hat das Knöllchen sich von Stecknadelknopfgrösse etwa zu halber Erbsengrösse gekräftigt und zeigt nun nicht nur eine Anzahl Büschel von feinsten Wurzelhaaren, sondern auch einen deutlichen Ansatz zu einem Scheidenblatt, mitunter auch schon ein erkennbares wirkliches Blatt von zuweilen einem halben bis einem Centimeter Länge. Zu dieser Zeit pflegt auch die erste echte Wurzel, ein winziges Modell der späteren Wurzeln, dicht unter der Blattknospe aus dem oberen Ende des Samenknöllchens hervorzutreten (Fig. 2 C, 3 C, 4 D), welcher bald ein zweites und drittes Würzelchen folgen. Damit hat — meist zwei volle Jahre nach der Aussaat, oft noch später — der erste Lebensgang seinen Abschluss erfahren und neben dem

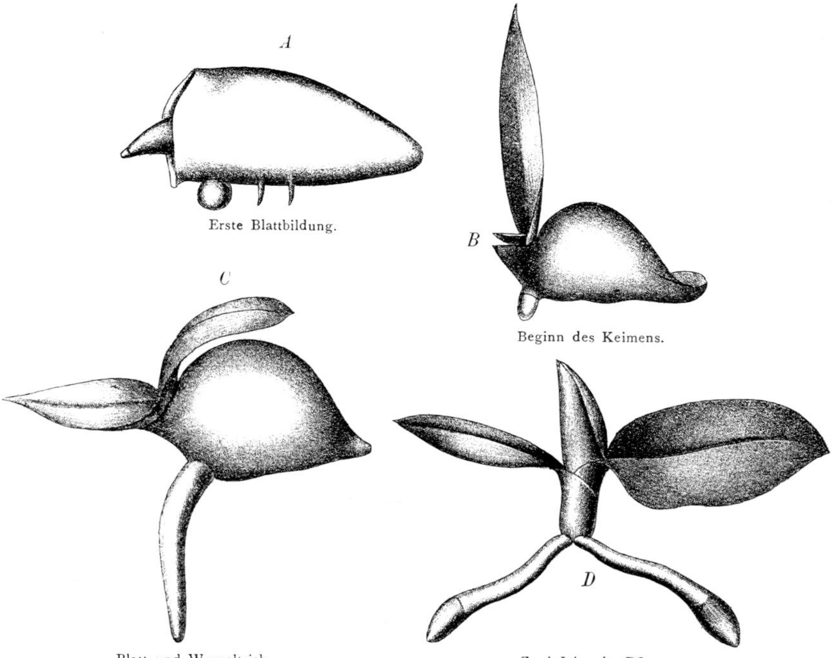

Fig. 2. Sämlinge von Phalaenopsis.

Keimtriebe, soweit es sich nicht um einaxige Arten (z. B. Vanda, Aërides, Phalaenopsis etc.) handelt, erscheint die Knospe, welche berufen ist, das zweite Stammglied, die erste wirkliche oder Scheinknolle zu bilden. Diese Knospe zeigt zu unterst einige mehr minder häutige Schüppchen, aus diesen tritt dann das winzige Knöllchen hervor (Fig. 4 E), welches — z. B. bei Dendrobium und allen ähnlich gebauten Formen — auf seinem Scheitel schon das erste oder die ersten wahren Blätter trägt.

Handelt es sich um eine Erdorchidee (Orchis z. B.), so bildet das zweite Keimknöllchen, fast an seiner Spitze, nur wenig seitlich gerückt, den aus 2—3 kleinen Blättchen bestehenden ersten Jahrestrieb echter

Blätter. Ist der Sämling eine Vanda oder sonst ähnlich wachsende Art (Fig. 2 D), so schiebt er aus dem mit Wurzelhaaren besetzten Keimknöllchen einen fädlichen dünnen, von den Scheiden des ersten Blattes umhüllten Stamm hervor, aus welchem, meist sich durch die Blattscheiden durch-

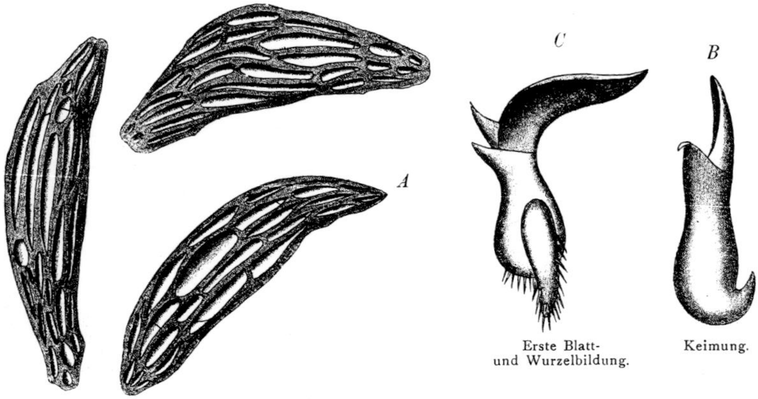

Stark vergrösserte Samen. Erste Blatt- und Wurzelbildung. Keimung.

D, E zweijährige Keimlinge.

Fig. 3. Sämlinge von Cypripedilum.

bohrend oder hart unter der Ansatzstelle entspringend, die ersten Wurzeln heraustreten.

Stammbildung. Mit diesem Augenblicke ist das Säuglingsalter der Orchideen gewissermassen vollendet und sie treten in ihr Kindheitsstadium ein, in welchem sie mit Ausnahme der Blütenbildung die Eltern in der Form schon genau kopieren (Fig. 3 E, 4 F) und nur in der Grösse anfänglich hinter ihnen zurückstehen. Hier beginnt oder vielmehr zeigt sich nun charakte-

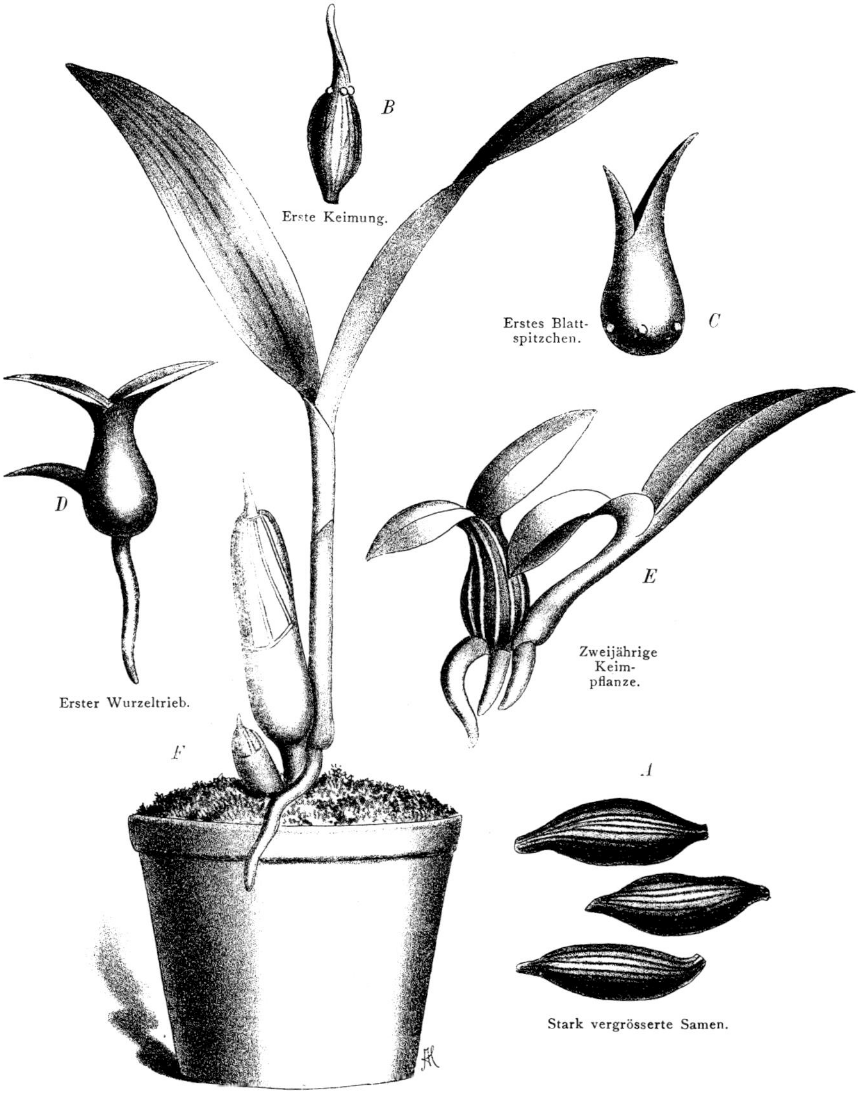

Fig. 4. Sämlinge von Dendrobium.

ristisch die Stammbildung, welche für das Auge des Gärtners im wesentlichen vier Gruppen umfasst: Erdknollen, Luft- oder Scheinknollen, Stämme und stammlose Formen, während der Botaniker es nur mit „monopodialen“ oder „sympodialen“ Stammbildungen zu thun hat. Den mikroskopischen Aufbau der verschiedenen Stammarten zu erörtern, geht über das Bedürfnis unseres Buches hinaus, welches wesentlich dem Pflanzenfreunde, sei er Gärtner oder Liebhaber, ein Führer sein soll, ohne mit gelehrt scheinenden Details zu prunken. Als „monopodial“ werden jene Orchideen bezeichnet, welche während ihres ganzen Lebens — alle Orchideen sind vieljährig lebend, es giebt keine einjährige Art — in einer ununterbrochenen Achsenlinie lang fortwachsen, indem sie stetig an der Spitze des Hauptstammes oder dessen Ästen neue Blätter entwickeln, während die Blüten aus den Blattachseln einzeln oder in mehr minder grossen Blütenständen entspringen. Schuppenblätter (Niederblätter) irgend welcher Art finden sich am monopodialen Stamme nach den bei der Keimung sich bildenden nicht; auch wenn die Pflanzen ihre Vegetationszeiten durch lange Ruheperioden abschliessen, erscheint der neue Trieb ohne Schuppenblattbildungen als einfache Verlängerung des ruhenden Triebes. Erst in den Blütenständen treten Deckblätter auf. Die Gruppe der monopodialen Orchideen umfasst u. a. Aërides, Angrecum, Renanthera, Phalaenopsis, Saccolabium, Vanda.

Meist auf den ersten Blick verschieden stellt sich die zweite Form der Stammbildung, die sympodiale, oder verbunden-axige, dar. Hier bildet die Hauptaxe jedes Jahr seitliche Nebentriebe, welche durch Schuppenblätter (Niederblätter) von ihr abgezweigt sind, sich meist im Laufe einer Vegetationsperiode zum selbstständigen, abgeschlossenen Stamm oder zur Knolle ausbilden, und nur sehr selten noch in der folgenden Triebperiode an der Spitze weiter wachsen. Die beistehenden Abbildungen sympodialer Orchideen-Stämme (Fig. 5 A, B, C, D) zeigen schematisch die Bildung der Stämme rsp. Knollen. Zu einem Triebe gehören a_1 b_1, diesem folgt b_2 a_2, b_3 a_3, und weiter, so dass jeder neue Trieb auch eine neue Axe bildet. Die Blüten dieser Abteilung treten entweder am Grunde oder an den Seiten (Fig. 5 B) des Stammes oder der Knolle hervor, welche dann an der Spitze ihr Wachstum einfach einstellen, oder sie treten als endständiger Blütenstand aus diesem Ende heraus (Fig. 5 A) und bewirken damit deren Abschluss. Die Stämme der monopodialen Orchideen sind also Verlängerungen oder Verzweigungen ein und derselben Axe, während die sympodialen eine Verbindung verschiedener, von einander abgegrenzter Axen sind. Die Grundstöcke dieser Axen bilden einen weitverzweigten oder kurz zusammengedrängten Wurzelstock oder Rhizom, welcher meist keine Laubblätter, sondern nur Schuppen trägt, dafür aber in weitaus den meisten Fällen ausschliesslich der Bildner und Träger der Wurzeln ist. Nach oben bilden sich die Grundstücke der Axen zur Knolle oder zum Stamm aus, derartig, dass das untere Stück der Knolle noch dem Rhizomteil angehört. Sind die einzelnen Axenglieder stark verlängert, wie es viele kletternde

Orchideen zeigen, so sind die Knollen oder Stämme weit auseinander gerückt, sind sie sehr kurz, so bilden die aufrechten Triebe einen dichten Rasen z. B. Masdevallia oder Stanhopea. Dass auch die scheinbar abweichenden Erdorchideen einfach sympodiale Formen mit nur sehr verkürzten Rhizomteilen zwischen der absterbenden alten und der werdenden neuen Knolle sind, ist an vielen Arten (Gymnadenia, Platanthera) deutlich erkennbar, an allen nachweisbar.

Lebensweise. Man hat früher die tropischen Orchideen gern, aber falsch, als Schmarotzer der Urwaldbäume bezeichnet. In Wahrheit giebt es keine einzige schmarotzende Orchidee und selbst die Zahl der vom zersetzenden Humus unmittelbar sich ernährenden, also nur organische Stoffe direkt aufnehmenden Arten ist gering. Diese Humusbewohner oder Saprophyten tragen das Brandmal, welches allen Pflanzen aufgedrückt ist, deren Wurzeln

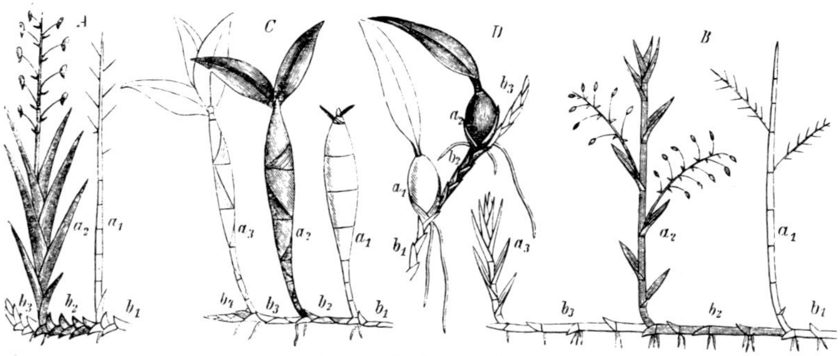

Fig. 5. Sympodiale Stämme (schematisch).

nicht fähig sind, unorganische Mineralsalze aufzulösen, sondern nur von organischen Zersetzungsprodukten leben: es fehlt ihnen die grüne Farbe, Stamm, Blätter, Blüten sind bleich, weisslich, gelblich, rötlich, braun oder violett, ohne jede Spur von Grün. Dahin gehören: Neottia, Epipogon, Coralliorrhiza u. s. w. Ihnen gegenüber stehen Erdorchideen (im gewöhnlichen engeren Sinne) und Epiphyten oder Baumbewohner, in der Art und Weise der Nahrungsaufnahme einander gleichend, nur im Standort verschieden. Die Erdorchideen, z. B. Orchis, Ophrys, Cypripedilum, Disa u. s. w., nehmen durch ihre Wurzeln Mineralsalze, welche die Wurzel selbst auflösen, aus dem Boden in sich auf und leiten diese Lösung hinauf in die Zellen der grünen Blätter, in deren Laboratorium der grüne Farbstoff unter Beihilfe des Lichtes die unorganischen Verbindungen, welche der Saft von unten bringt, in organische umwandelt, welche so umgewandelt nach unten zurückkehren und auf diesem Rückwege sich ablagern zur Bildung neuer Zellstoffe für Blüten, Blätter, Stämme und Wurzeln, wie es in ganz gleicher Weise jede andere grünblättrige Pflanze, vom winzigen Grase bis zur ragenden Palme, auch thut. Wahrscheinlich sind die grünen Blätter (wenigstens mancher Orchideen) auch befähigt, nicht nur Feuchtigkeit in Form von Taudunst oder Regen aufzunehmen, sondern mit diesem Wasser auch organische Nährstoffe, welche in ihm enthalten sind. Durchaus ähnlich ist die Lebensweise der Baumbewohner. Ihre Wurzeln saugen nicht, wie es Viscum, Loranthus, Cuscuta, Orobanche thun, ihrem Wirte Lebenssaft aus, sondern sind in erster Linie Haftvorrichtungen, welche die oft sehr bedeutende Pflanzenmasse in ihrer luftigen Höhe festhalten, in zweiter Reihe lösen sie die unorganischen Splitterchen auf, welche in Form von Staubkörnern ihnen anfliegen, und erst in allerletzter Linie tragen sie vielleicht — aber eben nur vielleicht — dazu bei, die ohnehin absterbende oberste Rindenschicht ihres Wirtes zu zersetzen und die Zersetzungsprodukte aufzunehmen. Auch hier sind die grünen Blätter und, soweit die Knollen grüngefärbt sind, auch die Knollen das Gebiet, in welchem die Nährstoffe in für die Pflanze brauchbare Form umgearbeitet werden, wahrscheinlich auch in ziemlich grossem Umfange direkt aus der Luft durch Vermittelung von Dunst und Regen aufgenommen werden.

Stammformen. Erdstamm, Erdknolle, oberirdischer Stamm oder Scheinknolle sind die vier Hauptformen des Orchideen-Stammes, freilich in zahllosen Abweichungen auftretend. Der unterirdische Stamm tritt entweder als korallenartiges, blasses, fast fleischiges Gebilde auf, (z. B. Coralliorrhiza) oder als fester, langgliedriger (Cypripedilum Calceolus) oder kurzgliedriger (Sobralia) Wurzelstock. Oberirdische blattlose Wurzelstöcke kommen in ausgesprochenster Weise in der Gattung Galeola vor, G. altissima Bl. hat einen derartigen bis 30 m langen bleistiftdicken Wurzelstock, welcher hoch klettert, nur Wurzeln bildet und mit den Blüten abschliesst. In sehr verkürzter Form erscheint der Wurzelstock unserer Erdorchideen, indem hier die alte (blühende) Knolle nur einen kurzen, röhrigen Seitentrieb zeigt, an welchem sich die neue Knolle bildet. Oft ist dies Verbindungsstück, welches als Vertreter des Wurzelstockes aufzufassen ist, so kurz, dass die junge Knolle dicht an die alte angepresst erscheint, oft ist es auch centimeter und darüber lang. In letzterem Falle ist seine Bedeutung als Wurzelstock ohne weiteres klar. Der in der Erde oder auf dem Baumstamme lebende Wurzelstock der tropischen Orchideen bildet entweder unmittelbar Blattbüschel und Blüten oder mehr minder verdickte oberirdische Stämme, welche man als Scheinknollen (Luftknollen, Pseudobulben, Bulben) bezeichnet, wenn diese Verdickung eine auffällige ist und gleichzeitig mit ihr eine Verkürzung des Längenwachstums eintritt, oder ohne wesentliche Verdickung sich in ein- und derselben Axenrichtung fortentwickelnde — also monopodiale — Stämme. Dieser unverdickte Längsstamm ist bald nur kurz (Phalaenopsis), bald ausserordentlich lang (Renanthera). Gleichfalls ausserordentlich lange Stämme von sympodialem Wuchs zeigt z. B. Vanilla, während sonst die sympodialen Stämme meist schon in geringer Höhe ihr Jahreswachstum einstellen und seitlich neue Axen bilden. Mit zu den grössten derartigen nicht verdickten

Stämmen gehören die bis vier Meter hohen Jahrestriebe von Grammatophyllum. Die Form mässig verdickter Stämme tritt uns entgegen an Dendrobium z. B., und hieran schliessen sich zahllose immer dicker werdende Übergangsformen zu den wirklichen Scheinknollen, welche in allen Gestalten, von der lang spindelförmigen zur eiförmigen oder kugligen bis zur flachgedrückten Scheibe variiren. In der Grösse der Scheinknollen kommen von den kaum stecknadelknopfgrossen Knöllchen von Bolbophyllum Odoardi und minutissimum (Fig. 6) bis zur 15 cm dicken Scheinknolle der Peristeria elata alle Übergänge vor, doch liegt die grosse Masse der Scheinknollen zwischen 1—2 cm Dicke und 3—5 cm Höhe. Die Oberfläche der Knollen ist meist glatt, oft gefurcht, seltener grubig oder warzig. Pleione zeigt um die Knolle laufende Ringwülste, welche sich in schwächerer Andeutung auch an Phajus finden. Die Färbung der Knolle ist fast stets grün, selten rötlich oder violett angelaufen. Mitunter hüllen Reste alter Scheiden die Knolle ein, oder stehen in Form fädlich-zerschlissener Überbleibsel an ihr. Die Knollen sind entweder aus einem Stammgliede gebildet (homoblastisch) (Stanhopea) oder aus mehreren (heteroblastisch), die sich durch Ringnarben kennzeichnen (Cattleya).

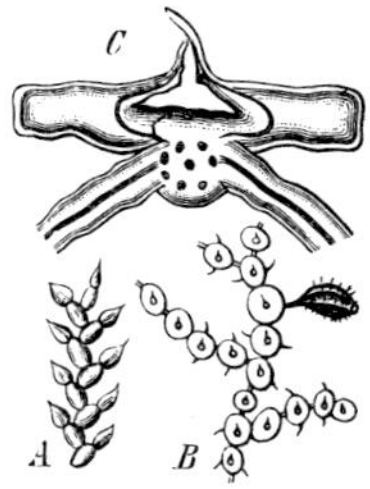

Fig. 6. A Bolbophyllum Odoardi Rchb. f. B. B minutissimum F. v. M. C vergrösserter Knollendurchschnitt von B.

Wurzel. Die hauptsächliche Nahrungszufuhr wird auch den Orchideen natürlich durch die Wurzeln vermittelt. Wie an allen andern Pflanzen ist auch hier nur die jüngste Wurzelspitze und der ihr anliegende Teil, meist ausgezeichnet durch glasige — an den Luftwurzeln hellgrünliche oder rötliche, an den Erdwurzeln hellgelbliche — Färbung, der eigentlich arbeitende Teil, während die lange, hinter dieser zarten Spitze liegende Wurzelpartie nur als Leitungsrohr dient. Die Wurzelspitze scheidet Säuren aus, welche die zur Nahrung verwertbaren Bodenteilchen auflösen, saugt diese selbsthergestellte Lösung ein und überführt sie in die den aufgenommenen rohen Saft nach oben führenden Gefässe. Die Spitzen der Luftwurzeln übernehmen dabei dieselbe Thätigkeit wie diejenigen der Erdwurzeln. Soweit die Luftwurzeln mit fester Haut hinter der Spitze bekleidet sind, kommen sie als Nährstoffaufnehmer nicht weiter in Betracht, dagegen sind sie für diesen Zweck überall da wertvoll, wo ihre Oberfläche ein mehr minder zarter Samtpelz ist. Die Luftwurzeln sind in grossem Masstabe als Stütze und zum Festhalten der Stämme von Bedeutung. Sie saugen sich an die betreffenden Unterlagen so fest, dass man sie oft eher zerreissen als loslösen kann, ein Umstand, der besonders beim Verpflanzen zu beachten ist, da jede angerissene Wurzel wenigstens die Möglichkeit einer Fäulnisstelle giebt. Viele Luftwurzeln verändern ihre im trockenen Zustande weisse Oberhaut in frisches, intensives Grün beim Zutritt von Wasser. Diese Farbenänderung beruht darauf, dass das Wasser die Luft aus den Oberhautzellen resp. deren Zwischenräumen verdrängt und sie damit durchsichtig macht. Diese grünen Wurzeln vermögen dann gleichfalls die Verdauungsarbeit der Blätter zu übernehmen.

Blätter. Der von den Wurzeln aufgenommene und in den Stamm überführte rohe Nährsaft kann in organische Verbindung umgesetzt (assimiliert) werden nur durch Vermittellung des grünen Farbstoffes (Chlorophylls) der Pflanzen unter Einwirkung des Sonnenlichtes. Da nun dieser grüne Farbstoff seinen Hauptsitz in den Blättern hat, diese auch der Sonne am einflussreichsten ausgesetzt sind, so bilden die Blätter die hauptsächliche Küche der Pflanze. Die Orchideen besitzen noch eine sehr leistungsfähige Nebenküche in ihren grünen Stämmen, welche, soweit grüner Farbstoff in ihren Zellen enthalten ist, fähig sind Rohstoffe in Nährstoffe zu verwandeln. Dadurch erklärt sich die Existenz blattloser Orchideen, deren grüne Stämme eben die Stelle der Blattfläche ersetzen.

Fallen die Blätter mit Eintritt der Ruheperiode ab, was in den Tropen in den heissen Sommermonaten, in unserem Klima im Herbst und Winter der Fall ist, so haben wir sommerdürre (viele Dendrobium z. B.) oder winterdürre Arten (z. B. Orchis), halten sie jahraus jahrein grün aus, so nennen wir sie immergrün. Diese grünen Laubblätter sind aber schon die zweite Entwickelungsstufe. Vor ihnen und meist auch wörtlich unter ihnen stehend, sehen wir mehr minder trockenhäutige Scheidenblätter (Niederblätter), aus welchen sich entweder durch alle möglichen Übergangsformen grüne Blätter entwickeln (z. B. Cymbidium), oder auf welche unvermittelt Laubblätter folgen (z. B. Stanhopea). Die Laubblätter sind entweder deutlich mit im Alter abfallender Spreite gegliedert, (z. B. Preptanthe, Lycaste) oder ungegliedert und dann am Stamme verdorrend und verwesend hängen bleibend, (z. B. Orchis, Cypripedilum). Wertvoll für die systematische Einteilung ist es, ob die Blätter in der Knospenlage gefaltet (duplicativ) (Fig. 7 b) oder gerollt (convolutiv) (Fig. 7 a) sind. Zahlreiche Arten zeigen Blätter mit deutlich entwickeltem Scheidenteil (z. B. Dendrobium, Anoectochilus), welcher den Stamm ganz oder teilweis umfasst, oder deutliche Stielentwickelung (Stanhopea), der grösste Teil aber ist sitzend, zuweilen in jener eigenartigen Weise wie die Blätter von Iris, welche die Botanik „reitend“ nennt. Weitaus überwiegend sind die Blätter länglich mit parallelen Nerven, oft mit stark vortretendem Mittelnerv (gekielt) oder in der Längsrichtung gefaltet, doch finden sich auch breite Blätter mit einer Netzaderung, welche

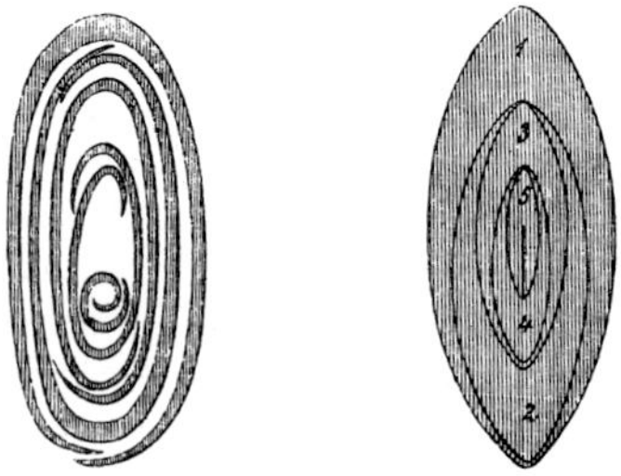

A Fig. 7. *B*
A gerollte Knospenlage. B gefaltete Knospenlage.

vollkommen an die Zweikeimblätter erinnert, und dann oft anders als die Blattfläche gefärbt ist (Anoectochilus, Physurus). Die Blattstellung ist für den grössten Teil zweizeilig, nur Orchis, Spiranthes, Anoectochilus und Verwandte haben spiralig stehende Blätter und Listera, Platanthera etc. paarweis gegenständige.

Blütenstand. Der Blütenstand der Orchideen ist entweder endständig (terminal) (Fig. 5 A) oder seitenständig (lateral) (Fig. 5 B). Die Blüten selbst sind niemals endständig; auch wo dies scheinbar der Fall ist, stehen sie bei genauer Untersuchung immer seitlich in der Achsel eines Deckblattes. Die Blüten stehen einzeln, paarweis oder in Büscheln, Ähren, Trauben, einfachen, zuweilen auch in weit verzweigten Rispen.

Blüten. Der Bau der Orchideenblüte ist ein etwas schwer verständlicher, einmal durch die merkwürdige Drehung des Fruchtknotens, anderseits durch die nur teilweis vollständige Ausbildung der einzelnen Blattkreise der Blüten. Als Einkeimblättler ist die Blüte der Orchideen in der Dreizahl aufgebaut; als vollständige Blüte muss sie also drei Kelchblätter, drei Blumenblätter, drei (oder zweimal drei) Staubfäden und einen dreiteiligen oder drei Fruchtknoten besitzen. Zwar ist es streng wissenschaftlich unrichtig, von Kelch- und Blumenblättern in diesem Falle zu reden, da wir eigentlich eine Blütenhülle vor uns haben, aber die beiden Kreise dieser Blütenhülle sind in allen Fällen hier so verschieden gebildet, dass die Bezeichnung Kelchblätter und Blumenblätter ganz gerechtfertigt ist; dass ich aber die deutsche Bezeichnung an Stelle des fremden „Sepalen" und „Petalen" vorgezogen habe, bedarf wohl ebensowenig einer Entschuldigung wie wegen des Ersatzwortes Lippe für „Labellum."

Die fünf Blattkreise der Orchidenblüte sind so wesentlich verschoben, dass eine eingehende Schilderung nötig ist. In der Knospe, der richtigen Lage, stehen die Blätter so, dass die Lippe am Blütenschaft, also oben und innen, die beiden anderen Blumenblätter am Deckblatt, also aussen und unten stehen. Ehe die Blüte sich aber öffnet, dreht sich der Fruchtknoten um einen Halbkreisbogen (180°) und daher hängt die Lippe in der offenen Blüte unten und aussen, während die beiden Blumenblätter jetzt oben und innen stehen, und ebenso die Stellung der Kelchblätter eine umgekehrte wird, so dass das einzelne, unpaare, oben steht, die paarigen aber seitlich oder unten. Die Stellung der Staubgefässe erläutern die beistehenden Knospen-Querschnitte, Fig. 8 A von Epipactis, B von Cypripedilum. Hier bedeutet a den Blütenschaft, d das Deckblättchen, hinter welchem die Blüte steht, K die drei im äusseren Kreise stehenden Kelchblätter, b die beiden Blumenblätter, deren drittes, demselben Kreise angehörendes zur Lippe, l, sich umbildet. Der nächste Kreis muss der Vorschrift nach drei Staubgefässe zeigen, in Wirklichkeit hat sich davon in der Epipactis-Blüte, A, nur eins — st — entwickelt, während die beiden anderen, durch * ausgezeichneten, vollständig fehlen oder durch sogenannte Staminodien, mehr minder Blättchen ähnliche oder wulstartige

Gebilde, vertreten sind. In der Epipactis-Blüte fehlen sie vollkommen. Der nächste Kreis müsste abermals drei Staubgefässe enthalten, ist aber das unpaarige Staubgefäss des ersten Kreises fruchtbar entwickelt (Epipactis und weitaus der grösste Teil aller Orchideen überhaupt), so entwickelt sich keines dieser zweiten drei Staubgefässe als solches. Meist schlägt das unpaare — * — fehl und die beiden paarigen entwickeln sich als Staminodien — σ —, welche in der Epipactis-Blüte als kleine Öhrchen an der Säule sitzen.

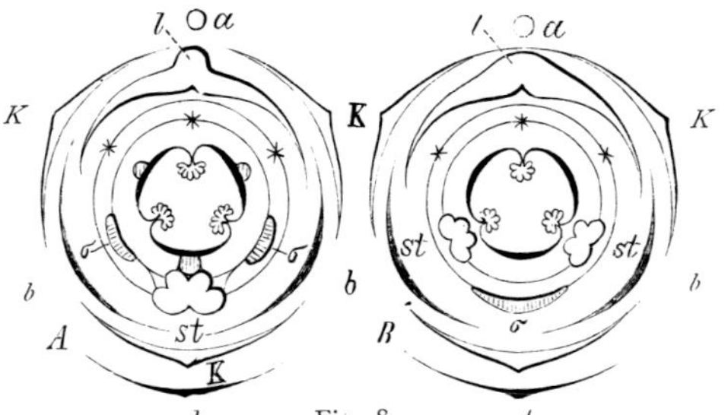

Fig. 8.
Knospenquerschnitt von (A) Epipactis, (B) Cypripedilum.

Die Cypripedilum-Blüte, B., zeigt Kelchblätter, Blumenblätter und Lippe ebenso entwickelt, aber von den Staubgefässen des äusseren Kreises sind zwei — * — fehl geschlagen, das dritte unpaare als Staminodium — σ — entwickelt, welches der Säule als Platte aufsitzt. Von den drei Staubgefässen des inneren Kreises sind hier die beiden paarigen — st — fruchtbar entwickelt, das dritte — * — vollkommen verschwunden

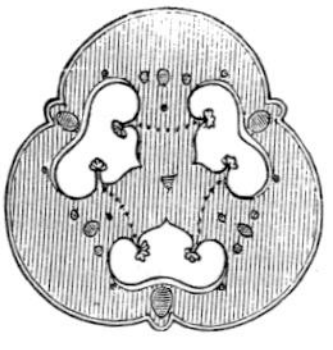
Fig. 9. Fruchtknoten von Paphiopedilum longifolium.

Fruchtknoten. Der innerste Kreis ist der Fruchtknoten, welcher in drei Längsreihen angeordnet die Samen umschliesst, entweder dreifächerig (Fig. 9) oder einfächerig mit drei Samenleisten (Fig. 8). So weit das Schema. Nehmen wir aber im Vergleich zu ihm eine Orchideenblüte zur Hand, so erkennen wir zwar ohne Schwierigkeit Kelchblätter, Blumenblätter und Lippe, aber die Staubgefässe und der Fruchtknoten fehlen, dafür steht eine meist fleischige Säule vor uns.

Säule. Diese Säule ist die fleischige Verlängerung des unter der Blüte stehenden hohlen dreifächerigen oder dreiteiligen Fruchtknotens, gewissermassen ein recht grosser Griffel. Mit der Säule, als selbständig nicht mehr erkennbar, in einen Körper verwachsen sind die sechs Staubfäden der beiden Staubblattkreise. Die Folge dieser Verschmelzung ist, dass sowohl die Staubbeutel (Antheren) als auch die Umbildungsformen (Staminodien) der Staubfäden (Stamina) der Säule aufsitzen, welche ohnehin schon die Narbe des Fruchtknotens trägt. (Bekanntlich gehören die Orchideen in Linné's XX. Classe „Staubgefässe dem Stempel aufgewachsen).

Narbe. Von den drei Flächen der Narbe sind meist nur zwei befruchtungsfähig — nur die Cypripedilinen haben alle drei Flächen aufnahmefähig — während die dritte unfruchtbar ist und zu einem Schnäbelchen (Rostellum) sich umbildet, welches für die Befruchtung eine grosse Rolle spielt. Die befruchtungsfähigen Flächen sind „Spiegelnarben" — von Klebstoff glänzende, glatte Flächen, meist an der Innenseite der Säule — oder „Narbenfortsätze," welche letztere oft sehr sonderbare Formen zeigen.

Staubbeutel. Der einzige, oder bei den Cypripedilinen die beiden Staubbeutel, welche sich bestimmungsgemäss entwickeln, sitzen dem vorderen Teil der Säule auf, mit welcher, wie schon erwähnt, die Staubfäden verschmolzen sind. Entweder steht der Staubbeutel einfach frei auf der Säulenspitze aufrecht (Ophrys) oder geneigt (Satyrium) oder er hängt wagerecht nach der Innenseite der Säule über oder senkrecht herab von einem vor der Spitze stehendem Punkt der Innenfläche Coelogyne), bald dauernd festgewachsen, bald zur Reifezeit abfallend. Die Staubbeutel finden eine wesentliche Stüze an dem Narbenschnabel (Rostellum), welcher oft taschen- oder sackartig oder dachartig ist und die Staubbeutel umschliesst oder ihnen eine Anlehnungsfläche giebt. Der Beutel ist 2—4—8-fächerig, selten 6fächerig.

Pollen. Der Pollenstaub der Fächer ist nur selten wirklicher Staub, meist vielmehr eine durch Klebstoff zusammengehaltene breiartige Masse oder jedes Fach für sich ein wachsartiger „Pollenkörper" (Pollinium), welcher zuweilen wieder in einzelne Stückchen „Pollenmassen" (Massulae) zerfällt, die untereinander durch Klebfäden verbunden sind. Die Stellung und die ganze Bildung der Pollenkörper schliesst eine Selbstbefruchtung der Orchideen aus, sämtliche Orchideen müssen von Insekten befruchtet werden, daher bleiben die Blüten unserer Gewächshäuser fast immer unbefruchtet. Zur Anlockung der Insekten dienen die Farben der Blüten, die oft 30—60 Tage sich frisch erhalten, der Geruch, Honigabsonderungen u. s. w., selbst die Beweglichkeit der Lippe einzelner Orchideen hat offenbar nur den Zweck, Insekten anzulocken oder festzuhalten.

Säulenfuss. Die Säule hat aber nicht nur die Bestimmung den Befruchtungsapparat zu tragen, sondern sie giebt auch die Ansatzfläche für die Lippe und zwar in ihrem untersten Teil, welcher oft zu einem sogenannten Säulenfusse sich entwickelt. Während in der einfachen Blüte Kelchblätter und Blumenblätter in ihrem speziellen Kreise stehen, sehen wir zahlreiche Orchideenarten ihre Lippen scheinbar ganz aus dem gewohnten Kreise herausschieben. Das geschieht durch Verlängerung des Säulenfusses und ist mit am auffälligsten an Drymoda picta (Fig. 10), wo durch die wagerechte Verlängerung des Säulenfusses (B, f) die Lippe und die seitlichen Kelchblätter weit von den Blumenblättern und dem oberen Kelchblatt entfernt sind. Auch Gongora tricolor zeigt ein ähnliches Verhältniss. Hier ist (Fig. 11) der lange Säulenfuss in anderer Weise Träger der Lippe und der seitlichen Kelchblätter.

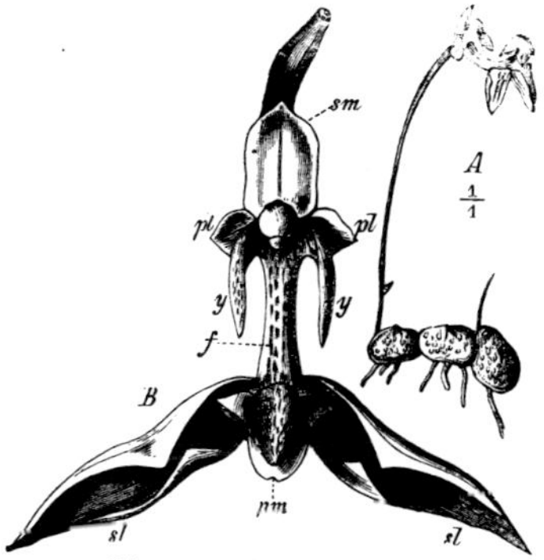

Fig. 10. Drymoda picta.

Sporn. Verlängert sich der Säulenfuss mit den Rändern der ihm ansitzenden Lippe nach hinten, statt wie in diesen Beispielen nach vorn, so bildet sich ein Lippensporn (Kronachsensporn, echter Sporn), wie wir ihn an den Blüten von Orchis, Angrecum, Phajus etc. sehen. Zuweilen tritt der Sporn nicht losgelöst auf, sondern nur als Höhlung in der etwas verdickten Achse neben dem Fruchtknoten z. B. an Sophronitis. Sehr häufig ist es nicht die Lippe, welche die Spornbildung bewirkt, sondern die seitlichen Kelchblätter sind mit dem Säulenfuss zu einem spornartigen Gebilde, dem Kinn (mentum) verwachsen, welches von aussen einem stumpfen Sporn gleicht.

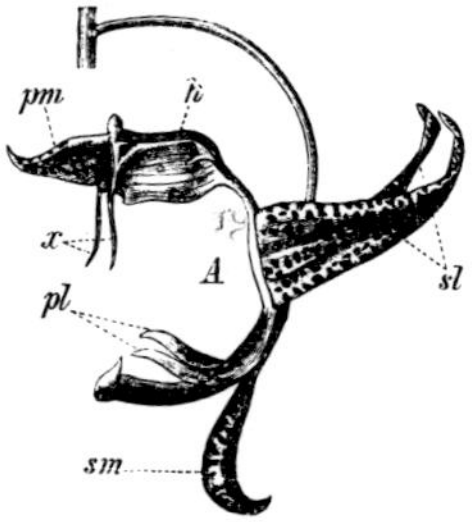

Fig. 11. Gongora tricolor.

Kinn. Sehr ausgeprägt ist diese Kinnbildung z. B. an Acanthe phippium (Fig. 12) und Pescatorea (Durchschnitt Fig. 13 d) zu sehen. Die ungemeine wechselnde sonstige Form der Lippe findet ihre Besprechung bei den einzelnen Arten und wir können an dieser Stelle nur kurz darauf verweisen, dass die paarigen Blumenblätter, welche demselben Kreise angehören, völlig verschieden gebildet sind und als einfache Blätter auftreten. Ihnen in der Form oft ähnlich, nur in der Grösse verschieden, sind die drei Blätter des äussersten Kreises, die Kelchblätter. Unter sich sind die drei Kelchblätter oft derart verschieden, dass das unpaare, obere, anders geformt ist, als die seitlichen, öfter aber sind sie vollkommen gleich. Meist sind sie alle drei frei, zuweilen alle drei im Grunde verwachsen (Masdevallia), oder das obere frei und die seitlichen verwachsen (Restrepia).

Fig. 12. Acanthephippium.

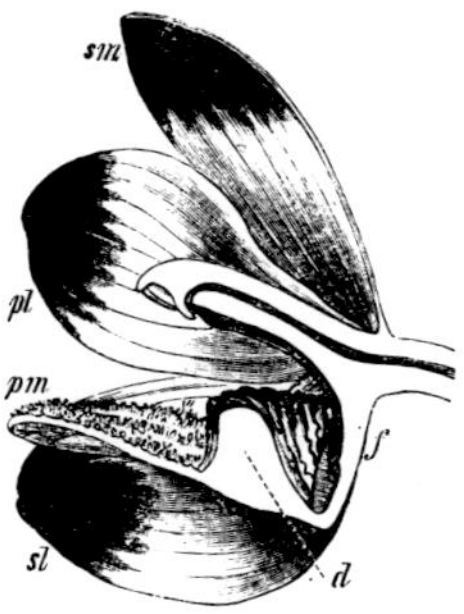

Fig. 13. Pescatorea.

Dimorphismus. Im allgemeinen zeigen die Orchideen eine erhebliche Gleichmässigkeit der Blüten derselben Art und die Erscheinung des sogen. Dimorphismus — der Zweiform der Blüten —, welche stets zusammenhängt mit einer abweichenden Entwickelung der Geschlechtsorgane, ist nur sehr vereinzelt bekannt. Charakteristisch treten diese verschieden geformten Blüten auf an Oncidium ornithocephalum, wo neben grossen normal zweigeschlechtigen Blüten völlig verkümmerte, ganz unfruchtbare Blüten auftreten, welchen die Säule — und damit Staubgefässe und Stempel — vollständig fehlt. Renanthera Lowii zeigt in jeder Traube die ersten Blüten kleiner, breitblättriger, heller, ohne dass eine Verschiedenheit in der Geschlechtsentwickelung vorhanden ist. Diese zeigt sich deutlich und mit ihr in geradezu wunderbarer Weise die Zweiform, ja sogar Dreiform (Trimorphismus) in den Blüten der Gattung Catasetum und ist dort eingehend besprochen.

Befruchtung. Dass alle diese, in der Fülle ihrer Formen oft so schwer zu erklärenden Erscheinungen der Blüte nur einen und denselben Endzweck haben, eine Befruchtung und damit die Fortpflanzung zu erreichen, erwähnten wir bereits. Der Befruchtungsvorgang ist ein relativ einfacher. Der reife Pollenkörper haftet durch seinen Klebstoff am Rüssel oder einer sonstigen Stelle eines Insekts, welches eine Orchideenblüte besucht und wird beim Wegfluge mitgenommen. In der nächsten Blüte muss das Insekt, um an die Honigstelle zu gelangen, seinen Rüssel, Kopf oder Brust an der Narbe vorbeipressen und streift dabei den Pollen auf die Auffangfläche der Narbe. Es ist nicht notwendig, dass ein ganzer Pollenkörper kleben bleibt, schon ein Bruchstück genügt. Die miteinander verklebten Pollenzellen treiben nun, unter sonst günstiger Bedingung, Pollenschläuche, welche das lockere Gewebe der Narbe und des unter dieser liegenden Griffelganges durchbohren, bis in die Fruchtknotenhöhle vorwachsen, an die Eizellen sich anlegen, mit ihren Enden in diese eindringen und so die wirkliche Befruchtung vollenden.

Frucht. In langsamer Weise, oft weit über Jahresfrist sich erstreckend, an unseren einheimischen Arten in 2—3 Monaten, entwickelt sich die Frucht und reifen in ihr die Samen. Die Frucht ist, mit ausserordentlich geringen Ausnahmen, eine trockene Kapsel und springt in sechs Längsrissen derartig auf, dass je eine breite Klappe und eine schmale Leiste sich abwechseln. Die Klappen bleiben oben und unten miteinander verbunden, so dass eine Art Laterne entsteht. Die zusammengetrocknete Säule bleibt als Spitze auf der Frucht sitzen, meist bleibt auch die ganze Blütenhülle trocken auf der Fruchtspitze erhalten, mitunter nur die Lippe, Paphiopedilum z. B. wirft alle Blütenblätterreste ab. Fleischige Fruchtkapsel zeigt u. a. Vanilla, dieselben öffnen sich von oben her, aber nur unvollständig.

Samen. Die Winzigkeit der Samen erwähnten wir bereits. Ihr Ausstreuen aus der Kapsel wird noch erleichtert durch Schleuderhaare, welche sich unter veränderten Feuchtigkeitsverhältnissen energisch strecken oder krümmen und dadurch die Samenstäubchen fortschleudern. Um zu verhindern, dass ganze Häufchen Samen gleichzeitig aus der Kapsel auf denselben Fleck fallen, sind die Ränder der Kapseln mancher Arten auch nach der Öffnung noch durch ein Fasernetz verbunden, durch welches die Samen gewissermassen durchgesiebt werden. Jeder Lufthauch verweht die winzigen Gebilde; legt sich aber der Sturm ins Mittel, so können sie über ungeheure Gebiete davongetragen werden, und da ihr Bau darauf eingerichtet ist, Nässe und Trockenheit ohne Schaden zu ertragen, so werden sie auch die weiteste und wildeste Reise überstehen, und wenn sie endlich sich zu Boden senken, sich zur jungen Pflanze entwickeln, wenn anders die lokalen Verhältnisse günstig sind.

Verbreitung. Aus diesem Verhalten erklärt sich die Verbreitung mancher Arten über ungeheure Distrikte, oft mit riesigen Unterbrechungen. Eines der bekanntesten Beispiele hierfür ist Eulophidium maculatum, welches in Brasilien, am Congo und auf Mauritius vorkommt. Anderseits sind zahlreiche Arten auf ungemein enge Gebiete beschränkt und haben offenbar den Punkt, wo sie sich gebildet haben, niemals wesentlich verlassen.

Artenzahl. Die Gesamtzahl der bekannten Orchideenarten wird auf rund 10000 veranschlagt. Es ist sehr schwer, auch nur annähernd eine richtige Zahl zu gewinnen. Legt man der Art- Umgrenzung die Grundsätze unter, welche Bentham und Hooker für richtig halten, so sinkt die Zahl auf weniger als die Hälfte, schliesst man sich der Auffassung des verstorbenen hochverdienten Professors Reichenbach, des langjährigen Direktors des botanischen Gartens in Hamburg und unbestritten grössten Formenkenners der Orchideen, an, welchem ganz England jede zweifelhafte Orchideenblüte zur Bestimmung sandte, so kann man die 10000 getrost noch um ein paar Tausend vermehren. Für die Gärtnerei wird der Reichenbachsche Standpunkt noch für lange Zeit der massgebende bleiben und wir können also ruhig mit der grossen Ziffer rechnen.

Von dieser Artenmasse entfallen 80 % auf das Tropengebiet, besonders auf die Hochgebirge der Tropenwelt, während in den gemässigten Klimaten die Artenzahl so bedeutend sinkt, dass Europa kaum noch 5 %, etwas über 400 Arten, besitzt. Im Norden und auf den Hochgebirgen der gemässigten Zonen verschwinden die Orchideen bis auf einzelne Arten vollständig. Europas Norden besitzt als letzte Orchidee, gewissermassen als Abschiedsgruss der herrlichen Familie, die wunderliebliche Calypso borealis, in unseren Alpen ist die winzige, unscheinbare Chamaeorchis alpina so ziemlich die am höchsten steigende Art.

Gattungen. Ebenso unsicher, fast noch schwankender sogar, wie die Zahl der Arten, ist die Zahl der Gattungen. Lindley und Reichenbach traten für eine Trennung in kleine, d. h. wenig artenreiche, Gattungen ein, wenn nur irgend Merkmale vorhanden waren, welche eine Gruppierung zuliessen. Die Engländer Bentham und Hooker dagegen vertreten auch hier den entgegengesetzten Standpunkt und ziehen soviel als möglich kleine Gattungen in grosse Sammelgattungen zusammen. Die goldene Mitte hält das von Professor Pfitzer in Englers „natürlichen Pflanzenfamilien" 1889 veröffentlichte System. Deswegen ist dieses System für das vorliegende Buch benutzt worden, und zur leichteren Orientierung über die Verwandtschaftsverhältnisse lassen wir hier mit ganz unbedeutender Abänderung die Gesamtaufstellung aller von Pfitzer angenommenen Orchideengattungen und deren Gruppen folgen. In Kultur sind von den 416 Pfitzerschen Gattungen ungefähr 190.

Professor Pfitzer's System der Orchidaceae.

I. Diandrae

(Zwei oder drei fruchtbare Staubbeutel entwickelt).

a. Apostasiinae.

1. Neuwiedia Bl. 2. Apostasia Bl.

b. Cypripedilinae.

3. Cypripedilum L. em. 4. Selenipedilum Rchb. f. 5. Paphiopedilum Pfitz.

II. Monandrae.

(Meist nur ein Staubbeutel fruchtbar).

A. Basitonae (Pollenmassen mit Schwänzchen am Grunde der Antheren, welche nie abfallen).

c. Ophrydinae.

* Serapiadeae.

6. Ophrys L. 7. Comperia C. Koch. 8. Orchis L. 9. Serapias L. 10. Aceras R. Br. 11. Himantoglossum Spr. 12. Anacamptis Rich.

** Gymnadenieae.

13. Chamaeorchis Rich. 14. Herminium L. 15. Coeloglossum Hartm. 16. Nigritella Rich. 17. Gymnadenia R. Br. 18. Ponerorchis Rchb. f. 19. Stenoglottis Ldl. 20. Holothrix Rich. 21. Arnottia Rich. 22. Platanthera Rich. 23. Bicornella Ldl. 24. Scopularia Ldl. 25. Huttonaea Harv. 26. Bartholina R. Br. 27. Derömeria Rchb. f. 28. Perularia Ldl.

*** Habenarieae.

29. Neotinea Rchb. f. 30. Diplomeris Don. 31. Cynosorchis Thou. 32. Habenaria W. 33. Montolivaea Rchb. f. 34. Barlaea Rchb. f. 35. Roesperocharis Rchb. f.

**** Satyrieae.

36. Pachites Ldl. 37. Forficaria Ldl. 38. Brachycorythis Ldl. 39. Satyrium Sw. 40. Schizochilus Sond. 41. Platycoryne Rchb. f. 42. Schizodium Ldl. 43. Brownleea Harv. 44. Disa Berg. 45. Herschelia Ldl. 46. Monadenia Ldl.

***** Corycieae.

47. Disperis Sw. 48. Pterygodium Sw. 49. Ceratandra Eckl. 50. Corycium Sw.

B. Acrotonae. (Pollenmassen mit Anhängseln an der Spitze der Antheren oder ganz ohne Anhängsel. Antheren meist leicht abfallend.)

† Acranthae. (Blütenstand endständig am beblätterten Spross

oder ein eigener laubblattloser Trieb, aus dessem Grunde dann der nächstjährige Spross hervortritt.)

α. Convolutae. (Laubblätter in der Knospe gerollt, nicht gefaltet, Blattspreite im Alter sich nicht von der Blattscheide trennend.

d. Neottiinae.

* Thelymitreae.

51. Thelymitra Forst. 52. Epiblema R. Br.

** Diurideae.

53. Diuris Sw. 54. Orthoceras R. Br. 55. Microtis R. Br. 56. Prasophyllum R. Br.

*** Pterostylideae.

57. Caleana R. Br. 58. Drakaea Ldl. 59. Pterostylis R. Br.

**** Caladenieae.

60. Acianthus R. Br. 61. Cyrtostylis R. Br. 62. Calochilus R. Br. 63. Eriochilus R. Br. 64. Lyperanthus R. Br. 65. Burnettia Ldl. 66. Caladenia R. Br. 67. Chiloglottis R. Br. 68. Glossodia R. Br. 69. Adenochilus Hook.

***** Chloraeeae.

70. Chloraea Ldl. 71. Bieneria Rchb. f. 72. Bipinnula Juss.

****** Pogonieae.

73. Corysanthes R. Br 74. Pogonia Juss. 75. Pogoniopsis Rchb. f. 75a. Cleistes Rich. 76. Triphora Nutt. 77. Codonorchis Ldl. 78. Nervilia Gaud. 79 Chlorosa Bl. 80. Cryptostylis R. Br. 81. Stereosandra Bl. 82. Lecanorchis Bl. 83. Arethusa L. 84. Galera Bl.

******* Vanilleae.

85. Epistephium Knth. 86. Galeola Lour. 87. Eriaxis Rchb. f. 88. Cyrtosia Bl. 89. Vanilla Sw.

******** Cephalanthereae.

90. Cephalanthera Rich. 91. Epipactis Rich. 92. Limodorum Rich. 93. Epipogon Gmel. 94. Aphyllorchis Bl.

********* Gastrodieae.

95. Gastrodia R. Br. 96. Leucorchis Bl.

********** Spirantheae.

97. Pelexia Ldl. 98. Baskervillea Ldl. 99. Spiranthes Rich. 100. Sarcoglottis Prst. 101. Sauroglossum Ldl. 102. Stenorhynchus Rich. 103. Listera R. Br. 104. Neottia L.

*********** Physureae.

105. Vrydagzynea Bl. 106. Cystorchis Bl. 107. Physurus Rich. 108. Queteletia Bl. 109. Anoectochilus Bl. 110. Herpysma Ldl.

111 Zeuxine Ldl. 112. Cheirostylis Bl. 113. Goodyera R. Br. 114. Moerenhoutia Bl. 115. Lepidogyne Bl. 116. Hetaeria Bl. 117. Odontochilus Bl. 118. Myrmechis Bl. 119. Dossinia Morr. 120. Macodes Bl. 121. Haemaria Ldl. 122. Hylophila Ldl. 123. Salacistis Rchb. f. 124. Platylepis A. Rich. 125. Eucosia Bl. 126. Gymnochilus Bl. 127. Argyrorchis Bl. 128. Yoania Maxim.

**** **** **** Cranichideae.

129. Wullschlägelia Rch. f. 130. Pseudocentrum Ldl. 131. Altensteinia H. B. K. 132. Pterichis Ldl. 133. Cranichis Sw. 134. Gomphichis Ldl. 135. Stenoptera Prsl. 136. Prescottia Ldl. 137. Manniella Rchb. f. 138. Ponthieva R Br.

**** **** **** * Tropidieae.

139. Tropidia Ldl. 140. Corymbis Thou.

β. Articulatae (Die Blattspreite trennt sich im Alter von der Blattscheide. Blätter in der Knospe gerollt.)

e. Thuniinae.

141. Thunia Rchb. f. 142. Arundina Bl. 143. Bletilla Rchb. f. 144. Trichosma Ldl.

f. Collabiinae.

145. Nephelaphyllum Bl. 146. Collabium Bl. 147. Chrysoglossum Bl. 148. Diglyphosa Bl.

g. Coelogyninae.

149. Josepha Wight. 150. Coelogyne Ldl. 151. Pleione Don. 152. Neogyne Rchb. f. 153. Otochilus Ldl. 154. Pholidota Ldl. 155. Platyclinis Bnth. 156. Sturmia Rchb. f.

γ. Duplicatae. (Blätter in der Knospenlage scharf gefaltet).

h. Liparidinae.

157. Malaxis Sw. 158. Microstylis Nutt. 159. Orestia Ridl. 160. Ephippianthus Rchb. f. 161. Liparis Rich. 162. Cestichis Thou. 163. Oberonia Ldl. 164. Calypso Salisb. 165. Coralliorrhiza R. Br.

i. Polystachyinae.

166. Tipularia Nutt. 167. Acrolophia Nutt. 168. Galeandria Ldl. 169. Oreorchis Ldl. 170. Polystachya Ldl. 171. Ansellia Ldl. 172. Bromheadia Ldl.

k. Podochilinae.

173. Podochilus Bl. 174. Appendicula Bl.

l. Glomerinae.

175. Earina Ldl. 176. Glomera Bl. 177. Agrostophyllum Bl. 178. Callostylis Bl. 179. Ceratostylis Bl. 180. Cryptochilus Wall.

m. Pleurothallidinae.

181. Physosiphon Ldl. 182. Masdevallia R. P. 183. Cryptophoranthus

Rodr. 184. Stelis Sw. 185. Scaphosepalum Pfitz. 186. Restrepia H. B. K. 187. Pleurothallis R. Br. 188. Lepanthes Sw. 189. Octomeria R. Br. 190. Brachionidium Ldl.

n. Laeliinae.

* Ponereae.

191. Isochilus R. Br. 192. Tetragamestus Rchb. f. 193. Scaphyglottis Pöpp. et Endl. 194. Ponera Ldl. 195. Hexadesmia A. Brgn. 196. Octadesmia Bnth. 197. Coelia Ldl. 198. Hexisea Ldl. 199. Amblostoma Scheidw. 200. Seraphyta Fisch. Mey. 201. Diothonaea Ldl. 202. Arpophyllum Llav. Lex. 203. Hartwegia Ldl.

** Cattleyeae.

204. Epidendrum L. 205. Diacrium Ldl. 206. Cattleya Ldl. 206a. Laeliocattleya Rolfe. 207. Laelia Ldl. 208. Schomburgkia Ldl. 209. Brassavola R. Br. 210a. Sophrocattleya Rolfe. 210. Sophronitis Ldl. 211. Meyracyllium Rchb. f. 212. Leptotes Ldl.

o. Sobraliinae.

213. Elleanthus Prsl. 214. Sertifera Ldl. 215. Sobralia R. P. 216. Fregea Rchb. f. 217. Calopogon R. Br. 218. Hexalectris Raf.

† † Pleuranthae. (Blütenstand seitenständig am beblätterten Spross).

α. Convolutae (Blätter in der Knospe gerollt).

○ Homoblastae (Stamm garnicht knollig verdickt oder mehrere Internodien gleichmässig verdickt, nicht ein einzelnes Stammglied als Luftknolle verdickt).

p. Phajinae.

219. Phajus Lour. 219a Phajocalanthe Rolfe. 220. Calanthe R. Br. 221. Preptanthe Rchb. f. 222. Limatodes Ldl. 223. Calanthidium Pfitz. 224. Tainia Bl. 225. Chysis Ldl. 226. Ipsea Ldl. 227. Plocoglottis Bl. 228. Bletia R. Br. 229. Spathoglottis Bl. 230. Aplectrum Nutt. 231. Acanthephippium Bl. 232. P. Anthogonium Ldl. 233. Pachystoma Bl.

q. Cyrtopodiinae.

234. Geodorum Jacks. 235. Lissochilus R. Br. 236. Eulophia R. Br. 237. Cremastra Lindl. 238. Dactylostalix Rchb. f. 239. Pteroglossaspis Rchb. f. 240. Cyrtopodium R. Br. 241. Govenia Ldl. 242. Warrea Ldl.

r. Catasetinae.

243. Mormodes Ldl. 244. Catasetum Rich. 245. Cycnoches Ldl.

s. Lycastinae.

246. Anguloa R. P. 247. Lycaste Ldl. 248. Paphinia Ldl. 249. Xylobium Ldl. 250. Batemannia Ldl. 251. Bifrenaria Ldl.

t. Gongorinae.

252. Lacaena Ldl. 253. Peristeria Hook. 254. Acineta Ldl. 255.

Coeliopsis Rchb. f. 256. Sievekingia Rchb. f. 257. Lycomormium Rchb. f. 258. Coryanthes Hook. 259. Paradisanthus Rchb. f. 260. Aganisia Ldl. 261. Stanhopea Frost. 262. Stanhopeastrum Rchb. f. 263. Chrysocycnis Rchb. f. 264. Polycycnis Rchb. f. 265. Houlletia A. Brong. 266. Regelia Rchb. f. 267. Schlimia Planch. Ldl. 268. Gongora R. P. 269 Cirrhaea Ldl.

u. Zygopetalinae.

270. Köllensteinia Rchb. f. 271. Colax Ldl. 271a Zygocolax Rolfe. 272. Zygopetalum Hook. 273. Zygosepalum Rchb. f. 274. Galeottia A. Rich. 275. Eriopsis Ldl.

β. Duplicatae (Blatt in der Knospenlage einfach gefaltet, nicht gerollt).

△ Sympodiales (Jährlich erscheint ein meist in wenig Monaten völlig ausgebildeter seitlicher Spross, der nur ausnahmsweis im folgenden Jahr an der Spitze weiter wächst. Die Sprosse bilden ein Sympodium).

v. Dendrobiinae.

276. Latourea Bl. 277. Dendrobium Sw. 278. Aporum Ldl. 279. Eria Ldl. 280. Porpax Ldl. 281. Phreatia Ldl.

w. Bolbophyllinae.

282. Drymoda Ldl. 283. Monomeria Ldl. 284. Sunipia Ldl. 285. Jone Ldl. 286. Cyrrhopetalum Ldl. 287. Bolbophyllum Thou. 288. Bolbophyllaria Rchb. f. 289. Megaclinium Ldl. 290. Trias Ldl. 291. Epicranthes Bl. 292. Dendrochilum Bl. 293. Osyricera Bl. 294. Acrochaene Ldl. 295. Pañisea Ldl.

x. Thelasinae.

296. Thelasis Bl. 297. Acriopsis Reinw.

y. Cymbidiinae.

298. Grammatophyllum Bl. 299. Wailesia Ldl. 300. Dipodium R. Br. 301. Eulophiopsis Pfitz. 302. Cyperorchis Bl. 303. Cymbidium Sw. 304. Grammangia Rchb. f. 305. Grobya Ldl.

z. Thecostelinae.

306. Thecostele Rchb. f. 307. Stenia Ldl.

aa. Maxillariinae.

308. Mormolyce Fzl. 309. Maxillaria R. P. 310. Scuticaria Ldl. 311. Camaridium Ldl. 312. Ornithidium Salisb. 313. Trigonidium Ldl. 314. Eulophidium Pfitz.

bb. Oncidiinae.

* Notylieae.

315. Telipogon H. B. K. 316. Trichoceros H. B. K. 317. Macradenia R. Br. 318. Warmingia Rchb. f. 319. Notylia Ldl.

** Jonopsideae.

320. Trichocentrum Poepp. Endl. 321. Papperitzia Rchb. f. 322.

Rodriguezia R. P. 323. Jonopsis H. B. K. 324. Scelochilus Bl. 325. Comparettia Poepp. Endl. 326. Plectrophora Focke. 327. Diadenium Poepp. Endl. 328. Chaenanthe Ldl. 329. Saundersia Rchb. f. 320. Brachtia Rchb. f.

*** A d e a e.

331. Ada Ldl. 332. Mesospinidium Rchb. f. 333. Neodryas Rchb. f. 334. Sutrina Ldl. 335. Trizeuxis Ldl. 336 Quekettia Ldl. 337. Cohniella Pfitz.

**** T r i c h o p i l i e a e.

338. Trichopilia Ldl. 339. Helcia Ldl.

***** A s p a s i e a e.

340. Aspasia Ldl. 341. Dignathe Ldl. 342. Cochlioda Ldl.

****** O d o n t o g l o s s e a e.

343. Zygostates Ldl. 344. Hofmeisterella Rchb. f. 345. Ornithocephalus Hook. 346. Phymatidium Ldl. 347. Odontoglossum H. B. K. 348. Abola Ldl. 349. Gomeza R. Br. 350. Palumbina Rchb. f. 351. Brassia Ldl. 352. Miltonia Ldl. 352a. Miltoniopsis Rolfe. 353. Oncidium Sw. 354. Lockhartia Hook. 355. Cryptarrhena R. Br. 356. Sigmatostalix Rch. f. 357. Solenidium Ldl. 358. Chytroglossa Rchb. f.

cc. H u n t l e y i n a e.

359. Promenaea Ldl. 360. Kefersteinia Rchb. f. 361. Chondrorrhyncha Ldl. 362. Cheiradenia Ldl. 363. Warscewiczella Rchb. f. 364. Pescatorea Rchb. f. 365. Bollea Rchb. f. 366. Huntleya Batem. 367. Chaubardia Rchb. f.

ΔΔ M o n o p o d i a l e s (Der Trieb w ä c h s t dauernd — viele Jahre lang — a n d e r S p i t z e w e i t e r. Nebenzweige fehlen oder sind nebensächlich. Blüten in den Blattachseln des langen monopodialen Triebes).

dd. D i c h a e i n a e.

368. Dichaea Ldl. 369. Dichaeopsis Pfitz.

ee. S a r c a n t h i n a e.

* P a c h y p h y l l e a e.

370. Pachyphyllum Ldl. 371. Nasonia Ldl. 372. Centropetalum Ldl.

** A e r i d e a e.

373. Diplocentrum Ldl. 374. Renanthera Lour. 375. Esmeraldia Rchb. f. 376. Vandopsis Pfitz. 377. Luisia Gaudich. 378. Cottonia Wight. 379. Stauropsis Rchb. f. 380. Polychilos Kuhl. Hass. 381. Phalaenopsis Bl. 382. Doritis Ldl. 383. Sarcanthus Ldl. 384. Cleisostoma Bl. 385. Echioglossum Bl. 386. Microsaccus Bl. 387. Schoenorchis Bl. 388. Saccolabium Bl. 389. Ceratochilus Bl. 390. Acampe Ldl. 391. Uncifera Ldl. 392. Vanda R. Br. 393. Angrecum Thou. 394. Aerangis Rchb. f. 395. Macroplectrum Pfitz. 396. Poly-

rhiza Pfitz. 397. Campylocentrum Benth. 398. Oeonia Ldl. 399. Listrostachys Rchb. f. 400. Mystacidium Ldl. 401. Cryptopus Ldl. 402. Dendrophylax Rchb. f. 403. Taeniophyllum Bl. 404. Chilochista Ldl. 405. Aerides Lour. 406. Grosourdya Rchb. f. 407. Sarcochilus R. Br. 408. Camarotis Ldl. 409. Rhynchostylis Bl. 410. Aeranthus Ldl. 411. Trichoglottis Bl.

Ungenügend bekannte Gattungen.

412. Hemipilia Ldl. (Habenarieae)? 413. Gastroglottis Bl. (Liparidinae)? 414. Androchilus Liebm. (Liparidinae)? 415. Oliveriana Rchb. f. (Trichopilieae)? 416. Erycina Ldl. (Jonopsideae?).

Einfuhr der Orchideen.

Die tägliche Gewohnheit, unsere Gewächshäuser und aus ihnen unsere Verkehrsräume mit einer steten Fülle köstlicher Orchideenblüten geschmückt zu sehen, lässt uns vergessen, dass der Zustand von heut ein noch sehr jugendlicher ist, dass es eine Zeit gab, wo der Besitz tropischer Orchideen ein Luxus ersten Ranges war und eine Zeit, wo man die Orchideen unserer Gewächshäuser an den Fingern herzählen konnte, ohne sich dabei fremder Hände zu bedienen.

Wenig mehr als ein Jahrhundert ist es her, dass die erste tropische Orchidee ihren Einzug in unsere Gewächshäuser hielt und — bezeichnend genug — dieser Erstling war keine gärtnerische Schönheit, sondern Vanilla planifolia, welche 1765 lebend nach London gebracht wurde. Fast mit ihr zugleich erschienen in London einige Epidendrum, von welchen Miller im „Dictionary of Gardening" 1768 sagt „Diese Pflanzen können auf keine bis jetzt bekannte Art im Boden kultiviert werden, trotz dessen konnten sie zum Treiben gebracht werden und brachten sehr schöne Blüten von ungewöhnlicher Form hervor." Drei amerikanische Arten, welche er sorgfältig in Töpfe pflanzte, brachten zwar Blüten, starben aber bald darauf. 1780 brachte Dr. Fothergill von China Phajus Tankervilleae und Cymbidium ensifolium mit nach England und kultivierte sie glücklich. Darauf folgte 1787 die erste Blüte von Epidendrum ciliare in Kew und im Oktober 1788 blüte dort das erste Epidendrum fragrans. Das Verzeichnis von 1795 vom botanischen Garten in Kew zählt schon 15 hauptsächlich westindische Epidendrum auf, kultiviert „in sehr hoher Wärme und mit halbverfaulter Rinde für die Wurzeln." Ein Jahr später wird in Kensington Cymbidium aloifolium kultiviert „in Lehm und Haideerde im Lohbeet des Warmhauses." Natürlich gefiel dem armen Dinge diese Behandlung nicht, die meisten Exemplare gingen ein, dagegen blühte „sonderbarer Weise" ein Exemplar, welches die Firma Greenwood und

Wyke in Kensington nicht im Lohbeet braten liess, sondern auf den Flur des Warmhauses stellte.

Dann tritt eine lange Pause ein, bis 1809 die Horticultural Society of London ins Leben tritt und Loddiges die Orchideen aufnimmt (1812) und von Roxburgh aus Indien die erste Vanda, die ersten Aërides, das erste Dendrobium erhält. Gleichzeitig bringt ein Reisender von Montevideo Oncidium bifolium mit und erzählt, dass er die Pflanze ohne Erde in der Cabine hängend gehabt habe und sie unterwegs lustig geblüht habe; aber niemand glaubt dem Ärmsten diese unglaubliche Münchhauseniade. Dann aber kommt der Umschlag. 1817 sagt das Botanikal Register von Sarcanthus paniculatus freilich noch: diese Luftpflanzen besitzen die Fähigkeit einfach aufgehängt zu wachsen. Aber eine solche Isolierung (von den ernährenden Stoffen) kann niemals als Leben betrachtet werden, sondern nur als ein Hinfristen „wie es ein Karpfen thun kann, der aus dem Wasser genommen und in eine feuchte Zelle gelegt wird.“ Fairbairn, Gärtner in Claremont, ist der erste (1813), welcher Orchideen in hängenden Kästen kultiviert, mit einem Wasserfass daneben, in welches er sie sechs- bis siebenmal am Tage eintaucht. So bringt er 1813 Aërides odoratum und einige Jahre später Renanthera coccinea zur Blüte. Die Reisenden dieser Zeit, Harrison, Wallich und Lindley an der Spitze, berichten unglücklicher Weise stets von der Hitze und Feuchtigkeit der Landstriche, wo sie Orchideen finden und infolge davon glaubt die Gärtnerei die Orchideen nicht heiss und nass genug behandeln zu können. Für ein halbes Jahrhundert wird dadurch England, wie Hooker sagt, „das Grab der tropischen Orchideen.“

Erst 1830 beginnt eine etwas vernünftigere Richtung und zwar ist es Joseph Cooper, Gärtner des Earl Fitzwilliam zu Wentworth, welcher als der erste den Orchideen frische Luft zukommen lässt und vernünftige Wärmegrade. Aber noch beherrscht die alte Schule den Garten und noch 1861 nennt Batemann die englische Methode, unter welcher alle die Schätze sterben, welche Ross aus Mexiko, Linden von den Cordilleren Neu-Granadas brachte, eine „unglaubliche Tollheit.“ Die an Ort und Stelle geschöpften Kenntnisse der Wachstumsweise der Orchideen haben dann endlich die Besserung herbeigeführt, in welcher wir uns jetzt glücklicher Weise befinden.

Mit dem Jahre 1840 etwa beginnt auch die Einfuhr wirklich schönblühender Orchideen. Warscewicz, Roezl, Schlim, Batemann, Wagener bringen die kostbaren Oncidium, Cattleya, Odontoglossum, Masdevallia u. s. w. aus Amerika nach Europa und von Asien her ziehen Vanda, Phalaenopsis, Dendrobium, Paphiopedilum etc. bei uns ein. Der gärtnerische Handel, leider noch lange nicht die Handelsgärtnerei, bemächtigt sich der Orchideen und überall hin ziehen Sammler aus, neue Orchideenschätze zu holen. Die hohen Preise lassen das „Geschäft“ als ein glänzendes erscheinen und natürlich sind es ideal veranlagte Deutsche oder wie Warscewicz und Roezl in Deutschland aufgewachsene Männer, welche Leben und Gesundheit in die Schanze schlagen, um ihrer Reiselust zu genügen und für ein Butterbrot England und Belgien zu bereichern. Denn wahrlich ein hartes Stück Arbeit ist dieses Sammeln von Orchideen. Soweit die Kultur reicht, ist keine der schönen Arten zu finden, das einsame Hochgebirge mit all seinen Gefahren, der dichte Urwald mit all seinen Heimtücken, das sind die Plätze, wohin der Sammler vordringen muss, will er nennenswerte Beute machen. Dazu kommt, dass er das Sammeln in der Ruhezeit der Orchideen, also in der ungesundesten Jahreszeit betreiben muss, wenn er nicht alle Wahrscheinlichkeit gegen sich haben will, dass die Pflanzen gut ankommen. Wie wenige Orchideen es überstehen, in der Blütezeit oder der Triebperiode vom Standort gerissen und in Kultur gebracht zu werden, das lehren uns schon unsere einheimischen Arten. Der Sammler tropischer Orchideen ist in den meisten Fällen gezwungen, die für ihn wichtigen Standorte zur Blütezeit aufzusuchen, um sich über den Wert der Formen zu orientieren und zwei bis drei Monate später nochmals an denselben Platz vorzudringen, um die nun zur Ruheperiode gehenden Pflanzen zu sammeln oder sammeln zu lassen. Denn für den Europäer ist es meist unmöglich, die in den Kronen der Urwaldriesen wachsenden Arten selbst herabzuholen und das Fällen der Bäume nimmt sich zwar auf dem Papier als ein recht einfaches Mittel aus, nur lässt es sich meist nicht anwenden. Der kletterkundige Eingeborene wird in den meisten Fällen der wirkliche Sammler sein, nachdem der Europäer oft nur durch das Fernrohr die Pflanzen gesehen hat.

Dem Sammeln folgt der Transport mit all seinen Schwierigkeiten und Unfällen. Die oft zarte Ware muss viele Tage lang in Säcken, an den Seiten der Maultiere hängend, transportiert werden, ehe es möglich ist, sie in Kisten oder, wenn das Glück gut ist, in Wardschen Kästen — stark gearbeiteten, gut schliessenden Hartholzkästen mit fast luftdicht abschliessenden dicken Glasplatten — dem Seetransport zu übergeben. Und welche Unglückszufälle spielen auch dann noch! Wir wollen nur aus eigener kurzer Erfahrung berichten. 1878 gelangten die ersten Knollen von Amorphophallus Titanum nach Breslau, gut gesammelt, gut gepackt, aber von Amsterdam bis Breslau mussten sie 18° Kälte durchmachen, so dass wir sie als „Gefrornes“ erhielten. 1881 wurde aus Versehen eine von Australien kommende Kiste in Aden ausgeladen und blieb dort acht Wochen in der vollen Tropenglut stehen, ehe sie bemerkt und dem nächsten Dampfer übergeben wurde. Wie der Inhalt aussah, ist leicht einzusehen. 1882 gingen für Privatrechnung gebrachte 20000 Stück Oncidium crispum vom Sammler begleitet durch unsere Hände; trotz der guten Packung und raschen Reise war über ein Drittel tot, ein zweites Drittel starb zusehends und inzwischen waren die Preise durch den englischen Massenimport derart gesunken, dass der glückliche (? ?) Sammler noch nicht einmal die Kosten der Überfahrt zurückerhielt. Er verschwor es hoch und teuer, jemals wieder Orchideen in Kolumbien zu sammeln. 1888 kam eine 500-Stückkiste Odontoglossum crispum und irgend eine schöne Cattleya an, die Odontoglossen waren sämtlich wertvolles Untersuchungsmaterial für Aschenbestimmungen, die Cattleyen starben erst nach und nach. Was wir im kleinen erlebt, das kennt jeder Orchideenimporteur im grossen, und das Verlustkonto weist oft recht harte Verluste nach.

Trotz dessen steigt die Einfuhr von Orchideen zusehends und mit ihr sinken die Preise und werden die Orchideen jedermann zugänglich. Während Deutschland noch vor zehn Jahren nur auf dem Umwege über England oder Belgien sein Orchideenmaterial erhielt, haben wir heute bereits eine Anzahl direkt importierender deutscher Gärtner, welche uns gute Ware für billiges Geld liefern. Für Ostdeutschland hat die sehr thätige Firma H. Dammann jr. in Breslau ein Einfuhrcentrum ersten Ranges geschaffen und in ihren grossen Kulturräumen kann man fortgesetzt ankommende Orchideen in ihrem Erholungsstadium massenhaft beobachten.

Diese Erholung vollzieht sich heut ungemein einfach. So rasch als möglich werden die ankommenden Kisten entleert, welche die Orchideen entweder an Querstangen festgebunden oder im trocknen Zustande in trockene Spähne verpackt enthalten. Diese beiden Packmethoden verhindern das gegenseitige Beschädigen der Pflanzen durch Stoss und Reibung und die Fäulnis, welche nie ausbleibt, wenn feuchtes Packmaterial oder feuchte Ware versandt wird. Die Orchideen werden rasch geprüft, mit scharfem Schnitt von allem Faulen und Verdächtigen gesäubert und im schattigen Gewächshause auf und unter den Stellagen, wie es der Raum erlaubt, ausgebreitet. Die feuchte Luft und ein wenn nötig leichtes Anfeuchten der Angekommenen bringt bald die Entscheidung, ob die Lebenskraft gross genug ist, die Pflanze zu erhalten oder ob sie nur nach Europa kam, um fern der Heimat im Elend zu sterben. Zeigt sich nur ein Schimmer von Erholung, so werden die Pflanzen sorgfältiger geputzt und feuchter gehalten, bis wirkliches Durchbrechen der jungen Triebspitzen ihr Wachstum verkündet, dann werden sie in weitere Kultur genommen und sind rasch „etablierte Exemplare" wie der Deutsche für „wachsende Stücke" sagt.

Dann erst beginnt die Forschung nach dem eigentlichen Wert der gebrachten Formen, auf welche freilich der Grossimporteur nur selten sich einlassen kann. Dieser ist genötigt, seinem Sammler zu glauben, welcher ihm neben dem Artnamen, der ja in den meisten Fällen leicht kontrollierbar ist, auch in der nicht blühenden Pflanze, noch spezielle Mitteilungen über Sortenverschiedenheiten, abweichende Blütenfärbungen u. s. w. giebt. Lange, ehe ein Transport Orchideen seine ersten Blüten auf europäischem Boden entfaltet, ist er meist schon in dritte Hand übergegangen, denn der Importeur muss darauf halten, sein Lager so rasch als möglich wieder zu räumen. Er giebt die angekommene Ware im Dutzend oder Hundert oder Tausend in zweite Kulturhand ab, von der aus meist erst der Detailverkauf stattfindet. Unsere deutschen Importeure haben glücklicher Weise noch die lobenswerte Eigenschaft, nicht nur im Hundert zu rechnen, sondern auch den Liebhaber mit einzelnen Exemplaren gern und willig zu versorgen.

In der Formenbestimmung ist durch Reichenbachs Tod eine für lange Zeit schwer fühlbare Lücke gerissen. Man mag über seine Haarspalterei — de mortuis nil nisi bene — denken wie man will, ebenso wie über seine unumwundene, oft ausgesprochene Überzeugung, dass nur England Boden für Orchideenkultur sei, seine unglaublicheFormenkenntnis, durch fünfzig Jahr Spezialstudien erreicht, fehlt uns Deutschen gerade so wie den Engländern, bei welchen sein Name so heimisch war, dass sie ihn fortliessen und ihn nur einfach „der Professor“ titulierten. „Der Professor sagt“ war für den englischen Orchideenmann ein „Roma locuta est“ oder wie es im deutschen Umgangston lauten würde, „da giebt es nichts mehr.“

Hoffen wir, dass es abermals deutsche Wissenschaft sein wird, welche die Führung auf diesem Spezialgebiet übernimmt, wie es wesentlich deutsche Thatkraft ist, welche uns die herrlichsten aller Blüten in so reicher Auswahl für unsere Gewächshäuser aus der Ferne heimbringt.

Kultur der Orchideen.

Welche Wandlungen die Kulturmethode der Orchideen durchgemacht hat, ehe sie auf den heutigen einfachen Standpunkt des möglichst getreuen Anlehnens an die natürlichen Verhältnisse gelangt ist, unter welchen die Orchideen in ihrer Heimat leben, haben wir schon gelegentlich der Besprechung der Einfuhr der Orchideen (Seite 23) hervorgehoben. Hier wollen wir zunächst kurz auf die Anzucht der Orchideen aus Samen zurückkommen.

Aussaat. Wie schon oben erwähnt, sind die Orchideen in der Heimat ausschliesslich auf Fremdbefruchtung durch Insekten angewiesen. Dieser Umstand ist ein Fingerzeig für die Leichtigkeit, mit welcher eine künstliche Befruchtung durch Menschenhand bewirkt werden kann. Die grossen Pollenkörper oder deren Bruchstücke sind mit Leichtigkeit auf die Narbe zu übertragen, welche überall offen daliegt und deren Aufnahmefähigkeit der Kenner an dem eigenartig feuchten Schimmer der Oberfläche erkennt. Ist die Übertragung geschehen, so ist die Blüte vor dem direkten Bespritztwerden zu bewahren, was in den meisten Fällen ja schon ohnehin geschieht, weil die meisten Orchideenblüten durch Spritzen leiden und fleckig werden. Dann heisst es sich einfach in Geduld fassen und den

Reifepunkt der Frucht abwarten, deren Ausbildung man etwas befördern kann, indem man die volle Sonne auf sie einwirken lässt. Öffnet sich die Kapsel endlich, so wird jedes Samenstäubchen sorgfältig gesammelt und die ganze Ernte bald ausgesät. Für diese Aussaat schlagen die englischen Züchter vor, bisher sind es fast ausschliesslich Engländer, welche sich dieser mühsamen Arbeit unterzogen haben, die Samen einfach auf einen Holzklotz oder auf das Moos auszusäen, auf welchem eine andere Orchidee bereits wächst. Es ist das jedenfalls ein sehr primitives Vorgehen und bessere Erfolge sicher zu erwarten, wenn die Samen für sich auf vor dem Verschimmeln gesicherter Rinde oder auf mit frischem Sphagnum belegte Schalen ausgesät werden. Jedenfalls darf keinerlei Bedecken der Samen stattfinden und das Anfeuchten der Unterlage muss derartig geschehen, dass die Stäubchen nicht weggeschwemmt werden. Zeigen sich die ersten Fäserchen des knollig anschwellenden Samenkornes (Seite 2), so wird sofort mit dem Pikieren vorgegangen, indem die entstehenden Pflänzchen mit der Pinzette aufgenommen und auf frisches Sphagnum übertragen werden. In der Regel wird dies erste Pikieren tropischer Orchideen 10—15 Monate nach dem Tage der Aussaat stattfinden können. Je nach den Wachstumsfortschritten wird 3 bis 6 Monate später ein zweites Übertragen in abermals frisches Sphagnum geboten erscheinen, und wenn die Pflänzchen am Ende des zweiten Jahres ihre ersten Wurzeln entwickeln und ihren ersten normalen Trieb bilden, ist es Zeit sie einzeln in kleinste Töpfchen zu übertragen und von nun an wie jede in regelmässigem Wuchs befindliche Art zu behandeln. In den meisten Fällen liegen zwischen Aussaat und erster Blüte 5—6 Jahre, oft aber dauert es auch ein paar Jahre länger, ehe dies freudige Ereignis eintritt, welches dem Züchter darüber Quittung leistet, ob seine Mühe belohnt wird oder ob er vergeblich Jahre lang gearbeitet hat.

Jede Kreuzung zweier Pflanzenarten ist geeignet die Formengrenzen der Elternarten nach allen Richtungen hin zu erschüttern. Erstens wachsen alle Bastarte leichter als die Elternarten, gärtnerisch schon ein ausserordentlicher Vorteil, zweitens pflegen die Blüten der Bastarte diejenigen der Eltern an Grösse zu übertreffen und drittens kommt es sehr häufig vor, besonders bei weiter fortgesetzten Kreuzungen, sogenannten Rückkreuzungen, dass auch die Farben und Formen der Eltern „erschüttert" werden, dass nicht nur Kreuzungsprodukte entstehen, welche zwischen beiden Eltern die Mitte halten oder sich der einen oder andern Grundart mehr anlehnen, sondern dass thatsächlich neue Farben und Formen auftauchen. Zahlreiche Gartenpflanzen geben hierzu Belege. Primula pubescens, die Aurikel der Gärten, ist hervorgegangen aus einer gelbblühenden und einer rotblühenden Art, welche Fülle von Farben aber zeigen die heutigen Aurikeln! Noch klassischer ist vielleicht das Zeugnis der Gartenprimel, deren Elternarten beide gelb blühen. Die Formenänderungen der Fuchsien sind gleichfalls weit über die Grenzen der

Eltern hinausgehend, ganz abgesehen von der Färbung, und niemand wird aus den Formen vieler unserer heutigen Äpfel oder Birnen die Urformen heraus erkennen, welche die wilden Äpfelarten oder Birnenarten besassen, aus denen unsere Kulturformen hervorgegangen sind. Die Hoffnung auf derartige Neu-Erscheinungen ist es, welche den Wert der Kreuzungsarbeit auch für die Orchideen als einen hohen erscheinen lässt, das Zwischenprodukt, welches rechnungsmässig erlangt wird, ist etwas Gutes, das Neuprodukt, welches eintreten kann, ist das Bessere.

Die normale Behandlung, unter welche der erstarkte Sämling etwa im dritten Lebensjahre gelangt, ist gleichzeitig die Behandlung, welche den Orchideen überhaupt zuteil werden muss. Hierfür ist die erste und unerlässliche Bedingung, dass der Kultivateur weiss, welche Temperaturen, welche Feuchtigkeitsmenge, welche Boden- oder Unterlagen-Verhältnisse seine Pfleglinge bedürfen. Der Fehler, welcher durch ein Jahrhundert in der Orchideen-Kultur begangen wurde, indem die Orchideen in Schwitzkästen gesteckt wurden, ist nicht der Unerfahrenheit unserer gärtnerischen Vorfahren zuzuschreiben, sondern er musste hervorgehen aus den wunderlich falschen Mitteilungen, welche die in den Tropen sammelnden Reisenden nach der Heimat übersandten über die Hitze, die ewige Feuchtigkeit, den ewigen Schatten, welcher an den Fundorten der Orchideen herrschen sollte. Heute stehen uns fast aus allen Teilen der Welt genaue Angaben zu Gebot über die Jahrestemperaturen im Durchschnitt und über die Extreme der Temperaturen; wir wissen, dass die Tropennächte nicht nur frisch, sondern oft direkt kalt sind, dass den heissen Monaten erheblich kühlere gegenüberstehen, und dass ebenso den nicht nur feuchten, sondern schwimmend nassen Perioden stellenweis dürr-trockene folgen. Ebenso sonderbar wie die Sammler der dreissiger und vierziger Jahre über Wärme und Regen berichteten, sind die Nachrichten über den ewigen Schatten. Sicher herrscht in der Tiefe des Urwaldes ein echtes Schattenleben, aber die Orchideen unserer Kulturen leben nicht am Boden der Wälder, sondern hoch oben in den Baumwipfeln und die Sammler von heut berichten oft genug, dass sie die köstlichsten Blüten an Standorten fanden, welche der vollen Sonne schutzlos preisgegeben waren.

Temperatur. Was die Temperaturen anbetrifft, so lassen sich heut, abgesehen von den im freien Lande oder frostfrei im Kasten überwucherten Arten vier Kulturgruppen festhalten, in welche sich leicht alle in unseren Glashäusern gepflegten Arten unterbringen lassen.

Da ist zunächst eine Kalthaus-Abteilung, deren Wintertemperatur sich auf 3—4^{0} R. hält, als Kulturraum für die wenigen aus den kühleren Strichen Chinas und Japans stammenden Arten, dann die Odontoglossum-Abteilung mit etwa 6^{0} als niedrigster Temperatur, ein Raum für die Orchideen, welche etwa mit Cattleya dasselbe Wärmebedürfnis haben, also nicht unter 10^{0} sinken dürfen, und schliesslich einen wirklich warmfeuchten Raum für die Bewohner des tropischen Asiens: Vanda, Aërides u. s. w. Die speziellen Angaben darüber, welche Temperaturen den einzelnen Gattungen oder Arten zusagen, finden sich in der Besprechung der botanischen Merkmale beigefügt.

Schatten. Hand in Hand mit dem Wärmebedürfnis geht die Verteilung von Licht und Schatten. Während ursprünglich den Orchideen fast jedes Lichtverlangen abgesprochen wurde, weil sie im „ewigen Schatten" wachsen sollten, fiel ein Teil der Kultivateure später ins gerade Gegenteil und verbannte jeden Schattenstrich von den Orchideenhäusern. Eins dieser Extreme ist so falsch wie das andere und die goldene Mitte der richtige Weg. Im allgemeinen kann heut wohl gesagt werden, dass während der Entwickelung des jungen Triebes — also während der Regenzeit ihrer tropischen Heimat — alle Orchideen ein wirkliches Bedürfnis nach Schatten haben. Auch der entwickelten Blüte ist die Einwirkung der Sonne durch die Glaswände unserer Häuser entschieden nicht zuträglich, wenn aber die Blüte vorüber ist und damit die sogenannte Ruheperiode eintritt, dann vertragen die meisten Arten Sonne und ein grosser Teil von ihnen muss sogar der direkten vollen Sonnenbestrahlung ausgesetzt werden, wenn er sich überhaupt entwickeln soll. Fast alle Arten der mittleren Höhenlagen des subtropischen Amerika und schon nicht mehr im Küstengebiet wachsende Ostindier, vorzüglich aber die Afrikaner und Australier müssen wörtlich „gekocht" werden von der Sonne. Nur die im ewig feuchten Gürtel Ostindiens wachsenden echtesten Tropenkinder, die Anoectochilus und Verwandte, eine Anzahl Vandeen und ähnliche haben ein sehr geringes Verlangen nach direkten Sonnenstrahlen, aber auch sie verlangen volles Licht. Von diesem Standpunkte aus regelt sich die Schattenfrage daher kurz dahin: in allen zweifelhaften Fällen sei man vorsichtig und gebe lieber etwas mehr Schatten, als zu wenig. Wie und womit man Schatten geben soll, das hängt wesentlich ab von der Konstruktion der Gewächshäuser. Ein Schattenanstrich, welcher für den ganzen Sommer das Licht bricht, ist auf die Fenster von Orchideenhäusern nicht zu empfehlen, auch das Beschatten mittelst Leinwanddecken ist wenig rätlich, am besten sind Schattendecken in der Form von Stabrollen oder von schräg auf Rahmen genagelten Stäben. Diese Vorrichtungen brechen die direkte Strahlung, mildern die Hitze und lassen doch genügend Licht ins Haus.

Feuchtigkeit. Die feste Bauart der Orchideenblätter, das Glatte, Ledrige ihrer Oberfläche sowohl wie derjenigen der Scheinknollen weist überzeugend darauf hin, dass diese Pflanzen in der Heimat darauf eingerichtet sind, erhebliche Trockenperioden durchzumachen. Die Bildung der fleischigen Stämme, der Scheinknollen, ist ja überhaupt nur dahin zu deuten, dass sie Reservoire sind, in welchen die Pflanze Nährstoffe und ein gewisses Quantum von Feuchtigkeit für nahrungsarme, d. h. trockene Zeiten ablagert und aufspeichert. Daraus geht hervor, dass die Wasseraufnahme auch der kultivierten Orchideen eine im Laufe des Jahres erheblich wechselnde ist und dass der Kultivateur sich nach dieser Verschiedenheit richten muss, wenn er nicht von vornhinein auf einen Erfolg der Kultur verzichten will. Da die Wasseraufnahme der Orchideen nicht nur durch die Wurzeln, sondern zu einem sehr grossen Teile durch die Oberfläche der Blätter und Stämme oder Knollen erfolgt, so ist der Feuchtigkeitsgehalt der Luft von fast ebenso grosser Bedeutung wie das Giessen selbst. Dieses Feuchtigkeits-Atmen ist auch während der Ruheperiode von grosser Bedeutung, denn da, wo in den Tropen tagsüber die Sonnenglut Trockenheitsgrade schafft, die wir im Norden nicht kennen, bringt die enorme nächtliche Abkühlung auch regelmässig feuchte Luft und starken Tauniederschlag. Auch in dieser Beziehung ist also der naturgemässe Lebensgang ungemein einfach nachzuahmen. Mit Eintritt des Austreibens, mit dem Zeigen des Verlangens treiben zu wollen gewissermassen, müssen die Orchideen reichliche Wasserzufuhr erhalten, und diese überreichliche Bewässerung muss während der ganzen Entwickelung statthaben. Neigen die schönen Blüten aber sich zum Welken, dann muss in allen Fällen mit dem Giessen nachgelassen werden, ja bei einer grossen Reihe von Gattungen und Arten (dieselben sind in der folgenden Besprechung stets hervorgehoben) muss das Giessen überhaupt aufhören und nur die feuchte Nachtluft der Gewächshäuser darf die Pflanzen mit Wasser versorgen. Dass niemals, auch in der Zeit des grössten Wasserbedarfes nicht, stockendes Wasser an den Wurzeln oder anderen Teilen dauernd stehen darf, versteht sich wohl von selbst. Die Frage, ob man zum Giessen oder Spritzen kaltes oder warmes Wasser nehmen soll, ist darauf hin zu beantworten, dass die Temperaturdifferenz zwischen dem Wasser und der Luft des Kulturraumes jedenfalls keine zu grosse sein soll. Haupt hat in seinen mustergültigen Kulturen nicht nur hauswarmes Wasser zum Eintauchen der Orchideen, sondern auch eine Vorrichtung heisses Wasser in die Spritzrohre — in Vermengung mit dem ursprünglich kalten — einzupressen. Eine Verschiedenheit im Gedeihen kalt oder gewärmt gespritzter Orchideen hat sich aber nicht herausgestellt.

Luft. Frische Luft in die Gewächshäuser zu schaffen, ist nicht nur für die Orchideen, sondern für jede Gewächshauspflanze von solchem Vorteil, dass wir wohl kaum darauf hinzuweisen brauchen, wie thöricht und schädlich für die Kulturen das Absperren des Luftzutrittes ist. Selbst im Winter, und da eigentlich erst recht, muss für Lufterneuerung gesorgt werden, natürlich in einer Form, dass nicht der eisig kalt eintretende Luftstrom direkt auf die Pflanze trifft, sondern dass er durch oder um die Heizkörper geleitet wird und dadurch erwärmt ins Innere des Hauses gelangt. In der wärmeren Zeit ist möglich viel zu lüften, so weit es sich um die Pflanzen der wärmsten Klimate handelt, und alle härteren Arten sind unmittelbar der freien Luft auszusetzen, am besten im offenen Kasten, der in der Zeit des schlimmsten Sonnenbrandes beschattet wird, oder wohl im Schutze und Halbschatten von Bäumen. Zu tiefer Baumschatten hebt den segensreich abhärtenden Einfluss der freien Luft leicht auf und ebenso ist dauernd kalter Mauerschatten zu vermeiden. Viel Licht und Luft thut jedenfalls der weitaus grössten Anzahl unserer kultivierten Orchideen besser als das Gegenteil.

Kulturgefässe. Die Idee, Orchideen als Topfpflanzen behandeln zu wollen, ist sehr zeitig schon aufgegeben worden. Regelmässig zwar ist von Zeit zu Zeit der Vorschlag wiedergekehrt, wenigstens einen Teil der Orchideen in einfacher Topfkultur zu behandeln, aber mit jeder Rückkehr zu dieser Erstlings-Idee ist die Zahl der Arten geringer geworden, deren Pflege im Topfe anempfohlen wurde. Der gewöhnlichen Topfform folgten die von England aus zu uns herübergewanderten Töpfe mit durchbrochener Seitenwand, welche entweder in Form von Kreisen oder in Form länglicher Durchschnitte teilweis entfernt ist. Es ist dieses Durchbrechen der Topfwände, welches so weit geführt wurde, dass nur ein feines Stäbchennetz übrig blieb, jedenfalls schon ein grosser Fortschritt gegenüber der die Verdunstung ungemein hindernden vollen Wand. Die Orchideenwurzel oder richtiger die Luftwurzel der epiphytischen Orchideen will offenbar nicht dauernd im Feuchten sich befinden, sondern — ihr ganzer Bau weist darauf hin — nach reichlicher Wasseraufnahme wieder austrocknen. Nur für die zarte Spitze ist es vielleicht besser, wenn sie dauernd im Feuchten sich befindet, nicht im stockenden Wasser aber, sondern im Tau oder Nebel, wie in der Heimat. Die im Trocknen luftführenden Zellen der Wurzeloberhaut bilden eben durch diese Luftschicht einen Schutzwall gegen das Austrocknen der inneren, wässrigen Nährsaft führenden Gefässe. Wie der Bau, so weisen auch die Fundorte der tropischen Orchideen auf den steten Wechsel zwischen reichlicher Feuchtigkeitsaufnahme und raschem Abtrockenen sein. Jeder Regenguss trifft in erster Linie natürlich die Baumkronen und Felswände, aber ebenso rasch verrinnt grade hier der Überschuss des Wassers, welches nicht durch Wurzeln oder Moospolster aufgesaugt und festgehalten wird.

Die heutige Kulturmethode nimmt darauf umfassende Rücksicht. Mit Ausnahme der echten Erdorchideen oder der als solche aufzufassenden Tropenarten (Phajus, Calanthe z. B.) ist der Topf in der Orchideen-Kultur fast verdrängt und wo er noch benutzt wird, da schlägt man ihn zur Hälfte voll Scherben und pflanzt die Orchideen auf einen Hügel, so dass sie mit dem Grunde ihrer Knollen höher als der Rand des Topfes stehen. Alle echten Epiphyten (Baumbewohner, nicht Schmarotzer) aber kultiviert man fast nur noch im Stäbchenkasten oder am Holzklotz, resp. am Rindenstück.

Der aus Stäben in der Form des aus den Jahren der Jugendlust jedermann bekannten Meisenkastens einfach zusammen geschlagene Kasten oder Korb ist das Ideal eines durchbrochenen Topfes. Nach allen Seiten hin lässt er das Wasser leicht abströmen und die trocknende Luft leicht eintreten, dabei aber giebt er einer grossen Menge Pflanzmaterial sicheren Halt. Die Grösse des Kastens richtet sich natürlich nach der Grösse der Pflanze, welche er aufnehmen soll. Sehr praktisch ist eine Durchschnittsgrösse von 20 cm Länge, 10 cm Breite und 6 cm Tiefe Innenmass. Die quadratischen Kästen sind unpraktischer und dem Auge weniger gefällig. Die Tiefe soll niemals, auch bei grösseren Kästen nicht, 10 cm überschreiten, denn die Orchideen sind Flachwurzler. Aus welchem Holz der Kasten gebaut wird, ob aus rohen, noch mit der Rinde bekleideten Ästen oder aus glatt geschnittenen oder gehobelten runden oder vierkantigen Stäben ist vollkommen ohne Einfluss auf das Gedeihen der in ihm gepflegten Arten. Praktisch ist es jedenfalls ein hartes Holz zu wählen, welches nicht so schnell verfault. Für den Liebhaber, den Gartenfreund, empfehlen sich Kästchen aus Rindenästen, für den Grossbetrieb kann nur vierkantig geschnittenes, etwa daumendickes Holz in Frage kommen. Die Ecken müssen mit verzinktem Draht durchbohrt und aneinander gehalten werden. Das Aufhängen bewirkt man am besten nicht durch Drähte von den vier Ecken aus, sondern indem man besondere starke verzinkte Drähte nimmt, welche unter dem Boden, in dessen Schmallinie, um den Kasten herumgreifen, in Form eines lateinischen L etwa, und dadurch dem Kasten noch eine Extra-Stütze abgeben. Der Boden wird natürlich auch aus Stäben hergestellt.

Neben dem Kasten, ja sogar diesen zeitweis verdrängend, hat der Holzklotz oder das Rindenstück sich breite Bahn in der Kultur gebrochen, fast zu viel. Man verfällt leicht aus einem Extrem ins andere und das ist mit der ausschliesslichen Rindenkultur der Fall. Das mechanische Kopieren der Natur ist nicht immer der richtige Ersatz der Natur, sondern man muss veränderten Verhältnissen in verständiger Weise Rechnung tragen. Es ist ein ungeheurer Unterschied zwischen dem lebenden Aste oder selbst dem im Freien abgestorbenem und dem toten Aste, welchen wir in das Kulturhaus mit seinen die Fäulnis ganz anders fördernden Verhältnissen bringen. Wer Holzklötze als Kulturboden für grössere Orchideen anwendet, der sehe darauf, dass es hartes, langsam sich zersetzendes Holz sei. Wiederholte Beobachtungen in England haben festgestellt, dass kräftig wachsende Orchideen aufhörten zu blühen, wenn ihr Holzklotz vermorschte und sofort wieder dankbar blühten, wenn sie auf einen frischen Klotz umgebunden wurden. Das beste Material für Hänge-Holz-Kultur ist jedenfalls die Korkrinde, und zwar die tiefrissige harte, sogenannte Jungfernrinde oder Zierkorkholz. An ihr finden die Wurzeln vorzügliche Gelegenheit sich anzuklammern und festzusaugen und ihre Widerstandsfähigkeit gegen Fäulnis ist sehr lang ausdauernd. Man beachte für die Benutzung der Korkrinde die kleinen Vorteile, dass man die Rindenstücke nicht senkrecht, sondern fast wagerecht hänge, eine Kleinigkeit nach der Wachstumsrichtung der Knollengruppe ansteigend. Grosse Pflanzen setze man nicht auf die gewölbte äussere

Fläche, sondern in die innere Hohlfläche, welche dann gewissermassen als Topfraum wirkt. Zum Aufhängen der Korkrinden muss selbstredend nicht rostender, verzinkter Draht verwandt werden.

In kurzen Worten würden wir vorschlagen, für importierte oder noch schwachwüchsige Orchideen sich der Korkrinde zu bedienen, für alle stärker wachsenden Exemplare aber Kasten zu wählen. Die Kultur gewisser, starker Exemplare an Holz oder Kork läuft immer Gefahr in ein Hungerleiden auszuarten, wenn die Pflanzen nicht ausserordentlich aufmerksam behandelt werden, eine Gefahr, welche die Kastenkultur fast gar nicht kennt.

Erdmischung. „Ein Heringssalat von Erdsorten!“ rief unser schlesischer Grosszüchter Haupt aus, als er vor den hervorragendsten deutschen Fachmännern im Frühjahr 1889 in Brieg seine wunderbaren und wundervollen Orchideenkulturen zeigte und besprach. Und wirklich, ein wahrer Heringssalat wurde früher zurecht gemacht, wenn es an das Verpflanzen der Orchideen ging. Die Ärzte des Mittelalters verordneten ihren Kranken bekanntlich Theriak, wenn alle Kunst sie im Stiche liess. Aus mehr als hundert Grundstoffen, darunter das verrückteste Zeug auf Gottes Erdboden, ward dieser Theriak bei Paukenschall und Gläserklang gemischt. Hilft nicht das eine, was darin ist, so hilft vielleicht das andere, mochten Arzt und Apotheker wohl manchmal denken, und ähnliche Gedanken mögen manchen Gärtner überschlichen haben, der seinen Theriak für Orchideenkulturen aus Lauberde, Haideerde, Rasenerde, Lehm, Sand, Kohle, Hornspähnen, Ziegelmehl, Moos und wer weiss was noch allem zusammensetzte. Die bescheidenen Verhältnisse der Gärtnerei gestatteten es leider nicht, dies Mischfest mit Musik und Gläserklang zu feiern, wenigstens der deutsche Gärtner konnte sich höchstens einen Trauermarsch vorpfeifen und mit einem stillen Andenkentrunk diejenigen Orchideen weihen, welche ihr Glück in diesem Kunterbunt versuchen sollten.

Heut ist die Sache anders. Auf dem Verpflanztisch liegt das Moos, sauberes frisches Moos, neben einer Handvoll grobbrockiger Haideerde — das ist alles. Höchstens noch ein bischen Dungstoff und für etwaige Schnittwunden gepulverte Holzkohle. Mit der Sicherheit des Erfolges wird etwas Moos und Haideerde zwischen und um die Wurzelpartie gedrückt, mit dem Drahte samt der Pflanze am Holze befestigt und die grosse Arbeit ist geschehen. Auch da, wo es sich um Kasten- oder Topfkulturen handelt, ist gutes Moos und Haideerde die Hauptsache, alle anderen Zuthaten buchstäblich Nebensachen, die wir bei den einzelnen Gruppen im folgenden Text erwähnen.

Moos. Wenn von den Orchideen die Rede ist, so versteht der Fachmann unter Moos die in seiner Nähe am leichtesten zu erlangende Art des Torfmooses, Sphagnum. In Deutschland kommen aus der Gattung Sphagnum etwa zwölf weiter verbreitete und fast ebensoviel seltenere

Arten vor. Für die Gärtnerei kommen etwa drei Arten in Betracht, davon ist die weitaus am häufigsten benutzte Sphagnum acutifolium Ehrh., welche von der Ebene bis ins Hochgebirge verbreitet ist, teils direkt im Torfsumpf als Torfbildner wachsend, teils in Gräben oder Polster bildend auf nassen Wiesen und im feuchten Walde. Je nasser der Standort, um so langgestreckter und grüner wird das Sphagnum, je trockener, um so kürzer und weisslich oder rotköpfig. Ebenso verhält sich Sph. squarrosum Pers., während das meist erheblich grössere Sph. cymbifolium fast immer grün gefärbt erscheint. Welche Spagnumart verwandt wird, ist vollkommen gleichgültig, unbedingt festzuhalten aber ist, dass jedes benutzte Moos frisch und sauber ist, nicht faulig, modrig oder dumpfig. Als Unterpackung kann anstandslos trockenes, abgestorbenes Sphagnum benutzt werden, zur obersten Schicht aber wähle man immer lebendes, frisches Moos. Giebt man sich die kleine Mühe darauf zu achten, dass die Köpfchen der einzelnen polsterbildenden Moospflänzchen etwas regelmässig nebeneinander kommen, so giebt das für das Auge ein sehr nettes Bild. Frisches Sphagnum wächst in der Hauskultur weiter und in den sorgsamen Kulturen unseres Freundes Schütze, Eichbornsche Gärtnerei, in Breslau sahen wir oft die niedliche Erscheinung, den Fuss einer prächtig blühenden Orchidee aus einem Moosteppich auftauchen zu sehen, der die seltenen, allerliebsten, schlankgestielten, zimmetbraunen Fruchtkügelchen in reicher Fülle trug. Auch die schönste Pflanze aber gewinnt durch eine nette Umgebung oder Arrangierung. So vorzüglich das Torfmoos als Kulturstoff ist, so verändert oder zersetzt es sich unter Umständen schneller, als dem Gärtner lieb ist. Für Dauerkulturen muss man sich daher nach einer anderen Moosart umsehen, und diese bietet sich uns dar in den grosswüchsigen Arten der Gattung Polytrichum — der deutsche Name Widerthonmoos ist verbreitet, aber es fehlt eine Erklärung für Widerthon —, von denen P. commune L. und P. juniperinum W. in jeder lichten Nadelholzwaldung verbreitet sind und oft in riesigen Polstern vorkommen, deren Einzelpflänzchen bis 30 cm lang sind und jedem Fäulnisangriff widerstehen. Sehr empfehlenswert wären Kulturversuche mit einer schön weissgrünen, dicht wüchsigen, vollkommen fäulniswidrigen Moosart unserer Nadelwälder des niedern Vorgebirges, dem Weissmoose, Leucobryum glaucum L. Besonders für die mexikanischen Odontoglossum, Oncidium und ähnliche Familien würden wir dies Moos sehr geeignet halten, können aber aus eigener Erfahrung noch nicht über seinen Wert sprechen.

Was die Erdsorten zur Orchideenkultur anbetrifft, so gilt von ihnen nichts anderes als für dieselben Sorten in anderen Kulturen gebräuchlich ist. Die Haideerde muss aus trockener Lage stammen und grobbrockig sein, staubige oder moorige Haideerde ist zu verwerfen. Ein sehr zweifelhaftes Ersatzmaterial für trockene, brockige Haideerde ist der Torf. Wo der Torf aus Sphagnum besteht (der meiste hannöversche Pressdorf), ist nichts gegen ihn einzuwenden, dagegen ist Torf aus moorigen, sauren Brüchen den Wurzeln der Orchideen direkt zuwider und schädlich.

Düngung. Dass den Orchideen eine Düngung zuträglich ist, wird heut von niemandem mehr bestritten; es kann sich also nur darum handeln, womit und wie gedüngt werden soll. In der Frage der Düngerbenutzung ist die Gärtnerei merkwürdig schwerfällig. Während die Landwirte längst genau wissen, welche künstlichen Düngstoffe ihren Kulturpflanzen zuträglich sind und neben dem natürlichen Dung im weitestem Spielraum mit Salzen aller Art arbeiten, kann sich die Gärtnerei noch immer nicht entschliessen, den Jauchekübel mit seinem duftigen Inhalt von Kuhdung, Schafdung oder Hornspähnen zu verlassen oder die trockene Untermengung dieser ganz unberechenbaren Rohstoffe aufzugeben und dafür mit sauberen Chemikalien zu arbeiten, deren Zusammensetzung ihre Wirksamkeit garantiert.

In der Heimat leben die baumbewohnenden Orchideen scheinbar von nichts, denn weder greifen ihre Wurzeln den Körper ihres Wirtes zerstörend an, noch haben sie Erdvorräte zur Verfügung, wenigstens scheint das auf den ersten Blick ausgeschlossen. In Wahrheit allerdings sitzt hoch oben auf dem luftigen Standort zwischen den Orchideenwurzeln ein mitunter ganz erhebliches Quantum von mineralischen Körpern in Form winzig kleiner vom Sturm hinaufgetragener Bruchstückchen von Gesteinen und ein ebenso grosser Teil durch denselben Boten in die Höhe getriebener organischer Reste. Die Staubform dieser Körperchen erleichtert ungemein ihre Zersetzung und Aufnahme durch die Orchideenwurzel. Diese Stäubchen fehlen in der Kultur und werden durch die Moospackung ersetzt, soweit sie Wasser festhaltend wirken und durch die sonstigen dem Moose beigepackten Stoffe, soweit sie zur Ernährung dienen. Um diese Ernährung zu verbessern, greift der Gärtner zum Dünger, welcher den Orchideen gewöhnlich mit dem Gusswasser oder durch Eintauchen in einen Kübel, welcher eine sehr dünne Düngerjauche enthält, zugeführt wird. Gewöhnlich wird diese Jauche durch Auflösung von Kuhdünger hergestellt.

Das Verdienst, an dessen Stelle Dungsalze verwendet und damit Reinlichkeit und Sicherheit in die Behandlung eingeführt zu haben, gebührt, wie so viele andere Verdienste, dem unermüdlichen Förderer der deutschen Orchideenkultur, Gartenbaudirektor Haupt in Brieg. Haupt benutzt nur noch Salzlösungen und schreibt uns über sein Verfahren:

„Zum Düngen der Orchideen während ihrer Wachstumszeit bediene „ich mich sehr verdünnter Lösungen von phosphorsaurem Kali und sal- „petersaurem Kali. Die Lösung nehme ich wie 1:5000, d. h. auf einen „Kubikmeter Wasser zusammen 200 Gramm phosphorsaures und sal- „petersaures Kali.

„Der Bedarf der meisten Orchideen an Stickstoff, Kali und Phosphor- „säure ist, da sie langsam wachsen, jedenfalls nicht gross. Genaueres „ist darüber noch nicht bekannt, da Aschenanalysen fehlen, welche

„uns genau über den Bedarf der Orchideen belehren würden. Ich „schätze den Bedarf einer mittelgrossen Pflanze auf jährlich einige „Gramm und diese werden ihr durch unsere Lösung bei jährlich etwa „hundertmaligem Giessen leicht zugeführt. Die übrigen Nährstoffe er- „hält die Pflanze reichlich in dem Oderwasser, welches ich zum Giessen „benutze.“

In dieser Hauptschen Note ist gleichzeitig mit enthalten der Hinweis, dass der Dungstoff — was natürlich ebenso für jede andere Dunglösung gilt — der Orchidee nur während der Wachstumszeit zugeführt wird. Wer Kuhdung oder eine sonstige Jauche benutzt, der verabsäume nicht, nach dem Eintauchen in das Dungbad oder nach dem Guss noch mit reinem Wasser die Orchideen zur Reinigung der Blätter und Knollen zu überbrausen.

Häuser. Damit wäre unsere Skizze über die Pflege, welche die Orchideen bedürfen, abgeschlossen und nur noch der Kulturraum kurz zu erwähnen. Wo die Orchideen nur als gelegentliche Beigabe mitgepflegt werden, da vertragen sie sich am besten mit den Farnkräutern und nehmen mit jedem Gewächshause vorlieb, wenn sie nur das nötige Licht geniessen. Eigene Orchideenhäuser konstruiert man am besten nach dem Hauptschen System (Fig. 14) als im First 2—3 Meter hohe flachdachige Häuser mit niederen Seitenfenstern, Mittelgang mit seitlichen Tafeln, unter welchen flache Wassergefässe zur Verdunstung angebracht sind. Die Füllung dieser Gefässe mit faulenden organischen Stoffen, um den Orchideen durch die feuchte Luft in Gasform Nährstoffe zuzuführen, eine englische Idee, ist von geringem Wert und kaum zu empfehlen. Der Vorzug der Hauptschen Hauskonstruktion liegt in dem Umstande, dass alles vorhandene Eisenwerk — die Tragkonstruktion — nach innen durch Holz gedeckt ist und alle Nebenlinien — Fenstersprossen u. s. w. — imprägniertes Holz sind. Die Heizung ist selbstredend Wasserheizung.

Zimmerkultur. Eine grosse Anzahl von Orchideen verträgt es nicht nur während der Dauer ihres Blütenschmuckes im Zimmer zu hängen, sondern gedeiht auch im Zimmer fast ebenso leicht wie etwa eine Dracaene, Palme oder Gummibaum und sind daher direkt als Zimmerorchideen zu bezeichnen. Wie weit dieser Begriff ausgedehnt werden kann, das lehrte uns in Breslau der verstorbene Kaufmann und Chemiker Julius Hutstein, der gleichfalls zu den mit dem Undank des Vergessenwerdens belohnten Forschern auf dem Gebiete des Gartenbaues und unverdrossenen Lehrern der möglichen Verbesserungen gehörte, welche leider so vergeblich wie der Prophet in der Wüste ihre Stimme erschallen lassen. Niemand in Deutschland und wohl kaum jemand im gelobten Lande der Orchideenpflege, in England, besass so herrliche Anoectochilus, wie sie Hutstein in der Stube zog. Als Kulturraum dieser verwöhnten Pflänzchen dienten ihm sorgfältig nach eigenen Ideen konstruierte Glaskästen, deren Wasserheizung eine kleine Spiritusflamme besorgte. Es ist nicht zu verlangen, dass der gewöhnlichen Stubenpflege von Orchideen derartige Sorgfalt gewidmet wird, wie sie Hutstein anwandte, sondern wir wollen als Zimmerorchideen, wie gesagt, nur Arten empfehlen, welche ohne mehr Pflege, als andere zarte Zimmerpflanzen verlangen, auch im Zimmer gedeihen.

Der Hauptunterschied und damit auch die hauptsächliche Schwierigkeit der Zimmerkultur der Orchideen gegenüber der Gewächshauspflege besteht in der trockenen Luft und im Staube der bewohnten Räume. Durch Wardsche Kästen oder durch grosse Glocken lassen sich diese Übelstände vollständig beseitigen, aber bei Anwendung dieser Schutzhüllen kann man füglich nicht mehr von wirklicher Zimmerkultur reden.

Im offenen Zimmerraume lässt sich die Trockenheit der Luft allerdings durch reichliches Spritzen erfolgreich bekämpfen. Die so angefeuchtete Luft aber macht das Zimmer als Wohnort einfach unbrauchbar, die Wände beschlagen mit Feuchtigkeit und an allen Einrichtungsgegenständen bilden sich Moder- und Schimmelflecken. Es kann daher nur eine mässige Wassermenge zum Verdunsten gebracht werden und damit scheiden alle jene Arten, welche erheblich feuchter Luft bedürfen, aus dem Kreise der im Zimmer mit Erfolg zu kultivierenden Orchideen aus.

Ein fernerer, sehr grosser Übelstand, welchen die trockene Zimmerluft hervorruft, ist das sehr schnelle Absterben des zur Kultur benutzten Sphagnums, welches sehr rasch immer wieder erneuert werden muss, was oft seine grossen Schwierigkeiten hat. Die Trockenheit der Luft begünstigt auch sehr erheblich die Entwickelung und Verbreitnng von allerhand Ungeziefer, besonders die schwarze Fliege (Thrips) ist einer der hartnäckigsten Gäste an Zimmerorchideen und erfordert stete Aufmerksamkeit, um sie schon in den ersten Anfängen zu unterdrücken.

Die Trockenheit der Zimmerluft verbietet auch die Kultur aller Orchideen mit frei kriechenden Wurzeln, welche man im Gewächshause an Ästen oder in Holzkästen kultiviert, so dass nur die Kultur in Töpfen für das Zimmer übrig bleibt, wodurch wiederum ganze Gruppen von Orchideen aus dieser Kulturweise ausscheiden. Die Anwendung von Untersetzern, entweder aus Blech oder aus glasierter Thonmasse, ist nur in der Weise zu empfehlen, dass der Kulturtopf über dem Wasser steht, am einfachsten auf drei über das Wasser emporragenden glatten Steinstücken. Orchideen, welche weniger Wärme bedürfen, finden einen recht guten Stand im Doppelfenster, aus welchem sie natürlich bei sinkender Temperatur in das Zimmer selbst gebracht werden müssen.

Dass man die Orchideen im harten Winter nicht dem eisigen Luftzuge aussetzen darf, welcher beim Öffnen der Fenster eindringt, ist wohl ebenso selbstredend, als dass auf die Beleuchtungsverhältnisse Rücksicht genommen werden muss, insofern als die Orchideen zwar Licht, aber keine dörrende Sonne — mit wenig Ausnahmen — lieben.

Einer der erfolgreichsten Pfleger auf dem Gebiete der Zimmerkultur dieser schönen Pflanzen, — Herr Lehrer Kern in Breslau —, dem wir auch das Wesentlichste der vorstehenden Winke verdanken, hat die nach-

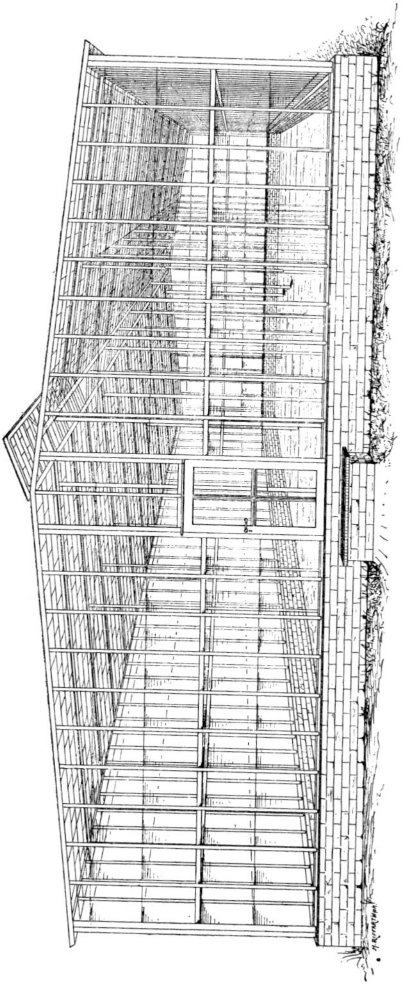

Fig. 14. Haupts Orchideenhaus.

folgenden Arten im Zimmer kultiviert und zwar meist mit Erfolg in jahrelanger Pflege und in so vorzüglichem Zustande, dass sie fast durchweg den Vergleich mit guten Gewächshaus-Exemplaren aushalten konnten:

Acropera, alle Arten blühen sehr willig im Zimmer.

Aërides sind nicht zur Kultur im Zimmer zu empfehlen, ebensowenig die Arten von **Angraecum.**

Bifrenaria siehe **Lycaste.**

Cattleya, alle Arten halten im Zimmer jahrelang aus, blühen aber wenig oder gar nicht. Dies Verhalten ist wohl darauf zurück zu führen, dass die Entwickelung der Wurzeln in den Töpfen nicht üppig genug erfolgt.

Chysis, alle Arten und Formen sind sehr willige Zimmerblüher.

Cypripedilum siehe **Paphiopedilum.**

Dendrobium, von einer ziemlichen Auswahl von Arten gediehen am besten **D. chrysanthum** und **D. nobile,** welche regelmässig und üppig ihren schönen Blütenflor entwickelten.

Laelia, nur **L. albida** lohnt die Mühe der Kultur, diese Art aber auch in vollem Masse, während die meisten anderen Arten sich den Cattleyen ähnlich verhalten.

Lycaste, während **L.** *(Bifrenaria)* **Harrisonii** sehr willig wuchs und blühte, wollte **L. Skinneri** durchaus nicht gedeihen.

Oncidium hat merkwürdiger Weise sehr verschiedene Kulturerfolge ergeben. **O. altissimum** wuchs leidlich, blühte aber niemals, während **O. incurvum, ornithorhynchum** und **pulvinatum** reichlich und vollkommen normal blühten und monatelang ihren Blütenschmuck trugen.

Paphiopedilum *(Cypripedilum)*, während **P. barbatum** und **venustum** dankbare Zimmerblüher sind, wollte **P. insigne** sich nur selten zur Entfaltung von Blüten bequemen.

Phalaenopis, keine der zum Versuch benutzten Arten wollte im Zimmer gedeihen.

Sigmatostalix radicans gedieh gut und blühte willig.

Sobralia macrantha „blüht alle Jahre üppig, muss aber einen Unter- „satz wenigstens von der halben Höhe des breiten, nicht zu hohen Blumen- „topfes haben, welcher im Sommer immer mit Wasser gefüllt sein muss. „Die Sobralien wachsen, wie schon ihr Habitus zeigt, wie unser Schilf- „rohr an den Flüssen Mittel-Amerikas, welche in der Regenzeit ihre Ufer „weithin überschwemmen, in welcher Zeit die Sobralien dann mit ihren „rohrartigen blühenden Stengeln die Wasserfläche überragen."

Stanhopea, alle Arten wachsen leicht im Zimmer, bringen es aber fast niemals zu einer normalen Blüte, was wohl auf dieselben Gründe wie bei **Cattleya** zurückzuführen ist.

Zygopetalum Mackayi blühte willig und schön.

Selbstredend ist diese Liste keine erschöpfende Aufzählung der Arten, welche für die Zimmerkultur empfehlbar sind und andere Pfleger haben auch andere Arten mit Erfolg im Wohnraume gezogen. Wir sahen im Zimmer gut blühend:

Acineta Barkerii.
Calanthe vestita,
Epidendrum ciliare, vitellinum,
Gongora tricolor
Miltonia spectabilis,
Odontoglosum crispum und **Rossii,**
Phajus Tankervilliae,
Pleione praecox,
Rodriguezia secunda und
Vanda tricolor.

Zu einem ersten Versuche, sich die Schönheiten der Orchideen-Blüten im Zimmer zu erziehen, würden wir folgende zehn Arten vorschlagen, für deren Bezug wir die Firma H. Dammann jr. in Breslau empfehlen:

Acropera Loddigesii,
Bifrenaria Harrisonii,
Chysis aurea,
Dendrobium chrysanthum,
Dendrobium nobile,
Gongora tricolor,
Oncidium incurvum,
Oncidium pulvinatum,
Paphiopedilum barbatum,
Zygopetalum Mackayi.

Feinde der Orchideen.

Seitdem wir gelernt haben die Orchideen naturgemäss zu pflegen, ist jedenfalls der schlimmste Feind der schönen Pflanzen, der wohlwollende Unverstand, als verschwunden zu betrachten und wir brauchen nur noch auf die Feinde aus der niederen Tierwelt hinzuweisen. Orchideen zerstörende Pilze sind glücklicherweise bisher nicht bekannt geworden und hoffentlich dauert es auch noch recht lange, bis irgend einem Pilzforscher das Glück erblüht einen speziellen Orchideenpilz nachzuweisen.

Schimmel. Schimmel- und Fäulnispilze sind allerdings auch an den Orchideen zu finden, aber doch nicht in besonders starkem Masse, meist durch den Kultivateur verschuldet und in fast allen Fällen mit Leichtigkeit entfernbar. Der Schimmel an lebenden Teilen von Gewächshauspflanzen oder an nicht im normalen Verlaufe abgestorbenen, ist fast immer auf liederliches Giessen zurückzuführen, wodurch die Pflanzen zu wenig Wasser erhalten. Dann welken ihre zarten, jungen Triebe, und hat dieses Welken eine bestimmte Grenze überschritten, so ist der junge Spross, das junge Blatt oder Knospe, nicht mehr imstande die später — zu spät — aushelfen sollende Wassermenge aufzunehmen, der welke Teil fault und schimmelt. Da hilft nur das Abschneiden und aus dem Hause Entfernen der schimmelnd erkrankten Teile. Bei vorsichtigem Giessen, reichlich feuchter und dabei frischer, nicht stockiger Luft wird weder eine Orchidee noch sonst eine Pflanze schimmeln.

Fäulnis. Jede Verletzungsstelle der Orchideen ist ein Punkt, aus welchem möglicherweise ein Fäulnisherd sich entwickeln kann. Unter guten Bedingungen wird eine kräftige Pflanze ihre Wunden rasch vernarben, überwallen und schliessen, wo aber ein störender Zwischenfall eintritt, wo die Wundränder rissig-zackig statt glatt sind, stockende Feuchtigkeit hinzutritt oder eine mangelhafte Ernährung ihre Folgen äussert, da wird auch die unschuldige Wunde zum Faulfleck, von welchem aus die eingedrungenen Bakterien — denn ohne diese winzigen Zersetzer giebt es keine Fäulnis — sich rasch weiter verbreiten und einen ganzen Organismus ruinieren. Da Verletzungen und Verwundungen durch allerhand Zufälle nun einmal unvermeidlich sind, so bleibt nur übrig der Fäulnis vorzubeugen, indem man die offenen Stellen so rasch als möglich schliesst oder der Pflanze das Schliessen derselben erleichtert. Das geschieht in erster Linie durch Herstellen glatter Wundflächen, indem man mit scharfem Messer die nötigen Schnitte vornimmt. Dann lasse man die Wunden möglichst übertrocknen oder schliesse sie durch feinsten Holzkohlenstaub. Stellen, an welchen der Verdacht der Fäulnis haftet, revidiere man öfter und schneide stets bis in das gesunde Fleisch, lieber ein Stück zu viel als zu wenig, denn bleiben Fäulnispartikel an der Wunde zurück, so werden diese immer von neuem wieder verjauchend auf die anliegenden, noch gesunden Partien wirken. Besonders ausgesetzt sind den Fäulnisangriffen natürlich Wurzeln und Knollen, ganz besonders beim Verpflanzen ist auf die unausbleiblichen Verletzungen zu achten, welche die Wurzelu durch Zerreissen und Abbrechen erleiden und überall mit dem Messer nachzuhelfen.

S c h n e c k e n. Aus der Schar der tierischen Feinde ist keiner dem Orchideenpfleger verhasster und empfindlicher Schaden bringend als die Schnecke, keiner aber verdient auch den Hass mehr als dieser heimtückisch nächtlich zerstörende, ekelhafte, schmierig-schleimige Geselle. Mit einer wahren Niederträchtigkeit wählt die Schnecke gerade diejenigen Pflanzen zum Angriffsgegenstand, an welchen man am meisten hängt. Alle gewöhnlicheren Arten wird sie schonend behandeln, aber wenn irgend eine Seltenheit zum erstenmale blühen will, dann kann man darauf wetten, dass die Schnecke sie angreift, wenn es ihr irgend möglich ist. Mitunter trifft die fressgierige Bande thatsächlich eine förmliche Auswahl und jedenfalls kann man den bekannten Goetheschen Vers ohne weiteres auf die Schnecken ummodeln: „die schlecht'sten Blüten sind es nicht, daran die Schnecken nagen.“ Der „böse Schneck'“ tritt im wesentlichen in den deutschen Orchideenhäusern in zwei Arten auf. Am häufigsten ist die Nacktschnecke (L i m a x a g r e s t i s) in unsern Häusern vertreten, meist eingeschleppt mit Moos, Laub oder Erde. Das in den Häusern zarter und kleiner als im Freien bleibende gelbbraune Tier hat nur in der Kröte einen wirklichen Feind, sonst muss es einzeln weggefangen werden. Das geschieht am besten, indem man nach voll eingetretener Finsternis mit hellem Licht die Töpfe absucht und jede gefundene Schnecke tötet. Leidlich gute Fangapparate sind ausgehöhlte Kartoffeln, Äpfel oder Mohrrüben, auch kleine Blumentöpfchen mit etwas Moos nehmen die Nacktschnecken gern als Zufluchtsort gegen das Tageslicht. Geradezu grässliche Zerstörungen kann eine einzige der grossen nackten schwarzen Waldschnecken (Limax rufus) in einer Nacht anrichten, wenn sie durch einen unglücklichen Zufall ins Haus verschleppt wurde. Glücklicherweise zeichnen diese grossen Vernichter ihren scheusslichen Lebensweg durch einen so kenntlichen Schleimstreifen, dass man sie auch im Tagesversteck leicht erwischt. Gerade an den Orchideen trifft man sehr häufig auch die kaum centimeterbreite, zarthäusige, schmale Knoblauchs-Schnecke (Helix Alliaria), welche ihren Namen dem intensiven Dufte nach der „Ananas des Ostens" verdankt, den sie beim Zerquetschen ausströmen lässt. Die gelblich- oder bläulich-graue Knoblauchs-Schnecke arbeitet auch am Tage für die Füllung ihres Magens und ist nur durch sorgfältiges Ablesen zu entfernen. Besonders gern erscheinen sie bald nach dem Spritzen und mit der hereinbrechenden Dämmerung. Die sonst sehr zuverlässige Kröte geht die Knoblauchs-Schnecke nicht an, und auch für Kartoffel und Apfel etc. ist diese Schnecke wenig empfänglich. Es bleibt da nur die Selbsthilfe durch Absuchen, denn alle angepriesenen Mittel, wie Streuen von Asche, Kalk, Salz etc. helfen nur auf dem Papiere. Blütentriebe schützt man gegen Schnecken, indem man die Pfianze frei über Wasser stellt oder den Blütenschaft mit einem Wattering umwickelt, der öfter erneuert werden muss.

In allen englischen Besprechungen der Orchideen wird der Schaben, Cockroaches (Blatta germanica), mit ganz besonderer Betonung als schlimmer Orchideenfeinde gedacht. Nun sind wir weit entfernt für die Schaben, die der Deutsche ausser dem nur verdorbenen Namen Schwaben, auch mit Russen, Spanier, Franzosen bezeichnet, je nach den Völkern, denen man in den einzelnen Teilen Deutschlands das Verdienst beimisst, das unangenehme Insekt auf deutsches Gebiet importiert zu haben, eine Lanze zu brechen, um so weniger, als in Brehms Meisterwerk „Tierleben" unserer Vaterstadt Breslau nacherzählt wird, die Schaben liefen daselbst derart herum, dass sie den Bierstubengästen in die Rockkragen kröchen. Aber trotz dieses verletzten Lokalpatriotismus müssen wir bekennen, noch niemals eine Schabe in einem Orchideenhause gesehen zu haben, so dass jedenfalls für Deutschland die Schaben nicht unter die nennenswerten Feinde der Orchideen zu zählen sind.

Asseln. Dagegen finden sich durch ganz Deutschland häufig und als schlimme Schädlinge die Kellerassel (Oniscus scaber), im Dialekt auch Kelleresel genannt, und die Erdassel oder gelber Tausendfuss (Geophilus longicornis). Beide Tiere greifen wohl kaum eine gesunde Orchidee an, aber wenn die Scheinknolle irgend eine kleine alte Wunde, eine verharschte Höhlung zeigt, so sind sie unermüdliche Minierer, welche von diesem Punkte aus das weiche Zellengewebe zerstören und durch ihren eingelagerten Exkrementen-Schmutz noch extra Fäulnisstoffe anhäufen. Die Kellerassel wird von der Kröte gern genommen, der beissendes, ätzendes Gift in die Bisswunde bringende Tausendfuss dagegen nicht. Gegen beide Tiere hilft das Auslegen von etwas ausgeschabten Mohrrüben. Die kleinen Zerstörer gehen in diese Höhlen hinein, verharren dort den grössten Teil des Tages und sind dort leicht zu fangen und zu töten. Dass der gelbe Tausendfuss im Übermut oder Ärger, nicht zu Nahrungszwecken, Regenwürmer überfällt und tötet, ist bekannt.

Das Auslegen von Phosphorpillen gegen alle diese Insektenplagen widerraten wir dringend. Diese Pillen nützen so gut wie nichts und die Gefahr ist immer vorhanden, dass irgend ein Unglück durch sie herbeiführt werden kann.

Regenwürmer. Für die Topfkulturen der Orchideen können die Regenwürmer nicht störend werden, für Kästchen- und Holzkultur sind sie fast gegenstandslos. Glücklicherweise sind sie auch jeden Augenblick spielend zu entfernen, indem man entweder mit 45 ° R. warmem Wasser giesst oder dem Gusswasser 10 % Essig zusetzt. Beide Methoden sind für die Pflanzen vollkommen unschädlich und vernichten die Regenwürmer rasch und vollständig.

Ameisen. Viel schwieriger zu vertreiben sind die mitunter sich hartnäckig einbürgernden kleinen Ameisen, welche wahrscheinlich durch Blatt- oder Wurzelläuse zunächst angelockt werden. Eine kleine schwarze Ameise hat die Passion, zwischen die Gruppen der Scheinknollen Erdnester zu bauen oder an den Stämmen, Blättern oder Blütenstielen empor Erdröhren zu bauen. Der direkte Schaden, welchen die Ameisen verursachen, wird niemals ein grosser sein, aber sie machen sich sehr lästig durch den Schmutz, welchen sie verschleppen. Wir sind die Ameisen im Gewächshause stets durch Wasser allein losgeworden, ohne die viel empfohlenen Stinkmittel anwenden zu müssen.

Schwarze Fliege. Unter dem Namen der schwarzen Fliege versteht man in Deutschland allgemein das ausgewachsene Insekt des rotschwänzigen Blasenfusses (Thrips haemorrhoidalis), das etwa 2 Millimeter lang und den zehnten Teil so breit wie ein schwarzer Strich hauptsächlich auf der Unterseite der Blätter sitzt oder sich rasch bewegt. Noch weniger ins Auge fallen die weissgelblichen, noch winzigern Jugendzustände des mit den Ohrwürmern nächstverwandten Insektes. Wie die meisten dieser kleinen Lebewesen kann sich der Blasenfuss rasch zu grossen Massen vermehren, und dann ist er ein wirklich gefährlicher Feind aller Pflanzen, welche er befällt. Er nimmt seine Nahrung aus den zarten Oberhautzellen der Blätter, indem er dieselben aussaugt. Hierdurch entstehen zunächst fahlgelbe Flecken, wenn der Thrips aber in Massen auftritt, zerstört er die Blattoberfläche vollständig und bringt das Blatt oder ganze Triebe zum Welken und Vergehen. Überhandnehmen der schwarzen Fliege ist in erster Linie stets ein Zeichen zu trockener Luft. In feuchten Räumen gedeiht weder der Blasenfuss noch die rote

Spinne und schon durch derbes Spritzen allein kann man im Anfange meist diese schädlichen Einwanderer los werden. Haben sie sich aber eingenistet, so entferne man zunächst die am schlimmsten befallenen Blätter durch Abschneiden und Verbrennen, dann aber greife man energisch zum Räucherapparat.

Das Räuchern wird entweder bewerkstelligt, indem billige Tabaksorten auf glühender Platte verbrannt werden, bis der Rauch den Kulturraum vollständig erfüllt hat, oder durch Kochdämpfe von Tabak. Die nassen Tabakdämpfe, besonders aus dem Hauptschen Kochapparat, sind dem trockenen Räuchern weitaus vorzuziehen. Bei beiden Methoden ist zum Erfolge notwendig, dass der Rauch in dichter Wolke das Haus erfüllt, mindestens einige Stunden einwirkt und dass das Räuchern nach 3—4 Tagen nochmals wiederholt wird, um die inzwischen etwa den Eiern — welche der Rauch kaum schädigt — entschlüpfte Brut zu töten.

Rote Spinne. Ebenso gefährlich in ihren Zerstörungen, aber viel leichter zu vertilgen, ist die als Rote Spinne bezeichnete Milbenspinne (Tetranychus telarius) der Gewächshäuser, ein dem unbewaffneten Auge nur als gelblich-roter Punkt erscheinendes winziges Tierchen. Das ausserordentlich feine Gespinst bekleidet die Unterseite der Blätter seidenglänzend und unter dem Gespinst erscheint die Blattfläche rasch auf weite Flächen vergilbend und sich bräunend. In kurzer Zeit werden zarte Blätter total ruiniert und auch sehr feste Blattmassen leiden erheblich. Die beiden sicheren Mittel sind wiederum Feuchtigkeit und Tabaksdampf.

Läuse. In allen drei Formen als grüne Laus, als Woll- oder Mehllaus und als festsitzende braune Schildlaus versuchen die Blattläuse auch in den Orchideenkulturen sich einzubürgern. Am leichtesten zu entfernen ist immer die zarte grüne Laus (Aphis), welche an den Orchideen zuweilen an jungen Trieben, besonders gern in den Verästelungen von Blütenrispen sich einfindet und bei einiger Aufmerksamkeit nicht dazu kommt, Schaden zu machen. Spritzen und Lüften, Abwaschen in frischem Wasser reicht meist aus, sie zu vertilgen, jedenfalls genügt schon eine leichte Tabakswolke, sie zu vertreiben. In England ist mit brasilianischen Orchideen ein gelbe Aphis-Art eingeschleppt worden, welche aber ebenso leicht zu töten ist. Schon etwas widerstandsfähiger sind die Mehl- oder Woll-Läuse, deren alte Tiere eine Wachsmasse in so feinen Fäden ausschwitzen, dass dieselben wie in Wolle gehüllt erscheinen. In dem Wollknäuel sitzen später einige hundert Eier, welche bald auskriechen und sich weiter vermehren. Die Woll-Läuse sind empfindliche Schädiger jedes Pflanzenlebens und nur durch energisches, wiederholtes Abspritzen oder Abwaschen zu bekämpfen. Der Rauch vertilgt sie, aber er muss stundenlang auf sie einwirken. Sie gehören zu jenen Plagen, welche das Auge des Pflegers schon im ersten Entstehen sehen muss. Das sicherste Rezept zu ihrer Vertilgung ist das des praktischen Gaucher: „siehst du eine Woll-

Laus, so nimm sie vorsichtig zwischen Daumen und Zeigefinger und zerquetsche sie sorgfältig."

Eine wahre Pest können die weissen und braunen Schildläuse (Coccus und Aspidiotus) werden, wenn Trägheit oder Unachtsamkeit erst einmal ihre Einbürgerung gestattet haben. Zwar hilft viel Feuchtigkeit auch etwas gegen das Überhandnehmen, aber weder Nässe noch Tabaksrauch töten die hartlebigen Tiere. Man muss ihnen direkt von Blatt zu Blatt, von Knolle zu Knolle nachgehen und sie durch mechanisches Säubern, Bürsten oder Schaben, entfernen. Sicher werden sie getötet durch Überstreichen mit Öl, aber das Mittel ist vielleicht auch für die Pflanze nicht ganz gefahrlos. Reinlichkeit ist eine grosse Tugend, sollte über der Thüre jedes Orchideenhauses als Mahnwort stehen.

Cattleya-Fliege. In England wird hin und wieder über ein eingeschlepptes Insekt aus der Verwandtschaft der Fliegen geklagt, welches seine Eier mit der den Insekten innewohnenden Schlauheit (Instinkt) an den Grund der alten Cattleya-Knolle gerade dahin legt, wo die junge Knolle heraustreibt. In die sich entwickelnde Knolle schlüpft die Made aus dem Ei hinein und verursacht eine erhebliche Anschwellung, welche den Wuchs der Knolle stört oder ruiniert. Aus der Anschwellung kriecht nach 2—3 Monaten die neue Fliege heraus, begattet sich und das Weibchen legt seine Eier dann einzeln an eine Anzahl Knollen. Bisher ist die Fliege nur an Cattleya und Laelia bemerkt worden. Da die von ihrer Made gebildeten Knoten ziemlich gross sind, so fallen sie dem sorgsamen Kultivateur bald ins Auge und können zerstört werden, ehe die Made ausreift. Ein derartig leicht zu bekämpfendes Insekt wird niemals ein ernsthafter Schädling werden.

Gute Freunde. Die Arbeit des Gärtners im Vertilgen dieser Orchideenfeinde unterstützeu einige Tiere recht energisch. Da ist zunächst unser niedlicher Laubfrosch (Hyla arborea), im Sommer freudig grün, im Winter bräunlich, der eine Anzahl Insekten vertilgt, besonders fliegender. Freilich heisst es bei ihm wörtlich „viel Geschrei und wenig Wolle", er schreit bei jedem Spritzen, den unverhofften Regen meldend, und er vertilgt im Vergleich zu seiner Grösse immer noch wenig Insekten, aber jede weggefangene Blattlaus ist eben eine weniger. Viel betriebsamer, nützlicher, ernsthafter im Geschäft ist das Entsetzen der Damenwelt, die Kröte (Phryne vulgaris), der beste Freund des Gärtners im Gewächshaus. Sie verliert keine Zeit mit unnützem Geschrei wie der Laubfrosch, aber dafür hat sie ewig Hunger und vertilgt enorme Mengen Ungeziefer aller Art. Sie sollte in keinem Gewächshause fehlen und sorgfältig auf die Tafeln gehoben werden, auf denen Orchideen kultiviert werden.

Nützliche Insekten sind in erster Linie die allerliebsten Marienkäferchen (Coccinella), deren Larven nur von Blattläusen leben. Der Gärtner, welcher nicht ganz ruhigen Gewissens ob der Lausfreiheit seiner

Pflanzen ist, sollte jedes ihm im Garten aufstossende Marienkäferchen ins Gewächshaus tragen, wo sie sich ganz gut einbürgern. Ebenso nützlich, aber schwieriger zu übertragen, sind die Florfliegen (Chrysopa), deren Larve als „Blattlauslöwe" ihrer Mordlust wegen bekannt ist.

Im allgemeinen aber heisst es den Feinden gegenüber: „Hilf dir selbst!"

Verwendung der Orchideen.

Solange die Orchideen nur in den Gewächshäusern einzelner Bevorzugter ihre Blütenpracht entfalteten, war ihre Bedeutung für den gärtnerischen Handel eine sehr geringe. Es klingt zwar nach etwas, wenn gemeldet wird, dass diese oder jene bedeutende Orchidee mit 3000 bis 10000 bis 20000 Mark bewertet oder sogar verkauft worden ist, aber ein solcher Verkauf ist immerhin nur eine seltene Ausnahme. Soll eine Pflanze Handelswert haben, so muss sie tausendweis zu verhältnismässig niedrigen Preisen in Umsatz kommen.

Das ist heut für die Orchideen erreicht, dass es aber erreicht werden konnte, beruht auf der vielseitigen Verwendbarkeit der Orchideenblüte. Kaum eine zweite Pflanzenfamilie giebt es, welche uns gleich ausdauernde Blüten liefert, denn mit wenigen Ausnahmen halten die Orchideenblüten auch abgeschnitten sich noch wochenlang frisch. Anderseits sind die Blüten einzelner Arten so ungemein zart, anderer so farbenprächtig, dritter so duftend, dass sie förmlich einladen zur Verwendung in der Binderei.

Daher sehen wir denn auch die Orchideen überall sich rasch einbürgern. Die prächtigen Odontoglossum z. B. sind eine unverwüstliche Blumentisch-Zierde und die Blüten der Masdevallia Tovarensis sind für das Knopfloch wie geschaffen, für welchen Zweck auch zahlreiche andere Arten passen. Für den Geburtstagsstrauss, das Ballboukett, das Kouvertsträusschen am festlichen Tische sind die Orchideen köstliche Beigaben, und wenn sie auch die Myrtenblüte des alten treuen Glaubens nicht zu ersetzen vermag, so ist doch die Alexandra-Blüte z. B. eine der schönsten Zierden des Brautschmuckes. Im Festboukett aber, das durch Farbenpracht brillieren soll, kann keine zweite Blüte mit den Orchideen wetteifern, und dass sie für die Phantasie-Binderei buchstäblich geschaffen sind, bezeugen ihre vielfach phantastischen Formen und ihre sonderbaren und doch immer schönen Farbenzusammenstellungen. Wenn aber der ernste Palmenwedel einem teuren oder verdienten Dahingeschiedenen auf dem letzten Wege den letzten irdischen Gruss zuwinkt, dann zeugen die weissen Blüten der Orchideen dafür, dass zwar alles Irdische vergänglich ist, dass aber auch dss Vergehende nur eine Knospe ist, aus welcher ein neues Leben erblüht.

Müssig aber ist der Streit, ob die Orchidee oder die Rose schöner ist, so müssig wie jener Streit, ob Goethe oder Schiller der Grössere sei, und den Goethe mit dem bekannten Wort schlichtete: „Sie sollen froh sein, zwei solche Kerle zu haben." Auch die Gärtnerei soll froh sein, Rosen und Orchideen zu haben!

Auswahl von Orchideen-Sorten.

Dem Anfänger auf dem Gebiete der Orchideenpflege ist es in vielen Fällen angenehm, eine sichere Sortenauswahl nach verschiedenen Richtungen hin von sicherer Hand zu erhalten. Nachstehende Gruppen geben jedenfalls für eine ganze Reihe von einzelnen Wünschen einen Hinweis und sind — soweit es sich um Haus-Orchideen handelt — zusammengestellt nach dem Kataloge von H. Damman jr. in Breslau. Wir haben uns in diesen Zusammenstellungen auf je zehn Arten oder Formen beschränkt. Wer grössere Kollektionen wünscht, wird sich dieselben unschwer an der Hand des nachfolgenden beschreibenden Teiles zusammenstellen können.

Orchideen für das freie Land:

Aceras anthropophora.
Cephalanthera rubra.
Cypripedilum Calceolus.
„ spectabile.
Gymnadenia conopea.
Himantoglossum hircinum.
Listera ovata.
Orchis mascula.
„ sambucina.
Platanthera bifolia.

Orchideen für die Felspartie:

Coeloglossum viride.
Cypripedilum spectabile.
„ macranthum.
Gymnadenia albida.
„ odoratissima.
Herminium Monorchis.
Nigritella suaveolens.
Orchis globosa.
„ speciosa.
„ ustulata.

Orchideen für feuchte Lagen, Sumpfpartien oder Teichränder:

Cephalanthera grandiflora.
Epipactis palustris.
Gymnadenia conopea.
Orchis coriophora.
„ latifolia.
Orchis maculata.
„ Morio.
„ Rivini.
„ sambucina.
Spiranthes autumnalis.

Orchideen für frostfreie Überwinterung im Kasten oder unter guter Decke:

Calypso borealis.
Cypripedilum candidum.
Cypripedilum pubescens.
Goodyera repens.

Ophrys apifera.
„ lutea.
„ muscifera.
Orchis foliosa.
Serapias cordigera.
„ Lingua.

Orchideen für das Kalthaus:

Brassia verrucosa.
Cattleya citrina.
Laelia anceps.
Lycaste Skinneri.
Masdevallia coccinea.
Maxillaria picta.
Odontoglossum crispum.
Paphiopedilum Schlimii.
„ venustum.
Stanhopea oculata.

Leichtwachsende Warmhaus-Orchideen:

Cattleya labiata in allen Varietäten.
Coelogyne cristata.
Dendrobium nobile.
„ thyrsiflorum.
„ Wardianum.
Laelia anceps.
„ autumnalis.
Lycaste Skinneri.
Paphiopedilum barbatum.
„ Lawrenceanum.

Weissblühende Orchideen:

Cattleya chocoensis.
Chysis bractescens.
Coelogyne cristata.
Cymbidium eburneum.
„ Mastersianum.
Dendrobium Jamesianum.
„ infundibulum.
Lycaste Skinneri v. alba.
Masdevallia tovarensis.
Phalaenopsis Aphrodite.

In zarten Farbentönen buntblühende Orchideen:

Cattleya labiata var. Trianae (Winter).
„ „ var. Mendelii (Frühjahr).
„ „ var. Mossiae (Sommer).
„ „ var. Gaskelliana (Herbst).
Laelia anceps.
„ purpurata.
Lycaste Skinneri.
Miltonia Clowesii.
„ Moreliana.
Odontoglossum grande.
„ luteo purpureum.
Zygopetalum Mackayi var. crinitum.

Auffällig und in sonderbaren Formen und Farben blühende Orchideen:

Angraecum sesquipedale.
Anguloa Ruckeri.
Dendrobium Brymerianum.
Masdevallia bella.
„ Chimaera.
Paphiopedilum caudatum.
„ var. Lindeni.
Peristeria elata.
Stanhopea oculata.
„ tigrina.

Wohlriechend blühende Orchideen:

Cattleya citrina.
„ labiata f. Schroederae.
Chysis bractescens.
Epidendrum fragrans.
Odontoglossum citrosmum.
Oncidium ornithorhynchum.
Stanhopea oculata.
Trichopilia fragrans.
Vanda tricolor.
Zygopetalum Mackayi.

Für Binderei-Zwecke wertvolle Orchideen:

Cattleya labiata in allen Varietäten.
Coelogyne cristata.
Laelia anceps.
„ autumnalis.
Lycaste Skinneri.
Odontoglossum crispum.
Odontoglossum grande.
„ Pescatorei.
„ Rossii.
Paphiopedilum, fast alle Arten, besonders insigne und villosum.

Für den Handelsgärtner wertvolle Orchideen:

Cattleya citrina.
„ labiata in allen Varietäten.
Dendrobium Jamesianum.
„ nobile.
„ Wardianum.
Laelia anceps.
Laelia autumnalis.
Lycaste Skinneri.
Odontoglossum crispum.
„ grande.
„ Rossii.
Paphiopedilum alle Arten.

Frühjahrsblüher:

Cattleya citrina.
„ labiata var. Mendelii.
Chysis bractescens.
Cymbidium Lowianum.
Dendrobium densiflorum.
Dendrobium Jamesianum.
„ thyrsiflorum.
Miltonia vexillaria.
Odontoglossum crispum.
„ Rossii.

Sommerblüher:

Anguloa Ruckeri.
Cattleya labiata v. Mossiae.
Laelia crispa.
„ purpurata.
Odontoglossum Harryanum.
Oncidium incurvum.
Sobralia macrantha.
Stanhopea oculata.
„ tigrina.
Thunia alba.

Herbstblüher:

Cattleya labiata var. Gaskelliana.
„ „ var. gigas.
Cattleya labiata var. Sanderiana.
Laelia autumnalis.

Laelia Perrinii.
Miltonia Clowesii.
Odontoglossum crispum.
Odontoglossum grande.
Pleione Lagenaria.
Zygopetalum Mackayi.

Winterblüher:

Calanthe Veitchii oder vestita.
Cattleya labiata var. Percivalliana.
„ „ var. Trianae.
Coelogyne cristata.
Dendrobium nobile.
Dendrobium Wardianum.
Laelia anceps.
Lycaste Skinneri.
Masdevallia tovarensis.
Paphiopedilum Spicerianum.

Die vorstehenden Kollektionen von Warm- und Kalthaus-Orchideen sind von dem Importeur und Handelsgärtner H. Dammann jr. in Breslau zusammengestellt und umfassen durchweg leicht kultivierbare, gärtnerisch wertvolle und durch diese Importfirma jederzeit gut und billig zu beziehende Arten.

Beschreibung der Orchideen.

Acampe *Lindley.*

(Aërideae 390.*)

Umfasst etwa acht ostindisch-südchinesische Arten von Vanda artigem Wuchs, aber mit kleineren, unansehnlichen Blüten, so dass keine Art kulturwert ist.

Acacallis Ldl. ist *Aganisia Ldl.*

Acanthephippium *Blume.*

(Phajinae 231.)

Baum- und Humus-Bewohner. Vier ostindisch-malayische Arten. Luftknollen schlankkegelig mit mehreren Absätzen, an der Spitze grosse, gestielte, abfallende Blätter tragend. Blüten aus den jungen Trieben, auf kurzen Stielen gedrängt, sonderbar, aber unscheinlich.

Im Warmhaus, im Topf oder an Rinde zu ziehen. In Kultur fast nur:

A. javanicum Bl. (Fig. 15). Blüten kaum mittelgross, krugförmig zusammengezogen, gelbbraun mit roten Linien an den Blattspitzen und der Lippe. Juni bis August. Java.

Acanthoglossum Bl. ist *Pholidota Ldl.*

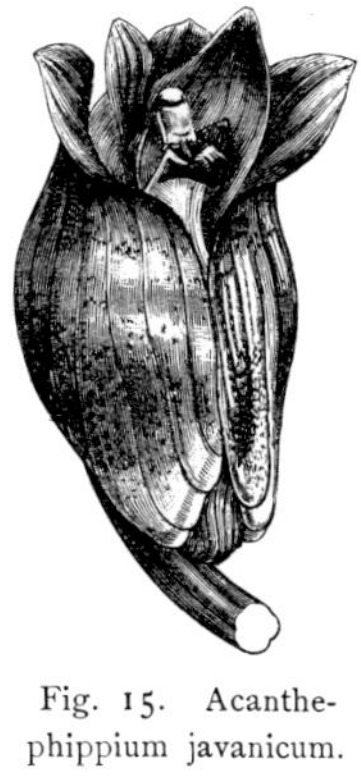

Fig. 15. Acanthephippium javanicum.

Aceras *Rob. Brown.*

(Serapiadeae 10.)

Wiesenpflanzen Mittel- und Süd-Europas, zwei Arten. Erdknollen eiförmig. Orchis-ähnliche Pflanzen mit sonderbar geformten Blüten, deren Aussenblätter helmartig zusammenneigen. Topfkultur in lehmiger Wiesenerde im frostfreien Kasten. Kulturwert ist

*) Diese Zahlen geben die laufenden Nummern an, unter welcher die betreffenden Gattungen in der systematischen Aufzählung (Seite 17) zu finden sind, um dem Leser einen leichten Überblick über die Verwandtschaft der Gattungen zu geben.

A. anthropophora R. Br. (Fig. 16). Blüten in langer Ähre, klein, grüngelblich, interessant durch die Lippe, welche die Form eines aus der Blüte heraushängenden Männchens hat. Mai—Juli.

Stellenweis kommt in Südwest-Deutschland ein Bastart von Aceras anthropophora und Orchis mascula, und von Aceras und Orchis militaris = O. spuria Rchb. vor.

Achroanthes Raf. ist *Microstylis Nutt.*

Acianthera Scheidw. ist *Pleurothallis R. Br.*

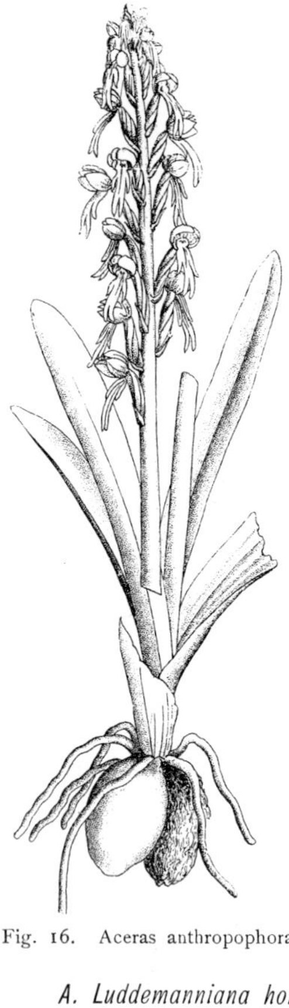
Fig. 16. Aceras anthropophora.

Acineta *Lindley.*

(Gongorinae 254.)

Etwa zehn baumbewohnende Arten in Central-Amerika und Mexiko. Luftknollen eiförmig, kräftig, gerieft, Blätter gross und breit. Blüten in hängenden Trauben vom Grunde der Knollen aus, fast kugelig, wenig geöffnet, lange dauernd; Lippe fleischig, halb kreisförmig gebogen, mit breitem Spitzenanhängsel. Hauptfarbe gelbbraun.

Synonym: *Neippergia Morr.*

A. Barkerii Ldl. *(Peristeria Barkerii Batem.)* Blüten in fusslanger Traube, mittelgross, hellgoldgelb, Lippe braunrot gezeichnet. Mai bis September. Mexiko.

A. chrysantha Rchb. f. ist *A. superba var.*

A. densa Ldl. (*A. Warscewiczii Kl.)* Blüten in dichter, langer Traube, gross, mehr geöffnet, leuchtend-gelb, innen karmoisin gespritzt, Lippe an den Seiten rot gesprenkelt, mit blutroter, quadratischer Mittelwarze. März—Mai. Centralamerika.

A. Hrubyana. Rch. f. Blüten in lockerer Traube, mittelgross, gelblich-weiss, Lippe spärlich purpurn gepfleckt. Juni—September. Neu-Granada.

A. Humboldtii Ldl. ist *A. superba Rchb. f.*

A. Luddemanniana hort. ist *A. Pescatorei Ldl.*

A. Pescatorei Ldl. (*A. Luddemanniana hort. Luddemannia Pescatorei Rchb, f. Cycnoches Pescatorei Ldl.).* Blüten in lockerer Traube, kaum mittelgross. grünlich-braun, mit braunroten Spritzern. Von den anderen Arten durch eine viel schlankere Säule abweichend, deren Form jedoch so wechselt, dass aus der ursprünglich sehr schlanken (als Luddemannia getauften Gattung) Säule normale Acinetablüten in der Kultur wurden. Juni bis August. Centralamerika.

A. superba Rchb. f. *(A. Humboldtii Ldl. Anguloa superba H. B. Peristeria Humboldtii Batem.)* (Fig. 17). Blüten in langen, dichten Trauben, gross, Aussenblätter dunkel purpurbraun, dunkler gespritzt, Innenblätter bräunlich-rosa, Lippe braun-karmin, Säule weisslich. März. Blüten nur kurzdauernd. Venezuela.

— **var. chrysantha Rchb. f.** Blüten fast einfarbig dottergelb.

— **var. fulva hort.** Blüten gelbbraun, rotbraun gespritzt, Lippe heller, purpurn gefleckt.

var. straminea hort. Blüten fast einfarbig strohgelb, spärlich rotbraun gesprenkelt.

A. Warscewiczii Klotzsch ist *A. densa Lidl.*

Aclinia Griff ist *Dendrobium Sw.*

Acronia Prsl. ist *Pleurothallis R. Br.*

Acropera Ldl. ist eine Abteilung von *Gongora R. P.*

Acropera armeniaca Ldl. ist *Gongora armeniaca.*

Acropera atropurpurea Ldl. ist *Gongora atropurpurea.*

Acropera aurantiaca Ldl. ist *Gongora aurantiaca.*

Acropera cornuta Hook. ist *Gongora armeniaca.*

Acropera intermedia ist *Gongora intermedia.*

Acropera Loddigesii Ldl. ist *Gongora galeata Rchb. f.*

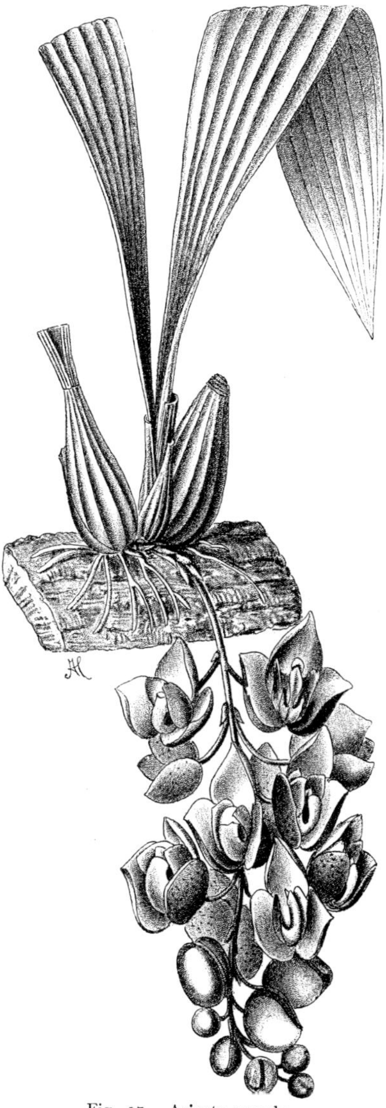

Fig. 17. Acineta superba.

Ada *Lindley.*

(Adeae 331.)

A. aurantiaca Ldl. *(Mesospinidium aurantiacum Rchb. f.)* (Fig. 18.) Einzige Art, moosbewohnend bei mehr als 2700 m in den Anden von Kolumbien. Luftknollen langkegelig, Blätter lang, kräftig, tief gekielt. Blüten nur mittelgross, aber in hervorragender, grosser, dichter, zweireihiger Traube.

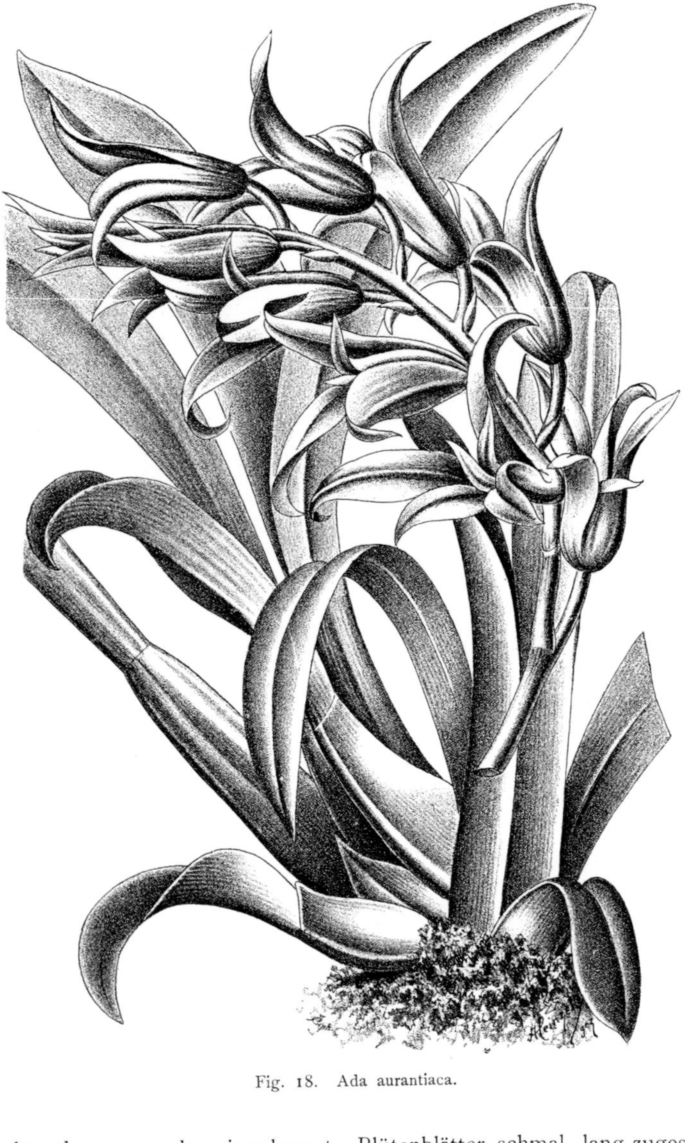

Fig. 18. Ada aurantiaca.

leuchtend orange oder zinnoberrot. Blütenblätter schmal, lang zugespitzt, Lippe kurz, schmal, ungeteilt mit zwei Längswulsten. November—März. Neu-Granada. — Topfkultur im Kalthause bei 3—6°, bei höherer Temperatur lässt sich die Blüte treiben, verliert aber an Haltbarkeit. Sehr dankbare, farbenprächtige Pflanze.

Adenoncos Bl, ist *Sarcochilus R. Br.*

Adenostylis Bl. ist *Zeuxine Ldl.*

Aëranthus *Lindley.*

(Aërideae 410.)

Zwei baumbewohnende Arten auf den Maskareneninseln, von der Tracht der Aërides, aber die kurzgespornten Blüten einzeln an langen Stielen tragend. Im Warmhaus an Rinde zu kultivieren und niemals ganz trocken, während des Triebes aber sehr feucht und warm zu halten.

A. Arachnites Ldl. Niedrige Stämmchen mit lang linearen derben Blättern. Blüten mittelgross, gelblichgrün mit grünbrauner Lippe. Unbedeutende Pflanze. Mai—Juli.

A. fragrans Rchb. f. ist *Angrecum fragrans Thou.*

A. Leonis Rchb. f. ist *Angrecum Leonis Rchb. f.*

A. sesquipedalis Rchb. ist *Macroplectrum sesquipedale Pfitz.*

Aëranthus Rchb. f. (nicht Lindleys) umfasst: Macroplectrum Pfitz., Mystacidium Ldl. und Polyrrhiza Pfitz.

Aërides *Loureiro.*

(Aërideae 405.)

Etwa vierzig baumbewohnende Arten im tropischen und subtropischen Südostasien und dem malayischen Archipel. Stamm meist aufrecht mit starken Luftwurzeln, Blätter meist breitlinear und rundlich-zweilappig gestutzt, zweireihig. Blüten langdauernd, meist in reichen, oft langgestielten Trauben aus den Blattachseln, kräftig gespornt, Blütenblätter meist fleischig, Lippe sehr verschieden gebildet.

Alle Aërides — ausser A. japonicum — verlangen dauernd sehr warme, feuchte Luft, nur unmittelbar nach der Blüte kann kurze Zeit mit dem Spritzen gespart werden, eine eigentliche Trockenperiode halten sie nicht. Man kultiviert sie an starken Korkrinden oder hochstehend im Topf. Sie kultivieren sich leicht und blühen sehr dankbar. Aërides wird vermehrt durch Zerschneiden des Stammes. Ist ein Exemplar kränklich, wurzelfaul, so ist die einfachste Kur, dasselbe bis zum gesunden Oberteil zurückzuschneiden und die Spitze in Sphagnum zu setzen. Die Blätter werden sehr gern vom Thrips befallen, wogegen nur vorsichtiges Abwaschen und reichliches Spritzen hilft. Die Kalthausart A. japonicum wird bei 5° minimal ebenso kultiviert und verträgt von Juni—August den Aufenthalt halbschattig im Freien.

Pfitzer unterscheidet fünf Unterabteilungen:

1. **Euaërides;** Blätter flach. Mittellappen der Lippe ausgehöhlt, nicht

in einen Nagel verschmälert: A. odoratum, crispum, quinquevulnerum, virens.

2. **Fieldingia:** Blätter flach, Mittellappen der Lippe flach, abstehend: A. Fieldingii.

3. **Teretifolia:** Blätter fast drehrund: A. mitratum.

4. **Ornithochilus:** (Wall. als Gattung). Blätter flach, Mittellappen der Lippe genagelt: A. difforme.

5. **Phalaenidium:** Blätter weit auseinander gerückt, drehrund, Blüten gross, einzeln oder zu zweien: A. Vandarum.

A. Augustianum Rolfe. Blätter riemenförmig, 3 zu 15 cm etwa, schief zweilappig vorn. Blüten zahlreich in hängenden Trauben, 2 cm breit, hellrosa, Kelch und Blumenblätter stumpf-länglich gerundet, Seitenlappen der Lippe länglich sichelförmig, quer gerandet vorn, ganzrandig, Mittellappen länger, breit-rundlich, gezähnelt, vorn flach zweispaltig. Sporn so lang als die Blüte, gerade. Juli, August. Philippinen, von Auguste Linden, dessen Namen er trägt, eingeführt.

A. affine Wall. ist *A. multiflorum Roxbg.*

A, album Sand. ist *A. quinquevulnerum var.*

A. ampullaceum Roxbg. ist *Saccolabium rubrum Ldl.*

A. Arachnites ist *Renanthera moschifera Bl.*

A. Ballantineanum Rchb. f. ist *A. suavissimum Ldl. var.*

A. Brookei Batem. ist *A. crispum.*

A. Calceolare Sm. ist *Saccolabium Calceolare Ldl.*

A. cornutum hort. ist *A. odoratum var.*

A. crassifolium Rchb. f. Kräftige, kompakte Art aus Birma. Blätter dunkelgrün, dick, Blüten stark wohlriechend, gross, in langen, hängenden Trauben, purpurrot, mit dunkleren eiförmigen Mittellappen der Lippe. Mai—Juni und wochenlang in Blüte stehend. Diese prächtige Art hat die grössten und prachtvollsten Blüten der Gattung. Verlangt hellen Standort und stete Feuchtigkeit.

A. crispum Lindl. *(A. Brookei Bat.)* Dankbar wachsende, im tropischen Ostindien weit verbreitete Art, von aufrechtem Wuchs bis 2 m Höhe. Der kräftige Stamm ist oft braunrot, Blätter dunkelgrün, etwa 15 cm lang, 2 cm breit. Blüten in lang hängenden Trauben, duftig, gross, weiss mit rosa; Lippe dreilappig, 3—5 cm lang, der Mittellappen gefranst, zart rosa bis tief purpurn. Blüht im Juni—Juli und hält bis August. Nach der Blüte muss eine kurze halbtrockene Zeit folgen.

— **var. Lindleyanum hort.** *(A. Lindleyanum Wight.)* Blüten reinweiss bis auf die zart rosae Lippe.

— **var. Warneri Will.** *(A. Warneri hort.)* Kompakte, kleinblättrige Form; Blüten weiss mit reicher rosaer Zeichnung.

A. cylindricum Hook. ist *A. Vandarum.*

A. Dayanum hort. ist *A. odoratum Lour.*

A. Dominianum Veitch. (*A. Fieldingii v. hybridum.*) Kreuzung von

A. Fieldingii und A. multiflorum, in der Blütenfarbe an erstere Art, sonst mehr an multiflorum erinnernd. Wie so viele Kreuzungen besser wachsend und dankbarer blühend als die Eltern.

A. Ellisii hort. ist *A. virens Ldl. var.*

A. elongatum Bl. ist *Renanthera elongata Lour.*

A. Emericii Rchb. f. Schlankwüchsig, Blätter lang und schmal. Blüten in hängenden Trauben, weiss mit einem breiten lilapurpurnen Mittelstreif auf jedem Blatt, die ebenso gezeichnete Lippe vielfach rot gesprenkelt. September—Oktober. Ostindien.

A. expansum Rchb. f. Hochstämmig, Blätter breit, hellgrün. Blüten in langen, halbaufrechten Trauben, rahmweiss mit purpurnen Flecken, Lippe ausgebreitet mit lilapurpurnen Flecken auf den Seitenlappen und an den Seiten des Mittellappens, dessen breites Vorderteil tief purpurn ist. Sporn grünlich, Juni, Juli. Ostindien. Ist vielleicht besser als Varietät zu A. falcatum zu ziehen.

A. expansum var. Leoniae Rchb. f. (*A. falcatum Ldl. var. Leoniae Ldl. A. Leoniae Godefr.*) Durch lockeren Wuchs und weit auseinanderstehende Blüten von der Hauptform verschieden.

A. falcatum Lindl. (*A. Larpentae hort.*) Dem A. crispum sehr ähnliche Prachtart, aber die Blätter viel länger, vorn weichspitzig, Blüten in dichten Trauben, rahmweiss mit scharlachroter Fleckzeichnung, Mittellappen der Lippe mitten tief rosa, die Ränder weiss und rosa gestreift. Ostindien. Selten in Kultur.

— *var. Houlletianum* ist *A. Houlletianum Rchb. f.*

— *var. Leoniae Ldl.* ist *A. expansum var.*

— **var. Mendelii hort.** Kräftige untersetzte Pflanze, Blüten in nickenden Trauben, reinweiss mit rosaen Punkten. Ostindien.

A. Fenzlianum Rchb. f. ist *A. quinquevulnerum.*

A. Fieldingii Jennys. (*Fuchsschwanz-Aërides.*) In Tracht und Blüte sehr wechselnde wunderschöne Pflanze von kräftigem, aufrechtem, meterhohem Wuchs. Blätter breit und lang, dick, hell- oder dunkelgrün. Blüten gross, in mächtigen, bis meterlangen, dichten, hängenden (daher der populäre Name), zuweilen ästigen Trauben, weiss, reich leuchtend rosa gesprenkelt mit prächtig rosaer Lippe. Mai — Juli. Im tropischen Ostindien weit verbreitet.

— *var. hybridum hort.* ist *A. Dominianum Veitch.*

— **var. Williamsii Veitch.** (*A. Williamsii Warn.*) Blätter länger schlaffer zurückgebogen. Trauben sehr dicht, oft verzweigt. Blüten weiss mit einigen Purpurtupfen im Grunde der Lippe.

A. flavidum Ldl. ist *A. suavissimum Ldl.*

A. Godefroyanum Rchb. ist *A. multiflorum Roxbg. var.*

A. guttatum Roxb. ist *Rhynchostylis retusa Rchb. f. var. guttata.*

A. Houlletianum Rchb. f. (*A. falcatum Ldl. var. Houlletianum Ldl. A. Picotianum h. gall.*) Starkwüchsige Art. Blätter kurz und schmal, hellgrün. Blüten gross, in reichblütiger, dichter Traube, rötlichgelb mit je einem magentaroten Fleck auf jedem Blatt, Lippe rahmweiss mit einem keilförmigem rotem Strich auf dem Vorderteil des rautenförmigen gefransten Mittellappens und roten Linien auf den sichelförmigen Seitenlappen. Mai, Juni. Conchinchina.

A. Huttoni hort. ist. *A. Thibautianum Rchb. f.*

A. japonicum Lind. et Rchb. f. Kleine japanische Kalthausart mit kurzen, fast linearen, lederigen Blättern. Blüten zu 6—8 in hängender Traube, ziemlich gross, grünlichweisse Kelchblätter mit kurzen, purpurroten Strichen am Grunde, die breit spatelförmige, gezähnelte, weisse Lippe hat eine purpurviolette Mittellinie und hellpurpurne Flecken. Topfkultur.

A. illustre Rchb. f. Wildgefundene Kreuzung (oder Mittelform) von A. crispum und A. maculosum mit lila überhauchten weissen, spärlich purpurn gefleckten Blüten, Lippe blaupurpurn mit dunkleren Wellenlinien. Zufällig mit A. crispum aus Ostindien eingeführt.

A. jucundum Rchb. f. ist *A. quinquevulnerum Ldl.*

A. Larpentae hort. ist *A. falcatum Ldl.* (Blühte zum ersten Male in Europa 1847 im Garten von Sir Larpent in Rochampton, daher der Gartenname.)

A. Lawrenceae Rchb. f. Gutwachsende kräftige Art im Bau von A. quinquevulnerum. Blüten gross, in fusslangen, fast wagerechten Trauben, die Kelchblätter im Aufblühen grünlich, dann wachsweiss und schliesslich gelbweiss, Blumenblätter an der Spitze purpurn getuscht, der schmale, gezackte Mittellappen der Lippe purpurn mit zwei dunkelpurpurnen Streifen nach der Spornöffnung zu, Seitenlappen aufrecht, länglich. Juli—September. Ostindien. (Das erste von Sander eingeführte Schauexemplar wurde von Sir Lawrence für 4700 Mark angekauft.)

A. Leeanum Rchb. f. weicht von A. quinquevulnerum fast nur durch die fast amethystfarbenen, grün gespornten Blüten ab, welche in kurzen, aufrechten Trauben stehen. Zu Ehren von W. Lee in Leatherhead, eines eifrigen Orchideenzüchters, getauft. Oktober—Februar. Ost-indien.

A. Leoniae Gdfr. ist *A. expansum var.*

A. lepidum Rchb. f. Zierliche Pflanze mit schmalen Blättern. Blüten gross, in aufsteigenden, reichblütigen, bis halbmeterlangen Trauben, weiss mit purpurnen Tupfen, der dreieckige Mittellappen der Lippe purpurrot. Sporn schlank, gebogen, bis 5 cm lang. Juli, August. Vorderindien.

A. Lindleyanum ist eine Form von A. crispum.

A. Lobbii Linden ist *A. multiflorum Roxbg. var.*

A. maculosum Ldl. Langsam wachsende, niedrige, dichtbuschige, sehr schöne Art mit breiten, steifen, schiefgestutzten, dunkelgrünen, unterseits braunrot gefleckten Blättern. Blüten köstlich duftend, gross, in halb hängenden Trauben, hellrosa mit purpurnen Spritzern, Mittellappen der Lippe leuchtend rosa-purpurn, breit eiförmig, wellig kraus, Seitenlappen schmal und spitz. Juni, Juli. Hügel um Bombay.

A. maculosum var. margaritaceum hort. Blüten rein weiss.

A. maculosum var. Schroederi Henfr. Kräftiger als die Normalform,

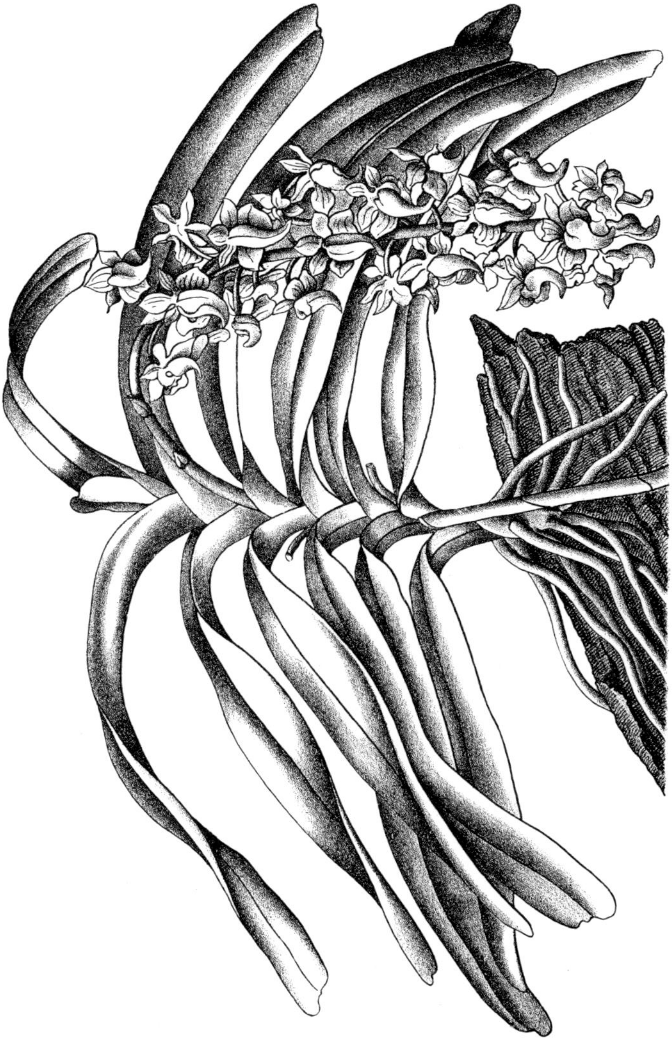

Fig. 19. Aërides odoratum.

Blüten weiss, lila überhaucht und rosa gefleckt, Lippe prachtvoll magentarot. Blühte zuerst bei J. H. Schroeder. Wahrscheinlich stammen sämtliche kultivierte Exemplare von einem einzigen eingeführten ab.

A. Mc Morlandi hort., höchst selten in Kultur (Williams sah nur das Exemplar in Mc Morlands Besitz), hat hellgraues, kräftiges Blattwerk, Blüten in langen Trauben, weiss mit pfirsichrot.

A. margaritaceum hort. ist eine Form von A. maculosum.

A. marginatum Rchb. f. ist *A. quinquevulnerum Ldl. var.*

A. matutinum Bl. ist *Renanthera matutina Ldl.*

A. Mendelii hort. ist eine Form von A. falcatum.

A. mitratum Rchb. f. Kurzstämmige, schöne Art mit auffällig starken Luftwurzeln, Blätter über einen halben Meter lang, drehrund, peitschenartig auslaufend, dunkelgrün. Blüten dicht in aufrechten, bis 25 cm langen Trauben, Kelch- und Blumenblätter schneeweiss, die breit-kellenförmige Lippe rosa-purpurn. August, September. Birma.

A. multiflorum Roxbg. f. (*A. affine Wall. A. roseum Paxt. A. trigonum Klotzsch.*) Stämme kräftig, Blätter stumpf-linear, 1 zu 15 cm etwa. Blüten dicht gedrängt in 20 cm langer, oft am Grunde verzweigter Traube, kaum centimeterbreit, oberes Kelchblatt und die Blumenblätter länglich-eiförmig, aus weissem, spärlich purpurn gesprenkeltem Grunde hell amethystpurpurn, seitliche Kelchblätter fast kreisrund, weiss mit purpurnem Hauch, Lippe stumpf herzförmig, vorn leicht gewölbt aus dunkel amethystpurpurner Mitte nach den Rändern rosa werdend. Sporn kurz, gerade, seitlich zusammengedrückt. Säule mit zwei runden Öhrchen am Fusse. Juni, Juli. Weit verbreitet in Ostindien: Birma, Assam, Cochinchina, Andamen-Inseln u. s. w.

— **var. Godefroyanum Veitch.** (*A. Godefroyanum Rchb. f.*) Blätter lederig, sehr lang. Blüten reichlich 1,5 cm breit, rosa mit karminroter Zeichnung.

— **var. Lobbii Will.** (*A. Lobbii Linden.*) Stämme kürzer, dicht beblättert, Blätter flach aufeinanderliegend. Blüten in dicht gedrängter, meist verzweigter Traube, dunkler als an der Hauptart.

F. Ainsworthii Will. Trauben bis 60 cm lang, Lippe violettpurpurn.

— **var. Veitchii Morr.** (*A. Veitchii De Puydt.*) Blätter auseinandergerückt, Trauben kürzer verzweigt, Blüten fast weiss, nur an den Enden rosa, Lippe hellpurpurrosa.

— **var. superbum Moore.** (*A. roseum var. superbum Moore.*) Blüten in 40 cm langer, dichter Traube, 1,5 cm, weiss mit rosa-violett, Lippe bläulich-rosa.

A. nobile Warner ist *A. suavissimum Ldl.*

A. odoratum Lour. (*A. Dayanum hort.*) (Fig. 19.) Älteste eingeführte und dankbarst blühende schöne Art von schlankem Wuchs. Die langen, schmalen, hellgrünen Blätter sind gekielt. Blüten in langen, hängenden, reichblütigen Trauben, herrlich duftend, rahmweiss mit fast zinnoberroter Fleck- und Tusch-Zeichnung, Lippe rundlich, der Mittellappen wenig vortretend, Sporn aufrecht gedreht. Juni, Juli. Süd-China, Cochinchina,

Ostindien. Auf englischen Ausstellungen sind Büsche mit 50 Blütentrauben keine Seltenheit.

— **var. Birmanicum Rchb. f.** Blüten klein, an der Spitze nur violett gestreift, Mittellappen schmal, spärlich gezähnt.

— **var. cornutum Roxbg.** Kleine, gedrungene Büsche, Blüten dicht gedrängt in kurzen Trauben, weiss, fleischfarben gefleckt. Mai—Juli. Ostindien.

— **var. majus hort.** Nur durch starken Wuchs und lange Blütentrauben von der Hauptform abweichend. Ostindien.

— **var. purpurascens hort.** Kräftig, Blätter breit, dunkelgrün, Blüten ziemlich gross, in mächtigen Trauben, weiss, leuchtend fleischfarben punktiert. Mai, Juni. Ostindien.

A. pachyphyllum Rchb. f. Kurzstämmige Pflanze, Blätter kurz, dick, stumpf. Blüten in kurzen, aufrechten Trauben, mittelgross, die schmalen Blumenblätter hellkarmoisinrot, Lippe purpurn gezeichnet. Sporn und Säule weiss. Juli, August. Birma.

A. Picotianum h. gall. ist *A. Houlletianum Rchb. f.*

A. praemorsum Wght. ist *Rhynchostylis retusa Rchb. f.*

A. quinquevulnerum Ldl. *(A. Fenzlianum Rchb. f. A. jucundum Rchb. f.)* Schlankstämmige, gutwachsende Art. Blätter bald kürzer und breiter, bald schmal und langlinear, vorn schief gestutzt, freudig grün. Blüten in langen, nickenden, dichten Trauben, mittelgross, duftend, grünlichweiss, oft zart rosa gefleckt, die fünf Blumenblätter mit je einem blutroten Fleck am Vorderrande, Lippe kurz und breit, gleichfalls grünlichweiss, an den Seitenlappen fleischfarben, an der Spitze des Mittellappens purpurn gefleckt. Sporn kurz und dick, weissgrünlich. Juni—September. Philippinen.

— **var. Farmeri Williams.** *(A. album Sand.)* Blüten reinweiss. Manilla.

— **var. marginatum Rchb. f.** Blüten weiss, rotviolett gesäumt.

— **var. Schadenbergianum Stein.** Kurzstämmig, Blätter breit und dick, dunkelgrün, Blüten sahnweiss mit je einem intensiv purpurroten Fleck am Rande. Mindanao, von Dr. Alexander Schadenberg 1883 dem botan. Garten in Breslau mitgebracht.

— **var. violaceum h. angl.** Blütenflecken violettrot.

A radicosum A. Rich. *(A. rubrum hort. A. Wightianum hort. Saccolabium Wightianum Ldl. S. rubrum Wight. S. ringens Ldl.)* Stamm kräftig, 20 cm hoch, Blätter 2 zu 10 cm etwa, gekielt, derb, dunkelgrün. Blüten in dichter aufsteigender, purpurstengliger Traube, centimeterbreit, blass purpurrosa, Kelch- und Blumenblätter breit eiförmig, seitliche Kelchblätter am breitesten, purpurn gesprenkelt, Seitenlappen der Lippe sehr klein, rundlich, aufrecht, Mittellappen spitz-länglich, dunkelrosa purpurn. Sporn kurz, gekrümmt, flach gedrückt. Säule mit zwei weisslichen Flügelchen am Ende. Juni—August. Südliches Indien. Geht in den Gärten meist unter A. rubrum, welcher Name leider fallen muss, weil Saccolabium rubrum Wight nicht S. rubrum Ldl. ist.

A. Reichenbachii Linden. Dem A. suavissimum in Wuchs und Blatt ähnlich, aber die Blütentrauben sind länger, fast hängend, die Blüten weiss mit purpurnen Flecken. Das obere Kelchblatt ist schmal eiförmig, die seitlichen rundlich-dreieckig, die schmal-sichelförmigen Blumenblätter haben einen purpurnen Keilstrich an der Spitze, die schmalen Seitenlappen der Lippe sind aufrecht, gelblich, der keilförmig vorgezogene Mittellappen purpurn geschmitzt. Sporn kurz kegelförmig, weiss mit grünem Knopf. Juli, August. Borneo.

— **cochinchinensis hort.** Blüten in sehr dichter Traube, nicht rot

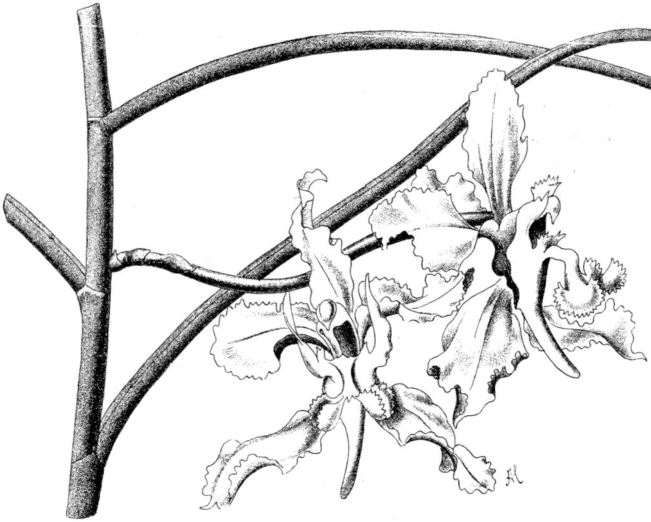

Fig. 20. Aërides Vandarum.

gefleckt, sondern nur mit zarten roten Streifen auf den Kelchblättern; Seitenlappen intensiv gelb. Cochinchina.

A. retusum Hook. ist *Rhynchostilis retusa Rchb. f. var. guttata Ldl.*

A. Roebelinii Rchb. f. Dem A. quinquevulnerum sehr ähnlich, aber die grünweissen Blüten stehen in reichen, aufrechten Trauben, die Kelchblätter sind weiss gefleckt, die Innenblätter ausgefressen gezähnt, Lippe rosa, gefranst, Seitenlappen länglich, gelb, Mittellappen gebogen, lang vorragend. Sporn sehr kurz. Juli, August. Philippinen.

A. Rohanianum Rchb. f. Kräftige, breitblättrige Pflanze, mit A. suavissimum Ldl. sehr nahe verwandt. Blüten in dichten, langen, nickenden Trauben, die Kelchblätter heller oder dunkler rosa, weiss gerandet, Innenblätter einfarbig rosa, Lippe schmal gelappt, weiss mit zwei purpurnen Längsstrichen und zwei runden Purpurflecken. Sporn orangegelb, zart purpurn gespritzt. Vorder-Indien.

A. roseum Paxt. ist *A. multiflorum Roxbg.*

A. rostratum Roxbg ist *Camarotis rostrata Rchb. f.*

A. rubrum hort. ist *A. radicosum Rich.*

A. Savageanum h. Sander. Stämme kurz, Blätter breit linear, 2 zu 15 cm etwa. Blüten in kurzen Trauben, kaum centimeterbreit, Kelchblätter länglich-eiförmig, aus weisser, karminpurpurn gefleckter, unterer Hälfte oben ganz karminpurpurn, Blumenblätter ähnlich, nur schmäler, Lippe dunkelkarminpurpurn, Seitenlappen gerundet-länglich, aufrecht, Mittellappen klein, länglich-linear, eingebogen, gezähnelt. Sporn gerade, grünlich. Juni, Juli. Vaterland unbekannt.

A. Schroederi hort. ist *A. maculosum Lindl. var.*

A. suavissimum Lindley *(A. flavidum Ldl. A. nobile Warn.)*. Starkwüchsige Pflanze, deren hellgrüne, lange Blätter braun geschmitzt sind. Blüten prächtig duftend, in langen, nickenden Trauben, Kelch- und Innenblätter weiss mit fleischrosaem Schimmer, die gleichfarbige Lippe mit einem citrongelben Herzfleck auf dem schmalen zweizipfeligen Mittellappen, Sporn dunkelrosa. Juli—September. Hinter-Indien.

— **var. Ballantineanum Hook f.** *(A. Ballantineanum Rchb. f.)* Sporn weiss, purpurfleckig, Blüten weiss mit amethyst-purpurnem Endfleck, Seitenlappen der Lippe strohgelb, purpurngefleckt. Mittellappen hellpurpurn.

— **var. maculatum Will.** Alle Blumenblätter und die Lippe weiss, dunkelfleischfarben gefleckt. Hinter-Indien.

A. testaceum Ldl. ist *Vanda parviflora Ldl.*

A. Thibautianum Rchb. f. *(A. Huttonii hort. Saccolabium Huttonii Hook.)* Schnellwüchsige, langblättrige Art. Blüten zerstreut in langer, nickender Traube, gross, Kelch- und Blumenblätter prächtig dunkelrosa, Lippe hellrot violett. Juli, August. Java.

A. Thunbergianum Miqu. ist *Angrecum falcatum Ldl.*

A. trigonum Kl. ist *A. multiflorum Raxbg.*

A. Vandarum Rchb. f. *(A. cylindricum Hook.*, nicht *Wight)*. (Fig. 20.) Schlank strauchige Art mit zerstreuten, langen, stumpfen, drehrunden, dunkelgrünen Blättern. Blütenschaft kurz, zweiblumig, den Blättern gegenüberstehend (nicht achselständig). Blüten gross, reinweiss, nur an der Innenseite der ausgehöhlten Säule ein fleischroter Fleck. Mittellappen der Lippe tief zweispaltig, lang genagelt mit wellig-krausgezähnten Rändern, die beiden schmalen, gefransten Seitenlappen hoch aufgerichtet. Sporn kräftig, mittellang. Juni—August. Vorder-Indien

A. Veitchii De Puydt ist *A. multiflorum Roxbg. var.*

A. violaceum h. angl. ist *A. quinquevulnerum Ldl. var.*

A. virens Ldl. Starkwüchsige, sehr veränderliche Pflanze. Blätter lang und breit, hellgrün. Blüten stark duftend, in lang hängenden

Trauben, mittelgross, hell pfirsichfarben mit purpurnen Spritzern, die Lippe, besonders der breite Mittellappen scharlachrot, dicht gespritzt. April bis Juni. Java.

— **var. Dayanum hort.** weicht nur durch sehr lange Blütenstände ab.

— **var. Ellisii Will.** Blätter kaum 15 cm lang. Blütentrauben bis 40 cm, mit 30—40 Blüten, Kelch- und Blumenblätter weiss rosa überhaucht und hellviolett punktiert. Seitenlappen der Lippe weiss mit kurzen, violetten Linien am Grunde, Mittellappen tief violett, der kurze, kräftige Sporn braun gefleckt. Juni—August.

— **var. grandiflorum hort.** Blüten sehr gross, von eleganter Form, weiss, fleischrosa geschmitzt. April—Juni. Vorder-Indien.

A. Warneri Will. ist *A. crispum var.*

A. Wightianum Ldl. ist *Vanda parviflora Ldl.*

A. Williamsii Warner ist *A. Fieldingii Jennys. var.*

Aërobium Sprg. ist *Angrecum Thou.*

Aganisia *Ldl.*

(Acacalis Lindley.)

(Gongorinae. 260.)

Mit Stanhopea verwandt, aber die Blütentrauben aufrecht, Blumenblätter abstehend, nicht zurückgeschlagen und das Mittelglied der Lippe unten gefranst. Knollen auf dem kriechenden Rhizom zerstreut, mit je einem grossen, breiten Laubblatt.

Drei Arten: A. cyanea Rchb. f. aus Brasilien, und öfter in Kultur:

A. pulchella Ldl. aus Demerara (Britt. Guyana). Blätter 20 cm lang, fünfnervig. Blüten mittelgross, weiss, mit einem Scharlachfleck am Grunde und einem goldgelben Fleck auf der Mitte der Lippe. Mai—September. Verlangt viel Wärme und stete Feuchtigkeit; an Korkstücken hängend oder im flachen Topf zu kultivieren.

A. tricolor N. E. Br., 1885 aus Guyana eingeführt, ist im Wuchs ähnlich, aber die weissen Kelchblätter sind gelbspitzig, die Blütenblätter hellblau, die Lippe rotgelb; Blätter bis 8 cm breit.

Alamania Llav. Lex. ist *Epidendrum L.*

Alipsa Hoffm. ist *Liparis L. C. Rich.*

Alvisia Ldl. ist *Eria Ldl.*

Amalias Hoffm. ist *Laelia Ldl.*

Amblyglottis Bl. ist *Calanthe R. Br.*

Amphiglottium Ldl. ist *Epidendrum Ldl.*

Anacamptis *L. C. Richard.*

(Serapiadeae. 12.)

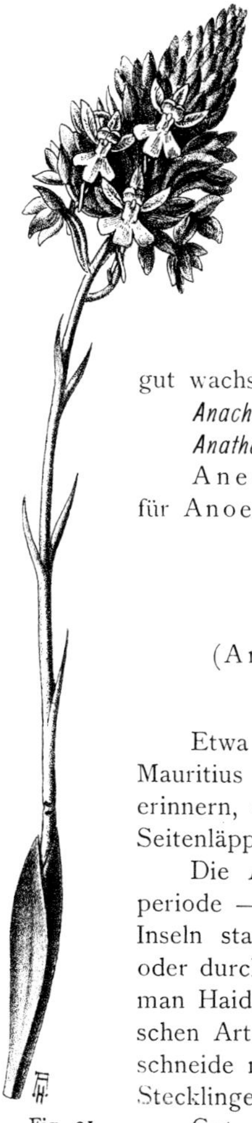

Fig. 21. Anacamptis pyramidalis.

A. pyramidalis Rich. *(Orchis pyramidalis L.)* (Fig. 21.) Einzige Art, in Europa und Nordafrika als Wiesenpflanze stellenweis häufig. Von Orchis nur durch die verwachsenen Pollenmassen verschieden. Erdknollen länglich-eiförmig, ungeteilt. Blätter in dichter Rosette, Stengel beblättert, bis 40 cm hoch, Blüten in dichter, pyramidenförmiger Ähre, purpurrot, die drei Aussenblätter breit-linear, zugespitzt, die beiden Innenblätter kappenartig zusammengezogen, die drei breit gestutzten Lappen der Lippe fast gleichgross. Sporn lang und schmal. Mai—Juli. Liebt Kalkboden und ist unter Zusatz alten Mauerschuttes ($^1/_{10}$) zur lockeren Lehmerde gut wachsend und sehr lohnend für die Kultur.

Anacheilum Hffg. ist *Epidendrum L.*

Anathallis Barb. ist *Pleurothallis R. Br.*

Anecochilus ist eine vielverbreitete falsche Schreibweise für Anoectochilus; ebenso Anectochilus.

Angrecum Thouars *(zum Teil).*

(Angraecum hort. Aërobion Sprengel.)

(Aërideae. 393.)

Etwa 30 Arten, welche dem tropischen Afrika, Madagaskar, Mauritius oder Bourbon angehören, im Wuchs an Aërides erinnern, deren Lippe aber ganz ungeteilt oder nur mit winzigen Seitenläppchen besetzt ist. Sporn meist sehr lang.

Die Angrecum verlangen dauernd — ohne Trockenperiode — sehr viel Wärme und Feuchtigkeit; die von den Inseln stammenden Arten werden am besten im Holzkästchen oder durchbrochenen Topfe in Sphagnum kultiviert, welchem man Haideerdebrocken und Lehmboden zusetzt; die afrikanischen Arten wachsen besser an Korkrinde. Kränkliche Pflanzen schneide man von unten her ab und behandele die Spitzen als Stecklinge.

Gut gepflegte Angrecum blühen jährlich reichlich und da die Blütezeit meist in den Winte fällt, sind sie der Kultur wert, obgleich die Blüten mehr eigenartig als schön sind. Die einzelnen Blüten sind von sehr langer Dauer.

Man unterscheidet nach der Stellung der Lippe die beiden Abteilungen:

1. **Euangrecum Butham,** Lippe aufwärts gewandt, (durch Drehung des Fruchtknotens um einen vollen Kreis, 360°), Antheren stumpf, z. B. A. eburneum.

2. **Aërobion Sprengel,** Lippe abwärts gewandt, Antheren zugespitzt, z. B. A. bilobum.

A. apiculatum Hook. ist *A. bilobum Ldl.*

A. arcuatum Ldl. ist *Listrostachys arcuata Rchb. f.*

A. armeniacum Ldl. von Sierra Leone, aus der Verwandtschaft von A. eburneum, aber mit gelb-rötlichen Blüten ist kaum irgendwo in Kultur gegenwärtig.

A. articulatum Rchb. f. *(A. descendens Rchb. f.)* Stämme kräftig, 10 cm hoch, Blätter länglich-eiförmig, 3 zu 10 cm etwa, sehr derb, vorn schief-zweilappig. Blüten in reichblumiger, hängender Traube auf kurzem, steifem, hellgrünem Schaft, 2 cm breit, reinweiss, kurz orangegelb gestielt, Kelch und Blumenblätter spitz, länglich-elliptisch, Lippe breit, spitz, länglich-eiförmig. Sporn rötlichgrün, bis 10 cm lang, Säule kurz, behaart, März, April. Madagaskar.

A. bilobum Ldl. *(A. apiculatum Hook).* Gedrängt wachsende, kleine Art, deren Stamm etwa 15 cm lange, nach vorn verbreitete, tief zweilappig ausgeschnittene, netzaderige Blätter trägt. Blüten zu 10—12 in nickenden Trauben, mittelgross, weiss, zart rötlich überhaucht, Sporn schlank, 5 cm lang. Neu-Guinea.

— **var. Kirkii Rchb. f** Kleiner, Blätter schmäler, vorn spreizend zweilappig, Blüten reinweiss mit hellbraunem, bis 8 cm langem Sporn. — 1882 vom Konsul Kirk auf Zanzibar gesammelt und in England eingeführt.

A. Brongiartianum Linden ist *A. eburneum Thou.*

A. caudatum Ldl. ist *Listrostachys caudata. Rchb. f.*

A. Chailluanum Hook. f. Kräftige, hochstämmige Pflanze mit dunkelgrünen, breitlinearen Blättern von 20 cm Länge. Blüten in hängenden Trauben zu 10—12, mittelgross, die schmalen Blätter und Lippe reinweiss, Sporn 10 cm lang, gelbgrün. Juli—September. West-Afrika.

— **var. crenatum Rchb. f.** In allen Teilen kleiner.

A. citratum Thouars. Kurzstämmig, dicht hellgrün belaubt. Blätter lang-lanzettlich. Blüten in schlank halb hängender Traube, meist zweireihig gedrängt, klein, gelblichweiss, mit 5 cm langem, fast gleichfarbigem Sporn. Madagaskar.

A. crenatum Rchb. f. ist *A. Chailluanum var.*

A. cryptodon Rchb. f. Kurzstämmig, Blätter gedrängt, dunkelgrün, breitlinear, bis 15 cm lang. Blüten klein, in lockeren Trauben, mit weissen, schmal-spitzen Blumenblättern, schmallanzettlicher Lippe und 10 cm langem, rötlichem Sporn. Oktober—November. Madagaskar.

A. descendens Rchb. f. ist *A. articulatum Rchb. f.*

A. eburneum Thouars. *(A. Brongiartianum Linden.)* Hochstämmige, kräftige Pflanze, mit breiten, vorn schiefgestutzten, regelmässig zweizeiligen, lederigen, hellgrünen Blättern bis zu 50 cm Länge. Blüten in die Blätter

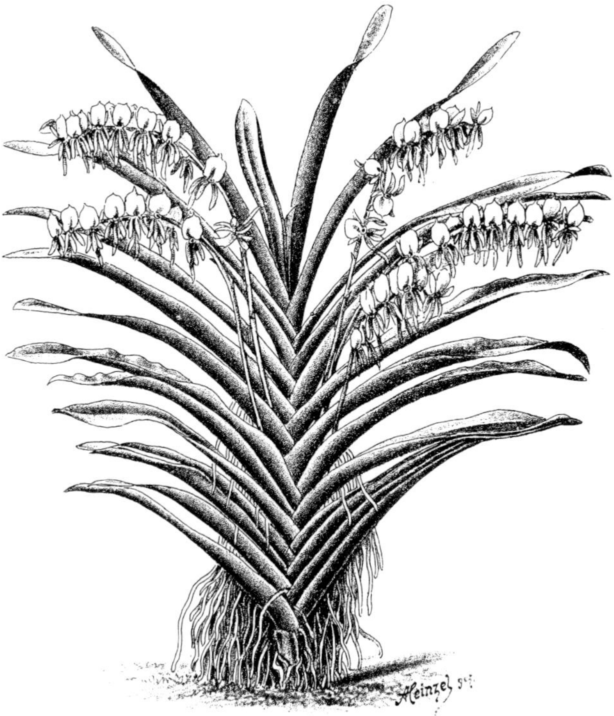

Fig. 22. Angrecum eburneum superbum.

überragenden Trauben, mittelgross, die fünf linearen Blätter gelblichgrün, die breit herzförmige Lippe mit vorragender Spitze schneeweiss; Sporn kräftig, bis 5 cm lang, hellgrün. November—März. Madagaskar. — Die vor Feuchtigkeit geschützte Blüte bleibt wochenlang schön.

— **var. superbum hort.** (Fig. 22) ist nur durch kräftigen Wuchs und grössere, ganz weisse Blüten abweichend.

— **var. virens Hook.** Blütentrauben schlanker, Blüten kleiner. Lippe weiss mit grünem Mittelfleck.

A. Eichlerianum Kränzlin. Schlankstämmig, Blätter dunkelgrün, lang-elliptisch, vorn stumpf gerundet. Blüten einzeln, gross, die fünf Blätter spiessförmig, hellgrün, die grosse helmförmige Lippe weiss, mit dreieckiger Zacke im Mittelausschnitt. Sporn kurz kegelförmig, aufrecht. West-Afrika. Loango-Schlucht bei Kassamba. Noch nicht in Kultur, aber sicher zu erwarten.

A. Ellisii Williams. Kräftige, dicht zweizeilig beblätterte Art, Blätter breit schwertförmig, vorn schief zweilappig, oberseits dunkelgrün, unterseits heller, bis 25 cm lang bei 4 cm Breite. Blüten zu 18—24 in schlank gebogenen Trauben von 50—70 cm Länge, reinweiss und herrlich duftend, die fünf äusseren, spitz-eiförmigen Blätter zurückgebogen, die lang-eiförmige, zugespitzte Lippe leicht nach unten zurückgebogen, Säule kurzstämmig, fleischig, Sporn schlank, hellzimmtbraun, bis 15 cm lang. In der Seitenansicht ähnelt die Blüte einem Kakadu. November—Januar. Madagaskar. — Von W. Ellis, anglikan. Geistlichen, aufgefunden und eingeführt. Unstreitig das schönste aller bis jetzt kultivierten Angrecums.

A. Ellisii Rchb. f. ist *A. modestum Hook. f.*

A. falcatum Lindley. (*Oeceoclades falcata Ldl. Aërides Thunbergianum Miqu.*) Niedrige, sehr unscheinbare, buschige Pflanze, mit schmalen dunkelgrünen Blättern, Blüten in schlanken Trauben zu 4—6, kaum mittelgross, reinweiss und stark duftend, Lippe dreiteilig, fast eiförmig, Sporn schlank, weissgrün, 5 cm lang. April—Mai. Japan. — Als Kalthausorchidee zu empfehlen, aber im Vergleich zu den andern Angrecum-Arten von geringer Bedeutung.

A. fastuosum Rchb. f. Kurzstämmig. Blätter schmal-elliptisch, stumpf, oberseits rauhwulstig, mit hellem, schwieligem Rande. Blüten zahlreich in langen, schwanken Trauben, elfenbeinweiss, stark duftend, die fünf äusseren Blätter länglich, die Lippe verkehrt eiförmig, Sporn sehr schlank, hellgrün, etwa 5 cm lang. November—December. Madagaskar.

A. fragrans Thou. (*Aërobium fragrans Sprgl. Aëranthus fragrans Rchb. f.*) Stämme federhalterdick, viertel meter hoch, Blätter spärlich, nur am Stammende, riemenförmig, 1 zu 8 cm etwa, vorn tief zweispaltig. Blüten einzeln auf 5 cm langem Stiel, wohlriechend, 4 cm. breit, reinweiss, Kelch- und Blumenblätter linear, zurückgeschlagen, Lippe den Blumenblättern gleich lang, lanzettlich-spiessförmig, mitten ausgehöhlt. Sporn schlank, 4 cm lang, grün. November, December. Insel Bourbon, Mauritius. — Die trocknen Blätter duften nach Vanille und gehen als Faham-Thee in grossen Mengen besonders nach Frankreich.

A. fuscatum Rchb. f. Tracht der vorhergehenden Art, aber Blütenstiele, Fruchtknoten, Deckblätter zimmtbraun, Blüten mit drei ockergelben Aussenblättern, zwei weissen Innenblättern, weisser Lippe und braunem, dünnem, 5 cm langem Sporn. November, Dezember. Madagaskar.

A. Germinyanum Hook. f. Stämme schlank, kletternd, halbmeterlang, nur am oberen Teile beblättert, Blätter sitzend, linear-länglich, 1 zu 6 cm etwa, vorn schräg gestutzt. Blüten den Blättern gegenüber auf schlankem, grünem Stiel, einzeln, reinweiss, 10 cm breit, Kelch- und Blumenblätter aus schmalem Grunde lanzettlich, die Blumenblätter kürzer und schmäler, Lippe tieftellerförmig, viereckig mit gerandeten Ecken, aus der Mitte plötzlich zu einem zurückgebogenem, 2 cm langem Fadenschwanz verschmälert. Sporn schlank, 6 cm lang, weisslich-grün. Säule sehr kurz. Mai, Juni. Wälder des inneren Madagaskar.

A. Grantii hort. ist *A. Kotschyi Rchb. f.*

A. Hildebrandtii Rchb. f. Leider noch sehr wenig verbreitete zwergige Art mit lockeren Trauben orangegelber Blüten, deren längliche Lippe scharf zugespitzt ist und dünnem, 2—3 cm langem Sporn. November. Von Hildebrandt 1876 von den Comoren eingeführt.

A. hyaloides Rchb. f. Stämme kaum 2 cm hoch, mit 5—7 länglich eiförmigen, spiralig stehenden, stumpfen Blättern von etwa 1 zu 4 cm, welche dunkelgrün und vorn schräg gestutzt sind. Blüten in kaum 5 cm hoher, dichter Traube, zweiseitig, weissgestielt, kaum 1 cm breit, glasig durchscheinend weiss, Kelch- und Blumenblätter, ebenso die Lippe spitz länglich-eiförmig, Kelchblätter am schmalsten. Sporn schlank, 2 cm lang. Mai, Juni. Nordost-Madagaskar.

A. Kotschyi Rchb. f. (*A. Grantii hort.*) Niedrige, zeitig blühende Art; Blätter schmal spatelförmig, dunkelgrün; Blüten in hängenden, reichblütigen Trauben, rahmweiss mit breiter eiförmiger Lippe und gedrehtem, rötlichem bis 10 cm langem Sporn. Oktober. Ost-Afrika.

A. Leonis Rchb. f. (*Aëranthus Leonis Rchb. f*) Stämme fingerdick, kurz, im oberen Teile von den reitenden Blättern besetzt, welche 1,5 zu 20 cm etwa messen, fleischig, sichelförmig sind. Blüten zu 5—7 in lockerer, aufrechter Traube, lang gestielt auf flachgedrückten Stielen, 5 cm breit, Kelch- und Blumenblätter spitz lanzettlich, gekielt, vorn zurückgeschlagen, Blumenblätter kürzer und breiter, alle weiss, Lippe herzförmig, trichterförmig ausgehöhlt, weiss. Sporn oben weitröhrig, weiss, unten schlank, grünlich, bis 15 cm lang. Juli, August. Comoren-Inseln.

A. maculatum Ldl. ist *Eulophidium maculatum Pfitz.*

A. modestum Hook. f. (*A. Sanderianum Rchb. f. A. Ellisii Rchb. f.*) Unbedeutende kleine Art von Madagaskar, ähnlich dem A. apiculatum aber reinweisse Blüten auf braunen Stielen tragend.

A. monophyllum A. Rich. ist *Eulophidium maculatum Pfitz.*

A. pellucidum Lindley ist *Listrostachys pellucida Rchb. f.*

A, pertusum Lindley ist *Listrostachys pertusa Rchb. f.*

A. Scottianum Rchb. f. Stamm cylindrisch, bis halbmeter hoch, mit zerstreuten, fast zweizeilig stehenden, 5—8 cm langen, zurückgebogenen, dunkelgrünen, halbcylindrischen, zugespitzten Blättern. Blüten einzeln oder in kleinen Büscheln auf 10 cm langen Stielen, mittelgross, die fünf äusseren Blätter grünlichweiss, breit linear, zugespitzt, Lippe fast quadratisch, herzförmig mit vortretender Mittelspitze, reinweiss. Sporn kräftig, 10 cm. lang, bräunlich. Juli. Comoren-Inseln. 1878 vom Consul Kirk eingeführt.

A. sesquipedale Thouars ist *Macroplectrum sesquipedale Pfitz.*

A. superbum Thou. ist *A. eburneum var.*

A. virens Ldl. ist *A. eburneum var.*

Anguloa *Ruiz et Pavon.*

(Lycastinae 246.)

Sehr wenige Arten, Baumbewohner der Anden von Columbien und Peru mit kräftigen, länglichen 10—15 cm hohen Scheinknollen, welche oft längs gerieft sind und zahlreiche Scheidenreste zeigen. Blätter zu 3—4 auf der Spitze der Knollen, breit lanzett-elliptisch, zugespitzt, unten in einen kurzen Scheidenteil zusammengezogen, durch 5—7 vortretende Parallel-Nerven längs gestreift. Blüten — gleich den jungen Trieben — am Fusse der Knollen erscheinend, einzeln auf 10—20 cm hohen, kräftigen, reichlich mit blattähnlichen Scheiden besetzten Stielen, gross, fest, durch Zusammenneigen der Blumenblätter fast kuglig und die kurze Lippe einschliessend. Alle bekannten Arten intensiv und prachtvoll gefärbt.

Alle Anguloa-Arten sind Bergbewohner und lieben mittlere (12°) Wintertemperaturen sowie eine vierwöchentliche Trockenperiode nach der Blüte. Sie sind einfach an Rinde zu kultivieren oder hochgepflanzt im Topf auf Sphagnum mit Torfbrocken, Lehmerde und altem Kuhdung. Ihre Vermehrung geschieht durch Abtrennen der alten Scheinknollen. Die Blüten aller Arten sind von wochenlanger Dauer.

A. Clowesii Lindley (Fig. 23). Die tulpenähnliche, duftige Blüte ist leuchtend citronengelb, nur die Spitze des mittleren Lappens der kurzen dreiteiligen Lippe ist weiss und vorn satt gelb. Die grosse fleischige Säule ist auf der Innenseite weissgelb. Die Blüte hält 5 zu 8 cm und öffnet sich nur 2—3 cm breit. Die Lippe ist an einem dünnen Bande aufgehängt und leicht auf- und niederklappend. April—Juni.

— **var. flava Bot. Mag.** Spitze der Lippe tief orangegelb.

— **var. macrantha hort.** Blüte auf dem gelben Grunde rote Spritzer zeigend.

— *var. uniflora hort.* ist *A. dubia Rchb. f.*

A. dubia Rchb. f. *(A. Clowesii uniflora hort.)* Mutmasslich eine im Freien entstandene Kreuzung, der A. Clowesii im Bau ähnlich, aber die gelben Blüten sind purpurn gespritzt und die weisse Lippe hat purpurne Grundflecke. Mai.

A. eburnea Williams. Gleichfalls der A. Clowesii im Blütenbau sehr ähnlich, aber die Blüten sind schneeweiss und die Spitze der Lippe ist rosa gezeichnet. Mai, Juni. Neu-Granada. Prächtige, leider noch wenig verbreitete Art, wohl die schönste der Gattung.

A. grandiflora R. P. ist *Stanhopea grandiflora Ldl.*

A. Hernandezii ist *Stanhopea tigrina Batem.*

A. Hohenlohii Morren ist *A. Ruckeri var. sanguinea Ldl.*

A. intermedia Rolfe ist *A. media Rchb. f.*

Fig. 23. Anguloa Clowesii.

A. media Rchb. f. (*A. intermedia Rolfe*). Gartenkreuzung (von J. C. Bowring-Windsor Forest gezüchtet) aus der gelben A. Clowesii und der grün-purpurnen A. Ruckeri. Die Blüten sind aussen orangegelb, innen purpurbraun, die Lippe hat rotbraune Seitenlappen und ein orangegelbes Mittelstück.

A. purpurea hort. ist *A. Ruckeri var. sanginea Ldl.*

A. Ruckeri Lindley. Die aus den mächtigen Blattbüscheln seitlich frei vortretenden Blüten messen 6 zu 8 cm, öffnen sich etwa 4 cm breit und sind aussen bräunlich grün, innen sind die fünf fast gleichen Blätter auf gelbgrünem Grunde zinnoberrot gemalt, die Lippe ist tief zinnoberrot mit hellerer Queraderung des in eine herzförmige Spitze auslaufenden Mittellappens, die dickfleischige Säule ist weisslich violett mit rotbraunen Punkten. Juni, Juli. Columbien.

— **var. retusa Rchb. f.** Blüten aussen citrongelb, dunkel purpurbraun gespritzt, Seitenlappen der Lippe schmäler und kürzer als an der Hauptform, Spitze zurückgebogen, behaart.

— **var. sanguinea Ldl.** (*A. Hohenlohii Morr. A. purpurea hort. A. Wagneri hort.*) Blüten innen rein blutrot, Queradern der Lippe fast weiss.

A. superba H. B. ist *Acineta superba Rchb. f.*

A. Turneri Williams ist *A. uniflora var. Turneri Will.*

A. uniflora Ruiz et Pavon. Sehr dankbar blühende Art, deren stets einzeln auf ihren Stielen stehende Blüten 3 zu 7 cm messen und sich fast zweilippig öffnen. Die drei äusseren Blütenblätter in eine kurze Spitze ausgezogen, die inneren rundlich, der sehr schmale Mittellappen der breiten Lippe in eine im Halbkreise zurückgebogene Spitze ausgehend, Seitenlappen breit, vorn gerundet, aufgebogen. Alle Blätter weiss, mit fleischroter Punktierung und Zeichnung, besonders die Lippe dicht und regelmässig punktiert. Mai — Juli. Peru, Columbien.

A. uniflora R. et P. var. Turneri Williams. Blüten fleischrot, dunkel rosa punktiert. Mai, Juni. Columbien.

— **var. virginalis Linden.** Blüten schneeweiss mit spärlichen dunkelbraunen Punkten. Juni, Juli. Columbien.

Ania Ldl. ist *Tainia Bl.*

Anisopetalum Hook. ist *Bolbophyllum Thou.*

Anoectochilus *Blume.*

(Physureae. 109.)

(Chrysobaphus Wallich, Anecochilus und Anectochilus hort.)

Durch die Pracht ihrer Blätter die Freude des Besitzers, durch die Schwierigkeiten der Kultur das Kreuz des Gärtners! Etwa 20 baumbewohnende Arten der wärmsten Striche Ostindiens und der malayischen Inseln mit kriechendem, wenig verdicktem, gegliedertem Stamme und eielliptischen Blättern, deren Scheide das Stammglied umhüllt. Blüten in kurzer gedrängter Ähre auf 15—20 cm hohem, meist rotbraunem, mit mehreren häutigen Scheiden besetztem Schafte, klein und unscheinbar, das oberste Aussenblatt mit den beiden Blumenblättern helmartig verwachsen, die unteren Aussenblätter klein, abstehend. Lippe mit dem kurzen Fuss der Säule verwachsen, aus breitem Nagel vorn zweispaltig-breitlappig, oft gefranst.

Die gärtnerische Bedeutung der Anoectochilus, liegt in der oft herrlich metallglänzenden Netzaderung ihrer sammetähnlichen Blätter, deren Grund mattgrün oder grünbraun ist, während die Netzadern silber-, kupfer- oder goldfarben, wie eine zarte Stickerei dem Blatte aufliegen.

Die Anoectochilus haben die unangenehme Eigenart, in den Kulturen fast immer nach kurzer Zeit zu Grunde zu gehen. Sie verlangen hohe Wärme, feuchte, geschlossene Luft und sind besonders in der Ruhezeit ungemein empfindlich gegen jeden Tropfen Wasser, welcher auf das Blatt fällt. Gewöhnlich werden sie leider noch in einem Heringssalat von Sphagnum und allen möglichen Zuthaten in einem Schwitzkasten, abgeschlossen von jedem Luftzuge, kultiviert.

Da sie in der Heimat ausschliesslich zwischen den Moosen am unteren Stammende der Bäume leben, so empfiehlt sich auch für unsere Kultur entweder einfaches Auflegen auf Korkrinde — fast wagerecht hängend — oder Hochpflanzen in Stecklingstöpfchen in fast reines Sphagnum, allenfalls mit ein paar Haideerdebrockchen. Unter letzteren Verhältnissen kultiviert sahen wir prachtvolle Exemplare durch lange Jahre als Stubenpflanzen (in einem Glaskasten mit Heizvorrichtung darunter) in der sorgsamen Pflege des verstorbenen Kaufmann Hutstein in Breslau. Zum Gedeihen gehört überhaupt persönliche Sorge, sowie die Anoectochilus mit der grossen Masse der warmen Orchideen über einen Kamm geschoren werden, gehen sie immer nach kurzer Zeit zu Grunde.

Wir empfehlen Kultur in hellem, nicht sonnigem, geschlossenem, aber nicht von der Luftcirkulation abgesperrtem Raume mit feuchter Sand- oder Moos-Unterlage, die Anoectochilus auf breite — aufgehängte oder hochgestellte — Korkstücken gelegt und dauernd nicht unter 15° R. gehalten, während des Austreibens sehr feucht und sehr warm behandelt, nachher zwar noch dauernd in feuchter Luft aber fast ohne Giessen durch 2—3 Monate gelassen, bis der junge Trieb erscheint. Besonders schwierig sind die dunkeln Wintermonate für die Erhaltung der Anoectochilen in unseren Gärten, da ihnen in dieser Zeit jeder Tropfen Wasser, welcher auf den Blättern stehen bleibt, Veranlassung zu Faulflecken giebt, welche oft sehr rasch grösser werden und die Pflänzchen erheblich schädigen. Faule Stellen sind sofort bis auf das Gesunde auszuschneiden und die Wunde mit feingepulverter Holzkohle zu bestäuben.

Mehr als andere Orchideen locken die weichfleischigen Anoectochilus-Stämmchen das Ungeziefer an: Schnecken, Kellerasseln und Ohrwürmer sind ebenso gierig danach, wie Thrips und rote Spinne nach den Blättern und nur stete Achtsamkeit vermag diese Schädiger fern zu halten.

In kurzen Worten lautet das Kultur-Rezept: Sauberkeit, Achtsamkeit, hohe Wärme, Feuchtigkeit, nicht Nässe, Licht ohne Sonnenbrand, dann werden auch die Anoectochilen gedeihen.

A. argenteus Ldl. ist *Physurus argenteus Loud.*

A. argenteus var. pictus ist *Physurus pictus Ldl.*

A. argyroneurus hort. (*A. Lobbii hort.*, aber nicht *A. Lobbianus Planch.*) Niederliegend. Blätter ei-elliptisch, sammetartig, freudig grün mit silberglänzenden weissen Netzadern. Java.

A. Boylei Will. ist *regalis Bl. var. Boylei.*

A. Bullenii Low. Aufsteigend, bis 10 cm hoch. Blätter ei-lanzettlich, 5—8 cm lang, 3—4 cm breit, dunkel bronze-grün mit drei breiten kupferroten, oft goldschimmernden Längs-Adern. West-Borneo.

A. concinnus Bull. Blätter aus breitem runden Grunde eiförmig, zugespitzt, dunkel olivengrün, mit schimmernd kupferroten Längs- und Netzadern. Assam.

A. cordatus hort. ist *A. regale Bl. var.*

A. Dawsoni hort. oder *Dawsoninana Rchb. f.* ist *Haemaria discolor Ldl. var. Dawsoniana Rchb. f.*

A. Dayi hort. ist *Dossinia marmorata Morr. var. Dayi hort.*

A. discolor Bl. ist *Haemaria disolor Ldl.*

A. Dominii Veitch. ist eine von Veitch gezogene Kreuzung aus A. Friederici Augusti und Haemaria discolor, welche die kräftige aufrechte Figur der Haemaria besitzt. Blätter eiförmig, dunkel olivengrün mit hellgelber kupfern schimmernder Mittellinie und ähnlich farbigen helleren Hauptnerven.

A. Eldorado hort. Blätter breiteiförmig, sammetartig dunkelgrün mit einem metallisch schimmernden Netz hellgrüner Linien. Ceylon. Sehr empfindlich in der Kultur.

A. Friederici Augusti Rchb. f. (*A. Xanthophyllum hort.*) Aufsteigend, bis 10 cm hoch, Blätter ei-elliptisch, etwa 5—6 cm zu 3—4 cm, sammetartig durchschimmernd dunkelgrün, mit breiter, goldorangegelber Mittellinie, grünlich-goldgelben Hauptnerven und einem zartem, leuchtend goldschimmerndem, feinem Adernetz. Ceylon. Gehört zu den prächtigsten und gleichzeitig am besten wachsenden Arten, ist auch weniger empfindlich in den Ruheperioden als die verwandten Formen.

A. grandifolius hort. ist *A. regalis Bl. var.*

A. Heriotii Will. Kräftige, aufsteigende, bis 10 cm hohe Stämmchen mit grossen (10 zu 6 cm etwa), breit-eiförmigen Blättern, deren Grundfarbe ein sammetartig weiches Braunroth (Mahagony-Farbe) mit schimmerndem Goldhauch und sehr zarten, aber deutlichen, metallisch schimmernden Netzadern ist. Ostindien.

A. hieroglyphicus Bull. Zartes, anliegendes Pflänzchen mit nur ganz kurz aufgerichtetem Stämmchen und eiförmigen bis ei-elliptischen (etwa

5 zu 3 cm) Blättern, auf deren sammetartig dunkelgrüner, metallisch schimmernder Fläche silbergrau schimmernde Hieroglyphen-Zeichnungen zwischen den goldschimmernden Hauptadern vortreten. Assam.

A. javanicus hort. ist *Argyrorchis javanica Bl.*

A. inornatus Moore ist *A. regalis Bl. var.*

A. inscriptus hort. ist von A. hieroglyphicus kaum zu unterscheiden; die hieroglyphischen Schriftzeichen sind allenfalls etwas schmäler und eher goldig als silbern schimmernd. Ostindien.

A. intermedius h. angl. Stämmchen fast aufrecht, bis 10 cm hoch, Blätter eiförmig (etwa 8 zu 5 cm), seidenschimmernd dunkel olivengrün mit breiten goldschimmernden Hauptadern und einem sehr lebhaft ausgeprägten goldschimmernden Netz auch der kleinsten Nerven. Ceylon. Gehört gleichfalls zu den sehr gut wachsenden Arten und ist wissenschaftlich aufgefasst in den Formenkreis von A. Roxburghii zu ziehen.

A. Lansbergiae L. Lind. Stämmchen aufsteigend, Blätter breit-elliptisch dunkelsammetgrün, breitadrig und fleckig heller marmoriert, breit metallbraun gerandet mit hellgelbem Saum. Philippinen.

A. latimaculatus h. angl. Starkwüchsig, Stämmchen fast aufrecht, bis 15 cm hoch, mit schmal-eiförmigen (etwa 10 zu 5 cm) Blättern, deren seidenglänzendes Dunkelgrün prächtig silberglänzende Hauptnerven und etwas schwächer schimmernde, unregelmässige Silberfleck-Zeichnung trägt. Borneo.

A. lineatus Bl. ist *Zeuxine regium Ldl.*

A. Lobbianus Planch. ist *A. Roxburghii Ldl.*

A. Lobbii hort. ist *A. argyroneurus hort.*

A. Lowii Bl. ist *Dossinia marmorata Morr.*

A. marmoratus hort. ist *Dossinia marmorata Morren.*

A. Macodes hort. ist *Macodes Petola Bl.*

A. Nevillianus Low. Niederliegende, kaum 6—8 cm hohe Stämmchen, Blätter länglich-eiförmig (5 cm etwa lang und 2 cm breit), sammetartig, aus dunklem Grün kupfer- oder bronzefarben schimmernd, mit zwei Reihen länglicher, hellgrüner, Flecken längs des Randes. Borneo.

A. nobilis hort. ist *Physurus nobilis Rch. f.*

A. ordianus hort. ist *Haemaria discolor Ldl.*

A. Ortgiesii hort. ist *Physurns Ortgiesii Rchb. f.*

A. Petola hort. ist *Macodes Petola Bl.*

A. pictus Bl. ist *Physurus pictus Ldl.*

A. pulcher hort. ist *Nephelaphyllum pulchrum Bl.*

A. querceticola hort. ist *Physurus querceticolus Ldl.*

A. regalis Bl. *(A. setaceus hort.* nicht *Bl.)* (Fig. 24.) Stämme aufrecht, 10 bis 15 cm hoch, kräftig, mit ei-elliptischen, vorn gerundeten Blättern (etwa

6 cm lang und 4 cm breit), von sammetartigem und dabei schimmerndem Bronzegrün mit breiten, goldig durchschimmernden Mittel- und Hauptadern und einem feinen Goldnetz auch der kleinsten Äderchen. Java, Ceylon. Gehört zu den schönsten aller kultivierten Formen, ist aber leider sehr empfindlich. Der einheimische Name „Wana Rajah" = Waldkönig ist sehr bezeichnend für die Schönheit der Pflanze.

— **var. Boylei Will.** Blätter zugespitzt, ausser dem goldaderigen Netzwerk auch auf der Fläche goldschimmernd.

— **var. cordatus hort.** *(A. setaceus var. cordatus hort. Goodyera cordata hort.)* Blätter etwas grösser, breit elliptisch aus herzförmigem Grunde, Goldadern sehr markant vortretend.

— **var. grandifolius hort.** *(A. setaceus var. grandifolius hort.* Blätter hellgrün und auch das Goldnetz sehr hell.

— **var. inornatus Moore.** Blätter fein sammtig dunkelbronzegrün, nur die drei Längsadern zart goldig schimmernd, die Netzadern nicht vortretend.

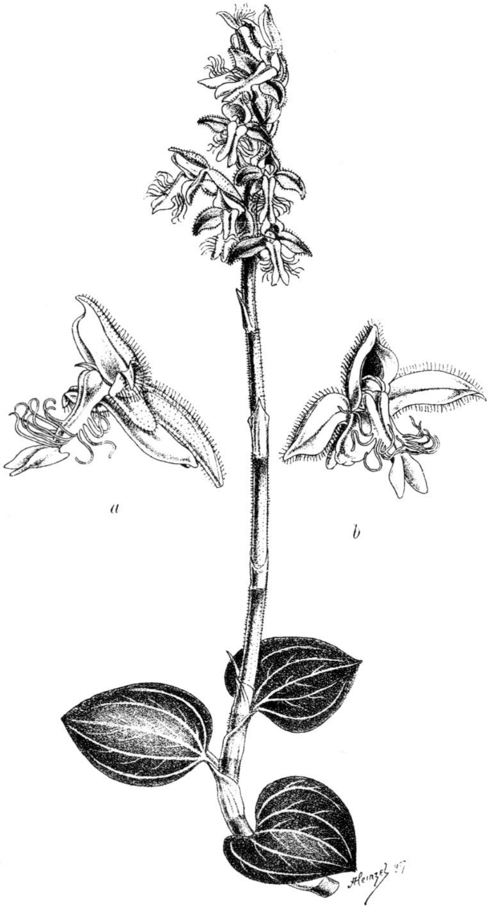

Fig. 24. Anoectochilus regalis.
a Blüte seitlich, b von vorn gesehen, doppelt vergrössert.

A. regius hort. ist *Zeuxine regium Ldl.*

A. Reinwardtii Bl. ist wohl auch nur eine Varietät von A. regalis, dessen Blattform und sammtiges Bronzegrün er besitzt, aber statt des goldigen Netzadergeflechtes breite, golden schimmernde Streifen zeigt. Java.

A. Rollissonii Lind. ist *Haemaria Rollissonii hort.*

A. Roxburghii Ldl. *(Folium petiolatum Rumph. A. Lobbianus Planch. Chrysobaphus Roxburghii Wall.)* (Fig. 25.) Stämmchen kräftig, aufrecht, bis 10 cm hoch, Blätter eiförmig (8 cm zu 10 cm etwa), sammetartig, mit breitem, hell freudiggrün gefärbtem Mittelstreif und dunkel olivengrünem bis bronzegrünem Rande, das Adernetz in der Blattmitte leuchtend kupferrot, am Rande rotgoldig schimmernd. Ostindien, Singapore, Java.

— **var. setaceo-pictus hort.** Blattgrund mitten hell, am Rande dunkel-sammtgrün, Netzadern durchweg goldigrot, sehr schwach sich abhebend.

A. Ruckeri Low. Kräftige, niederliegende Stämmchen mit breit eiförmigen Blättern (etwa 5 zu 3 cm), auf deren sammtig bronzegrünem Grunde sechs deutlich abgesetzte Längsreihen silberschimmernder grau-weisser Striche stehen. Borneo.

A. setaceo-pictus ist *A. Roxburghii Ldl. var.*

A. setaceus Bl. Stämmchen niederliegend, mit eielliptischen (etwa 5 zu 3,5 cm) sammtigen, schimmernd hellgrünen Blättern und helleren zart goldschimmernden Nerven. Java.

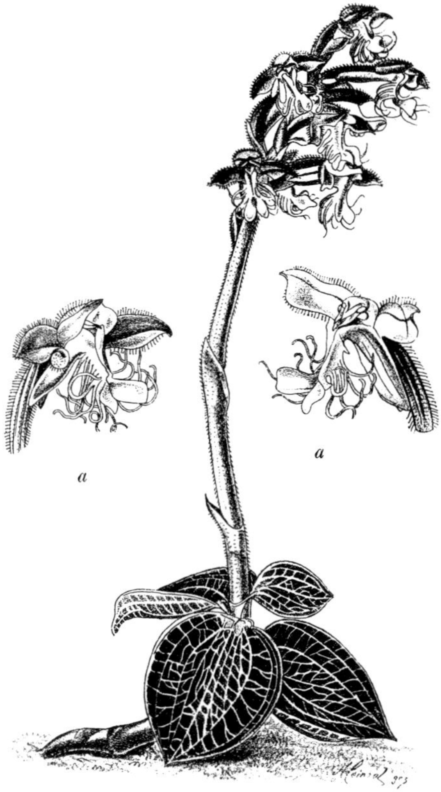

Fig. 25. Anoectochilus Roxburghii.
a Doppelt vergrösserte Blüten.

A. setaceus var. cordatus, var. inornatus, var. grandifolius und alle sonstigen Gartenformen gehören zu A. regalis Bl.

A. striatus Bl. ist *Zeuxine regium Ldl.*

A. Turneri Will. Stämmchen kräftig, aufrecht, 10—15 cm hoch. Blätter länglich-eiförmig, etwa 8 zu 4 cm, sammtig bronzegrün oder rein bronzebräunlich mit kräftigen, goldschimmernden, rotgoldenen oder kupferroten Netzadern. Java.

A. Veitchii hort. ist *Macodes Petola Ldl.*

A. Xanthophyllum hort. ist *A. Friederici Augusti Rchb. f.*

A. zebrinus Bull. Stämmchen niederliegend, Blätter ei-lanzettlich etwa 4 zu 2 cm, sammtig dunkelolivengrün mit rotschimmernden, kupferroten Längsadern, Netzadern nicht vortretend. Ostindien.

Ansellia *Lindley.*

(Polystachyinae. 171.)

Vier unter sich sehr ähnliche tropisch-afrikanische Orchideen, welche direkte Humusbewohner sind oder auf alten Stämmen leben — meist in der Nähe der Küste — mit fingerdickem, schlankem Stamme, welcher zahlreiche grosse, lineare bis lang elliptische, fünfnervige Blätter trägt, deren Spreite gegen die stammumfassende Scheide sich abgliedert. Blüten mittelgross, aber sehr zahlreich, in grosser endständiger Rispe, Aussen- und Innenblätter sich fast gleich, spreizend abstehend, Lippe dreilappig, mit den Seitenlappen die schlanke Säule umfassend, mit deren Fuss die paarigen Aussenblätter ein kleines Kinn bilden. Die Ansellien werden am besten als Erdorchideen kultiviert in grossen Töpfen mit gleichmässiger Mischung aus Haideerde, Rasenlehm und Sand auf guter Drainage. Während des Treibens verlangen sie hohe Wärme und viel Wasser, nach der Blüte eine lange Trockenperiode. Man vermehrt sie durch Teilung (Zerschneiden) der Stämme bald nach der Blüte. In Kultur hauptsächlich:

A. Africana Lindley (Fig. 26). Stamm bis 1,5 m hoch, mit hellgrünen, langen Blättern. Äste der mehr als 100 Blüten tragenden, meterhohen Rispe nickend. Blüten hellgelb mit dunkelbraunen Flecken. Lippe reingelb. Januar, Februar. Sierra Leone. (Zuerst von Mr. John Ansell auf Fernando Po gefunden).

— *var. lutea Rchb. f.* ist *A. Natalensis Hook.*

A. gigantea Hooker aus Natal weicht fast nur durch aufrechte Rispe und grössere Blumen ab, A. Natalensis Hooker (A. Africana v. lutea Rchb. f.) durch kleinere und rein hellgelbe Blüten.

Anthericlis Raf. ist *Tipularia Nutt.*

Aplectrum Nuttall.

(Phajinae. 230.)

A. hiemale Nutt. *(Cymbidium hiemale Wild.),* in Nordamerika heimische Erdorchidee, ist die einzige Art. Sie hat auf unterirdisch kriechendem Stamme kleine dicke, abgeplattete, dunkelgrüne, halb im Boden sitzende Scheinknollen mit je einem grossem, dunkelgrünem, fast lederartigem, gestieltem, lang- elliptischem, zugespitztem Blatte. Blüten bis zu 20 in lockerer Traube, klein, die 5 breitlinearen Blätter grünbraun, die dreiteilige Lippe sehr kurz, breit verkehrt-eiförmig, weiss mit brauner Zeichnung. Mai, Juni. In den Wäldern der nordöstlichen Staaten.

Die niedliche Pflanze überwintert bei 3—4° Wärme und wächst

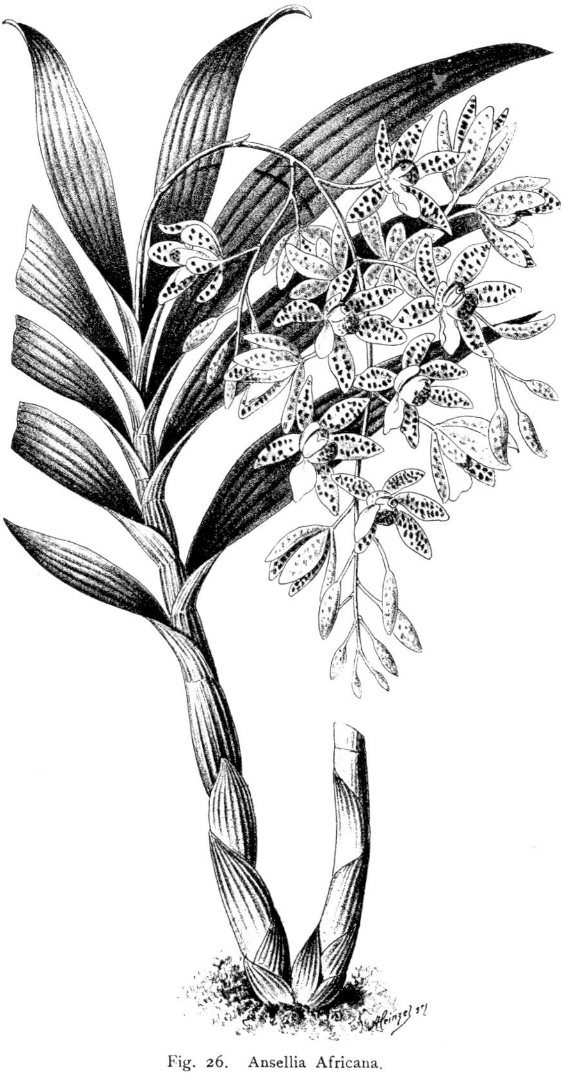

Fig. 26. Ansellia Africana.

dankbar im kleinen Topfe mit einer gleichmässigen Mischung aus Laub- und Haideerde, unter Zusatz von etwas Lehm und Sand. Im Sommer halbschattig im Freien zu halten.

Arachnanthe Bl. ist *Renanthera Lour.*

Arachnanthe Cathcartii Bl. ist *Esmeralda Cathcartii Rchb. f.*
Arachnanthe Lowii Bnthm. et Hook. ist *Renanthera Lowii Rchb. f.*
Arachnis Bl. ist *Renanthera Lour.*
Arachnites F. W. Schm. ist *Ophrys L.*

Arethusa *Linné.*

(Pogonieae. 83.)

Erdorchideen; zwei Arten: A. plicata DC. von Japan und A. bulbosa L. von Nordamerika, nur letztere in Kultur, mit rundlicher haselnussgrosser Knolle, und einzelner, mittelgrosser (3—4 cm) Blüte auf 10 bis 15 cm hohem, von scheidenartigen Blättern bis zur halben Höhe umkleidetem Schafte. Die drei zart rosaen, schmal lanzettlichen Aussenblätter sind steif aufrecht, die sehr ähnlichen Innenblätter im Halbkreis nach vorn gebogen. Lippe geigenförmig, rosa mit purpurnen Flecken und breitem, hochgelbem Mittelbande. April, Mai. Sehr niedliches Kalthauspflänzchen, welches nur eben frostfrei überwintert zu werden braucht. Kultur wie die der einheimischen Erdorchideen. Die Knöllchen in kleine Töpfe mit Hyacynthen-Erde gelegt, und nach dem Abblühen trocken — nicht dürr — gehalten.

Argyrorchis *Blume.*

(Physureae. 127.)

Mit Anoectochilus nahe verwandt, hauptsächlich durch die einfache — den andern Blütenblättern fast gleiche — Lippe abweichend. Die einzige Art:

A. javanica Blume (*Anoectochilus javanicus hort.*) hat eiförmige (4 zu 6 cm), sammetartige, dunkelolivengrüne Blätter mit hellgrünen Flecken und blass goldschimmerndem Adernetz, während die Blattunterseite hell bräunlichrot ist. Blütenschaft ca. 15 cm hoch, mit einer kurzen, dichten Ähre fleischfarbener kleiner Blüten. August—September. Kultur siehe Anoectochilus.

Armodorum Kuhl. et Hass. ist *Renanthera Lour.*

Arpophyllum *Llave et Lexarca.*

(Ponereae. 202.)

Von den sechs in Mexiko, Centralamerika und Westindien verbreiteten Arten ist keine wirklich kulturwert. Es sind Erdorchideen mit fingerdickem, hohem Stamme, welcher ein einziges, schmal-schwertförmiges, fast fleischiges, bis 40 cm langes Blatt trägt, aus dessem Grunde auf 20 cm hohem Schafte eine kurze, dichte Ähre kleiner einfarbiger (am meisten an Gymnadenia conopsea erinnernder) Blüten vortritt.

Die etwa 1 cm grossen Blüten zeigen die fünf Blumenblätter gleichartig gebildet, rundlich-eiförmig, die gleichfalls rundliche, kurze Lippe ist undeutlich dreiteilig, meist gezähnt. Kultur ohne Schwierigkeiten in grossen Töpfen mit der gewöhnlichen Orchideenerde, Überwinterung bei 4—6°, keine Trockenperiode. In Kultur zuweilen:

A. spicatum Llave et Lex., aus dem Hochgebirge (2—2500 m) Mexikos, mit scharfgekielten, 30 cm langen Blättern und einer 20 cm hohen Ähre dunkelroter Blüten von schwachem Dufte. Januar, Februar.

A. cardinale Linden et Rchb. f. aus Neu-Granada von derselben Tracht, blüht im September mit hellrosaer Ähre, A. giganteum Lindley aus Mexiko ist nur wenig grösser und entwickelt im April bis Mai seine purpurrote Ähre.

Arrhynchium Ldl. ist *Renanthera Lour.*

Arthrochylium palustre Irm. ist *Epipactis palustris Crtz.*

Arundina *Blume.*

(Thuniinae 142.)

(Dilochia Lindley.)

Rohrartig hochstengelige Erdorchideen des tropischen Ost-Asiens mit sparrigen Blütenrispen und grossen, aber wenig effektvollen, zerstreuten Blüten, deren Innen- und Aussenblätter fast gleichgebildet sind, während die vorragende ungespornte Lippe sich aus einem schmalen Nagel, welcher den Fuss der schlanken Säule umfasst, in ein dreilappiges, breites Endstück entwickelt. Von den fünf Arten sind nur die nachstehenden in Kultur.

Die Pflanzen verlangen mittlere Wärme (12° minimal), während der Entwickelung viel Wasser und auch später keine Trockenperiode, grosse, gut drainierte Töpfe mit der gewöhnlichen Orchideen-Erde.

A. bambusifolia Lindley. (*Cymbidium bambusifolium Roxbg. Bletia bambusifolia RBr.*) Die bis 1,5 m hohen, dünn rohrartigen Stengel tragen zerstreute, grasähnliche, 20 cm lange hellgrüne Blätter. Die endständige Rispe trägt etwa 20 hellrosae, nur wenig sich öffnende Blüten, deren rosae Lippe orange und weiss gestreift ist, welche sich nach und nach vom Juli bis Oktober entwickeln. Nepal, Ceylon, Malabar.

A. densa Lindley. Meterhoch, Blätter sehr schmal, Blüten duftend, in gedrängter Rispe, rotviolett, die Lippe zinnoberrot gesäumt. Vorder-Indien.

Aspasia *Lindley.*

(Aspasiae 340.)

Schlanke Luftknollen, zerstreut an dem kriechenden Stamme, mit je einem breit-lanzettlichen Blatte. Blüten in aufrechter Traube, Innen-

und Aussenblätter fast gleich, das obere Aussenblatt und die beiden Innenblätter an der Säule hinaufgeschoben, Lippe geigenförmig mit kleinem Seitenlappen. Baumbewohner Central-Amerikas und bis nach Brasilien. — Kultur am Rindenstück bei minimal 15°, nach der Blüte kurze Trockenperiode. Von den acht Arten ist nur in Kultur:

A. lunata Lindley. (*A. odorata hort. Odontoglossum lunatum Rchb. f.*) Blüten mittelgross, die fünf gleichen Blätter abstehend, gelblichgrün mit dunkelbraunen Flecken, Lippe weissgelblich mit braunroter Mitte. Juli, August. Brasilien.

A. lunata Ldl. var. superba hort. Blütenblätter an der Spitze weiss, Flecken sehr dunkelbraun, Lippe weiss mit violetter Mitte.

Ate Ldl. ist *Habenaria W.*

Aulizeum Ldl. gehört zu Epidendrum L.

Barkeria Knowles et Westcott ist eine Unterabteilung von Epidendrum L.

B. Barkeriola Rchb. f. ist *Epidendrum Barkeriola Ldl.*

B. cyclotella Rchb. f. ist *Epidendrum cyclotellum Rchb. f.*

B. elegans Knowl. et Westc. ist *Epidendrum elegans Rchb. f.*

B. Lindleyana Knowl. Westc. ist *Epidendrum Lindleyanum Batem.*

B. melanocaulon Rich. et Gal. ist *Epidendrum melanocaulon Rchb. f.*

B. Skinneri Paxt. ist *Epidendrum Skinneri Batem.*

B. spectabilis Batem. ist *Epidendrum spectabile Rchb. f.*

Bartia Parl. ist *Aceras R. Br.*

Batemannia *Lindley.*

(Lycastinae 250.)

Nur durch eine Art, B. Colleyi Lindl. in Demerara, vertreten, ist kaum in Kultur. Die Art hat den Typus von Lycaste, aber die vielblütige Traube ist hängend, die Innenblätter der Blüte sind viel breiter als die äusseren und die Lippe steht aufrecht.

Batemannia Beaumontii Rchb. f. ist *Galeottia Beaumontii Rich.*

B. Burtii Endr. et Rchb. f. ist *Huntleya Burtii Bat.*

B, fimbriata Rchb. f. ist *Galeottia fimbriata Ldl.*

B. grandiflora Rchb. f. ist *Galeottia grandiflora Rich.*

B. Meleagris Rchb. f. ist *Huntleya Meleagris Ldl.*

B. Wallisii Rchb. f. ist *Huntleya Burtii Bat. var. Wallisii Ldl.*

Benthamia A. Rich. ist *Platanthera L. C. Rich.*

Bifrenaria *Lindley.*

(Lycastinae 251.)

Kurze, dicke Luftknollen, meist gedrängt stehend, seltener auf dem starken, kriechenden Stamme zerstreut, tragen meist ein einzelnes (seltener 2), länglich-lanzettliches, stielartig verschmälertes, derbes Blatt mit deutlicher Paralleladerung. Blüten einzeln oder in armblütiger Traube, meist ansehnlich, die drei äusseren Blätter meist abstehend, mit dem Säulenfuss ein Kinn bildend, die inneren nach vorn gerichtet, am Säulenfuss herablaufend, Lippe ungeteilt oder dreilappig, meist vom Kinn weit vorgeschoben. (Von Lycaste weicht diese Gattung nur durch die anders gebauten Pollenmassen ab). Die jungen Triebe erscheinen unter der alten Knolle und treten seitlich vor. Etwa zehn Arten in Brasilien, Guyana, Kolumbien.

Kultur an Rinde oder in guter Orchideenerde hochgepflanzt, 15° Minimaltemperatur, während des Triebes viel Wasser, nach der Blüte eine ordentliche Ruheperiode, bis sich der junge Trieb zeigt.

B. aurantiaca Ldl. Breit-lanzettliche Blätter von 4 zu 15 cm. Blüten in aufrechter, lockerer Traube zu 6—10, etwa 3 cm Durchmesser, sattgelb mit blutroten Flecken, Lippe fast rein gelb, die Seitenlappen aufrecht. Juli, August. Demerara.

B. citrina hort. ist *B. Harrisoniae var. citrina hort.*

B. Hadwenii Ldl. ist *Scuticaria Hadweni Bnth.*

B. Harrisoniae Ldl. *(Colax Harrisoniae Sprg. Dendrobium Harrisoniae Hook. Maxillaria Harrisoniae Lindl. Maxillaria pubigera Lodd. Lycaste Harrisoniae hort.)* Kräftige Pflanze, deren bis 10 cm hohe starke Luftknollen je ein lang-elliptisches (bis 25 cm) Blatt tragen. Blüten aurikelduftig, an kräftigen, 15—20 cm hohen Stielen einzeln oder zu 2—3, bis 10 cm gross, breit geöffnet, die fünf gleichen Blätter samt dem spornähnlichen Fortsatz gelblichweiss, die Lippe auf gelblichem Grunde reich orange und violettpurpurn gezeichnet, sammethaarig. März—Mai. Brasilien, an bemoosten Felsen. In allen Formen zählt diese dankbar wachsende, gut blühende Art zu den besten Orchideen für den Blumentisch und Bindezwecke, da die fest-fleischige Blüte sich wochenlang frisch hält.

— **var. alba Loddiges.** Blütenblätter reinweiss, zuweilen rötlich angehaucht, Lippe heller als an der Normalform. Eine sehr schöne und die hauptsächlich kultivierte Varietät der prächtigen Art. März bis Mai.

— **var. citrina hort.** *(B. citrina hort. Lycaste citrina h. angl.)* Blütenblätter citrongelb, Lippe weiss mit violett. April, Mai.

— **var. eburnea Moore.** Blütenblätter elfenbeinweiss, Lippe vorn weiss mit zinnoberrot, im Schlund orangegelb mit purpurnen Streifen. April, Mai.

— **var. vitellina Ldl.** *(Maxillaria vitellina Ldl. Maxillaria barbata Lodd.)* Blüten dottergelb, Lippe weissgelb mit violett.

B. inodora Ldl. (*Lycaste inodora hort.*) Luftknollen vierkantig mit je einem grossem, länglichem, krausrandigem Blatte. Blüten von der Grösse und Form wie B. Harrisoniae, aber geruchlos; die drei Aussenblätter hellgrün mit rotem Schimmer, ebenso die viel kürzeren beiden Innenblätter, die dreiteilige Lippe aussen dunkelpurpurn, innen heller und in einen weissen Schlund verlaufend, in dessen Mitte ein grosser Höcker vortritt. Januar—April. Brasilien.

B. racemosa Ldl. (*Maxillaria racemosa Ldl. Colax racemosus Spr.*) Mit kleinen Luftknollen, nur 10 cm langem Blatt und einer lockeren Traube, 2 cm grossen, halb geschlossen bleibenden, trüb fleischfarbenen Blüten mit fast ungeteilter, gelber, rot punktierter Lippe — eine unscheinbare Art Brasiliens — ist heut aus den Kulturen fast verschwunden.

B. Wagneri Rchb. f. aus Caracas, einst weit verbreitet in den Gewächshäusern, ist gleichfalls verschwunden. Sie hat kleine, rotbraune Blütenblätter, welche die rosa angehauchte, weisse Lippe umschliessen.

Bilabrella Ldl. ist *Habenaria W.*

Birchea A. Rich. ist *Luisia Gaud.*

Bletia *Robert Brown.*

(Phajinae 228.)

(Gyas Salisbury. Thiebautia Colla.)

Erdbewohnende Pflanzen des tropischen Amerikas. Von den mehr als 40 Arten sind leider nur sehr wenige kulturwert und auch diese zählen zu den unscheinbarsten Erscheinungen der tropischen Orchideenwelt. —

Die runden Luftknollen sind flach abgeplattet und mit einem Schoss abfallender (nicht immergrüner), grosser, bis 80 cm hoher, stielartig zusammengezogener, schwertförmiger Blätter versehen. Die hohen Blütentriebe treten seitlich aus der Knolle hervor und tragen eine einfache oder verästelte, oft reichblütige Traube kleiner bis mittelgrosser, spornloser Blüten, deren abstehende, mehr weniger elliptisch-eiförmige fünf Blütenblätter fast gleich gebildet sind. Die Lippe umfasst mit breiten, aufrechten Seitenlappen die schlanke Säule, der breite Mittellappen ist weit vorgestreckt und trägt krause Längsleisten.

Die Bletien wachsen dankbar bei 10° R. niedrigster Wärme in grossen, flachen Töpfen mit der gewöhnlichen Orchideenerde, der man etwas reichlich gute Lauberde zusetzt. Sie verlangen viel Wasser während der raschen Entwickelung des starken Triebes, nach der Blüte aber eine lange, halbtrockene, kühle Ruheperiode. Die besten Arten sind:

B. acutipetala Hook. (*Limodorum altum Jacqu.*) Blüten in lockerer Rispe, bis 5 cm Durchmesser, zart violett-rosa, Mittellappen der Lippe im Schlunde auf weissem Grunde drei gelbe Streifen tragend, vorn dunkel purpurviolett. Oktober—November. Süd-Carolina.

B. alba hort. ist *Bletilla hyacynthina Rchb. f. var. alba.*

B. albida Rchb. f. ist *Laelia albida Ldl.*

B. anceps Rchb. f. ist *Laelia anceps Ldl.*

B. autumnalis Rchb. f. ist *Laelia autumnalis Ldl.*

B. bambusifolia R. Br. ist *Arundina bambusifolia Ldl.*

B. bicolor Rchb. f. ist *Leptotes bicolor Ldl.*

B. Boothiana Rchb. f. ist *Laelia lobata Ldl.*

B. campanulata Llave. Blüten in armblütiger Traube, nur halb sich öffnend, purpurrot, Lippe im Schlunde rein weiss, vorn tief purpurn. Mai—Oktober. Mexiko, Peru.

B. cinnabarina Rchb. f. ist *Laelia cinnabarina Ldl.*

B. crispa Rchb. f. ist *Laelia crispa Rchb. f.*

B. crispina Rchb. f. ist *Schomburgkia crispa Ldl.*

B. Digbyana Rchb. f. ist *Laelia Digbyana Bnth. et Hook.*

B. domingensis Rchb. f. ist *Laelia domingensis Ldl.*

B. elegans Rchb. f. ist *Laelia elegans Rchb. f.*

B. furfuracea Rchb. f. ist *Laelia furfuracea Ldl,*

B. Gebinae Ldl. (*Calanthe Gebinae Lodd. Calanthe Jebine Sieb.*) Blätter breit-elliptisch, tiefspaltig, bis 25 cm lang, hinfällig. Blüten zu 6—8 in dichter, kegelförmiger Traube auf bis 45 cm hohem, scheidenbesetztem Schafte, 5—6 cm breit, zart rötlichweiss, Lippe zart hellviolett, stumpf-dreilappig, auf der Oberfläche mit sieben Schwielen. April—Juni. Japan. Die härteste Art, welche bei 1—2° Wärme, trocken gehalten, gut überwintert.

B. glauca Rchb. f. ist *Laelia glauca Bnth. et Hook.*

B. grandiflora Llave et Lex. ist *Laelia majalis Ldl.*

B. grandis Rchb. f. ist *Laelia grandis Ldl.*

B. Lyonsii Rchb. f. ist *Schomburgkia Lyonsii Ldl.*

B. Masuca Don. ist *Calanthe Masuca Ldl.*

B. hyacynthina R. Br. ist *Bletilla hyacynthina Rchb. f.*

B. Humboldtii Rchb. f. ist *Schomburgkia Humboldtii Rchb. f.*

B. japonica hort. ist *Bletilla hyacynthina Rchb. f.*

B. Lindleyana Rchb. f. ist *Laelia Lindleyana Hook.*

B. patula Hooker. Blätter schmal schwertförmig, 20—25 cm lang. Blüten in lockerer Traube zu 10—15, etwa 7 cm Durchmesser, weit geöffnet, violett-rosa (fliederfarben), Lippe nicht dreiteilig, aber dreigefaltet, mit breitem, weissem, violett liniiertem Mittelstreif. Juli—August. Hayti. — Diese Art verlangt höhere Wärme.

B. Perrinii Rchb. f. ist *Laelia Perrinii Ldl.*

B. praestans Rchb. f. ist *Laelia pumila Rchb. f. var.*

B. pumila Rchb. f. ist *Laelia pumila Rchb. f.*

B. purpurata Rchb. f. ist *Laelia purpurata Ldl.*

B. rubescens Rchb. f. ist *Laelia rubescens Ldl.*

B. Shepherdii Hooker. Blätter breit schwertförmig, fast meterhoch. Blüten in 10—20blütiger Traube, 4—5 cm Durchmesser, satt violett-purpurn, Innenblätter wellig-kraus, Mittelstreif der wellig-krauszackigen Lippe weiss mit gelben Linien. Oktober—Januar. Jamaica.

B. Sherrattiana Batem. (Fig. 27). Die schönste aller Bletien! Blätter schwertförmig, 30—40 cm lang. Blüten in dichter Traube zu 10—20, 6—8 cm Durchmesser, auf violettem Fruchtknoten, die drei Aussenblätter breit

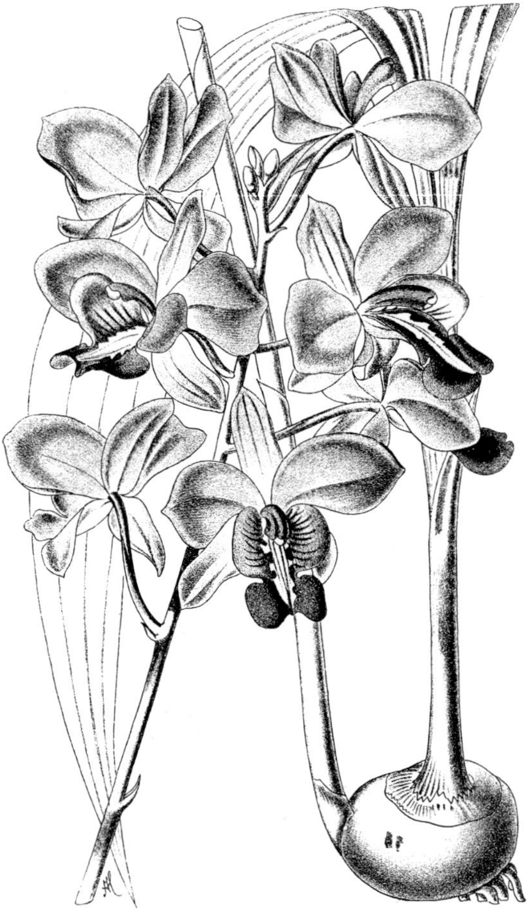

Fig. 27. Bletia Sherrattiana.

lanzettlich, zart rosa-violett, Innenblätter doppelt so breit, eiförmig, satt fliederfarben, Lippe breit und gross, die halbkreisrunden Seitenlappen tief violett mit fliederfarbenem Rande, Schlund weiss mit goldgelben Linien, die beiden halbkreisförmigen vorderen Teile des Mittellappens leuchtend violett. September, Oktober. Neu-Granada. 1864 von Low importiert und 1867 nach der ersten Blüte von Batemann seinem Gärtner Sherratt zu Ehren — welcher von Kindesbeinen an sich den Orchideen gewidmet hat — getauft. Verlangt gleichfalls höhere Temperatur.

B. speciosa H. B. K. ist *Laelia majalis Ldl.*

B. Tibicinis Rchb. f. ist *Schomburgkia Tibicinis Batem.*

B. superbiens Rchb. f. ist *Laelia superbiens Ldl.*

B. undulata Rchb. f. ist *Schomburgkia undulata Ldl.*

B. verecunda B. Br. (*Gyas verecunda Sal.*) unterscheidet sich von B. Shepherdii fast nur durch kleinere und heller gefärbte Blüten.

B. Tankervilliae R. Br. ist *Phajus Tankervilliae Bl.*

B. tuberculosa Lodd. ist *Phajus tuberculosus Bl.*

B. Woodfordii Bl. ist *Phajus maculatus Ldl.*

B. Xanthina Rchb. f. ist *Laelia xanthina Ldl.*

Bletilla *Rchbch. f.*

(Thuniinae 143.)

Einzige Art:

B. hyacynthina Rchb. f. (*Bletia hyacynthina R. Br. Bletia japonica hort. Cymbidium hyacynthinum Smith. Gyas hyacinthina Sal.*) (Fig. 28). Im Wuchs an Bletia erinnernd, aber die flachkugeligen Knollen sind unterirdisch und bestehen aus mehreren zusammengedrückten Stengelgliedern, die Laubblätter sind dünner und faltiger, die Säule ist schmal geflügelt und die Pollenmassen sind wie die von Thunia angeordnet, sonst ähnelt auch die Blüte frappant Bletia. Blüten zu 6—10 in lockerer Traube, 3—5 cm gross, die fünf Blätter schmallanzettlich, dunkelrosa, sternartig auseinander spreizend, die beiden Seitenlappen der Lippe aufgebogen und die Säule umhüllend, hellviolett mit zwei gelben Längsstreifen. März, April. China, Japan. — Topfkultur bei 6° niedrigster Temperatur, sonst wie Bletia.

Fig. 28.
Bletilla hyacinthina.

— **var. alba hort.** (*Bletia alba hort.*) Blüte fast rein weiss.

Bolbophyllum *Thouars.*

(Bolbophyllinae 287.)

(Bulbophyllum Autor. Gersinia Neraud. Diphyes Blume. Tribrachia Ldl. Anisopetalum Hook. Sestochilos Kuhl. et Hasselt. Taurostalix Rchb. f. Didactyle Ldl. Malachadenia Ldl. Lyraea Ldl. Cochlia Blume. Odontostyles Kuhl et Hasselt. Oxysepalum Wight.)

Schon die Reihe der vorstehenden Synonyme zeigt den Umfang und die Verschiedenheit der in dieser Gattung vereinigten Epiphyten an, von denen sehr viele botanisch hochinteressant, aber kaum einige von blumistischem Werte sind. Die etwa 200 Arten leben vorwiegend im tropischen Asien und Afrika, etwa 20 im tropischen Südamerika und 1 auf Neuseeland.

Professor Pfitzer unterscheidet 20 Unterabteilungen, deren gemeinsame Merkmale sind: Knollen mit 1—2, sehr selten verkümmerten Laubblättern, bald dicht gedrängt, bald zerstreut auf dem kriechenden Stamme. Blütenstand unter der Knolle oder aus Schuppenachseln des Stammes entspringend. Blüten in der Form sehr verschiedenartig. Die äusseren Blätter frei oder mit den benachbarten Rändern zusammenhängend, die paarigen dem Säulenfuss angewachsen und mit ihm ein Kinn bildend. Die beiden Innenblätter meist kürzer und schmäler als die äusseren. Lippe vielgestaltig, oft lederig oder fleischig, mit sehr beweglicher Gliederung der Spitze des Säulenfusses angeheftet. Säule meist kurz, oben geflügelt oder zweilappig.

Alle Bolbophyllen sind an Rinde kultivierbar und nehmen meist mit 10—12° vorlieb. Während des Triebes viel Wasser, nach der Blüte eine lange, trockene Ruheperiode, bis der junge Trieb sich zu zeigen beginnt. In den botanischen Gärten und Liebhaber-Sammlungen wird eine ziemliche Artenzahl kultiviert; die einigermassen hervorragenden Arten erwähnen wir in der folgenden Abteilungs-Aufzählung:

1. **Sestochilos Kuhl et Hasselt.** Blüten gross, einzeln auf langen Stielen, welche einem kurzen, schuppenbekleideten Seitenspross entspringen. Aussen- und Innenblätter fast gleich.

B. Lobii Lindley. (*Sarcopodium Lobbii Ldl. Sestochilos Lobbii Hook.*) Blüten bis 10 cm gross, die Blätter lang und zugespitzt sichelförmig, fleischrot-gelblich, die Innenblätter lila-fleischrot, breiter und zurückgebogen, die gelbliche, spitz-herzförmige Lippe durch jede Erschütterung auf- und niederschwingend. Juli, August. Java (von Lobb, gärtnerischem Sammler der Firma Veitch, 1847 eingeführt).

— **var. Henshallii Henfr.** weicht nur durch den hellgelblichen Farbenton der Blüte ab.

2. **Leopardina Bentham.** Blüten mittelgross auf kürzeren Stielen, mehrere aus einem Seitenspross. Innenblätter meist kürzer als die äusseren.

B. leopardinum Ldl. (*Sarcopodium leopardinum Ldl. Dendrobium leopardinum Wall.*) Blüten kugelig-glockig, hell gelbbraun, dicht purpurn gefleckt, Lippe eiförmig, ungeteilt, purpurrot. Juni, Juli. An Baumstämmen im Himalaya und Khasya-Gebirge.

B. reticulatum Batem. (Fig. 29). Blätter einzeln, kurz gestielt, herzförmig, 5 zu 10 cm, netzaderig. Blüten zu zweien an kurzen, schuppigen Stielen, 4—5 cm gross, halbgeöffnet, aussen hellgelblich, innen weiss mit purpurnen Streifen, Aussenblätter breit sichelförmig, innere schmäler, Lippe dem lang vorgeschobenem, aufwärts gebogenem Säulenfuss leicht beweglich angeheftet, herzförmig, halbkreisförmig gebogen, gelb mit purpurnen Flecken. August, September. Borneo.

3. **Balaenoidea Pfitzer.** Blüten mittelgross, einzeln kurz gestielt auf schlankem Blütenstande, die sehr grossen beiden seitlichen Aussenblätter zusammengeneigt und dadurch nur nach unten geöffnet.

Fig. 29. Bolbophyllum reticulatum.

4. **Elegantia Bentham.** Blüten mittelgross, einzeln oder in armblütiger, lockerer, langgestielter Traube. Lippe kahl.

B. Dearei Rchb. f. Scheinknollen gehäuft, haselnuss- bis wallnussgross, mit je einem länglich-eiförmigem, zugespitztem, 4 zu 10 cm etwa grossem Blatte. Blüten einzeln auf 10 cm hohem Schafte, 4 cm breit, oberes Kelchblatt ei-lanzettlich, lehmgelb, rot gefleckt, seitliche lanzettlich, sichelförmig, am Grunde ausgesackt, gelb mit purpurnen Flecken, Blumenblätter linear-lanzettlich, lehmgelb, rot geadert und gefleckt, Lippe dem Fuss der Säule ganz locker beweglich angeheftet, dreieckig, Seitenspitzen aufgebogen, vorn zurückgeschlagen, mit U-förmigen Schwielen, weisslich, purpurn tuschfleckig. Säule ganz kurz, satt gelb, rot gerandet. Juni, Juli. Philippinen. Die Lippe zittert bei jeder Berührung der Pflanze.

5. **Antennata Pfitzer.** Wuchs von Gruppe 4, aber die Innenblätter in eine lange, am Ende verdickte Borste ausgezogen.

B. fuscopurpureum R. Wight. Blätter breit-elliptisch. Blüten zu 4 bis 6 in einer vorn überhängenden Ähre. Seitliche Aussenblätter dreimal so lang als das obere, lanzettlich, dunkelrotbraun; Innenblätter eiförmig in einen kopfig verdickten Faden auslaufend. Lippe purpurbraun, dreiteilig, der Mittellappen haarig, spatelförmig.

6. **Lemniscata Pfitzer.** Blüten klein, in dichter, langgestielter Traube; Aussenblätter unter der Spitze mit lang herabhängenden, im Querschnitt vielstrahligen Anhängseln.

B. lemniscatum Parish. Scheinknollen rundlich, 2 cm hoch, mit 3 bis 4 abfallenden, lanzett-elliptischen, grundständigen Blättern. Schaft schlank, 10 cm hoch, mit 2—3 Scheiden unter, und einer grösseren, aufgeblasenen über der Mitte. Blüten klein, in eine von der Schaftspitze hängende Ähre zusammengedrängt, Kelchblätter rund-eiförmig, borstig, mit langen, abspreizenden Haaren und einem Anhängsel am Grunde, dunkelpurpurn, Blumenblätter linear-lanzettlich, weiss mit einem Purpurstrich, Lippe breit eiförmig, gewölbt, zurückgebogen, dunkel blau-purpurn. Juni, Juli. Diese allerliebste Art wurde 1868 von Parish auf einem alten Schindeldache — wo doch überall Orchideeen wachsen! — in Zwakabin, Moulmein, entdeckt.

7. **Ptiloglossum Lindley.** Blüten kaum mittelgross, in lockerer, vollblütiger Traube. Lippenrand in lange Fasern aufgelöst.

B. barbigerum Lindley (Fig. 30). Blüten zu 8—15 auf 15 cm hohem, mit grossen, abstehenden Deckblättern besetztem Schaft. Die lang dreieckig-zugespitzten, braunroten drei Aussenblätter messen etwa 0,5 zu 1,5 cm, die beiden gleichfarbigen Innenblätter sind halb so gross, die 2 cm lange, zungenförmige, hellgelbgrüne, rot punktierte Lippe trägt vorn violetten Haarbesatz und endet in einen Pinsel 1,5—2,0 cm langer Borsten. Juni, August. Sierra Leone.

B. Calamaria Ldl. Blüten gelb mit lang linienförmiger, violetter, ebenso bebarteter Lippe. Juni, Juli. Sierra Leone.

8. **Lupulina Pfitzer.** Blütenstand von Gruppe 7, aber die Blüten in den Deckblättern verborgen, Lippe nicht gefranst.

9. **Pendula Pfitzer.** Blüten in überhängenden Trauben, die Aussenblätter fast gleich, so dass die glatten, weit offenen Blüten fast gleichseitig dreieckig erscheinen.

B. recurvum Lindley. (*Tribrachia pendula Ldl.*) In Guyana und West-afrika heimisches, unbedeutendes Pflänzchen mit kleinen, braunroten Blüten. Ausserhalb der botanischen Gärten kaum in Kultur.

10. **Cocoina Pfitzer.** Blüten in langen, aufrechten Trauben, zusammengeneigt, mit schmalen Aussenblättern.

B. cocoinum Batemann. Blüten rosa, mit dem Duft einer frischen Cocosnuss. Juli, August. Sierra Leone.

11. **Cylindracea Pfitzer.** Blüten klein, in ganz dichter, schlanker Traube, deren Spindel fleischig ist.

12. **Careyana Pfitzer.** Blüten in ganz dichter, breiter, kürzer oder länger gestielter Traube. Die seitlichen Aussenblätter schuhartig verbunden, mit der Lippe nach der Spitze des Blütenstandes gerichtet.

B. Careyanum Sprgl. (*Tribrachia purpurea Ldl. Pleurothallis purpurea Ldl. Anisopetalum Careyanum Hook.*) Luftknollen länglich eiförmig, mit einem aus schmalem Grunde lanzettlichen Blatte. Blütenschaft 3—5 cm lang. Blüten gelb, blutrot gefleckt, Lippe aus purpurner Basis gelb. Nepal.

Fig. 30. Bolbophyllum barbigerum.

13. **Beccariana Pfitzer.** Blütenstand von Gruppe 12, aber alle drei Aussenblätter zurückgeschlagen.

B. Beccarii Rchb. f. Eigrosse Luftknollen zerstreut auf dem daumendicken Stamme. Blätter derb, 40 zu 60 cm. Blüten mittelgross, rotbraun, stark aasriechend. Juni, Juli. Borneo.

14. **Malachadenia Ldl.** Blüten in langgestielter, wenigblütiger Traube, das obere Aussenblatt abwärts gewendet. Säule mit zwei starken, aufwärts stehenden Armen.

15. **Umbellata Rchb. f.** Blüten in Dolden, langgestielt, mit kurzen, weit abstehenden Aussenblättern und langen, aufrechten Säulenohren.

B. umbellatum Ldl. (Fig. 31). Blüten ziemlich gross, hell strohgelb, purpurfleckig. September. Nepal.

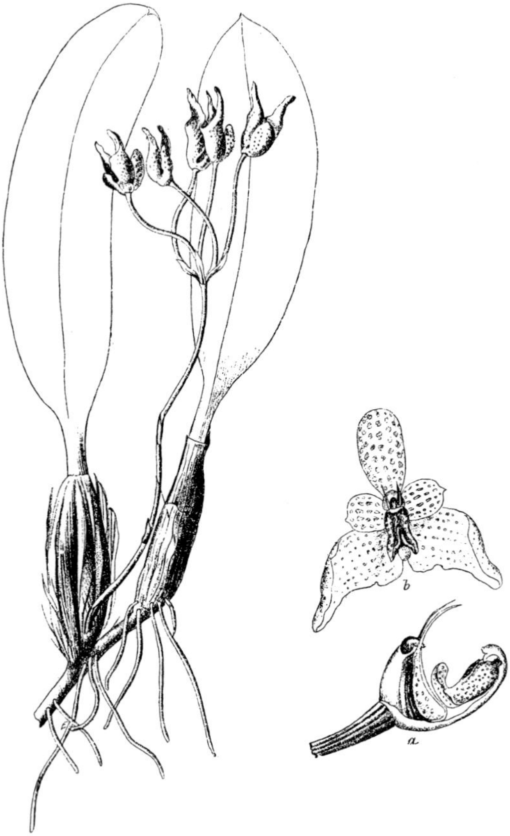

Fig. 31. Bolbophyllum umbellatum.
a Lippe, b Blüte von vorn.

16. **Brachystachya Bentham.** Von Gruppe 15 durch dünn ausgezogene Aussenblätter verschieden.

17. **Oxysepalum Wight.** Ähnlich Gruppe 15 und 16, aber Blütenstand kurz gestielt, die Scheidenblätter zuweilen kaum überragend. Blüten wie in Gruppe 16.

18. **Medusa Pfitzer.** Blüten in dichten, gestielten Köpfchen, welche durch die lang geschwänzten Aussenblätter wie mit Faden besetzt erscheinen.

B. Medusae Rchb f. (*Cirrhopetalum Medusae Ldl.*) Luftknollen vierkantig, mit einem länglichem, konvexem Blatte, Blüten rotbraun auf kurzem Schafte im dichten Köpfchen, die äusseren Seitenblättchen in lange Fäden auslaufend, Lippe eiförmig, gelb. — Singapore. — Durch die allseitig herumstarrenden Fädchen macht das etwa 10 cm Durchmesser haltende Köpfchen einen originellen Eindruck.

19. **Odoardiana Pfitzer.** Luftknollen winzig, samt den Blättern wickelartig gereiht den Bäumen anliegend.

B. Odoardi Rchb. f. (Fig. 7 a), von Borneo, ist eine der kleinsten bekannten Orchideen, Knolle samt Blatt 5 mm! lang, 1,5 mm dick.

20. **Minutissima Pfitzer.** Knollen winzig, auf fadendünnem Kriechstamm rosenkranzartig gereiht, hohl, Blätter schuppenförmig.

B. minutissimum F. v. Müll. (Fig. 7 b), aus Australien, hat Knollen von 2 zu 3 mm und 1 mm Dicke.

Bolborchis Zoll ist *Pleione Don.*

Bollea *Rchbch. f.*

(Huntleyinae 365.)

Triebe schlank aber kräftig, knollenlos, mit grossen, von der Scheide abgegliederten, in der Knospe gefalteten Blättern. Die jungen Blatttriebe treten aus den unteren Blattachseln, die an kräftigen, hohen Stielen einzeln stehenden Blüten aus den oberen Blattachseln hervor. Blüten gross, fest und dauernd, die fünf Blätter ziemlich gleich, die seitlichen Aussenblätter ein kurzes Kinn bildend. Lippe dem Säulenfuss angegliedert, mit aufsteigendem Nagel und breit gerundet ungeteilter Platte, welche einen breiten, starken Schwielenbogen trägt. Säule kahnförmig, nach unten konkav, den Schwielenbogen überbrückend und seitlich bedeckend.

Diese prächtigen vier Arten des westlichen tropischen Amerikas verlangen in der Kultur nur mit Haidebrocken und Moos an Rinde gebunden und während des Triebes sehr feucht gehalten zu werden in sehr warmer, heller, nicht sonnenbrandiger Lage. Die Ruheperiode soll sich nicht unter 15° und nicht als Dörrperiode vollziehen, worauf schon die fehlenden Reservoire — Scheinknollen — deuten. Die Bolleas blühen dankbar und gehören zu den schönsten Orchideen.

Reichenbach gründete 1852 die Gattung auf Bollea violacea zu Ehren des noch heut als unermüdlicher Förderer des gärtnerischen Fortschrittes wirkenden Dr. Carl Bolle in Berlin, dem der Gartenbau eine Reihe prachtvoller Einführungen, die Floristik zahlreiche interessante Funde verdankt, und der seinen vom Undank oft gekreuzten Weg in selbstlosester Weise zum Besten des Allgemeinen getreu weitergeht und hoffentlich noch lange weitergehen wird. „Möge seine Hand grünen“, sagt das arabische Wunschwort.

Die Gattung Bollea wurde in ihrer wunderbarer Blütenform lange angezweifelt und Dr. Carl Müller in Walpers Annalen sagt noch 1861 von ihr: „diese wunderbare, fast fabelhafte Pflanze ist vielleicht als des Einhorns würdigster Genosse zu betrachten“.

B. coelestis Rchb. f. Die im vollen Busch dicht zweizeilig stehenden Blätter sitzen auf ca. 10 cm langen, breiten, tief gekielten Scheiden, sind ellliptisch zugespitzt und messen 5 zu 20 cm etwa. Blüten auf 20 bis 30 cm hohen, glatten Stielen frei vortretend, reichlich 10 cm Durchmesser, tief blauviolett mit schmalem, gelbgrauem Saum der Aussen- und Innenblätter und leuchtend orangegelbem, über 1 cm breitem Schwielenbogen der blauvioletten, an der Spitze zurückgebogenen Lippe. Juni, Juli. Columbien.

B. Lalindei Rchb. f. Wuchs der B. coelestis, aber die Blütenstiele nur 10 cm hoch, Blüten nur 6—8 cm gross, die fünf Blätter hell fliederfarben, breit weiss oder gelbgrünlich gesäumt, Säule im Grunde fliederfarben, oben weiss, Lippe goldgelb, Schwielenbogen goldgelb mit hellerer bis weisser Mittellinie. Juli, August. Neu-Granada. Die Blütenfarbe scheint zu variieren vom Fliederfarbenen ins Rosa oder umgekehrt in dunkleres Violett.

B. Lawrenceana Rchb. f. Wuchs der B. coelestis, auch in der Grösse der Blüten übereinstimmend, deren Farbe aber weiss mit viofettem Anhauch ist. Lippe kürzer, viereckig, vorn sammet-purpurn, der Schwielenbogen leuchtend orange, beiderseits in weiss übergehend; Säule weiss. Juli, August. Columbien.

B. Patinii Rchb. f. (Fig. 32). Wuchs und Blüten von B. Lalindei, aber die wellig-brausblättrigen Blüten über 10 cm gross und an herabgebogenen Stielen. Das obere Aussenblatt und die beiden Innenblätter zart rosa, die beiden seitlichen Aussenblätter im Grunde tief rosa, nach oben fleischfarben werdend, Säule fleischfarben, Lippe goldgelb mit fleischfarbigem Schwielenbogen. Juni, Juli. Neu-Granada.

B. violacea Rchb. f. (*Huntleya violacea Lindl. Zygopetalum violaceum Rchb. f.*) Wuchs und Blüten von B. Lalindei, aber die Blüten tief violett mit innen weissem, aussen grünlichem, krausen Rande, Lippe tief violett mit gelbem Schwielenbogen, Säule violett. Juni, Juli. Essequibo.

Bonatea W. ist *Habenaria W.*

Bothriochilus Lem. ist *Coelia Ldl.*

Brassavola *Robert Brown.*

(Cattleyeae 209.)

(Tetramicra Lindley.)

Stämme schlank, wenig verdickt, mit meist nur einem drehrundem oder wenig verbreitertem, oben gefurchtem Blatte. Blüten einzeln oder in armblütiger Traube, meist gross und schön gefärbt, — wenn auch fast nur in weissen und grünen Farbentönen — Aussen- und Innenblätter schmal und lang, abstehend, Lippe mit ihrem Grunde um die meist kurze Säule gerollt, vorn in eine breite, abstehende Platte ausgehend.

Gegen 30 Arten baum- und felsbewohnend von Mexiko und Westindien bis Brasilien. In der Kultur an wagerecht gehängten Rinden leicht gedeihend und, wenn eine ordentliche Trockenperiode nach der Blüte gehalten wird, dankbar blühend. Während des Triebes verlangen sie viel Wasser und nicht unter 12° Wärme.

B. acaulis Ldl. Blätter binsenartig. Blüten einzeln, fast sitzend, gross, bis 10 cm Durchmesser, die fünf Blätter grünlich weiss, Lippe herzförmig, rein weiss, nur im Schlunde mattrosa. September—Oktober. Central-Amerika.

B. cordata Ldl. Blätter schmal-lanzettlich, bis 20 cm hoch, dickfleischig, Blüten in 20—30 cm hoher, lockerer Traube zu 4—8, etwa

Fig. 32. Bollea Patinii.

5 cm Durchmesser, die Blütenblätter schmal und lang, hellgrün mit braunen Schmitzen, Lippe aus langer, schmaler, grünlicher Röhre in eine herzförmige, elfenbeinweisse, mitten grünliche Platte ausgebreitet. August, September. Brasilien, Central-Amerika.

B. cucullata Ldl. (*Epidendrum cucullatum L.*) Blätter schmal, fast drehrund, fleischig, bis 20 cm lang. Blüten schwach duftend, einzeln, 10 cm lang gestielt, die bis 10 cm lang und schmal ausgezogenen, weissen Blütenblätter an der Spitze zart rotbraun punktiert, Lippe kurzröhrig, herzförmig mit sehr langer Spitze, zackig gefranst, elfenbeinweiss. September, Oktober. Westindien. Schon 1794 eingeführt, heut wieder selten geworden.

B. cuspidata Hook. von Trinidad ist der vorhergehenden Art sehr ähnlich, nur ist die Röhre der Lippe länger und die Lippe selbst nur am Rande der breiten Grundpartie ausgefranst, sonst glatt.

B. Digbyana Ldl. ist *Laelia Digbyana Bnth.*

R. Gibsiana Williams ist nächstverwandt mit B. cordata, aber die Blüten stehen meist zu drei, sind etwas grösser, rein weiss und dunkelbraun an den Spitzen punktiert. Juli, August. Westindien?

B. glauca Ldl. ist *Laelia glauca Ldl.*

B. lineata Hooker. (*B. Mathieuana Klotzsch. Bletia lineata Walp.*) Blätter und Blüten hängend an sehr kurzen Stämmchen. Blätter drehrund, fleischig, bis 30 cm lang, spitz. Blüten zu 2 und 3 an kurzen Stielen, 10—15 cm gross, die fünf schmal-lanzettlichen, grünlich-weissen Blätter aussen zart rosa behaucht, Lippe aus kurzer, breiter Röhre breit herzförmig mit leicht bogig-krausem Rande, milchweiss mit schmaler, hellgrüner Mittellinie. Juni, Juli. Westindien.

B. Perrini Ldl. (Fig. 33) steht der cordata sehr nahe, hat aber schmälere Blätter und einzelne, unscheinbarere, unreiner gefärbte Blüten.

B. Pescatorei hort. ist *Epidendrum falcatum Ldl.*

B. tuberculata Hook. An den Felsen der brasilianischen Küste verbreitet, war früher viel kultiviert. Die einzelne 5—8 cm grosse Blüte zwischen drehrunden, spitzen Blättern ist gelbgrünlich, reich rotbraun gefleckt, Lippe weiss mit gelber Mittellinie.

B. venosa Ldl. Von Mexiko, — 1843 von Hooker als die beste Brassavola erklärt —, ist heute als recht unbedeutend kulturvergessen. Sie ist der B. cordata sehr ähnlich, aber die Lippe ist weissgrünlich und ihre Röhre aussen zahlreich rot punktiert.

Brassia *Lindl.*

(Odontoglosseae 351.)

Etwa 30 baum- und felsbewohnende Arten, von Mexiko durch Westindien bis nach Nord-Brasilien verbreitet, aber nur wenige von gärtnerischem Wert. Luftknollen gedrängt, meist ziemlich gross und flach gedrückt, ein bis zwei grosse, dauerhafte, lederige Blätter tragend. Blüten in aufrechter oder nickender, meist reichblütiger Traube, welche aus dem scheidenumkleideten Grunde der Knolle entspringt, Aussen- und Innenblätter schmal, oft sehr lang ausgezogen. Lippe viel kürzer, meist geigenförmig, mit zwei Längsschwielen, oft noch mit zahlreichen Warzen. Säule kurz, nicht geflügelt. Farben der Blüte hauptsächlich in grünen, gelben und braunen Tönen.

Kultur am Rindenstück mit reicher Wasserzufuhr während des Triebes. In der Trockenperiode vorsichtig zu behandeln, die Knollen leiden durch zu starkes Trocknen. Temperatur nicht unter 12°. Vermehrung durch Teilung, wenn der junge Trieb sich zeigt.

B. aristata Ldl. ist *B. verrucosa Ldl.*

B. brachiata Ldl. steht der B. verrucosa sehr nahe, nur dass die Blüten braun gefleckt sind. Guatemala.

B. caudata Ldl. (*Malaxis caudata W. Epidendrum caudatum L.*) Blüten zu 8—10 in bis halbmeterhoher Traube, die drei Aussenblätter aus grünem, braungefleckten Grunde in 20 cm lange, schmale, gelbbraune Spitzen ausgezogen, die beiden Innenblätter gleichgefärbt, aber nur 2 cm lang, kurz dreieckig, Lippe länglich viereckig, in eine kurze Spitze endend, hell gelbgrün mit braunroten Flecken und weissen Schwielen am Grunde. August—Oktober. Westindien.

Fig. 33. Brassavola Perrinii.

B. cinnamomea Linden ist *B. Keiliana Rchb. f.*

B. cochleata Knowl. et Westc. ist *B. Lawrenceana var. angusta.*

B. coryandra Morr. und *B. Cowani hort.* ist *B. verrucosa Ldl.*

B. Gireoudiana Rchb. f. et Warsc. (*Oncidium Gireoudianum Rchb. f.*) Blüten zu 10—15 in aufrechter, bis 75 cm hoher Traube, die bis 25 cm langen Aussenblätter gelb mit purpurvioletten Grundflecken, Innenblätter kurz und schmal-linear, gleichfarbig, Lippe länglich, plötzlich herzförmig zugespitzt, aus orangesammetnem Grunde hellgelb mit purpurvioletten Tuschflecken. Juni, Juli. In Costa-Rica von Warscewicz 1852 aufgefunden und seinem Freunde Gireoud, dem heutigen ebenso liebenswürdigem wie hochverdientem Herzoglich Saganschen Gartendirektor, zu Ehren getauft.

B. guttata Ldl. ist *B. maculata R. Br. var.*

B. Keiliana Rchb. f. (*B. cinnamomea Linden. Oncidianum Keilianum Rchb. f.*) Ist eine wenig wertvolle Art; die lang ausgezogenen Aussenblätter sind im Aufblühen gelb und verfärben sich dann in dunkelorange, Lippe gelblichweiss, braun gefleckt. Juli, August. Neu-Granada.

B. Lanceana Ldl. Starkwüchsige Art, die tief gerieften Luftknollen bis 15 cm hoch, die beiden spitz-elliptischen Blätter bis 30 cm lang. Blüten duftend, zu 6—12 in lockerer, über halbmeterhoher Traube, die drei bis 10 cm lang schmal ausgezogenen Aussenblätter, ebenso die halb so langen Innenblätter, gelbgrün mit chokoladebraunen Flecken. Lippe länglich, kurz zugespitzt, aus weissem Grunde gelbgrün mit einigen braunen Punkten. November—Februar. Süd-Brasilien, Surinam.

— **var. macrostachya hort.** Blüten etwas grösser, heller gefärbt, sonst wie die Normalform.

B. Lawrenceana Ldl. (*Oncidium Lawrenceanum Rchb. f.*) Scheinknollen eiförmig, 4—5 cm hoch. Blätter bis 25 cm, blaugrün, lang-elliptisch, tief gekielt. Blüten sehr duftig, in bis 75 cm langer, wagerechter, vorn nickender, lockerer Traube zu 6—10. Aussenblätter gelbbraun, braunrot gefleckt, schmal, bis 10 cm in oft spiralig gedrehte Enden ausgezogen. Innenblätter gleichfarbig, kaum halb so lang, steif aufrecht. Lippe lang-dreieckig zugespitzt, weissgelblich, im Grunde rotbraun, gefleckt. August, Oktober. Costa-Rica. Schöne und empfehlenswerte Art.

— **var. angusta Ldl.** (*B. cochleata Knowl. et Westc.*) Blütenblätter schmäler, die Zipfel flach, nicht gedreht, mattgelb mit spärlichen braunen Flecken. August, September. Demerara.

— **var. longissima Rchb. f.** Äussere Blütenblätter am Grunde kaum 1 cm breit, aber bis 25 cm lang, innere 6—8 cm, alle tief-orangegelb mit grossen rotbraunen Flecken, Lippe bis 10 cm, gelblichweiss mit einem Kranz rotbrauner Tupfen im Grunde. August—Oktober. Costa-Rica. Prachtvolle Varietät!

B. macrostachya Ldl. ist *B. Lanceana Ldl. var.*

B. longiloba A. DC. ist *B. verrucosa Ldl.*

B. maculata R. Br. (*Oncidium Brassia Rchb. f.*) Wuchs der vorhergehenden Art. Äussere Blütenblätter schmal, 5—6 cm, innere 2—3 cm, gelbgrün, braungefleckt, Lippe fast geigenförmig, weisslich, braun punktiert, April—Juni. Jamaica.

— **var. guttata Ldl.** (*B. guttata Ldl. B. Wrayae Hooker.*) Blüten etwas kleiner, dunkler grün, Lippe gelbgrün, sehr zahlreich punktiert. Mai, August. Guatemala.

— **var. major hort.** Blüten hellgelb, Lippe weiss, klein punktiert. Mai, Juni. Jamaica.

B. odontoglossoides Klotzsch ist *B. verrucosa Ldl.*

B. verrucosa Ldl. (*Oncidium verrucosum Rchb. f. B. aristata Ldl. B. coryandra Morr. B. Cowani hort. B. longiloba A. DC. B. odontoglossoides Klotzsch. B. viridis hort.*) Wuchs von B. caudata. Äussere Blütenblätter schmal, 6—8 cm lang, innere 2 cm lang, sämtlich hellgrün,

Lippe aus breit eiförmigen Grunde zugespitzt, weiss mit grünen Warzen. Mai—Juni. Guatemala.

Die var. aristata Ldl. weicht nur durch um die Hälfte kleinere Blüten, die var. grandiflora Williams durch doppelt so grosse, etwas hellere Blüten ab.

B. viridis hort. ist *B. verrucosa Ldl.*

B. Wrayae Hook. ist *B. maculata Ldl. var. guttata.*

Bromheadia Ldl. (*Polystachinae 172.*) — Zwei Arten im tropischen Asien — wurde angeblich in England in der folgenden Art früher kultiviert:

B. palustris Ldl. (*Grammatophyllum Finlaysonianum Ldl.*) Stämme sehr schlank, bis meterhoch mit zweizeiligen, fast linearen, vorn ausgerandeten Blättern. Blüten in endständiger, langer, hin- und hergebogener, zweizeiliger Traube mit kurzen steifen Deckbättern, ausgebreitet bis 5 cm gross, Kelch- und Blumenblätter länglich, gekrümmt, mit den stumpfen Spitzen zusammengeneigt, weiss, Lippe der schlanken, fusslosen Säule parallel, dreilappig, Seitenlappen die Säule umfassend, violett, Mittellappen kappenförmig hellgelb. Juni, Juli. Auf Sumpfboden bei Singapore. Kultur im flachen Topf, sonst wie Brassia.

Broughtonia linearis Wall. ist *Coelogyne fimbriata Ldl.*

Broughtonia coccinea Hook. ist *Epidendrum sanguineum Sw.*

Broughtonia sanguinea R. Brown ist *Epidendrum sanguineum Sw.*

Bryolobium Ldl. ist *Eria Ldl.*

Bulbophyllum hort. ist *Bolbophyllum Thou.*

Burlingtonia Lindley ist *Rodriguezia Ruiz et Pavon.*

Burlingtonia amoena Hook. ist *Rodriguezia decora Rchb. f.*

B. Batemanni hort. ist *Rodriguezia candida Rchb. f. var.*

B. Knowlesii hort. ist *Rodriguezia venusta Rchb. f. var.*

Calanthe *Rob. Brown.*

(Phajinae 220.)

(Centrosis Thouars. Amblyglottis Blume. Styloglossum Kuhl et Hasselt. Ghiesbreghtia A. Rich.).

Erdorchideen, deren mehr als 40 Arten im tropischen Asien, Japan, den Südseeinseln, Neucaledonien, Mascarenen, tropischen Afrika, Centralamerika, Westindien und Mexiko wachsen und von denen mehrere Arten und Gartenhybriden früher viel kultiviert wurden. Unterirdischer Stamm kurz, knollig. Blätter gross, vielnervig, mit grossem Scheidenteil, aber ohne abgegliederten Stiel. Blüten gespornt, in hochständigen, meist gedrängten Trauben. Aussen- und Innenblätter ziemlich gleich, meist schmal, abstehend. Lippe der kurzen Säule angewachsen, abstehend, dreilappig mit meist zweiteiligem Mittellappen.

Die Calanthe lieben dungstoffreiche humose Erde, etwa Lauberde, Haideerde, Lehm und Sand zu gleichen Teilen mit reichlichem Zusatz verrotteten Düngers. Die meisten Arten lieben hohe Temperaturen, nicht unter 15°, und reichlichen Wasserguss, der in der Wuchsperiode wöchentlich ein- bis zweimal Dungstoffe gelöst halten kann. Eine Trockenperiode ist nicht von Vorteil, nur ein mässigeres Giessen nach dem Blühen.

C. Aurora Rchb. f. ist *Preptanthe Regnieri* × *Limatodes rosea* von Winn-Selly Hill gekreuzt. Blüten wie Pr. Regnieri, schön rosa, Kelch- und Blumenblätter am Grunde heller, Grund der Lippe dunkel karmin. Februar, März.

C. australis hort. ist *C. veratrifolia R. Br.*

C. Barberiana Rchb. f. (B. casta hort.) ist *Preptanthe Regnieri var. nivalis* × *vestita* von Barber-Spondon gezüchtet, in der Tracht zwischen beiden Eltern die Mitte haltend, Blüten reinweiss mit kleinem, gelbem Lippenfleck. Februar—März.

C. bella Rchb. f. ist eine sehr schöne, von Seden bei Veitch gezogene Kreuzung aus C. Veitchii (männlich) und Preptanthe Regnieri var. Turneri (weiblich). Sie hat den Wuchs der Stammarten, die in reichblütiger Traube stehenden Blüten sind so gross wie die von P. Turneri, die Aussenblätter sind weiss, die inneren zart gerötet, die Lippe fleischrot mit einem weissgerandetem karminrotem Fleck, Säule karminrot, Sporn gelblich. November—Februar.

C. bicolor Ldl. ist *C. striata R. Br.*

C. brevicornu Ldl. Blätter gestielt, spitz lanzettlich, 5 zu 20 cm hoch. Blüten auf 30 cm hohem Schaft in vielblumiger dichter Traube, kurz gestielt, 3 cm breit, Kelch- und Blumenblätter spreizend, aus weissem Grunde bräunlich, heller gesäumt, oberes Kelchblatt länglich-elliptisch, seitliche lanzettlich, rechtwinkelig abstehend, Blumenblätter schmal lanzettlich, Lippe geigenförmig, ausgerandet, purpurn, weiss gesäumt, mit drei im Grunde gelben, vorn roten Schwielen. Sporn sehr kurz. März, April. Nepal.

C. burfordiensis h. Lawr. ist *C. Sandhurstiana Gosse et Rchb. f.*

C. casta hort. ist *C. Barberiana Rchb. f.*

C. colorans Rchb f. ist *C. veratrifolia R. Br. var.*

C. comosa Rchb. f. ist *C. veratrifolia R. Br.*

C. Cooksoni hort. ist *C. Veitchii Ldl. var. alba hort.*

C. curculigoides Ldl. *(C. pulchra Ldl. Amblyglottis pulchra Blume. Styloglossum nervosum Kuhl et Hasselt.)* Blätter schmal-elliptisch, bis 40 cm lang, sechsnervig, oberseits dunkel-, unterseits hellgrün. Blüten in dichter Traube auf etwa 40 cm hohem Schafte mit hinfälligen bräunlichen Scheiden, klein, wenig geöffnet, orangegelb, Aussen- und Innenblätter lanzettlich, Lippe kurz, Mittellappen seicht herzförmig ausgeschnitten. Sporn hakenförmig. (Die Lippe mit Sporn erinnert an Impatiens Nolitangere). November, Dezember. Vorderindien, Ceylon, Java. Interessante, aber gärtnerisch wertlose Art.

C. Dominyi Ldl. von Dominy aus C. Masuca und C. furcat

gekreuzt. Tracht von C. Masuca, die fünf Blätter sind lila, die Lippe dunkel purpurrot. November, Januar. — Obgleich schon 1822 Prescottia plantaginea in den Gärten der kgl. Gartenbau-Gesellschaft in London aus Samen gezogen worden war, wurden weitere Versuche von Orchideen-aussaaten nicht gemacht. Die C. Dominyi ist die erste Orchideen-kreuzung, welche gezüchtet wurde. Dominy, Obergärtner in Veitchs Exeter Nurseries, kreuzte die beiden Arten 1854 und hatte schon 1856 das erste blühende Exemplar dieser Kreuzung.

C. emarginata Wight. ist *C. Masuca Ldl.*

C. excellens Veitch (Preptanthe vestita × Regnieri) ist *Preptanthe excellens hort.*

C. fausta hort. ist *Preptanthe Regnieri Rchb. f. var.*

C. furcata Batemann. Blätter bis 50 cm hoch, tief gefaltet, lang eiförmig. Blütenschaft bis 1 m, mit einer grossen dichten Traube rahmweisser, mittelgrosser Blüten, mit zweispaltiger, vorn gesägter Mittellippe und eiförmigen Seitenlappen. Sporn gekrümmt mit flacher zweispaltiger oder zwei kleinen pfriemlichen Spitzen. Oktober, Januar. Philippinen.

C. Gebinae Lodd. ist *Bletia Gebinae Ldl.*

C. Hallii h. Hall. von Hall-Upper Tulse-Hill, Camberwell, aus Preptanthe vestita × Calanthe Veitchii gezüchtet. Blüten reinweiss bis auf die grünen Spitzen der seitlichen Kelchblätter und einen hell-krêmegelben Lippenfleck. Die beiden Vorderlappen der Lippe sind schmäler als von beiden Eltern. Februar—April.

C. Jebine Sieb. ist *Bletia Gebinae Ldl.*

C. labrosa Rchb. f. ist *Calanthidium labrosum Pfitzer.*

C. lentiginosa Rchb. f. ist von Seden bei Veitch aus Calanthidium labrosum × Calanthe Veitchii gekreuzt worden. Blüten von der Form von C. labrosum aber grösser, weiss, zart rosa überlaufen, Lippe vorn undeutlich vierlappig, stark gekraust, im Grunde über die Säule gefaltet und sattrosa gesprenkelt. März, April.

— **var. carminata Veitch.** Blüten karminrot, Seitenlappen der Lippe scharlach schattiert.

— **var. rosea Veitch.** Blüten hellrosa, Lippe dunkler gesprenkelt.

C Masuca Ldl. (*C. emarginata Wight. Bletia Masuca Don. Amblyglottis veratrifolia Blume.*) Blätter breit lang-elliptisch, bis 40 cm. Blüten auf bis 70 cm hohem, mit fast blattartigen Scheiden bekleidetem Schafte in dichter Traube, ziemlich gross (bis 6 cm Durchmesser), die fünf breit-lanzettlichen Blätter hell purpurviolett. Lippe tief dreilappig, Seitenlappen vorgezogen, Mittellappen aus langem Nagel zu einer breiten Platte mit kurzem Spitzchen im Ausschnitte verbreitert, tief violett-purpurn mit goldgelber Schlundlinie. Juni—August. Vorderindien, Ceylon.

— **var. grandiflora Williams.** Blüten satter gefärbt, etwas grösser.

C. natalensis Rchb. f. *(C. silvatica Hemsley. C. silvatica var. natalensis Rchb. f.)* Blätter elliptisch-lanzettlich, in den Stiel gezogen, zugespitzt, etwa 10 zu 25 cm. Blüten in dichter, pyramidaler, etwa 15 cm hoher Traube auf 30 cm hohem Schafte, 3 cm breit, helllila oder weiss und lila gerandet, mit rotlilaer Lippe, Kelchblätter spitz ei-lanzettlich, Blumenblätter kürzer und breiter, Seitenlappen der Lippe klein, stumpf-länglich, gebogen, Mittellappen breit verkehrt herzförmig, Scheibe warzig. Sporn schlank, gebogen, 2 cm lang, Mai, Juni. Süd-Afrika. Kalthausart.

C. Petri Rchb. f. ist *C. veratrifolia R. Br.*

C. pleiochroma Rchb. f. Der C. natalensis sehr ähnlich in Wuchs und Blütenform; Blüten hell violett, weiss überlaufen, Lippe mit rotorangefarbenen Schwielen und dunkelviolettem Fleck davor. Mai, Juni. Japan. Kalthausart.

C. porphyrea Rchb. f. ist eine Gartenkreuzung aus Preptanthe vestita var. rubro-oculata und Calanthidium labrosum, deren Blüte karminpurpurn mit weissgrundiger Lippe und weissgelbem Sporn ist. November bis Januar.

C. pulchra Ldl. ist *C. curculigoides Ldl.*

C. Regnieri Rchb. f. ist *Preptanthe Regnieri Rchb. f.*

C. rosea Bnthm. ist *Limatodes rosea Ldl.*

C. Sanderiana h. Sander ist *Preptanthe Regnieri Rchb. f. var.*

C. Sandhurstiana Gosse et Rchb. f. (*C. burfordiensis h. Lawr. C. sanguinea Rchb. f.*) ist eine Gartenkreuzung von Limatodes rosea und Preptanthe vestita var. rubro-oculata mit grossen dunkelrosaen Blüten und fast zinnoberroter, gelbgeäugter Lippe. Eine der schönsten Calanthen. November—Februar.

C. sanguinea Rchb. f. ist *C. Sandhurstiana Gosse et Rchb. f.*

C. Sedeni Veitch et Rchb. f. (*Preptanthe Sedeni Rchb. f.*) ist von Seden bei Veitch gezüchtet worden aus C. Veitchii und Preptanthe vestita var. rubro-oculata und hat tief rosae Blüte, zinnoberrote Lippe mit weissgerandetem Purpurfleck im Grunde. November, Januar.

C. Sieboldii Dosne ist *C. striata R. Br.*

C. silvatica Hemsley ist *C. natalensis Rchb. f.*

C. Stevensii hort. ist *Preptanthe Regnieri Rchb. f. var.*

C. striata R. Br. (*C. bicolor Ldl. C. Sieboldii Dcsne Limodorum striatum Banks.*) Blattscheidenstamm bis 10 cm hoch, Blätter spitz länglich-elliptisch, in einen tief gefurchten Stiel zusammengezogen, 4 zu 20 cm etwa. Blüten zu 10—15 in lockerer Traube auf 30 cm hohem Schafte, 4 cm breit, Kelch- und Blumenblätter aus hellgelbem Grunde bräunlichrot, gelb gestreift, getupft und gesäumt, oberes Kelchblatt länglich-eiförmig, seitliche länglich-lanzettlich, Blumenblätter klein, linear-spatelförmig, Lippe hochgelb, Seitenlappen halbeiförmig, Mittellappen verkehrt herzförmig ausgerandet, mit drei Schwielenplatten. Sporn kurz, gebogen. März, April. Japan. Einst viel kultiviert, heut fast verschwunden, obgleich sie eine recht dankbare Kalthaus-Orchidee ist.

C. Textorii Miqu. ist *C. veratrifolia R. Br. var.*

C. tricarinata Ldl. Blätter faltig, breit eiförmig, 5 zu 12 cm etwa. Blüten in armblumiger, lockerer Traube auf 15 cm hohem Schafte, 2 cm breit, Kelchblätter spitz länglich-eiförmig, weisslich, hellgrün und rosa schattiert, Blumenblätter schmäler, spitz spatelförmig, aus weissem Grunde mattrosa, Seitenlappen der purpurrosaen, weiss gesäumten Lippe gross, spreizend, beilförmig, gezähnt, Mittellappen viel kleiner, länglich, tief ausgerandet, mit drei weissen Kielen auf der Scheibe; Sporn nur angedeutet. April, Mai. Nepal, Japan.

C. Turneri Rchb. f. ist *Preptanthe Regnieri Rchb. f. var.*

C. Veitchii Ldl. ist eine Gartenkreuzung aus Limatodes rosea (weiblich) und Preptanthe vestita (männlich) (die erste Gattungskreuzung zwischen Orchideen, 1857 von Dominy in Exeter gezüchtet). Sie hat den Wuchs von Preptanthe vestita, aber die Blütenfarbe und den Lippenschnitt von Limatodes. Blüten etwa 5 cm gross, weit geöffnet, prächtig rosa, mit je einer weissen Mittellinie der beiden Innenblätter und breit weissgeäugtem, gelbem Schlundfleck der intensiv dunkelrosaen Lippe. November—Februar.

Fig. 34. Calanthe veratrifolia.

— **var. alba hort.** (*C. Cooksoni hort.*) Blüten weiss.

— **var. versicolor hort.** Blüten bald weiss, bald rosa, bald halbrosa, und halbweiss.

C. veratrifolia R. Brown. (*C. comosa Rchb. f. C. Petri Rchb. f. C. australis hort. Amblygottis flava Blume*) (Fig. 34). Blätter breit-lanzettlich, tieffaltig, in eine lange Stielscheide plötzlich verschmälert. Blüten in pyramidenförmiger, dichter Traube auf 40—60 cm hohem Schafte, reinweiss, die äusseren Blätter mit grüner Spitze, die schmalen Seitenlappen der im Grunde gelblichen Lippe weit abstehend, Mittellappen vorn tief zweispaltig, gerundet, Scheibe warzig, gelb. Sporn lang, grade, weiss.

Fruchtknoten 3—5 cm lang, weiss. April—Juni. Ostindien, Australien, Japan.

— **var. colorans Rchb. f.** Blüten grösser, schneeweiss, Sporn zweispaltig.

— **var. macroloba Rchb. f.** Blüten bis 8 cm gross, fest, weiss, mit auffällig breiten Lappen der Lippe.

— **var. Regnieri Rchb. f.** Blüten schneeweiss mit hellgelber Lippe, Seitenlappen halbmondförmig.

— **var. Textorii Miqu.** Blüten violett überlaufen, Lippengrund hoch orange.

C. vestita Wall. ist *Preptanthe vestita Rchb. f.*

C. Williamsii Moore ist *Preptanthe Williamsii Rchb. f.*

C. vestita × *Phajus Tankervilliae* ist *Phajocalanthe irrorata Rolfe.*

Calanthidium *Pfitzer.*

(Phajinae 223.)

dessen einzige Art:

C. labrosum Pfitzer (*Limatodes labrosa Rchb. f. Calanthe labrosa Rchb. f.*) eine alte Gartenpflanze ist, unterscheidet sich dadurch von Calanthe und Preptanthe, den sehr nahe verwandten Gattungen, dass die seitlichen Kelchblätter vorn an dem Eingange des langen Spornes herablaufen und dass die Lippe dem noch über die Spornmündung hinaus verlängerten Fusse der kurzen geraden Säule angegliedert ist und die Säule mit der Platte umfasst. Im übrigen ist der Wuchs vollkommen wie der von Limatodes rosea. Scheinknollen fast kegelig, eckig, 5 cm hoch, mit einer Querfalte in der Mitte, Blüten zu 7—10 in lockerer Traube auf 30 cm hohem, behaartem Schafte mit kurzen Deckblättern, 2 cm breit, Kelch und Blumenblätter spitz-länglich, purpurrosa, Lippe aus keilförmigem, weissem Grunde vorn verbreitert, wellig, hell purpurrosa, purpurn gefleckt. Sporn kurz, fadenförmig, behaart. Säule rund, kurz, aus weissem Grunde hell rosa. März, April. Birma.

C. labrosum × *Preptanthe vestita var. rubro oculata* ist *Calanthe porphyrea Rchb. f.*

C. labrosum × *Calanthe Veitchii* ist *Calanthe lentiginosa Rchb. f.*

Calypso *Salisbury.*

(Liparidinae 164.)

Calypso borealis Salisb. (*C. americana R. Br. C. arcticum Sw. Cypripedilum bulbosum L. Cymbidium boreale Sw. Norna borealis Wahlenberg.*) (Fig. 35). Die einzige Art ist ein winterhartes oder im Topfe eben frostfrei zu überwinterndes, reizendes Frühjahrsblütchen, dessen Heimat jenseits und unmittelbar diesseits des Polarkreises in Nordamerika und Lappland liegt.

Die kleine, dicht unter der Oberfläche sitzende Erdknolle trägt auf stielartiger, 2 cm langer Scheide ein breit herzförmiges, tiefbogig geripptes Blatt von etwa 4 – 5 cm und auf etwa 10 cm hohem, mit 2 — 3 blattartigen Scheiden besetztem Schafte eine etwa 3 cm Durchmesser haltende, ungemein zarte, nickende Blüte, deren fünf lanzettliche zugespitzte Blättchen im lieblichsten Rosa schimmern. Die Cypripedilum ähnliche Lippe ist intensiv rosa mit regelmässigen, rotbraunen Tupfen und hat einen sammethaarigen, aus goldgelb braunen Schlund. Säule kurz, rosa. März—Mai. — Die sehr zu empfehlende Pflanze liebt Haideerde mit Sphagnum und lehmigem Sande; in kleinen Töpfen eingesenkt kultiviert gedeiht sie — auf der alpinen Stellage oder in der Steinpartie vor heisser Sommersonne geschützt — ohne Trockenperiode, nur mit voller Winterruhe, ganz gut.

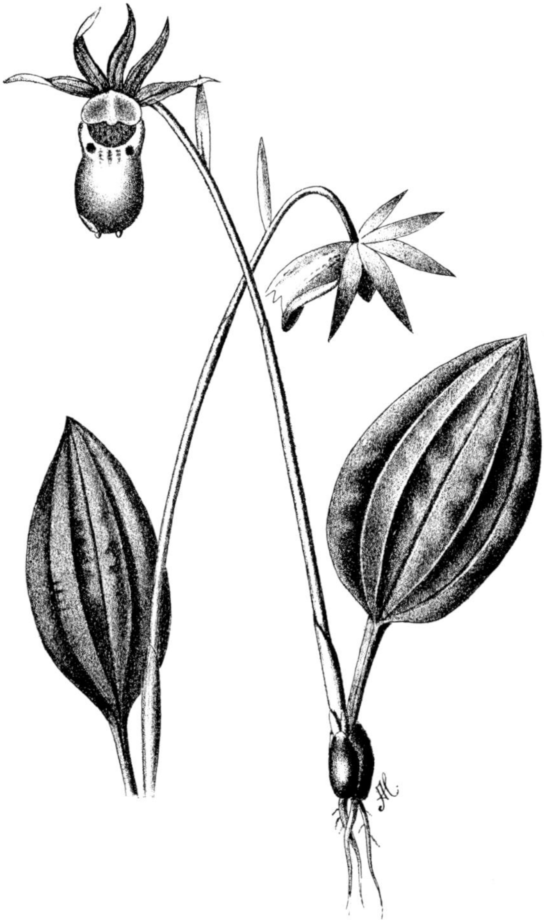

Fig. 35. Calypso borealis.

Camaridium *Lindley.*

(Maxillariinae 311.)

Der schlanke, aufrechte Stamm trägt seitlich aus der Achsel blattartig entwickelter Scheiden flach elliptische Luftknollen in weiten Abständen, deren Zwischenraum mit fast zweizeilig gestellten, blattartigen Scheiden besetzt ist. Blätter lang-linear, sitzend, zu 2—3 auf den Spitzen der Luftknollen. Blüten einzeln aus den Achseln der Scheidenblätter am Stamme mit fünf grossen, fast gleichgebildeten Blättern und viel kleinerer, wagerechter Lippe, welche dem Fuss der kleinen Säule quer angegliedert ist und deren 2 Seitenlappen aufrecht stehen. Etwa 10 Arten in Westindien, Guyana und Peru, nur nachstehende in Kultur. Wie Brassia zu behandeln.

C. ochroleucum Lindley. *(Maxillaria Camaradii Rchb. f. Cymbidium ochroleucum Ldl. Ornithidium album Hook.)* Blüten zerstreut, 4—5 cm gross, weit geöffnet, die schmal eiförmigen Blätter elfenbeinweiss, die nur etwa 2 cm lange, etwas vertiefte, gerandet rechteckige Lippe dreiteilig, Seitenlappen aufgebogen, gelbweiss mit roten Querlinien, Mittellappen orangegelb mit etwa sechs roten Querbinden. Januar—März. Trinidad. — Durch die spärlichen, wenn auch hübschen Blüten gleich den anderen Arten von geringer Bedeutung für die Blumistik.

Camarotis *Ldl.*

(Aërideae 408.)

Von den beiden bekannten — im tropischen Indien an Bäumen lebenden — Arten ist nur in Kultur:

C. rostrata Rchb. f. (*Aërides rostratum Roxbg. Fornicaria rostrata Bl. Camarotis purpurea Ldl. Sarcochilus purpureus Bnthm.*) Stamm aufrecht, dünn, Blätter linear, etwa 1 zu 6 cm, zweizeilig. Blüten in bis 20 cm langen, dichten Trauben aus den Blattachseln, weit geöffnet, etwa 2 cm Durchmesser, die fünf eiförmigen Blätter hell purpurn, die schmale, dicke, purpurrote Lippe ist unten mit den beiden seitlichen Aussenblättern verwachsen und bildet einen tiefen Kanal, so dass sie fast schuhförmig wird. Säule sehr kurz. März—Mai. Berge von Khasya. Reichlich blühend eine sehr schöne Pflanze, welche wie Aërides kultiviert und sehr warmfeucht gehalten, gut gedeiht und dankbar blüht.

Catachaetum Hoffm. ist *Catasetum L. C. Rich.*

Catasetum *L. C. Richard.*

(Catasetinae 244.)

(Catachaetum Hoffm. Clowesia Ldl. Myanthus Ldl. Monachanthus Ldl.)

Je nach der vorwiegenden Entwickelung des männlichen oder weiblichen Geschlechts in der Blüte oder der gleichmässigen Entwickelung beider Geschlechter in einer Blüte nimmt die Blüte auch äusserlich eine so veränderte Form an, dass dieselben Arten in drei verschiedene Gattungen eingeteilt worden sind, bis 1826 zuerst Lindley Catasetum-Blüten und Myanthus-Blüten in einer Traube zusammensah. Unmittelbar darauf fand der scharfsichtige Schomburgk in Guyana an einem wildwachsenden Exemplar alle drei Blütenformen, auf welche die drei Gattungen gegründet worden waren, 1836 endlich konnte Lindley einen Blütenstand im Garten des Herzogs von Devonshire beobachten, welcher oben Monachanthus-, unten Myanthus-Blüten trug. Der Trimorphismus der Blüten war damit endgültig festgestellt und es wurde auch bald darauf konstatiert, dass Catasetum-Blüten weder im wilden Zustande noch künstlich bestäubt Früchte tragen. Myanthus trägt selten Früchte, ist dagegen als Befruchter von Nutzen, während Monachanthus leicht fruchtet, nicht aus eigener Fähigkeit, da er verkümmerte Pollenmassen hat, aber befruchtet durch Myanthus- oder Catasetum-Pollen.

Es sind die Catasetum-Arten der früheren Beschreibungen rein männliche Blüten, — die Narbe ist vorhanden, aber nicht empfangsfähig — Monachanthus rein weibliche (die Pollenmassen sind verkümmert) und Myanthus Zwitterblüten mit befruchtungsfähigem Pollen und ebensolcher Narbe.

In der äusseren Blütenform weichen schon die drei Aussen- und zwei Innenblätter der drei Geschlechtsformen oft erheblich von einander ab; viel bedeutender aber sind die Unterschiede der Lippen und Säulen. Die Catasetum (im alten Sinne) haben eine meist nach oben gerichtete, halbkugelige oder helmförmige Lippe mit ungeteiltem, gekerbtem oder gewimpertem Rande, die Säule ist schief aufwärts oder wagerecht gestellt und hat lange Seitenfäden (Antennen, Fühlfäden), welche durch Loslösung von den Seiten der Säule entstehen. Die Säule trägt gut entwickelte Pollenmassen, aber eine ganz verkümmerte Narbe. Die Pollenmassen stehen mit den Seitenfäden in Zusammenhang und zwar so, dass bei der Berührung der Seitenfäden der lange, eingebogene Träger der Pollenmassen sich plötzlich gerade streckt und die Pollenmassen dadurch fortschleudert. Geschieht die Berührung durch Insekten, so heften sich die klebrigen Pollen an diese an, werden weiter verschleppt und teilweis in die weiblichen Blüten (Monachanthus) oder Zwitterblüten (Myanthus) getragen. Die Pollenmassen hängen meist vom Rücken der Insekten herab. Besucht ein so belastetes Insekt die aufrecht stehende Lippe eines Monachanthus, so streift es die Pollen leicht an der querstehenden Säule ab und besorgt so die Befruchtung. (Der Befruchtungsvorgang ist von Darwin genau geschildert worden.)

Die Monachanthus-(weiblichen) Blüten haben die Lippenform der (männlichen) Catasetum-Blüten, aber die Säule ist kurz, ohne Seitenfäden, mit verkümmertem Pollen und mit befruchtungsfähiger Narbe. Die Lippe der (zwitterblütigen) Myanthus ist meist wagerecht oder abwärts gerichtet, ziemlich flach, nur am Grunde sackig ausgebaucht, der Rand oft tief zerfranst, die Säule trägt kurze Seitenfäden (ähnlich, aber kürzer als die von Catasetum), zwischen welchen die empfangsfähige Narbe sitzt, während die Pollenmassen an langen, festen Fäden von der Säulenspitze herabhängen.

So interessant diese sonderbaren Formen und Einrichtungen alle Cataseten für den Botaniker und Liebhaber machen, so wenig bedeutungsvoll sind fast alle Arten für das gärtnerische Auge, da sie meist nur grüne und braune Farbentöne, allenfalls ledergelb und trübrot, zuweilen durch eine weisse Lippe gehoben, zeigen. Von den mehr als 40 von Brasilien bis Mexiko verbreiteten Arten sind ausserhalb der Spezial-Sammlungen nur wenige verbreitet.

Die Cataseten haben kräftige, meist sehr lange, in trockene Scheidenreste eingehüllte, vielgliederige Luftknollen mit vielrippigen, abgegliederten und in der trockenen Zeit abfallenden, grossen Blättern, deren Scheiden die Knolle einhüllen. Die meist hängenden, seltener aufrechten Blütentrauben tragen meist zahlreiche, grosse Blüten in lockerer Stellung. Die Kultur der Cataseten ist diejenige von Bifrenaria.

C. abruptum Hook. (*C. luridum Ldl. Anguloa lurida Ldl. Epidendrum ollare Fl. Flum. Catachaetum lituratum Hffg., purpurascens Hffg., craniomorphum Hffg.*). Blüten zu 6—8 in aufrechter, bis 30 cm hoher Traube, glockenförmig, Blütenblätter eiförmig, hellgelbgrün, die kurze, breite, stumpfe, goldgelb mit braun gesäumte Lippe nur wenig vorragend. August, November. Brasilien.

C. atratum Lindley. Blüten zu 10—20 in lockerer, langhängender Traube, weit geöffnet, 5—8 cm Durchmesser, Blütenblätter breit-lanzettlich, aussen trübgrün, innen grün, dicht besetzt mit purpurbraunen Flecken und Linien, Lippe aufrecht, helmförmig, mit visierartig aufgeklapptem Mittellappen, hell grünweisslich mit purpurbraunen Grundflecken und kurzgewimpertem Rande, Säule fast wagerecht, zugespitzt, grünlich. September, Oktober. Brasilien.

C. barbatum Ldl. (*C. spinosum Ldl. C. proboscideum Ldl. Myanthus barbatus Ldl. M. spinosus Hook.*) Blüten der Catasetum-Form in hängender, lockerer, der Myanthus-Form in aufrechter, dichter Traube geöffnet, etwa 5 cm gross. Blütenblätter schmal-lanzettlich, grün mit braunen Punkten, Lippe grünweisslich, mit lang gefranstem Rande und buckelförmiger Ausbauchung, an der Catasetum-Form hängend, an der Myanthus-Form aufrecht, und dementsprechend die Säule aufrecht oder abwärts, Catasetum-Säule grün mit langer, rötlicher Hakenspitze, Myanthus-Säule kürzer, grün mit braunen Punkten. Februar—Mai. Brasilien.

C. buccinator hort. ist *Mormodes buccinator Ldl.*

C. Bungerothii N. E. Br. Wuchs von C. Christyanum, Blüten zu 6—10 in meist wagerechter Traube, 8 cm breit, rein elfenbeinweiss oder grünlich überlaufen, Lippe breit-herzförmig lang zugespitzt, mit orangegelbem Mittelfleck. Central-Amerika. September.

— **var. Pottsianum Lind.** Blüte fein rot punktiert.

C. cernum Rchb. f. (*C. trifidum Hook. Myanthus cernuus Ldl.*) Hat nickende, vielblütige Trauben mit hängenden, halbglockigen Blüten, die Catasetum-Blüten sind gelbgrün und roth punktiert, mit tief herzförmiger, spitzlappiger Lippe und 3 cm langen, roten Seidenfäden, die Myanthus-Blüten sind dunkelgrün, braun punktiert, mit flach herzförmiger, stumpflappiger Lippe und 1—2 cm langen, gelbgrünen Seitenfäden der Säule. Mai, Juni. Trinidad, Brasilien.

C. Chrisytanum Rchb. f. hat aufrechte Trauben, offene, chocoladebraune Blüten mit gelbgrüner Lippe. Nur die Catasetum-Form ist bekannt. Juli, September. Brasilien.

C. citrinum Ldl. ist *Mormodes pardinum Batem. var. unicolor Hook.*

C. globiflorum Hook. hat eine bis 50 cm lange, aufrechte Traube von 10—20 kugeligen Blüten, deren hellbraunrote Blätter die cypripedilum-artige Lippe unten frei heraustreten lassen. Lippe blaugrün, innen gelb und rot punktiert, Säule kurz mit langen Seitenfäden. Mai, Juni. Brasilien.

C. Lehmanni Rgl. Scheinknollen lang kegelförmig, 4 zu 12 cm. Blätter schmal-lanzettlich, 5 zu 40 cm, dunkelgrün. Blüten in lockerer, nickender, halbmeterlanger Traube, 2 cm breit, Kelch- und Blumenblätter fast kugelig zusammenneigend, grünlich, innen rot punktiert, Lippe fleischig, fast kreisrund-sackig, bräunlich-gelb. Oktober, November. Anden von Kolumbien.

C. lineatum Ldl. ist *Mormodes lineatum Lodd.*

C. macrocarpum Rich. (*C. tridentatum Hook. C. Claveringii Lodd.*) (Fig. 36). Blüten in aufrechter, wenigblütiger Traube, die Aussenblätter gelbgrün, die Innenblätter bräunlichgrün, dicht rotbraun punktiert, Lippe aufrecht, helmförmig, orangegelb, Säule grün, mit sehr langen Seitenfäden. Juni, Juli. Trinidad.

Fig. 36.
Catasetum macrocarpum.
a Monachanthus-, b Myanthus-Form.

C. Rodigasianum Rolfe. Starkwüchsig, Blüten zu 20 und mehr in aufrechter Traube, 6 cm breit, Kelch- und Blumenblätter fast gleich, ei-lanzettlich, hellgrün, dunkelbraun gefleckt, Lippe stark gebogen — nur die Catasetum-Form bisher bekannt — hell gelbgrün. Juli, September. Central-Amerika.

C. saccatum Hook. (*Myanthus saccatus Ldl.*) Scheinknollen bis 20 cm lang, keulig, tief gerippt, mit langen, derben, hellgrünen Blättern. Blüten in reichblumiger, aufrechter, oben überhängender Traube, 8 cm breit, Kelchblätter helmartig zusammengeneigt, länglich-lanzettlich, spitz, Blumenblätter gleichgeformt, abstehend, alle freudiggrün, dunkelblutrot gefleckt und überlaufen, Lippe hochgelb bis leuchtend goldgelb, hell braunrot oder karmoisinrot gefleckt, dreilappig mit lang ausgezogener Spitze, lang gewimpert, mit einer meergrünen Mittelöffnung, welche in einen sackartigen Beutel, der auf der Unterseite der Lippe steht, führt. Oktober—Dezember. Guyana. Schon 1845 von Loddiges eingeführt, aber erst in den letzten Jahren durch neuen Import von Linden in den Handel gebracht. — Die Catasetum-Form ist noch nicht beschrieben.

C. scurra Rchb. f. (Fig. 37). Blüten in hängender, wenigblütiger Traube, strohgelb oder weissgelblich, Lippe rautenförmig, mit tiefer Ausbauchung und gezähntem Rande, gelblichweiss. Juni—August. Westindien, Central-Amerika.

C. tabulare Ldl. Scheinknollen lang-spindelig, geringelt, 5 zu 15 cm lang. Blätter breit-lanzettlich, 5 zu 30 cm, oberseits dunkel-, unterseits matthellgrün. Blüten in lockerer, armblumiger, halbmeterlanger Traube, 10 cm breit, oberes, kahnförmiges Kelchblatt weiss-rosa, untere schmäler, aussen gelbgrün, innen gelbweiss, alle rot punktiert, Blumenblätter gleichfarbig, leicht eingerollt, Lippe gelblich-weiss, länglich-eiförmig mit sackförmigem Anhang und tafelförmiger, hoher Schwiele in der Mitte. September, Oktober. Kolumbien.

— **var. brachyglossum Rchb. f.** Lippe kurz, Seitenschwielen lang geschweift, Rand grob gesägt.

— **var. laeve Rchb f.** Schwielenrand glatt.

— **var. rhinophora Rchb. f.** Lippenschwiele mit hohen gesägten Längsfalten.

— **var. serrulata Rchb. f.** Schwielen ganz fein gezähnelt.

— **var. virens Rchb. f.** Blüten dunkelgrün, hellpurpurbraun gefleckt.

C. tigrinum Rchb. f. Wuchs von C. scurra. Blüten reinweiss, braunrot getigert, Lippe weissgelb, Säule goldgelb. Oktober. Kolumbien.

C. tridentatum Hook. ist *C. macrocarpum Rich.*

C. trifidum Hook. ist *C. cernuum Rchb. f.*

Cattleya *Lindley.*

(Cattleyeae 206.)

Stämme schlank und wenig verdickt oder zu kräftigen, langen, mehrgliederigen, meist seitlich zusammengedrückten Scheinknollen ganz oder nur in den obersten Gliedern umgebildet. Blätter derb, lederartig, zu 1—2 auf der Stamm- oder Knollenspitze. Blütenstiel endständig zwischen den Blättern, anfänglich ganz in grosse, häutige bis blattähnliche Scheiden eingeschlossen. Blüten einzeln oder in einfacher, aufrechter Traube, gross bis sehr gross und in den prachtvollsten Farbentönen von weiss zu violett, grünbraun zu violett oder reingelb gezeichnet. Die drei Aussenblätter meist schmäler und länger als die beiden Innenblätter, meist breit abstehend, Lippe der schlanken Säule gar nicht oder nur am Grunde etwas angewachsen, sie dagegen mit ihren Seitenlappen meist umfassend;

Fig. 37. Catasetum scurra.

Mittellappen weit überwiegend (oft sind nur Andeutungen der Dreilappung vorhanden), aus kürzerer oder längerer Röhre sich zu einer breiten Platte ausdehnend. Von Laelia ist die Gattung Cattleya nur durch die vier Pollenmassen, Laelia hat deren 8, getrennt. Die Cattleyen gehören den wärmsten Strichen des tropischen Amerikas, von Brasilien bis Mexiko, an und leben entweder auf alten Bäumen oder bemoosten Felsen, fast immer in der Nähe von Wasser, sei es an der Seeküste oder an Bergbächen. Sie verlangen in der Kultur hohe Wärmegrade, nicht unter 15^{0}, sind aber sonst dankbare Wachser am Rindenstück oder hochgepflanzt im Sphagnumtopf. Während des Triebes verlangen sie stete Feuchtigkeit und vertragen wiederholte leichte Dunggüsse mit Vorteil. Nach der Blüte ist eine anhaltende Trockenperiode geboten. Die kräftigen, an den Spitzen fast fleischigen Wurzeln dürfen aber niemals zu schrumpfen beginnen. Die Blüten aller Arten sind langdauernd, wochen-, selbst monatelang, und gehören zu den prachtvollsten Orchideenblüten.

Die etwa 20 Arten im wissenschaftlichen Sinne — die Gärtnerei unterscheidet mindestens dreimal soviel „Arten" und unzählige Varianten nach Blütenfarben und Grössen-Abänderungen — teilt Professor Pfitzer in folgende fünf Abteilungen:

1. **Bicolores**. Stamm schlank cylindrisch. Seitenlappen der Lippe fehlend: C. bicolor z. B.

2. **Aclandia.** Seitenlappen ganz am Grunde der Lippe sitzend. C. Aclandiae.

3. **Mossia.** Stamm meist angeschwollen. Seitenlappe kaum kenntlich, Lippe stark um die Säule gerollt. C. maxima, C. labiata mit zahlreichen Varietäten.

4. **Leopoldia.** Stämme meist schlank cylindrisch. Lippe deutlich dreilappig. C. guttata.

5. **Citrinae.** Kurze, dicke, hängende Scheinknollen, ohne Blütenscheide. Blüten fast kugelig, geschlossen. C. citrina.

Die Kreuzungen zwischen Arten von Cattleya und Laelia, welche in den englischen Gärten jetzt in grosser Zahl gezüchtet werden, sind von Rolfe in eine eigene Gattung: Laeliocattleya, die zwischen Cattleya und Epidendrum in Epicattleya und von Cattleya mit Sophronitis in Sophrocattleya zusammengefasst worden.

C. Aclandiae Lindl. (*Epidendrum Aclandiae Rchb. f.*) Die schlanken, 5—8 cm hohen Luftknollen tragen je ein Paar breit-elliptischer (4 zu 5 cm etwa), dickledriger Blätter, zwischen welchen meist zwei kurzgestielte Blüten von etwa 10 cm Durchmesser stehen. Die fünf fast gleichgebildeten, breit ausliegenden Blumenblätter sind schmal verkehrt-eiförmig, gerundet, die Ränder wellig-kraus zurückgebogen, gelbgrünlich mit grossen, purpurbraunen Tuschflecken. Die Lippe ist aus schmalem Grunde gerade vorgestreckt, vorn fast kreisrund verbreitert, mit tief herzförmigem Einschnitt, leuchtend magentarot mit goldgelbem Grundfleck. Die kleineren, helleren Seitenlappen am Grunde biegen sich nur wenig um die grosse purpurrote Säule herum. Juni—Juli.

Von J. Wetherall auf Bahia entdeckt, später vielfach in Brasilien gesammelt und von Lindley nach Lady Acland von Killerton getauft.

— *var. Schilleriana Rchb. f.* ist *C. Schilleriana Rchb. f.*

C. amabilis hort. ist eine grossblütige, hellrosae Form von C. intermedia Grah.

C. Amaliae Lind. ist *C. Schilleriana Rchb. f. var.*

C. Amesiana hort. ist Laeliocattleya Amesiana Rolfe, eine von Veitch gezogene Kreuzung von Laelia crispa und C. maxima. Äussere Blätter reinweiss, Lippe hellpurpurrot.

C. amethystina Lem. ist eine Form der C. intermedia Grah. mit fast weissen äusseren Blättern und hell-violetter Lippe. Schon 1848 von Sta. Catharina aus eingeführt.

C. amethystoglossa Lind. et Rchb. f. Schlanke, wenig verdickte Stämme, bis zu 80 cm hoch, tragen die beiden dicken, breit-lanzettlichen, etwa 5 cm breiten, bis 20 cm langen Blätter, zwischen denen sich der reichblütige Blütenstamm erhebt. Blüten über 10 cm Durchmesser, das obere Kelchblatt aufrecht, schmal, die beiden seitlichen und die Blumenblätter breit-verkehrteiförmig, weiss mit rosaem Hauch und zahlreichen, runden, amethystblauen Tuschflecken. Lippe 4—5 cm lang, vorn 3—4 cm breit aus weissem Grunde intensiv blauviolett, die beiden Seitenlappen aufgebogen, aussen weiss, innen violett, der breit nierenförmige Vorderteil zart faltig-gekraust. Februar—Juni. Brasilien. — Eine der prächtigsten Arten, verwandt mit C. guttata, aber durch die Färbung abweichend.

C. amethystoglossa der englischen Gärten ist zum Teil C. guttata var. Prinzii Rchb. f.

C. amethystoglossa var. sulphurea hort. ist in der Form übereinstimmend, aber die Grundfarbe der Blüte ist citronengelb, die Lippe fast ganz milchweiss.

C. Arembergii Scheidw. ist *C. Harrisoniana Rchb. f.*

C. Augustae Victoriae Sander gehört zu C. labiata v. Warscewiczii Rchb. f.

C. aurea Lind. ist *C. labiata var. Dowiana Batem. f. aurea.*

C. autumnalis hort. ist *C. Bowringiana Rchb. f.*

C. Backhousiana Backh. ist eine sehr grossblütige, tuschfleckige C. labiata Trianaei.

C. Backhousii Rchb. f. gehört zu C. maxima Ldl.

C. Bassettii hort. ist *C. labiata Ldl. var. Luddemanniana Rchb. f.*

C. bella hort. ist *Laeliocattleya bella Rolfe.*

C. bella Rchb. f. ist *C. labiata var. Mendelii Rchb. f.*

C. bicolor Ldl. *(Epidendrum bicolor Rchb. f.)* Stämme schlank, bis 60 cm hoch, Blätter fast ledrig, lang-lanzettlich, Blüten meist zu zwei, 8—10 cm Durchmesser. Kelchblätter lanzettlich, zugespitzt, trüb grünlich-kupferbraun mit hellgelbgrünem Rande, Blumenblätter gleichfarbig, breiter, leicht gewellt. Lippe schmal, ohne Seitenlappen, lang vorgezogen, tief gekielt, vorn wenig verbreitert, abgerundet, zierlich gezähnt, aus rosaviolettem Grunde vorn zart rosa mit goldgelbem schmalem Rande. August, Oktober. 1838 aus Brasilien eingeführt.

— **var. punctata hort.** Blumenblätter verwachsen, dunkelbraun punktiert.

C. Blenheimiensis hort. ist *Laeliocattleya elegans Rolfe f. var.*

C. Bluntii Lowe ist eine weissblühende Form von C. labiata v. Mendelii Rchb. f.

C. bogotensis hort. ist *C. labiata var. Trianaei Rchb. f.*

C. Boissieri hort. ist eine zart rosae Form von C. labiata Trianaei mit sehr grossem, goldgelbem Lippenfleck.

C. Bonniana hort. ist *C. labiata v. Trianaei Rchb. f.*

C. Boothiana Ldl. ist *Laelia lobata Rchb. f.*

C. Bowringiana Rchb. f. *(C. autumnalis hort.)* Stämme am Grunde flach gedrückt (wie von Laelia) und in den Scheiden sitzend, Blätter graugrün, breit-lanzettlich. Blütenstand hoch, reichblütig, Blüten bis 10 cm ausgebreitet, die Kelchblätter lanzettlich, die Blumenblätter breit-eiförmig, zart rosa bis purpurviolett, Lippe aus röhrigem, goldgelbem Grunde weit ausgebreitet, aussen zart rosa, Vorderlappen prächtig lila-purpurn mit karminroter Schattierung. September—Dezember. Britisch-Honduras. Erst 1884 eingeführt, aber als in der todtesten Zeit blühend, sofort als wertvolle Schnittblume, dabei sehr leicht wachsend, rasch verbreitet. Sie ähnelt in der Blüte frappant C. Skinneri, ist aber der sonderbaren Knollen und des Blattwerkes wegen nicht als herbstblühende Form dieser Art, wie man der Blüte nach glauben müsste, aufzufassen.

C. Brabantiae Veitch ist eine von Dominy bei Veitch 1860 gezüchtete Kreuzung aus C. Aclandiae und C. Loddigesii, deren Blütenblätter rosa mit schwarzpurpurnen Flecken sind, während die Lippe aus weissem Grunde leuchtend violettrot ist.

C. Brymeriana Rchb. f. *(Laelia Brymeriana hort.)* wenig verbreitete Pflanze, vermutlich eine wilde Kreuzung einer Cattleya superba mit C. labiata Eldorado, hat mittelgrosse, hellrosa-purpurne, weissgestreifte Blüten, Lippe aus hell-lilaem, dunkelrot geadertem, röhrigem Grunde mit goldgelbem Schlundfleck in einen breiten hellpurpurroten Vorderteil ausgedehnt. April bis Mai. Brasilien.

C. Brysiana Lem. ist *Laelia purpurata Lindl.*

C. Buchaniana hort. ist *C. labiata var. Luddemanniana Rchb. f.*

C. bulbosa Lindl. ist eine kleinblütige C. Walkeriana Gardn.

C. Buyssoniana O'Brien. ist *C. granulosa Ldl. var.*

C. calumnata André ist eine von Bleu in Paris gezüchtete Kreuzung von C. intermedia var. amethystina ♀ und C. Aclandiae ♂ mit zahlreichen, 10 cm grossen, wachsartigen Blüten, weissen, purpurviolett gefleckten Blumenblättern und purpurvioletter, dunkler geaderter Lippe. April, Mai.

C. calumnata × C. labiata var. Wagneri ist *C. hybrida Rchb. f.*

C. candida hort. ist eine fast reinweiss blühende C. intermedia Grah.

C. Canhammiana Rchb. f. ist *Laeliocattleya Canhammiana Rolfe.*

C. Cassandra Veitch ist *Laeliocattleya Cassandra Rolfe.*

C. Chamberlainiana Rchb. f. ist eine Gartenkreuzung aus C. Dowiana und C. guttata var. Leopoldi, Blüten gross, Kelchblätter trüb purpurbraun, Blumenblätter dunkelrotpurpurn, Lippe hellpurpurn. Juli bis September.

C. chocoensis Lind. et André. *(C. labiata Ldl. v. Trianaei f. chocoensis Veitch.)* Stämme kurzkeulig, Blätter länglich, vorn ausgeschnitten, Blütenstand kurz mit wenigen grossen, aber glockenförmig halbgeschlossenen, duftigen Blüten. Blumenblätter breiteiförmig, vorn gezähnt, weiss, Lippe hellcitron- bis dunkelgoldgelb mit purpurnem bald grösserem, bald kleinerem Vorderfleck. Mai, Juni. Kolumbia, Wälder am Cauca (Choco).

C. chrysotoxa L. Lind. gehört zu C. labiata var. Dowiana Batem.

C. citrina Ldl. *(Epidendrum citrinum Rchb. f. Sobralia citrina Llav. Cattleya Karwinskii Mart.)* (Fig. 38.) Nur hängend wachsend! mit kurzen eiförmigen, von Scheidenresten weisshäutigen Scheinknollen, welche meist zwei schmale, lange, hängende, dicke, zugespitzte, graugrüne Blätter tragen. Die einzeln hängenden, glockenförmig fast geschlossenen, wie aus Wachs bossierten, zart duftenden Blüten sind bis 10 cm lang, hellcitrongelb mit zartem Wachsreif und schliessen die fast gleichfarbige Lippe, deren Vorderteil elegant kraus-wellig ist, vollkommen ein. Die Blüte erinnert frappant an eine gelbe Tulpe. Mexiko; 1838 nach Europa gebracht, aber schon von Hernandez unter dem mexikanischen Namen: Corticoatzonta coxochitl — etwas zungenbrecherisch — erwähnt. Blüht vom Herbst bis zum Frühjahr und ist sehr kulturwert, kühl und sehr hell zu halten.

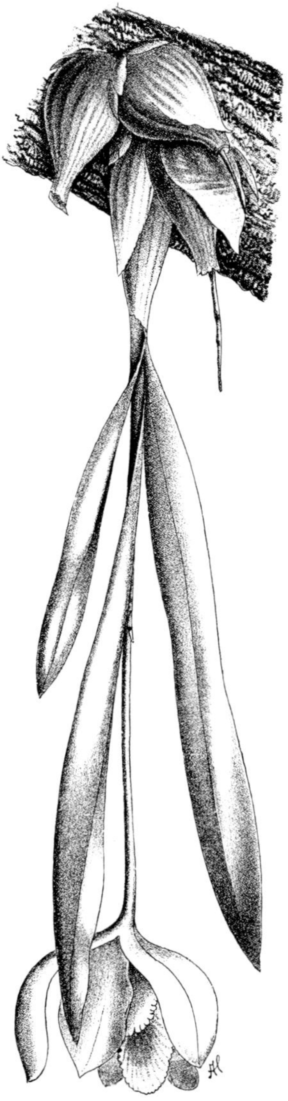

Fig. 38. Cattleya citrina.

C. citrina × intermedia, (*C. Lamberhurstii hort.*) angebliche Kreuzung, an welcher jedoch wohl nicht C. citrina, sondern eine gelbblühende andere Art beteiligt sein dürfte.

C. coccinea Ldl. ist *Sophronitis coccina v. Htte.*

C. crispa Ldl. ist *Laelia crispa Rchb. f.*

C. crocata Rchb. f. gehört zu C. labiata var. Eldorado Lind.

C. Dawsoni Warn. ist eine enorm grossblütige, intensiv rosapurpurne Form von C. labiata v. Luddemanniana Rchb. f.

C. Dayana hort. ist *Laelia pumila var. Dayana Rchb. f.*

C. Deckeri Klotzsch ist eine kleinblütige Form von C. Skinneri Bat.

C. devoniana Veitch. ist eine von Dominy gezüchtete Kreuzung zweier Labiata-Varietäten mit grossen, weissen Blüten, welche zart rosa getuscht ist mit leuchtend purpurner Lippe.

C. Digbyana Ldl. ist *Laelia Digbyana Bnthm.*

C. dolosa Rchb. f. ist *C. Walkeriana Gardn. var.*

C. domingensis Lem. ist *Laelia domingensis Rchb. f.*

C. Dominyana Ldl. ist eine Kreuzung aus C. maxima und C. intermedia v. amethystina, gezogen von Dominy. Blüten sehr gross, weiss mit bläulich-rosaer Zeichnung, Lippe leuchtend rosa mit tief orangegelbem Schlundfleck. Es existieren zwei schöne Varietäten: alba, Blüte reinweiss mit zart bläulichem Hauch, Lippe reinweiss mit einem lilaen Tuschfleck, und lutea, Blüten weiss, rosa angehaucht, Lippe weiss mit breitem, gelbem, rosa geadertem Fleck.

C. Dowiana Batem. ist eine lehmgelbblühende Varietät von C. labiata.

C. Dukeana hort. ist eine Kreuzung von C. labiata und deren var. Mossiae.

C. Edithiana Warn. ist eine sehr grossblumige, gelblich angehauchte Form von C. labiata var. Mossiae Park.

C. elatior Lindl. ist *C. guttata Lindl.*

C. elegans Morr. ist *Laelia elegans Ldl.*

C. Eldorado Lind. ist eine Varietät von C. labiata Ldl.

C. Eldorado alba ist *C. labiata var. virginalis Lind. et André.*

C. elegans Morr. ist *Laelia elegans Rchb. f.*

C. epidendroides hort. ist *C. luteola Ldl.*

C. exoniensis Rchb. f. ist *Laeliocattleya exoniensis Rolfe*, eine der Kreuzungen von Cattleya labiata var. Mossiae, welche mit Laelia purpurata befruchtet wurde. Die einblättrigen Stämme tragen riesige weisse, rosa angehauchte Blüten; die grosse, wellig-krause Lippe ist sammetartig purpurrosa mit weissem Saume und goldgelbem, von zwei Purpurlinien durchzogenem Schlundfleck.

C. fausta Rchb. f. ist die Weiterkreuzung von C. exoniensis auf C. Loddigesii. Blüte gross, schön rosa, Lippe weiss, der ganze Schlund goldgelb mit karminroten Flecken. Die var. radians trägt diese

Flecken in strahlig angeordneter Streifenform über den Vorderteil der Lippe verteilt.

C. flaveola Rchb. (*C. hybrida picta Fl. Mag.*) ist von Dominy in Exeter aus C. guttata und intermedia gezogen. Blüten gross, zu 6—7 am Schaft, Kelchblätter hellolivengrün, spärlich purpurfleckig, Blumenblätter ebenso, aber noch hell gelblich-rosa gerandet. Seitenlappen der Lippe aussen weiss, Mittellappen purpurn mit hellem Rande und gelblicher Scheibe.

C. flavida Klotzsch ist *C. luteola Ldl.*

C. Forbesii Lindl. (*Epidendrum Forbesii Rchb. f. Cattleya isopetala Rchb. f.*) Stämme schlank, bis 20 cm hoch. Blätter breit-elliptisch. Blüten einzeln oder in spärlicher Rispe, bis 15 cm Durchmesser, die Blumenblätter fast gleich gebildet, breit-lanzettlich, trüb gelbgrünlich, Lippe fast röhrig, vorn wenig verbreitert, aus gelbem, rot geadertem Schlunde zart rosa, der kurz vorgeschobene kleine Mittellappen ist breit weiss gesäumt und wellig gezackt. 1830 von Forbes aus Brasilien eingeführt. Juni—August. Unbedeutende Art für gärtnerische Zwecke.

C. Gaskelliana h. Sander ist eine der schönsten Varietäten von C. labiata mit bis 20 cm grossen Blüten, deren äusserst zart gefärbte, elegant gerundete Blätter sich decken und die Blüte dadurch noch grösser erscheinen lassen. Die Färbung wechselt zwischen fast reinweiss und satt rosa, der Lippenfleck vom Citron- bis Goldgelben. Wächst leicht und blüht dankbar. Vom oberen Orinoko (Brasilien) eingeführt.

C. Gibeziae hort. ist eine wenig ausgezeichnete, hellblühende Form von C. labiata Ldl.

C. gigas Lind. et André ist eine kurzstämmige, enorm gross hellrosa blühende Form von C. labiata var. Warscewiczii Rchb. f. mit breiter, tief purpurvioletter Lippe, welche an jeder Schlundseite einen sattgelben Augenfleck trägt. Sie wurde aus Kolumbien eingeführt und blüht Mai - Juli.

C. gigas burdoniensis hort. ist eine viel feuriger gefärbte, aber etwas kleiner blühende Spielart, während C. gigas Sanderiana eher noch grössere Blüten als die ursprüngliche Form trägt, aber meist sehr zart gefärbt ist.

C. Grahami L. O. ist *Laelia majalis Ldl.*

C. granulosa Ldl. (*Epidendrum granulosum Rchb. f.*) Stämme kräftig, 30—40 cm hoch, Blätter gross, breit-elliptisch, zurückgebogen. Blütenschaft reichblumig, bis 70 cm hoch, Blüten bis 15 cm ausgebreitet. Die Kelchblätter breit-elliptisch, abgerundet, glattrandig, die Blumenblätter eiförmig, welligkrausrandig, alle olivengrün mit spärlichen, feinen, braunroten Punkten. Lippe tief dreilappig, die Seitenlappen kurz, ohrenartig aufgebogen, der Mittellappen schmal und lang vorgeschoben, vorn in eine nierenförmige Platte mit vortretender Mittelspitze ausgebreitet, der schmale Teil und die Innenfläche der Seitenlappen orange mit purpurnen Linien, der Vorderteil sahnweiss mit zahlreichen, purpurvioletten Warzen. August bis September. 1840 von Hartweg aus Guatemala eingeführt.

— **var. Buyssoniana O'Brien** (als Art) in der Kultur entstandene Form von hell strohgelber Färbung ohne Punkte. Blüte gross und fest. Eine sehr wertvolle Züchtung.

— **var. Dijanieana Veitch.** Die einzige von dem verstorbenen Dijanie eingeführte Orchidee ist um ein Drittel kleiner als die Hauptform. Blumenblätter grün, ungefleckt, Seitenlappen der Lippen reinweiss, Mittellappen warzig, rosa. Brasilien.

— **var. Russelliana Ldl.** (*C. guttata var. Russelliana hort.*), ist armblütig, die einzelnen Blüten grösser, die Blumenblätter schmal-lanzettlich, bei weitem nicht so schön als die Art selbst. Guatemala. var. asperata Gard. Chron. hat auffällig stark entwickelte Warzen auf der Vorderlippe; var. Schofieldiana Rchb. f., Blüten grünlich-lehmgelb mit purpurnem Hauch und gleichfarbigen Schmitzen, Lippe leuchtend rot-purpurn mit weissen, an den Rändern rosaen Seitenlappen.

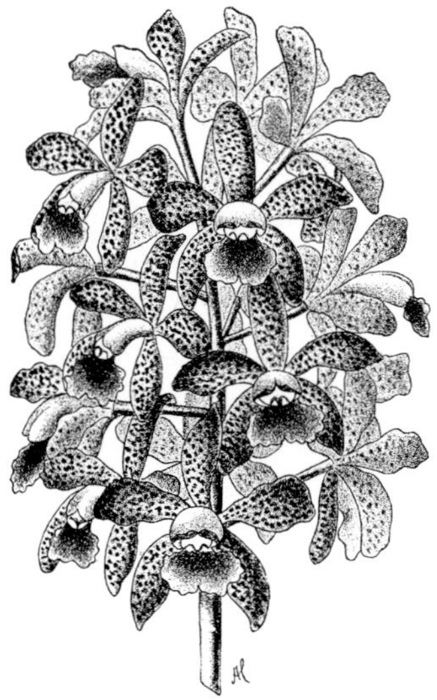

Fig. 39. Cattleya guttata Leopoldi.

C. guatemalensis Moore. (*Epicattleya guatemalensis Rolfe*) ist eine in der Heimat entstandene Kreuzung von C. Skinneri und Epidendrum aurantiacum mit dunkelrosaer, in Orange schimmernder Färbung der Blumenblätter, purpurroter Lippe und orangegelbem Augenfleck, der einige karminrote Linien zeigt. Guatemala. Nicht mehr in Kultur.

C. guttata Lindl. (*C. elatior Ldl. Epidendrum elatius Rchb. f.*) (Fig. 40.) Stämme schlank, bis 50 cm hoch, mit zwei breit-elliptischen, dicken Blättern und hoher reichblütiger Blütentraube. Blüten bis 10 cm gross, alle Blätter breit-linear, olivengrün mit hochroter Punktierung, Lippe tief dreilappig, Seitenlappen eiförmig, aufgebogen, Mittellappen aus langem schmalem Grunde halbkreisförmig, zweilappig verbreitert, weiss mit lilaem Fleck. Oktober, November. Brasilien.

— **var. immaculata hort.** hat einfarbig hellgrüne, ungefleckte Blumenblätter, var. Keteleeri ist von var. Prinzii nicht verschieden; var. leopardina hort., Flecken der Blumenblätter gross, vertuscht, purpurbraun; var. Leopoldi Lind. et Rchb. f. (Fig. 39.) reichblütig, zuweilen bis 30 Blumen in einer Traube, Blumenblätter bronzegrün, karmin punktiert, Lippe sammetartig purpurn; var. lilacina hort., Lippenfleck hellila; var. Prinzii Rchb. f. ist eine auffällig kleine Form mit ganz abweichender Blütenfarbe, Blütenblätter weisslichrosa mit spärlichen dunkelrosaen Tuschflecken, Vorderteil der Lippe leuchtend purpurn; var. punctulata hort., Flecken der Blumenblätter sehr zahlreich, klein, scharf abgesetzt; var. Ruselliana hort. gehört zu C. granulosa; var. sphenosphora Morr., Blüten grünlich, hellrot punktiert, Mittellappen der weissen Lippe karmoisinrot; var. Williamsiana Rchb. f., Blumenblätter braunpurpurn mit spärlichen rotpurpurnen Strichen und Flecken, Lippe im Grunde helllila, vorn rosapurpurn.

C. Hardyana Will. et Moore ist eine Kreuzung von C. labiata Dowiani aurea und C. labiata Warscewiczii, wenn es nicht nur eine Verbindungsform ohne hybriden Ursprung zwischen diesen beiden Varietäten ist. Blüten sehr gross, Kelch- und Blumenblätter aus hellerem Grunde leuchtend rosa purpurn, Seitenlappen der Lippe magenta-purpurrot, der sehr krause Vorderlappen purpurn bis in den gelb geaderten Schlund. Caracas.

C. Harrisii Rchb. f. ist von Dr. Harris in Lamberhurst, Kent, aus C. guttata Leopoldi und C. labiata Mendelii gekreuzt. Blüten bis 15 cm gross, hell rosapurpurn, spärlich violettpurpurn gefleckt, Seitenlappen der Lippe heller, mit einem grossem, violettpurpurnem Spitzenfleck, Mittellappen violettpurpurn, kerbig-wellig gerandet, vorn zweilappig. Säule weiss mit einigen purpurnen Grundflecken.

Fig. 40. Cattleya guttata.

C. Harrisoniana Rchb. f. (*C. Papeyansiana [Popeyansiana] Morr. C. Loddigesii var. Ldl.*) Nächst verwandt mit C. Loddigesii Rchb. f. Stämme kräftig, bis 60 cm hoch, mit schmal-lanzettlichen Blättern. Blüten zu 1—6, über 10 cm ausgebreitet, Kelchblätter fast eiförmig, die beiden seitlichen sichelartig gekrümmt, Blumenblätter breiter, wellig gerandet, zart rosa-lila, Lippe dreiteilig, krauslappig, Seitenlappen lila mit gelbem Rande, Mittellappen mit gelbem Tuschfleck und breitem, lilaem Saume. Juli—Oktober. Rio-Janeiro. — Eine der am besten wachsenden, leicht und dankbar blühenden Arten, deren Blüte im kalten Hause wochenlang aushält. var. alba hat fast rein weisse Blumenblätter und heller gefärbte Lippe; var. Sororia Will. ist C. Sororia Rchb. f.; var. violacea, Blüte dunkelviolett, Lippenfleck orange.

C. Holfordii hort. ist *C. luteola Ldl.*

C. hybrida Rchb. f. (*C. calumnata × labiata v. Wagneri*) steht ersterer Art näher, aber die grossen Blüten sind weiss, die Lippe rosa.

— **var. Lowryana hort.** (*C. intermedia × labiata.*) Blüten weiss, Lippe vorn karmin purpurn.

— *var. picta Fl. Mag.* ist *C. flaveola Rchb. f.*

C. imperialis hort. ist *C. labiata var. Warscewiczii Rchb. f.*

C. intermedia Grah. (*C. amabilis hort. C. amethystina Morr. Epidendrum intermedium Rchb. f.*) Stamm kräftig, bis 50 cm hoch, Blätter breit-lanzettlich. Blüten zu 3—9, bis 15 cm ausgebreitet, weiss, rosa überhaucht, Blütenblätter gleichförmig, breit-lanzettlich, Lippe aus röhrigem, helllilaem Schlunde sich gross ausbreitend, wellig-kraus, rosapurpurn. Mai bis Juni. Sta. Catharina. Sehr dankbarer Blüher! var. alba hort. Blüten reinweiss; var. amethystina Lem. ist nur durch die hellere Blütenfarbe abweichend; var. Parthenia hort. Blüten reinweiss, viel grösser und fester als alba; var. superba hort. ist ganz zart rosa mit sehr grosser, satt purpurroter Lippe; var. variegata Hook., Lippe weiss, der goldgelbe Schlund rot gestreift.

C. intermedia var. angustifolia hort. ist *Laelia Perrinii Ldl.*

C. intermedia × Laelia elegans ist *Laeliocattleya intricata Rolfe.*

C. intermedia × Laelia elegans var. Schilleriana ist *Laeliocattleya Behrensiana Rolfe.*

C. intricata Rchb. f. ist Laeliocattleya intricata Rolfe, eine Kreuzung aus C. intermedia und Laelia elegans mit fast weisser Blüte und violetter Lippe.

C. iricolor Rchb. f. Stämme keulig, flach gedrückt, bis 12 cm hoch. Blätter einzeln, aus zusammengezogenem Grunde riemenförmig, bis 25 cm lang, vorn ausgerandet. Blütenschaft halb so lang als das Blatt, zur Hälfte von der häutigen Scheide umhüllt. Blüten zu 2—3, bis 10 cm breit, milchweiss bis auf die Zeichnung der Lippe. Kelchblätter elliptisch-lanzettlich mit zurückgerollten Rändern, die seitlichen fast sichelförmig, Blumenblätter ähnlich, aber schmäler, Lippe undeutlich dreilappig, Seitenlappen um die Säule gerollt, milchweiss mit einigen Purpurstrichen, hellpurpurnem Schmitz und orangegelbem Tuschfleck am vorderen Rande, Mittellappen spitz, zurückgeschlagen, weiss mit orangegelbem Querband im Grunde und auf jeder Seite desselben einen Purpurfleck. April, Mai. Vaterland unbekannt. Das 1874 der Beschreibung Reichenbachs zu Grunde gelegte einzige Exemplar gehörte J. Veitch.

C. irrorata Rchb. f. ist *Laeliocattleya irrorata Rolfe.*

C. isopetala Rchb. f. ist *C. Forbesii Ldl.*

C. Karwinskii Martius ist *C. citrina Ldl.*

C. Kimbaliana Lind. et Rod. Tracht von C. labiata. Blüten gross,

Kelch- und Blumenblätter weiss, rosa angehaucht, Lippe dunkel violettrot, Schlund breit hochgelb. Mai—Juli. Venezuela.

C. labiata Ldl. (*Epidendrum labiatum Rchb. f.*) (Fig. 41, 42.) Stämme kräftig spindelförmig, meist flach gefurcht, mit grossem, breit-elliptischem, derbem Blatt. Blüten zu 1—3, gross bis sehr gross, Kelchblätter schmäler oder breiter lanzettlich, Blumenblätter breitelliptisch bis verkehrt eiförmig, zart, weiss, weisslichrosa bis tief rosalila, Lippe bald aus nur flach gewölbtem, bald aus völlig röhrigem Grunde sich vorn zu einer grossen, glatten oder sammetartigen, ebenen oder welligkrausen, fast ganzrandigen bis elegant kraus gezähnten, graden oder zurückgebogenen Platte erweiternd, in der Färbung wechselnd zwischen weissem, rosaem, lilaem Grunde, grösserem oder kleinerem, hell- oder dunkelgoldgelbem Grundfleck, helllilaer, purpurvioletter, sammetroter, aber auch ganz heller Vorderplatte — Juni—November. — Schon in den dreissiger Jahren von Trinidad nach England gebracht und seitdem im tropischen Waldgürtel der nördlichen Staaten Süd-Amerikas, besonders Caracas, an zahlreichen Orten und in zahllosen Formen aufgefunden, deren jede fast von dem betreffenden Sammler als neue Art benannt worden ist, so dass heut in

Fig. 41. Cattleya labiata.

den Gärten über 130 Cattleyas aus der alten Species labiata als „Arten“ oder, richtig gesagt, Spielarten oder Kulturformen gezogen werden. Botanisch unterschied Reichenbach früher acht Varietäten, denen heut noch einige nach botanischen — wie wir ausdrücklich hervorheben — Merkmalen unterscheidbare Varietäten sich anreihen lassen. Das mehr individuelle Merkmale festhaltende Auge des geübten Gärtners trennt dann, je nach Grösse und Festigkeit oder Zartheit der Blüten, besonders aber nach den geringsten Abweichungen im Farbenton oder Umriss der Blumenblätter oder der Lippe, die für den Botaniker in ein unlösbares Chaos zusammenschwimmenden Einzelformen.

Fig. 42. Cattleya labiata.

Reichenbach unterschied 1861 in Walpers Annalen folgende Varietäten von C. labiata:

a) genuina, die typische Form, mit relativ kleiner, ausgebreitet, etwa 15 cm grosser Blüte, Kelchblätter schmal-lanzettlich, Blumenblätter breit-lanzettlich, gewellt, Lippe aus breitem, röhrig aufgerolltem Grunde in eine verkehrt eiförmige, flache, glatte, ungeteilte Platte ausgebreitet. Blumenblätter helllila-rosa, Schlundfleck gelb, Lippenplatte blutroth.

Hierher gehören von Gartenformen C. superba Rgl. mit rotgeflecktem, goldgelbem Schlundfleck; C. quadricolor hort. mit hell gesäumtem Lippenteil und die von dieser nicht verschiedenen C. iricolor hort. und C. Guayrana hort. (von La Guayra stammten viele Transporte der vierziger Jahre), sowie die blassblühende C. Gibeziae hort.

b) **Mossiae Parker.** (*C. Mossiae Hook. C. labiata atropurpurea Paxt. C. labiata picta Van Houtte.*) (Zu Ehren von Mrs. Moss in Otterspool, Orchideenliebhaberin jener Zeit.) (Fig. 43.) Blüten über 20 cm Durchmesser, die inneren Blumenblätter sehr breit eiförmig in einen schmalen Grund zusammengezogen, genagelt, Lippenröhre kurz, schmal, Vorderteil weit vorgeschoben, oft fast zweilappig eingekerbt, wellig-kraus, kraus-gefranst bis zierlich gezähnelt, Färbung sehr zart weisslich oder leuchtend rosa, Lippe aus stark entwickeltem goldgelbem Grunde dunkelrosa, leuchtend pur-

Fig. 43. Cattleya labiata var. Mossiae.

purrot strichfleckig. 1832 von La Guayra eingeführt. April—Juni.

Hierher gehören — hauptsächlich nach Williams Zusammenstellung — von den heutigen Kulturformen: Alexandrae Will., Lippe weiss, magentarot gezeichnet, Schlundfleck leuchtend orange mit Purpur; Arnoldiana Sander, der hellgelbe Schlundfleck reicht bis in den Vorderteil der schmalen Lippe; aurantiaca hort. (auch aurea), Schlundfleck dunkelorange mit violetten Linien und hellem, weisslichem Rande; aureomarginata, die gelbe Schlundzeichnung umsäumt zum Teil noch den purpurvioletten Lippenfleck; autumnalis hort. ist var. Warocqueana L. Lind.; Blakei Moore, Blüte dunkelrosa, Blumenblätter vorn gefranst, Lippe aus orangegelbem Grunde violett mit verwaschenem, hellerem, gefranstem Rande; candida Rchb. f., die ganze Blüte fast weiss, nur die Lippe rötlich schimmernd; chiriquensis hort., dunkelrosa mit leicht gewellter Lippe; complanata Moore, sehr grossblumig, dunkelrosa, ohne Fransung der Ränder; conspicua Moore, Lippe reich purpurn gefleckt mit breitem, hellem Saume; Edithiana Warn. Blüten gross, gelblich überlaufen, Lippe dunkelrosa; elegans Moore, kleinblütig, tiefrosa, kaum von conspicua sonst abweichend; fimbriata Moore, zart rosa, alle Blätter stark gefranst, Lippe auf weissem, im vorderen Teile hellorangenem Grunde violett geadert; flammea Moore, kleinblütig, leuchtend rosa, Lippe aus satt orangefarbenem Schlunde vorn schön violettpurpurn auf weissem Grunde und hellrosa gesäumt; grandiflora Moore, riesige, zart rosae Blüten mit purpurroter Lippe, nur von grandis Moore noch an Grösse übertroffen; Helenae Moore, Blüten leuchtend rosa mit purpurnen Tuschflecken, Lippe purpurrot; Kaiserin Friedrich h. Schroed. Blüte reinweiss bis auf die leuchtend karmin - magentarote weit ausgebreitete Lippe; Kermesina marginata Will., Blüte pfirsichrot mit scharf abgesetztem, weissem Saume; Lawrenceana Moore ist var. Dowiana Batem; Mac Morlandi Will., Blüten weisslich-rosa, Lippe mit weit vorgehendem, hellgelbem Schlundfleck, dunkelrosa und gefranst; magnifica Will., Blüte dunkelrosa, Lippe sehr breit, zurückgebogen, satt purpurn mit sammetartigem Hauch; majestica Will., Blumenblätter sehr breit, dunkelrosa, Lippe gross, schön gefranst, aus dunkelrosaem Grunde zart goldgelb, vorn purpurviolett; Marianae Moore, Blüten klein, weiss, Lippe aus hellgelbem, violett gesprenkeltem Grunde vorn hellviolett mit breitem, weissem Saume; marmorata Moore, Blüten sehr gross, ganz hellrosa, Lippe breit, aus orangegelbem Grunde hellrosa mit dunkleren Tuschflecken und rosaem, zierlich gezähneltem Rande; Mooreana Warn., Blüten weisslichrosa, Lippe aus orange tief violett mit scharf abgesetztem, weissem Rande; Nalderiana hort., Blüten sehr gross, satt rosa, Lippe matt rosaviolett, spärlich dunkler punktiert; Napoleonis Moore, Blüten sehr gross, aufrecht, leuchtend rosa, Lippe aus voll orangegelbem Grunde purpurn, dunkler tuschfleckig, mit breitem, hellrosaem Saume; Pottsii Will., Blüten mittelgross, Blütenblätter hellpfirsichfarben mit federig verlaufender, leuchtend purpurner Mitteladerung, Lippe aus orangegelb leuchtend purpurn mit fast weissem Rande; purpurata Moore, Blüten tiefrosa, Lippe aus orangegelb einfarbig violettpurpurn mit ganz schmaler, heller Fransenlinie; Reineckeana hort., Blüten reinweiss, Lippe aus hellgelbem, karmin-geadertem Grunde ganz hell fliederfarben; Rothschildiana Moore, Blüten sehr gross, fein gezähnt, hellrosa, Lippe aus orangegelbem, purpurn geadertem und geflecktem Grunde hellpurpurn, verwaschen weiss gesäumt; splendens Moore, grossblumig, Blumenblätter hellrosa, Lippe aus hellorange prächtig rosapurpurn mit rosaem, stark gefranstem Saume; striata Moore, Blumenblätter dunkelrosa mit hellen Adern, Lippe aus kurzem, orangegelbem Grunde satt rosa mit dunkleren Streifen und heller geadertem Rande; superba Moore, Blumenblätter dunkelrosa, gefranst, Lippe gross mit vortretendem, orangegelbem Schlunde, vorn hellviolett, rosa geadert und mit breitem, verwaschenem, hellrosaem Rande; Urselli hort., Blumenblätter gefranst, satt rosa, Lippe tief purpurviolett, der goldgelbe Grund vorn karminfleckig; venosa Moore, Blumenblätter leuchtend rosa, hell gerandet, Lippe aus schmalem, hellorangegelbem Grunde dunkelrosa, dicht mit violetten Adern und Strichen bedeckt, tief gefranst; Victoriae Moore, Blumenblätter sehr breit, zart rosa, Lippe aus tief orangegelbem Grunde satt purpurn mit schmalem, weissrosaem Rande; Williamsii Moore, Blumenblätter weiss rosa, Lippe aus hellorangegelbem Grunde dunkelrosa mit breitem, weisslichem Rande.

c) **Wagneri Rchb. f.** ist von Mossiae kaum zu trennen, nur durch die stärker nach dem Grunde verschmälerten Blumenblätter abweichend, Kelchblätter schmal, steif, Blumenblätter breit keilförmig, Lippe wenig zusammengerollt, Blumenblätter weiss, Lippe weis mit goldgelbem Schlundfleck. — Caracas. April, Mai.

d) **Warscewiczii Rchb. f.** als Art. (*C. Warscewiczii Sanderiana Rchb. f, C. Gigas Lind. et André, C. gigas Sanderiana hort., C. Gigas burfordiensis hort., C. Sanderiana hort., C. imperialis hort.*) Blütenstand bis 10-blumig, Blüten sehr gross, Kelchblätter schmal-lanzettlich, Blumenblätter aus keilförmigem Grunde verbreitert, Lippe aus schmalem, nur kurz zusammengebogenem Grunde vorn breit zweilappig, wellig, fein gezähnt. Blumenblätter weisslich-lila, Lippe aus himmelblau-lila, mit je einem Goldauge auf beiden Seiten des hellen Schlundes. Januar—April. Kolumbien.

Hierher: Augustae Victoriae Sand. (Übergangsform zu Mossiae, im April 1890 in Berlin ausgestellt und der Kaiserin Auguste Victoria gewidmet). Blüten 20 cm gross, fest, hellrosa, alle Blätter krauswellig, Lippe aus schmalem, rosaem Grunde breit herzförmig mit tief orangegelbem Scheibenfleck und breitem sattlilaem Rande; delicata Moore (C. pallida Ldl., C. labiata var. pallida Rchb. f.), Blüte weiss, Lippe sehr gross, aus gelbem Centrum weiss mit einem rosaen Anhauch; delicata superba hort. ist noch grossblumiger und reinweiss; gigas Lind. et André sehr gross, hellrosa, Lippe tief purpurviolett; imperialis hort. und superba hort. sind von delicata superba nicht verschieden; pallida hort. ist ganz helllila, auch die Lippe ist nur blasslila; quadricolor Ldl., Blumenblätter reinweiss, derb, Rippe glockig röhrig, aussen und der Vorderlappen amethyst-purpurn mit hellpurpurnem Saume, der Schlund weiss, goldgelb getuscht, purpurn geadert; Sanderiana hort. und Wilsoniana Rchb. f. weichen von der Normalform kaum ab.

e) **Trianaei Rchb. f.** (*C. Lindigii Karst. C. quadricolor Batem. C. bogotensis* *hort. C. Trianae hort.*) Stämme niedriger, kräftig, Blätter hellgrün, Blüten zu 1—3, sehr gross, vorwiegend zart rosa, ebensolcher langröhriger Lippe mit orangegelbem Schlunde und heller oder dunkler purpurnem, flach zweilappigem, wellig-krausem Vorderteil. Dezember—Februar. Kolumbien.

Die nachstehenden Formen von Trianaei (Triana war ein um die Erforschung Kolumbiens hochverdienter Naturforscher) unterscheiden sich fast nur in Grösse und Färbung der Blüten von einander, während die Form stets dieselbe bleibt. Rein weiss blühen — nur die Lippe ist vorn bald zartlila, bald hell- oder dunkelpurpurn — alba, amabilis, delicata (= C. Rollissonii Moore), Dodgsoni, Emiliae, Hillii, nivea, Reginae, Schroederae alba, splendidissima und thyriantha; auf ganz zart rosaem Grunde weiss überhaucht sind: Corningii, grandiflora, marginata und Williamsii; weissen Grund mit rosaem Hauch zeigen: Atalante, Colemanni, Dayana, Russelliana, Schröderae und Thompsoni; weiss mit purpurnem Anflug und primelgelben Schlund hat Hardyana, zart rosa blühen plumosa, mit karminroter Federzeichnung der Blumenblätter, fimbriata (nebenbei stark gefranst), Jo, Popayana (Popayan ist der Hauptexport-Platz), rosea und Warneri; dunkler rosa: Backhousiana und formosa; Karminrosa: Tautziana mit sammtartiger dunkler Lippe; cerise-rosa: Osmanni, welche gleichzeitig die grösstblumige Form ist und quadricolor; und lilarosa: Leeana.

f) **pallida Lindl.** ist nur eine unwesentliche, weisslich blühende Form von Warscewiczii Rchb. f. mit fast karminrotem Fleck der Lippe.

g) **Lemoiniana Ldl.** Kurzstämmig, kleinblättrig, Kelchblätter ganz schmal-lanzettlich, Blumenblätter sehr gross und zart, kraus-wellig, hellrosa, Lippe aus langer, schmaler, innen goldgelber Röhre in einen breiten, fast flachen, am zurückgebogenen Rande spärlich gefransten, nicht krausen Vorderlappen ausgebreitet, mit hellviolettem Tuschfleck. Juni — August. Brasilien.

h) **Luddemanniana Rchb. f.** (*C. Dawsoni Warn. C. speciosissima Lowii And. C. Buchaniana Will. C. Bassetti hort.*) Blütenstand bis 10-blumig, Blüten sehr gross, fest, Kelchblätter schmal-lanzettlich, Blumenblätter aus kurzkeilförmigem Grunde breit-eiförmig, kaum länger als die Lippe, wellig, rotpurpurn, Lippe aus schmaler, innen goldgelber Röhre in einen breit zungenförmigen, doppelt so langen als breiten, zweilappigen, gezähnten, welligen, aus gelbem Grunde purpurroten Vorderlappen ausgezogen. Juli—September. Brasilien.

Zu dieser oft über 20 cm ausgebreitet blühenden Varietät gehören: alba, Blumenblätter fast reinweiss; Basseti hort., Blumenblätter dunkelrosa; Backhousiana hort., Blüten hellrosa-purpurn, Blumenblätter mit amethyst-purpurnem Spitzenfleck, Lippe purpurrot mit je einem weissen Fleck auf beiden Seiten des gelben Schlundes; Buchaniana hort., von der Normalform nur durch etwas hellere Lippe abweichend; brillantissima hort., Blumenblätter leuchtend purpurn, Lippe violettpurpurn; Dawsoni Warn., Blumenblätter rosapurpurn, Lippe leuchtend dunkelrosa; Lowii And., Blumenblätter matt dunkelrosa, Lippe mit violettem, hell gesäumten Fleck; Regina hort., Blumenblätter weisslichrosa, Lippe dunkelrosa mit hellem Purpurfleck; Schroederi Gardn. Chron., Blüten weiss, mit orangegelber Mitte der Lippe und schrägen Purpurstreifen beiderseits, Vorderzipfel bräunlich-purpurn gestreift; speciosissima hort. ist = Lowii And.

Von den nach der Reichenbachschen Zusammenstellung später eingeführten Formen verdienen noch die Bezeichnung als Varietäten:

i) **Dowiana Batem.** (*C. Lawrenceana Warsc.*) (Fig. 44). Stämme sehr schlank, Blüten sehr gross, nankinggelb, Kelchblätter breit-lanzettlich, vorn stumpf, Blumenblätter verkehrt eiförmig, sehr stark krauswellig, Lippe aus ganz kurzer, breiter, nur halbgeschlossener, hellgelber, aussen violett geaderter und gesäumter Röhre in einen grossen, breiten, fast quadratischen, vorn seicht zweispaltigen, tief wellig-gekrausten, an den Rändern fein gefransten, sammetartig purpurvioletten, im Centrum spärlich verlaufen goldgelb geaderten Vorderlappen ausgebreitet. Juli bis September. Schon von Warscewicz in Costarica entdeckt, aber erst 1864 durch Arce eingeführt, ist diese farbenprächtige Cattleya leider noch immer selten in den Kulturen. Sie weicht in der Färbung weit ab von den gewöhnlichen Labiata-Formen, mit denen sie aber sonst ganz übereinstimmt.

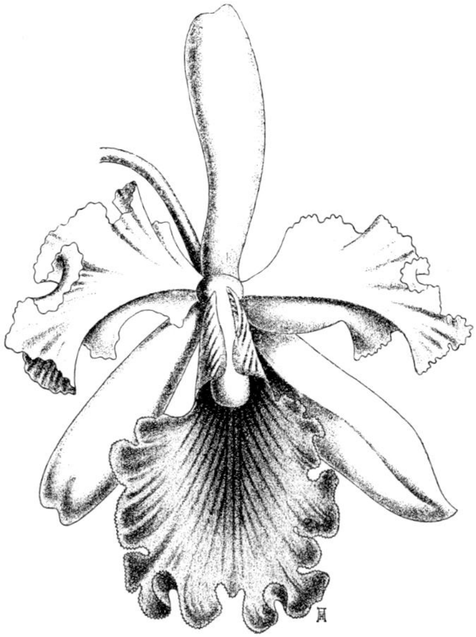

Fig. 44. Cattleya labiata v. Dowiana.

Die wenigen bisher unterschiedenen Formen sind: aurea Will. et Moore (C. aurea Lind.), Blumenblätter primelgelb, Lippe karminpurpurn mit hellen Goldlinien; chrysotoxa Lind. durch noch etwas helleres Gelb verschieden; Massaiana Will., Blumenblätter lehmgelb mit rotem Hauch, Lippe hell purpurviolett mit zwei chromgelben Flecken; marmorata hort., Blumenblätter gelb mit verwaschenen, roten Flecken; Statteriana hort. Blüten ganz hochgelb bis auf einen rosaen Schatten der Lippe und ein paar rote Schlundlinien.

k) **Eldorado Lind. et Rchb. f.** ist von C. Lemoiniana in der Form fast nur durch den faltig-zackigen Vorderlappen der Lippe abweichend und die noch fester zusammenschliessende Röhre, welche im Grunde weiss ist und nur vorn einen orangegelben Fleck zeigt. Blumenblätter weiss mit lilarosaem Anflug, Lippe aus breitem, orangegelbem Schlundfleck leuchtend purpurn. Juli — September. Kolumbien, Venezuela, besonders in den Waldgebirgen des Rio Negro.

C. Eldorado alba hort. = C. virginalis Linden et André ist eine reinweissblütige Form, selbst die Lippe ist weiss, nur der Schlund hellorange; C. virginalis rosea Will. ist weiss mit rosaem Lippenfleck; crocata Rchb. f. ist weiss mit gelbem Hauch, Lippe orangegelb im Grunde, gewissermassen an C. Dowiana erinnernd; ornata Rchb. f. hat purpurrote Blumenblätter mit je einem grossem, dunkler purpurnem Tuschfleck, während die Lippe normal gefärbt ist; splendens Lind., sehr grossblumig, leuchtend rosa, der tief orangegelbe Schlund ist gegen die violettpurpurne Lippe durch einen weissen Saum abgegrenzt, welcher auch den Zahnrand der Lippe weiss färbt. Wallisii hort. ist von virginalis nicht verschieden.

l) **Gaskelliana Rchb. f.** (*C. Gaskelliana h. Sander.*) In der Blütenform eine kräftige Mossiae vorstellend, deren Blütenblätter sich mit den Rändern decken, Blütenfarbe weiss bis dunkelrosa, Lippe weisslichrosa mit hellgelbem bis orangegelbem Schlund- und hellem oder dunklerem Lippenfleck des elegant kraus-welligen Vorderteiles. Juni—August. Venezuela.

m) **Mendelii Rchb. f.** als Art. Eine kurze, gedrängte Trianaei der Form nach, mit meist enorm grossen, zart gefärbten Blüten, auf den ersten Blick sich auszeichnend durch die breiten Kelchblätter, wodurch die ganze Blüte ein rundes, voll abgeschlossenes Ansehen erhält. Blumenblätter weiss bis gelblichrosa, Lippe aus breitröhrigem, citronorangegelbem Grunde leuchtend hellpurpurn, sehr gross, wellig-kraus und oft tief gefranst. April—Juni. Kolumbien; Ost-Cordilleren.

Nach Sam. Mendel, Orchideen-Liebhaber in Manley-Hall, Manchester, getauft.

Hierher gehören: bella Rchb. f., von der Normalform kaum verschieden; Bluntii Lowe, Blüten reinweiss bis auf den gelben Lippenfleck; coelestis hort. reinweiss, nur die Lippe blasslila behaucht; crispa hort., alle Blumenblätter, besonders aber die Lippe, stark gekraust und gefranst; grandiflora Will. et Moore, Blüten bis 30 cm ausgebreitet, weiss, fest, Lippe kraus gewimpert, leuchtend rosa aus hellgelbem, rosa gestreiftem Grunde; Jamesiana hort., Blumenblätter dunkelrosa mit nach oben breiterem, purpurrotem Keilfleck in der Mittellinie, Schlund goldgelb mit purpurnen Streifen, Lippe hellviolett; Leeana hort., Blumenblätter pfirsichrosa, Lippe prächtig purpurn; Measuresiana hort. Blüte gelbrosa, Lippe dunkelviolett; Morganiae Will. et Moore, Blumenblätter schneeweiss, Lippe weiss mit hellrosaem Fleck; speciosa Sand.

reinweiss bis auf den gelben Schlund und die Purpurzeichnung der Lippe; superbissima hort., Blumen sehr gross, hellrosa, Lippe leuchtend hellviolett, stark wellig-kraus und gewimpert.

n) **Percivaliana Rchb. f.** ist gewissermassen eine kleinblütige C. labiata Mossiae mit festen, schmalen Blumenblättern von weiss bis dunkelrosa, Lippe sehr kraus, stark gefranst, aus goldgelb und karmin gestreiftem Schlunde vorn leuchtend karminrot mit breitem, rosaem Rande. Januar—März. Kolumbien.

— **var. alba hort.** Blüte schneeweiss bis auf den orangegelben Schlundfleck.

o) **Warneri Moore** weicht von der alten Reichenbachschen Normalform nur ab durch grössere Blüten von intensiver Färbung und karminroter, zierlich gefranster Lippe. Juni—August. Brasilien.

Magnifica hort. und superba hort. sind kaum unterscheidbare Formen, Blumen bis 20 cm, leuchtend rosa, mit grosser, tief gefranster, karmin-purpurner Lippe, deren orangegelber, kurzer Schlundfleck karminrot geadert ist.

p) **Whitei Rchb. f.**, anfänglich für eine in der Heimat entstandene Kreuzung aus C. labiata und Schilleriana gehalten, ist wohl auch nur eine unwesentliche Varietät von C. labiata mit kurzspindeligen Knollen, kurzem, breitem Blatt, 10—15 cm grossen Blüten, deren rosae Kelchblätter grünlich angelaufen und gefleckt sind. Blumenblätter tief rosa, breit, gewellt, Seitenlappen der Lippe nicht ganz zur Röhre geschlossen, hellrosa, Schlund der Röhre orange mit purpurnen Linien, Vorderlappen breit nierenförmig, gewellt, gezähnt, feurig rosa mit karminroten Adern. Juni—August. Brasilien. Die Blüte ist zart duftend.

q) **Rex O'Brien.** Blüten sehr gross, weiss, leicht blassgelb überlaufen, Lippe hellrosa, elegant gewellt und gefranst, karmoisinrot schillernd und goldgelb marmorirt. Juni, Juli.

r) **Warocqueana L. Lind.** (*C. labiata var. autumnalis hort.*) ist von der var. Luddemanniana Rchb. f. fast nur durch grössere und erst im October—Dezember sich entfaltende Blüten verschieden.

s) **magnifica Rgl.** Kelchblätter auffällig schmal lanzettlich, weissrosa, Blumenblätter eiförmig, lilarosa mit breitem reinweissem Mittelstrich. Lippe kurzröhrig, vorn rechteckig ausgebreitet, wellig kraus ausgezackt mit flachem mittlerem Ausschnitt, aus karmin satt-lila-purpurrot, Röhre lila-rosa, Schlund weiss, vorn hochorange. Februar. Popayan.

C. labiata atropurpurea Paxt. ist *var. Mossiae Park.*

— — *autumnalis hort.* ist *var. Warocqueana L. Lind.*

— — *bella Rchb. f.* ist *var. Mendelii Rchb. f.*

— — *Lawrenceana Warsc.* ist *var. Dowiana Batem.*

— — *picta v. Htte.* ist *var. Mossiae Park.*

— — *virginalis Lind. et André* ist *C. labiata v. Eldorado f. alba.*

C. labiata × *Laelia purpurata* ist *Laeliocattleya bella Rolfe.*

C. labiata var. Dowiana × *Laelia crispa* ist *Laeliocattleya Pallas Rolfe.*

— — *var. Mossiae* × *C. Schilleriana* ist *C. Miss Harris Veitch.*

— — *var. Mossiae* × *Laelia cinnabarina* ist *Laeliocattleya Hippolite Veitch.*

— — *var. Mossiae* × *Laelia Digbyana* ist *Laeliocattleya Digbyana Rolfe.*

— — *var. Warneri* × *Laelia purpurata* ist *Laeliocattleya Arnoldiana Rolfe.*

— — *var. Warscewiczii* × *Laelia crispa* ist *Laeliocattleya Nysa Veitch.*

C. Lamberhurstii hort. ist *C. citrina* × *intermedia Rolfe.*

C. Lawrenceana Rchb. f. (nicht **Warscewicz's**) (*C. Mossiae Schombgk.* nicht *Hooker's.*) Stämme spindelförmig-keulig, flachgedrückt, längsriefig, mit graubraunen Scheidenresten bekleidet, bis 15 cm hoch. Blätter einzeln, schmal-länglich, bis 20 cm lang. Blüten zu 5—7 auf kräftigem, von purpurn überlaufener Scheide unten umschlossenen Schaft, bis 12 cm breit, Kelchblätter länglich-linear, weiss bis hellrosa-purpurn, Blumenblätter länglich elliptisch, wellig gerandet, mit den Kelchblättern gleichbreit, oben meist etwas dunkler gefärbt, Lippe länglich, ausgerandet, zu zwei Drittel ihrer Länge um die Säule gerollt und den Blumenblättern gleichfarbig, das letzte Drittel als flacher Vorderlappen offen, purpurrot, kastanienbraun schattiert, mit zwei weissstreifigen Flecken, welche durch ein purpurnes, bis zum Grund reichendes Längsband getrennt werden. Säule weiss, keulig-dreikantig. März, April. Bei 1200 M. am Roraima in Britisch Guyana.

— **var. concolor hort.** Blüte ganz einfarbig blasslila.

— **var. delicata hort.** Blüte weiss mit zartlila.

— **var. oculata hort.** Mitte der Lippe ledergelb ohne das purpurne Längsband.

— **var. rosea superba hort.** Kräftig im Wuchs. Blüte zart rosapurpurn, weiss gestreift, Kelchblätter am hellsten, Scheibe der rosapurpurnen Lippe weiss.

— **var. Vinckei hort.** Blüten lila, blassblau überlaufen.

C. Lawrenceana Warsc. ist *C. labiata var. Dowiana Batem.*

C. Lemoiniana Ldl. ist *C. labiata var. Lemoiniana Ldl.*

C. Leopoldi Linden ist *C. guttata var. Leopoldi Rchb. f.*

C. Lindleyana Rchb. f. ist *Laelia Lindleyana Hook.*

C. lobata Ldl. ist *Laelia lobata Rchb. f.*

C. Loddigesii Rchb. f. (*Epidendrum violaceum Lodd. C. violacea hort. C. ovata Ldl. C. maritima Ldl.*) Stämme schlank, fast drehrund, bis 30 cm hoch, mit je zwei länglich-eiförmigen Blättern. Blüten zu 3—6, mittelgross, alle fünf Blumenblätter eilanzettlich, die seitlichen sichelförmig, helllila oder weissrosa, Lippe mit kurz aufgebogenen Seitenlappen und breitem krausem Mittellappen, im gelben Grunde mit nach vorn verlaufenden Leisten, vorn hellrosa bis rosaweiss. August, September. Von Buenos Ayres nördlich durch ganz Brasilien verbreitet.

— *var. Harrisoniae Ldl.* ist *C. Harrisoniana Rchb. f.*

— **var. maculata Will.** Blüte purpurn gefleckt, var. superba hort. Blüte dunkelrosa mit hell carmin rosaem Anflug.

C. Lucieniana Rchb. f. ist *Laeliacattleya Luciėniana Rolfe* und gehört zu den Kreuzungen von C. labiata und Laelia elegans.

C. Luddemanniana Rchb. f. ist *C. labiata var. Luddemanniana Rchb. f.*

C. luteola Ldl. (*C. flavida Klotzch. C. Meyeri Rgl. C. modesta Meyer C. epidendroides hort. C. Holfordi hort. Epidendrum luteolum Rchb. f. Epidendrum Cattleyae Hook.*) Scheinknollen auf schlankem, kriechendem, verzweigtem Wurzelstock etwas auseinander gerückt, eiförmig, leicht abgeplattet, bis 6 cm lang. Blätter einzeln, länglich elliptisch, bis 10 cm lang, stumpf oder ausgerundet. Blüten zu 2—5 auf kräftigem, die Blätter nicht überragendem Schaft, 5 cm breit, hell citrongelb bis auf den weissen Vorderrand der Lippe, Kelch- und Blumenblätter länglich lanzettlich mit zurückgeschlagener Spitze, Lippe fast kreisrund, dreilappig, Seitenlappen um die halbrunde, gebogene Säule gerollt, Vorderlappen abspreizend, kraus und gezähnt gerandet. November, Dezember. Am Oberlaufe des Amazonenflusses in Brasilien und in Peru. Diese kleinste Cattleya ist eine ausgesprochene Schattenpflanze und demgemäss zu behandeln.

C. majalis hort. ist *Laelia majalis Ldl.*

C. Malouana hort. ist eine unwesentliche Form von C. labiata v. Trianaei.

C. Manglesii Rchb. f. ist eine von Veitch gezogene Hybride von C. Loddigesii und C. labiata v. Luddemanniana speciosissima. Sie hat sehr grosse, leuchtend rosae Blüten mit weisser Lippe, deren gelber Streifen bis in den Vorderlappen verläuft, wo er auf jeder Seite einen hellgesäumten, purpurnen Augenfleck zeigt.

C. Mardellii Rchb. f. ist Laeliocattleya Mardellii Rolfe, eine gleichfalls von Veitch gezogene Kreuzung aus C. labiata Luddemanniana und Laelia elegans mit grossen fast kirschroten Blüten, deren im Grunde hellere dreiteilige Lippe einen breiten goldgelben Mittelstrich auf weissem Grunde und leuchtend rotpurpurnen Mittellappen zeigt.

C. marginata Paxt. gehört zu Laelia pumila Rchb. f., als C. marginata hort. gehen irgendwie hellfarbig gesäumte Formen zahlreicher Arten.

C. maritima Ldl. ist *C. Loddigesii Rchb. f.*

C. Marstersoniae Rchb. f. ist eine Veitchsche Kreuzung aus C. labiata und C. Loddigesii mit dunkelfliederfarbenen Blüten, im Grunde weissgelber, hellviolett gesäumter, vorn tief blaupurpurner Lippe.

C. Massaiana Will. gehört zu C. labiata var. Dowiana.

C. maxima Ldl. (*Epidendrum maximum Rchb. f.*) (Fig. 45.) Stämme lang keulig, gerieft, bis halbmeterhoch, Blätter zu 1—2, breit länglich, bei 7 cm Breite 30 cm lang. Blütenschaft den Stamm 20—30 cm überragend, reichblumig. Blüten bis 20 cm ausgebreitet, Kelchblätter langlanzettlich, hellrosa mit zurückgebogenen weisslichen Rändern, Blütenblätter länglich eiförmig, spärlich krauswellig, zart, dunkler rosa, Seitenlappen der Lippe zu einer tütenförmigen Röhre aufgebogen, aussen aus gelbem Grunde weiss, rot geadert, und mit hellviolettem, fast weiss gerandetem Saumfleck, innen gleichfarbig mit breiten orangegelben Mittelstreifen, Mittellappen fast quadratisch, wellig krauslappig, weiss mit purpurner Aderung und verlaufender goldgelber Mittelzeichnung. Oktober—Januar. Kolumbien, Guayaquil. Trotz der zahlreichen grossen Blüten nicht entfernt so schön als die gerundet blühenden Formen von C. labiata.

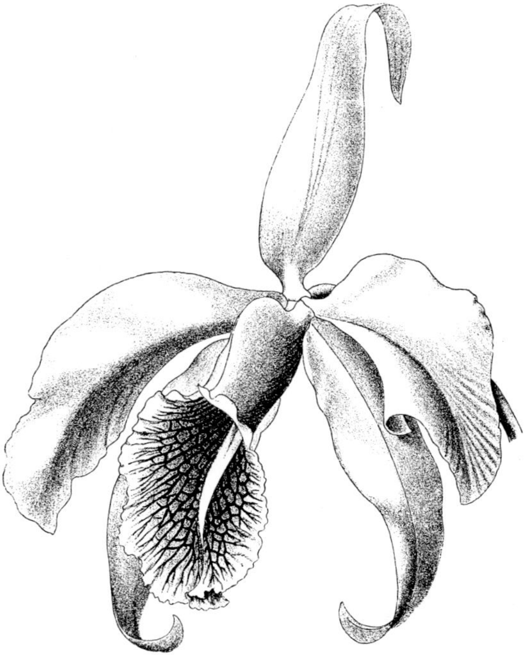

Fig. 45. Cattleya maxima.

— var. **alba** hort. ist fast reinweissblütig, var. aphlebia Rchb. f. Lippe adernlos, der gelbe Schlund hell purpurn gesäumt, var. Backhousii Rchb. f. Blumen dunkelrosa, Lippe mit violett purpurner Zeichnung, var. peruviana hort. hat auffällig schmale Blumenblätter von normaler Färbung.

C. maxima × *Laelia crispa* ist *Laeliocattleya Amesiana Rolfe.*

C. Measuresii Rchb. f. ist *C. Aclandiae* × *Walkeriana,* die Blüten sind grösser als von C. Aclandiae, rötlichbraun, Lippe hellrosa, Säule rosa, an der Spitze purpurn.

C. Mendelii Rchb. f. ist *C. labiata Ldl. var.*

C. Meyeri Rgl. ist *C. luteola Ldl.*

C. Miss Harris. Veitch (*C. labiata v. Mossiae* × *Schilleriana*), Blüten ähnlich wie Schilleriana, aber grösser, Lippe karminrosa und von der zarten Form wie Mossiae.

C. Mitchellii Rchb. f. wurde von Mitchell, Gärtner des Dr. Ainsworth von Manchester, aus der Kreuzung von C. labiata f. quadricolor und C. guttata v. Leopoldii erzogen. Blumenblätter violett purpurn mit hellerem Rande und zarter, hell purpurner Fleckzeichnung, Lippe aus orangegelbem Grunde weiss, vorn leuchtend violett purpurn mit hellerer Punktierung.

C. modesta Meyer ist *C. luteola Ldl.*

C. Morganae Will. et Moore gehört zu C. labiata var. Mendelii.

C. Mossiae Hook. ist *C. labiata Ldl. var.*

C. Nilsoni Sand. ist *Laeliocattleya Nilsoni Rolfe.*

C. nobilior Rchb. f. gehört zu C. Walkeriana Gardn.

C. pallida Ldl. ist *C. labiata Ldl. var.*

C. ovata Ldl. ist *C. Loddigesii Rchb. f.*

C. Papayansiana Morr. ist *C. Harrisoniana Rchb. f.*

C. Percivaliana Rchb. f. ist *C. labiata Ldl. var.*

C. Perrinii Hook. ist *Laelia Perrinii Ldl.*

C. Pineli hort. ist *Laelia pumila Rchb. f.*

C. Popayansiana hort. ist *C. Harrisoniana Rchb. f.*

C. porphyroglossa Lind. et Rchb. f. Stämme schlank, rund, Blätter zu zweien, breit lanzettlich, Blüten zu 3—7, mittelgross, mit bräunlich-zinnoberroten, gelb überhauchten Blumenblättern, Lippe durch Leisten und Warzen verunebnet, Seitenlappen zu einer kurzen, breiten Röhre gewölbt, aus gelbem Grunde hell zinnoberrot, Vorderlappen prächtig hell purpurviolett. Juli, August. Brasilien.

C. porphyrophlebia Rchb. f. von Seden in Veitchs Etablissement aus C. intermedia mit C. superba gekreuzt. Blüten 10 cm gross, Kelch- und Blumenblätter lila, weiss überhaucht, Seitenlappen der Lippe aussen ähnlich gefärbt, Vorderteil des Mittellappens leuchtend violett purpurn, hell purpurn gestreift, im Grunde zwei hell schwefelgelbe, durch ein purpurnes Band getrennte Flecken, Lippe auffallend hellpurpurn geadert.

C. pumila Hook. ist *Laelia pumila. Rchb. f.*

C. pumila Hook. var. major Hook. ist *Laelia praestans Rchb. f.*

C. quadricolor Lindl. ist eine sehr auffällige Form von C. labiata v. Warscewiczii Rchb. f. mit reinweissen Blumenblättern, fast glockig röhriger, amethyst-violetter, heller gesäumter Lippe, deren weisser Schlund goldgelb getuscht und purpurn geadert ist.

C. quadricolor Batem. ist *C. labiata var. Trianaei Rchb. f.*

C. quinquecolor hort. ist eine Gartenkreuzung aus C. Aclandiae und C. Forbesii; Blumenblätter hell olivengrün mit heller und dunkler braunen Schmitzen und Punkten, Lippe karminrosa, dunkler geadert, mit goldgelbem Mittelstreif.

C. reflexa Parm. ist eine Varietät von Laelia crispa.

C. Regnelli Warn. ist *C. Schilleriana Rchb. f.*

C. resplendens Rchb. f. ist eine Kreuzung aus C. guttata und C. Schilleriana mit trüb olivengrüner, purpurn gefleckter Blüte, Lippe weiss, violett-purpurn gefleckt und gestrichelt.

C. Rex O'Brien ist *C. labiata Ldl. var.*

C. **Rollisonii hort.** ist eine hellrosae Form von C. labiata Warscewiczii Rchb. f.

C. Rothschildiana Lind. ist *Laelia Amanda Rchb. f.*

C. **Rougieri hort.** ist eine unwesentliche Form von C. labiata v. Mossiae Park.

C. **Sanderiana Rchb. f.** gehört zu C. labiata v. Warscewiczci Rchb. f.

C. **Schilleriana Rchb. f.** (*C. Regnelli Warsc. C. Aclandiae var. Jenings. Epidendrum Schillerianum Rchb. f.*) Stämme schlank keulig, kräftig, bis 20 cm hoch, mit je zwei breit elliptischen, bläulich grünen, beiderseits dunkelbraun gefleckten Blättern. Blüten zu 1—5, ausgebreitet bis 15 cm, mit breit lanzettlichen, zugespitzten, blutroten, dunkler gestreiften und verloren gefleckten Kelchblättern und fast elliptischen, wellig gerandeten, gleichfarbigen Blumenblättern, Lippe kurz, blutrot mit dunkleren Adern und weisslichem Saum, die kräftigen Seitenlappen zu einer oben offenen Röhre aufgebogen, welche innen heller rot, mit einigen goldgelben Längsadern ist. Juli—September. Brasilien. Ist vielleicht eine im Freien entstandene Hybride aus C. Aclandiae und C. guttata.

— **var. Amaliae Lind.** Blüte hellbräunlich-rot, purpurn gefleckt, Lippe rotpurpurn, weiss gesäumt, var. concolor Hook. Blüte einfarbig purpurn blutrot, nur die Lippe heller gerandet, var. Regnellii Warsc. Blumenblätter grün mit purpurbrauner Tuschzeichnung, Lippe blaupurpurn, weiss gerandet, Schlund gelb, purpurstreifig (vielleicht besser als Varietät zu C. Aclandiae zu ziehen), var. sulphurea hort. Blumenblätter grünlich gelb mit spärlicher rotbrauner Zeichnung, Lippe hell rotpurpurn.

C. Schilleriana × C. labiata Mossiae ist *C. Miss Harris. Veitch.*

C. Schomburgkii Lodd. ist *C. superba Schomb.*

C. Schofieldiana Rchb. f. ist *C. granulosa Ldl. var.*

C. **Schroederae hort.** ist eine Form von C. labiata v. Trianaei.

C. **Schroederiana Rchb. f.** gehört zu C. Walkeriana Gardn.

C. **scita Rchb. f.** ist ein Bastart von C. guttata und C. intermedia, Blüten hell ockergelb mit einigen purpurnen Randflecken und kleinen Mittelflecken, Seitenlappen der Lippe hellgelb, vorn purpurn gesäumt, Vorderlappen purpurn.

C. **Sedeniana Veitch.** ist Laeliocattleya Sedeniana Rolfe, eine Kreuzung aus C. granulosa und Laelia crispa mit grossen hellrosaen, aussen grün übertuschten Blumenblättern und elegant gewimperter, weisser, vorn violett-purpurn gemalter Lippe.

C. **Skinneri Lindl.** (*Epidendrum Huegelianum Rchb. f.*) Stämme kurz, kräftig spindelförmig, Blätter zu zweien, breit lanzettlich. Blütenstand reichblumig, Blumen bis 15 cm ausgebreitet, hell fliederfarben mit rotvioletten Mittelstreifen und Rändern, Kelchblätter breit lanzettlich, Blumenblätter eiförmig, wellig gerandet, Lippe aus kurzer, glockiger, innen goldgelber, aussen rot fliederfarbener Röhre in einen kurzen, breiten, flach zweiteiligen, rotvioletten Vorderlappen verbreitert. März—Juni. Guatemala, wo sie Skt. Sebastiansblume heisst.

— **var. alba Rchb. f.** Blüten schneeweiss, var. oculata Will. Lippenfleck elegant weiss gesäumt, var. parviflora Hook. durch viel kleinere, dunkellilae Blüten verschieden.

C. Sororia Rchb. f. ist wahrscheinlich C. Walkeriana oder Harrisoniana mit guttata gekreuzt, Kelchblätter hellrosa mit gelbgrünen Tupfen, Blumenblätter hellrosa mit dunkelgelben Flecken, Lippe weiss mit hell purpurnem Saum und Spitzen, Säule weiss, purpurn gefleckt.

C. speciosissima hort. gehört zu C. labiata var. Luddemanniana.

C. sphenosphora Morr. ist *C. guttata Ldl. var.*

C. Stelzneriana hort. ist *Laelia elegans Ldl.*

C. suavior Rchb. f. ist C. intermedia × C. labiata v. Mendelii von Seden in Veitchs Garten gezogen. Kelch- und Blumenblätter hellrosa-fliederfarben mit Weiss übergossen, Seitenlappen der Lippe weiss, nach den Rändern zu helllila, Mittellappen kraus gerandet mit tiefem Einschnitt vorn, violett purpurn, Scheibe krêmeweiss mit nach dem Grunde verlaufendem purpurroten Bande.

C. superba Schomburgk. (*C. Schomburgkii Lodd. Epidendrum superbum Rchb. f.*) Stämme kräftig schlank-keulig, bis 20 cm hoch, Blätter zu zweien, dick, länglich eiförmig. Blüten stark duftend, in zahlreicher Traube, bis 15 cm ausgebreitet, violett rosa. Kelchblätter schmal-lanzettlich, Blumenblätter breitlanzettlich, in eine kurze Spitze ausgezogen, Lippe aus gekrümmter, kurz glockiger Röhre in einen herzförmigen, tief ausgerandeten Mittellappen verbreitert. Aussenseite der Röhre weiss, die aufgebogenen spitzen Seitenlappen satt purpurn, Röhre innen blaupurpurn mit vorstehenden Leisten und breitem, goldgelbem Mittelbande, Vorderlappen leuchtend rot-purpurn mit fast schwarzen Warzenpunkten. Juni—August. Britisch-Guyana. Die am stärksten — aber nur zur Nachtzeit — duftende Art der Gattung.

— **var. Bungerothii hort.** Blüten heller, Lippenzeichnung fast fehlend.

— **var. splendens Lem.** Blüten grösser, rosa purpurn, Lippe aus weissem Grunde hellrot-purpurn mit goldgelber Federzeichnung.

C. Trianaei Rchb. f. (*Trianae hort.*) ist C. labiata Ldl. var.

C. triophthalma Rchb. f. ist *Laelia triophthalma Rchb. f.*

C. Veitchiana hort. ist *Laeliocattleya Veitchiana Rolfe,* eine der Kreuzungen aus C. labiata und Laelia crispa; Blüten mittelgross, hellrosa mit gelblichem Hauch, Lippe tief karminpurpurn.

C. velutina Rchb. f. Stämme kräftig, schlank-keulig, Blätter zu zweien, breit elliptisch. Blüten stark duftend, in zahlreicher Traube, bis 10 cm ausgebreitet, hell orangegelb mit purpurnen Tuschflecken und Streifen, Kelchblätter breit lanzettlich, Blumenblätter eiförmig. Seitenlappen der Lippe ganz kurz, fast röhrig zusammen gebogen, Mittelteil aus kurzem, breitem, goldgelbem Grunde in einen fast kreisförmigen, wellig krausen, sammetartig weissen, breit purpurn streifadrigen Vorderlappen ausgedehnt. Mai—Juli. Brasilien. Wahrscheinlich C. bicolor × guttata.

— **var. Lietzei Rgl.** Stämme sehr dünn, bis 40 cm lang. Blüten zu 2—3, Kelch- und Blumenblätter zurückgebogen, lederbräunlich, fein karminrot punktiert, Vorderteil der Lippe breiter als lang, wellig-gekerbt, vorn flach ausgerandet, aus violettem Grunde weiss mit gelbem Rande und gelbem Mündungsfleck.

— **var. punctata Rgl.** Kelch- und Blumenblätter aussen grünlich-gelb, innen bräunlich-orange, rot punktiert und liniirt, Vorderlappen der Lippe breit gelbrandig.

C. velutina × Laelia pumila v. Dayana ist *Laeliocattleya Proserpine Veitch.*

C. veriflora Rchb f. ist eine Gartenkreuzung, aus C. labiata Trianaei mit irgend einer anderen Labiata-Form. Blüten violett-rosa mit leuchtend kirschroter, rosa gerandeter Lippe.

C. vestalis Hffg. Stämme schlank-keulig, Blätter zu zweien, länglich eiförmig, ledrig, Blüten zu 2—3, hängend, rosaweiss bis reinweiss, Kelch- und Blumenblätter länglich-lanzettförmig, Lippe verlängert, röhrig, vorn elegant gekerbt, gelb und rot bemalt. Mai—Juli. Brasilien.

C. violacea hort. ist *C. Loddigesii Rchb. f.*

C. virginalis Lind. et André ist *C. labiata var. Eldorado.*

C. Wagneri Rchb. f. ist *C. labiata var. Wagneri.*

C. Walkeriana Gardn. *(C. bulbosa Ldl. Epidendrum Walkerianum Rchb. f.)* Stämme kaum 10 cm hoch, schlank-eiförmig, auf kriechendem Rhizom, meist nur mit einem, langelliptischem Blatte. Blüten auf kurzem Schosse neben den Stämmen, zu 1—3, ausgebreitet kaum 10 cm erreichend, stark duftend, dunkel rosa, Kelchblätter schmal lanzettlich mit starker Randschwiele an der Spitze, Blumenblätter eiförmig, Lippe mit kurz aufgebogenen, schief gestutzten Seitenlappen und breitem, rundem, flachem, ungezähntem, aus goldgelbem Grunde fast kirschrotem Vorderlappen. Juni—August. Brasilien.

— **var. dolosa Rchb. f.** als Art. *(Epidendrum dolosum Rchb. f.)* Blütenschaft auf der Spitze des entwickelten Stammes. Seitenlappen der Lippe zu mehr als der Hälfte ihrer Länge um die Säule gerollt.

— **var. nobilior Rchb. f.** als Art. Blüten auf schlankem, neben den alten Stämmen auf dem Wurzelstock stehendem Schaft, gross, Seitenlappen in ihrer ganzen Länge um die Säule gerollt.

— **var. Schroederiana Rchb. f.** als Art. Stämme schlank, federhalterdick, zweiblumig. Blüten hellrosa-purpurn, dunkel purpurn gestreift. Seitenlappen der Lippe zu zwei runden Öhrchen verkümmert.

C. Wallisii hort. ist eine weissblütige C. labiata var. Eldorado.

C. Warneri Moore ist *C. labiata Ldl. var.*

C. Warocqueana Lind. ist *C. labiata Ldl. var.*

C. Warscewiczii Rchb. f. ist *C. labiata Ldl. var.*

C. Whitei Rchb. f. ist *C. labiata Ldl. var.*

C. **Wilsoniana Rchb.** f. gehört zu C. labiata Ldl. var. Warscewiczii.

C. **Zenobia hort.** ist Laeliocattleya Zenobia Rolfe und gehört zu den Kreuzungen aus C. Loddigesii und Laelia elegans var. Turneri.

Centranthera Scheidw. ist *Pleurothallis R. Br.*

Centrochilus Schauer ist *Platanthera L. C. Rich.*

Centrosis Thou. ist *Calanthe R. Br.*

Cephalanthera *L. C. Rich.*

(Cephalanthereae 90.)

Gärtnerisch wertlose Stauden der nordischen Flora, vollkommen winterhart, aber im Garten schwer wachsend. Sämtliche zehn Arten leben im freiem, lichtem Laubwalde und zwar wesentlich als Saprophyten (Humusbewohner) im zersetzten Laube. Sie alle haben ein kurz kriechendes, stark generbtes Rhizom mit kurzen Wurzelansätzen, aus welchem sich der beblätterte Schaft mit kürzerer oder längerer Traube meist unscheinbarer, kleiner Blüten erhebt. Die fünf Blumenblätter fast gleich, meist grünlich oder weisslich oder rosa, Lippe der Säule mit deutlicher Kinnbildung ansitzend, mit zwei aufrechten Seitenläppchen und einer zungenartig frei vortretenden, herzförmigen Platte.

Fig. 46. Cephalanthera grandiflora.

Für feuchtes Gebüsch oder eine halbschattige Sumpfpartiepflanzung geeignet: C. grandiflora Babgt. (C. pallens Rich.) (Fig. 46), mit gelblichweisser Blüte von etwa 1,5 cm Durchmesser; C. rubra Rich., mit dunkelrosaer, ebenso grosser Blüte, und die erheblich kleiner weissblühende C. Xiphophyllum Rchb. f. C. grandiflora bildet mit Epipactis rubiginosa einen Bastart.

Ceraia Lour. ist *Dendrobium Sw.*

Ceratium Bl. ist *Eria Ldl.*

Ceratobium undulatum Ldl. ist *Dendrobium undulatum R. Br.*

Ceratochilus Ldl. ist *Stanhopea Frost.*

Cestichis Thouars.

(Liparidinae 162.)

Von den über 30 Arten, welche im tropischen Asien und dessen Inselwelt als unscheinbare Baumbewohner leben, ist nur — und auch fast nur in den botanischen Gärten — in Kultur:

C. pendula Pfitz. (*Liparis pendula Ldl. Platystylis pendula Ldl.*) Scheinknollen schlank, bis 60 cm hoch, von den grossen, weissgelblichen Blattscheiden völlig verhüllt, Blätter eiförmig, zugespitzt, metallisch dunkelgrün, mit fünf scharf vortretenden Nerven und durchscheinendem hellem, wellig-zackigem Schwielenrande. Blüten zahlreich, in bis 15 cm hoher, gedrängter Ähre, sehr klein, mit linearen oder schmal-lanzettlichen, ganz zurückgeschlagenen, gelblichgrünen Blumenblättern und eiförmiger, zugespitzter, eingerollter, fast kreisförmig zurückgekrümmter, gelblicher Lippe. August—September. Ostindien.

Chaeradoplectron Schauer ist *Platanthera L. C. Rich.*

Chaetocephala Barb. Rodr. ist *Pleurothallis R. Br.*

Chamaeorchis *L. C. Rich.*

(Chamaerepes Sprgl.)

(Gymnadenieae 13.)

Die einzige Art, Ch. alpina Rich., lebt auf den Wiesen unserer Alpen zwischen 15—2000 Meter, in den Karpathen und skandinavischen Gebirgen. Das ganze Pflänzchen wird kaum 6—8 cm hoch, hat unterirdische, fast kugelige Wurzelknöllchen, über dem Boden ein paar längliche Blättchen, zwischen denen sich die armblütige kurze Ähre erhebt. Blüten sehr klein, spornlos, bräunlichgrün, die kurzen, eiförmigen Blätter kapuzenartig zusammengeneigt, die einfach zungenförmige, gelbgrüne Lippe hängt etwa 5—8 mm lang herab. Nur zur Topfkultur, Lehmboden, für spezielle Liebhaber alpiner Raritäten. Gärtnerisch völlig unbedeutend.

Chamaerepes Sprgl. ist *Chamaeorchis L. C. Rich.*

Cheiropterocephalus Rodr. ist *Microstylis Nutt.*

Cheirostylis *Blume.*

(Physureae 112.)

Ch. marmorata Bl. ist *Dossinia marmorata Morr.*

Von den acht Cheirostylis-Arten der tropischen Südsee-Inseln ist bisher keine in Kultur, da sie jedoch fast sämtlich durch schönes, oft Anoectochilus-artig buntgeadertes Blattwerk ausgezeichnet sind, so ist es wahrscheinlich, dass sie in kurzem in den Gärten erscheinen werden.

Sie bewohnen den Moosteppich der Bäume oder Felsen und haben die unscheinbaren Blüten der Anoectochilus, nur sind die Kelchblätter fast röhrig verwachsen und die kurze Säule hat zwei aufrechte Arme.

Chelonanthera speciosa Bl. ist *Coelogyne speciosa Ldl.*

Chondrorrhyncha *Ldl.*

(Huntleyinae 361.)

Ch. fimbriata Ldl. ist in den fünfziger Jahren von Kolumbien eingeführt worden, scheint aber nach und nach aus den Kulturen wieder verschwunden zu sein. Die violett-grossblumige, schöne Pflanze hat breitlanzettliche Blumenblätter und eine kapuzenförmige, lang gewimperte Lippe, ähnlich wie Warscewiczella. Die Blüten stehen langgestielt einzeln in den Achseln der gegliederten, scharf gefalteten Blätter. Triebe knollenlos, Wurzelstock schlank, mit kurzen Internodien, am Fusse der Baumstämme im feuchten Waldboden kriechend.

Chrysobaphus Roxburghii Wall. ist *Anoectochilus Roxburghii Ldl.*

Chysis *Lindl.*

(Phajinae 225.)

Stämmchen auf kriechendem Rhizom, kurz und dick, spindelförmig, meist hängend, nackt oder mit spärlichen Faserresten. Blätter einsommerig, gegliedert, vielrippig, zur Blütezeit meist schon abgefallen. Der oft reichblumige Blütenstand entspringt aus einer unteren Blattachsel des jungen Blatttriebes und entwickelt sich eher als die Blätter. Das aufrechte Kelchblatt und die beiden Blumenblätter meist eiförmig, die beiden seitlichen Kelchblätter sind im unteren Teile mit der Säule zu einem Kinn verwachsen, dem sich die mit hohen Längswulsten besetzte Lippe anschliesst. Seitenlappen der Lippe kurz aufrecht, die Säule fast umschliessend. Mittelappen vorgestreckt, meist ausgerandet und wellig-bogig. Die ganze Blüte fast fleischig, wie aus Wachs gearbeitet.

Sämtliche Chysis sind Baumbewohner und gedeihen vorzüglich am hängenden Kork. Während der Entwickelung bedürfen sie viel Wärme und Wasser, nur Ch. aurea ist kühler zu halten, nach der Blüte hänge man sie kühl und halte sie trocken bis der junge Trieb kommt. Die lange Blütendauer und die Festigkeit der Blüte machen sie wertvoll für Decoration und Binderei.

Ch. aurea Lindl. Blüten 5—6 cm gross, aus weissem Grunde safrangelb, Lippe karminroth längsstreifig. Blüht im Januar — Februar und meist im August — September nochmals. Venezuela, Caracas, Panama.

— **var. maculata Hook.** Blumenblätter goldbraun gefleckt, Lippe mit purpurnem Mittelfleck.

Ch. bractescens Ldl. (Fig. 47). Blüten bis 8 cm, weiss, Lippe aussen weiss, innen goldgelb gestreift, zwischen den hohen Längsleisten und vorn karminrot gestrichelt. April — Mai, oft aber im Herbst wieder blühend. Mexiko.

Ch. Chelsoni Rchb. f. (Fig. 48) ist eine von Veitch gezüchtete Kreuzung aus Ch. bractescens und Ch. laevis. Blüten über 8 cm, zu 6—12 in halb hängender Traube, nankinggelb mit blutrotem Fleck an der Spitze der Blumenblätter. Lippe weiss mit violettpurpurnen Streifen und Strichen, Säule weiss mit purpurnen Strichen. Mai, Juni.

Fig. 47. Chysis bractescens.

Ch. laevis Ldl. Blumenblätter der 5—6 cm grossen Blüte aus hellgelbem Grunde nach oben orange, Lippe gelb mit karminroten Linien und Flecken, Mittellappen stark gewimpert, mit fünf hohen Längsleisten auf der Platte. Mai—Juli. Mexiko.

— **var. undulata hort.** Blüte zart orangegelb, Lippe crêmegelb mit dunkelrosaer Zeichnung.

Ch. Limminghei Lind. et Rchb. f. Blumen 5—6 cm gross, weiss, hellblutrot getuscht und gespritzt, Lippe mit aussen gelblichen, innen gelben, rot gestreiften, schräg gestutzten Seitenlappen und weisslichem, hellpurpurrot getuschtem und tiefpurpurn gestreiftem Vorderlappen, dessen Platte fünf fingerartig auseinanderstrebende Wülste trägt. Mai—Juli. Panama, Caracas. Selbst in der Nacht durch das blosse Gefühl leicht von

C. aurea zu unterscheiden, sagt Reichenbach von dieser sehr kulturlohnenden Art!

Ch. Sedeni Rchb. f. (*Ch. Limminghei* × *bractescens h. Veitch.*) Kelchblätter gelblichweiss, Blumenblätter reinweiss mit hellpurpurrosaem Seitenfleck, Seitenlappen der Lippe schwefelgelb, purpurstreifig, Mittellappen violettpurpurn, weiss gestreift. Mai—Juli.

C. undulata hort. ist *Ch. laevis Ldl. var.*

Cionisaccus Kuhl. et Hass. ist *Goodyera R. Br.*

Fig. 48. Chysis Chelsoni.

Cirrhaea *Ldl.*

(Scleropteris Scheidw.)

(Gongorinae 269.)

In Tracht und Blüten ganz an Gongora erinnernd, von welcher die Gattung nur dadurch abweicht, dass die Antheren aufrecht auf dem Rücken der Säule sitzen, während Gongora nach vorn übergeneigte Antheren hat, Cirrhaea ein abstehendes, aufrechtes Endspitzchen (Epichil) der Lippe, Gongora ein seitlich zusammengedrücktes trägt.

Baumbewohner Brasiliens, in feuchter, heisser Luft am Holz oder im Kasten hängend zu kultiviren, mit kurzer Trockenperiode nach dem Abblühen.

C. atropurpurea h. angl. ist *Gongora atropurpurea Hook.*

C. dependens Rchb. f. (*Cymbidium dependens Lodd. Gongora viridipurpurea Hook. Cirrhaea viridipurpurea Lodd. C. tristis Ldl. C. Hoffmannseggii Heinh. Sarcoglossum suaveolens hort.*) Scheinknollen seitlich zusammengedrückt mit lang-lanzettlichen, in den Grund verschmälerten, fünfnervigen, kielrippigen Blättern. Blüten in langer Traube hängend, mittelgross, stark duftend, trüb-purpurbraun, blutrot überhaucht, mit grünlichen Spitzen, Kelchblätter linear, weit auseinander spreizend, Blumenblätter schmal spatelförmig, halb so lang, Lippe fleischig, schwarzpurpurn, dünn säulenförmig, nach oben und vorn gebogen, oben mit zwei seitlichen halb vorwärtshängenden, langen Spitzzipfeln und kurzem, geradem, fast rautenförmigem Endspitzchen. Säule nach unten und vorn gekrümmt, dünn keulig, quer abgestutzt. Juni—August. Brasilien.

— **var. livida Hffg.** (*C. livida* und *C. purpurascens Hffg.*) Blüten violettrötlich; **var. Russelliana Lodd.**, ebenso gefärbt, Seitenanhängsel der Lippe kürzer; **var. violaceovirens Hffg.**, Kelchblätter grün, an der Innenspitze purpurn punktiert, Blumenblätter aus purpurnem Grunde gelb mit Purpurbinden, Seitenlappen der Lippe orange mit roten Binden; **var. violascens Hffg.**, Kelchblätter grün, purpurn überhaucht, Lippe gelb, an der Spitze weiss; violett punktiert; **var. Fryana Flor. Cab.** (*C. viridipurpurea var. Fryana Flor. Cab. C. fuscolutea Ldl. C. Warreana Lodd.*), Kelchblätter gelbgrün, Blumenblätter rot, Lippe auf grünem Grunde purpurbraun gestreift, Seiten- und Endlappen orange.

Scheint die einzige in Kultur befindliche Art zu sein, welcher die übrigen Arten in der Form sehr ähneln und hauptsächlich in der Farbe abweichen:

C. fuscolutea Hook. ist *C. saccata Ldl.*

C. fuscolutea Ldl. ist *C. dependens Rchb. f. var. Fryana.*

C. Hoffmannseggii Heinh. ist *C. dependens Rchb. f.*

C. livida Hffg. ist *C. dependens Rchb. f. var.*

C. Loddigesii Ldl. ist *Gongora galeata Rchb. f.*

C. obtusata Ldl. Kelchblätter gelb, rot gefleckt, Blumenblätter und Lippe weiss, violett gefleckt; **var. pallida Ldl.**, Kelchblätter hellgelb, sehr schmal und spitz. August.

C. purpurascens Hffg. ist *C. dependens Rchb. f. var. livida.*

C. saccata Ldl. (*C. fuscolutea Hook.* nicht *Ldl. Scleropteris saccata* und *Scl. flava Scheidw.*) Blüten einfarbig braungelb bis grüngelb, Lippe vorn sackartig, purpurn. Juli-September.

C. tristis Ldl. und *C. viridipurpurea Lodd.* ist *C. dependens Rchb. f.*

C. Warreana Lodd. ist *C. dependens Rchb. f. var. Fryana.*

Cirrhopetalum *Ldl.*

(Zygoglossum Reinw. Hippoglossum Kuhl et Hasselt. Ephippium Blume.)

(Bolbophyllinae 286.)

Baumkletterer des tropischen Asiens (etwa 30 Arten, je eine Art auf den Maskarenen und in Australien). Das kriechende Rhizom trägt am Ende jedes Triebes in einer Hautscheide eine kleine spitz-eiförmige, oft starkkantige, einblättrige Scheinknolle, auf welcher das in den Grund zusammengezogene, derbe, meist gekielte Blatt sitzt, und unter welcher der lange Blütenschaft entspringt, der meist nur einige kleine Blüten, in einer köpfchenartigen Ähre zusammengedrängt, trägt. Blüten klein, meist von unscheinbarer Färbung, aber sehr interessanter Form. Mittleres Kelchblatt kurz, frei, seitliche sehr lang, unten frei, so gedreht, dass ihre Aussenränder sich etwa von der Mitte ab berühren und aneinander haften, so dass unten ein offener Raum bleibt, Blumenblätter viel kürzer, oft mit langgewimpertem Rande, Lippe ungeteilt, kurz zungenförmig, meist abwärts gekrümmt, sehr leicht beweglich. Säule kurz, mit zwei kleinen Seitenflügeln und vier Pollinarien. In Kultur nur wenige Arten. Sie gedeihen am Kork, lieben feuchte Wärme und nur kurze, nicht strenge Trockenperiode. Für den Orchideenliebhaber hochinteressant, gärtnerisch unbedeutend.

C. auratum Ldl. (*Bolbophyllum auratum Rchb. f.*) Blumenblätter rotbraun mit langen, goldgelben Wimperhaaren, Lippe linear, hellpurpurn. März—April. Manila. — Vielleicht die auffälligste Art, aber heut kaum noch in Kultur.

C. chinense Ldl. Blüten auf 10 cm langem Schafte in vielblumiger Dolde, klein, oberes Kelchblatt helmförmig, hellgelb, an der Spitze purpurn getuscht, seitliche lanzettlich, hell lehmgelb, Blumenblätter länglich, zugespitzt, gelb, vorn purpurn, Lippe klein, zungenförmig, satt purpurn, ausserordentlich leicht, von jedem Lufthauche, beweglich. Mai, Juni. China.

C. cornutum Ldl. (*Bolbophyllum cornutum Rchb. f.*) Blüten doldenartig gestellt, Kelchblätter purpurn, das obere eiförmig, die beiden anderen in ein langes Horn verwachsen, Blumenblätter blutrot, klein, gewölbt, lang gewimpert, Lippe eiförmig, zugespitzt, bronzebraun. August bis September. Khasyaberge Ostindiens.

C. Cumingii Ldl. (*Bolbophyllum Cumingii Rchb. f.*) Im Blütenbau dem C. auratum ähnlich, aber ganz tief purpurn, mit langen, goldgelben Haaren an den Blumenblättern und dem oberen Kelchblatt. März. Philippinen.

C. Macraei Ldl. Blüten auf kaum 10 cm langem Schafte, meist zu 6 in einer Trugdolde, oberes Kelchblatt klein, breit-lanzettlich, pfriemlich ausgezogen, die seitlichen zugespitzt linear-lanzettlich, alle gelb mit roten Strichen, Blumenblätter zugespitzt eiförmig, purpurbraun, Lippe fleischig, spitz-eiförmig, zurückgebogen. Säule kurz, zweiflügelig, in zwei Spitzchen endend. Juni, Juli. Ceylon.

C. **Mastersianum Rolfe.** Blüten meist zu 7 auf 15 cm hohem Schafte, dunkel gelbbraun, Lippe purpurbraun und so locker angehängt, dass sie in fast dauernder wackelnder Bewegung sich befindet. Juli, August. Birma.

C. Medusae Ldl. ist *Bolbophyllum Medusae Rchb. f.* (Fig. 49.)

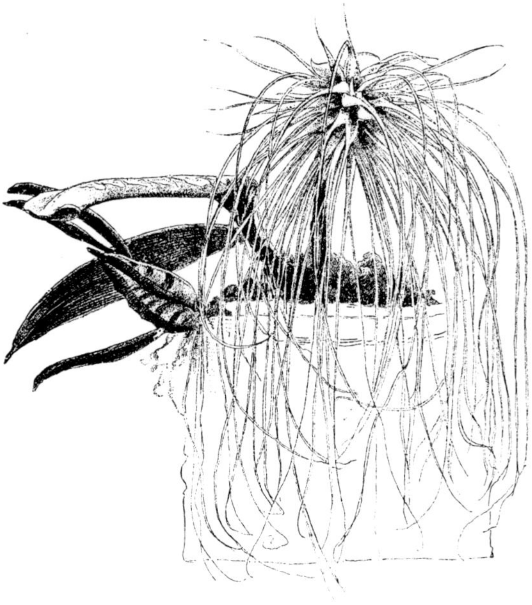

Fig. 49. Cirrhopetalum Medusae.

C. **ornatissimum Rchb. f.** Blüten zu 4—5 in einer halben Dolde, einseitwendig, auf 5—6 cm hohem Schafte, leuchtend hellgelb, purpurn gestreift und gefleckt. Oberes Kelchblatt und Blumenblätter länglich-eiförmig, oberes gefranst, seitliche linear-lanzettlich, langgeschwänzt, Lippe länglich, gekrümmt, vorn zurückgeschlagen, tief purpurn. Juni, Juli. Vaterland unbekannt.

C. **Pahudi De Vr.** (*Bolbophyllum Pahudi Rchb. f.*) Blüten nach Aas riechend, doldenförmig gestellt, gross, die langen, verwachsenen Kelchblätter pfriemförmig nach aussen strahlend, orangegelb bis purpurrot mit ziegelroten Punkten, Lippe dunkel purpurviolett, länglich herzförmig. Die Blüte schliesst sich abends. März—April. Java.

C. **picturatum Lindl.** Schaft bis 15 cm hoch, gelbgrün, purpurstreifig mit hellgelbgrünen, rot gefleckten Scheiden. Dolde zehn- und mehrblumig, Blüten 5 cm lang, oberes Kelchblatt aufrecht, breit-lanzettlich, dunkelgrün, rot punktiert, mit dreimal längerer purpurner Knopfborste, seitliche linear, trübgrünlich-weiss, Blumenblätter ganz klein, rundlich-eiförmig, lang zugespitzt, trübgrün, rot punktiert, Lippe stumpf-zungenförmig, zurückgeschlagen, blutrot. Säule kurz, ungeflügelt. Juli, August. Birma.

C. Thouarsi Ldl. (*Bolbophyllum longiflorum Thou. Epidendrum umbellatum Forst. Zygoglossum umbellatum Reinw. Cymbidium umbellatum Sprgl.*) Oberes Kelchblatt eiförmig, die seitlichen lang-linear, in eine pfriemförmige Spitze ausgezogen, Blumenblätter eiförmig, lang gezähnt, ockergelb, braun gefleckt, Lippe eiförmig, zurückgebogen, hell rotbraun, violett punktiert. März. Weit verbreitet: Isle de France, Java, Philippinen, Gesellschafts-Inseln, Otaheiti, Mauritius, Madagaskar.

Cistella Bl. ist *Geodorum Jacks.*

Cladolobium Ldl. ist *Scaphoglottis Poepp. Endl.*

Cleisostoma *Blume.*

(Pomatocalpa Kuhl et Hass. Synptera Llan.)

(Aërideae 383.)

Baumbewohnende Pflanzen von der Tracht der Saccolabium-Arten mit meist kleinen, unbedeutenden Blüten in langen Ähren. Blumenblätter gleich gebildet, sich nur wenig auseinander breitend, Lippe kurz, gespornt, Spornhöhle durch eine seitlich von der Säule vortretende Schuppe sehr verengt, Endlappen ganzrandig.

Die etwa zehn Arten leben im tropischen Ostindien, dem malayischen Archipel und Australien, verlangen in der Kultur anhaltend feuchte Wärme und werden am besten am Kork gezogen. Ausserhalb der botanischen Gärten kaum kultiviert, gegenwärtig wohl überhaupt nur:

Cl. Dawsonianum Rchb. f. Blätter zweizeilig, hellgrün. Blüten in langen, achselständigen Trauben zu 20 und mehr, 3—4 cm gross, hellgelb mit braunen Bändern, Lippe sattgelb, hellrotbraun gefleckt und gestrichelt. April, Mai. Trop. Ostindien.

Cl. jonosmum Ldl. Blätter zweizeilig, breit-lanzettlich, dunkelgrün, Blüten 4—5 cm gross (die grössten der Gattung), stark Veilchen-duftend, in weitschweifender Rispe, gelb mit zimmtbraunen Flecken, Lippe weiss mit fünf roten Streifen, dreilappig, Mittellappen spitz herzförmig, viel grösser als die Seitenlappen. März, April. Philippinen.

Clowesia Ldl. ist *Catasetum L. C. Rich.*

Cochlia Bl. ist *Bolbophyllum Thou.*

Cochlioda *Ldl.*

(Aspasiae 342.)

Von den fünf in Peru heimischen Arten sind in Kultur:

C. Roezliana Rolfe. Scheinknollen flach-eiförmig, Blätter lang-lanzettlich, gekielt, dunkelgrün. Blüten in reichblumiger, aufrechter Traube, 3 cm breit, Kelch- und Blumenblätter spitz-eiförmig, scharlachroth, Lippe mit breitem Mittellappen, hell scharlachrot, vorn goldgelb. August, September.

C. rosea Bnthm. (*Mesospinidium roseum Rchb. f.*) ist von der nachfolgenden Art fast nur durch hellere Blütenfarbe verschieden.

C. sanguinea Bnth. (*Mesospinidium sanguineum Rchb. f.*) Im Wuchs Odontoglossum-ähnlich und wie dessen kältere Arten zu kultivieren. Scheinknollen eiförmig, flach gedrückt, gerippt, zweiblättrig. Blätter aus keilförmigem Grunde riemenförmig, tief gekielt. Blütenschaft vom Grunde der Knollen lang überhängend, mit 6—12 langgestielten, wachsartigen, hell blutroten Blüten in lockerer Traube. Kelchblätter breit-lanzettlich, zugespitzt, Blumenblätter aus keilförmigem Grunde eiförmig, zugespitzt, Lippe mit zwei Längsleisten der Säule angewachsen, mit abstehendem, schmalem Mittellappen und rundlichen, aufrechten Seitenlappen. Juli bis Oktober. — Durch die auffällige Färbung der sehr lange vorhaltenden Blüten für die Cultur zu empfehlen.

C. vulcanica Bnthm. (*Mesospinidium vulcanicum Rchb. f.*) Blüten zu 10—20 in aufrechten Trauben, 4 cm breit, dunkelrosa, Lippe dreilappig, Seitenlappen rund, Mittellappen vorn ausgerandet, vorn dunkelrosa und auf der Scheibe blassrosa, vier Schwielen tragend. Mai—Juli.

Coelia *Ldl.*

(Bothriochilus Lem.)

(Ponereae 197.)

Scheinknollen von nur einem Stammgliede gebildet, kugelig, mehrere schmale, gefaltete Blätter auf der Spitze tragend. Blütenstand unter der Knolle entspringend, kurz, aufrecht, mit zahlreichen kleinen Blüten in gedrängter oder einigen grösseren in lockerer Traube. Das mittlere Kelchblatt und die beiden Blumenblätter gleich gebildet, wenig auseinandertretend, die beiden seitlichen Kelchblätter ein kurz gerundetes oder doppelsporntragendes Kinn bildend. Lippe dem Säulenfuss angegliedert mit schmalem, anliegendem Grunde und abstehender, ungeteilter Spitze.

Die drei bekannten Arten sind alte Kulturpflanzen, aber nur von mässiger gärtnerischer Bedeutung. Sie gedeihen im Topf besser als am Kork, verlangen während der Entwickelung viel Wärme und nach der Blüte eine lange, halbtrockene Ruheperiode.

C. Baueriana Ldl. (*C. triptera Don. Cymbidium tripterum Don. Epidendrum tripterum Don.*) Blütenschaft etwa 15 cm hoch, mit etwa einem Dutzend kleiner, sehr duftender, zarter, weissgelblicher Blüten. Lippe gelbgrünlich mit gelben Linien. Juni, Juli. Schon 1740 von Jamaika nach England gebracht.

Fig. 50. Coelia bella.

C. bella Rchb. f. (*Bifrenaria bella Lem. Bothriochilus bellus Lem.*) (Fig. 50). Blütenschaft 10—15 cm, mit 5—9 duftigen, festen, gelblich-weissen, vorn karminrot geschmitzten Blüten, welche in der Form etwa an Polyanthes erinnern, Lippe buttergelb. August—Oktober. Guatemala.

C. macrostachya Ldl. Scheinknollen gross, kugelig, mit zwei über 20 cm langen, breit-lanzettlichen Blättern. Blütenschaft über 20 cm hoch, braunschuppig, mit ebenso langer, dichter Traube sehr zahlreicher, kleiner Blüten, deren aussen warzig-runzelige Kelchblätter dunkelrosa mit blutrotem, stumpfem Sporn sind, Blumenblätter klein, weiss, Lippe weiss, kurz zungenförmig vorgebogen. Juli, September. Mexiko. Die oft zu mehr als hundert zusammenstehenden, einzeln unscheinbaren Blüten gewähren als grosse Traube einen hübschen Anblick, so dass diese Art wohl kulturwert ist.

C. triptera Don ist *C. Baueriana Ldl.*

Coeloglossum *Hartm.*

(Gymnadenieae 15.)

Von den beiden Arten ist nur das in den europäischen Gebirgen und Nord-Asien heimische C. viride in Kultur, das ihm sehr ähnliche nordamerikanische C. bracteatum nicht.

C. albidum Hartm. ist *Gymnadenia albida Rich.*

C. Erdingeri Kern. ist der Bastart von *C. viride* und *Orchis sambucina.*

C. viride Hartm. (*Peristylus viridis Bl. Habenaria viridis R. Br. Gymnadenia viridis Rich.*) ist eine unscheinbare, subalpine Wiesenpflanze mit länglich-handförmigen Erdknollen bis 20 cm hohem, beblättertem Stengel und armblütiger Ähre, kleinen bräunlichgrünen Blüten mit kurzer, bandförmiger, dreizackiger Lippe und ganz kurzem, stumpfem Sporn. Völlig winterhart und in lockerem, humusreichem Lehmboden leicht wachsend, ist diese Art eine hübsche Pflanze für Steinpartien.

Coelogyne *Ldl.*

(Chelonanthera Bl.)

(Coelogyninae 151.)

Knollen meist gedrängt und rund, wie die beiden immergrünen Laubblätter mehrjährig frisch bleibend. Blumen einzeln oder in vielblütiger Traube, teils unbedeutend, teils durch Grösse und Farbe ausgezeichnet, alle fünf Blumenblätter fast gleich, Lippe dreilappig, Seitenlappen aufrecht, die Säule umschliessend, Mittellappen oben mit zahlreichen Längsleisten, vorgestreckt oder abwärts gebogen.

Für die Kultur bei ausreichender Wärme ungemein anspruchslos und dankbar wachsend. Die meisten gedeihen im Topf in Sphagnum-Mischung üppiger als am Holz und lieben leichte Dunggüsse ausserordentlich, wie ihr dann schnell kräftiger werdender Wuchs und viel bessere Blütenentwickelung zeigen. Nach der Blüte bedürfen alle Arten einer energischen Trockenperiode.

Pfitzer teilt die etwa 50 Arten, sämtlich im tropischen Ostindien und dem malayischen Archipel heimisch, in folgende fünf Lindleysche Abteilungen ein:

1. **Erectae Ldl.** Blütenstand aufrecht oder überhängend, ohne auffallende Deckschuppen-Bildung. Blüten meist schön und gross, mit breiten Blumenblättern. Hierher u. a. C. cristata.

2. **Filiferae Ldl.** Nur durch sehr schmale Blumenblätter abweichend; Vertreter: C. speciosa.

3. **Flaccidae Ldl.** Blütentrauben hängend, Deckschuppen vor der Blüte abfallend, z. B. C. flaccida.

4. **Proliferae Ldl.** Die Deckschuppen unter der Blüte sind fest und bleibend, z. B. C. elata.

5. **Flexuosae Ldl.** Blütenspindel stark im Zickzack gebogen, Lippe am Grunde bogenförmig eingeschlagen, z. B. C. longifolia.

C. aereticulata hort. ist durch Schlechtschreiben verdorbene Änderung von C. articulata.

C. alba Rchb. f. ist *Otochilus albus Ldl.*, nicht in Kultur.

C. angustifolia Rich. ist *C. odoratissima Ldl. var.*

C. angustifolia Wight ist *C. breviscapa Ldl.*

C. Arthuriana Rchb. f. ist *Pleione maculata Ldl. var.*

C. articulata Rchb. f. ist *Pholidota articulata Ldl.*, längst als wertlos aus den Kulturen verschwunden.

C. asperata Ldl. (*C. Lowii Paxt.*) Blüten in bis 40 cm hängenden dichten Trauben mit festen, bleibenden Deckschuppen, ausgebreitet bis 10 cm, elfenbeinweiss, Lippe mit gelbbraunen, kräftigen, aus orangegelbem Grundfleck entspringenden Adern auf dem krausem, warzigem Mittellappen. Juni, Juli. Borneo. Eine der grösstblumigen, bei viel Wärme dankbar wachsenden, gut blühenden, gärtnerisch wertvollen Arten.

C. assamica Rchb. f. ist *C. fuscescens Ldl. var. brunnea Ldl.*

C. barbata Ldl. Scheinknollen rundlich, Blätter ledrig, länglich-lanzettlich, Blüten in bis 20 cm überhängenden, lockeren Trauben mit abfallenden, sehr grossen Deckschuppen, schwach duftend, 4—5 cm ausgebreitet, reinweiss, Lippe aussen reinweiss, innen dicht braun gestreift, an der Spitze gelb verlaufend, mit weissem, krausem Saum und dichtem Bart hellbrauner Haare, welche auch im Centrum der Lippe als dunkelbraune Borsthaare auftreten. Dezember — Februar. Aus den Khasyabergen Nord-Indiens. Ebenso interessant als schön und als Kalthausorchidee zu empfehlen.

C. birmanica Ldl. ist *Pleione birmanica Rchb. f.*

C. breviscapa Ldl. (*C. angustifolia Wight*), aus Ceylon und den Neilgherries, dürfte kaum noch in Kultur sein; sie ähnelt der C. odoratissima, hat kleinere, trüber weiss gefärbte Blumen mit ganz schmaler, glatter Lippe.

C. brunnea Ldl. ist *C. fuscescens Ldl. var.*

C. ciliata h. angl. ist eine gedrängt wachsende Form von C. speciosa mit weiss und gelben, spärlich braun gezeichneten Blüten.

C. concolor hort. ist *Pleione praecox Don. var. concolor hort.*

C. conferta Parish et Rchb. f. ist *C. ochracea Ldl. var.*

C. coronaria R. Br. ist *Trichosma suavis Ldl.*

C. corrugata Wight. Scheinknollen gedrängt, spitz-eiförmig, gerunzelt, mit breit-lanzettlichen, scharf gekielten, etwa 15 cm langen, derben Blättern. Blütenschaft aufrecht, 3—6 blumig, mit abfallenden, schiffchenförmigen, rotbraunen Deckschuppen. Blüten etwa 5 cm ausgebreitet, von elegantem, Odontoglossum-ähnlichem Baue, milchweiss, Lippe mit drei hohen, weissen Längsstreifen auf goldgelbem Grunde, mit orange Streifen und orange Querband, vorn breit weiss gesäumt, an den Rändern buchtig gezähnt. Juli, August. Khasyaberge und Neilgherries Ostindiens. — Eine der schönsten Arten, durch die Derbheit der weissen Blumen wertholl als Bindematerial.

C. corymbosa Ldl. ist kaum in Kultur; sie ähnelt sehr stark der C. ocellata, von der sie nur durch schlankere Knollen, kürzere Blätter, lockeren Blütenstand und länger vorgestreckte, rotgezeichnete, weisse Lippe sich unterscheidet.

Zwischen 2—3000 m im Himalaya- und dem Khasyagebirge heimisch würde sie als Kalthausorchidee zu behandeln sein.

C. cristata Ldl. *(Cymbidium speciosissimum Don. C. strictum Don.)* (Fig. 51). Knollen rund bis schlank eiförmig, längsfurchig, ölgrün, Blätter breitlinear, bis 30 cm lang. Blüten in lockerer, reichblütiger, aufsteigender, dann überhängender Traube, zart duftend, mit hellbraunen, trocknen Deckschuppen, reichlich 10 cm ausgebreitet, Blumenblätter schneeweiss, zart schimmernd, breitlanzettlich mit elegant welligem Rande, Lippe mit ihren grossen, aufgebogenen, reinweissen Seitenlappen die weisse Säule fast berührend, Schlund im tiefsten Grunde goldgelb, dann weiss mit fünf hochgelben Linien halbcentimeter langer aufrechter Fransen und vorn auf orangegelbem Grunde zwei aufrechten Hautkämmen, welche kurz in den schneeweissen, breiten, breit und abgerundet rautenförmigen, undeutlich dreifaltigen, quergestutzten Vorderlappen verlaufen. Januar—März. Im ostindischen Berglande — Nepal, Sylhet, Sikkim etc. — zwischen 15—2500 m weit verbreitet. Alte prächtige Hauspflanze, von Dr. Wallich 1837 aus Nepal eingeführt, welche nur während des Blütentriebes, meist von November an, Wärme bedarf, nach der Blüte aber viel besser im kühlen Raume ihre Trockenzeit und den ersten Antrieb durchmacht. Nimmt mit dem Kork vorlieb, gedeiht aber in flacher Schale hoch gepflanzt besser und nimmt Dunggüsse sehr willig an. Als Schnittblume und

Schaupflanze vorzüglich, um so mehr als die gesamte Blütenmenge grosser Exemplare sich auf einmal zu entfalten pflegt und einen Monat lang aushält.

— **var. alba Moore** (*hololeuca hort.*) Blüte durchweg reinweiss, ohne gelbe Zeichnung der Lippe. var. citrina Will. (Lemoiniana hort.) Lippenfleck hellcitrongelb. var. intermedia hort. ist citrina ähnlich,

Fig. 51. Coelogyne eristata.

hat aber orange gelben Fleck. var. maxima hort. (major Will. Schütze's Var. Damm.) Blüten bis 15 cm, Blumenblätter breiter, gerundeter, weiss mit goldgelbem Fleck.

— **var. Trenthami hort.** blüht im Mai—Juli, sonst kein Unterschied.

C. Cumingii Ldl. Scheinknollen klein, eiförmig, Blätter breitlanzettlich, in einen langen Stiel verschmälert, Blüten zu 3—5 in etwa 15 cm hoher aufrechter Traube mit langen steifen Deckschuppen, stark hyacinthenduftig, schneeweiss, Kelchblätter eiförmig, Blumenblätter lanzettlich, Lippe kurz, weiss mit goldgelben Schlund- und Seitenflecken, drei weissen, vorn rot auf gelbem Grunde endigenden gezähnten Kammlinien und fein gezähneltem Vorderlappen. August, September. Singapore.

C. **Dayana Rchb. f.** Scheinknollen länglich-birnförmig mit langen schmalen Blättern. Blüten in sehr reichblütiger, langhängender, lockerer Traube, etwa 5 cm ausgebreitet, Blumenblätter schmallanzettlich, zugespitzt, hellockergelb, Lippe ockergelb mit dunkelbraunen, vorn fleckartig verlaufenden Längsstrichen und im Grunde zwei, vorn sechs, zierlich gezähnelten Kammlinien. Juni—August. Borneo.

C. **elata Ldl.** Scheinknollen fast cylindrisch, bis 15 cm hoch, längsfaltig mit in den Stiel verschmälerten schwertförmigen Blättern von 6 zu 30 cm. Blüten in wenigblütiger aufrechter Traube mit abfallenden, rotbraunen Deckschuppen, 6—8 cm breit, mit schmalen, spitzen, schneeweissen Blumenblättern, halbröhriger, weisser Lippe mit gabelförmigem, gelbem Schlundfleck, rotgesäumten, krausfransigen Kammleisten und wenig verbreitertem Vorderlappen. April—Mai. Nepal und im Himalaya zwischen 12—3000 m verbreitet. Gedeiht am besten im Kalthause, zu dessen wertvollen Arten sie zu zählen ist, wenn sie auch weit hinter C. cristata zurücksteht.

C. **fimbriata Ldl.** (*Brougthonia linearis Wall.*) Winzige Art mit kleinen, länglich-eiförmigen Scheinknollen, linear-lanzettlichen Blättern, zwischen denen 1—2 kleine, blassgelbliche Blüten mit rotgestreifter Lippe stehen. September—November. China, Nepal. 1824 in England eingeführt, aber kaum noch in Kultur.

C. fimbriata hort. ist *C. ovalis Ldl.*

C. **flaccida Ldl.** Scheinknollen schlankkegelförmig, winkelfaltig, von grossen, starren, braunschwärzlichen Schuppen umstarrt, Blätter derb, lang-elliptisch, etwa 3 zu 20 cm, zugespitzt, mit langem, schmalem Stielteil. Blüten in ganz lockerer, bis 30 cm langer, hängender Traube mit bald abfallenden Deckschuppen, unangenehm riechend, 5—7 cm ausgebreitet, milchweiss, Kelchblätter breit-linear, Blumenblätter ganz schmal-linear, zurückgebogen, Lippe weiss mit rotgestreiften, innen gelbgetuschten, weit vorgehenden Seitenlappen, aus gelbem, rotpunktiertem Grunde, und an dieser Stelle rotgezähneltem, weissem, spitz-herzförmigem Vorderlappen mit drei weissen, vorn orangeroten Kammlinien. Februar, März. Nepal.

C. **flavida Hook. f.** Scheinknollen eiförmig, 2 cm hoch, gefurcht, Blätter gestielt, linear-lanzettlich, 3 zu 10 cm etwa, ledrig, dunkelgrün. Blüten zu 5—7 auf aufrechtem, 10 cm hohem, aus ungefähr sechs dachziegelig zweireihigen Scheiden vortretendem Schaft, 2 cm breit, primelgelb, die beiden Faltenhäutchen der Lippe hochgelb, Kelchblätter eiförmig, Blumenblätter linear, Seitenlappen der Lippe stumpflänglich, Mittellappen länglich, zurückgebogen. Juni, Juli. Sikkim-Himalaya, Khasyaberge.

C. **Foerstermanni Rchb f.** Scheinknollen schlank spindelförmig, gefurcht. Blätter gestielt, spitzlänglich, 4 zu 30 cm etwa. Blüten in vielblumiger Traube auf 40 cm langem, aus zahlreichen Scheiden heraustretendem Schaft, mit spitz-linearen Deckblättern, 4 cm breit, Kelch und Blumenblätter lanzettlich, erstere gekielt, alle weiss, Lippe weiss mit gelbbraunem Scheibenfleck, Seitenlappen gerundet., Mittellappen spitzelliptisch mit drei gezähnten Kielen. Mai, Juni. Sundainseln.?

C. fuliginosa Ldl. Scheinknollen auf kriechendem Rhizom zerstreut, 3—4 cm hoch, länglich zusammengedrückt, Blätter derb, breit lanzettlich, etwa 3 zu 10 cm, zugespitzt, gekielt, plötzlich in einen ganz kurzen Stiel verschmälert. Blüten in höchstens 10 cm hoher, endständiger Traube zu 3—5, mit bald abfallenden Deckschuppen, 4—6 cm ausgebreitet, ockergelb, Kelchblätter eiförmig, Blumenblätter schmal linear, zurückgebogen, Schlund und Seitenlappen der Lippe ockergelb, Vorderlappen breit abgerundet, kastanienbraun mit ockergelbem, lang dunkelbraun gewimpertem Rande und zwei hellen, hohen, undeutlich gezähnten Kämmen. Januar, Februar. Ostindien.

C. fuscescens Ldl. Scheinzwiebeln klein, flachgedrückt, Blätter lanzettlich, kielfaltig. Blüten klein, in überhängender Traube zahlreich, Deckblätter abfallend, Blumenblätter linear, grünlich-rotbraun, Lippe zimmtfarben mit drei dunkelbraunen Linien. Mai, Juni. Nepal, Sikkim, zwischen 1000—1500 m.

— **var. brunnea Ldl.** als Art. (*C. assamica Rchb. f.*) Seitenlappen der Lippe hellbraun, dunkler gefleckt und berandet, Mittellappen kastanienbraun, heller gerandet, Faltenhäutchen orangegelb. Moulmein.

C. Gardneriana Ldl. ist *Neogyne Gardneriana Rchb. f.*

C. glandulosa Ldl. (*C. nervosa Wght.*) ist kaum in Kultur, sie ähnelt der schönen C. corrugata, aber die Blüten sind kleiner, zu 2—6 in aufrechter Traube, weiss, Lippe orangegelb gezeichnet mit drei Kammlinien und schmalem, zungenförmigem Vorderlappen. Juni, Juli. Neilgherries.

C. Goweri Rchb. f. ist wohl nur eine reinweisse — bloss die Lippe hat einen orangegelben Schlundfleck — Form von C. ocellata, der sie sonst in allen Teilen gleicht. März, April. Assam.

C. graminifolia Parish et Rchb. f. Wurzelstock glänzend schwarzbraunschuppig, Scheinknollen eiförmig, kantig, 4 cm hoch. Blätter 20 cm lang, spitz-grasartig, dunkelgrün. Blüten zu 2—3 auf 10 cm langem, aus harten, dachziegelig stehenden Scheiden kommendem Schaft, 4 cm breit, blass orangerötlich gestielt, Kelchblätter länglich lanzettlich, die seitlichen gestielt, Blumenblätter linear, alle milchweiss, Seitenlappen der Lippe aufrecht, gerundet länglich, weiss, grünbraun gestreift, Mittellappen fast quadratisch zurückgeschlagen, hochgelb, vorn weiss, die drei Faltenhäutchen in eine schwarzbraune Linie auslaufend. Mai, Juni. Moulmein, Assam, Khasyaberge.

C. lentiginosa Ldl. Scheinknollen 2 cm auseinander auf scheidenbekleidetem, kriechendem Wurzelstock, länglich elliptisch, 5 cm hoch, meist vierkantig. Blätter länglich lanzettlich, spitz, 4 zu 15 cm etwa. Blüten meist zu 5 in lockerer Traube auf aufrechtem. unten von breiten, eingerollten grünen Scheiden umgebenem Schaft mit grossen, breit linearen Deckblättern, 3 cm breit, strohgelb, Kelchblätter gekielt, länglich elliptisch, Blumenblätter breit linear, Seitenlappen der Lippe rundlich, weiss, rotbraun gestreift und gesäumt, Mittellappen breit kellenförmig, zurückgebogen, orangebraun, weiss gerandet mit drei gekerbten Schwielen. Mai, Juni. Moulmein.

C. Hookeriana Ldl. ist *Pleione Hookeriana Ldl.*

C. humilis Ldl. ist *Pleione humilis Don.*

C. Lagenaria Lindl. ist *Pleione Lagenaria Ldl.*

C. Lowii Paxt. ist *C. asperata Ldl.*

C. maculata Ldl. ist *Pleione maculata Ldl.*

C. Massangiana Rchb. f. Scheinknollen birnförmig, bis 10 cm hoch, mit in einen langen Stiel verschmälerten breitlanzettlichen, derben Blättern. Blüten in lockeren, bis zu 60 cm hängenden Trauben, zu 20 und mehr, etwa 5 cm ausgebreitet, Blumenblätter breit lanzettlich, hell ockergelb mit violettem Hauch, Lippe kastanienbraun mit leuchtend gelben Adern, Mittellappen gelblichweiss mit braunem Tuschfleck, in welchen drei hellgelbe Kiellinien aus dem Grunde her verlaufen. Mai, Juli. Assam. Ganz eigenartige, kulturwerte Form.

C. maxima hort. ist eine Bezeichnung für auffällig grossblumige Formen verschiedener Arten, besonders von C. cristata und C. ocellata.

C. media hort. ist nach Williams eine schöne winterblühende Art mit 30 cm hohem Blütenstand, krêmeweissen Blüten, gelb und brauner Lippe. Wahrscheinlich aus Ostindien. Ich sah die Pflanze nie.

C. nervosa Wght. ist *C. glandulosa Ldl.*

C. nitida Ldl. (*Cymbidium nitidum Rxbg.*) Aus Nepal 1822 eingeführt — dort und im Sikkim Hymalaya zwischen 13—2000 m verbreitet — aber wohl kaum noch in Kultur. Sie ist in allen Teilen der C. ocellata ähnlich, aber der Blütenstand ist dichter, die süss duftenden Blüten sind mehr geschlossen und die Lippe hat einen einfachen gelben Fleck.

C. ocellata Ldl. (*C. punctulata Ldl.*) Scheinknollen schlank birnförmig, bis 8 cm hoch, Blätter schwertförmig, in den Stiel verschmälert. Blüten in aufrechter bis 20 cm hoher Traube mit abfallenden braunen Deckblättern, bis 8 cm ausgebreitet, duftend, Blumenblätter lanzettlich, reinweiss, Lippe mit vorgestrecktem, etwas welligem Mittellappen, schneeweiss mit vier kleinen gelben, hoch orangegelb gesäumten Augenflecken auf dem Vorderlappen und je einem ebensolchem Augenfleck innen auf den aufgebogenen Seitenlappen, Schlund weiss mit zarten Hautkämmen, Säule weiss mit orangegelber Mittellinie. Februar März. Von Wallich 1822 aus den Sermonbergen Sylhets eingeführt, im Sikkim-Himalaya, Bhotan und andern Bergländern Ostindiens zwischen 15—2500 m verbreitet. Sehr schöne Kalthaus-Orchidee.

— **var. Boddaertiana Rchb. f.** Augenflecke der Lippe fehlend.

— **var. maxima Rchb. f.** Blüten über 10 cm gross, in 6—10 blütiger

Traube, stark duftend, Seitenflecken sehr gross, die ganze Pflanze viel üppiger als die Normalform.

C. **ochracea Ldl.** Scheinknollen etwa 10 cm hoch, fast fingerförmig schlank, nach oben vierkantig, Blätter schmal lanzettlich in einen sehr langen Stiel verschmälert. Blüten zu 6—10 in aufrechter, 20—30 cm hoher Traube mit abfallenden Deckblättern, sehr stark duftend, etwa 5 cm ausgebreitet, Blumenblätter schmaleiförmig, weiss, Lippe weiss mit zwei ockergelben, orange gesäumten Hufeisenflecken auf dem spitz-herzförmigem Vorderlappen und je einem ebenso gefärbtem Augenfleck auf den kurzen, umgebogenen Seitenlappen. April, Juni. Bhotan, Khasya. Kalthauskultur nach der Blüte, die duftigste Art der Gattung.

— **var. conferta Parish et Rchb.** f. als Art. In allen Teilen kleiner, Blüten gedrängt.

C. **odoratissima Ldl.** (*C. trifida Rchb. f.*) Zwergart mit dicht gedrängten, 2—3 cm hohen, eiförmigen, rundlich-eckigen Scheinknollen, 4—6 cm langen, schmal linearen, derben Blättern, 6—10 cm hohem, 2—5 blütigem, aufrechtem Schafte mit abfallenden Schuppen. Blüten etwa 3 cm ausgebreitet, stark honigduftend, Blumenblätter milchweiss, schmal lanzettlich, Lippe reinweiss bis auf einen kleinen hellgelben Mittelstreifen, Seitenlappen öhrig vorgezogen, aufrecht, Mittellappen abgerundet. April, Mai. Ceylon. Berge (Neilgherries) von Madras. Offenbar Gebirgsorchidee, welche Warmhauskultur nicht verträgt. Dankbar blühend und als Miniaturpflanze empfehlenswert.

— v. **angustifolia Rchb.** f. Blätter ganz schmal. Mittellappen der Lippe schmal, zugespitzt. Neilgherries.

C. **ovalis Ldl.** (*C. fimbriata hort.*) ist der C. fimbriata Ldl. in Form und Farbe sehr ähnlich, nur ist die Blüte doppelt so gross und die ganze Pflanze kräftiger. Wurde 1837 von Wallich aus dem Nepal nach London gebracht, wohl kaum noch in Kultur.

C. **pandurata Ldl.** Scheinknollen lang-eiförmig, bis 10 cm hoch. Blätter etwa 6 zu 30 cm, breit-lanzettlich aus ganz kurz verschmälertem Grunde, vielnervig gestreift. Blüten zu 5—10 in aufrechter, oben überhängender, bis 50 cm hoher lockerer Traube mit abfallenden Deckschuppen, sehr wohlriechend, 15—20 cm ausgebreitet, Blumenblätter lanzettlich, hell gelblichgrün, Lippe geigenförmig mit sehr kurzen Seitenlappen, kurzem schmalem Stege und breitem, wellig krausgerundetem Vorderlappen, hellgelbgrün mit schwarzem verlaufendem Mittelfleck und zahlreichen schwarzen Strichzeichnungen, zwei durchgehenden und zahlreichen vorderen kurzen, krausen Kammlinien. November—Januar. Borneo, an über Wasser hängenden Baumästen.

C. **Parishii Hook.** Scheinknollen schlank vierkantig, 10—15 cm hoch bei 2 cm Durchmesser, Blätter breit elliptisch, etwa 5 zu 15 cm mit ganz kurz verschmälertem Grunde, derb, vielnervig. Blütenschaft auf der Spitze der Knolle, 15—20 cm hoch, 3—7 Blüten in ganz lockerer Traube mit häutigen, abfallenden Schuppen, 7—10 cm ausgebreitet, Kelchblätter lanzettlich, Blumenblätter schmal linear, ganz hell grünlichgelb, Lippe geigenförmig mit ganz kurzen, aufgebogenen, aussen grünen, braunschwarz punktierten, innen gelbgrünen, schwarz tuschfleckigen Seitenlappen, kurzem breitem Stege und fast quadratischem, wellig ausgezacktem Vorderlappen, welcher auf hellgrünem Grunde zwei seitliche schwarze Tuschflecken und bläulich-grüne Strichzeichnung trägt, Kammlinien im Schlunde undeutlich, vorn vervielfacht, hochzackig. April, Mai. Moulmein. Bildet eine der Übergangsformen von der scheinbar ganz ausserhalb der Gattung stehenden C. pandurata zu den typischen Formen.

C. **plantaginea Ldl.** Die wohl kaum noch in Kultur befindliche Art hat lang hängende Blütentrauben, deren kaum 5 cm grosse Einzelblüten denen der C. Parishii in der Form ähneln, hell gelbgrün, aber mit weisser, braun gezeichneter Lippe sind. April, Mai. Ostindien.

C. praecox Ldl. ist *Pleione praecox Don.*

C. punctulata Ldl. ist *C. ocellata Ldl.*

C. Reichenbachiana hort. ist *Pleione Reichenbachiana Ldl.*

C. **Rochussenii De Vries.** Der C. flaccida im Bau und Farbe sehr ähnlich, nur sind die Kelchblätter schmäler, die Blumenblätter ganz schmal, gekielt, die Lappen der Lippe spitzer, die Deckschuppen der Blüten bleibend, zartrosa. Java. Wohl kaum noch in Kultur.

C. **Rossiana Rchb. f.** Scheinknollen fast birnförmig, vielfurchig, 5 cm hoch, Blätter spitz lanzettlich, in einen kurzen Stiel gezogen, 3 zu 20 cm, ledrig, Blüten zu 7—10 in aufrechter, 20 cm hoch gestielter Traube, 4 cm breit, Kelch- und Blumenblätter gekielt, milchweiss, Kelchblätter spitzlänglich, Blumenblätter linear, Seitenlappen der Lippe aufrecht, rotbraun, Mittellappen hochgelb, Scheibe weiss mit drei gekerbten Längsschwielen. Mai, Juni. Birma.

C. rubra Rchb. f. ist *Pholidota rubra Ldl.*

C. salmonicolor Rchb. f. ist *C. speciosa Ldl.*

C. **Sanderiana Rchb. f.** Scheinknollen eiförmig, 5 cm hoch, undeutlich kantig, im Alter faltig, Blätter gestielt, spitz länglich-lanzettlich, 6 zu 30 cm etwa. Blüten zu 5—10 in lockerer hängender Traube, mit blassbraunen, spitzen, abfallenden Deckblättern, 10 cm breit, Kelch- und Blumenblätter gekielt, spitz lanzettlich, milchweiss, Seitenlappen der Lippe aufrecht, länglich, krausrandig, gelbbraun, rotbraun gestreift und mit einem gelbem Fleck an der Spitze, Mittellappen spitz länglich, zurückgebogen, bräunlich mit hochgelber Scheibe und sechs gefransten Faltenhäutchen. Mai, Juni. Vaterland unsicher.

C. Schilleriana Rchb. f. ist *Pleione Schilleriana Ldl.*

C. **sparsa Rchb. f.** Scheinknollen eiförmig, 2 cm hoch, Blätter spitz länglich-lanzettlich, 3 zu 10 cm, mit drei vorstehenden Längsadern, Blüten zu 3—5 auf aufrechtem, schlankem Schaft, weiss mit orangegelbem Lippenfleck und braun gesprenkelten Seitenlappen, Kelchblätter lanzettlich, gekielt,

Blumenblätter linear, Seitenlappen der Lippe länglich, Mittellappen fast quadratisch, mit drei hohen Schwielen auf der Scheibe. Juni, Juli. Philippinen.

C. speciosa Ldl. (*C. salmonicolor Rchb. f. Chelonanthera speciosa Bl.*) Scheinknollen länglich eiförmig, 5—6 cm hoch, gerippt, einblättrig. Blätter derb, breit elliptisch, 5 zu 15 cm etwa, zugespitzt, in einen kurzen Stiel zusammengezogen, 5—7 riefig. Blütenschaft kaum 10 cm hoch, 1—3 blumig. Blüten reichlich 15 cm ausgebreitet, Kelchblätter zusammenneigend, gekielt, breit lanzettlich, grünlich gelb, Blumenblätter schmal linear, zurückgeschlagen, strohgelb, Lippe mit grossen, âufrechten, vorn gezähnelten Seitenlappen und breitem, querrundem, runzelfaltigem Vorderlappen, Seitenlappen aussen rötlichgrün, innen wie der Schlund kastanienbraun mit hellgelber Strichzeichnung, Mittellappen aus kastanienbraun citrongelb mit breitem weissem Rande, vom Schlunde nach vorn zwei hohe, büschelfransige und eine kleinere, gezackte Kammwulst. Mai—August. Java. Verlangt viel Wärme.

— **var. albicans Rchb. f.** Blüten grösser, Kelch- und Blumenblätter gelblich grün, Lippe reinweiss bis auf die rotbraune Punktierung der Seitenlappen.

C. testacea Ldl. 1853 durch Loddiges von Singapore eingeführt, ist wohl kaum noch in Kultur. Sie gleicht frappant einem Cymbidium. Scheinknollen bis 8 cm hoch, schlank eiförmig, längsfaltig, Blätter derb, breit elliptisch, etwa 4 zu 12 cm, lang gestielt, dreinervig. Blüten in lockerer, 15 cm lang überhängender Traube zu 8—12, halbgeschlossen, ausgebreitet 3—4 cm, Blumenblätter eiförmig, zugespitzt, trüb weissbräunlich, Seitenlappen der Lippe zimmtbraun mit weissem Zahnrande, Vorderlappen breit gerundet mit vier gezähnten Kämmen, auf weissem Grunde zimmtbraun. März, April.

C. Thuniana Rchb. f. Scheinknollen flaschenförmig, längsfaltig, Blätter derb, linear, gekielt. Blüten einzeln, weissgelb, Lippe dreilappig, weiss, vorn zweispaltig, Seitenlappen bräunlich. April, Mai. Ostindien.

C. tomentosa Ldl. ähnelt der C. asperata, hat aber einen weichhaarigen Fruchtknoten, gelbe Blüten und weisse, braunrot gestreifte Lippe. Juni, Juli. Borneo.

C. trifida Rchb. f. ist *C. odoratissima Ldl.*

C. trisaccata Griff. ist *Neogyne Gardneriana Rchb. f.*

C. viscoca Rchb. f. ist der C. flaccida sehr ähnlich, nur sind die Knollen schlanker und die Zeichnungen der Lippe braun, statt wie an jener gelb. Mai, Juli. Ostindien.

C. Wallichiana Griff. ist *Pleione praecox Don. var. Wallichiana Ldl.*

Coenorchis Bl. ist *Goodyera R. Br.*

Cohniella Pfitzer. (*Cohnia Rchb. f. Adeae. 337.*) (zu Ehren des breslauer Pflanzenphysiologen Geheimrat Ferdinand Cohn benannt), besitzt nur eine Art.

C. quekettioides (**Rchb. f.**) **Pfitz.**, in Guatemala heimisch. Es ist eine botanisch interessante, gärtnerisch unbedeutende Pflanze. Auf der flachgedrückten, scheidenumhüllten, kleinen Scheinknolle sitzt ein 30 cm langes, stielrundes Blatt und ein absteigender, etwa 15 cm langer Blütenstiel, welcher an der Spitze einige kleine — Rodriguezia ähnliche — braunrötliche Blüten mit gleichfarbiger, lang genagelter, vorn kreisrunder, löffelförmiger Lippe trägt.

Colax *Ldl.*

(Zygopetalinae 271.)

Scheinknollen eiförmig, flach zusammengedrückt, Blätter derb, gefaltet, wurzelständig und je zwei endständig. Blüten in aufrechten wenigblütigen Trauben oder einzeln, Kelch- und Blumenblätter gleichförmig, halbkugelig zusammengeneigt. Lippe mit deutlichem Nagel, dreilappig, mit behaarten Querschwielen. (In Tracht und Blütenbau von Zygopetalum nur durch die nicht auseinander spreizenden Blüten verschieden.)

Beide bekannte Arten stammen aus Brasilien und sind schöne, dankbare Warmhauspflanzen; in der Kultur wie Cattleya zu behandeln.

C. aromaticus Spr. ist *Lycaste aromatica Ldl.*

C. Barringtoniae Ldl. ist *Lycaste Barringtoniae Ldl.*

C. Harrisoniae Ldl. ist *Bifrenaria Harrisoniae Ldl.*

C. jugosus Ldl. (*Maxillaria jugosa Ldl.*) (Fig. 52). Blätter breit elliptisch, 4 zu 12 cm etwa, in einem kurzen Stiel gefaltet. Blüten zu 1—5 auf 10—15 cm hohem, von hellgrünen Deckschuppen bekleidetem Schafte, 5—8 cm ausgebreitet, fast glockig, Kelchblätter reinweiss, Blumenblätter auf weissem Grunde dicht purpurn strichfleckig, alle breit verkehrteiförmig, Lippe mit aufsteigenden, gestutzten Seitenlappen und aus breitem Stege fast kreisrundem, abwärts gebogenem Vorderlappen mit mittlerem unbedeutendem Spitzchen und weichhaarigen purpurnen Querschwielen, auf weissem Grunde purpurviolett tuschfleckig und streifig. April, Juni.

C. jugosus × *Zygopetalum crinitum* ist *Zygocolax Veitchii Rolfe.*

C. jugosus × *Zygopetalum leopardinum* ist *Zygocolax leopardinum Veitch.*

C. palmifolius Ldl. ist *Maxillaria palmifolia Ldl.*

C. Parkerii Spr. ist *Maxillaria Parkerii Hook.*

C. parvulus Spr. ist *Maxillaria parvula Hook.*

C. placanthera Ldl. ist *C. viridis Rchb. f. var.*

C. racemosus Spr. ist *Bifrenaria racemosa Ldl.*

C. viridis Rchb. f. (*Maxillaria viridis Ldl. M. cyanocheile Hffg.*) Blüten hellgrün, Blumenblätter und Lippe mit violetter Zeichnung, sonst wie C. jugosus. Mai, Juni.

— **var. placanthera Ldl.** (*Maxillaria placanthera Ldl.*) Blumenblätter schmäler, gelbgrün.

Comparettia *Poeppig et Endlicher.*

(Jonopsideae 325.)

Brasilianische Baumbewohner mit kleinen, flach gedrückten Scheinknollen und je einem derben, gekielten Blatte auf der Knolle. Blüten in langhängenden, lockeren, vom Grunde der Knollen entspringenden Trauben, langgestielt, das unpare Kelchblatt und die beiden Blumenblätter gleichgebildet, die beiden seitlichen kleineren Kelchblätter unter der Lippe schiffchenförmig verwachsen, nach hinten in einen langen Hohlsporn verbunden, in welchem der feste Doppelsporn der Lippe steckt, Lippe nach vorn aus kurzem, seitlich etwas aufgebogenem Stege in eine breite, seicht zweispaltige Platte erweitert. Alle vier bekannten Arten in Kultur, durchweg interessante, farbenschöne Formen. Sie werden am Kork kultiviert, verlangen viel Wärme und vertragen keine Trockenperiode, während der Triebentwickelung wollen sie sehr feucht gehalten sein.

Fig. 52. Colax jugosus.

C. coccinea Ldl. Blätter unterseits rotbraun. Blüten zu 3—7, leuchtend scharlach mit orangegelbem Lippenfleck, Sporn etwa 3 cm lang. November, Dezember.

Fig. 53. Comparettia macroplectron.

C. falcata Ldl. Der vorstehenden in der Form gleich, dagegen ist die Blütenfarbe dunkelrosa, die Lippe aus karminrotem Zentrum violett gestreift mit rosaem Rande. November, Dezember.

C. macroplectron Rchb. f. (Fig. 53). Blütentrauben aufrecht oder überhängend. Blüten dunkelrosa mit purpurnen Spritzflecken, Lippe fast kirschrot mit dunklerer Fleckzeichnung. Juli, August.

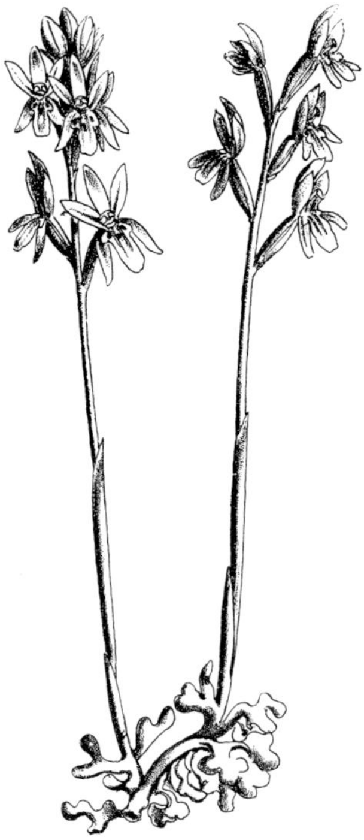

Fig. 54. Coralliorrhiza innata.

C. speciosa Rchb. f. Blüten grösser (bis 5 cm), hellorange mit einem zimmtbraunen Fleck, Lippe aus hoch orangegelbem Grunde leicht zimmtbraun. Sporn feinhaarig, bis 5 cm lang. Oktober.

Conchidium Griff. ist *Eria Ldl.*

Coralliorrhiza *R. Br.*

(Liparidinae 165.)

Ausgesprochene Saprophyten d. h. im faulenden Laube lebend, bald im Laub- oder Nadelwald, bald auf Torfwiesen. Von den zwölf Arten, welche die nördliche gemässigte Zone bewohnen, ist keine kulturwert und die Kulturversuche bestehen vorläufig darin, dass die ausgegrabenen Rhizome im Garten langsam absterben, höchstens noch einmal austreiben. In dieser Weise wird der Kuriosität wegen zuweilen „kultiviert“:

C. innata R. Br., (Fig. 54) die Art der deutschen Nadelwälder. Rhizom unterirdisch, korallinisch starr verzweigt, ohne jede Spur von Wurzelbildung. Aus den jungen Rhizomenden schiesst blattlos der rötlichbraune, von fast gleichfarbigen Scheiden umschlossene Blütenschaft 10—15 cm hoch auf und trägt an der Spitze einige kleine, rötlichgelbe Blütchen von ganz unscheinbarem Aussehen.

Cordylestylis Falc. ist *Goodyera R. Br.*

Coryanthes *Hook.*

(Gongorinae 258.)

Baumbewohner des tropischen Zentral- und Südamerikas, bisher vier Arten bekannt. Scheinknollen schlank mit 1—2 immergrünen, grossen, vielnervigen Blättern. Blüten hängend, einzeln oder in armblütigen Trauben, gross bis sehr gross und von wunderbarem Bau. Die beiden seitlichen Kelchblätter sehr gross, das unpaarige kleiner, Blumenblätter schmal und klein, Lippe mit dem Fusse der Säule fest verwachsen, zunächst stielrund, schräg aufsteigend und an dieser Stelle zwei kurze Zapfen oder Höcker (Pleuridium) bildend, welche reichlich Honig absondern, dann geht der stielrunde Steg nach oben in eine fingerhutförmige Kappe über und setzt sich, in dieser fast im rechten Winkel nach unten abbiegend, in einen dicken Fleischwulst um, welcher sich in einen häutigen, haubenförmigen nach innen und oben offenen dreilappigen Helm oder besser Beutel verbreitert, der als Auffangegefäss für den abtropfenden Honig der Pleuridienzacken dient. Dieser Honig tropft unmittelbar nach dem Aufblühen so massenhaft ab, dass der Beutel in wenigen Stunden überfliesst. Die fleischige, gerade oder wellig gebogene Säule wird teilweise von diesem Beutel umschlossen. Die Blüten riechen widrig, oft an faulende Stoffe erinnernd.

Der Honigsammler steht jedenfalls in der Heimat in unmittelbarer Beziehung zur Befruchtung der Pflanze. Durch die wunderbare Form, merkwürdige Farbe und Grösse der Blüten gehören die Coryanthes für den Orchideenliebhaber zu den interessantesten Arten. Sie machen bei ausreichender Wärme absolut keine Kulturschwierigkeiten und werden am Holz oder im durchbrochenen Kasten in vollem Lichte hängend kultiviert, ohne wirkliche Trockenperiode, dagegen können sie zur Ruhezeit kühler gehalten werden.

C. Albertinae Karsten gehört zu C. maculata Hook.

C. Bungerothii Rolfe. Blüten ausgebreitet 20 zu 30 cm messend, die grössten der sonderbaren Gattung und vielleicht die grössten Orchideenblüten überhaupt. Kelchblätter zurückgeschlagen, fast eiförmig, hellgrünlichweiss, hellrot punktiert, Blumenblätter schmäler, fast reinweiss mit grösseren und zahlreicheren hellroten Punkten. Der dicke Lippenarm gefaltet, hellorangegelb, Fingerhut aussen orangegelb, innen purpurrot, der eimerartige Helm perlmutterweiss, aussen karmoisinrot überlaufen, mit zurückgebogenen Seitenlappen. Mai, Juni, Centralamerika.

C. Fieldingii Lindl. Blüten ausgebreitet bis 30 cm Querdurchmesser bei 16 cm Höhe, die grossen ursprünglich fast eiförmigen Kelchblätter zurückgeschlagen, fledermausflügelartig gefaltet, Blumenblätter linear, zurückgeschlagen, die ganze Blüte bräunlichgelb mit zimmtbraunen Schmitzen und Flecken. Der dicke Lippenarm 5 cm lang, der Fingerhut bei 6 cm

Durchmesser etwa 5 cm hoch, nach aussen seidenhaarig, oben kahl, aus ihm hängt am 8 cm langen Träger der etwa 6 cm im Innern breite und ebenso hohe Helm oder Haube herab, welcher gegen die Säule hin in drei fleischige Lappenenden, von denen der mittlere, aufrecht stehende, die Säule berührt, während die spitzigen Seitenlappen hängend sind. Die fleischige Säule ist 8—10 cm lang, im vorderen Drittel so zurückgebogen, dass sie wie ein Taubenkropf aufbläht, an der Spitze ist sie zweiarmig und in der Gabel sitzen die Staubbeutel. Mai, Juni. 1842 — wahrscheinlich von Venezuela — in England eingeführt.

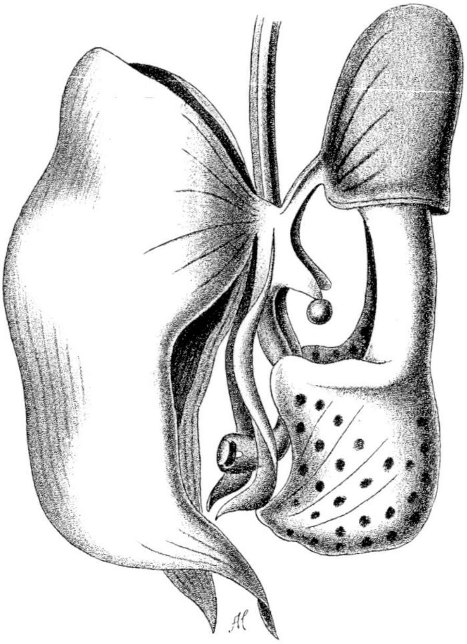

Fig. 55. Coryanthes maculata.

C. macrantha Hook. *(Gongora macrantha Hook.)* Blüten halb so gross wie von C. Fieldingii, hellgelb mit roter Zeichnung, die Lippe und der Helm orange mit braun, der Fingerhut ist fast halbkuglig, ganz flaumhaarig, der Helm tiefer als von Fieldingii. Mai, Juli. Caracas,

C. maculata Hook. (Fig. 55.) Blüten ausgebreitet 15 cm, zu 5—10 in langer Traube. Kelchblätter aus dem Eiförmigem schief-dreieckig mit eingedrehter Spitze, weisslichgelb mit violettem Anhauch, Fingerhut der Lippe ebenso gefärbt, der Helm aussen mehr violett angelaufen, innen auf dem hellen Grunde dicht violett grossfleckig. Juni, August. Demerara.

— **var. Albertinae Karst.** Blüten grösser, reingelb mit karmin, Fingerhut weiss mit leuchtend rosa, Helm auf gelblichem Grunde satt karmin gezeichnet. Venezuela, (ist die schönste Form und war früher in Deutschland vielfach in Kultur,)

— **var. Parkerii Hook.** Blüten mattgelblich mit purpur, Fingerhut trüb purpurn, Helm mit purpurnem Mittelstrich, innen purpurfleckig. Demerara.

— **var. punctata Ldl.** (*Gongora punctata Ldl.*) Blüten hochgelb mit ziegelroten Punkten übersät, Fingerhut gelb mit orange Punkten, Helm mattgelb mit ziegelroten Punkten.

C. speciosa Hook. *(Gongora speciosa Hook.)* Blüten ausgebreitet 15 cm, einzeln oder zu 2—4, Kelchblätter fledermausflügelartig zurückgeschlagen, trüb gelbbräunlich mit blutroter Mittellippe, Fingerhut bräunlich-blutrot, Helm gelbbraun mit blutrotem Anflug. April Mai. Brasilien.

Corycium *Swartz.*

(Corycieae 50.)

Von den zehn am Kap heimischen Arten dieser Erdorchideen wird hin und wieder in England kultiviert:

C. orobanchoides Sw. Wurzelknollen rundlich, Blätter sichelförmig, Blütenschaft bis 30 cm hoch, im untern Teile beblättert, Blüten klein, in dichter cylindrischer Ähre, fast geschlossen, gelb mit leuchtend roter Tuschzeichnung, Blumenblätter sackförmig, Lippe wenig hervorragend, zweilappig, die Lappen zweispaltig, spitzzipfelig. Mai, Juni.

Corydandra Rchb. f. ist *Galeandra Ldl.*

Crocodylanthe Rchb. f. ist *Pleurothallis R. Br.*

Cranichia luteola Sw. ist *Polystachya luteola Ldl.*

Crepidium Bl. ist *Microstylis Nutt.*

Crinonia carnea Bl. ist *Pholidota carnea Ldl.*

Criosanthes Raf. ist *Cypripedilum L.*

Cottonia *Wight.*

(Aërideae 378.)

Von den beiden Arten ist nur zuweilen in Kultur:

C. peduncularis Rchb. f. (*C. macrostachya Wight. Vanda peduncularis Ldl.*) Ähnelt in der Tracht der Vanda tricolor. Blüten süssduftend, in bis meterlanger achselständiger Traube zu 6—12, ausgebreitet bis 8 cm gross, dickfleischig, gestielt, gelbgrün, Kelchblätter breit verkehrt-eiförmig, Blumenblätter fast lanzettlich, Lippe flach, fest, spornlos, aus schmalem Stege halbkreisrund, vorn ausgerandet, tief purpurn mit gelbem, stellenweis haarigem Saum. Mai, Juli. Ceylon.

Cryptocentrum Bnth. ist *Mystacidium Ldl.*

Cryptochilus *Wall.*

(Glomerinae 180.)

Von den beiden Arten, im Himalaya heimisch, ist mitunter in Kultur:

C. sanguineus Wall. mit schlanker Scheinknolle, zwei derben breit-elliptischen Blättern, kleinen, in zweizeiliger Traube stehenden, scharlachroten, am Rande der Blätter violetten Blüten, deren Kelchblätter zu einer unten kinnbildenden, oben kurz dreilappigen Röhre verbunden sind, in welcher die schmalen Blumenblätter und die schmale Lippe eingeschlossen sind. Mai, Juni. Khasyaberge, Sylhet. Unbedeutende Art des temperierten Hauses, besser im Topf als am Kork gedeihend.

Cuitlanzina pendula Llave et Lex. ist *Odontoglossum citrosmum Ldl.*

Cyathoglottis Poepp. Endl. ist *Sobralia R. P.*

Cybele Falc. ist *Platanthera L. C. Rich.*

Cryptophoranthus *Rodr.*

(Pleurothallidinae 183.)

Von den acht Arten, welche im tropischen Amerika, von Brasilien nordwärts bis zu den westindischen Inseln, als Baumbewohner vorkommen, sind nur die nachstehenden zwei in Europa in Kultur und auch nur in engen Kreisen. Die kürzeren oder längeren aufrechten Stämmchen stehen meist gedrängt und tragen auf kurzem Stiele je ein ledriges, festes Blatt. Blüten einzeln oder zu 3—5 auf hohem Schaft, nur in einen schmalen Spalt sich öffnend, indem die seitlichen Kelchblätter miteinander vollkommen schiffchen- oder kappenförmig verwachsen sind und das obere Kelchblatt mit seiner Spitze auf kürzere oder längere Fläche mit der Spitze dieser Verwachsung fest verbunden ist. Im unteren Drittel wölbt das obere Kelchblatt sich halbkreisförmig so weit empor, dass ein breiter Spalt zwischen ihm und den frei gebliebenen Rändern der seitlichen Kelchblätter entsteht. Die Blüten erinnern durch diese eigenartige Verwachsung entfernt an einen skelettierten Vogelkopf, daher der Name „Vogelkopf-Orchidee.“ Blumenblätter und Lippe auf winzige Gebilde reduziert, wie bei den Masdevallien, mit denen auch die Kulturweise gemeinsam ist.

Cr. atropurpureus Rolfe. *(Specklinia atropurpurea Ldl. Masdevallia fenestrata Ldl. Pleurothallis atropurpurea Ldl. Pleurothallis fenestrata hort.)* Lockerrasig, Stämmchen aufrecht, 3—4 cm hoch, 1—2 blättrig, Blätter etwa 6 cm lang, länglich-stumpf, steif aufrecht. Blüten meist einzeln auf etwa 10 cm hohem Schaft, 3 cm lang, schwarzpurpurn mit dunklerer Zeichnung, das obere Kelchblatt links und rechts gewissermassen ein Fenster mit den verwachsenen Kelchblättern bildend. Juni—Oktober. Jamaica.

Cr. Dayanus Rolfe. *(Masdevallia Dayana Rchb. f.)* Lockerrasig, Stämmchen drehrund, 2—3 cm hoch mit je einem langgestieltem, ei-elliptischem, ledrigem, gekieltem, zugespitztem Blatte. Blüten zu 1—5 auf 20 cm hohem Schaft, 4—5 cm lang, gelbbräunlich, mit in regelmässigen Längslinien stehenden, meist viereckigen rotbraunen Flecken, das obere Kelchblatt nur mit der Spitze den kappenartig verwachsenen beiden anderen Kelchblättern angewachsen, sonst einen grossen, sich im unteren Drittel bis auf einen cm erweiternden Spalt offen lassend. Mai—Juli. Brasilien.

Cyclosia maculata Klotzsch ist *Mormodes pardinum Batem.*

Cycnoches *Ldl.*

(Catasetinae 245.)

Im ganzen Ansehen gleichen diese amerikanischen Baumbewohner Catasetum und auch die Blüten treten wie bei jener Gattung in drei auch äusserlich verschiedenen Formen auf: rein weiblich, rein männlich oder mann-weibig gemischt. Zuweilen finden sich zwei, selbst alle drei Blütenformen an einer Pflanze, ja sogar in einem Blütenstande. Allerdings ist der Formenunterschied der verschiedenen Geschlechtsblüten nicht so gross, wie ihn die Catasetumarten zeigen. Die Kelch- und Blumenblätter sind unter sich gleich geformt, auseinander spreizend und sogar zurückgebogen, diejenigen der männlichen Blüten sind fast doppelt so breit, dabei aber nur unwesentlich länger, als die der weiblichen Blüten. Die nach oben stehende Lippe der männlichen Blüten ist mehr oder minder herzförmig, ungekielt oder mit zwei kurzen Seitenlappen, oft etwas nach innen vorgewölbt, die der weiblichen Blüten trägt auf kurzem, dünnen Stiele innen eine schüssel- oder becherförmige Ausbreitung, welche mit fleischigen, kurzfingerförmigen Anhängseln besetzt ist und einen kurzen Endlappen trägt. Säule ohne seitliche Anhängsel, in den männlicken Blüten kurz und schlank, in den weiblichen drei- bis viermal länger, dünn und fast halbkreisförmig gebogen. Die mann-weibigen Blüten halten in der Form genau die Mitte zwischen diesen beiden Extremen.

Dle Kultur ist dieselbe wie von Catasetum. Alle Arten sind für den Sammler hochinteressant, meist aber auch gärtnerisch verwertbar.

C. aureum Ldl. „Goldener Schwan" der englischen Gärtner. Blüten in langhängenden Trauben, 6—8 cm ausgebreitet, Kelchblätter lanzettlich-flach, Blumenblätter an der Spitze zurückgebogen, (weibliche) Lippe mit kreisrunder Schüssel, aus deren Fingerbesatz zwei Lappen weit vorragen, die ganze Blüte rein goldgelb. Juli, August. Central-Amerika. Die männliche Form noch unbekannt.

C. barbatum Ldl. ist *Polycycnis barbata Rchb. f.*

C. chlorochilon Klotzsch (Fig. 56) ist die männliche Form einer dem C. ventricosum sehr nahe stehenden Art und kaum noch in Kultur.

C. Egertonianum Bat. ist die weibliche Form von C. ventricosum.

C. Loddigesii Ldl. Scheinknollen bis 20 cm hoch, Blütenschaft aus deren oberem Ende entspringend, lang überhängend mit 6—10 weitausgebreiteten Blüten von reichlich 20 cm, die seitlichen Kelchblätter breitlanzettlich, das unpaare schmal-linear, alle hellgelbgrün mit zahlreichen zimmtbraunen Flecken, Blumenblätter schmal-eiförmig, leicht seitlich gekrümmt, hellgelbgrün, nach den Spitzen braun überlaufen, Lippe aus schmalem Stege eiförmig zugespitzt, weisslich-rosa mit braunroter Fleckzeichnung, vorn und an den Seiten gelbgrün mit braunroten Punkten. Säule schlank, halbkreisförmig, aus violettem Grunde gelbgrün, violettschwärzlich punktiert. Juli, August. Surinam. Diese Form ist die männliche Pflanze, von ihr im ersten Anblick sehr verschieden ist die weibliche

Fig. 56. Cycnoches chlorochilon.

var. maculatum Ldl. Blumenblätter schmäler, hellgelbgrün mit brauner Fleckzeichnung, Lippe aus schmal-lanzettlichem Stege in eine runde flache Schüssel erweitert, welche an jeder Seite fünf fleischige Fingerzacken trägt — alles gelbgrün mit braun — und sich nach vorn in ein ganz hellgrünes, zurückgebogenes Horn fortsetzt, welches in ein dünnes, lanzettliches Plättchen, weiss-rosa mit drei braunroten Punkten, endigt. Säule ganz dünn, sehr lang und in Dreiviertelkreisbogen gekrümmt. Juni, Juli. Caracas, Mexiko.

C. maculatum Ldl. ist *C. Loddigesii Ldl. var.*

C. musciferum Ldl. ist *Polycycnis muscifera Rchb. f.*

C. pentadactylon Ldl. ist die mann-weibige Form von C. ventricosum Batem.

C. stelliferum Lodd. ist eine hellgrüne Form von C. ventricosum.

C. ventricosum Batem. blühte in Skinners Orchideenkultur in beiden Blütenformen an einer Pflanze. Die männliche Blüte, das eigentliche C. ventricosum, erscheint nach dem Abfallen der Laubblätter aus den obersten Blattachseln der bis 25 cm langen Scheinknollen erst an kurzen, wagerechten, dann überhängenden Trauben von 4—7 duftenden Blüten, deren jede etwa 15 cm ausgebreitet misst. Alle Blumenblätter lanzettlich, mit rückwärts gebogenen Spitzen, hellgrün, die ungeteilte weisse Lippe ist kurz genagelt, die Platte gewölbt, zugespitzt, da wo sie der Säule ansitzt, durch eine schwarze Schwiele markiert. Juni—August. Guatemala.

Die als C. Egertonianum Batem. beschriebene weibliche Blüte wurde, wie schon hervorgehoben, an derselben Scheinknolle, sogar in derselben Blütentraube mit C. ventricosum in der Kultur beobachtet. Die vielblütige Traube ist hängend, die Blüten messen nur 8—10 cm ausgebreitet, alle Blütenblätter spitz-eiförmig, aussen grünlich, innen violettchokoladenbraun, Lippe grün mit violettbraun, aus kurzem, gedrehtem Fusse sich in einen flachen Teller erweiternd, dessen violettbrauner Rand jederseits fünf ebenso gefärbte fleischige Finger und einen kurzen, spatelförmigen Mittelfortsatz trägt. Juni—August. Guatemala.

— **var. stelliferum Lodd.** Grundfarben der Blüten hellgrün, hellbraun gezeichnet.

Als mann-weibige Blüte gehört hierher noch C. pentadactylon Ldl., dessen Blütentrauben fast aufrecht stehen und 3—5 grüne, braungezeichnete Blüten tragen, welche im Bau zwischen C. Egertonianum und ventricosum stehen. Es blühte in Veitchs Gärten zuerst, die Pflanze stammte — ohne genaueren Standort — aus Brasilien.

C. Warscewiczii Rchb. f. gehört in den Geschlechtsformenkreis (mannweibig) von C. chlorochilon, scheint aber nie in Kultur gewesen zu sein.

Cylindrolobus Bl. ist *Eria Ldl.*

Cylindrochilus Thw. ist *Sarcochilus R. Br.*

Cymbidium *Sw.*

(Iridorchis Bl.)

(Cymbidiinae 303.)

Die fleischigen, dicken Wurzeln tragen den zu einer meist nur kurzen, seitlich zusammengedrückten Scheinknolle angeschwollenen Stamm. Die vorwiegend oberirdischen, zuweilen aber sehr tief, fast unterirdisch, sitzenden Knollen sind völlig eingehüllt in die Scheiden der unter und auf der Knolle stehenden riemenförmigen, derben, immergrünen Laubblätter. Die Blütenstände entspringen aus den untersten Achseln der Knollen und entwickeln sich zu aufrechten oder hängenden, oft sehr reichblütigen Trauben. Kelch- und Blumenblätter sind fast gleichgeformt, abstehend, die seitlichen Kelchblätter zuweilen undeutlich kinnbildend. Lippe dreilappig, mit aufrechten, hohen Seitenlappen und meist spitzherzförmigem, gradem oder zurückgeschlagenem Mittellappen, oft sind Längsschwielen vorhanden.

Fast alle Cymbidien lieben Wärme und gedeihen am besten in grossen, flachen, gut drainierten Gefässen, hoch gepflanzt in einer Mischung grobbrockiger Haideerde, ebensolchem Rasenlehm und Sphagnum. Während der Entwickelung reichlichst Wasser, nach der Blüte sparsam, aber ohne wirkliche Trockenzeit.

Pfitzer teilt die 30 Arten, welche im tropischen Asien, Afrika, Australien und Neukaledonien heimisch sind, in folgende drei Gruppen:

a) **Iridorchis Blume**. Knollen oberirdisch, deutlich, Blütenstand vielblütig, überhängend, z. B. C. Lowianum Rchb. f.

b) **Erecta Pfitz**. Knollen oberirdisch, undeutlich, Blütenstand steif aufrecht, z. B. C. eburneum Ldl.

c) **Pendula Pfitz**. Knolle fast unterirdisch, Blütenstand hängend, z. B. C. pendulum Sw.

C. affine Griff. Blütenschaft steif aufrecht, Blüten sehr duftend, etwa 5 cm, Blumenblätter weiss, Lippe weiss, vorn karminfleckig, ebenso im Schlunde, welcher drei goldgelbe Schwielen trägt. Februar, März. Ostindien.

C. aloifolium Sw. (*Epidendrum aloaefolium L.*) 1790 schon aus China eingeführt und früher viel kultiviert, heute fast überall durch neuere, schönere Arten verdrängt. Blüten in hängenden Trauben zerstreut, wohlriechend, Blumenblätter gelbgrün oder weissgelblich mit purpurnem Mittelstreif, Vorderlappen der Lippe zurückgerollt, gelbweiss mit dunkelpurpur. April.

C. altissimum Sw. ist *Oncidium altissimum Sw.*

C. bambusifolium Sw. ist *Arundina bambusifolia Ldl.*

C. bicolor Ldl. gleicht im Wuchs und in der Blütenfarbe ganz

C. aloifolium, aber die Lippe ist nicht flach, sondern sackartig ausgehöhlt. Ceylon.

C. chinense Aut. ist *C. ensifolium Sw.*

C. coccineum Sw. ist *Ornithidium coccineum Rchb. f.*

C. Dayanum Rchb. f. Blätter dick, schmal, bis meterlang. Blüten in sehr langen, hängenden Trauben, bis 10 cm ausgebreitet, weissgelblich mit weinroten Mittelstreifen, Lippe weiss mit hellrotem Rande und Schmitzflecken. April. Assam.

C. dependens Lodd. ist *Cirrhaea dependens Rchb. f.*

C. Devonianum Paxt. Scheinknollen rundlich, Blätter lanzettlich, Blüten in langhängenden Trauben zu 10—20, 6—8 cm ausgebreitet. Blütenblätter grünlichgelb mit spärlichen hellpurpurnen Schmitzen, Lippe hellpurpurn mit beiderseits je einem ganz dunkelpurpurnem Fleck. April, Mai. Ostindien.

C. eburneum Ldl. Dichtbuschig. Scheinknollen undeutlich, schmal. Blätter schlank, linear. Blütentrauben aufrecht, bis 20 cm hoch, meist nur wenige, aber grosse, schneeweise Blüten tragend, deren weisse Lippe ein goldgelbes Mittelband trägt. Lippe vorn stark gekraust. Februar—April. Ostindien. Eine der schönen und dankbar blühenden empfehlenswerten Arten, welche schon in vielfachen Kulturformen auftritt z. B.

— **var. Philbrickianum hort.** Blütenfarbe reinweiss, Lippenzeichnung hellgelb, Seitenlappen der Lippe rotgespritzt.

— **var. roseum hort.** Die ganze Blüte rosa überhaucht, Lippe goldgelb berandet auf rosaem Grunde.

— **var. Williamsianum Rchb. f.** Lippe vorn und seitlich hell purpurrot getuscht.

C. eburneo × Lowianum Veitch hat die Tracht von C. eburneum, aber die Blüten sind blass-rosa, die Lippe krêmeweiss mit einer karminpurpurnen Tuschzone und weissem Rande.

C. elegans Ldl. ist *Cyperorchis elegans Bl.*

C. ensifolium Sw. (*Epidendrum ensifolium L. C. sinense Aut. C. chinense Aut. Cymbidium fragans hort.*) Blätter wurzelständig im dichten Busch ohne Scheinknollen, schmal schwertförmig, etwa 1 zu 20 cm, dunkelgrün. Blüten in aufrechter, bis 40 cm hoher, vielblumiger Traube, wohlriechend, 2 cm breit, Kelch- und Blumenblätter linear-länglich, spitz, Kelchblätter weissgrünlich, Blumenblätter und die ungeteilte, länglich-stumpfe, vorn zurückgerollte Lippe weisslichgelb. August—Oktober. China. 1780 nach England gebracht, heut fast verschwunden aus den Gärten. Kalthauskultur.

C. fragrans hort. ist *C. ensifolium Sw.*

C. giganteum Wall. (*Iridorchis gigantea Bl.*) Scheinknollen länglichflaschenförmig, von den unten scheidenartig verbreiterten, festen, linearen, zweizeiligen, dunkelgrünen Blättern ganz verhüllt. Blütentraube vielblumig, überhängend, bis meterlang. Blumen gross, wohlriechend, gelbgrün mit purpurnen Schmitzen, Lippe fast goldgelb, dicht purpurstrichelig, zuweilen mit hellrotem Saume. Oktober—Februar. Nepal.

C. giganteum v. Lowianum hort. ist *C. Lowianum Rchb. f.*

C. guttatum Ldl. ist *Oncidium luridum Ldl. var. guttatum Ldl.*

Fig. 57. Cymbidium Lowianum.

C. Hookerianum Rchb. f. Scheinknollen undeutlich. Blätter lederartig, schmal, bis 60 cm lang, aufrecht, mit verbreitertem gelbgrünen Grunde. Blütenschaft aufrecht, nur oben überhängend, meterhoch. Blüten bis 15 cm Durchmesser, gelbgrün, Lippe strohgelb mit tief fransig gewimpertem, hochgelbem Rande, Mittellappen vorn hell purpurn, grossfleckig und mit zwei sammetartigen, karminroten Rillen, Seitenlappen reichlich purpurn gespritzt. April—Juni. Sikkim Himalaya. Verlangt Kalthaus (+ 5°) Behandlung; ein langaushaltender dankbarer Blüher.

C. Huttoni Hook. f. ist *Grammangis Huttoni Bnth.*

C. hyacinthinum Sw. ist *Bletilla hyacinthina Rchb. f.*

C. juncifolium W. ist *Oncidium Cebolleta Sw.*

C. javanicum Bl. ist kaum noch in Kultur. Die schlanken, kielartig flachgedrückten Scheinknollen tragen 3—4 schmal lineare Blätter und eine armblumige kurze Ähre kaum 2 cm grosser weisslicher Blüten, deren Blätter linear sind, während die rotpunktierte Lippe leicht gekielt ist. September. Java.

C. lineare Sw. ist *Isochilus linearis R. Br.*

C. Lowianum Rchb. f. (*C. giganteum var. Lowianum hort.*) (Fig. 57, 58). In der Tracht dem C. giganteum sehr ähnlich, Blüten bis 10 cm gross, in sehr reichblütigen Trauben, gelbgrünlich mit zarten verlaufenden bräunlichen Linien, Mittellappen der Lippe fast elfenbeinfarben, vorn mit einem kastanienbraunem, gelb gesäumtem Sammetfleck, die aufrechten Seitenlappen lichtgelb. Februar bis Juni. Birma. Gut wachsend, dankbar blühend und sehr hübsch.

C. marginatum Ldl. ist *Maxillaria tricolor Hook.*

C. Mastersii Griff. ist *Cyperorchis Mastersii Bnth.*

Fig. 58. Cymbidium Lowianum.

C. nodosum Sw. ist *Brassavola nodosa Ldl.*

C. ochroleucum Ldl. ist *Camaridium ochroleucum Ldl.*

C. Parishii Rchb. f. Dem C. eburneum sehr ähnlich, aber Scheinknollen schlank spindelig, Blüten süss duftend, meist zu drei auf aufrechtem Schafte, rahmweiss, Lippe weiss mit goldgelbem Mittelband, welches im Vorderlappen hellorangegelb wird mit zahlreichen violettpurpurnen Spritzflecken. Juli—August. Ostindien.

C. pendulum Sw. Knollen fast unterirdisch. Blätter dickledrig, tief gefurcht, schwertförmig, bis meterlang, Blütenschaft lang hängend, mit zahlreichen grossen hell gelbgrünen Blüten. Vorderlappen der Lippe vorn rosa mit zwei gelben Kämmen, Seitenlappen verwaschen dunkelrosa.

Juli bis Oktober. Ostindien. Alte dankbare Topforchidee des Warmhauses.

— **var. atropurpureum Hook. f.** Blüten aussen gelbgrün, innen dunkelpurpurbraun, Lippe weiss mit rosaem Hauch, und Purpurspritzern, vorn breit gelbfleckig. Juni—September. Philippinen, Borneo.

C. pictum Sw. ist *Geodorum purpureum Ldl.*

C. sinense Aut. ist *C. ensifolium Sw.*

C. tesselatum hort. und C. tesselloides Sw. sind Vanda Roxburghii R. Br.

C. tigrinum Parish. Scheinknollen klein, eirundlich, mit ledrigen, flach gerollten, länglich lanzettlichen Blättern von etwa 15 cm Länge. Blütenschaft aufrecht, meist dreiblütig; Blüten hell olivengrün mit roten Flecken, die stark gekrümmte Lippe tief dreilappig, der zurückgekrümmte, länglich spitze Mittellappen weiss mit karminroten Querlinien, die aufrechten Seitenlappen gelblich-weiss mit purpurnen Strichen. Juni, Juli. Tenasserim. Eigenartige aber wenige hervorragende Art.

C. tripterum Don. ist *Coelia Baueriana Ldl.*

C. triquetrum R. Br. ist *Oncidium triquetrum Ldl.*

C. umbellatum Sprgl. ist *Cirrhopetalum Thouarsi Ldl.*

C. utriculatum Sw. ist *Govenia lagenophora Ldl.*

Cyperorchis *Blume.*

(Cymbidiinae 302.)

Von Cymbidium nur verschieden durch die kaum verdickten Stämme, durch die am Grunde zusammengeneigten Blumenblätter und eine abweichende Anheftungsweisse der Pollenkörper, sonst weder in der äusseren Erscheinung, noch in der Kultur sich unterscheidend.

C. elegans Bl. (*Cymbidium elegans Ldl.*) Scheinknollen unterirdisch, kaum kenntlich. Blätter fast grasartig schmal. Blütentrauben langhängend mit zahlreichen, halbgeschlossen bleibenden, grünlichgelben, kleinen Blüten, deren Lippe innen blutrot gefleckt ist. August—Oktober. Nepal. Alte, heute kaum noch die Kultur lohnende Warmhausart.

C. Mastersii Bnth. (*Cymbidium Mastersii Griff.*) Dichtbuschig, Blätter schmal-schwertelförmig. Blütenschaft aufrecht bis 30 cm, wenigblumig. Blüten mittelgross, süss mandelduftig, aus gelbem Grunde weiss. Schlund und Vorderteil der Lippe weissgelblich, rosa überlaufen und gefleckt. Oktober—März. Ostindien.

— **var. album Rchb. f.** Blüten reinweiss, sehr stark duftend.

— **var. superbum hort.** Blüten fast reinweiss, Lippe zart rosa mit verschwindendem Gelb.

Cypripedilum *L. em.*

(Criosanthes Raf.)

(Cypripedilinae 3.)

Cypripedium, wie der Name fast allgemein gesprochen wird, ist falsch gebildet, es muss **Cyripedilum** heissen. Die Cypripedilumarten unserer Gewächshäuser aber werden heut überhaupt nicht mehr unter diesem Gattungsnamen von der Wissenschaft verstanden, sondern bilden die Gattung Paphiopedilum, unter welchem Namen also alle hier nicht aufgezählten, gewöhnlich mit Cypripedium bezeichneten Arten nachgewiesen sind.

Der wissenschaftliche Unterschied beider Gattungen ist ein einfacher, auch dem Laienauge leicht wahrnehmbarer. Alle echten Cypripedilumarten haben in der Jugend, (in der Triebknospe am deutlichsten), eingerollte Blätter, alle Paphiopedilumarten haben anfangs eingefaltete Blätter. Die beiden Gattungen stellen auch vollkommen verschiedene Kulturansprüche: alle Cypripedilum sind harte Pflanzen, welche unsere Winter im Freien aushalten oder doch eben frostfrei überwintern, alle Paphiopedilum sind wärmebedürftig, nur wenige ertragen die Wintertemperatur eines gemässigten Hauses (+ 5°), die meisten sind echte Warmhauspflanzen. Die Cypripedilen sind Erdorchideen, in der Heimat meist Wiesenpflanzen, welche einen humosen, tiefgrundigen Lehmboden lieben, die Paphiopedilen sind Waldpflanzen, welche Mooskultur vorziehen. Fast alle Cypripedilen haben im Hochsommer abwelkendes Laub, stehen also winterkahl, alle Paphiopedilen sind immergrün.

Die Cypripedilen haben unterirdische, fast holzige, oft vielverzweigte, narbig-knotige Wurzelstöcke, aus denen die stets unverzweigten Blatt- oder Blütentriebe im zeitigen Frühjahr hervorbrechen, nachdem sie als kurz kegelförmige, dicke, vielfach von Scheiden umhüllte Knospe überwintert haben. Die meist grossen und zahlreichen Laubblätter sind vielrippig, die Blüten endständig, einzeln oder in ganz armblütigen Trauben. Die Blütenhülle ist welkend, nicht abfallend. Die paarigen Kelchblätter (Sepalen) sind mit einander verwachsen, nur selten teilweise von einander spaltend, abwärts stehend, das unpaare, aufrecht stehende Kelchblatt ist meist breit und kräftig entwickelt. Die beiden seitlichen Blumenblätter (Petalen) sind meist schmal, oft lang gezogen. Die Lippe ist „schuhförmig", daher „Frauenschuh, Venusschuh", wobei man aber nicht an die elegante Schuhform der heutigen Welt denken darf, sondern an eine fast sackartig plumpe Pantoffelform. Die Lippe ist nur von obenher mehr oder weniger weit offen. Auf der kurzen Säule, deren vorn abgestutztes Ende die breite dreiteilige Narbenfläche trägt, sitzt ein umgewandeltes Staubgefäss als häutig-fleischiges, verschieden geformtes Staminodium auf. Die beiden entwickelten fruchtbaren Staubgefässe sitzen unterhalb der Spitze links und rechts an der Säule. Der Fruchtknoten ist meist lang und tieffurchig. Die Blüte ist stets von einem deutlichen Deckblatt gestützt.

Die echten Cypripedilum werden eingeteilt in:

1. **Arietina.** Paarige Kelchblätter nicht miteinander verwachsen. C. arietinum R. Br.

2. **Foliosa.** Paarige Kelchblätter völlig verwachsen. Laubblätter zahlreich, spiralständig; z. B. C. Calceolus.

3. **Dyphylla.** Paarige Kelchblätter verwachsen. Nur zwei sich gegenüberstehende Laubblätter. C. japonicum.

C. acaule R. Br. (*C. humile Salisb.*) Etwa 20 cm hoch werdende, einem kleinen C. Calceolus sehr ähnliche Art, deren paarweise, breit-eiförmige Blätter fast grundständig sind, während die einzelnen Blüten auf blattlosem Schaft stehen, viel kleiner und heller rot sind, der offene Schuh rosa-weisslich gefärbt, mit dunkelroten Adern. Mai—Juni. Nordamerika.

C. album Ait. ist *C. spectabile Sw. var.*

C. arietinum R. Br. Schmal und spitz eiförmig-, glatt graugrün-blättrig, schlank, bis 30 cm hoch. Blüten zu 1—3 in der Tracht eines kleinen C. Calceolus, aber der Schuh weiss, purpurrot gefleckt und geadert, die seitlichen Blumenblätter aufwärts gedreht, lang und schmal, weisslich, die unteren Kelchblätter vollkommen getrennt. Mai—Juni. Nordamerika, besonders Canada, wo die Pflanze „Hammelkopf" heisst, weil die Blüte entfernt an einen Hammelkopf mit Hörnern und Ohren und einem Stirnschopf ähnelt.

C. bulbosum L. ist *Calypso borealis Sw.*

C. Calceolus L. (Fig. 59). Blätter breit eiförmig. Schaft vielblättrig, 30—50 cm hoch, 1—3 grosse Blüten tragend. Kelchblätter und Blumenblätter heller oder dunkler braunrot, die unteren Kelchblätter fast bis zur Spitze miteinander verwachsen, das obere eiförmig, lang zugespitzt, Blumenblätter breit lanzettlich, gewellt oder wenig gedreht, Schuh hochgelb mit hellbraunroten Linien. Mai, Juni. Europa. — Für ganz helle Buschpartien, an den Rand von Buschwerk und als Einzelpflanze auf Rasenplätze in der Wegnähe ausserordentlich zu empfehlende, ganz winterharte oder nur durch leichte Laubdecke zu schützende Staude. Im Freien liebt sie gipshaltigen Boden und auch im Garten ist sie für etwas Gips oder alten Mauerschutt sehr dankbar. Sie verlangt gutes, durchlassendes Erdreich und verträgt eher Schatten als brennende Sonne. Zu Bindereien oder sonstwie benutzte Blüten schneide man nicht zu tief am Boden ab, da die Pflanze dagegen empfindlich ist. Von allen ähnlichen Arten ihrer Verwandtschaft (californicum, parviflorum, pubescens) ist C. Calceolus weitaus die grösst-blumige und dadurch wertvollste.

C. californicum A. Gr. ist dem europäischen C. Calceolus sehr ähnlich, aber in allen Teilen kleiner und zarter. April, Mai. Californien.

C. canadense Mchx. ist *C. spectabile Sw.*

C. candidum Willd. Blätter breit lanzettlich, Blüten mittelgross, einzeln auf bis 30 cm hohem Schafte. Kelch- und die gedrehten Blumenblätter hellweissgrünlich mit braunroten Adern und Streifen, Schuh länglich, aussen fast reinweiss, innen zartrosa geadert und braunpurpurn gesprenkelt. Mai bis Juni. Nordamerika, auf fetten Wiesen. Sehr hübsche Art mit die Blätter lang überragender Blüte.

C. flavescens Red. ist *C. pubescens W.*

C. guttatum Swartz. Etwa 10 cm hohe, sehr zierliche Zwergart mit zwei breit - lanzettlichen Blättern und einzelstehenden, mittelgrossen Blüten, Kelch- und Blumenblätter kurz, grade, spitz, Schuh flach, fast kreisrund, zartrosa, karminrot überlaufen. April. Russland, Sibirien. 1828 zum erstenmale in Kultur gebracht, gegenwärtig wieder sehr selten geworden.

Fig. 59. Cypripedilum Caleolus.

C. hirsutum Mill. ist *C. spectabile Sw.*

C. humile Sal. ist *C. acaule R. Br.*

C. japonicum Thbg. (Fig. 60.) Die beiden gegenständigen, fächerförmigen, handtellergrossen, tiefgefurchten, am Rande gewellten Blätter sind etwa 10 cm über dem Boden flach ausgebreitet. Aus ihrer Mitte erhebt sich auf unbeblättertem schlanken Schafte die einzelne, 10—15 cm grosse Blüte, deren Blätter hell gelbgrünlich mit braunroter Strich- und Fleckzeichnung sind. Die seitlichen Blumenblätter sind eiförmig, kurz zugespitzt, nicht gedreht, am Grunde dicht rotbraun punktiert, am Rande spärlich gewimpert. Schuh aus kurzer Basis lang und breit gewölbt, mit fast bis an den Vorderrand gehender Mittelspalte, reinweiss oder rötlichweiss mit zartroter Aderung und ebensolchen Tuschflecken. April—Juni. Japan.

Die Art verlangt bei uns Kalthauskultur, durchlassenden Lehmboden mit Haidebrocken und reichlich Wasser während der Vegetation. Sehr kulturwerte, hochinteressante Orchidee.

C. macranthum Swartz. Blätter spitz eiförmig, Blütentrieb bis 30 cm

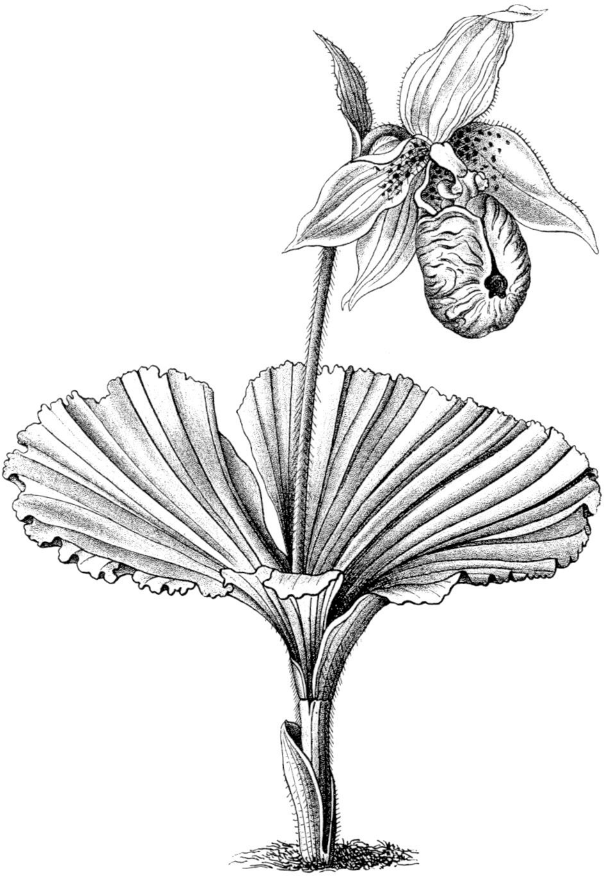

Fig. 60. Cypripedilum japonicum.

hoch, meist einblumig. Blüte gross, Kelch- und Blumenblätter breit lanzettlich, hellrosa-purpurn, Schuh bauchig-aufgeblasen, leuchtend rosa mit weissem Innengrunde und zuweilen dunklerer Aderung. Mai, Juni. Sibirien, besonders in den südlichen Berglandschaften. Prächtige, ganz harte Art für Steingruppen und Topfkultur.

C. montanum Dougl. steht dem C. spectabile sehr nahe, ist aber kleiner, fast reinweiss und hat viel längere, schmale Kelchblätter. April, Mai. Californien.

C. parviflorum Salisb. Im wilden Zustande angeblich höher als C. Calceolus, in der Kultur sahen wir es immer nur als schlanke Pflanze von 30—40 cm mit auffällig schmalen, feinhaarigen Blättern und einzelstehenden, nur mittelgrossen, stark duftenden Blüten von hell rosabrauner, gelbstreifiger Farbe der locker gedrehten, langen Kelch- und Blumenblätter und fast rein goldgelbem Schuh. April, Mai. Nordamerika, feuchte Moosgründe.

C. pubescens Willd. (*C. flavescens Red.*) Kräftige bis, 40 cm hohe, in allen Teilen sammtig bekleidete Pflanze mit breit eiförmigen Blättern und einzeln oder zu drei stehenden purpurbraunen Blüten mit leuchtend hellgelbem, purpurn geadertem, breitem Schuh. Mai, Juni. Nordamerika.

C. Reginae Walt. ist *C. spectabile Sw.*

C. spectabile Swartz. (*C. canadense Mchx. C. hirsutum Mill., C. Reginae Walt.*) (Fig. 61). Dichtbuschig, 30—50 cm hoch, Blätter zartflaumig, handgross, breit eiförmig. Blüten zu 1—5, gross, freitragend, Kelch- und Blumenblätter länglich eiförmig, reinweiss, Schuh breit, bauchig-aufgeblasen, zart rosapurpurn mit schmälerer oder breiterer weisser Zeichnung. Mai, Juni. Nordamerika. Wohl die am leichtesten wachsende nordamerikanische Art, die in mildem Lehmboden, halbschattig, enorme Dimensionen annimmt und ganz winterhart ist. Die Rhizome wollen nur etwa 10 cm hoch liegen und müssen von Zeit zu Zeit frisch überschüttet werden, da sie nach oben rücken. Für grosse Steinpartien, aber auch als Frühlings-Rasenschmuck, ausgezeichnet.

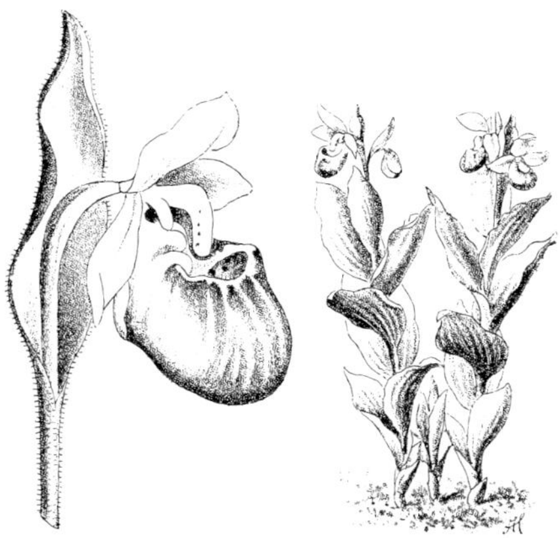

Fig. 61. Cypripedilum spectabile.

— **var. album Sweet.** Blüten grösser als an der Urform, reinweiss, auch die Lippe reinweiss.

C. ventricosum Sw. Stengel beblättert, 30 cm hoch, zweiblumig, Blüten gross, dunkelpurpurn, Lippe rotpurpurn, gelb gesäumt, länglich, Kelch- und Blumenblätter lang-lanzettlich. April, Mai. Sibirien.

Cyrtochilum H. B. K. ist eine Unterabteilung der Gattung Oncidium (siehe dort) und umfasst u. a. die Arten O. concolor, leucochilum, maculatum und zebrinum, ausserdem gehen aber auch Arten von Odontoglossum als Cyrtochilum.

Cyrtochilum citrinum H. B. K. ist *Oncidium concolor Hook.*

Cyrtochilum bictoniense Batem. ist *Odontoglosum bictoniense Ldl.*

C. Karwinskii Ldl. ist *Odontoglossum laeve Ldl.*

C. pardinum Hook. ist *Odontoglossum pardinum Ldl.*

Cyrtopera Ldl. wird von Bentham und Hooker mit der Gattung Cyrtopodium, von. Pfitzer mit Eulophia vereinigt. Die an eine Bletia erinnernden Pflanzen sind kaum ausserhalb botanischer Gärten in Kultur und auch wenig beachtenswert. C. flava Ldl. hat grosse, faltige, grundständige Blätter, aus denen sich ein bis meterhoher Blütenschaft mit gedrängt stehenden, mittelgrossen, buttergelben, fast regelmässigen, kurz gespornten Blüten, deren kurz abgestumpfte Lippe blassgelb ist, erhebt. C. sanguinea Ldl. hat ähnliche, kleine Wurzelblätter, Blütenschaft etwa 50 cm hoch mit einer kurzen Ähre purpurroter Blüten von 4—5 cm Durchmesser, deren Lippe einen weissen, rosa gesäumten Mittellappen und kurze, rosae, dunkler gefleckte Seitenlappen trägt. Beide Arten stammen vom Sikkim Himalaya, blühen vom März an und verlangen die Kultur der Bletia-Arten.

Cyrtopodium *R. Br.*

(Tylochilus Nees.)

(Cyrtopodiinae 240.)

Wenige, im tropischen Amerika einheimische Arten mit hohem, schlankem, fast fleischigem Stamme, welchen die Scheiden der in einen Stiel verschmälerten, langen, vielfach kielfaltigen, in der Trockenzeit abfallenden Blätter umfassen. Blütenstand aus dem jungen Triebe und vor dessen Entwickelung treibend, aufrecht, rispig vielblumig. Blüten ausgebreitet mit spreizenden oder zurückschlagenden Blumenblättern und frei vortretender Lippe. Kelch- und Blumenblätter fast gleich, aus schmalem Grunde schmäler oder breiter eiförmig. Lippe dreilappig, mit schmalem Nagel einer frei nach unten vorstehenden Spitze des Säulenfusses ansitzend, Seitenlappen aufgebogen, die Säule einschliessend, Mittellappen aus schmalem, nach unten gebogenem Stege sich in eine schüsselförmig vertiefte Platte wagerecht vorstreckend.

Alle Arten verlangen sehr geräumige Töpfe mit lehmhaltiger Haideerde oder Sphagnum mit Lehmboden (Wiesenlehm) gemengt, gute Drainage und während der Entwickelung möglichst hohe Temperaturen und möglichst viel Wasser. Auch in der Ruheperiode darf keine volle Trockenheit und keine niedere Temparatur eintreten. Die mächtigen, noch seltenen Pflanzen werden als sehr kulturwert bezeichnet. — Aus den fleischigen Knollenstämmen wird in der Heimat ein gut klebendes Gummi gewonnen.

C. **Andersoni R. Br.** Stämme bis $1^1/_2$ m hoch, gedunsen-langspindelig, mit zerstreuten, lang lanzettlichen, vielfaltigen Blättern. Blütenschaft bis meterhoch, rispig verzweigt, mit zahlreichen 8—10 cm grossen, grünlichgelben Blüten, deren Lippe leuchtend gelb ist. Mai—Juli. Westindien, Brasilien.

C. **cardiochilum Ldl.** Kleiner und schlanker als die vorstehende Art. Blüten 5—8 cm, hellgelb mit goldgelber Lippe. Mai, Juni. Brasilien.

C. flavum hort. ist *Cyrtopera flava Ldl.*

C. Legerianum hort. ist *C. punctatum Ldl. var.*

C. **punctatum Ldl.** (*Epidendrum punctatum Ldl.*) Stämme schlank-cylindrisch, 60—80 cm hoch, mit nach oben kronenartig zusammengedrängten, schmal-lanzettlichen Blättern. Blüten in meterhoher Rispe, über 10 cm gross, hellgelb mit roten Spritzflecken. Lippe sattgelb mit purpurrotem Saume. April, Mai. Westindien, Brasilien.

— **var. St. Legerianum Rchb. f.** Blüten dunkelgelb mit braun. Am Grunde des Blütenschaftes lang hängende, grünbraune Deckschuppen.

Fig. 62. Cyrtopodium Saint Legerianum.

C. St. Legerianum Rchb. f. ist *C. punctatum Ldl. var.*

Cytherea Sal. ist *Calypso Sal.*

Cytheris Ldl. ist *Nephelaphyllum Bl.*

Decaisnea Brgn. ist *Prescottia Ldl.*

Dendrobium *Sw.*

(Actinia Griff. Ceraia Lour. Desmotrichum Bl. Dichopus Bl. Onychium Bl. Pedilonum Bl.)

(Dendrobiinae 277.)

Die weit mehr als dreihundert Arten sind in der äusseren Tracht sehr verschieden. Bald ist eine eingliedrige Scheinknolle vorhanden, bald ist die Luftknolle zu einem vielgliederigem schlankem oder irgendwie verdicktem Stamme ausgebildet. Die meist kurzen Blätter sind gegliedert und die Spreite fällt meist während der Trockenheit ab. Die Blüten stehen bald einzeln, bald zu zwei oder mehreren an den Knoten der Stammglieder, bald in dichten hängenden Trauben oder in aufrechten Rispen. Blütengrösse und Färbung ist ungemein wechselnd und ebenso die äussere Form der Blüte, deren charakteristischer Bau das obere Kelchblatt frei zeigt, während die beiden seitlichen mit dem Fuss der Säule entweder ein Kinn bilden oder eine spornähnliche, hohle Aussackung. Die Lippe ist dem Säulenfuss beweglich angegliedert, aber nur mit ihrem mittleren Grundteile, die Seitenränder sind immer frei. Die Form der Lippe, besonders des Mittellappens, ist eine ausserordentlich wechselnde. Die kurze Säule trägt die ausserordentlich locker anhängende, nur mit einem zarten Fädchen in der Mitte ihres Rückens befestigte, bewegliche Anthere, welche vier anhangslose Pollenmassen bedeckt.

Die Dendrobien sind sämtlich Kinder der alten Welt. Die Hauptmasse der Arten ist im tropischen Asien und dessen Inselwelt einheimisch, aber auch Japan, Australien und die Südseeinseln beherbergen eine Anzahl Arten, während in Afrika und Amerika die Gattung Dendrobium keine Vertreter hat.

In der Heimat sind alle Dendrobien Baumbewohner oder an moosbewachsenen Felsen vorkommend. Demzufolge weist die heutige Kulturrichtung auch ganz ausschliesslich den Dendrobien ihren Platz an Korkrinden oder hoch gepflanzt in kleinen hängenden Kästchen an. Etwas Sphagnum und Haidebrocken genügen zwar zum Gedeihen der Art, aber fast alle Arten entwickeln sich doch üppiger, wenn sie während der Vegetation mit dem Gusswasser Düngstoffe zugeführt erhalten, am einfachsten durch Eintauchen in sehr verdünnte Dunglösung. Zum guten Gedeihen, zum üppigen Blühen der Dendrobien ist neben der möglichst starken Entwickelung der Scheinknollen eine streng durchgeführte Trockenperiode notwendig. Unmittelbar nach dem Abblühen und nach der vollen Entwickelung des neuen Triebes beginnt man spärlicher Wasser zu geben und hört nach und nach damit fast vollkommen auf, wobei die Pflanzen aber von Licht und Sonne getroffen werden müssen. Bei sehr vielen Arten können die Knollen thatsächlich bis zum Faltigwerden und Schlaffwerden trocken gehalten werden; die Blüten erscheinen dann um so besser. Mit dem Augenblicke, wo die ersten Anfänge der jungen Blatt- oder Blütentriebe aus den alten Knollen oder Wurzelstöcken hervorzutreten beginnen, muss dann reichliche Wasserzufuhr erfolgen. Alle indischen und überhaupt der Tropenzone entstammenden Dendrobienarten brauchen auch in der Kultur viel Wärme, die japanischen und australischen Arten nehmen mit 10° Minimaltemperatur vorlieb.

Die systematische Einteilung (nach Pfitzer) der grossen Gattung ist folgende:

I. **Eudendrobium Ldl.** Stämme schlank, im ersten Jahre fast ganz mit flachen Blättern besetzt, Blütenstände aus den Blattachseln der oberen, meist dann schon völlig blattlosen Stammhälfte, junge Blatttriebe aus der untersten Blattachsel kommend. Sind die Blätter noch am Stamme, so durchbricht der Blütenstand die Blattscheide.

a) **Calceolaria:** Blütentrauben hängend. Lippe hohl, schuhförmig; z. B. D. moschatum Wall.

b) **Chrysostachya:** Blüten gelb in reichblütigen Trauben, Lippe nicht schuhförmig; z. B. D. fimbriatum Hook.

c) **Rhodostachya:** Blüten rot oder weiss in reichblütigen Trauben; z. B. D. Dalhousianum Roxb.

d) **Chrysantha:** Blüten nur gelb und nur zu 1—3; z. B. D. chrysanthum Wall.

e) **Nobilia:** Blüten weiss und rot, zuweilen mit gelber Fleckzeichnung, zu 1—3; z. B. D. nobile Ldl.

f) **Nigrohirsuta:** Blattscheiden stark schwarz behaart; z. B. D. formosum Ldl.

g) **Pedilonum** (Von Blume als eigene Gattung beschrieben): Lippe schmal, (b—f haben breite Lippen), ungeteilt, mit den paarigen Kelchblättern am Grunde des Säulenfusses ein spornähnliches Kinn bildend; z. B. D. amethystoglossum Rchb. f.

h) **Ferulacea:** Lippe deutlich dreilappig (a—g haben ungeteilte Lippen), Blüten klein, meist einzeln; z. B. D. barbatulum Ldl.

i) **Trilobata:** Lippe deutlich dreilappig, Blüten gross, in armblütigen Trauben; z. B. D. luteolum Batem.

k) **Antennata:** Blumenblätter viel länger als die Kelchblätter (a—i haben fast gleichmässige Blumen- und Kelchblätter), dünn und meist gedreht, aufgerichtet; z. B. D. d'Albertisii Rchb. f.

II. **Crumenata Pfitz.** Stämme unten schlank, mitten angeschwollen, oben wieder schlank. Blätter flach; D. crumenatum Ldl.

III. **Ampullaria Pfitz.** Stamm unten eine flache Scheinknolle bildend, oben schlank, mit zahlreichen flachen Blättern; z. B. D. planibulbe Ldl.

IV. **Dendrocoryne Ldl.** (als eigene Gattung). Stamm unten etwas verdickt, mitten schlank, oben keulig und nur an diesem keuligen Ende die flachen Blätter tragend.

a) **Bigibba:** Fruchtknoten kahl; z. B. D. Phalaenopsis Rchb. f.

b) **Hispida:** Fruchtknoten stachelig; z. B. D. macrophyllum A. Rich.

V. **Desmotrichum Ldl.** (als eigene Gattung), wie IV, aber die dort glatte Lippe ist hier dicht sammethaarig und oft am Rande gefranst; z. B. D. densiflorum Wall.

VI. **Crinifera Pfitz.** Lippe dreilappig, Mittelappen vollständig zerfranst; z. B. D. Brymerianum Rchb. f.

VII. **Bolbodium Ldl.** (als eigene Gattung): Stamm eine kurze, oft nur eingliedrige Scheinknolle bildend, meist nur ein immergrünes, flaches Blatt, Blütenstand auf der Knolle.

a) **Indivisa:** Lippe ungeteilt; z. B. D. Jenkinsii Wall.

b) **Triloba:** Lippe dreilappig; z. B. D. cymbidioides Ldl.

VIII. **Sarcopodium Ldl.** (als eigene Gattung). Eingliedrige Scheinknollen mit zwei lederartigen, flachen Blättern, auf dem kriechendem Rhizom zerstreut sitzend; z. B. D. amplum Wall.

IX. **Diplocaulobium Rchb. f.** (als eigene Gattung): Blattriebe eine eingliedrige Knolle mit einem flachen Blatte, Blütentriebe ganz schlank mit einem sehr kleinen Blatte unter dem Blütenstande; z. B. D. nitidissimum Rchb. f.

X. **Rhizobium Ldl.** (als eigene Gattung): sehr kurze, unverdickte Stämme mit je einem, dickfleischigen, zuweilen warzigen Laubblatte; z. B. D. cucumerinum Mac Leay aus Neusüdwales, mit Blättern wie kleine warzige Gurken (nicht in Kultur).

XI. **Strongyle Ldl.** (als eigene Gattung): Blätter lang cylindrisch mit meist gefurchter Oberseite; z. B. D. teretifolium R. Br.

D. aduncum Wall. Stämme schlank, halbhängend, Blätter immergrün, schmal und spitz lanzettlich, Blüten klein, zu 1—5 durch die Blattscheiden brechend, weiss mit blassrotem Hauch, Lippe dunkelrosa mit faltiger Spitze. Juni—August. Ostindien. Unbedeutende alte Art gegenüber den neueren Einführungen aus derselben Gruppe der Nobilia.

D. aemulum R. Br. Stämme aus dickem Grunde schlank, rund, 10 cm hoch, mit 2—3 länglich-eiförmigen, ledrigen Blättern an der Spitze. Blüten in endständiger Traube auf beblätterten wie blattlosen Stämmen zu 5—7, wohlriechend, 3 cm breit, weiss, an den Blumenblattspitzen gelblich, Seitenlappen der weissen, grün gestreiften, kurz dreilappigen Lippe rosa, Mittellappen zurückgeschlagen. September. Neu-Südwales. Unbedeutende Art.

— **var. album hort.** Blüten reinweiss.

D. aggregatum Roxb. Eingliedrige, runzliche, länglich-eiförmige Scheinknollen mit je einem breit-lanzettlichem, lederartigem Blatte. Blüten in kurzer aufrechter Traube, mittelgross, goldgelb mit orangegelbem Schlundfleck der weichhaarigen Lippe. März—Mai. Birma, Südchina.

— **var. majus** ist nur durch etwas grössere, meist heller gefärbte Blüten abweichend.

D. Ainsworthii Moore (Fig. 63) ist eine Gartenkreuzung aus D. aureum und D. nobile, von Mr. Mitchell, Obergärtner des Dr. Ainsworth in Lower Brougthon bei Manchester, gezüchtet. Es neigt in Blatt- und Stammform zu D. aureum, während in der Blüte D. nobile vorwiegt. Blumenblätter reinweis, die Lippe gelblichweiss mit sie fast ganz ausfüllendem, in zarten helleren Strahlen allseits auslaufendem, prachtvoll weinroten oder leuchtend gelbroten Schlundfleck. Blüten zu 3—5 aus den alten Scheinknollen, prächtig duftend. Februar—April.

— **var. roseum Moore.**, (aus derselben Aussaat gewonnen), hat zart dunkelrosae Blumenblätter und hellkarminrote Lippe mit dunklerem Federfleck.

D. Ainsworthii × Finalayanum ist *D. chrysodiscus* oder *D. melanodiscus Rchb. f.*

D. Albertisii hort. ist *D. d'Albertisii Rchb. f.*

D. alboluteum hort. ist *D. thyrsiflorum Rchb. f.*

D. albosanguineum Ldl. Stämme knorrig gegliedert, oben keulig verdickt und einen Schopf breit-lanzettlicher Blätter tragend. Blüten zu 2—5 aus den oberen Blattachseln, gross, rahmweiss, mit ebensolcher, vorn viereckig gestutzter, ebener Lippe, welche im Grunde jederseits einen blutroten Fleck trägt. Mai, Juni. Ostindien. Verlangt sehr viel Wärme.

D. albo-viride Parish ist *D. scabrilingue Ldl.*

D. album hort. ist *D. bigibbum Ldl. var. candidum Rchb. f.*

D. album Wght. ist *D. aqueum Ldl.*

D. amboinense Hook. ist 1853 durch Henshall aus Amboina eingeführt worden, hat 1856 bei Rollisson in Tooting im Juni geblüht, scheint aber längst wieder aus den Kulturen verschwunden zu sein. Es gehört in die Verwandtschaft von D. albosanguineum, hat aus knolligem Grunde vierkantige, spitz zulaufende Stämme mit spitz-länglichen Blättern und paarweis stehende, 10 cm breite Blüten, deren linear-lanzettliche Blütenblätter krêmeweiss sind, während die kleine, kaum gespornte Lippe gelblich mit einer Purpurlinie ist, auf der Scheibe orangegelbliche Augenflecke, im Grunde eine, in der Mitte zwei fleischige Warzen trägt.

Fig. 63. Dendrobium Ainsworthii.

D. amethystoglossum Rchb. f. Stämme kräftig, bis fast meterhoch und 2 cm dick. Blätter sitzend, länglich-eiförmig, kurz zugespitzt. Blüten in bis 10 cm langen, vielblumigen Trauben, 2 cm breit, elfenbeinweiss bis auf den amethyst-purpurnen Vorderteil der lang-spatelförmigen, mitten vertieften, vorn spitzen, an den Seiten eingeschlagenen Lippe, Kelch- und Blumenblätter zugespitzt, länglich-eiförmig. Sporn lang, stumpf, Februar—April. Durch Wallis 1872 von den Philippinen eingeführt.

D. amoenum Wall. Stämme schlank, gruppenweis zusammenstehend, halb hängend, bis 40 cm lang. Blätter schmal-lanzettlich, zugespitzt. Blüten mittelgross, süss duftend, zu 1—3, reinweiss mit kirschrotem

Spitzenfleck, Lippe aufgebogen, vorn breit-trompetenförmig, rahmweiss mit sammetartig kirschrotem Mittellappen, welcher drei Purpurlinien trägt, und sattgelbem Schlunde; Sporn kurz, kräftig, stumpf. März—April. Nepal, Sikkim-Himalaya.

D. anosmum Paxt. ist eine hellblühende, geruchlose Form von D. superbum Rchb. f.

D. Antelope hort. ist *D. d'Albertisii Rchb. f.*

D. Aphrodite Rchb f. (*D. nodatum Ldl.*) Stämme bis 20 cm lang, schlank, an den Gliedern geschwollen. Blätter länglich, stumpf, bald abfallend. Blüten einzeln aus den Knoten der kahlen Stämme, ausgebreitet 6—10 cm messend, reinweiss, Lippe im Halbkreis nach unten gebogen, an der Beugestelle verbreitert und verdickt, Seitenlappen breit aufgebogen, schneeweiss mit tief blutrotem Grundfleck, Mittellappen fast viereckig, orangegelb mit breitem weissem Saum und weisser, vorgezogener Spitze. März, April, oft im Herbst wieder blühend. Ostindien. Wächst gut, blüht aber nur nach sehr strenger Trockenperiode.

D. aqueum Ldl. (*D. album Wght.*) Stämme kräftig, niederliegend, bis 30 cm lang, jung auffallend gelbgrün. Blätter spitz länglich-eiförmig, etwa 4 zu 10 cm. Blüten einzeln oder paarweis, 5 cm gross, nacheinander auftretend, krêmeweiss ausser dem gelben Scheibenfleck der fast rautenförmigen, seicht dreilappigen Lippe, oberes Kelchblatt spitz länglich-elliptisch, seitliche sichelförmig, Blumenblätter breit-eiförmig, spreizend. Mittellappen der Lippe sammtig, am Rande gewimpert. August, September. Hügel des südlichen Vorderindiens.

D. Arachnites Rchb. f. Stämme kurzkeulig, kaum 15 cm hoch, bräunlichgelb, mit breit-eiförmigen, oben gehäuften Blättern. Blüten ursprünglich in kurzen armblütigen Trauben, in der Kultur aber oft in riesigen Pyramiden, 3—5 cm breit, zinnoberrot, Blumenblätter breitlinear, Lippe zungenförmig, zusammengedreht, nach vorn verschmälert, grau-rotbraun. März, April. Birma.

D. Aspasia Veitch (*D. aureum* × *Wardianum*) steht dem aureum nahe, aber die Blüten sind weiss, rötlich getupft, Lippengrund orange mit Karminfleck.

D. aureoroseum hort. ist *D. aureum Ldl. var. rhombeum Hook.*

D. aureum Ldl. (*D. heterocarpum Wall. D. rhombeum Hook*). Stämme 20—30 cm hoch, oben keulig verdickt. Blätter länglich, zugespitzt, abfallend. Blüten zu 2—3 aus den Blattachseln, mittelgross, köstlich Veilchen-duftend, gelblichweiss oder hellgelb, Lippe sammtig goldgelb mit scharlachroten Adern und Linien auf dem herabgebogenem Mittellappen. Januar—März. Ostindien, Ceylon, Java.

— **v. album hort.** Blüte fast reinweiss, Lippe hellgelb.

— *v. aurantiacum hort.* ist *v. rhombeum Hook.*

— **var. Henshallii Hook.** Sehr grossblütig, Lippe fast einfarbig gelb.

— **var. pallidum Ldl.** Blüte elfenbeinfarben, Lippe hellgelb.

— **var. philippinense Rchb. f.** In allen Teilen grösser, Blüten fast geruchlos, hellgelb, Lippe mit blutrotem Fleck auf dem Mittellappen. Philippinen.

— **var. rhombeum Hook.** *(v. aurantiacum hort. D. aureoroseum hort.)* Blüte hellgelb, Lippe dunkel goldgelb mit blutroter Zeichnung.

D. aureum × *japonicum* ist *D. endocharis Rchb. f.*

D. aureum × *nobile* ist *D. Ainsworthii Moore* oder *D. Leecheanum Rchb. f.* oder *D. splendidissimum Rchb. f.*

D. aureum × *Wardianum* ist *D. Aspasia Veitch.*

D. barbatulum Ldl. *(D. Heyneanum hort.* nicht *Ldl.)* Stämme aus geschwollenem Grunde schlank werdend, 15—20 cm hoch, steif aufgebogen, von den Blattscheiden bedeckt. Blätter zugespitzt-lanzettlich, bald abfallend. Blüten in hängenden, vielblumigen Trauben dichtgedrängt, mittelgross, vollkommen reinweiss mit grünlichem, kurzem Sporn. März, April. Ostindien.

D. Bensoniae Rchb. f. Stämme schlank, bis meterlang, Blätter spitzlinear, bald abbfallend. Blüten bis 10 cm Durchmesser, zu 2—3 an den Knoten, Kelchblätter länglich-lanzettlich, Blumenblätter länglich-rund, gelblichweiss, Lippe dicht sammtig orangegelb mit zwei dunkelpurpurnen Flecken im Grunde, Mittellappen kreisrund, vertieft. Februar—April. Ostindien.

— **var. album hort.** Blüten reinweiss.

— **var. xanthinum Rchb. f.** *(v. major hort.)* Blüte reinweiss, Lippe weiss mit orangegelbem Fleck des Mittellappens, Grundflecken dunkelpurpurn.

D. Bensoniae × *crystallinum* ist *D. Statterianum Rchb. f.*

D. bigibbum Ldl. Stämme schlank-spindelförmig, bis 10 cm hoch, mit spärlichen, oben zusammengedrängten, länglich-linearen, bald abfallenden Blättern. Blüten in kurzen, aus den obersten Stammknoten entspringenden, hängenden Trauben, kaum mittelgross, die breiten Blumenblätter leuchtend dunkelrosa, Lippe im Grunde etwas heller, Vorderlappen und die kurz aufgebogenen Seitenlappen purpur-rosa. Sporn kurz, rosa. April, Mai. Nordaustralien. Verlangt strenge Trockenperiode und möglichst viel Licht, auch während der Sommermonate ist jede Beschattung überflüssig.

— **var. candidum Rchb f.** *(D. album hort.)* Blüten weiss mit ganz zart rosaem Hauch, zuweilen reinweiss. Torres-Strasse.

— **var. superbum Rchb. f.** Blüten grösser, Lippe vorn dunkelpurpurn, Sporn lang und kräftig. Nordaustralien.

D. binoculare Rchb. f. Stämme schlank und dünn, bis 30 cm lang. Blätter spitz-lanzettlich, etwa 2 zu 10 cm. Blüten zu 5—9 in aufsteigenden Trauben, rötlich oder kupferrot-orange, Mittellappen der Lippe zart flaumig, fast rautenförmig, gezähnelt, gelb mit zwei kastanienbraunen

Augenflecken im Grunde. Kelch- und Blumenblätter spitz-länglich, letztere etwas breiter. Februar, März. Birma.

D. **Boxallii Rchb. f.** Stamm kurz-keulig, kaum 10 cm hoch, mit bald abfallenden, linearen, zweispitzigen Blättern. Blüten zu 1—5, Blumenblätter weiss mit karmin-purpurnem Hauch, die gleich gefärbte Lippe trägt einen leuchtend orangegelben Scheibenfleck. Februar—April. Birma.

D. **Brymerianum Rchb. f.** (Fig. 64). Stämme aus schlankem Grunde mitten geschwollen, oben wieder schlank, 20—30 cm hoch. Blätter zweizeilig, spitz-lanzettlich, abfallend. Blüten in kurzen, dichten Trauben aus den oberen Stammknoten. Blüten 6—8 cm im Durchmesser, mit goldgelben, breit-lanzettlichen Kelchblättern, eben solchen schmal-länglichen Blumenblättern und etwas hellerer Lippe, deren vorgezogener herzförmiger Mittellappen ganz aufgelöst ist in langbärtige, gabelspaltige Fransen, Seitenlappen kurz, breit, tief orangegelb mit kürzeren Fransen. März—April. Birma.

— **var. histrionicum hort.** Blüten etwas kleiner und dunkler gefärbt, Lippe weniger bärtig.

D. Bullerianum Hook. ist *D. gratiosissimum Rchb. f.*

D. calamiforme hort. ist *D. teretifolium R. Br.*

D. Calceolaria Hook. und *D. Calceolus hort.* ist *D. moschatum Ldl.*

D. Cambridgeanum Paxt. ist *D. ochreatum Ldl.*

D. **canaliculatum R. Br.** (*D. Pattonianum Hook.*) Scheinknollen länglich-birnförmig, mit je zwei immergrünen, schmal-lanzettlichen, dicken Blättern. Blütenstand eine aus dem oberen Ende seitlich entspringende, 8—12 blütige aufrechte Traube von 20 cm Höhe mit kleinen, unscheinbaren, weissgelblichen Blüten mit mattgelber, weissgerandeter Lippe, welche drei kielartig scharf vortretende Adern trägt, die in den fast eiförmigen Vorderlappen als körnige Kämme verlaufen. April, Mai. Nordostaustralien.

D. **capillipes Rchb. f.** Stämme kurz-knorrig, kaum 10 cm hoch, oben eine kleine Krone lanzettlicher Blätter tragend. Blüten aus den oberen Knoten zu 2—5, kaum 3 cm Durchmesser, einfarbig goldgelb, mit vorn abgestutzt-vierkantiger, flacher Lippe. März, April. Birma.

D. **cariniferum Rchb. f.** Stamm dick-cylindrisch, bis 20 cm hoch. Blätter abfallend, sitzend, schmal-länglich, etwa 2 zu 10 cm, vorn schieflappig, Blüten zu 1—3 an den obersten Knoten, 4 cm breit, Kelchblätter spitz-lanzettlich, stark gebogen, rot-orange, Mittellappen fast quadratisch, abstehend, wellig, aus orangerotem Grunde gelblich bis weiss, mit lang behaarten Adern. Sporn lang, stumpf. Säule dreikantig, aus orangegelbem Grunde weiss. April, Mai. Birma.

— **var. Wattii Hook.** Blätter schmäler, Blüten bis 8 cm gross, reinweiss bis auf den gelben Grund der Lippe, deren Mittellappen länger und zweiteilig ist.

D. castum hort. ist *D. Linawianum Rchb. f.*

D. **chlorops Ldl.** Unscheinbare, die Kultur nicht lohnende, ostindische

Art mit wohlriechenden, kaum 1,5 cm grossen, trübgelblichen oder elfenbeinfarbenen Blüten und gelb grünlicher, vorn krêmeweisser, dreiteiliger, sammtiger Lippe. Januar, Februar.

D. chlorostele Rchb. f. ist *D. Linawianum* × *Wardianum,* ein schöner Gartenbastart. Kelchblätter weiss, purpurn gesäumt, Blumenblätter aus weissem Grunde purpurn, Mitte der Lippe amaranthpurpurn, gelb gesäumt mit hellpurpurroter Spitze. Oktober—Februar.

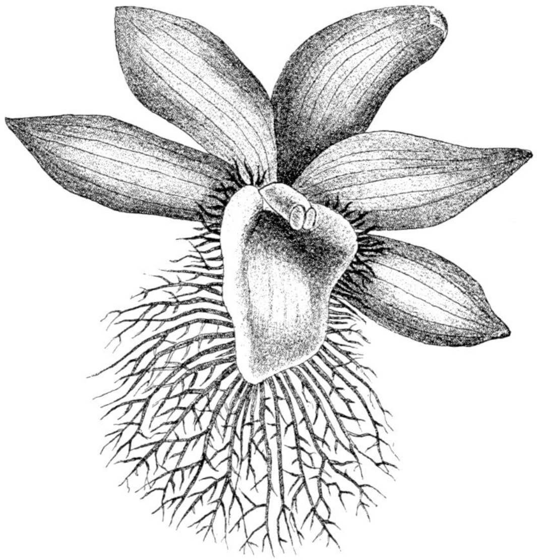

Fig. 64. Dendrobium Brymerianum.

D. chrysanthum Ldl. *(D. Paxtoni Ldl).* Stämme hängend, sehr dünn, bis meterlang, mit meist gedrehten, eilanzettlichen, spitzen, abfallenden Blättern. Blüten zu 2—3 an den jungen Trieben, 5—6 cm Durchmesser, mit fleischigen goldgelben, länglichen Kelchblättern und verkehrteiförmigen Blumenblättern, goldgelber Lippe mit blutrotem Doppelfleck und kapuzenförmigem, gezähneltem Vorderlappen. Die ersten Blüten erscheinen im Februar, die folgenden entwickeln sich nach und nach oft bis in den Herbst hinein; die einzelnen Blüten halten etwa vierzehn Tage aus. Nepal.

— **var. microphthalmum Rchb. f.** Lippenflecken klein, hell gesäumt.

— **var. superbum hort.** Blüten grösser, leuchtend goldgelb mit sehr grossen, hellblutroten Lippenflecken.

D. chryseum Rolfe. Stämme gedrängt, rund, schlank aufrecht, halbmeterhoch, an der Spitze mit ein paar linear-lanzettlichen, spitzen oder gestutzten, abfallenden, etwa 8 zu 1,5 cm grossen Blättern. Blüten an den blattlosen Stämmen zu 1—3, 5 cm breit, Kelchblätter länglich, Blumenblätter breitelliptisch, gold-orangegelb, ebenso die Lippe bis auf einige schwache karminrote Linien der kleinen über die Säule gelegten Seitenlappen, Mittellappen kreisrund, flaumig, fein gezackt. Februar, März. Assam.

D. Chrysocrepis Parish et Rchb. f. Stämme aus schlankem Grunde in eine flache Scheinknolle verbreitert, bis 20 cm hoch, mit einigen lanzett-elliptischen, scharf zugespitzten, etwa 1,5 zu 6 cm grossen, abfallenden Blättern. Blüten einzeln an den blattlosen Stämmen, bis 3 cm breit, kurzgestielt, goldgelb, oberes Kelchblatt und Blumenblätter verkehrt-eiförmig, ausgehöhlt, seitliche Kelchblätter eiförmig, abstehend, Lippe rötlich-sammtig, fast pantoffelförmig. März—Mai. Moulmein.

D. chrysodiscus Rchb f. ist eine Kreuzung aus D. Ainsworthii ♂ × Findlayanum ♀, welche im Wuchs genau zwischen den Eltern steht. Kelch- und Blumenblätter weiss, an den Spitzen purpurfleckig. Lippe gelbweiss mit orangegelber Scheibe, purpurnem Grundfleck und Spitzenfleck. Januar—März.

— **var. oculatum Rchb. f.** Purpurflecken grösser und dunkler, die tief kastanienbraune Scheibe der Lippe leuchtend gelb gesäumt.

D. chrysotis Rchb. f. ist *D. Hookerianum Ldl.*

D. chrysotoxum Ldl. Stämme aufrecht, bis 20 cm hoch, dickkeulig mit vortretenden Rippen. Blätter spärlich und nur am oberen Stamm-ende, immergrün, lederartig, breit-lanzettlich, kurz zugespitzt. Blüten in reichhaltigen, seitenständigen, hängenden Trauben, duftend, bis 5 cm gross, leuchtend goldgelb, Lippe sammetartig tief orangegelb mit hellerem Saum, im Grunde dunkel-orange, vorn abgerundet kapuzenförmig, lang gewimpert und gefranst. November—April. Birma.

— *var. suavissimum hort.* ist *D. suavissimum Rchb. f.*

— **var. superbum hort.** Blüten grösser und feuriger gefärbt.

D. ciliatum Parish. Stämme buschig, federkieldick, halbmeterlang, hängend. Blätter abfallend, sitzend, länglich-eiförmig, allmählich in die Spitze verschmälert, etwa 2 zu 6 cm, Blüten in fast endständigen, vielblumigen, bis 30 cm langen, nickenden Trauben, 2 cm breit, Kelch- und Blumenblätter hellgelblich, linear, seitliche Kelchblätter sichelförmig, oberes vorgeneigt, mit den Blumenblättern parallel, Lippe seicht dreilappig, satt gelb, auf der Scheibe drei Faltenhäutchen zwischen rotbraunen Streifen, Vorderlappen klein, mit gelben keuligen Wimperborsten am Rande. Oktober—November. Moulmein.

— **var. breve Veitch.** Stämme kurz zugespitzt, nur 10—15 cm lang, sonst nicht verschieden.

D. ciliatum Sw. ist *Lycaste Barringtoniae Ldl.*

D. clavatum Ldl. Stämme schlank, schlaff hängend, bis 40 cm lang, mit bald abfallenden, lanzettlichen Blättern. Blüten in wenigblütigen, fast endständigen, scheidenbekleideten Trauben, 4—6 cm gross, feurig orangegelb, Lippe kurz gewimpert, sammtartig, mit breitem, braunrotem Doppelfleck. März—Mai. Assam. Gehört zu den schönsten gelbblühenden Arten.

D. coerulescens Ldl. ist *D. nobile Ldl. var.*

D. crassinode Rchb. f. Stämme aufrecht, bis 30 cm hoch, mit kuglig angeschwollenen Gelenken von 3 cm Durchmesser und abfallenden, breit-lanzettlichen Blättern. Blüten zahlreich, an den oberen Knoten, zu 1—2, 4—5 cm gross, Kelch- und Blumenblätter breit-linear, wachsartig, weiss mit hellpurpurnem Schein, Lippe sammtig, weiss mit orangegelbem Grunde und hellpurpurnem Fleck auf dem länglich-eiförmigem Mittellappen. Februar bis Mai. Birma, Siam.

— **var. albiflorum Rchb. f.** Blüten reinweiss, im Grunde citrongelb.

— **var. Barberianum Rchb. f.** Blüten weiss mit leuchtend purpurnen Flecken, Lippe ebenso, im Grunde und nach vorn verlaufend-orangegelb.

D. crassinode × Wardianum ist *D. melanophthalmum Rchb. f.*

D. crepidatum Ldl. Stämme schlank hängend, bis 30 cm lang, längsriefig. Blätter länglich, zugespitzt. Blüten zu 2 an den blattlosen Knoten, die länglichen Kelchblätter und fast eiförmigen Blumenblätter weiss mit rosaen Tupfen, Lippe sammtig, mit rund-herzförmigem, weissem, rosa gesäumtem Mittellappen und gelbem, faltigem Grunde. April, Mai. Assam.

D. cretaceum Ldl. In Gruppen stehende halbhängende, schlanke, längsstreifige Stämme, bis 25 cm lang, mit abfallenden lanzettlichen Blättern. Blüten einzeln an den blattlosen Knoten, 3—5 cm gross, Blumenblätter lanzettlich, mattweiss, Lippe sammtig, aus gelbem, spärlich hellrot längsstreifigen Grunde in einen rundlichen, kapuzenförmigen, gefransten, weiss gesäumten Mittellappen vorgezogen. Juni, Juli. Ostindien.

D. cruentum Rchb. f. Stämme schlank, aufrecht, bis 20 cm hoch. Blätter lanzettlich, die den Stamm umfassenden Scheiden schwarz behaart. Blüten paarweiss an den blattlosen Knoten, mittelgross, Kelch- und Blumenblätter gelbgrün mit dunkelgrüner Netzaderung, Lippe gleichfalls gelbgrün mit hell scharlachrotem Rande, roten Kammlinien und Seitenlappen. August bis Oktober. Halbinsel Malacca.

D. crumenatum Ldl. Stämme aus schlankem Grunde mitten verdickt, oben wieder schlank, mit eiförmigen, vorn stumpfen oder ausgerandeten, ledrigen Blättern von 1 zu 4 cm etwa. Blüten zu 3—5 in Traubenbüscheln an den oberen Teilen der Stämme, 6 cm breit, reinweiss oder am Grunde gelblich, Kelch- und Blumenblätter wellig, eiförmig, zugespitzt, Lippe kappenförmig, wellig, aus gelblichem Grunde weiss. April, Mai. Java.

D. crystallinum Rchb. f. Stämme schlaff hängend, gestreift, ohne Verdickung an den Knoten, 20—30 cm lang. Blätter schmal lanzettlich, bald abfallend. Blüten kaum 5 cm erreichend, zu 1—3 an den blattlosen Knoten, Blumenblätter weiss mit violettrot, Lippe aus orangegelbem Grunde vorn weiss mit hell violettrotem Tuschfleck. Juni—August. Birma.

D. cucullatum R. Br. ist *D. Pierardi Roxbg.*

D. cucullatum var. giganteum hort. ist *D. primulinum Ldl. var.*

D. cumulatum Ldl. Stämme buschig, schlank, hängend, kleinfingerdick, halbmeterlang. Blätter spitz-länglich, abfallend, etwa 2 zu 8 cm gross. Blüten in fast kuglig gedrängten Trugdolden, deren Schaft wie die Blütentriebe trüb purpurn ist, 2 cm breit, purpurrosa mit weiss überlaufen, Kelch- und Blumenblätter länglich, Lippe länglich verkehrt-eiförmig, vorragend, mit leicht gebogenem, stumpfem Sporn. August, September. Moulmein.

D. cupreum Rchb. f. ist *D. moschatum var. cupreum Rchb. f.*

D. Cybele Rolfe ist von Seden aus D. Findlayanum ♂ und D. nobile ♀ gekreuzt worden und steht der Vaterart sehr nahe, sowohl im Wuchs als auch in den weissen, zart rosa betupften Blüten. Lippe weiss, hellgelb überlaufen mit karmin-purpurnem Grundfleck.

D. cymbidioides Ldl. (*Desmotrichum cymbidioides Bl.*) wurde 1852 eingeführt, ist aber wohl kaum noch in Kultur. Die länglich-eiförmigen, kantigen Scheinknollen tragen oben zwei ledrige, stumpf-längliche Blätter. Blüten in endständiger, lockerer Traube zu 5—7, 4 cm breit, ockergelb mit weisser, purpurstreifiger, mit 2—3 Warzenlinien besetzter Lippe. Juli, August. Java.

D. d'Albertisii Rchb. f. (*D. Albertisii hort. D. Antilope hort.*) (Fig. 65). Stämme kurz, selten über 10 cm hoch, steif vierkantig, nach oben verjüngt, mit breit lanzettlichen Blättern. Blüten in aufrechten, wenigblütigen Trauben, lang gespornt, mittelgross, süssduftend, die drei Kelchblätter aus breitem Grunde in eine kurze Spitze vorgezogen und zurückgekrümmt, reinweiss, die beiden Blumenblätter halbgedreht, lang schmal-linear, an den Enden kurz zugespitzt, hell smaragdgrün, steif aufrecht, Lippe dreilappig, die breitrunden Seitenlappen steif aufgebogen, weiss mit violett-purpurnem Hauch, der lang vorgezogene, herzförmige Mittellappen reinweiss mit hell violettpurpurner Aderung. Juni—August. Neu-Guinea. Die aufrechten, in der Farbe so abweichenden Blumenblätter geben der Blüte ein sehr sonderbares Aussehen und werden nicht unpassend mit Antilopenhörnern verglichen.

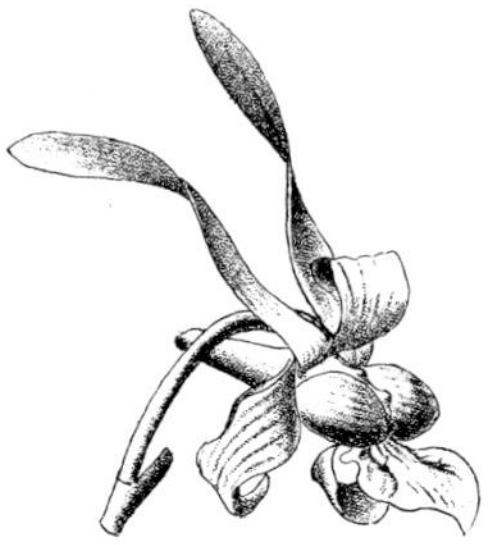

Fig. 65.
Dendrobium d'Albertisii.

D. Dalhousianum Paxt. Stämme schlank spindelförmig, über meterhoch, oft rötlich überlaufen, mit immergrünen, schmal-eiförmigen Blättern. Blüten in seitenständigen, hängenden, armblütigen Trauben aus den alten Trieben, 8—10 cm Durchmesser, die eiförmigen Kelch- und Blumenblätter citronengelb mit rosaem Saume, die drüsenhaarige Lippe aus zusammengezogenem hellgelblichem Grunde, in dem beiderseits ein hochroter, streifig gezeichneter Augenfleck steht, in einen eingebogenen weisslichen Vorderlappen verbreitert. April, Mai. Ostindien.

D. Dearei Rchb. f. (*D. superbum Rchb. f. var.*) Stämme schlank aufrecht, 60—80 cm hoch, die wenigen länglichen Blätter am oberen Ende zusammengedrängt. Blüten an den alten oder jungen Trieben zu 10—20 in end- oder seitenständigen, aufrechten Trauben, 5—8 cm im Durchmesser, schmetterlingsartig, vollkommen reinweiss bis auf einen leichten grünen Hauch im Schlunde der Lippe. April—Juni. Mindanao, (Philippinen).

D. densiflorum Wall. Stämme kurzkeulig. kaum 20 cm lang, mit nur am Ende stehenden länglichen, zugespitzten, tiefgenervten Blättern. Blüten in seitenständigen, vielblumigen, hängenden Trauben, 2—3 cm breit, mit eiförmigen, spreizenden, leuchtend gelben Blumenblättern und tief orangegelber, vorn breit gestutzt viereckiger Lippe mit fein gesägtem Rande. März — Mai. Nepal. Wohl der dankbarste Blüher unter den gelben Arten.

D. densiflorum alboluteum Hook. ist *D. thyrsiflorum Rchb. f.*

D. densiflorum album hort. ist *D. thyrsiflorum Rchb. f.*

— **var. Guibertii hort.** (*D. Guibertii Lind.*) Lippe goldgelb, der Grund des Vorderlappens und der obere Rand des trichterförmigen Lippenhalses orangegelb.

D. densiflorum Schroederi hort. ist *D. Schroederi Will.*

D. densiflorum Walkerianum hort. ist *D. thyrsiflorum Rchb. f. var.*

D. Devonianum Paxt. Stämme schlank, rund, über meterlang, oft weiter sprossend, mit wenigen, bald abfallenden, linear-lanzettlichen Blättern. Blüten zu 1—3 an dem Knoten von fast Dreiviertel des Stammes, schwach duftend, bis 5 cm breit, Kelchblätter gelblichweiss, zart mit rosa purpurnem Hauch schattiert, Blumenblätter breiter, mit hell purpurnem Anflug, prächtig gewimpert, Lippe mit breit herzförmigem, kapuzenförmigem, weissem, mit zwei satt orangegelben Seitenflecken gezeichnetem Vorderlappen, dessen Ausrandung ein scharf abgezweigter Purpurfleck ziert, während der ganze Rand elegant fedrig gefranst ist. Mai—Juni. Ostindien, Südchina. Eine der zartesten und schönsten Arten, welche im Triebe sehr viel Wasser braucht und auch in der Ruhe nicht zu sehr trocknen darf.

— **var. candidulum Rchb. f.** Blüten reinweiss bis auf einen orangegelben Fleck im Centrum der Lippe und purpurnen Streif am Sporn. April, Mai.

— **var. Elliottianum Rchb. f.** Blüten gelb mit dunkel purpurnen Flecken.

— **var. rhodoneurum Rchb. f.** Blüten stark duftend, elfenbeinweiss mit dunkel purpurner Zeichnung und sehr breiter Lippe.

D. discolor Ldl. ist *D. undulatum R. Br.*

D. dixanthum Rchb. f. Stämme aus schlankem Grunde leicht verdickt, bis 30 cm hoch, mit schmalen, abfallenden Blättern. Blüten zu 2—5 aus den blattlosen Knoten, 2—3 cm breit mit lanzettlichen Kelchblättern und etwas breiteren Blumenblättern, hellgelb wie die fast quadratische, am Rande fein gezähnte Lippe, welche einen dunkler gelben Mittelfleck trägt. März—Mai. Ostindien.

D. Dominyanum Rchb. f., von dem 1889 verstorbenen Obergärtner Dominy gezüchtete Kreuzung aus D. Linawianum und D. nobile, welche sehr stark an nobile erinnert, aber Blüten von dunklem Rosa als Grundfarbe trägt, die nach innen weiss werden, Lippe weiss mit braun-purpurner Scheibe und sattrosaer Spitze.

D. Draconis Rchb. f. *(D. eburneum Hook.)* Stämme kurz spindelförmig, bis 20 cm hoch, mit immergrünen lederartigen, lanzettlichen Blättern, deren Scheiden fast schwarz behaart sind. Blüten in seiten- oder endständigen mehrblumigen Trauben, mittelgross, Blütenblätter lanzettlich, spitz, elfenbeinweiss. Lippe reinweiss mit scharlachroter Schlundzeichnung. Mai—Juli. Birma, Cochinchina.

D. eburneum Hook. ist *D. Draconis Rchb. f.*

D. endocharis Rchb. f. ist eine von Seden gezogene Kreuzung aus D. aureum und D. japonicum mit breiten weissen Blumenblättern und gelblichweisser, spärlich rot punktierter Lippe der paarweis stehenden Blüten.

D. endocharis × *nobile* ist *D. euosmum Rchb. f.*

D. erythropogon Rchb. f. Stämme kurz aufrecht, etwa 20 cm hoch, mit länglich-eiförmigen Blättern, deren Scheiden schwarz behaart sind. Blüten in wenigblumigen, fast endständigen Trauben aus trüb weiss ockergelb, die ockergelbe Lippe zeigt auf dem Vorderlappen auf verwaschen rotem Grunde sieben erhabene scharlachrote Linien, deren beide äussere rot behaart sind. Mai—Juli. Borneo.

D. erythroxanthum Rchb. f. Stämme kurz, schlank, 10—15 cm hoch mit breit lanzettlichen Blättern. Blüten in seitenständigen, hängenden, dichtblumigen Trauben, 2—3 cm breit, bernsteingelb mit purpurroter Strichzeichnung. Juli, August. Philippinen.

D. euosmum Rchb. f. ist von Seden aus D. endocharis und D. nobile gekreuzt worden, also ein sogenannter Tripelbastard, da D. endocharis selbst ein Bastard ist. Die grossen duftigen Blüten sind weiss mit hellrosaen Tupfen, die braun-purpurne Scheibe weiss gesäumt. Säule hellgrün, purpurn gestrichelt.

— **var. leucopterum Rchb. f.** Blüten reinweiss bis auf die indianischrote Scheibe.

— **var. roseum Rchb. f.** Blüten dunkelrosa, an den Spitzen purpurn, Scheibe dunkelbraun.

D. Falconeri Hook. Stämme schlank, bis 50 cm lang hängend, zuweilen durch Sprosse verästelt, an den Knoten verdickt, mit wenigen, endständigen, schmallinearen, abfallenden Blättern. Blüten einzeln aus den blattlosen Knoten, 10 cm breit, Kelchblätter breit-lanzettlich, Blumenblätter spitz-eiförmig, Lippe kapuzenförmig mit spitz-eiförmigem Vorderlappen, durchweg weiss, ausser dem orangegelben Schlund der Lippe, welcher einen dunkelpurpurnen Fleck trägt. Mai, Juni. Nördliches Ostindien. Eine der schönsten Arten.

— **var. albidulum Rchb. f.** Blüten weiss mit purpurnen Schattenflecken an den Blattspitzen und am Rand der Lippe.

— **var. delicatum hort.** Lippenfleck zart rosa.

— **var. giganteum hort.** Blüten sehr gross, sonst in nichts abweichend.

— **var. Jacksoni Morr.** Büten weiss, rosa angehaucht, und reichlich mit purpurnen Spritzfleckchen gezeichnet.

D. Falconeri × *japonicum* ist *D. Vannerianum Rchb. f.*

D. Falconeri × *nobile* ist *D. Venus Veitch.*

D. Farmeri Paxt. Stämme aus fast kugligem Grunde keulenförmig, durch tiefe Furchen fast vierkantig, 10 cm hoch, auf der Spitze 2—4 eiförmige, lederartige Blätter tragend. Blüten in endständigen, langhängenden, vielblumigen Trauben, 3 cm breit, die stumpf-eiförmigen Kelchblätter und grösseren Blumenblätter gelbweiss mit rosaem Hauch, Lippe sammtig, strohgelb, mit buttergelbem, fein gezähneltem Mittellappen. April, Mai. Ostindien. In der Blütenfarbe und auch in den Grössenverhältnissen sehr wechselnd, gut wachsende und dankbar blühende Art.

— **var. albiflorum hort.** (*D. Farmeri album Regel.*) Blüte weiss, Lippe orangegelb.

— **var. aureoflavum Hook.** Blüte hellgelb, Lippe leuchtend goldgelb

— **var. aureum hort.** Blüte buttergelb, Lippe dunkel-goldgelb.

D. ferox hort. ist *D. macrophyllum A. Rich.*

D. fimbriatum Hook. Steif aufrechte, schlank runde Stämme bis zu 60 cm Höhe, mit immergrünen, breit-lanzettlichen, zugespitzten Blättern. Blüten in fast endständigen, nickenden, lockerblütigen Trauben, kaum 3 cm breit, buttergelb, die beiden Blumenblätter wimperig gezähnt, Lippe vorn zart goldgelb, mit langen, viel zerschlitzten Fransen dicht besetzt. März bis Mai. Nepal. Die nur wenige Tage ausdauernde Haltbarkeit der Blüte setzt den gärtnerischen Wert der hübschen Art sehr herab.

— **var. oculatum Hook.** (*D. Paxtoni hort. non Ldl.*) Blüten orangegelb mit einem blutrotem Fleck auf der Mitte der Lippe.

D. Findlayanum Parish et Rchb. f. Stämme knorrig-bogig, bis 30 cm lang, die einzelnen, etwa 5 cm von einander entfernten Knoten dick angeschwollen, riefig und mit Scheidenresten bekleidet. Blätter lang-linear, zugespitzt, abfallend. Blüten zu 1—3 aus den blattlosen obersten Knoten, 5 cm gross, Kelch- und Blumenblätter weiss mit dunkelrosaem Hauch, Lippe sammtig, mit breit gerundetem, orangegelbem, an den Rändern goldgelbem Vorderteil. Januar—März. Ostindien.

D. Findlayanum × Ainsworthii siehe D. chrysodiscus und D. melanodiscus Rchb. f.

D. Findlayanum × *aureum* ist *D. Schneiderianum Rchb. f.*

D. Findlayanum × *nobile* ist *D. Cybele Rolfe.*

D. formosum Roxbg. Stämme kurz, fest, 20 cm lang, mit immergrünen, dicken, eiförmigen, schief ausgerandeten Blättern, deren Scheiden schwarz behaart sind. Blüten in 3—5 zähligen, endständigen Trauben,

6—8 cm gross. Kelchblätter und die viel breiteren eiförmigen Blumenblätter weiss, Lippe weiss mit breiter goldgelber Runzelfurche in der Mitte. Februar—Mai. Ostindien, weit verbreitet an Felsen und Bäumen. Die schönen Blüten halten über einen Monat aus. Verlangt energische Trockenperiode und volles Licht.

— **var. giganteum Van Houtte.** Blüten über 10 cm Durchmesser, Lippenfleck orangegelb, sonst von der Hauptart nicht verschieden.

D. Fredianum hort. ist *D. longicornu Ldl.*

D. Freemanni hort. ist *D. lituiflorum Ldl. var.*

D. fuscatum Ldl. Stämme gruppenweiss, schlank cylindrisch, bis meterlang, mit abfallenden, grossen, breit-lanzettlichen, lang zugespitzten Blättern. Blüten in seitenständigen, reich- aber lockerblütigen, nickenden Trauben, mit im Zickzack gebogener Spindel, 5 cm gross, Blumenblätter länglich, leicht eingebogen, goldgelb, Lippe kurz, zart sammtig, vorn breit gerundet, gewimpert, goldgelb mit zwei karminroten Grundflecken. März, April. Ostindien.

D. Fytchianum Batem. Stämme schlank cylindrisch, kaum 20 cm hoch, mit abfallenden, breit-lanzettlichen Blättern. Blüten in fast endständigen, 8—12 blütigen, dichten, halb hängenden Trauben, 2— 3cm breit, Kelchblätter lanzettlich, Blumenblätter breit-elliptisch, alle glänzend weiss, Lippe dreilappig, der herzförmige, spitze, kleine Mittellappen reinweiss, die aufgebogenen kleinen Seitenlappen und der borstige Grund dunkel rosa, so dass die Blüte geäugt erscheint. Februar, März. Ostindien.

— **var. roseum hort.** Die ganze Blüte zart rosa angehaucht, Lippengrund dunkler.

D. Galliceanum Lind. ist *D. thyrsiflorum Rchb. f. var.*

D. Gibsoni Paxt. Stämme drehrund, nach oben stark zugespitzt, schlaff hängend, 20—30 cm lang, Blätter eilanzettlich, spitz zulaufend, abfallend. Blüten in 12—15 blumigen, seitenständigen Trauben nahe den Stammenden, 3 cm breit, tief orangegelb, Lippe mit sehr breitem, welligem, gefranstem Vorderlappen, leuchtend gelb mit zwei dunkelpurpurnen Grundflecken. Juli—Oktober. Ostindien.

D. Goldiei Rchb. f. ist *D. superbiens Rchb. f.*

D. grandiflorum H. B. K. ist *Maxillaria grandiflora Ldl.*

D. gratiosissimum Rchb. f. (*D. Bullerianum Hook.*) Stämme aufsteigend, seicht furchig, schlank, bis 20 cm hoch, mit bald abfallenden, eilanzettlichen, zugespitzten Blättern. Blüten zu 2—3 aus den blattlosen Knoten, 5—8 cm breit, Kelch- und Blumenblätter fast rautenförmig, weiss mit rosaem Anflug, Lippe vorn breit eiförmig, weiss mit rosaen Tupfen, im Grunde zart orangegelb gestreift und mit grossem, leuchtend gelbem Grundfleck. März, Mai. Ostindien.

D. Griffithianum Ldl. Stämme fast aufrecht keulig, oben fast viereckig, kaum 20 cm hoch, mit zwei dicken, breit-lanzettlichen, immergrünen Blättern. Blüten in schlaff hängenden, vielblumigen Trauben mit wellbogiger Spindel, 3 cm breit, prächtig goldgelb, Blumenblätter gewimpert, Lippe sammtig, vorn eiförmig und gezähnelt. Februar—April. Birma.

D. Guibertii Linden ist *D. densiflorum Wall. var.*

D. Hanburyanum Rchb. f. ist *D. lituiflorum Ldl.*

D. Harrisoniae Hook. ist *Bifrenaria Harrisoniae Ldl.*

D. Harveyanum Rchb. f. Stämme spindelförmig, kaum 10 cm hoch, gefurcht, Blätter lanzettlich, zugespitzt. Blüten in seitenständigen Trauben zu 4—5 am oberen Stammende, 2—3 cm gross, Kelchblätter lanzettlich, spitz, Blumenblätter breiter, zugespitzt, dicht gewimpert, alle chromgelb wie die vorn fast kreisrunde, rauhfaltige Lippe, deren Rand bärtig zerfranst ist. März—Mai. Birma. Erinnert sehr an das grösserblütige D. Brymerianum.

D. Hasseltii Bl. (*Pedilonum Hasseltii Bl.*) Stämme schlank, anfangs dicht mit flachen, steifen, schmalen Blättern besetzt. Blüten am oberen Stammende in kleinen Büscheln, 5 cm breit, zart purpurn, Kelch- und Blumenblätter lanzettlich, letztere breiter, Lippe orangegelb, spitz-linear. Mai, Juni. Java.

D. hedyosmum Batem. ist *D. scabrilingue Ldl.*

D. Henshallii hort. ist *D. transparens Wall.*

D. heterocarpum Wall. ist *D. aureum Ldl.*

D. Heyneanum hort. ist *D. barbatulum Ldl.*

D. Heyneanum Ldl. (nicht der Gärten.) Stämme aufrecht, keulig, 10 cm hoch, mit linear-lanzettlichen, abfallenden Blättern. Blüten in seitenständigen, armblütigen Trauben aus dem oberem Stamme, kaum 2 cm breit, weiss, Lippe grünlichgelb mit violetter Streifenzeichnung. März—April, oft im Herbst wieder blühend. Vorderindien. Die Blüten erinnern an Weissdornblumen.

D. Hillii Hook. (*D. speciosum Sm. var.*) Stämme steif aufrecht, vielrippig, bis meterlang, mit einigen dick-ledrigen, lang elliptischen, immergrünen Blättern am Schopf und endständigen reichblütigen, nickenden Blütentrauben. Blüten 5 cm breit, Kelch- und Blumenblätter breit-linear, elfenbeinweiss, die schmale weisse Lippe mit purpurnen Querflecken. März—Mai. Queensland. Die schöne, dankbar blühende Art braucht nur 5^0 Winterwärme.

D. Hookerianum Ldl. (*D. chrysotis Rchb. f.*) Stämme schlank-rutenförmig, über meterhoch, Blätter breit-lanzettlich, zugespitzt, abfallend. Blüten in seitenständigen, lang hängenden, 5—10 blütigen Trauben, bis 10 cm Durchmesser, buttergelb, mit ebensolcher oder rötlichgelber, sammetartiger, breiter, vorn fast kreisrund-herzförmiger, an den Rändern lang bebärteter Lippe, welche tief im Grunde zwei dunkel purpurne Flecken trägt. April bis Juni. Assam.

D. Huttoni Rchb. f. ist *D. superbum Rchb. f. var.*

D. Jamesianum Rchb. f. (*D. infundibulum Ldl. var.*) (Fig. 66.) Stämme schlankkeulig, bis 3 cm hoch, von den schwarz behaarten Scheiden der schmaleiförmigen Blätter bekleidet. Blüten bis 10 cm breit, zu 1—3, mit breitlanzettlichen, kurz zugespitzten Kelch- und verkehrt eiförmigen, wellig gerandeten, kurz bespitzten Blumenblättern, reinweiss, nur der Schlund der trichterförmigen Lippe zinnoberrot, Vorderlappen fast quadratisch, wellig-buchtig, fein gezähnelt, Seitenlappen fein rauhkörnig. Sporn 3 cm lang, oft leicht gekrümmt. April—Juli. Ostindien.

D. japonicum Ldl. (*D. moniliforme Sw. Onychium japonicum Bl.*) Stämme gruppenweis stehend, rund, schlaff hängend, bis 20 cm lang, mit linear-lanzettlichen, bald abfallenden Blättern. Blüten zu 1 oder 2 an den oberen blattlosen Knoten, stark duftend, 3—4 cm breit, reinweiss bis auf ein paar kleine blutrote Flecken der Lippe. April—Juni. Japan. Dankbar blühende, schöne und durch prächtigen Duft ausgezeichnete Kalthausorchidee.

D. japonicum × *aureum* ist *D. endocharis Rchb. f.*

D. japonicum × *Falconeri* ist *D. Vannerianum Rchb. f.*

D. javanicum Bl. ist *Tainia stellata Pfitz.*

D. Jenkinsii Wall. Scheinknollen vierkantig, lang-eiförmig, 5 cm hoch, an der Spitze mit je einem immergrünem, lederartigem Blatte. Blüten zu 1—2, lang gestielt, vom Grunde der Scheinknollen aus, 5 cm breit, vollständig tief buttergelb, auch die Lippe gleichfarbig, fein sammtig, mit nierenförmigem, zurückgelegtem, tief gewimpertem Rande. März—Mai. Assam.

D. infundibulum Ldl. (*D. moulmeinense h. Low*). Sehr ähnlich dem D. Jamesianum, aber die Stämme sind doppelt so hoch, schlank, die Blüten messen über 10 cm, sind samt der vorn feingesägten Lippe reinweiss, nur der Schlund der Lippe ist feurig orangegelb. Seitenlappen der Lippe glatt. Juni - September. Moulmein-Berge Ost-Indiens. Eine der schönsten Arten, deren Blüten sehr lange anhalten und für die Binderei von grossem Werte sind.

— **var. carneopictum Rchb. f.** (*var. carneopterum hort.*) Lippe mit fleischfarbigem Fleck, ebensolcher Mittellinie und seitlichen Strichen. Birma.

— *var. Jamesianum hort.* ist *D. Jamesianum Rchb. f.*

D. Kingianum Ldl. Scheinknollen aus breitem Grunde schlank gespitzt, abgeflacht, kantig, mit 2—5 endständigen, ledrigen, länglich-lanzettlichen, etwa 1,5 zu 6 cm grossen Blättern. Blüten in aufrechten, kurzschäftigen, wenigblumigen Trauben, kaum 2 cm breit, trübweisslich, purpurn gestrichelt, Kelchblätter spitz eiförmig, Blumenblätter schmaler, Seitenlappen der Lippe vortretend, stumpf-länglich, Mittellappen fast nierenförmig, mit drei Schwielen auf der Scheibe und gelbem, dreikantigen Kamm. Sporn stumpf, gelbspitzig. Juni, Juli. Süd-Queensland, Australien.

— **var. album hort.** (*v. pallidum hort.*) Blüten fast reinweiss, zart und spärlich purpurstreifig.

D. lasioglossum Rchb. f. Stämme schlank, rund, schlaff hängend, bis 40 cm lang, mit lanzettlichen, flachen Blättern. Blüten zu 1—3 die Blattscheiden durchbrechend, 2—3 cm breit, reinweiss bis auf kleine purpurne Streifen an den aufrechten Seitenlappen und einem Schimmer strohgelber Haare am Vorderlappen der Lippe. April—Mai. Birma.

D. Leechianum Rchb. f. ist ebenso wie D. Ainsworthii eine Garten-

Fig. 66. Dendrobium Jamesianum.

kreuzung aus D. aureum und D. nobile. Gezogen wurde es von Obergärtner Iwan des Esqu. Leech auf Oakley bei Manchester. Die 10 cm grossen Blüten sind weiss mit purpurrosa, die ebenso gezeichnete Lippe hat einen strahlenden, hellrötlichen, grossen Mittelfleck, eine breite, fein purpurn gestrichelte, schwielige Mittellinie und beiderseits von dieser purpurne Strahlen. Januar—Februar. Sehr dankbarer Blüher.

D. leucolophotum Rchb. f. Stämme steif aufrecht, bis 40 cm hoch, hell graubräunlich. Blätter abfallend, lanzettlich, zugespitzt. Blüten in schlank gestielten, bis 40 cm langen, nickenden, fast endständigen, vielblumigen, einseitigen Trauben, 2 cm breit, schneeweiss, nur die Seitenlappen und der Grund der Lippe grünlich, Kelchblätter spitz linear-länglich, gekielt, Blumenblätter stumpf verkehrt-eiförmig, Seitenlappen der Lippe länglich, eingebogen, Mittellappen schmal länglich, Sporn kurz. November, Dezember. Malayischer Archipel. Reichenbach verglich die Blütentraube mit einem weissen Pferdeschweif, daher der Name.

D. **Linawianum Rchb. f.** (*D. castum hort. D. moniliforme Hook.*) Stämme aufrecht, keulig, an den scharf abgesetzten Knoten stark geschwollen, bis 30 cm hoch, Blätter länglich, stumpf ausgerandet. Blüten zu 1—3 aus den blattlosen Knoten, 5—8 cm breit, Kelchblätter länglich zugespitzt, Blumenblätter eiförmig, alle aus weissem Grunde purpurrosa, Lippe kurz, mit eiförmigem, zurückgebogenem, sammtigem Vorderlappen, weiss mit karminroter Zeichnung. Oktober—Februar. Japan. China.

— **var. majus Will.** Blüten bis 10 cm, feuriger gefärbt. Japan.

D. Linawianum × *nobile* ist *D. Dominyanum Rchb. f.*

D. Linawianum × *Wardianum* ist *D. chlorostele Rchb. f.*

D. **lineale N. E. Br.,** von Veitch 1886 aus Neu-Guinea eingeführt, hat schlank-cylindrische Stämme, auffällig schmallineare, abfallende Blätter und dichte Trauben kleiner, zart weisser, fein rot gestrichelter Blüetn. Juli, August.

D. **lituiflorum Ldl.** (*D. lituiflorum Ldl. var. robustius Rchb. f. D. Hanburyanum Rchb. f.*) Stämme aus knollig-verdicktem Grunde schlank rundlich, meterlang, halbhängend, gelbgrün, mit bald abfallenden, länglich-lanzettlichen Blättern. Blüten zu 2—5 aus den blattlosen Knoten, 5 cm breit, Kelchblätter länglich-, Blumenblätter breit-lanzettlich, dunkelpurpurn, die trompetenförmige Lippe ist aus weissem, purpurn quergestreiftem Grunde vorn in einen breiten violetten, sammtig gelb gesäumten und nach aussen wieder purpurn berandeten Lappen ausgezogen. März, April. Assam, Birma.

— **var. candidum Rchb. f.** (*var. albiflorum hort.*) Blüten fast reinweiss.

— **var. Freemanni Rchb. f.** Stämme halb so hoch als die Hauptart, Blüten dieser gleich bis auf die dicht behaarte, gelbrandige Lippe. April, Mai. Assam.

D. **Loddigesii Rolfe** (*D. pulchellum Loddiges,* aber nicht *Roxbg.*) Stämme rund, flach gefurcht, niederliegend, oft sprossend, 15 cm hoch, mit abfallenden, länglich lanzettlichen Blättern. Blüten einzeln aus den oberen, blattlosen Knoten, 5 cm gross, Kelchblätter breit-lanzettlich, blass purpurrot, Blumenblätter grösser, stumpf-eiförmig, roth-violett, Lippe weichhaarig, mit fast kreisrundem, lang gefranstem Vorderlappen, der aus orangegelbem Mittelfleck in einen breiten weissen, purpurn gesprenkelten Saum übergeht. Februar, April. Ostindien.

D. **longicornu Ldl.** (*D. Fredianum hort*). Stämme schlank aufrecht, rundlich, bis 40 cm hoch, mit schwarzhaarigen Blattscheiden und ei-lanzettlichen, schief gestutzten Blättern. Blüten fast endständig, einzeln oder in armblütigen Trauben, 5—8 cm breit, langgespornt, reinweiss bis auf den gelben Mittelfleck der Lippe, deren Saum elegant gezähnt ist. Mai, Juni. Nepal.

— **var. majus hort.** ist nur durch etwas grössere Blumen verschieden.

D. Lowii Ldl. Stämme aufrecht, rundlich, bis 20 cm hoch, mit schwarzhaarigen Blattscheiden und länglich-eiförmigen, schief gestutzten Blättern. Blüten in seitenständigen, dicht 5—7 blumigen Trauben vom oberen Stammende, kräftig gespornt, 4—5 cm breit, leuchtend gelb mit sechs roten, scharlachrot behaarten Linien im Schlunde der Lippe. Juli—September. Borneo.

D. luteolum Batem. Stämme aufrecht, rund, 20 cm hoch, mit lanzettlichen Blättern, zwischen denen seitenständig je 2—4, je 5 cm grosse, mattgelbe Blüten erscheinen, deren fast quadratische, flache, grosse Lippe im Grunde fein-sammtig dunkler gelb und rotgeadert ist, während die Seitenlappen manschettenartig aufgebogen sind. Sporn kurz, kulpig. Januar, Februar. Ostindien.

— **var. chlorocentrum Rchb. f.** Blüten grösser, tiefer gelb, der behaarte Lippenfleck gelbgrünlich.

D. Mac-Carthiae Thwaites. Stämme aus knolligem Grunde federkieldick, bis 30 cm lang hängend, oft rotgefleckt, mit einigen lanzettlichen Blättern an der Spitze, durch deren Scheiden die 4—5 blütigen Trauben brechen. Blüten bis 10 cm Durchmesser, halbausgebreitet, Kelchblätter lanzettlich, Blumenblätter breitlanzettlich, weiss mit leuchtend rosa, Lippe aus weissem Grund in einen purpurfleckigen Schlund übergehend, mit breit-spatelförmigem, schuhartigem Vorderlappen, der auf zart rosaem Grunde dunkelrosa geädert und karmin gefleckt ist. Juni—August. Ceylon. Eine der schönsten, aber sehr wärmebedürftigen Arten, welche nur eine mässig trockene Ruheperiode verlangt.

D. Mac-Farlanei Rchb. f. Stämme aufrecht, fast cylindrisch, bis 15 cm hoch, mit 2—3 endständigen, ledrigen, spitz länglichen, etwa 2 zu 8 cm grossen Blättern. Blüten zu 9—12 in aufsteigenden, fast endständigen Trauben, 10 cm breit, Kelchblätter spitz-lanzettlich, Blumenblätter länger und breiter, fast rautenförmig, zugespitzt, alle weiss, Lippe so lang wie die Blumenblätter, Seitenlappen länglich, aufgerichtet, weiss mit purpurfleckigem Rande, Mittellappen zugespitzt, länglich-keilförmig, aus purpurnem Grunde weiss mit purpurner, gefurchter Schwiele im Grunde. Säule weiss, oben purpurn gesäumt. August, September. Nordaustralien, Neuguinea.

D. macranthum hort. ist *D. superbum Rchb. f.*

D. macrophyllum Ldl. et hort. ist *D. superbum Rchb. f.*

D. macrophyllum A. Rich. (*D. ferox hort.*) (Fig. 67) Stämme keulig, 20 cm hoch, die obere Hälfte tieffurchig, mit 3—4 länglichen, schräg zweispitzigen, hellgrünen, dicken, bleibenden Blättern, aus deren Mitte die aufrechte, oben nickende, 20 cm hohe, vielblumige Traube entspringt. Blüten 5 cm gross, aussen feinhaarig. Kelchblätter breitlanzettlich, grüngelblich, Blumenblätter spatelförmig, trüb weiss, die breitgeöffnete Lippe gelbgrün, die Seitenlappen mit strahlenden, gabelspaltigen Purpuradern, der Mittellappen mit einigen Reihen kleiner Purpurflecken. April—Juni. Java.

— **var. Dayanum Low.** Grösser und intensiver in der Blütenfarbe.

— **var. giganteum hort.** ist von var. Dayanum nicht unterschieden.

— **var. Veitchianum hort.** (*D. sarcostoma Hook.*) weicht nur durch etwas kleineren Wuchs und kleinere Blüten von der Stammform ab.

Fig. 67. Dendrobium macrophyllum.

D. marginatum Batem. ist *D. xanthophlebium Ldl.*

D. marmoratum Rchb. f. Stämme schlank aufrecht, rund, bis 60 cm lang, mit schmallanzettlichen, abfallenden Blättern. Blüten zu 1—3 aus den blattlosen Knoten, 5 cm breit, weiss mit purpurnem Saum, Lippe einfarbig purpurn mit breitem, elegant gewimperten Vorderteil. April, Mai. Birma.

D. melanodiscus Rchb. f. ist gezüchtet aus D. Findlayanum ♂ × D. Ainsworthii ♀, welch' letzteres selbst aus D. aureum × nobile hervorgegangen ist. Dieser schöne Tripelbastard ist die Gegenkreuzung von D. chrysodiscus, welches aus denselben Arten, aber die Geschlechtsrollen vertauscht, entstanden ist. D. melanodiscus ist von dem mütterlichen D. Ainsworthii fast gar nicht verschieden, nur der gelbliche Farbenton der Lippe erinnert an die Vaterart.

D. melanophthalmum Rchb. f. ist eine Gartenzüchtung aus D. crassinode × Wardianum, welche zwischen beiden Eltern fast genau die Mitte hält. Die Stämme sind schwächer knotig und länger gegliedert als von D. crassinode, die Lippe breiter und kleiner braunfleckig als von D. Wardianum.

D. mesochlorum Ldl. Stämme büschelig, schlank, kleinfingerdick, halbmeterlang. Blätter abfallend, spitz-linear, etwa 2 zu 10 cm gross. Blüten zu 2—3 auf trüb purpurnen Stielen, stark veilchenduftend, 3 cm breit, Kelchblätter schmal-länglich, Blumenblätter breiter, alle weiss mit rosa getuschten Spitzen, Seitenlappen der Lippe die Säule als Röhre umfassend, Mittellappen breit-länglich, weiss mit einigen purpurnen Strichen im Grunde und grünlichgelber Scheibe. Mai, Juni. Ostindien.

D. micans Rchb. f. ist *D. lituiflorum* ♂ × *Wardianum* ♀ von Seden in Veitchs Kulturen gezüchtet, und zwar aus beiden Formen von Wardianum, sowohl der kurz- als der langstämmigen. Der allgemeine Blüteneindruck ist der von D. Wardianum, aber die Lippe zeigt unverkennbar den Einfluss der Pollenart. Blüten bis 8 cm breit, wachsschimmernd malvenrot aus hellerem Grunde, Lippe weiss mit grossem purpurbraunem Scheibenfleck und einem rosa-purpurnem Tuschfleck vor der Spitze.

D. moniliforme Hook. ist *D. Linawianum Rchb. f.*

D. moniliforme Sw. ist *D. japonicum Ldl.*

D. Moorei F. v. Müll. Stämme buschig, rund, 10 cm hoch, mit an der Spitze zusammengedrängten 3—5, länglich-eiförmigen, ledrigen, dunkelgrünen Blättern. Blüten in 6—10 blumigen, auf fadendünnem Schaft hängenden Trauben, 2 cm breit, reinweiss, Kelch- und Blumenblätter linear-lanzettlich, Lippe ähnlich, aber kürzer, mit kleinen dreieckigen Seitenlappen vor der Mitte. Juni, Juli. Lord Hoves-Insel, Australien.

D. moschatum Wall. (*D. Calceolaria Hook. D. Calceolus hort.*) Stämme rundlich, gefurcht, schlaff hängend, bis meterlang, mit einigen immergrünen, lederartigen, länglich-eiförmigen Blättern. Blüten stark moschusduftend, zu 8—10 in hängenden, seitenständigen Trauben nahe der Spitze der alten Stämme, bis 10 cm breit geöffnet, weissgelblich mit rosaem Schimmer, Lippe pantoffelförmig, hellgelb aus dunklerem Grunde, mit je einem dunkelpurpurnem Augenfleck links und rechts der Mittellinie. Mai—Juni. Vorderindien.

— **var. cupreum Rchb. f.** (als Art.) Blüten kleiner, aprikosengelb, Pantoffellippe goldgelb mit orangegelben Innenflecken. Mai—Juli. Ostindien.

D. moulmeinense h. Low. ist *D. infundibulum Ldl.*

D. mutabile Ldl. (*D. triadenium Hook. Onychium mutabile Bl.*) Stämme aufrecht, 30 cm lang, dünn, rundlich, flach gestreift, mit zahlreichen, elliptischen, fast zweizeilig gestellten, sitzenden, immergrünen, dicken Blättern. Blüten in dichter langgestielter Rispe, 3—4 cm gross, weiss oder weissrosa, Lippe sich verkehrt herzförmig ausrandend, rosa mit drei orangegelben Kämmen. Mai, Juni. Ostindien.

D. nobile Ldl. Stämme gruppenweiss, rundlich, etwas flach gedrückt und nach oben verdickt, leicht gefurcht, aufrecht, bis 30 cm hoch mit immergrünen, länglichen, vorn schief ausgerandeten Blättern. Blüten zu 2—3 aus den blattlosen oberen Knoten, 4—6 cm breit, Kelchblätter schmal-eiförmig, Blumenblätter breit verkehrt-eiförmig, wellig, alle weiss mit dunkelrosa getuschten Enden, Lippe beiderseits zart sammtig, fast trompetenförmig, elfenbeinweiss mit rosaem Rande und satt purpur-scharlachrotem Grundfleck. Dezember—Juni. Ostindien, Süd-China. Einer der dankbarsten Blüher, der im kühlen Raume wochenlang seinen Blütenschmuck trägt, aber im Sommer nach der Blüte eine vollständige Trockenperiode verlangt, die bis zum Welken der Stämme gehen darf. Zahlreiche, meist unwesentliche Formen sind im Handel.

— **var. Backhousianum hort.** Kelch- und Blumenblätter aussen rosapurpurn getuscht.

— **var. coerulescens Ldl.** (als Art). Stämme kürzer, schlanker. Blüten kleiner, dunkler, mit mehr eiförmigem Vorderlappen der Lippe.

— **var. Cooksonianum Rchb. f.** Die beiden Blumenblätter flach, in Zeichnung und Sammetüberzug der Lippe gleich. Offenbar eine monströse Form, welche den Eindruck macht, als seien drei Lippen in der Blüte.

— *var. Dominyi hort.* ist *D. Dominyanum Rchb. f.*

— **var. elegans hort.** Blüten gross, symmetrisch, Blumenblätter breit, weissgrundig, Saum des braunen Scheibenfleckes hell schwefelgelb, Vorderrand purpurrosa.

— *var. formosum hort.* ist *var. intermedium hort.*

— **var. intermedium hort.** (*var. formosum hort.*) Blüten weiss bis auf den hellen Purpurfleck der Lippe.

— **var. nobilius Rchb. f.** Blüten über 10 cm breit, weiss mit dunkelrosa, das gegen die Spitzen purpurrot wird, Lippe weiss mit dunkel karminrotem Fleck. Die farbenprächtigste Varietät.

— *var. pallidiflorum Hook.* ist *D. primulinum Ldl. var.*

— **var. pendulum hort.** (*var. Ruckeri hort.*) Blüten 5—8 cm, weiss mit dunkelrosa, Lippe weiss mit hell purpurnem Fleck.

— *var. Ruckeri hort.* ist *var. pendulinum hort.*

— **var. Schroederianum Rchb. f.** Blüten gross, breitblättrig, weiss, zuweilen mit amethystfarbenen Spitzenflecken, Scheibenfleck fast schwarzpurpurn, hellgelb gesäumt, nach aussen in weiss verlaufend.

— **var. Tollianum Rchb. f.** monströse, verkümmert aussehende Form mit einwärts gebogenen Kelchblättern und zurückgedrehten Blumenblättern.

— **var. Wallichianum hort.** (*D. Wallichii hort.*) Sehr kräftig im Wuchs. Blätter dunkelgrün, Blüten bis 8 cm gross, weiss mit rosenrot, Lippe weiss mit karminrotem Fleck.

D. nobile × *aureum* ist *D. Leechianum Rchb. f.*

D. nobile × *Falconeri* ist *D. Venus Veitch.*

D. nobile × *Linawianum* ist *D. Dominyanum Rchb. f.*

D. nodatum Ldl. ist *D. Aphrodite Rchb. f.*

D. ochreatum Ldl. (*D. Cambridgeanum Paxt.*) Stämme kräftig, bis 20 cm lang, mit scharf abgesetzten Knoten. Blätter eilanzettlich, zugespitzt, breit-sitzend. Blüten gleichzeitig mit den Blättern aus den jungen Trieben auf ein- bis zweiblütigen Stielen, 3—5 cm breit, orangegelb,

Lippe vorn breit gerundet, aus eingerolltem Grunde kapuzenförmig mit zurückgebogenem Rande, sammetartig, orangegelb mit breitem, hell blutrotem Mittelfleck. März, April, Ostindien, Khasyagebirge.

D. palpebrae Ldl. ist sehr nahe verwandt mit D. densiflorum, hat aber kleinere weisse, weissdornduftige Blüten in ganz lockeren Trauben, welche erst im September blühen. Der Name deutet auf die an recht lang gewimperte Augenlider erinnernden langen Wimpern im orangegelben Grunde der Lippe hin. Birma.

D. Parishii Rchb. f. Stämme dick, gekrümmt, bis 20 cm lang, mit immergrünen, lederartigen, länglich-lanzettlichen, an der Spitze gekerbten Blättern. Blüten zu 2—3 aus den alten blattlosen Knoten, 5 cm breit, zartrosa, Lippe sammtig, ganz hellrosa mit je einem dunkel-purpurnem Schlundfleck auf jeder Hälfte. Mai, Juni. Ostindien.

— **var. albens hort.** Blüten fast reinweiss.

D. Paxtoni Ldl. ist *D. chrysanthum Ldl.*

D. Paxtoni hort. ist *D. fimbriatum Hook. var. oculatum Hook.*

Fig. 68. Dendrobium Phalaenopsis.

D. Phalaenopsis Rchb. f. (Fig. 68). Stämme aus schlankem Grunde langkeulig, bis 50 cm hoch, mit einem kleinen Schopf immergrüner, lanzettlicher, fast spannenlanger, flacher Blätter an der Spitze. Blüten zu 10—15 in dichter, aufrechter, endständiger, 30 cm hoher Traube, 5—8 cm breit, doppelt gespornt, indem unter dem 2 cm langem, dunkelpurpurnem Sporn die Lippe ein spornartiges kulpiges Knie bildet, Kelchblätter länglich-eiförmig, kirschrot auf weissem Grunde, Blumenblätter breit verkehrt-eiförmig, im unteren Teile hell-, im oberen purpurn-kirschrot, Lippe breit und durch die aufgebogenen Seitenlappen kurzröhrig in einen langgespitzten, zurückgebogenen Vorderlappen ausgezogen, Schlund leuchtend braunrot, Vorderlappen hell kirschrot mit breiten, nach vorn verlaufenden, kastanienbraunen Adern, die im Schlunde geschwollen und schwarz drüsenhaarig sind, Seitenlappen purpurn, aussen sattrosa-purpurn, gegen das Kinn hin heller werdend, April, Mai. Queensland, Neu-Guinea, Insel Timor. Farbenprächtige imponierende Art, welche viel Wärme braucht, aber die Kulturarbeit reichlich lohnt.

— var. **Statterianum h. Sand.** Kleiner im Wuchs, Blüten dunkler.

D. Pierardi Roxb. (*D. cucullatum R. Br.*) Stämme rundlich, sehr schlank, nickend, in der Heimat angeblich 2 m lang, mit abfallenden, lanzettlich-zugespitzten Blättern. Blüten paarweis aus den blattlosen Knoten fast in der ganzen Stammlänge, 5 cm breit, durchschimmernd weiss mit zart rötlichem Hauch, Lippe aus kurz zusammengebogener, purpurn fedrigadriger Röhre in einen mattgelblichen, aus schmalem Grunde fast kreisrunden, fein gezähnelten Vorderlappen verbreitert. Januar—April. Ostindien.

— var. **latifolium hort.** (*var. majus hort.*) Stämme kürzer, steif, Blätter breit-lanzettlich. Blüten etwas lebhafter gefärbt.

D. polyphlebium Rchb. f. ist *D. rhodopterygium Rchb. f.*

D. porphyrogastrum Rchb. f. wurde von Seden in Veitchs Garten aus D. superbum var. Huttoni mit D. Dalhousianum gekreuzt. Blüten bis 6 cm breit, Kelch- und Blumenblätter licht rosa-malvenrot, Lippe aus purpurrosaem Grunde weiss mit tief purpurn gespritzter Scheibe, Rand kurz gewimpert. Sporn kurz. April—Juni.

D. primulinum Ldl. (*D. nobile Ldl. v. pallidiflorum Hook.*) Dem D. nobile in der That sehr ähnlich, aber die Blüten stehen stets einzeln, die weisslichen Blumenblätter sind mit einem gelblich-rosaem Schimmer überhaucht und die zart sammtige Lippe ist vorn primelgelb (wie Primula elatior) aus gleichfarbigem, purpurstreifigem Grunde. April, Mai. Ostindien.

— var. **giganteum hort.** (*D. cucullatum R. Br. var. giganteum hort.*) Blüten bis 8 cm breit, leuchtender gefärbt, Lippe schwefelgelb. Sikkim, Nepal.

D. profusum Rchb. f. hat das Aussehen von D. macrophyllum, aber kürzere, schlankere Scheinknollen. Blühen zu 5—10 in Büscheln am Ende der beblätterten Triebe, lehmgelb, trübpurpurn gesprenkelt. Sporn 2 cm lang, sehr dick, mit einem Vogelkopf-ähnlichem, dickem Ende. Oktober, November. Philippinen. Von Robelen 1884 nach England gebracht.

D. pulchellum Roxbg. ist nicht in Kultur, was in Europa unter diesem Namen lebt, ist D. Loddigesii Rolfe.

D. rhodopterygium Rchb. f. (*D. polyphlebium Rchb. f.*) Stämme dick, aufrecht, 40 cm hoch, mit immergrünen, lederartigen, länglich-eiförmigen Blättern. Blüten zu 2—3 aus den alten blattlosen Knoten, 3—4 cm breit, gelblichrosa, die Lippe im Schlundeingange warzig, dunkelrosa mit zahlreichen Purpurstreifchen. April, Mai. Birma.

D. rhodostoma Rchb. f. ist eine von Seden bei Veitch gezogene Kreuzung aus D. superbum var. Huttoni und sanguinolentum.

Blüten 5 cm breit, weiss mit leuchtend rosaen Tuschflecken, Lippe karmin-purpurn mit gelbbrauner Scheibe. September, Oktober.

D. rhombeum Hook. ist *D. aureum Ldl. var.*

D. Ruckeri Ldl. Stämme aus dünnem Grunde schlank-spindelig, bis 30 cm hoch, mit abfallenden, linear-lanzettlichen, spitzen, etwa 1 zu 5 cm grossen Blättern. Blüten einzeln odcr paarweis aus den oberen Knoten, 3 cm breit, oberes Kelchblatt stumpf-länglich, seitliche lang zugespitzt-dreieckig, Blumenblätter schmal-länglich, alle lehmgelb, Lippe fast kreisrund. Seitenlappen aufrecht um die Säule gelegt, weiss mit rosaen Strichen, Mittellappen zurückgeschlagen wellig gerandet, mitten sammthaarig, aus krêmegelbem Grunde lehmgelb. April, Mai. Philippinen.

D. sanguinolentum Ldl. Stämme schlank, rundlich, hängend, bis meterlang, oft blutrot überlaufen, mit einem kleinen Schopf immergrüner, fester, eilanzettlicher, unterseits roter Blätter. Blüten paarweis aus den Enden der blattlosen Stämme und dort in kleine Bündel gedrängt, 5 cm breit, hellgelblich mit violetter Zeichnung und gleichfarbiger Lippe. Juni bis August. Ceylon.

— **var. superbum hort.** Blüten zu 3—5 in kurzen Trauben, elfenbeinfarben mit feurigen, dunkel purpurroten Flecken.

D. sarcostoma ist *D. macrophyllum A. Rich. var. Veitchianum hort.*

D. scabrilingue Ldl. (*D. hedyosmum Batem. D. alboviride Parish.*) Stämme keulig, 10 cm hoch, mit den schwarzhaarigen Scheiden der riemenförmigen, immergrünen, festen Blätter bekleidet. Blüten paarweis, zahlreich aus den jungen und alten Stämmen, 5 cm breit, prächtig Goldlackduftig, im Aufblühen grünlichweiss, bald aber reinweiss, ausser der Lippe, welche einen lang vorgezogenen, zurückgebogenen Mittellappen, chamoisgelb mit orangegelben Flecken und karminroten Streifen, und aufrechte, spitze Seitenlappen, grün mit purpurnen Strichelchen, hat. März—Mai. Ostindien.

D. Schneiderianum Rchb. f. ist *D. Findlayanum* × *aureum* von Mr. Osc. Schneider, Fallowfield, Manchester, gezogen. In den knotigen Stämmen an erstere Art erinnernd. Blüten 5 cm breit, weiss mit lila-purpurnen Flecken, Lippe orangegelb mit fast kreisrunder, sammtiger, weissgesäumter Scheibe, von welcher Purpurlinien ausstrahlen, Spitze lila-purpurn. Säule purpurn gestreift und gefleckt.

D. sculptum Rchb. f. Dem D. formosum sehr nahe verwandt, aber die Blätter sind fein flaumig behaart, die Blüten nur 4—5 cm breit, reinweiss, bis auf den Orange-Feck der Lippe, welche im Grunde zahlreiche kleine Querwülste zeigt. April—Mai, oft im Herbst wieder blühend. Borneo.

D. secundum Wall. (*Pedilonum secundum Bl.*) Stämme rund, federhalterdick, halbmeterlang, halbhängend. Blätter abfallend, länglich-eiförmig, etwa 4 zu 9 cm gross. Blüten einseitwendig gedrängt, in 5 bis 10 cm langen Trauben aus den obersten blattlosen Knoten, 3 cm breit, Kelch-

und Blumenblätter schmal-eiförmig, rosa-purpurn, Lippe heller, mit orangegelbem Spitzenfleck, spatelförmig-verkehrteiförmig. Sporn lang, stumpf. Sumatra, Java, Borneo, Birma, Malacca, Cochinchina.

— *var. album hort.* ist *var. niveum Rchb. f.*

— **var. niveum Rchb. f.** (*v. album hort.*) Blüten reinweiss bis auf den orangegelben Spitzenfleck.

D. senile Parish. Stämme spindelförmig, 8—10 cm hoch, samt den endständigen, immergrünen, ledrigen, verkehrt-eiförmigen Blättern kurzweisshaarig. Blüten paarweis, 5 cm gross, leuchtend gelb, Lippe dreilappig, orangegelb mit zwei grünen Seitenflecken. April—Juni. Ostindien.

D. speciosum Smith. Stämme kantig, 3 cm stark, bis 20 cm lang, an der Spitze 3—4 derbe, immergrüne, länglich-elliptische, etwa 6 zu 20 cm grosse Blätter tragend. Blüten in gedrängten, fast endständigen, bis halbmeterlangen, aufrechten oder übergebogenen Trauben, 4 cm breit, wohlriechend, halb zusammengeneigt, hell ledergelb, Kelchblätter spitzlanzettlich, die seitlichen sichelförmig, Blumenblätter linear, Lippe kürzer und von den Blütenblättern eingeschlossen, länglich mit aufgebogenen Seitenlappen und herzförmigem Endlappen, gelb, purpurn gesprenkelt. Säule weiss, purpurn gestrichelt. Februar, März. Australien.

— **var. Bancroftianum Rchb. f.** Stämme schlanker, Blütenblätter schmaler, Lippe hellgelb mit einigen purpurnen Strichen am Grunde.

— *var. Hillii hort.* ist *D. Hillii Hook.*

D. splendidissimum Rchb. f. Gleich D. Ainsworthii und D. Leechianum eine Kreuzung aus D. nobile und D. aureum, von Veitch gezogen. Blumenblätter weiss, ganz zart rosa angehaucht, Lippe weiss mit einem gelben Stiche und einem satt purpurrotem, gelbgesäumtem, Mittelfleck. Januar, Februar.

— **var. grandiflorum Rchb. f.** Blüten fast ganz rosa, nur der Blattgrund weiss, Scheibenfleck indianisch roth, gelb gesäumt, Spitze purpurrosa.

D. squalens Ldl. ist *Xylobium squalens Ldl.*

E. Statterianum h. Sand. ist *D. Phalaenopsis Rchb. f. var.*

D. Statterianum Rchb. f. ist *Bensoniae* × *crystallinum*, in Ostindien wild gefunden. Es ähnelt ersterer Art im Wuchs, letzterer in der Blüte, aber mit reichgelber Grundzone der Lippe.

D. Stratiotes Rchb. f. Stämme buschig, spindelförmig, in dünne Spitzen auslaufend, bis 40 cm hoch, an den Knoten leicht eingedrückt. Blätter derb ledrig, dunkelgrün, länglich-lanzettlich, 3 zu 10 cm etwa. Blüten zu 5—7 in lockeren, aufrechten Trauben, bis 10 cm breit, fest, lang weissgrünlich gestielt, Kelchblätter krêmeweiss, spitz langlanzettlich, das obere gedreht, die seitlichen sichelförmig, wellig, Blumenblätter länger, linear, gedreht, blassgrünlichgelb, Seitenlappen der Lippe aufrecht, gerundet, Mittellappen spitz herzförmig, weiss, purpurn gestrichelt. Sporen trichterförmig, zurückgekrümmt. August, September. Neu-Guinea.

D. streptoceras Rchb. f. Stämme rund, oben verdünnt, fingerdick, bis $^3/_4$ m hoch, im oberen Drittel mit ledrigen, zurückgebogenen, länglich-lanzettlichen, 3 zu 12 cm grossen Blättern besetzt. Blüten in fast endständigen, halbmeterlangen, überhängenden Trauben, bis 10 cm breit, fest, Kelchblätter linear, stark gedreht, blassgrün mit fünf braunen Nerven, Blumenblätter schmallinear, gedreht, braun, grüngerandet, Lippe hellgelb, purpurn gestrichelt, mit fünf aus dem Grunde kommenden, auf der Scheibe zusammenfliessenden Schwielen, Seitenlappen rund, Mittellappen fast herzförmig, wellig gerandet, Sporn spitz kegelförmig. August, September. Neu-Guinea.

— **var. Rossianum Rchb. f.** Blüten weisslich, hellbraun gestreift, Lippe weissgelb.

D. suavissimum Rchb. f. (*D. chrysotoxum Ldl. var. suavissimum hort.*) Stämme gruppenweis gedrängt, kurz spindelig, 10 cm hoch, tief gefurcht, mit 2—3 endständigen, immergrünen, länglichen, zugespitzten, derben Blättern. Blüten stark duftend, 5—8 cm breit, in kurzen, nickenden Trauben, langgestielt, feurig goldgelb, mit elegant gewellter und lang gefranster fleischfarbiger Lippe mit grossem nierenförmigem, purpurrotem Mittelfleck und spärlichen, carminroten Spritzflecken hinter diesem. Mai, Juni. Ober-Birma. Durch Blütenschönheit und williges Blühen ausgezeichnete, effectvolle Art.

D. sulcatum Ldl. Stämme kantig, bis 20 cm hoch, flach gedrückt und gefurcht, mit 2—3 ledrigen, spitz länglich-eiförmigen, etwa 5 zu 8 cm grossen Blättern. Blüten in kurzen, gedrängten Trauben zu 10—15, orangegelb, sehr vergänglich, Kelchblätter länglich-eiförmig, Blumenblätter breiter, Lippe dunkler, breit-eiförmig, mit den Seitenlappen die Säule umhüllend, im Grunde mit ein paar rötlichen Strichen. Februar—April. Indien, Khasya-Hügel. Von dem sonst sehr ähnlichen D. densiflorum durch die bernsteingelbe, rotgeaderte Lippe leicht kenntlich.

D. superbiens Rchb. f. (*D. Goldiei hort.*) Stämme lang cylindrisch, daumendick und bis meterlang, mit derben, länglichen, zugespitzten Blättern. Blüten zu 10—30 in langen, nickenden Trauben, welche sowohl aus den jüngsten kaum 10 cm hohen als aus den alten blattlosen Stämmen entspringen, welch' letztere viele Jahre hintereinander immer wieder Blüten treiben. Die einzelnen, monatelang haltenden Blüten sitzen auf 2—3 cm langen Stielen, messen 5—6 cm Weite, Kelchblätter breitlanzettlich, zurückgekrümmt, dunkel purpurn mit weissem Saum, Blumenblätter grösser, verkehrt-eiförmig, heller purpurrot, Lippe ebenso, mit fünf breiten, dunkleren Schwielen, Seitenlappen zur Röhre aufgebogen, fein wellig gezahnt, Mittellappen wellig-gerandet in eine lange, zurückgebogene Spitze ausgezogen. Mai, Juni, aber oft das ganze Jahr hindurch Blüten tragend. Australien, Torres Strasse. Gehört zu den schönsten Arten, wächst in vollem Licht gut und blüht äusserst dankbar.

D. superbum Rchb. f. (*D. macranthum Hook. D. macrophyllum Lindl.*) Stämme rundlich, schlank aufrecht oder nickend, bis 40 cm lang, mit abfallenden, länglich-eiförmigen, stumpfen Blättern. Blüten nach Rhabarber riechend, paarweis aus den alten Knoten in einer Längsreihe am Stamm, bis 10 cm breit, hell purpurn oder hell violett, mit gleichfarbiger sammtiger Lippe, welche zwei blutrote Schlundflecken trägt. Februar—März. Philippinen.

— **var. anosmum Rchb. f.** (als Art.). (*D. Dayanum hort.*) .Blüten geruchlos, etwas heller in der Färbung.

— **var. Burkei Rchb. f.** Blüten weiss, nur der Lippengrund purpurn.

— *var. Dearei hort.* ist *D. Dearei Rchb. f.*

— *var. Dayanum hort.* ist *var. anosmum Rchb. f.*

— **var. giganteum Rchb. f.** Blüten über 15 cm Durchmesser, hell purpurrosa, Lippe gleichfarbig, gefranst. Januar—März.

— **var. Huttoni Rchb. f.** Blüten sehr schwach riechend, Blumenblätter weiss, purpurn gesäumt, Lippe weiss, mit dunkel violettem Saum. Februar März. Malayischer Archipel.

D. superbum Huttoni × *Dalhousianum* ist *D. porphyrogastrum Rchb. f.*

D. superbum Huttoni × *sanguinolentum* ist *D. rhodostoma Rchb. f.*

D. Tattonianum Batem. ist *D. canaliculatum R. Br.*

D. taurinum Ldl. Stämme aufrecht, rund, über daumendick und in der Heimat angeblich bis 1,5 m hoch, Blätter fest, breit-elliptisch, vorn schief ausgerandet. Blüten in spärlich-blumiger, endständiger, aufrechter, langgestreckter Traube, Kelchblätter gelbgrünlich, vollkommen zurückgerollt, Blumenblätter bis 10 cm lang, schmal, steif aufrecht, gedreht, purpurrot, Lippe weisslich mit violett-purpurnem, krauswelligem Vorderlappen und drei mittleren Wulstlinien. Mai, Juni. Philippinen, Insel Luzon. Ihrer eigenartigen Blütenform verdankt die Pflanze in der Heimat den Volksnamen „Stierkopf", in Hinweis auf die hornförmigen Blumenblätter.

D. teres Ldl. ist *Vanda teres Ldl.*

D. teretifolium R. Br. (*D. calamiforme hort.*) Stämme kurz, rundlich, braun überlaufen, 10 cm lang, an der Spitze je ein dickes, drehrundes, lang zugespitztes, hängendes Blatt tragend. Blüten an seitenständigen, gegabelten Stielen, 2—3 cm breit, Kelch und Blumenblätter schmallinear, fast fadenförmig, weiss, Lippe weiss mit einigen karminroten Fleckchen, stark wellig-kraus und drei wellige Faltenkämme tragend. Mai, Juni. Nordost-Australien. Interessant, aber nicht schön.

D. tetragonum A. Cunn. Stämme hängend, aus knolligem Grunde schlank, scharf vierkantig, bis 30 cm lang. Blätter paarweis, endständig, fast wagerecht, länglich oder lanzett-elliptisch mit der wenig blumigen Traube zwischen sich. Blüten 10 cm breit, oberes Kelchblatt pfriemenförmig ausgezogen, die seitlichen aus breitem Grunde lanzettlich, gelb, rotgestrichelt, Blumenblätter kürzer und schmäler, linear, weiss, rotgestrichelt, Lippe breit-eiförmig, vorn zugespitzt, dreilappig, zwischen den Seitenlappen mit zwei weissen Faltenhäutchen, die nach vorn in

Schwielen auslaufen, weiss mit roten Querbändern. Juli, August. Ost-Australien.

D. thyrsiflorum Rchb. f. (*D. densiflorum Wall. var. alboluteum Hook*). (Fig. 69.) Im ganzen Wuchs dem D. densiflorum gleich, aber die in breiten Trauben stehenden Blüten sind länger gestielt, etwas grösser, und weiss mit hellorangegelber, muschelförmiger Lippe. Mai, Juni. Birma.

Fig. 69. Dendrobium thyrsiflorum.

Die Farben variieren, ebenso die Grösse der Blüten und deren Zahl in den Trauben. Dankbarer Blüher von sehr dekorativer Wirkung.

— **var. album hort.** (*D. densiflorum Wall. var. hort.*) Blüten reinweiss, Lippe etwas heller als die Hauptform.

— **var. Galliceanum Lind.** Lippe flach, mattgelb.

— **var. Walkerianum Will.** (*D. densiflorum Wall. var. hort.*) Stämme bis meterhoch, Blüten zu 40—50 in einer Traube, in der Farbe der Hauptform gleich.

D. tortile Ldl. Stämme kantig, 10 cm hoch, mit abfallenden, linearen

Blättern. Blüten paarweis aus den blattlosen Stammenden, 6—8 cm breit, Kelch- und Blumenblätter wellig, selbst spiralig gedreht, weiss mit einem feinen rosaem Hauch, Lippe muschelförmig, sammtig, citrongelb, mit purpurrot gestricheltem Grunde. Mai, Juni. Birma.

— **var. roseum hort.** Blüten zart rosa auf gelblichem Grunde. Mai, Juni. Java.

D. transparens Wall. (*D. Henshallii hort.*) Stämme aufrecht, schlank rundlich, 30 cm hoch, mit abfallenden, linear-lanzettlichen Blättern. Blüten paarweis, 2—3 cm breit, durchscheinend rosa-lila, Lippe weichhaarig, gleichfarbig mit tiefblutrotem, in Streifen nach den Rändern verlaufendem Mittelfleck, Vorderlappen breit gerandet. Mai, Juni. Sikkim.

D. triadenium Hook. ist *D. mutabile Ldl.*

D. Treacherianum Rchb. f. (*Sarcopodium Treacherianum Ldl.*) Scheinknollen auf kriechendem Wurzelstock gedrängt, eiförmig, flachgedrückt, leicht gekrümmt, bis 6 cm hoch, mit zwei endständigen, ledrigen, linearen, 8 cm langen, vorn ausgerandeten Blättern. Blüten zu 2 – 5 auf aufrechtem, aus starken Scheiden endständig vortretendem, mit rotbraunen Scheiden bekleidetem Schaft, bis 5 cm gross, Kelch- und Blumenblätter linear-lanzettlich, hellrosa-fliederfarben, weissgerandet, Lippe satt karminrot, Seitenlappen schmal, lang zugespitzt, Mittellappen länglich-linear, zugespitzt, mit drei Faltenhäutchen. Juli, August. Borneo.

D. undulatum R. Br. (*D. discolor Ldl. Ceratobium undulatum Ldl.*) Scheinknollen kurz spindelförmig mit zwei länglich-eiförmigen, vorn ausgerandeten, derben Blättern. Blüten in kurzer Traube, klein und unbedeutend, gelbbräunlich, Lippe mit fünf helleren Kiellinien. Mai, Juni, Australien. 1823 durch Banks nach England gebracht, kaum noch in Kultur.

D. Vannerianum Rchb. f. wurde von Mr. Vanner, Camden Wood, Chislehurst, aus D. japonicum × Falconeri gezogen. Blüten 3 cm breit, alle Blätter schmal und spitz ausgezogen, Kelchblätter weiss, purpurn gerandet, Blumenblätter und Lippe weiss, erstere mit purpurnem Spitzenfleck, letztere mit ebensolchem eirundem Scheibenfleck und purpurner Spitze.

D. Veitchianum hort. D. Veitchii hort. ist *D. macrophyllum A. Rich. var. Veitchianum hort.*

D. Venus Veitch ist *D. nobile × Falconeri* und ähnelt letzterer Art sehr, hat aber erheblich grössere, intensiver gefärbte Blüten.

D. virgineum Rchb. f. Stämme kurz knotig, 20 cm hoch, von den schwarzhaarigen Scheiden der breit-schwertförmigen, schief gestutzten Blätter bekleidet. Blüten in endständigen, reichblättrigen Trauben, 5—6 cm breit, elfenbeinweiss mit dickem, grünlichem Kinn am Säulenfusse, rötlichem Grunde und zwei hellrötlichen Schwielen längs des Schlundes der weissen dreilappigen Lippe, deren Mittellappen rund ausgebogt und fein gezähnt ist. August—Oktober. Birma.

D. Wallichii hort. ist *D. nobile Ldl. var. Wallichianum hort.*

D. Wardianum Warner. Stämme kräftig, rund, an den Knoten abgesetzt verdickt, halbhängend, bis 60 cm lang, mit abfallenden, länglich-lanzettlichen, zugespitzten Blättern. Blüten aus den blattlosen Knoten zu 2—3, 6—8 cm breit, Kelch- und Blumenblätter weiss mit kirschroten Tupfen, die ebenso gefärbte grosse kapuzenförmige Lippe trägt einen grossen, lebhaft orangegelben Mittelfleck und dunkel scharlachrote Spritzflecken an den Seiten des Schlundes. April—Juni. Birma.

— **var. assamicum hort.** ist nur durch kurze schlanke Stämme von der Hauptform abweichend. Assam.

— **var. candidum Low.** Blüten reinweiss.

— **var. giganteum Will. et Moore.** (*var. Lowii hort.*) Stämme 3—4 cm dick, 1,5 m hoch, Blüten 10 cm breit, sonst von der Hauptform nicht verschieden.

— *var. Lowii hort.* ist *var. giganteum Will. et Moore.*

— **var. Schroederianum hort.** ist weitaus die schönste, hierher gehörende Kulturform. Blüten sehr gross, Kelchblätter aussen karminrot, ebenso die elfenbeinweiss gerandeten Blumenblätter, Lippe reich purpurkarminfleckig.

D. Wardianum × *aureum* ist *D. Apasia Veitch.*

D. Wardianum × japonicum, von Veitch gezogen, hat die köstlich duftenden Blüten von D. japonicum, aber dieselben sind grösser und viel breitblättriger. Im Wuchs hält der Bastart die Mitte zwischen den Eltern.

D. Wardianum × *lituiflorum* ist *D. micans Rchb. f.*

D. Williamsoni Day et Rchb. f. Stämme spindelförmig, 10 cm hoch, Blattscheiden schwarzhaarig, Blätter weichhaarig, länglich-riemenförmig, schief ausgerandet, derb. Blüten in armblütiger, endständiger Traube, 5—6 cm breit, elfenbeinweiss, Kelchblätter aussen bräunlich, Lippe dreilappig, gross, weiss mit blutrotem Mittelfleck. April, Mai. Assam.

D. xanthophlebium Ldl. (*D. marginatum Batem.*) Stämme aufrecht, kantig, stark federkielsdick und 20 cm hoch, mit abfallenden, linear-lanzettlichen, vorn schief ausgerandeten Blättern. Blüten paarweis aus den blattlosen Knoten, 5 cm breit, doppelt gespornt, indem das Kinn dem Sporn gleichlang ist, Kelch- und Blumenblätter reinweiss, Lippe dreiteilig, sammtig, die grossen Seitenlappen aufrecht, weiss mit dunkelorangegelben Adern, der runde Mittellappen gewellt, orangegelb mit weissem Saum. März—Mai. Birma.

Dendrochilum *Blume.*

(Bolbophyllinae 292.)

Umfasst drei ostindisch-malayische unscheinbare Arten, welche noch nicht nach Europa gebracht worden sind. Was in europäischen Gärten als Dendrochilum kultiviert wird, sind Arten der Gattung Platyclinis Bnth. und dort nachzusehen.

Dendrocolla Bl. ist *Sarcochilus R. Br.*

Dendrolirium flavescens Bl. ist *Eria flavescens Ldl.*

Dendrolirium ornatum Bl. ist *Eria ornata Ldl.*

Desmotrichum cymbidioides Ldl. ist *Dendrobium cymbidioides Hook.*

Diacrium *Ldl.*

(Cattleyeae 205.)

Schönblühende Baumbewohner Mexikos, Centralamerikas und der Nordküste von Südamerika mit spindelförmigen Scheinknollen, denen einige feste Laubblätter aufsitzen, und grossen in Rispen stehenden Blüten, welche von dem nächstverwandten Epidendrum nur durch die Form der Lippe abweichen, welche vom Säulenfusse absteht, dreilappig ist und zwei hohle Höcker trägt. Bekannt sind vier Arten, davon in Kultur:

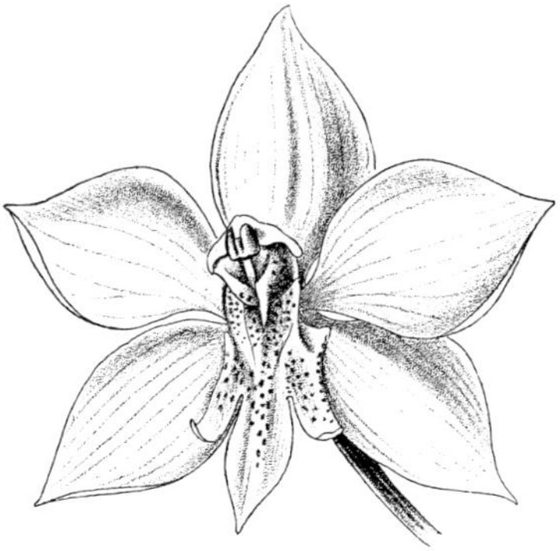

Fig. 70. Diacrium bicornutum.

D. bicornutum Bnth. *(Epidendrum bicornutum Hook.)* (Fig. 70). Stämme lang-spindelförmig, bis 20 cm hoch, gefurcht, mit einem kleinen Schopf zweizeilig stehender, immergrüner, ledriger, riemenförmiger Blätter. Blüten in etwa 12 blumiger endständiger Traube, 5 cm breit, Kelchblätter eiförmig, Blumenblätter rund-elliptisch, beiderseits kurz verschmälert und vorn zugespitzt, alle reinweiss, ebenso die Lippe bis auf kleine purpurrote Punkte, Mittellappen lang-spatelförmig vorgezogen, Seitenlappen halb so lang, flach liegend, an den Spitzen leicht aufgebogen, breit-halbmondförmig. April, Mai. Trinidad, Demerara. An Rinde oder Ästen zu kultivieren; braucht viel Wärme, aber keine strenge Trockenperiode. Williams hat beobachtet, dass mit dem Faulen des Holzklotzes die Blühfähigkeit schwindet!

D. bigibberosum Bnthm. *(Epidendrum bigibberosum Hook.)* ist nur durch um die Hälfte kleinere Blüten verschieden.

Dialissa Ldl. ist *Stelis Sw.*

Dianea Ldl. ist *Microstylis Nutt.*

Dichaea *Ldl.*

(Dichaeinae 368.)

Von den fünf im tropischen Amerika heimischen Arten ist keine kulturwert und bisher ist auch nur die nachstehende Art, und auch diese nur in einige botanische Gärten, zu uns gelangt. Ihre Merkmale geben zugleich ein Bild der Gattung.

D. vaginata Rchb. f. Stämme monopodial, lang kriechend, dünn, holzig, von den breiten Scheiden der nichtgegliederten, immergrünen, breit-eiförmigen, zugespitzten Blätter bedeckt, welche zweireihig und der Unterlage parallel gerichtet stehen. Blüten klein (1—2 cm), einzeln, achselständig, langgestielt, mit stachligem Fruchtknoten; Kelch- und Blumenblätter eiförmig, ausgebreitet, weissgelblich, Lippe weiss mit rötlichen Längslinien auf der ebenen dreieckigen Platte, deren Mitte zahnartig vorsteht, während die ausgeschweiften Eckspitzen etwas zurückgebogen sind. Juli, August. Mexiko.

Dichopus Bl. ist *Dendrobium Sw.*

Dicrypta discolor Ldl. ist *Maxillaria discolor Ldl.*

Didactyle Ldl. ist *Bolbophyllum Thouars.*

Dilochila Ldl. ist *Arundina Bl.*

Diphyes Bl. ist *Bolbophyllum Thouars.*

Disa *Berg.*

(Penthea Ldl.)

(Satyrieae 44.)

Erdorchideen vom Kap der guten Hoffnung, aus dem tropischen Afrika und von den Maskareneninseln, mit kurzen, fleischigen, einfach fingerförmigen oder handförmig-geteilten Erdknollen, aus welchen in den ersten Jahren eine meist dem Boden anliegende Blattrosette, später der mehr oder weniger beblätterte Blütenschaft entspringt. Blüten einzeln oder in Trauben oder Schirmtrauben, meist ansehnlich. Die beiden seitlichen Kelchblätter sind breit abstehend, das mittlere, obere, ist hoch helmförmig, am Grunde oder Rücken in einen langen Sporn, stumpfen Sack oder Ausstülpung ausgezogen, nur selten fast eben, Blumenblätter den paarigen Kelchblättern ähnlich, meist kleiner. Lippe spornlos, eben, bald sehr klein und sitzend, bald langgenagelt, mit ungeteilter, oder am Rande gefranster oder dreiteiliger Platte. Säule kurz und dick, die Seitenlappen ihrer Spitze grösser als der Mittellappen. Antheren zurückgekrümmt mit gesonderten, oft sehr grossen Klebmassen.

Die meisten Arten sind schönblühend, einzelne wahre Prachtstücke, welche jeder Sammlung zur Zierde gereichen, aber leider erfordert ihre Kultur so viel Achtsamkeit, dass man nur äusserst selten einmal gut blühende Disa sieht, obgleich gerade die farbenschönen Arten, z. B. D. grandiflora, oft in Menge auf dem Markte erscheinen.

Die Arten vom Kap verlangen Kalthaustemperaturen, gedeihen sogar im frostfreien Kasten, während die übrigen Warmhausbewohner sind, Sämtlich verlangen sie sehr gut drainierte, geräumige Töpfe oder Schalen mit milder Lehmerde oder Rasenerde, reichlichem Sandzusatz, gut verrottetem Kuhdung und frischem Sphagnum, auch wohl etwas Holzkohle zur Lockerung. Während der ganzen Entwickelung ist reichliches Giessen durch Überbrausen, mehrmals täglich, Lebensbedingung, dagegen ist ein Einsetzen in Untersätze mit Wasser nicht zu empfehlen. Nach der Blüte sind sie schattig und weniger feucht, aber nicht trocken zu halten. Gerade in der Ruheperiode sind sie doppelt empfindlich gegen zu viel oder gar zu wenig Wasser. Im Januar — Februar schon müssen sie verpflanzt werden und bei dieser Gelegenheit nimmt man die meist zahlreich vorhandenen jungen Schösslinge ab, welche bis zur guten Bewurzelung gleich den alten Pflanzen feucht und schattig gehalten werden. Zeigt sich der junge Trieb, dann ist viel Licht und viel kühles Wasser zu geben, trockne Hitze, direkte Sonne und stehenbleibendes Wasser aber zu vermeiden.

Die etwa 60 Arten teilt Pfitzer ein:

A. Antheren fast aufrecht oder nur wenig zurückgeneigt:

1. **Macranthae Pfitz.** Blüten gross, z. B. D. grandiflora L.
2. **Micranthae Pfitz.** Blüten klein, zahlreich, z. B. D. gracilis Ldl.

B. Antheren stark zurückliegend:

1. **Repanda Ldl.** Helm oben wagerecht gespornt, Blumenblätter ganz, Blüten traubig, z. B. D. megaceras Hook.
2. **Phlebidia Ldl.** Helm trichterförmig, zurückgebogen, Blumenblätter mit einem Zahn, Blüten einzeln, z. B. D. longicornis L.
3. **Vaginaria Ldl.** Helm wagerecht, unten gespornt, Blumenblätter gelappt, öhrchenförmig. Wenigblütig; z. B. D. fasciata Ldl.
4. **Pardoglossa Ldl.** Helm sackförmig, Blumenblätter gekrümmt, mit schwieliger Spitze, Blüten in Schirmtrauben, z. B. D. rosea Ldl.
5. **Coryphaea Ldl.** Helm aufrecht, am Grunde trichter- oder sackförmig, Lippe fadenförmig, Blüten in Schirmtrauben mit grossen, häutigen Deckblättern, z. B. D. venosa Sw.
6. **Stenocarpa Ldl.** Helm aufrecht, am Grunde trichterförmig, Blumenblätter gekrümmt, mit vorgezogenem Grunde der Säule angewachsen, z. B. D. gladioliflora Burch.
7. **Oregura Ldl.** Helm wagerecht, trichterförmig, Blumenblätter gekrümmt, frei, z. B. D. porrecta Sw.
8. **Trichochilia Ldl.** Helm wagerecht, gespornt, Lippe breit, sitzend

oder auf langem Nagel vorgeschoben, z. B. D. spathulata Sw., deren Lippe die Form eines langgestielten Epheublattes hat.

9. **Disella Ldl.** Helm am Grunde sackig, Lippe fädlich, Blumenblätter aufrecht, z. B. D. tenella Thbg.

10. **Penthea Ldl.** Helm nicht oder ganz unbedeutend gespornt, Blumenblätter der Säule angewachsen, z. B. D. melaleuca Thbg.

Von den nachstehenden Arten sind nur Barelli, crassicornis, grandiflora, und racemosa in grösseren Kreisen bekannt, die übrigen dürften bis jetzt kaum über die grossen botanischen Gärten oder einzelne Liebhabersammlungen hinausgekommen sein.

D. atropurpurea Hook. Blätter grasartig. Blüten einzeln oder zu dreien auf 10—20 cm hohem, schmalblättrigem Schaft, 3 cm breit, dunkelpurpurrosa mit kastanienbrauner Lippe. März, April. Kap.

D. Barelli Thbg. Blüten zu 3—5 in der Form von grandiflora, gross, aus orange scharlachrot, Lippe etwas heller, karminrot geadert. Mai, Juni. Kap.

D. cornuta Sw. Blätter am Grunde scheidig, braunpurpurn gefleckt, schwertförmig zusammengerollt. Blütenschaft bis 50 cm hoch mit etwa 15 cm langer Blütenähre. Blüten gross, Helm gewölbt, oben ausgerandet, grüngelb, auf dem Rücken purpurn, Sporn grün, die Kelchblätter breiteirund, weiss, am Rande purpurn, an der Spitze grünlich, Lippe im Grunde weiss, vorn braunschwarz. Juni, Juli. Kap.

D. crassicornis Ldl. *(D. megaceras Hook.)* Blütenschaft bis 40 cm hoch, im unteren Teile spitz-lanzettliche Bläter tragend. Blüten zu 6—10 in dichter Traube, gross, Helm kegelig, lang gespornt, weiss mit purpurroter Zeichnung. September. Kap.

D. Draconis Sw. Blütenschaft bis 25 cm hoch, nur einige grosse Blumen am Ende tragend, Helm stumpf, aufrecht, am Grunde bauchig, weiss, purpurrot gestreift, Kelchblätter gelblich-weiss, lang-linear mit pfriemlicher Spitze, Blumenblätter auf gelbweissem Grunde innen purpurstreifig, am Rande und Spitze purpurrot, kürzer, stumpf zusammengeneigt, Lippe weiss, vorn ausgebreitet. September. Kap.

D. grandiflora L. *(D. uniflora hort.)* (Fig. 71.) Blütenschaft 20 bis 30 cm hoch, bis oben mit spitz-lanzettlichen Blättern besetzt und in eine einzelne Blüte oder 3—5 blumige Traube endend. Blüten gross, (bis 10 cm Durchmesser), die quer abstehenden, breit-eiförmigen, zugespitzten Kelchblätter scharlachrot, Helm aufrecht, oben langgespitzt, unten in einen kurzen kulpigen Sporn ausgehend, aussen hellrot, innen wasserbläulich mit reicher zarter, karminroter Aderung. Mai—Juli. Kap.

— **var. superba Moore.** Blütenschaft bis 60 cm hoch und bis acht Blüten tragend, welche über 10 cm halten, leuchtend scharlach- und karminroth sind, Helm innenseits fast weiss mit dunkelrosaer Aderung. Juni—August. Kap.

Fig. 71. Disa grandiflora.

D. megaceras Hook. ist *D. crassicornis Ldl.*

D. racemosa L. ähnelt der D. grandiflora, jedoch die Blüten sind nur halb so gross, dafür zahlreich in aufrechter Traube, rosa-karminrot, oft mit einem lilaen Hauch. April, Mai. Kap. — Blühte 1887 in Europa zum erstenmale in Kew.

D. tripetaloides Hook. Schmalblättrig. Blüten in schlanker, dicker Ähre bis zu 20, 2—3 cm breit, weiss, karmingefleckt. Mai, Juni. Kap.

D. uniflora hort. ist *D. grandiflora L.*

D. Veitchii hort., der erste Disa-Bastart, wurde bei I. Veitch und Sons aus D. grandiflora × racemosa gekreuzt. Die Kreuzung gleicht im kräftigen Wuchs der racemosa, hat 4—8 Blüten von 5 cm Breite, welche leuchtend hellrosa sind, nur die Blumenblätter sind gelblich mit karminroten Spritzen. Mai, Juni.

In den belgischen Katalogen sind noch nachstehende Arten aufgeführt, von welchen jedoch keine einzige in Europa kultiviert wird, ausser vielleicht in Kew Gardens, und welche auch in keiner Weise an die Schönheit von D. grandiflora heranreichen.

D. cernua, D. chrysostachya, D. graminifolia, D. lacera. D. longicornis, D. macrantha, D. maculata, D. melaleuca, D. patens, D. polygonoides, D. prasinata, D. sagittalis, D. rufescens, D. spathulata, D. tenuifolia.

Dissorhynchium Schauer ist *Habenaria W.*

Dossinia *Morr.*

(Physureae 120.)

Die einzige Art der Gattung weicht von den Anoectochilus, welchen sie durch ihre schönen Blätter täuschend ähnelt, nur durch den ganzrandigen (bei Anoectochilus gefransten) Nagel der Lippe ab.

D. marmorata Morr. (*Anoectochilus Lowii Bl. A. marmoratus Ldl. Macodes marmorata Bl. Cheirostylis marmorata Bl.*) (Fig. 72.) Stämmchen aufsteigend, bis 20 cm hoch, sich leicht verzweigend, dicht besetzt mit eiförmigen Blättern von 8 zu 5 cm etwa, deren Grundfarbe ein sattes dunkles Sammtgrün ist, auf welchem ein goldbräunlicher Schimmer ruht, Haupt und Netzadern leuchtend goldschimmernd. Borneo, zuerst von Hugh Low an den bemoosten Eingangsfelsen einer Höhle gefunden, dann vielfach an halbschattigen Felsen und Bäumen gesammelt.

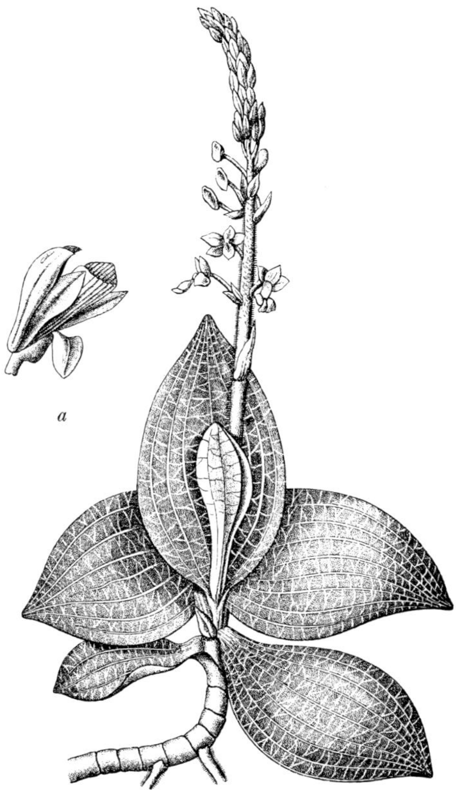

Fig. 72. Dossinia marmorata.
a. Einzelblüte, vergrössert.

— **var. Dayi hort.** (*Anoectochilus Dayi* und *Dayanus hort.*) Blätter sammtgrün ohne Bronzeschimmer, das Adernetz rotgolden, scharf vortretend.

— **var. virescens hort.** Blätter hellgrün, Hauptadern sehr breit und hellkupferrot-goldig schimmernd.

Dubois-Reymondia Karsten ist *Pleurothallis R. Br.*

Echioglossum javanicum Bl. (*Aërideae, 385*); aus Java, ist wohl kaum noch in Kultur, jedenfalls nicht über einige grosse botanische Gärten hinausgelangt. Die im Stammbau an Vanda erinnernde Pflanze hat flache, kurze, zweizeilige, immergrüne, lanzettliche Blätter und unscheinbare, kleine Blüten, welche in lockeren Rispen stehen und in der Form an Phalaenopsis erinnern. Für die Kultur aus Schönheitsrücksichten wertlos.

Eckardtia Rchb. ist *Peristeria Hook.*

Empusa Ldl. und *Empusaria Rchb. f.* ist *Liparis L. C. Rich.*

Encyclium Ldl. gehört zu Epidendrum L.

Ephippium Bl. ist *Cirrhopetalum Ldl.*

Epicattleya *Rolfe.*

(Cattleyeae. 205 a)

ist der Gattungsbastart aus Cattleya × Epidendrum, gegründet auf:

Epicattleya guatemalensis Rolfe. *(Cattleya guatemalensis Moore)* eine in Veitch's Gärten in einem Exemplar beobachtete, aus Guatemala zufällig mit den Eltern mitgebrachte Kreuzung von Cattleya Skinnéri × Epidendrum aurantiacum, welche leider später verloren gegangen ist.

Epidendrum *L.*

(Cattleyeae. 204)

(Alamania Llav. Lex. Amphiglottis Salisb. Anacheilum Hoffmg. Barkeria Knowl. Westc. Broughtonia Ldl. Dinema Ldl. Epithecium Knowl. Westc. Hormidium Ldl. Lanium Ldl. Nanodes Ldl. Oerstedella Rchb. f. Physinga Ldl. Pleuranthium Ldl. Prosthechea Knowl. Westc. Pseudepidendrum Rchb. f. Psilanthemum Klotzsch.)

Ungemein formenreiche, gegen 500 Arten umfassende, ausschliesslich in Amerika heimische Gattung, wo sie von den südlichen Vereinigten Staaten, durch Mexiko, Centralamerika und das gesamte tropische Südamerika verbreitet ist, und Baumstämme und bemooste Felsen bewohnt.

Die Stämme sind bald schlank, bald zu einer kurzen, aber meist mehrgliedrigen Scheinknolle zusammengedrängt. Die Blätter sind stets derb, immergrün, und sitzen am Stamm zerstreut oder an der Spitze desselben zusammengedrängt. Der Blütenschaft entspringt aus der Spitze des Stammes oder seitlich aus den oberen Blattachseln, nur die Arten der Psilanthemumgruppe haben ihre Blüten auf einem besonderem, vom Grunde der Knolle sich abzweigendem Seitentriebe. Die Blüten stehen bald einzeln, bald in kürzeren oder längeren Trauben oder Rispen und wechseln in der Grösse ungemein. Zahlreiche Arten sind durch Kleinheit der Blüten und unansehnliche Färbung wertlos für die Kultur, aber eine grosse Anzahl trägt anderseits sehr ansehnliche und oft schön gefärbte Blüten, in denen allerdings Gelb, Grün und trübes Weiss die vorherrschenden Farben sind, welche aber oft wochen- und monatelang aushalten und dadurch allein schon wertvoll sind. Kelch- und Blumenblätter sind einander meist ziemlich gleich oder die Blumenblätter schmäler. Die in der Form sehr abweichende Lippe ist entweder genagelt, und mit dem Nagel der Säule parallel mehr oder weniger angewachsen oder ungenagelt, direkt der Säule angewachsen. Säule schlank, die vier Pollenmassen seitlich zusammengedrückt, in einer Querreihe liegend.

Pfitzer teilt die schwer übersichtliche Gattung in klarer Weise folgendermassen ein.

I. **Euepidendrum Ldl.** Stämme gänzlich schlank oder nur am Grunde etwas verdickt, mit zahlreichen, zerstreuten Blättern.

A. **Planifolia.** Blätter flach.

1. **Nanodes Ldl.** Blätter fleischig, eben, graugrün, Blüten ohne Hüllblätter. z. B. E. Medusae Rchb. f.

2. **Nana Bnth.** Kurzstämmig, dicht beblättert, Blätter lederartig. Blüten einzeln oder wenige in einer kurzen, breiten Scheide.

3. **Strobilifera Bnth.** Stämme kurz, oft verzweigt. Blüten in grossen konkaven Hüllblättern.

4. **Amphiglottium Ldl.** Stämme meist schlank, Blütenschaft mit angedrückten, bräunlichen Schuppen, Blüten traubig, Lippe der ungeflügelten Säule weit hinauf angewachsen; z. B. E. ellipticum Grah.

5. **Barkeria Kn. W.** Von Amphiglottium nur dadurch verschieden, dass die Lippe nur am Grunde mit der Säule verwachsen ist und dass der Nagel der Lippe der Säule parallel steht: z. B. E. elegans Rchb. f.

6. **Paniculata Ldl.** Wie Amphiglottium, aber die Blüten in Rispen; z. B. E. myrianthum Ldl.

7. **Polycladia Ldl.** Unmittelbar über den Blättern stehen Schuppen, aus deren Achseln seitlich Blütentrauben, ausser den endständigen, entspringen; z. B. E. polyanthum Ldl.

8. **Pleuranthium Ldl.** Seitentrauben schon aus den Blattachseln, lange vor der Endtraube blühend; z. B. E. Dendrobii Rchb. f.

9. **Imbricata Pfitz.** Zwischen den eigentlichen Blättern und dem Blütenstand stehen einige grüne, kurze, scharf gefaltete Blättchen, so dass der junge Blütenstand einem grossen Grasährchen ähnelt; z. B. E. cnemidophorum Ldl.

10. **Spathium Ldl.** Blütenstand traubig oder rispig, am Grunde von einer grossen Scheide umschlossen; z. B. E. Friederici Guilelmi Warscz.

11. **Umbellata L.** Blütenstand fast doldig, zuweilen mit grosser Grundscheide; z. B. E. difforme Jacqu.

12. **Nuda Pfitz.** Blütenstand traubig oder rispig, ohne Schuppen; E. conopeum R. Br. (aus Carolina, die nördlichste epiphytische Orchidee Amerikas).

B. **Teretifolia Rchb. f.** Blätter fast drehrund, oberseits gefurcht; z. B. E. teres Rchb. f.

C. **Equitantia Ldl.** Blattspreiten senkrecht stehend; z. B. E. equitans Ldl.

II. **Aulizodium Pfitzer.** Meist mehrgliedrige Scheinknollen mit wenigen endständigen Blättern und endständigen Blüten. Lippe der Säule lang angewachsen.

A. **Aulizeum Ldl.** Lippe lappig oder fein gefranst; z. B. E. Sceptrum Ldl. und E. ciliare L.

B. **Osmophytum Ldl.** Lippe ungeteilt; z. B. E. cochleatum L.

III. **Encyclium Ldl.** Wie Aulizodium, aber die Lippe der Säule ganz schmal angewachsen.

A. **Holochila Ldl.** Lippe ungeteilt; z. B. E. prismatocarpum Rchb. f.

B. **Sarcochila Ldl.** Lippenspitze dreizähnig; z. B. E. glaucum Ldl.

C. **Sphaerochila Ldl.** Lippe dreilappig, Lappen gleich; z. B. E. sphaerocarpum Ldl.

D. **Hymenochila Ldl.** Lippe dreilappig, Seitenlappen schmäler; z. B. E. alatum Batem.

IV. **Psilanthemum Klotzsch.** Wie Aulizodium, aber der Blütenstand auf einem unbeblättertem seitlichem Stamme vom Grunde der blatttragenden Knolle her; z. B. E. Stamfordianum Batem.

Fast alle Epidendrum sind anspruchslose Pflanzen hinsichtlich der Kultur. Sie gedeihen am besten mit einer Handvoll Sphagnum an eine Korkrinde oder einen festholzigen Ast gebunden, lieben Licht und Luft und bedürfen zum weitaus grössten Teile nur einer Wintertemperatur von 10° R. Nach der Blüte muss eine kurze Ruheperiode folgen, die aber nicht zur Dürre ausarten darf. Sobald der junge Trieb sich zeigt, ist reichliche Wasserzufuhr durch Spritzen und im Notfalle Eintauchen zu geben.

E. Acklandiae Rchb. f. ist *Cattleya Acklandiae Ldl.*

E. aemulum Ldl. ist *E. fragrans Sw.*

E. affine Focke ist *E. oncidioides Ldl.*

E. alatum Batem. (*E. calochilum Grah. E. formosum Klotsch. E. longipetalum Ldl. Encyclium alatum Ldl.*) Scheinknollen eiförmig, etwa 5 cm hoch, mit zwei schwertförmigen, stumpfen Blättern. Blüten in grossen Rispen, süssduftend, mittelgross, die schmalen Kelch- und Blumenblätter aus grünlichem Grunde trübrot, die runde, dreiteilige Lippe hellgelb, der breitgerandete, krause Mittellappen vortretend dunkelrosa geadert und gefleckt. Juni—August. Mexiko. Sehr dankbar blühende Art.

— **var. majus hort.** Nur unwesentlich grösser als die Hauptform, sonst dieser ganz gleich.

E. aloaefolium L. ist *Cymbidium aloifolium Sw.*

E. aloifolium Batem. ist *E. falcatum Ldl.*

E. altissimum Sw. ist *Oncidium altissimum Ldl.*

E. amabile Godfr. ist *E. dichromum Ldl.*

E. arachnoglossum Rchb. f. Stämme schlank aufrecht, rund, mit zweizeiligen, länglich-lanzettlichen, dicken Blättern und endständiger, steif aufrechter, mit kurzen Schuppen bekleideter Blütentraube. Blüten klein, Blumen- und Kelchblätter breit linear, zugespitzt, rotlila wie die dreilappige Lippe, deren keilförmiger, tiefzweiteiliger Mittellappen fünf Schwielenhöcker trägt, von denen die vier oberen leuchtend orangegelb, der gezähnelte grösser, hellgelb ist. Juli, August. Neu-Granada, Papayan, bei 2000 m.

E. aromaticum Batem. (*E. primuloides h. angl. E. incumbens Ldl. Encyclium aromaticum Ldl.*) Scheinknollen fast kuglig, 4 cm dick, glatt, erbsengrün. Blätter zu 2—3, steif linear, 3 zu 20 cm etwa. Blüten sehr zahlreich in überhängender, weitästiger, meterlanger Rispe, stark duftend, 2 cm breit, Kelch- und Blumenblätter länglich-lanzettlich, satt primelgelb bis bräunlich grün, Seitenlappen der Lippe länglich, um die Säule gefaltet, Mittellappen rundlich, weiss, rot gestreift. Juli—September. Guatemala.

E. atropurpurem W. (*E. macrochilum Hook Encyclium atropurpureum Ldl.*) (Fig. 73.) Scheinknollen runzelfaltig, ei- oder birnförmig, mit zwei länglich-riemenförmigen Blättern und endständigen, aufrechten, wenig blumigen Blütentrauben. Blüten mittelgross, Kelch- und Blumenblätter länglich-keilförmig, mit eingebogenen Enden, aus grünem Grunde rot-braun, Lippe gross, dreilappig, vorn weiss, Mittellappen rundlich, tief eingekerbt, mit einem fedrig verlaufendem, scharlachrotem Grundfleck. April, Mai. Westindien, Guatemala, Mexiko.

— **var. album hort.** Lippe reinweiss, ohne roten Fleck.

— **var. Randianum Linden et Rodig.** Blüten fast ganz braunrot, Lippe mit sehr grossem, rotem Federfleck.

— **var. roseopurpurem hort.** Kelch- und Blumenblätter chocoladenbraun, Lippe violettpurpurn.

— **var. roseum Rchb. f.** Kelch- und Blumenblätter purpurbraun, Lippe tiefrosa mit purpurnem Grundfleck.

E. aurantiacum Batem. (*E. aureum Rchb. f. Aulizeum aureum Ldl.*) (Fig. 73.) Stämme steif aufrecht, keulig, bis 30 cm hoch, mit zwei breiten, länglichen, dicken Blättern und endständiger, von einer grossen Grundscheide umschlossener, dichtblütiger, kurzer, leicht nickender Traube.

Blüten bis 5 cm gross, orangegelb, die Lippe mit einigen hochroten Strichen, Kelch- und Blumenblätter lanzettlich, Lippe länglich-kapuzenförmig, röhrig die Säule einhüllend, und mit drei Schwielen im Vordergrund. April, Mai. Mexiko, Guatemala.

E. aureum Rchb. f. ist *E. aurantiacum Batem.*

E. auritum Ldl. *(Encyclium auritum Ldl. Dinema pubescens Ldl.)* Scheinknollen auf kriechendem Wurzelstock 2—3 cm auseinander, flach länglich-eiförmig, 3 cm hoch. Blätter einzeln, schmal-linear, etwa 1,5 zu 10 cm. Blüten zu 3—5 auf 10 cm hohem, aus dem jungen Triebe kommenden, von sich deckenden grünen Scheiden unten umgebenem Schaft, 2 cm breit, stark nach Äpfeln riechend, hellgelb, Kelchblätter spitz-lanzettlich, gekielt, abstehend, Blumenblätter viel kürzer, linear, aufrecht, vorn zurückgebogen, Lippe ungeteilt, linear, vorn keilförmig, dunkler gelb mit purpurnem Grundfleck. Säule gelb, oben purpurn gesäumt, dreizähnig. Juni, Juli. Mexiko.

E. Barkeriola Ldl. *(Barkeria Barkeriola Rchb. f.)* ist wohl nur die alpine Form von E. elegans Rchb. f. In allen Teilen kleiner, nur 5 cm hoch, aber die Blüten gleichgross und gleichgefärbt, kaum eine Spur heller. Juli, August. Mexiko.

E. Barringtoniae L. ist *Lycaste Barringtoniae Ldl.*

E. basilare Kl. ist *E. Stamfordianum Batem.*

E. bicameratum Rchb. f. *(E. Karwinskyi Rchb. f. E. squalidum Ldl. Encyclium squalidum Ldl.)* Scheinknollen flach länglich-eiförmig, 4 cm hoch, hell erbsengrün. Blätter paarweis, spitz, breit-linear, 3 zu 12 cm etwa, sehr derb. Blüten zu 15—20 in lockerer Traube auf aufrechtem, 30 cm hohem, aus flacher graugrüner Scheide entspringendem Schaft, 2 cm breit, eingebogen, Kelch- und Blumenblätter spitz länglich-eiförmig, dunkel sepiabraun, orangegelb gerandet, Seitenlappen der weissen Lippe länglich, gerundet, um die Säule geschlagen, Mittellappen querlänglich mit drei Hautfalten vor dem Grunde und drei purpurnen Flecken. Juni — August. Mexiko, Central-Amerika.

E. bicolor Rchb. f. ist *Cattleya bicolor Ldl.*

E. bicornutum Hook. ist *Diacrium bicornutum Bnth.*

E. bigibberosum Hook. ist *Diacrium bigibberosum Batem.*

E. bracteolatum Prsl. ist *E. radiatum Ldl.*

E. Brassavolae Rchb. f. *(Encyclium Brassavolae Ldl.)* Scheinknollen verkehrt-birnförmig, 10 cm hoch, mit zwei länglichen, zugespitzten, festen Blättern an der Spitze, zwischen denen aus einer kurzen Grundscheide die aufrechte, vollblumige Blütentraube entspringt. Blüten abends stark duftend, über 10 cm im Durchmesser, aber durch die Schmalheit der hellbraungelblichen Kelch- und Blumenblätter beeinträchtigt. Lippe aus lang keilförmigem, gelblich-weissem Grunde in einen spitz-rautenförmigen, gelbroten Vorderlappen mit 2—3 Querfältchen vorgezogen. Mai, Juni. Central-

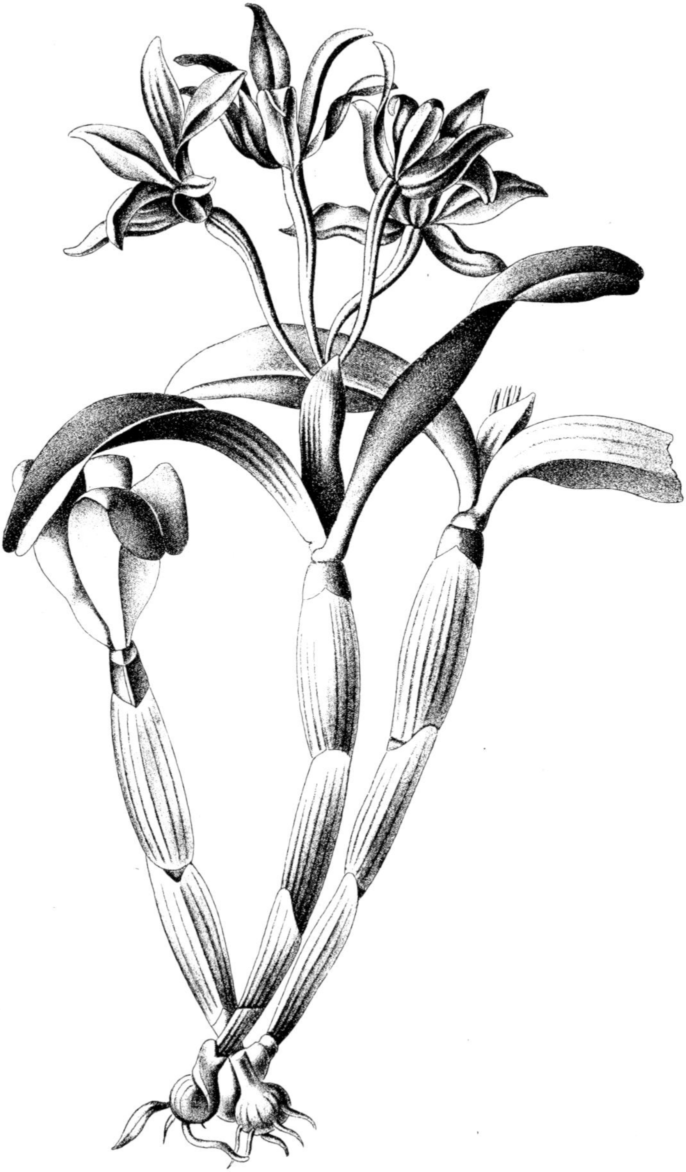

Fig. 73. Epidendrum aurantiacum.

Amerika, Guatemala. Erinnert an Brassavola in der Blätterform, mehr sonderbar als schön.

E. calochilum Grah. ist *E. alatum Batem.*

E. carthaginense L. ist *Oncidium carthaginense Sw.*

E. Catillus Rchb. f. et Warsc. (*E. Imperator Lind. E. leucochilum Klotzsch. Amphiglottium Catillus Ldl.*) Stämme stark, aufrecht, bis 50 cm hoch, umfasst von den Scheiden der zweizeiligen, gekielten, länglichen, zugespitzten, derben Blätter. Blüten in endständiger, aufrechter, dichter Traube, deren langer Schaft mit bräunlichen Schuppen besetzt ist, langgestielt, Stiele und Fruchtknoten rot, 6—8 cm Durchmesser, Kelch- und Blumenblätter verkehrt ei-lanzettlich, zugespitzt, satt zinnoberrot, die Kelchblätter aussen graugrün, Lippe dreilappig, scharlachrot, Seitenlappen halbherzförmig, gezähnt, Mittellappen schmal dreiseitig, zweispaltig, an den Enden gezähnt, an der Basis zusammengezogen, mit eiförmigem gelbem Schwielenfleck und einer Kiellinie auf der Scheibe. Juni, Juli. In hohen Berglagen der westlichen Cordilleren Neu-Granadas, daher im Winter mit 6—8^{0} R. vorliebnehmende, statiöse, kulturwerte Art.

E. Cattleyae Hook. ist *Cattleya luteola Gard. Chron.*

E. caudatum L. ist *Brassia caudata Ldl.*

E. cepiforme Hook. Scheinknollen glatt, zwiebelförmig rund, bis 8 cm hoch, mit zwei langen, riemenförmigen Blättern und endständiger Rispe, hellorangefarbenen, 3 cm grossen Blüten, deren Lippe weiss mit roten Rippen ist. Juni, Juli. Mexiko.

E. chinense L. ist *Cymbidium ensifolium Sw.*

E. chiriquense Rchb. f. ist *E. varicosum Ldl.*

E. ciliare L. (*Aulizeum ciliare Ldl.*) Scheinknollen schlank birnförmig, etwas seitlich zusammengedrückt, bis 10 cm hoch, mit einigen trockenhäutigen Scheiden am Grunde und endständigen, stumpf-länglichen Blättern an der Spitze, zwischen denen die langgestielte, locker- und armblütige Traube entspringt. Blüten von grossen, häutigen Hüllblättern gestützt, 6—8 cm Durchmesser, mit spitz-linearen, gelbgrünlichen Kelch- und Blumenblättern und schmaler, weisser, dreilappiger Lippe, deren Seitenlappen kammartig gefranst sind, Mittellappen pfriemenförmig, lang vorgezogen. November—Februar. Westindien, Trop. Süd- und Central-Amerika. Eine der widerstandsfähigsten Orchideen, welche unter allen Bedingungen wächst, leider eine zwar interessante aber ganz unscheinbare Blüte. Sie gehört zu den ersten nach Europa gebrachten Arten.

— **var cuspidatum Jacqu.** Blüten grösser, grünlichgelb, Mittellappen der Lippe linear-lanzettlich, wenig länger als die Seitenlappen.

— **var. minor hort.** ist von der Hauptform nur durch etwas kleinere Blüten abweichend.

E. cinnabarinum Ldl. Meterhohe, kräftige Stämme mit zweizeiligen, länglichen, an der Spitze zurückgebogenen Blättern und hohen, aufrechten, reichblumigen Trauben. Blüten bis 10 cm gross, zinnoberrot, Kelch-

und Blumenblätter lanzettlich, Lippe dreilappig, orangegelb mit roten Spritzern, gekielt, mit zwei Schwielen im Grunde, Seitenlappen tief zerschlitzt, Mittellappen aus schmalem Nagel plötzlich spatelförmig, mit 1—2 langen Zähnen an der Spitze. Mai—Juli. Brasilien, Venezuela.

E. citrinum Rchb. f. ist *Cattleya citrina Ldl.*

E. cnemidophorum Ldl. Stämme in der Heimat angeblich über 1,5 m hoch, von den Scheiden der lanzettlich zugespitzten, bis 30 cm langen Blätter bedeckt. Blüten in langer, nickender, am Grunde von kleiner, scharfgekielten Blättern umgebener, (Abteilung Imbricata Pfitz.), reichblumiger Traube, 8—10 cm Durchmesser, fast fleischig, langgestielt, aussen rein weissgelb, innen mit rotbraunen Flecken, Kelchblätter länglich, stumpf, Blumenblätter linear, Lippe und Säule elfenbeinweiss mit rosaem Hauch, erstere dreilappig, Seitenlappen gross, rund, ungeteilt, Mittellappen spatelförmig, in zwei stumpfe Zipfel auslaufend. Mai—Juli. Guatemala, bei 2300 m. Als Kalthauspflanze zu behandeln; während der Triebentwickelung sehr reichlich zu giessen.

E. cochleatum L. (*E. lancifolium Bot. Reg. Aulizeum cochleatum Ldl.*) Scheinknollen schlank eiförmig, bis 10 cm hoch, mit einigen häutigen Scheiden am Grunde und zwei in einen Stiel verschmälerten, breitlanzettlichen, langen, sich schlaff zurückbiegenden Blättern auf der Spitze. Blüten in langgestielter lockerer Traube, 6—8 cm Durchmesser, mit grüngelblichen, linearen, zugespitzten Kelch- und Blumenblättern, Lippe ungeteilt, aus schmalem Nagel plötzlich in eine konkave, rund-kochlöffelförmige Platte verbreitert, im Grunde gelbgrünlich, der Vorderteil unten gelbgrünlich, oben aus schmalem, grünlichgelbem Grunde breit tief chokoladenbraun gefärbt. November—März. Westindien, Mexiko. Durch die merkwürdige Lippe sehr originell aussehend, aber mehr für den Liebhaber als für die Handelsverwertung.

E. cochleatum Bot. Mag. ist *E. fragrans Sw.*

E. connivens Fl. Flum. ist *Eulophidium maculatum Pfitz.*

E. conopseum R. Br., unbedeutende kleine Pflanze mit spitz-länglichen, 6 cm langen, paarweisen Blättern und 5—6 kaum 2 cm breiten, gelblichgrünen, purpurnpunktierten Blüten, deren ausgerandete Lippe zwei weisse Schwielen trägt. Juni, Juli. Florida, Mexiko, Louisiana, bis 32° n. Br., und dadurch botanisch, aber nicht gärtnerisch interessant.

E. Cooperianum Batem. Stämme schlank, aber kräftig, bis 80 cm hoch, mit oberwärts gedrängt zweizeilig stehenden, steif-lanzettlichen, langzugespitzten Blättern. Blüten in endständiger, langer, überhängender, dicht vollblumiger Traube, 6—8 cm gross, fast lederartig, hellgrünbräunlich, Kelch- und Blumenblätter fast linear, Lippe dreiteilig, leuchtend rosa, Seitenlappen rund, ungeteilt, grösser als der nierenförmig ausgerandete Mittellappen, März—Mai. Brasilien.

E. coriaceum Bot. Mag. ist *E. variegatum Hook. var.*

E. crassifolium Hook. ist *E. elongatum Jacqu.*

E. crassilabium Poepp. ist *E. variegatum Hook.*

E. criniferum Rchb. f. Stämme schlank, 25 cm hoch, beblättert. Blätter sitzend, spitz-linear-lanzettlich, etwa 2,5 zu 8 cm. Blüten zu 6—8 in aufsteigenden Trauben, 4 cm breit, gelb, braunpurpurn gefleckt, Kelchblätter spitz, pfriemlich-lanzettlich, spreizend, Blumenblätter linear, Seitenlappen der Lippe weiss, halb-eiförmig, steif gefranst, Mittellappen gelblich, linear, gerade, mit 2 Schwielen. Säule weiss, oben purpurn. April, Mai. Costarica.

E. cuspidatum Jacqu. ist *E. ciliare L. var.*

E. cyclotellum Rchb. f. (*Barkeria cyclotella Rchb. f.*) Stamm federkielsdick, 15 cm hoch, mit abfallenden, zweizeiligen, schmal-länglichen, zugespitzten Blättern. Blüten in endständiger, aufrechter, lockerer, vielblumiger Traube, 6—8 cm gross, Kelch- und Blumenblätter breit-lanzettlich, hell blutrot, Lippe aus kurzem, schmalem, von der breiten gelblichen Säule verdecktem Grunde breit lang-viereckig, vorn ausgerandet, aus breiter weisser Mitte hell blutrot. Februar—April. Mexiko.

E. densiflorum Hook. Stamm schlank und bis 60 cm lang, mit zahlreichen, zerstreuten, elliptischen, lederartigen Blättern. Rispe endständig, Blüten an den Enden der Zweige gedrängt, Kelch- und Blumenblätter schmal-spatelförmig, grünbräunlich, Lippe kreisrund, dreilappig, Mittellappen spreizend zweispaltig, gelblichweiss. September, Oktober. Mexiko.

E. cycnostalix Rchb. f. ist *E. Stamfordianum Batem.*

E. dichromum Ldl. (*E. amabile Godfr.*) Scheinknollen schlank eiförmig, bis 10 cm hoch, mit zwei endständigen, steifen, riemenförmigen, stumpfen Blättern, zwischen welchen die meterhohe, weitverzweigte Blütenrispe steht. Blüten 5 cm gross, sattrosa, zuweilen hell weiss-rosa, Kelchblätter linear-lanzettlich, Blumenblätter verkehrt-eiförmig, Lippe lang, dreiteilig, Seitenlappen die Säule einhüllend, weiss mit purpurroten, verbreiterten Enden, Mittellappen verkehrt-herzförmig, gerippt, hellpurpurn mit weissem Saum. März—Mai. Bahia.

— **var. striatum Rchb. f.** Kelch- und Blumenblätter weiss mit purpurroten Adern.

E. discolor A. Rich. ist *E. nocturnum L.*

E. dolosum Rchb. f. ist *Cattleya Walkeriana Gardn. var.*

E. eburneum Rchb. f. Stämme aufrecht, bis 50 cm hoch, rund, gruppenweis, mit stammumfassenden, zerstreut stehenden, länglich-linearen, stumpfen, dunkelgrünen Blättern und endständiger, langgestielter, locker 4—6 blumiger Traube. Blüten 10 cm gross, Kelchblätter linear-lanzettlich, spitz, weiss mit hell citrongelb, Blumenblätter gleichfarbig, schmäler, Lippe elfenbeinweiss mit zwei schmalen gelben Schwielen am Grunde, gross, sitzend, kreisrund-herzförmig. Dezember. Panama, im heissen Sumpfgebiete.

E. elatius Rchb. f. ist *Cattleya guttata Ldl.*

E. elegans Rchb. f. (*Barkeria elegans Knowl. et Westc.*) (Fig. 74.) Stämme kurz-cylindrisch, bis 10 cm hoch, aufrecht, mit abfallenden, lanzettlichen, zugespitzten Blättern und endständigen, aufrechten, wenig und lockerblumigen Trauben. Blüten langgestielt, 5–6 cm gross, Kelchblätter breit-lanzettlich, etwas eingebogen, Blumenblätter eiförmig, zugespitzt, wellig gerandet, alle dunkelrosa, Lippe aus kurzem Grunde lang und breit viereckig, vorn gerundet mit kurzer Spitze, im Grunde, welcher durch die spatelförmige, verbreiterte, gelbe, purpurfleckige Säule verdeckt wird, weiss mit drei kurzen Schwielen, nach vorn weisslichrosa purpurnpunktiert und mit breitem, tief blutrotem Endfleck. Juli bis September. Mexiko.

E. ellipticum Grah. ist *E. elongatum Jacqu.*

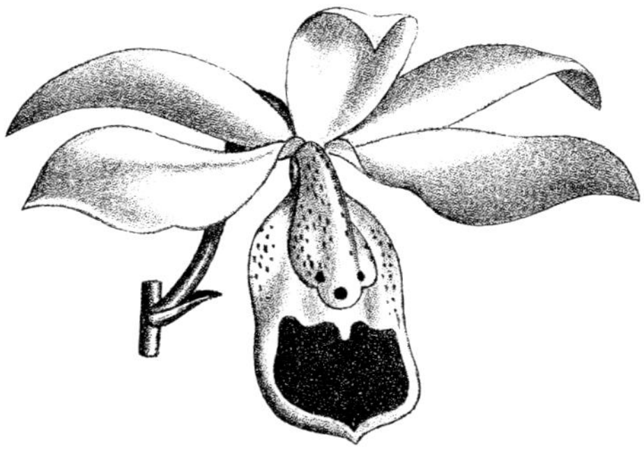

Fig. 74. Epidendrum elegans.

E. elongatum Jacqu. (*E. ellipticum Grah. E. crassifolium Hook.*) Stämme schlank, bis meterhoch, von den Scheiden der zweizeiligen, länglich-elliptischen, stumpfen, lederartigen Blätter bekleidet. Blütenschaft lang, aufrecht, am Grunde mit häutigen Schuppen, in eine reichblumige Schirmtraube endend. Blüten kaum 5 cm gross, schönrosa, Kelch- und Blumenblätter verkehrt ei-lanzettlich, Lippe dreiteilig, leuchtend rosa, Seitenlappen abgerundet, keilförmig, Mittellappen verkehrt herzförmig. März—Juni. Brasilien.

E. Endresii Rchb. f. Stämme schlank, 15 cm hoch, beblättert. Blätter stengelumfassend, ei-herzförmig, spitz, 1 zu 2 cm etwa. Blüten zu 9—12 in aufrechter, endständiger, lockerer Traube mit kurzen Deckblättern, kurz weissgestielt, 2 cm breit, reinweiss mit ein paar violetten Fleckchen auf Lippe und Säule, Kelch- und Blumenblätter länglich-eiförmig, spitz, Lippe fast geigenförmig, Seitenlappen öhrchenartig, Mittellappen tief und spreizend zweispaltig. April, Mai. Costarica.

E. erectum hort. ist ein Schreibfehler für E. evectum Hook.

E. erubescens Ldl. Scheinknollen spindelförmig, 8 cm hoch, weit zerstreut auf dem lang kriechendem, holzigem Wurzelstamme sitzend, an der Spitze zwei längliche, spitze Blätter und die weitverzweigte, gebogte Rispe tragend. Blüten 3—5 cm gross, zart rötlich-ledergelb, Kelchblätter breit-länglich, stumpf, Blumenblätter genagelt, Lippe dreiteilig, aus hellgelbem Grunde dunkelledergelb, Mittellappen breit-gerundet mit drei vortretenden Längslinien. Mai—Juli. Mexiko. Verlangt Kalthausbehandlung, die lang dauernden Blüten machen die Pflanze wertvoll.

E. evectum Hook. (*E. erectum hort.*). Stämme aus verdicktem Grunde schlank werdend, sprossend und an den Sprossstellen Wurzelbüsche bildend, bis 1,5 m hoch. Blätter ledrig, nach oben gedrängt, zweizeilig, halbstammumfassend, länglich-lanzettlich mit ausgerandeter Spitze. Blütenschaft endständig, lang, im unteren Teile schuppig bekleidet, in eine kurze, fast cylindrische, vielblumige Traube endend. Blüten lang hellrot gestielt, bis 10 cm gross, kirschrotpurpurn, Kelch- und Blumenblätter schmal verkehrt-eiförmig, Lippe dreilappig, mit zerrissen-zerschlitzten Rändern, Seitenlappen keilförmig, Mittellappen in zwei spreizende, fast quadratische Abschnitte tief gespalten. Februar—Juli. Neu-Granada.

E. falcatum Ldl. (*E. aloifolium Batem. E. Parkinsonianum Hook. E. lactiflorum A. Rich. Aulizeum falcatum Ldl. Brassavola Pescatorei hort.*) Stämme hängend, sich verästelnd, bis 30 cm lang, mit wenigen, zerstreuten, fast fleischigen, lang-lanzettlichen, in eine cylindrische Spitze ausgehenden Blättern. Blüten einzeln oder paarweis, endständig, bis 10 cm Durchmesser, Kelch- und Blumenblätter linear-lanzettlich, grünlichgelb mit grünlichbraunem Anflug, Lippe orangegelb, dreilappig, Seitenlappen gross, halbherzförmig mit ausgefressenem Rande, Mittellappen linear-zugespitzt, ungeteilt. Juni—August. Mexiko.

E. falsiloquum Rchb. f. ist *E. paniculatum R. P.*

E. floribundum hort. ist *E. ornatum Lem.*

E. Flos aëris L. ist *Renanthera Flos aëris Rchb. f.*

E. Forbesii Rchb. f. ist *Cattleya Forbesii Ldl.*

E. formosum Klotzsch ist *E. alatum Batem.*

E. fragrans Sw. (*E. aemulum Ldl. E. cochleatum Bot. Mag.*) Scheinknolle eiförmig, bis 5 cm hoch, mit 1—2 festen lanzettlichen Blättern. Blüten köstlich bergamott-duftend, in aufsteigender, langgestielter Traube vorn dicht gedrängt, 3 cm breit, Kelch- und Blumenblätter lanzettlich, zugespitzt, hell gelblichgrün, Lippe mit fast kreisrundem, etwas vertieftem, weissem, zart braunrötlich gestreiftem Vorderlappen. Juni—August. Jamaika.

— **var. magnum hort.** hat nur unbedeutend grössere Blüten.

E. Friederici Guilelmi Warsc. et Rchb. f. (*Spathium Fried. Guil. Ldl.*) Stämme kräftig, aufrecht, 5 cm dick und bis 20 cm hoch, bekleidet mit zweizeiligen, aus schmalem Grunde verkehrt-eiförmigen, kurz zugespitzten Blättern von 20 zu 8 cm etwa. Der endständige, lange, purpurn überlaufene, aufrechte Blütenschaft entspringt aus einer grossen Grundscheide und trägt eine kurze, gedrängt-vielblumige Traube. Blüten bis zu 10 cm, karminrot, fast fleischig, Kelch- und Blumenblätter schmal-lanzettlich, zugespitzt, Lippe dreilappig, Seitenlappen gerundet halbherzförmig, Mittellappen spitz zungenförmig mit zwei grossen stumpf-rautenförmigen Schwielen am Grunde, welche ebenso wie die Säulenspitze reinweiss sind, so dass die Blüte weissäugig erscheint. Mai—Juli. Nordperu, bis zu 2300 m.

E. fulgens Brgn. ist *E. Schomburgkii Ldl.*

E. fucatum Ldl. (*E. Sagraeanum A. Rich. Encyclium fucatum Ldl.*) Scheinknollen gedrängt, länglich-birnförmig, 3 cm hoch, Blätter paarweis, steif-linear, 3 zu 20 cm etwa. Blüten sehr zahlreich in lockerer, breiter Rispe auf 50 cm hohem, schlankem Schaft, köstlich duftend, 3 cm breit, Kelch- und Blumenblätter schmal-spatelförmig, dunkelockergelb, Lippe weiss, purpurstreifig, Seitenlappen aufrecht, gerundet, breit-linear, Vorderlappen verkehrt-herzförmig mit zwei Faltenhäutchen. April, Mai. Havannah.

E. glumaceum Ldl. (*Aulizeum glumaceum Ldl.*) Scheinknollen auf kriechendem Wurzelstock etwas auseinander gerückt, flach birnförmig, 3 cm hoch. Blätter paarweis, länglich-lanzettlich, 3 zu 15 cm. Blüten in lockerer wenigblumiger Traube auf 20 cm hohem, aufrechtem Schaft, wohlriechend, 3 cm breit, eingebogen, Kelch- und Blumenblätter spitz linear-lanzettlich, aussen weiss, innen weiss rosa gestreift, Lippe verkehrt-eiförmig, zugespitzt, mitten rosa, Ränder weiss. Juli—September. Brasilien: Pernambuko.

E. glutinosum hort. ist *E. odoratissimum Ldl.*

E. gracile Ldl. (*E. pastoris Lind.*) ist dem E. odoratissimum ähnlich, aber die Blätter sind mehr als doppelt so gross, Blüten in über meterlangen Rispen, grünlich-gelb mit Purpurflecken. Duftet besonders abends sehr stark. Mai—Juli. Bahamainseln.

E. Grahami Hook. ist *E. phoeniceum Ldl. var. vanillosmum Lind.*

E. grandiflorum Sw. ist *Stanhopea Bucephalus Ldl.*

E. graniticum Ldl. ist *E. oncidioides Ldl.*

E. granulosum Rchb. f. ist *Cattleya granulosa Ldl.*

E. guatemalense Klotzsch ist *E. oncidioides Ldl.*

E. guttatum Ldl. ist *Oncidium luridum Ldl. var.*

E. Hanburyi Ldl. (*Encyclium Hanburyi Ldl.*) Scheinknollen dick-eiförmig, bis 15 cm hoch, mit zwei ledrigen, breit-schwertförmigen, endständigen Blättern und einem bis 60 cm hohem Blütenschaft, welcher eine kurze dicht-vielblumige Traube trägt. Blüten 5—6 cm, satt purpurrot, Kelch- und Blumenblätter spatelförmig, Lippe dreilappig, Seitenlappen rundlich, ungeteilt, Mittellappen breit-herzförmig, hellrosa mit in den Saum verlaufenden karminroten Adern. März—Mai. Mexiko.

E. Harrisoniae Rchb. f. ist *Cattleya Loddigessii Ldl. var.*

E. humile Sm. ist *Pleione humilis Don.*

E. Humboldtii Rchb. f. ist *Schomburgkia Humboldtii Rchb. f.*

E. ibaguense H. B. K. Stämme federkielsdick, 20 cm hoch, im oberen Drittel einige zerstreut stehende, fleischige, stammumfassende, stumpf-längliche Blätter tragend, Stammspitze blattlos. Blütenschaft kurz, einen fast kugeligen Kopf kleiner orangegelber Blüten tragend. Kelch- und Blumenblätter lanzettlich, Lippe dreilappig, Seitenlappen abgerundet-herzförmig, gefranst, Mittellappen verkehrt-herzförmig, buttergelb. Mai, Juni. Peru, Neu-Granada.

E. Imperator Lind. ist *E. Catillus Rchb. f. et Warsc.*

E. incumbens Ldl. ist *E. aromaticum Batem.*

E. inversum Ldl. (*Aulizeum inversum Ldl.*) Scheinknollen flachspindelförmig, 8 cm hoch. Blätter paarweis, ledrig, riemenförmig, 2 zu 10 cm etwa. Blüten zu 7—15 in gedrängter Traube auf 15 cm hohem, zwischen zwei häutigen, bräunlichen Scheiden entspringendem, aufrechtem Schaft, 2 cm breit, citronenduftig, strohgelb oder weiss mit rosaen Strichen und einem Purpurfleck der Lippe oder durchweg im Grunde purpursprenkelig, Kelch- und Blumenblätter linear-lanzettlich, eingebogen, Lippe spitz verkehrt-eiförmig mit drei hochgelben Schwielen. Oktober, November oder April, Mai. Brasilien: Minas-Geraes.

E. intermedia Rchb. f. ist *Cattleya intermedia Grah.*

E. jonosmum Ldl. (*Encyclium ionosmum Ldl.*) Scheinknollen kugelig, 4 cm dick. Blätter paarweis, länglich-lanzettlich, 3 zu 8 cm etwa. Blüten zu 4—8 in dichter Traube auf 10 cm hohem, aufrechtem Schaft, köstlich und stark veilchenduftig, 3 cm breit, Kelch- und Blumenblätter verkehrteiförmig, ausgehöhlt, grünbraun, gelbrandig, Lippe gelb, rot gestrichelt, Seitenlappen aufrecht, länglich, oben gezähnt, Vorderlappen querlänglich, ausgerandet, kraus. April, Mai. Britisch-Guiana. Unscheinbar, aber des köstlichen Duftes wegen kulturwert.

E. juncifolium L. ist *Oncidium Cebolleta Sw.*

E. Karwinskyi Rchb. f. ist *E. bicameratum Rchb. f.*

E. labiatum Rchb. f. ist *Cattleya labiata Ldl.*

E. lacertinum Ldl. Unbedeutende Art, dem E. nutans ähnlich, mit 2 cm breiten Blüten, deren Blätter schmal-lanzettlich und blassgrün sind, Lippe eiförmig, dreilappig, purpurn, Seitenlappen lang-dreieckig, bei starker Phantansie an eine Eidechse (Lacerta) erinnernd. Mai, Juni. Guatemala.

E. lactiflorum A. Rich. ist *E. falcatum Ldl.*

E. lamellatum Ldl. ist *E. stenopetalum Hook.*

E. lancifolium Bot. Reg. ist *E. cochleatum Ldl.*

E. leiobulbon Hook. ist *E. varicosum Batem.*

E. leucochilum Klotzsch ist *E. Catillus Rchb. f. et Warsc.*

E. Liliastrum Ldl. ist *Sobralia Liliastrum Ldl.*

E. Lindleyanum Batem. (*Barkeria Lindleyana Batem.*) Stämme schlank, dünn, 20 cm hoch, Blätter abfallend, länglich-elliptisch, zugespitzt. Blüten in endständiger, lang aufrechter, locker-vielblumiger Traube, 6—8 cm gross, Kelchblätter lanzettlich, Blumenblätter breit-lanzettlich, alle leuchtend dunkelrosa, Lippe lanzettlich-viereckig mit kurz aufgesetzter Spitze, aus weissem Grunde satt purpurrot. September, Oktober. Mexiko, Costarica.

— **var. Centerae Endr. et Rchb. f.** Blüten bis 10 cm gross, violettpurpurn, Lippe aus gelblichem, purpurn geflecktem Grunde hell purpurrot. Costarica.

E. longipetalum Ldl. ist *E. alatum Batem.*

E. Lunaeanum A. Rich. ist *E. varicosum Batem.*

E. luteolum Rchb. f. ist *Cattleya luteola Ldl.*

E. macrochilum Hook. ist *E. atropurpureum Rchb. f.*

E. maculatum hort. ist *E. prismatocarpum Rchb. f.*

E. marginatum Lk. Klotzch et Otto ist *E. radiatum Ldl.*

E. Medusae Bnthm. (*Nanodes Medusae Rchb. f. E. Nanodes hort.*) Stämme buschig, kleinfingerdick, hängend, 20 cm lang, von den Blattscheiden dicht bekleidet. Blätter dicht zweizeilig, spitz-lanzettlich, 2 zu 6 cm etwa, graugrün, dick. Blüten endständig, einzeln oder paarweis, mit kurzem, grün- und rotfleckigem Fruchtknoten sitzend, 6 cm breit offen, Kelchblätter gekielt, spitz linear-länglich, mitten weinrot, ringsum grün, Blumenblätter ähnlich, schmäler, Ränder leicht zurückgerollt, Lippe sehr gross, der Säule der ganzen Länge nach anliegend röhrig, vorn in eine 5 cm breite, fast kreisrunde, flach-ausgehöhlte Platte ausgebreitet, deren tiefpurpurn-weinrote nach den Rändern hellere Fläche vorn undeutlich zweilappig und ringsum dicht langzackig gefranst ist. Juli, August. Ecuador.

E. melanocaulon Rchb. f. (*Barkeria melanocaulon Rich. et Gal.*) Stämme aufrecht, rund, bis 30 cm hoch, dunkelrotbraun überlaufen, mit in der Ruhezeit abfallenden, schmal-elliptischen, spitzen Blättern. Blüten in aufrechten, schmalen, dichten Trauben fast sitzend, 3—4 cm gross, Kelch- und Blumenblätter breit-lanzettlich, hellrotviolett, Lippe breit-viereckig, hellpurpurn mit grünem Mittelfleck. Juli—September. Costarica.

E. maximum Sw. ist *Cattleya maxima Ldl.*

E. myrianthum Ldl. Stämme kräftig-schlank, bis 80 cm hoch, Scheiden der zweizeiligen, linear-lanzettlichen Blätter schwarz punktiert. Blütenstand eine endständige, am Grunde dicht schuppige, halbmeter hohe, weit verzweigte, pyramidenförmige Rispe voll 2 cm breiter, hellrubinroter Blüten mit schmal-eiförmigen Kelch- und Blumenblättern und kleiner gerundeter Lippe. Juni, Juli. Guatemala, bei mehr als 2000 m.

E. Nanodes hort. ist *E. Medusae Bnthm.*

E. nemorale Ldl. (*E. verrucosum Ldl. Encyclium nemorale Ldl.*) Scheinknollen eiförmig, 10 cm hoch, an der Spitze zwei schwertförmige, stumpfe, hellgrüne, etwa 20 cm lange Blätter und zwischen diesen die meterhohe, ausgebreitete, oben nickende Rispe. Blüten bis 10 cm Durchmesser, Kelch- und Blumenblätter linear-lanzettlich, zugespitzt, zart gelblich-rosa, Lippe dreilappig, Seitenlappen sichelförmig, Mittellappen eiförmig, gezähnt, weiss mit drei kurzen roten Linien und tief rosaem Rande. Mai—Juli. Mexiko.

— **var. majus Warn.** Blütenrispe höher, Blüten heller gefärbt, Farben der Lippe scharf abgesetzt. Seitenlappen sattrosa, zurückgekrümmt.

E. nigromaculatum hort. ist *E. prismatocarpum Rchb. f.*

E. nocturnum L. (*E. discolor A. Rich. E. Spruceanum Ldl. E. tridens Poepp.*) Stamm schlank aufrecht, bis 40 cm hoch, mit abwechselnd stehenden, schmalen, stengelumfassenden, länglichen, stumpfen Blättern. Blüten zu

2—3 auf kurzem Schaft, nachts stark duftend, Kelchblätter linear-lanzettlich, die inneren noch schmäler, weisslichgelb, Lippe weiss, dreiteilig, Seitenlappen eiförmig, zugespitzt, ganzrandig, Mittellappen viel länger, lang pfriemförmig. August—Oktober. Westindien.

E. nutans Sw. Stamm schlank und kräftig, bis 20 cm hoch, mit zweizeiligen, länglichen, stumpfen, gewellten, derben Blättern. Blüten in vielblumiger, lang überhängender Traube, bis 8 cm gross, wohlriechend, Kelch- und Blumenblätter lanzettlich, stumpf, weisslich-grün, Lippe dreilappig, Seitenlappen ei-herzförmig, Mittellappen breit, abgestumpft mit kurz aufgesetztem Spitzchen, am Grunde 2 Schwielen und drei Kammlinien. Juli bis September. Jamaika.

E. O'Brienianum Rolfe ist von Seden in Veitchs Garten aus E. radicans × evectum gekreuzt. Stämme bis 40 cm hoch mit strickförmigen Wurzeln (wie E. radicans). Blüten 3 cm breit, leuchtend karmin mit gelben Lippenschwielen; Kelch- und Blumenblätter, sowie die Lippe, halten in der Form genau die Mitte zwischen beiden Eltern. Oktober, November.

E. ochraceum Ldl. (*Encyclium ochraceum Ldl.*) ist eine gärtnerisch fast wertlose Art mit 3 cm langen birnförmigen Scheinknollen, paarweisen, riedgrasartigen, 10 cm langen Blättern und etwa 10 kaum $^3/_4$ cm breiten, gelbbraunen Blüten in dichter, kurz-aufrecht gestielter Traube. Juli, August. Guatemala, Süd-Mexiko.

E. ochranthum A. Rich. ist *E. virens Ldl.*

E. odoratissimum Ldl. (*E. glutinosum hort.*) Scheinknollen birnförmig mit zwei riemenförmigen, ledrigen, schief gestutzten Blättern und endständiger, aufrechter, lockerblumiger, gleich den Blütenstielen klebrigdrüsiger Traube. Blüten 5 cm breit, sehr wohlriechend, besonders abends, Kelchblätter länglich, langgespitzt, Blumenblätter spatelförmig, abstehend, grünpurpurn, Lippe dreilappig, weissgelblich, Mittellappen eirund, welligkraus, mit purpurroten Linien. April, Mai. Brasilien.

E. oncidioides Ldl. (*E. affine Focke. E. graniticum Ldl. E. guatemalense Klotzsch. E. spectabile Focke.*) Stämme kräftig, über 50 cm hoch, mit zweizeiligen, derben, schwertförmigen, bis 30 cm langen, stumpfen Blättern. Blüten in endständiger, aufrechter, langer, lockerblumiger Traube, veilchenduftig, 6 cm gross, Kelch- und Blumenblätter breit-lanzettlich, samt der breitgerundeten Lippe bräunlichgelb. Mai—Juli. Trop. Südamerika.

E. ornatum Lem. (*E. floribundum hort.*) Stämme schlank, bis 20 cm hoch, schwärzlich-violett überlaufen, Blätter zweizeilig, derb, lanzettlich. Blütenstand, aus kurzen Scheiden, eine endständige Rispe mit violetten Deckblättern, Blüten 3 cm breit, Kelch- und Blumenblätter grün, Lippe dreilappig, lederartig, weiss, mit einem rundem, violettem, in konzentrischen Ringen dunklerem Flecken, mit zwei Höckern im Grunde, auf der konvexen Platte dreikielig. Juni, Juli. St. Thomas.

E. pachycephalum Klotzsch ist *E. variegatum Hook.*

E. pallidiflorum Hook. Stämme rund, kräftig, 30 cm hoch, in der oberen Hälfte beblättert. Blätter breit-linear, 3 zu 15 cm etwa, vorn schief ausgerandet. Blüten auf 20 cm langem Schaft in nickender, vielblumiger, grosser Rispe, stark duftend, 2 cm breit, hellgelb, zuweilen ein paar Purpurstriche auf den fast quadratischen Seitenlappen der Lippe und an der Säule, Kelch- und Blumenblätter verkehrt-lanzettlich, Vorderlappen der Lippe breit gerundet, vorn eingerollt, mit dicker Mittelschwiele und links und rechts je ein kurzes Faltenhäutchen mit stumpfem Zahn. Dezember, Januar. Dominika, Westindien.

E. pamplonense Rchb. f. ist *E. variegatum Hook.*

E. paniculatum R. P. (*E. falsiloquum Rchb. f.*) Stämme kräftig, schlank, bis meterhoch, Blätter länglich-lanzettlich, zugespitzt, dunkelgrün, unterseits oft rot überlaufen. Rispe endständig, bis 30 cm hoch, nickend, vielästig, reichblumig. Blüten 3 cm gross, duftend, zart rosa-violett, Kelchblätter schmal zungenförmig, Blumenblätter fädlich, Lippe dreiteilig, Mittellappen schmal-herzförmig, tief zweispaltig. April—Juni. Peru, Bolivia. Neu-Granada, bei mehr als 2000 m. Hübsche Art für das Kalthaus.

E. Parkinsonianum Hook. ist *E. falcatum Ldl.*

E. pastoris Lind. ist *E. gracile Ldl.*

E. patens Sw. Stämme schlank, bis 40 cm hoch, mit zerstreut stehenden, länglich-lanzettförmigen Blättern. Blüten in grossen endständigen Rispen, Kelch- und Blumenblätter abstehend, länglich, zugespitzt, gelb, Lippe dreilappig, elfenbeinfarben, Mittellappen schmal, zweispaltig. Juni—August. Westindien.

E. paytense Rchb. f. Scheinknollen rundlich-eiförmig, 5 cm hoch, mit zwei endständigen, länglichen, zugespitzten, lederartigen Blättern und kurzer endständiger, dicht vielblumiger Traube. Blüten kaum 3 cm gross, scharlachrot, mit breit linearen, stumpfen Kelch- und Blumenblättern und kurzer, breitgerundeter, orangegelber, dunkel zinnoberrot gefleckter Lippe. Mai, Juni. Kolumbien.

E. phoeniceum Ldl. (*Encyclium phoeniceum Ldl.*) Scheinknollen eirundlich, je zwei schmal-längliche, aufrechte, ledrige Blätter tragend. Rispe endständig, bis meterhoch, am Grunde schuppig, vielblumig. Blüten 5 cm gross, geruchlos, Kelch- und Blumenblätter verkehrt ei-lanzettlich, purpurrot, Lippe leuchtendrosa mit dunkleren Adern und Strichen, rundlich, wellig-ausgerandet. Juni—August. Cuba.

— **var. vanillosmum Lind.** (*E. Grahami Hook.*) Blüten deutlich Vanille-duftig, Lippe weiss mit rosaen Spritzflecken.

E. phymatoglossum Rchb. f. ist *E. varicosum Batem.*

E. polybulbon Sw. (*Dinema polybulbon Ldl.*) Scheinknollen auf dem bindfadendünnem, kletterndem Wurzelstock etwa 4 cm von einander entfernt, eiförmig, centimeterhoch, von häutigen, bräunlichen Scheiden umhüllt. Blätter paarweis, länglich eiförmig, 1,5 zu 3 cm etwa, gekielt, vorn stumpf oder flach ausgerandet, dunkelgrün. Blüten einzeln auf 2—3 cm langem, aus einer flachen Scheide kommendem, schlankem Stiel, 2 cm breit, Kelch- und Blumenblätter spreizend, spitz-linear, gelblich, oft mit braunem Mittelstreif, Lippe aus kurzem Stege fast kreisrund, weiss, wellig, krausrandig. Säule purpurbraun mit zwei kurzen Rankfäden an der Spitze. Mai, Juni. Mexiko. Kleines, niedliches Pflänzchen, wenn auch für den Handelsgärtner wertlos.

E. praecox Sm. ist *Pleione praecox Don.*

E. primuloides h. angl. ist *E. aromaticum Batem.*

E. prismatocarpum Rchb. f. (*E. maculatum hort. Encyclium prismatocarpum Ldl. E. Uro-Skinneri h. angl.*) Scheinknollen schlank birnförmig, nach oben kegelförmig zugespitzt, 10 cm hoch, gefurcht, mit 2—3 endständigen, derben, immergrünen, breit-lanzettlichen, 20 cm langen Blättern. Blüten in endständigen, langgestielten Trauben zu 15—20, 5 cm gross, Kelch- und Blumenblätter länglich-lanzettlich, zugespitzt, weisslichgelb mit dunkelroten grossen Flecken, Säule und Lippe weisslichgelb, der schmaldreieckige Vorderlappen rosa mit hellgelbem Saume. Juni, Juli. Centralamerika. Die Farbe der Flecken wechselt von dunkelpurpur in rostrot und schwarzrot, letzte Formen bilden das E. nigromaculatum hort.

E. pristes Rchb. f. ist *E. Schomburgkii Ldl.*

E. Pseudepidendrum Rchb. f. (*Pseudepidendrum spectabile Rchb. f.*) Stämme aus angeschwollenem Grunde schlank rohrartig, bis 80 cm hoch, der obere Teil mit zweizeiligen, breitlinearen, ledrigen, dunkelgrünen Blättern. Blüten in endständiger, armblütiger, kurzer Traube langgestielt, 5—6 cm gross, freudiggrün, Kelchblätter schmal-spatelförmig, Blumenblätter noch schmäler, Lippe 3 cm breit, fast kreisrund, zurückgebogen, mit einer dreiteiligen Schwiele im Grunde und fünf dicken Querlinien vorn, leuchtend orange-scharlach mit gesägtem, ranunkelgelbem Rande. Januar — März. Centralamerika, Chiriqui, bei 1400 m.

E. pterocarpum Ldl. Alte, sehr unscheinbare Art mit 6—8 Blüten in kurzer Ähre, 3 cm breit, bräunlich-grün, Lippe breit, gelb und braungefleckt mit gelbweissem Mittellappen. Dezember, Januar. Mexiko.

E. punctatum Ldl. ist *Cyrtopodium punctatum Ldl.*

E. purum Ldl. Stämme buschig, spindelförmig, bis 40 cm hoch, nur oben beblättert. Blättter schmal-lanzettlich, 2 zu 12 cm etwa. Blüten in vielblumiger, lockerer, nickender Rispe, stark duftend, 1,5 cm breit, hellgelbgrün, Kelchblätter linear-lanzettlich, Blumenblätter linear, Seitenlappen der Lippe dreieckig, Mittellappen spitz-länglich mit zwei Schwielen im Grunde. November—Januar. Caracas, Kolumbien.

E. pygmaeum Hook. (*Hormidium pygmaeum Ldl. Aulizeum pymaeum Ldl.*) Scheinknollen einzeln 2—5 cm von einander entfernt auf dem kriechendem, dünnem, halbholzigem Wurzelstocke, aus einzelnen, kurzen, häutigen Scheiden, schlank spindelförmig, bis 8 cm hoch, mit zwei fast sitzenden, derben, immergrünen, gekielten, länglich-elliptischen, kurz zugespitzten Blättern. Blüten kurzgestielt, einzeln zwischen den Blättern,

Kelch- und Blumenblätter lanzettlich, gelblichgrün, Lippe dreilappig, kurz, weisslich. Mai — Juli. Brasilien, Westindien. Sehr unscheinbare, nur botanisch interessante Art.

E. quadratum Klotzsch ist *E. varicosum Batem.*

E. radiatum Ldl. (*E. marginatum Lk. Kl. et Otto. E. bracteolatum Prsl.*) weicht von E. cochleatum L. wesentlich nur durch den Zimmtduft der Blüten, durch den krausen Rand der Lippe und deren Farbe, weiss mit purpurroten, nach dem Rande strahlenden Strichen, ab. Februar, März. Mexiko.

E. radicans Pav. (*E. rhizophorum Batem.*) Stämme stellenweis Wurzelbüsche treibend, halb kletternd, kräftig, bis 3 m lang, Blätter mit kräftigen Scheiden, stengelumfassend, zweizeilig, länglich-eiförmig, fast herzförmig ausgeschnitten. Blüten in kurzen Schirmtrauben auf der Spitze blattloser Stämme, einfarbig, leuchtend orangerot, Kelch- und Blumenblätter spitzlanzettlich, Lippe dreilappig, Seitenlappen gezähnt, Mittellappen keilförmig, tief-zweispaltig. Blüht das ganze Jahr hindurch, hauptsächlich im Winter, die einzelne Traube hält monatelang aus. Mexiko, Guatemala.

— **var. fuscatum Rchb. f.** Blüten bräunlich, purpurviolett schattiert.

E. Randianum Rodrig. ist *E. atropurpureum W. var.*

E. raniferum Ldl. mit kleinen grünlichen, purpurn gefleckten Blüten, in deren weisslicher, dreilappiger Lippe mit vorgestrecktem, rund gestutztem Mittellappen nur eine sehr erregte Phantasie ein froschähnliches Gebilde sehen kann, ist kaum kulturwert. Juli—September. Mexiko.

E. rhizophorum Batem. ist *E. radicans Pav.*

E. Sagraeanum A. Rich. ist *E. fucatum Ldl.*

E. sanguineum R. Br. (*Broughtonia sanguinea R. Br. Broughtonia coccinea Hook.*) Scheinknollen gruppenweis gedrängt, rund-eiförmig, 5 cm hoch, mit 1—2 lang-linearen, derben, immergrünen, endständigen Blättern und endständiger, bis 30 cm hoher, 6—12 blumiger, aufrechter Traube. Blüten 6—8 cm gross, feurig blutrot, Kelchblätter schmal-lanzettlich, gekielt, Blumenblätter breit-eiförmig, Lippe dreiteilig, Seitenlappen über die Säule geschlagen, Mittellappen rundlich-herzförmig Mai—August. Jamaika, Cuba. Verlangt viel Sonne und Wärme und intensive Trockenperiode.

E. Sceptrum Ldl. Scheinknollen lang-birnförmig, bis 20 cm lang, mit je zwei dünnen, schmalen, riemenförmigen Blättern und endständigen, aufrechten, gedrängt-vielblumigen Trauben. Blüten 2—3 cm gross, Kelchblätter lanzettlich, Blumenblätter verkehrt-eiförmig, prächtig goldgelb mit purpurnen Spritzfleckchen, Lippe auf weissem Grunde hell-purpurrot gezeichnet. September, Oktober. Venezuela, Neu-Granada. Durch die scepterartig dicht gedrängte Blütenkolbe eine sehr effektvolle Orchidee.

E. Schillerianum Rchb. f. ist *Cattleya Schilleriana Rchb. f.*

E. Schomburgkii Ldl. (*E. fulgens Hook. E. pristes Rchb. f.*) Stämme daumendick, rundlich, bis 30 cm hoch, Blätter zweizeilig, länglich, stumpf, fast fleischig, immergrün, oft rot gefleckt. Blütentraube endständig auf der blattlosen, von Schuppen bedeckten Stammspitze, kurz, gedrängt-vielblumig. Blüten 3 cm gross, einfarbig hoch-scharlachrot, Kelch- und Blumenblätter linear-lanzettlich, Lippe dreilappig, scharf gekielt, im Grunde zwei Schwielen, Seitenlappen breit gerundet, halbeiförmig, am hintern Rande ausgezackt, Mittellappen keilförmig, nach vorn sehr breit, mit gezähnten Rändern und kurz dreieckiger Spitze. Mai—Juli. Peru, Brasilien, Demerara. Zuweilen verwachsen die drei Lappen zu einer rundlichen Platte.

E. selligerum Batem. (*Encyclium selligerum Ldl.*) Scheinknollen eiförmig, jung von häutigen Scheiden umhüllt, dann glatt, erbsengrün, bis 8 cm hoch. Blätter paarweis, lang linear, 2 zu 20 cm etwa, ledrig, dunkelgrün. Blüten in reichblumiger, weitästig-lockerer, über meterlanger Rispe, duftend, 3 cm breit, Kelch- und Blumenblätter spatelförmig, ausgehöhlt, braun, hell gerandet, Seitenlappen der Lippe spreizend, länglich gerundet, weiss, Mittellappen spitz eiförmig, kraus, hell purpurn, Scheibe fleischig, sattel- oder kellenförmig. Säule dreikantig, geflügelt, grünlich. Juli, August. Mexiko, bis 1000 m, in der Umgebung von Oaxaca.

E. sinuatum Ldl. ist *E. Tovarense Rchb. f.*

E. Skinneri Batem. (*Barkeria Skinneri Paxt.*) (Fig. 75.) Stämme aufrecht, 20 cm hoch, besetzt mit zweizeiligen, fleischigen, lanzettlichen Blättern und endständigen, aufrechten, kurzen, cylindrisch dichtblumigen Trauben. Blüten 5 cm gross, dunkelrosa, Kelchblätter breitlanzettlich, Blumenblätter länglich-eiförmig, Lippe aus kurzem Nagel lang-viereckig, vorn gerundet. November—Februar. Mexiko, Guatemala.

— **var. superba hort.** Blüten grösser, zahlreicher, dunkler, Lippe dunkler rosa mit einigen Strichen im Grunde.

E. spectabile Rchb. f. (*Barkeria spectabilis Batem.*) Stämme kurz-cylindrisch, 10 cm hoch, mit je zwei fleischigen, spitzlanzettlichen Blättern an der Spitze und endständigen, langen, lockerblumigen Trauben. Blüten bis 10 cm gross. Kelch- und Blumenblätter fast gleich, breit-lanzettlich, hellrosa, Lippe breit und gross, aus weissem Grund und Mitte hellrosa-lila mit zahlreichen kleinen blutroten Tupfen. Juni, August. Mexiko.

D. Spruceanum Ldl. ist *E. nocturnum L.*

E. squalidum Ldl. ist *E. bicameratum Rchb. f.*

E. Stamfordianum Batem. (*E. basilare Kl. E. cycnostalix Rchb. f. Psilanthemum basilare Kl.*) Stämme aus stielartigem Grunde spindelförmig, bis 20 cm hoch. Blätter zu 2—3, gekielt, länglich-lanzettlich, 4 zu 15 cm etwa, derb, dunkelgrün. Blütenschaft etwa 20 cm hoch, aus einem eigenem vom Grunde der Blattstämme vortretendem Seitenstamme entspringend und eine vielblumige, walzige, lange Traube, seltener Rispe, tragend. Blüten kräftig duftend, 3 cm breit, Kelch- und Blumenblätter spreizend, lanzettlich, letztere schmäler, citronengelb mit blutroten Flecken, auf den Kelchblättern zahlreiche, kleine, auf den Blumenblättern meist nur eine Reihe grösserer, Lippe dreiteilig, flach, Seitenlappen gross, länglich, aufgebogen,

Fig. 75. Epidendrum Skinneri.

gelblichweiss, Mittellappen breit länglich, ausgerandet und gefranst, hellgelb mit rotviolettem Grundfleck. April, Mai. Mexiko, Guatemala.

— var. **Lawrenceanum hort.** Blütenblätter weinrot, gelbrandig, Lippe hellgelb, rosa gefleckt.

— var. **Leeanum Rchb. f.** Blütenblätter ledergelb mit purpurnen Hieroglyphen, Lippe hellrosa, purpurn gesprenkelt.

— var. **pictum Hook.** Flecken scharf abgesetzt, Lippe mit karminroter Mittellinie.

— var. **Wallacei Rchb. f.** Compakter im Wuchs, Blüten gelb, dicht purpurfleckig, Lippe crêmeweiss mit purpurnen Flecken.

E. stenopetalum Hook. (*E. lamellatum Ldl.*) Kurzstämmig mit festen, dunkelgrünen, länglichen, vorn stumpf eingekerbten Blättern und grossen, endständigen Schirmtrauben mittelgrosser, sehr lange aushaltender, blasspurpurroter Blüten, deren dunkelrote Lippe im Grunde gelb gezeichnet ist. Februar, März. Westindien.

E. superbum Rchb. f. ist *Cattleya superba Schombgk.*

E. syringothyrsus Rchb. f. Stämme schlank rundlich, bis meterhoch, umfasst von den Scheiden der zweizeiligen, elliptisch-lanzettlichen, zurückgebogenen, ledrigen, hellgrünen Blätter. Blüten zu 70—80 in endständigen, dichten, eiförmigen Trauben, lang rötlich gestielt, 2—3 cm gross, rotfliederfarben, Kelch- und Blumenblätter schmal lanzett-elliptisch, Lippe dreilappig, klein, im Grunde weiss mit drei gelben Schwielen, vorn rotfliederfarben. Mai—Juli. Bolivia, bei 2500 m. Hübsche Kalthausorchidee, deren Blüten freilich nur entfernt an einen „Fliederstrauss", wie der Reichenbach'sche Name sagt, erinnert.

E. tampense Ldl. (*Encyclium tampense Ldl.*) Unscheinbare Art mit centimeterhohen, eiförmigen Scheinknollen, einzelnen, schmallinearen (0,5 zu 12 cm) Blättern und wenigen, 2 cm grossen, gelbbraunen, weisslippigen Blüten auf ganz kurzem Schaft. Kelch- und Blumenblätter linear, Seitenlappen der Lippe linear, Vorderlappen rundlich mit ein paar Purpurstreifen. Juni, Juli. Tampa-Bay in Florida.

E. tibicinis Batem. ist *Schomburgkia tibicinis Ldl.*

E. tigrinum Ldl. (*Aulizeum tigrinum Ldl.*) Stämme auf kriechendem, holzigem Wurzelstock, abgeplattet cylindrisch, bis 20 cm hoch, mit braunen Scheidenresten bedeckt. Blätter paarweis an zwei Knoten des Stammendes, sitzend, stumpf-länglich, 4 zu 15 cm etwa. Blüten zu 6—9 in kurzer Traube auf steif aufrechtem, 20 cm hohem Schaft, fleischig, 4 cm breit, Kelch- und Blumenblätter spitzlänglich, hellgelbgrün, schwarzpurpurn gefleckt, manche Flecken geäugt, Lippe kürzer, sammtig, verkehrt-herzförmig, flach ausgerandet, mit drei Schwielen auf der Scheibe, nankinggelb mit rotstreifigem Grundfleck. Juli, August. Venezuela, bei 2000 m.

E. Tovarense Rchb. f. (*E. sinuatum Ldl.*) Stämme rund, aufrecht, 20 cm hoch, kleinfingerdick, nur oben beblättert. Blätter länglich-eiförmig, 3 zu 10 cm etwa. Blüten auf 15 cm hohem, aus langer, flacher Scheide entspringendem Schaft in wenigblumiger Traube, 3 cm breit, milchweiss, Kelch- und Blumenblätter schmal spatelförmig, Seitenlappen der Lippe fast quadratisch, Vorderlappen breitlänglich, flach ausgerandet. April, Mai. Caracas.

E. trachychylum Ldl. Scheinknollen schlank zwiebelförmig, gedrängt, 3 cm hoch, von häutigen, bräunlichen Scheiden bekleidet. Blätter paarweis sitzend, gekielt, spitz, lang-riemenförmig, 1,5 zu 15 cm etwa, sattgrün. Blüten in sehr lockerer, kurzästiger Rispe zu 3—5 an jedem Ästchen, auf 40 cm hohem Schaft, flach, 3 cm breit, Kelchblätter stumpf lang-eiförmig, olivengrün, Blumenblätter breit spatelförmig, kurz zugespitzt, olivengrün, nadelfein karminpunktiert, Seitenlappen der Lippe vor- und aufgebogen, dreieckig, gelb, sehr fein karmin gestreift, Vorderlappen fast elliptisch, mitten weiss, sonst gelb, überall nadelstichfein karmin punktiert. Juni, Juli. Mexiko.

E. tridens Poepp. ist *E. nocturnum L.*

E. tripterum Don. ist *Coelia Baueriana Ldl.*

E. triquetrum Sw. ist *Oncidium triquetrum Ldl.*

E. umbellatum Forst. ist *Cirrhopetalum Thouarsii Ldl.*

E. undulatum Ldl. ist *Oncidium carthaginense Sw.*

E. Uro-Skinneri. h. angl. ist *E. prismatocarpum Rchb. f.*

E. Vanilla L. ist *Vanilla aromatica Sw.*

E. varicosum Batem. (*E. leiobulbon Hook. E. Lunaeanum A. Rich. E. quadratum Kl. E. phymatoglossum Rchb. f. E. chiriquense Rchb. f. Encyclium varicosum Ldl.*) Scheinknollen aus 5 cm hohem, eiförmigem Grunde in einen schlanken, 10 cm hohen Stamm verlängert. Blätter zu 2—3, spitzlinear-lanzettlich, 3 zu 12 cm etwa. Blüten in wenigblumiger, lockerer Traube, auf aufrechtem, rötlichem, 30 cm hohem Schafte, 2 cm breit, Kelch- und Blumenblätter braun, erstere linear-länglich, letztere linear-spatelförmig, Lippe fleischig, fast quadratisch, vierspaltig, warzig, weiss mit rosa geflecktem Grunde. Juli, August. Guatemala, Costarica, Mexiko.

E. variegatum Hook. (*E. crassilabium Poepp. E. pachycephalum Klotzsch. E. pamplonense Rchb. f. Aulizeum variegatum Ldl.*) Stämme flach spindelförmig, 15 cm hoch. Blätter zu 2—3, stumpf länglich-lanzettlich, 2 zu 15 cm etwa. Blüten in vielblumiger, aufrechter, 25 cm hoher Traube, duftend, 3 cm breit, Kelch- und Blumenblätter schmallänglich, hellgelb, zuweilen grünlich oder bräunlich gefleckt, Lippe sehr kurz, herzförmig, zugespitzt, mit zwei hohen Schwielen und einem sammtigen Wulst im Grunde, leuchtend rosa oder weiss mit rosa. April, Mai. Brasilien.

— **var. coriaceum Ldl.** Stämme und Blätter kürzer und dicker. Blüten hellgelb, rot gefleckt, Lippe etwas heller.

E. verrucosum hort. ist *E. nemorale Ldl.*

E. violaceum Lodd. ist *Cattleya Loddigesii Rchb. f.*

E. vitellinum Ldl. Scheinknollen spitz-eiförmig, 5 cm hoch, mit zwei länglichen, zugespitzten, graugrünen, ledrigen Blättern und aufrechten, fast cylindrischen, dichtblumigen, kurzen Trauben. Blüten 5 cm gross, hoch rötlich-dottergelb, Kelch- und Blumenblätter eilanzettlich, Lippe breit-linear, zugespitzt, samt der Säule leuchtend gelb. August — Oktober. Mexiko, Guatemala, bei 2500 m. Prächtige Kalthausart, deren Standort in der Heimat im Gebiet der Wolken liegt, die also auch in der Kultur dauernde feuchte Luft, keine übertriebene Trockenperiode und Kalthaus-temperatur verlangt.

— **var. majus hort.** Blüten 6 bis 8 cm gross in sehr reichblumigen Trauben, hoch orangegelb. Mexiko.

E. Wageneri Klotsch. ist *E. virens Ldl.*

E. Walkerianum Rchb. f. ist *Cattleya Walkeriana Gardn.*

E. Wallisii Rchb. f. Stämme kräftig, aufrecht, bis 60 cm hoch, oft braun überlaufen, Blätter zweizeilig, breit-lanzettlich, ledrig. Blüten in endständigen, langgestielten, nickenden, vielblumigen Trauben, duftend, 3—4 cm breit, Kelch- und Blumenblätter schmal-länglich, goldgelb mit kleinen karminroten Spritzern, Lippe breit keilförmig, weiss mit fedrig-verlaufenden, hochroten, kleinwarzigen Linien. Oktober — Dezember. Neu-Granada.

E. xanthinum Ldl. Stämme bleistiftdick, halbmeterhoch, rötlich, durchweg beblättert. Blätter sitzend, stumpflänglich-lanzettlich, 2 zu 8 cm etwa, fast zweireihig. Blüten in endständigem Kugelkopf, 2 cm breit, gelb mit orange schattiert. Kelch- und Blumenblätter spitzlanzettlich, Lippe dreilappig, alle Lappen gefranst, der vordere zweispaltig. August, September. Brasilien, Minas-Geraes.

Epipactis *L. C. Rich.*

(Cephalanthereae 92.)

In der Tracht den Cephalantheren (s. ob.) ähnlich, aber die Blätter sind gerundeter, die Blüten stehen in einseitwendigen Trauben und sind im ersten Anblick noch unscheinbarer als die jener Arten. Betrachtet man die Blüten in der Nähe, so zeigen sie trotz ihrer Kleinheit sehr hübschen Bau und zarte Farben. Kelch- und Blumenblätter sind fast gleich, meist eiförmig und zugespitzt, etwas zusammenneigend und die kleine Lippe halb verdeckend. Diese besteht aus einem kurzen Nagel, welcher im Grunde zwei dreieckige Zacken und vorn die runde, nieren- oder herzförmige Platte trägt. Von den zehn Arten, alle in der nördl. gemässigten Zone heimisch, kommen in Deutschland vor:

E. palustris Crtz. (*Arthrochylium palustre Irm.*) (Fig. 76.) Blüten aussen rötlich-graugrün, innen weiss-rötlich, Lippe weiss, rotgestreift.

E. latifolia All. Blumen grünlich, Lippe rotlila, weiss gerandet, und **E. rubiginosa Crtz.** Blüten vanilleduftend, aussen und innen dunkelrot überlaufen, Lippe violett-rot.

Zwischen E. latifolia × rubiginosa, latifolia × microphylla = E. violacea Dur. und E. rubiginosa × Cephalanthera pallens kommen Kreuzungen vor.

Alle Arten leben in feuchtem humosem Boden im Wald- oder Buschschatten und müssen im Garten demgemäss behandelt werden. Sie

Fig. 76. Epipactis palustris.

gedeihen von allen humusliebenden Arten unserer Heimat mit am besten, sind aber, wie schon gesagt, ausserordentlich unscheinbar.

Epiphora Ldl. ist *Polystachya Ldl.*

Epipogon Gmel. (*Epipogium Ldl.*) (*Cephalanthereae 94.*), (Fig. 77), nur die einzige Art E. aphyllus Sw. umfassend, welche als blattlose Pflanze einen gelbrötlichen, scheidenbekleideten Schaft etwa 15 cm hoch, aus dem korallenartigen, wurzellosen Wurzelstock erhebt, trägt 2—3 sonderbar geformte, weissrötliche Blüten. Diese typischste Form der nur vom sich zersetzenden Humus lebenden Orchideen unserer Heimat ist wiederholt versucht worden zu kultivieren, aber stets vergeblich. Es ist eine für den Botaniker sehr interessante, für den Gärtner wertlose Art.

Fig. 77. Epipogon aphyllus.

Epiphronitis *Rolfe.*

(Cattleyeae 210 b.)

umfasst die Gartenkreuzungen zwischen Epidendrum und Sophronitis. Bisher ist gezüchtet:

E. Veitchii Rolfe = Epidendrum radicans ♂ × Sophronitis grandiflora ♀, in den Kulturen von J. Veitch and Sons in Chelsea gekreuzt. Der Bastart hat den gedrängten Wuchs der Sophronitis, trägt aber endständige Köpfe prächtig scharlachroter Blüten wie E. radicans, jedoch sind die einzelnen Blüten erheblich grösser. Mai, Juni.

Epistephium *Knth.*

(Vanilleae 86.)

Prächtige Erdorchideen des tropischen Südamerika, von denen bis jetzt erst die nachstehende Art in Kultur ist. Aus dicken, fleischigen Wurzeln erheben sich reich beblätterte Schosse bis halbmeterhoch und tragen endständige Trauben meist grosser, schöner Blüten, welche ebenso wie die ganze Tracht der hierher gehörigen Arten an Sobralia erinnern. Auf dem Fruchtknoten von Epistephium sitzt ein Aussenkelch in Form von kurzen Zähnen, Kelch- und Blumenblätter der Blüten sind fast gleich, die Lippe ist am Grunde den Rändern der Säule angewachsen, die Platte ist ausgebreitet, abstehend. Die folgende Art verlangt hohe Temperaturen, volles Licht und bei guter Drainage tüchtiges Giessen, eine Trockenperiode ist nicht inne zuhalten. Die Wurzelstöcke legt man flach unter die Oberfläche in tiefe Schalen, giebt gute humose Rasenerde und viel Sand und Haideerdebrocken oder etwas frisches Sphagnum.

E. Williamsii Hook. f. (*Sobralia sessilis hort.*) Die fleischigen Wurzelstöcke werden bis 20 cm lang und tragen 30—40 cm hohe Schosse mit halbstengelumfassenden, glänzend dunkelgrünen, lang-eiförmigen, zugespitzten Blättern, von welchen die unteren die kleinsten sind. Blüten bis 10 cm gross, zu 6—8 in einer kurzen Traube unmittelbar über den Blättern, leuchtend gelbbraunrötlich, Kelchblätter breit-linear, Blumenblätter noch etwas breiter, Lippe gelbbraunrötlich, der tief zweispaltig runde Vorderlappen trägt einen weissen, purpurrot gesäumten Fleck und hinter diesem eine kleine bürstenförmige Gruppe langer gelber Haare Juni—August. Bahia.

Epithecium Knowl. Westc. ist *Epidendrum L.*

Eria *Ldl.*

(Dendrobiinae 279.)

(Alvisia Ldl. Bryobium Ldl. Ceratium Bl. Conchidium Griff. Cylindrolobus Bl. Dendrolirium Bl. Lichenora Wght. Mycaranthes Bl. Octomeria Don. Pinalia Ldl. Trichotosia Bl. Xiphosium Griff.)

Die hierher gehörenden, fast durchweg unscheinbar blühenden Arten sind im Wuchs und in der äusseren Blütenform untereinander sehr abweichend, wovon schon die Menge der vorstehenden synonymen Gattungsnamen Zeugnis giebt. Bald bilden sie schlanke oder kurze Stämme, bald eingliedrige längliche bis ganz flachgedrückte Scheinknollen, die Blätter sind abfallend oder immergrün, bald zu zweien, bald zahlreich, glatt oder mit dem Stamme behaart, flach bis drehrund. Blüten einzeln oder in wenigblumigen oder vielblumigen Trauben oder Rispen, meist klein, das obere (unpaare) Kelchblatt den Blumenblättern gleich, die beiden seitlichen mit dem Säulenfuss ein deutliches Kinn bildend, Lippe dem Fuss der Säule beweglich eingegliedert, ganz oder dreilappig, Säule kurz, acht Pollenkörperchen, welche zu je vier untereinander verbunden sind.

Von den über 80 Arten, sämtlich im tropischen Asien einheimisch, sind nur wenige in Kultur und auch diese mehr dem Botaniker als dem Gartenfreunde interessant.

Alle Arten sind Wärme bedürftig und in der Kultur wie Dendrobium (s. d.) zu behandeln, nur ist die Ruheperiode nicht so streng trocken zu halten.

Pfitzer teilt nach der Form der Stämme, der fehlenden oder vorhandenen Behaarung, den Blättern und dem Blütenstande die Gattung in zwölf Sektionen.

E. armeniaca Ldl. Blüten unansehnlich, braun, Deckblätter lebhaft orangefarben, wodurch der Blütenstand sehr schön erscheint. Juli. Philippinen.

E. bicolor Ldl. Blätter aus breitem Grunde lanzettlich, Kelch- und Blumenblätter eiförmig, Lippe dreilappig, Mittellappen eiförmig, spitz, die ganze Blüte schneeweiss, die kurze, schlaffe Traube trägt lanzettliche, rosapurpurne, feinflaumige Deckblätter. Juni, Juli. Ceylon.

E. bicristata Ldl. (*Dendrolirium bicristatum Bl.*) Scheinknollen länglich-cylindrisch, mit je zwei linear-lanzettlichen, lederartigen Blättern. Blüten in seitenständiger, armblumiger Ähre, klein, weisslich mit purpur-

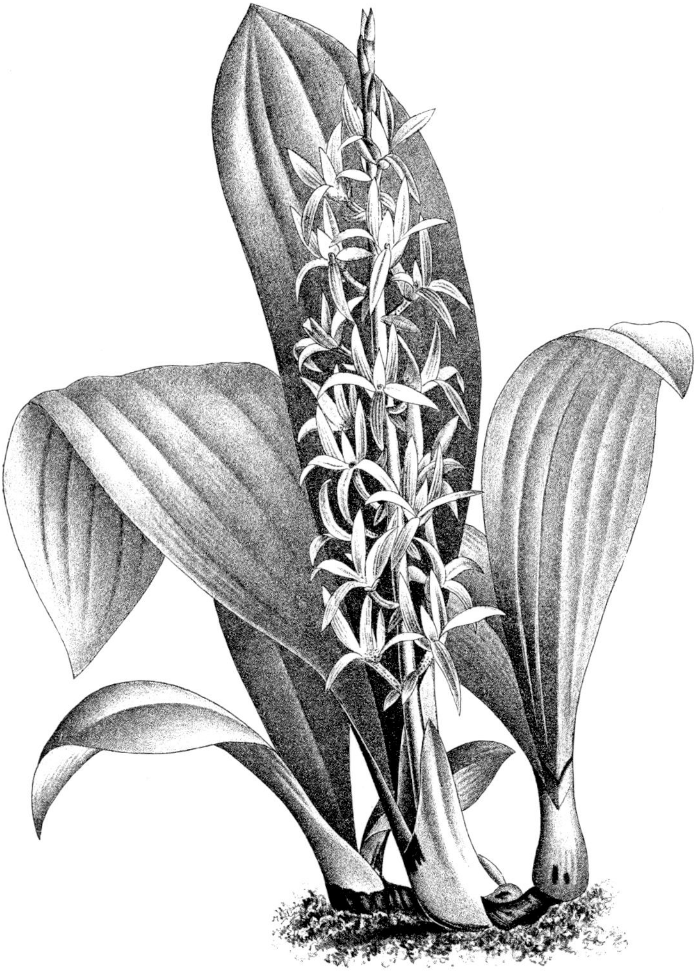

Fig. 78. Eria striolata.

roter Lippe, welche zwei lang und steif behaarte Linien trägt, Kelchblätter sehr zart, dünn-seidenhaarig. Juni. Java.

E. coronaria Rchb. f. ist *Trichosma suavis Ldl.*

E. cylindropoda Griff. ist *Trichosma suavis Ldl.*

E. Dillwynii Hook. Blüten in 20 cm langen Trauben zwischen grossen weisslichen Deckblättern, klein, weissgelb mit rot behauchter Lippe. Philippinen.

E. flavescens Ldl. (*Dendrolirium flavescens Bl.*) steht der E. bicristata nahe, aber die Blüten sind kahl und licht gelblich. Mai bis Juni. Java.

E. floribunda Ldl. (*Urostachya floribunda Ldl.*) Stämme schlank mit zerstreuten, lanzettlichen, glatten, immergrünen Blättern. Blüten in seitenständigen, vielblumigen Trauben, klein, kahl, weisslich. Mai. Singapore.

E. myristiciformis Ldl. (*Myristicaria Pfitz.*) Scheinknollen eingliedrig, schlank-eiförmig, 5 cm hoch, mit zwei abfallenden, flachen, breit-lanzettlichen Blättern. Blüten in aufrechter, reichblumiger Traube, klein, bräunlich, dunkler geadert. Juni, Juli. Ostindien.

E. ornata Ldl. (*Dendrolirium ornatum Ldl.*) Scheinknollen mehrgliederig, kurz spindelförmig, flachgedrückt, bis 10 cm hoch, mit einigen endständigen, flachen, immergrünen, glatten, lang-lanzettlichen Blättern. Blüten in seitenständiger, aufrechter, behaarter, vielblumiger Traube, gelbweiss mit roten Deckblättern. Mai—Juli. Ostindien.

E. polyura Ldl. Blüten in langen Trauben, weiss, transparent durchscheinend mit rotem Anfluge und gelber Lippe. Juli. Philippinen.

E. rosea Ldl. (*Xiphosium roseum Ldl.*) Scheinknollen eingliederig, kugelig-eiförmig, 5 cm hoch, mit zwei endständigen, flachen, fast fleischigen, immergrünen Blättern. Blüten in wenigblütigen, aufrechten Trauben, kahl, hellrosa mit etwas dunklerer Lippe. Mai, Juni. Ostindien.

E. stellata Ldl. ist *Tainia stellata Pfitz.*

E. striolata Ldl. (Fig. 78) ähnelt der E. rosea, aber die weisslichen Blüten sind zart rot gestreift. Juni, Juli. Ostindien.

E. suavis Rchb. f. ist *Trichosma suavis Rchb. f.*

E. vestita Ldl. (*Trichotosia vestita Bl.*) Stämme schlank, bis 20 cm hoch, samt den Blättern und der Aussenseite der Blüten lang-braunhaarig. Blüten klein, gelblich, in seitenständigen, vielblumigen Trauben. Juni, Juli. Malayischer Archipel.

Erianthe Pfitz. ist *Renanthera Lour.*

Eriopsis *Ldl.*

(Zygopetalinae 275.)

Immergrüne Baumbewohner des tropischen Amerika, bisher vier Arten bekannt, im Wuchs an Zygopetalum (s. d.) erinnernd. Auf den kräftigen, in der Jugend in Scheiden steckenden Scheinknollen sitzen je zwei grosse, etwas eingerollte, längsfaltige Blätter, die Blüten stehen in überhängenden, langen, am Grunde der Knollen entspringenden Trauben, sind mittelgross, gespreizt-offen, Kelch- und Blumenblätter sind fast gleich, die beiden seitlichen Kelchblätter bilden mit dem Säulenfuss ein sehr schwaches Kinn, die Lippe sitzt dem Säulenfuss breit an, hat breite aufrechte, die Säule umschliessende, grosse Seitenlappen und einen viel kleineren, vorgeschobenen, ungeteilten oder zweispaltigen Mittellappen und ist nur mit 2—3 vortretenden Längsleisten besetzt.

Die beiden kultivierten Arten gedeihen im Topf, in Haideerde und Sphagnum, gut und nehmen mit 6—8 ° R. Wintertemperatur vorlieb. Sie sind Feuchtigkeit und volle Sonne liebend und die Ruheperiode ist nicht zu trocken zu gestalten.

E. biloba Ldl. (*E. Schomburgkii hort*). Scheinknollen länglich-flaschenförmig, etwa 6 cm hoch, Blätter breit-lanzettlich. Blüten in 30 cm langer Traube, 3 cm gross, Kelch- und Blumenblätter kurz breit-lanzettlich, stumpf, gelb mit orangerotem Saum, Lippe gelb, klein braunfleckig, breitherzförmig, Vorderlappen aus zusammengezogenem Grunde fast kreisrund, stumpf. Mai, Juli. Neu-Granada, Guyana.

G. rutidobulbon Hook. Scheinknollen lang-flaschenförmig, 10 cm hoch, rauh, violett überlaufen, mit breit-lanzettlichen Blättern. Blüten in bis halbmeterlanger, lockerer und vielblumiger Traube, 5 cm gross, Kelch- und Blumenblätter schmal-eiförmig, dunkelorangegelb mit hellpurpurrotem Saum, Lippe so lang als die Blumenblätter, dunkelorange mit sattpurpurnen Fleckchen, der kreisrunde, leicht ausgerandete Vorderlappen weiss mit dunkelpurpurroten Tupfen. Mai—Juli. Neu-Granada.

E. Schomburgkii hort. ist *E. biloba Ldl.*

E. Sceptrum Rchb. f. aus Kolumbien mit aufrechter, dichtgedrängter Traube gelbroter Blüten und **E. Sprucei Hook.** vom Amazonenstrome sind noch nicht im Handel.

Eriura Ldl. ist *Eria Ldl.*

Erythrodes Bl. ist *Physurus L. C. Rich.*

Erythrorchis Bl. ist *Galeola Lour.*

Eucnemis Ldl. ist *Govenia Ldl.*

Eucyclia Poepp. et Endlich. ist *Polystachya Ldl.*

Esmeralda *Rchb. f.*

(Aërideae 375.)

E. Cathcartii Rchb. f. (*Vanda Cathcartii Ldl. Arachnanthe Cathcartii Bl.*) ist die bekannteste Art dieser Gattung, welche sich von Vanda, mit welcher sie im Wuchs vollkommen übereinstimmt, nur dadurch unterscheidet, dass die Lippe spornlos und dem Säulenfuss angegliedert (während die Lippe von Vanda mit ihm verwachsen) und dadurch leicht beweglich ist. Stämme kräftig, meterhoch, auf weitverzweigte, kräftige Luftwurzeln gestützt, Blätter zweizeilig, dick-ledrig, gekielt, hellgrün, breit-riemenförmig, vorn rundlappig schief ausgerandet, etwa 15 zu 2 cm gross. Blüten in wenigblumigen, kurzen, aufsteigenden Trauben, welche den Blättern gegenüberstehen. Blüten bis 10 cm im Durchmesser, fleischig, Kelch- und Blumenblätter ausgebreitet, flach ausgehöhlt, sitzend, breit-eiförmig, stumpfspitzig, aussen weisslich, innen weissgelb mit zahlreichen schmalen und kurzen, zuweilen zusammenfliessenden, rotbraunen Querbändern. Lippe dreilappig, Seitenlappen klein, abstehend, ausgebogt-zweilappig, weiss mit roten Pinselstreifen am Grunde, Mittellappen fast gestielt, gross muschel- oder herzförmig mit wellig ausgebogtem Rande und am Grunde zwei eine Höhlung überdeckende, zusammenfliessende Schwielen, weiss mit gelbem Saum. Säule dick, grünlich, frei vorstehend, mit einem Höcker am oberen Ende. April—Juni. Sikkim-Himalaya, in warmen Lagen zwischen 700—1300 m.

E. Clarkei Rchb. f. (*Arachnanthe Clarkei Rolfe. Vanda Clarkei hort.*) Stämme federhalterdick, bis halbmeter-hoch, Blätter länglich-linear, 1,5 zu 10 cm etwa, schiefgestutzt. Blüten zu 2—3 am aufsteigendem Schaft, 6 cm breit, Kelchblätter aus keilförmigem Grunde länglich-linear, die seitlichen sichelförmig zurückgebogen, Blumenblätter ähnlich aber schmäler, Lippe kurz, dreilappig, Seitenlappen aufrecht, gerundet, gelblichweiss, rot gestreift, Vorderlappen fleischig, breitgerundet, vorn kleinlappig zerteilt, kastanienbraun, mit 7—9 weissen Kiellinien, deren mittelste die breiteste ist. September, Oktober. Sikkim-Himalaya, bei 2000 m.

E. Sanderiana Rchb. f. (*Vanda Sanderiana Rchb. f.*) Stämme kurz aufrecht, Blätter riemenförmig, 2 zu 25 cm, vorn ungleich zweispitzig gestutzt. Blüten zu 5—10 in kurzen, aufrechten Trauben, bis 10 cm breit, flach ausgebreitet, Kelchblätter breit-eiförmig, das obere auf weissem Grunde zartrosa, seitliche grösser, lehmgelb, reich blutrot längs- und netzadrig, Blumenblätter gerundet-rautenförmig, kleiner als die Kelchblätter, weissrosa mit einzelnen blutroten Punkten auf der Seite gegen die Kelchblätter, Lippe klein, querzweiteilig, der Unterteil länglich, ausgehöhlt, lehmgelb, rotgestreift, Vorderteil kurz klauenförmig, fast halbmondförmig, vorn eingeschlagen, mit drei starken Schwielen auf der Scheibe, rötlichbraun. Säule sehr kurz, schmutzig-gelblich. Juli—September. Philippinen, Mindanao.

Kultur der Esmeralda-Arten wie Aërides (s. d.).

Eulophia *R. Br.*

(Cyrtopodiinae 236.)

(Cyrtopera Ldl. Orthochilus Hochst.)

Von neueren Orchideen-Forschern wird eine Anzahl bisher in dieser Gattung untergebrachter Formen zu anderen Gattungen gebracht, und mit Recht. Selbst die nach der heutigen Auffassung als Eulophia weiter bezeichneten 50 Arten sind unter sich so ungleich, dass wohl noch weitere Abspaltungen erfolgen werden. Diese 50 Arten sind vowiegend im tropischen Afrika, Asien und Australien verbreitet, aber auch im tropischen Amerika und am Cap zu Haus. Gärtnerisch sind sie fast wertlos. In den botanischen

Gärten werden ausser den nachstehend geschilderten Arten noch kultiviert: E. euglossa und E. Saundersii Rchb. f. von West-Afrika E. macrostachya Ldl., Blüten grüngelb, von Ceylon, E. megistophylla von den Comoren-Inseln und E. streptopetala Ldl. vom Kap, mit grünrötlichen Blüten. Die Stämme sind bald als solche entwickelt und tragen zweizeilig gestellte abfallende Blätter, bald sind sie zu längeren oder kürzeren Scheinknollen zusammengedrückt, mit einigen festen Blättern am Ende. Blüten einzeln oder in lockeren, armblumigen, seiten- oder grundständigen Trauben, meist klein und unscheinbar, Kelch- und Blumenblätter fast gleich, abstehend, die seitlichen Kelchblätter am Säulenfuss herablaufend und ein kurzes Kinn bildend.

Fig. 79.
Eulophidium maculatum.
Natürliche Grösse.

In der Kultur sind die Eulophia wie die Dendrobien zu behandeln.

E. Dregeana Ldl. Dickfleischige Erdknollen, Blätter schwertförmig, zugespitzt, Blütenschaft aufrecht mit dichter Traube chokoladenbrauner, 2 cm grosser Blüten, deren längliche, dreiteilige Lippe weiss ist. Juni, Juli. Süd-Afrika, Port Natal.

E. guineensis Lodd. Scheinknollen dick-birnförmig, 3—4 cm hoch, mit zwei langgestielten, längsfaltigen, lanzett-elliptischen, immergrünen Blättern. Blütenschaft aufrecht, bis 80 cm hoch, mit einer kurzen Traube von 6—12 etwa 4 cm grossen, gespornten Blüten. Kelch- und Blumenblätter linear, zugespitzt, grün mit dunkelpurpurbraunem Überzuge, Lippe grün, dreilappig, Seitenlappen eingerollt, Mittellappen vorgezogen, stumpf, wellig, weiss mit karminroten Strichen am Grunde. April, Mai. Tropisches West-Afrika.

— **var. purpurata Rchb. f.** Kelch- und Blumenblätter purpurrosa, Lippe aus weissem Grunde kirschrot mit dunkleren Streifen und Adern und rosaem Saum. Säule rosa, Sporn purpurn.

E. Ledienii Stein ist *Eulophidium maculatum Pfitz.*

E. Mackayana Ldl. ist *Zygopetalum Mackayi Hook.*

E. maculata Rchb. f. ist *Eulophidium maculatum Pfitz.*

E. maxillare Lodd. ist *Zygopetalum maxillare Hook.*

E. pulchra Rchb. f. Scheinknollen dick-spindelförmig, Blätter länglich-lanzettlich, Blüten 5 cm breit, in reichblumiger langer Traube, weiss, reich purpurn gefleckt, Kelch- und Blumenblätter spitz, breit-linear, Lippe länglich, vorn stumpf, wellig, im Grunde ausgebaucht. Sporn kurz, aufrecht. Juni—August. Insel Bourbon.

E. rostrata Ldl. ist *Zygopetalum rostratum Hook.*

E. scripta Ldl. ist *Eulophiopsis scripta Pfitz.*

Eulophidium *Pfitzer.*

(Maxillariinae 314.)

Die einzige bekannte Art ist schon seit langer Zeit hin und wieder in die Gärten gebracht worden, zuletzt 1885 durch Ledien vom unteren Congo. Es ist:

E. maculatum Pfitz. (*Eulophia maculata Rchb. f. Eulophia Ledienii Stein. Oeceoclades maculata Ldl. Angrecum maculatum Ldl. Angrecum monophyllum A. Rich. Epidendrum connivens Fl. Flum. Geodorum pictum Lk. et Otto.*) (Fig. 79, 80.) Scheinknollen rundlich-eiförmig, tief gefurcht, 3—4 cm hoch, anfänglich von einigen bald abfallenden Scheiden umhüllt, mit je einem dicken ledrigen Blatt auf der Spitze, welches sich aus einem fast rundgefaltetem kurzem Stiele in eine 10 zu 4 cm haltende, elliptische, vorn abgerundete und schief gekerbte Spreite ausbreitet, unterseits weisslichgrün, oben dunkelgrün ist, mit breiten, silberweissen, schimmernden Bändern, welche das Blattgrün nur in hieroglyphischen Bandzeichnungen vortreten lassen. Blütenschaft vom Grunde der Knollen aus, steif aufrecht, bis 30 cm hoch, unten federkieldick, an den 2—3 Knoten von hellbräunlichen trockenen Scheiden umfasst

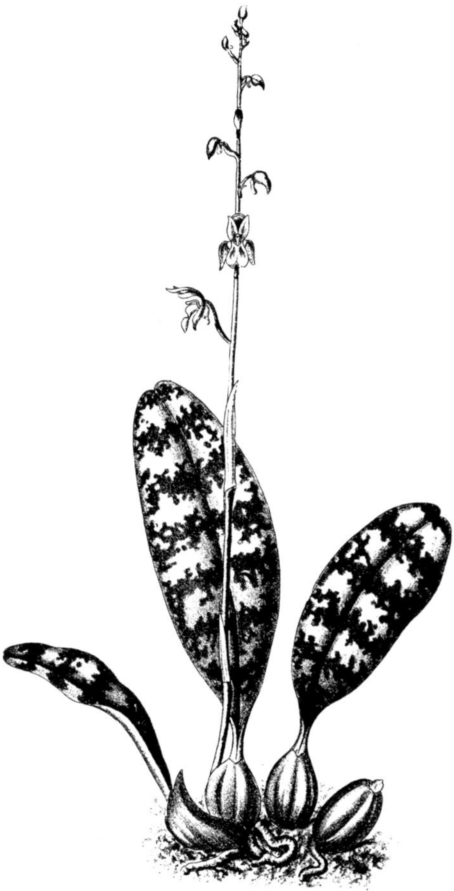

Fig. 80. Eulophidium maculatum.

und oben eine armblumige, ganz lockere Blütentraube tragend. Blüten kaum 2 cm gross, aus kurzer Deckschuppe lang gestielt, gespreizt, mit bräunlichem, kulpigem, in der Mitte eingeschnürtem, dann wieder verdicktem Sporn, der von der Lippe ausgeht, die beiden seitlichen Kelchblätter eiförmig, schiefbogig zugespitzt, hellbraunrötlich, das dritte als gleichfarbige Kapuze die beiden gerundet-rautenförmigen, trüb-weisslichen, rötlich gestrichelten Blumenblätter überwölbend, Lippe breit-herzförmig, mit zwei sehr zurücktretenden, kleinen, aufgebogenen Seitenlappen und abwärts gebogenem, milchweissem Vorderlappen, beiderseits einen verwaschenen, zinnoberroten Fleck tragend, vorn tief ausgerandet, aussen trüb zinnoberrot überlaufen. Säule kurz, schmal-cylindrisch, gebogen, an der Spitze zwei kurzgestielte Pollenkörperchen tragend. März, April. Brasilien, Westafrika (Congo, Angola) und Insel Mauritius. Botanisch von vielseitigem Interesse, gärtnerisch durch die schönen Blätter wertvoll, dagegen ist die Blüte vollendet unscheinbar, „sehr interessant, aber keine Schönheit".

Ledien sammelte sie an Lehmhängen auf dem harten Boden in heisser Lage bei Vivi. Da die dicken Wurzeln offenbar a u f dem Boden gelegen hatten, kultivierten wir sie im Breslauer botanischen Garten an Rinde, wo sie ebenso gut gedieh wie im Sphagnum-Topf hochgepflanzt. Hohe Warmhaus-Temperatur und viel Wasser während des Triebes, energische Trockenheit in der Ruheperiode, sagten ihr offenbar zu.

Die wunderbare geographische Verbreitung lässt sich nur erklären, wenn man annimmt, dass die winzigen Samenkörnchen durch die Tropenstürme über das Weltmeer geweht wurden.

Eulophiopsis *Pfitzer.*

(Cymbidiinae 301.)

Von dieser Gattung, welche nur wenige Arten, die auf den Maskarenen und Madagaskar heimisch sind, umfasst, ist die **E. scripta Pfitz.** *(Eulophia scripta Ldl.)* von Madagaskar und Bourbon vielleicht noch in einem oder dem andern Garten vertreten. Sie hat die Tracht eines C y m b i d i u m mit kurzer Blütentraube und kleinen unansehnlichen Blüten, deren Kelch- und Blumenblätter gespreizt abstehen, gelb, purpurfleckig. Die Lippe ist dreilappig und bildet mit dem Säulengrunde einen kurzen Sporn, Seitenlappen aufrecht, Mittellappen keilförmig, vorn abgerundet, warzig und zwei kleine Kämme tragend, hochgelb mit purpurnen Schriftflecken. Mai, Juni.

Fernandezia R. P. ist *Lockhartia Hook.*

Fieldia gigantea Rchb. f. ist *Vandopsis gigantea Pfitz.*

Fieldia lissochiloides Rchb. f. ist *Vandopsis lissochiloides Pfitz.*

Fieldingia Pfitz. ist eine Unterabteilung von A ë r i d e s L o u r.

Flagellaria araneifera. ist *Renanthera Flos aëris Rchb. f.*

Fornicaria rostrata Bl. ist *Camarotis rostrata Rchb. f.*

Gabertia Ellisii Gaud. ist *Grammangis Ellisii Rchb.*

Galeandra *Ldl.*

(Polystachyinae 168.)

(Corydandra Rchb. f.)

Stämme schlank oder gleichmässig geschwollen, vielgliedrig, mit abfallenden, gegliederten, zweizeiligen, steif-aufrecht stehenden, gekielten Blättern. Blüten gross, in endständiger, armblütiger, im Grunde von Scheiden umgebener Traube oder Rispe. Kelch- und Blumenblätter gleichförmig, abstehend, Lippe in einen weiten trichterförmigen Sporn auslaufend, dreiteilig, Seitenlappen die meist kurze Säule umfassend, Mittellappen mit Blättchen-Linien besetzt.

Alle bekannten Arten gehören dem tropischen Amerika an und sind entweder baumbewohnend oder an bemoosten Stellen an Felsen gedeihend. In der Kultur verlangen die Galeandras Sphagnum in gut drainierten Töpfen bei hohen Temperaturen, und sehr fleissiges Spritzen während des Wachsens. In der Ruheperiode darf der Stamm nicht gedörrt werden und ist in dieser Zeit besonders auf Ungeziefer zu kontrollieren.

G. Baueri Ldl. (Fig. 81). Stämme kurz, 10—15 cm lang, anfangs aus leicht geschwollenem Grunde schlank, im Alter zu lang-eiförmigen Scheinknollen verdickt, mit abfallenden, schmal-lanzettlichen, dreinervigen Blättern. Blüten in nickender Traube, 5 cm gross, dauernd, Kelch- und Blumenblätter breit-linear, zugespitzt, bräunlich-grün, die Blumenblätter dunkler, Lippe gross, Vorderlappen ausgerandet und gekerbt, purpurrot, unterseits weiss. Juni—August. Guyana, Guatemala, Süd-Mexiko.

— **var. nivalis hort.** Blätter grasartig-schmal, Kelch- und Blumenblätter zurückgebogen, olivengrün, Lippe weiss mit violettrotem Fleck,

G. cristata Ldl. Stämme zart, schlank, kaum 15 cm hoch, mit aufrechten, schmal-linearen Blättern. Blüten in nickender Traube, 2—3 cm gross, Kelch- und Blumenblätter linear-lanzettlich, zurückgebogen, aus rosaem Grunde dunkelrot, Lippe zarthaarig, vorn krauswellig, dunkelrot, am Grunde zwei Schwiellinien. Juli, August. Cayenne.

G. Devoniana Ldl. Schlanke, runde, nach oben spitze, bis 80 cm hohe Stämme, in der Heimat angeblich bis 2 m hoch, mit aufrechten, lang-lanzettlichen, dreinervigen Blättern, Blüten in endständigen, nickenden Trauben zu 4—8, die Blätter nicht überragend, 5—6 cm gross, Kelch- und Blumenblätter zurückgeschlagen, oft wellig, lanzettlich, dunkelbraunpurpurn mit hellgrünem Rande, Lippe gross, breit-eiförmig, trichterartig eingerollt, mit stumpfen, halbkreisförmigen, vorn röhrig zusammenreichenden Seitenlappen und breit geöffnetem, vortretendem, stumpf-herzförmigem, weissem, purpurrot getuschtem und geadertem Mittellappen. April—Juni, aber oft fast das ganze Jahr in Blüte. Rio-Negro, Brasilien.

— **var. Delphinae hort.** Blüten heller, Lippe nur wenig rot gezeichnet.

G. D'Escragnoleana Rchb. f. ähnelt der G. Devoniana, aber die Blüte ist dunkelgelb, die Lippe weiss, vorn zart rot. Juli—September. Brasilien.

G. dives Rchb. f. (*G. flaveola hort.*) Schlank-cylindrische, 20 cm hohe Stämme mit lanzettlichen, lang-zugespitzten Blättern und nickenden, armblumigen Trauben. Blüten 3—4 cm gross, Kelch- und Blumenblätter

Fig. 81. Galeandra Baueri.

spitz-lanzettlich, rötlichbraun, der quer rautenförmige Vorderlappen der Lippe weissgelblich mit rosaem Hauch und blutroten Adern. Sporn kurz, kulpig, grade. August, September. Neu-Granada.

G. flaveola hort. ist *G. dives Rchb. f.*

G. Harveyana Rchbch. f. ist wohl nur eine etwas abweichend gefärbte G. Devoniana, der sie in der Form ganz ähnelt. Blütenblätter hellbraun, Lippe gelblich, mit einem zarten Haarflaum-Fleck auf der Platte. Brasilien.

G. nivalis hort. ist *G. Baueri Ldl. var. nivalis.*

Galeoglossum A. Rich. ist *Prescottia Ldl.*

Galeola *Lour.*

(Vanilleae 87.)

(Erythrorchis Bl.)

umfasst etwa sechs erdbewohnende, im sich zersetzenden Humus lebende Arten, welche im malayischen Archipel, auf der Halbinsel Malakka und in Australien vorkommen und botanisch sehr interessant sind. Aus dem dicken, mit zahlreichen fingerdicken, kurzen Wurzeln besetzten unterirdischen Wurzelstock erheben sich blassrötliche, stark federkieldicke, bis 40 m hoch kletternde, vielverzweigte Stämme ohne jede Spur von grünen Blättern, dagegen zwischen den langen Knotengliedern je eine Luftwurzel und ein gelbrötliches, häutig-fleischiges, den Stamm umhüllendes Schuppenblatt tragend. Erst in den Baumkronen entwickeln sich dann in einer end- und vielen seitenständigen Rispen die zahlreichen, meist nur 1—2 cm grossen, fast glockigen, gelbweisslichen Blüten, welche an der einzigen bisher in Europa zur Kultur und Blüte gelangten G. altissima Rchb. f. (Fig. 82) aus Java, länglich-eiförmige Kelch- und Blumenblätter, nicht vorragende, zusammengerollte, schwach dreilappige Lippe mit einem behaarten Höcker und einen Längswulst vor dem faltigen Mittellappen zeigen. — Die Galeolen sind die grössten Saprophyten, von faulenden organischen Stoffen lebende Pflanzen. Die erwähnte Art blühte im botanischen Garten in Karlsruhe in Baden.

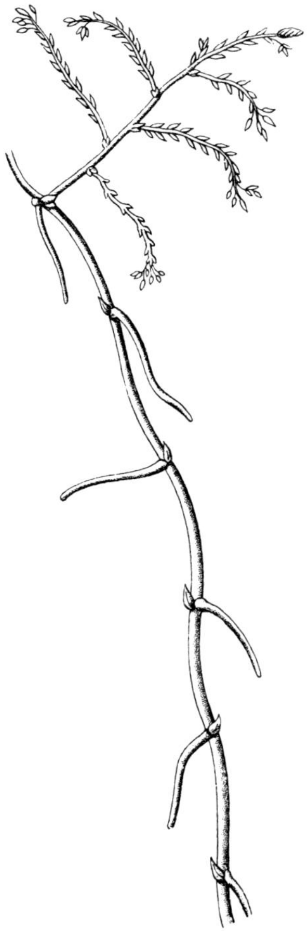

Fig. 82. Galeola altissima.

Galeottia *A. Rich.*

(Zygopetalinae 274.)

Prächtig blühende Baumbewohner Kolumbiens, die leider in unseren Kulturen noch recht selten sind. Sie haben grosse Scheinknollen mit zwei grossen festen, bleibenden Blättern auf der Spitze und einer Anzahl Scheidenblätter am Grunde der Knolle. Der sehr locker traubige, wenigblumige Blütenstand kommt aus dem jungen Triebe. Die grossen Blüten tragen das obere Kelchblatt aufrecht, die seitlichen sind nur in schmaler Linie dem vorderen Teile des Säulenfusses angewachsen, während die Blumenblätter breit herablaufend mit dem Säulenfuss verwachsen sind. Die dreilappige, sehr ansehnliche Lippe hat einen scharfgesägten, quer über sie verlaufenden Schwielenbogen und auf der vorderen Platte zahlreiche gezähnte Längskämme. Die Säule trägt zwei häutige, tief gefranste Arm-Anhängsel und vier einander paarweis aufliegende Pollenkörner.

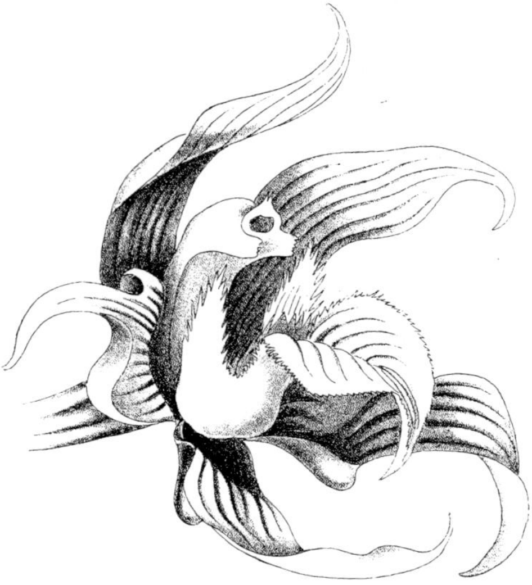

Fig. 83. Galeottia fimbriata.

Bisher sind nur wenige Arten von Galeottia bekannt und selten in Kultur. Sie ähneln durch die grossen Blüten mehr den Huntleya's als den Cymbidien. Zum Gedeihen bedürfen sie viel Wärme und Feuchtigkeit und werden am besten in ein Sphagnum-Körbchen dicht unter Glas gebracht. Keine stark austrocknende Ruhezeit!

G. Beaumontii Rich. (*Stenia Beaumontii Ldl. Batemannia Beaumontii Rchb. f.*) Niedrige, fast vierkantige, birnförmige Scheinknollen. Blätter gefaltet, lang keilförmig, blassgrün. Blüten zu 1—2 auf aufrechten Stielen, 5 cm breit, hellgrün, blassbraun längsstreifig, Lippe weiss, hellila getuscht und gestreift, mit sieben langen, scharfen Parallel-Kämmen. Juni, Juli. Bahia, Brasilien.

G. Burtii Endr. et Rchb. f. ist *Huntleya Burtii Batem.*

G. fimbriata Ldl. (*Stenia fimbriata Ldl. Batemannia fimbriata Rchb. f.*) (Fig. 83.) der nachfolgenden Art sehr ähnlich, hauptsächlich durch kleinere Blüten, deren Lippe tief gefranst ist, verschieden. Mai, Juni. Neu-Granada.

G. grandiflora Rich. Gal. (*Batemannia grandiflora Rchb. f. Huntleya grandiflora Bat.*) Scheinknollen dick-eiförmig, bis 10 cm hoch, Endblätter ledrig, breit-lanzettlich, bis 30 cm lang. Blüten zu 3—5 in lockerer, nickender Traube, 6—8 cm breit, oberes Kelchblatt viel breiter als die unteren schmal-eiförmigen, samt den ebenso geformten Blumenblättern blassolivengrün mit rötlichbraunen Längsstreifen, Lippe gezähnt, vorn reinweiss mit hellroten Strichen, im Grunde orangegelb mit hellroten Strichen, Schwielenbogen gekraust und gezähnt. Mai, Juni. Neu-Granada, Kolumbien, bei 1300 m.

G. Meleagris Rich. ist *Huntleya Meleagris Ldl.*

G. Wallisii Rich. ist *Huntleya Meleagris Ldl. var. Wallisii Ldl.*

Gastrochilus Don ist *Saccolabium Bl.*

Gastrorchis Bl. ist *Phajus Lour.*

Gennaria Parl. ist *Platanthera L.* (*Rich.*)

Geodorum *Jacks.*

(Cyrtopodiinae 234.)

Erdorchideen Ostindiens, der malayischen Inseln und Australiens mit mehrgliedrigen Erdknollen und gestielten, vielrippigen, grossen Blättern, über welche sich die langgestreckte, vielblumige, nickende Traube meist unbedeutender Blüten erhebt. Kelch- und Blumenblätter sind gleichgeformt und gefärbt, breit abstehend, die Lippe ist aufrecht, breit löffelförmig mit kurzer, geteilter oder ganzer Vorderplatte und kurzer, spornartiger Ausstülpung. Von den neun bekannten Arten ist das bräunlich blühende G. fucatum Ldl. aus Ceylon hin und wieder in den botanischen Gärten vertreten, zuweilen auch G. citrinum Ldl. aus Ostindien mit grüner Blüte und gelber Lippe und G. purpureum Ldl. (*Cymbidium pictum Sw.*) mit purpurroten Blüten, deren Lippe dunkler gefleckt ist.

Kulturwert in gärtnerischem Sinne ist keine Art, eventuell sind sie wie Phajus zu behandeln.

G. pictum Lk. et Otto ist *Eulophidium maculatum Pfitz.*

Georchis Ldl. ist *Goodyera R. Br.*

Gersinia Neraud. ist *Bolbophyllum Thou.*

Giesbreghtia A. Rich. ist *Calanthe R. Br.*

Glossaspis Sprgl. ist *Habenaria W.*

Glossula Ldl. ist *Habenaria W.*

Gomeza *R. Br.*

(Odontoglosseae 349.)

Die scheidigen Blätter unter den eiförmigen Scheinknollen und die endständigen, festen Blätter auf der Knolle erinnern an manche Odontoglossum, aber die durchweg unscheinbaren Blüten weichen sowohl in der Grösse, als auch in Färbung und Bau weit ab. Das obere Kelchblatt und die Blumenblätter sind einander gleich und breit auseinanderstehend, wodurch die Blüte breit geöffnet erscheint, die seitlichen Kelchblätter sind bald frei, bald miteinander verwachsen, die kurze Lippe umfasst mit zwei Längsschwielen den Grund der schlanken Säule und ist dann abwärts gekrümmt mit kleinen aufrechten Seitenlappen. Die sieben bekannten Arten sind in Brasilien heimisch, baumbewohnend, aber meist nur in den botanischen Gärten in Kultur.

Behandlung wie von Brassia (s. d.).

G. Barkerii Bnthm. (*Rodriguezia Barkerii Hook.*) Scheinknollen länglich-eiförmig, zweischneidig, abgeplattet, bis 5 cm hoch. Blätter dünn aber fest, blassgrün, ei-lanzettlich, etwa 3 zu 10 cm. Blüten in reichblumigen überhängenden Ähren, centimeterbreit, grünlichgelb, Lippe weisslichgelb. Januar — März. Brasilien. 1835 durch Barker eingeführt und einst viel verbreitet, heut ausserhalb der botanischen Gärten kaum noch in Kultur, obgleich vollblühende Exemplare der fast ohne Pflege gedeihenden Art ein netter Winterschmuck des Hauses sind.

G. crispa Lodd. (*Rodriguezia crispa Hook.*) Scheinknollen kurz-eiförmig, gefurcht, je zwei Scheidenblätter unter der Knolle, diese umfassend, und zwei spitze, länglich-eiförmige, derbe Blätter auf der Knolle. Blüten in seitlich flachgedrückten, reichblumigen, vorn leicht überhängenden Trauben, stark primelduftig, 2 cm breit, alle Blätter stark wellig-gekraust, dunkelgrün mit gelbem Saume, Lippe gelbgrün, gleichfalls kraus. Oktober bis Dezember. Brasilien, Gebirgspflanze und daher im mässig warmen Raume am besten gedeihend. Blühte im Oktober 1839 zum ersten Male in Europa bei Loddiges in Hackney bei London.

G. planifolia Klotzsch. (*Rodriguezia planifolia Ldl. Gomeza recurva Lodd.*) ist der G. Barkerii sehr ähnlich, aber zart wohlriechend, die Blütenblätter sind hell schwefelgelb mit leichtem grünlichem Hauch und stark zurückgerollt, Lippe klein, blassgelb, Säule zinnoberrot gestrichelt.

G. recurva Lodd. ist *G. planifolia Klotzsch.*

G. tenuiflora Bot. Cab. ist *Notylia punctata Ldl.*

Gomphocentrum Bnth. ist *Mystacidium Ldl.*

Gomphostylis Wall. ist *Pleione Don.*

Gongora *Ruiz et Pavon.*

(Gongorinae 268.)

(Acropera Ldl.)

Durch ihre sonderbare Blütenform und zum Teil schönen Farben hochinteressante Baumbewohner des tropischen Amerikas, von Mexiko bis Brasilien, woher gegen 30 Arten bisher beschrieben worden sind. Die meist grossen, kräftigen, eingliedrigen Scheinknollen sitzen zwischen Scheidenblättern und tragen an der Spitze ein oder zwei in einen Stiel verschmälerte, längsfaltige, dauernde, immergrüne, grosse Blätter. Die Blüten stehen in langhängenden, vielblumigen Trauben, welche unter der sich bildenden Knolle entspringen und sind durchweg ansehnlich. Durch eine fast halbkreisrunde Biegung des langen Fruchknotens, welchem die Blüte aufsitzt, gegen die Säule hin, ist die Blüte vollständig umgedreht, so dass die wagerechte Lippe über der nach oben gerichteten Säule steht. Das unpaarige Kelchblatt steht dadurch nach unten ab oder ist im Halbkreis aufwärts gebogen und oft am Rücken der Säule hoch hinaufgeschoben. Die beiden seitlichen Kelchblätter sitzen entweder unmittelbar dem Fruchtknotenende an, d. h. da, wo der stielartige Fruchtknoten in die Säule übergeht, oder der Säulenfuss ist schlank und dünn verlängert und die beiden Kelchblätter sitzen dann ganz auf diesem verlängertem Säulenfus se Die schmalen Blumenblätter sitzen ebenfalls entweder am Grunde der Säule oder weit vorgeschoben an deren Seiten. Die Lippe erscheint durch den dünnen, oft auch langen Säulenfuss genagelt mit ausgehöhltem, oft Hörnchen tragendem Mittelteil und von beiden Seiten stark zusammengedrücktem oder sackartigem Vorderteil. Die beiden Pollenkörper sitzen unter der übergeneigten Anthere.

Alle in Kultur befindlichen Arten gedeihen spielend in feuchter Wärme an einem Rinden- oder Aststück mit einer Handvoll Sphagnum oder hochgepflanzt in einem hängenden Sphagnumkörbchen oder hochgestelltem Topf, über dessen Rand dann die langen Blütentrauben herabhängen. Für Dungguss sind sie sehr dankbar. Nach der Blüte folgt eine lange Ruheperiode, in welcher sie aber nicht gar zu trocken gehalten sein wollen. Volles Licht ist ihnen dienlich, sie vertragen aber auch ebenso gut viel Schatten, und gehören, wie gesagt, zu den anspruchlosesten Orchideen.

Man unterscheidet zwei Gruppen:

A. **Acropera Ldl.** Kelchblätter sämtlich dicht am Fruchtknoten stehend, Blumenblätter zweispitzig, Vorderstück der Lippe kurz sackartig; z. B. G. galeata Rchb. f.

B. **Eugongora Pfitzer.** Kelch- und Blumenblätter teilweis oder alle auf dem Säulenfuss oder der Säule sitzend, Blumenblätter meist nicht zweispitzig, Vorderstück der Lippe länglich, stark von beiden Seiten zusammengedrückt; z. B. G. quinquenervis R. P.

G. alba Ldl. ist *G. quinquenervis R. P. var.*

G. armeniaca Hook. *(Acropera armeniaca Ldl. Acropera cornuta Hook. Gongora cornuta Rchb. f.)* Scheinknollen dick-eiförmig, 5 cm hoch, die beiden Blätter hellgrün, lang-lanzettlich. Blüten zu 12—20 in 30 cm langer, lockerer, grünpurpurstengeliger Traube, leuchtend orangegelb, 4—5 cm breit, Kelchblätter am Säulenfuss, Blumenblätter weit auf der Säule vorgeschoben, ungeteilt, Lippenmittelstück lang und kräftig gehörnt, Vorderstück kurz, sackartig. Juni—September. Nicaragua.

G. atropurpurea Hook. (*Acropera atropurpurea Ldl. Cirrhaea atropurpurea h. angl.*) Scheinknollen länglich-eiförmig, gefurcht, bis 8 cm hoch, mit zwei ei-lanzettlichen, hellgrünen Blättern. Blüten zu 20 und mehr in langer, nickender, lockerer Traube auf purpurnen Stielen, 5 cm gross, einfarbig dunkelpurpurbraun oder hellchokoladenbraun mit purpurnen Spritzern, Kelchblätter lanzettlich, auf dem Säulenfusse, das obere schmäler als die seitlichen, Blumenblätter schmal-linear, eingebogen, ungeteilt, auf der Säule sitzend, das Mittelstück der rechtwinkelig abstehenden Lippe trägt vier Hörnchen, Vorderstück seitlich zusammengedrückt, zugespitzt, Säule sehr lang, rund, halbkreisförmig gebogen. Juli, August. Trinidad.

— **var. albescens hort.** Blüten weisslich.

G. aurantiaca Rchb. f. (*Acropera aurantiaca Ldl.*) Scheinknollen schlank-eiförmig mit zwei lanzettlichen Blättern. Blüten in aufsteigenden, oben nickenden Trauben, 5 cm gross, leuchtend orangerot, Kelchblätter verkehrt-eiförmig, Blumenblätter lanzettlich, zweispitzig, Lippe mit kurzgehörntem Mittelstück und stumpfem, seitlich zusammengedrücktem Vorderstück. August, September. Neu-Granada.

G. bufonia Ldl. (*G. Buffonia hort.*) ist der G. quinquenervis in der Form sehr ähnlich, Knollen und Blätter sind (krankhaft?) weisslichgrün, die Blüten sind auf weissgelblichem Grunde trüb weinrot gefleckt. Juli, August. Brasilien.

— **var. major hort.** hat nur unwesentlich grössere Blüten.

— *var. leucochila Lem.* ist *G. quinquenervis R. P. var.*

G. cornuta Rchb. f. ist *G. armeniaca Hook.*

G. flaveola hort. ist eine hellblühende Form von G. quinquenervis R. P.

G. fulva hort. ist *G. quinquenervis R. P.*

G. galeata Rchb. f. (*Maxillaria galeata Lodd. Acropera Loddigesii Ldl. Acropera galeata hort. Cirrhaea Loddigesii Ldl.*) (Fig. 84) Scheinknollen kurz-eiförmig, kaum 5 cm hoch, gruppenweis gehäuft, mit zwei ei-elliptischen, zugespitzten Blättern. Blüten stark riechend, in langhängenden, dichten Trauben zu 10—20, der lange Fruchtknoten so gebogen, dass die Blüten dicht an der Spindel der Traube stehen, 4—5 cm gross, Kelch- und Blumenblätter fast eiförmig, trüb lehmgelb, Lippe bräunlichrot, kurz, zwischen den Blumenblättern sitzend. Juni, August. Mexiko. Der Geruch der Blüten erinnert an Goldlack, hat aber eine eigenartige Schärfe dabei, die ihn fast unangenehm macht.

G. Galeottiana Rchb. et Gal. ist *G. truncata Ldl.*

G. Jenischii Lodd. ist *G. odoratissima Lem.*

G. leucochila Lem. ist *G. quinquenervis R. P. var.*

G. Loddigessii hort. ist *G. galeata Rchb. f.*

G. lutea hort. }
G. luteola hort. } sind Formen von G. quinquenervis R. P.

G. macrantha Ldl. ist *Coryanthes macrantha Hook.*

G. maculata Ldl. ist *G. quinquenervis R. P.*

G. maculata Ldl. var. tricolor Ldl. ist *G. tricolor Rchb. f.*

G. nigrita Ldl. ist *G. quinquenervis R. P. var.*

G. odoratissima Lem. (*G. Jenischii Lodd.*) Scheinknollen eiförmig, 5 cm hoch, tief gefurcht, Blätter breit-lanzettlich. Blüten in langhängenden, grünstengeligen Trauben, stark duftend, hellgelb mit zahlreichen hellrotbraunen Flecken und Tupfen, Kelchblätter am Säulenfuss, breit-lanzettlich, langgespitzt, das obere auf der Säule und kleiner, Blumenblätter klein, lanzettlich, auf der Säule, Lippe gebogen, das Mittelstück seitlich zusammengedrückt mit zwei blättchenähnlichen Anhängseln auf dem Rücken und zwei seitlichen Fädchen, das Vorderstück länglich-eiförmig, zugespitzt, zusammengefaltet. Juni, Juli. Venezuela.

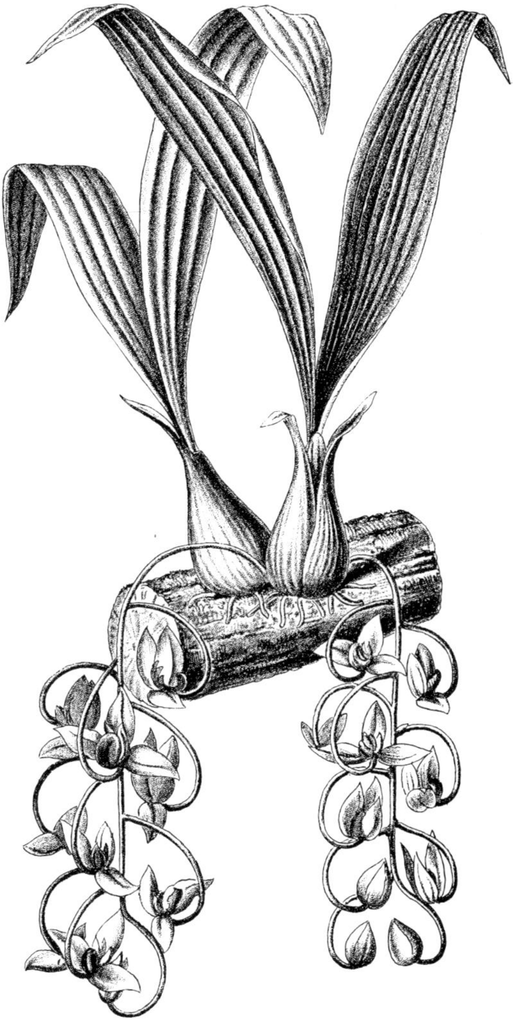

Fig. 84. Gongora galeata.

G. portentosa Lind. et Rchb. f. Scheinknollen lang-eiförmig, 10 cm hoch, flachgefurcht, mit breit-lanzettlichen, tiefnervigen Blättern. Blüten in lang hängenden, gelbgrünstengeligen, vielblumigen Trauben, 5 cm gross. Seitliche Kelchblätter lang-lanzettlich, das obere linear, gelbbräunlich mit zartem Purpurhauch,

Blumenblätter fleischig, linear, sichelförmig gekrümmt, weiss mit purpurnem Fleckchen, Lippe sattgelb, das Mittelstück trägt zwei pfriemenförmige Grannen auf seiner helmartigen Wölbung, Vorderstück gerade, linear zusammengefaltet. Mai, Juni. Neu-Granada.

G. punctata Ldl. ist *Coryanthes maculata Hook. var.*

G. quinquenervis R. P. (*G. maculata Ldl. G. fulva hort.*) Scheinknollen länglich-schiefeiförmig, scharf gerippt, bis 10 cm hoch, mit zwei breit-lanzettlichen, tiefnervigen, dunkelgrünen Blättern. Blüten 5 cm gross, in lang hängenden, hell-rotbraunstengeligen Trauben, Kelchblätter am Säulenfusse, aus breitem Grunde lang-zugespitzt, an den Rändern zurückgerollt und so weit zurückgeschlagen, dass die parallelen Rücken sich fast berühren, oberes Kelchblatt auf der Säule, lanzettlich, zurückgebogen, Lippe halbkreisförmig, mit zwei Höckern und vier Fädchen am konkaven Mittelstück, Vorderstück zusammengedrückt, aus breitem Grunde in eine lange Spitze ausgezogen. Die Farben der Blüte sind sehr wandelbar, als Hauptform kann man eine gelbe Grundfarbe mit rotbraunen Punkten und Flecken bei fast gleichfarbiger Lippe betrachten. Mai—Juli. Peru, Surinam, Demerara, Guiana.

— **var. alba Ldl.** Blüten reinweiss bis auf einige hellrote Flecke der Lippe. Guiana.

— **var. flaveola hort.** Blüten strohgelblich, spärlich rotpunktiert.

— **var. leucochila Lem.** (*G. bufonia Ldl. var. leucochila.*) Blüten hellgelblich, Lippe fast weiss mit verwaschen roten Punkten.

— **var. lutea hort.** und **var. luteola hort.** Blüten einfarbig gelb, mit hellerer Lippe.

— **var. nigrita Ldl.** Blüten schwärzlichbraun.

— **var. vitellina hort.** (*G. fulva hort. var. vitellina.*) Blüten dottergelb, vielfach rotbraun gefleckt und punktiert.

G. speciosa Ldl. ist *Coryanthes speciosa Hook.*

G. tricolor Rchb. f. (*G. maculata Ldl. var. tricolor Rchb. f.*) (Fig. 11.) In Wuchs und Blütenform eine kräftige G. quinquenervis, Kelchblätter dottergelb mit dunkelbraunen Flecken und Spritzern, Blumenblätter hellgelb, verwaschen braun gefleckt, Lippe weiss, Mittelstück mit zwei Hörnchen und zwei langen Pfriemen, vorn weiss mit 1—2 dunkelbraunen Flecken, Vorderteil spitz, schief aufgebogen, weiss mit hellzimmtbraun. Mai bis Juli. Peru.

G. truncata Ldl. (*G. Galeottiana Rich. et Gal.*) Gleichfalls von der Tracht der G. quinquenervis, aber die seitlichen Kelchblätter sind länglich-gerundet und vorn ganz abgestumpft, das obere ist verkehrt-eiförmig, gekielt, alle, wie die kleinen linearen, auf der Säule sitzenden Blumenblätter, gelblichweiss mit einigen dunkelbraunen, unregelmässigen Flecken. Lippe weisslich, das Mittelstück zusammengedrückt mit ein Paar dicken Grannen, Vorderstück länglich-eiförmig, zusammengeklappt und schiffschnabelartig aufgebogen. Juni, Juli. Mexiko.

— **var. Donkelaarii hort.** Blüten fast weiss, wenig gefleckt.

G. viridipurpurea Hook. ist *Cirrhaea dependens Rchb. f.*

G. vitellina hort. ist *G. quinquenervis Ldl. var.*

Gonogona Lk. ist *Goodyera R. Br.*

Goodyera *R. Br.*

(Physureae 114.)

(Cionosaccus Kuhl. Hassl. Coenorchis Bl. Cordylestylis Falcon. Georchis Ldl. Gonogona Lk. Peramium Sal. Tussaca Rafin.)

Von den etwa dreissig Arten, welche über die nördliche gemässigte Zone, das tropische Asien, Neukaledonien und die Maskarenen verbreitet sind, werden einige ihrer schönen Blätter wegen kultiviert und sind in den englischen Gärten mit Erfolg zu Kreuzungen mit den nahe verwandten Anoectochilus benutzt worden. G. repens lebt in den Kieferwäldern Deutschlands und des ganz mittleren Nordeuropas und Nordasiens. Alle Arten haben kurzgliedrige, fleischige, federkiel- bis fast kleinfingerdicke, dem humosen Boden oder der Rinde alter bemooster Bäume angedrückte Stämmchen, breite, netzadrige, oft ist die Netzaderung anders als der Grundton gefärbt, meist sammtartige Blätter mit kurzem, scheidenartig verbreitertem Blattstiel. An den jungen Trieben stehen die Blätter in lockeren Rosetten, an den Blütentrieben steigen sie, immer kleiner werdend, bis nahe an die oft langgeschwänzte, dichte Blütentraube auf. Blüten klein und unansehnlich, die seitlichen Kelchblätter sind frei und abstehend, das obere bildet mit den beiden Blumenblättern einen Helm, die aufrechte Lippe ist stark ausgehöhlt, in dieser Höhlung oft behaart, aber nie fleischige Warzen tragend, die Spitze ist stark zurückgebogen. Säule kurz, mit ungeteilter Narbe.

Die Goodyeren der warmen Striche werden wie Anoectochilus (s. d.) behandelt, die der kälteren Klimate sind erheblich anspruchloser und mit einer leichten humosen Haideerde oder Sphagnum mit Haidebrocken zufrieden. G. repens überwintert am besten im frostfreien Kasten oder gutgedeckt im Freien.

G. cordata hort. ist *Anoectochilus regalis Bl. var.*

G. Dawsoni hort. ist *Haemaria discolor Ldl. var.*

G. discolor hort. ist Haemaria discolor Ldl.

G. Dominyi hort. ist *Anoectochilus Dominyi Veitch.*, eine von Veitch gezogene Kreuzung aus Haemaria discolor und Anoectochilus Friederici Augusti.

G. javanica hort. ist *Macodes javanica Hook. f.*

G. macrantha Maxim. *(Section Georchis Ldl.)* Blätter ei-elliptisch, dunkel sammtgrün mit hellgrünem Mittelstreif und hellgrüner Schattierung längs der Netznerven, Unterseite blassgrün. Blüten in endständigen kurzen

Trauben zu 2—3, 2 cm, langröhrig, Kelchblätter zartrosa, Blumenblätter und Lippe weiss, alle Teile linear. September. Japan. Braucht nur 5—6° Winterwärme.

— **var. luteo marginata Maxim.** Blätter elegant weissgelb gerandet.

G. ordiana hort. ist *Haemaria discolor Ldl. var. ordiana Will.*

G. picta hort. ist *Physurus pictus Lodd.*

G. procera Hook. Blätter breit-lanzettlich, zugespitzt, dunkelgrün mit hellerer Netzaderung. Blütenschaft kaum 20 cm hoch mit schmal-cylindrischer Ähre, Blüten klein, weiss. Juli, August. Nepal.

Fig. 85. Goodyera repens.

G. pubescens R. Br. Blätter eiförmig, dunkel sammtgrün mit silberweisser Mittelrippe und weisslichgrüner Netzaderung. Blütenschaft bis 20 cm hoch, die obere Hälfte eine dichte Traube kleiner, kaum 1 cm langer, weisser, unscheinbarer, aber ganz netter Blüten. Juni, Juli. Nordamerika, Canada. Bei 2—3° Wärme zu überwintern und als Erdorchidee in brockiger Haideerde zu behandeln. Der eigenartigen Anordnung der Blüten wegen heisst das Pflänzchen in der Heimat „Klapperschlangenpflanze.“

— **var. minor Sw.** (*G. tessellata Lodd.*) Blätter kleiner, mit scharf vortretender Aderung.

G. repens L. (Fig. 85.) Blätter elliptisch, dunkel sammtgrün oder bräunlich-grün mit hellerer Nervatur, die zuweilen gelbbräunlich ist und dann sehr hübsch vortritt. Blütenschaft bis 25 cm hoch, im oberen Drittel eine dichte einseitwendige Traube kleiner, kaum 1 cm langer, weisslicher Blütchen. Juni, Juli. Deutschland und ganz Mittel-Nordeuropa, Nordasien. Im frostfreien Raume oder gut gedeckt, auf der Steinpartie, zu überwintern, und als Erdorchidee zu behandeln.

G. Rollissonii hort. ist *Haemaria Rollissonii hort.*

G. rubrovenia hort. ist *Haemaria rubrovenia. Rchb. f.*

G. tessellata Lodd. ist *G. pubescens R. Br. var. minor Sw.*

G. Veitchii hort. ist eine von Veitch gezogene Kreuzung aus Haemaria discolor und angeblich Macodes Petola, die sammtigen rötlichbraunen Blätter sind mit einigen silberweissen Adern geziert.

G. velutina Maxim. Blätter eiförmig, sammtig, satt purpurgrün mit scharf vortretendem mittlerem Silberstreif. Blüten am Ende eines 15 cm hohen Schaftes in armblumiger Ähre, zartrosa. Mai, Juni. Japan. Kalthauskultur.

Govenia *Ldl.*

(Cyrtopodiinae 241.)

(Eucnemis Ldl.)

Erdorchideen, etwa zehn von Brasilien bis zu den westindischen Inseln verbreitete Arten, mit rundlichen Knollen, welche einige Scheidenblätter, 1—2 grosse Blätter und einen aufrechten, unbeblätterten Blütenschaft tragen, an dessen Spitze eine vielblütige Traube sitzt. Blüten etwa 3—5 cm gross, die seitlichen Kelchblätter auffällig abwärts und auseinander spreizend, am Fusse der Säule angewachsen, das obere Kelchblatt mit den Blumenblättern nach oben gerichtet, helmartig die schlanke, flügelrandige Säule überwölbend, Lippe ungeteilt, konkav nach oben und aussen gewölbt, dem Säulenfuss angegliedert und mit ihm ein kurzes, stumpfrundes Kinn bildend.

In Kultur sind die Govenien nur selten und vorübergehend, hauptsächlich in den nachstehenden Arten, vertreten. Sie nehmen mit der Wärme von 8—10° vorlieb und ihre Knollen werden einfach in gut drainirte Töpfe in eine humose Rasenerde gelegt. Nach dem Abblühen ziehen sie vollkommen ein und werden trocken gehalten, bis der junge Trieb sich zeigt.

G. deliciosa Rchb. f. Zwei Blätter, lang-lanzettlich, tiefnervig, zugespitzt, etwa 30 cm lang, samt dem 30 cm hohem Blütenschafte von einigen Scheiden am Grunde eingeschlossen. Blüten zu 6—8 in lockerer Traube, rotgestielt, weiss, Kelch- und Blumenblätter länglich-lanzettlich, Lippe elliptisch, zugespitzt, aus gelbem Grunde vorn weiss mit runden, purpurroten Flecken. Mai, Juni. Mexiko.

G. fasciata Ldl. Blätter lang-lanzettlich, 20 zu 6 cm etwa, Blüten in schmaler Ähre, Kelch- und Blumenblätter eigelb mit karminroten Binden, Lippe länglich, gelb. September. Mexiko.

G. lagenophora Ldl. (*Cymbidium utriculatum Sw.*) Blütenschaft bis 60 cm hoch. Blüten zahlreich, weissgelb. Juli. Mexiko.

G. liliacea Ldl. ist der G. deliciosa Rchb. f. ähnlich, aber die Blüten grösser und reinweiss. April—Juli. Mexiko.

G. sulphurea Rchb. f. Knollen zwiebelähnlich, mit zahlreichen Scheidenblättern, Blätter lanzettlich, zugespitzt, dunkelgrün, mit weinroter Mittelrippe. Blüten 5 cm gross, in vielblumiger, aufrechter, über 30 cm hoch gestielter Traube, Kelchblätter schwefelgelb, Blumenblätter weiss mit schwefelgelbem Rande und roten, unterbrochenen Querlinien, Lippe länglich-herzförmig, weiss mit einigen dunkelbraunen Flecken am Vorderrande. Juni—August. Paraguay.

Grammangis *Rchb. f.*

(Cymbidiinae 304.)

Sehr grosse, ein- oder mehrgliedrige Scheinknollen mit endständigen immergrünen, derben Blättern. Blüten in unter der Knolle entspringender, vielblumiger, langgestielter, überhängender Traube, oberes Kelchblatt stark hohl gewölbt, seitliche am Grunde etwas vertieft und mit dem Säulenfuss ein Kinn bildend, sonst frei, gespreizt abstehend, Blumenblätter aufsteigend, abweichend geformt und gefärbt, Lippe dreilappig mit aufrechten Seiten- und zurückgekrümmtem Mittellappen, Säule schlank, geflügelt.

Beide bekannte Arten sind zuweilen in Kultur und verdienen weite Verbreitung.

Sie bedürfen viel Wärme und viel Wasser während des Triebes, wobei ein reichlicher Düngerguss hin und wieder sehr zu empfehlen ist. Nach abgeschlossenem Triebe oder Abblühen ist eine anhaltende und ziemlich trocken verlaufende Ruhe geboten. Man pflanzt am besten in Töpfe, hochgepflanzt, und giebt Rasenerde mit viel Haidebrocken oder Sphagnum und Sand.

G. Ellisii Rchb. f. (*Grammatophyllum Ellisii Ldl.*) *Gabertia Ellisii Gaud.* Scheinknollen lang-spindelförmig, vielgliedrig, verwischt vierkantig, bis 25 cm lang, mit 2, selten mehr und dann zweizeiligen, riemenförmigen, gekielten, vorn stumpfen, bis 40 cm langen, zurückgebogenen Blättern. Blütenschaft aus einigen kleinen Scheiden aufsteigend, bis 80 cm lang, vorn nickend, mit 6—12 lack-glänzenden Blüten von 6—8 cm Weite, Kelchblätter breit-linear mit zurückgebogener Spitze, gelb-bräunlich mit braunroten Querlinien im unteren Teil und ebensolchem Spitzenfleck, Blumenblätter und Lippe kürzer, letztere weiss mit purpurroten Querstrichen. Juli—August. Madagascar.

G. Huttoni Bnth. (*Cymbidium Huttoni Hook.*) Scheinknollen eingliedrig, lang eiförmig, bis 15 cm lang, runzelfaltig, mit je zwei länglich-riemenförmigen, vorn stumpfen Blättern. Blütenschaft nickend, vielblumig, bis 50 cm lang. Blüten 3—4 cm gross, fast glockig, Kelchblätter aussen gelbgrün, innen gelb mit unterbrochenen chocoladebraunen Querstreifen, Blumenblätter hell chocoladenbraun, Lippe gelbgrün mit chocoladebraunen Tuschpunkten. März, April. Java.

Grammatophyllum *Bl.*

(Cymbidiinae 278.)

(Gabertia Gaud. Pattonia Wight.)

Von den vier bekannten Arten dieser Prachtgattung des malayischen Archipels sind die drei nachstehenden, und auch diese nur selten, in Kultur und werden wie Grammangis behandelt.

G. Measuresianum Rchb. f. 1888 von Sander von den Philippinen eingeführt, ist nur 1—2 m hoch, im Wuchs ganz dem G. speciosum gleichend, Blüten gelbgrün, reich bräunlichpurpurn gesprenkelt.

G. Seegerianum Rchb. f. von den Molukken weicht von G. speciosum hauptsächlich durch hellere Blütenfarbe ab.

G. speciosum Bl. (Fig. 86, 87.) Stämme gruppenweis, vielgliedrig, fast handgelenkdick, 1,5—4 m hoch, unten mit einigen kurzen Scheiden, in den oberen drei Vierteln mit zweizeiligen, immergrünen, lederartigen,

Fig. 87. Grammatophyllum speciosum. Durchschnittene Einzelblüte.

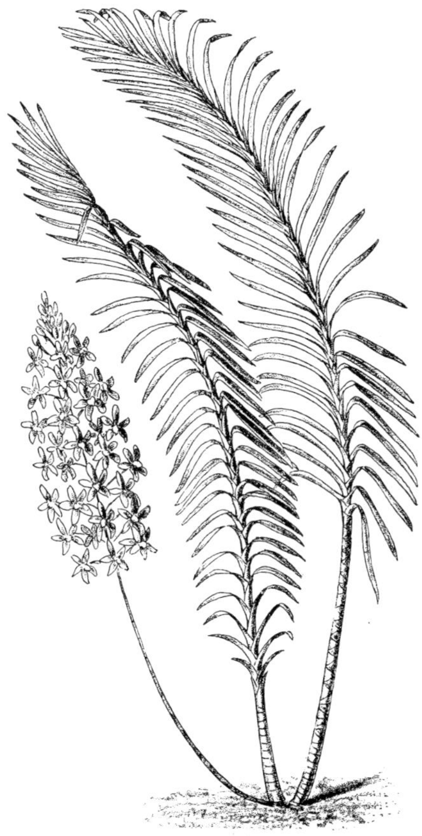

Fig. 86. Grammatophyllum speciosum.

riemenförmigen, vorn spitzen, bis 40 cm langen Blättern dicht besetzt, deren Scheiden den Stamm umkleiden. Blumenschaft aus dem Stammgrunde, daumendick, bis 2 m hoch, aufrecht, in der oberen Hälfte eine reichblumige, dichte, kegelförmige Blütentraube tragend. Blüten bis 15 cm gross, buttergelb, dicht rötlichbraun gefleckt, Kelch- und Blumenblätter breitlänglich, vorn stumpf gerundet, Lippe dem Grunde des Säulenfusses am Rande einer kleinen Höhlung angewachsen, dreilappig, Seitenlappen aufrecht, dunkler gelb und braunfleckig, mit drei hohen Leisten auf der Platte des rotbärtig geaderten Vorderlappens. November—Februar. Java, Malakka, Singapore, Cochinchina.

G. Ellisii Ldl. ist *Grammangis Ellisii Rchb. f.*

G. Finlaysonianum Ldl. ist *Bromheadia palustris Ldl.*

Gunnia Ldl. ist *Sarcochilus R. Br.*

Gussonia A. Rich. ist *Mystacidium Ldl.*

Gyas humilis Sal. ist *Bletilla hyacinthina Rchb. f.*

Gyas verecunda ist *Bletia verecunda R. Br.*

Gymnadenia *R. Br.*

(Gymnadenieae 17.)

Europäische und nordasiatische Erdorchideen, etwa zehn Arten, mit handförmigen oder lang gefingerten Erdknollen und schmalen Blättern, welche am Grunde eine lockere Rosette bilden und den Blütenschaft bis nahe an die vielblumige Traube in lockerer Spirale bekleiden. Blüten klein, mittleres Kelchblatt und die Blumenblätter helmartig zusammengeneigt, seitliche Kelchblätter abstehend oder auch dem Helm sich anlegend. Lippe dreilappig, durch die Drehung des Fruchtknotens abwärts gerichtet, deutlich, oft lang, gespornt.

Die Gymnadenien sind ihrer, wenn auch kleinen, so doch netten Blüten und des köstlichen Duftes mehrerer Arten wegen sehr zu empfehlen für Steinpartien oder zarte Frühlingsstauden-Arrangements. Sie wachsen, in den Garten übertragen, meist sehr gut (wenn die Knollen nicht gerade während der Blüte ausgegraben werden), bedürfen fast gar keiner Spezialpflege und nur leichter Deckung. Für Topfkulturen lege man die Knollen nicht zu flach, sorge für gute Drainage und gebe Rasenerde mit Sand und Haideerde. Während der Entwickelung reichlich giessen, dann volle Trockenperiode vom September bis Januar, wo der junge Trieb sich zeigt.

G. albida Rich. (*Satyrium albidum L. Coeloglossum albidum Hartm.*) Knollen gefingert, Blätter lanzettlich, spärlich, Blütenschaft bis 20 cm hoch, mit kurzer Traube weisser, sehr kleiner Blüten, deren seitliche Kelchblätter zum Helm sich zusammenneigen und deren Sporn dreimal kürzer als der Fruchtknoten ist. Mai—Juni. Gebirgswiesen Mittel- und Nordeuropas bis zum Ural.

G. albida × Herminium Monorchis ist in der Schweiz beobachtet, aber noch nicht in Kultur.

G. albida × Nigritella nigra ist *Nigritella micrantha Kern.*

G. albida × odoratissima ist *G. Strampfii Aschs.*

G. ambigua G. Beck gehört zu *G. intermedia Peterm.*

G. brachystachya Wettst. ist *Nigritella brachystachya Kern.*

G. conopea R. Br. (*Orchis conopea L.*) Knollen handförmig, Blätter breit-lanzettlich, Blütenschaft bis 60 cm hoch, mit lockerer Ähre. Blüten rosarot, stark riechend, Sporn doppelt so lang als der Fruchtknoten. Wald- und Bergwiesen Europas und Sibiriens. Mai—Juli.

— **var. ornithis Jacqu.** (*Orchis ornithis Jacqu. G. conopea R. Br. var. albiflora Autt.*) Blüten reinweiss.

— **var. densiflora Dietr.** (*G. densiflora Dietr.*) Höher, kräftiger, Ähre dicht geschlossen, pyramidal, Blüten hellrot.

G. conopea × *albida* ist *G. Schweinfurthii Hglm.*

G. conopea × *Nigritella nigra* ist *Nigritella Heufleri Kern.*

G. conopea × *Nigritella suaveolens* ist *Nigritella megastachya Kern.*

G. conopea × *odoratissima* ist *G. intermedia Peterm.*

G. conopea × *Orchis globosa* ist *Orchis valesiaca Spiess.*

G. densiflora Dietr. ist *G. conopea R. Br. var.*

G. fragrans Sauter ist *Nigritella suaveolens Koch.*

G. intermedia Peterm. (*G. ambigua G. Beck.*) ist der in den Alpen nicht seltene Bastart G. conopea × odoratissima, welcher am leichtesten durch die Länge des Sporns — er überragt den Fruchtknoten eine Kleinigkeit — von den Eltern sich unterscheidet, und in der Kultur viel besser als die Eltern gedeiht.

G. nigra Autt. ist *Nigritella nigra Rchb. f.*

G. odoratissima Rich. (*Orchis odoratissima L.*) (Fig. 88.) Der G. conopea recht ähnlich, aber schlanker, Blätter schmäler, Blüten kleiner, Sporn kaum so lang als der Fruchtknoten. Die Blüte duftet köstlich und stark nach Vanille. Mai—Juli. Berg- und Alpenwiesen Mittel- und Osteuropas.

G. odoratissima × *albida* ist *G. Strampfii Aschers.*

G. odoratissima × *conopea* ist *G. intermedia Peterm.*

G. odoratissima × Nigritella nigra ist der in Tirol und der Schweiz stellenweis häufige, im Garten gut gedeihende Bastart Nigritella suaveolens Koch.

G. odoratissima × *Orchis maculata* ist *Orchis Regeliana C. Richter.*

G. oxyloba G. Beck gehört zu *G. Strampfii Aschs.*

G. rubra Wettst. ist *Nigritella nigra Rchb. f. var.*

G. Schweinfurthii Hglm. (*G. conopea* × *albida*) steht der G. conopea näher, ist aber kleiner im Wuchs und

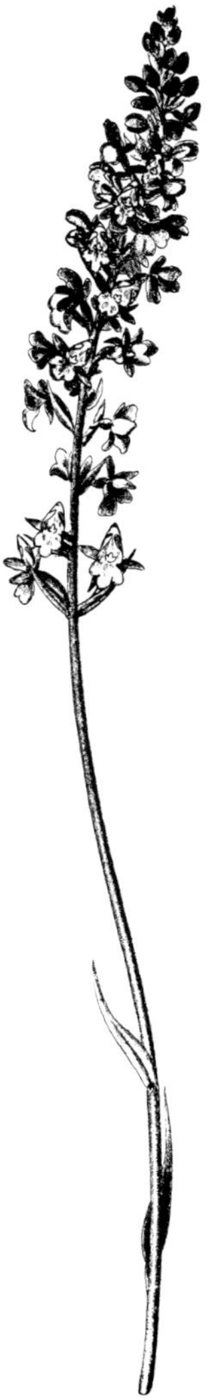

Fig. 88. Gymnadenia odoratissima.

fast weissblütig mit lang gespornten Blüten. Ist in den Alpen nicht selten und gedeiht im Garten gut.

G. Strampfli Aschs. (*G. oxyloba G. Beck. G. odoratissima* × *albida*) ist in den Alpen unter den Eltern fast immer zu finden und zwar in allen Übergängen zwischen beiden Arten. Vom vorhergehenden Bastart durch den ganz kurzen Sporn der Blüte kenntlich. Gedeiht im Garten sehr leicht.

G. suaveolens Wettst. ist *Nigritella suaveolens Koch.*

G. viridis Rich. ist *Coelaglossum viride Hartm.*

Gyrostachis Pers. ist *Spiranthes L. C. Rich.*

Habenaria *W.*

(Habenarieae 32.)

(Ate Ldl. Bilabrella Ldl. Bonatea W. Dissorhynchium Schauer. Glossaspis Spgl. Glossula Ldl. Macrocentron Philippi.)

Von den mehr als 300 erdbewohnenden Arten sind die meisten im tropischen Asien und Amerika, einige am Kap und in den kälteren Strichen Nordamerikas, eine grosse Zahl in Abessinien einheimisch. Die gärtnerische Pflege lohnen nur wenige grossblumige Arten. Neuerdings werden von Nordamerika die dortigen Arten vielfach importiert und geben ganz leidliche, an unsere Platantheren erinnernde Gartenpflanzen ab.

Knollen einfach rundlich oder handförmig geteilt, meist eine lockere Rosette von kräftigen Grundblättern und nur wenige, gerundete oder längliche Blätter an dem oft hohem Blütenschafte. Blüten vorwiegend klein, nur wenige Arten grossblumig. Kelchblätter zusammenneigend oder abstehend, Blumenblätter ihnen gleich oder kleiner, ganzrandig oder tief wimperig zerspalten, Lippe meist lang gespornt, ungeteilt oder tief zerschnitten, wagerecht oder hängend. Säulenspitze (Rostellum) kurz oder gross, und dann häutig und kapuzenförmig. Kultur wie von Cypripedilum (s. d.)

Pfitzer giebt folgende Einteilung:

A. **Bonatea W.** Mittellappen der Säulenspitze gross, kapuzenförmig, Sporn schlank; z. B. H. Bonatea Pfitz.

B. **Glossula Ldl.** Mittellappen gross, konkav ausgehöhlt, Sporn kurz, blasenförmig; z. B. H. tentaculata Ldl.

C. **Erostres Ldl.** Mittellappen klein, Fruchtknoten gestielt, Blumenblätter 2—3 spaltig; meist amerikanische Arten z. B. H. fimbriata.

D. **Henidia Ldl.** Wie C., aber die Blumenblätter nicht geteilt, tropische Arten; z. B. H. brachyceras Sprgl.

E. **Rostratae Ldl.** Mittellappen klein, Fruchtknoten nicht gestielt, indische Arten, z. B. H. plantaginea Ldl.

H. alata Hook. Recht unscheinbare Art von St. Vincent, mit halbmeterhohem, angedrückt schmalblättrigem Schafte und einer dichten Ähre weissgelb-grünlicher, kleiner Blüten. Juli, August.

H. albida W. ist *Gymnadenia albida Rich.*

H. bifolia W. ist *Platanthera bifolia Rchb.*

H. Bonatea Pfitz. (*H. speciosa W. Bonatea speciosa W.*) Blütenschaft bis 50 cm hoch mit lockerer Traube wohlriechender, bis 5 cm breiter, weisser Blüten, Kelch- und Blumenblätter eiförmig, Lippe fest, reinweiss, zerschlitzt, Sporn kräftig, aber schlank, grade, bis 2 cm lang. Juni, Juli. Kap der guten Hoffnung.

H. chlorantha W. ist *Platanthera chlorantha Rich.*

H. ciliaris R. Br. (Fig. 89.) Blütenschaft bis 30 cm hoch, Blätter ei-lanzettlich, freudiggrün, Blüten in dichter langer Ähre, hellgelblich bis goldgelb, Lippe lang-gefranst. April, Mai. Nord-Amerika, Californien.

Fig. 89. Habenaria ciliaris.

H. Erdingeri G. Beck ist *Orchis sambucina* × *Coeloglossum viride.*

H. cristata R. Br. ähnelt im Wuchs und Blütenbau H. fimbriata, aber die lockerer stehenden Blüten sind fast einfarbig goldgelb. Juli. Virginien. Carolina.

H. fimbriata R. Br. Schaft 40 cm hoch aus zwei ovalen Grundblättern, 2—3 schmallineare Stengelblätter. Blüten zu 10—20 in kopfig dichter Traube, hellfliederfarben bis purpurrosa, 2—3 cm breit. Kelch- und Blumenblätter eiförmig, letztere wellig gezähnt, Lippe tief geschlitzt und elegant gezähnt, aus schmalem Grunde fast kreisförmig, vorn in zwei breit keilförmige Seitenzipfel und einen fast halbkreisförmigen Mittellappen gespalten. Juli. Südl. Vereinigte Staaten.

H. gigantea Hook. ist *H. Susannae Ldl.*

H. militaris Rchb. f. Blütenschaft aus zwei ovalen Grundblättern, 20 cm hoch, mit 10 cm langer, dichter Traube, 3 cm breiter Blüten, deren eiförmige Kelch- und Blumenblätter grünlichweiss sind, während die Lippe hoch orangerot oder englisch militärrot ist. Juni, Juli. Philippinen. Verlangt viel Wärme. Schön, aber noch unverhältnissmässig teuer.

H. speciosa W. ist *H. Bonatea Pfitz.*

H. Susannae Ldl. (*H. gigantea Hook.*) Blütenschaft aus einer dichten Rosette fester, länglich-eiförmiger Grundblätter, bis 80 cm hoch, beblättert, mit 4—6 halboffenen, bis 8 cm breiten, langgespornten, aussen grünlichweissen, innen reinweissen Blüten, Lippe fest, weiss, tief zerschlitzt, aufrecht; wohlriechend. Mai—Juli. Bombay, Nepal.

Haemaria *Ldl.*

(Physureae 122.)

(Ludisia A. Rich. Myoda Ldl.)

Von Anoectochilus und Goodyera nur durch den Blütenbau verschieden, in den Blättern ganz ähnlich. Blüten in meist einseitwendigen dichten Trauben, unansehnlich klein, mittleres Kelchblatt mit den Blumen-

Fig. 90. Haemaria discolor var. Dawsoniana.

blättern helmbildend, seitliche Kelchblätter abstehend, Lippe wie von Dossinia (s. d.).

Die vier bekannten Arten sind in China, Cochinchina und auf den malayischen Inseln heimisch und verlangen dieselbe Behandlung wie Anoectochilus, sind aber kräftiger und besser wachsend.

H. Dawsoniana Rchb. f. ist *H. discolor Ldl. var.*

H. discolor Ldl. (*Anoectochilus discolor Bl. Goodyera discolor hort.*) (Fig. 91.) Stämmchen bis fast kleinfingerdick, aufsteigend, purpurschimmernd, fleischig, Blätter eiförmig, prächtigdunkelsammtgrün mit reinweissem, scharf abgesetztem Mittelstreifen längs des ganzen Blattes, unterseits purpurn überlaufen. Blütenschaft bis 20 cm hoch mit kleinen weissen, im Grunde der Lippe gelben Blüten. November—Januar. Süd-China.

H. discolor ist wiederholt mit Erfolg mit Anoectochilus-Arten gekreuzt worden, z. B. A. Dominyi ist Haemaria discolor × A. Friederici Augusti. Die Produkte sind stets kräftiger als Anoectochilus.

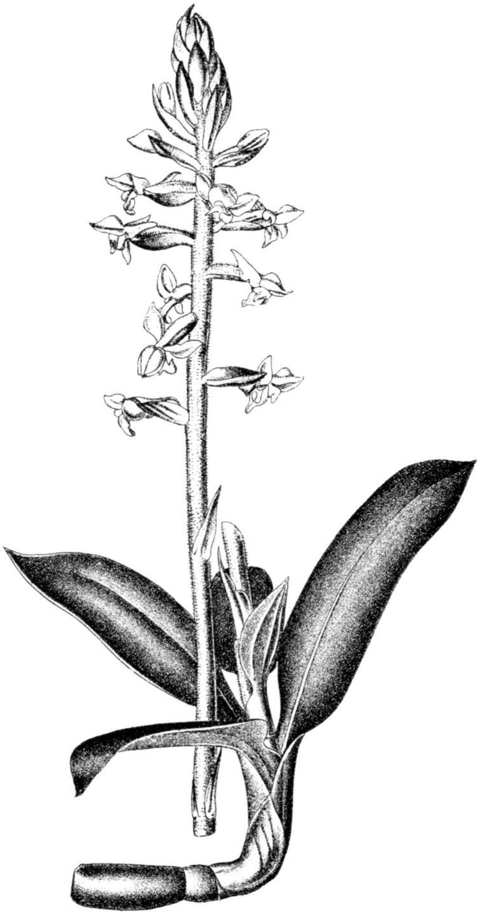

Fig. 91. Haemaria discolor.

— **var. Dawsoniana Rchb. f.** (*Anoectochilus Dawsoniana Bl. Goodyera Dawsoniana R. Br.*) (Fig. 90.) Blätter gross, herzeiförmig, glänzend, ganz dunkel bronzegrün, mit 5—7 schönen rotgoldenen Längsnerven von der Basis bis zur Spitze und zarter goldroter Queraderung. Malayische Inseln.

— **var. Ordiana Will.** (*Anoectochilus Ordianus Will. Goodyera Ordiana hort.*) Blätter lebhaft grün mit goldiger Netzaderung. Malayische Inseln.

H. Otletae Rolfe. ist im Wuchs der H. discolor var. Dawsoniana sehr ähnlich, aber die Blätter sind fast rein dunkel-sammtgrün mit silberglänzenden Längsstreifen und Flecken. Blütenschaft bis 25 cm hoch mit dichter, einseitwendiger Traube bläulichweisser, kleiner Blüten. Oktober, November. Tonkin.

H. Rollissonii Lind. (*Anoectochilus Rollissonii Lind. Goodyera Rollissonii hort.*) Blätter schön dunkel-sammtgrün, Rand, Mittellinie, Nervennetz gelb-grün, auch gelbliche bis orangenrote Schattierungen zwischen den Adern, unterseits purpurbraun. September. Malayische Inseln.

H. rubrovenia Rchb. f. (*Goodyera rubrovenia hort.*) Blätter elliptisch, sammtartig bronzegrün, Mittellinie und die beiden seitlichen Hauptnerven leuchtend kupferrot. Oktober. Malayische Inseln

Haematorchis Bl. ist *Galeola Lour.*

Haplochilus regius Endl. ist *Zeuxine regia Ldl.*

Hartwegia *Ldl.*

(Ponereae 203.)

H. comosa Ldl. (*H. purpurea Ldl.*), die einzige Art der Gattung, hat schlanke, kaum 1 cm dicke, 10—15 cm lange, rundliche, faltige Stämme mit einem einzigem, fast fleischig-festem, ei-elliptischem, bläulichgrünem, weissmarmorirtem Blatte. Blüten klein, 1—2 cm gross, in langgestielter, kurzer, wenigblumiger Traube, Kelch- und Blumenblätter eiförmig, stumpf, zusammengeneigt, mit deutlichem Kinn, tief violett, Lippe rotviolett, am Grunde bauchig, und mit der Säule verwachsen, Lippenplatte aus schmalem Grunde gerundet, zurückgebogen, dann aufsteigend, mit einigen Querleisten im hintern Teil. Juli—September. Mexiko, Centralamerika. Kultur wie Epidendrum. Sehr niedlich für den Liebhaber, aber wenig wertvoll für den Händler.

— **var. picta Ldl.** (*H. picta Ldl. H. gemma hort.*) Schmalblättriger, zuweilen zwei Blätter tragend, zarter und dabei vortretender weiss marmoriert. Blüht reichlicher und leichter als die Hauptart.

Helcia *Ldl.*

(Trichopilieae 338.)

H. sanguinolenta Ldl. Scheinknollen zwischen zahlreichen häutigen Scheiden, gehäuft, glatt, länglich-eiförmig, etwas seitlich abgeplattet, 5—8 cm lang mit einzelnen, in den Stiel zusammengezogenen, ledrigen, lang-elliptischen, welligen, etwa 20 zu 5 cm grossen, gekielten, dunkelgrünen Blättern auf der Spitze, Blüten grundständig, einzeln, langgestielt, nickend, 5—8 cm gross, Kelchblätter schmal-eiförmig, zugespitzt, leicht einwärts gekrümmt, Blumenblätter breit-lanzettlich, Spitzen zurückgebogen, alle grünlichgelb mit purpurbraunen Augenflecken oder Querbinden an den Spitzen, Lippe dreilappig, nur die sehr kleinen Seitenlappen um die kurze

Säule geschlagen, Vorderlappen frei abstehend, gross, aus schmalem, zusammengezogenem Grunde herzförmig breit ausgelegt, mit kurzem Einschnitt vorn in der Mitte und welligen Rändern, weiss mit fächerig verlaufenden, unterbrochenen, blutroten Aderlinien. Juli—September. Ecuador, Anden von Guayaquil. — Gedeiht sehr gut hochgepflanzt im Sphagnum-Körbchen oder Topf oder zwischen Sphagnum am Rindenstück, wenn sie viel Licht und feuchte Wärme hat. Die Ruheperiode nach der Blüte ist lang auszudehnen, aber nicht zu trocken zu halten. Die Pflanze erinnert im Wuchs sehr an Trichopilia.

Helleborine Pers. ist *Serapias L.*

Herminium *L.*

(Gymnadenieae 13)

ist in der einzigen nachstehenden Art in Mitteleuropa und zuweilen in den Gärten vertreten, die drei anderen Arten sind in Osteuropa bez. West-Asien heimisch.

H. Monorchis L. ist eine kleine Erdorchidee der lichten Gebüsche der Bergregion von Mitteleuropa bis Ostsibirien von ganz unscheinbarem Aussehen, aber geradezu verblüffend starkem und dabei angenehmem Duft nach Ameisensäure. Die junge Knolle ist von der alten, kugligen, bräunlichen, durch ein centimeterlanges unterirdisches Stengelstück seitlich abgerückt (daher der Name Monorchis = Einzel-Orchis). Zwei grundständige, lanzettliche, hellgrüne zarte Blätter und ein schuppenförmiges Blatt an dem 10—20 cm hohen Blütenschafte, welcher eine lockere Ähre kaum 0,5 cm grosser, glockenförmiger, gelbgrüner Blütchen trägt. Kelch- und Blumenblätter dreilappig, Mittellappen viel grösser als die seitlichen, Lippe länglich, nicht vorragend, mit kurzer, stumpfer Auszackung am Grunde. Mai, Juni. Gedeiht im kalten Kasten oder auf der Steinpartie unter Decke gut in halbschattiger feuchter Lage und humoser, lockerer Erde. Der köstliche Duft belohnt den Kultivateur für das unscheinbare Äussere der kleinen Pflanze.

H. Monorchis bildet in der Schweiz einen Bastart mit **Gymnadenia albida**.

Heterotaxis Ldl. ist *Maxillaria R. P.*

Himantoglossum *Sprgl.*

(Serapiadeae 11.)

(Loroglossum L. C. Rich.)

H. hircinum Sprgl. (Fig. 92, 93.) Erdknollen ungeteilt, länglichrund, Blütenschaft bis 40 cm hoch, mit nach oben rasch kleiner werdenden länglichen Blättern und einer dichten langen Traube gelblich- oder weisslichgrüner, rot

Fig. 92. Himantoglossum hircinum.

geaderter und innen rot gefleckter, kurzgespornter Blüten, deren etwa 1 cm lange eiförmige Kelch- und Blumenblätter vollständig zusammenschliessen, Lippe lang heraushängend aus schmalem, bandartigem, quergezähntem Grunde dreilappig, Seitenlappen kurz abstehend, spitz, seitlich zurückgebogen, kaum 1 cm lang, Mittellappen bis 6 cm lang, bandförmig, leicht schraubig gedreht, vorn flach dreispitzig. Mai, Juni. Waldwiesen Mitteldeutschlands und an vielen Stellen Südeuropas. — Eine gut wachsende, sehr dekorative und eigenartige Orchidee, deren Kultur sowohl im Topf, in gut drainierter Rasenerde, als auch im freien Lande halbschattig, womöglich in Mauerschutt, zu empfehlen ist. Winterhart oder nur ganz leichte Decke bedürfend.

Hippoglossum Kuhl. et Hass. ist *Cirrhopetalum Ldl.*

Hormidium pygmaeum Ldl. ist *Epidendrum pygmaeum Hook.*

Houlletia *A. Brgn.*

(Gongorinae 265.)

Die fünf im tropischen Amerika, von Brasilien bis Kolumbien, einheimischen Arten sind ausgesprochene Baumbewohner und zwar meist der stärkeren Äste, von welchen ihre grossen interessanten und schönen Blüten herabhängen. Die durchweg kräftigen, gruppenweis gedrängten Scheinknollen tragen je ein festes, immergrünes, grosses, in einen langen Stiel verschmälertes Blatt auf ihrer Spitze. Trauben wenigblumig, unter der Scheinknolle entspringend und aufrecht, Blüten nickend, durch ihre Grösse ausgezeichnet. Kelch- und Blumenblätter sind fast gleich gebildet und spreizen meist weit auseinander. Die Lippe ist mit dem Säulengrunde fest verbunden und hängt abwärts, während die kurze dicke Säule wagerecht steht. Die fleischige Lippe zeigt einen schmalen Steg, der sich

Fig. 93. Himantoglossum hircinum.

zunächst in einen etwas aufwärts gerichteten, länglichen, rund abgestumpften Mittelteil aufrichtet, von welch' letzterem zwei fleischige Hörnchen oder Spiesse nach der Säule zu zurückstreben und sich dann wieder im Halbbogen nach oben und vorn krümmen. An die Unterseite dieses komplizierten Mittelteils heftet sich der etwa fingerhutförmige Vorderteil derart an, dass das geschlossene Ende nach vorn und unten, die Öffnung nach hinten und oben gerichtet ist.

Die Kultur ist höchst einfach. Man pflanzt die Scheinknollen hoch in ein hängendes Sphagnum-Kästchen oder giebt sie mit einer Handvoll Sphagnum auf ein Rindenstück. Während des Triebes viel Wasser, reichlich Dungstoffe, viel Licht und Wärme, während der Blüte kühl und feucht, wodurch die Blüten lange aushalten, nach dem Blühen trockene Ruheperiode ohne Dürre.

H. Brocklehurstiana Ldl. (*Houlletia stapeliaeflora hort. Maxillaria Brocklehurstiana Ldl.*) (Fig. 94.) Scheinknollen kegelförmig, bis 8 cm hoch, gefurcht, Blätter lang-gestielt, breit-lanzettlich, blassgrün. Blüten in aufrechter Traube zu 10—12, nickend, stark duftend, bis 10 cm breit, Kelchblätter länglich, ausgehöhlt, ebenso wie die spatelförmigen Blumenblätter sienabraun mit in regelmässigen Reihen stehenden, purpurbraunen Flecken, Lippe weisslichgelb mit stärkeren purpurbraunen Punkten, Mittelteil aus eiförmigem Grunde dreieckig, die stark gebogenen Hörnchen linear-lanzettlich. Mai—Juli. Brasilien.

— **var. maxima hort.** Blüten bis 15 cm, sonst kein Unterschied.

H. chrysantha Lind. et André. Scheinknollen länglich-eiförmig, 8—10 cm hoch, gefurcht, Blätter ei-lanzettlich, langgestielt. Blüten in kurzer, aufrechter Traube zu 6—8, 5 cm gross, Kelch- und Blumenblätter stumpf verkehrt-eiförmig, kappenförmig, aussen einfarbig sattgelb, innen goldgelb mit braunpurpurnen Flecken, Lippe fast goldgelb mit rötlichem Anfluge und scharlachroten Spritzern. Juni—August. Neu-Granada.

H. Lowii O'Br. ist von H. chrysantha nur durch wachsartig derbe, fast reinweisse Blüten verschieden. Juli, August. Neu-Granada.

H. odoratissima Linden ist gewissermassen eine um ein Drittel kleinere Brocklehurstiana, Blütenstand bis 20 cm hoch, aufrecht, mit einigen 8 cm grossen, nickenden, trüb hellpurpurroten, dunkler geaderten, wie Veilchen duftenden Blüten und weissgelber Lippe, deren fast pfeilförmiges weisses Vorderstück dunkelgelb gezeichnet ist, während die Hörnchen trüb-rot sind. Juni—August. Kolumbia.

— **var. antioquiensis Linden.** Stärker, vielblumiger, Kelch- und Blumenblätter satt blutrot, Lippe weiss, gelblich schattirt.

— **var. xanthina hort.** Blüten trüb gelbbraun-rötlich.

H. picta Linden et Rchb. f. Scheinknollen schmal-eiförmig, gefurcht, Blätter langgestielt, lanzett-elliptisch. Blütenschaft aufrecht, bis 40 cm hoch, Blüten zu 6—10, nickend, über 10 cm gross, Kelchblätter länglich, stumpf, tief zimmtbraun, im Grunde schachbrettartig gelb, Blumenblätter schmäler, Lippe im Mittelstück gelb mit karminroten Flecken, Vorderstück und die Hörnchen blassgelb. Juni—Juli. Neu-Granada von 1300—2000 m.

H. stapeliaeflora hort. ist *H. Brocklehurstiana Ldl.*

H. tigrina Linden. (*Paphinia tigrina Rchb. f.*) Scheinknollen schmal-eiförmig, 5 cm hoch, Blätter breit-lanzettlich. Blüten auf stark federkiel-dickem Schafte zu 3—6, 12—15 cm breit, Kelchblätter strohgelb mit dunkelrosaroten Flecken, Blumenblätter dottergelb mit Karminstreifen,

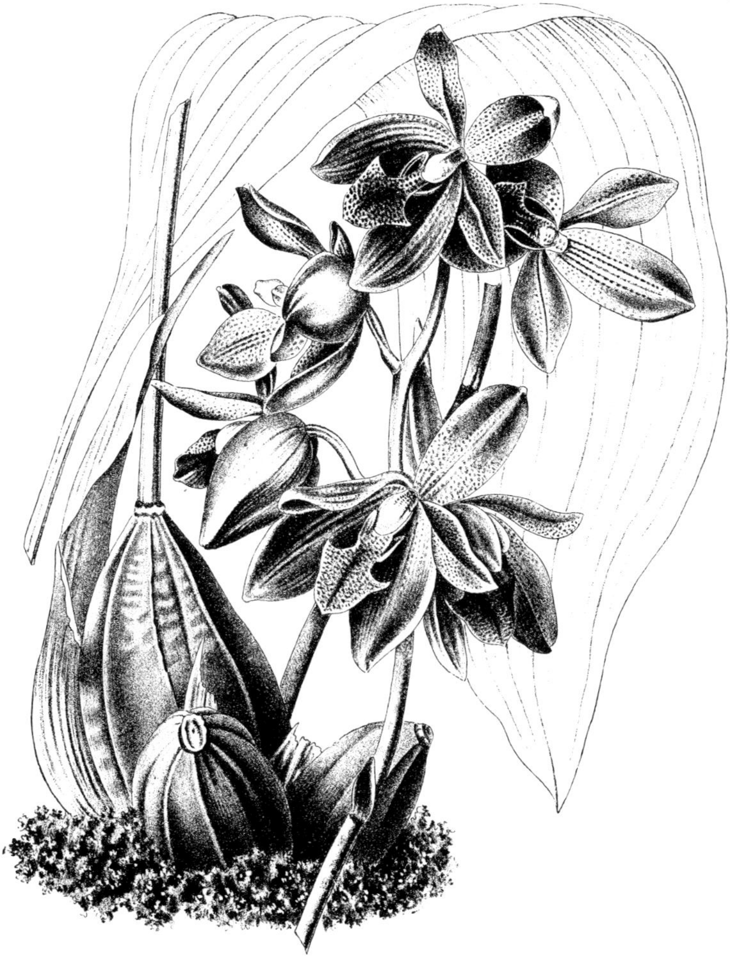

Fig. 94. Houlletia Brocklehurstiana.

Lippe vom Grund aus gelblich, vorn weiss mit scharlachroten Flecken. Juli—September.

H. vittata Ldl. ist *Polycycnis vittata.*

Humboldtia R. P. ist *Pleurothallis R. Br.*

Huntleya *Batem.*

(Huntleyinae 366.)

Beide bekannte Arten sind tropisch-amerikanische Baumbewohner mit kurz aufrechten Stämmen, langen, schmalen, zweizeiligen, vom Scheidenstiel sich lösenden, immergrünen, festen Blättern, aus deren Achseln die einzelnen grossen Blüten langgestielt vortreten. Kelch- und Blumenblätter fast gleich, spreizend ausgebreitet, die seitlichen Kelchblätter bilden ein unscheinbares Kinn, Lippe dem Fuss der vorn nachenartig stumpf-hohlen Säule angegliedert, mit glattem, eiförmigem, ausgehöhltem Vorderlappen und schmälerem Grunde, auf welchem ein querlaufender, fransiger Schwielenbogen sitzt.

Kultur wie Bollea.

H. aromatica Batem. ist *Warscewiczella aromatica Rchb. f.*

H. Burtii Batem. (*Batemannia Burtii Endr. et Rchb. f. Galeottia Burtii Rchb. f.*) Stamm kaum 10 cm hoch. Blätter breit-lanzettlich, dunkelgrün, etwa 25 zu 5 cm. Blüten auf aufrechtem, langem Stiele, 6—8 cm gross, Kelch- und Blumenblätter dreieckig lang ausgezogen, erstere rötlichbraun mit hellgelbbraunen Schachbrettflecken, letztere dazu noch einen dunkelbraunen ausstrahlenden Grundfleck, Grund der auf schmalem Stege vorgeschobenen kellenförmigen Lippe weiss, Vorderteil dunkelbraun mit zwei halbmondförmigen weissen Ohranhängseln mit borstenförmigen, braunen, langen Kammzähnen. Juni—August. Costarica. Zwischen den Blättern treten starke Wurzeln hervor.

— **var. Wallisii Hook.** (*H. Wallisii Batem. Batemannia Wallisii Rchb. f. Galeottia Wallisii Rchb. f.*) Blüten aussen grüngelb, innen grünbraun mit brauner Schachbrettzeichnung, die Kelchblätter aus gelbem, die Blumenblätter aus gelbem rot gestreiftem Grunde, Lippe grün mit braun. Juni—August. Costarica.

— **v. major Rchb. f.** Blüten bis 15 cm gross, dunkler gefärbt und dunkel geadert.

H. candida Batem. ist *Warscewiczella candida Rchb. f.*

H. cerina Batem. ist *Pescatorea cerina Rchb. f.*

H. grandiflora Batem. ist *Galeottia grandiflora Rich.*

H. marginata Batem. ist *Warscewiczella marginata Rchb. f.*

H. Meleagris Ldl. (*Galeottia Meleagris Rich. Batemannia Meleagris Rchb. f.*) (Fig. 95.) Stamm kurz aufrecht, Blätter breit-lanzettlich, etwa 20 zu 4 cm, Blüten an langen aufrechten Stielen hervortretend, 12—15 cm breit, Kelch- und Blumenblätter aus sehr breitem Grunde eiförmig zugespitzt, gekielt, wellig gerandet, aus hellgelbem Grunde purpurbraun mit hellgelben, grossen, runden Punkten, die einen ganz hellen Mittelpunkt zeigen, Lippe den Blättern in der Form ähnlich, aber nur halb so gross, die aufrechten weissen Halbmondanhängsel tragen einen Kamm langer, steifer, gelber Haare. Juni—Juli. Brasilien.

H. radians Hook. ist *Warscewiczella candida Rchb. f. var.*
H. violalea Batem. ist *Bollea violacea Rchb. f.*
H. Wallisii Batem. ist *H. Burtii Batem. var.*
Hymeneria Ldl. ist *Eria Ldl.*
Hypodematium A. Rich. ist *Lissochilus R. Br.*
Jantha pallidiflora Hook. ist *Jonopsis utricularioides Ldl.*
Ibidium Salisb. ist *Spiranthes A. Rich.*

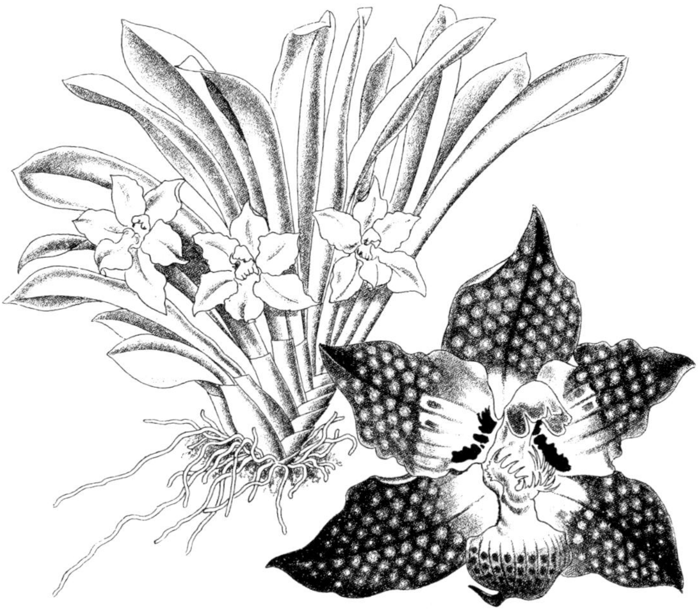

Fig. 95. Huntleya Meleagris.

Jonopsis *Humb. Bonpl. Knth.*

(Jonopsideae 323.)

Baumbewohner des tropischen Amerikas, alle neun bekannten Arten sehr reichblütig, aber relativ selten in Kultur. Auf dem verholzendem, kriechendem Wurzelstock sitzen sehr kleine Scheinknollen zerstreut auf, welche meist keine Blätter tragen, sondern tief zwischen den am Grunde etwas scheidig verbreiterten derben, immergrünen Blättern stehen. Blüten in reichblumigen Trauben oder Rispen, welche aus den Blattachseln entspringen, klein, aber meist zart und schön gefärbt. Das obere Kelchblatt und die beiden Blumenblätter sind gleich geformt, meist auch gleich gefärbt, die beiden seitlichen Kelchblätter sind sackartig miteinander verwachsen, aus ihnen tritt die im Grunde schmale Lippe weit hervor und breitet sich zu einer im Verhältnis sehr grossen und breiten Platte aus, welche im hinteren Teile zwei seitliche Öhrchen und zwei Längswülste trägt. Säule kurz, nicht vortretend.

Kultur an Rinden oder Aststücken mit etwas Sphagnum in feuchter Wärme, 12° R. als niedrigste Temperatur, ohne Trockenperiode, da sie auch nach der Blüte wenigstens mässig feucht hängen wollen. Sie blühen ungemein dankbar, oft mehrmals im Jahre und dann sich buchstäblich zu Tode blühend. In unseren Gärten nur vertreten:

J. paniculata Ldl. Scheinknollen rundlich, haselnussgross, blattlos, zwischen dem scheidenartigen Teile der lang-lanzettlichen, etwa 10 zu 1,5 cm grossen, gekielten Blätter sitzend, welche in lockeren Büscheln zu 3—5 an den einander genäherten Knoten des kriechenden, federhalterdicken Wurzelstockes sitzen. Blüten in langüberhängender, breitästiger, bis 50 cm langer Rispe, bis 3 cm breit, lang gestielt, Kelch- und Blumenblätter eiförmig, zugespitzt, weiss mit hellerem oder dunklerem rosaem Hauche, Lippe reinweiss mit intensiv blutrotem Fleck im Grunde, vorn breit gerandet, herzförmig-zweilappig. Vom September an blühend. Brasilien.

— **var. grandiflora hort.** (*var. maxima hort.*) Kräftiger, Blüten etwas grösser, zuweilen sattrosa, gelblich übertuscht.

J. utricularioides Ldl. (*Jantha pallidiflora Hook.*) Von der vorhergehenden Art durch fast grasartige Blätter und weisse, purpurn gezeichnete Blüten abweichend. Kelch- und Blumenblätter stumpf-eiförmig, am Grunde ausgebaucht, Lippe eiförmig, tief ausgerandet, am Grunde warzig. Oktober, November. Westindien.

Jonorchis abortiva G. Beck. ist *Limodorum abortivum Sw.*

Ipse *Ldl.*

(Phajinae 226.)

(Pachystoma Rchb. f.)

Zwei tropische Erdorchideen von auffälliger Schönheit, welche in der Heimat auf bemoostem Humusboden wachsen und demgemäss im Garten wie Phajus oder Bletia (s. d.) zu behandeln sind.

Der in der Erde sitzende Wurzelstock trägt oberirdisch flache, zwiebelartig von Scheiden bekleidete Scheinknollen mit 1—2 endständigen, grossen, in einen Stiel verschmälerten, gekielten und scharf längsnervigen, immergrünen Blättern. Die Blüten stehen auf den unter der Scheinknolle vortretenden langen Schäften einzeln oder in ganz armblütiger Traube, sind gross, ansehnlich und von fester Beschaffenheit. Kelch- und Blumenblätter fast gleich, spreizend abstehend. Die Lippe bildet am Grunde ein deutliches, grosses Kinn, ist dreilappig, die grossen Seitenlappen sind hoch aufgerichtet, gerundet, vorn quer abgestutzt, lassen aber die kräftige, rundliche, aufwärts strebende Säule frei, der Mittellappen ist entweder in einen langen, schmalen, zurückgebogenen Haken ausgebildet oder breit und dann pantoffelartig eingeschlagen.

I. speciosa Ldl. (*Pachystoma speciosa Rchb. f.*) Scheinknollen fast kugelig, mit kurz-kegelförmiger Spitze, etwa 3 cm gross, Blätter lanzettlich, bis 20 cm lang, Blüten zu 3—5 auf dem blattlosem, nur einige Scheiden tragendem, aufrechtem Schafte, 6—8 cm gross, Kelchblätter

Fig. 96. Ipse Thomsoniana.

länglich-eiförmig, Blumenblätter aus schmalem Grunde schlank verkehrteiförmig, leuchtend orangegelb, die vorn breite, an der Spitze etwas umgeschlagene Lippe ebenso gefärbt mit einigen intensiv roten Linien und kammartigen Schwielen. Juli, August. Ceylon.

I. Thomsoniana Rchb. f. (*Pachystoma Thomsoniana Rchb. f.*) (Fig. 96.) Scheinknollen flach zwiebelförmig, etwa 3 cm breit, mit kurz aufgesetzter Spitze, auf welcher zwei lanzett-elliptische, zugespitzte, am Rande wellige, dunkelgrüne Blätter stehen, Blüten zu 1—3 auf aufrechten, 1—2 grössere Scheiden tragenden Stielen, 10 cm breit, Kelchblätter schmal-eiförmig in eine lange, zurückgebogene Spitze ausgezogen, Blumenblätter lanzettlich, kurz zugespitzt, alle reinweiss, Lippe weiss mit breiten rotpurpurnen, Streifen, die fast quadratischen Seitenlappen muschelförmig mit vorn aufgerichtetem

Zipfel, Mittellappen lang, bandförmig, fleischig, im halben Bogen zurückgekrümmt, vorn stumpf. Oktober—November. Tropisches Westafrika.

Iridorchis gigantea Bl. ist *Cymbidium giganteum Wall.*

Isias triloba De Not., siehe Serapias triloba Viv., ist der Bastart aus Serapias triloba × Orchis laxiflora.

Isochilus linearis R. Br. (*Ponereae 191*) ist ausserhalb der botanischen Gärten kaum in Kultur und auch dort nur selten. Dieser Typus der keine einzige gärtnerisch wertvolle Art umfassenden Gattung, welche fünf im tropischen Amerika einheimische Arten zählt, hat dünne, zarte, rasenartig zusammenstehende Stämmchen mit grasartig schmalen Blättern, etwa 15 cm hohem, dicht mit schmal-langelliptischen, angedrückten, vorn tief ausgerundeten Blättchen besetztem Blütenschaft, der 10—15 glockenförmig geschlossene, kleine, gelbweissliche Blüten zwischen grossen eiförmigen Deckblättern in dichter, einseitwendiger, etwa 5 cm langer Traube trägt. Kelch- und Blumenblätter eiförmig, ebenso der Vorderteil der nicht vortretenden Lippe, deren Nagel im Grunde S-förmig geknickt ist.

Kultur wie von Masdevallia (s. d.)

Kefersteinia *Rchb. f.*

(Huntleyinae 360.)

K. graminea Rchb. f. aus Kolumbien ist die einzige in Kultur befindliche der etwa zehn Arten dieser centralamerikanischen Gattung. Sie ist knollenlos, hat in fast zweizeiligen Büscheln stehende zarte, grasartig schmale, bis 20 cm hohe Blätter und etwa 5 cm grosse, lang aufrecht gestielte, einzelne Blüten, deren weisse Kelch- und Blumenblätter breitlanzettlich, nur halb auseinander spreizend sind. Die seitlichen Kelchblätter bilden mit dem Säulenfusse ein Kinn, die ganz ungeteilte vorn violett-purpurne Lippe ist dem Säulenfusse beweglich angegliedert, der rundliche, abwärts gebogene Vorderteil ist zart gezähnelt, im Grunde steht eine freie, quer gerichtete Schwielenplatte. Mai, Juni. Kultur wie Bollea (s. d.).

Kegelia *Rchb. f.*

(Gongorinae 266.)

K. Houtteana Rchb f., die einzige bekannte Art, hat das Ansehen einer Gongora mit vielblumiger, hängender Traube. Kelch- und Blumenblätter der grossen Blüten sind schmal-lanzettlich, ausgebreitet, die fleischige Lippe besteht aus einem schmalem, stielrundem Mittelteil ohne vortretende Anhängsel und einem dreiteiligem, wagerecht ausgebreitetem Vorderteil, an der Verbindungsstelle beider Lippenteile stehen zwei kurze Längsschwielen. Die ganze Blüte ist wachsartig hellgelblich. Mai, Juni. Surinam.

Kultur wie Gongora (s. d).

Koellensteinia *Rchb. f.*

(Zygopetalinae 270.)

K. Kellneriana Rchb. f. (*K. jonoptera Rchb. f.*) Die einzige Art hat vierkantige, 5 cm hohe Scheinknollen, welche auf der Spitze ein zur Blütezeit noch nicht ausgebildetes breit-lanzettliches, immergrünes, derbes Blatt tragen. Der seitlich unter der Knolle vortretende Blütenstand ist eine aufrechte, bis 50 cm hohe, vielblumige Traube. Blüten etwa 3 cm breit, Kelch- und Blumenblätter abstehend, grünbräunlich, ein sehr schwaches Kinn bildend, Lippe aus kurzem Nagel dreilappig, Seitenlappen kurz, aufrecht, Mittellappen vorgestreckt, breit gerundet, am Grunde eine hinten zweizähnige Schwiele, trübviolett. Juni, Juli. Kolumbien.

Kultur wie Cymbidium (s. d.)

Lacaena *Ldl.*

(Gongorinae 252.)

(Nauenia Kl.)

Von den beiden baumbewohnenden Arten ist nur die nachstehende zuweilen in Kultur. L spectabilis Rchb. f. aus Guatemala mit grösseren, heller gefärbten Blüten fehlt noch. Sie gleichen im Wuchs, Scheinknollen und Blätter der Gattung Acineta und sind auch wie diese zu kultivieren

L. bicolor Ldl. Scheinknollen rundlich-eiförmig, gedrängt stehend, 5 cm hoch, gefurcht, mit zwei endständigen in den Stiel verschmälerten lanzettlichen Blättern. Blüten in lang-hängender, aus dem Grunde der Knollen entspringender, vielblumiger Traube, bis 8 cm gross, Kelch- und Blumenblätter eiförmig, mit den Spitzen zusammenneigend, gelbgrünlich, die seitlichen Kelchblätter an dem kurzen Säulenfuss herablaufend. Lippe nicht vortretend, hellgrünlichgelb mit purpurroter Zeichnung, der Säule mit schmalem nagelartigem Grunde ansitzend, das keilförmige Mittelstück trägt zwei häutige aufrechte Lappen und zwischen diesen eine behaarte Anschwellung, das ungeteilte Vorderstück ist mit stark verschmälertem Grunde dem Mittelteil angegliedert und vorn flach verbreitert. August, September.

Laelia *Ldl.*

(Cattleyeae 207.)

(Amalias Hoffmannsegg. Laeliopsis Ldl.)

Diese gegen 30, meist prachtvoll blühende, Bäume oder bemooste Felsen bewohnende Arten des tropischen Amerika, von Brasilien bis Mexiko, umfassende Gattung ist von Cattleya nur durch das einzige

Merkmal getrennt, dass alle echten Laelien acht Pollenkörperchen besitzen, während die Cattleyen deren nur vier zählen.

Arten von Laelia und Cattleya bilden leicht miteinander Bastarte, was gleichfalls ein Beweis der ausserordentlich nahen Verwandtschaft beider Gattungen ist. Im ganzen Ansehen, Scheinknollen, Blättern, Blüten ist kein durchgreifender Unterschied zwischen den beiden Gattungen und die Kultur der Arten von Laelia ist dieselbe wie von Cattleya (s. d.)

Die Bastarte zwischen Arten von Laelia und Cattleya sind von Rolfe in eine Gattung Laeliocattleya zusammengefasst worden.

Pfitzer unterscheidet fünf Unterabteilungen:

A. **Crispae Pfitz:** Aussehen der Cattleya Mossiae, Lippe glatt, nur schwach dreilappig; z. B. L. crispa Ldl., L. purpurata Ldl.

B. **Violaceae Pfitz:** Scheinknollen eiförmig, Lippe gekielt, schwach dreilappig; z. B. L. peduncularis Ldl

C. **Speciosae Pfitz:** Scheinknollen eiförmig, Lippe deutlich dreilappig; z. B. L. autumnalis Ldl., L. furfuracea Ldl

D. **Lancibracteatae Rchb. f:** Blüten in langen Deckblättern; z. B. L. superbiens Ldl.

E. **Digbya Pfitz.** wie A.: **Crispae,** aber Lippenröhre kurz, Pflanzen graugrün; z. B. L. Digbyana Bnth.

L. acuminata Ldl. ist *L. rubescens Ldl.*

L. alba hort., unter diesem Namen gehen die weissblühenden Formen von L. anceps Ldl. und L. elegans Rchb. f., auch wohl noch andere weisse Sorten.

L. albida Ldl. (*Bletia albida Rchb. f.*) Scheinknollen länglich-eiförmig mit zwei schmal-lanzettlichen, zugespitzten, derben, dunkelgrünen Blättern und aufrechter, 5—8 blumiger Traube. Blüten zart primelduftig (wie Primula chinensis), 10 cm gross, Kelch- und Blumenblätter länglich-elliptisch, leicht gewellt, weiss, Lippe heller oder dunkler rosa mit drei rötlichgelben Hautlinien oder Kämmen längs der Mitte. Dezember bis Januar. Mexiko, bei 2500 m. Braucht nur mässige Wärme, 6—8^{0} Wintertemperatur reicht aus, und blüht recht dankbar. Zahlreiche Farbenvarietäten sind in den Gärten verbreitet:

— **var. bella hort.** Starkwüchsig, Trauben bis 12 blumig, Blüten grösser, elfenbeinweiss mit lila-rosaem Hauch, Lippe gelb mit breitem violettrotem Saum des Mittellappens, Schlund orangegelb.

— **var. Marianae Warner.** (*var. salmonea hort.*) Blätter hellgrün, Blüten fleischfarben mit einem Stich ins Lachsfarbene, Lippe hellledergelb mit rotgelben Streifen.

— **var. rosea hort.** Blüten dunkelrosa, Lippe rotviolett, Schlund orangegelb.

— *var salmonea hort.* ist *var. Marianae hort.*

— **var. sulphurea Rchb. f.** Blüte hell-schwefelgelb, Seitenlappen der Lippe ledergelb, Schlund orange.

— **var. Stobartii Gardn. Chron.** Kelch und Blumenblätter mit rosapurpurnen Tupfen, Vorderlappen sattpurpurn.

— **var. superba hort.** Blüten sehr gross, mit violettem Vorderlappen, Schlund fast weiss, Lippe hellrosa, hell-orangegelb schattiert.

— **var. Tuckeri hort.** Kelch- und Blumenblätter amethyst-purpurn, Vorderlappen tief purpurrot.

L. albida × *anceps* ist *L. Crawshayana Rchb. f.*

L. Amanda Rchb. f. (*Laeliocattleya Amanda Rolfe. Cattleya Rotschildiana Lind.*) Eine in der Heimat entstandene Kreuzung wahrscheinlich aus Cattleya intermedia und Laelia crispa. Scheinknollen schlank spindelförmig, bis 20 cm hoch. Blüten 10—15 cm gross, meist zu zweien auf kräftigem Stiel, hellrosa-fleischfarben, Lippe prächtig dunkelrosa mit markiert purpurroter Aderung. Oktober, November. Brasilien.

L. Amesiana Rchb. f. (*Laeliocattleya Amesiana Rolfe. Cattleya Amesiana hort.*) ist eine von Veitch gezogene Kreuzung aus Laelia crispa (männlich) und Cattleya maxima (weiblich) mit sehr grossen, krauswelligen, rein weissen Blüten und ganz hell purpurroter welliger Lippe.

Fig. 97. Laelia anceps.

L. anceps Ldl. (*Bletia anceps Rchb. f.*) (Fig. 97.) Scheinknollen länglich, zusammengedrückt, fast vierkantig, 10 cm hoch, mit einem oder häufiger zwei länglich-lanzettlichen dunkelgrünen Blättern. Blütenschaft bis 30 cm hoch, zweischneidig, am Grunde ein paar grössere Scheiden. Blüten zu 2—5, 6—10 cm gross, sehr aushaltend, Kelchblätter breitlanzettlich, kurz zugespitzt, flach gekielt, rosa-lila, Blumenblätter gleichfarbig mit dunkleren Linien, eiförmig, Lippe leuchtend tief purpurrot, die breiten, röhrig zusammen und nach rückwärts gelegten Seitenlappen auf gelbem Grunde rot-liniiert, am Rande purpurn, der grosse fast rechteckige, spärlich gewellte, vorn tief herzförmig ausgeschnittene Mittellappen trägt im kurzen orangegelben Schlunde einen dreirückigen gelben Kamm. Dezember, Januar.

Mexiko, Cordillere von Orizaba-Jalappa bei 1—2000 m. Braucht gleichfalls nur mässige Winterwärme. Unzählige Farbenspielarten, deren hauptsächlichste sind:

— **var. alba Rchb. f.** (*var. blanda hort. var. virginalis hort.*) Blüte reinweiss bis auf einen gelblichen Schlundfleck der Lippe.

— **var. Barkeriana Ldl.** Blüten purpurrosa, Lippe kürzer und schmäler als von der Hauptform, violett-purpurn mit orangegelbem Grunde.

— *var. blanda hort.* ist *var. alba Rchb. f.*

— **var. Colberti hort.** ist nur unwesentlich grösser als die Hauptform.

— **var. Dawsoni Anderson.** Blüten sehr fest, gross, Kelch- und Blumenblätter reinweiss, Seitenlappen der Lippe aussen weiss, innen weiss mit leuchtend purpurroter Aderung, Kamm hoch orange, Vorderlappen aus breitem weissem Grunde satt purpurrosa und der wellige Rand breit weiss gesäumt.

— **var. delicata hort.** Blüten zu 6—8, höchstens 8 cm breit, Kelch und Blumenblätter weiss, dunkelrosa gefleckt, Lippe weiss, hell purpurn überhaucht und violett schattiert, Schlund orange-gelb.

— **var. grandiflora Rchb. f.** (*var. Morado hort. var. superba hort.*) Blüten bis 15 cm breit, von sehr festem Bau und intensiver dunkler Färbung wie die Hauptform.

— **var. Hilliana Rchb. f.** Blüte weiss, Lippe gelblich, vorn ganz zart rosa, Schlund orange mit einigen karminroten Punkten.

— *var. Morado hort.* ist *var. grandiflora Rchb. f.*

— **var. oculata hort.** Blüte weisslich-rosa, Lippe purpurn mit weissem Mittelfleck.

— **var. Percivalliana Rchb. f.** Blätter schmal, scharf zugespitzt. Kelch- und Blumenblätter zart rosa, Lippe quergestutzt, Seitenlappen sehr schön gelbpurpurn, die hinteren zwei Drittel des Vorderlappens weiss, das vordere dunkel-magentaroth d. h. satt violett-purpurn, Schlundscheibe orange mit schwefelgelben Kämmen und einigen dicken dunkelpurpurnen Adernerven.

— **var. rosea Rchb. f.** Blüten hellrosa, Lippe gross, prächtig rosa-magenta, Schlund hellgelb ohne dunkle Mittellinie.

— **var. Sanderiana hort.** Blüten reinweiss, Lippe an den Rändern der Seitenlappen und Vorderlappen hoch purpurrot, purpur-geadert, Schlund orange mit purpurnen Adern.

— **var. Schroederiana hort.** Blüten sehr gross und fest, beinahe reinweiss.

— **var. stella hort.** Blüten reinweiss, selbst der Schlund nur noch gelblich weiss.

var. superba hort. ist *var. grandiflora Rchb. f.*

— **var. Veitchiana Rchb. f.** Bau der var. Percivalliana, aber Blüten weiss mit lilaem Hauch, Lippe weiss, vorn und an den Spitzen der Seitenlappen violett-purpurn. Schlund gelb mit braunroten Streifen und gelben Säumen.

— **var. vestalis Rchb. f.** Blüten gross, reinweiss, bis auf den hellgelben Scheibenfleck und einige wenige purpurne Linien im Schlunde. Lippe vorn tief ausgerandet.

var. virginalis hort. ist *var. alba Rchb. f.*

— **var. Williamsiana Sander.** Blüten reinweiss, fest und elegant gebaut, Lippe weiss mit gelber Scheibe und gelbem Schlund mit scharf abgesetzten karminroten Linien.

L. anceps bildet in der Heimat Bastarte, von denen der mit **L. autumnalis L. Gouldiana** benannt ist. Im Garten gelingen Kreuzungen von **L. anceps** mit andern Arten leicht.

L. Arnoldiana h. Sand. ist *Laeliocattleya Arnoldiana Rolfe.*

L. Arnoldiana Rchb. f. siehe *L. Gouldiana Rchb. f.*

L. atrorubens Backh. ist *L. autumnalis Ldl. var.*

L. aurantiaca Ldl. Scheinknollen ganz schlank spindelförmig mit einem schmal-lanzettlichem, zugespitztem Blatte. Blütenschaft bis 30 cm hoch, mit 6—8 hochorangeroten, 5 cm breiten Blüten, deren Lippe etwas dunkler, gelblich-zinnoberrot und gleich den andern Blumenblättern wellig-kraus gerandet ist. September, Oktober. Brasilien.

L. autumnalis Ldl. (*Bletia autumnalis Rchb. f.*) Scheinknollen rundlich-eiförmig, gefurcht, 3 cm hoch, mit 2—3 linear-lanzettlichen, nur wenig am eingerollten Grunde verschmälerten, vorn stumpfen, gekielten, aufrechten Blättern von etwa 10 cm Länge. Blütenschaft bis 25 cm hoch, stielrund, 3—6 blumig, aus häutigen Deckblättern neben der Knolle sich erhebend, starkduftend, Blüten 5—8 cm gross. Kelchblätter abstehend, lanzettlich, zugespitzt, rosenrot, Blumenblätter etwas heller, dunkel geadert, eiförmig, gewellt und zurückgeschlagen, Lippe auf weissem Grunde reich purpurrot gestreift und geadert, Seitenlappen aufrecht, gerundet, abgestutzt, Mittellappen vorgezogen, tief zweispaltig-herzförmig, Spitzen zurückgeschlagen. November — Januar. Mexico, in hohen Lagen.

— **var. atrorubens Backh.** In allen Teilen grösser. Blüten satt karmin-purpurn, Lippe tief purpurrot mit schneeweissen Seitenlappen, durch welchen Gegensatz die Blüte höchst elegant aussieht.

— **var. rosea hort.** Blüte fast einfarbig zartrosa.

— **var. venusta hort.** Blüten hellrosa-purpurn, Lippe dunkel violett-purpurn.

— **var. xanthotropis Rchb. f.** Blüten dunkelrosa, Lippe purpurrot mit trübgelbem Grunde und aus gelb purpurnen Seitenlappen.

L. Batemanniana Rchb. f. ist *Sophrocattleya Batemanniana Rolfe.*

L. Behrensiana hort. ist *Laeliocattleya Behrensiana Rolfe.*

— **L. bella Rchb. f.** (*Laeliocattleya bella Rolfe. Cattleya bella hort.*) ist eine von Veitch gezogene Kreuzung aus L a e l i a p u r p u r a t a und C a t t l e y a l a b i a t a, welche das Ansehen einer C a t t l e y a hat. Blüten gross, Kelch- und Blumenblätter hell fliederfarben, Lippe aus hellerem Grunde dunkel purpurrot, im Eingang zur Lippenröhre zwei längliche gelbweisse Partien und davor zwei gelb-weisse Flecken. Januar, Februar.

L. Boothiana Rchb. f. ist *L. lobata Ldl.*

L. Brysiana Lem. ist *L. purpurata Ldl. var.*

L. Brymeriana hort. ist *Cattleya Brymeriana Rchb. f.*

L. callistoglossa Rchb. f. (*Laeliocattleya callistoglossa Rolfe*) ist von Mr. Seden aus Laelia purpurata und Cattleya gigas gekreuzt worden. Blüten von der Form der L. purpurata, prächtig rosa, Lippe karmin-violettpurpurn mit ledergelber Schattierung gegen den orangegelben, bräunlichpurpurn geaderten Schlund.

L. caloglossa Rchb. f. (*Laeliocattleya caloglossa Rolfe*) ist von Dominy gezogen aus Cattleya labiata und Laelia crispa oder lobata. Blüten hellrosa purpurn bis auf den tiefpurpurnen Vorderlappen der Lippe, welcher weiss gesäumt ist und zwei schwefelgelbe Scheibenflecken trägt.

L. Canhammiana Rchb. f. (*Laeliocattleyn Canhammiana Rolfe*), von Veitch aus L. purpurata und Cattleya Mossiae gezüchtet, gleicht einer grossblumigen L. purpurata, Blumenblätter hellrosa, Lippe vorn sammtig purpurn, schmal weiss gesäumt, Schlund orangegelb mit braunen Streifen.

L. caulescens Hook. ist *L. flava Ldl.*

L. cinnabarina Batem. (*Bletia cinnabarina Rchb. f*). Scheinknollen fast cylindrisch-spindelförmig, bis 10 cm hoch, mit häutigen Scheiden bekleidet, an der Spitze 1—2 länglich-lanzettförmige, etwa 15 zu 3 cm messende, zurückgebogene Blätter. Blüten zu 4—6 in lockerer Endtraube auf dem 20 cm hohem, aufrechtem, endständigem Schafte, 5—6 cm gross, hochorangerot bis zinnoberrot, Kelch- und Blumenblätter lanzettlich, Lippe kürzer als diese, mit wellig-krauser Platte. Februar—Mai. Brasilien.

— **var. crispilabia A. Rich.** (*L. Lawrenceana hort.*) Scheinknollen lang und schmal-birnförmig, einblättrig, Blüten lilapurpurn, Lippe fast bläulich aus weisser Mitte, mit drei gekörnelten Schwielenlinien im Schlundeingange. Brasilien.

L. cinnabarina × Cattleya labiata v. Mossiae ist *Laeliocattleya Hippolyta Veitch.*

L. Crawshayana Rchb. f. ist wahrscheinlich ein in der Heimat entstandener Bastart von L. anceps und L. albida, vom Wuchs der ersteren Art. Kelch- und Blumenblätter schmal, schön dunkel blaupurpurn, Lippe im Schlunde weiss mit karminpurpurnen Streifen, auf weisser Scheibe drei gelbe Kämme, Vorderteil tief purpurrosa. Januar. Mexiko.

L. crispa Rchb. f. (*Cattleya crispa Ldl. Bletia crispa Rchb. f.*) Scheinknollen lang-cylindrisch, fast gestielt, bis 30 cm hoch, kantig, einblättrig, Blätter ledrig, länglich-elliptisch, vorn ausgerandet. Blütenschaft endständig, aus dem Blattwinkel, 4—7 blumig, Blüten oft über 10 cm breit, zart, Kelchblätter und die welligen Blumenblätter breit-lanzettlich, mit zurückgeschlagenen Rändern, reinweiss oder rosa angehaucht, Lippe sehr gross, glatt, undeutlich dreilappig, weiss mit grossem karminpurpurnem Fleck auf dem wellig-krausgerundetem, spitz ausgezogenem Vorderteil. Juli, August. Brasilien, in der Bergregion von Rio Janeiro und Minas Geraes.

— **var. Buchananiana Will. et Moor.** *(var. grandiflora hort.)* Blüten sehr gross, Lippe breit und ganz flach, auch am Rande nicht wellig, reich purpur-karminrot.

— **var. delicatissima Will.** Blüten ganz reinweiss bis auf einige kaum bemerkbare hellrosae Schimmer der Lippe.

— *var. grandiflora hort.* ist *var. Buchananiana W. et M.*

— **var. purpurea Will.** Blüten sehr gross, weiss mit rosaem Hauch, Lippe breit, stumpf, mit tief purpurroten Flecken, welche nach den Rändern hin ausstrahlen.

— **var. reflexa hort.** (*Cattleya reflexa Parm.*) Kelch- und Blumenblätter zurückgeschlagen, dunkelrosa, mit fast gleichfarbiger Lippe.

— **var. superba hort.** Blüten sehr gross, reinweiss, Lippe karminrot mit kraus-zerfranstem Rande.

L. crispa × *Cattleya labiata v. Dowiana* ist *Laeliocattleya Pallas Veitch.*

L. crispa × *Cattleya labiata v. Warscewiczii* ist *Laeliocattleya Nysa Veitch.*

L. crispa × *Cattleya Loddigesii* ist *Laeliocattleya Treseaeriana Rolfe.*

L. Dayana Rchb. f. ist *L. pumila Rchb. f. var.*

L. Dellense Rchb. f. (nach Baron Schröders Schloss The Dell, woselbst der Bastart gezüchtet wurde) ist L. purpurata × elegans und gleicht einer sehr grossblütigen, feurig gefärbten purpurata.

L. Digbyana Bnthm. et Hook. (*Brassavola Digbyana Ldl. Bletia Digbyana Rchb. f. Cattleya Digbyana Ldl.*) Stämme schlank keulig, flachgedrückt, 10 cm hoch, im Alter mit weissstreifigen Hautscheiden besetzt. Blätter einzeln, linear bis länglich-elliptisch, steif-fleischig, graugrün, bis 18 cm lang. Blüten einzeln auf hohem Schaft aus flacher Scheide, wohlriechend, 10 cm breit, Kelch- und Blumenblätter länglich zungenförmig, spreizend, hell grünlichgelb, Blumenblätter zuweilen weissrosa gesäumt, Lippe herzförmig, am Grunde um die Säule gerollt, vorn ausgerandet und breitrandig gefranst, krêmeweiss, auf der Scheibe eine grosse grüne, gefurchte Warze. Juni—August. Honduras. Eine prächtige Brassavola, aber eine unbedeutende Erscheinung unter den farbenprächtigen Laelien.

L. Digbyana × *Cattleya labiata var. Mossiae* ist *Laeliocattleya Digbyana Veitch.*

L. delicata O'Brien gehört zu **L. purpurata var. Schroederi.**

L. domingensis Rchb. f. *(Laeliopsis domingensis Ldl. Cattleya domingensis Lem. Broughtonia lilacina R. Br. Broughtonia violacea R. Br. Bletia domingensis Rchb. f.)* Scheinknollen länglich-eiförmig, 5 cm hoch, mit zwei länglichen, stumpfen, dicken, etwa 8 cm langen Blättern. Blüten auf schlankem, 20 cm hohem Schaft zu 6—10 in lockerer Traube, 5 cm gross, Kelchblätter lanzettlich, Blumenblätter länger, breit-lanzettlich, alle rosafliederfarben, Lippe im hellen Grunde behaarte Adern tragend, deren mittlere braungelb, die anderen purpurrötlich sind, vorn violettrot mit hübsch kraus zerfranstem Rande. Mai, Juni. St. Domingo.

L. Dominyana Rchb. f. (*Laeliocattleya Dominyana Rolfe*) ist ein vom Obergärtner Dominy in Veitch's Garten gezogener Bastart aus Cattleya Dowiana und Laelia elegans. Die kurz spindelförmigen einblättrigen Scheinknollen erinnern an Cattleya, die Blüten mehr an Laelia. Blüten gross, Kelch- und Blumenblätter feurig rosapurpurn mit dunklerer Aderung, Lippe tief blutrot, besonders an den Rändern prachtvoll, im Schlunde goldgelb geadert. August, September.

L. Dominyana Rchb. var. rosea Veitch ist im Garten gezüchtet aus Cattleya exoniensis Rchb. f. (= Cattleya Mossiae × Laelia purpurata) und Cattleya Dowiana, also eigentlich ein Tripel-Bastart, der nur wenig von Laelia in sich hat. Blüten 5—6 cm gross, hellrosa-fliederfarben, Lippe purpurrot mit krausem Rande.

L. Dormanniana Rchb. f. ist wahrscheinlich eine im Vaterlande entstandene Kreuzung von Cattleya bicolor und Laelia pumila mit dünnen schlanken, gerieften Stämmen und 1—2 aus keilförmigem Grunde länglichen Blättern. Blüten zu 5—6 auf schlankem Schafte, 6—8 cm gross, Kelch- und Blumenblätter breit-lanzettlich, olivengrün, aussen weinpurpurn überlaufen, innen tragen das obere Kelch- und die Blumenblätter dunkel weinpurpurne Punkte längs des Randes, Lippe voll karmin-purpurn, die Seitenlappen rosapurpurn mit dunklen Adern.

L. elegans Rchb. f. (*Cattleya elegans Morr. Bletia elegans Rchb. f.*) (Fig. 98.) Scheinknollen schlank langkeulig, bis 30 cm hoch, mit zwei linear-länglichen, dicken Blättern und 20 cm langem Blütenschaft. Blüten zu 2—8, duftend, oft über 10 cm gross, Kelchblätter lanzettlich, Blumenblätter breit-lanzettlich, alle hellrosa, Lippe mit länglichen, stumpfen, blassrosaen mit einem karminroten Spitzenfleck, die Säule umhüllenden Seitenlappen, breiter als lang, wellig ausgerandet, prächtig rosa-purpurrot. Mai—Juli. Brasilien, Provinz St. Catharina.

— **var. alba Will.** (*L. alba hort.*) Kelch- und Blumenblätter breit, reinweiss, Lippe karminpurpurn, gegen die Spitze violett-purpurn.

— **var. Bluntii Low.** Kelch- und Blumenblätter rosa-magenta, Lippe lang ausgezogen, rein karminmagenta aus weissem Grunde, welcher zwei dunkelrosae Flecken trägt.

— *var. Brysiana hort.* ist *L. purpurata Ldl. var.*

— **var. gigantea Warner.** (*L. grandiflora Ldl. L. gigantea Warn.*) Blätter sehr lang. Blüten über 15 cm gross, zu 4—5, Kelch- und Blumenblätter zart fliederfarben mit rosa-purpurnen, verlaufenden Flecken, Seitenlappen der Lippe violett-rosa, Mittellappen gesättigt magentarot, Schlund weiss.

— *var. grandiflora Ldl.* ist *var. gigantea Warn.*

— **var. irrorata Rchb. f.** Blüten weiss, rosa schattiert, Seitenlappen der Lippe weiss mit rosaem Hauch, an den Enden zart dunkelrosa, Mittellappen karminpurpurn.

— **var. Leeana Will.** Scheinknollen dicker, keulig, Blüten bis 15 cm gross, hellrosa mit rosamagentafarbenen Rändern, Lippe sehr gross, an den

Seiten gestutzt, aus weissem magentarot gestreiftem Grunde vorn prachtvoll rosamagenta.

Fig. 98. Laelia elegans.

— *var. Measuresiana hort.* ist *L. Measuresiana Will.*, eine Kreuzung von L. elegans mit irgend einer andern Laelia.

— **var. prasiata Rchb. f.** (*L. virens hort.*) Blüten gross, trüb-magentarosa auf grünem Grunde, Vorderteil der Lippe karminviolett mit dunklern Adern, Seitenlappen reinweiss. September—Oktober. Sehr schöne, auffällige Form.

— **var. Schilleriana Rchb. f.** Sehr kräftiger Wuchs, Blüten gross, Kelch- und Blumenblätter fast gleichgross, länglich-lanzettlich, weiss, Seitenlappen stumpf, Mittellappen fein gezähnelt, Schlund gelb mit fächerig strahlenden purpurroten Adern, vorn schwefelgelb mit einem hufeisenförmigem, karminpurpurnem Fleck, Vorderlappen violettrot.

— **var. Scottiana Rchb. f.** (*L. irrorata Rchb. f. v. Scottiana Rchb. f.*) Kelch- und Blumenblätter sehr schmal, zugespitzt, leuchtend rosa, Lippe dreilappig. Schlund weiss, Mittellappen leuchtend karmin-magenta.

— **var. Statteriana Rchb. f.** Keleh- und Blumenblätter reinweiss, Lippe sehr gross, schimmernd karminrot.

— **var Stelzneriana Rchb. f.** Zartwüchsig, Blüten kaum 10 cm gross, Kelch- und die viel breiteren Blumenblätter reinweiss, Seitenlappen der Lippe sehr kurz, rötlich-weiss, Schlund gelblich-weiss, Vorderlappen bis an die Spitzen der Seitenlappen karmin-purpurn.

— **var. Turneri Warner.** Starkwüchsig, Stämme schlank, Blüten sehr gross, 12—15 cm, dunkel-purpurrosa, noch dunkler zart geadert, Vorderlappen der Lippe rundlich-spatelförmig, flach, nicht warzig, leuchtend violettpurpurn, Seitenlappen weiss mit rosaen Tupfen.

— **var. Warneri Will.** Blüten bis 15 cm, weiss, rosa behaucht, Schlund gelblichpurpurn, Lippe reich karminrot. Juni, Juli.

— **var. Wolstenholmiae Rchb. f.** (*L. intricata hort.*) Blüten über 15 cm gross, Kelchblätter weiss, an den Enden hellpurpurrosa, Blumenblätter schon von der Mitte an hellpurpurrosa gesäumt, Lippe aus weissem Grunde mit halbmondförmigem Purpurfleck im Eingange vorn rosa-purpurn. Juli—September.

L. elegans × *Cattleya guttata* oder *C. Loddigesii* ist *Laeliocattleya Nilsoni Sander.*

L. elegans × *purpurata* ist *L. Dellense* oder *L. Horniana Rchb. f.*

L. elegans var. Schilleriana × *Cattleya intermedia* ist *Laeliocattleya Behrensiana Rolfe.*

L. elegans var. Turneri × *Cattleya Loddigesii* ist *Laeliocattleva Zenobia Veitch.*

L. erubescens hort. ist *L. rubescens Ldl.*

L. euspatha Rchb. f. ist eine in der Heimat entstandene Kreuzung von Laelia purpurata mit Cattleya intermedia mit weissen, zart rosa getuschten Blüten, Seitenlappen der Lippe aussen weisslich, die Fläche zwischen ihnen gelb mit 5—7 rotpurpurnen Längslinien, Vorderlappen tief purpurn mit hellem Rande, welcher wiederum dunkler gestreift und gezont ist. Brasilien.

L. exoniensis hort. ist *Cattleya exoniensis Rchb. f.*

L. felix Rchb. f. (*Cattleya felix Rchb. f.*) ist von Dominy, wahrscheinlich aus L. crispa × Cattleya Schilleriana, gezüchtet. Meist zweiblumig, Blüten 10—12 cm gross, hellrosa-bräunlich, Blumenblätter breiter und feuriger gefärbt, Seitenlappen der Lippe aussen elfenbeinweiss. Mittellappen purpurn mit kastanienbraunem Adernetz, weiss gesäumt, Scheibe gelb, purpurn gestrichelt.

L. Gottoiana Rchb. f. (*L. grandis × purpurata*) wurde in Brasilien zwischen den Eltern wachsend gefunden. Es ist eine prächtige Pflanze mit gleichmässig rosa-lilaen, grossen Blüten, deren Lippen die Form der L. purpurata zeigen, aber zart dunkel gestreift sind.

L. flammea Rchb. f. ist eine Seden'sche Züchtung aus L. cinnabarina und L. Pilcheriana, also ein dreifacher Bastart. Scheinknollen schlank-cylindrisch, einblättrig, Blüten zu 3—4, 8 cm breit, feurig zimmt-orangerot, Lippe mit gelben, über die Säule geschlagenen Seitenlappen und abgerundetem, krausem, gezähntem, karminrotem Vorderlappen. März bis April.

L. flava Ldl. (*L. caulescens Hook. Bletia flava Rchb. f.*) Scheinknollen kurz-eiförmig, 3 cm hoch mit 1—2 flachen, ledrigen, länglich-zugespitzten Blättern. Blütenschaft aufrecht, 15—20 cm hoch, mit einer fast cylindrischen Endtraube von 8—10 Blüten, welche kaum 5 cm gross sind, Kelch- und Blumenblätter linear-länglich, stumpf, buttergelb, Lippe gelb mit karminroten Adern, länglich, zurückgekrümmt, Seitenlappen flach, aufrecht, Mittellappen kurz, kraus, auf der Scheibe vier auseinanderstrahlende Schwielen. Mai, Juni. Brasilien, Minas-Geraes.

L. furfuracea Ldl. (*Bletia furfuracea Rchb. f.*) hat den Wuchs von L. autumnalis, aber die Scheinknollen sind eiförmig, gefurcht, die 1—2 Blätter hellgrün, schmal-länglich, zugespitzt. Blüten zu 2—6 auf 20 cm hohem, aufrechtem Schafte, wohlriechend, 10 cm gross, Kelchblätter lanzettlich, lang zugespitzt, Blumenblätter fast rautenförmig, wellig, alle tief rosa, Lippe dreilappig, Seitenlappen aufrecht, gestutzt, gerundet, der Vorderlappen tief zweispaltig, aus weissem Grunde dunkelrosa, vorn zurückgeschlagen. August—Oktober. Mexiko, bis zu 2700 m, also kühl zu behandeln.

L. gigantea Warner ist *L. elegans Rchb. f. var.*

L. glauca Bnthm. et Hook. (*Brassavola glauca Ldl. Bletia glauca Rchb. f.*) Stämme auf dem verholzten Wurzelstock etwa 3 cm auseinander, spindelförmig, 10 cm hoch, flachgedrückt. Blätter einzeln, länglich, 2 zu 12 cm etwa, ledrig, graugrün. Blüten einzeln auf mit den Blättern gleichhohem, aus flacher brauner Scheide aufsteigendem Schaft, 10 cm breit, stark wohlriechend, besonders abends, Kelch- und Blumenblätter stumpflanzettlich, hellolivengrün, Lippe spitz-herzförmig, im Grunde eingerollt, Rand gelappt, weiss, zuweilen mit einem kleinem Purpurfleck vor der Röhre. Säule kurz. Februar, März. Mexiko. Kühl zu behandeln.

L. grandiflora Ldl. ist *L. elegans Rchb. f. var. gigantea Warner.*

L. Gouldiana Rchb. f. ist eine in der Heimat entstandene Kreuzung aus L. autumnalis und Laelia anceps mit grossen reinkarmoisin-

Fig. 99. Laelia grandis.

violetten Blüten, und dieselben Eltern hat auch L. Arnoldiana Rchb. f., wenn man nicht annehmen will, dass L. Arnoldiana die Rückkreuzung von L. Gouldiana mit L. autumnalis ist, von welch' letzterer Art sie nur durch hellere Blüten und die zurückgebogenen Seitenlappen der Lippe abweicht. Bekanntlich entstehen fast bei jeder Kreuzung zweier Arten nicht nur Formen, welche genau die Mitte zwischen beiden Eltern halten, — das ist mit L. Gouldiana der Fall — sondern einer oder der anderen Eltern-

Fig. 99a. Laelia grandis.

Art näher stehen — L. Arnoldiana steht der L. autumnalis viel näher als der L. anceps, — zuweilen auch Formen, welche Merkmale besitzen, besonders Färbungen, welche keine der Elternarten zeigen. Diese letztere Erscheinung, gewissermassen eine Erschütterung der Arten-Charaktere, giebt dem Gärtner die Möglichkeit, wirklich neue Formen aus altem Material zu züchten, ein Versuch, der freilich oft missglückt, andererseits aber auch schon zahlreiche prachtvolle Neuheiten geschaffen hat. Die Zwischenformen kann der Züchter berechnen, die durch die Erschütterung der Artenmerkmale entstehenden neuen Formen und Farben sind stets ein glücklicher Zufall.

L. grandis Ldl. (*Bletia grandis Rchb. f.*) (Fig. 99.) Scheinknolle bis 25 cm lang, schlank-keulig, ein einzelnes, ledriges, steifes, längliches, zugespitztes, dunkelgrünes Blatt tragend. Blüten zu 2—5 auf kräftigem Schaft, über 10 cm gross, nanking-gelb, Kelch-

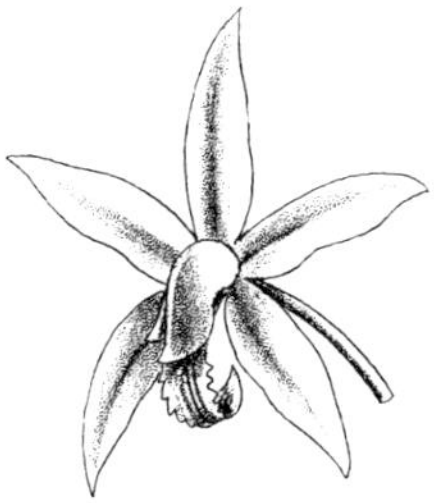

Fig. 100. Laelia harpophylla.

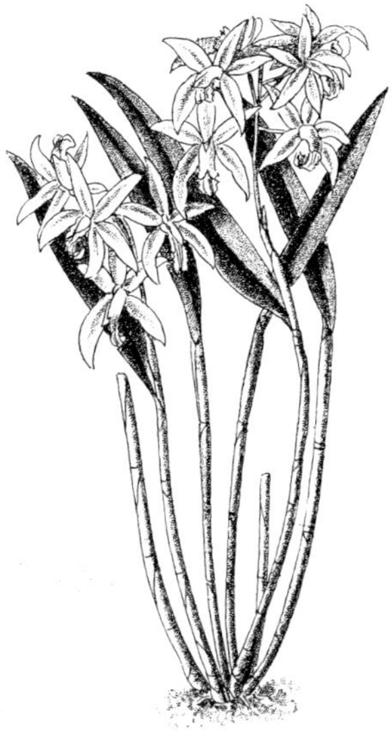

Fig. 100a. Laelia harpophylla.

blätter breit-lanzettlich, zurückgeschlagen, Blumenblätter wellig-kraus, Lippe aus weissem Grunde gelblich, durchweg stark violettrosa geadert, Vorderlappen stark wellig-kraus, Seitenlappen aufrecht, zurückgerollt. Mai, Juni. Brasilien, Prov. Bahia.

L. grandis × *purpurata* ist *L. Gottoiana Rchb. f.*

L. harpophylla Rchb. f. (Fig. 100.) Schlanke, stielrunde, über 20 cm hohe, mit Scheiden bekleidete Stämme, welche an der Spitze ein einzelnes, gekieltes, lanzettliches, spitzes, dunkelgrünes Blatt tragen. Schaft aus grossen, grundständigen Scheiden aus dem Blattwinkel, 10—15 cm hoch, Blüten zu 5—8, 5 cm gross, Kelch- und Blumenblätter lanzettlich, leuchtend orange-zinnoberrot, ebenso die dreilappige, weissgerandete Lippe. Februar—März. Brasilien.

L. intricata hort. ist *L. elegans Rchb. f. var. Wolstenholmiae Rchb. f.*

L. Hippolyta hort. ist *Laeliocattleya Hippolyta Veitch.*

L. Horniana Rchb. f. (*L. elegans* × *purpurata*), von Obergärtner Horn im Rothschild'schen Garten in Wien gezüchtet, gleicht in der Tracht einer kräftigen L. elegans. Die Blüten sind sehr gross, weiss mit rosaem Hauch, Lippe purpurn, rosa gesäumt.

L. hybrida Arnoldiana h. Sand ist *Laëliocattleya Arnoldiana Rolfe.*

L. hybrida hort. ist ein Sammelname, dessen einzelne Formen meist zu Laeliocattleya gehören.

L. Jongheana Rchb. f. (Fig. 101.) Scheinknollen länglich-eiförmig, zusammengedrückt, glänzend glatt, 5 cm hoch, mit zwei länglich-riemenförmigen, vorn stumpfen oder flach ausgerandeten, glänzend-dunkelgrünen Blättern. Schaft kurz, zweiblumig, Blüten 10—12 cm gross, Kelchblätter zugespitzt, linear-lanzettlich, Blumenblätter länglich-elliptisch, stumpf, alle leuchtend violett-purpurn, Lippe kurz und schmal, mit kurzen, umgerollten Seitenlappen, aus gelbem Schlund bis zur Platte gelb, auf dieser sieben hohe, wellige, hoch orangegelbe Wülste, Vorderlappen weisslich mit breitem, prächtig krausgezähneltem, fast amethystblauem Rande. März, April. Brasilien.

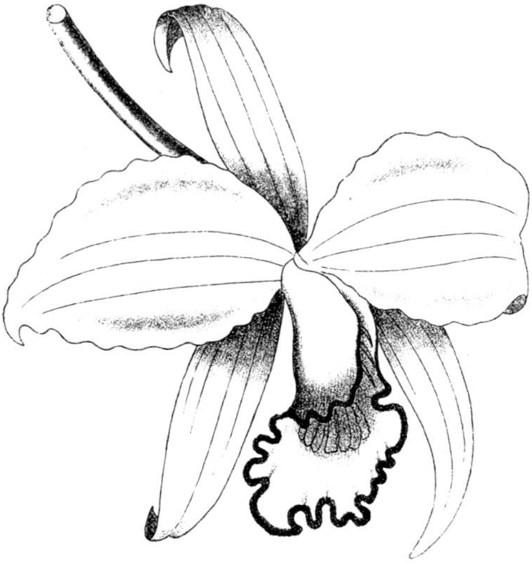

Fig. 101. Laelia Jongheana.

L. irrorata Rchb. f. ist *L. elegans Rchb. f. var. irrorata Rchb. f* oder *L. Perrinii Ldl. var. irrorata.*

L. irrorata Rchb. f. var. Scottiana Rchb. f ist *L. elegans Rchb. f. var. Scottiana Rchb. f.*

L. Leeana Rchb. f. ist eine in der Heimat entstandene Kreuzung, wahrscheinlich von Laelia elegans und L. pumila mit langen Scheinknollen und langen, schmalen Blättern. Blüten 6—8 cm breit, zu 2—4 auf kurzem Schaft, Kelch- und Blumenblätter rosa-violettrot, Seitenlappen der grossen Lippe hellrosa mit zwei violett-karminroten Flecken an den Spitzen, Vorderlappen prächtig karmin-violett. Brasilien.

L. lilacina hort. ist ein Sammelname für verchiedene grossblumige, fliederfarbene, unwesentliche Formen von L. elegans.

L. lilacina h. Philbrick. ist die in der Heimat entstandene Kreuzung aus L. crispa × Perrinii, denselben Arten, aus welchen Dominy im Garten L. Pilcheri erzog, doch hat der natürliche Bastart eine anders gefärbte Lippe als der künstliche. Blüten zu 2—5, helllila, Seitenlappen der Lippe aussen weiss, innen purpurn liniiert, Vorderlappen weiss mit einem streifenweiss heller werdendem Purpurfleck auf der Scheibe.

L. Lindleyana Hook. (*Cattleya Lindleyana Rchb. f. Bletia Lindleyana Rchb f.*) Stämme schlank, rundlich, bis 20 cm hoch, mit weisslichen häutigen Scheiden und 1—2 dicken, schmal linear-lanzettlichen, tiefgekielten Blättern. Blüten endständig, einzeln auf langen übergebogenen Stielen, 10 cm breit, Kelch- und Blumenblätter linear-lanzettlich, rosa-weiss, Lippe mit sehr kurzen rosaen Seitenlappen, Mittellappen fast rund, vertieft, zart rosa-weiss, Vorderteil mit dunkelrosaen Fächeradern und einer Mittellinie länglicher rosaer Flecken. Oktober—Januar. Brasilien, Prov. Bahia.

L. lobata Rchb. f. (*Cattleya lobata Ldl. Laelia Rivieri Carr. L. Boothiana Rchb. f. Cattleya Boothiana Ldl. Bletia Boothiana Rchb. f.*) Stämme lang schmal-keulig, gefurcht, bis 20 cm hoch, mit länglichem, dickem Blatt. Blüten paarweis auf langem Schaft, 6—8 cm breit, rosa-purpurrot, Kelchblätter lanzettlich, lang-zugespitzt, Blumenblätter kürzer, gewellt, oft fast lappig, Lippe vorn kraus, unregelmässig tief-lappig, mit einigen karminroten Aderstreifen. Mai, Juni. Brasilien.

— **var. superba hort.** Kräftiger im Wuchs, Blüten etwa 10 cm, in der Farbe von der Hauptform nicht abweichend.

L. majalis Ldl. (*Cattleya majalis hort. Cattleya Grahami L. O. Bletia speciosa H. K. Bletia grandiflora Llave et Lex.*) Scheinknollen rundlich-eiförmig, kaum 5 cm hoch, Blätter einzeln, länglich, etwa 10 zu 1,5 cm. Blüten einzeln oder paarweis auf hohem Schaft, 12—15 cm gross, Kelchblätter lanzettlich, zart fliederfarben-rosa, Blumenblätter gleichfarbig, doppelt so breit, Lippe dreilappig, Seitenlappen klein, weiss mit violett-purpurnen Streifen, Mittellappen gross und breit, zweilappig ausgerandet, mitten weiss mit in Linien stehenden purpurvioletten Flecken, an den Rändern breit purpurviolett. April, Mai. Mexiko, bis 2300 m an immergrünen Eichen bei Leon. Von den Mexikanern Flor de Mayo — Maiblume — genannt.

L. marginata Paxt. ist *Laelia pumila Rchb. f.*

L. Measuresiana Will. (*L. elegans Rchb. f. var. Measuresiana hort.*) nach Williams eigenem Ausspruch eine Kreuzung von L. elegans und einer anderen einblättrigen Laeliaart. Der Bastart hat den Wuchs einer kräftigen L. elegans, Kelch- und Blumenblätter sind länglich-lanzettlich, zugespitzt, eben, reinweiss, Lippe ungeteilt (nicht dreilappig), am ganzen Rande schön gefranst, Schlund reinweiss, mit gelben Flecken in den mitten hellrosaen, violett-purpurn geaderten, vorn dunkelrosaen Vorderteil übergehend. Mai. Brasilien.

L. Nilsoni hort. ist *Laeliocattleya Nilsoni Sander.*

L. Nysa hort. ist *Laeliocattleya Nysa Veitch.*

L. Pallas hort. ist *Laeliocattleya Pallas Veitch.*

L. peduncularis Ldl. ist *L. rubescens Ldl.*

L. Perrinii Ldl. *(Cattleya Perrinii Hook. Cattleya intermedia Grah. var. angustifolia hort. Bletia Perrinii Rchb. f.)* Stämme keulig, 20 cm hoch, Blätter einzeln, länglich, stumpf, dunkelgrün. Blüten paarweis auf schlankem Stiel, der unten von flachgedrückten, purpurn überlaufenen, grünen Scheiden umgeben ist, 12 cm breit, Kelch- und Blumenblätter hellviolett-rosa, Lippe dreilappig, aus weissem Schlund vorn und an den vorderen Ecken der Seitenlappen karmin-purpurn, Seitenlappen aussen hellrosa-lila mit dunkelrosaen Adern. Oktober, November. Brasilien.

— **var. nivea Rchb. f.** Blumenblätter weiss mit einem gelben Hauch im weissem Schlunde.

— **var. irrorata Rchb. f.** Blumenblätter ganz zart rosa, Lippe weiss, bis auf einen hellgelben Scheibenfleck und eine hellpurpurne Spitze.

L. Philbrickiana Rchb. f. ist *Cattleya Aclandiae* × *Laelia elegans,* von Seden gezüchtet. Blüten 10 cm gross, olivengrün, rosapurpurn abgetönt, zuweilen an den Spitzen schwärzlich-purpurn gefleckt, Seitenlappen der Lippe blassrosa, weiss überlaufen, Mittellappen leuchtend violett-purpurn. Säule rosa-purpurn.

L. Pilcheriana Dominy et Rchb. f. ist eine von Dominy in Veitch's Garten gezogene Hybride aus L. Perrinii Ldl. × L. crispa und steht im Wuchs der L. crispa nahe. Blüten sehr gross, weiss, Lippe vorn sehr kraus, gezähnt, zugespitzt, Scheibe weissgelblich mit tief purpurroten Adern, Vorderlappen tief purpurn, elegant weiss berandet. (Siehe auch L. lilacina h. Philbr.)

L. Pineli Ldl. ist *L. pumila Rchb. f.*

L. porphyrites Rchb. f. ist *L. pumila* × *Dormanniana,* aus Brasilien 1884 eingeführt. Kelchblätter hellgrünlich purpurn, Blumenblätter etwas breiter, hellpurpurroth, ebenso die Seitenlappen, nur gegen die Spitzen dunkler, Vorderlappen der weitgeöffneten Lippe leuchtend purpurrot mit gelblichweisser Scheibe. Säule weiss mit purpurnen Kanten.

L. praestans Rchb. f. ist *L. pumila Rchb. f. var.*

L. Proserpine hort. ist *Laeliocattleya Proserpine Veitch.*

L. pubescens Lem. Scheinknollen flachgedrückt-eiförmig, fast zweischneidig, kaum 5 cm hoch, Blätter einzeln, gekielt, dick ledrig, elliptisch, dunkelgrün, vorn stumpf ausgerandet. Blüten auf 15 cm hohem, kleiig bekleidetem Schaft zu 3—5, langgestielt, schwach duftend, 6 cm breit, hellfliederfarben-rosa, Lippe vorn dreilappig, gleichfarbig, mit weichhaarigem, gelbem Schlunde, Dezember—Januar. Surinam.

L. pumila Rchb. f. (*L. praestans Bot. Mag. Cattleya pumila Hook. Cattleya marginata Paxt. Cattleya spectabilis Paxt. Cattleya Pinelii Ldl. Bletia pumila Rchb. f.*) Stämme länglich, dick, bis 15 cm hoch, Blätter einzeln, ledrig, länglich-lanzettlich, stumpf. Blüten einzeln, 10 cm gross, purpurfliederfarben, Lippe dunkler mit karmin-purpurnem, oft distinct weiss gesäumtem Rande. September—Oktober. Brasilien.

— **var. alba h. Bull.** Blüten reinweiss bis auf die rosa schattierte Lippe.

— **var. Dayana Rchb. f.** *(Laelia Dayana Rchb. f.)* Blüten bis 8 cm, Kelch- und Blumenblätter rosa, Lippe aus weissgelbem, mit vielen satt purpurnen Kiellinien geziertem Grunde reich violett-purpurn.

— **var. marginata Ldl.** *(Cattleya marginata Paxt.)* Blüten dunkelrosa, Lippe violett-purpurn, breit, weiss gesäumt.

— **var. praestans Rchb. f.** *(Cattleya pumila Hook. var. major Hook. Bletia praestans Rchb. f.)* Scheinknollen spitz-spindelförmig, 5 cm hoch. Blüten einzeln auf kurzen Stielen, 6—8 cm gross, Kelchblätter länglich, Blumenblätter eiförmig, alle leuchtend dunkelrosa, Lippe dreilappig, satt purpurrot vorn und an den Rändern, die Seitenlappen, da wo sie die Lippe umfassen, aussen dunkelrosa, Schlund und Scheibe gelb. Mai, Juni. Brasilien.

— **var. superba hort.** Blüten sehr gross, dunkel geadert und gefärbt.

L. purpurata Ldl. *(L. purpurascens hort. L. violacea Ldl. Bletia purpurata Rchb. f.)* Stämme spindelförmig, gefurcht, bis 30 cm hoch, Blätter lang-elliptisch, vorn ausgerandet, dick ledrig, hellgrün. Blüten zu 3—5 auf kräftigem Schaft, bis 15 cm breit, Kelchblätter linear-länglich, zurückgeschlagen, Blumenblätter breiter, alle reinweiss, Seitenlappen der Lippe über die Säule geschlagen, weiss mit rosaen Strichen, Schlund gelb mit karminroten Streifen, Vorderlappen breit ausgedehnt, glatt, prächtig dunkelkarmin-purpurn mit federig strahlenden karminroten Adern, der Rand etwas heller gefärbt. Mai—Juli. Brasilien, Prov. Sta. Catharina wo sie Devos 1847 entdeckte und nach England brachte. 1852 blühte sie bei Backhouse in York. Verlangt gute Trockenperiode nach beendetem Triebe. Eine der schönsten Arten.

— **var. atropurpurea Will.** Blüten dunkelrosa, Lippe bis in den orangegelben dunkelpurpurn geaderten Schlund dunkel violett-purpurn.

— **var. alba hort.** Blüten reinweiss.

— **var. Brysiana Lem.** *(L. Brysiana Lem. Cattleya Brysiana Lem.)* Blüten hellrosa mit dunkelrosaer Aderung, Lippe dunkel-karminrot.

— **var. Nelisii Lem.** Blüten aussen rosa, innen weiss mit rosaem Hauch, Lippe sehr gross, reich karmin-purpurn.

— **var. Russelliana hort.** Blüten bis 15 cm. Kelchblätter schmal, weiss mit fliederfarbenem Schimmer, Blumenblätter breiter und dunkler, Lippe gross, rosa-fliederfarben mit weissem Rande vor dem gelben Schlunde, welcher rosa getuscht ist.

— **var. Schroederi Will. et Moore.** Blüten über 15 cm gross, reinweiss, Lippe wellig gerandet, Schlund dunkelgelb mit rosaer Aderung, ebenso die Innenseite der über die Säule geschlagenen Lappen, Vorderlappen reinweiss, nur gegen den Schlund violett-rosa geadert. Prov. Bahia. Etwas gelblichweisse Formen, deren weisse Lippe purpuradrig ist, gehen als L. delicata O'Brien.

— **var. Williamsii hort.** (*var. Willamsiana hort.*) Blüten grösser als von allen anderen Formen, zart rosa mit purpurnen Pinselstrichen, Lippe dunkelkarmin mit violettem Hauch, vorn blasser und vortretend geadert, Schlund gelb mit dunkelkarmin-violetten Adern.

L. purpurata × *elegans* ist *L. Dellense Rchb. f.* oder *L. Horniana Rchb. f.*

L. purpurata grandis × ist *L. Gottoiana Rchb. f.*

L. purpurata × *Cattleya labiata* ist *Laeliocattleya bella Rolfe.*

L. Rivieri Carr. ist *L. lobata Rchb. f.*

L. rubescens Ldl. (*L. peduncularis Ldl. L. acuminata Ldl. L. erubescens hort. Bletia rubescens Rchb. f.*) Scheinknollen rundlich-eiförmig, zusammengedrückt, rauhfaltig, 5 cm hoch, Blätter einzeln, dick, länglich, vorn stumpf oder flach ausgerandet, Blüten in etwa 20 cm hoch gestielter Schirmtraube zu 3—6, stark duftend, 5 cm gross, Kelchblätter lanzettlich, Blumenblätter länglich-eiförmig, gewellt, weiss bis dunkelrosa, Lippe von der Grundfarbe der Blumenblätter mit tief purpurnem Schlundfleck, Seitenlappen kurzgerandet, Mittellappen gross, vorgestreckt, wellig-gerandet, zugespitzt, oft mit elfenbeinweissem Vorderfleck. November bis Januar. Mexiko, Guatemala.

— **var. acuminata Ldl.** Blüten weiss, Lippe zugespitzt. Ist die Flor de Jesus — Jesusblume — der Mexikaner.

— **var. rosea hort.** Blüten hellrosa.

L. rupestris Ldl. Scheinknollen schlank-spindelförmig, Blätter einzeln, breit-lanzettlich, stumpf, ledrig, immergrün. Schaft vielblumig, Blüten kaum 5 cm, einfarbig violett, Kelch- und Blumenblätter länglich, spitz, Lippe dreilappig, Mittellappen mit zwei Schwielen im Grunde, rundlich, kraus gerandet. Mai, Juni. Brasilien. Vielleicht nur eine Farbenspielart von L. flava; gegenüber den übrigen Laelien eine unbedeutende Art.

L. Schilleriana Rchb. f. ist *L. elegans Rchb. f. var.*

L. Schilleriana Rchb. f. var. splendens hort. ist eine etwas dunklere L. elegans Rchb. f. var. Schilleriana.

L. Schroederiana Will. et Moore ist *L. purpurata Ldl. var.*

L. Sedeni Rchb. f., von Seden in Veitch's Kulturen aus Cattleya superba mit Laelia elegans gekreuzt. Schaft vielblumig, Blüten 12 cm gross, leuchtend rosapurpurn, Seitenlappen der Lippe blasspurpurn magentarot gesäumt, Mittellappen reich sammtig magenta-purpurn. Säule weiss, purpurfleckig.

L. stella hort. ist *L. anceps Ldl. var.*

L. Stelzneriana Rchb. f. ist *L. elegans Rchb. f. var.*

L. superbiens Ldl. (*Bletia superbiens Rchb. f.*) Stämme kräftig spindelförmig, bis 40 cm hoch, mit zwei starr-ledrigen, länglichen, zugespitzten, dunkelgrünen, etwa 12 zu 3 cm grossen Blättern Blütenschaft bis 2 m hoch und bis 20 blumig in lockerer, oben nickender Traube. Blüten bis 15 cm gross, Kelch- und Blumenblätter breit-lanzettlich, aus hellerem Grunde dunkelrosa, Seitenlappen der kurzen Lippe schön gelb, soweit sie über die Säule gelegt sind, vorn dunkel-karminrot, Schlund gelb mit einem Kamm von fünf gesägten dunkelorangegelben Hautfalten vor dem Eingange, Vorderlappen länglich, ausgerandet, wellig, prächtig satt-karminrot mit dunkleren, fächerig-strahlenden Adern. Dezember—Februar. Mexiko, Guatemala. „St. Josephs-Stab" der Mexikaner.

L. Tresederiana Rchb. f. ist *Laeliocattleya Tresederiana Rolfe.*

L. triophthalma Rchb. f. (Cattleya triophthalma Rchb. f.) ist *Laelia purpurata* × *Cattleya superba* × *Cattleya labiata* oder × *C. exoniensis,* also ein dreifacher Bastart, von Seden in Veitch's Garten gezüchtet. Blüten 10 cm gross, aus hellem Grunde rosapurpurn, Seitenlappen der Lippe weiss mit purpurnen Querstreifen, Mittellappen prächtig violett-purpurn mit weissem Rande und purpurn-querstreifiger gelber Scheibe, welche dadurch „dreiäugig" — wie der Name sagt — erscheint.

L. Turneri Warner ist *L. elegans Rchb. f. var.*

L. Veitchiana Rchb. f. *(Cattleya Veitchiana hort.)* Von Dominy in Veitch's Garten 1868 gezüchtet aus Cattleya labiata und Laelia crispa, blühte diese Prachthybride 1874 zum erstenmale. Sie zeigt im Wuchs viel Ähnlichkeit mit L. crispa, in den Blüten hält sie die Mitte zwischen den Eltern. Blüten an langem Schaft zu 4—6, gross, Kelchblätter lanzettlich, zart lila, Blumenblätter dunkler, ei-lanzettlich, gewellt, Vorderhälfte der spitz zulaufenden Lippe reich karmin-purpurn, dahinter eine schwefelgelbe, in der Mitte purpurstreifige Scheibe, Aussenrand breit zart lila. Juni, Juli.

L. violacea Ldl. ist *L. purpurata Ldl.*

L. virens hort. ist *L. elegans Rchb. f. var. prasiata Rchb. f.*

L. virginalis hort. ist *L. anceps Ldl. var. alba Rchb. f.*

L. Warneri Will. ist *L. elegans Rchb. f. var.*

L. Wolstenholmiae Rchb. ist *L. elegans Rchb. f. var.*

L. Wyattiana Rchb. f. ist wahrscheinlich eine wildwachsende Kreuzung aus L. crispa und L. lobata. Im Wuchs gleicht sie einer kurzknolligen L. lobata, während die zarten Blüten an L. crispa erinnern. Kelch- und die sehr spitzen Blumenblätter weiss, Lippe fast rautenförmig, stark wellig, Schlund und Scheibe gelb mit purpurnen Adern, Seitenlappen aussen hellgelb, innen purpurn, Vorderlappen hell purpurrot, dunkel geadert. August, September. Brasilien.

L. xanthina Ldl. *(Bletia xanthina Rchb. f.)* Stämme spindelförmig-keulig, 20 cm hoch, Blätter einzeln, länglich-riemenförmig, stumpf, dickledrig, dunkelgrün. Blütenschaft aus einer länglichen häutigen Scheide, 4—6 blumig. Blüten bis 8 cm gross, Kelch- und Blumenblätter länglich, wellig, mit zurückgerollten Rändern, gelb mit olivengrünem Anflug, Lippe kapuzenförmig, vorn flach stumpf-dreilappig, sattgelb mit breitem, weissem

Saum, auf der Scheibe einige karminpurpurne, nicht verdickte Adern. Mai, Juni. Brasilien.

L. Zenobia hort. ist *Laeliocattleya Zenobia Rolfe.*

Laeliocattleya *Rolfe*

(Cattleyeae 207 a.)

umfasst die Hybriden zwischen Arten der Gattungen Laelia und Cattleya; davon sind bis jetzt im Handel und unter Laelia oder Cattleya besprochen soweit sie nicht hier nachstehend ausführlicher erwähnt sind:

L. Amanda = **Cattleya intermedia** × **Laelia crispa.**

L. Amesiana = **C. maxima** × **L. crispa.**

L. Arnoldiana Rolfe (*Laelia Arnoldiana h. Sand. L. hybrida Arnoldiana Sand. Laelia purpurata* × *Cattleya labiata var. Warneri Moore.*) Gleicht im Wuchs einer mächtigen Cattleya, Scheinknollen, Blätter und Blütenscheiden dunkelgrün mit bräunlichem Schatten und Tuschflecken. Blüten meist zu zweien, 15 cm breit, Kelch- und Blumenblätter purpurrosa, letztere dunkler geadert als erstere. Lippe von der Form wie L. purpurata, reich dunkelkarmin mit kastanienbraunen, sammtzarten Adern, in dem gelb und weissen Grunde einige markierte Purpurlinien. Eine der prachtvollsten Kreuzungen! Mai—Juli.

L. Behrensiana Rolfe (*Laelia elegans var. Schilleriana* × *Cattleya intermedia.*) Die weissen, zartrosa angehauchten Blüten haben die Form der Laelia, während die an Cattleya erinnernde dunkelrosae Lippe vorn und seitlich scharlachrot gezeichnet ist.

L. bella = **C. labiata** × **L. purpurata.**

L. Blenheimensis Rolfe. (*L. elegans var. Blenheimensis Sander*) ist eine Kreuzung von Laelia elegans wahrscheinlich mit Cattleya labiata. Die schöngeformten, grossen Blüten sind tief rosenrot, die Lippe prächtig dunkel-purpurrot gefärbt.

L. callistoglossa = **C. gigas** × **L. purpurata.**

L. caloglossa = **C. labiata** × **L. crispa** oder **L. lobata.**

L. Canhammiana = **C. Mossiae** × **L. purpurata;** Reichenbach bestätigt von dieser Kreuzung Veitch's Ausspruch: „Der schöne dunkle Purpursammt der vordenen Lippe ist so prachtvoll, dass er im ganzen vegetabilischen Königreich kaum schöner gefunden werden kann.“

L. Digbyana hort. ist *Laelia Digbyana* × *Cattleya labiata var. Mossiae* im Garten des Baron Schröder in The Dell gezüchtet. Der wunderliche Bastart zwischen zwei äusserlich so ungleichen Eltern hat in Knolle und Blatt den blaugrünen Farbenton von Laelia Digbyana, in der Blüte dagegen kommt die Cattleyanatur zum Durchbruch, wenn auch der weissgrünliche Grundton der Kelchblätter wieder an die Laelia Digbyana erinnert. März—Mai.

L. Dominyana = **C. Dowiana** × **L. elegans.**

— **var. rosea Veitch** = **C. Dowiana** × (**C. Mossiae** × **L. purpurata**).

L. Dormanniana = **C. bicolor** × **L. pumila.**

L. elegans v. Blenheimensis Rolfe ist *L. Blenheimensis Rolfe.*

L. euspatha = **C. intermedia** × **L. purpurata.**

L. exoniensis Rolfe (*Cattleya Rchb. f.*) = **Cattleya labiata** v. **Mossiae** × **Laelia purpurata.**

L. fausta Rolfe (*Cattleya Rchb. f.*) = **Laeliocattleya exoniensis** × **Cattleya Loddigesi.**

L. felix = **C. Schilleriana** × **L. crîspa.**

L. Hippolyta Veitch ist in den Häusern von James Veitch and Sons in Chelsea aus Laelia cinnabarina ♀ × Cattleya labiata v. Mossiae ♂ gekreuzt worden. Die Blüten halten über 10 cm im Durchmesser, ähneln einer kleinen, schmallippigen C. Mossiae und sind von einem eigenartigen Rötlichgelb (Indian-yellow) mit dunkleren Nerven der Blütenblätter und dunkel orangegelber Lippenspitze. März—Mai.

L. intricata = **C. intermedia** × **L. elegans.**

L. Mardellii = **C. labiata var. Lüddemanniana** × **L. elegans.**

L. Nilsoni Sander ist in der Nähe von Rio Janeiro auf der Insel Sta. Catharina gesammelt worden und eine Kreuzung von Laelia elegans mit Cattleya guttata oder Loddigesii. Die Blüten stehen zu 3—5, haben Bau und Grösse von Laelia elegans, während in der Färbung Cattleya Loddigesii vortritt.

L. Nysa Veitch ist gleichfalls von J. Veitch and Sons gezüchtet und zwar aus Laelia crispa ♂ × Cattleya labiata v. Warscewiczii ♀ Die Vaterart wiegt in der Tracht der ganzen Pflanze wie in der Blüte weitaus vor, nur ist die Blüte grösser, zarter gefärbt und durch den Umriss der Lippe an Cattleya erinnernd.

L. Pallas Veitch von demselben Züchter ist Laelia crispa ♀ × Cattleya labiata var. Dowiana ♂ und steht letzterer Art sehr nahe, aber die Lippe ist intensiv violett schattiert. November—Januar.

L. Philbrickiana = **C. Aclandiae** × **L. elegans.**

L. Proserpine Veitch, gleichfalls in Chelsea gezogen, ist Laelia pumila v. Dayana ♀ × Cattleya velutina ♂ und gleicht im Wuchs und Farbe der Blüte der Mutterart, wogegen die Lippe unverkennbar auf Cattleya velutina hinweist. Juli—September.

L. Sedeni (*Laelia Rchb. f.*) = **C. superba** × **L. elegans.**

L. Sedeniana (*Cattleya Veitch.*) = **C. granulosa** × **L. crispa.**

L. Tresederiana Rolfe. (*Cattleya Tresederiana Rchb. f. Laelia Tresederiana Rchb. f. Laelia crispa var. superba × Cattleya Loddigesii*) ähnelt im Wuchs der Cattleya, aber die Blüten sind diejenigen einer kleinen Laelia crispa. Kelch- und Blumenblätter sind fast weiss, die gelbe Lippe ist im Grunde purpurstreifig, vorn purpurn geadert und getuscht, der Rand wellig. November—Januar.

L. triophthalma = **C. superba** × (**C. labiata** × **L. purpurata**).

L. Veitchiana = **C. labiata** × **L. crispa.**

L. Zenobia Rolfe. (*Laelia Zenobia hort. Laelia elegans v. Turneri* × *Cattleya Loddigesii*) sieht der L. Tresederiana ähnlich, aber die Blüten sind grösser, rosa, die Lippe purpurn überlaufen. Oktober—Dezember.

Laeliopsis domingensis Ldl. ist *Laelia domingensis Rchb. f.*

Lamellaria Ldl. ist *Vanda R. Br.*

Lanium L. ist *Epidendrum L.*

Ledgeria F. Müll. ist *Galeola Lour.*

Leiochilus Fr. ist *Platanthera L. C. Rich.*

Leiochilus (Knowl. Westc.) *sanguinolentus K. W.* ist *Oncidium cucullatum Ldl.*

Leochilus hort. ist *Oncidium Sw.*

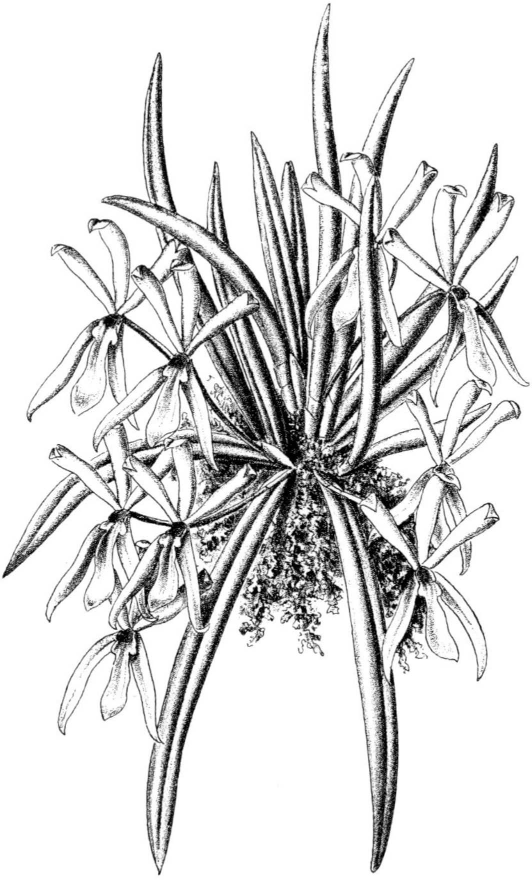

Fig. 102. Leptotes bicolor.

Leptotes *Ldl.*

(Cattleyeae 212.)

L. bicolor Ldl. (*Tetramicra bicolor Bnth. Bletia bicolor Rchb. f.*) (Fig. 102), die einzige Art der Gattung, ist baumbewohnend mit kriechendem Wurzelstock, auf welchem gedrängt etwa 3 cm hohe, federhalterdicke, cylindrische Stämmchen sitzen, mit je einem endständigem, fleischigem, drehrundem, dunkelgrünem, etwa 10 cm langem Blatte, welches auf der Oberseite eine Längsfurche trägt. Blüten vom Blattgrunde aus, einzeln, langgestielt, 4 cm breit, Kelch- und Blumenblätter spreizend auseinanderstehend, linear-länglich mit eingebogenen Spitzen, weiss, Lippe mit kurzen weissen Seitenlappen, grossem zungenförmigem, vorn verbreitertem, weiss und purpurrot gestreiftem Mittellappen, am Grunde der Eingang in die Höhle des äusserlich nur durch eine leichte Anschwellung wahrnehmbaren Achsenspornes. Säule ganz kurz, von den Seitenlappen nicht verdeckt. Januar bis März. Brasilien. Kultur wie Brassia (s. d.)

— **var. concolor hort.** Lippe fast reinweiss.

— *var. glaucophylla hort.* ist *var. serrulata Ldl.*

— **var. serrulata Ldl.** (als Art). (*var. glaucophylla hort.*) Blüten bis 8 cm breit, die roten Streifen der Lippe leuchtender. Stämmchen zuweilen zweiblättrig, Blätter graugrün, am Grunde mitunter rot überlaufen.

Leucohyle Klotzsch ist *Trichopilia Ldl.*

Lichenora Wight ist *Eria Ldl.*

Limatodes *Ldl.*

(Phajinae 222.)

L. rosea Ldl. Scheinknollen dick-spindelförmig, mitten eingeschnürt, grünbräunlich, 10 cm hoch, mit einigen grossen endständigen, breit-lanzettlichen, häutigen, längsfaltigen, hellgrünen Blättern. Blütenschaft vom Grunde der Knollen aus, bis 40 cm hoch, mit anfangs nickender, vielblumiger, dichter Traube. Blüten 4—5 cm gross, zartrosa, Kelch- und Blumenblätter aussen fein behaart, lanzettlich, zugespitzt, leicht gewellt, die Blumenblätter und das obere Kelchblatt zurückgeschlagen, Lippe gespornt, der Säule nicht angewachsen, sondern in eingeschnürter Röhre sie umhüllend und nach vorn in eine länglich viereckige, vorn ausgerundete Platte verbreitert, Seitenlappen weiss, Schlund weiss mit dunkelrosaem Ringe, Vorderteil hellrosa. Januar—März. Birma, Moulmein. — Diese schöne, dankbar blühende Erdorchidee — die einzige Art der Gattung — ist wie Calanthe (s. d.) zu kultivieren, mit der sie auch in der ganzen Tracht nahe verwandt ist. Dominy befruchtete sie 1857 mit Pollen von Preptanthe vestita, die daraus hervorgegangene schöne Kreuzung ist Calanthe Veitchii Ldl. (s. d.)

Limodorum abortivum Sw. (*Jonorchis abortiva G. Beck.*) (Cephalanthereae 93.), einzige Art der Gattung, wächst im südlichen Mitteleuropa bis zum Kaukasus auf Kalkboden im verwesenden Humus lichter Gebüsche und gehört zu den botanisch interessantesten Arten. Aus dem stielrundem, aufsteigendem, mit Scheidenresten und dicken Wurzeln besetztem Wurzelstock erhebt sich ein 50 cm hoher, nur Scheiden — Blattspreiten hat die Pflanze nicht — und oben in lockerer Traube einige etwa 2 cm grosse Blüten tragender Schaft. Die ganze Pflanze ist hellviolett, stahlblau überlaufen, ohne jede andere Färbung. Kelch- und Blumenblätter eiförmig, zugespitzt, Lippe eiförmig, wellenrandig. Mai, Juni.

Limodorum Incarvillei Bl. ist *Phajus Blumei Ldl.*

L. Tankervilliae Lodd. ist *Phajus Tankervilliae Bl.*
L. tuberculosum Bl. ist *Phajus tuberculosus Rchb.*
Lindblomia Fr. ist *Platanthera L. C. Rich.*

Liparis *L. C. Rich.*

(Liparidinae 161.)

(Alipsa Hffms. Empusa Ldl. Empusaria Rchb. f.) Von den mehr als 70 Arten dieser Erdorchideen-Gattung, welche hauptsächlich in der Tropenzone Asiens und Amerikas, einige Arten auch in Australien, am Kap und in der nördlichen gemässigten Zone verbreitet sind, ist keine einzige von gärtnerischer Bedeutung. Die hin und wieder unter dem Namen Liparis kultivierten buntblättrigen Arten gehören nicht hierher, sondern zur Gattung Microstylis. Auch das botanische Interesse an Liparis ist ein geringes und nur selten wird die eine oder die andere Art, meist nur für kurze Zeit, in den botanischen Gärten kultiviert.

Der Wurzelstock ist entweder langgliedrig, kriechend, oder die Triebe sind rasenartig gedrängt, die immer kleinen Stämmchen sind schlank oder gleichmässig geschwollen. Die Blätter sind weich und vergänglich, aber nicht gegliedert oder abfallend, meist mit sehr stark entwickeltem Scheidenteil und stehen, wenn überhaupt mehrere entwickelt sind, büschel- oder rosettenartig zusammen. Der kurze Blütenschaft ist immer endständig, auch wenn er scheinbar aus den Achseln der oberen Blätter entspringt. Die Blüten sind klein, unscheinbar gefärbt und stehen in Trauben. Kelch- und Blumenblätter sind schmal und zurückgeschlagen, die meist abwärts gewandte Lippe ist genagelt, ungeteilt, seltener 2—3 teilig, von der schlanken Säule weggekrümmt, schwielenlos, zuweilen mit kurzen kegelförmigen Fortsetzungen am Grunde. Kultur wie von Goodyera.

L. atropurpurea hort. ist *Microstylis purpurea Ldl.*
L. Loeselii Rich. ist *Sturmia Loeselii Rchb. f.*
L. pendula Ldl. ist *Cestichis pendula Pfitz.*

Lissochilus *R. Br.*

(Cyrtopodiinae 235.)

(Hypodematium A. Rich.)

Erdorchideen von teilweis riesiger und prachtvoller Erscheinung, selbst die kleineren Arten noch kulturwert. Von den über 30 Arten des tropischen Central- und subtropischen Süd-Afrika sind erst wenige in unsere Gärten gelangt. Sie haben grosse Schein- oder Erdknollen, aus denen sich eine Anzahl grosser, längsfaltiger, in den Stiel verschmälerter Blätter erhebt, zwischen denen der starke, blattlose Schaft steht, welcher eine kürzere oder längere Blütentraube trägt. Kelchblätter meist schmal und zurückgeschlagen, Blumenblätter breiter, lebhaft gefärbt, aufrecht abstehend, Lippe mit dem Säulenfuss einen Sack oder Sporn bildend, vielfach Längslamellen tragend, dreilappig mit aufgerichteten Seitenlappen. Säule kurz. Kultur wie von Calanthe (s. d.)

L. giganteus Rchb. f. Erdknollen länglich, gross. Blätter lang-linear, 8 zu 120 cm etwa. Schaft bis 5 m hoch mit mächtiger, vielblumiger Traube 5 cm grosser Blüten. Kelch- und Blumenblätter zart rosa, Lippe rosapurpurn, dunkler gestreift. Mai—Juli. Tropisches Westafrika.

L. Horsfallii Batem. (Fig. 103). Erdknollen rundlich, gross. Blätter bis meterlang, langgestielt, lanzettlich, zugespitzt, längsfaltig, derbhäutig, hellgrün. Blütenschaft aufrecht, bis 2 m hoch, mit endständiger dichter, langer vielblumiger Traube. Blüten 5 cm gross, Kelchblätter lanzettlich, wellig, zurückgeschlagen, purpurbraun, Blumenblätter viel grösser, breit rundeiförmig, weiss mit rosaem Hauch, Lippe dreilappig, trichterförmig, mit zungenförmigem, vorgestrecktem, braunpurpurnem Vorderlappen und drei weissen Lamellen auf der Scheibe, Seitenlappen gross, aufrecht, gewölbt, grün mit karminpurpurnen Streifen, Schlund hellpurpurn, Sporn purpurbraun. Mai, Juni. Tropisches West-Afrika, Calabar.

Fig. 103. Lissochilus Horsfallii.

L. Krebsii Rchb. f. Scheinknollen kegelförmig, 5 cm hoch, Blätter breit-lanzettlich, dünn, gefaltet. Blütenschaft meterhoch mit etwa zwanzig Blüten in gedrängter Traube. Blüten 3 cm gross, Kelchblätter grünlich-braun mit eingerollten Rändern, Blumenblätter eiförmig, hellgelb, rotgeadert, Lippe orangegelb mit braunen Seitenlappen, Sporn grüngelblich. Mai, Juni. Süd-Afrika.

— **var. purpuratus Ridley**. Kelchblätter aussen grün, innen braunpurpurn, Blumenblätter aus krêmegelbem, rosageadertem Grunde leuchtend orange, Lippe tief orange, Seitenlappen chokoladenbraun mit purpurrot, Sporn rosa getupft.

L. roseus Ldl. Blätter steif aufrecht, breit-lanzettlich, längsfaltig, Blütenschaft über meterhoch, mit einer dichten Traube zwischen grossen Deckblättern stehender Blüten von 3 cm Grösse. Kelchblätter spatelförmig, hohl, dunkel sammtbraun, Blumenblätter länglich, zugespitzt, zurückgebogen, dunkelrosa, Lippe länger und runder als die Blumenblätter, dunkelrosa mit goldgelbem Kamm, von drei welligen Hautfalten auf der Scheibe, Sporn kegelförmig, gelb. Juni, Juli. Südafrika.

L. speciosus R. Br. Erdknollen gross, rundlich-eiförmig, Blätter schwertförmig, spitz, dunkelgrün, Blütenschaft aufrecht, über meterhoch, die duftenden Blüten in 20 cm langer, dichter Ähre. Blüten in der Achsel eines grünen Deckblattes, 4 cm gross, Kelchblätter schmal, grün, zurückgebogen, Blumenblätter länglich-eiförmig, glänzend gelb, Lippe so lang als die Blumenblätter, länglich-eiförmig, herzförmig, gelb, Schlund gelb, vorn weiss mit purpurrot und dunkleren, fedrig verlaufenden Adern. Mai bis August. Süd-Afrika.

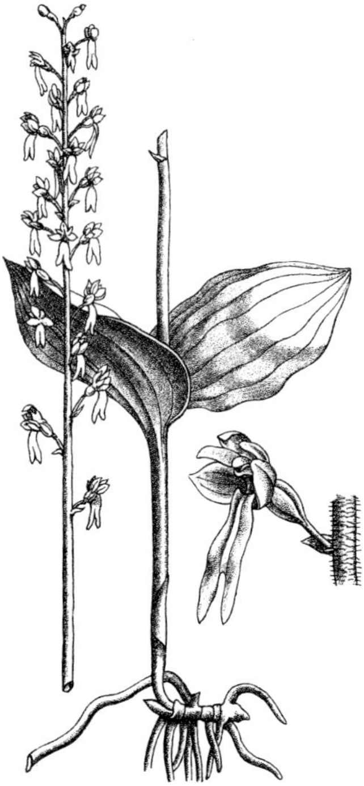

Fig. 104. Listera ovata.
B. Einzelblüte, natürl. Grösse.

Listera *R. Br.*

(Spirantheae 104.)

Auf Lehmboden guter Wiesen oder im feuchten Humus leben die in der nördlichen gemässigten Zone und bis nach Lappland und Labrador hin heimischen 10 Arten. Wurzelstock schlank, kriechend, mit zahlreichen starken Wurzeln und zweiblättrigen Trieben. Blütenschaft endständig, zwischen den beiden gegenständigen Blättern sich erhebend und eine lange Traube unbedeutender Blüten tragend. Kelch- und Blumenblätter fast gleich, abstehend, Lippe lang und bandartig schmal, ungeteilt oder an der Spitze zweilappig, abstehend oder hängend. Säule kurz, dick, ohne Fuss.

Die winterharten Arten verdienen trotz der anscheinend ganz unbedeutenden Blüten Berücksichtigung bei der Anpflanzung im Freien. Kultur wie Himantoglossum (s. d.)

In Deutschland kommen vor:

L. cordata R. Br. Blätter sehr zart, herzförmig, Blütenschaft kaum 10 cm hoch, sehr dünn, in kurzer Traube wenige, kleine, bräunliche, ungemein zarte Blütchen tragend, deren linear-längliche Lippe am Grunde jederseits ein abstehendes Fädchen trägt uud vorn tief ausgeschnitten mit einem Zahn im Ausschnitt ist. Juni, Juli. In den Vorgebirgswäldern Deutschlands auf dickem bemoostem Humus, besonders gern auf faulenden Baumstämmen, stellenweis verbreitet. Gedeiht in der Kultur leicht in flacher frostfrei überwinterter Schüssel in humoser Heideerde.

L. ovata R. Br. (Fig. 104). Blätter eiförmig, kräftig, mattgrün. Blütenschaft bis 50 cm hoch mit langer dichter Traube, 1,5 cm grosser, gelbgrünlicher Blüten, deren lineare Lippe vorn sich wenig verbreitert und fast bis zur Hälfte zweigespalten ist. Mai, Juni, Auf Waldwiesen und in lichtem Buschwerk der Ebene und Bergregion Deutschlands sehr häufig. Ist in der Kultur im freien Lande eine sehr leicht und anspruchslos gedeihende Art.

Listrostachys *Rchb. f.*

(Aërideae 399.)

In der Tracht den Angrecum gleichend, sind die 10—12 im tropischen Afrika an Baumstämmen lebenden Arten von jener Gattung nur durch die grossen Seitenlappen der Lippe, welche die Säule umhüllen (Angrecum hat kurze, grade Seitenlappen) und durch die gegen das mittlere Kelchblatt zurückgebogene Säule (Angrecum hat eine kurze, grade vorgestreckte Säule) verschieden. Kelch- und Blumenblätter sind sich ziemlich gleich, die Lippe ist mit der Säule fest verbunden und endet hinten in einen langen dünnen oder abwärts gerichteten keulenförmigen Sporn. Kultur wie Angrecum.

L. arcuata Rchb. f. (*Angrecum arcuatum Ldl.*) Stämme federhalterdick, 10 cm hoch, dicht beblättert. Blätter linear, 1,5 zu 8 cm etwa, vorn ausgerandet, derb ledrig, dunkelgrün. Blüten in lockerer, armblumiger Traube auf kurzen grünen Stielen, 3 cm breit, weiss, Kelch- und Blumenblätter spitz- linear-lanzettlich, längsgrubig, zurückgeschlagen, Blumenblätter ganz schmal, Lippe ähnlich, aber kürzer und fast fleischig. Sporn 3 cm lang, gekrümmt, grünlich. März—Mai. In der Nähe von Grahamstown in der südöstl. Kap-Kolonie.

L. caudata Rchb. f. (*Angrecum caudatum Ldl.*) Stämme fingerdick, bis 30 cm hoch, starkwurzelig, Wurzelspitzen bläulichgrün, dicht beblättert, Blätter breit-riemenförmig, 3 zu 40 cm, zurückgebogen, vorn schief zweilappig. Blüten zu 5—9 in wagerecht stehender Traube, deren Spindel abgeflacht und an jedem Knoten mit einem kurzem, häutigem, anliegendem Deckblatt versehen ist, alle aufrecht an den Zickzackpunkten der Spindel, je 3—4 cm von einander entfernt, 6 cm breit, Kelch- und Blumenblätter spitz linear-lanzettlich mit leicht zurückgebogenen Rändern und Spitzen, olivengrün, hellbraun schattiert, Lippe reinweiss, aus kurzem schmalem Grunde plötzlich fast kreisrund verbreitert und vorn ebenso plötzlich in einen langen, grünen Pfriem zusammengezogen, wellig gerandet, Sporn schlank, im unteren Teile meist pfropfenzieherartig gedreht, blassbraun, bis 20 cm lang. Juni—September. Sierra Leone. Oft eingeführt, aber gegenwärtig sehr selten in Kultur.

L. pellucida Rchb. f. (*Angrecum pellucidum Ldl.*) Kräftige Pflanze mit zweizeiligen, bis 50 cm langen, breit schwertförmigen, hellgrünen Blättern und langen Ähren äusserst zarter, weisser, kleiner Blüten, deren Blättchen mit krystallhellen Perlen gesäumt sind. November, Dezember.

Sierra Leone. Vom Typus der Gattung sehr abweichende, dankbar wachsende Art, deren ungemein zarte Blüten von grossem Effekt sind.

L. pertusa Rchb. f. (*Angrecum pertusum Ldl.*) Zwergige Art mit kaum 10 cm langen, linearen, hellgrünen Blättern und in dichtgedrängter, bis 15 cm langer Ähre stehenden, kleinen, grünweisslichen Blüten mit spatelförmiger Lippe und kaum 0,5 cm langem, dickkeuligem, gelbgrünem Sporn. März. West-Afrika, Sierra Leone.

Lockhartia *Hook.*

(Odontoglosseae 354.)

(Fernandezia R. P.)

Von den durch ihren sonderbaren Wuchs, — infolge der an die Stämme angelegten, kurzen, halbkreisförmigen Blätter erscheint die ganze Pflanze als schlanker Cylinder, aus welchem die einzelnen grossen Blüten links und rechts heraushängen — ausgezeichneten etwa 20 Arten, sämtlich im tropischen Amerika als Baumbewohner heimisch, ist wohl nur in Kultur:

L. lunifera Rchb. f. (*Fernandezia lunifera R. P.*) Stämme schlankrund, bis 20 cm hoch, von den zweizeiligen, senkrecht-gestellten, halbkreisrunden, länglich-eiförmigen, lang zugespitzten, glatten, festen, dunkelgrünen Blättern ganz eingehüllt. Blüten einzeln aus den Achseln der oberen Blätter auf herabgebogenen, langen Stielen, 3—4 cm gross, Kelchblätter zurückgeschlagen, eiförmig, wie die abstehenden Blumenblätter weissgelblich oder gelbgrünlich, Lippe weit vorragend, mit grossen, abstehenden Seitenlappen, zahlreichen Wülsten und Warzen im Grunde, nach vorn breit-herzförmig, mit je einer kurzen Zacke links und rechts und zwei gerundeten, tief auseinander gespaltenen Endlappen, auf elfenbeinweissem Grunde rot gezeichnet. Juni, Juli. Brasilien. Kultur wie Brassia (s. d.)

Loroglossum anthropophorum L. C. Rich. ist *Aceras anthropophora R. Br.*
Loroglossum hircinum L. C. Rich. ist *Himantoglossum hircinum Sprgl.*
Ludisia discolor A. Rich. ist *Haemaria discolor Bl.*
Luddemannia Pescatorei Rchb. f. ist *Acineta Pescatorei Ldl.*

Luisia *Gaudich.*

(Aërideae 377.)

(Birchea A. Rich. Mesoclastes Ldl.)

Hochstämmige, baumbewohnende Pflanzen mit langen Zwischengliedern und drehrunden Blättern, etwa in der Tracht wie Vanda teres, alle zehn Arten im tropischen Asien und in Japan einheimisch. Blüten in Trauben, ansehnlich, Kelch- und Blumenblätter entweder fast gleich, oder die letzteren viel schmäler und lang vortretend, alle zusammengeneigt oder nur halb auseinander gehend. Lippe mit der kurzen Säule unten fest verbunden, am Grunde etwas ausgehöhlt, mit kleinen Seitenlappen und grossem abstehendem, gewölbtem, ganzrandigen oder an der Spitze zweiteiligen Mittellappen. Kultur wie Aërides.

L. alpina Ldl. ist *Vanda alpina Ldl.*

L. antennifera Rchb. f. ist kaum in Europa in Kultur. Sie ist in Borneo heimisch und von allen anderen Arten dadurch ausgezeichnet, dass die schmalen, rotgelben Blumenblätter die bräunlichen, zusammengeneigten, breit-lanzettlichen Kelchblätter fast um das Dreifache überragen.

L. platyglossa Rchb. f. Eben erst über Belgien in den Handel kommend; unterscheidet sich von der nachstehenden Art durch die einfarbig dunkle, breite, flache Lippe. April, Mai. Ostindien.

L. Psyche Rchb. f. (Fig. 105). In den fünfziger Jahren eingeführt, aber leider aus den Kulturen verschwunden, ebenso interessant als schön blühende Art. Blüten in fast wagerechter Traube zu 6—10, über 5 cm breit, Kelchblätter spitz-eiförmig, viel kleiner als die breiteiförmigen Blumenblätter, alle elfenbeinweiss mit braunrötlicher Schattierung, Lippe aus kurzem, vertieftem Grunde gewölbt, breit und abgerundet rautenförmig, elfenbeinweiss mit in regelmässigen Flecken stehender purpurbrauner Zeichnung. Mai, Juni. Ostindien.

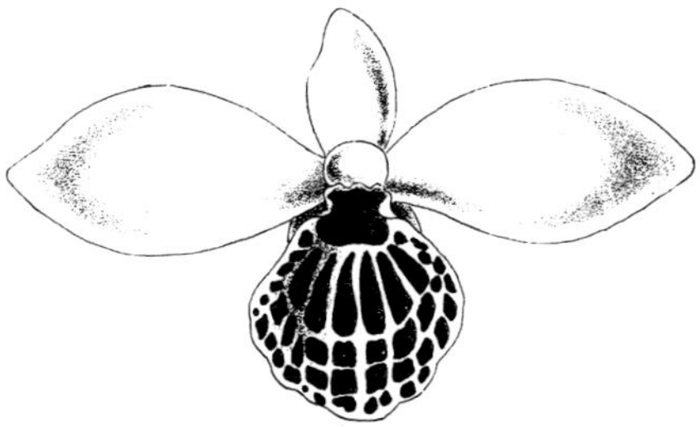

Fig. 105. Luisia Psyche.

Lycaste *Ldl.*

(Lycastinae 247.)

Die etwa 30 bekannten Arten sind Baumbewohner des tropischen und subtropischen Amerikas, von Peru bis Mexiko verbreitet. Scheinknollen zwischen kräftigen Scheiden oder Scheidenblättern stehend, rundlich, meist kräftig entwickelt und zwei, selten nur ein Blatt tragend. Blätter vom Stiele gegliedert, vielrippig, gefaltet. Blütenschaft vor dem Blatttriebe, zu welchem er gehört, sich seitlich von diesem unter der alten Knolle entwickelnd, so dass er zur Blütezeit scheinbar neben dieser steht, unter welcher der junge Trieb noch versteckt liegt, aufrecht, einblumig. Blüten meist ansehnlich, fast glockig halb geschlossen, Kelchblätter gleich, alle abstehend oder wenigstens die seitlichen ausgebreitet, letztere bilden ein stumpfes, selten spornartiges Kinn. Blumenblätter nach vorn gerichtet, schmäler oder breiter als die Kelchblätter, an der

Säule herablaufend. Lippe abwärts gerichtet, dreilappig, mit aufrechten Seitenlappen, aufsteigendem oder herabgebogenem, ungeteiltem oder gefranstem Mittellappen, auf dessen Rücken eine dicke Längsschwiele vortritt. Kultur wie Bifrenaria (s. d.)

L. alba hort. ist *L. Skinneri Ldl. var.*

L. albida hort. ist *L. Skinneri Ldl. var. delicatissima Warn.*

L. amabilis hort. ist *L. Skinneri Ldl. var.*

L. aromatica Ldl. (*Colax aromaticus Spr. Maxillaria aromatica R. P.*) Scheinknollen eiförmig, etwas flach gedrückt, 5 cm hoch, Blätter länglich-lanzettlich, vielfaltig, dunkelgrün. Blüten stark duftend, zahlreich, aufrecht, etwa 10 cm hoch, lang gestielt, 5 cm breit, aussen gelbgrünlich, innen goldgelb, Lippe halbcylindrisch, gelb mit orange gefleckt, Vorderlappen keilförmig, vorn fein gesägt und mit dickem, fleischigem Schwielen-Anhängsel. April, Mai. Mexiko.

— **var. punctata hort.** Lippenflecken rotgelb, sehr scharf abgegrenzt.

L. balsamea hort. ist *L. cruenta Ldl.*

L. Barringtoniae Ldl. (*L. ciliata Rchb. f. Colax Barringtoniae Sprg. Dendrobium ciliatum Sw. Epidendrum Barringtoniae L. Maxillaria Barringtoniae Lodd. Maxillaria ciliata R. P.*) Scheinknollen länglich-eiförmig, seitlich zusammengedrückt, gerippt, 5 cm hoch, Blätter meist zu drei, länglich-lanzettlich, zugespitzt, vielrippig gefaltet. Blüten auf 5—6 cm hohem, aufrechtem Schafte; 5 cm gross, aussen gelbgrünlich, innen schmutzig gelb, Mittellappen der Lippe eiförmig, seitlich aufgebogen, gelblichweiss, lang gefranst. April—Juli. Jamaica.

L. candida hort. ist *Bifrenaria Harrisoniae Ldl. v. alba Lodd.*

L. ciliata Rchb. f. ist *L. Barringtoniae Ldl.*

L. citrina h. angl. ist *Bifrenaria Harrisoniae Ldl. var.*

L. Cobbiana Rchb. f. Scheinknollen länglich, fingerdick, 5 cm hoch, Blätter zu zweien, lang-lanzettlich, vielfaltig. Blüten 4 cm gross, Kelchblätter grünlich-gelb, Blumenblätter grünlich-weiss, Lippe weiss, lang gefranst. September, Oktober. Brasilien.

L. consobrina Rchb. f. ist von L. aromatica Ldl. fast nur durch die kurzen Seitenlappen und den dadurch auffällig vortretenden Mittellappen der Lippe verschieden, in Wuchs und Farbe der Blüten ganz übereinstimmend. Mexiko.

L. costata Ldl. aus Peru ähnelt einer kleinen L. Deppei, aber die erheblich kleineren Blüten sind einfarbig gelbgrünlich mit gelblichweisser Lippe. Juni—August.

L. cruenta Ldl. (*L. balsamea hort. Maxillaria cruenta R. P.*) Scheinknollen eiförmig, flach gedrückt, rauhfaltig, über 5 cm hoch, Blätter breitlanzettlich, derb, vielrippig. Blüten auf über 10 cm hohem Schaft, einzeln, selten paarweis, wohlriechend, 8 cm breit, Kelchblätter sitzend, eiförmig, aussen grüngelblich, innen buttergelb, Blumenblätter schmal-eiförmig, beiderseits gelb, Lippe kürzer als die Blumenblätter, dreilappig, Seitenlappen gerundet, Mittellappen kraus und zart weichhaarig, statt des Anhängsels eine flache Warze, gelb mit rot gesprenkelt und einen tief karminroten Fleck im Grunde. März—April. Guatemala.

L. Denningiana Rchb. f. Scheinknollen breit birnförmig, gefurcht, graugrün, reichlich 5 cm hoch, Blätter aus keilförmigem Grunde länglich, derb, bläulichgrün, vielrippig. Blüten auf 12—15 cm hohen aufrechten Stielen, einzeln, 10 cm breit, Kelch- und die schmäleren Blumenblätter grünlichweiss, Lippe rötlichbraun, Mittellappen länglich, stumpf, gezähnelt, zurückgeschlagen, Anhängsel gross, rautenförmig. April, Mai, Ecuador.

L. Deppei Ldl. (*Maxillaria Deppei Lodd.*) Scheinknollen eiförmig, flach gedrückt, 5 cm hoch, oft dreiblättrig. Blätter länglich-lanzettlich, derb, vielfaltig. Blüten einzeln, auf 10 cm hohem, aufrechtem Schafte, 6 cm breit, Kelchblätter länglich, stumpf, grün, mit mehreren Querlinien chokoladebrauner Flecken, Blumenblätter kleiner, reinweiss, Lippe kapuzenförmig, dreilappig, gelb mit karminroten Flecken, Mittellappen eiförmig, zugespitzt, zurückgeschlagen, Anhängsel gross und dick, eiförmig. Februar bis April. Mexiko.

— **var. major hort.** Blüten 8 cm gross, Kelchblätter gelb.

— **var. pallida hort.** Blüten 5—6 cm, Kelchblätter hellgelblich, Lippe weissgelb.

— **var. punctatissima Rchb. f.** Blüten gross, Kelch- und Blumenblätter grünlichweiss, dicht purpurn kleinfleckig, Lippe gelb, mit purpurnen Strahlen auf den Seitenlappen und fünf purpurroten Flecken vorn auf dem Mittellappen.

L. fulvescens Hook. Scheinknollen breit eiförmig, 3—4 cm hoch, Blätter zu 2—3, dünn, lanzettlich, längsfaltig. Blüten auf 5—6 cm hohem, aufrechtem Schafte, knapp 5 cm breit, Kelchblätter lanzettlich, die seitlichen ein spornartiges, stumpfes Kinn bildend, Blumenblätter kleiner, rötlichgelb, Lippe orangegelb, länglich, dreilappig, Mittellappen eiförmig, stumpf, vorn mit langen, welligen Haarfransen, Anhängsel ausgerandet. April, Mai. Columbia.

L. gigantea Ldl. (*Maxillaria Heynderixii Batem.*) Scheinknollen länglich-eiförmig, 10 cm hoch, glatt, mit 2—3 bis 60 cm langen, langlanzettlichen, zugespitzten, vielfaltigen, festen Blättern. Blüten einzeln auf 15—20 cm hohem, starkem Schaft, 10—12 cm breit, Kelch- und Blumenblätter lanzettlich, letztere viel kürzer, alle satt olivengrün, Lippe länglichlanzettlich, dreilappig, Mittellappen schmal, vorn gesägt, kastanienbraun mit orangegelbem breitem Saum, Anhängsel sattelförmig, gross. Dezember bis März. Neu-Granada.

L. Hadwenii Ldl. ist *Scuticaria Hadwenii Bnth.*

L. Harrisoniae hort. ist *Bifrenaria Harrisoniae Ldl.*

L. inodora hort. ist *Bifrenaria inodora Ldl.*

L. lanipes Ldl. (*Maxillaria lanipes R. P.*) Scheinknollen lang-eiförmig, 6 cm hoch, mit zwei dünnen, lang-lanzettlichen, tief-längsfaltigen Blättern. Blüten 8 cm, aut 10 cm hohem, aufrechtem Schaft, grünlich-weiss, Lippe fast weiss, der stumpf-längliche Vorderlappen am Grunde gesägt, Anhängsel gewölbt, mit vortretenden Rippen. März—Mai. Brasilien.

L. lasioglossa Rchb. f. Wuchs von Deppes. Blüten 10 cm ausgebreitet, Kelchblätter chokoladenbraun, Blumenblätter kleiner, leuchtend goldgelb, Lippe gelb mit purpurnen Spritzfleckchen, lang seidig behaart. März, April. Mexiko.

L. Lawrenceana Ldl. ist *Bifrenaria Harrisoniae Ldl. v. alba Lodd.*

L. leucantha Ldl. (*Maxillaria leucantha Klotzsch.*) Scheinknollen gedrängt, länglich-eiförmig, stumpfkantig, bis 4 cm hoch. Blätter paarweis, steif, längsfaltig, länglich-lanzettlich, etwa 5 zu 30 cm, in den Stiel zusammengezogen. Blüten einzeln auf federkieldickem, bis 15 cm hohem, steifem Schaft, 6 cm breit, Kelchblätter gelbgrünlich, spitz, abstehend, vorn zurückgerollt, Blumenblätter fast eiförmig, reinweiss, mit der gleichfarbigen Lippe eine Röhre bildend, vorn zurückgeschlagen, Lippe eirund, dreilappig, eingebogen, vorn umgebogen und ganz fein flaumig, am Rande sehr zart gezähnt. Anhängsel klein, zungenförmig. Oktober, November. Guatemala. Blühte zuerst 1850 bei Matthieu und Allardt in Berlin.

L. macrobulbon Ldl. (*Maxillaria macrobulbon Hook.*) Scheinknollen faustgross, glatt, Blätter derb, breit-lanzettlich, bis 50 cm lang. Blüten einzeln auf 20 cm hohem Schaft, 8 cm breit, geruchlos, Kelch- und Blumenblätter gelbgrünlich, Lippe länglich, Seitenlappen sehr kurz, goldgelb mit karminroter Zeichnung. October, November. Brasilien.

L. macrophylla Ldl. (*Maxillaria macrophylla Lem.*) Scheinknollen bis 10 cm hoch, eiförmig, gerippt, Blätter paarweis, breit-lanzettlich, derb, vielrippig. Blüten bis 15 cm hoch gestielt, bis 10 cm breit, herabgebogen, Kelch- und Blumenblätter fast gleichgross, breit-eiförmig, am Rande gewellt, erstere olivengrün, letztere hell schwefelgelb, Lippe gleichfalls licht schwefelgelb mit purpuroten Flecken an den Spitzen. Anhängsel zungenförmig. April—Juni. Peru, Caracas.

L. Mastersiana Sand. Ähnelt der L. Barringtoniae, aber die Blüten sind erheblich grösser, Kelchblätter gelb, die gleichfarbigen Blumenblätter orangegelb gesprenkelt, die Lippe heller, rötlich getuscht. Mai bis Juli. Mexiko.

L. plana Ldl. Scheinknollen bis 10 cm hoch, lang-eiförmig, gerippt, Blätter paarweis, fest, ei-lanzettlich, faltig. Blüten bis 10 cm hoch, gestielt, 8 cm breit, Kelchblätter abspreizend, flach, länglich, stumpf, krapprot, Blumenblätter kleiner, weiss mit hellkarminrotem Fleck an der zurückgeschlagenen Spitze, Lippe kürzer als die Blumenblätter, weiss mit rosakarminroten Flecken, Vorderlappen gerundet, vorn gesägt, Anhängsel länglich, stumpf, flach dreilappig. Dezember—März. Bolivia.

— **var. Measuresiana hort.** Blumenblätter hell gefleckt, Lippe reinweiss.

L. racemosa Ldl. ist *Bifrenaria racemosa Ldl.*

L. Schilleriana Rchb. f. Scheinknollen 10 cm hoch, lang-eiförmig, gerippt, Blätter paarweis, steif aufrecht, breit-lanzettlich. Blüten 12 cm hoch gestielt, bis 8 cm gross, aufrecht, Kelchblätter abspreizend, lanzettlich, grünlich-braun, die kleineren Blumenblätter schneeweiss, die vorn gleichfalls schneeweisse, im Grunde gelbliche Lippe im unteren Teile fast einhüllend. März, April. Costarica.

L. Skinneri Ldl. (*Maxillaria Skinneri Batem.*) (Fig. 106, 107). Scheinknollen 6—8 cm hoch, länglich-eiförmig, flachgedrückt, Blätter paarweis aus langem Stiel, länglich-lanzettlich, fest, mit überhängenden Spitzen. Blüten auf 10 cm hohem, steifem Schaft, wagerecht, oft über 10 cm gross, festfleischig, Kelchblätter abspreizend, länglich-eiförmig, wellig gerandet, an den Spitzen oft zurückgebogen, weiss, rosa überhaucht, Blumenblätter viel kleiner, eiförmig, steif aufrecht und um die Säule gewölbt, wellig gerandet, mit zurückgebogenen Spitzen, auf weissem Grunde rosa, Lippe vortretend, dreilappig, der rund-eiförmige Mittellappen quer zurückgeschlagen, wellig, weiss mit dunkelrosa bis karminrot, Anhängsel dickzungenförmig. Dezember—März. Guatemala. Macht wenig Kulturansprüche, blüht dankbar und gehört zu den lohnendsten Schnittblumen, um so mehr als die Blüten ausserordentlich dauerhaft sind.

— **var. alba hort.** (*Maxillaria virginalis Hook.*) Kelch- und Blumenblätter reinweiss, Lippe ebenfalls reinweiss bis auf einen lichtgelben Mittelfleck und das gelbe Anhängsel.

— **var. amabilis Will.** Sehr grossblumig, Kelchblätter zart rosa, Blumenblätter magentarot, Lippe weiss mit verwaschenen purpurrosaen Flecken.

— **var. armeniaca h. Sand.** Blüten zart rosa-aprikosenfarben.

— **var. delicatissima Warn.** (*L. albida hort.*) Blüten gross, Kelchblätter weiss, rötlich angehaucht, Blumenblätter dunkler rosa überlaufen, Lippe krêmeweiss mit rosa, Anhängsel hellgelb.

— **var. gloriosa Will.** (*var. grandiflora hort.*). Blüten bis 15 cm gross, Kelchblätter hellrosa, Blumenblätter dunkelrosa, Lippe gross, weiss, zart rosa getuscht.

— **var. magnifica hort.** Blüten gross, Kelchblätter satt rosa, Blumenblätter fast karminrot, Lippe weiss mit karminroter Zeichnung.

— **var. nigrorubra hort.** (*var. Reginae hort.*) Blüten 15 cm gross, Kelchblätter fliederfarben, Blumenblätter pflaumenrot, Lippe sattrosa mit blutrotem Mittellappen, Anhängsel dunkelgelb.

— **var. picturata Warn.** Kelchblätter weiss, rosa überlaufen, vorn und am Grunde dunkler, Blumenblätter weiss, am Grunde rosa und mit rosaen Längsstreifen, Lippe krêmeweiss mit blutrotem Grundfleck und karminrotem Vorderlappen.

— **var. purpurata Warn.** Kelchblätter spitz, weiss und nur ganz zart rosa behaucht, ebenso die viel kleineren Blumenblätter, Lippe karminpurpurrot, Anhängsel purpurrot.

Fig. 106. Lycaste Skinneri.

— *var. Reginae hort.* ist *var. nigrorubra hort.*
— **var. rosea Will.** Blüten bis 15 cm. Kelch- und Blumenblätter

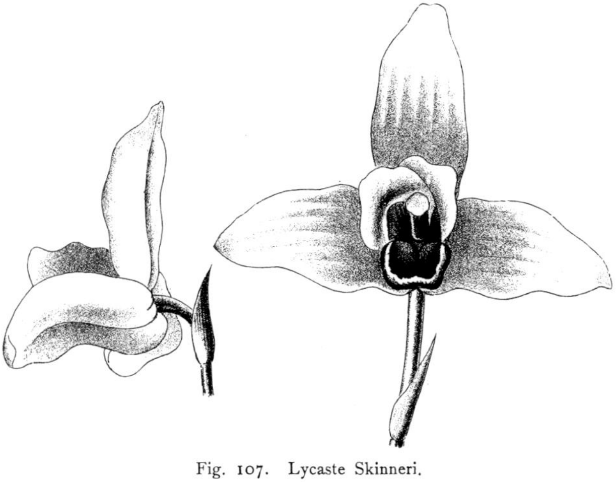

Fig. 107. Lycaste Skinneri.

sattrosa, Lippe weiss, karminrot gefleckt.

— **var. roseopurpurea Will.** Blüten bis 15 cm, Kelch- und Blumenblätter tief rosa, Lippe vollständig violett-karminrot.

— **var. superba Moore.** Kelchblätter zart rosa, am Grunde dunkler, Blumenblätter rosa-karminrot, Lippe weiss mit einem karminroten Fleck auf jedem Seitenlappen, Anhängsel buttergelb.

— **var. vestalis Will.** Kelchblätter breit, reinweiss, Blumenblätter weiss, innen zart rosa geadert, Lippe reinweiss bis auf einige ganz verschwommene rosae Flecke.

— *var. virginalis hort.* ist *var. alba hort.*

— **var. Youngii hort.** Blüten gross, weiss, aprikosenfarben überlaufen.

L. Smeeana Rchb. f., wahrscheinlich eine spontane Kreuzung aus L. Skinneri und L. Deppei, welcher letzteren Art sie im Wuchs gleicht. Blüten reinweis bis auf den purpurnen Saum und einige kleine purpurne Flecken der Lippe. Anhängsel kurz mit einer mittleren Kiellinie. November—Januar. Guatemala.

L. tetragona Ldl. (*Maxillaria tetragona Ldl.*) Scheinknollen länglich, stumpf-vierkantig, 6 cm lang. Blätter einzeln, länglich-eiförmig, gefaltet, etwa 6 zu 20 cm, hellgrün. Blüten zu 2—3 auf 10—15 cm hohem Schaft, bis 5 cm breit, Kelch- und Blumenblätter eiförmig, stark zugespitzt, aus purpurnem Grunde hellgrün, oft ganz purpurn überlaufen, Lippe aussen elfenbeinweiss, innen dunkelpurpurn, vorn weiss gerandet oder weiss mit purpurnen Punkten. Juni, Juli. Brasilien.

L. virginalis hort. ist *L. Skinneri v. alba hort.*

Lyraea Ldl. ist *Bolbophyllum Thou.*

Macodes *Bl.*

(Physureae 221.)

M. javanica Hook. Neue Einführung von Java, welche allerdings nicht entfernt den gärtnerischen Wert der nachstehenden Art hat. Blätter sammtgrün, weiss gestrichelt. Blüten in aufrechter Ähre, klein, scharlachrot mit gelber Lippe. August.

M. Petola Bl. (*Neottia Petola R. Br. Anoectochilus Petola hort. Anoectochilus Macodes hort. Anoectochilus Veitchii hort.*) (Fig. 108), die allgemein kultivierte Art der Gattung, hat den Wuchs von Dossinia oder der buntadrigen Anoectochilus und ist von diesen Gattungen nur durch abstehende (nicht helmartig zusammengeneigte) Kelch- und Blumenblätter und die nach der einen, die Säule nach der anderen Seite hin, gedrehte Lippe, welche vorn zwei nach oben und innen gerichtete Haken trägt, verschieden. — Stämmchen aufsteigend, federhalterdick, bis 8 cm hoch. Blätter eiförmig, etwa 6 zu 4 cm, kurz zugespitzt, hell sammtgrün mit scharf abgesetzten Hauptadern und Querstreifen von hellgelbem oder rötlichem Goldschimmer über die ganze Blattfläche. Blüten klein, aussen bräunlich, innen weiss, in kurzer Endtraube auf etwa 15 cm hohem Schaft. September, Oktober. Java, Borneo. — Die durch die Pracht ihrer Blätter entzückend schöne Art macht dieselben Kulturansprüche wie Anoectochilus, gedeiht aber viel leichter und besser. Die Goldlinien der Blattoberfläche sind nicht identisch mit den Netznerven, sondern verlaufen in parallelen Streifen, meist 3—4 einander genähert, als Verbindung zwischen den Hauptlängsadern, zwischen je zwei Goldliniengruppen leuchtet ein grösseres oder kleineres Rechteck des hellgrünen Sammtes des Blattes hervor.

Fig. 108. Macodes Petola.

Macrocentron Philippi ist *Habenaria W.*

Macrochilum Knowl. Westc. ist *Miltonia Ldl.*

Macrochilon Fryanum Knowl. ist *Miltonia spectabilis Ldl.*

Macroplectrum *Pfitz.*

(Aërideae.)

(Angrecum Thou. Section Macroura Bnthm., Aëranthus Rchb. f. nicht Ldl.)

Im Wuchs erinnern diese schönen und meist mächtigen Baumbewohner von Madagaskar und den Maskarenen, von denen vorläufig nur nachstehende Art in Kultur ist, an die starkwüchsigen Arten von Angrecum oder Vanda. Kelch- und Blumenblätter sind fast einander gleich, die mit dem Säulenfuss fest verbundene Lippe ist ganz ungeteilt und liegt, aber nach unten gewandt, in gleicher Ebene mit den Blumenblättern, nach hinten geht sie in einen starken, langen Sporn aus.

M. sesquipedale Pfitz. (*Angrecum sesquipedale Thouars. Aëranthus sesquipedalis Rchb. f.*) Hochstämmig, bis 70 cm. Blätter dicht gedrängt, zweizeilig dick, saftgrün, 5—7 cm breit und bis 50 cm lang, vorn schief zweispitzig. Blüten sehr gross (bis 20 cm Durchmesser), zu 2—4 in lockerer, aufstrebender, vorn übernickender Ähre, auf starkem langkegelförmigem, von einem kräftigem Deckblatt gestütztem saftgrünem Fruchtknoten. Die fünf gleichmässig gebildeten Blumenblätter aus breitrundem Grunde lang-dreieckig vorgezogen, (3 cm unten breit, 10 cm lang), die lang-herzförmige Lippe (4 zu 8 cm) an den Seiten tief gezähnt und in eine kurz zurückgebogene Spitze auslaufend. Alle Blumenblätter dick, elfenbeinweiss, mit zart gelbgrünlichem Schimmer an den Spitzen und auf der Rückseite. Sporn sehr kräftig, erst wagerecht, dann im rechten Winkel abwärts gebogen, hell gelblichgrün, bis 50 cm lang. November—Januar. Madagaskar.

Von William Ellis zuerst lebend nach Europa gebracht und 1857 von ihm zum erstenmale blühend gezeigt. Die wochenlang aushaltende herrliche Blüte hat den Duft der weissen Lilie.

Maelenia Dum. ist *Cattleya Ldl.*

Malachadenia Ldl. ist *Bolbophyllum Thou.*

Malaxis *Sw.*

(Liparidinae 157.)

M. paludosa Sw. (*Ophrys paludosa L.*), als Bewohner von Sphagnum-Sümpfen über die ganze nördliche Halbkugel der Erde verbreitete einzige Art der Gattung, ist ein ganz unscheinbares Pflänzchen von ausschliesslich botanischem Interesse. Auf dem fadenförmigem, kriechendem Wurzelstock sitzen 1—2 cm hohe, kantige, gelbgrüne Scheinknöllchen mit 3—4 kleinen elliptischen Blättchen. Blüten in endständiger, lockerer Traube auf kaum 10 cm hohem Schaft, winzig-klein, grüngelblich, Kelch- und Blumenblätter eiförmig, Lippe durch eine vollständige Kreisdrehung des Fruchtknotens wieder nach oben gewandt, kleiner als die Blumenblätter, konkav, eiförmig, ungeteilt. Juli, August. — Gedeiht leicht hochgepflanzt in kleinen Töpfen mit reinem Sphagnum.

M. Parthonii Morr. ist *Microstylis histionantha L.*

Masdevallia *R. P.*

(Pleurothallidinae 182).

Die kurzen aufrechten Stämmchen, keine Scheinknollen, sind meist rasenartig dicht gedrängt, viel seltener kriechend und die einzelnen Triebe dann voneinander entfernt, und tragen je ein endständiges, festes, immergrünes, oft fleischiges, aus einem schmalen Stiel sich verbreiterndes, flaches, selten drehrundes Blatt. Die ganz eigenartige Form der einzeln hochgestielten oder zu wenigen in hochgestielter Traube stehenden Blüten entsteht durch die Verwachsung des unteren Teiles der drei Kelchblätter zu einem flachen Becken oder zu einer mehr oder weniger tiefen Schale, welcher einer kurzen Röhre aufsitzt, wobei die beiden seitlichen Kelchblätter miteinander oft viel weiter unter sich als mit dem dritten, oberen, Kelchblatt verbunden sind. Fast immer sind alle drei Kelchblätter in lange Schwänze oder Fäden ausgezogen. Die Blumenblätter sind stets klein und schmal, mitunter so winzig, dass sie auf den ersten Blick überhaupt zu fehlen scheinen. Die vielgestaltige, aber meist auch sehr kleine Lippe ist dem Fuss der meist schlanken Säule angegliedert. Die Blütenfarben sind bei einigen Arten von entzückender Schönheit, bei anderen trägt das unheimliche Kolorit dazu bei, der sonderbaren Blüte ihr merkwürdiges Äusseres zu geben. In Wahrheit sind nur sehr wenige Arten als schön oder direkt durch ihre absonderliche Blütenform als kulturwert zu bezeichnen, meist macht die Blüte einen unvollkommenen Eindruck, als fehle ihr noch etwas zur vollen Entwickelung. Kaum eine zweite Orchideengattung verdankt ihre Berühmtheit so sehr der Geduldigkeit des Papieres, auf welchen sie geschmeichelt gemalt und verhimmelnd beschrieben wurden, wie die Masdevallien. Auch nicht entfernt erinnert z. B. die Blüte von Masdevallia Chimaera an jene halbgespensterhaften Blütenungeheuer, welche die bunten Tafeln der Journale mit voller Freiheit der Phantasie wiedergegeben oder vielmehr fabuliert haben.

In der Kultur sind die Masdevallien, die Heimat der mehr als 100 bekannten Arten sind die Gebirge von Peru bis Mexiko, nur wenige leben in Brasilien oder Guyana, kühl zu behandeln. Hohe Wintertemperaturen lassen die Pflanzen vergeilen, während sie bei 6—8 ⁰ gut gedeihen, Sie lieben viel Licht und gedeihen gut hochgepflanzt in ganz flachcn Sphagnumkörbchen oder am Rindenstück in der Nähe des Glases. Die aufrecht blühenden Arten können auch im Sphagnumtopf gepflegt werden, zahlreiche Arten aber senden ihre Blütentriebe nach unten, für diese wäre Topfkultur falsch angebracht, weil die fadendünnen Knospentriebe dann im Topfe verfaulen würden. Viel Licht, keine brennende Sonne, viel Wasser in der Zeit der Entwickelung, keine eigentliche Trockenperiode, sondern nur eine Ruhezeit, das ist das einfache Rezept. Fleissiges Spritzen ist auch die beste Hilfe gegen Thrips und sonstiges Ungeziefer.

Die grosse Artenzahl — die meisten davon sind erst im Laufe der letzten zehn Jahre beschrieben worden und voraussichtlich werden die Schluchten der Anden und Cordilleren noch manche Art beherbergen — teilt Pfitzer in folgende fünf Gruppen ein:

A. **Tubulosae:** Blüten einzeln, Kelchröhre eng, Lippe flach; z. B. M. amabilis Rchb. f. et Warsc.

B. **Cupulatae:** Blüten einzeln, flach-schalenförmig, Lippe flach; z. B. M. Shuttleworthii Rchb. f.

C. **Polyanthae:** Blüten in vielblumiger Traube, Lippe flach und schmal; z. B. M. Tovarensis Rchb. f.

D. **Saccilabiatae Rchb. f.:** Blüten meist einzeln, Kelchblattzipfel sehr lang, Lippe schuhförmig oder sonst stark verbreitert; z. B. M. Chimaera Rchb. f.

E. **Triaristellae Rchb. f.:** Blätter drehrund, die Fadenfortsätze der unteren Kelchblätter entspringen nicht der Spitze, sondern von der Seite des betreffenden Blattes; z. B. M. triaristella Rchb. f.

M. acrochordonia Rchb. f. ist *M. Ephippium Rchb. f.*

M. amabilis Rchb. f. et Warsc. Stämmchen rund, centimeterhoch, von Scheiden eingehüllt, dicht gedrängt, so dass die länglich-eiförmigen, stumpfen, ausgerandeten, freudig grünen, 10 cm hohen Blätter einen dichten Busch bilden, über welchem die sehr zahlreichen Blüten auf 20 cm langen, dünnen Stielen einzeln stehen. Blüten unten weiss mit rosa, oben orange-karmin, die freien Teile der Kelchblätter leuchtend rosa-karmin, das obere in einen aufrechten, fadenförmigen Pfriemen ausgezogen, die seitlichen breiter, schief-eiförmig herabgezogen und gleichfalls in fädliche Schwänze endend. Lippe sehr klein, flach, orangegelb. Mai, Juni. Anden von Nordperu.

— **var. grandiflora hort.** Blüten grösser und intensiver gefärbt.

— **var. lineata Lind. et André.** Auf jedem Blumenblattzipfel drei purpurrote Adern.

M. amabilis × *Veitchiana* ist *M. Chelsoni Rchb. f.*

M. Armini Rchb. f. Blätter schlank gestielt, länglich-lanzettlich, 1 zu 3 cm, Blüten einzeln auf schlankem Schaft, aus kurzer weisser Röhre in eine karminrote Schale ausgebreitet, oberes Kelchblatt fast kreisrund, ausgehöhlt, seitliche breit länglich-eiförmig, in 5 cm lange gelbliche Pfriemen ausgezogen, Blumenblätter weisslich, linear, gezähnt, Lippe länglich, auf der zurückgeschlagenen Spitze eine schwarze Warze. Mai. Östliche Cordilleren von Neu-Granada.

M. astuta Rchb. f. Blätter linear-lanzettlich, nach unten verschmälert 15 cm lang; Blüten zu 3—5 an aufsteigendem, 20 cm hohem Schaft, 5 cm breit, Kelchblätter zu ein Drittel in eine kurze Glocke verwachsen, dreieckig, gekielt, weissgelb, dicht rotgefleckt, innen flaumig, Pfriemen 5 cm lang, purpurn, vorn blasser, Blumenblätter fast fleischfarbig mit einer haarigen Warze vorn, Lippe fleischig, mit lang gebogenem Grunde und sackartigem Vorderlappen, weiss, rötlich getuscht. Juni, Juli. Costarika.

— **var. Gaskelliana Rchb. f.** Blüten einzeln, kleiner, crêmeweiss, rotgefleckt, Pfriemen 3 cm lang. Lippenwarze braun, behaart.

M. atropurpurea Ldl. ist *Cryptophoranthus atropurpureus Rodr.*

M. Backhousiana Rchb. f. ist *M. Chimaera Rchb. f. var.*

M. Barlaeana Rchb. f. der **M. amabilis** nahe verwandt, aber in der Farbe verschieden, oberes Kelchblatt orangegelb mit roten Streifen, die seitlichen mehr auseinandergehend, wodurch ein breiter Zwischenraum entsteht, leuchtend karminrot, scharlach schattiert mit drei tiefen Karminlinien, Blumenblätter und Lippe weiss, vorn purpurfleckig. Mai, Juni. Anden von Peru.

M. bella Rchb. f. (Fig. 109.) Dichtrasig, die länglich-keilförmigen Blätter am stammlosen Grunde von kurzen Scheiden umgeben. Blüten einzeln auf nickendem, 20 cm hohem Schaft; aus flacher Schüssel ist das obere Kelchblatt kurz dreieckig aufgebogen, die beiden seitlichen lang dreieckig herabgezogen, alle drei mit 10 cm langen purpurbraunen Schwänzen, Grundfarbe der Blüte aussen trübpurpurn, innen gelb, purpurbraun gespritzt, der Grund des Rückenblattes und die beiden seitlichen Kelchblätter ockergelb mit braun. Lippe weiss, nierenförmig, vorn klauenartig aufgebogen, mit einigen strahlig stehenden Wülsten. August — Oktober. West-Cordilleren von Neu-Granada bei 2400 m.

M. Benedicti Rchb. f. ist *M. Houtteana Rchb. f.*

M. Boddaertii Linden ist *M. coccinea Linden var.*

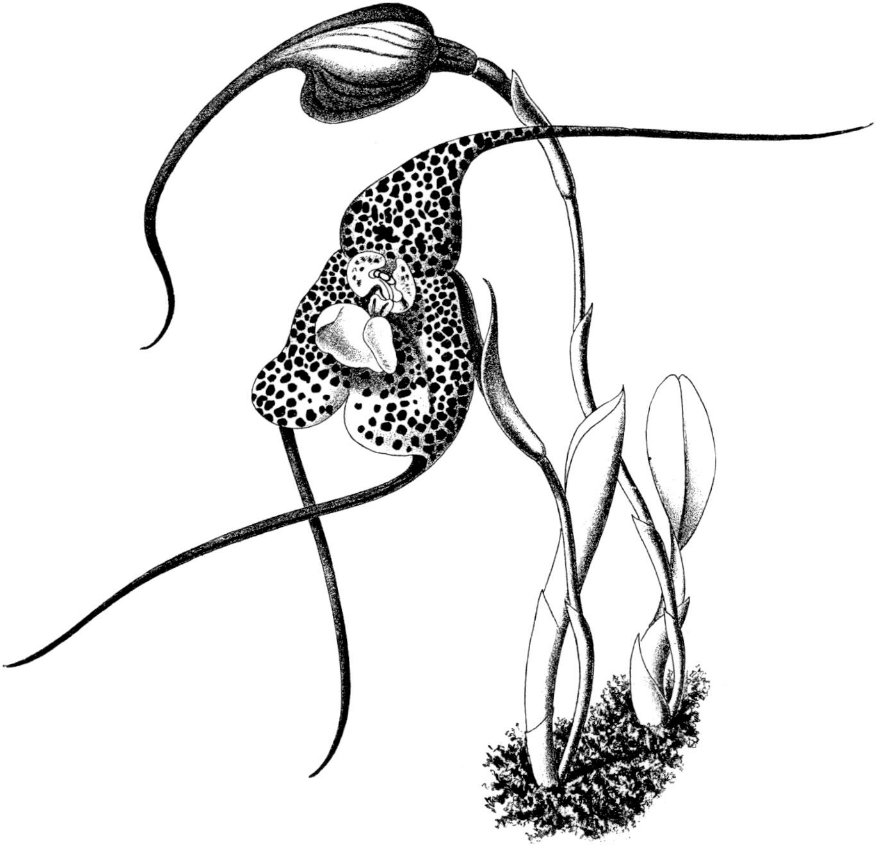

Fig. 109. Masdevallia bella.

M. Brückmüllerii h. Low. ist *M. coriacea Ldl.*

M. Calenderi hort. ist *M. coccinea Lind. var.*

M. calura Rchb. f. Blätter gestielt, verkehrt-lanzettlich, 3 zu 10 cm etwa, ledrig. Schaft 10 cm hoch, einblütig. Blüten 3 cm breit, dunkel chokoladenbraun, schwärzlich-schattiert, Röhre cylindrisch, gebogen, oberes Kelchblatt dreieckig mit 5 cm langen, orangegelben Pfriemen, seitliche verwachsen, zurückgebogen, innen klein warzig, mit schmalem Ausschnitt zwischen den beiden orangegelben, parallelen kurzen Pfriemen, Blumenblätter linear, Lippe fast rautenförmig, Säule weiss. Juni, Juli. Costarica.

M. campyloglossa Rchb. f. ist eine der unscheinbaren Arten mit kaum 2 cm breiten Blüten, deren dreieckig-spitze, spreizende Kelchblätter trübweiss und purpurn gefleckt sind. Juli. Vaterland unbekannt.

M. candida Karst. et Klotzsch ist *M. Tovarensis Rchb. f.*

M. Carderi Rchb. f. Blätter lanzett-spatelförmig, 3 zu 10 cm etwa. Blüten einzeln auf 6—8 cm langem, schlank-hängendem, 2—3 angedrückte Scheiden tragendem Schaft, glockenförmig, reinweiss, aussen und innen purpurn gefleckt, innen behaart, Pfriemen 4 cm lang, hellgelblich, Blumenblätter linear, vorn zurückgebogen, meist mit braunpurpurner Mittellinie, Lippe fast geigenförmig, Steg längsspaltig, Vorderteil schüsselförmig, innen glatt. Juni—August. West-Cordilleren von Neu-Granada.

M. caudata Ldl. ist in der Lindley'schen typischen Form nicht in Kultur.

M. caudata Ldl. var. Shuttleworthii Rchb. f. ist *M. Shuttleworthii Rchb. f.*

M. caudata Ldl. var. xanthocorys Rchb. f. ist *M. Shuttleworthii Rchb. f. var.*

M. caudata × *Estradae Rolfe* ist *M. Shuttleworthii* × *Estradae h. Veitch.*

M. Chelsoni Rchb. f. Die erste, im Veitch'schen Garten gezogene, Masdevallien-Hybride, aus M. Veitchii und M. amabilis. Sie gleicht einer kleinen, trübfarbigen M. Veitchii. Blüte orangegelb, kurz geschwänzt, die unteren Kelchblätter in zwei breiten, haarig erscheinenden Streifen dicht mit karminroten, kleinen Warzen besetzt. September, Oktober.

— **var splendens Veitch.** Blüten grösser, tief orangerot, leuchtend karmin-warzig.

M. Chestertonii Rchb. f. Blätter schmal-lanzettlich, 3 zu 12 cm, kurz gespitzt, ledrig. Blüten einzeln, auf 15 cm hohem Schaft, hängend, Kelchblätter länglich-eiförmig, gekielt, in 2 cm lange Pfriemen ausgezogen, grünlichgelb, schwärzlich-purpurn gefleckt, Blumenblätter klein, länglich, gelblichrot mit schwarzem Wulst an der Spitze, Lippe gross, vorn quer nierenförmig, hell orangegelb, rötlich liniirt. Säule rund, gebogen, weiss, vorn braunrot gefleckt. Juni, Juli. Neu-Granada, Antiochia.

M. Chimaera Rchb. f. (Fig. 110.) Dichtrasig, Blätter aus schmalem, von Scheiden bekleidetem, stammlosem Stiel länglich-keilförmig; zugespitzt, derb, dunkelgrün, 10—15 cm lang. Blüten auf reichlich 20 cm langen, aufrechten, nickenden oder nach unten hängend hervorbrechenden Stielen einzeln, aus borstig behaarter, flacher, 2 cm breiter Schale in drei fast gleichlange, je 2—3 cm behaarte Dreiecke ausgezogen, welche in 5—8 cm lange, violettbraune, glatte, steife Pfriemen auslaufen, hell ockergelb mit zahllosen kleinen violettbraunen Flecken, Blumenblätter sehr klein, länglichkeilförmig, an der Spitze um eine mittlere Warze in vier Flügelchen zerschlitzt, Lippe klein, gelblich, schuhförmig mit gezähnten Enden. April bis September. West-Cordilleren von Neu-Granada, wie es scheint, nur auf beschränktem Gebiet.

Fig. 110. Masdevallia Chimaera.

— **var. aurantiaca hort.** Grundfarbe der Blüte hell orangegelb.
— **var. Backhousiana Rchb. f.** (als Art). Blüten von einer Fadenspitze

zur andern bis 30 cm gross, satt ockergelb mit purpurroten Flecken, Schwänze braunrot.

— **var. Gorgona hort.** Kelchblätter sehr haarig, kanariengelb, dicht rotbraun gefleckt, nur der innere Rand der seitlichen wenig fleckig und der Grund des oberen purpurn getupft.

— **var. Roezlii Rchb. f.** (als Art). Blätter länglich - riemenförmig. Blüten an wiederblühenden Schäften (welche also nach der Blüte nicht abgeschnitten werden dürfen), sehr flach und tiefgespalten, Pfriemen nur 3—4 cm lang, schwarzpurpurn mit noch dunkleren Warzen am Rande, im Centrum heller und schachbrettartig gezeichnet, Blumenblätter hell ledergelb mit dunklen Augenflecken, Lippe hell- ledergelb.

— **var. rubra hort.** (*M. Roezlii Rchb. f. v. rubra. hort.*) Kelchblätter nur ganz leicht am Grunde verwachsen, innen rauhwarzig, crêmegelb mit braunrothen Flecken, Pfriemen braunrot, Blumenblätter strohgelb mit braunroten Augen, Lippe gelb, schmal, vorn kurz pantoffelförmig eingebogen.

— **var. senilis Rchb. f.** Blüten klein, weisslich behaart, hellgelb, schwarzrötlich gefleckt, Lippe weiss mit einem orangegelbem Fleck.

— **var. severa Rchb. f.** Blüten kurz gestielt, klein, Kelchblätter schmäler, spitzer, hellgelb, dicht braunrot gefleckt, kurz behaart.

— **var. stupenda Rchb. f.** (*M. Wallisii Rchb. f. var.*) Blüten innen schwefelgelb mit einigen grossen chokoladenbraunen Flecken, Rand borstig gewimpert, Fläche langhaarig, äusseres oberes Drittel und Pfriemen der Kelchblätter chokoladenbraun, innerste Schale um die gelblichen Blumenblätter und Lippe orangegelb, neben den Blumenblättern je eine weisse Warze mit zahlreichen scharlachroten Fleckchen.

— **var. Wallisii Hook.** (*M. Wallisii Rchb. f.*) Blätter schmal-lanzettlich, Blütenschaft kürzer als die Blätter, Blütenschüssel glockenförmig, ockergelb mit tief purpurroten Flecken, die eiförmigen Zipfel am Rande borstig gewimpert, auf der Fläche langhaarig, Pfriemen lang, purpurrot.

— **var. Winniana Rchb. f.** Blüten gross, an var. Roezlii erinnernd, sehr kurz behaart, dicht schwarzfleckig, das obere Kelchblatt hat unten ein gelbes, purpurn geflecktes Querband.

M. civilis Rchb. f. Blätter länglich-linear, 3 zu 10 cm etwa. Blüten einzeln auf sehr kurzem, schwärzlich-purpurnem Schaft, ledrig, aussen glänzend glatt, übelriechend, Röhre cylindrisch mit einem Höcker am Grunde, aussen grünlichgelb, innen dunkelpurpurn mit geflecktem Grunde, Kelchblätter dreieckig, kurz zurückgebogen, geschwänzt, grüngelblich, Blumenblätter spitz-spatelförmig, weiss mit tiefer Purpurlinie, gekielt, Lippe länglich, vorn zurückgebogen, trüb purpurfleckig. Mai, Juni. Peru.

M. coccinea Linden. Dichtrasig, Blätter ledrig, dunkelgrün, länglich, stumpf, dreinervig, auf fast rundem und längsriefigem Stiel, 15 cm hoch. Blüten einzeln auf 20 cm hohem, steif aufrechtem Schaft, mit kurzer, gebogener Röhre, aus welcher das obere Kelchblatt linear-pfriemlich aufsteigt, während die beiden unteren elliptisch-sichelförmig mit kurz ausgezogener Spitze sind, Röhre und oberes Kelchblatt zartrosa, untere leuchtend scharlachrot, Blumenblätter und Lippe in der Röhre versteckt, ganz klein. April—Juli. Neu-Granada.

— **var. conchiflora Rchb. f.** Blüten gross, seitliche Kelchblätter gerundet, muschelförmig, aus weissem Grunde violettpurpurn.

— **var. Harryana Rchb. f.** (als Art). Blätter verkehrt-eiförmig oder spatelförmig, Blüten 10 cm gross, Schlund der Blütenröhre gelb, oberes Kelchblatt karminrot, aus schmal dreieckigem Grunde 4 cm lang, fadenförmig, untere 2 cm breit, 4 cm lang, flach, halb eiförmig, lang-zugespitzt, aber nicht geschwänzt, klar blutrot mit violettrotem Schimmer. April—September. Ost-Cordilleren von Neu-Granada, namentlich auf der Sierra Nevada de Chita, zwischen 2300—3300 m.

Zahlreiche Grössen und Farben-Varianten werden von dieser schönen, gutwachsenden Pflanze in den Gärten unterschieden, z. B.:

f. armeniaca Will. Oberes Kelchblatt aprikosenrot, untere hell blutrot;

f. atrosanguinea Williams. Oberes Kelchblatt karminpurpurn, untere karminrot mit magentafarbenem Schimmer;

f. coerulescens hort. Blüten gross, untere Kelchblätter breit, halbkreisförmig, hoch magentarot mit bläulichem Schimmer;

f. coerulescens Will. Blüten bläulich purpurn;

f. decora Will. Blüten violettpurpurn, dunkler geadert;

f. Dennisoniana Rchb. f. (*f. sanguinea hort. Maxillaria Dennisoniana Ldl.*) Spitze der sehr breiten Kelchblätter kurz-pfriemenförmig, wagerecht nach innen gebogen, tief blutrot mit violettem Schimmer;

f. grandiflora Will. (*f. macrantha hort.*) Blüten gross, gerandet, leuchtend magenta-karminrot, Spitzen der unteren Kelchblätter wagerecht eingebogen;

f. Houtteana hort. ist *M. Houtteana Rchb. f.*;

f. laeta Rchb. f. Blüten hell rosapurpurn, Kelchblattzipfel schmal, wellig;

f. lateritia hort. Blüten leuchtend magenta-purpurn;

f. lilacina Williams. (*var. violacea hort.*) Blütenzipfel breit, fast halbkreisförmig, hellrosa-fliederfarben;

f. macrantha hort. ist *var. grandiflora Will.*;

f. miniata Will. et Moore. Blüten mennigrot mit scharlachrotem Hauch, vortretenden karminroten Linien und gelbem, augenartigem Schlund;

f. purpurea hort. Blüten leuchtend purpurrot mit magenta-rotem Schimmer;

f. sanguinea hort. ist *f. Dennisoniana Rchb. f.*;

f. splendens hort. Blüten hell magentarot mit karminroter Flammung;

f. tricolor hort. Blüten scharlach-violett mit braunen Streifen;

f. van Houttei hort. ist *M. Houtteana Rchb. f.*;

f. **versicolor Moore.** Blüten fast kreisrund mit gelbem Auge, seitliche Kelchblätter satt magentarot mit leuchtendem Braunrot, letztere Farbe bald als Saum, bald als Flecken auftretend.,

f. violacea hort. ist *f. lilacina Will.*

— **var. Lindeni André** (als Art). Blüten violett-purpurrot mit weissem Schlunde, kleiner als var. Harryana, aber durch das weisse Auge sehr wirkend.

f. **grandiflora hort.** ist nur durch etwas grössere Blüten abweichend.

M. coccinea Regel nicht *Ldl.* ist *M. ignea Rchb. f.*

M. coccinea v. Harryana × *ignea* ist *M. Ellisiana Rolfe.*

M. Colibri Lem. ist *M. Ephippium Rchb. f.*

M. corniculata Rchb. f. Blätter gestielt, länglich-lanzettlich, 2 zu 8 cm etwa. Blüten einzeln auf 5 cm hohem Schaft mit sehr grossem, hellgrünem Deckblatt, Röhre breit cylindrisch, gebogen, mit einem Grundhöcker, bräunlichrot, hellgelb gefleckt, oberes Kelchblatt kurz dreieckig, plötzlich in einen 5 cm langen Pfriemen verdünnt, seitliche länglich, zurückgeschlagen, mit 3 cm langen, grade abwärts gestreckten Pfriemen, Blumenblätter breitlinear, weiss, gelb gefleckt, Lippe geigenförmig, gelb mit purpurnen Flecken, vorn warzig. April, Mai. Neu-Granada.

— **var. inflata Rchb. f.** Blüten grösser, Röhre aufgeblasen, orangegelb, braungefleckt, Pfriemen orangegelb.

M. coriacea Ldl. (*M. Brückmülleri h. Low.*) Blätter linear-lanzettlich, 2 zu 10 cm etwa, dickledrig, oben dunkelgrün, längs eingesenkt, unten hellgrün, gekielt. Blüten einzeln auf 10 cm hohem rötlichgrünem Schaft mit kurzem Deckblatt, Röhre breit-cylindrisch, weissgelblich, purpurn längsfleckig, oberes Kelchblatt dreieckig, gekielt, mit kurzer, breiter Spitze, seitliche länglich, gelblich, kurz gespitzt, Blumenblätter länglich, weiss mit purpurner Mittellinie, Lippe zungenförmig, zurückgebogen, oben haarig, grüngelblich mit purpurner Mittellinie und Randflecken. Juni, Juli. Cordilleren von Bogota, Neu-Granada.

M. Crossi hort. ist *M. racemosa Ldl.*

M. Courtauldiana Rchb. f. = M. rosea × Shuttleworthii, von Cookson Backwood gezüchtet, hat die Blütenform von M. Shuttleworthii, aber die Blüten sind hell bräunlichrot, braun geadert, Röhre und unterer Teil der Kelchblätter hellrosa. Mai—Juli.

M. cucullata Ldl. Blätter länglich-lanzettlich, 5 zu 20 cm etwa, derb ledrig. Blüten einzeln auf 20 cm hohem Schaft mit grosser Grundscheide und einer Fruchtknoten und Blütenröhre einschliessenden, grossen, graubräunlichen Scheide, Röhre fast cylindrisch mit zwei Höckern am Grunde, Kelchblätter dreieckig, gekielt, braunpurpurn, Pfriemen 3 cm lang, gelblich, Blumenblätter länglich, weiss mit purpurner Warze auf der Spitze, Lippe zungenförmig, tief purpurbraun. April, Mai. Neu-Granada. Die dunkle Farbe der Blüte und ihr Sitz in der trüben, haubenartigen Scheide ist der Grund, dass die Pflanze in der Heimat „die Witwe" genannt wird.

M. Culex hort. ist *Pleurothallis Barberiana Rchb. f.*

M. Davisii Rchb. f. Lockerrasig, Blätter schmal linear-lanzettlich, gekielt, dickledrig, bis 15 cm hoch. Blüten einzeln auf 20—25 cm hohem, aufrechtem Schaft, wagerecht, orangegelb, mit fast cylindrischer Röhre, das obere Kelchblatt schmal-eiförmig, mit 2—3 cm langem, gradem Pfriem, die seitlichen 5 cm lang, fast parallel, länglich, in einen kaum 0,5 cm langen Pfriem zugespitzt, Lippe klein, stumpf linear-länglich, dreikielig. April bis August. Auf der Ostcordillere Perus zwischen 3—4000 m.

M. Dayana Rchb. f. ist *Cryptophoranthus Dayanus Rolfe.*

M. demissa Rchb. f. Blätter keil-spatelförmig, etwa 3 zu 10 cm, in einen gekehlten Stiel verschmälert, oben dreizackig, derbledrig. Blüten einzeln auf 5—8 cm hohem Schaft mit grosser, häutiger Deckscheide, Röhre kaum centimeterlang, trichterförmig, aus tief rotbraunem Grunde oben gelb mit drei roten Linien, oberes Kelchblatt gelb, aus dreieckigem Grunde in einen 2 cm langen Pfriemen verschmälert, seitliche zu $^3/_4$ verwachsen, länglich-eiförmig, dunkel rotbraun, gelbgeadert, Pfriemen orangegelb, Blumenblätter und Lippe in der Röhre verborgen, rotbraun. Juli, August. Costarica.

M. Dennisoniana Rchb. f. ist *M. coccinea Lind. var.*

M. elephanticeps Rchb. f. et Warsc. Dichtrasig, Blätter ledrig, spitz keil-spatelförmig, dunkelgrün, bis 20 cm lang. Blüten einzeln auf steifem, bis 25 cm hohem Schaft, bis 10 cm lang, Röhre in ein Kinn ausgezogen, mit den unteren auf ein Drittel ihrer Länge verwachsenen Kelchblättern dunkel karminpurpurn, aussen blass purpurrot, der Schwanzteil innen gelb und aufwärts gebogen, das obere Kelchblatt, fast parallel zu den seitlichen und mit diesen nur auf ein kurzes Stück verbunden, ist beiderseits buttergelb, der dreieckige Grund verschmälert sich langsam in einen gelben, aufwärts gebogenen Schwanz, Lippe klein, stumpf-rautenförmig und vorn dicht feinwarzig. Juni—September. Neu-Granada.

— **var. pachysepala Rchb. f.** Blüten gross, dick, fest. Kelchblätter und Schwänze breiter.

M. Ellisiana Rolfe, von Seden aus M. coccinea var. Harryana × ignea gezogen, hält genau die Mitte zwischen den Eltern. Röhre aus gelbem Grunde karminrosa, oberes Kelchblatt hellrosa-karmin, seitliche karmin, orangegelb schattiert, Pfriemen kurz, orangegelb. Juni, August.

M. Ephippium Rchb. f. (*M. Trochilus Ldl. M. Colibri Lem. M. acrochordonia Rchb. f.*) Dichtrasig, Blätter länglich-spatelförmig, fest, bis 15 cm hoch. Blüten einzeln, auf rundem oder dreikantigem, bis 20 cm hohem, aufsteigendem Schaft, 8 cm lang, schüssel- oder beutelförmig, purpurbraun mit helleren Streifen, metallschimmernd, Rücken-Kelchblatt gelb, klein, rundlich, mit langem, zurückgebogenem, orangegelbem Schwanz, Seitenblätter rotbraun oder kastanienbraun, aus breitem, geigenförmigem Grunde plötzlich gestutzt und in einen langen, orangegelben, 10 cm langen Schwanz verlängert, mit fünf rauhen Rippen, die an der Spitze zusammentreffen und aussen als Furchen auftreten. April—Mai. Kolumbien. Neu-Granada.

M. erytrochaeta Rchb. f. Sehr nahe verwandt mit M. Chimaera und astuta, aber die Blüten viel kleiner, heller gefärbt und weiss behaart. Pfriemen 4 cm lang, rötlichpurpurn. Juli — September. Central-Amerika.

M. Estradae Rchb. f. Dichtbuschig, Blätter gestielt, länglich-elliptisch oder spatelförmig, stumpf oder ausgerandet, ledrig, satt grün, etwa 8 cm hoch. Blüten einzeln auf aufrechtem, schlankem Schaft, 8 cm lang, mit flachglockiger, violettpurpurner Röhre und ebenso breitem, flachem, abstehendem Saum, das obere Kelchblatt schiffchenförmig, 1 cm lang, gelb in der unteren, purpurviolett in der oberen Hälfte, plötzlich in einen 2—3 cm langen, gelben Schwanzfaden endend, die seitlichen Kelchblätter ähnlich, aber flach, violettpurpurn unten, oben weisslich und 2 cm lang weiss geschwänzt. April—Juli. Kolumbien.

— **var. delicata hort.** Blüten hell fliederfarben-karminrot, die unteren Blätter hellviolett mit reinweiss.

— *var. xanthina Rchb. f.* ist *M. xanthina Rchb. f.*

M. fenestrata Ldl. ist *Cryptophoranthus atropurpureus Rolfe.*

M. floribunda Ldl. (*M. Galeottiana A. Rich. M. myriostigma Morr.*) Rasig. Blätter gestielt, lanzettlich, 2 zu 6 cm etwa. Blüten zahlreich, einzeln auf schlankem, 8 cm langem, niederliegendem Schaft, Röhre cylindrisch mit kleinem Grundhöcker, oberes Kelchblatt kurz dreieckig, die seitlichen rundlich, hell ledergelb, rotfleckig, mit 4 cm langen, rötlichen, zurückgeschlagenen Pfriemen, Blumenblätter linear, weiss. Lippe fast herzförmig, weiss mit rotem Spitzenfleck. Juni—August. Mexiko.

M. Fraseri Rchb. f. von Fraser-Derncleugh gekreuzt aus M. ignea × coccinea v. Lindeni, Röhre trüb orangerot, Kelchblätter violettkarmin, orangegelb getönt, Pfriemen der oberen Kelchblätter nicht herabgebogen. Juli—September.

M. Gairiana Rchb. f. Im Garten von Veitch & Sons in Chelsea aus M. Davisii und M. Veitchii gekreuzt, in der Form mehr an Veitchii, in der Blütenfarbe an M. Davisii herangehend, aber die bläulich-purpurnen Schattierungen von Veitchii zeigend. Juni—September.

M. Galeottiana A. Rich. ist *M. floribunda Ldl.*

M. Gargantua Rchb. f. ist *M. Mooreana Rchb. f. var.*

M. Gaskelliana Rchb. f. ist *M. astuta Rchb. f. var.*

M. Gelenyana Rchb. f. ist *M. Shuttleworthii × xanthina,* von Sander & Cie gekreuzt. Oberes Kelchblatt orangegelb, zahlreich purpurfleckig, seitliche heller, weniger und kleiner gefleckt, Pfriemen 5 cm, leuchtend gelb.

M. gemmata Rchb. f. (*M. trichaete Rchb. f.*) Blätter linear, 1 zu 4 cm, dicklich, oberseits grubig. Blüten einzeln auf fädlichem, niederliegendem Stiel, 2 cm breit, oberes Kelchblatt fast frei, zahlreich warzig, aus bräunlichgelbem, rotgeadertem Grunde in einen 2 cm langen, orangegelben

Pfriemen verschmälert, die seitlichen grösser, kahnförmig verwachsen, weinrot, mit zwei seitlichen, orangegelben Pfriemen unter der Spitze. Blumenblätter und Lippe winzig, purpurn. Mai—Juli. Neu-Granada.

M. gibberosa Rchb. f. Blüten in lockerer aufrechter Traube, klein, bizarr geformt, auf gelbem Grunde grün und rot punktiert, Zipfel der Kelchblätter bis 8 cm lang. Blumenblätter und Lippe bräunlich, verschwindend klein. April, Mai. Neu-Granada.

M. glaphyrantha Rchb. f. von Seden bei Veitch gekreuzt aus M. infracta × Barlaeana. Blüten meist paarweis, 3 cm breit, Röhre braunrot, oberes Kelchblatt gelb, rosapurpurn gesäumt und ebenso in der Mitte längsstreifig, seitliche rosapurpurn mit drei dunklen Adern, Pfriemen orangegelb. Mai—Juli.

M. Gorgona hort. ist *M. Chimaera Rchb. f. var.*

M. Harryana Rchb. f. ist *M. coccinea Lind. var.*

M. hieroglyphica Rchb. f. Blätter schmal-elliptisch, ledrig, 3 zu 8 cm etwa, Blüten einzeln auf 10 cm langem, schlankem Stiel, glockenförmig, unten höckerig, aus hellerem Grunde violettpurpurn, weiss gefleckt im freien dreieckigen Teile der Kelchblätter, deren oberes drei purpurne Längsadern und eine Knopfdrüse auf 3 cm langem, fadendünnem, unten purpurnem, oben gelblichem Pfriemen zeigt. Blumenblätter stumpflänglich, weiss, Lippe breiter länglich, purpurn. Mai—August. Neu-Granada.

M. Hincksiana Rchb. f. von Kapitän Hincks-Breckenbrough aus M. Tovarensis × ignea erzielt. Schaft meist mehrblumig, Blüten gross, rein ledergelb, oberes Kelchblatt wie von M. Tovarensis, seitliche bis zur Mitte verwachsen, dreinervig, kurzpfriemig. Juli—August.

M. Houtteana Rchb. f. *(M. coccinea Lind. var. Houtteana Rchb. f. et var. van Houttei hort. M. Benedicti Rchb. f. M. psittacina Rchb. f.)* Dichtbuschig, Blätter linear-lanzettlich, spitz, 5 cm lang, kaum 0,5 cm breit, dünn, gekielt, hellgrün. Blüten einzeln auf 10 cm hohem, aufrechtem Schaft, bis 3 cm breit, flachschüsselig, mit abspreizenden, breit halbeiförmig-dreieckigen, crême-weissen, satt blutrot gefleckten Kelchblättern, jedes in einen 4—6 cm langen, blutroten, runden Pfriemen ausgezogen. März—Mai. West-Cordillere von Neu-Granada.

M. ignea Rchb. f. (*M. coccinea Rgl.*, nicht *Lind.*) Locker rasig, Blätter lang gestielt, stumpf-elliptisch, bis 15 cm hoch, ledrig, glänzend grün. Blüten auf hohem, schlankem Schaft einzeln, herabgebogen, 5 cm gross, Röhre gekrümmt, fast cylindrisch, das obere Kelchblatt aus breitem Grunde pfriemenförmig und zwischen die unteren länglich-elliptischen, ungeschwänzten Kelchblätter herabgebogen, leuchtend zinnoberrot, innen mit drei karminroten Längsnerven auf jedem Kelchblatt. April—Juni, Dezember—Februar. Ost-Cordillere von Neu-Granada, zwischen 2500 bis 3500 m.

— **var. aurantiaca Will.** Blüten orangerot mit scharlachroten Linien.

— **var. Boddaertii Linden.** Blüten karminscharlach, hellgelb gefleckt.

— **var. citrina hort.** Blüten hellorangegelb.

— **var. coccinea hort.** Blüten cochenillerot mit fast purpurroten Linien.

— **var. Hobartii hort.** Blüten orangegelb, violett-purpurn überhaucht.

— **var. grandiflora Will.** (*var. magnifica hort.*) Blüten kompakt, fast kreisrund, hell scharlachrot mit karminroten Linien und purpurrotem Hauch.

— *var. magnifica hort.* ist *var. grandiflora Will.*

— **var. Marshallii Rchb. f.** Blüten gelb, zinnoberrot schattiert.

— **var. Massangeana Will.** Blüten hoch orangerot mit rosa-purpurnem Hauch.

— **var. splendens hort.** (*var. superba hort.*) Blüten leuchtend karminrot mit purpurnen Linien.

M. ignea × *coccinea h. Lind.* ist *M. Fraseri Rchb. f.*

M. inaequalis Rchb. f. Locker rasig, Blätter kurz gestielt, länglich-lanzettlich, stumpf, dunkelgrün. Blüten auf 10 cm hohem Stiel, wagerecht, 4 cm breit, mit schüsselförmiger Mitte und ausgebreiteten, rundlichen Kelchblättern, welche je einen dünnen, 3 cm langen Pfriemen tragen, gelblichweiss mit purpurbraunen Flecken. April—Juli. Neu-Granada.

M. inflata Rchb. f. ist *M. corniculata Rchb. var.*

M. infracta Ldl. (*M. longicaudata Lem.*) Blätter lanzettlich, 3 zu 10 cm., glänzend freudig grün. Blüten einzeln auf dreikantigem, gedrehtem, 15 cm hohem Schaft, 3 cm breit, Röhre breit glockig, gebogen, mit einem Grundhöcker und einer vortretenden Schwiele oben, gelblichweiss, oberes Kelchblatt rundlich dreieckig, ausgehöhlt, die seitlichen länglich-rund, bis zur Mitte verwachsen, längs der Naht gekielt, äussere Hälfte gelblichweiss, innere hell violettpurpurn, Pfriemen 3 cm lang, spreizend, hellgelb, Blumenblätter linear, vorn gezähnt, weiss, Lippe länglich mit zurückgebogener, rotbrauner Spitze. Juli, August. Brasilien.

— **var. purpurea Rchb. f.** Blüten grösser, fast einförmig violettpurpurn.

M. infracta × *Barlaeana* ist *M. glaphyrantha Rchb. f.*

M. ionocharis Rchb. f. Rasig. Blätter gestielt, elliptisch-lanzettlich, 2 zu 6 cm. Blüten zahlreich, einzeln auf schlankem, 8 cm hohem Schaft, kaum centimeterbreit, mit flachgedrückter Scheide, Röhre glockig, gelblich, Kelchblätter gekielt, der freie Teil sehr kurz, rundlich, weisslich, violettpurpurn gefleckt, Pfriemen kaum centimeterlang, spreizend, schlank, gelb, Blumenblätter und Lippe winzig, länglich, trüb purpurn. Juli, August. Anden von Sandia in Peru, 3000 m.

M. Kienastiana hort. ist *Pleurothallis Roezlii Rchb. f.*

M. Kimballiana Sand. ist *M. Veitchiana* ♀ × *M. Shuttleworthii* ♂ und steht fast genau in der Mitte zwischen den Eltern.

M. leontoglossa Rchb. f. Blätter linear-lanzettlich, derb ledrig, 2 zu 15 cm, dunkelgrün, oft rot überlaufen. Blüten einzeln auf sehr kurzen Stielen, Röhre breit-cylindrisch, unten höckrig, hell gelbgrün, trüb purpurn gefleckt, mit drei purpurn gesprenkelten Rippen oben, oberes Kelchblatt dreieckig, mit 2 cm langem, breitem Pfriemen, hell gelbgrün mit drei purpurnen Linien, seitliche Kelchblätter länglich, zur Hälfte verwachsen, hell gelbgrün mit schwärzlich purpurnen, reihenweis geordneten Warzen, kurzpfriemig, Blumenblätter länglich, spitz, weiss mit purpurner Mittellinie, Lippe zungenförmig, haarig, dicht mit dunkelroten Warzen besetzt. Juni bis August. Venezuela.

M. Lindeni André ist *M. coccinea Lind. var.*

M. longicaudata Lem. ist *M. infracta Ldl.*

M. Lowii Rchb. f. ist mit M. Chimaera nahe verwandt, aber die drei lang-dreieckigen, weissen, reichlich purpurn gefleckten, 6 zu 2 cm grossen Kelchblätter sind unter sich fast gleichgross und nur in eine kurze, weisse Spitze ausgezogen. Blumenblätter winzig, gelbweiss, Lippe sehr klein, breit spatelförmig, purpurbraun. Juni—August. Am Caucastrom in Kolumbien bei 2000 m.

M. ludibunda Rchb. f. Blätter länglich-elliptisch, 2 zu 6 cm höchstens. Blüten einzeln auf 6 cm langem, schlankem Schaft, Röhre kurz, ockergelb, Kelchblätter länglich-eiförmig, hellgelb oder hellviolett, oberes helmförmig, gekielt, Pfriemen fädlich, 4 cm lang, orangegelb, Blumenblätter länglich, gezähnt, Lippe fast geigenförmig, gelblich mit einer schwärzlichen Warze auf der zurückgebogenen Spitze. Juni—August. Neu-Granada.

M. macrura Rchb. f. Dicht rasig, Blätter kurz gestielt, kräftig, 4 cm breit, bis 25 cm lang, fast ledrig, länglich stumpf, schimmernd grün. Blüten auf 20 cm hohem, aufrechtem Schaft einzeln, wagerecht gebogen, aus kurz kelchförmiger Röhre sich breit schlüsselförmig öffnend, ausgesprochen zweilippig. Das obere Kelchblatt aus 2 cm breitem, gerundet dreieckigem Grunde allmählich in einen 10 cm langen, kräftigen, steifen, oben rückwärts gekrümmten Pfriemen ausgezogen, die unteren zusammen kaum breiter als das obere, rasch verschmälert und in kräftige, etwa 8 cm lange, steife, am Ende nach vorn gekrümmte Pfriemen verlängert, alle drei Kelchblätter tragen starke, vortretende Längsnerven mit rundlichen Warzen, Schlund der Blüte gelblich, der Rand und der breite Teil der Kelchblätter hell rotbraun mit dunkelbraun-purpurnen Streifen und Punkten, die Nerven, oberes Drittel und Pfriemen gelb. März—Juli. Neu-Granada.

M. maculata Klotzsch et Karsten. Dichtrasig, Blätter steif, ledrig, aus schmalem Grunde länglich-spatelförmig, dunkelgrün. Blüten auf schlankem Schaft einzeln, wagerecht, Röhre cylindrisch, kurz erweitert, gelb, aussen purpurbraun, das obere Kelchblatt pfriemenförmig, 10 cm lang, gelb, braunfleckig, die unteren Kelchblätter lanzettlich, purpurbraun, mit 10 cm langen, kräftigen, in den letzten zwei Dritteln grünen Pfriemen. April—Juli. Caracas.

— **var. flava hort.** Blüten blassgelb mit hellbraun.

— **var. superba hort.** Blüten eigelb mit purpurbraunen Flecken und dunkelbraunen unteren Kelchblättern.

M. melanopsis hort. ist Schreibfehler für *Melanopus Rchb. f.*

M. Melanopus Rchb. f. (*M. melanopsis hort. M. polysticta Hook.* nicht *Rchb. f.*) Blätter gestielt, verkehrt lanzettlich, 2 zu 8 cm, oben zweizackig. Blüten zu 5—7 in lockerer Traube auf 10 cm hohem Schaft, centimeterbreit, weiss, violettpurpurn gesprenkelt, Röhre kurz glockig, dreikantig, unten höckerig, Kelchblätter fast kreisrund, gekielt, in einen kurzen, leuchtend gelben Pfriemen verdünnt, Blumenblätter klein, linear, Lippe zungenförmig, vorn verbreitert, gelb. Mai—August. Anden von Nord-Peru.

M. militaris Rchb. f. et Warsc. Dichtrasig, Blätter kurz gestielt, steif ledrig, stumpf-lanzettlich, freudig grün. Blüten auf kurzem, dickem Schaft einzeln, wagerecht, mit flacher, gelber Schale und breitem, flachem, zinnoberrotem Saum, der stellenweis gelbrötlich ist, das obere pfriemenförmige Kelchblatt (wie von M. ignea) auf die unteren länglich-elliptischen, kurz gespitzten herabgebogen. Februar—April. Neu-Granada.

M. Mooreana Rchb. f. Blätter linear-länglich, 3 zu 15 cm, derb ledrig, mit aufgeblasener Scheide am Grunde. Blüten einzeln auf steifem, 10 cm hohem, unten und mitten mit Scheiden besetztem, rötlich-grünem Schafte, Röhre breit-cylindrisch mit kurzem Höcker unten, oberes Kelchblatt dreieckig, allmählich in einen linearen Pfriem verschmälert, gelb, mit drei weinroten Streifen im Grunde, seitliche bis zur Mitte verwachsen, weinrot, mit zahllosen schwärzlich-purpurnen Warzen, Pfriemen kurz, parallel, gelblich, Blumenblätter spitz-länglich, weiss mit purpurnem Mittelstreif, Lippe länglich, schwärzlich purpurn behaart. Juli, August. Neu-Granada.

— **var. Gargantua Rchb. f.** Blüten grösser, ledrig, hellgelbgrün, purpurn getuscht, seitliche Kelchblätter braun, gelb gerandet, Blumenblätter reinweiss.

M. muscosa Rchb. f. Blätter länglich-elliptisch, 1 zu 4 cm, kurz gestielt, vorn dreieckig, dickledrig, dunkelgrün, unten rötlich. Blüten einzeln, auf schlankem, 12 cm hohem, hellgrünem, moosartig behaartem Schaft, Fruchtknoten borstig-warzig, gebogen, Röhre centimeterbreit, kurz zusammengedrückt, unten höckerig, Kelchblätter blass ledergelb, schmal dreieckig, mit drei vortretenden Adern, Pfriemen 2 cm lang, Blumenblätter linear, Lippe mit schmalem Stege, vorn breit, gelb, an der Spitze braun, leicht beweglich. Mai—August. Cordillere von Tolima, Neu-Granada. Die Lippe wirkt als Insektenfalle.

M. myriostigma Morr. ist *M. floribunda Ldl.*

M. nycterina Rchb. f. Oft mit M. Chimaera, der sie in der That sehr ähnelt, verwechselt. Dichtrasig, Blätter kräftig, kurz gestielt, aus schmalem Grunde verkehrt-lanzettlich, stumpf, gekielt. Blüten einzeln auf kurzem, kräftigem, schräg ansteigendem Schaft, Röhre kurz, schlank, dunkelpurpurbraun, die drei Kelchblätter bilden einen flachen, 4—5 cm breiten, dreieckigen Saum und enden jedes in einen 5 cm langen, steifen, starken Pfriemen, der breite Teil rötlichgelb mit braunpurpurnen Flecken, fein behaart, die Pfriemen einfarbig braunpurpurn. Lippe 1 cm gross, gelbrötlich mit weissem, sackartigem Schuh. April — August. Neu-Granada.

M. ochthodes Rchb. f. ist *Scaphosepalum ochthodes Pfitz.*

M. pachyantha Rchb. f. Blätter verkehrt-lanzettlich, 3 zu 10 cm, dunkelgrün, ledrig. Blüten einzeln auf 10 cm hohem Schaft, 6 cm breit, Röhre breit-cylindrisch, gebogen, hellorangegelb, oberes Kelchblatt dreieckig, gekielt, hellgelbgrün mit drei purpurnen Adern, in einen 2 cm langen Pfriemen auslaufend, seitliche länglich-eiförmig, bis zur Mitte verwachsen, hellgelbgrün, dicht rosapurpurn gefleckt, Pfriemen kürzer, breiter, zurückgeschlagen, hellgelb, Blumenblätter spitz-eiförmig, weiss mit braunpurpurner Mittellinie, Lippe linear, zurückgebogen, braun, vorn schwärzlich, Mai—Juli. Thal des Cauca, Kolumbien.

M. pachysepala Rchb. f. ist *M. elephanticeps Rchb. f. var.*

M. Parlatoreana Rchb. f. (*M. splendida Rchb. f. var. Parlatoreana hort. Veitch.*) Auf der Ost-Cordillere von Peru, bei Cuzco, gefundene Kreuzung aus M. Veitchiana und M. Barlaeana, welche im Garten künstlich aus den Eltern nachgezüchtet wurde und wesentlich schöner blühende Exemplare ergab, als die wilde Hybride.

M. Peristeria Rchb. f. Blätter länglich-lanzettlich, 3 zu 10 cm. Blüten einzeln auf 10 hohem Schaft, 10 cm breit, Röhre breit-cylindrisch, unten höckrig mit sechs vortretenden Rippen, aussen trübgelblich, Kelchblätter dreieckig, gelb, purpurfleckig, in einen steifen, 3 cm langen, lehmgelben Pfriemen ausgezogen, Blumenblätter spitz-linear, hell grünlichgelb, Lippe aus schmalem Stege verbreitert, vorn wieder schmal, zurückgebogen mit amethystblauen Warzen. Juli—September. Neu-Granada. Säule und Kelchblätter bilden eine Taubenfigur — Phantasie frei — wie in der Blüte von Peristeria elata.

M. platyglossa Rchb. f. Blätter länglich-lanzettlich, 3 zu 12 cm, aufrecht, starr. Blüten einzeln auf 10 cm langem, niederliegendem Schaft, halbdurchschimmernd, hellgrün, Röhre kurz-cylindrisch, unten höckrig, Kelchblätter dreieckig, in eine scharfe Spitze ausgehend, jedes mit drei vortretenden Adern, Blumenblätter breit-linear mit einem dreieckigem Zipfel unter der Mitte, Lippe länglich-eiförmig, fleischig, zurückgebogen, vorn zahlreich warzig. Mai—Juli. Neu-Granada, Cordillere von Antiochia.

M. polyantha Ldl. ist *M. Schlimii Ldl.*

M. polysticta Rchb. f. (nicht Hook.) (Fig. 111.) Dichtrasig, Blätter lanzettlich-spatelförmig, stumpf, derb, dunkelgrün, dreinervig. Blüten zu

6—8 auf kräftigen hohen, die Blätter überragenden Schäften, weisslich-lila mit purpurnen Flecken übersät, die 3 cm langen, fadenförmigen Pfriemen olivengrün mit purpurnen Flecken; Röhre kurz, oberes Kelchblatt eiförmig, die unteren schief-lanzettlich, alle am Rande gewimpert. April—Juli. Nordperu.

M. psittacina Rchb. f. ist *M. Houtteana Rchb. f.*

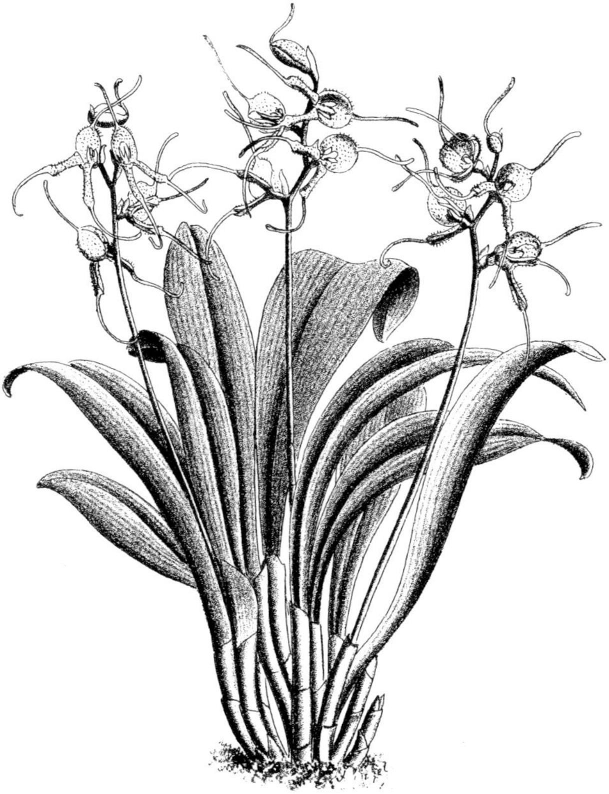

Fig. 111. Masdevallia polysticta.

M. racemosa Ldl. (*M. Grossii hort.*) Stämme auf kriechendem Wurzelstock 1—2 cm voneinander entfernt, aufrecht, 5 cm hoch. Blätter länglich-elliptisch, 3 zu 8 cm. Blüten zahlreich, in zweireihiger Traube auf 30 cm hohem, hin- und hergebogenem Schafte, 2 cm breit, leuchtend orangegelb, karmin schattiert, zuweilen gelblich, Röhre cylindrisch, gerippt, 1,5 cm lang, oberes Kelchblatt spitz-dreieckig, zurückgeschlagen, seitliche verwachsen in ein breit-herzförmiges, nicht geschwänztes, 2 cm breites Blatt, jede Hälfte mit drei dunkleren Linien, Blumenblätter und Lippe klein, weisslich. Juli—September. Neu-Granada.

M. radiosa Rchb. f. Gleicht ausserordentlich der M. Chimaera, ist aber in Blatt und Blüte kaum halb so gross wie diese. Die Innenseite der Blüte ist schwärzlich-purpurn mit schwarzen Warzen auf dunkelpurpurnem Grunde, Pfriemen schwarz; Lippe weiss. März—Juni. Von Wallis in der Hauptkordillere von Kolumbien, bei Frontino, entdeckt.

M. Reichenbachiana Endres. Dichtrasig, Blätter schmal-spatelförmig, gekielt, derb, hellgrün. Blüten zu 3 auf kantigem, die Blätter etwas überragendem Schaft, zart, 5 cm breit, aus sehr enger Röhre trichterförmig, das obere Kelchblatt dreieckig, die seitlichen lang-dreieckig, kurz geschwänzt, gelblichweiss mit einem blutrotem oder fast schwarzem Grundfleck oder mit blutroten Strahllinien. Dezember—April. Costarica.

M. Roezlii Rchb. f. ist *M. Chimaera Rchb. f. var.*

M. Rolfeana Sander ist wahrscheinlich eine Kreuzung von M. Reichenbachiana mit M. calura. Sie ähnelt in der Form kleinen Exemplaren ersterer Art, in der Farbe der letzteren. Die kurze Röhre und der untere Teil der verwachsenen Kelchblätter sind kastanienbraun, das freie obere Kelchblatt und alle drei langen Schwänze sind hochgelb. April—Juli.

M. rosea Ldl. Dichtrasig, Blätter langgestielt, spitz-elliptisch, mit dem Stiel 10 cm hoch. Blüten einzeln auf 10—12 cm hohem Stiel, aufrecht, Röhre cylindrisch, 3 cm lang, aus satt karmin-purpurrotem Grunde zart rosa-lila, oberes Kelchblatt pfriemenförmig, über die halbeiförmigen unteren gebogen, welche mit ihrer lang ausgezogenen Spitze gleichfalls 2 cm lang und aus hellrosaem Grunde an der Spitze karmin-purpurn sind. November—April. Anden von Losa in Ecuador bei mehr als 3000 m.

M. rosea × *Shuttleworthii* ist *M. Courtauldiana Rchb. f.*

M. Schlimii Rchb. f. (*M. polyantha Ldl.*) (Fig. 112.) Lockerrasig, Blätter kräftig, derb, langgestielt, aus schmalem Grunde länglich, 20 zu 5 cm etwa, Blüten zu 6—8 auf hohem, steifem Schaft, langgestielt aus grossen scheidenartigen Deckblättern, flach-schüsselförmig, oberes Kelchblatt kleiner als die unteren, aus dreieckigem Grunde kurz in einen dicken Pfriemen verschmälert, die unteren länglich-dreieckig, gestutzt und plötzlich in einen 3 cm langen Pfriemen ausgezogen, gelb mit unzähligen dichtgedrängten rötlichbraunen Flecken, Pfriemen und oberes Kelchblatt ungefleckt gelb, die kleinen Blumenblätter weiss, die kurz eingebogene Lippe gelblich, rotbraun punktiert. November—Februar. Merida in Venezuela bei 2000 m, Ost-Kordillere von Neu-Granada bei 3—3500 m.

M. senilis Rchb. f. ist *M. Chimaera Rchb. f. var.*

M. severa Rchb. f. ist *M. Chimaera Rchb. f. var.*

M. Shuttleworthii Rchb. f. (*M. caudata var. Rchb. f.*) Dichtrasig, Blätter kurzgestielt, länglich-elliptisch, zugespitzt, bis 10 cm hoch, 3—5-

nervig. Blüten auf ebenso hohem Schaft, einzeln, Röhre kurz, höckrig,

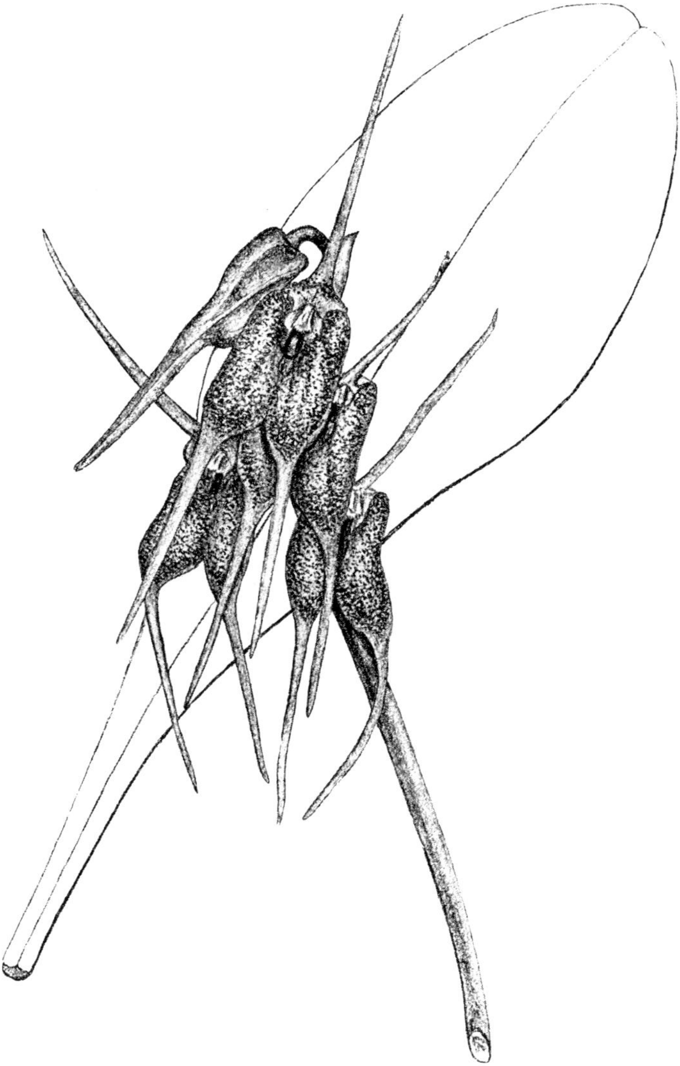

Fig. 112. Masdevallia Schlimii Lind.

das obere Kelchblatt aufrecht, fast hutförmig gebogen, hellgelblich mit hellrosenrot und einigen weinroten Linien, untere Kelchblätter schiefeiförmig herabgezogen, rosa, dicht purpurrot gefleckt, das obere plötzlich, die unteren allmählich in etwa 5 cm lange, unten grüne, oben orangegelbe Pfriemen ausgezogen. April—August. Neu-Granada bei 2000 bis 2600 m.

— **var. xanthocorys Rchb. f.** (*M. caudata var. hort.*) Blüten bräunlichgelb mit rosa, die Pfriemenenden gelbbraun.

M. Shuttleworthii × *xanthina* ist *M. Gelenyana Rchb. f.*

M. Shuttleworthii × Estradae h. Veitch. (*M. caudata* × *Estradae Rolfe*) von Seden bei Veitch gezüchtet, erinnert stark an die erstere Art, aber das obere Kelchblatt ist aus gelblichem Grunde fast reinrosa, aussen blasser und gelb gekielt, seitliche reich violett-purpurn, vorn heller, Pfriemen 4 cm lang, orangegelb, Blumenblätter und Lippe weiss, letztere fein lila gesprenkelt, Spitze der Säule purpurbraun. Juni—August.

M. simula Rchb. f. Dichtrasig. Blätter linear, 1 zu 5 cm, hellgrasgrün, oft rötlich angelaufen, gekielt. Blüten einzeln auf kaum centimeterhohem Stiel in trockenhäutigen bräunlichen Scheiden, $^3/_4$ cm breit, Röhre kurz, oberes Kelchblatt spitz-eiförmig, ausgehöhlt, gekielt, hellgelblich, purpurbraun gebändert, seitliche frei, spitz-eiförmig, sichelförmig, heller gelb, purpurfleckig, Blumenblätter linear, grünlich, Lippe grösser, breitzungenförmig, trüb dunkelweinrot. Juli, August. Neu-Granada.

M. splendida Rchb. f. (*M. Veitchiana* × *Barlaeana.*) Röhre schlank, 1,5 cm lang, oben mit einer vortretenden Rippe, orangerötlich, Kelchblätter länglich-eiförmig, dreinervig, leuchtend orangerot, dicht mit karminpurpurnen Warzen besetzt, Pfriemen 2 cm lang, orangerot. Blumenblätter, Lippe und Säule weiss. Juni—August.

— **var. Parlatoreana Rchb. f.** Blüten grösser, die purpurnen Warzen zerstreut. Beide Formen unter den Eltern in der östl. Kordillere von Peru von Walter Davis gefunden und später im Garten von Veitch gezüchtet.

M. Tovarensis Rchb. f. (*M. candida Karst. et Klotzsch.*) (Fig. 113.) Lockerrasig, Blätter kurzgestielt, derb ledrig, gekielt, schmal-lanzettlich, oben zweispitzig, dunkelgrün, etwa 1 zu 8 cm incl. Stiel. Blüten auf kräftigem, rundem, 10 cm hohem Schaft paarweis, wagerecht, stark duftend, prachtvoll reinweiss, aus kurz-kegelförmiger Röhre flach ausgebreitet, oberes Kelchblatt klein, aus kurzem, schmalem Dreieck 3 cm lang geschwänzt, die beiden unteren jedes viermal grösser, halbeiförmig, plötzlich in ein breites, kaum 2 cm langes Schwänzchen zugespitzt. November—Februar. Neu-Granada. Ausgezeichnet als Knopflochblume und für kleine Bindereien.

M. Tovarensis × *ignea* ist *M. Hincksiana Rchb. f.*

M. triangularis Ldl. Dichtrasig, Blätter kurz gestielt, ei-lanzettlich, zugespitzt, 6—8 cm hoch. Blüten auf gleichlangem, sehr dünnem Stiel, einzeln, ausgebreitet, 4 cm breit, gleichseitig dreieckig, ockergelb mit purpurroten Flecken, die langen Schwänze dunkelrot. Dezember. Venezuela.

M. triaristella Rchb. f. Dichtrasig, Blätter auf halbcentimerhohen Stämmchen sitzend, fast drehrund, in der Mitte leicht angeschwollen, nach beiden Enden gleichmässig langsam verdünnt, oberseits mit einer tiefen Furche, etwa 3 cm dick und 5 cm lang. Blüten auf schlankem, dünnem, aufrechtem, bis 15 cm hohem Schaft paarweis, wagerecht oder hängend, 5 cm lang, aus gelblichem Grunde rötlich, flach schüsselförmig, das obere Kelchblatt eirund, dreinervig, konkav, plötzlich in einen 5 cm langen Pfriem verschmälert, die unteren stumpflänglich, kahnartig ganz verwachsen, die beiden gebogenen 3 cm langen Pfriemen nicht aus der Spitze, sondern aus dem vorderen Drittel des Randes entspringend. April bis August. Costarica.

M. trichaete Rchb. f. ist *M. gemmata Rchb. f.*

M. tridactylilites Rchb. f. Klein, dichtrasig, Blätter pfriemlich, gefurcht, 3 cm hoch. Blüten einzeln auf 5 cm hohem, steifem Stiel, oberes Kelchblatt frei, fast kreisrund, ausgehöhlt, gekielt, ockergelb, rot gefleckt, in einen vorn verdickten fädlichen Pfriemen ausgezogen, seitliche Kelchblätter kahnförmig verwachsen, vorn gekerbt, trüb purpurn, Pfriemen wie vom oberen Kelchblatt, Blumenblätter spitz-länglich, purpurn, gelb gerandet, Lippe zungenförmig, trüb purpurn. Mai, Juni. Neu-Granada.

Fig. 113. Masdevallia Tovarensis.

M. Trochilus Linden et André ist *M. Ephippium Rchb. f.*

M. troglodytes Morr. Blätter linear-lanzettlich, 3 zu 10 cm, mit zurückgebogener, dreizackiger Spitze. Blüten einzeln auf 6 cm langem, niederliegendem, mit kleinen Scheiden besetztem Stiel, kaum centimeterbreit, glockig, aussen weiss, rotbraun gefleckt, innen rotbraun, freier Teil der Kelchblätter sehr kurz, gerundet, in 3 cm lange, fädliche, rotbraune Pfriemen ausgezogen, Blumenblätter linear, rötlich, weiss gesäumt, Lippe mit kurzem gekehltem Steg, vorn rund-sackartig mit einem Kiel, weiss. Juni—August. Neu-Granada.

M. Veitchiana Rchb. f. Dichtrasig, Blätter lanzettlich, stumpf, in einen kurzen Stiel verschmälert, dick ledrig, glänzend dunkelgrün bis 15 cm hoch. Blüten auf steifem, kräftigem, bis 25 cm hohem Schaft einzeln, wagerecht, bis 12 cm Durchmesser, aus glockiger Röhre ausgebreitet, Kelchblätter eiförmig, das obere in einen kräftigen, leicht gebogenen, 3 cm langen Pfriem allmählich auslaufend, die unteren in schief angesetzte, breitere und kürzere Pfriemen, orange-scharlach, innen mit leuchtend hochgelben Warzen und purpurner Schattierung, die hell goldgelbe Röhre birgt die unansehnlichen Blumenblätter und Lippe. August—November, aber auch April, Mai. In der Hochwaldregion der Anden von Peru zwischen 3500 und 4300 m.

— **var. grandiflora Will.** Blüten fest, bis 15 cm gross, leuchtend scharlach mit satt purpurroter Schattierung.

M. Veitchiana × *Davisii* ist *M. Gairiana Rchb. f.*

M. velifera Rchb. f. Blätter gestielt, schmal-elliptisch, 3 zu 10 cm etwa, steif aufrecht. Blüten übelriechend, einzeln auf 8 cm hohem Schaft, der in der Mitte eine Scheide trägt, Fruchtknoten rechtwinkelig gebogen, Röhre breit-cylindrisch, unten höckerig, oberes Kelchblatt dreieckig, glänzend ockergelb, innen fein rot punktiert, in einen 5 cm langen, vorn halbkreisförmig eingebogenen Pfriemen verlängert, seitliche gleichfarbig, in eine fast flache Platte mit eingerollten Rändern verwachsen, herabgebogen, mit gebogenen 3 cm langen Pfriemen, Blumenblätter linear, grünlichweiss, Lippe fast quadratisch, vorn verschmälert, chokoladenbraun, dicht warzig. Mai, Juni, Neu-Granada: Ocanna.

M. verrucosa Rchb. f. ist *Scaphosepalum verrucosum Pfitz.*

M. Vespertilio Rchb. f. Blätter schmal-lanzettlich, etwa 2 zu 10 cm. Blüten einzeln auf hängendem, 6—8 cm langem Stiel, breit offen, dreieckig, 3 cm breit, hellgelb, braunpurpurn gefleckt, oberes Kelchblatt spitz länglich-eiförmig, mit 3 cm langem Pfriemen, seitliche verwachsen, fast quadratisch mit 3 cm langen Pfriemen, Blumenblätter länglich, zurückgebogen, weisslich, gelbbraun gefleckt und eine braune Warze an der Spitze, Lippe fleischig, grubig, mit breitem Längsriss des Steges, vorn quer gerundet, tassenförmig. Juli, August. Neu-Granada, Thal des Cauca.

M. Wagneriana Linden. Dichtrasig, Blätter spatelförmig, stumpf, bis 6 cm hoch, ledrig, dunkelgrün. Blüten auf fadendünnem ebenso hohem Stiel einzeln, wagerecht, 3 cm breit, mit kurz becherförmiger, gelber Röhre, Kelchblätter aussen einförmig-gelb, das obere innen zum Teil braunrot, die unteren braunrot, kleinfleckig, die kleine Lippe ist fleischig, hakenförmig, gelb mit rotbraun. April—Juli, Venezuela. Eine der kleinsten kultivierten Arten.

M. Wallisii Rchb. f. ist *M. Chimaera Rchb. f. var.*

M. Wendlandiana Rchb. f. Dichtrasig. Blätter fleischig, gestielt, linear, 0,5 zu 3 cm etwa, längsfurchig. Blüten einzeln auf fädlichem, grünrötlichem, 4 cm langem Stiel, Röhre cylindrisch, unten höckerig, purpurn, oben milchweiss, freier Teil der Kelchblätter schmal-dreieckig, weiss, vorn gelblich, seitliche zurückgebogen, Blumenblätter und Lippe sehr klein, linear, erstere weiss, letztere purpurn, vorn zurückgebogen. Mai bis Juli. Neu-Granada.

M. Winniana Rchb. f. ist *M. Chimaera Rchb. f. var.*

M. xanthina Rchb. f. Dichtrasig, Blätter länglich-keilförmig, kurzgestielt, 10 cm hoch, derb, dunkelgrün. Blüten auf 15 cm hohem, aufrechtem Schaft einzeln, wagerecht, fast ohne Röhre, die drei Kelchblätter spreizend, das obere schmal-länglich, gekrümmt, lang geschwänzt, die unteren gleichgeformt aber kleiner, hell dottergelb mit einem dunkelviolettem Fleck am Grunde jedes der unteren Kelchblätter. April bis August. Kolumbia.

M. xanthocorys Rchb. f. ist *M. Shuttleworthii Rchb. f. var.*

Maxillaria *R. P.*

(Maxillariinae 189.)

(Dicrypta Ldl. Heterotaxis Ldl. Psittacoglossum Llav. Lex.)

Mehr als hundert baumbewohnende Arten, welche von Brasilien bis Mexiko verbreitet sind, und in sehr verschiedener Tracht auftreten. Stamm bald fehlend, bald kurz, bald lang, bald zu einer Scheinknolle verdickt. Blätter immergrün, sehr vielgestaltig. Blüten meist einzeln, bald grund-, bald seitenständig. Kelch- und Blumenblätter einander fast gleich, die seitlichen Kelchblätter stark kinnbildend. Lippe dem Säulenfuss leicht beweglich angegliedert, dreilappig mit aufrechten Seitenlappen und Längsschwielen.

Eine grosse Anzahl früher kultivierter Arten verschwindet nach und nach, verdrängt von schöner blühenden Arten. Wir haben die meisten alten Arten hier noch des historischen Interesses wegen erwähnt, ohne sie jedoch empfehlen zu wollen.

Kultur wie von Lycaste (s. d.)

Pfitzer anerkennt folgende Gruppen:

A. **Aggregatae.** Knollen gedrängt, 1—2 oft langgestielte Blätter auf der Spitze. Blüten unter der alten Knolle, aus den unteren Blattachseln des meist eben erst sich entwickelnden jungen Blatttriebes hervorbrechend; z. B. M. picta Ldl.

B. **Repentes:** Knollen entfernt voneinander rechtwinkelig aut dem kriechenden Wurzelstock sitzend; z. B. M. marginata Fzl.

C. **Erectae:** Wurzelstock aufrecht oder aufsteigend, mit den Knollen einen spitzen Winkel bildend; z. B. M. variabilis Batem.

D. **Ebulbes:** Knollenlos, mit aufrechten, dünnen, schmalblätterigen Stämmen; z. B. M. graminifolia Rchb. f.

E. **Iridifoliae:** Stämme kurz, Blätter reitend, senkrecht stehend, fleischig; z. B. M. iridifolia Rchb. f.

M. acicularis Herb. Unscheinbare, die Gartenkultur nicht lohnende Art mit länglichen Scheinknollen, schmal-linearen Blättern von 6—8 cm Länge und auf 2 cm langen Stielchen sitzenden rotbraunen, chokoladenbraun getuschten, kaum 2 cm breiten Blüten. August, September. Brasilien. Schon 1826 eingeführt, aber heut wohl kaum noch im Handel.

M. acutipetala Hook. ist von M. picta nur durch schmälere Blätter, etwas kleinere, leuchtender gefärbte Blüten mit spitzen Blumenblättern und starkem Wohlgeruch verschieden. März, April. Centralamerika.

M. anatomorum Rchb. f. gehört gleichfalls in den Formenkreis der M. picta, aber ihre Blüten sind einfarbig blassgelb und bis zu 8 cm breit, stark wohlriechend. Juli, August. Brasilien.

M. aromatica R. P. ist *Lycaste aromatica Ldl.*

M. atropurpurea Lodd. Scheinknollen gedrängt, eiförmig, 5 cm hoch, mit einem kurzgestieltem, breit-lanzettlichem, vielnervigem, dunkelgrünem Blatte. Blüten meist einzeln auf sehr kurzem, mit Deckblättern besetztem Schafte, wohlriechend, klein, schwarz-purpurrot, gelbbräunlich schattiert. Juli, August. Brasilien.

M. aureofulva Hook. Scheinknollen rund-eiförmig, 3 cm hoch, gefurchtkantig, mit einem langgestieltem, länglich-elliptischem, spitzem, vielnervigem Blatte. Blüten in lockerer Traube auf 20 cm hohem Schafte, goldgelb mit rotbrauner Zeichnung, Kech- und Blumenblätter länglich, spitz, die seitlichen Kelchblätter ein stumpfes Kinn bildend. Juni—August. Brasilien.

M. barbata West. ist *Bifrenaria Harrisoniae Ldl. var. vitellina.*

M. Barringtoniae Lodd. ist *Lycaste Barringtoniae Ldl.*

M. Brocklehurstiana Ldl. ist *Houlletia Brocklehurstiana Ldl.*

M. Camaridii Lodd. ist *Camaridium ochroleucum Ldl.*

M. ciliata R. P. ist *Lycaste Barringtoniae Ldl.*

M. Colleyi Batem. ist *Batemannia Colleyi Ldl.*

M. citrina Don ist *Promenaea citrina Ldl.*

M. coccinea hort. ist *M. variabilis Ldl.*

M. cristata Batem. ist *Paphinia cristata Ldl.*

M. cruenta R. P. ist *Lycaste cruenta Ldl.*

M. cucullata Ldl. Scheinknollen 2—3 cm hoch, schmal-eiförmig mit einem kurzgestieltem, zungenförmigem, ledrigem, gekieltem Blatte. Blüten einzeln auf kurzem mit scheidenartigen Deckblättern besetztem Schaft, der

Fruchtknoten von einem kappenförmigen Deckblatt verhüllt, 3—4 cm breit, gelb mit bräunlich-roter Punktierung. August—Oktober. Brasilien.

M. cyanocheile Hffmsgg. ist *Colax viridis Rchb. f.*

M. deflexa Ldl. ist *M. marginata Fzl.*

M. densa R. P. ist *Ornithidium densum Rchb. f.*

M. Deppei Lodd. ist *Lycaste Deppei Ldl.*

M. discolor Lodd. ist *Warscewiczella Wendlandii Rchb. f. var.*

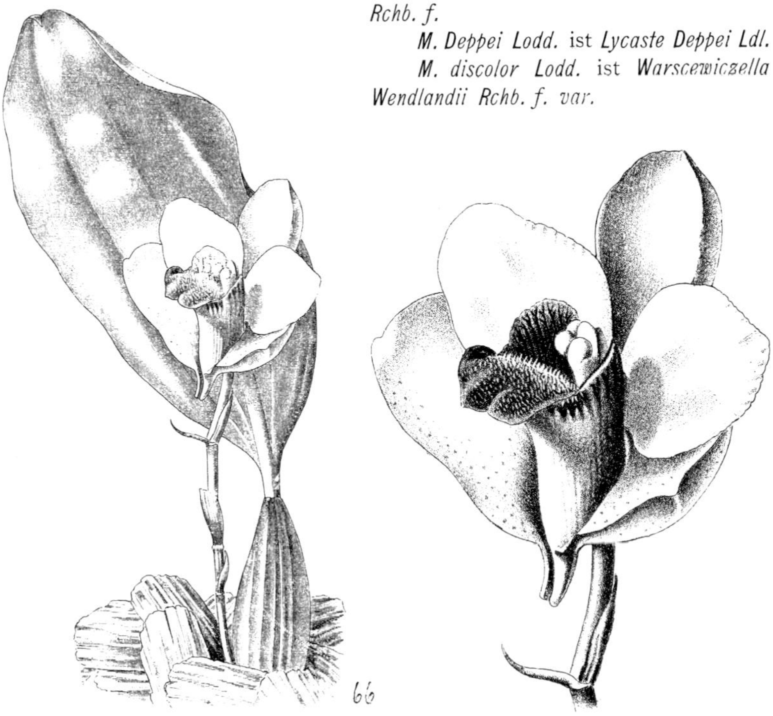

Fig. 114. Bifrenaria Harrisoniae.

M. galeata Lodd. ist *Gongora galeata Rchb. f.*

M. grandiflora Ldl. (*Dendrobium grandiflorum H. B. K.*) Scheinknollen gedrängt, abgeplattet-eiförmig, bis 3 cm hoch, dunkelgrün. Blätter meist einzeln, dunkelgrün, langgestielt, länglich-eiförmig, bis 20 cm lang. Blüten wohlriechend, auf 10—12 cm hohem, scheidenbesetztem Schaft einzeln, bis 10 cm breit, Kelchblätter spreizend, lang-lanzettlich, wie die gleichgestalteten, aber kürzeren Blumenblätter reinweiss, Seitenlappen der Lippe, dunkelpurpurn, Mittellappen vorn umgeschlagen, aus weissem Grunde gelb. August—Oktober. Neu-Granada, Peru. Kalthauspflanze.

M. Harrisoniae Ldl. ist *Bifrenaria Harrisoniae Ldl.* (Fig. 114). Beschreibung etc. siehe Bifrenaria.

M. Heynderyxii Batem. ist *Lycaste gigantea Ldl.*

M. imbricata Ldl. ist *Ornithidium densum Rchb. f.*

M. jugosa Ldl. ist *Colax jugosus Ldl.*

M. lanipes R. P. ist *Lycaste lanipes Ldl.*

M. Lawrenceana R. P. ist *Bifrenaria Harrisoniae Ldl. var. alba Lodd.*

M. leptosepala Hook. ist *M. setigera Ldl.*

M. longisepala Rolfe gehört gleichfalls in den Formenkreis der M. picta. Die erheblich grösseren Blüten sind innen hell rotbraun, dunkler längsstreifig, aussen zimmtbraun, Lippe hellgelb, hell-braunrot gestreift. September, Oktober. Kolumbien.

Fig. 115. Maxillaria luteoalba.

M. luteoalba Ldl. (Fig. 115). Scheinknollen gedrängt, flachgedrückt eiförmig, 5 cm hoch, mit einem in einen stielartigen eingerollten Grund verschmälertem, lang elliptischem, stumpfem, 8 zu 30 cm etwa, längsnervigem, festem, dunkelgrünem, vorn übergeschlagenem Blatte. Blüten einzeln auf reichlich 15 cm hohem, bis oben von Scheiden bekleidetem Schaft, Kelchblätter lang-linear, zugespitzt, aus gelbweissem Grunde lehmgelb, aussen bräunlich, weit auseinander gespreizt, Blumenblätter aufrecht, halb so lang, aus weissem Grunde braun, an den Spitzen gelb, Lippe dreilappig, kurz halbkreisförmig aufgebogen, gelb, nach vorn weisslich, Seitenlappen aufrecht, purpurn gestreift. April bis September. Neu-Granada.

M. lyncea Hook. ist *Stanhopea tigrina Batem.*

M. macrobulbon Hook. ist *Lycaste macrobulbon Ldl.*

M. macrophylla Lem. ist *Lycaste macrophylla Ldl.*

M. marginata Fzl. (*M. tricolor Ldl. M. deflexa Ldl. M. pantherina hort. M. punctata Klotsch.*) ist eine sehr variable Art aus der Verwandtschaft der M. picta, deren wohlriechende, 2—4 cm grosse Blüten bald weissgelb, bald schwefelgelb, rot oder rotbraun punktiert, gestreift oder gesäumt sind. Die wellig-krause Lippe ist weissgelb, purpurn gestreift, oder gelb und braun mit schwarzpurpurnem Rande. Juli—Oktober. Brasilien.

M. nigrescens Ldl. (*M. rubrofusca hort.*) Scheinknollen gedrängt, flachgedrückt-eiförmig, 5 cm hoch, Blätter einzeln, ledrig, lang-lanzettlich, dunkelgrün. Blüten auf kurzem, aufrechtem Schaft einzeln, Kelch- und

Blumenblätter spreizend, lanzettlich, weinrot, Lippe gleichfarbig mit dunklerer Schattierung. Mai—Juli. Neu Granada.

M. ochroleuca R. P. ist *Camaridium ochroleucum Ldl.*

M. pallidiflora Hook. ist *Xylobium pallidiflorum Pfitz.*

M. pantherina hort. ist *M. marginata Fzl.*

M. picta Ldl. Scheinknollen gedrängt, flach-eiförmig, 3 cm hoch, Blätter kurz gestielt, schmal-lanzettlich, ledrig, dunkelgrün. Blüten auf 6—8 cm hohem Stiel einzeln, 3—4 cm gross, dunkelgelb und purpurrot gefleckt, Lippe weissgelb, spärlich braunrot gefleckt. Januar—März. Brasilien.

— **var. major hort.** Blüten nur wenig grösser, aber länger gestielt und dadurch vortretend.

M. placanthera Ldl. ist *Colax viridis Rchb. f. var.*

M. pubigera Lodd. ist *Bifrenaria Harrisoniae Ldl.*

M. punctata Klotzsch ist *M. marginata Fzl.*

M. racemosa Hook. ist *Bifrenaria racemosa Ldl.*

M. Rollissonii Ldl. ist *Promenaea Rollissonii Ldl.*

M. rubrofusca hort. ist *M. nigrescens Ldl.*

M. rufescens Ldl. Scheinzwiebeln länglich, flach gedrückt, Blätter einzeln, linear-lanzettlich, 3 zu 20 cm, ledrig, dunkelgrün. Blüten wohlriechend, einzeln auf 5 cm hohem Stiel, in Büscheln zusammenstehend, 3 cm breit, Kelchblätter ei-lanzettlich, vorn zurückgerollt, gelbbräunlich, rötlich schattiert, Blumenblätter halb so gross, hellgelb, rot punktiert, Lippe dreilappig, mitten reingelb, an den Rändern dicht rotgefleckt. Dezember, Januar. Trinidad.

M. Sanderiana Rchb. f. ist wohl nur eine Varietät von M. grandiflora Ldl., welche sie allerdings an Grösse übertrifft. Blüten bis 15 cm, weiss, nur am Grunde der Blätter dunkel karminrot überlaufen, auch die Lippe wie von M. grandiflora, nur fast doppelt so gross. Mai, Juni. Kolumbien, Peru bei 1500 m.

M. scabrilinguis hort. ist *Xylobium squalens Ldl.*

M. setigera Ldl. (*M. leptosepala Hook.*) Scheinknollen gedrängt, rund-eiförmig, 5 cm hoch, glatt, hellgrün, Blätter einzeln, aus kurz stielförmig zusammengezogenem Grunde breit-elliptisch, 2,5 zu 5 cm, stumpf, gekielt, vorn überhängend, derb, dunkelgrün. Blüten auf bogig aufsteigendem, 6—8 cm hohem Schaft einzeln, 10 cm gross, Kelch- und Blumenblätter spreizend, spitz-linear, eingerollt, elfenbeinweiss, Lippe kurz mit gezähnelten Seitenlappen, rot überlaufen. April, Mai. Kolumbien.

M. Skinneri Batem. ist *Lycaste Skinneri Ldl.*

M. splendens Poepp. et Endl. Scheinknollen gedrängt, spitz-eiförmig, 5 cm hoch, Blätter einzeln, aus schmalem Grunde langlinear, vorn schief ausgerandet. Blüten auf büschelig stehenden, kurzen, aufrechten Schäften einzeln, bis 10 cm gross, Kelch- und Blumenblätter lanzettlich, reinweiss, Lippe hoch orangegelb mit rosaem Saum. April—Juni. Peru.

M. squalens R. P. ist *Xylobium squalens Ldl.*

M. stapelioides Ldl. ist *Promenaea stapelioides Ldl.*

M. Steelii Hook. ist *Scuticaria Steelii Ldl.*

M. sulfurina Ldl. Scheinknollen kegelförmig, flach gefurcht, 5 cm lang. Blätter einzeln, spitz elliptisch, gefaltet, 2 zu 10 cm, ledrig, glänzend dunkelgrün. Blüten meist zu 5 in wurzelständiger, aufsteigender, 15 cm hoher Ähre, 2 cm breit, hell schwefelgelb, oberes Kelchblatt klein, lineal-lanzettlich, die unteren am Grunde verwachsen, doppelt so gross, lanzettlich-sichelförmig, Lippe weisslich mit drei gelben Kämmen. Dezember, Januar. Brasilien.

M. tenuifolia Ldl. Scheinknollen rundlich-eiförmig, in eine kurze Spitze auslaufend, Blätter paarweis, linear, etwa 1 zu 20 cm, überhängend, ledrig, dunkelgrün. Blüten einzeln auf 5 cm hohem Stiel, schwach wohlriechend, 3 cm breit, Kelch- und Blumenblätter ei-lanzettlich, zurückgebogen, aussen grünlich gelbbraun, innen hellrotbraun, Lippe aussen gelblich, innen gelb, purpurbraun punktiert. Juni, Juli. Mexiko.

M. tetragona Ldl. ist *Lycaste tetragona Ldl.*

M. tricolor Ldl. ist *M. marginata Fzl.*

M. Turneri hort. Scheinknollen gedrängt, rund-eiförmig, 3 cm hoch, Blätter einzeln, breit elliptisch, in einen kurzen Stiel eingezogen, 4 zu 20 cm, gekielt, derb, dunkelgrün. Blüten auf kurzem Schaft einzeln, wohlriechend, 5 cm gross, Kelch- und Blumenblätter lanzettlich, zimmtbraun, nach den Spitzen karminrot, Lippe aus kurzem, hellbraunem Grunde karminrot. Mai, Juni. Brasilien.

M. variabilis Batem. (*M. coccinea hort.*) Stämme aufrecht, verästelt, mit Scheiden dicht besetzt und mit unter sehr spitzem Winkel ansitzenden, übereinander, je 2—3 cm vom nächsten entfernt, abwechselnd stehenden, fast schmal-birnförmigen, 3 cm hohen Scheinknollen. Blätter einzeln auf der Spitze der Knollen, breit-linear, in einen schmalen Grund gefaltet, gekielt, derb, dunkelgrün. Blüten auf schlanken, aufrechten, 5 cm hohen Stielen aus den Achseln der Knollen, streng riechend, kaum 3 cm breit, gelb und rot punktiert oder einfarbig purpurrot. Januar—März. Mexiko.

— **var. unipunctata Ldl.** Blüten kaum 2 cm gross, gelb mit je einem rotem Grundfleck auf den Blütenblättern.

M. venusta Linden et Rchb. f. Scheinknollen gedrängt, länglich, zusammengedrückt, 5 cm hoch, Blätter paarweis, breit-lanzettlich, 5 zu 20 cm etwa, kurzgestielt, vielnervig, derb. Blüten auf kurzem, mit rötlichen Scheiden besetztem, kräftigem Schaft einzeln, nickend, 10 cm gross, weiss, Kelch- und Blumenblätter spitz, schmal-lanzettlich, Seitenlappen der Lippe karminrot, Mittellappen gelb mit zwei karminroten Punkten und einem rundem, sammthaarigem Höcker auf der Scheibe. August—November. Neu-Granada.

— **var. superba hort.** (*var. grandiflora hort.*) Blüten über 10 cm gross, reinweiss, Lippe hellgelb mit leuchtend roter Zeichnung.

M. virginalis hort. ist *Lycaste Skinneri Ldl. var. alba hort.*

M. viridis Ldl. ist *Colax viridis Rchb. f.*
M. vitellina ist *Bifrenaria Harrisonii Ldl. var.*
M. Warreana Lodd. ist *Warrea tricolor Ldl.*
M. xanthina ist *Promenaea xanthina Ldl.*
Mecosa Bl. ist *Platanthera L. C. Rich.*

Megaclinium *Ldl.*

(Bolbophyllinae 299.)

Die zehn im tropischen und subtropischen Afrika baumbewohnenden Arten sind durchweg klein und unscheinbar blühend und ausschliesslich nur von botanischem Interesse. Von den vier bisher lebend nach Europa gekommenen Arten (M. Bufo, falcatum, maximum und purpuratum) ist wohl keine über die Grenzen der botanischen Gärten hinaus gekommen und heute wohl überhaupt nur noch die nachstehenden in Kultur.

Die höchstens haselnussgrossen Scheinknollen sitzen entfernt voneinander auf einem dünnem, kriechendem Wurzelstock, sind schlank, glatt, und tragen je zwei immergrüne Blätter. Die bis 20 cm hohen Blütenschäfte entspringen unter der Knolle, treten stielrund hervor, verbreitern sich aber von unten auf und sind mehr als zwei Drittel ihrer Höhe blattartig-verflacht (etwa wie die Zweige der bekannten Mühlenbeckia platycladon) oder verbändert, dabei sind sie durch zahlreiche Querschnitte (bandwurmartig) in lauter centimeterlange Glieder abgeteilt. Die Blüten treten aus diesen Einschnitten auf der Mitte der abgeplatteten Seite hervor, sind fast sitzend und kaum centimeterlang. Das obere Kelchblatt ist vielmals grösser als die ein kaum bemerkbares Kinn bildenden, unten verwachsenen, vorn zurückgeschlagenen, seitlichen Kelchblätter, Blumenblätter sehr klein, schmal, unscheinbar, Lippe klein, nicht vortretend, fleischig, stark gekrümmt, am untersten Ende des Säulenfusses so leicht beweglich eingelenkt, dass jede Erschütterung sie in Schwingungen versetzt. Kultur wie Bolbophyllum (s. d.)

M. falcatum Ldl. Blätter paarweis, eiförmig, vorn ausgerandet, zweimal gefaltet, 3 zu 10 cm etwa. Blütenähre braunrot, etwa 1 cm breit, 5 cm lang. Blüten klein, braungelb mit rot, Lippe hellgelb, Kelchblätter stumpf-länglich, das obere vorn wulstig, die seitlichen zweizähnig, Blumenblätter pfriemlich, gestutzt. März, April. Sierra Leone. Schon 1824 nach England gebracht.

M. maximum Ldl. Blätter paarweis, riemenförmig, vorn herabgebogen, 1 zu 6 cm etwa, dunkelgrün, oft purpurn überlaufen. Blütenähre 2 zu 20 cm etwa, Blüten klein, gelbgrün, von sehr sonderbarem Umriss. Juni, Juli. Sierra Leone.

M. purpuratum Rchb. f. steht dem M. falcatum in der Tracht nahe, aber die kleinen Blüten sind hellbraunpurpurn. Mai, Juni. Sierra Leone.

Mesoclastes Ldl. ist *Luisia Gaudich.*

Mesospinidium *Rchb. f.*

(Adeae 331.)

ist in den europäischen Gärten nicht vertreten. Die mit Ada Ldl. nächst verwandte Gattung weicht von Ada ab durch die miteinander verwachsenen seitlichen Kelchblätter, welche ein deutliches Kinn bilden, anders geformte Säule und vortretende Lippe. Die in den Gärten als Mesospinidium kultivierten Pflanzen gehören teils zu Ada, teils zu Cochlioda.

M. aurantiacum Rchb. f. ist *Ada aurantiaca Ldl.*
M. roseum ist *Cochlioda rosea Bnthm.*
M. sanguineum Rchb. f. ist *Cochlioda sanguinea Bnth.*
M. vulcanicum Rchb. f. ist *Cochlioda vulcanica Bnthm.*
Microchilus pictus Morr. ist *Physurus pictus Ldl.*
Microcoelia Ldl. ist *Mystacidium Ldl.*
Micropera Dalz ist *Sarcochilus R. Br.*

Microstylis *Nutt.*

(Liparidinae 158.)

(Achroanthes Raf. Cheiropterocephalus Rodr. Crepidium Bl. Diania Ldl. Pedilea Ldl. Pterochilus Hook.)

Weitaus der grösste Teil der mehr als 70 Arten, (von welchen nur M. monophyllos Ldl. in Europa wild wächst), welche in Sphagnum-Sümpfen und in den Moospolstern der Wälder, Felsen oder alter Bäume im tropischen Asien und Amerika leben, ist ausserordentlich unscheinbar, einige Arten jedoch besitzen bunte metallschimmernde Blätter und sind dadurch sehr kulturwert.

Der stets zarte Stamm ist entweder schlank oder es sind mehrere Glieder zu einer gleichförmigen, von Scheiden eingehüllten Scheinknolle verdickt, nur selten ist allein der Grund des Blütentriebes knollig verdickt. Blätter einzeln oder mehrere, ungegliedert, oft breit und längsfaltig, zuweilen bunt und metallschimmernd. Blüten in endständigen Trauben oder Schirmtrauben, klein und unscheinbar. Kelch- und Blumenblätter fast gleich, zurückgeschlagen, die seitlichen Kelchblätter zuweilen miteinander verwachsen, Lippe — weil der Fruchtknoten nicht gedreht ist — aufwärts stehend, konkav, mit ganzem, gelapptem oder fransig zerschlitztem Rande, Säule kurz mit zwei grossen Staminodien links und rechts.
Kultur der tropischen Arten wie Anoectochilus (s. d.)

M. calophylla Rchb. f. (*M. elegantissima hort. Liparis elegantissima hort.*) Stämme wenig verdickt, Blätter eilanzettlich, zugespitzt, 4 zu 10 cm etwa, kraus wellig gerandet, mitten grünlich-braun, breit weisslich-grün gesäumt und auf diesem hellen Saume grünbräunlich gefleckt, unterseits gelblich-grün. Blüten klein, grünlich. September. Ostindien, Java.

M. chlorophrys Rchb. f. Scheinknollen zart, klein, durchscheinend, Blätter länglich-elliptisch, zugespitzt, 3 zu 8 cm etwa, Rand stark krauswellig, schimmernd purpurbraun mit grünem Saum, unterseits hell rotbraun. Blüten klein, braunpurpurn mit grünlicher Lippe. November, Dezember. Borneo.

M. discolor Ldl. Stämme gedrängt, schlank, bis 20 cm hoch, dicht beblättert und von den Scheiden umhüllt, Blätter länglich-eiförmig, 3 zu 8 cm etwa, längsfaltig, schimmernd dunkel bräunlich-purpurn mit stark gekraustem, grünem Rande, Blüten in kurzer Ähre, klein, im Aufblühen gelb, dann orangegelb. Oktober. Ceylon.

M. elegantissima hort. ist *M. calophylla Rchb. f.*

M. histionantha L. (*Malaxis Parthonii Morr.*) Wurzelblätter paarweis, anliegend, aus grossem Scheidenteil breit-eiförmig, dunkelgrün. Blüten in kurz kegelförmiger Ähre, alle gleichzeitig blühend, auf 20 cm hohem Schaft, klein, bräunlich-grün. November, Dezember. Kolumbien.

M. javanica Rchb. f. hat die Tracht von M. calophylla. Blätter schimmernd hellgrün, bronze-olivengrün schattiert, Blattstiele hellweinrot. Java.

M. Lowii Rchb. f. ist mit M. metallica nächst verwandt. Blätter schimmernd braunrot mit hellerem, zuweilen weisslichem Mittelstreifen und ganz hellweinroten Stielen. Java.

M. metallica Rchb. f. Stämmchen verdickt, bis 12 cm hoch, zart, durchscheinend, Blätter spitz-elliptisch, 3 zu 6 cm etwa, gefaltet, mit leicht gewelltem Rande, schimmernd dunkel blut-purpurn, unterseits dunkelrosa. Blüten in aufrechter Ähre, klein, rosa-purpurn. September, Oktober. Borneo.

M. monophyllos Ldl. (*Ophrys monophyllos L.*) Scheinknollen, durch Verdickung des unteren Endes des Blütentriebes gebildet, zwiebelartig, 1—1,5 cm hoch, mit einem breit-elliptischem, 2 zu 5 cm etwa, zartem, längsriefigem, hellgrünem Blatte. Blüten in lockerer Ähre, winzig klein, gelbgrünlich. Juli, August. Europa und Nordasien, auf Sphagnum-Sümpfen und an moosigen, feuchten Abhängen. In flacher Schale, auf Sphagnum hochgepflanzt, frostfrei zu überwintern.

M. purpurea Ldl. (*Liparis atropurpura hort.*) Stämmchen wenig verdickt, Blätter breit-eiförmig, 4 zu 8 cm etwa, sehr stark wellig, metallglänzend dunkelrot, Unterseite und Scheiden metallglänzend rötlich-grün. Blüten in lockerer Ähre, gelblich-rot. September. Ceylon.

Miltonia *Ldl.*

(Odontoglosseae 352.)

(Macrochilus Knowl. et Westc.)

Die etwa 20 Arten, von Brasilien bis Mexiko als Baumbewohner verbreitet, sind, soweit wir sie in Kultur haben, fast durchweg wertvoll als schön und dankbar blühende Orchideen. Die kurzen Scheinknollen tragen je 2—3 endständige immergrüne Blätter und am Grunde die meist nur 1—2 blumigen Blütenschafte. Die ornamentalen Blüten zeigen alle Blätter mit der Lippe in einer Ebene liegend, Kelch- und Blumenblätter sind unter sich fast gleich in Form und Farbe, die sehr grosse, flache Lippe ist ungeteilt oder nur am Grunde pfeilförmig und trägt kurze Längsschwielen. Säule kurz. Kultur wie von Cattleya (s. d.), nur lieben alle Arten kein grelles Licht, sondern Halbschatten.

Pfitzer unterscheidet:

A. **Eumiltonia Pfitzer.** Scheinknollen durch kriechende Wurzelstock-Stücke getrennt, schmal und seitlich abgeplattet, Blätter meist gelblichgrün, Lippengrund ungeteilt; z. B. M. Clowesii Ldl.

B. **Miltoniopsis Pfitz.** Scheinknollen gedrängt, mit zahlreichen Scheidenblättern unter der Knolle, Blätter gras- oder graugrün, Lippengrund pfeilförmig; z. B. M. Roezlii Bnthm.

M. anceps Ldl. (*Odontoglossum anceps Hook. Miltonia Pinelli Lind.*). Scheinknollen länglich, flach gedrückt, 5 cm hoch, gelbgrün, Blätter paarweis, schmal-linear, 10 zu 1,5 cm etwa, gelblichgrün. Blüten auf schlanken, von Scheiden besetzten, die Blätter überragenden Stielen einzeln, 5 cm gross, Kelch- und Blumenblätter länglich-lanzettlich, citrongelb bis hellolivengrün, die beiden Blumenblätter mit purpurrotem Grundfleck, Lippe breit-geigenförmig mit zurückgeschlagener Spitze, weiss mit 2—3 purpurroten Flecken und ebensoviel Hautfalten auf dem weichhaarigem Grunde. Mai—Juli. Brasilien.

M. bicolor hort. ist *M. spectabilis Ldl. var.*

M. Bleuiana Rchb. f. (Milteniopsis Bleuiana hort.) ist *M. Roezlii × vexillarium* und hat schneeweisse Blüten von 7 zu 11 cm, von denen nur der Lippengrund zartrosa überlaufen ist. Von A. Bleu in Paris gezüchtet.

— **var. splendens Lind.** Blüten grösser, weiss, Lippe aus brillantrosa vorn weiss.

M. Bluntii Rchb. f. (*Oncidium Bluntii Rchb. f.*) ist wahrscheinlich eine aus der Heimat eingeführte Kreuzung von M. spectabilis und M. Clowesii, deren ersterer sie im Wuchs und in der Grösse der Blüten ähnelt. Kelchblätter spitz-lanzettlich, Blumenblätter etwas breiter und weniger spitz, crêmegelb mit bräunlichem oder braunpurpurnem Fleck in der Mitte der Blätter, Lippe länglich-verkehrt-eiförmig, stumpf, weiss oder hellrosa, im Grunde mit purpurvioletten Streifen und zwei Schwielen, die kurze, dicke Säule hat zwei grosse purpurviolette Flügel. Mai—Juli. Brasilien.

— *var. Lubbersiana hort.* ist *M. Lubbersiana Rchb. f.*

M. candida Ldl. Scheinknollen fast kegelförmig, hellgrün, über 5 cm hoch, Blätter paarweis, linear, bis 30 cm lang. Blüten in kurzer Endtraube auf 40 cm hohem Schafte, 8 cm breit, Kelch- und Blumenblätter länglich, gelb mit die Grundfarbe fast verdeckenden, grossen, rotbraunen Flecken und leuchtend gelbem Rande, Lippe breit verkehrt-eiförmig, gerundet, wellig, weiss mit fünf dünnen Hautfalten am Grunde. August—Oktober. Brasilien.

— **var. flavescens Hook.** (*M. stellata Ldl.*) Lippe gelb, purpurn überlaufen.

— **var. grandiflora hort.** Blüten bis 10 cm gross, Farben klar abgesetzt gegeneinander.

— **var. Jenischiana Rchb. f.** Blüten sehr gross, bis auf den gelben Rand gänzlich rotbraun, Lippe reinweiss.

M. cereola ist *M. Regnelli Rchb. f.*

M. Clowesii Lindl. (*Odontoglossum Clowesii Ldl. Brassia Clowesii Ldl. Miltonia Karwinskii hort.* nicht *Ldl.*) (Fig. 116.) Scheinknollen schlank eiförmig, 5 cm hoch, hellgrün, Blätter paarweis, schmal-linear, gelblichgrün. Blüten in ganz lockerer Traube auf 30 cm hohem Schaft, 6 cm gross, Kelch- und Blumenblätter breit-lanzettlich, gelb, fast ganz bedeckt mit kastanienbraunen Querflecken, Lippe herzförmig, mitten eingeschnürt, aus violettem, viele Hautfalten tragendem Grunde vorn weiss. September—November. Brasilien.

— **var. major hort.** Blüten 8—10 cm, hellgelb mit glänzend dunkelbraunen Querbändern.

— **var. pauciguttata hort.** Querbänder schmal, so dass die gelbe Grundfarbe leuchtend vortritt.

M. cuneata Ldl. (*M. speciosa Moore. Oncidium speciosum Hook.*) Scheinknollen länglich schlank-eiförmig, flachgedrückt, 5 cm hoch, Blätter paarweis, breit-linear, gekielt, 20 cm hoch. Blüten zu 6—8 in aufrechter, lang gestielter Traube, 8 cm breit, Kelch- und Blumenblätter breit-lanzettlich, wellig gerandet, Spitzen leicht zurückgebogen, kastanienbraun mit gelbgrünem Grund und Spitzen, Lippe aus schmalem Stege fast quadratisch breit-gerundet, leicht wellig gerandet, weiss mit zwei in einen chokoladenbraunen Fleck endenden Schwielen am Grunde. Februar, März. Brasilien.

M. Endresi Rchb. f. (*Odontoglossum Warscewiczii Rchb. f.*) Scheinknollen gedrängt, länglich-eiförmig, zugespitzt, kaum 5 cm hoch, flachgedrückt, Blätter lanzettlich-elliptisch, graugrün. Blüten zu 6—8 auf schlankem, überhängendem Schafte, 6 cm gross, reinweiss bis auf einen zart rosaen

Fleck am Grunde der spitz-eiförmigen Kelchblätter und der stumpf breit-

Fig. 116. Miltonia Clowesii.

eiförmigen Blumenblätter, sowie zwei ebenso zart rosa Flecken neben dem goldgelbem Kamm im Grunde der breit geigenförmigen, tief zweilappigen

Lippe. Der goldgelbe Kamm besteht aus einem hufeisenförmigem, feinhaarigem Gürtel, der ein kurzes eingebogenes Horn und vor diesem drei kurze, gelbe, stumpfe Schwielen einschliesst. Mai—Juli. Costarica, bei 2600 m in den Kordilleren von Chiriqui.

M. festiva Rchb. f. ist wahrscheinlich eine in der Heimat entstandene Kreuzung aus M. spectabilis und M. candida var. flavescens vom Wuchs und Blütenform der M. spectabilis. Kelch- und Blumenblätter länglich, gelbweiss, Lippe gross, breit-keilförmig, fächerförmig zugespitzt, purpurlila mit elf strahlig verlaufenden satt purpurroten Adern auf der Scheibe, zwei gelben Schwielen und dunkel purpurroten Flügeln der Säule. Juli, August. Brasilien.

M. flavescens Hook. ist *M. candida Ldl. var.*

M. Karwinskii hort. ist *M. Clowesii Ldl.*

M. Karwinskii Ldl. ist *Odontoglossum laeve Ldl.*

M. Lubbersiana Rchb. f. (M. Bluntii Rchb. f. var.) ist *M. Clowesii* × *spectabilis var. Moreliana* und hat sehr grosse blasslilae, purpurlila gestreifte Blüten, deren Lippe aus purpurnem Grunde vorn weiss mit purpurnen Strichflecken ist.

M. Moreliana Hook. ist *M. spectabilis Ldl. var.*

M. Phalaenopsis Ldl. (*Miltonia pulchella hort. Odontoglossum Phalaenopsis Rchb. f.*) (Fig. 117.) Scheinknollen länglich, flachgedrückt, nach oben schlank werdend, Blätter einzeln, grasartig, spitz-linear, bis 20 cm lang. Blüten zu 2—3 auf schlankem, aufrechtem Schaft, langgestielt, 6 cm breit, flach, meist wagerecht, fest, Kelchblätter spitz breit-lanzettlich, Blumenblätter stumpf verkehrt-eiförmig, alle reinweiss, Lippe geigenförmig, aus ziemlich breitem Grunde plötzlich fast halbkreisförmig, vorn elegant tief ausgerandet, weiss, mitten mit 1—2 gebrochenen karminroten Tuschstreifen und zwei grossen karminroten Tupfen links und rechts im Grunde, welche nach vorn in karminrote Flecken und Strahlen auslaufen. Juli—September. Neu-Granada.

M. Pinelli Lind. ist *M. anceps Ldl.*

M. pulchella hort. ist *M. Phalaenopsis Ldl.*

M. purpureo-violacea hort. ist *M. spectabilis Ldl. var. Moreliana rosea Rchb. f.*

M. Regnelli Rchb. f. Scheinknollen länglich, schlank zugespitzt, 6 cm lang, Blätter paarweis, linear, hellgrün, bis 25 cm lang. Blüten zu 2—6 auf kräftigem, 30 cm hohem Schaft, 6 cm breit, Kelch- und Blumenblätter lanzettlich, letztere etwas breiter, weiss, Lippe aus ganz kurzem, schmalem Grunde, fast quadratisch abgerundet, vorn leicht ausgerandet mit einem kleinen Spitzchen, zartrosa mit dunkler rosaen Strichen in der Mitte, weissem Saum und weisser Mittellinie, von den drei Schwielen im Grunde ist die mittlere die kürzeste. September, Oktober. Brasilien.

— **var. purpurea hort.** Blüten bis 10 cm, Kelch- und Blumenblätter zartrosa, weiss gesäumt, Lippe violett-karmin, die drei Schwielen weiss, dazwischen schmale, zartrosae Streifen.

M. Roezlii Bnthm. (*Odontoglossum Roezlii Rchb. f.*) (Fig. 118.) Scheinknollen dicht gedrängt, schmal und lang zugespitzt, eiförmig, 8 cm hoch, von zahlreichen, scheidenförmigen Blättern umgeben und zwei grasgrüne, lang linear-lanzettliche, derbe Blätter auf der Spitze tragend. Blüten zu 3—5 auf hohem, schlankem Schafte, süss duftend, 6—8 cm breit, Kelchblätter länglich verkehrt-eiförmig, reinweiss, Blumenblätter verkehrt-eiförmig, weiss mit einem lebhaft purpurrotem Grundfleck, Lippe flach, verkehrt-herzförmig, 5—6 cm breit, weiss mit gelblichem Schimmer und rotem Tusch-

Fig. 117. Miltonia phalaenopsis.

fleck um die kammartigen Schwielen im Grunde. August—Oktober, oft im März wieder blühend. Neu-Granada.

Nicht nur eine der schönsten Entdeckungen und Einführungen Roezl's, sondern eine der schönsten Orchideen überhaupt, welche bei einigermassen guter Pflege im Warmhause köstlich gedeiht und durch ihre wochenlang frisch bleibenden Blüten eine Zierde ersten Ranges ist. Die Pflanze braucht viel Wasser, aber keine stockende Nässe, weder im Moose noch in der Luft.

— **var. alba Bull.** (*Odontoglossum Roezlii album Bull.*) Blüten reinweiss, bis auf einen hell citronengelben Fleck im Grunde oder auf der Scheibe der Lippe.

M. rosea hort. ist *M. spectabilis Ldl. var. rosea hort.*

M. Russelliana Ldl. ähnelt der M. cuneata, die dunkelbraun-grünlichen Kelch- und Blumenblätter sind purpurn überlaufen, die Lippe aus grünlichem Grunde vorn purpurn. Juli, August. Brasilien.

M. speciosa Moore ist *M. cuneata Ldl.*

M. spectabilis Ldl. (*Macrochilon Fryanum Knowl. Westc.*) Scheinknollen eiförmig, lang-zugespitzt, 5 cm hoch, Blätter paarweis, breit-linear, 15 cm lang, hellgrün. Blüten einzeln, auf langem, von braunen Scheiden bekleidetem Schaft, 5 cm breit, weiss, Kelchblätter länglich, Blumenblätter zurückgeschlagen, Lippe verkehrt-eiförmig, längsfaltig, 4 cm breit, tief violettpurpurn im Grund und längs der Falten, mitten satt rosa-karmin,

Fig. 118. Miltonia Roezlii.

an den Rändern ganz hellrosa, drei Hautfalten auf der Scheibe, Säule mit zwei purpurnen Flügeln. Juli, August. Brasilien.

— **var. bicolor hort.** Blüten weiss, Lippe weiss mit einem sattviolettem Fleck im vordern Teil.

— **var. lineata hort.** Blüten weiss, Lippe weiss, karminrosa gestreift.

— **var. Moreliana Rchb. f.** (*M. Moreliana hort. M. purpureo-violacea hort.*) Kelch- und Blumenblätter schön purpurrot, Lippe hellrosa, zart dunkler geadert. September, Oktober.

— **var. Moreliana atrorubens hort.** Blüten bis 8 cm, viel dunkler gefärbt als an der eigentlichen Moreliana.

— **var. Moreliana rosea Rchb. f.** Kelch- und Blumenblätter weiss mit einem rosaen Querband in der Mitte, Lippe leuchtendrosa mit purpurrosaer Aderung.

— **var. purpurea hort.** ist von Moreliana nicht verschieden.

— **var. radians Rchb. f.** Blüten gross, crêmeweiss, Lippe netzadrig und wellig, reinweiss mit einem Kamm von drei gelben, vorn dicken Schwielen im Grunde, vor welchen etwa sechs notenförmige, leicht gebogene halbcentimeterlange, strahlig geordnete, violett-purpurne Flecken liegen, von denen aus zwei schmale Purpurlinien durch den gelben Kamm verlaufen. Säule weiss, violettpurpurn geflügelt.

— **var. rosea hort.** (*M. rosea hort. M. Warneri hort.*) Blüten weiss, zart rosa überlaufen, Lippe weiss mit dunkel rosaen, verlaufenden, breiten Streifen und einzelnen Flecken.

Fig. 119. Miltonia vexillarium.

— **var. virginalis hort.** Blüten reinweiss, bis auf einen rosa schimmernden Fleck der Lippe.

M. stellata Ldl. ist *M. candida Ldl. var. flavescens Hook.*

M. vexillaria Bnthm. (*Odontoglossum vexillarium Rchb. f.*) „Venus-Schürze". (Fig. 119.) Scheinknollen gedrängt, schmal länglich, flachgedrückt, 6 cm hoch, zwischen Scheidenblättern, auf der Spitze zwei graugrüne, derbe, lanzett-elliptische Blätter, von 3 zu 20 cm etwa. Blüten auf schlank aufsteigendem, bis halbmeterhohem Schaft zu 3—7, 10 cm breit, Kelchblätter länglich-eiförmig, stumpfspitzig, Blumenblätter etwas grösser, eiförmig mit leicht zurückgebogenen Spitzen, zart fleischfarbenrosa, Lippe sehr gross, im Umrisse fast kreisrund, tief zweilappig, aus hellerem Grunde zartrosa, mit drei kurzen Schwielen im Grunde und kurzen, spitz aufstehenden hellrosaen Flügeln der Säule. Mai—Juli. Kolumbien. Gleichfalls eine der schönsten Orchideen, seit langer Zeit bekannt, aber erst seit wenigen Jahren im Handel. Form, Grösse und Farbe der Blüten geben zahlreiche Varianten. Kultur wie M. Roezlii. Die Lippe erinnert in der That an ein niedliches Latzschürzchen en miniature, so dass der Name „Venus-Schürze" recht passend ist.

— **var. alba Finet.** Blüten reinweiss bis auf den rosaen Schimmer der Lippe.

— **var. albomarginata hort.** Blüten rosa, Lippe weissgerandet.

— **var. Ballantinae hort.** Kelch- und Blumenblätter weiss, erstere mit zwei gelben Linien im Grunde, letztere mit rosaem Tuschfleck mitten,

Lippe aus weisslichem, bronzebraun gestreiftem, vorn gelblichem Grunde rosa mit weissem Saum.

— var. **Hilliana Rchb. f.** Kelch- und Blumenblätter rosa, mit zwei purpurnen Linien auf den paarigen Blättern, Grund der Lippe gelb mit drei purpurnen Linien, Fläche rosa mit zahlreichen purpurnen Spritzern, Rand zart rosa.

— var. **Kienastiana Rch. f.** Blüten sehr gross, Kelch- und Blumenblätter rosa, elegant weiss gesäumt, Lippe aus hellgelbem Grunde mit drei Purpurlinien, zartrosa, dunkelrosa strahlig geadert und breit reinweiss gesäumt.

— *var. Lawrenceana hort.* ist *var. superba Rchb. f.*

— var. **Leopoldi II. Rchb. f.** übertrifft noch die ihr sehr ähnliche var. superba an Feuer der Farben. Die Ecken der Lippe sind abgestumpft, die schwarzpurpurne Zeichnung des Lippengrundes ist weit nach vorn ausstrahlend und trägt mitten in weissem Felde oft einen dunkelpurpurnen Strich.

— var. **leucoglossa Rchb. f.** Kelch- und Blumenblätter hellrosa, Lippe reinweiss.

— var. **Measuresiana hort.** Blüten vollkommen reinweiss, ohne jeden rosaen oder gelblichen Hauch.

— var. **purpurea hort.** Blüten rosapurpurn mit gleichfarbiger dunkel geaderter Lippe.

— var. **rosea hort.** Blüten einfarbig schön rosa.

— var. **rubella Bull.** Blüten ganz dunkelrosa. Scheinknollen rundlich, Blätter kurz.

— var. **splendens Will.** Blüten 10 cm gross, sattrosa, seitliche Kelchblätter je einen karminroten, centimeterlangen Grundstreifen, Lippe im Grunde drei purpurne Streifen. Der Rand der Blumenblätter und der Lippe dunkler als die Mitte.

— var. **superba Rchb. f.** (*var. Lawrenceana hort.*) Blüten klein, Kelch- und Blumenblätter rosa, die seitlichen Kelchblätter mit karminpurpurnem Längsstreifen im Grunde, Lippe leuchtend violett-rosa, im weissen Grunde ein grosser, dreieckiger, hellpurpurroter Fleck mit dunkelpurpurroten strahlenden Linien, welche in rundliche Flecke auslaufen, eine breite, weisse Zone trennt den Purpurfleck vom Rosa der Lippe. Neu-Granada.

M. virginalis hort. ist *M. spectabilis Ldl. var.*

M. Warneri hort. ist *M. spectabilis Ldl. var. rosea hort.*

M. Warscewiczii Rchb. f. *(Oncidium fuscatum Rchb. f.)* Scheinknollen gedrängt, schmal-länglich, bis 10 cm hoch, in Scheidenblättern sitzend, auf der Spitze zwei stumpf-längliche, graugrüne, 25 cm lange Blätter. Blüten in vielblumigen, pyramidal verzweigten, bis 40 cm hohen Rispen, 5 cm breit, Kelch- und Blumenblätter stumpf schmal-keilförmig mit welligem, zurückgerolltem Rande, dunkel purpurbraun, weiss gefleckt, Lippe sitzend, fast kreisrund, tief rund-zweilappig, im Grunde braunpurpurn, dann scharf abgesetzt vorn lilarosa, im dunklen Teile ein spiegelschimmernder grosser Querfleck und ein gelber Tuschfleck auf der Scheibe. April—Juni. Peru, Kolumbien.

— **var. alba hort.** Blüten hellbraun mit weiss, Lippe aus schmalem hellbraunrotem Grunde weiss.

— **var. Weltoni Moor.** (*Oncidium Weltoni Lind.*) Blüten kaum über 4 cm breit, olivenbraun mit weisslichgelb, Lippe aus zwei Drittel breitem purpurnem Grunde vorn weiss.

— **var. xanthina Rchb. f.** Blüten einfarbig gelb, Lippe gelb mit schmalem weissem Rande. Peru.

Miltoniastrum Rchb. f. ist *Oncidium Sw.*

Miltoniopsis Pfitz. ist *Miltonia Ldl.*

Mioxanthus Poepp. et Endl. ist *Pleurothallis R. Br.*

Mitopetalum Bl. ist Tainia Bl.

Mitostigma Bl. ist *Platanthera L. C. Rich.*

Monachanthus Ldl. sind die Formen mit vorwiegend weiblichen Blüten von *Catasetum L. C. Rich.* (s. d.).

Monochilus Endl. ist *Zeuxine Ldl.*

Mormodes *Ldl.*

(Catasetinae 243.)

(Cyclosia Klotzsch.)

Die über zwanzig bisher bekannten Arten sind Baumbewohner und von Mexiko durch Centralamerika bis nach Kolumbien verbreitet. Ihre grossen, interessanten und meist auch schönen, nicht nur barocken Blüten machen sie wertvoll für unsere Gärten. Die vielgliedrigen Scheinknollen sind lang, zuweilen in dicke Stämme ausgezogen und mit den Scheiden der dünnen, vielrippigen Blätter bekleidet, deren Spreiten in der Trockenperiode abfallen. Blüten in seitlichen, langen, aufrechten oder nickenden Trauben, meist gross, fleischig, zwitterig, (nicht eingeschlechtig, wie von den nächstverwandten Gattungen Catasetum und Cycnoches.) Kelch- und Blumenblätter gleichförmig, abstehend oder zurückgebogen, Lippe mit der Säule unten fest verbunden, meist aus schmalem Grunde keilförmig, mit abwärts gekrümmten Rändern, ungeteilt oder dreilappig, seltener riemenförmig oder schalenförmig vertieft, bisweilen mit einer Grube nahe an der Spitze, etwas zur Seite gedreht, während die mittellange anhangslose Säule nach der entgegengesetzten Seite gedreht ist. Diese Drehung verhindert, dass das ausgestossen werdende Pollinarium von der Lippe aufgefangen wird und sorgt also dafür, das es leichter in andere Blüten gelangen kann, so dass diese merkwürdige Drehung also eine einfache Befruchtungs-Vorrichtung ist. Kultur wie Catasetum (s. d.) doch ist beim Giessen sorgfältig darauf zu achten, dass Knollen und Triebe nicht vom Wasser getroffen werden, sondern dass stets auf das Moos zwischen oder um die Knollen gegossen wird.

M. atropurpureum Ldl. Scheinknollen kurzspindelig, 5 cm hoch, Blätter breit-lanzettlich, spitz. Blüten auf 20 cm hohem Schaft in kurzer, lockerer, wenigblumiger Traube, 5 cm breit, schwärzlich-purpurrot abschattiert, Kelch- und Blumenblätter breit-lanzettlich, Lippe aus schmalem Grunde eiförmig, halb ausgebreitet, rechts von der Säule abgedreht. Oktober, November. Mexiko.

M. aureum hort. ist *M. buccinator Rchb. f. var.*

M. buccinator Ldl. (*Catasetum buccinator Ldl.*) Scheinknollen langspindelförmig, 10 cm hoch, Blätter lang-elliptisch, zugespitzt. Blüten in halbmeterhoher, aufrechter, oben nickender Traube, 8 cm breit, Kelch- und Blumenblätter lanzettlich, einfarbig hellgrün oder karminpunktiert, Lippe keilförmig, die Seiten so zurückgerollt, dass sie wie eine Trompete erscheint, bald links, bald rechts von der Mittellinie weggedreht, elfenbeinweiss oder grüngelblich mit karminroten Punkten. September, Oktober. Mexiko.

— **var. aureum Rchb. f.** Blüten rein hochgelb.

— **var. majus Rchb. f.** Blüten grösser, ockergelb, zimmtbraun gefleckt, Lippe hellgelb mit einigen hellbraunen Punkten.

M. citrinum Ldl. ist *M. pardinum Batem. var. unicolor Hook.*

M. Colossus Rchb. f. (*M. macranthum Ldl.*) Scheinknollen stammartig, stielrund, oben verschmälert, 20 cm hoch, mit ei-elliptischen, vielfaltigen Blättern. Blüten in 30 cm hoher, lockerer Traube, 10 cm breit, mit schmal-lanzettlichen, zugespitzten Kelch- und Blumenblättern, deren untere Hälfte fleischfarben mit dunkleren Adern, die obere gelb ist. Lippe durch Umkrümmung der Ränder gegen die Säule quer gewölbt, seitlich abgebogen, hochgelb mit rosaen Flecken im Grunde, Säule bogenförmig, grün, nach der entgegengesetzten Seite abweichend. August, September. Centralamerika bei 2300 m.

M. Greenii Hook. f. (*M. uncia Rchb. f.*) Scheinknollen breit-spindelförmig, 6—8 cm hoch, Blätter länglich-lanzettlich, bis 30 cm hoch, vielrippig. Blüten in vielblumiger, nickend überhängender Traube, 6 cm gross, wohlriechend, aussen weisslich, innen gelb, mit länglichen karminroten Flecken ganz bedeckt, welche nach den Rändern zu kleiner und verwaschener werden. Kelch- und Blumenblätter spitz-eiförmig, konkav, Lippe aufwärts und seitwärts gebogen, gegen die Säule konkav, dreilappig, Mittellappen aus schmalem Grunde vorn rundlich und sackförmig umgeschlagen, Seitenlappen gewimpert, aus purpurnem Grunde gelb mit roten Flecken. Juli—September. Mexiko.

M. Hookeri Rchb. f. Scheinknollen lang spindelförmig, 10 cm hoch, Blätter zu 3—4, schmal-lanzettlich, 2 zu 20 cm etwa. Blüten auf bis 50 cm langem, vorn überhängendem Schafte in kurzer, dichter Ähre, bis 6 cm breit, gelb, braunrot punktiert, Kelch- und Blumenblätter lanzettlich, zurückgeschlagen, nach links gedreht. November, Dezember. Mexiko.

— **var. Cartoni Hooker.** Blüten etwas grösser, gelb mit roten Längsstreifen, Lippe blassgelb.

M. Lawrenceanum Rolfe. Scheinknollen kräftig, spindelförmig, oft über 10 cm hoch, Blätter breit-lanzettlich, 4 zu 25 cm etwa, dunkelgrün. Blüten in überhängender, reichblumiger Traube auf 40 cm langem Schafte, gelbbraun, Kelch- und Blumenblätter breit-lanzettlich, zurückgeschlagen, Lippe gerollt, links gedreht, hell gelbbräunlich. Oktober, November. Centralamerika.

M. lentiginosum Hook. Scheinknollen anfangs fast kuglig, später länglich. Blätter lanzettlich, 2 zu 20 cm etwa, längsfurchig. Blüten in hin- und hergebogener, sehr lockerer Traube auf 30 cm hohem Schafte, 5 cm breit, rötlichbraun, dicht dunkelrot punktiert, Kelch- und Blumenblätter an den Rändern zurückgeschlagen, breit-lanzettlich, Lippe fleischig, breit verkehrt-eiförmig, sattelartig zurückgebogen, links gedreht. April, Mai. Centralamerika.

M. lineatum Lodd. (*Catasetum lineatum Ldl.*) ist in der Tracht und Blütenform der vorhergehenden Art ähnlich, aber die Blumenblätter sind schmäler, die Blüte beim Aufblühen dunkel olivengrün, später leuchtend gelb und braun. Mai, Juni. Guatemala.

M. luxatum Ldl. Scheinknollen länglich, oben spitz, 10 cm hoch, Blätter lanzettlich, 60 cm lang. Blüten in 40 cm langen, lockeren Trauben, stark duftend, bis 10 cm gross, fast kugelig, halbgeschlossen, citrongelb, die Stellung aller Blätter vom Gewöhnlichen abweichend, förmlich verrenkt (luxiert). Kelch- und Blumenblätter breit-eiförmig, Lippe breit, schalenförmig gelb, mit einem dickem, braunem Mittelstreifen, gegen die Säule hin ausgehöhlt, undeutlich dreilappig, die quer daneben stehende Säule fast verhüllend. Juli, August. Mexiko.

— **var. eburneum Rchb. f.** (*M. Williamsii Moore.*) Blüten elfenbeinweiss, Lippe weissgelb mit hellbraun.

— **var. punctatum hort.** Blüten gelb, dunkelbraun punktiert.

— **var. purpureum hort.** Blüten weissgelb mit purpurbraun, Mittelstreif der Lippe trüb purpurrot.

M. macranthum Ldl. ist *M. Colossus Rchb. f.*

M. Ocannae Linden. (Fig. 120). Scheinknollen langspindelförmig, zugespitzt, bis 15 cm hoch, Blätter breit-lanzettlich, 25 cm lang. Blüten in 30 cm hoher, nickender, armblumiger Traube, 10 cm gross, lehmgelb mit zahlreichen, unregelmässigen, rotbraunen Punkten. Kelchblätter breit-lanzettlich, plötzlich scharf zugespitzt, Blumenblätter schief schmal-eiförmig, zugespitzt, Lippe seitwärts gedreht, dreilappig, Seitenlappen rundlich, zur Röhre zurückgerollt, Mittellappen rundlich vorgezogen, langspitzig, quer konvex gegen die seitwärts gegenüberstehende, in eine Stachelspitze auslaufende Säule. Juli, August. Kolumbien.

M. pardinum Batem. (*Cyclosia maculata Klotzsch.*) Scheinknollen fast cylindrisch, nach oben zugespitzt, bis 15 cm hoch, Blätter lanzettlich, dünn. Blüten auf 25 cm hohem, nickendem Schaft in endständiger, gedrängter Traube, 5 cm breit, leuchtend gelb mit bräunlich-karminroten Flecken übersät. Kelch- und Blumenblätter ei-lanzettlich zugespitzt, spreizend, aber mit den eingebogenen Spitzen zusammenneigend, Lippe dreilappig, quer konvex gegen die querstehende Säule. Juli—September. Mexiko.

— **var. melanops Moore.** Blüten ganz dicht dunkel rotbraun gefleckt.

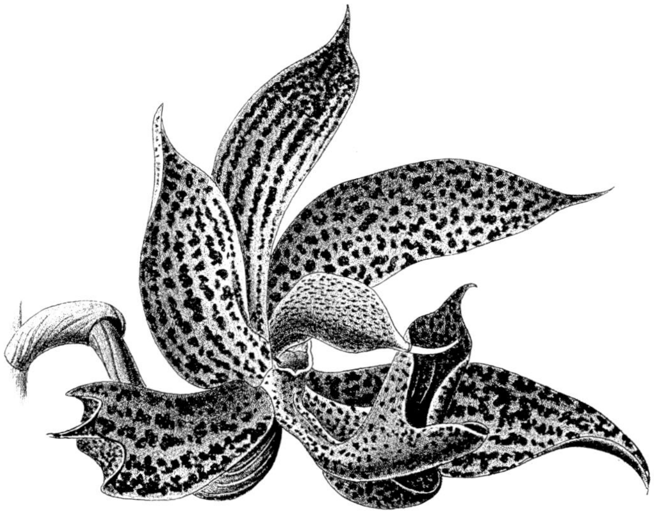

Fig. 120. Mormodes ocannae.

— **var. unicolor Hook.** (*M. citrinum Ldl. Catasetum citrinum Ldl.*) Blüten rein citrongelb, ohne jede Fleckung.

M. uncia Rchb. f. ist *M. Greenii Hook. f.*

M. Williamsii Moore ist *M. luxatum Ldl. var. eburneum Rchb. f.*

Myanthium Ldl. gehört zu *Odontoglossum H. B. K.*

Myanthus Ldl. sind die zwitterblütigen (mann-weibigen) Formen von Catasetum L. C. Rich.

Myanthus spinosus Hook. ist *Catasetum barbatum Ldl.*

M. trifidus Hook. ist *Catasetum cernuum Rchb. f.*

Mycaranthus Bl. ist *Eria Ldl.*

Myoda Ldl. ist *Haemaria Ldl.*

Myodium Salisb. gehört zu *Ophrys L.*

Myrobroma Salisb. ist *Vanilla Sw.*

Mystacidium *Ldl.*

(Aërideae 400.)

(Aëranthus Rchb. f. nicht Ldl. Cryptocentrum Bnthm. Gussonia A. Rich. Microcoelia Ldl.)

Die im tropischen und südlichen subtropischen Afrika durch mehr als 20 baumbewohnende Arten vertretene Gattung besitzt kräftig entwickelte, nur nach einer Achsen-Richtung (monopodial) sich lang fort entwickelnde Stämme, bald kurz mit wenigen flachen Blättern (Eumystacidium Pfitz), bald dick und starr mit langen, dicken Blättern (Gomphocentrum Bnthm.), bald dünn und kriechend mit langen Gliedern und weit auseinander gerückten, flachen Blättern (Pectinaria Bnthm.), bald sind die Glieder des dünnen, kriechenden Stammes sehr kurz, die Blätter fleischig, seitlich zusammengedrückt und dicht gedrängt (Dolabrifolia Pfitz.), oder endlich ist der Stamm zur Blütezeit, vielleicht auch sonst, blattlos (Gussonia A. Rich.). Die Blüten stehen einzeln in den Blattachseln oder in eben dort entspringenden, zweizeiligen Trauben und sind meist nicht sehr ansehnlich. Kelch- und Blumenblätter sind einander gleich, abstehend, die Lippe ist mit dem Grunde der sehr kurzen, graden Säule fest verwachsen und trägt am Grunde einen langen Sporn, sie ist ungeteilt oder dreiteilig mit zwei aufrechten Seitenlappen. Kultur wie von Angrecum (s. d.) In Europa bisher nur in den Gärten vertreten durch:

M. distichum Pfitzer. (*Dolabrifolia. Angrecum distichum Ldl.*) Kurzstämmig, mit sitzenden, kurzen, elliptischen, stumpfen, seitlich zusammengedrückten, dicht gedrängt zweizeiligen, etwa 1,5 cm langen, dunkelgrünen Blättern. Blüten einzeln aus den Blattachseln, zweizeilig, auf 1,5—2 cm langen, dünnen, aufrechten Stielen, wagerecht, kaum 2 cm breit, weiss, Kelch- und Blumenblätter länglich-elliptisch, Lippe klein, mit aufrechten Seitenlappen und eiförmigem Mittellappen, Sporn dünn, fast 2 cm lang. Juni, Juli. Sierra Leone.

M. filicorne Ldl. (*Eumystacidium Pfitz Angrecum filicorne Ldl.*) Stämme kurz, mit spiral-ständigen, sitzenden, flachen, dunkelgrünen, kurzeiförmigen Blättern. Blüten in reichblütiger, zweizeiliger Traube, klein, weisslich, dünn gespornt. Mai, Juni. Kap der guten Hoffnung.

Nanodes discolor Ldl. ist *Epidendrum nocturnum L.*

Nanodes Medusae Rchb. f. ist *Epidendrum Medusae Rchb. f.*

Naneria Klotzsch ist *Lacaena Ldl.*

Neippergia Morren ist *Acineta Ldl.*

Neogyne *Rchb. f.*

(Coelogyninae 152.)

N. Gardneriana Rchb. f. (*Coelogyne Gardneriana Ldl. Coelogyne trisaccata Griff.*) Der Griffith'sche Name „die dreisackige" giebt den Gattungs-Charakter dieser Art, auf welche allein die Gattung Neogyne gegründet ist, mit einem Worte an. Wuchs und Blüte sind wie von Coelogyne, aber die Blüten sind oben fast geschlossen durch Zusammenneigen von Kelch- und Blumenblättern, und unten bilden die beiden seitlichen Kelchblätter und die Lippe drei sackartige Ausbuchtungen, etwa an ganze stumpfe, kurze Sporn- oder Kinnbildungen erinnernd.

Scheinknollen flaschenförmig, bis 8 cm hoch, Blätter paarweis, bis 25 cm hoch, breit-lanzettlich, fünfnervig. Blüten von bräunlichen Deckblättern gestützt, in seiten- oder endständiger, vielblumiger, nickender Traube, halbgeschlossen, weiss mit gelber Lippe, die schmalen Kelchblätter 3 cm lang. November—Januar. Nepal.

Kultur wie von Coelogyne.

Neottia *L.*

(Spirantheae 105.)

Sonderbare, für den Gärtner allerdings nur geringes Interesse habende Humusbewohner, welchen jede Spur grüner Farbe fehlt. Von den drei Arten ist in Europa in lichten, alten Laubwäldern der Vorgebirge weitverbreitet die Vogelnestwurz:

N. nidus avis L. (Fig. 121.) Wurzelstock flach unter der Erde, schief abwärts wachsend, fingerdick, 5 cm lang, braun, und von 2—3 cm langen, starren, brüchigen, gelbbraunen, unverzweigten Wurzeln so umstarrt, dass das Ganze an ein Vogelnest erinnert; blattlos. Der Blütenschaft steigt aus dem tiefsten Punkte des Wurzelstockes senkrecht bis 30 cm hoch auf, ist rötlichbraungelb, schank-keulenförmig, stielrund, federhalterdick und mit blattlosen, gelbbraunen, etwas aufgeblasenen Scheiden besetzt. Blüten hinter schuppenförmigen Deckblättern in dicht gedrängter, bis 15 cm langer, kolbiger Ähre, gelbbraun, schwach

Fig. 121.
Neottia nidus avis.

riechend, etwa 1,5 cm gross, Kelch- und Blumenblätter eiförmig, helmartig und fast zweilippig, Lippe doppelt so lang, am Ende gespreizt zweilappig, nicht gespornt. Juni. Europa. Kulturversuche beschränkten sich bisher darauf, halbentwickelte Pflanzen in Buchenlauberde oder humoser Haideerde kurze Zeit zu erhalten.

N. Petola R. Br. ist *Macodes Petola Bl.*

Nephelaphyllum *Bl.*

(Collabiinae 146.)

(Cytheris Ldl.)

N. pulchrum Bl. (*Anoectochilus pulcher hort.*) ist die einzige der vier in Ostindien, Südchina und auf den malayischen Inseln heimischen Arten, welche zuweilen, ihrer hübschen Blätter wegen, kultiviert wird. Der dünne im Moose kriechende Wurzelstock trägt kleine centimeterhohe, schlank zwiebelförmige Scheinknollen mit je einem einzigem, gestieltem, bis 10 cm hohem, aus herzförmigem Grunde eiförmigem, zugespitztem Blatte, welches auf dunkelölbraunem Grunde metallisch schimmernde hell gelbgrünliche bis weissliche Flecken zeigt. Blüten klein, in aufrechter, langgestielter Traube, grünbräunlich mit abstehenden, breit-lanzettlichen Kelch- und Blumenblättern und aufrechter, dreilappiger, kurzgespornter Lippe. Mai, Juni. Java.

Kultur wie von Anoectochilus (s. d.).

Nephranthera Hassl ist *Renanthera Lour.*

Nigritella *C. L. Rich.*

(Gymnadenieae 16.)

N. nigra Rchb. f. (*Satyrium nigrum L. Nigritella angustifolia Rich.*), (Fig. 122), die einzige Art, ist in den tiroler und schweizer Alpen, dem Apennin, dem Balkan und den skandinavischen Bergzügen auf guten Wiesen heimisch, und neben ihrem schönen Aussehen von so köstlichem, ausserordentlich starkem Vanille- oder eigentlich Vanille-Chokoladenduft, dass sie deswegen allein schon in unseren Gärten gepflegt zu werden verdient. Leider ist sie ziemlich anspruchsvoll in der Kultur und wächst schlecht. Am ehesten gedeiht sie in langen, gut drainierten Töpfen, welche während der heissen Monate zu Dreiviertel in ein Sand- oder Moosbeet eingesenkt werden, in einer Mischung von guter Lauberde, etwas Haideerde, Rasenlehm und scharfem Sand. Sie will feucht stehen ohne stockendes Wasser.

Viel besser als die Art selbst gedeihen ihre Bastarte, die sie mit jeder in der Nähe wachsenden Gymnadenia eingeht, denen aber leider das Charakteristische der Art fehlt, die kugeligen schwarzroten Köpfe und der Duft.

In den Alpen führt die Nigritella die Volksnamen: Brunelle, Braunelle oder Brändeli.

Knollen 4—6 cm tief unter der Oberfläche, weiss, handförmig mit meist 2—3 lang ausgezogenen Spitzen, 3—4 cm lang, festfleischig, die junge Knolle dicht an der alten angepresst sich entwickelnd. Blätter grasartig, schmallinear, 5 cm lang, im dichtem grundständigem Büschel von weisslichen Scheiden zusammengehalten, dunkelgrün, drüsig gewimpert. Blüten in 2—4 cm langen, dicht gedrängten, eiförmigen Köpfchen auf bis 20 cm hohem, meist aber nur 8—10 cm messendem beblättertem schlankem Stengel, mit nicht gedrehtem Fruchtknoten, daher die Lippe aufwärts stehend, Kelch- und Blumenblätter spitz-eiförmig, sternartig auseinander stehend, kaum 0,5 cm gross, Lippe ungeteilt, mit kräftigem, 0,5 cm langem, gradem Sporn, die ganze Blüte einfarbig schwarzpurpurn oder dunkelpurpurrot oder die Lippe etwas heller, köstlich vanilleduftig und sehr lange sich frisch erhaltend. Mai—August, je nach der Höhenlage, im Garten Mai, Juni.

Fig. 122. Nigritella nigra.

An Bastarten sind in den Alpen Tirols und der Schweiz beobachtet und für die Gartenkultur mehr zu empfehlen als die N. nigra selbst:

N. brachystachya Kern. (*Gymnadenia brachystachya Wettst. N. nigra* × *suaveolens*), steht der N. nigra sehr nahe, ist aber von hellerer Blütenfarbe und das Köpfchen länglich.

N. fragrans Sauter ist *N. suaveolens Koch.*

N. Heufleri Kern. (*N. nigra* × *Gymnadenia conopea*) kommt ziemlich selten vor und steht der G. conopea näher, blüht aber dunkler, in kurzer Ähre.

N. megastachya Kern. (*N. suaveolens* × *Gymnadenia odoratissima*) ist der entgegengesetzte Rückschlag-Bastart von N. suaveolens wie brachystachya, und von G. odoratissima nur durch dunklere Farbe und kurze Ähre abweichend, sowie durch die Spornbildung.

N. micrantha Kern. (*N. nigra* × *Gymnadenia albida*) ist in der Tracht eine dunkelrosa blühende G. albida mit kurzer Ähre und für die Felspartie sehr zu empfehlen.

N. Moritziana Gremli ist *N. suaveolens Koch.*

N. suaveolens Koch (*Orchis suaveolens Vill. N. Moritziana Gremli. N. fragrans Saut. N. nigra × Gymnadenia odoratissima*) ist weitaus der häufigste dieser Bastarte und ähnelt beiden Eltern fast gleichmässig. Blüten dunkelpurpurn in länglichem, dichtem Köpfchen, sehr duftend. Für die Felspartie sehr geeignet und gut wachsend.

Norna Wahlenberg ist *Calypso Salisb.*

Notylia *Ldl.*

(Notylieae 319.)

Von den etwa 20 im tropischen nördlichen Südamerika als Baumbewohner lebenden Arten, zu denen noch einige in Centralamerika und Mexiko heimische treten, sind nur wenige in Kultur. Die meist kurzen und kleinen Scheinknollen sitzen zwischen Scheidenblättern und tragen fleischige, flache, zuweilen senkrecht gestellte Blätter und meist unscheinbare Blüten in dichten walzenförmigen oder in ganz lockeren Trauben. Kelch- und Blumenblätter sind einander ziemlich gleich, die seitlichen Kelchblätter oft weithin verwachsen, Lippe genagelt mit dreieckiger oder spiessförmiger Platte, mit der langen Säule am Grunde fest verbunden.

Kultur wie Epidendrum (s. d.).

N. albida Rchb. f. Blätter breit-lanzettlich. Blüten in überhängender, kurzer, lockerer Traube, klein, weisslich. Juli—August. Centralamerika.

N. bicolor Ldl. Blätter dick, lanzettlich. Blüten in aufrechter, dichter Traube, gelb und rot. August, September. Centralamerika.

N. incurva Ldl. Zwergige Art mit dicken, eiförmigen, kaum 4 cm langen, tief gekielten Blättern. Blüten in kurzer, aufrechter Traube, blassstrohgelb. Mai, Juni. Trinidad.

N. punctata Ldl. (*Pleurothallis punctata R. Br. Gomeza tenuiflora Bot. Cab.*) Blätter lanzettlich, dick. Blüten in hängender dichter Traube, gelbgrün, Kelch- und Blumenblätter länglich, stumpf, Lippe verkehrteiförmig, vorn spitz. September. Trinidad.

Oberonia *Ldl.*

(Liparidinae 163.)

(Titania Endl.)

Von den mehr als 50 baumbewohnenden Arten der im tropischen Asien und Australien, den Südseeinseln und den Maskarenen heimischen Gattung lohnt nicht eine einzige dem Gärtner die Kultur. Es sind durchweg unscheinbar und kleinblühende Pflanzen von unbedeutendem Ansehen. Der Stamm ist entweder ganz kurz und trägt dann lange, reitende (wie die Blätter von Iris stehende) Blätter oder er ist lang-cylindrisch und die Blätter sind dann kurz und zweizeilig gestellt. Die senkrecht verbreiterte, fleischige oder ledrige Blattspreite gliedert sich von der Blattscheide ab und fällt im Alter allein ab. Die sehr kleinen, kaum 0,5 cm erreichenden Blüten sitzen in dichten cylindrischen Ähren, Kelch- und Blumenblätter sind fast gleich, aufrecht oder zurückgeschlagen. Die sitzende Lippe ist aufrecht gerichtet und umfasst mit ihrem Grunde die kurze Säule, der Vorderlappen ist tief ausgerandet oder zerschlitzt.

Kultur wie Coelogyne.

In den botanischen Gärten wird hin und wieder kultiviert:

O. iridifolia Ldl. Blätter schwertförmig, reitend, etwa 2 zu 20 cm, hell und glänzend grün. Blüten in überhängender, dichter, reichblumiger, kurzer Traube, sehr klein, blassgelblich-rosa, Kelchblätter eiförmig, zurückgeschlagen, Lippe stumpf-eiförmig, gefranst, am Grunde ausgehöhlt, vierlappig. November, Dezember. Ceylon.

Octadesmia *Bnthm.*

(Ponereae 196.)

O. monophylla Bnthm. (*Laelia monophylla N. E. Brown. Trigonidium monophyllum Gris.*), die einzige in Kultur befindliche der drei überhaupt bekannten Arten, welche auf Bäumen von Jamaika und St. Domingo leben, erinnert im Wuchs viel eher an eine Masdevallia als an eine Laelia. Aus dem kriechendem, verfilztem, dünnem Wurzelstocke erheben sich Gruppen federkieldicker bis 15 cm hoher, auf grünem Grunde rosa überlaufener Stämmchen mit je einem festem, immergrünem, linearem, etwa 1 zu 6 cm grossem Blatte. Blüten einzeln, auf endständigen, schlanken, 5—8 cm langen Stielen, 4—5 cm breit, lebhaft orange-scharlach bis auf die purpurrote Säulenspitze, Kelch- und Blumenblätter sternartig spreizend, zugespitzt, länglich, Lippe sehr klein, die kleine Säule bis zur Spitze mit ihren Seitenlappen einhüllend, Vorderlappen klein, abstehend, auf der Scheibe warzig. September, Oktober. Jamaika, in den St. Andreasbergen von 12—1600 m an Stämmen und deren unteren Ästen.

Octomeria Don. ist *Eria Ldl.*

Odontoglossum *H. B. K.*

(Odontoglosseae 347.)

Die weit über 100 Arten sind fast durchweg baumbewohnend, nur selten tritt einmal eine Art im Moosüberzug subalpiner Felsen auf. Die Umgränzung der Arten ist sehr schwierig und wird noch erschwert durch die Leichtigkeit, mit welcher die Odontoglossen unter sich Kreuzungen eingehen, selbst zwischen einander ziemlich fernstehenden Arten, wenn diese zum Teil scheinbaren Kreuzungen nicht überhaupt Übergangsformen sind.

Die mit Vorliebe eiförmigen, oft seitlich flachgedrückten Scheinknollen sitzen meist dichtgedrängt, nur selten sind sie auf dem holzigem und dann kletterndem Wurzelstock auseinander gerückt. Fast alle Arten zeigen unter den Knollen stehende und diese in der Jugend schützende, zartere, hinfällige Scheidenblätter, während die meist schmal-länglichen wirklichen Blätter einzeln oder zu zweien auf der Spitze der Knollen sitzen und derb, oft ledrig, sind. Die Blüten stehen einzeln oder zu 3—5 auf aufrechtem schlankem Schaft oder in mehrblumigen Trauben oder vielblumigen Rispen. Der Blütenstand entspringt unter der Knolle und tritt seitlich von ihr aus den Scheidenblättern hervor. Die meist ansehnlichen, oft prächtig gefärbten, meist in gelb und braun oder weiss und rot, sehr selten in blauen Tönen variirenden Blüten sind flach ausgebreitet oder mit den Spitzen leicht nach innen neigend. Kelch- und Blumenblätter sind frei oder die seitlichen Kelchblätter am Grunde etwas miteinander verwachsen, meist sind die Blumenblätter den Kelchblättern in der Form ähnlich, aber kürzer und breiter. Der Grund der Lippe steht der Säule parallel, zuweilen ist er ihr ein kurzes Stück angewachsen, die Platte der Lippe ist nach vorn und unten abstehend und meist mit starken Längsschwielen besetzt. Säule am Grunde schlank, vorn oft mit Anhängseln in Form von kleinen Flügeln, Borsten, graden oder gedrehten Bartfäden. Vier Pollenkörper. Die zahlreichen in Kultur befindlichen Odontoglossen sind fast durchweg Schmuckpflanzen, oft wirkliche Prachtstücke unserer Gewächshäuser. Früher standen sie im Verruf sehr schwer zu wachsen, heut, wo die Pflanzengeographie den Gärtner gelehrt hat, die Temperatur der Odontoglossen in den Gewächshäusern nach der Heimat dieser schönen Orchideen zu regeln, wissen wir, dass die früher kultivierten Odontoglossen an zu viel Wärme zu Grunde gegangen sind.

Die Gattung Odontoglossum umschliesst nur Gebirgspflanzen, welche zum Teil subalpinen Höhen — zwischen 2500—3300 m — entstammen. Von den Hochplateaus von Peru und Bolivia bis ins nördliche Mexiko ist die Gattung durch 35 Breitengrade (15° S. B. bis 20° N. B.) verbreitet, nur den niederen Höhen des Isthmus von Panama fehlen die Odontoglossen, wo aber die Anden oder die Kordilleren über 1500 m aufsteigen, da sind die schön blühenden Pflanzen da. Das Verbreitungszentrum dürften die Kordilleren zwischen Bogota und Ocanna sein. Die Folge dieses subalpinen Vorkommen ist, dass die Odontoglossen kühl kultiviert werden müssen, die Wintertemperatur soll 10° R. nicht übersteigen, kann bei vielen Arten bis auf 5° sinken und liegt am besten zwischen 8—10°. Die meisten Arten werden einfach mit einer Handvoll Sphagnum an Rinde oder Holz gebunden und aufgehängt. Wählt man Topfkultur, so müssen die Töpfe sehr stark drainiert sein und die obere Hälfte ein Gemisch von Sphagnum, Haideerde und Sand oder etwas Holzkohle enthalten, worauf die Knollen hochgepflanzt werden. Die Odontoglossen verlangen andauernd feuchte Luft und sollen nie ausdorren.

Spritzen und Giessen ist während der warmen Jahreszeit sehr reichlich zu geben und während der Triebbildung auch ein rasch sich wiederholender Dungguss von Wert. Im Winter muss natürlich das Giessen vorsichtig bewirkt werden und wird meist Spritzen und feuchte Luft allein ausreichen. Neben der feuchten Luft ist frische Luft für diese Pflanzen Bedürfnis und Odontoglossenhäuser müssen fleissig gelüftet werden. Im Sommer ist die brennende Sonne durch gutes Schattengeben abzuhalten, wodurch gleichzeitig die Luft im Hause niedriger als im Freien gehalten werden kann. Die meisten Arten nehmen es dankbar auf, wenn sie im Juni—August im Freien halbschattig hängen können, nur muss dann auf sehr reichliches Spritzen geachtet werden.

Zahlreiche Arten liefern ihre Blüten als wertvolles Bindmaterial und sind dadurch auch für den Handelsgärtner sehr wertvoll. Durch die englischen Massenimporte, die allerdings mehr als eine Art in der Heimat schon ausgerottet haben, sind grade die schönsten und dankbarsten Arten sehr billig im Handel. Gegen etwaige schädliche Insekten, an der Spitze die schwarze Fliege, Thrips, hilft am besten Schwefelpulver.

Die grosse Artenzahl teilt Pfitzer ein in:

A. **Crispa:** Scheidenblätter unter der Knolle, Hauptfarbe der grossen ausgebreiteten Blüten weiss, rötlich bis hellviolett, Lippenplatte mit starken Längsschwielen; z. B. O. crispum Ldl.

B. **Luteopurpurea:** Von der ersten Gruppe nur durch die gelben, meist braun gefleckten Blüten verschieden; z. B. O. luteopurpureum Ldl.

C. **Lindleyana:** Wie B., aber Nagel und Platte der Lippe sehr schmal; z. B. O. Lindleyanum Rchb. f.

D. **Laevia:** Wie C., aber die Grundfarben der meist offenen Blüten grün und violett, Längsschwielen der Lippe schmal; z. B. O. laeve Ldl.

E. **Myanthium Ldl.:** Blüten durch die seitlichen, vorgestreckten Kelchblätter halb geschlossen, gelb, scharlach, braun, violett gefärbt; z. B. O. Edwardi Ldl.

F. **Trymenium Ldl.:** Meist nur Scheiden, selten ein Scheidenblatt unter der Knolle, Blüten in hängender Traube mit stark fransigen Anhängseln der Säule; z. B. O. citrosmum Ldl.

G. **Rossiana:** Nur häutige Scheiden unter der Knolle, Blüten in aufrechten Trauben, weiss oder rötlich; z. B. O. Rossii Ldl.

H. **Grandia:** Wie G., aber starkwüchsig und mit gelbbrauner Grundfarbe der Blüten; z. B. O. grande Ldl.

Von der nahe verwandten Gattung Oncidium ist Odontoglossum nur durch die parallele Stellung des Lippengrundes zur Säule getrennt, die Lippe von Oncidium ist dem Säulegrunde nicht parallel, sondern vom Grunde weg abstehend, meist rechtwinklig zur Säule eingefügt und ausserdem hat Oncidium nur zwei Pollenkörper.

Der Gärtner kommt, durch praktische Merkmale unterstützt, meist weniger in Verlegenheit, ob er ein Odontoglossum oder Oncidium vor sich hat, als der Botaniker.

O. acuminatum hort. ist *O. Rossii Ldl.*

O. Alexandrae Batem. ist *O. crispum Ldl.*

O. anceps Lind. ist *O. maculatum Lex.*

O. Amesianum hort. ist *O. luteopurpureum Ldl. var.*

O. Andersonianum Rchb. f. ist *O. crispum Ldl. var.*

O. angustatum Rchb. f. Scheinknollen birnförmig zugespitzt, zwischen etwa vier Scheidenblättern sitzend, Blätter breit-lanzettlich, einzeln auf der Knolle, derb, dunkelgrün. Blüten in aufrechten, kurz verzweigten Rispen, Kelchblätter schmallinear, zugespitzt, grüngelb mit brauner Mittellinie, Blumenblätter etwas breiter, krauswellig, gelb mit schimmernden zimmtbraunen Querflecken, Lippe weiss mit braunen Strichen und Flecken. Vorderteil länglich dreieckig, wellig gezähnt, mitten eine glatte, rechts und links davon eine gesägte Schwiele tragend. Juni—August. Peru.

O. apterum Llave et Lex. ist *O. Rossii Ldl.*

O. aspersum Rchb. f. ist *O. Rossii Ldl. var.*

O. astranthum Rchb. f. Scheinknollen breit-eiförmig, flachgedrückt, 5 cm hoch, mit zwei linear-lanzettlichen, bis 20 cm langen, hellgrünen Blättern. Blüten in weit verästelter hoher Rispe, oft zu mehr als 50, sternförmig ausgebreitet, über 5 cm gross, Kelch- und Blumenblätter lanzettlich-zugespitzt, hellgelb mit rotbraunen Streifen und Flecken, Lippe weiss mit rosaen Flecken, orangegelbem Grunde mit einigen hellpurpurnen Fleckchen. Juni—August. Ecuador.

O. aureo-purpuratum hort. ist *O. luteopurpureum Ldl.*

O. baphicanthum Rchb. f. ist *O. odoratum Ldl. var.*

O. bictoniense Ldl. (*Cyrtochilum bictoniense Batem. Zygopetalum africanum Hook.*) Scheinknollen eiförmig, flachgedrückt, kantig, bis 5 cm hoch. Blätter paarweis, spitz-lanzettlich, wellig, 25 cm lang, gekielt. Blüten in aufrechter, vielblumiger Traube, seltener in Rispen. Blüten 5 cm breit, Kelch- und Blumenblätter linear-lanzettlich, gelbgrün mit kastanienbraunen Flecken, Lippe spitz-herzförmig, wellig gerandet, weiss, rosa bis hell fliederfarben, Kamm doppelwulstig. September—November. Guatemala, Mexiko. Wurde 1835 als das erste Odontoglossum von G. Ure Skinner aus Mexiko an Batemann nach Knypserley, Cheshire, gesandt und fast gleichzeitig an Lord Rolle nach Bicton, wo es 1836 zum erstenmale blühte.

— **var. album Linden.** (*var. splendens Lind.*) Kelch- und Blumenblätter rötlichbraun, Lippe weiss.

— **var. roseum Lind.** Blüte dunkelbraun, Lippe rosa.

— **var. speciosum Rgl.** Blüten sehr gross, gelb mit dunkelbraun, Lippe violett.

— *var. splendens Ldn.* ist *v. album.*

— **var. sulphureum Lind.** Blüte gelb, Lippe weiss.

— *var. superbum hort.* ist *v. album.*

O. blandum Rchb. f. Scheinknollen kaum wallnussgross, platt-elliptisch, Blätter paarweis, linear-lanzettlich, bis 20 cm lang. Blüten am oberen Ende des die Blätter kaum überragenden, nickenden Schaftes zusammengedrängt, 5 cm gross, Kelch- und Blumenblätter lanzettlich, zugespitzt, weiss mit rötlich-purpurnen Flecken. Lippe wellig-gezähnt mit spitz-eiförmigem Vorderteil, weiss mit 1—2 braun-karminroten grossen Flecken im Grunde und einigen kleineren auf der Fläche, zwei goldgelben parallelen Hautschwielen, welche vorn in zwei aufrechte, schmale Zähne aufstreben. Drei oder vier Bartfäden an jeder Seite der Säulenspitze. Juli—September. In der Heimat, auf dem Alto de Camerone in der Ost-Kordillere von Neu-Granada blühte es einst an Melostomaceen-Bäumen bei 2000 m fast das ganze Jahr, ist aber heute durch die englischen Orchideen-Jäger ausgerottet.

O. Bleichroederianum I. et L. Lind. gehört in die Verwandtschaft von O. blandum, aber die erheblich grösseren Blüten sind fleischfarben mit blutroten Tupfen.

O. Bluntii Rchb. f. ist *O. crispum Ldl. var.*

O. Bowmanni Rchb. f. gehört zu *O. crispum Ldl.*

O. brachypterum Rchb. f. Eine der im Freien entstandenen Kreuzungen von O. Pescatorei × O. luteopurpureum. Kelch- und Blumenblätter breit-linear, sehr kurz, hellgelb mit einigen zimmtbraunen Tuschflecken, Vorderteil der Lippe geigenförmig, ausgerandet, hellgelb mit einem grossem, zimmtbraunem Fleck vor dem Kamme, welcher aus fünf parallelen Schwielen, die mittlere ist die längste, besteht, welche in aufrecht gesägte Hautblättchen ausgehen. Von der Ost-Kordillere Neu-Granadas bei Ocanna.

O. Brandtii Krzl. et Wittm. Scheinknollen eiförmig, leicht flachgedrückt, bräunlich. Blätter linear-lanzettlich, gekielt. Blüten in mehrblumiger bis 30 cm langer, bogiger Traube, 5 cm breit, Kelch- und Blumenblätter spitz-lanzettlich, letztere breiter und wellig gerandet, weisslich-gelb mit je einem purpurbräunlichem langem Tuschfleck im Grunde mit gleichfarbigen Punkten davor. Lippe gleichgross, genagelt, geigenförmig, mit drei Schwielen, deren mittlere klein, die seitlichen kammartig sind, im Grunde rinnig aufgebogen und mit der rinnigen Säule eine Röhre bildend, vorn reinweiss, im Grunde purpurfleckig. Mai, Juni. Vaterland unbekannt. Blüten geruchlos, aber zwei Monate haltend. Nächstverwandt mit O. Pescatorei.

O. Brassia Rchb. f. ist *O. odoratum Ldl. var. deltoglossum Rchb. f.*

O. brevifolium Linden ist *O. coronarium Ldl.*

O. brevifolium Ldl. ist verschieden von O. coronarium durch kürzere Blätter und durch kleinere Blüten, welche zu 10—12 in einer überhängenden Traube sitzen. Bisher hat die Art in den Gärten noch nicht geblüht, so dass ein endgültiges Urteil über sie noch aussteht.

O. caerulescens hort. ist *O. Rossii Ldl.*

O. candelabrum Lind. ist *O. coronarium Ldl.*

O. cariniferum Rchb. f. (*O. hastilabium Ldl. var. fuscatum Bot. Mag.*) Scheinknollen glatt, länglich, flachgedrückt, bis 10 cm hoch, Blätter paarweis, breit-linear, ledrig, bis 30 cm lang. Blüten in starkstengligen, zickzack-ästigen Rispen, 5 cm breit, Kelch- und Blumenblätter spitz-lanzettlich, auf dem Rücken gekielt (daher der Name), oliven-grünbraun mit gelbem Saum und Flecken, Lippe aus langem, schmalem Stege plötzlich in den nierenförmig zugespitzten Vorderteil verbreitert, weiss, im Abblühen gelbbraun werdend, zwei rautenförmige, am oberen Rande gezähnte Schwielenplatten. Säule geflügelt, weiss, hellpurpurn getupft. Oktober bis November. Centralamerika. 1848 zum erstenmale von Chiriqui aus nach Europa gebracht.

O. Cervantesii Lex. (*O. membranaceum Ldl.*) Scheinknollen etwa taubeneigross, flach gedrückt, zugespitzt, Blätter einzeln, länglich, zugespitzt, 15 cm lang. Blüten zu 3—6 auf die Blätter überragendem, mit Scheiden bekleidetem Schaft, bis 5 cm gross, wohlriechend, Kelch- und Blumenblätter länglich-eiförmig, Blumenblätter viel breiter als die Kelchblätter, weiss mit rot-chokoladebraunen Strichen im Grunde, Lippe dreilappig, die seitlichen Lappen klein, rundlich, der vordere breit-herzförmig mit ausgefressenem Rande, weiss mit einem purpurnem Querfleck vor dem langfeinhaarigem, zweilappigem Kamme, der eine zweispaltige Warze zwischen den Lappen trägt. Säule weiss, mit einem länglichem, spreizendem Flügel jederseits. Oktober—Dezember. Guatemala, Mexiko.

— *var. Andersonii Moore* ist *O. crispum Ldl. var. Andersonianum Rchb. f.*

— **var. decorum Rchb. f.** Blüten in allen Teilen grösser, Lippe breiter, die Striche purpurrot, kürzer, aber breiter und ausgedehnter.

— **var. Morada h. angl.** Blüten gross, rosalila karmoisinrot gefleckt, Lippe reinweiss oder lila überlaufen.

— **var. punctatissimum hort.** Blüten über und über kleinfleckig.

— **var. roseum hort.** Blüten hellrosa.

O. chaetostroma Rchb. f. ist *O. Hallii Ldl.*

O. Chestertoni hort. ist *O. crispum Ldl. var.*

O. chiriquense Rchb. f. ist *O. coronarium Ldl. var.*

O. cinnamomeum hort. gehört zu den Kreuzungen aus O. luteo-purpureum × Pescatorei und ist von O. brachypterum Rchb. f. höchstens durch etwas grössere zimmtbraune Flecken auf dem gelbem Grunde der Blüten verschieden.

O. cirrhosum Ldl. (Fig. 123.) Scheinknollen länglich zusammengedrückt, mit scharfen Rändern, Blätter meist einzeln, selten paarweis, schmal-schwertförmig, gekielt, bis 25 cm lang. Blüten in vielblumiger, wenig und kurzästiger, nickender, bis meterlanger Rispe, bis 10 cm gross, Kelchblätter schmal, lang-dreieckig, in eine fast fädliche gedrehte Spitze ausgezogen, milchweiss mit hellbraunroten Tuschflecken, Blumenblätter kürzer, verkehrt-eiförmig-dreieckig, kurzgeschwänzt, im Grunde wenig oder gar nicht gefleckt, Lippe kürzer als die Blumenblätter, dreilappig, Seitenlappen fast kreisrund, zerrissen-gezähnt, Mittellappen lang und schmal-zungenförmig, von der Mitte an im scharfen Winkel zurückgeknickt, weiss mit 2—3 braunroten Flecken, Schwielen gross, die Seitenlappen verdeckend und zwei hörnchenförmige Auswüchse nach vorn. Säule kantig, mit zwei tasterförmigen gekräuselten Bartfäden. April, Mai. Anden von Ecuador.

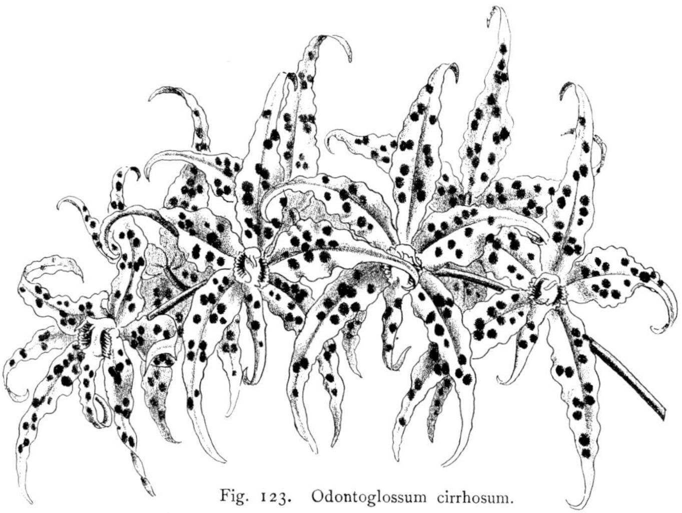

Fig. 123. Odontoglossum cirrhosum.

— var. **Hrubyanum Rchb. f.** (*var. album hort.*) Blüten fast reinweiss, bis auf den orangegelben Lippenfleck.

— var. **Klabochorum Rchb. f.** Blüten grösser, lang geschwänzt, sehr dicht gefleckt.

O. citrosmum Ldl. (*O. pendulum Batem. Cuitlanzina pendula Llave et Lex. Oncidium Galeottianum Drap.*) (Fig. 124.) Scheinknolle plattgedrückt eiförmig, spitz auslaufend, bis 6 zu 12 cm. Blätter paarweis, breit-linear, 25 cm lang, ledrig. Blüten zu 8—20 in hängenden Trauben, citronenduftend, 6 cm breit, Kelch- und Blumenblätter eiförmig, erstere mit schmalem, letztere mit breitem Grunde, reinweiss oder im Grunde leicht rosa überlaufen, Lippe aus centimeterlangem, schmalem Stege plötzlich in einen halbkreisförmigen, vorn tief zweispaltigen Vorderlappen ausgebreitet, hell- oder dunkelrosa, Kamm zweilappig, gelb mit einigen kleinen roten Flecken. Säule gleichfarbig, mit einem Rücken- und zwei Seitenlappen. Mai, Juni. Mexiko, Guatemala.

— var. **album hort.** Blüten weiss bis auf den gelben Kamm.

— **var. punctatum hort.** Blüten hellrosa, purpurn punktiert.

— **var. roseum hort.** Blüten weiss, Lippe dunkelrosa.

O. Clowesii Ldl. ist *Miltonia Clowesii Ldl.*

O. coerulescens A. Rich. ist *O. Rossii Ldl.*

O. compactum Rchb. f. ist die am weitesten südlich verbreitete Art der Gattung, noch an bemosten Felsen bei Cuzco in Peru vorkommend. In den europäischen Gärten fehlt diese unscheinbare Art aus der Verwandtschaft von O. pardinum.

O. constrictum Ldl. Scheinknollen eiförmig-abgeflacht, mit schmalen Kanten, 5 cm hoch. Blätter paarweis, linear-lanzettlich, 30 cm lang, ledrig, gekielt. Blüten in schlanker, nickender, vielblumiger Traube oder kurzästiger Rispe, wohlriechend, 5 cm breit, Kelch- und Blumenblätter spitz, länglich-lanzettlich, gelb mit rötlichbraunen Flecken, Lippe fast geigenförmig, zugespitzt, weiss mit einem rosaem Fleck vor den Schwielen, welche in zwei vortretende, auseinander spreizende, ausgefressen gerandete Zähne auslaufen. Säule weiss, mit zwei gedrehten Bartfäden an der Spitze. Januar, Februar. Caracas, La Guayra.

Fig. 124. Odontoglossum citrosmum.

— *var. castaneum hort.* ist *var. Sanderianum Rchb. f.*

— **var. pallens hort.** Blüten hellgelb, wenig gefleckt.

— **var. Sanderianum Rchb. f.** (als Art) (*var. castaneum hort.*) Blüten grösser, sattgelb mit einem einzigem, kastanienbraunem Fleck und ebensolchen Streifen, Lippe weissgelblich.

O. Coradinei Rchb. f. ist *O. Lindleyanum Rchb. f. var.*

O. cordatum Ldl. (*O. Hookeri Rchb. f.*) Scheinknollen in kurzen Zwischenräumen auf dem kletterndem Wurzelstock, scharfkantig flachgedrückt, eiförmig. Blätter einzeln, länglich-lanzettlich, etwa 4 zu 20 cm, beiderseits dunkelgrün mit helleren Längsnerven. Blüten in aufrechter, bis 60 cm hoher, oft unten verzweigter, vielblumiger Traube, lang gestielt, Stiele zur Hälfte in hellbraunen, häutigen Scheiden, bis 10 cm gross, Kelchblätter lang zugespitzt, lanzettlich, Spitze kurz zurückgebogen, aussen gekielt, kastanienbraun, mit wenigen gelben Zickzack-Querbändern am Grunde und hellbraunen Spitzen, Blumenblätter kürzer und breiter, wellig gerandet, auf hellgelbem Grunde rötlichbraun getigert, Lippe herzförmig, wellig gezähnt, mit langer, scharfer Spitze, weiss mit braunen Rand- und Spitzenflecken und einzelnem Mittelfleck, Kamm mit zwei aufrechten Lappen und einem Kiel, vor welchem zwei stumpfe Zähne stehen. Säule schlankrund, vorn leicht verdickt, weiss und grün. Mai, Juni. Guatemala, Mexiko.

— **var. grandiflorum hort.** (*var. superbum hort.*) Blüten gross, lebhafter gefärbt.

— **var. Kienastianum Rchb. f.** Blüten gross, Kelch- und Blumenblätter spitzer, auf weissem Grunde kastanienbraun grossfleckig, Lippe reinweiss.

— **var. sulphureum Rchb. f.** Blüten schwefelgelb, Lippe weiss, schwefelgelb gefleckt.

— *var. superbum hort.* ist *v. grandiflorum hort.*

O. coronarium Ldl. (*O. brevifolium Linden. O. candelabrum Linden.*) Scheinknollen auf federhalterdickem, scheidenbesetztem Wurzelstock, 4—5 cm auseinander, eiförmig, scharfkantig flachgedrückt. Blätter einzeln, länglich-elliptisch, 5 zu 20 cm etwa, sehr derb. Blüten in aufrechter, bis 30 cm hoher, vielblumiger Traube, firnissartig glänzend, bis 5 cm breit, Kelch- und Blumenblätter kurz genagelt, breit-elliptisch, wellig-krausrandig, kupferrotbraun mit gelbem Saum, die Blumenblätter am Grunde leuchtend gelb mit braunen Flecken, Lippe mit zwei aufgerichteten Ohren aus kurzem Stege, vorn verkehrt-herzförmig, sattgelb mit braunem Sattelfleck im Grunde und weisslichem, dreizackigem Kamm. Säule weiss, mit zwei gestutzten, purpurn gefleckten Flügelchen. Mai—Juli. Neu-Granada, Kordillere von Chiriqui bei 3000 m.

— **var. chiriquense Rchb. f.** (als Art.) Blüten grösser und blasser, hell kastanienbraun, Lippe gelb mit einem braunem Scheibenfleck.

— **var. miniatum hort.** Scheinknollen nur 1—2 cm auseinander. Blüten kleiner, kastanienbraun mit gelbem Saum. Lippe gelb.

O. crinitum Rchb. f. Selten in Kultur, nach Reichenbach eine ganz besonders charakteristische Art. Blüten in vielblumiger Traube oder Rispe, 5 cm gross, gelb und braun, Kelch- und Blumenblätter schmal, zugespitzt, Vorderteil der Lippe dreieckig, fein gesägt, Kamm zusammengesetzt aus zahlreichen fädlichen Sprossungen, die im ersten Anblick wie ein Haarpolster aussehen. Juni—August. Neu-Granada.

O. crispum Ldl. (*O. Alexandrae Batem. O. Bluntii Rchb. f.*) (Fig. 125.) Scheinknollen breit-eiförmig, kantig flachgedrückt, bis 8 cm hoch, Blätter paarweis, linear-lanzettlich, zugespitzt, gekielt, bis 25 cm lang, frischgrün. Blüten in nickender oder überhängender, schlankstengliger Traube oder Rispe zu 5—15, flach geöffnet, bis 8 cm gross, in Form und Farbe wechselnd, weiss, weissrosa, weissgelblich, einfarbig oder mehr minder rot gefleckt, aber immer auf der Scheibe der Lippe leuchtend gelb, Kelchblätter ei-lanzettlich bis breit-eiförmig, wellig krausgerandet, bald stumpf, bald spitz mit starkem Kiel unterseits, Blumenblätter breit-eiförmig, mehr minder krausfaltig, mit gezähntem oder ausgefressenem Rande, Lippe länglich-eiförmig, zugespitzt, krausfaltig mit lappig zerschlitztem oder gezähntem Rande, zuweilen auch vorn stumpf und zweilappig, weiss bis dunkelrosa, Kamm in zwei gelbe, rot quergestreifte Lappen auswachsend, welche in zwei spreizende Zähne endigen. Säule leicht gebogen mit zwei breiten,

Fig. 125. Odontoglossum crispum.

längs zerschlissenen Flügeln. Februar — Mai. Neu-Granada, Santa Fé de Bogota. 2500—3000 m. Dieses dankbarste Odontoglossum wurde 1841 von Hartwig in den Kordilleren von Bogota in Neu-Granada aufgefunden und ist ein Glanzstück an Schönheit und Verwendbarkeit. In Form und Farbe der Blüten herrscht eine ungemeine Wandelbarkeit, vom reinsten Weiss bis Dunkelrosa, einfarbig, vereinzelt gefleckt oder dicht fleckig und querbindig, Blumenblätter schmal-lanzettlich bis breit-eiförmig, spitz oder stumpf, kommen unzählige Formen vor, die aufzuzählen leichter ist als sie zu charakterisieren, da noch dazu die Charaktere oft ganz unbeständig sind. Lange Jahre eine Seltenheit ersten Ranges ist die Alexandra-Orchidee (zu Ehren der Prinzessin von Wales getauft), seit Jahren zehntausendweis auf den Markt geworfen worden und heut für wenige Mark zu kaufen.

— var. **Alexandrae Batem.** Blüten fast reinweiss, nur der Kamm goldgelb.

— var. **Andersonianum Rchb. f.** (als Art.) Kelchblätter ei-lanzettlich, Blumenblätter schmal-eiförmig, lang zugespitzt, crêmeweiss bis gelblich, mit kastanienbraunen Streifen und Flecken, Lippe ebenso, oft nur mit einem einzigen Querfleck in der Mitte. Hierher gehören:

f. **angustatum hort.** Blumenblätter schmal, grossfleckig.

f. **lobatum Rchb. f.** Seitenlappen der Lippe schmal, spreizend, tief zimmtbraun gefleckt.

f. **Josephinae Will.** Blüten gross, weiss, rosa überhaucht, reichlich rotbraun gefleckt, Lippe breit-herzförmig, wellig kraus.

f. **obtusatum Rchb. f.** Blumenblätter vorn stumpf, gelblichweiss.

f. **pictum Rchb. f.** Blüten weisslich, dicht braunfleckig.

f. **Polletianum Rchb. f.** Blumenblätter an den Spitzen gelblich-rosa, auf der Mittelfläche zahlreich chokoladen-braunrot gefleckt, Lippe weiss mit einem grossem chokoladefarbenem Fleck.

f. **tenue Rchb. f.** Blüten klein, milchweiss mit nur einem braunem Fleck auf jedem Kelchblatt.

— var. **apiatum Gardn. Chron.** Alle Blütenblätter mit einem grossem und zwei kleinen kastanienbraunen Flecken, Blumenblätter violett-purpurn überlaufen.

— var. **aureum Will.** Blüte citrongelb mit braunen Flecken, Lippe gelb mit zwei braunen Flecken im Vorderteil.

— var. **Ballantinei Gardn. Chron.** Blütenblätter mit je einem hellblutrotem Mittelfleck, Lippe mit grossen brennroten Flecken vor dem Kamme.

— var. **Bluntii Rchb. f.** als Art. Kelch- und Blumenblätter weiss, rosa schattiert, purpurn tuschfleckig, Lippe rosa, karminpurpurn gefleckt.

— var. **Bowmanni Rchb. f.** Kelchblätter weiss, rosa überlaufen und verschwommen rosa getupft, Blumenblätter weiss, am Grunde leicht rosa schattirt, Lippe breit, weiss, mit 4—5 rötlichbraunen Flecken und goldgelbem Kamm.

— var. **Chestertoni Rchb. f.** Kelch- und Blumenblätter breit, Kelchblätter weiss, mit zwei grossen und einem kleinem rötlichbraunem Querfleck, Blumenblätter weiss mit 2—5 rotbraunen Tupfen, Lippe rötlichbraun mit breitem, gelblich weissem Rande.

— var. **Cooksoni Will. et Moore.** Blüte weiss mit zahlreichen breiten, bräunlich karminroten Flecken, Lippe weiss, mit ebensolchem, grossem Vorderfleck und kleinem Seitenfleck, Kamm und die Scheibe davor goldgelb.

— **var. Dayanum hort.** Kelchblätter weissrosa mit einem gelbbräunlich-purpurnem Mittelfleck, Blumenblätter mit 1—2 unregelmässigen Flecken und einigen Strichen im Grunde, Lippe weiss.

— **var. elegantissimum hort.** Blüten gross, zart weissrosa, fast ungefleckt.

— **var. fastuosum Gardn. Chron.** Kelchblätter hellrosa mit rosa-flieder-farbenem Mittelstreif und einigen braunen Flecken, Blumenblätter weiss mit 1—2 kastanienbraunen Flecken, Lippe weissrosa mit 1—3 grossen, braunen Mittelflecken.

— **var. flaveolum Rchb. f.** (*var. sulphureum Gardn. Chron.*) Blüten hell schwefelgelb, Lippe hochgelb mit (meist drei) rotbraunen Flecken.

— **var. giganteum Moore.** (*v. Walkeriana hort.*) Blütentraube bis 80 cm lang, Blüten bis 12 cm breit, weiss mit ganz zart rosaem Hauch, Lippe gefranst mit breiter, zurückgeschlagener Spitze, weissrosa mit einigen, oft zusammenfliessenden, kastanienbraunen Flecken und goldgelbem Kamm.

— **var. grandiflorum hort.** heissen alle möglichen recht grossblumigen Formen.

— **var. guttatum Moore.** Blüten gross, weiss, Kelch- und Blumenblätter mit einigen rotbraunen Flecken, Lippe im Grunde goldgelb mit roten Spritzern, einem rotbraunem Mittelfleck und kleinen ebensolchen Randflecken.

— **var. hyperxanthum Rchb. f.** Blüten gross, weiss, Lippengrund gelblich überlaufen.

— **var. Jenningsianum Rchb. f.** Kelch- und Blumenblätter eiförmig, fast glattrandig, weisslich mit einigen grossen, karminroten Flecken und zahlreichen kleinen braunroten Spritzern in der unteren Hälfte, Lippe mit 2—3 rotbraunen Flecken.

— **var. latimaculatum Rchb. f.** Blüten dunkelrosa mit je einem auffällig breitem braunem Fleck fast in der Mitte jedes Blattes, auch der Lippe.

— **var. Lehmanni Rchb. f.** (*O. Lehmanni hort.*) Blüten in Rispen bis zu 50, klein, gerundet, hellrosa mit braunen Flecken, Lippe auffällig breit.

— **var. lilacinum hort.** Blüten rosa-fliederfarben, braungefleckt, Lippe hellrosa.

— **var. limbatum Rchb. f.** Kelchblätter aus dreieckigem Grunde lanzettlich, Blumenblätter spitz-rautenförmig, gezähnelt oder fein gelappt am Rande, Lippe mit der Säule ziemlich weit verwachsen, Blüten weiss, Kelchblätter rosa angehaucht, Lippe vorn violett gefleckt.

— *var. macrospilum hort.* ist *O. odoratum Ldl. var.*

— **var. Marianae Moore.** Blüten 6 cm gross, Kelch- und Blumenblätter gleich breit, zart rosa, purpurn gefleckt, Lippe weiss mit hellbraunen Spritzern.

— **var. maximum hort.** ist ein Gelegenheitsname für recht grossblütige Exemplare.

— *var. mirabile Veitch* ist *var. Veitchianum Rchb. f.*

— **var. Mundyanum h. Sand.** Blüten gross, rosa mit sehr grossen, scharf abgesetzten magenta-purpurnen Flecken.

— **var. Popayani Rchb. f.** ist die mässig grossblühende, mattrosae, wenig gefleckte Urform.

— **var. purpureum hort.** Blüten rosarot, Lippe mit dunkel bräunlichrotem Fleck.

— **var. Reginae Orch. Alb.** Blüten sehr gross, weiss mit sehr zartem rosaem Hauch, fast weisser Lippe und kaum vortretend rosaer Zeichnung.

— **var. roseum Moore.** Blüte rosa-fliederfarben mit einigen kastanienbraunen Tuschflecken, Lippe weiss mit breiter zurückgebogener Spitze, zahlreich klein braunfleckig.

— **var. roseum punctatissimum Gardn. Chron.** Neben den grossen braunen Flecken zahlreiche gleichfarbige Punkte und Spritzer.

— **var. Ruckerianum Rchb. f.** Blüten in Rispen, schmalblättrig, weiss mit purpurnem Saum und braunen Tigerflecken, Lippe aus breit-gelbem Grunde weiss, stellenweis purpurn schimmernd, mit 2—3 verwaschenen kleinen, braunen Flecken.

— **var. Sanderianum Gard. Chron.** Blüten gross, hellrosa mit grossen portweinfarbenen Flecken.

— **var. Schroederianum hort.** ist eine Kleinigkeit heller und die Flecken dunkler als v. Sanderianum.

— **var. Stevensii Will. et Moore.** Blüten bis 10 cm gross, weiss mit zahlreichen hellzimmtbraunen Tuschflecken und ebensolchen Spritzern, Lippe gleichfarbig mit orangegelbem Grunde.

— *var. sulphureum Gard. Chron.* ist *var. flaveolum Rchb. f.*

— **var. The Duchess Gard. Chron.** Blütenblätter breit, krausgerandet, reinweiss, Lippe weiss mit einem rotbraunem Fleck vor dem goldgelbem Kamme.

— **var. Trianaei Moore.** Blüten 10 cm gross, Kelchblätter weiss, rosa schattiert, das obere mit einem rundem rostrotem Mittelfleck, die seitlichen mit drei rostroten Flecken und einem rosenrotem Schmitz in der vorderen Hälfte, Blumenblätter reinweiss, wellig ausgezackt, Lippe breit, vorn zweilappig, weiss, vor dem gelbem Kamme einen hellkupferroten Mittelfleck und ebensolche kleine Flecke am oberen Rande.

— **var. Veitchianum Rchb. f.** *(v. Veitchii hort. var. mirabile Veitch.)* Jedes Kelch- und Blumenblatt auf weissem Grunde mit einem grossem, kastanienbraunem Mittelfleck und ein bis zwei gleichfarbigen, kleineren Flecken, alle zart ledergelb gesäumt, Lippe weiss, mit einigen kastanienbraunen Spritzern vor dem gelbem Kamme.

— **var. virginale Will.** Blüten reinweiss, bis auf den leuchtend gelben Kamm.

— *var. Walkeriana hort.* ist *var. giganteum Moore.*

— **var. Warneri Moore.** Blüten über 10 cm gross, Kelchblätter weiss, rosa überlaufen, mit 4—6 länglichen, kastanienbraunen Flecken in der Mitte, Blumenblätter sehr breit, gezähnt, reinweiss, Lippe breit, gefranst, aus goldgelbem Grunde weiss, vorn mit einem fast quadratischem, verwaschenem, braunem Fleck.

— **var. Wilsonianum Gard. Chron.** Blüten zartrosa, die Kelchblätter mit je 1—2, die Lippe mit einem grossen und 2—3 kleineren, braunen Flecken.

— **var. Wrigleyanum Rchb. f.** Blüten malvenfarben, vielfach braunrot getupft.

O. cristatellum Rchb. f. ist *O. cristatum Ldl. var.*

O. cristatum Ldl. Scheinknollen schlank-kegelförmig, bis 4 cm hoch, gerippt, hellgrün. Blätter paarweis, breit-linear, spitz, bis 25 cm lang. Blüten in langschaftiger, die Blätter überragender Traube, bis 6 cm breit, Kelch- und Blumenblätter ei-lanzettlich, spitz, kastanienbraun mit gelben Punkten und gelbem Grundfleck, Lippe schmal-eiförmig, kürzer als die Blätter, hellgelb bis weiss, mit einem grossem kastanienbraunem Spitzenfleck und kleinen Randflecken, Kamm gross, aus zwei auseinander gehenden Schwielen bestehend, welche in zahlreiche pfriemliche, weiss und braune Borsten zerschlitzt sind, deren vorderste breiter als die anderen sind. Säule kurz geflügelt. April—Mai. Anden von Ecuador.

— **var. Argus Rchb. f.** Leuchtend gelb mit zahlreichen purpurnen Tupfen und Flecken, Lippe weiss, purpurfleckig.

— **var. canariae Rchb. f.** Kanariengelb mit je einem Purpurfleck auf jedem Blütenblatt, Lippe weiss purpurfleckig.

— **var. cristatellum Rchb. f.** als Art. (*O. Lehmanni Rchb. f.*) Kelch- und Blumenblätter breiter, Lippe im Grunde gelb, vorn braun, Kammpfriemen gelb und rot.

O. crocidipterum Rchb. f. Gleicht in den Scheinknollen, Blättern und im Blütenstand völlig dem O. blandum. Blüten 3 cm breit, Kelch- und Blumenblätter spitz-lanzettlich mit zurückgeschlagenen Spitzen, hellgelb mit orangebraunen Tuschflecken, Lippe aus schmalem Steg mit zwei aufrechten Seitenlappen in einen fast spiessförmig-dreieckigen Vorderlappen spitz ausgezogen, gezähnt gerandet, hellgelb mit kleinen orangebraunen Randflecken und 1—2 grossen Flecken vor der zurückgeschlagenen Spitze, Kamm aus zwei weissen Schwielen bestehend. Säule mit gefransten Flügelanhängseln. April—Juni. Östliche Kordillere von Neu-Granada, zwischen 2—2500 m.

— **var. Dayanum Rchb. f.** ist von der Normalform nicht verschieden.

O. cuspidatum Rchb. f. ist *O. luteopurpureum Ldl. var.*

O. Dawsonianum Rchb. f. ist *O. Rossii Ldl.*

O. Dellense Rchb. f. (*O. Pescatorei* × *praenitens*) aus dem Garten des Baron Schroeder auf Schloss The Dell, London, erinnert stark an O.

excellens. Blüten 8 cm gross, weiss, gelblich abschattiert mit purpurbraunen grossen Flecken, Lippe sehr breit, elegant gekraust und ausgezackt, weiss mit purpurbraunen Rundflecken, Kamm gelblich, langzackig. April, Mai.

O. deltoglossum Rchb. f. ist *O. odoratum Ldl. var.*

O. Denisoniae hort. ist eine in der Heimat entstandene Kreuzung von O. crispum × luteopurpureum, dem letzteren in der Tracht nahestehend. Blüten 10 cm breit, Kelchblätter lanzettlich, zugespitzt, weiss mit einigen länglichen blasspurpurnen Strichflecken, Blumenblätter etwas breiter, reinweiss, Lippe länglich, stumpf-gekerbt, weissrosa mit hellgelbem Seitenfleck und einigen dunkelpurpurroten Schmitzen, alle Blätter stark wellig-kraus, besonders die Lippe. Neu-Granada.

O. Donianum hort. ist *O. maculatum Lex. var.*

O. Dormanianum Rchb f. ist ein aus Neu-Granada stammender Bastart von O. blandum und O. crocidipterum. Scheinknollen schmalelliptisch, Blätter paarweis, kurz und schmal linear-lanzettlich. Blüten in wenigblumigen Trauben, sternartig ausgebreitet, 5 cm breit, weiss mit zahlreichen rötlichbraunen Schmitzen, Lippe weiss mit grossem rötlichbraunem Vorderfleck, weissem Kamm mit zwei gelben Tupfen jederseits. Januar, Februar. Kolumbien.

O. Duvivierianum Lind. ist ein in der Heimat entstandener Bastart aus O. cordatum × nebulosum, wenn es nicht nur eine sehr blassgelbe Form von O. cordatum ist, obgleich der weisse Grund der Blüte und die Form der Lippe auf O. nebulosum hindeuten. Oktober, November.

O. Edithae Warner. (*O. Edithiae hort.*) ist vielleicht auch besser in den Formenkreis von O. crispum zu ziehen. Scheinknollen rund-eiförmig, seitlich abgeflacht, Blätter schmal-länglich. Blüten auf langem, nickendem Schaft in kurzer, lockerer, endständiger Traube, bis 10 cm breit, Kelch- und Blumenblätter leicht wellig, weissrosa mit einigen grossen hellbraunroten Querflecken, breit gelb gerandet, Blumenblätter mehr weiss, die braunen Flecken kleiner, gegen den Grund in unregelmässig gebrochene Linien zusammenfliessend, Lippe fast spiessförmig, Grund gelb mit vier roten Längslinien und einem Streifen kleiner Querflecke beiderseits, nach vorn weiss-gelblich mit 2—3 kastanienbraunen Flecken in der Mitte und blassprimelgelbem Vorderteil. März—Mai. Kolumbien.

O. Edwardi Rchb. f. Scheinknollen gross, birnförmig, bis 10 cm hoch, dunkelgrün. Blätter paarweis, breit-lanzettlich, ledrig, dunkelgrün. Blüten zu Hunderten in grossen straussartigen Rispen, stark duftend, 3 cm breit, Kelch- und Blumenblätter schmal-lanzettlich, leuchtend violettpurpurn, Kelchblätter körnig rauh, Lippe länglich-eiförmig, an den Rändern wellig, vorn zurückgeschlagen, prächtig violettpurpurn mit hochgelber Grundfläche. Februar—Mai. Ecuador.

O. Egertonii Rchb. f. ist *O. pulchellum Batem.*

O. Ehrenbergii Ldl. ist *O. Rossii Ldl. var.*

O. elegans Rchb. f. ist eine Kreuzung von O. cirrhosum und O. cristatum aus den Anden von Ecuador mit Blütenrispen bis zu 80 cm Höhe. Blüten bis 10 cm breit, Kelchblätter lanzettlich, langspitzig, Blumenblätter breiter, in einen kurzen Pfriem ausgezogen, alle gelblichweiss, von zahlreichen dunkelchokoladenbraunen Schmitzen und Flecken fast bedeckt, Lippe dreieckig-spiessförmig mit schwanzartiger Spitze, zwei lange, gesägte Schwielen auf der Mitte, Grund hellgelb, vorn weiss mit einem grossem, schön braunem Mittelfleck und 1—2 braunen Schmitzen vor der Spitze, Kamm dunkelgelb. Säule weiss mit chokoladenbraunen Fleckchen. Mai, Juni. Ecuador.

O. epidendroides H. B. K., von Humbold bei Jaen in Nordperu gesammelt, ist eine vollkommen verschollene Art, von welcher nur kärgliche Stücke im Berliner Herbarium existieren. Lebend ist die Pflanze noch nicht nach Europa gekommen, so dass alles, was in den Gärten als O. epidendroides geht, nicht hierher, sondern zu anderen Arten gehört.

O. erosum Rchb. f. ist *O. stellatum Ldl.*

O. eugenes h. Veitch. ist wahrscheinlich eine Kreuzung aus O. Pescatorei und O. triumphans, in der östlichen Kordillere von Neu-Granada gesammelt. Kelchblätter hellgelb mit kastanienbraunen Flecken, die meist in drei Gruppen stehen, Blumenblätter aus weissem Grund und Mitte, in welcher einige kastanienbraune Spritzer stehen, hellgelb breitgerandet. Lippe gleich der von O. triumphans, aber der Kamm wie von O. Pescatorei. Säule weiss, mit zwei breiten gezähnten Flügeln.

O. excellens Rchb. f. ist ein Bastart aus O. Pescatorei und O. tripudians, letzterer Art besonders in Form und Grösse der Blüten gleichend. Kelchblätter gelb mit einigen purpurnen Flecken, das obere mit weisser Mitte. Blumenblätter breiter, weiss, gelb gesäumt. Lippe geigenförmig, zugespitzt, mit ausgezacktem Rande, weiss mit zahlreichen kleinen Purpurfleckchen an den Seiten und einigen grossen auf der Fläche, Kamm gelb, aus zwei auseinanderlaufenden Schwielen bestehend mit je einem grossem Zahn an jedem Ende und einer Reihe gekrümmter Zähne beiderseits. Juli—September. Neu-Granada.

— **var. Sanderae hort.** Blüten sehr gross, reichlich karminfleckig.

O. facetum Rchb. f. ist *O. luteopurpureum Ldl. var.*

O. Galeottianum A. Rich., wahrscheinlich eine selbstentstandene Hybride aus O. nebulosum und O. Cervantesii, welch' letzterer Art sie sehr nahe steht. Kelchblätter reinweiss, Blumenblätter weiss mit braunen Querbändern im Grunde, Lippe dreieckig, kraus, weiss mit einigen gelben Strichen im Grunde und dreilappigem weissem Kamme. September, November. Mexiko.

O. gloriosum Rchb. f. ist *O. odoratum Ldl.*

O. gracile Ldl. Scheinknollen schwärzlichgrün, Blätter paarweis, schmallanzettlich, dunkelgrün. Blüten in kurzästiger, schwärzlichgrün-stengliger

Rispe zu 2—3 an jedem Ästchen, 3 cm breit, rötlichbraun, Lippe fleischig mit zwei weisslichen Längshäutchen auf der Scheibe. Juni, Juli. Von Hartwig schon vor 40 Jahren auf der Kordillere von Loxa in Ecuador gesammelt, aber nur sehr selten in Kultur.

O. grande Ldl. Scheinknollen länglich-eiförmig, kantig zusammengedrückt, 10 cm hoch, Blätter paarweis, breit-eiförmig, längsstreifig. Blüten zu 2—5 am Ende des aufrechten, bis 50 cm hohen Schaftes in lockerer Traube, bis 15 cm gross, Kelchblätter lang-lanzettlich, stumpf-spitzig, leuchtend gelb mit unregelmässigen dunkel-kastanienbraunen Querbändern und Flecken, Blumenblätter breiter, fast elliptisch, die untere Hälfte kastanienbraun nach oben in leuchtendes Hellgelb übergehend, Lippe genagelt, vorn halbkreisförmig, flach ausgerandet, elfenbeinweiss mit einigen konzentrischen Halbkreisen kastanienbrauner Längsflecken im Grunde und unregelmässigen rotbraunen Spritzflecken am Rande. September—November. Guatemala. Diese Orchidee, allerdings in Prachtexemplaren aus den Haupt'schen Kulturen in Brieg, erregte im Herbst 1889 gelegentlich einer Galatafel in Breslau die besondere Aufmerksamkeit Kaiser Wilhelms II., der bei ihrem Anblick ausrief: „Eine wahrhaft kaiserliche Blüte“ und bei dieser Gelegenheit die Schönheit der Orchideen überhaupt voll anerkannte und seine Vorliebe für diese stolzen Blüten aussprach. O. grande verdient daher wohl „Kaiser Wilhelms-Orchidee“ genannt zu werden.

— **var. aureum hort.** Grund der Blüten leuchtend hochgelb (ranunkelgelb).

— **var. magnificum Will.** Blüten zahlreich, sehr gross, leuchtend gelb, wovon das glänzende Braun der Zeichnung sich scharf abhebt.

— *var. pallidum* ist *O. Insleayi Bark.*

O. guttatum Hook. gehört zu *O. crispum Ldl. var. Ruckerianum Rchb. f.*

O. Hallii Ldl. (*O. chaetostroma Rchb. f.*) Scheinknollen eiförmig, schlank zugespitzt, bis 10 cm hoch. Blätter schwertförmig, 5 zu 30 cm etwa, hellgrün. Blüten in vielblumiger Traube, 10 cm gross, Kelch- und Blumenblätter ei-lanzettlich, zugespitzt, ledergelb, purpurbraun gefleckt, die Blumenblätter im Grunde purpurbraun, reihenweis längsfleckig, Lippe gross, fast herzförmig, plötzlich zugespitzt, am Rande gesägt-gefranst, weiss mit schön orangegelbem, weiss gestreiftem Grunde, vorn purpurbraun gefleckt, Rand reinweiss, Kamm vielzackig, gelb. Mai—Juli. Peru, Neu-Granada bei 2800 m.

— **var. leucoglossum Rchb. f.** Blütenblätter kurz und breit, schön gezeichnet, Lippe reinweiss, rot gefleckt.

— **var. nigrum hort.** Flecken braun-schwarz.

— **var. xanthoglossum Rchb. f.** Blüten lang und schmal, trüb gefärbt.

O. Harryanum Rchb. f. Scheinknollen länglich-eiförmig, flachgedrückt, gefurcht und gerippt, 6 cm hoch. Blätter paarweis, stumpf-länglich, 20 cm lang, ledrig. Blüten in nickenden, mehrblumigen Trauben, bis 10 cm breit, senkrecht gestellt, Kelchblätter länglich-elliptisch, wellig gerandet, dunkelkastanienbraun mit goldgelbem Rand und Querstreifen, Blumenblätter länglich, spitz, im unterem Teile weiss mit dichtgestellten gelbbraunpurpurnen Längslinien, Mittelteil kastanienbraun, Spitze gelb, Lippe länglich-eiförmig, dreilappig, Seitenlappen gross, gerundet, aufgebogen, weiss, bräunlichpurpurn gestreift, Vorderlappen herzförmig, weiss in hellgelb übergehend, Kamm goldgelb, vorn lang und dicht faserfransig. Säule rund mit zwei kleinen gezähnten Flügeln, aus weissem Grunde nach oben gelb.

O. hastilabium Ldl. Scheinknollen länglich, flachgedrückt, gerippt, bis 10 cm hoch. Blätter paarweis, linear-länglich, stumpf, dunkelgrün. Blüten in vielblumiger Rispe, wohlriechend, bis 10 cm breit, Kelch- und Blumenblätter linear-lanzettlich, hellgrün mit feinen purpurnen Querlinien, Lippe breit spiessförmig, der dreieckige Grund purpurrot, Seitenlappen spitz, weiss, wie der eiförmige, in eine Spitze auslaufende Vorderlappen, im purpurnen Grunde ein Kamm von fünf unregelmässigen Hautfalten. Juni—August. Neu-Granada.

— *var. fuscatum Hook.* ist *O. cariniferum Rchb. f.*

O. hebraicum Rchb. f. ist *O. odoratum Ldl. var.*

O. Hinnus Rchb. f. ist *O. luteopurpureum Ldl. var.*

O. histrionicum Rchb. f. ist *O. luteopurpureum Ldl. var. Mulus Rchb. f.*

O. Hookeri Rchb. f. ist *O. cordatum Ldl.*

O. Horsmanni Rchb. f. ist ebenso wie O. brachypterum und O. Kalbreyeri eine Kreuzung aus O. Pescatorei × luteopurpureum. Blüten hellschwefelgelb mit zimmtbraunen Flecken, Lippe breit-geigenförmig, dunkler gelb und braun mit orangegelbem Kamm. Ost-Kordillere von Neu-Granada bei Ocanna.

O. Hrubyanum hort. ist *O. cirrhosum Ldl. var.*

O. Humeanum Rchb. f. ist *O. Rossii Ldl. var.*

O. hystrix Batem. ist *O. luteopurpureum Ldl.*

O. Jenningsianum Rchb. f. ist *O. crispum Ldl. var.*

O. Insleayi Barker. (*Oncidium Insleayi Batem.*) (Fig. 126.) Scheinknollen eiförmig, flach gedrückt, 6—8 cm hoch. Blätter paarweis, breit-schwertförmig, ledrig, dunkelgrün. Blüten zu 6—12 auf schlankem Schaft in lockerer endständiger Traube, bis 10 cm breit, Kelch- und Blumenblätter länglich, leicht gewellt, hellgelb mit breiten, schön kastanienbraunen Querflecken, Lippe schmal verkehrt-eiförmig, hochgelb mit einer Reihe karminroter Randflecken, Kamm orangegelb. Säule gelbweiss mit zwei roten Bartpfriemen oder Rankfäden vor der Spitze. Mai—August. Mexiko.

— **var. leopardinum Rgl.** Blütenflecken sattbraun, gelbäugig.

— *var. macranthum Ldl.* ist *O. Schlieperianum Rchb. f.*

— **var. splendens Rchb. f.** Blüten über 12 cm gross, derb, leuchtend braun gefleckt und gelb gerandet, Lippe gelb, karmin gefleckt, Kamm tief orange.

O. ioplocon Rchb. f. ist mit O. Edwardi sehr nahe verwandt, vielleicht eine natürliche Hybride davon. Kelch- und Blumenblätter schmäler und mehr gewellt als von Edwardi, Lippe viel kleiner, die Schwielen derselben und die anders geformten Flügel der Säule weisen auf einen Bastart hin. Veilchen-duftig, daher der Name „Veilchenkranz = joplocon.“ März, April. Ecuador.

O. Kalbreyeri Rchb. f. ist eine Kreuzung von O. Pescatorei × O. luteopurpureum und von O. brachypterum kaum verschieden.

O. Karwinskii Paxt. ist *O. laeve Ldl.*

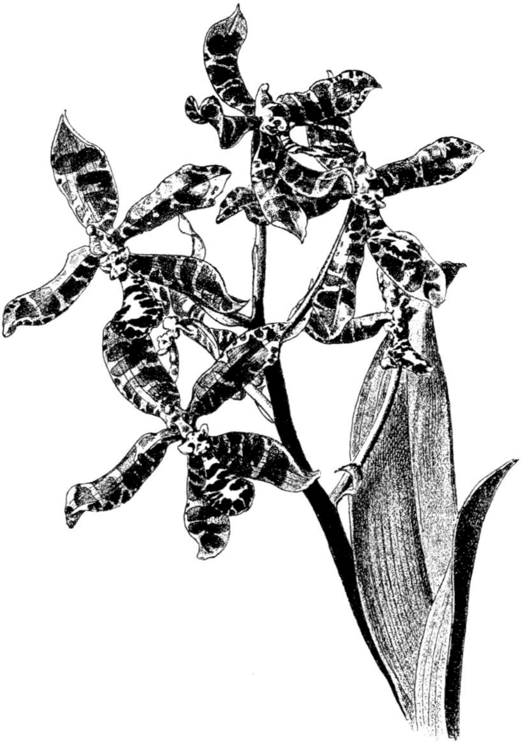

Fig. 126. Odontoglossum Insleayi.

O. Krameri Rchb. f. Scheinknollen rundlich oder eiförmig, flach gedrückt, kaum 5 cm hoch, blassgrün. Blätter einzeln, breit-lanzettlich, stumpf, dunkelgrün, derb. Blüten auf hängendem, wenigblumigem Schaft, 5 cm breit, reinweiss, Kelch- und Blumenblätter länglich, stumpf, Lippe fast nierenförmig, vorn tief ausgebogt, violett bis zartrosa, im gelben Grunde rotpunktiert mit zwei leuchtend dunkelbraunen halbmondförmigen Strichen. Mai, Juli. Costarica. — Verlangt etwas mehr Wärme als die anderen Arten.

O. laeve Ldl. (*Miltonia Karwinskii Paxt. Cyrtochilum Karwinskii Ldl.*) Scheinknollen fast eiförmig, flachgedrückt, 5 cm hoch. Blätter paarweis, riemenförmig, stumpf. Blüten in Rispen, 10 cm hoch, Kelch- und Blumenblätter länglich-linear, zugespitzt, flach, gelblichgrün chokoladenbraun quergebändert oder gelb und zimmtbraun gebändert, Lippe geigenförmig, herabgebogen, aus helllila-purpurnem Grunde vorn weiss, ausgerandet mit einem Spitzchen in der Ausbuchtung, Kamm aus zwei undeutlichen flachen Schwielen bestehend, glatt. Juli—September. Mexiko.

— **var. Reichenheimii Moore.** (*O. Reichenheimii Rchb. f.*) Rispe straussartig, bis meterhoch, Blüten gelblichgrün, purpurbraun quergestreift, Lippe bald hell-, bald dunkelpurpurn, nicht herabgebogen.

O. latimaculatum hort. gehört zu *O. crispum Ldl.*

O. latimaculatum André ist *O. odoratum Ldl. var.*

O. Lawrenceanum hort. ist *O. Schlieperianum Rchb. f.*

O. Leeanum Rchb. f. ist *O. odoratum Ldl. var.*

O. Lehmanni Rchb. f. ist *O. cristatum Ldl. var. cristatellum Rchb. f.*

O. Lehmanni hort. ist *O. crispum Ldl. var.*

O. leopardinum Regel. ist *O. Insleayi Bark.*

O. ligulare Rchb. f. ist *O. Lindleyanum Rchb. f. var.*

O. liliiflorum hort. ist *O. ramosissimum Ldl. var.*

O. limbatum Rchb. f. ist *O. crispum Ldl. var.*

O. Lindenii Ldl. (*O. platyodon Rchb. f.*) Scheinknollen gross, birnförmig, 10 cm hoch. Blätter paarweis, aufrecht, schwertförmig, 25 cm lang. Blüten in bis 80 cm hoher Rispe, einseitig an den Zweigen, 4 cm breit, einfarbig citrongelb, Kelch- und Blumenblätter aus schmalem Grunde plötzlich lanzettlich verbreitert, vorn spitz, stark gewellt, Lippe ei-lanzettlich aus zusammengezogenem Grunde, Kamm aus zwei runden, vorn ausgebogten Wülsten bestehend. Juni—August. Neu-Granada.

O. Lindleyanum Rchb. f. Scheinknollen länglich-eiförmig, flachgedrückt, 6 cm hoch. Blätter paarweis, linear-lanzettlich, zugespitzt, dunkelgrün. Blüten auf schlankem, bogigem Schaft in lockerer endständiger Traube, 10 cm breit, Kelch- und Blumenblätter aus keilförmigem Grunde linear-lanzettlich, zugespitzt, gelb mit einem 3 cm langem zimmtbraunem Strich im Grunde, dem nach vorn ein ebensolcher runder Fleck folgt, Spitze zimmtbraun kleingefleckt, Lippe vorragend, dreilappig, der Grund mit der hornförmigen Säule verbunden, Vorderteil herabgebogen, linearlanzettlich, braun mit einem langem gelbem Strichfleck, auf der Scheibe zwei Paar sichelförmiger, weisser, länglicher Lappen. Mai—Juli. Neu-Granada.

— **var. albidulum hort.** Grundfarbe der Blüten gelblichweiss.

— *var. Coradinei Rchb. f.* ist *O. Lindleyanum* × *crispum,* blassprimelfarbig, mit breiten rotbraunen Flecken.

— **var. ligulare Rchb. f.** Lippe schmal-linear, auch die Blumenblätter schmäler als an der Hauptform.

— **var. mirandum Rchb. f.** Blüten gross, fest, fast weiss mit wenig vortretenden hell bräunlichroten Flecken.

O. Londesboroughianum Rchb. f. (*O. oncidioides hort.*) Scheinknollen länglich-eiförmig, 5 cm hoch, gefurcht, graugrün. Blätter paarweis, in der Trockenperiode abfallend, riemenförmig, zugespitzt. Blüten auf 1—2 m hohem Schaft in kurzer endständiger, lockerer Traube, Kelchblätter länglich, Blumenblätter eiförmig, alle ausgehöhlt, wellig, gelb, regelmässig rötlichbraun quergebändert, Grundflecken konzentrisch gestellt, Lippe aus gelbem Stege mit zwei durchscheinend gelben, aufrechten Seitenöhrchen, vorn flach und breit nierenförmig, hochgelb. August—Oktober. Mexiko.

O. Luddemannianum Rgl. ist *O. maculatum Lex.*

O. lunatum Rchb. f. ist *Aspasia lunata Ldl.*

O. luteopurpureum Ldl. (*O. Hystrix Batem. O. radiatum Rchb. f. O. lyroglossum Gard. Chron.*) Scheinknollen kräftig, eiförmig, flachgedrückt, bis 10 cm hoch. Blätter paarweis, schwertförmig, 5 zu 40 cm etwa, dunkelgrün, ledrig. Blüten auf $1^{1}/_{2}$ m hohem Schaft in lockerer Endtraube, 10 cm breit, Kelch- und Blumenblätter breit-lanzettlich, letztere gekerbt oder gezackt, meist durch 1—2 längliche, kastanienbraune Flecken ganz ausgefüllt bis auf den gelbem Saum und gelbe Zwischenräume, Lippe aus breitem Stege vorn bald halbkreisrund, bald nierenförmig, bald stumpf oder spitz-eiförmig u. s. w., gelblichweiss mit rötlichbraunen Flecken, vierspaltig, gewimpert, ausgerandet oder spitz, Kamm vielfach parallelzackig, dunkelgelb. April—Juli. Neu-Granada, 2300—2700 m.

— **var. Amesianum Rchb. f.** Blüten rein gelbgrünlich ohne jede Zeichnung.

— **var. amplissimum Rchb. f.** Blüten noch über 10 cm breit, leuchtend gelb, schmalfleckig.

— **var. cuspidatum Rchb. f.** Blüten mittelgross, primelgelb, Lippe weiss, einfach spitz, alle Teile dunkelbraun gefleckt.

— **var. facetum Rchb. f.** (*O. praenitens hort.*) Blüten hellgelb, kastanienbraun schmal gezeichnet, Lippe sehr breit, weissgelb, braunfleckig.

— **var. Hinnus Rchb. f.** Blüten gross, Kelch- und Blumenblätter breiter, grünlichgelb mit kleinen mattbraunen Flecken, Lippe weisslich gelb. Nach Reichenbachs Auffassung ebenso wie var. Mulus ein Bastart mit O. odoratum, daher wählte er die Namen Maulesel (Hinnus) und Maultier (Mulus) um die Annäherung an die Vater- oder Mutterart zu bezeichnen. Richtiger ist wohl, dass es nicht-hybride Zwischenformen zwischen O. luteopurpureum und O. odoratum sind.

— **var. Lindeni Rchb. f.** Lippe weiss mit braunem Grundfleck, sehr breit gefranst.

— **var. magnificum hort.** Blüten gross, leuchtend goldgelb mit scharfabgesetzten, dunkelbraunen Flecken.

— **var. Mulus Rchb. f.** Blüten gross, Kelch- und Blumenblätter schmal-eiförmig, in lange, schmale, zurückgebogene Spitzen ausgezogen, goldgelb mit nach den Spitzen hin verteilten dunkelbraunen Flecken. Lippe weiss mit ein paar rotbraunen Grundflecken, vorn wellig-zackig, Kamm sehr gross.

— *var. odoratum Ldl.* ist *O. odoratum Ldl.*

— **var. radiatum Rchb. f.** Kelchblätter breit-lanzettlich, kurz-zugespitzt, glatt, Blumenblätter breiter, mit beiderseits in der Mitte vortretendem Randzahne, sattgelb von einem oder zwei dunkelkastanienbraunen Punkten fast ganz ausgefüllt, Lippe aus langem, schmalem Stege vorn halbkreisrund, gefaltet und fein gezähnt, weissgelb, nur im Grunde braunfleckig, Kamm breit, vielzackig.

— **var. Sceptrum Rchb. f.** Blüten sehr gross, Kelchblätter spitzlänglich-eiförmig, wellig-gezähnt, bis auf einen schmalen, hochgelben Rand, dunkelkastanienbraun, Blumenblätter gleichgeformt, unregelmässig gezackt, spärlich braunfleckig, Lippe gelb mit einem bohnenförmigem braunem Fleck im Grunde, vorn gesägt und zugespitzt.

— *var. xanthoglossum Rchb. f.*, mit *var. cuspidatum* in der Form übereinstimmend, aber die Blüten sind goldgelb mit kastanienbrauner Fleckung, die Lippe ist wellig gezackt, gelb mit rotbraunem Grundfleck.

O. lyroglossum Gardn. Chron. ist *O. luteopurpureum Ldl.*

O. macrophyllum Rchb. f. ist *O. odoratum Ldl. var.*

O. maculatum Lex. (*O. cordatum Paxt. O. anceps Lind. O. Luddemannianum Rgl.*) Scheinknollen länglich, flachgedrückt, 6 cm hoch. Blätter einzeln, länglich, vielnervig, derb. Blüten in vielblumigen, aufsteigenden, oben nickenden Trauben, 8 cm breit, Kelch- und Blumenblätter lanzettlich, zugespitzt, erstere kastanienbraun mit grünen Querstreifen am Grunde, letztere gelb in der unteren Hälfte dicht rötlichbraun gefleckt, Lippe herzförmig, wie die Blumenblätter gefärbt. Kamm gelb. Oktober bis Januar. Mexiko.

— **var. antennatum Rchb. f.** Säule mit stark entwickelten Rankfäden an der Spitze.

— **var. integrale Rchb. f.** Kelchblätter hellbraun, Blumenblätter weiss mit einigen braunen Querstreifen am Grunde, Lippe weiss mit gelbem Kamm.

— **var. Donianum hort.** Kelchblätter trübrötlich, braune Blumenblätter gelblichweiss, ebenso die Lippe.

— **var. superbum Rchb. f.** Kelchblätter violettpurpurn mit gelb, Blumenblätter gelb, spärlich hellbraun querfleckig, Lippe gelb.

O. madrense Rchb. f. ist *O. maxillare Ldl.*

O. marginellum Rchb. f. ist kaum von gärtnerischem Werte. Blüten in vielblumiger, bis 60 cm hoher Rispe, bis 4 cm gross, Kelch- und Blumenblätter linear, wellig, hellgrün, die Blumenblätter kastanienbraun quergebändert, Lippe länglich, zugespitzt, rötlichbraun mit gelbem Saum. Säule schlank, flügellos. Juni, Juli. Vaterland unbekannt.

O. Marriottianum Rchb. f. ist wahrscheinlich ein Bastart aus O. cirrhosum und O. Hallii, Knollen und Blätter erinnern an erstere Art, die Blüten an letztere, sind ebensogross und mit zurückgebogenen Spitzen wie an jener Art, weiss mit hellpurpurnen Strichflecken, der gelbe Kamm ist hellpurpurn gestreift. April, Mai. Anden von Ecuador.

O. maxillare Ldl. (*O. madrense Rchb. f.*) Scheinknollen gross, schmal-länglich, beiderseits zugespitzt, 10 cm hoch. Blätter paarweis, riemenförmig, spitz, vielnervig. Blüten auf schlankem übergebogenem Schaft zu 5—8 in lockerer Traube, wohlriechend, 10 cm gross, Kelchblätter spitz-lanzettlich, weiss mit einem zweilappigem rötlichpurpurnem Grundfleck, Blumenblätter breiter, länglich, weiss mit doppelt so grossem, sonst gleichem Fleck, Lippe kürzer, eiförmig, zugespitzt, Steg mit krausem, zweifurchigem Kamm ebenso wie die Scheibe leuchtend orangegelb, Vorderteil weissgelb. Juli—September. Mexiko.

O. maxillare Linden ist *O. nebulosum Ldl.*

O. membranaceum Ldl. ist *O. Cervantesii Lex.*

O. miniatum hort. ist *O. coronarium Ldl. var.*

O. mirabile hort. ist *O. crispum Ldl. var. Veitchianum Rchb. f.*

O. mirandum Rchb. f. ist *O. Lindleyanum Rchb. f. var.*

O. Mulus Rchb. f. ist *O. luteopurpureum Ldl. var.*

O. Murrellianum Rchb. f., ein Bastart aus O. naevium und O. Pescatorei, ist wiederholt aus der östlichen Kordillere Neu-Granadas eingeführt worden und ähnelt dem O. Pescatorei im Wuchs, dem O. naevium in der Blütentraube. Kelch- und Blumenblätter spitz-lanzettlich, flach, weiss mit hellpurpurviolettem Anlauf und einigen unregelmässig verteilten dunkelpurpurroten Tuschflecken, Lippe dreilappig, schmal, mit goldgelbem, faltigem und gezähntem Kamm, Seitenlappen halbeiförmig, Vorderlappen spitz zungenförmig, gekerbt. Juni, Juli. Neu-Granada.

— **var. cinctum Rgl.** Kelch- und Blumenblätter hellpurpurviolett gesäumt.

O. naevium Ldl. Scheinknollen klein, eiförmig, gerippt, 3 cm hoch, Blätter aus schmalem Grunde schlank lanzettlich. Blüten auf schlankem Schaft in langer, vielblumiger Traube oder Rispe, 5 cm breit, sternförmig, Kelch- und Blumenblätter schmal ei-lanzettlich, lang zugespitzt mit welligem Rande, weiss unregelmässig, purpurn gefleckt, Lippe herz- oder fast hellebardenförmig, flaumig behaart, mit gelbem, vortretendem, zackigem Kamm, aus gelbem Grunde vorn weiss und purpurn gefleckt. Juni, Juli. Demerara, Venezuela, bei 2000 m. — Verlangt dauerndes Feuchthalten!

— **var. grandiflorum hort.** Blüten grösser, weiss mit karminroten Flecken.

— *var. majus Ldl.* ist *O. odoratum Ldl.*

O. nebulosum Ldl. (*O. maxillare Linden* nicht *Ldl.*) Scheinknollen länglich, glatt, 6 cm hoch. Blätter paarweis, riemenförmig, dick, ledrig, dunkelgrün. Blüten zu 4—6 an tiefüberhängendem Schaft, 6 cm breit, Kelchblätter lanzett-elliptisch, Blumenblätter breiteiförmig, alle reinweiss, die untere Hälfte dicht rötlich oder rötlichbraun gefleckt, Lippe spitzeiförmig, stark wellig, weiss mit gelbem Hauch auf der Scheibe und einigen grossen roten Flecken. Juli, August. Mexiko.

— **var. candidulum Rchb. f.** Blüten reinweiss, ohne Fleckzeichnung.

— **var. pardinum hort.** Flecke rotbraun, spärlich, rundlich mit verschwommenem Rande.

— **var. punctatum hort.** Blumenblätter fast über die ganze Fläche dunkelrot punktiert.

O. nevadense Rchb. f. Scheinknollen gross, länglich-eiförmig, bis 10 cm hoch. Blätter paarweis, aus schmalem Grunde lang-linear, tief gekielt, dunkelgrün. Blüten in langgestielter, vielblumiger, nickender Traube, 8 cm breit, Kelchblätter lanzettlich, kastanienbraun, mit schmalem hochgelbem Rande, Blumenblätter schmäler, ähnlich gefärbt, aber am Grunde zwei gelbe Gabelflecken, Seitenlappen der Lippe gross, aufrecht, halbmondförmig, weiss, kastanienbraun geschmitzt, Vorderlappen gross, rundlich, lang zugespitzt, reinweiss, lang gefranst, auf der Scheibe ein zweiteiliger Kamm und drei verkehrt eiförmige, braune Flecken. Juni—August. Neu-Granada.

O. nobile hort. gehört zu *O. Pescatorei Ldl.*

O. odoratum Ldl. (*O. gloriosum Rchb. f. O. naevium Ldl. var. O. majus Ldl. O. praestans Rchb. f.*) Scheinknollen länglich, flachgedrückt, furchig, bis 8 cm hoch. Blätter paarweis, schmal schwertförmig, spitz. Blüten stark duftend, in fast meterhohen, reichverzweigten, vielblumigen Rispen, Kelch- und Blumenblätter schmal lanzettlich, krausrandig, goldgelb mit bräunlichroten Flecken, Lippe aus weissem Grunde ebenso gefärbt, spiessförmig, Vorderlappen in eine schmale, lange Spitze ausgezogen, zwei Paar aufrechte Zähne auf der Scheibe. Oktober—Dezember. Neu-Granada.

— **var. album hort.** Blüten gelblichweiss, wenig rötlich punktiert, Lippe fast reinweiss.

— **var. aureum hort.** Blüten leuchtend goldgelb, nur wenig gefleckt.

— **var. baphicanthum Rchb. f.** Kelch- und Blumenblätter lang pfriemlich zugespitzt, schwefelgelb, purpurrot gefleckt, Lippe gesägt gerandet, gelb mit 2—3 rötlich-braunen Flecken.

— **var. deltoglossum hort.** Blütenflecken meist dreieckig.

— **var. hebraicum Rchb. f.** Blüten sternförmig, Kelch- und Blumenblätter eilanzettlich, hellgelb, in der Mitte mit einer Gruppe unregelmässiger, auf den Kelchblättern grösserer, auf den Blumenblättern kleinerer kastanienbrauner Flecken, die zuweilen, (mit der nötigen Phantasie betrachtet), an hebräische Schriftzeichen erinnern. Lippe gelb mit ein paar grossen kastanienbraunen Flecken und einigen karminroten Linien im Grunde.

f. lineoligerum Rchb. f. Blüten hellgelb bis elfenbeinweiss, mitten karmingefleckt, Ränder und Spitzen reinweiss, Lippe hellgelb mit hochgelbem Kamm und einigen karminroten Flecken.

— **var. hemileucum Rchb. f.** Blüten aus gelblichem Grunde weisslich, wenig hell bräunlich-rot gefleckt, Lippe weissgelb, fast ungefleckt.

— **var. latimaculatum André.** Blüten gross, hochgelb, mit wenigen grossen purpurbraunen Tuschflecken.

— **var. Leeanum Rchb. f.** Blüten hochgelb, orange gesäumt, dicht rötlichbraun spritzfleckig, Blumenblätter mit mittlerem gelbem Augenfleck, Lippe hellgelb, an Grund und Spitze dunkler, mit braunrotem Mittelfleck und kleinen Randflecken.

— *var. macrophyllum Rchb. f.* ist von *v. superbum* nur durch auffällig starken Wuchs verschieden.

— **var. striatum hort.** Blüten hellgelb, Flecke braunrot, strichförmig.

— **var. superbum hort.** Blüten 10 cm gross, leuchtend gefärbt.

O. Oerstedtii Rchb. f. Scheinknollen länglich eiförmig, 5 cm hoch. Blätter einzeln, länglich-elliptisch, vielnervig, ledrig. Blüten zu zweien auf aufrechtem Schaft, wohlriechend, 5 cm breit. Kelch- und Blumenblätter reinweiss, verkehrt eiförmig, quergestutzt, wellig, Lippe sichelförmig mit vierlappigem Vorderteil, weiss mit gelber Scheibe und einigen roten Flecken. Juli—September. Costarica.

O. oncidioides hort. ist *O. Londesboroughianum Rchb. f.*

O. pardinum Ldl. (*Cyrtochilum pardinum Hook.*) Scheinknollen gross, eiförmig, flachgedrückt, 6 cm hoch. Blätter paarweis, länglich-elliptisch, spitz. Blüten in vielblumigen, meterhohen Rispen, wohlriechend, 5 cm breit, goldgelb mit orangeroten Pantherflecken (geäugelt) auf den stark welligen Blütenblättern und der dunkel goldgelben Lippe. März, April. Peru, Ecuador.

O. pendulum Batem. ist *O. citrosmum Ldl.*

O. Pescatorei Linden. (*O. nobile hort.*) Scheinknollen klein, eiförmig, gerippt, 4 cm hoch. Blätter paarweis, riemenförmig, bis 25 cm lang. Blüten in sehr vielblumiger, stark verzweigter, halbmeterhoher Rispe, 5 cm breit, Kelch- und Blumenblätter länglich-eiförmig, gewellt, weiss, rosa schattiert, Lippe herzförmig, lang gespitzt, weiss mit rosaen Flecken, Scheibe und Kamm hochgelb mit karminroten Strichen. April, Mai. Neu-Granada.

— **var. album hort.** Blüten reinweiss.

— **var. aurantiacum hort.** Scheibe orangegelb, sonst wie die Hauptform.

— **var. dilectum Rchb. f.** Kelch- und Blumenblätter flach, weissgelb.

— **var. flaveolum hort.** Scheibe bis weit in die Lippe hinein blassgelb.

— **var. Germinyanum Lind.** Grossblütig, dunkler rosa überlaufen.

— **var. grandiflorum hort.** (*v. splendens hort. v. superbum hort.*) Blüten erheblich grösser, fast reinweiss, Lippe hochrot gefleckt.

— **var. Knoxii hort.** Blüten sehr gross, rein primelgelb. Ein Exemplar mit zwei Scheinknollen wurde in London im April 1886 mit 165 £ = 3300 Mk. versteigert.

— **var. leucoxanthum Rchb. f.** Blüten fast reinweiss.

— **var. limbosum Rchb. f.** Blüten weiss, Lippe rosa gesäumt.

— **var. Lowianum Rchb. f.** Blütenblätter länglich, hellgelblich, mit fast lederbraunen Flecken.

— **var. maculatum Rchb. f.** Blüten blassgelb, zahlreich rötlichbraun fleckig.

— **var. melanocentrum Rchb. f.** Reinweiss mit Purpurkamm der Lippe, ohne gelben Schlund.

— *var. purpuratum hort.* ist *var. Schröderianum Rchb. f.*

— **var. roseum hort.** Blüten hellrosa, Lippe dunkler gefleckt.

— **var. Schröderianum Rchb. f.** (*v. purpuratum hort.*) Blüten weiss, nicht purpurn gefleckt. (Die Originalpflanze 1878 mit 1500 Mark bezahlt.)

— *var. splendens und var. superbum hort.* ist *var. grandiflorum.*

— **var. Veitchianum Rchb. f.** Blütenblätter weiss, gelblich-purpurn quergefleckt, Flecken in konzentrischen Ringen stehend.

— **var. violaceum. hort.** Blüten rosaviolett überlaufen, Lippe violett gefleckt.

O. Phalaenopsis Rchb. f. ist *Miltonia Phalaenopsis Ldl.*

O. platyodon Rchb. f. ist *O. Lindenii Ldl.*

O. Pollettianum Rchb. f. ist *O. crispum Ldl. var.*

O. polyxanthum Rchb. f. Scheinknollen spitz eiförmig, 8 cm hoch, Blätter schwertförmig, etwa 3 zu 20 cm. Blüten in nickender, bis 60 cm hoher, lockerer Endtraube, 10 cm breit, Kelchblätter schmal eiförmig, Blumenblätter eiförmig, alle zugespitzt, bräunlichgelb, Kelchblätter mit je einem grossem kastanienbraunem Tuschfleck vor der Spitze und einigen kleinen in der Mitte, Blumenblätter nur am Grunde mit 1—3 grösseren oder einigen kleineren Flecken, Lippe kürzer, herzförmig, zugespitzt, zackig gezähnt, gelb, von einem braunem Fleck fast ausgefüllt, Rand gelbweiss. April, Mai. Ecuador.

— **var. grandiflorum hort.** Blüten bis 12 cm, hellgelb mit rotbrauner Fleckung.

O. praenitens Rchb. f. ist eine Mittelform zwischen O. triumphans und O. tripudians, ohne eine Kreuzung zu sein, wogegen die gänzlich andere Form der Lippe spricht. Blüten 5 cm breit, Kelch- und die stark welligen Blumenblätter leuchtend schwefelgelb mit dunkel kastanienbraunen Flecken, Steg der Lippe weiss, Vorderlappen fast kreisrund, wellig gerandet, gelb mit zimmtbraunem Mittelfleck. März—Juni. Neu-Granada.

O. praenitens hort. ist *O. luteopurpureum Ldl. var. facetum Rchb. f.*

O. praestans Rchb. f. gehört zu *O. odoratum Ldl.*

O. prionopetalum Lawrence ist mit **O. luteopurpureum** sehr nahe verwandt; Kelch- und Blumenblätter sattgelb mit kastanienbraunen Querbändern und Flecken, Blumenblätter gesägt gerandet, Lippe aus gelbem Grunde weiss mit grossem braunem Querfleck in der Mitte. April, Mai. Neu-Granada.

O. pulchellum Batem. (*O. Egertoni Ldl.*) Scheinknollen dünn, länglich, zweischneidig flach gedrückt, Blätter paarweis, schmal grasartig, dunkelgrün. Blüten in armblumiger, lockerer Traube, wohlriechend, 3 cm breit, weiss, bis auf den karmingefleckten Kamm der Lippe. Oktober—Januar. Guatemala.

— **var. Dormanianum Will.** (nicht *Rchb. f.*). Scheinknollen stärker, rundlich, Blüten 4 cm breit, reinweiss.

— **var. majus hort.** In allen Teilen grösser und stärker, vielblumiger in der Traube, aber sonst gleich der Hauptform.

O. purum Rchb. f. ist *O. Wallisii Rchb. f. var.*

O. radiatum Rchb. f. ist *O. luteopurpureum Ldl. var.*

O. ramosissimum Ldl. (*O. angustatum Batem.*) Scheinknollen eiförmig, flachgedrückt, Blätter paarweis, lang schwertförmig, dunkelgrün. Blüten in vielblumiger, steif und spreizend ästiger, meterhoher Rispe, 5 cm breit, Kelch- und Blumenblätter schmal-lanzettlich, gewellt, leuchtend weiss, die Blumenblätter im Grunde helllila, Lippe herzförmig, breit und stark wellig, vorn scharf zugespitzt, weiss mit grossem purpurviolettem Scheibenfleck. Oktober—Januar. Neu-Granada.

— **var. liliiflorum hort.** Blütenblätter breiter, flach, reinweiss.

— **var. xanthinum hort.** Blüten kanariengelb, bräunlich purpurn gefleckt.

O. Reichenheimii Rchb. f. ist *O. laeve Ldl.*

O. retusum Ldl. Scheinknollen spitzeiförmig, kaum 3 cm hoch. Blätter paarweis, linear-lanzettlich, papierartig, hellgrün. Blüten bis zu hundert in aufrechter, 60 cm hoher, weitverzweigter Rispe, 2 cm breit, Kelch- und Blumenblätter lanzettlich, spitz, orangegelb mit hellgelben Schattierungen, Lippe länglich, quergestutzt, mit zweilappigem Kamm, hellgelb oder orangegelb. Juli—September. Ecuador.

O. rigidum Ldl. Scheinknollen eiförmig, 3—4 cm hoch. Blätter paarweis, linear, gekielt, dunkelgrün, steif. Blüten in hoher Rispe, langgestielt, hell kanariengelb, Kelch- und Blumenblätter spitz länglich, Lippe dunkelgelb mit langem Stege und fast quadratischem Vorderteil mit kleinem Mittelspitzchem, Kamm zweizähnig. Säule dreikantig, aus grünem Grunde vorn gelb. Juni, Juli. Anden von Peru.

O. Roezlianum Lind. ist eine neue Einführung Lindens mit 3 cm breiten, scharlachroten Blüten, welche sehr zahlreich in weitverzweigten Rispen sitzen. Es gehört in die Verwandtschaft von O. citrosmum. Neu-Granada. Oktober, November.

O. Roezlii Rchb. f. ist *Miltonia Roezlii Bnthm.*

O. roseum Ldl. ist *Cochlioda rosea Ldl.*

O. Rossii Ldl. (*O. rubescens Ldl. O. coerulescens A. Rich. O. Dawsonianum Rchb. f. O. acuminatum hort. O. apterum Llave et Lex. Oncidium Bergamia h. belg.*) (Fig. 127.) Scheinknollen gedrängt, eiförmig, scharf zusammengedrückt, 3 cm hoch, glänzend hellgrün. Blätter einzeln oder paarweis, länglich-lanzettlich, etwa 2 zu 10 cm, dünn, freudiggrün. Blüten

Fig. 127. Odontoglossum Rossii.

auf 10—20 cm hohem, schlankem, aufsteigendem Schaft einzeln oder zu zweien, 5 cm breit, Kelchblätter gekielt, spitz linear-lanzettlich, grünlich-gelb mit rotbraunen Querbändern, Blumenblätter stumpf-länglich mit zurückgeschlagenen Spitzen, weissrötlich mit dunkel-purpurnem Grundfleck, Lippe gerundet, eiförmig, mit kelchartigem fleischigem, gelbem Kamm und zwei stumpfen Zähnen davor, weissrötlich, oft purpurn gesprenkelt. März—Juli. Mexiko.

— **var. aspersum Rchb. f.** Blüten mit zahlreichen, kleinen, dunkel-purpurbraunen Tuschflecken übersät.

— **var. coerulescens A. Rich.** Blumenblätter violettrosa überlaufen.

— **var. Ehrenbergii Ldl.** Kelchblätter fast ganz bräunlich, Blumenblätter weiss, dunkelrosa gefleckt.

— **var. Humeanum Rchb. f.** Zweiblumig, Kelchblätter dreieckig-langspitzig, gekielt, gelb mit zimmtbraunen Querbändern, Blumenblätter länglich, zugespitzt, kraus, weiss mit drei sepiabraunen Grundflecken, Lippe weiss mit gelbem Kamm und roten Streifen auf der Scheibe.

— **var. majus v. Htte.** Blüten bis 10 cm breit, süss duftend, weiss mit karminpurpurnen Flecken und Querbändern, Lippe gross, reinweiss, Säule gelb oder purpurn überlaufen.

— **var. rubescens Ldl.** Blüten 3—4 cm breit, bis zu 6 in lockerer Traube, Kelchblätter steif linear-lanzettlich, weiss, rosa angehaucht und vielfach karminfleckig, Blumenblätter doppelt so breit, wellig, nur am Grunde gefleckt, Lippe reinweiss.

— **var. virescens hort.** Kelchblätter fast ungefleckt gelblichgrün.

— **var. Warnerianum Rchb. f.** Blüten bis 10 cm gross, Kelchblätter spitz-länglich, weiss mit einigen braunroten Querbinden, das obere mit einem braunrotem Augenfleck im Grunde, Kelchblätter stumpf, wellig, mit augenartig durch einen Halbkreis braunroter Strichflecke abgegrenztem Grunde, Lippe dreieckig-herzförmig, gekerbt und gekraust, mit dreilappigem, gelbem Kamm.

O. Rothschildianum Rchb. f. ist *O. Wilkeanum Rchb. f. var.*

O. rubescens Ldl. ist *O. Rossii Ldl.*

O. Ruckerianum Rchb. f. ist *O. crispum Ldl. var.*

O. Sanderianum Rchb. f. ist *O. constrictum Ldl. var.*

O. Sceptrum Rchb. f. ist *O. luteopurpureum Ldl. var.*

O. Schillerianum Rchb. f. Scheinknollen flachgedrückt, eiförmig, über 5 cm hoch. Blätter paarweis, spitz-schwertförmig, bis 30 cm lang, gekielt, ledrig. Blüten zu 3—5 an aufrechtem, mit den Blättern gleichhohem Schaft, 5 cm breit, Kelch- und Blumenblätter länglich-eiförmig, gelb, kastanienbraun gefleckt und gespitzt, Lippe breit dreieckig mit zwei aufrechten Öhrchen, zwei weissen Schwielen im hellgelbem Grunde, Mittelstück rotbraun, sammthaarig, Spitze hellgelb, Säule weissgelb mit zwei gedrehten Bartfäden an der Spitze. April, Mai. Schon 1852 von Wagner in der Sierra Nevada von Ecuador entdeckt, aber erst 1883 eingeführt.

O. Schlieperianum Rchb. f. (*O. Insleayi Bark. var. macranthum Ldl. O. Warscewiczii Bridges* nicht *Rchb. f.*) Scheinknollen eiförmig, flachschneidig zusammengedrückt, 3 cm hoch. Blätter paarweis, riemenförmig, stumpf, dunkelgrün. Blüten in lockerer, steifschaftiger, wenigblumiger Endtraube, 10 cm breit, Kelchblätter und die etwas breiteren Blumenblätter länglich, zugespitzt, hellschwefelgelb mit dunkelpurpurnen Querbändern, Lippe ganz hellgelb, Seitenlappen als kleine halbeiförmige, aufrechte Öhrchen entwickelt, der Mittellappen breit keilförmig, vorn ausgerandet und auf der Vorderfläche 2—3 braune Querbänder tragend. Juli—September. Costarica.

O. Schlimii Lind. ist *O. luteopurpureum Ldl. var.*

O. Schroederianum Rchb. f., wahrscheinlich ein Bastart von O. tripudians und O. Pescatorei, blühte im Sommer 1882 zum erstenmal im Garten des Baron Schroeder. Kelch- und Blumenblätter spitz-länglich, wellig, weiss mit hellbräunlich purpurnen Flecken, Lippe fast geigenförmig, vorn verkehrt-herzförmig mit feinem Spitzchen, weiss mit zwei bräunlichpurpurnen Scheibenflecken, hinter denen ein Kamm gelber, rot geschmitzter, borstlicher Pfriemen steht. Juni—August. Neu-Granada.

O. spectatissimum Ldl. ist *O. triumphans Rchb. f.*

O. stellatum Ldl. (*O. erosum Rchb. f.*) Scheinknollen schmal-eiförmig, 2 cm hoch. Blätter einzeln, breit-linear, gekielt, mattgrün, 20 cm lang. Blüten einzeln oder (selten) zu zweien auf den Blättern gleichhohem, aufrechtem Schaft, 4 cm breit, Kelch- und Blumenblätter trüb-olivengrün mit einigen braunen Querstreifen, Lippe weiss mit rosaem Grundfleck. Mai, Juni. Von Mexiko bis Panama in den Hochgebirgen verbreitet. Ist vielleicht richtiger als Form von O. Rossii zu betrachten.

O. stellimicans Rchb. f. ist wahrscheinlich eine Kreuzung aus O. Pescatorei, mit welcher Art gemeinsam es in der östlichen Kordille Neu-Granadas gesammelt wurde, und entweder O. triumphans oder O. tripudians. Kelch- und Blumenblätter sind sternförmig spreizend, klar gelb, erstere mit einigen rotbraunen Flecken, letztere mit einer braunen Mittellinie im Grunde, Lippe geigenförmig, gelb mit rotbraunen Spritzflecken im Grunde. April, Mai.

O. tentaculatum Rchb. f., eine in der Heimat entstandene Hybride aus O. crispum und O. Lindleyanum, steht letzterer Art am nächsten. Kelchblätter kastanienbraun mit hochgelbem Saum und einigen gelben Tuschflecken in der Mitte, Blumenblätter gelb, braun gespritzt, Lippe mit lang rechteckigem kastanienbraunem Fleck vor dem weissem, von langen fleischigen Zähnen umgebenem Schwielenkamm, Spitze hochgelb. Säulenflügel mit zwei langen und einigen kurzen Borsten. April, Mai. Östliche Kordillere von Neu-Granada.

O. tigrinum Paxt. ist *Oncidium tigrinum Llav. et Lex.*

O. tripudians Rchb. f. Scheinknollen länglich-eiförmig, flachgedrückt, 4 cm hoch. Blätter paarweis, schmal-lanzettlich, zugespitzt, grasgrün.

Blüten in reichblumiger, aufrechter Traube, 5 cm breit, aussen gelblichgrün, Kelch- und Blumenblätter länglich-elliptisch zugespitzt, erstere meist vollkommen kastanienbraun ausser dem gelben Grund und der gelben Spitze, letztere goldgelb mit 2—3 unregelmässigen, dunkelbraunen Flecken, Lippe länglich-viereckig, mitten eingeschnürt, der Grundteil verloren-gezähnt, der breite, rundgespitzte Vorderteil am Rande ausgefressen-gezackt, weiss, im Grunde violett gesprenkelt, Kamm aus etwa zehn Schwielen bestehend, von denen die vier inneren auf die Lippe übergehen und vorn und hinten mit einem kurzem Dorn enden. Säule mit tiefgezähnten Flügelanhängseln. September, Oktober. Peru.

— **var. grandiflorum hort.** Blüten erheblich grösser, feurig gefärbt.

— **var. leucoglossum Rchb. f.** Lippe fast reinweiss.

— **var. oculatum.** Blüten gross, Kelchblätter kastanienbraun bis auf die gelbe Spitze, Blumenblätter hellgelb mit kastanienbraun, Lippe mit violetten Punkten um den Kamm und grossem braunviolettem Spitzenfleck, Rand kraus und gezähnt.

— **var. xanthoglossum Rchb. f.** Lippe gelb mit bräunlichen Flecken, Kamm weiss.

O. triumphans Rchb. f. (*O. spectatissimum Ldl.*) Scheinknollen gross, ei-elliptisch, zweischneidig abgeplattet. Blätter paarweis, länglich-lanzettlich, spitz, dunkelgrün, ledrig. Blüten in steif-schaftiger, hoher, vielblumiger Traube, 10 cm breit, Kelch- und Blumenblätter lanzettlich, leicht gewellt, letztere breiter, alle goldgelb, kastanienbraun quergebändert und gespritzt, Lippe aus schmalem Stege länglich-herzförmig, aus weissem Grunde nach dem zugespitztem Vorderteil tief bräunlich-karmin. Januar—Mai. Neu-Granada.

— **var. superbum hort.** Blüten grösser, leuchtend goldgelb mit scharf abgesetzten mehr roten Flecken.

— **var. Whiteleyi hort.** Blüten sehr gross, Lippe sehr gross, flach, leuchtend rötlichbraun, weiss gesäumt.

O. Uro-Skinneri Ldl. Scheinknollen auf dem kriechendem Wurzelstock gereiht, gross, eiförmig, abgeflacht, glänzendgrün, zuweilen rotbraun fleckig, 6 cm hoch. Blätter paarweis, breit-lanzettlich, ledrig, dunkelgrün. Blüten in endständiger, vielblumiger Traube auf 60 hohem Schaft, 8 cm breit, Kelch- und Blumenblätter länglich, zugespitzt, grünlichgelb mit purpurbraunen Flecken, Lippe gewölbt, rundlich-herzförmig, bräunlichpurpurn, unregelmässig weiss gefleckt, auf der Scheibe einen weissen, zweischwieligen Kamm. Säule vorn orangegelb. August—Oktober. Guatemala. Von Ure Skinner eingeführt.

O. velleum Rchb. f. Scheinknollen länglich, abgeplattet, 5 cm hoch. Blätter riemenförmig, etwa 3 zu 12 cm, dunkelgrün. Blüten in dichter Traube 6 cm breit, Kelch- und Blumenblätter schmal-eiförmig, gelblich mit zahlreichen sepiabraunen Spritzflecken und Linien, Lippe aus langem, schmalem Stege vorn breiter und gewellt, kurz gespitzt, weiss mit vielen braunpurpurnen Strichen und Flecken. Juli—September. Ecuador.

O. vexativum Rchb. f., eine in der Heimat entstandene Kreuzung zwischen O. maculatum und O. nebulosum, hält die Mitte zwischen den Eltern. Kelchblätter hellbraun auf grünem Grunde, weiss gesäumt, Blumenblätter breiter, reinweiss, im Grunde grünlichbraun gefleckt, Vorderlappen der Lippe breit halb-eiförmig, weiss mit einigen bräunlichen Flecken im Grunde, Kamm dreiteilig, gelb mit einigen rötlichbraunen Spritzflecken. August, September. Mexiko.

O. vexillarium Rchb. f. ist *Miltonia vexillaria Bnthm.*

O. Victor Rchb. f. gehört zu *O. Harryanum Rchb. f.*

O. Vuylstekeanum Rchb. f. ist *O. luteopurpureum Ldl. var.*

O. Wallisii Rchb. f. Scheinknollen eiförmig, flachgedrückt, 3 cm hoch. Blätter paarweis, linear-lanzettlich, gefaltet, hellgrün. Blüten in schlankschaftiger lockerer Traube, langgestielt, 6 cm gross, Kelch- und Blumenblätter länglich-lanzettlich, erstere im Grunde verschmälert, hellgelb, fast ganz von einem braunem Längsfleck ausgefüllt, letztere mehr gelb als braun, Lippe aus zusammengerolltem Grunde nach vorn eiförmig, mitten eingeschnürt, gefranst, weiss, Kamm gelb mit sechs spreizenden Fleischzähnen und dahinter eine Reihe rosapurpurner Striche, Vorderteil rosa, weiss gesäumt und mit einem halbkreisförmigem, weissem Fleck. November bis Januar. Neu-Granada.

— **var. purum Rchb. f.** Blüten vorwiegend gelb, Lippe reinweiss.

O. Warnerianum Rchb. f. ist *O. Rossii Ldl. var.*

O. Warocqueanum J. et L. Linden gehört in den Formenkreis von O. luteopurpureum und hat sehr grosse, blass schwefelgelbe Blüten mit einzelnen, grossen, fast blutroten Tupfen. Neu-Granada.

O. Warscewiczii Bridges ist *O. Schlieperianum Rchb. f.*

O. Warscewiczii Rchb. f. ist *Miltonia Endresii Rchb. f.*

O. Wattianum Rolfe ist eine in der Heimat gefundene Kreuzung zwischen O. luteopurpureum und O. Lindleyanum und hält genau die Mitte zwischen den Eltern.

O. Weltonii Lind. ist *Miltonia Warscewiczii Rchb. f. var.*

O. Wilckeanum Rchb. f. ist eine zufällig mit O. crispum eingeführte Hybride aus dieser Art und O. luteopurpurum, welche sich in der ganzen Tracht und in der Form der Lippe an O. crispum anschliesst. Blüten in steifer Traube zu 10—20, 10 cm gross, Kelchblätter spitz-lanzettlich, gewellt, hellgelb mit leuchtend braunen Tuschflecken, Blumenblätter breiter, gleichgefärbt, gesägt gerandet, Lippe länglich, gezähnt, wellig, hellgelb mit länglichrundem, hellbraunem Spitzenfleck, Scheibe goldgelb mit aus zwei vielzähnigen Schwielen bestehendem Kamm. März bis Mai. Neu-Granada.

— **var. pallens Rchb. f.** Blüten weiss, gelblich überlaufen, dunkelbraun gefleckt, Lippe weiss mit braunem Spitzenfleck und kleinen Strichflecken um den Kamm.

— var. **Rothschildianum Sander.** Blüten gross, ganz hell weissgelb mit grossen rotbraunen Flecken.

— var. **sulphureum Rchb. f.** Blüten schwefelgelb mit einigen roten Flecken und Strichen.

O. Williamsianum Rchb. f. ist *O. grande Ldl. var.*

O. xanthinum hort. ist *O. ramosissimum Ldl. var.*

Odontostyles Kuhl. et Hassl. ist *Bolbophyllum Thou.*

Oeceoclades Ldl. ist *Saccolabium Bl.*

Oeceoclades maculata Ldl. ist *Eulophidium maculatum Pfitz.*

Oerstedella Rchb. f. ist *Epidendrum L.*

Omoea Bl. ist *Saccolabium Bl.*

Oncidium *Sw.*

(Odontoglosseae 353.)

(Cyrtochilus H. B. K. Cryptosaccus Scheidw. Leiochilus Know. Westc. Rhynchostele Rchb. f.)

In der äusseren Tracht wechseln die mehr dreihundert hierher gehörenden Arten, welche fast durchweg Baumbewohner Westindiens, Süd- und Centralamerikas, sowie Mexikos sind, wo sie von der Küste bis zu 4000 m Höhe aufsteigen, ausserordentlich unter einander ab. Die Scheinknollen sind meist deutlich entwickelt und die Blätter flach, aber es kommen auch Arten mit fast oder ganz fehlender Knollenbildung und mit fast dreikantigen oder drehrunden Blättern vor. Ebenso wechseln die Grössenverhältnisse von Knolle und Blatt ungemein. Unter den Knollen stehen einige kleine Scheiden oder scheidenartige Blätter, auf der Knolle nur scheidenlose Blätter. Die fast immer offenen Blüten stehen meist in grundständigen Trauben oder Rispen und sind in allen Grössen vertreten. Einige Arten zeigen dimorphe Blüten, d. h. neben den normalen, geschlechtlich vollkommenen Blüten treten anders geformte, meist kleinere und trüber gefärbte auf, in denen die Staubbeutel allein oder Staubbeutel und Stempel verkümmert sind. Die Kelchblätter sind unter sich völlig oder fast gleich, frei oder teilweis verwachsen, die Blumenblätter sind den Kelchblättern gleich oder abweichend geformt. Die Lippe ist entweder das auffällig grösste oder kleinste Blumenblatt von ungemein verschiedenem Umriss. Sie ist nicht dem Säulengrunde parallel, sondern meist rechtwinkelig abstehend und trägt allerlei Warzen und Schwielen. Die kurze, dicke Säule ist gewöhnlich beiderseits etwas geflügelt. Die Staubbeutel sind überhängend oder wagerecht, die beiden rundlichen Pollenkörper verschieden gestielt.

Fast alle Arten der formenreichen Gattung sind als gut wachsend und in unseren Häusern ohne übermässige Pflege gedeihend zu bezeichnen. Das Wärmebedürfnis ist ein sehr verschiedenes, je nachdem ob die betreffende Art dem Tropenklima angehört oder in hoher Berglage heimisch ist, in welchem Falle sie mit der Wintertemperatur unserer Kalthäuser vorlieb nimmt. Die meisten Arten gedeihen am besten, wenn sie einfach mit etwas Sphagnum an ein Stück hartes Holz angebunden und aufgehängt werden, dies gilt besonders von allen etwas langsam und spärlich wachsenden Formen. Rascher wachsende, üppige Triebe tragende Arten werden besser in einem gut drainirten Topfe hochgepflanzt behandelt. Als Erdmischung dient in diesem Falle Sphagnum mit Haideerde-Brocken. Während der Trieb- und Blütenentwickelung bedürfen alle Arten reichlicher Wasserzufuhr durch Giessen und Spritzen, nach dem Abblühen aber muss eine langsam einzuleitende entschiedene Trockenperiode Platz greifen, die aber nicht bis zum Dörren und Schrumpfen der Scheinknollen zu treiben ist, wenn auch einzelne Arten diese Misshandlung vertragen. Das Verpflanzen ist vor dem Austreiben der jungen Wurzelspitzen vorzunehmen, da diese erheblich spröde sind und leicht wegbrechen. Alle Arten lieben Luft und viel Licht, grelle Sonne aber ist den meisten schädlich. Sie gedeihen am besten aufgehängt oder auf der Stellage dicht unter dem Fenster stehend. Die Blütenschafte vieler Arten, besonders auffällig zeigt das O. Papilio und dessen Verwandte, treiben fortdauernd — Jahre hindurch — neue Blüten, dürfen also nicht mit der ersten Blüte abgeschnitten werden.

Pfitzer teilt die Gattungen in folgende 17 Gruppen ein:

I. Blätter flach:

A. Die Lippe ist das kleinste Blumenblatt:

1. **Auriculata Ldl.** Kelch- und Blumenblätter schmal genagelt mit zwei kleinen Öhrchen am Grunde des Nagels (wenigstens der Kelchblätter), Lippe kurz, meist pfeilförmig; z. B.: O. macranthum Ldl.
2. **Cyrtochilum H. B. K.** Kelch- und Blumenblätter schmal genagelt, ohne Öhrchen, Lippe meist länglich; z. B.: O. zebrinum Rchb. f.
3. **Cimicifera Ldl.** Blätter oft fleischig, Blüten klein, mit kleiner, rundlicher oder quergezogener, gewölbter Lippe; z. B.: O. microchilum Batem.

B. Lippe mindestens so gross, meist viel grösser als die anderen Blumenblätter.

a. Seitliche Kelchblätter ziemlich stark verwachsen.

4. **Crispa Rchb. f.** Oberes Kelchblatt, Blumenblätter und Lippe fast gleich geformt, breit, dünn, meist krausrandig; z. B.: O. crispum Lodd.
5. **Synsepala Pfitz.** Oberes Kelchblatt den kleinen Blumenblättern ähnlich, aber sehr verschieden von der grossen, ungeteilten,

seicht lappigen oder geigenförmigen Lippe; z. B.: O. varicosum Ldl.

6. **Barbata Ldl.** Wie 5, aber Lippe tief dreiteilig, zwischen den Lappen gewimpert; z. B.: O. barbatum Ldl.

b. Seitliche Kelchblätter frei.

7. **Macropetala Ldl.** Blumenblätter viel breiter als die drei gleichen Kelchblätter, Seitenlappen der Lippe klein, Mittellappen gross und breit; z. B.: O. ampliatum Ldl.

8. **Integrilabia Ldl.** Mittleres Kelchblatt den Blumenblättern gleich, Lippe ungeteilt, nur an der Spitze schwach gelappt oder am Grunde zweizähnig; z. B.: O. deltoideum Ldl.

* **Heterantha Ldl.** Ausser den normalen Blüten treten kleine sternförmige, säulenlose Blüten auf; z. B.: O. calanthum Rchb. f.

9. **Basilata Ldl.** Wie 8, aber die Lippe aus sehr breitem Grunde dreilappig, nach vorn verschmälert, am Ende oft wieder verbreitert; z. B.: O. ornithorrhynchum H. B. K.

* **Heterantha** (wie von 8); z. B.: O. abortivum Rchb. f.

10. **Pluritaberculata Ldl.** Kelch- und Blumenblätter einander gleich, Lippe aus schmalem Grunde dreilappig, Mittellappen meist gross, im Grunde eine unpaare Zahl von Schwielen, Säulenflügel schwach, häutig; z. B.: O. tigrinum Llav. Lex.

* **Heterantha** (wie in 8); z. B.: O. pentadactylon Ldl.

11. **Verrucituberculata Ldl.** Wie 10, aber die Schwielen paarig und ausserdem freistehende Warzen links und rechts davon; z. B.: O. Batemannianum Parm.

12. **Paucituberculata Ldl.** Wie 10, aber nur 2 oder 4 Schwielen, ohne Warzen; z. B.: O. hians Ldl.

13. **Miltoniastrum Rchb. f.** Wie 10, aber Säulenflügel fleischig, Stielchen der Pollinien kurz und breit, Blätter einzeln, dickfleischig; z. B.: O. Lanceanum Ldl.

14. **Pulvinata Ldl.** Wie 10, aber am Lippengrunde ein dicht behaartes Kissen; z. B.: O. pulvinatum Ldl.

15. **Glanduligera Ldl.** Oberes Kelchblatt und Blumenblätter ziemlich gleich, langgezogen, seitliche Kelchblätter breiter und zarter, Lippe gross, dreilappig, zart, 2 gestielte Drüsen an der Säule. Blätter rot gefleckt; z. B. O. Papilio Ldl.

II. Blätter mit senkrechter Spreite:

16. **Equitantia Ldl.** Blätter mit senkrechter Spreite oder dreieckig reitend; z. B.: O. triquetrum Ldl.

III. Blätter drehrund:

17. **Teretifolia Pfitz.** Scheinknollen sehr klein, mit je einem drehrundem, meist herabhängendem Blatte; z. B.: O. Cebolleta Sw.

O. acinaceum Ldl. Scheinknollen eiförmig mit drei flachen, breitlanzettlichen Blättern. Blüten in lockerer Traube auf 40 cm hohem, schlankem Schaft, 2 cm breit, Kelchblätter weiss, linear, zurückgeschlagen, die seitlichen teilweis verwachsen, Blumenblätter breit verkehrt-eiförmig, violett, weiss gesäumt, Lippe ausgehöhlt, gleichfarbig, aber noch karminrot gestreift. April, Mai. Centralamerika, Kolumbien.

O. acrobotryum Rchb. f. ist *O. Harrisonianum Ldl.*

O. alboviolaceum Batem. ist *O. incurvum Bark.*

O. altissimum Sw. Scheinknollen gedrängt, länglich, stark flachgedrückt, bis 10 cm hoch, hellgrün, in zahlreichen trockenhäutigen Scheiden und Scheidenblättern. Blätter paarweis, lanzettlich, zugespitzt, 2 zu 20 cm etwa, hell- oder gelblichgrün. Blüten in aufrechter oder leicht und graziös überhängender, bis meterlanger lockerer Rispe zu 50—100 und mehr, 2 cm breit, Kelch- und Blumenblätter linear-lanzettlich, wellig, hellgelb, zuweilen mit rotbraunem Hauch, der Rand schwefelgelb, Lippe leuchtend schwefelgelb, spärlich rot gezeichnet, aus schmalem Grunde vorn verbreitert dreilappig, Mittellappen nierenförmig, ausgebogt, gekerbt, flach oder leicht wellig, im Lippengrunde unpaare Schwielen in Kammform. April—Juni. Westindien. Schon 1793 eingeführt, in unseren Warmhauskulturen leicht wachsend, aber leider nur selten blühend. In der Heimat wird die Rispe angeblich über 3 m hoch und auch englische Berichte melden von ähnlich hohen Rispen und Pflanzen mit mehr als 2000 Blüten.

— **var. Baueri Ldl.** Scheinknollen dicker, rundlicher, Blätter breiter, Blütenfarbe mattgelb.

— **var. ensatum Ldl.** Blätter fast schwertförmig. Lippe gelb mit olivenbräunlichem Mittelfleck.

— **var. filipetalum Lem.** Kelch- und Blumenblätter in fadenförmige Spitzen ausgezogen.

O. amiclum Ldl. ist dem O. Gardneri Ldl. sehr nahe verwandt, aber die Lippe ist umgekehrt-keilförmig, die Seitenlappen viel grösser, es sind nur zwei Warzen vorhanden und die Säule ist am Rande gewimpert. Blüten 3—4 cm breit, lebhaft gelb mit hell- und dunkelbraunen, scharf abgesetzten Flecken. März—Mai. Brasilien.

O. ampliatum Ldl. Scheinknollen gedrängt, rundlich, flach gedrückt, dunkelgrün, 5 cm hoch. Blätter paarweis, ledrig, flach, breit-lanzettlich, zugespitzt, 4 zu 15 cm. Blüten in aufrechter, langgestielter, oben breitästiger, 30 cm hoher Rispe zu 30—50 an gebogenen, 2 cm langen Stielen, reichlich 2 cm breit, Kelchblätter grünlichgelb, braunpurpurn gefleckt, linear, zurückgerollt, Blumenblätter aus braunrotem Grunde rein schwefelgelb, gezähnt, eiförmig, Lippe aus schmalem, weisslichem, braunrot gestreiftem Grunde vorn breit-herzförmig, zweilappig, leuchtend gelb mit drei Schwielen im Grunde und kleinen, mitten eingeschnürten Seitenlappen. Säule gezähnelt. Februar—Juni. Centralamerika, Kolumbien, stets in der Nähe der Küste, also viel Wärme bedürfend.

— **var. majus hort.** Blütenrispe bis meterhoch, Blüten bis 4 cm, aussen weiss. Bedarf Topfkultur mit reichlicher Düngung, um seine volle Schönheit zu entwickeln.

O. andigenum Rchb. f. Diese bisher nur in einigen Exemplaren in England kultivierte Art gleicht in Knollen und Wuchs dem O. concolor. Blüten in aufrechter Traube, 4 cm breit, Kelch- und Blumenblätter kremeweiss, trüb karminrot unregelmässig gefleckt und gesprenkelt, Lippe gross, mit sehr grossen Seitenlappen, welche aus sammtartig karminrotem Grunde weiss, rosa überlaufen und karminrot gefleckt sind, Mittellappen weiss, reich karminrot gezeichnet und im Grunde einen leuchtend orangegelben Kamm. September—Oktober. Anden von Peru. Kalthauspflanze.

O. anthocrene Rchb. f. Scheinknollen eiförmig, stark flachgedrückt, zweischneidig, bis 5 cm hoch. Blätter paarweis, lanzettlich, zugespitzt, 3 zu 12 cm etwa, gelblichgrün. Blüten in hoher, aufrechter, kurzzweigiger Rispe, 2 cm breit, Kelch- und Blumenblätter eiförmig, dunkel-chokoladenbraun mit schmalen gelben Querbinden am Grunde, Lippe reinweiss. Dezember—Februar. Peru.

O. ascendens Ldl. ist *O. Cebolleta Sw. var.*

O. aureum Ldl. Scheinknollen schmal-eiförmig, 3 cm hoch. Blätter schmal-lanzettlich, stumpf, derb, 1 zu 8 cm etwa. Blüten in 30 cm hoher, wenig verästelter Rispe zu 15—20, 2 cm breit, Kelch- und Blumenblätter grünlichgelb, letztere breiter, eiförmig, zugespitzt, Lippe aus schmalem Grunde keilförmig, vorn tief zweilappig, schön goldgelb. Februar bis April. Peru, bei 2—3000 m, also im mässig warmen Raume zu überwintern.

O. aurosum Lem. ist *O. excavatum Ldl. var.*

O. barbatum Ldl. (*O. ciliatum Ldl.*) Scheinknollen eirund, stumpf vierkantig, kaum 3 cm hoch, dunkelgrün. Blätter einzeln, schmal-lanzettlich, 1 zu 6 cm etwa, derb, dunkelgrün, vorn stumpf ausgerandet. Blüten in kurzer, lockerer Ähre oder armblumiger ganz kurzästiger Rispe auf 30 cm hohem hin- und hergebogenem, aufrechtem Schafte, 2 cm breit, hellgelb mit karminroten kleinen Flecken, Kelchblätter spitz-, Blumenblätter stumpf-lanzettlich, Lippe rein hochgelb, Seitenlappen verkehrteiförmig, Mittellappen fast gleichgross, tief ausgebogt, die Zwischenräume der Lappen bärtig gewimpert, im Grunde ein fünfzackiger Kamm. März bis Mai. Brasilien.

O. Barkerii Ldl. ist *O. tigrinum Llave et Lex.*

O. Batemannianum Knowl. et Westc. (*O. gallopavinum Morr. O. Pinellianum h. angl. O. ramosum Bot. Reg. O. spilopterum Ldl. O. stenopetalum Lem.*) Scheinknollen länglich, stark flachgedrückt, hellgrün. Blätter paarweis, steif aufrecht, länglich, flach, in der Grösse sehr wechselnd, gelblichgrün. Blüten entweder in aufrechten, kurzen, wenigblumigen Ähren (O. gallopavinum, O. spilopterum, O. stenopetalum) oder in kurzverzweigten Rispen (O. ramosum, O. Pinellianum), bis 4 cm breit, Kelch- und Blumenblätter klein, bräunlichpurpurn, wellig, eiförmig. Lippe gross, rein hochgelb, breit kurz-spatelförmig, vorn ausgebogt, mit bräunlichem Grunde, welcher einen fünfschwieligen Kamm trägt, vor diesem drei Schwielen und seitlich einige Warzen. September bis November. Brasilien, Mexiko. Gehört leider auch zu den seltener blühenden, wenn auch sonst gut wachsenden Warmhausarten.

O. Baueri Ldl. ist *O. altissimum Sw. var.*

O. Bergamia h. belg. ist *Odontoglossum Rossii Ldl.*

O. bicallosum Ldl. ist *O. Cavendishianum Batem. var.*

O. bicolor Ldl. (*O. Martianum Ldl. var.*) Scheinknollen eiförmig, ganz flachgedrückt mit je drei Rippen beiderseits, kaum 3 cm hoch, saftgrün. Blätter einzeln, sitzend, länglich, 1 zu 6 cm, stumpf, dunkelgrün. Blüten in 30—40 cm hoher, reichblumiger Rispe, 3 cm breit, Kelch- und Blumenblätter spitz-eiförmig, gelb mit kastanienbraunen Spritzflecken, Lippe sehr gross, flach, mit dreischwieligem Kamm im bräunlichem Grunde der sonst oberseits leuchtend hochgelben, unterseits weisslichen, vorn tief zweispaltigen Lippe, Seitenlappen klein, gezähnelt, rechtwinkelig abstehend. September—November. Brasilien.

O. bicornutum Hook. ist *O. pubes Ldl.*

O. bifolium H. B. K. Scheinknollen kurz-eiförmig, stumpf-sechskantig, 2 cm hoch, dunkelgrün. Blätter paarweis, lanzettlich, 1 zu 6 cm etwa, gekielt, dunkelgrün. Blüten zu 8—10 in überhängender Traube auf schlaff aufsteigendem, 20 cm hohem Schaft, 5 cm breit, seitliche Kelchblätter halb verwachsen, Kelch- und Blumenblätter länglich-eiförmig, wellig, gelb, reich kastanienbraun gebändert und gesprenkelt, Lippe sehr gross, flach, leuchtend gelb, aus schmalem Grunde quernierenförmig, vorn tief ausgerandet, Seitenlappen klein, stumpf, gekrümmt. Mai—Juli. Montevideo.

— **var. majus hort.** Pflanze viel kräftiger und grösser, Blüten fast doppelt so gross, brillant gefärbt.

O. bifrons Ldl. ist *O. Warscewiczii Rchb. f.*

O. Bluntii Rchb. f. ist *Miltonia Bluntii Rchb. f.*

O. Bondeanum Sims. ist *O. luridum Ldl. var. guttatum Ldl.*

O. Boydii h. angl. ist *O. luridum var. guttatum Ldl.*

O. brachyphyllum Ldl. ist *O. Cebolleta Sw. var.*

O. Braunii Rgl. Scheinknollen gedrängt, länglich-eiförmig, zweischneidig-flachgedrückt, bis 5 cm hoch. Blätter einzeln, spitz länglich-eiförmig aus kurz zusammengezogenem Grunde, 3 zu 10 cm. Blüten in ganz spärlich kurzverzweigter Rispe oder einfacher, bogig-spindliger Ähre, 3 cm gross, goldgelb, grossfleckig rotbraun, Kelchblätter länglich, zurückgebogen, Blumenblätter länglich-eiförmig, Lippe grösser, dreilappig, mit breitem, zweilappigem, vorn gerundet ausgeschnittenem Mittellappen, Kamm erhaben, zahn-höckerig. April, Mai. Kolumbien. Blühte zuerst im botanischen Garten von St. Petersburg 1885 und ist nach Alexanders Brauns einzigen Sohne, damaligem Obergehülfen in Petersburg, heutigem Afrikareisendem Johannes Braun getauft.

O. Brunleesianum Rchb. f. Scheinknollen flach-eiförmig, 3 cm hoch, dunkelgrün. Blätter paarweis, lanzettlich, derb, dunkelgrün. Blüten in 20 cm hoher, aufrechter, dichter Ähre, 3 cm breit, leuchtend gelb mit dunkel-sepiabrauner Lippe. August, September. Mexiko.

O. calanthum Rchb. f. Scheinknollen eiförmig, gefurcht, 3 cm hoch. Blätter paarweis, flach, lanzettlich, 2 zu 8 cm etwa. Blüten zahlreich, in schlanker, kurzästiger Rispe, die oberen klein, säulenlos, sternförmig (Heterantha), die unteren 2 cm breit, Kelchblätter spitz-länglich, blassgelb, Blumenblätter gleichfarbig, länglich spiessförmig, vorn stumpf, alle so lang etwa als die grosse, quernierenförmige reich goldgelbe Lippe, deren kurzer schmaler Nagel zwei breit-keilförmige Seitenlappen und nach vorn einen fünfschwieligen, rötlichen Kamm trägt. Säule rötlich. August, September. Ecuador. Kalthauspflanze, die am besten im Topfe gedeiht.

O. caloglossum Rchb. f. Scheinknollen länglich, gerundet, 6 cm hoch. Blätter paarweis, derb, spitz-lanzettlich, 3 zu 12 cm etwa, dunkelgrün. Blüten zu 20—40 in lockerer, weitästiger Rispe, 3 cm breit, Kelch- und Blumenblätter lanzettlich, hochgelb, sepiabraun gestreift, die Streifen der Blumenblätter unten zusammenfliessend, Lippe leuchtender gelb, vorn braun gefleckt, Warzen und Kamm rötlich auf braungestricheltem Grunde. Juni—August. Brasilien.

O. candidum Hook. ist *Palumbina candida Rchb. f.*

O. candioum hort. ist *Miltonia candida Ldl.*

O. carthaginense Sw. ist *O. roseum Ldl.*

O. Cavendishianum Batem. Scheinknollen nicht entwickelt, die fleischigen, breit-lanzettlichen, 4 zu 18 cm grossen, saftgrünen Blätter entspringen mit dem Blütenschaft unmittelbar aus einigen trocknen, steifen, sich deckenden Scheiden. Blüten zu 40—50 in bis 60 cm hoher, steif aufrechter, starkschaftiger, weitästiger Rispe, 2 cm breit, sehr fest und dauernd, Kelchblätter stumpf verkehrt-eiförmig, das obere eingebogen, grünlichgelb, hellkastanienbraun gesprenkelt, Blumenblätter gleichfarbig, wellig, stumpf-länglich, Lippe rein und leuchtend hochgelb, Seitenlappen rundlich, genagelt, Mittellappen sehr gross, nierenförmig, vorn tief ausgerandet, im Grunde vier vorspringende Schwielen. Februar—April. Guatemala. Schöne Warmhauspflanze, am besten für Topfkultur.

— **var. bicallosum Ldl.** Blätter erheblich kleiner, Blüten gelb, zimmtbraun gerandet, nur zwei Schwielen im Lippengrunde.

— **var. chrysophyllum Rchb. f.** (*O. pachyphyllum Hook. var. chrysophyllum Rchb. f.*) Kelch- und Blumenblätter karminrot gesprenkelt, Lippe rein goldgelb.

— **var. pachyphyllum Hook.** Pflanze sehr kräftig, besonders die Blätter dick und gross. Blüten karminrot gestrichelt, Lippe aus bräunlichem Grunde goldgelb, oft auch spärlich karminrot gezeichnet.

O. Cebolleta Sw. (*Epidendrum Cebolleta Jacqu. O. juncifolium Ldl. O. glaucum Kl. Epidendrum juncifolium L. Cymbidium juncifolium W.*)

Scheinknollen sehr klein, drehrund, in je ein langes, fleischiges, drehrundes, nach oben spitz auslaufendes, flach gefurchtes, hängendes, matt dunkelgrünes, federkieldickes, bis 25 cm langes Blatt auslaufend. Blütenschaft aufrecht, kurz, kantig, mit nur einigen, glänzend gelben Blüten von 2 cm Breite, Kelch- und Blumenblätter spitz-lanzettlich, wellig, ausgebreitet, Seitenlappen kurz, stumpf, aufrecht, Mittellappen grösser, nierenförmig, flach ausgerandet, Flügel der Säule gross, rundlich, ungeteilt. Mai, Juni. 1825 von Westindien nach Glasgow eingeführt, ihrer unscheinbaren Blüte wegen aber niemals weit verbreitet. Warmhauskultur am Klotz hängend.

— **var. ascendens Ldl.** ist nur durch kleinere, spitzere Seitenlappen der Lippe und kleine schmale Flügel der Säule verschieden. Guatemala.

— **var. brachyphyllum Ldl.** Blätter steif, tiefer ausgefurcht, kleinfingerdick, bis 15 cm lang. Blütenrispe bis 30 cm hoch, Blüten gelb mit braun. Mexiko.

— **var. violaceum hort.** Blätter violett überlaufen.

O. cheirophorum Rchb. f. Scheinknollen eiförmig, zweikantig flachgedrückt, 2 cm hoch. Blätter paarweis, spitz schmal-lanzettlich, 1 zu 6 cm etwa. Blüten in aufrechter, kurzer, dichter Rispe, kaum 2 cm breit, prächtig Goldlack-duftend, goldgelb, Kelch- und Blumenblätter lanzettlich, Lippe gross, dreilappig. Oktober, November. Am Vulkan von Chiriqui, Peru. Prächtige Kalthauspflanze mit lang aushaltenden Blüten.

O. chrysophyllum Rchb. f. ist *O. Cavendishianum Batem. var.*

O. chrysothyrsus Rchb. f. Scheinknollen länglich, flachgedrückt, gerippt, bis 6 cm hoch. Blätter paarweis, spitz-länglich, flach, hellgrün, 3 zu 15 cm. Blüten in bis meterhoher, breit-straussartiger Rispe sehr zahlreich, 2 cm breit, Kelch- und Blumenblätter klein, länglich, blassgrün, spärlich purpurfleckig, gross, Lippe leuchtend gelb, am Nagel karminrot gestreift und einen flach-dreischwieligen Kamm mit einigen flachen Hautfalten davor tragend, vorn nierenförmig, tief ausgebuchtet. September—November. Brasilien. Warmhauspflanze, am besten am Block dicht unter Glas hängend. Blüten sehr lange dauernd.

O. ciliatum Ldl. ist *O. barbatum Ldl.*

O. citrinum Ldl. ist *O. concolor Hook.*

O. Columbae h. belg. ist *O. stramineum Ldl.*

O. concolor Hook. (*O. citrinum Ldl. Cyrtochilum citrinum H. B. K.*) Scheinknollen dicht gedrängt, länglich-eiförmig, flachgedrückt, gerippt, 5 cm hoch. Blätter paarweis, ledrig, riemenförmig, 1 zu 10 cm, freudig grün. Blüten in lang überhängenden Trauben, 4 cm breit, rein hochgelb, Kelch- und Blumenblätter lanzettlich, Lippe gross, flach, aus keilförmigem Grunde fast geigenförmig, im Grunde zwei orangegelbe hohe Schwielen. Mai—Juni. Brasilien, in hoher Lage des Orgelgebirges. Kalthauspflanze, für Block- und Kastenkultur, sehr dankbar blühend.

O. cornigerum Ldl. Scheinknollen länglich, 6 cm hoch, gefurcht. Blätter einzeln, dick, fleischig, spitz-eiförmig, sitzend, gestreift, dunkelgrün.

Blüten in anfangs nickender, dichter Rispe auf 30 cm hohem Schafte zahlreich, 2 cm breit, gelb, blutrot punktiert und gestrichelt, Kelch und Blumenblätter stumpf verkehrt-eiförmig, wellig, ausgehöhlt, die seitlichen Kelchblätter am Grunde verwachsen, Seitenlappen der Lippe schmal-hornförmig, Mittellappen gross, flach, wellig, fast geigenförmig. April bis Juli Brasilien. Warmhaus, am Block zu ziehen.

O. corynephorum Ldl. (*Cyrtochilum volubile H. B. K.*) Scheinknollen länglich, 5 cm lang, stark flachgedrückt. Blätter paarweis, schmal-lanzettlich, lang zugespitzt, 1 zu 10 cm etwa. Blüten zahlreich in 40 cm hoher Rispe auf bogigem Schafte, 4 cm breit, Kelchblätter eiförmig, hellviolett, Blumenblätter breit-lanzettlich, geöhrt, weiss, Lippe gelb mit breiter lackroter Binde, verkehrt-eiförmig, vorn gerundet. April bis Juni. Peru. Kalthauspflanze.

Fig. 128. Oncidium crispum.

O. crispum Lodd. (Fig. 128.) Scheinzwiebel länglich, gerieft, runzlig, bräunlichgrün, 5 cm hoch. Blätter paarweis, ledrig, undeutlich genervt, breit-lanzettlich, zugespitzt, 3 zu 12 cm etwa, dunkelgrün mit rotfleckigem Grunde. Blüten zu 50—60 in hoher Traube oder kurzästiger Rispe, 5 cm breit, Kelchblätter aus schmalem Grunde länglich, stumpf, krauswellig, aussen grünlich-, innen gelblichbraun, rot gefleckt, Blumenblätter doppelt so gross, kraus, breit verkehrt-eiförmig, aus schmalem gelbem, braunrot gestreiftem Grunde kastanienbraun, Lippe mit schmalem gelbem, rot gebändertem und geflecktem Grunde mit dreieckigem, gelbem und rotem, dreischwieligem Kamme und zwei kleinen, hornförmigen, gelben Seitenlappen, Mittellappen gross, gerundet, herzförmig, wellig, gelb und rot. Mai—August, aber oft auch zu anderer Jahreszeit. Brasilien. Braucht viel feuchte Wärme und verträgt keine Trockenperiode, gedeiht am Block am besten.

— **var. flabellulatum Lind.** Blüten gross, Kelch- und Blumenblätter krauswellig, hellbraun, dunkelbraun gefleckt, Lippe hellbraun, gelbgefleckt mit gelbem, rotgeflecktem Kamme.

— **var. grandiflorum hort.** Starkwüchsig, Blüten fast doppelt so gross als die der Normalform, heller und leuchtender gefärbt, Lippe aus breit ausstrahlendem, goldgelbem Grunde kastanienbraun.

— *var. marginatum hort.* ist *O. Forbesii Hook.*

O. Croesus Rchb. f. Scheinknollen dicht gedrängt, länglich eiförmig, zugespitzt und stark abgeflacht, 2 cm hoch, hellgrün. Blätter paarweis, stumpf riemenförmig, 1 zu 10 cm, hellgrün. Blüten aushaltend, zu 3—4 auf 10—15 cm hohem, aufrechtem Schaft, 3 cm breit, an eine Penseeblüte erinnernd, Kelch- und Blumenblätter satt purpurbraun, Lippe grösser, breit-riemenförmig, goldgelb mit vortretendem, sammtschwarzem Kamme, Seitenlappen klein, rundlich, hellgelb. Juni—September. Brasilien, wärmere Lagen des Orgelgebirges. Gedeiht gut und blüht sehr dankbar im mässig warmen Hause am Block unter Fenster.

O. cruciatum Rchb. f. ist *O. pubes Ldl. var. flavescens Ldl.*

O. cruentum Hook. ist *O. reflexum Ldl. var. pelicanum Mart.*

O. cucullatum Ldl. (*O. sanguinolentum Paxt. Leochilus sanguinolentus Lem.*) Scheinknollen stumpf und flach eiförmig, gerippt, 3 cm hoch. Blätter paarweis, länglich-lanzettlich, flach, 3 zu 15 cm, dunkelgrün. Blüten zahlreich in nickender Ähre oder kurzästiger Rispe auf 30 cm hohem, aufrechtem, endständigem Schafte, 2 cm breit. Seitliche Kelchblätter kurz verwachsen, rosa, oberes Kelchblatt und Blumenblätter dicklich, flach, eiförmig, rosa, Lippe geigenförmig, vorn breit und tief herzförmig gespalten, purpurrötlich oder rötlichlila, satt purpurn gefleckt. März—Mai. Neu-Granada zwischen 3—4000 m. Kalthauspflanze, hochgepflanzt im Topfe gut blühend und wochenlang in Blüte aushaltend.

— **var. flavidum hort.** Kelch- und Blumenblätter gelblich, braun getuscht, Lippe purpurn, weiss gesäumt.

— **var. macrochilum Ldl.** Scheinknollen grösser, Blüten in 40 cm langer bogiger Traube auf 20 cm hohem, aufrechtem Schafte, über 2 cm breit, Kelch- und Blumenblätter pflaumfarben mit karminrot, Lippe über 3 cm breit, rotviolett mit dunkelviolett. Anden von Quito, Peru, bei 4300 m.

O. cuneatum Scheidw. ist *O. luridum Ldl. var. guttatum Ldl.*

O. cupreum Spr. ist *O. pulvinatum Ldl. var.*

O. curtum Ldl. (Fig. 129.) Scheinknollen länglich, rauh und gefurcht,

5 cm hoch. Blätter paarweis, länglich-lanzettlich, derb, genervt, dunkelgrün. Blüten in halbmeterhoher, straussartiger Rispe, 3 cm breit, seitliche Kelchblätter über die Hälfte verwachsen, oberes Kelch- und die welligen Blumenblätter stumpf verkehrt eiförmig, alle gelb mit zimmtbraunen Bändern und Tuschflecken, Lippe goldgelb, breit zimmtbraun gerandet, Mittellappen rundlich, zweispaltig, wellig, Seitenlappen breitöhrig, goldgelb, auf beiden Seiten des fünfschwieligen, von zahlreichen Warzen umgebenen Kammes. März bis Mai. Brasilien. Warmhaus, am Block gut gedeihend und sehr dankbar wochenlang blühend.

O. dasystyle Rchb. f. Scheinknollen spitz-eiförmig, 2 cm hoch, rauhfaltig, trübdunkelgrün. Blätter paarweis, schmal-lanzettlich, 1,5 zu 8 cm etwa, dunkelgrün. Blüten zu 5—7 auf kurzem, schlankem Schaft, kaum 2 cm breit, Kelchblätter eingebogen, breit-lanzettlich, Blumenblätter schmäler, grade, weissgelblich mit kastanienbraunen Flecken, Mittellappen der Lippe breit-riemenförmig, schwefelgelb, Seitenlappen klein, schräg braunstreifig, im Grunde eine verkehrtherzförmige, schwärzlich-purpurne Schwiele, von welcher dunkelpurpurne Adern ausstrahlen. Januar bis Februar. Brasilien, höhere Lagen des Orgelgebirges. Kalthauspflanze, am Block zu ziehen.

Fig. 129. Oncidium curtum.

O. Dawsoni Will. ist *O. excavatum Ldl. var.*

O. deltoideum Ldl. ist *O. divaricatum Ldl. var.*

O. Diadema Rchb. f. ist *O. serratum Ldl.*

O. divaricatum Ldl. Scheinknollen rundlich, zweischneidig, flachgedrückt, 2 cm hoch. Blätter einzeln, ledrig, stumpf-länglich, flach gekielt, 3 zu 8 cm, dunkelgrün. Blüten in über meterhoher, sparrig-straussartiger Rispe, kaum 2 cm breit, monatelang aushaltend, Kelch- und Blumenblätter stumpf verkehrt-eiförmig, aus rötlichem Grunde gelb, aussen oft grünlich angelaufen, Lippe grösser, blassgelb, rot gesprenkelt, Seitenlappen rundlich, Mittellappen rundlich, fast herzförmig ausgerandet. Kamm vierlappig, weichflaumig. Mai—August. Brasilien, in höheren Lagen der Sierra dos Algoas. Gedeiht am besten als hochgepflanzte Topfpflanze im mässig warmen Hause.

— **var. deltoideum Ldl.** Blüten gelb mit rotbraun gefleckt, in nur halbmeterhoher Rispe, Lippe schmäler mit kleineren Seitenlappen.

O. ensatum Ldl. ist *O. altissimum Sw. var.*

O. eurycline Rchb. f. Scheinknollen stumpf-länglich, gerippt, 2 cm hoch. Blätter einzeln, aus schmalem Grunde riemenförmig, 1 zu 6 cm, dunkelgrün. Blüten paarweis auf kurzem Stiel, 3 cm breit, Kelch- und Blumenblätter hellrötlich-ockergelb mit dunkler geflecktem Grunde, Lippe kürzer als die seitlichen Kelchblätter, gelb mit braun punktiertem Grunde, Seitenlappen öhrchenförmig, zurückgeschlagen, Mittellappen breit-nierenförmig, vorn tief zweispaltig. Dezember, Januar. Venezuela. Kalthaus, Blockkultur.

O. euxanthinum Rchb. f. Scheinknollen elliptisch, flachgedrückt, gefurcht, 6 cm lang. Blätter paarweis, schmal und spitz-schwertförmig, gekielt, saftgrün. Blüten sehr zahlreich in hoher, weitästiger Rispe, 2 cm breit, Kelch- und Blumenblätter klein, gelb, dicht rot getupft, Lippe gross, nur im Grunde rotgefleckt, sonst rein gelb, Mittellappen aus kurzem, geflügeltem Nagel nierenförmig, tief ausgebuchtet, Seitenlappen gross, rund, gekerbt. August—Oktober. Brasilien. Warmhaus, am Block.

O. excavatum Ldl. Scheinknollen flach-eiförmig, 6 cm hoch, hellgrün. Blätter paarweis, länglich-riemenförmig, 2 zu 12 cm, freudiggrün. Blüten sehr zahlreich in weitästiger, meterhoher Rispe mit spitzschuppigen Deckblättern, 2 cm breit, Kelch- und Blumenblätter stumpf-eiförmig, letztere etwas schmäler, hochgelb mit sattzimmtbraun getuschtem Grunde, Lippe geigenförmig, satt goldgelb, nur der starkgewölbte Kamm braun, auf der Fläche tiefgrubig ausgehöhlt, vorn tief herzförmig ausgerandet. April—Juni. Peru. Kalthaus, im Topfe hochgepflanzt gut wachsend und lange anhaltend blühend.

— **var. aurosum Lem.** Rispe gedrängt, Blüten etwas grösser, Kamm stark rauhfaltig.

— **var. Dawsoni Will.** Starkwüchsig, in allen Teilen grösser. Blüten zu mehr als 100 in 1,5 m hoher Rispe, leuchtend gelb mit kräftigen braunen Flecken.

O. filipetalum Lem. ist *O. altissimum Sw. var.*

O. fimbriatum Ldl. ist dem *O. barbatum* nahestehend, aber die fast 3 cm breiten Blüten stehen in dichter, 30 cm hoher Rispe, sind gelb mit blutroten Flecken, die unteren Kelchblätter verwachsen, Blumenblätter wellig, verkehrt-eiförmig, Seitenlappen der gelben Lippe linear, der warzige Kamm gefranst, ockergelb, vorn blutrot. April, Mai. Brasilien. Warmhaus, am Block.

O. flavidum hort. ist *O. cucullatum Ldl. var.*

O. flexuosum Sims. (*Cyrtochilum flexuosum H. B. K.*) Scheinknollen eirund, zweischneidig flachgedrückt, glatt, saftgrün. Blätter paarweis, ledrig, länglich-lanzettlich, 4 zu 20 cm etwa, längsstreifig, dunkelgrün. Blüten in oben nickendem, meterhohem, luftigem Rispenstrauss mit knieförmig vielbogigem Schafte, sehr zahlreich, 2 cm breit, Kelch- und Blumenblätter klein, spreizend, wellig, verkehrt-eiförmig, gelb mit kastanienbraunen Querbändern, Lippe verhältnismässig gross, vorragend, fast kreisrund, vorn tief eingeschnitten, flach, gelb mit spärlichen braunen Spritzern, Kamm höckrig mit drei Schwielen davor. Mai—Juli, oft auch im Oktober wieder blühend. Brasilien. Warmhauspflanze für Topfkultur.

— **var. majus hort.** ist nur durch fast doppelt so grosse Blüten verschieden.

O. Forbesii Hook. (*O. crispum Hook. var. marginatum hort.*) gleicht im Wuchs dem O. crispum, aber die kleinen stumpflänglichen, flachgedrückten, gefurchten Scheinknollen tragen nur ein spitz-lanzettliches, ledriges, dunkelgrünes Blatt, die 5 cm breiten Blüten stehen zahlreich in aufrechter, lockerer Rispe, die verkehrt-eiförmigen Kelchblätter sowie die fast noch einmal so grossen welligen Blumenblätter sind leuchtend kastanienbraun, unterbrochen längsstreifig goldgelb gerandet, ebenso gefärbt ist die grosse fächerförmige Lippe. November, Dezember. Brasilien. Warmhaus, am Block.

— **var. grandiflora hort.** (*var. maximum hort.*) weicht nur durch stärkeren Wuchs und unwesentlich grössere Blüten ab.

O. Forkelii Scheidw. Scheinknollen rundlich, kaum haselnussgross. Blätter einzeln, fleischig, breit-lanzettlich, 3 zu 10 cm. Blüten zu 3—7 an kurzem, aufrechtem Schaft, 3 cm breit, fest, Kelch- und Blumenblätter breit-lanzettlich, hellgrünlich gelb mit leuchtend roter Zeichnung, Lippe gross, prächtig hellblau-violett, Seitenlappen klein, gerundet, Mittellappen gross, breit gerundet. Mai—Juli. Mexiko. Warmhaus, am Block.

O. Funckii Kl. ist *O. microchilum Batem.*

O. funereum Llave et Lex., in ihrer Heimat Michuacan als Grabzierde, daher der Name, am Allerseelen Tage (2. November) benutzt, ist wohl kaum noch in europäischen Gärten vertreten. Es hat den Wuchs und grossen Blumenstrauss von O. altissimum, aber die Blütenblätter sind grün, hellbraun gefleckt und nur die Lippe ist gelb. November, Dezember. Mexiko. Warmhaus, Topfkultur.

O. fuscatum Rchb. f. ist *Miltonia Warscewiczii Rchb. f.*

O. Galeottianum h. belg. ist *Odontoglossum citrosmum Ldl.*

O. gallopavinum Morr. ist *O. Batemannianum Knowles et Westc.*

O. Gardneri Ldl. Scheinknollen länglich-eiförmig, gefurcht, 4 cm hoch, mit je 2 länglich-lanzettlichen, etwa 3 zu 10 cm grossen, dunkelgrünen, unterseits rot überlaufenen Blättern. Blüten in aufrechter, hoher, weitästiger Rispe, prächtig duftend, 3 cm breit, Kelchblätter verkehrt-eiförmig, gelb, dicht gross braunfleckig, wellig gekerbt, Blumenblätter doppelt so gross, kastanienbraun mit gelbem Saum, tief ausgefressen wellig-randig,

Lippe aus kurzem, schmalem Grunde fast kreisrund, hochgelb mit einem Saum grosser, kastanienbrauner, unregelmässiger Flecken, ausgefressen wellig-gerandet, Seitenlappen klein, abstehend, gerundet. Juni, Juli. Orgelgebirge Brasiliens. Kalthauspflanze, Topfkultur, sehr dankbar blühende, ansehnliche Pflanze.

O. Gireoudianum Warsc. ist *Brassia Gireoudiana Rchb. f. et Warsc.*

O. glaucum Kl. ist *O. Cebolleta Sw.*

O. globuliferum H. B. K. Scheinknollen fast kuglig, glatt. Blätter paarweis, länglich, vorn weichstachlig, 1 zu 8 cm etwa, dunkelgrün. Blüten zu 1—3 auf 20 cm hohem Schaft, 5 cm breit, Kelch- und Blumenblätter stumpf-länglich, wellig, schön gelb, rot gefleckt, Lippe gleichfarbig, gross, breit-nierenförmig, tief ausgeschnitten, Seitenlappen klein, rundlich. Oktober, November. Kolumbien. Warmhaus, am Block.

O. grandiflorum hort. ist *O. Forbesii Hook.*

O. guttatum Ldl. ist *O. luridum Ldl. var.*

O. haematochilum Ldl. Scheinknollen fehlend. Blätter einzeln, breitlänglich, spitz, flach, dick, dunkelgrün, rot gefleckt, 3 zu 10 cm. Blüten in dichter Traube auf 20 cm hohem, steif aufrechtem, rotbraunem Schafte, 4 cm breit, Kelch- und Blumenblätter stumpf-länglich, wellig-gerandet, hellgrünlichgelb, kastanienbraun gefleckt, Lippe aus schmalem, kurz-geöhrtem, violettrotem Grunde breit-nierenförmig, leuchtend blutrot mit gelbem, rot schattiertem Rande. November, Dezember. Guatemala, Warmhauskultur am Block.

O. Harrisonianum Ldl. (*O. pallidum Ldl. O. pentaspilum Rchb. f.*) Scheinknollen rundlich, zweischneidig flachgedrückt. Blätter paarweis, fleischig, spitz-elliptisch, zurückgebogen, 3 zu 10 cm, dunkelgrün. Blüten zahlreich in 30 cm hoher, ästiger Rispe, 2 cm breit, Kelch- und Blumenblätter stumpf-linear, gelb mit braun, letztere grösser, an der Spitze reingelb und gekerbt. Seitenlappen der goldgelben Lippe klein, Mittellappen breit-herzförmig, der Kamm fünfschwielig, mitten fein sammtig. April, Mai. Brasilien. Warmhauskultur im Topf.

O. hastatum Ldl. ist *O. stelligerum Rchb. f.*

O. hastiferum hort. ist *O. macranthum Ldl.*

O. Henchmanni Lind. ist *O. roseum Lodd.*

O. heteranthum Poepp. Botanisch hochinteressant durch seine unfruchtbaren, sternförmigen, gelben Blüten zwischen den normalen, ist wohl kaum noch in Kultur. Es hat die Tracht von O. Cavendishianum, aber nur eine Rispe von etwa 30 cm Höhe und einfarbig gelbe Blüten. Juni—August. Peru. Kalthauspflanze, am Block zu kultivieren.

O. hians Ldl. (*O. quadricorne Kl.*) ist gleichfalls aus den Kulturen fast verschwunden. Es hat längliche, gefurchte, 2 cm hohe Scheinknollen, ledrige, lineare Blätter von 1 zu 6 cm. Blüten klein, gelb, braun punktiert mit einem hoch-vierschwieligem purpurpunktiertem Kamm im Grunde der weissen Lippe. September, Oktober. Brasilien. Warmhaus, am Block.

O. holochrysum Rchb. f. ähnelt im Wuchs stark dem O. bifolium, aber die Blüten stehen in kurzer, aufrechter, dicht gedrängter Traube und sind leuchtend goldgelb. Der Mittellappen der dreiteiligen Lippe ist breit-nierenförmig und tief zweilappig. Juli, August. Peru. Kalthauspflanze, am Block gut gedeihend.

O. Huntianum Hook. ist *O. roseum Lodd. var. sanguineum Ldl.*

O. hyphaematicum Rchb. f. Scheinknollen länglich, dreirippig, 3 cm hoch. Blätter einzeln, stumpf länglich-lanzettlich, 2 zu 8 cm, dunkelgrün. Blüten zerstreut in wenig verzweigter Traube, 5 cm breit, Kelch- und Blumenblätter länglich-keilförmig, kraus, kastanienbraun, gelbgerandet, aussen blutrot, Lippe nierenförmig mit einem Mittelspitzchen, reich goldgelb. Juli—September. Ecuador. Kalthauskultur, am besten im Topfe gedeihend und lange Zeit schön blühend.

O. Janeirense hort. ist *O. longipes Ldl.*

O. incurvum Bark. (*O. alboviolaceum Lind.*) Scheinknollen spitz-eiförmig, flachgedrückt, drei- oder vierfurchig, 3 cm hoch. Blätter zu 2—3, schwertförmig, ledrig, 2 zu 15 cm. Blüten sehr zahlreich in fast meterhoher, breitstraussiger Rispe, süss duftend, 2 cm breit, Kelch- und Blumenblätter linear-lanzettlich, wellig, weiss, rötlich quer gebändert, Lippe nur im Grunde rotgebändert, sonst schneeweiss, ausgehöhlt, rundlich, vorn flach ausgerandet. September, Januar. Mexiko. Kalthaus, im Topfe gut gedeihend und monatelang blühend.

— **var. album Lind.** Blüten reinweiss.

O. Insleayanum Batem. ist *Odontoglossum Insleayi Ldl.*

O. Jonesianum Rchb. f. Scheinknollen federkieldick, aufrecht, 2 cm lang. Blätter gleichdick, einzeln, pfriemenförmig, aufrecht, 15 cm hoch, gefurcht, dunkelgrün. Blüten in armblütiger, nickender Traube, 4 cm breit, Kelch- und Blumenblätter verkehrt-eiförmig, wellig, hell strohgelb oder zart weissgelb mit zahlreichen zusammenfliessenden kastanienbraunen Flecken, Lippe reinweiss, wellig, quer-nierenförmig aus schmalem Grunde, beiderseits gelbrötlich geöhrt, mit hohem weisslichem, vorn rotem Kamme, vorn ausgerandet und braun gesäumt. September—Dezember. Paraguay, Warmhaus, am Block.

— **var. phaeanthum Rchb. f.** Kelch- und Blumenblätter reinbraun.

O. ionosmum Rchb. f. ist *O. tigrinum Llave et Lex. var. unguiculatum Ldl.*

O. iridifolium H. B. K. Scheinknollen sehr klein, rundlich, Blätter dick-schwertförmig, reitend. Blüten einzeln auf 5 cm hohem Schaft, 5 cm breit, seitliche Kelchblätter spitz-länglich, oberes Kelchblatt und Blumenblätter viel grösser, stumpf-länglich, wellig, gelb, bräunlich gefleckt, Seitenlappen der Lippe klein, rundlich, Mittellappen viel grösser, breit gerundet, vorn tief ausgerandet, mattgelb. Juni, Juli. Brasilien.

O. juncifolium Ldl. ist *O. Cebolleta Sw.*

O. Keilianum Rchb. f. ist *Brassia Keiliana Rchb. f.*

O. Kramerianum Rchb. f. ist von O. Papilio nur durch sehr kleinliche Merkmale verschieden und ähnelt ihm auf den ersten Blick mehr, als für die Abtrennung als eigene Art gut ist. Scheinknollen 3 cm breit, rundlich, flachgedrückt, stumpfkantig. Blätter einzeln, spitz länglich-keilförmig, dunkelgrün mit trüb purpurnem Schein, 3 zu 8 cm etwa. Blüten vereinzelt an der Spitze des halbmeterhohen, knotig abgesetzten Schaftes, welcher durch Jahre hindurch immer neue Blüten bringt, also nicht mit den ersten Blüten abgeschnitten werden darf, bis 10 cm breit, oberes Kelchblatt und Blumenblätter steif aufwärts, kraus-wellig, schmal-linear, oben sehr wenig verbreitert, aus gelbem Grunde nach oben dunkel rötlichbraun, seitliche Kelchblätter spitz-länglich, sichelförmig herabgebogen, stark wellig, blassgelb, reichlich braun gefleckt, Lippe aus schmalem Grunde herzförmig verbreitert, stark wellig-kraus gerandet, blassgelb mit einer Reihe brauner Randflecken. Blüht bald im Hochsommer, bald im Frühjahr oder mit Winteranfang. Centralamerika. Warmhauskultur, am Block, nach der Blüte trocken zu halten.

O. **lamelligerum Rchb. f.** Scheinknollen flach-eiförmig, 8 cm hoch. Blätter breit-lanzettlich, zugespitzt, derb, dunkelgrün, 4 zu 20 cm etwa. Blüten zahlreich in meterhoher, weitästiger Rispe, 10 cm breit, oberes Kelchblatt aus schmalem Nagel nierenförmig, wellig, dunkelbraun, gelb gesäumt, seitliche Kelchblätter gleichfarbig, viel länger, aus langem schmalem Nagel länglich, innenseits keilförmig, aussen halb spiessförmig, unten abgesetzt, Blumenblätter blassgelb, stumpf-länglich mit spiessförmigem braunem Grunde, wellig, Lippe klein, kurz spiessförmig, Seitenlappen querabstehend, kurz dreieckig, Mittellappen spitz, lang dreieckig, gelb. Juni—September, Ecuador. Warmhauskultur am Block.

O. **Lanceanum Ldl.** (Fig. 130.) Scheinknollen fehlend, Blätter einzeln auf dem knorrig-gliedrigen Wurzelstock, dick-ledrig, breit-länglich, kurz zugespitzt, 8 zu 25 cm etwa, hellgrün, reich purpurbräunlich gefleckt. Blüten zu 8—15 in steif aufrechter, 30 cm hoher, lockerer Traube oder kurzästiger Rispe, vanille- oder nelkenduftend, 6 cm breit, bräunlich-olivengrün mit nach der Spitze und den Seiten dichteren braunroten Tuschflecken, oberes Kelchblatt verkehrt-eiförmig, in eine kurze Spitze ausgehend, gekielt und im unteren Teile zurückgeschlagen, seitliche Kelch- und die Blumenblätter breit-lanzettlich, erstere eingebogen, letztere abstehend, wellig-kraus, Lippe gross, Seitenlappen kurz gerandet, nebst dem schmalem zurückgebogenem Stege des Mittellappens licht violettrötlich, in Rosa übergehend, Mittellappen vorn flach-herzförmig ausgebreitet, kurzspitzig, wellig gerandet, hellrosa, oft mit weisslichem Schimmer der gekielten Mitte. Juli—September. Surinam. Warmhauskultur, am besten im Holzkästchen oder im dichten Moosballen am Block.

— **var. Louvrexianum Rchb. f.** Lippe aus sattviolettem Grunde vorn reinweiss.

— **var. superbum hort.** Blüten hellgrün-bräunlich, kastanienbraun gefleckt, Lippe dunkelrosa aus bläulich-violettem Grunde.

O. Lawrenceanum Ldl. ist *Brassia Lawrenceana Ldl.*

O. leopardinum Ldl. hat den Wuchs von O. flexuosum mit zahlreichen, 2 cm breiten Blüten in lockerstraussiger, meterhoher Rispe. Kelch- und Blumenblätter gelb, nebst dem Lippengrunde elegant dunkelbraun gebändert, Mittellappen genagelt, kurzöhrig, vorn querrundlich, ausgerandet. Juni—August. Peru. Warmhaus, am Block.

O. Leopoldianum Rolfe. Scheinknollen eiförmig, stark abgeflacht, 5 cm hoch. Blätter paarweis, breit-lanzettlich, zugespitzt, flach, 2 zu 8 cm, dunkelgrün. Blüten zu mehr als 100 (angeblich bis 300) in lockerem Rispenstrauss von 1—2 m Höhe, 2 cm breit, Kelch- und Blumenblätter lanzettlich, leicht gewellt, weiss mit einem breitem purpurrotem Grundfleck, Lippe kurz genagelt, rundlich, tief ausgespalten, hellrötlich—veilchenblau. Juni, August. Peru. Warmhaus, am Block.

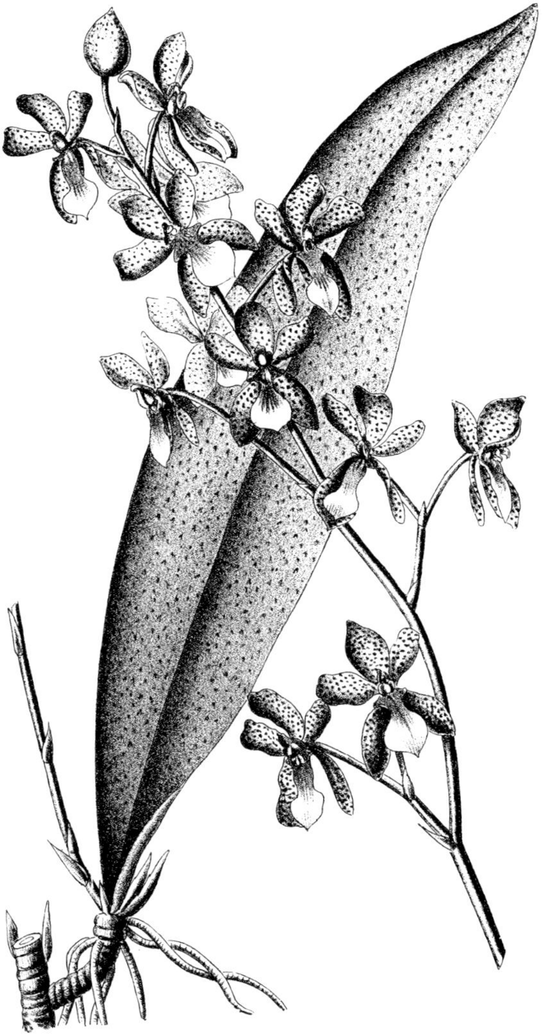

Fig. 130. Oncidium lanceanum.

O. leucochilum Batem. (*Cyrtochilum leucochilum Planch.*) Scheinknollen flach-eiförmig, leicht gefurcht, 4 cm hoch. Blätter paarweis, schmal-lanzettlich, übergebogen, kurz zugespitzt, 2 zu 15 cm etwa. Blüten in 1—2 m hohem, lockerem, überhängendem Blütenstrauss hundertweis, kaum 2 cm breit, Kelch- und Blumenblätter lanzettlich, abstehend, grüngelblich, dunkelbraunrot gebändert und gefleckt, Lippe verhältnismässig gross, rund herzförmig, zugespitzt, aus rötlichem Nagel reinweiss, Seitenlappen spreizend oder zurückgebogen, weiss. Hauptblüte im Juli—September, aber auch zu anderer Jahreszeit blühend. Mexiko, Guatemala, Gebirgspflanze. Im mässig warmen Hause (8° minimal) am Block gut wachsend und sehr dankbar blühend.

O. Lietzei Rgl. Scheinknollen gedrängt, flach-spindlig, 1,5 zu 10 cm. Blätter meist paarweis, ledrig, länglich-lanzettlich, 3 zu 12 cm, stumpfspitzig. Blüten in einfacher, ganz kurz verzweigter, 30 cm langer Rispe zu 30—40 auf kurzen, gebogenen Stielchen, 3 cm breit, einfarbig braun, oberes Kelchblatt länglich-spatelförmig, breit abgestumpft, seitliche in ein zweispitzig länglich-kahnförmiges verwachsen. Blumenblätter verkehrteiförmig, wellig, flachgekerbt, Lippe wenig grösser mit kurzen gerundeten Seitenlappen im Grunde und langen Seitenzipfeln am Stege des vorn breit-keilförmigen, tiefausgerandeten Mittellappens, dessen Scheibe querfaltig-vielwarzig ist. März, April. Brasilien. Warmhaus, am Block.

— **var. aureomaculatum Rgl.** Blüten auf gelbem Grunde braun gezeichnet, Lippe mit sehr langen Seitenzipfeln vor dem Mittellappen.

— **var. bicolor Rgl.** Blüten bräunlich mit gelber Schattierung.

v. Limminghei E. Morr. Scheinknollen rundlich, rauhfaltig, auf dem kriechendem Wurzelstock längsgereiht, kaum 1,5 cm hoch. Blätter einzeln, durch die Stellung der Knollen zweizeilig erscheinend, sitzend, herz-eiförmig, 0,8 zu 2 cm, dunkelgrün, trüb rotfleckig. Blüten einzeln oder zu zwei auf kaum 5 cm hohem, schlankem Schaft, 3 cm breit, das obere verkehrt-eiförmige Kelchblatt und die länglichen Blumenblätter olivengrün, braungebändert, Lippe lang genagelt mit rundlichen Öhrchen, Mittellappen vorn rund-nierenförmig, gelb, an den Rändern und Öhrchen karminrot gesprenkelt. Juni, Juli. Caracas. Warmhauspflanze am Block.

O. longipes Ldl. (*O. oxyacanthosmum hort.*) Scheinknollen länglich, 3 cm hoch, auf kriechendem Wurzelstock längsreihig, Blätter paarweis, breit-linear, zugespitzt, 1 zu 6 cm etwa. Blüten zu 1—2, selten zu 3—5 in 10 cm hoher, aufrechter Traube, 2 cm breit, Kelch- und Blumenblätter abstehend, dunkelbraun, oberes Kelchblatt spatelförmig, seitliche kurz verwachsen, Blumenblätter länglich, gelb gefleckt, Lippe gross, gerundet, schön goldgelb mit blutrotem Hof um den sammtigen dreischwieligen Kamm im Grunde. Juni—September. Brasilien. Warmhaus, am Block.

O. loxense Rchb. f., vielleicht eine Kreuzung von O. Harrisonianum und O. tigrinum und zwar gleichen die Blütenblätter ersterer, die Lippe letzterer Art, Kelch- und Blumenblätter gelblich-grün, erstere glänzend dunkelbraun quergestreift, letztere längs gestreift. Lippe tiefgelb mit pfriemenförmigen Zähnen im Grunde. April, Mai. Brasilien. Warmhaus, am Block.

O. ludens Rchb. f. Scheinknollen länglich-eiförmig, bis 10 cm hoch. Blätter paarweis, steif, schmal-lanzettlich, zugespitzt, 3 zu 20 cm etwa, dunkelgrün. Blüten sehr zahlreich in mehr als meterhohem, schlaffem Blütenstrauss, der sich oft um irgend welche Stütze schlingt, 5 cm breit, Kelchblätter breit-lanzettlich, gelblichbraun, das obere gelbgerandet, Blumenblätter gelb, zimmtbraun marmoriert, Lippe klein, spiessförmig, blass ockergelb mit bräunlich-violettem Grunde. Juli—September. Centralamerika.

O. luridum Ldl. Scheinknollen fehlend, Blätter einzeln auf dickem Wurzelstock, elliptisch, dick-ledrig, 8 zu 25 cm, dunkelgrün, trüb purpurfleckig. Blüten in lang braunrot-schaftiger, bis meterhoher Rispe sehr zahlreich, 3 cm breit, Kelch- und Blumenblätter genagelt, verkehrt-eirund, wellig, letztere erheblich grösser, das obere Kelchblatt fast rautenförmig, olivengrün, fast ganz überdeckt mit braunen zusammenfliessenden Flecken, Seitenlappen der Lippe rundlich, Mittellappen breit-schaufelförmig, tief ausgeschnitten, wellig-kraus, im Grunde höckerig, braungelb. April—Juni. Tropisches Amerika, besonders die westindischen Inseln. Warmhauskultur, am besten im Topf gedeihend und dort sehr dankbar blühend.

— **var. Dodgsoni Will.** Starkwüchsig, Rispe über 2 m hoch mit 3—400 orangegelben dunkelbraun gebänderten Blüten.

— **var. guttatum Ldl.** (*O. Bondeanum Sims. O. Boydii h. angl. O. cuneatum Ldl. Cymbidium guttatum Sw. Epidendrum guttatum W.*) Stattliche Pflanze mit mehr als meterhoher Rispe sehr grosser, leuchtend gelber, über und über hoch orangerot gefleckter Blüten, deren Lippe zart rosa-karmin ist.

O. macranthum Ldl. (*O. hastiferum hort.*) (Fig. 131.) Scheinknollen länglich-eiförmig, bis 10 cm hoch. Blätter einzeln, länglich-lanzettlich, zweinervig, dunkelgrün, 4 zu 20 cm, derb. Blüten zahlreich in meterhoher, breitästiger, kräftiger, aufrechter Rispe, bis 8 cm breit, Kelch- und Blumenblätter genagelt, oberes Kelchblatt fast kreisrund mit herzförmigem Grunde, seitliche breit rundlich-rechteckig, Blumenblätter breit-eiförmig, alle wellig und ausgeschnitten krausrandig, vorn ausgebogt, oberes Kelchblatt goldschimmernd olivenbräunlich mit gelbem Rande, seitliche bräunlich-orangegelb, Blumenblätter rein hochgelb, Lippe klein, spiessförmig, Seitenlappen klein, spitz geöhrt, dunkel trübpurpurn, der lange, spitze Mittellappen purpurblau, vorn zurückgekrümmt, der vierschwielige Kamm im Grunde ist weisslich. Säule rundlich-grossflügelig. Mai—August. Neu-Granada. Gedeiht in mässiger Wärme (8° minimal) am Block sehr gut und entwickelt dankbar seine prächtigen Blüten.

— **var. Williamsianum Rchb. f.** Blumenblätter mit je einem grossem, fast scharlachrotem Tuschfleck.

O. macrochilum Ldl. ist *O. cucullatum Ldl. var.*

O. maculatum Ldl. (*Cyrtochilum maculatum Knowl. Westc.*) Scheinknollen flach-eiförmig, 3 cm hoch, von Grundblättern umgeben. Obere Blätter paarweis, riemenförmig, derb, 2 zu 15 cm, dunkelgrün. Blüten in aufrechter, wenigblumiger, kurzer Traube, 2 cm breit, Kelch- und Blumenblätter breit-lanzettlich, zugespitzt, gelblichgrün, purpurbraun-fleckig, Lippe länglich-eiförmig, vorn spitz, aus weisslichem, beiderseits einen steifaufrechten Zahn, mitten einen vierschwieligen Kamm tragendem Grunde blass schwefelgelb. Mai—Juli. Mexiko. Kalthauskultur am Block.

— **var. Russellianum hort.** Blüten grösser, zahlreicher, grösser und lebhafter gefleckt.

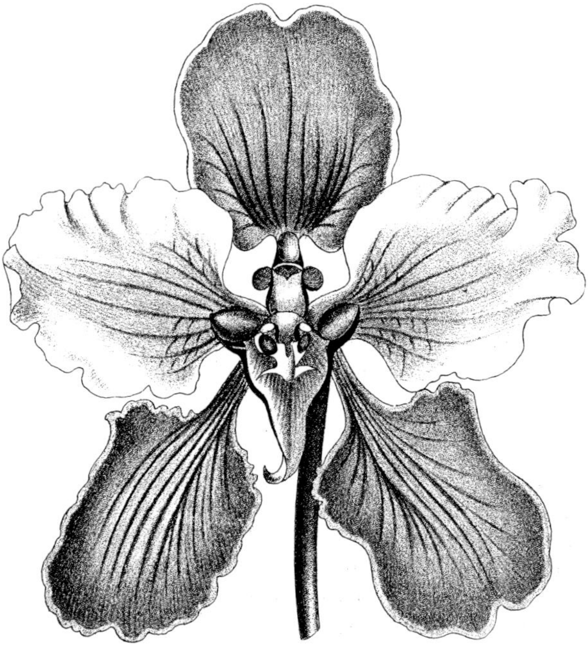

Fig. 131. Oncidium macranthum.

O. Marshallianum Rchb. f. Scheinknollen fast cylindrisch, bis 8 cm hoch. Blätter paarweis, ledrig, spitz länglich-lanzettlich, 4 zu 15 cm etwa, oben freudiggrün, unterseits graugrün. Blüten sehr zahlreich in hohem, weitästigem Rispenstrauss, 5 cm breit, Kelchblätter klein, das obere verkehrt-eiförmig, ausgehöhlt, leicht vorgebogen, gelb, purpurbraun querfleckig, seitliche länglich, kurz verwachsen, gleichfarbig, Blumenblätter über doppelt so gross, kurz genagelt, breit geigenförmig, vorn zweilappig, wellig gerandet, goldgelb mit einer Mittellinie grosser, kastanienbrauner Flecken, Lippe sehr gross, aus langgeöhrtem, warzig-schwieligem, gelbem, orangerot geflecktem, kurzem Nagel quer breit-nierenförmig, vorn tief zweilappig, leuchtend goldgelb. April—Juni. Brasilien. Kalthaus am Block.

O. Martianum Ldl. ist von O. ampliatum Ldl. fast nur durch kleineren Wuchs und etwas unscheinbarere Blüten verschieden. Die var. bicolor Ldl. weicht nur dadurch ab, dass die Unterseite der Lippe weisslich, die obere hellgelb ist.

O. metallicum Rchb. f. Scheinknollen flach-eiförmig, 4 cm hoch. Blätter paarweis, riemenförmig, derb, 2 zu 12 cm etwa, dunkelgrün. Blüten in aufrechter, kurzer Traube, 3 cm breit, oberes Kelchblatt breit-eiförmig, seitliche kürzer und schmäler, alle metallschimmernd braun mit gelbem Rande, Blumenblätter halb so gross, metallschimmernd braun, schön gelb gefleckt, Lippe gleichfarbig, aus schmalem, die kurz dreieckigen Seitenlappen tragendem Grunde in den spiessförmigen, länglich-stumpfen Mittellappen ausgezogen. April — Mai. Neu-Granada, Warmhaus, am Block.

O. microchilum Batem. (*O. Funckii Kl.*) ist eine unscheinbare, kleinblütige, kaum noch kultivierte Art, dem O. globuliferum im Wuchs gleichend und hat gelbgrüne, in der Mitte braune Kelchblätter, dunkel-karmoisinrote Blumenblätter und eine kleine schneeweisse Lippe. Die Blüten sind zart duftend. Mai—Juli. Guatemala. Warmhaus, am Block.

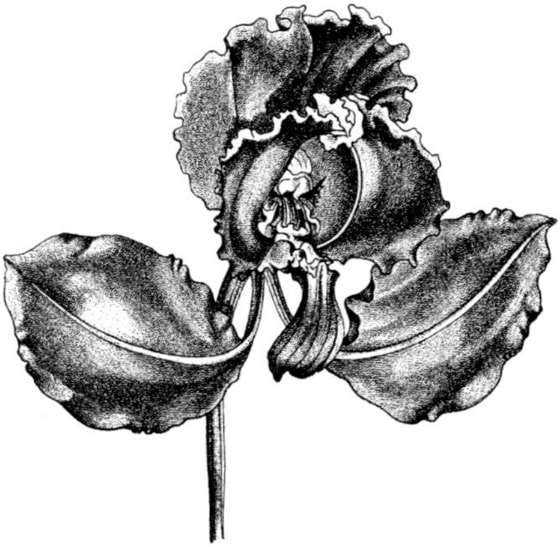

Fig. 132. Oncidium monachicum.

O. monachicum Rchb. f. (Fig. 132.) gleicht im Wuchs dem O. metallicum. Blüten bis 10 cm breit, oberes Kelchblatt ganz kurz genagelt, fast sitzend, kreisrund, wellig-faltig, ausgehöhlt und leicht übergebogen, dunkelbraun mit ganz schmal-gelbem, krausem Rande, seitliche Kelchblätter auf 2—3 cm langem, stielartigem Nagel kurz zugespitzt, elliptisch, dunkelbraun mit hellerer Mittellinie, Blumenblätter länglich-spiessförmig, im Halbkreis eingebogen, von der Mittellinie an links und rechts aufgebogen, stark wellig-kausrandig, zimmtbraun, breit gelbgerandet und gefleckt, Lippe aus kurz gezähntem, eine hohe Doppelschwiele tragendem Grunde länglich, vorn etwas verbreitert und abgerundet, dunkelzimmtbraun, dunkler längsstreifig. März, April. Neu-Granada. Warmhaus, am Block zu kultivieren. Durch ihre auffälligen Blüten wertvolle Art.

O. monoceras Hook. (*O. unicorne Ldl.*) Scheinknollen flach-eiförmig, seicht gefurcht, 2 cm hoch. Blätter paarweis, breit-lanzettlich, 1 zu 6 cm, ledrig, dunkelgrün. Blüten in überhängender, 20 cm langer, reichblumiger, kurzästiger Rispe, wohlriechend, 1,5 cm breit, Kelch- und Blumenblätter schmal-lanzettlich, erstere grünbräunlich, letztere gelbbräunlich, wellig-kraus, Lippe aus bräunlichem, geöhrtem Grunde gelb, mit einem halbcentimeterlangem Horn auf der Scheibe, am Rande wellig gefranst. Mai bis Juli. Brasilien. Kam schon 1839 durch Hunt aus der Umgebung von Rio Janeiro an den Herzog von Bedford, ist aber heut fast allgemein aus den Kulturen verschwunden, da die „Einhorn“-Wucherung viel zu klein ist, um Effekt zu machen.

O. nebulosum Ldl. ist *Odontoglossum nebulosum Ldl.*

O. nigratum Ldl. Scheinknollen schlank-birnförmig, glänzend grün, 2 cm hoch. Blüten einzeln oder zu zweien, spitz-riemenförmig, 1 zu 8 cm etwa, derb, dunkelgrün. Blüten zahlreich in halbmeterhoher ästiger Rispe, 2 cm breit, Kelch- und Blumenblätter milchweiss, dunkel-schwarzbraun gebändert, linear-lanzettlich, wellig, Lippe stumpf-dreieckig, gelb mit einigen zimmtbraunen Flecken. März, April. Guyana.

O. nubigenum Ldl. Scheinknollen schmal-länglich, flachgedrückt, glatt, 3 cm hoch. Blätter einzeln, spitz schmal-lanzettlich, dunkelgrün. Blüten zu 6—10 in aufrechter oder nickender, kurzer Traube, reichlich 2 cm breit, seitliche Kelchblätter weit verwachsen, oberes und die Blumenblätter spitz-länglich, wellig, weiss oder weisslich-purpurn mit grünen Tupfen, Lippe dreilappig, Mittellappen aus kurzem Nagel quernierenförmig, vorn fast sechslappig eingeschnitten, mit drei kleinen Schwielen im Grunde, weiss mit purpurnen Flecken. August, September. Anden von Quito bei mehr als 4000 m. Kalthaus, am Block.

O. oblongatum Ldl. (*O. xanthochlorum Paxt.*) Scheinknollen dick, länglich, stumpf-kantig, 5 cm hoch, dunkelgrün, oft braunrot geringt. Blätter breit-lanzettlich, 4 zu 20 cm, derb, hellgrün. Blüten zahlreich in aufrechter, halbmeterhoher Rispe, 4 cm breit, rein schwefelgelb mit grossen, schön rotbraunen Grundflecken, Kelch- und Blumenblätter breit-lanzettlich, letztere grösser und stumpfer, Lippe gross, vorn reingelb, wellig, tief zerschlitzt. September—November. Mexiko. Warmhaus, Topfkultur.

O. O'Brienii h. angl. ist *O. pubes Ldl.*

O. obryzatum Rchb. f. Scheinknollen länglich-eiförmig, flachgedrückt, 3 cm hoch, zwischen Scheidenblättern. Obere Blätter einzeln, schmal-riemenförmig, 1 zu 6 cm. Blüten sehr zahlreich in hoher, kurz- und bogigästiger Rispe, 2 cm breit, stark duftend, gelb, braun gebändert, Kelch- und Blumenblätter schmal, zurückgebogen, Lippe aus langem Nagel breit-nierenförmig, vorn tief zweilappig, reingelb bis auf einen orangeroten Hof um den Kamm. Juni—August. Peru. Kalthauspflanze, am Block gut gedeihend und reich blühend.

O. ornithorhynchum H. B. K. Scheinknollen länglich-eiförmig, flachgedrückt, glatt, 5 cm hoch. Blätter paarweis, spitz-schwertförmig, 1 zu 10 cm, ledrig, dunkelgrün. Blüten sehr zahlreich in dichtstraussiger, halbhängender, halbmeterhoher Rispe, 1,5 cm breit, eigenartig scharf duftend, hellrosa bis rosapurpurn, Kelch- und Blumenblätter länglich, wellig, letztere breiter, Lippe dreilappig, Seitenlappen klein, rundlich, Mittellappen geigenförmig, vorn ausgerandet, Kamm fünfschwielig. Flügel der Säule keilförmig, gezähnt. September—November. Mexiko, Guatemala, Peru; Gebirgspflanze. Verlangt nur mässige Wintertemperatur und gedeiht im Mooskasten am besten. Die Säule erinnert bei lebhafter Phantasie an einen Vogelschnabel.

Fig. 133. Oncidium orthotis.

— **var. albiflorum Rchb. f.** Blüten lieblicher duftend, reinweiss bis auf den gelben Kamm.

— **var. majus hort.** Blüten grösser und dunkel-rosapurpurn.

O. orthotis Lind. (Fig. 133.) Die kleine, aus Caracas stammende Art zeigt die wunderliche Erscheinung der Zweiformblüten (Dimorphismus) in so schöner Weise, dass wir zu der lebensgrossen Abbildung der gärtnerisch übrigens ganz unbedeutenden Art nur bemerken, dass Scheinknollen und Blätter graugrün, Kelch- und Blumenblätter aus rötlichem Grunde grünlichgelb, die Lippe weissgelb mit roter Zeichnung sind. Die verkümmerten Blüten sind gelblich. Warmhauskultur am Block.

O. oxyacanthosmum hort. ist *O. longipes Ldl.*

O. pachyphyllum Ldl. ist *O. Cavendishianum Batem.*

O. pallidum Ldl. ist *O. Harrisonianum Ldl.*

O. Papilio Ldl. (Fig. 134.) Scheinknollen rundlich-eiförmig, zweischneidig flachgedrückt, rauhfaltig, trüb dunkelgrün mit rotbraun, 3 cm hoch. Blätter einzeln, ledrig, stumpf breit-elliptisch, 4 zu 12 cm etwa, gekielt, rotbraun, dunkelgrün marmoriert. Blüten einzeln oder zu zweien übereinander an den Spitzen des über halbmeterhohen, aufrechten, schlanken, knotig-gegliederten, rotbraun überlaufenen Blütenschaftes, welcher aus einer trockenhäutigen Schuppe unter der Knolle entspringt und oben fast geflügelt verbreitert ist, hinter braunen Deckschuppen, 10 cm breit, oberes Kelchblatt und die Blumenblätter 6 cm lang, linear, aufrecht, aussen braun-grün, innen braunpurpurn, gelbfleckig, wellig-krausrandig, seitliche Kelchblätter breit-lanzettlich, beiderseits zugespitzt, sichelförmig herabgebogen, wellig-kraus, satt eigelb mit tief orangeroten grossen Flecken, Lippe kürzer, aus kurzem Nagel breit-herzförmig, die flache Mitte reingelb, der Rand bräunlichrot gefleckt, kraus-wellig zerfranst. Blüht vorzugsweis im Juni, Juli, aber auch in fast allen anderen Monaten. Trinidad, Caracas. Warmhaus, am Block leicht wachsend und blühend. Verlangt nach der Blüte eine Trockenperiode. Die „Schmetterlingspflanze“ führt ihren Namen mit Recht, die Blüte erinnert in der That frappant an einen bunten Falter mit langen, breiten Fühlern. Der Stengel hat die Eigenschaft, jahrelang hintereinander in mehrmonatlichen Pausen Blüten zu treiben, darf also nicht mit den ersten Blüten abgeschnitten werden.

Fig. 134. Oncidium Papilio.

— **var. album hort.** Lippe gelblichweiss mit hellbräunlichen Randflecken.

— **var. Eckhardtii L. Lind.** Blüten um die Hälfte grösser, Lippe gelb mit breitem orangerotem Saum, seitliche Kelchblätter orangerot gebändert.

— **var. limbatum Hook.** Lippe zimmtbraun gesäumt.

— **var. majus Rchb. f.** Blüten gross, dunkelbraun, gelb gebändert, Lippe gelb mit dunkelbraunem Rande.

O. pectorale Ldl. Scheinknollen eiförmig, flachgedrückt, 4 cm hoch. Blätter paarweis, ledrig, länglich-lanzettlich mit lang ausgezogener Spitze, 2 zu 10 cm, dunkelgrün. Blüten in reichblumiger, halbmeterhoher, kurzästiger Rispe, 3 cm breit, Kelch- und die breiteren Blumenblätter lanzettlich, orangebraun, gelb gefleckt, Lippe aus kurzem Nagel herzförmig, tief zweispaltig, dunkelgelb mit orangebraunem Kamm im Grunde. Mai bis Juli. Brasilien. Warmhaus, am Block.

O. Pelicanum Mart. ist *O. reflexum Ldl. var.*

O. pentaspilum Rchb. f ist *O. Harrisonianum Ldl.*

O. Phalaenopsis Lind. et Rchb. f. Scheinknollen länglich-eiförmig, gefurcht, 4 cm hoch, dunkelgrün. Blätter paarweis, breit-riemenförmig, 2 zu 12 cm etwa, dunkelgrün. Blüten zu 5—6 auf 30 cm hohem, schlankem Schaft, 4 cm breit, Kelch- und Blumenblätter lanzettlich, abstehend, erstere auf weisslichem Grunde rotviolett schattiert, nur der Rand milchweiss, letztere gelblichweiss, prächtig rotviolett gebändert, Lippe aus karminviolettem Grunde, auf welchem ein dreischwieliger, goldgelber Kamm steht, gelblichweiss, geigenförmig, vorn stark verbreitert, zweilappig. Juli, August. Kolumbien. Kleine, schöne Kalthauspflanze, am Block gut gedeihend.

O. phymatochilum Ldl. Scheinknollen breit und verflacht spindelförmig, 5 cm hoch, glatt, dunkelgrün, oft rot überlaufen, zwischen grossen zweizeilig stehenden Scheidenblättern. Blätter einzeln, breit-lanzettlich, 6 zu 25 cm, dunkelgrün, rot überlaufen und punktiert. Blüten zu 8—15 in 30 cm hoher, kurzästig-bogiger Traube, 8 cm breit, Kelch- und Blumenblätter schlaff, schmal-pfriemlich, gelblichgrün mit einer Mittelreihe orangegelber Flecken am Grunde, Lippe dreilappig, kürzer als die Blumenblätter, Seitenlappen klein, Mittellappen aus gelblichem, orangegelb geflecktem, warzig-schwieligem Nagel vorn schaufelförmig, reinweiss, Mai—August. Brasilien. Warmhaus, Topfkultur. Ähnelt einer Brassia, ist aber eine dankbar blühende und dadurch lohnende Art.

O. Pinellianum h. angl. ist *O. Batemannianum Knowl. Westc.*

O. puberulum Spr. ist *O. pubes Ldl.*

O. pubes Ldl. (*O. bicornutum Hook. O. O'Brienii h. angl. O. puberulum Spr. O. pyramidale Hffg.*) Scheinknollen fast cylindrisch, leicht abgeflacht, 4 cm hoch. Blätter paarweis, lanzettlich, flachgekielt, 2 zu 6 cm, ledrig, dunkelgrün. Blüten zu 40—50 in fast zweizeiliger, kurzästiger, halbmeterhoher Rispe, kaum 2 cm breit, Kelch- und Blumenblätter stumpf verkehrt-eiförmig, hellgrün, rot gebändert, Lippe dreilappig, mit schmalen eingerollten Seitenlappen, Mittellappen keilförmig, vorn rundlich verbreitert dreilappig, mit zwei kurzen Hörnchen vor dem zweischwieligem Kamme, gelbbräunlich, braunrot geadert. März—Juni. Brasilien. Warmhaus, am Block.

— **var. flavescens Ldl.** (*O. cruciatum Rchb. f.*) Blüten grünlichgelb, orangerot gefleckt, Lippe gelb, hellrötlich geadert.

O. pulchellum Hook. Scheinknollen fast fehlend, Blätter reitend, zweizeilig, aus kurzem, flachem, gestreiftem Grunde fleischig, dreikantig, spitz, 1 zu 6 cm etwa. Blüten auf 10 cm hohem Schaft zu 5—8 in gedrängter Traube, wohlriechend, 3 cm breit, oberes Kelchblatt spitz-kahnförmig, seitliche verwachsen, Blumenblätter gleichgross, eiförmig, alle weiss mit einem fleischfarbig-rosaem Hauche, Lippe erheblich grösser, reinweiss bis auf einen rosa-fleischfarbenen Fleck um den gelben dreischwieligen Kamm, vorn breit-gerundet, tief vierspaltig. April—Juni. Westindien. Blüte schon 1827 bei Loddiges und verdient alle Beachtung. Warmhaus, am Block, verlangt dauernd Feuchtigkeit.

O. pulvinatum Ldl. Scheinknollen rundlich-eiförmig, stark flachgedrückt, 5 cm hoch. Blätter einzeln, breit-elliptisch, 3 zu 12 cm etwa, derb, dunkelgrün. Blüten sehr zahlreich in 1—3 m hohem, bogig-ästigem, sparrigem, glattschaftigem Blütenstrauss, 2 cm breit, Kelch- und Blumenblätter stumpf-eiförmig, aus karminrotem Grunde leuchtend gelb, Lippe aus kurzem Nagel breit-gerundet, vorn dreispaltig, hochgelb mit rötlichem Rande, auf der Scheibe ein gewölbtes sammtiges Kissen. Juni—August. Brasilien. Sehr dankbare Warmhauspflanze, am Block. Blüte zuerst in Europa 1838 in Harrisons Häusern.

— **var. cupreum Spr.** Blütenschaft kaum halbmeterhoch, Blüten grösser, aus kupferbraunem Grunde goldgelb, Lippe gelb, purpurfleckig.

— **var. majus Will.** Starkwüchsig. Blüten grösser und leuchtender gelb und scharlach.

O. pumilum Ldl. Scheinzwiebeln fehlend. Blätter einzeln auf kurzgliedrigem Wurzelstocke, eiförmig, 2 zu 5 cm, steif, dunkelgrün, rotfleckig. Blüten in kurzer, aufrechter Rispe, 3 cm breit, einfarbig gelb, Kelch- und Blumenblätter länglich-eiförmig, eingebogen, Seitenlappen der Lippe stumpf-eiförmig, Mittellappen kleiner, rundlich mit wulstigem Kamm. April, Mai. Brasilien. Warmhaus, am Block.

O. pyramidale Hffg. ist *O. pubes Ldl.*

O. quadricorne Kl. ist *O. hians Ldl.*

O. ramosum Bot. Reg. ist *O. Batemannianum Knowl. Westc.*

O. reflexum Ldl. Scheinknollen flachgedrückt eiförmig, gefurcht, 5 cm hoch. Blätter einzeln, spitz schmal-lanzettlich, 1 zu 8 cm, dunkelgrün, derb. Blüten zahlreich in kurzästiger Rispe auf halbmeterhohem Schafte, 3 cm breit, Kelch- und Blumenblätter lanzettlich, hochgelb braungefleckt, Lippe den Blumenblätter gleichlang, gleichmässig dreilappig, aus spärlich rot geflecktem Grunde goldgelb. August—Oktober. Mexiko. Warmhaus, am Block.

— **var. pelicanum Mart.** (*O. cruentum Hook.*) Scheinknollen auffällig dunkelgrün. Blüten erheblich grösser, gelb, braun gebändert, Lippe grösser als die Blumenblätter, blassgelb.

— **var. suave Ldl.** Blüten duftend, kleiner, chokoladenbraun mit gelben Flecken, Lippe gelb, zimmtbraun gefleckt.

O. Rigbyanum Hend. ist *O. sarcodes Ldl.*

O. Rogersii Lem. ist *O. varicosum Ldl. var.*

O. roseum Lodd. (*O. carthaginense Sw. Epidendrum carthaginense*

Jacqu. O. Henchmanni Lind.) Scheinknollen fehlend. Blätter einzeln auf starkem, knotigem, kriechendem Wurzelstock, derb ledrig, breitlänglich, 5 zu 15 cm, trüb-dunkelgrün. Blüten zahlreich in meterhoher, kurzästiger Rispe, 3 cm breit, Kelch- und Blumenblätter verkehrt-eiförmig, gelblichweiss, dunkelrosa gefleckt, schwach wellig, Lippe gerundet herzförmig, weisslich mit dunkelrosaem Fleck vor dem gelbem Nagelgrunde. Mai—Juli. Centralamerika. Warmhaus, am Block. Der Name carthaginense ist eigentlich der gültige; er ist mit Unrecht cassiert worden in der Befürchtung, dass aus der Benennung nach der centralamerikanischen Stadt Carthago Verwechslungen mit dem bekannten nordafrikanischen Carthago entstehen könnten.

— **var. sanguineum Ldl.** (*O. Huntianum Hook.*) Blüten gelbweiss mit blutroter Zeichnung.

— **var. superbum hort.** Kräftige Pflanze mit 1,5 m hoher Rispe, Blüten weiss mit scharlachroter Zeichnung.

O. rupestre Ldl. Scheinknollen stark zusammengedrückt-eiförmig, 4 cm hoch, glatt, hellgrün. Blätter paarweis, riemenförmig, 4 zu 20 cm, dunkelgrün. Blüten zahlreich in halbmeterhoher, schiefer Rispenpyramide, 4 cm breit, Kelch- und Blumenblätter länglich-eiförmig, leuchtend goldgelb mit einem hellbraunem Grundfleck. Juni—August. Peru, an Felsen. Kalthaus, am Block gut blühend.

O. Russellianum hort. ist *O. maculatum Ldl. var.*

(**O. Russellianum Ldl.** ist nicht in Kultur).

O. sanguineum Ldl. ist *O. roseum Lodd. var.*

O. sanguinolentum Paxt. ist *O. cucullatum Ldl.*

O. sarcodes Ldl. (*O. Rigbyanum Hend.*) Scheinknollen lang keulig, 8 cm hoch, nach oben verschmälert. Blätter zu 2—3, breit-lanzettlich, 3 zu 12 cm, saftgrün. Blüten zu 15—20 in lockerer, überhängender Rispe auf 20 cm hohem Schafte, 5 cm breit, oberes Kelchblatt verkehrteirund, tief ausgehöhlt, gelb, rötlichbraun gebändert, seitliche breit-lanzettlich, mattbraun, Blumenblätter breit-spatelförmig, aus braunem gelbgeflecktem Grunde breit citrongelb berandet, Lippe hochgelb bis auf (meist 4) einige braunrote Flecken vor dem Kamme, welcher auf dem kurzen Nagel steht, Mittellappen quergerundet, mitten gekielt und tief zweilappig. März—Mai. Brasilien. Warmhaus, hochgepflanzt im Topf am besten gedeihend.

— **var. discoidale Lind.** Lippe hell citrongelb mit grossem, leuchtend braunem Mittelfleck.

O. scyurus Scheidw. Scheinknollen länglich, abgeflacht, 5 cm hoch. Blätter paarweis, aus gefaltetem Grunde spitz-lanzettlich, 3 zu 12 cm, dunkelgrün. Blüten in 2 m hohem, vielästigem Blütenstrauss sehr zahlreich, 2 cm breit, Kelch- und Blumenblätter eiförmig mit einem Weichstachel am Ende, aus braunpurpurnem Grunde hellgrünlich-gelb, erstere ausgehöhlt, letztere kleiner, feingekerbt, Seitenlappen der Lippe nierenförmig, wellig, Mittellappen breitgerundet, tief zweispaltig, wellig-gekerbt, gelb mit braunpurpurnen Flecken auf der Scheibe und hohem, feinbehaartem, hellgelb und rotem Kamm. Juni — August. Brasilien. Warmhaus, am Block. Blühte zuerst 1839 im kgl. Garten in Laeken und erinnert in der That an einen riesigen Eichkätzchenschweif.

O. serratum Ldl. (*O. Diadema Rchb. f.*) Scheinknollen länglich, bis 15 cm hoch. Blätter paarweis, breit-schwertförmig, steif, 3 zu 20 cm, saftgrün. Blüten zahlreich in langgestielter, 2—4 m hoher, halbschlingender, kurzästiger Rispe, 6—8 cm breit, chocoladenbraun, gelb bordiert, Kelch- und Blumenblätter kraus-gefranst, oberes Kelchblatt nierenförmig, seitliche lang-lanzettlich, Blumenblätter kleiner, spitz-eiförmig, eingebogen, Lippe klein, spiessförmig. Juni-August. Peru. Kalthaus, im Mooskasten, dicht unter dem Glas hängend, gut gedeihend.

O. sessile Ldl. Scheinknollen länglich, flachgedrückt, gerippt, 5 cm hoch. Blätter riemenförmig, 2 zu 15 cm, dünn, hellgrün. Blüten zahlreich in halbmeterhoher, kurzästiger Rispe, 4 cm breit, Kelch- und Blumenblätter sitzend, stumpf-länglich, ebenso wie die Lippe aus zimmtbraun geflecktem Grunde blassgelb, letztere aus kurzem Nagel, welcher zwischen den öhrchenförmigen Seitenlappen einen glatten, dreischwieligen Kamm trägt, vorn breit gerundet und zurückgeschlagen. März—Mai. Caracas. Im mässig warmen Hause am Block zu kultivieren.

O. speciosum Hook. ist *Miltonia cuneata Ldl.*

O. sphacelatum Ldl. Scheinknollen stark flachgedrückt länglich, stumpfkantig 8 cm hoch. Blätter paarweis, langschwertförmig, überhängend, 2 cm breit, Kelch- und Blumenblätter spitz-eiförmig, abstehend, leicht wellig, grünlichgelb, in der unteren Hälfte braun gebändert, Lippe grösser, die kleinen länglich-runden Seitenlappen eingeschlagen, Mittellappen aus kurzem Nagel breit quergerundet, wellig-zackig gesäumt, vorn flach ausgebogt, bis auf den rötlichen Kamm schneeweiss. April—Juni. Mexiko, Centralamerika. Warmhaus, am Block gut gedeihend, dankbar und langaushaltend blühend.

— **var. majus Ldl.** Blüten grösser. Kelch- und Blumenblätter gelb mit brauner Zeichnung.

O. spilopterum Ldl. ist *O. Batemannianum Knowl. Westc.*

O. splendidum A. Rich. ist *O. tigrinum Llave et. Lex. var.*

O. Sprucei Ldl. steht dem O. Cebolleta sehr nahe, doch sind die Blätter bis 60 cm lang hängend und mitten verdickt. Blüten zahlreich in kurzer, bogig-ästiger Rispe, Kelch- und Blumenblätter stumpf verkehrt-eiförmig, gelb, rotgefleckt, Seitenlappen der Lippe klein, öhrchenartig, Mittellappen aus schmalem Nagel breit gerundet, zweilappig, gelb, im Grunde rot gefurcht. Juli, August. Brasilien. Warmhaus, am Block.

O. stelligerum Rchb. f. (*O. hastatum Ldl.*) Scheinknollen flach-eiförmig, 3 cm hoch. Blätter paarweis, schmal lanzettlich, blassgrün. Blüten zahlreich in 40 cm hoher, lockerer Rispe, sternförmig, 5 cm breit,

Kelch- und Blumenblätter stumpf-länglich, grünlichgelb, zahlreich klein braunfleckig, Lippe gelblich weiss mit dunkelgelbem Kamm auf dem schmalem Nagel zwischen den kurzen rundlichen Seitenlappen, Mittellappen rundlich-herzförmig, scharf abgestutzt Juli, August. Mexiko. Warmhaus, am Block.

— **var. Ernesti Rchb. f** Blüten grösser, hochgelb, spärlicher und grösser kastanienbraun gefleckt. Caracas.

O. stenopetalum Lem. ist *O. Batemannianum Knowl. Westc.*

O. stramineum Ldl. (*O. Columbae h. belg.*) Scheinknollen flachgedrückt länglich, 4 cm hoch, glatt, hellgrün. Blätter paarweis, steif, dick, flach, elliptisch, zugespitzt, 3 zu 10 cm, saftgrün, oft rötlich überlaufen. Blüten zu 15—25 in kurzer steifästiger Rispe, primelduftend, 3 cm breit, blass strohgelb, nur auf der breitrandigen Lippe einige braune Flecken. Mai—Juli. Mexiko. Mässigwarmes Haus, am Block. Wird die Pflanze zu warm gehalten, so treibt sie zwar üppige Blatttriebe, aber keine Blüten.

O. suave Ldl. ist *O. reflexum Ldl. var.*

O. suaveolens Hook. ist *Brassia Lanceana Ldl.*

O. superbiens Rchb. f. Scheinknollen länglich-eiförmig, flachgedrückt, 8 cm lang. Blätter spitz schmal-länglich, 2 zu 20 cm, gekielt, ledrig, dunkelgrün. Blüten zu 20—30 in locker bogiger Rispe auf fast meterhohem Schafte, 5 cm breit, Kelchblätter lang genagelt, oberes eingerollt kraus, Spitze zurückgeschlagen, seitliche eiförmig, wellig, alle dunkelbraun mit gelber Schattierung, Blumenblätter kleiner, kurz genagelt, länglich herzförmig, aus chocoladenbraunem Grunde oben gelb, Lippe viel kleiner, schmal, zugespitzt, schwärzlich-purpurn mit gelbem Kamme. Juli—September. Neu-Granada, Venezuela. Warmhauskultur, am Block. Nächstverwandt mit O. macranthum, aber in Bau und Farbe der Lippe verschieden.

O. Suttonii Batem. Scheinknollen länglich, stark flachgedrückt, 5 cm hoch. Blätter paarweis, lang grasartig, 20 cm lang, hellgrün. Blüten in kurzer, kaum 30 cm hoher, schmaler Rispe zu 20—30, 2 cm breit. Kelch- und Blumenblätter breit-lanzettlich, wellig, ausgebreitet, matt olivengrünbräunlich mit schmaler blassgelber Spitze. Lippe vorn breit-herzförmig, rein gelb bis auf einen olivengrünen Fleck im Grunde. April, Mai. Guatemala. Warmhaus, am Block. Unbedeutende Art, wenn auch durch die Blätter auffällig.

O. tigrinum Llave et Lex. (*O. Barkeri Ldl. Odontoglossum tigrinum Paxt.*) Scheinknollen länglich-eiförmig, flachgedrückt, stumpfkantig, 6 cm hoch, sattgrün. Blätter paarweis, selten zu dreien, ledrig, breit-lanzettlich, 3 zu 15 cm, dunkelgrün. Blüten bis zu 50 in halbmeterhoher, schlank gestielter, aufrechter, kurzästiger Rispe, veilchenduftend, 5 cm breit, Kelch- und Blumenblätter spitz breit-lanzettlich, wellig mit zurückgerolltem Rande, alle aufwärts gedreht, hell grünlichgelb, auf der ganzen Fläche braunpurpurn getigert, Lippe gross, rein hochgelb, Seitenlappen klein, halbkreisrund, am hinteren Ende des schmalen Nagels, welcher sich in den quernierenförmigen, grossen Mittellappen verbreitert, in dessen Ausbuchtung ein weiches Spitzchen steht. Oktober—Dezember. Mexiko. Im mässig warmen Hause am Block gut gedeihender, schöner Winterblüher, der in der Heimat auch am Allerseelentage als „Flos de Muertos" — Totenblume — zum Grabschmuck benutzt wird.

— **var. splendidum Hook.** (*O. splendidum A. Rich.*) Scheinknollen mehr rundlich, Blätter meist einzeln, Blüten bis 8 cm gross, grünlichgelb, braun gebändert, Lippe sehr gross, leuchtend gelb mit weisser Mittelschwiele im Grunde. März—Juli. Guatemala, Mexiko.

— **var. unguiculatum Ldl.** (*O. ionosmum Rchb. f.*) Blüten 4 cm breit, in meterhoher Rispe, stark veilchenduftend, gelblichgrün mit karminroten Flecken, Lippe reingelb. Mexiko.

O. trilingue Ldl. Scheinknollen schmal-eiförmig, 4 cm hoch. Blätter einzeln, dick, breit-lanzettlich, 4 zu 15 cm, trüb dunkelgrün, oft rötlich angelaufen. Blüten in nickender, schmaler Rispe auf aufrechtem Schaft, zahlreich, 5 cm breit, oberes Kelchblatt auf langem, geöhrtem Nagel rundlich-eiförmig, kraus, seitliche im Grunde verwachsen, lang-lanzettlich, wellig, alle schön rotbraun, Lippe dolchförmig, kraus-wellig, braun, hellgelb gerandet, mit gelbem Kamm. April, Mai. Peru. Kalthaus, im Topf zu kultivieren.

O. triquetrum Ldl. (*Cymbidium triquetrum R. Br. Epidendrum triquetrum Sw.*) Scheinknollen fast fehlend, Blätter reitend, dick, im Querschnitt dreieckig, lang zugespitzt, 15 cm hoch, graugrün. Blüten zu 3—5 in einfacher, bis 20 cm hoher Traube, 3 cm breit, Kelchblätter aufrecht, spitzlanzettlich, Blumenblätter grösser, spitz-eiförmig, gelb mit purpurnen Streifen, Lippe dreilappig, Seitenlappen eirund, Mittellappen breit-herzförmig, flach ausgeschnitten, gelb mit zinnoberroter Zeichnung. September bis November. Westindien. Schon 1793 aus Jamaika nach Kew gebracht, wurde die botanisch mehr als gärtnerisch interessante Art damals bald tot kultiviert und gelangte erst 50 Jahre später wieder nach Europa.

O. unguiculatum Ldl. ist *O. tigrinum Llave. Lex. var.*

O. unicorne Ldl. ist *O. monoceras Hook.*

O. uniflorum Booth. Scheinknollen schmal-länglich, 4 cm hoch. Blätter einzeln oder paarweis, lanzettlich, 3 zu 20 cm, lederartig, dunkelgrün. Blüten zu 1—2 auf 10 cm hohem Schafte, welcher aus der Achsel des die Knolle stützenden Scheidenblattes tritt, 3 cm breit, oberes Kelchblatt lanzettlich, seitliche eiförmig, Blumenblätter länglich, wellig, herabhängend, alle braun, gelb gebändert, Lippe rund-herzförmig, ausgebuchtet mit einem Spitzchen in der Mitte, gekerbt-gerandet, hell goldgelb mit schwefelgelbem, sammtigem, braungeflecktem Kamme. Oktober, November. Orgelgebirge in Brasilien. Kalthaus, am Block

O. varicosum Ldl. (Fig. 135.) Scheinknollen länglich-eiförmig, gefurcht, fast vierkantig, bis 8 cm hoch. Blätter spitz-riemenförmig, stumpf-gekielt, mattgrün. Blüten zu 80—10 in weitästigem, hohem Rispenstrauss auf fast meterhohem, blaugrünem Schaft, 4 cm gross, Kelchblätter klein, spitz länglich, eingebogen, Blumenblätter verkehrt-eiförmig, zurückgeschlagen, trüb hellgrün mit dunkelbraunen Querbinden, Lippe sehr gross, rein leuchtend gelb, mit ihren fast halbkreisförmigen Seitenlappen die anderen Blütenblätter fast verdeckend, Mittellappen sehr gross, aus kurzem, breitem Nagel fast kreisrund, flach, vorn vierlappig. Oktober, November. Brasilien. Warmhaus, im Topfe hochgepflanzt, gut wachsend und blühend.

— var. **Rogersii Rchb. f.** Blüten zu weit über 100 in sehr grossem Rispenstrauss, 5 cm gross, Lippe reich goldgelb mit einigen rotbraunen Grundflecken.

Fig. 135. Oncidium varicosum.

O. variegatum Sw. Scheinknollen rundlich, flachgedrückt, centimeterhoch. Blätter zu 2—3, reitend, fleischig, schwertförmig, gebogen, knorpelig gesägt berandet, 8 cm hoch, dunkelgrün. Blüten zahlreich in aufrechter, bis 50 cm hoher, wenig ästiger Rispe, fest und ausdauernd, 2 cm breit, gelblich-fleischfarben, vielfach braungefleckt, Kelchblätter länglich, die seitlichen kappenartig verwachsen, Blumenblätter grösser, genagelt, verkehrt-eiförmig, fast lappig ausgeschnitten, Seitenlappen der Lippe klein, spitz, Mittellappen aus gezähntem Nagel mit zwei Reihen Warzen breit-nierenförmig, zweilappig. Juli, August. Westindien. Warmhaus, am Block.

O. Warneri Ldl. Scheinknollen dicht gedrängt, spitz-eiförmig, stumpfkantig, 3 cm hoch. Blätter paarweis, schmal-lanzettlich, zurückgebogen, 1 zu 8 cm. Blüten zu 5—8 in 15 cm hoher, aufrechter Traube, 3 cm breit, Kelchblätter abstehend, eiförmig, Blumenblätter schmäler, aufwärts gedreht, mattgelb, purpurstreifig, Lippe leuchtend gelb, flach, dreilappig, Mittellappen breit-keilförmig, vorn gerundet, tief zweispaltig. August bis Oktober. Mexiko. Warmhaus, am Block.

— **var. purpuratum Will.** (*Odontoglossum Warneri v. purpuratum hort.*) Blüten weiss, leuchtend purpurn gestreift.

O. Warscewiczii Rchb. f. (*O. bifrons Ldl.*) Scheinknollen eiförmig, flachgedrückt, 4 cm hoch, glatt, hellgrün. Blätter paarweis, schmal verkehrt-lanzettlich, 2 zu 10 cm etwa, derb, lebhaft grün. Blüten zu 10—20 in aufrechter, 25 cm hoher Traube gedrängt, 3 cm gross, Kelch- und Blumenblätter stumpf länglich-lanzettlich, letztere breiter, alle goldgelb, Lippe aus breit-keilförmigem Grunde in einen langen, schmalen, geöhrten Nagel, der braunschwielig gerandet ist und vorn mit einem dreischwieligem Kamme abschliesst, verschmälert und dann breit nierenförmig, flach zweilappig ausgebreitet, goldgelb. Juli, August. Costarica, bei 3300 m. Kalthaus, am Block.

O. Weltoni Ldl. ist *Miltonia Warscewiczii Rchb. f. var.*

O. Wentworthianum Batem. Scheinknollen birnförmig, kantig flachgedrückt, 5 cm hoch, hellgrün, trübrot gebändert und gefleckt, zwischen grossen Scheidenblättern. Blätter paarweis, 1 zu 15 cm, schmal-lanzettlich, übergebogen, blassgrün. Blüten sehr zahlreich in bis 3 m hohem, weitästigem Blütenstrauss, 2 cm breit, leuchtend gelb mit karminroten Flecken, Kelch- und Blumenblätter lanzettlich, abstehend, Lippe grösser, geigenförmig, mit flachem, zweiteiligem Vorderlappen. April—Juni. Guatemala. In der Heimat sind die Blütensträusse ein beliebter Maischmuck der Altäre.

O. xanthochlorum Rchb. f. ist *O. oblongatum Ldl.*

O. xanthodon Rchb. f. Scheinknollen länglich, flachgedrückt, 10 cm lang, zwischen reitenden, schwertförmigen, langen Scheidenblättern. Blätter einzeln, schmal-lanzettlich, 3 zu 30 cm, derb, dunkelgrün. Blüten sehr zahlreich in weit- und bogig-ästigem über 2 m hohem, halbschlingendem Rispenstrauss, 4 cm breit, Kelch- und Blumenblätter genagelt, breit verkehrt-eiförmig, schön dunkelbraun, leuchtend gelb berandet, Lippe viel kleiner, aus unregelmässig viereckigem, gelbem Grunde mit warzigem Kamm schmal verkehrt-eirund, zurückgebogen, schön dunkelbraun, gelb gesäumt. August, September. Ecuador. Warmhaus, am Block oder im Topf fast gleich gut gedeihend und dankbar blühend. Steht dem O. serratum nahe.

Onychium Bl. ist *Dendrobium Sw.*

Ophrys *L.*

(Serapiadeae 6.)

Prächtige Erdorchideen, deren 30 Arten vorwiegend in Südeuropa heimisch sind, aber auch nach Nordafrika, Mitteleuropa und Westasien übergreifen. Die im Verhältnis zur Pflanze meist kräftige Knolle sitzt gewöhnlich nur einige Centimeter unter der Erdoberfläche und ist kugelähnlich, seltener handförmig. Die Ophrys-Knollen sind mit ein Hauptteil der im Handel als Salep-Knollen (Tubera Salep) gehenden Orchideen-Wurzeln, welche früher einmal als wertvolle Medizin galten, heute aber nur ihres feinen, leicht verdaulichen Gummis wegen als guter Nahrstoff für etwas in Unordnung geratene kindliche Magen gelten.

Aus der Knolle entwickelt sich schon im Herbst eine meist dem Boden angedrückte Rosette breit-linearer oder lanzettlicher, vergänglicher Blätter, aus deren Mitte der beblätterte Schaft sich 10—40 cm hoch erhebt und oben eine lockere, meist wenigblumige Ähre trägt. Die Blüten stehen hinter grossen, meist etwas bunten Deckblättern und sind wohl die interessantesten aller Erdorchideen, insofern als die Lippe, meist in Verbindung mit den anderen Blättern, in täuschendster Weise Insektenformen widerspiegelt, bald ist es eine Fliege oder Biene oder Hummel, selbst Spinne, als welche in wahrhaft gelungener Nachbildung die Blüte unserem Auge erscheint. Die Kelchblätter sind unter sich fast gleich und abstehend, Blumenblätter kleiner, meist behaart, Lippe ohne Sporn, abstehend, meist gewölbt mit nach unten umgebogenen Rändern, ganz oder dreilappig, oft vom Grunde her in zwei hohlen Hörnchen vorgetrieben, auf der Oberfläche meist dicht behaart, bis auf mittlere glatte, oft metallischschimmernde Flecken verschiedenster Form. Säule kurz, aber deutlich.

Die Kultur der Ophrys beginnt mit dem Einlegen der Knollen, die leider durch den Handel meist erst im September zu erlangen sind, obgleich sie schon im Juni—Juli gesammelt werden. Dieses — in den Verhältnissen begründete — Sammeln der Knolle während und gleich nach der Blüte bringt leider einen grossen Teil nur notdürftig ausgebildeter Knollen in den Handel, denn die neue Knolle ist zur Blütezeit noch nicht ausgereift, während die alte schon erschöpft ist. Auf diesem Umstande beruht die Berechtigung der Klage, dass die meisten Erdorchideen in der Kultur so schlecht gedeihen. Könnte man dieselben zur Zeit der Fruchtreife einsammeln, dann wäre die junge, für das nächste Jahr bestimmte Knolle ausgereift und die Kultur wäre um vieles erleichtert. Wir haben wiederholt seltene Erdorchideen uns im Freien markirt und erst zur Zeit der Fruchtreife gesammelt, jede dieser Knollen wuchs und gedieh im Garten, während von Knollen derselben Art am selben Platze während der Blütezeit gesammelt, regelmässig 50%, oft noch mehr, gar nicht austrieben oder kränkelten.

Zur Topfkultur der Ophrys — auch die härteren Arten sind nicht für das freie Land zu empfehlen, weil alle möglichen Tiere, in erster Linie Mäuse und zahlreiche Insekten, den weichfleischigen, süsslichen Knollen nachstellen, — nehme man kleine Töpfe, gebe gute Scherben-Unterlage und eine milde Rasenerde (nicht zusammenbackenden Lehm) mit reichlichem Zusatz von Sand, guter Lauberde und gut verrotteten Düngstoffen. Die Knöllchen legt man 2—3 cm unter die Oberfläche, einzeln, zu drei oder zu fünf, und hält die Töpfe gleichmässig feucht und kühl, geschützt gegen grelle Sonne, aber möglichst in vollem Lichte. Die Überwinterung der meist rasch ihre Wurzelblätter-Rosette gebildet habenden Pflänzchen erfolgt am besten im hellen Kasten bei 1—3° R. Höhere Temperaturen bewirken ein unnütz vorzeitiges Austreiben des Blütenschaftes, der dann gern geilt und für Fäulnis empfänglich wird, Temperaturen unter Null töten zwar die meisten Arten nicht, wenn es sich nur um 1—2° Kälte für kurze Zeit handelt, schädigen aber die regelmässige Entwickelung. Sowie im Februar bis März es möglich wird, gebe man viel Luft und gewöhne die Triebe an die Sonne, denn wenn sie ihre volle Farbenpracht entwickeln sollen, müssen sie fast in voller Sonne ihr Aufblühen erreichen. Fleissiges Spritzen und dadurch erlangte feuchte Luft ist stets eine Wohlthat für alle Erdorchideen. Während der Blüte gebe man Schatten, um die Blüte lange zu konservieren, nach dem Abblühen muss volle Sonne auf die Pflanze einwirken, um eine gute Knollenbildung zu erlangen. Bis zum vollkommenen Eintrocknen des Triebes gebe man — selbstredend immer sparsamer werdend — Wasser, dann kann eine vollkommene Trockenperiode folgen, am besten im geschlossenen Kasten oder unter der Stellage. Im August nehme man die Knollen aus der alten Erde, säubere sie und lege sie in frischen Boden. Einmal gut durchgebrachte Knollen erhalten sich dann jahrelang, immer üppiger werdend, und sind den frisch gesammelten weitaus vorzuziehen. Da alle Ophrys-Arten ungefähr den gleichen Wuchs zeigen — nur die kleinblütige O. muscifera weicht durch lange dichte Blütenähre etwas ab — so geben wir bei den einzelnen Arten nur die Blüten-Charaktere an. In der Kultur blühen die meisten Arten schon einen Monat vor ihrer heimatlichen Blütezeit.

O. andrachnites L. ist *O. Arachnites Murr.*

O. anthropophora L. ist *Aceras anthropophora A. Br.*

O. apiculata J C. Schmidt. (O. hybrida Pok. O. gibbosa G. Beck.) ist *O. aranifera* × *muscifera.*

O. apifera Huds. (*O. insectifera L.*) Etwa 20 cm hoch, Blüten zu 3—8 in lockerer Ähre, 2 cm breit, Kelchblätter aus breitem Grunde lanzettlich, grünlich, rot gestreift, Blumenblätter eiförmig, weisslich-grün, zurückgeschlagen, behaart, Lippe gewölbt, länglich, purpurbraun, auf der Scheibe gelb gefleckt, vorn durch zwei Einschnitte mit stumpfen, abstehenden Lappen dreiseitig, der grössere Mittellappen mit aufgesetzter stumpfer Spitze nochmals dreigeteilt, alle fünf Lappen zurückgeschlagen. Auf Bergwiesen, besonders in Gips- und Kalkboden, in Mitteleuropa selten, in Südeuropa verbreitet. Juni, Juli. — Die Blüte gleicht täuschend einer Biene.

O. Arachnites Murr. (*O. fuciflora Rchb. f. O. andrachnites L.*) Bis 30 cm hoch, Blüten zu 3—6, etwa 2,5 cm breit, Kelchblätter lanzettlich, hell bräunlichrot, grüngestreift, Blumenblätter kürzer, eiförmig, gelbgrünlich, behaart, Lippe flach gewölbt, breit-eiförmig, quergestutzt, ungeteilt, leicht ausgerandet, mit einem kurzen, aufwärts gebogenen Endzipfelchen, sammthaarig purpurbraun mit kahlen, gelben, in der Mitte zusammenlaufenden Linien. Mai, Juni. Auf gleichem Standort wie die vorhergehende Art, besonders in Süd- und Südwesteuropa. Die Blüte sieht Spinnen ähnlich.

O. Arachnites × *muscifera* ist *O. devenensis Rchb. f.*

O. aranifera Huds. (Fig. 136.) (*O. fucifera Curt.*) Bis 30 hoch, Blüten zu 3—10, 2 cm breit, Kelch- und Blumenblätter länglich, zugespitzt, kahl, erstere grünlich, viellinig rotgestreift bis ganz rötlich, letztere weisslichgrün, Lippe eiförmig, ungeteilt, ganzrandig oder vorn ausgerandet, aber ohne Endzipfelchen, kurz sammtig purpurbraun oder gelbbraun mit 2—4 vorn durch eine breite Querlinie verbundenen kahlen, eingedrückt erscheinenden, stahl-violettbläulichen Längslinien. Mai, Juni. In Mittel- und Südeuropa.

— **var. atrata Rchb. f.** Lippe sehr dunkelbraun, die kahlen Linien metallisch schwarzbläulich.

O. aranifera × *Arachnites* ist *O. obscura G. Beck.*

O. aranifera × *muscifera* ist *O. apiculata J. C. Schm.*

O. Bertolonii Moretti. (*O. Speculum Bert.*) Bis 25 cm hoch. Blüten zu 3—5, 2 cm breit, zart rosa mit grüner Mittellinie, Blumenblätter linear, viel kleiner, dunkelrosa, Lippe breit verkehrt-eiförmig, seicht dreilappig, aus grünlichem Grunde mit zwei schwarz-violetten Augenflecken dunkel-blaupurpurn mit kahlem, fast viereckigem, hellem stahlblauen Spiegelfleck. April, Mai. Istrien, Italien.

Fig. 136. Ophrys aranifera.

O. bombylifera Bert. ähnelt der O. aranifera, aber die Blüten sind etwas grösser, die Lippe ist dunkler und der Spiegelfleck einfach. Südeuropa.

O. cordata L. ist *Listera cordata R. Br.*

O. devenensis Rchb. f. ist *O. Arachnites* × *muscifera.*

O. fucifera Curt. ist *O. aranifera Huds.*

O. fuciflora Rchb. f. ist *O. Arachnites Murr.*

O. insectifera L. ist *O. apifera Huds.*

O. lutea Cav. (*O. vespifera Brot.*) Niedrig. Blüten zu 3—5, 2 cm breit, Kelch- und Blumenblätter ranunkelgelb, Lippe breit gerundet, sammtig braunschwarz mit gelblichem Spiegelfleck. Italien, Spanien, Portugal.

O. muscifera Huds. (*O. Myodes L.*) (Fig. 137.) Bis 30 cm hoch, schlank, mit sehr lockerer, schlanker Ähre. Blüten etwa 1 cm gross, hinter langen Tragblättern; Kelchblätter eiförmig, gelblichgrün, zuweilen innen violettbräunlich, Blumenblätter kurzfädlich, violettbraun, ganz feinborstig, Lippe länglich, fast flach, dreilappig, Mittellappen breitgeigenförmig, vorn tief ausgerandet, mindestens doppelt so lang als die breit-linearen Seitenzipfel, violett-braunpurpurn mit ganz blassviolettem oder weisslichem, oft bleigrau gesäumtem Mittelfleck. Mai, Juni. Auf kalkhaltigem Boden, Süddeutschland, Südeuropa.

Fig. 137. Ophris Myodes.

O. Myodes L. ist *O. muscifera Huds.*

O. obscura G. Beck. ist *O. aranifera × Arachnites.*

O. oxyrhynchos Vis. Schlankwüchsig. Blüten 2 cm breit. Kelchblätter schmal-eiförmig aus weissrosaem, schmalem Grunde blassgrün, Blumenblätter klein, gelbgrün, Lippe gerundet, aus gelbweissem Grunde sammtig hellbraun mit H-förmigem, dunkelgesäumtem blauviolettem Spiegelfleck, neben welchem zwei kleine halbmondförmige grüne Flecke stehen. Die Lippe läuft in eine aufgebogene Zahnspitze aus. Mai, Juni. Italien.

O. ovata L. ist *Listera ovata R. Br.*

O. paludosa L. ist *Malaxis paludosa Sw.*

O. Speculum Bert. ist *O. Bertolonii Moretti.*

O. tenthredinifera Rchb. ähnelt der O. Bertolonii ist aber grösser und von hellerer Blütenfarbe.

Orchidium Sw. ist *Calypso Salisb.*

Orchis *L.*

(Serapiadeae 8.)

(Traunsteinera Rchb. f.)

Von den nahe an hundert herangehenden Arten leben zwei in Nordamerika, zwei auf den kanarischen Inseln, die übrigen gehören vorwiegend Europa an, einige dem gemässigten westlichen Asien und Nordafrika; sehr viele Arten haben ungemein ausgedehnte Verbreitung z. B. O. latifolia und Morio, andere sind auf einen einzigen Standort oder einen sehr kleinen Bezirk beschränkt.

Die Knollen sind ungeteilt oder handförmig und meist flach unter der Oberfläche sitzend. Die Blattrosette ist bald dem Boden angedrückt, bald aufrecht, die Blattform ei-elliptisch bis fast grasartig schmal, meist mit deutlich vortretender Mittellinie. Der von 10—50 cm Höhe schwankende Blütenschaft ist bald nur im untersten Teile bald bis unter die Ähre mit spiralständigen Blättern, die immer nach oben rasch kleiner werden, besetzt. Ähre bald kuglig oder kopfförmig gedrängt, bald locker und lang ausgezogen. Blüten meist nur 1—2 cm breit, nur in Rot, Weiss und Lila gehalten, viele von ihnen aber wirklich schön und die Gartenkultur reichlich verdienend. Kelchblätter unter sich gleichgestaltet, abstehend oder helmartig zusammengeneigt, Blumenblätter meist kleiner, sonst in der Form ähnlich, Lippe gespornt, selten ungeteilt, meist dreilappig oder tief dreispaltig, Mittellappen zuweilen nochmals geteilt. Säule fast fehlend, nur als Andeutung vorhanden, links und rechts von diesem undeutlichen Ansatz je ein Öhrchen, welches aus einem umgebildetem Staubblatte entstanden ist, mit deutlichem Schnabelfortsatz zwischen sich. Pollenkörper in zwei getrennte keulige Massen zusammen verklebt, welche im Staubbeutelfache liegen und im Grunde von einem gemeinschaftlichen Täschchen (bursicula) umschlossen sind.

Die Pollenmassen werden von den Staubbeutelfächern so fest umschlossen, dass sie niemals von selbst herausgelangen, sondern nur durch Insekten weiter getragen werden. Wenn eine honigsuchende Biene ihren Rüssel in den Sporn einschiebt, so streift sie dabei mit demselben das gemeinschaftliche Täschchen (bursicula), eine Pollenkeule wird dadurch herausgedrängt und deren Klebmasse erhärtet so schnell am Rüssel, dass das Tier diese Keule mit herauszieht und fort trägt. Die anfangs auf dem Rüssel senkrecht aufsitzende Keule klappt an der Luft sofort nach vorn und wenn das Insekt nun eine zweite Blüte besucht, drückt es die Pollenkeule gegen die Narbenfläche. Stücke der Keule, Pollenpakete, nicht die ganze Keule, lösen sich dabei ab, haften auf der Narbe und bewirken die Befruchtung. Durch eine Pollenkeule können eine ganze Anzahl Blüten befruchtet werden. Zur Orchideenblütezeit, da wo gute

Wiesen eine reiche Orchideenflora bieten, sind Kopf und Rüssel der Bienen oft derartig mit den orangegelben Orchideen-Pollenkeulen behängt, dass man früher darin eine Pilzkrankheit der Bienen, Keulenkrankheit, zu sehen glaubte, bis das Mikroskop Aufklärung verschaffte.

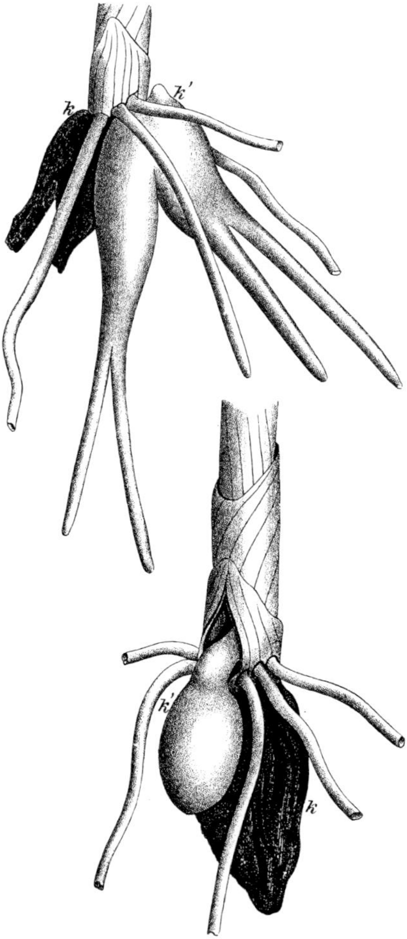

Fig. 138. Knollen von Orchis.

Die ungeteilten Knollen von Orchis in erster Linie, aber auch von anderen Gattungen, und auch handförmig geteilte Knollen (Fig. 138), bilden die Tubera Salep der Apotheken. Die jungen, festen Knollen werden dazu gesammelt, mit kochendem Wasser abgebrüht und rasch getrocknet oder auch nur in heisser Luft gedörrt. In diesem Zustande sind die Knollen dann hornartig durchscheinend und fest durch die Verkleisterung ihres Stärkemehles, vollkommen geschmacklos und enthalten bis 50 % Bassorinschleim in eigenen grossen Schleimzellen. Dieses Stärkeschleims wegens wird der Salep heut noch als Nahrmittel und heilendes Stopfmittel benutzt.

Zum Verbrauch müssen die Knollen möglichst fein gepulvert werden und geben dann mit kochendem Wasser einen dünnen Schleimabsud ohne jeglichen Beigeschmack.

Kultur wie von Ophrys (s. d.).

Die Artenmenge wird übersichtlich eingeteilt in zwei Gruppen mit je einigen Unterabteilungen:

A. **Herorchis Ldl.:** Kelch- und Blumenblätter helmartig zusammenneigend.

I. Deckblätter häutig:

1. **Papilionaceae:** Lippe ganzrandig; z. B. O. papilionacea L.
2. **Moriones:** Lippe dreilappig; z. B. O. Morio L.

3. **Militares:** Lippe tief dreispaltig; z. B. O. militaris L.

II. Deckblätter blattartig:

Z. B. **O. iberica M. B.**

B. **Androrchis Ldl.:** Seitliche Kelchblätter abstehend.

I. Deckblätter häutig:

1. **Globosae:** Lippe am Grunde am breitesten; z. B. O. globosa L.
2. **Saccatae:** Lippe nach vorn breiter werdend, ungeteilt; z. B. O. saccata Ten.
3. **Masculae:** Lippe nach vorn breiter werdend, dreilappig; z. B. O. mascula L.

II. Deckblätter blattartig:

1. **Fistulosae:** Stengel hohl; z. B. O. latifolia L.
2. **Solidae:** Stengel voll, derb; z. B. O. maculata L.

Aus der Fülle der Arten sind die nachstehenden öfter im Handel und für den Garten zu empfehlen:

O. africana Sw. ff. ist *Disa grandiflora L.*

O. alata Fleury ist *O. laxiflora* × *Morio.*

O. ambigua Kern. ist *O. incarnata* × *maculata.*

O. Beyrichii Kern. ist *O. militaris* × *Simia.*

O. bifolia L. ist *Platanthera bifolia Rich.*

O, brevicalcarata Rchb. f. ist *incarnata* × *latifolia.*

O. conopea L. ist *Gymnadenia conopea Rich.*

O. coriophora L. Stinkt nach Warzen. Blätter linear. Bis 20 cm hoch, Blüten in kurzer gedrängter Ähre, 1 cm breit, mit purpurbräunlichem Helm und langhängender Lippe, deren fast rautenförmige Seitenlappen olivengrün, purpurn geadert, der länglich-eiförmige Mittellappen rot punktiert ist. Mai—Juni. Auf trocknen Vorgebirgswiesen Europas.

O. Dietrichiana Bgh. ist *O. tridentata* × *ustulata.*

O. Eichenfeldii G. Beck. ist *O. incarnata* × *palustris.*

O. erythrantha G. Beck. ist *O. speciosa* × *pallens.*

O. foliosa Solander. (Fig. 139.) Bis 60 cm hoch, Blätter breit-lanzettlich, oft rotbraun gefleckt. Blüten in dichter, langer Ähre, über 2 cm breit, purpurrot, mit abstehenden seitlichen Kelchblättern, grosser halbhängender, flacher, rund-herzförmiger, vorn seicht ausgeschnittener, purpurner, violett-purpurn in regelmässiger Zeichnung punktierter Lippe. Mai, Juni. Madeira. Eine wirkliche dankenswerte, ansehnliche Pflanze.

O. fusca Jacqu. ist *O. purpurea Huds.*

O. hircina L. ist *Himantoglossum hircinum Sprgl.*

O. hybrida Bnnghs. ist *O. militaris* × *purpurea.*

O. globosa L. (*Traunsteinera globosa Rchb. f.*) Bis 40 cm hoch, Blüten in halbkugeliger oder fast kugeliger Ähre auf dem nur im unteren Teile beblättertem Schafte, kaum 1 cm gross, Kelch- und Blumenblätter in feine Spitzen auslaufend, Lippe länglich, abstehend, mit schmalen Seiten- und breitem quergestutztem, ausgerandetem Mittelzipfel. Prächtig rosa-purpurrot. Mai, Juni. Auf Bergwiesen Europas. Sehr hübsche, gut wachsende Art.

O. incarnata L. Blätter lanzettlich, hellgrün, Stengel hohl, bis 40 cm hoch, bis zur Ähre beblättert, Blüten in langer dichter Ähre, 1 cm breit, mit spitzer, ungeteilter oder ganz undeutlich dreilappiger Lippe, fleischfarben oder pfirsichrot mit violetter Lippenzeichnung. Juni, Juli. Auf feuchten Wiesen Europas, in mehrfachen Abänderungen.

O. intuta G. Beck. ist *O. maculata* × *Gymnadenia odoratissima.*

O. Kisslingi G. Beck ist *O. pallens* × *speciosa.*

O. lactea hort. werden reinweiss blühende Formen von O. maculata und O. latifolia genannt.

O. latifolia L. Blätter länglich-eiförmig, die unteren halb aufrecht, die Stengelblätter abstehend, saftgrün, fast immer braunschwarz gefleckt. Stengel hohl, 30 cm hoch, bis zur kurzen dichten Ähre beblättert. Blüten 1,5 cm gross, purpurrot, Lippe dreilappig mit spitzem Mittellappen. Mai, Juni. Auf feuchten und selbst Sumpfwiesen durch ganz Europa und Sibirien. In englischen Ausstellungen brilliren Schalen mit 20—30 Blütenexemplaren dieser Art, was natürlich nur durch Zusammenpflanzen erreicht wird. Überhaupt ist die Methode der Massenwirkung durch Zusammenpflanzen von den deutschen Cultivateuren noch viel zu wenig berücksichtigt.

Fig. 139. Orchis foliosa.

f. albiflora Aut. (*O. lactea hort.*) Blüten reinweiss.

f. violacea hort. Blüten violettpurpurn, auch die grossen Deckblätter fast gleichfarbig.

O. laxiflora Lem. gehört zu *O. palustris Jacqu.*

O. longicornis Sm. Blätter lang-linear. Stengel bis 60 cm hoch, beblättert. Blüten in langer, dichter Ähre, 2 cm gross, Seitenlappen der Lippe rundlich, purpurrot, Mittellappen vorgezogen, ausgerandet, weiss mit karminroter Punktzeichnung, Sporn sehr lang. März—Mai. Berberei.

O. Lorenziana Brggr. ist *O. mascula* × *pallens.*

O. maculata L. (Fig. 140.) Blüten schmal, oft braun gefleckt. Stengel voll, bis oben beblättert, das letzte kleine Blatt dicht unter der Ähre. Blüten 1,5 cm mit breit-keilförmiger dreilappiger Lippe, fleischfarben bis dunkelrosa mit purpurnen Punkten und Streifen. Mai, Juni. In feuchtem, hellem Gebüsch, durch Europa und Sibirien.

— **v. alba Aut.** (*lactea hort.*) Blüten reinweiss.

— **v. purpurea hort.** (*superba hort.*) Starkwüchsig, Blätter dunkel gefleckt, Blüten in 15 cm langer Ähre, gross, dunkelrot, reich purpurn gezeichnet.

O. mascula L. Grundblätter länglich-eiförmig, glänzend grün, am Grunde samt dem bis 30 cm hohem Schafte oft blutrot gefleckt und überlaufen. Oberstes Blatt scheidenförmig. Blüten in langer, lockerer Ähre, lang gespornt, Sporn wagerecht oder aufrecht gedreht, 2 cm breit, blutrot-purpurn, Lippe tief-dreilappig. Mai, Juni. Auf Bergwiesen durch ganz Europa bis zum Ural.

Fig. 140. Orchis maculata.

O. militaris L. (*O. Rivini Gou.*) (Fig. 141.) Blätter länglich-lanzettlich, Schaft bis 40 cm hoch, nur unten beblättert, Blüten in breiter Ähre, reichlich 2 cm breit, Kelch- und Blumenblätter dicht helmförmig, Lippe gross, halb hängend mit zwei linearen abstehenden Seitenlappen, Vorderlappen lang vorgezogen, vorn plötzlich verbreitert in zwei links und rechts abstehende gerandete Lippen und in der Mittelbucht ein kleines Spitzchen. Helm aussen lila, innen dunkelpurpurn gestreift, Lippe hellpurpurn, dunkel punktiert. Mai, Juni. Feuchte Wiesen in Europa und Sibirien.

O. montana Sm. ist *Platanthera montana Schauer.*

O. Morio L. (Fig. 142.) Knollen kugelrund. Grundblätter in angedrückter Rosette zu 3—5, breit-lanzettlich, glänzend dunkelgrün. Stengel meist nicht über 15 cm hoch, nur mit einigen Scheiden besetzt, Blüten in kurzer, lockerer armblumiger Ähre, 1,5 cm, meist purpurrot, zuweilen weiss oder gelblich, Blumenblätter helmförmig, grün geadert, Lippe kurz und breit, flach dreilappig. Mai, Juni. Auf feuchten Wiesen Europas und Westasiens.

O. odoratissima L. ist *Gymnadenia odoratissima Rich.*

O. pallens L. Bis 30 cm hoch. Blüten in dichter, wenigblumiger Ähre, nach Sambucus riechend, 2 cm breit, meist blassgelb, selten weiss oder rötlich, Lippe flach dreilappig. April, Mai. In lichtem Berggebüsch auf Kalkboden Mitteleuropas.

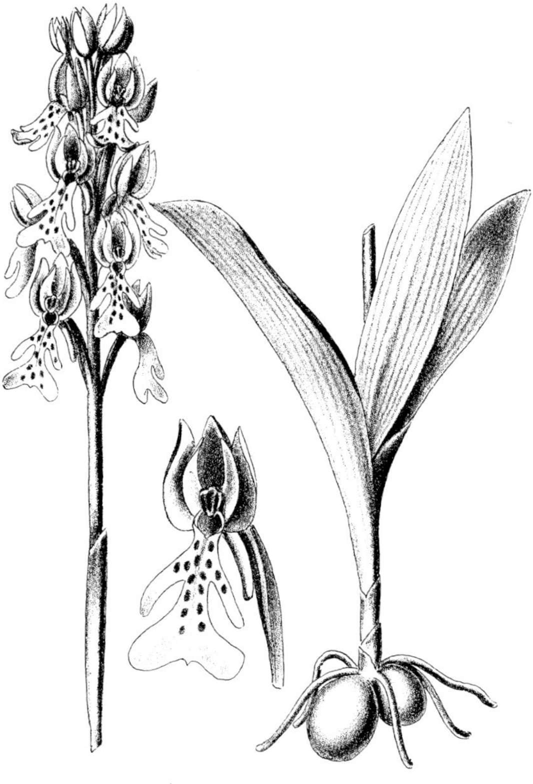

Fig. 141. Orchis militaris.

O. papilionacea L. Stengel schlank, bis 40 cm hoch, linear beblättert, Blüten in lockerer, wenigblumiger Traube, über 2 cm breit, hinter grossen hellgefärbten, häutigen Deckblättern, helmförmig, Helm leuchtend purpurn, Lippe gross, vorstehend, rundlich-eiförmig, gekielt, prächtig rosa. Mai, Juni. Auf Gebirgswiesen der südlichen Voralpen und der Bergzüge des Mittelmeergebirges. Eine der schönsten Arten.

— **var. carnea hort.** Lippe hell fleischrot.

— **var. expansa hort.** Blüten breit offen, grösser, leuchtend gefärbt.

— **var. purpurea hort.** Lippe hellpurpurn überlaufen.

O. pentecostalis Wettst. et Sennh. ist *O. speciosa × maculata.*

O. purpurea Huds. (*O. fusca Jacqu.*) Stengel bis 60 cm hoch, weit hinauf beblättert. Blüten in langer, dichter Ähre, 2 cm breit, Helm eiförmig geschlossen, braunrot, meist grünlich gestreift, Lippe bräunlichpurpurn, dreilappig, Mittellappen viel grösser als die abstehenden linearen Seitenlappen, allmählich verbreitert, vorn breit gerundet zweilappig, meist gezähnelt. Mai, Juni. Auf Waldwiesen und im feuchten Gebüsch auf Kalkboden Mittel- und Südeuropas. Ist die grösste deutsche Art.

O. pyramidalis L. ist *Anacamptis pyramidalis Rich.*

O. Regeliana C. Rich. ist *O. maculata* × *Gymnadenia odoratissima.*

O. sambucina L. Riecht noch intensiver nach Hollunderblüten wie O. pallens. Knollen ganz kurz, zweibis dreispaltig, Stengel hohl, beblättert. Deckblätter blattartig. Blüten in dichter, kurzer Ähre, im Süden stellenweis nur weisslichgelb, im Norden meist ebenso häufig gelblichrot, sehr selten purpurrot. Lippe kurz dreilappig, Sporn kegelförmig-walzig, absteigend, so lang oder länger als der Fruchtknoten. Mai, Juni. Im lichten Gebüsch an Berglehnen oder auf Bergwiesen durch Mitteleuropa bis zum Ural.

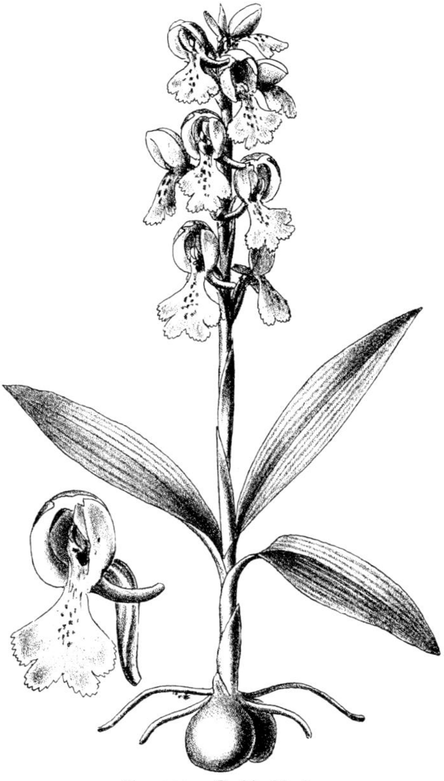

Fig. 142. Orchis Morio.

— **var. incarnata W.** (nicht *L.*) Blüten fleischrosa.

— **var. purpurea Koch.** (nicht *Huds.*) Blüten purpurrot.

— **var. lutea Aut.** Blüten weisslichgelb.

O. Simia Lam. (*O. tephrosanthos Vill.*), der O. purpurea ähnlich. Bis 40 cm hoch. Helm ei-lanzettlich, grau, purpurn angelaufen. Lippe sammtig, purpurn oder weiss, nicht pinselig punktiert, sondern einfach rundpunktig. Sporn halb so lang als der Fruchtknoten. Stützblätter der Blüte ganz kurz. Mai. Südeuropa.

O. spectabilis A. Gr. Wurzelknollen handförmig. Die beiden grundständigen Blätter angedrückt, stumpf-länglich, 3 zu 8 cm etwa, glatt, glänzendgrün, das obere erheblich kleiner. Blüten auf 40 cm hohem, glattem, dickem, beblättertem Schaft in lockerer Ähre hinter grossen, blattartigen, dunkelgrünen Deckblättern, 3 cm gross, Kelch- und Blumenblätter helmartig zusammenneigend, lilapurpurn, Lippe wellig, durchscheinend weiss mit zartlilaer Zeichnung. Mai, Juni. Ahorn- und Birkenwälder Canadas, in feuchter Lage gut gedeihend.

O. speciosa Host. Der O. mascula nahe verwandt, besonders durch die rotfleckigen Blätter ähnlich, aber höher, schlanker, länger-ährig und das oberste Blatt nicht scheidenförmig. Blüten rotlila, Kelchblätter länger gespitzt als die Blumenblätter. Lippe flach, seicht dreilappig, rotlila, mitten weiss, purpurn punktiert. Mai, Juni. Bergregion Süddeutschland, Tirols, der Schweiz. Eine der schönsten Arten.

— **var. alba Goir.** Blüten weiss.

— **var. rosea Goir.** Blüten rosa.

O. speciosissima Wettst. et Sennh. ist *O. speciosa* × *sambucina.*

O. Spitzelii Saut. ist *O. mascula* × *maculata.*

O. spuria Rchb. f. ist *O. militaris* × *Aceras anthropophora.*

O. tridentata Scop. (*O. variegata All.*) Stengel bis 40 cm hoch, beblättert. Blüten in fast kopfförmiger Ähre, 1 cm breit, Helm locker zusammengeneigt, rosapurpurn, Lippe blasslila, blutrot punktiert, dreilappig, Seitenlappen schmal, nach vorn breiter, Mittellappen breit verkehrt-herzförmig, vorn flach oder ausgerandet mit kleinem Mittelspitzchen, alle Lappen vorn gezähnt. Mai, Juni. In der Kalkregion Mittel- und Südeuropas im sonnigen Gebüsch.

O. ustulata L. Grundständige Blätter breit-lanzettlich, bläulichgrün. Stengel beblättert, kaum über 20 cm hoch, Blüten in dichter, kopfförmiger oder walziger Ähre, kaum 1 cm breit, Helm fast kugelig, purpurn-braunschwarz, Lippe klein, dreilappig, Seitenlappen schmal und klein, Mittelzipfel vorn verbreitert, rein milchweiss mit sammtartigen roten Punkten. Mai, Juni. Bergwiesen und lichtes Gebüsch, besonders gern auf Kalkboden, durch ganz Europa bis zum Ural. Die Köpfchen sehen in der That wie angesengt, verbrannt = ustulata, aus.

O. valesiaca Spiess ist *O. globosa* × *Gymnadenia conopea.*

O. variegata All. ist *O. tridentata Scop.*

Wo mehrere Arten von Orchis, welche gleichzeitig blühen, zusammenwachsend vorkommen, finden sich auch oft die betreffenden Bastarte. Da alle Bastarte besser in der Kultur gedeihen als die Elternarten, geben wir hier ein Verzeichnis der in Deutschland und der Schweiz beobachteten Orchis-Bastarte:

globosa × *Gymnadenia conopea* ist *O. valesiaca Spiess,*
incarnata × *latifolia* ist *O. brevicalcarata Rchb. f.,*
incarnata × *maculata* ist *O. ambigua Kern.,*
incarnata × *palustris* ist *O. Eichenfeldii G. Beck.,*

laxiflora × *Morio* ist *O. alata Fleury,*
laxiflora × *palustris,*
maculata × *Gymnadenia odoratissima* ist *O. Regeliana C. Richt.* (O. intuta G. Beck.),
maculata × *latifolia,*
mascula × *Aceras anthropophora,*
mascula × *maculata* ist *O. Spitzelii Sauter.,*
mascula × *pallens* ist *O. Lorenziana Brgger.,*
militaris × *Aceras anthropophora* ist *O. spuria Rchb. f.,*
militaris × *Simia* ist *O. Beyrichii Kern.,*
Morio × *palustris,*
pallens × *speciosa* ist *O. Kisslingii G. Beck.,*
sambucina × *Coeloglossum viride* ist *O. Erdingeri Kern.,*
speciosa × *maculata* ist *O. pentecostalis Wettst. et Sennh.,*
speciosa × *pallens* ist *O. erythrantha G. Beck.,*
speciosa × *sambucina* ist *O. speciossima Wettst. et Sennh.,*
tridendata × *ustulata* ist *O. Dietrichiana Bgh.*
Ornitharium Ldl. ist *Sarcochilus R. Br.*

Ornithidium *Salisb.*

(Maxillariinae 312.)

(Siagonanthus Poepp. Endl.)

O. album Hook. ist *Camaridium ochroleucum Ldl.*

O. densum Rchb. f. (*Maxillaria densa R.: P.*) ist von den 20 hierher gehörigen, von Mexiko bis Brasilien baumbewohnend verbreiteten Arten die einzige, welche in europäischer Kultur ist, und auch für sie ist es schade um den Platz, den sie einer besseren Pflanze im Warmhause wegnimmt.

Scheinknollen auf aufsteigendem, federkieldickem, verholztem, bis 30 cm langem Stamme, links und rechts halbaufrecht sitzend, von bräunlichen Hautscheiden am Grunde umgeben, flach-eiförmig, 3 cm lang, hellgrün, glatt, mit endständigem, einzelnem, immergrünem, ledrigem, aus zusammengezogenem Grunde breit-linearem, stumpfem oder vorn ausgerandetem, tief gekieltem, etwa 1,5 zu 10 cm messendem Blatte. Blüten in dichten Büscheln von 20—100 kurzstraussig unter der Knolle seitlich vortretend, langgestielt, etwa 0,5 cm breit, licht fleischrötlich mit undeutlicher dunkler Zeichnung. Kelch und Blumenblätter spitz-eiförmig, helmartig zusammengeneigt, unten ein kaum wahrnehmbares Kinn bildend, Lippe dreilappig, dem Säulengrunde kurz angewachsen, nicht beweglich. September—November. Mexiko. Kultur wie von Maxillaria (s. d.). Für den Botaniker „ganz interessant", für den Gärtner wertlos.

Ornithocephalus *Hook.*

(Odontoglosseae 345.)

O. grandiflorus Ldl. ist die einzige in Kultur befindliche der 20 in Brasilien, Mexiko und Westindien verbreiteten, durchweg kleinblütigen Arten, welche auf rundlichen, flachgedrückten Scheinknollen ein oder zwei derbledrige Blätter tragen. Blüten von O. grandflorus in etwa 30 cm hoher, aufrechter, weissstengliger Traube, reinweiss, 2 cm breit, Kelch- und Blumenblätter dicklich, eirund, halbausgebreitet, Lippe dreilappig mit breiten, dicken Seitenlappen und gerundetem, gefranstem Mittellappen. Säule kurz mit sehr langem, schnabelartigem Spitzchen. Mai—Juli. Brasilien.

Ornithochilus Wallr. ist *Aërides Lour.*

Orsidyce Rchb. f. ist *Sarcochilus R. Br.*

Orthochilus Hochst. ist *Eulophia R. Br.*

Osmophytum Ldl. ist *Epidendrum L.*

Otandra Salisb. ist *Geodorum Jacks.*

Oxysepalum Wight. ist *Bolbophyllum Thou.*

Pachyne spectabilis Ldl. ist *Phajus Tankervilliae Bl.*

Pachystoma Blume, mit Acanthephippium nächstverwandt, aber ohne grüne Blätter, in etwa acht Arten, die im faulenden Humus im tropischen Walddistrikt Ostindiens und des malayischen Archipels wachsen, bekannt, ist nicht in Kultur, auch dazu weder geeignet noch zu empfehlen.

Pachystoma Fortunei Rchb. f. ist *Spathoglottis Fortunei Ldl.*

Pachystoma speciosa Rchb. f. ist *Ipsea speciosa Ldl.*

P. Thomsoniana Rchb. f. ist *Ipsea Thomsoniana Rchb. f.*

Palumbina *Rchb. f.*

(Odontoglosseae 350.)

P. candida Rchb. f. (*Oncidium candidum Ldl.*), die einzige Art der Gattung, welche von Oncidium abweicht durch vollkommen verwachsene seitliche Kelchblätter und ungeteilte Lippe, sowie durch eine auf dem Lippengrunde aufliegende, dicke Platte, hat flachgedrückte, schmale, riemenförmige, 3 cm lange Scheinknollen, mit meist nur einem endständigem, breit-linearem, stumpfem, blassgrünem Blatte. Blüten auf schlankem, aufsteigendem, 30 cm hohem, purpurüberlaufenem Schaft in armblumiger Traube, 5 cm breit, wachsartig, flach, reinweiss, das obere Kelchblatt länglich-spitz, den verwachsenen seitlichen gegenüber stehend, Blumenblätter grösser, länglich, rechtwinkelig abstehend, Lippe nicht grösser als die Blumenblätter, länglich-eiförmig, ungeteilt. Mai—Juni. Guatemala. Kultur der kühler zu haltenden Odontoglossum-Arten.

Paphinia *Ldl.*

(Lycastinae 248.)

Die drei bekannten Arten sind Baumbewohner des tropischen Süd-Amerikas und ihrer schönen Blüten wegen recht kulturwert. Die kleinen Scheinknollen tragen 1—2 längsfaltige Blätter, die Blüten sitzen (meist) zu zwei an hängenden kurzen Stielen, welche mit dem jungen Triebe unter der alten Knolle hervorbrechen. Sie sind ansehnlich, gut gefärbt, Kelch- und Blumenblätter unter sich gleich, die seitlichen Kelchblätter ein deutliches Kinn bildend. Die quer vorstehende Lippe ist dem stark vorgebogenem Säulenfusse ansitzend, dreilappig, hinter der Teilungsstelle zusammengeschnürt, dann plötzlich fast flügelartig verbreitert und den Endlappen stark vorschiebend, welcher wiederum vorn plötzlich gestutzt oder knopfförmig ist und an diesem Ende ein dichtes Büschel kurzer keulenförmiger Anhängsel trägt, ausserdem zeigt der Mittellappen deutliche Längsschwielen. Säule gross, kräftig, weit vorgekrümmt.

Kultur wie von Maxillaria (s. d.).

P. cristata Ldl. (*Maxillaria cristata Batem.*) Scheinknollen länglich-eiförmig, 3 cm hoch, glänzend grün, leicht gefurcht. Blätter paarweis, selten zu dreien, länglich-lanzettlich, hellgrün. Blüten zu 2—3 an hängendem Schaft, 10 cm breit, Kelch- und Blumenblätter lanzettlich, spreizend, weiss mit zahlreichen braunen Strichen und am Grunde mit dunkelchokoladenbraunen Querbinden, Lippe kleiner, dick-fleischig, aus kurzem weisslichem Stege dreilappig, mit länglich-krummsäbelförmigem Seitenlappen und einem fast rautenförmigem Mittellappen, alle chokoladenbraun, der vorgeschobene Knopf einen dichten Busch weisser Fransen tragend, Säule gelblichgrün mit braunen Bändern. September, Oktober. Demerara, Trinidad. Neu-Granada.

— **var. Randii hort.** Blüten dunkler.

P. grandis Rchb. f. Scheinknollen gedrängt, schlank-eiförmig, kantig, 5 cm hoch. Blätter paarweis, kurz lanzettlich-elliptisch, zugespitzt, längsfaltig. Blüten an hängendem Schaft zu 2—3, 15 cm breit, Kelch- und Blumenblätter breit ei-lanzettlich, unten rein crêmeweiss, nach oben dicht purpurbraun strichfleckig, die Spitzen purpurbraun, Zeichnung der Blumenblätter feiner und auf die Mittelfläche zusammengedrängt, Lippe aus schwärzlich-purpurnem Stege in eine länglich verkehrt-eiförmige, crêmeweisse Scheibe verbreitert, mit stumpf-linearen, einwärts gebogenen Seitenlappen, dann eingeschnürt und in den rautenförmigen Vorderlappen verbreitert mit rückwärts gekrümmten, schwärzlich-purpurnen Sichelspitzen, der vorgeschobene rundliche Knopf trägt ein Bündel crêmeweisser Drüsenhaare. Säule grün, purpurn gespritzt und gelb gefleckt. Oktober, November. Brasilien.

P. rugosa Rchb. f. Scheinknollen fast drehrund, gefurcht, 2 cm hoch,

Blätter keilförmig-länglich, schlank zugespitzt. Schaft hängend, zweiblumig. Blüten 10 cm breit, gelblich mit spärlichen braunen Spritzflecken, Lippe weiss, purpurn gefleckt, in der Form von P. cristata, mit weisser Knopfquaste. Juli—September. Neu-Granada.

— **var. Sanderiana Rchb. f.** Blüte weiss oder gelblichweiss, trüb purpurn gespritzt, Lippe rötlich-purpurn mit weisser Quaste.

P. Sanderiana Rchb. f. ist *P. rugosa Rchb. f. var.*

P. tigrina Rchb. f. ist *Houlletia tigrina Lind.*

Paphiopedilum *Pfitz.*

(Cypripedilinae 5.)

(Selenipedilum Rchb. z. Teil Cypripedilum Aut. und der Gärten.)

Erdorchideen, deren kurz knorrig-knotiger, sympodialer Wurzelstock dicht an oder unter der Oberfläche im Moose, bald auf Felsen oder in Astgabeln der Bäume, bald im Waldgrunde selbst kriecht und starke Wurzeln treibt, welche ganz den Charakter der Wurzeln der echten Baumbewohner tragen. Blätter normal zweizeilig, nur scheinbar zuweilen spiralig durch Drehung der scheidenartigen Hälfte, nicht gegliedert, derb, meist ledrig, oberseits dunkelgrün oft bunt gezeichnet, unten meist auffällig heller, in der Knospenlage gefaltet. Blüten gross, auf stets endständigem Schaft einzeln oder in arm- bis vielblumiger Traube, die ganze Blütenhülle samt der Säule beim Welken abfallend. Seitliche Kelchblätter nach unten gerückt, mit einander völlig verwachsen, oberes Kelchblatt frei, aufrecht, meist nach vorn übergebogen, Blumenblätter im Verhältnis zu den anderen schmal, oft verlängert und in schwanzartige Fäden ausgezogen. Lippe schuhförmig, bald kurz gerandet, bald lang ausgebaucht. Von den Staubfäden sind die beiden paarigen des äusseren und das unpaare des inneren Kreises ganz unterdrückt, das dritte des äusseren Kreises ist in eine verschieden geformte, hornig-fleischige Platte (Säulenplatte, Staminodium) umgewandelt, welche die Säule von vorn und oben deckt, die paarigen inneren Staubfäden sind fruchtbar und stehen mit ihren Staubbeuteln, welche von einer kurzen Zackenspitze überragt werden, links und rechts dicht unter der Spitze der Säule, deren Narbenfläche quer vorgebogen ist. Fruchtknoten völlig oder wenigstens an der Spitze dreifächerig.

Die eigenartige Stellung von Staubbeutel und Narbe macht eine Selbstbefruchtung der Blüten (ausgenommen P. Schlimii) vollkommen unmöglich. In der Heimat sorgen bienenartige Insekten für reichliche Befruchtung und in den Gärten ist die leichte Befruchtung, gute Samenbildung und relativ günstige Keimung der Paphiopedilen der Grund dafür geworden, dass die Züchtung von Bastarten in so grossem Massstabe betrieben wird, wie von keiner zweiten Orchideengattung. Englische

Züchter haben einander schon fast überboten im Kreuzen der Venusschuhsorten und jeder Monat bringt neue Kunstprodukte, so dass bald ein eigenes Sortenstudium nötig sein wird, um sich in der Formenmasse zu orientieren.

Wildwachsende Arten sind etwa 30 aus dem tropischen Asien und seiner Inselwelt und dem tropischen Amerika bekannt. Sie zerfallen in zwei leidlich abgrenzbare Gruppen, welche aber durch die der Gartenkunst entsprossenen Bastarte miteinander verflochten sind:

A. **Genuina:** Nur in Asien heimische Arten, niedrig, mit wenigen, kurzen, meist stumpfen Blättern, einblütig, Blumenblätter kaum länger als die Kelchblätter; z. B. P. insigne Pfitz., P. barbatum Pfitz., P. niveum Pfitz.

B. **Caudata** (*Selenipedila* der Gärten): Meist in Amerika, nur wenige Arten in Asien heimisch, kräftig, mit zahlreichen, langen, spitzen Blättern, Blüten in Trauben, Blumenblätter lang, oft sehr lang und gedreht; z. B. P. laevigatum Pfitz., P. longifolium Pfitz., P. caudatum Pfitz.

Die beste Übersicht der in den Gärten — vorwiegend durch Seden in Veitchs Etablissement — gezogenen Bastarte giebt die nachfolgende von Veitch (Manual of orchidaceous plants by James Veitch und Sons, tome IV) 1889 veröffentlichte Liste.

A. Bastarte der Paphiopedilum-Arten mit kurzen Blumenblättern:

1. **Harrisianum - Gruppe:**

P. villosum ist eine der Stammarten:
apiculatum,
concinnum,
Charles Canham,
Germinyanum,
Godseffianum,
Harrisianum (*villosum* × *barbatum*),
f. **atropurpureum,**
f. **Brayi,**
f. **Danthieri,**
f. **hybridum,**
f. **purpurascens,**
f. **superbum,**
f. **vivicans,**
Lathamianum,
Measuresianum
f. **Amesianum,**
Mrs. Charles Canham,
vernixium,
Williamsianum
Winnianum.

2. **Oenanthum-Gruppe.**

Gekreuzt aus P. Harrisianum und den verschiedenen Formen von P. insigne:

Oenanthum,
f. **Acis,**
f. **Elektra,**
f. **Galatea,**
f. **Josephine Jolibois,**
f. **Orestes,**
f. **superbum,**
f. **Thibautianum.**

3. Ashburtoniae-Gruppe.

P. insigne als eine der Stammarten:
Arthurianum,
Ashburtoniae,
- **f. calospilum,**
- **f. expansum,**
- **f. majus,**
- **f. superbum,**

Laforcadei,
- **f. Barteti,**

nitens,
Sallieri.

4. Superciliare-Gruppe.

P. barbatum oder seine nächsten Verwandten: Argus, Dayanum, Lawrenceanum etc. sind an der Kreuzung beteiligt:
almum,
delicatulum,
Euryale,
- **f. Vervaetianum,**

gemmiferum,
Jo,
javanico × superbiens,
marmorophyllum,
orphanum,
pleistochlorum,
superciliare,
Swanianum.

5. Crossianum-Gruppe.

P. venustum als eine der Stammarten:
auroreum,
caligare,
calophyllum,
Carrierei,
chloroneurum,
- **v. discolor,**
- **v. Meirax,**
- **v. melanophthalmum,**
- **v. politum,**

Crossianum,
- **v. amandum,**

Fitchianum,
pavoninum,
plunerum,
Thetis.

6. Marshallianum-Gruppe.

P. concolor oder **P. niveum** bilden die vortretende Stammart:
Aphrodite,
Mad. Van Houtte,
Marshallianum,
microchilum,
Tautzianum,
tesselatum porphyreum.

7. Leeanum-Gruppe.

P. Spicerianum als Haupt-Stammart:
Hornianum,
Leeanum,
- **v. superbum,**

polystigmaticum,
radiosum,
- **v. variopictum,**

Savageanum,
Seegerianum.

8. **Selligerum - Gruppe.**

Abkömmlinge von **P. Lowii** oder seinen Verwandten:

calanthum,
euryandrum,
macropterum,
Morganiae,
Peetersianum,
pycnopterum,
  v. porphyrospilum,
selligerum.

9. Einzelstehende Bastarte;

Fraseri,
porphyrochlamys,
vexillarium.

B. Kreuzungen mit der **Caudata - Gruppe** (*Selenipedilum* der Gärtner.)

10. **Sedenii - Gruppe**:

Kreuzungen aus **P. Schlimii** direkt oder aus **P. Sedenii** (*P. Schlimii* × *longifolium*) indirekt:

albopurpureum,
Ainsworthii,
  v. calurum,
cardinale,
leucorhodum,
Saundersianum,
Schroederae,
Sedenii,
  v. albanense,
  v. candidulum,
  v. porphyreum,
stenophyllum.

11. **Dominyanum - Gruppe.**

Abkömmlinge von **P. longifolium** (*Selenipedilum caudatum*) oder **P. caricinum**:

conchiferum,
Dominyanum,
grande,
nitidissimum.

Die Kultur dieser schön und, wenn richtig behandelt, sehr dankbar blühenden Arten hat bisher den Gärtnern viel Kopfschmerzen gemacht, heut wo auch die Paphiopedilum einfach naturgemäss behandelt werden, vollzieht sich auch an ihnen das grosse Wunder, dass sie von selbst willig und gut wachsen. Die Wintertemperatur braucht 10° nicht zu überschreiten für alle festländisch - asiatischen und die amerikanischen Arten, nur die Arten der asiatischen Inseln bedürfen einer Minimalwärme von 15° R., wenn sie freudig gedeihen sollen. Die meisten Arten vertragen Kultur am Rindenstück, alle gedeihen aber besser im Kästchen oder im Topfe hochgepflanzt und mit der denkbar reichlichsten Drainage versehen. Töpfe fülle man mindestens bis zur Hälfte mit Drainagescherben oder Brocken. Als Erdmischung dient gutes Sphagnum, zur Hälfte mit brockiger Haideerde vermengt, das genügt! alle Zusätze von Lehm, Kohle, Torf, Lauberde u. s. w. sind mindestens überflüssig. Dagegen lieben alle Venusschuharten wiederholte und kräftige Düngung. Während des Triebes dürfen die Wurzeln niemals trocken werden, aber es darf auch kein stockendes Faulwasser an ihnen sitzen bleiben, und vor allen Dingen muss die Luft im Kulturraume durch Spritzen und Verdunsten so feucht als möglich gehalten werden. Überhaupt verabscheuen alle Arten die Trockenheit auch in der Ruheperiode, selbstredend muss in dieser Zeit spärlich gegossen werden, aber nie soll es zum Dörren kommen. Frische Luft, aber kein kalter Zug, viel Licht, aber keine brennenden Sonnenstrahlen, sind Lebensbedürfnisse, welche eine achtsame gärtnerische Hand leicht regulieren kann. Das Umpflanzen geschieht am besten bald nach dem Abtrocknen der Blüten, jedenfalls nicht während des Triebes, was wohl eigentlich selbstredend ist.

Alle nachstehenden Arten gehen in den Gärten unter Cypripedilum (fälschlich Cypripedium), es ist daher der Synonymenzusatz Cypripedilum bei den nachfolgenden Namen als selbstverständlich überall weggelassen worden.

Echte Selenipedilumarten — im Pfitzerschen Sinne — sind nicht in europäischer Kultur, merkwürdiger Weise. Die Selenipedilum (fälschlich Selenipedium geschrieben) der Gärten gehören sämtlich zu Paphiopedilum.

Die Gattung Uropedilum (Uropedium) ist nur auf eine Wachstums-Monstrosität begründet, daher nicht aufrecht zu erhalten, und die einzige Uropedilumart gehört zu P. longifolium.

P. Acis h. Veitch. gehört zu *P. oenanthum Rchb. f.*

P. Ainsworthii Rchb. f. (*P. longifolium var. Hartwegii* × *P. Sedenii*) von Obergärtner Mitchell in Dr. Ainsworths Garten bei Manchester gezüchtet. Blüten zu 3—7 in Trauben. Kelchblätter elfenbeinweiss, blassrosa getuscht, blassrosa und gelbgrün geadert, Blumenblätter bis 15 cm lang, gleichmässig verschmälert, mehrfach gedreht, mit gelbgrüner, links und rechts bis zu zwei Drittel der Länge elfenbeinweiss gesäumter Mittellinie, Ränder und Spitze rosa-fleischfarben, Lippe dunkelrosa, der eingefaltete Teil weiss mit rosa gesprenkelt, Säulenplatte grünlichweiss mit purpurnen Wimperhaaren unterseits. Oktober, November.

— **var. calurum Rchb. f.** als Art, von Seden bei Veitch gezogen, ist nur durch kürzere Laubblätter und etwas schmälere Blumenblätter abweichend.

— **var. Lemoinierianum Rchb. f.** als Art, ist fast gar nicht verschieden von der typischen Form.

P. albanense hort. ist *P. Sedenii Rchb. f. var.*

P. albopurpureum Rchb. f. (von Seden bei Veitch gekreuzt aus P. Schlimii ♂ × Dominyi ♀). Vielblumig. Kelchblätter elfenbeinweiss, rosa gerandet, gelbgrün geadert, Blumenblätter 10—12 cm lang, aus breitem Grunde schmal ausgezogen, gedreht, hell fleischfarben-rosa, Lippe karminrosa, dunkler geadert, der eingeschlagene Rand elfenbeinweiss, dunkelrosa punktiert. Säulenplatte weiss, purpurn gewimpert. Oktober, November.

P. Alcides h. Sand. ist *P. insigne* × *hirsutissimum*.

P. Alice hort. ist *P. Stonei* ♀ × *Spicerianum* ♂.

P. almum Rchb. f. (*P. Cooksonianum hort.* von Mr. Cookson auf Oaklands, Engl., aus C. barbatum × Lawrenceanum gezogen). Einblütig. Oberes Kelchblatt weiss mit einem langem weinrotem Fleck an jeder Seite, mittlere Adern abwechselnd lang und kurz, dunkelgrün, seitliche breiter, satt purpurn, unteres Kelchblatt weiss mit 2—3 Purpurstreifen, Blumenblätter dunkel grünlichbraun, verwaschen purpurn, Lippe dunkel bronze-braunrot, eingeschlagener Rand blassgrün, trüb purpurn gefleckt. Juli, August.

P. amandum Rchb. f. ist *P. Crossianum Rchb. f.*

P. Amesiana Will. ist *P. Measuresianum Will.*

P. Antigone Rolfe (*P. niveum × Lawrenceanum*) erinnert in Wuchs und Grösse an letztere Art, in der Blütenform an niveum, Blüte weiss, rosa angehaucht.

P. Aphrodite Rchb. f. von Seden in Veitch's Gärten aus P. niveum × Lawrenceanum gezüchtet. Gedrungenwüchsig. Blätter länglich-eiförmig, etwa 3 zu 6 cm, hell- und dunkelgrün schachbrettfleckig. Blüten einzeln, weiss, rosapurpurn gefleckt und getuscht, Kelch- und Blumenblätter mit grünem Grunde, oberes Kelchblatt kreisrund, unteres eiförmig, ausgehöhlt, Blumenblätter leicht nach vorn gebogen, breit-länglich, schwarzhaarig gewimpert, Lippe aufgeblasen mit zusammengezogener Mündung. Säulenplatte blassrosa mit grünem Mittelfleck. Juni—August.

P. apiculatum Rchb. f. von Drewett, Riding bei Newcastle a/Tyne, aus P. barbatum × villosum v. Boxalli gezogen. Blätter undeutlich gefleckt, oberes Kelchblatt hellgrün, weiss gerandet und purpurn netzadrig, unteres blassgrün, braunadrig, Blumenblätter aus hellgrünem Grunde oben purpurbraun mit breiter rotbrauner Mittellinie, dicht schwarzfleckig, Lippe aus gelblichem Grunde gelbbraun. Juli, August.

P. Apollo Meas. (*P. vexillarium × Stonei*) hält in der Blüte die Mitte zwischen den Eltern, aber die ganze Blüte ist intensiv rosa überlaufen.

P. Argus Rchb. f. (*P. barbatum Ldl. var. Argus hort. Cypripedium Pitcherianum W. A. Manda.*) Blätter länglich-lanzettlich, 3 zu 15 cm etwa, hellgrün mit dunkelgrüner Schachbrettzeichnung. Blüten einzeln, selten zu zwei, auf 25 cm hohem Schaft, 6 cm breit, oberes Kelchblatt breit herz-eiförmig, zugespitzt, klein gewimpert, aus schwärzlichbraunem Grunde weiss mit abwechselnd kurzen und langen, grünen oder roten und grünen Adern, unteres Kelchblatt kleiner und blass geadert, Blumenblätter spitzriemenförmig, herabgebogen und wellig, gewimpert, weiss mit im oberen Drittel roten, im unteren Teile grünen Adern, innen schwarzwarzig, Lippe breit, unten grünlichbraun, oben braunpurpurn, eingeschlagener Rand blasspurpurn, dunkler gefleckt. Säulenplatte hufeisenförmig, grünlich. März, April. Philippinen, Insel Luzon.

— **var. Boddartii hort.** ist nur sehr üppig gewachsen, sonst nicht verschieden.

— **var. Moensii hort.** Kelch- und Blumenblätter breit, Blumenblätter gross und dicht gefleckt.

— **var. Morrenianum hort.** Kelchblätter fast reinweiss, nur ganz blass geadert.

— **var. multicolor hort.** Färbung der Adern auffällig vortretend.

— **var. nigricans hort.** (*var. nigrum, var. nigritum, var. nigromaculatum hort.*) Die schwarzen Warzen der Blumenblätter grösser, oft zusammenfliessend.

— *var. superbum hort.* ist *P. barbatum Ldl. var.*

P. Argus × *Lawrenceanum* ist *P. Io Rolfe.*

P. Argus × *villosum* ist *P. vernixium Rchb. f.*

P. Arthur h. Drew. (*P. venustum* × *laevigatum*) steht ersterer Art sehr nahe, aber die Blumenblätter sind lang und gedreht.

P. Arthurianum Rchb. f. ist von Veitch aus P. insigne × Fairieanum gezüchtet. Oberes Kelchblatt apfelgrün mit breitem weissem Vorderrand, purpurbraun geadert und gefleckt, unteres Kelchblatt blasser, wenig gefleckt. Blumenblätter gebogen und zurückgeschlagen, wellig, gewimpert, hellgelbgrün, unten hell, oben dunkel-rotbraun geadert, Lippe hellgelbgrün, braun getuscht und geadert. Säulenplatte ledergelb mit grünlichem Mittelfleck, unten gelbhaarig. November, Dezember. Nach Arthur Kisch genannt.

P. Ashburtoniae Rchb. f. (*P. obscurum Rchb. f.*) zuerst von Obergärtner Cross der Lady Ashburton, Melchet Court bei Romsey, aus P. barbatum ♂ × insigne ♀ gekreuzt, später vielfach nachgezüchtet. Oberes Kelchblatt apfelgrün, braun geadert, vorn breit weiss gerandet, unteres Kelchblatt blasser geadert, Blumenblätter gewimpert, rötlichbraun, dunkler geadert, spärlich schwarzwarzig. Säulenplatte ledergelb mit grüner Mitte. Oktober bis Dezember.

— **var. calospilum Veitch.** Kelchblätter bis zum Grunde weiss gerandet, dunkelbraun-adrig.

— **var. expansum Rchb. f.** Oberes Kelchblatt breit, fast flach, mehr als zur Hälfte weiss gerandet, Aderflecken gross und dunkel.

— **var. majus Rchb. f.** Kräftig, breitblättrig, Blüten sehr gross, oberes Kelchblatt hinter dem weissen Rande weinrot bordiert.

— **var. superbum Veitch.** Oberes Kelchblatt breit weissrandig, hell violettpurpurn gesprenkelt.

P. auroreum Rchb. f. von Cookson-Oakwood aus P. Lawrenceanum × venustum erzogen. Oberes Kelchblatt weiss, manchmal am Rande purpurstreifig, mitten dicht grün-, aussen purpurn-geadert, unteres Kelchblatt weiss, blassgrün geadert, Blumenblätter mit 3—5 Haarwarzen an jedem Rande und einigen kleineren auf dem Mittelnerv, aus blassgrünem Grunde trüb purpurrot, Lippe grünlichbraun, Innenrand gelblich, rosa gefleckt. Säulenplatte gelblich mit dunkelgrüner Mitte. Februar, März.

P. Astraea Veitch ist *P. Spicerianum* ♂ × *philippinense* ♀.

P. Aylingii hort. (*P. niveum × ciliolare*) ähnelt dem P. niveum, aber Kelch und Blumenblätter sind viel breiter, oberes Kelchblatt weiss mit ein paar mattrosaen Linien, Blumenblätter weiss, purpurrandig, Lippe weiss, rosa behaucht.

P. barbatum Ldl. Blätter spitz länglich-lanzettlich, 2 zu 10 cm etwa, mattgrün mit schwacher dunkelgrüner Schachbrettzeichnung. Blüten einzeln, selten zu zwei auf 20 cm hohem Schaft, bis 10 cm breit, oberes Kelchblatt fast kreisrund mit kurzer Spitze, mitten längsfaltig, aus grünem Grunde mehr minder schmal weinrot, vorn weiss, stark geadert, Adern aus grünem Grunde braunpurpurn, unteres Kelchblatt viel kleiner, spitzeiförmig, blasser gefärbt, Blumenblätter breit-linear, quer abstehend, etwas herabgebogen, gewimpert, am Rande spärlich schwarzwarzig, aus bräunlich grünem Grunde trüb purpurn, Lippe vorgestreckt, helmförmig, aus blasserem Grunde tief purpurbraun, Innenrand dunkler gefleckt. Säulenplatte hufeisenförmig, bräunlich. April, Juli. Vom Ophirberge auf der Halbinsel Malakka 1840 zum erstenmale nach England gebracht.

— *var. Argus hort.* ist *P. Argus Rchb. f.*

— *var. biflorum hort.* ist *var. Crossii hort.*

— **var. Crossii hort.** (*Cypripedilum Crossii hort. C. barbatum Ldl. var. Warnerianum Moore. C. barbatum Ldl. var. biflorum hort. C. orbum Rchb. f.*) Kleinwüchsig. Blätter blass, dicht gefleckt. Blüten oft paarweis, kräftiger gefärbt, das weinrote Band des oberen Kelchblattes scharf vortretend, Blumenblätter ganz spärlich warzig, Lippe schön braunpurpurn.

— *var. giganteum hort.* ist *var. nigrum hort.*

— **var. grandiflorum hort.** (*var. pulcherrimum hort. var. majus hort.*) Starkwüchsig mit einzelnen, sehr grossen, klar gefärbten Blüten.

— *var. Hookerae Rgl.* ist *P. Hookerae Rchb. f.*

— *var. majus hort.* ist *var. grandiflorum hort.*

— **var. nigrum hort.** (*var. giganteum hort.*) Blüten gross, Lippe sehr dunkel gefärbt.

— **var. Obrienii Rchb. f.** (*var. purpureum hort.*) Blätter blassgrün, wenig und nur hell gefleckt, oberes Kelchblatt kreisrund, purpurstreifig, Blumenblätter wenig zurückgebogen, dunkelgrünbraun, Lippe dunkelrotbraun.

— **var. pallidum hort.** Kelchblätter blassadrig, Blumenblätter hellbräunlich, Lippe hellrotbraun.

— **var. pictum hort.** Oberes Kelchblatt scharf abgesetzt, rot bandiert, Adern stark vortretend, hellrotbraun.

— **var. plumosum hort.** Blumenblätter auffällig stark gewimpert.

— *var. pulcherrimum hort.* ist *var. grandiflorum hort.*

— *var. purpureum hort.* ist *var. Obrieni Rchb. f.*

— **var. splendens hort.** Blätter schön gefleckt. Blüten gross, oberes Kelchblatt breit weiss, Lippe schwärzlich-purpurn.

— *var. superbum Lind.* ist *P. superbiens Rchb. f.*

— *var. Veitchii Van Houtte* ist *P. superbiens Rchb. f.*

— **var. violaceum hort.** Oberes Kelchblatt violettrot bandiert.

— *var. Wagnerianum hort.* ist nicht von der Hauptart verschieden.

— *var. Warnerianum Moore* ist *var. Crossii hort.*

P. barbatum × *concolor* ist *P. tesselatum porphyreum Rchb. f.*

P. barbatum × *Dayanum* ist *P. Swanianum Rchb. f.*

P. barbatum v. Crossii × *Dayanum* ist *P. delicatulum Rchb. f.*

P. barbatum × *Druryi* ist *P. orphanum Rchb. f.*

P. barbatum × *Fairieanum* ist *P. vexillarium Rchb. f.*

P. barbatum × *hirsutissimum* ist *P. Fraseri Veitch.* und *P. porphyrochlamys Rchb. f.*

P. barbatum × *Hookerae* ist *P. Fitchianum Will.* und *P. marmorophyllum Rchb. f.*

P. barbatum × *javanicum var. virens* ist *P. pleistochlorum Rchb. f.*

P. barbatum × *insigne* ist *P. Ashburtoniae Rchb. f.*

P. barbatum × *insigne var. Chantinii* ist *P. Laforcadei h. Bauer.*

P. barbatum × *Lawrenceanum* ist *P. almum Rchb. f.*

P. barbatum v. Crossii × *Lowii* ist *P. calanthum Rchb. f.*

P. barbatum × *niveum* ist *P. Tauzianum Rchb. f.*

P. barbatum × *philippinense* ist *P. selligerum Rchb. f.*

P. barbatum × *Stonei* ist *P. euryandrum Rchb. f.*

P. barbatum × *superbiens* ist *P. superciliare Rchb. f.*

P. barbatum × *venustum* ist *P. calophyllum Rchb. f.* und wahrscheinlich auch *P. chloroneurum Rchb. f., discolor Rchb. f., Meirax Rchb. f., melanophthalmum Rchb. f.* und *politum Rchb. f.*

P. barbatum × *villosum* ist *P. Harrisianum Rchb. f.*

P. barbatum × *villosum var. Boxallii* ist *P. apiculatum Rchb. f.*

P. Bartetii Carr. ist *P. Laforcadei h. Bauer var.*

P. bellatulum Rchb. f. Niedrig. Blätter reitend, länglich-elliptisch, 6 zu 20 cm etwa, vorn stumpf oder ausgerandet, oben dunkelgrün, spärlich blassgrün gefleckt, unten trübpurpurn, Blüten einzeln auf 5—10 cm hohem Schaft, 6 cm breit, weiss oder weissgelb, auf der ganzen Fläche purpurbraun rundfleckig, oberes Kelchblatt fast kreisrund, gekielt, Flecke nach dem Grunde zu dichter, verloren kurz gewimpert wie alle Blütenblätter, unteres Kelchblatt viel kleiner, breit-eiförmig, Blumenblätter flach, breit und gerundet eiförmig, Lippe verhältnismässig klein, schlank fingerhutförmig, weniger gefleckt, eingeschlagener Rand dicht kleinfleckig. Säulenplatte gleichfarbig, fast kreisrund. April—Juni. Hinterindien.

— **var. lineatulum hort.** (*P. lineolare hort.*) Flecke strichförmig.

— **var. roseum hort.** Die weisse Grundfarbe der Blüte rosa überlaufen.

P. Berggrenianum Rchb. f. ist *P. insigne* × *Danthieri.*

P. biflorum hort. ist *P. barbatum Ldl. var. Crossii hort.*

P. Binotii hort. ist *P. vittatum Vellozo.*

P. Boissierianum Rchb. f. (*Cypripedilum grandiflorum Pav. Cypri-*

pedium reticulatum Rchb. f. Selenipedilum Boisslerianum und *S. reticulatum Rchb. f.*) Blätter lang-linear, halbmeterlang. Blüten zu 3—5 auf halbmeterhohem, steif aufrechtem Schaft, der bis oben häutige, lanzettliche, bis 8 cm lange, bauschige Deckblätter trägt, 12 cm breit, hell gelbgrün, dunkelgrün geadert, Kelch- und Blumenblätter weiss gerandet, oberes Kelchblatt spitz-lanzettlich, krausrandig, unteres gleichbreit, länglich-eiförmig, ausgehöhlt, weniger kraus, Blumenblätter aus breitem Grunde allmählich linear verschmälert, bis 10 cm lang, horizontal abstehend, krausrandig, gedreht, Lippe vortretend, fast cylindrisch, bräunlich, eingeschlagener Rand grünbräunlich gefleckt, zwischen diesem Rand und der Lippe ein dreieckiges Anhängsel. Säulenplatte schwarz gerandet. Juli — August. Peru, Distrikt von Huanaco.

P. Boxallii Rchb. f. ist *P. villosum Pfitz. var.*

P. Boissierianum × *Schlimii var. albiflorum* ist *P. Cleola Veitch.*

P. Bragaianum L. Lind. (*P. hirsutissimum* × *villosum var. Boxallii atratum*) steht dem P. Godseffianum sehr nahe. Die grüngelblichen Blumenblätter sind dicht schwärzlich punktiert, das obere Kelchblatt trägt einen breiten schwarzen Mittelfleck, welcher sich allmählich abschattiert. Lippe bräunlichroth.

P. Brayanum hort. ist *P. Harrisianum Rchb. f. var.*

P. Brownii Rchb. f. ist *P. longifolium var.* × *leucorrhodeum* und steht letzteren ausserordentlich nahe, kaum das die Blumenblätter etwas länger sind.

P. Bullenianum Rchb. f. ist *P. Hookerae Rchb. f. var.*

P. Burfordiense Sand. ist *P. Morganiae Rchb. f. var.*

P. Burbidgei Rchb. f. ist *P. Dayanum Rchb. f.*

P. calanthum Rchb. f. ist von Seden in Veitchs Garten aus P. barbatum var. Crossii × Lowii gezogen worden. Oberes Kelchblatt grünlichbraun, braun geadert, weiss gesäumt, unteres Kelchblatt blassgrün, Blumenblätter aus hellgrünem, purpurbraun geflecktem Grunde vorn rosapurpurn, Lippe glänzend purpurbraun, eingeschlagener Rand trübpurpurn. Säulenplatte weiss und braun. Mai, Juli.

P. caligare Rchb. f. von Drewett-Riding aus P. venustum × Dayanum erlangt. Oberes Kelchblatt weisslich, grün geadert, unteres weiss, schwächer geadert, Blumenblätter mit dunkelpurpurner, im Grunde schwarzwarziger Mittellinie, aus weissem, grüngeadertem Grunde oben purpurn mit dunkleren Adern und schwarzen Randwarzen, Lippe bräunlich, mit glänzenden Warzen auf dem aufgebogenem Rande. Oktober, November.

P. callosum Rchb. f. (*P. Regnieri hort. P. reflexum hort.*) Blätter spitzlänglich-eiförmig, 4 zu 15 cm etwa, freudiggrün mit schwärzlichen Hieroglyphen und Schachbrettflecken, unten graugrün, gekielt. Blüten meist einzeln auf 25 cm hohem Schaft zwischen einem langem hinterem und kürzerem vorderem, häutigem Deckblatt, 10 cm breit, oberes Kelchblatt herzförmig, mitten gefaltet, vorn wellig, weiss mit vielen oben weinroten, unten grünen Adern, unteres viel kleiner, lanzettlich, weiss, blassgrün geadert, Blumenblätter riemenförmig, abstehend, leicht gebogen, am Rande gewimpert mit 4—5 schwärzlichen Warzen, blassgrün, vorn rosapurpurn überlaufen, Lippe helmförmig, unten grünlich, oben purpurn, eingefalteter Rand dunkelpurpurn gefleckt. Säulenplatte hufeisenförmig mit einem Zähnchen in der Biegung, bräunlich. Februar, März. Cochinchina.

— **var. giganteum hort.** Sehr starkwüchsig, Blüten über 10 cm, sonst nicht verschieden.

— *var. illustre hort.* ist *var. superbum hort.*

— **var. superbum hort.** (*var. illustre hort.*) Blüten leuchtend gefärbt. Blumenblätter dunkler rosa.

P. calophyllum Rchb. f. (*P. barbatum* × *venustum*). Oberes Kelchblatt weiss, grün geadert, unteres blasser geadert, Blumenblätter aus hellgrünem Grunde vorn rosapurpurn, der purpurbraune Mittelnerv und die Ränder schwarzwarzig, Lippe bräunlichpurpurn. Säulenplatte grün mit ein Paar purpurnen Spritzern. Oktober, November.

— **var. striatum hort.** Oberes Kelchblatt rotbraun gestreift.

P. calophyllum × *oenanthum* ist *P. Pollettianum Rchb. f.*

P. calurum Rchb. f. ist *P. Ainsworthii Rchb. f. var.*

P. Calypso Veitch ist *P. Spicerianum* × *villosum var. Boxallii.*

P. Cambridgeanum hort. ist *P. insigne Pfitz. var.*

P. candidulum Rchb. f. ist *P. Sedenii Rchb. f. var.*

P. Canhami hort. *P. Charles Canham Rolfe. P. villosum* ♀ × *superbiens* ♂.) Blätter von P. superbiens, Blüten so gross wie von villosum, oberes Kelchblatt weisslich mit dunkelpurpurner Mittellinie und unten braunpurpurnen, oben grünen Längsstreifen, untere weisslich, grün geadert, Blumenblätter gewimpert, grünlich, Mittellinie dunkelpurpurn, Seitenadern gelbbraun, mit zahlreichen schwarzpurpurnen Längsflecken. Lippe aus blassem Grunde purpurbraun. Säulenplatte bräunlich, fast nierenförmig. Januar—März.

P. Cannarti hort. ist *P. Stonei Rchb. f.*

P. cardinale Rchb. f. von Seden in Veitchs Garten aus P. Sedenii × Schlimii var. albiflorum gekreuzt. Blüten zu 3—7, 10 cm breit. Oberes Kelchblatt eiförmig, ausgehöhlt, milchweiss, oft rosa behaucht, unteres weiss, Blumenblätter schmal-eiförmig, zugespitzt, weiss, im Grunde und längs der Ränder rosa, Lippe satt karminrosa, der eingeschlagene Saum weiss und rosa gestreift. Säulenplatte weiss mit purpurrosaem Spritzfleck an der Spitze. Dezember, Januar.

P. caricinum Ldl. (*Selenipedilum caricinum Rchb. f. Cypripedium Pearcei hort.*) Blätter zu 4—6, spitz schmal-linear, bis 60 cm lang, Carex-artig. Blüten zu 3—6 auf ebenso langem aufrechtem, rötlichgrünem Schafte, 6 cm lang, oberes Kelchblatt aus breitem Grunde spitz-lanzettlich, wellig, grünlichweiss, blass gelbgrün geadert, unteres spitz länglich-eiförmig, weisslich, Blumenblätter linear, 10 cm lang hängend, gedreht, weiss, hellgrün

Fig. 142. Paphiopedilum caudatum.

geadert, an den Spitzen rosa, Lippe weit aufgebaucht, gelbgrün, dunkler geadert, eingebogene Lappen elfenbeinweiss, grün und rot gefleckt längs des Randes. Säulenplatte länglich-eiförmig, grün, am Grunde purpurfransig. Mai, Juni. Bolivia.

P. caricinum × *caudatum* ist *P. Dominyanum Rchb. f.*

P. caricinum × *longifolium var. Hartwegii* ist *P. conchiferum Rchb. f.*

P. caricinum × *Schlimii* ist *P. stenophyllum Rchb. f.*

P. Carnusianum Rchb. f. ist *P. Spicerianum* ♂ × *Haynaldianum* ♀.

P. Carrierei hort. von Bauer-Paris aus P. superbiens × venustum erlangt. Oberes Kelchblatt weiss, grün geadert, untere blässer geadert, Blumenblätter aus gelbgrünem, dunkler geadertem, spärlich längs der Mitte schwarzwarzigem Grunde, vorn purpurrötlich mit einigen schwarzen Warzen, Lippe gelbgrün, purpurn überlaufen, dunkelgrün geadert, auf dem eingebogenem Rande einige purpurne Warzen. Säulenplatte grün. Oktober, November.

P. Castleanum Sander ist *P. hirsutissimum* × *superbiens.*

P. caudatum Pfitzer. (*Cypripedilum caudatum Ldl. Selenipedilum caudatum Rchb. f.*) (Fig. 142). Blätter spitz schmal-riemenförmig, 3 zu 25 cm etwa; Blüten meist zu drei auf blassgrünem, weichhaarigem, aufrechtem, 40 cm hohem Schaft mit grossen, grünlichen Deckblättern, 10 cm lang gestielt, oberes Kelchblatt aussen weichhaarig, 15 cm lang, spitz-lanzettlich, stark gewellt, vornüber gebogen, weissgelb, grün geadert und längsgestreift, unteres gleichlang, aber breiter und am Grunde ausgehöhlt, Blumenblätter rippenförmig gebogen, linear, beim Aufblühen etwa 10 cm lang, innerhalb 8—10 Tagen sich auf 50–60 cm verlängernd, hängend, gedreht, aus gelblichem Grunde hoch rotbraun, Lippe schmal-pantoffelförmig, etwa 2 zu 5 cm, bräunlichgrün, um die Öffnung bronzefarben, dunkelgrün geadert, eingefaltete Lappen elfenbeinweiss, am Rande purpurfleckig; Säulenplatte dreieckig mit abstehenden, braunrot gewimperten Öhrchen, gelblich. Juni bis August. Peru, Ecuador, zwischen 1500—2500 m verbreitet.

— **var. Albertianum Rchb. f.** Kelchblätter schwefelgelb.

var. delicatum hort. ist *var. Wallisii Rchb. f.*

— **var. giganteum Carr.** Ausser durch starken Wuchs und sehr grosse Blüten noch verschieden durch sehr lange Fadenschwänze und gelbe, purpurn marmorierte, grüngerandete Lippe.

— **var. Lindenii Brongn.** (*Cypripedilum Lindenii van Houtt. Selenipedilum caudatum var. Lindenii Bnthm. Uropedilum Lindenii Ldl.*) (Fig. 143). Untere Kelchblätter frei, Lippe nicht pantoffelförmig, sondern in zwei lange Schwänze, den Blumenblättern ähnlich, aufgelöst. Der dritte Staubfaden des inneren Kreises fruchtbar. — Diese sonderbare Form ist nicht als Art oder gar Gattung aufrecht zu erhalten, sondern ist nur eine Wachstumabweichung, eine Pelorie, von P. caudatum.

— *var. roseum Linden.* ist *var. Warscewiczii Godefr.*

— *var. Seegerianum hort.* ist *var. Wallisii Rchb. f.*

— *var. superbum hort.* ist *var. Warscewiczii Godefr.*

— **var. Wallisii Rchb. f.** (*Selenipedilum Wallisii Rchb. f. Cypripedilum*

Wallisii hort. Cypripedilum Seegerianum hort. Uropedilum delicatum hort.) Blüten kleiner, zarter, blasser, Kelchblätter elfenbeinweiss, gelbgrün geadert, Lippe hellrosa, an den Rändern gelbgrün, eingefaltete Lappen reinweiss, purpurfleckig, Säulenplatte hellgelb, purpurbraun gerandet.

— **var. Warscewiczii Godefr.** (Fig. 144.) (*Selenipedilum Rchb. f. Selenipedilum caudatum Pfitz. var. roseum Linden.*) Blätter breiter, kürzer, dunkelgrün, Kelchblätter gelblich, orangegelb geadert, Blumenblätter aus schön

Fig. 143. Paphiopedilum caudatum var. Lindenii.

rosaem Grunde trüb rosa, Lippe unten gelbgrün, oben gelbbraun.

P. caudatum × *longifolium var. Hartwegii* ist *P. grande Rchb. f.*

P. caudatum × *Sedenii* ist *P. Schroederae Rchb. f.*

P. caudatum var. Warscewiczii × *conchiferum* ist *P. nitidissimum Rchb. f.*

P. caudatum var. Warscewiczii × *Schlimii* ist *P. Saundersianum h. Marsh.*

P. Chantinii Godefr. ist *P. insigne Pfitz. var.*

P. Chamberlainianum Rchb. f. von den Philippinen, kommt soeben durch Sander & Cie. in St. Albans in den Handel. Es ist eine ganz eigenartige Form, deren kurze, breit-gerundete Blätter fast zweizeilig dicht übereinander stehen. Blüten etwa 8 cm gross, mit auffällig kurzer Lippe, in grünem mit braun schattiertem Farbenton.

P. chloroneurum Rchb. f. (wahrscheinlich *P. barbatum* × *venustum*) steht dem P. venustum nahe. Oberes Kelchblatt grün, weiss gerandet, Mittelader purpurn, die anderen dunkelgrün, unteres Kelchblatt blasser, Blumenblätter aus grünem Grunde purpurbraun mit einzeln schwarzen Warzen und breiter, dunkelpurpurner Mittellinie, Lippe grünlichbraun, vorn purpurn getuscht. Rand lehmgelb. Säulenplatte grünlich. Juli, August.

Fig. 144. Paphiopedilum caudatum Warscewiczi.

P. ciliolare Rchb. f. (Fig. 145.) Blätter stumpf länglich-elliptisch, 4 zu 12 cm etwa, hell- und dunkelgrün gewürfelt. Blüten einzeln auf 25 cm hohem Schaft mit kurzem Deckblatt, 8 cm breit, oberes Kelchblatt spitz breit-eiförmig, gewimpert, aus purpurnem Grunde weiss, dicht und zart unten grün-, nach oben purpurn geadert, zuweilen leicht purpurn gesäumt, unteres Kelchblatt viel kleiner, weisslich, grün geadert, Blumenblätter riemenförmig, herab- und zurückgebogen, lang schwarzhaarig gewimpert, aus langem grünem, schwarzwarzigem Grunde vorn blasspurpurn, Lippe vortretend, helmförmig, trüb purpurbraun, eingefaltete Lappen gelbgrün, braunwarzig. Säulenplatte nierenförmig, am Aussengrunde undeutlich fünfzähnig, grünlich mit blassrosaem Hauch. April, Mai. Philippinen, Nordostküste von Mindanao.

— **var. magnificum hort.** Blüten gross und heller gefärbt.

P. Cleola Veitch ist *P. Boissierianum* × *Schlimii v. albiflorum*, sieht dem P. Sedenii sehr ähnlich, ist aber fast weissblütig.

P. conchiferum Rchb. f. von Bowring, Forest Farm bei Windsor, aus P. caricinum × longifolium var. Hartwegii gezogen. Oberes Kelchblatt weiss, gelbgrün geadert, unteres viel breiter, weisslich hellrotbraun geadert, Blumenblätter 10 cm lang, halb hängend, blassrosa, weiss gerandet, Lippe hellgelbgrün, eingefaltete Ränder heller, rosa und grün punktiert. Säulenplatte schwarz gewimpert. Juli, August.

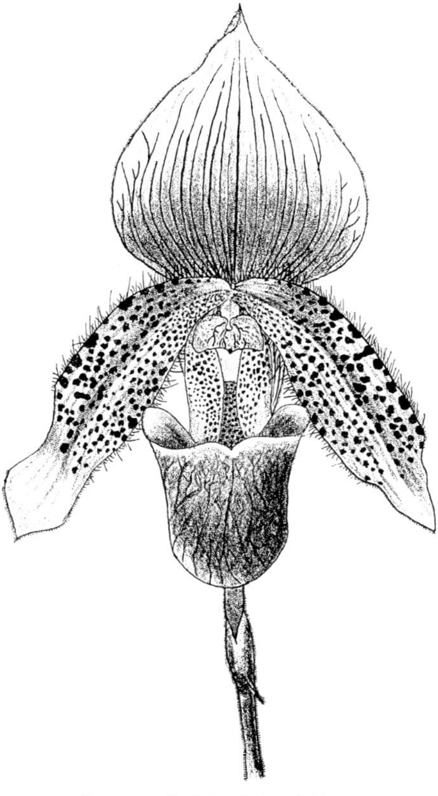

Fig. 145. Paphiopedilum ciliolare.

P. concinnum hort. gleichfalls von Bowring gekreuzt und zwar aus P. villosum × purpuratum. Oberes Kelchblatt aus braunem Grunde grünlich, dicht schwarzpurpurn geadert, Ränder zurückgerollt, unteres weiss, grünadrig, Blumenblätter aus hellem Grunde purpurbraun mit dunkelpurpurnem Mittelnerv, Lippe trüb blasspurpurn. Säulenplatte bräunlich, mitten grün. Juli, August.

P. concolor Parish. Blätter länglich-eiförmig, 4 zu 10 cm etwa, dunkelgrün mit graugrüner Zeichnung, unterseits trüb purpurn gefleckt. Blüten zu 1—2 auf 10 cm hohem Schafte mit kleinem Deckblatt, 5 cm breit, hellgelblich mit kleinen Purpurpunkten, oberes Kelchblatt fast kreisförmig, gekielt, vorn übergebogen, unteres eiförmig, meist fast gleichgross, Blumenblätter stumpf länglich-elliptisch, flach, breit, alle zart gewimpert, Lippe klein, flach-kegelig. Säulenplatte rundlich-rautenförmig, gelblich mit purpurnem Mittelfleck.

Juni, Juli. Moulmein, Cochinchina, Tonkin. — Verlangt viel Wärme und Feuchtigkeit.

— **var. chlorophyllum Rchb. f.** (*var. mediolineatum hort.*) Blätter beiderseits blassgrün. Kelch- und Blumenblätter längs der Mittellinie purpurn gesprenkelt.

— **var. Gardenianum hort.** ist nicht verschieden von der Hauptform.

— *var. mediolineatum hort.* ist *var. chlorophyllum Rchb. f.*

— *var. niveum Rchb. f.* ist *P. niveum Rchb. f.*

— **var. Regnieri Rchb. f.** Blätter länger, oben hell gezeichnet, unten spärlich gefleckt. Blüten zu 3—5, grösser, gerundet, dunkelgelb, zahlreich gefleckt. Cambodja.

— **var. tonkinense Godefr.** Blätter länglich-elliptisch, Kelch- und Blumenblätter breiter, gerundet, die purpurnen Flecken nach dem Grunde gehäuft.

— **f. majus hort.** Starkwüchsig, Blüten bis 8 cm.

P. concolor × *barbatum* ist *P. tessellatum porphyreum Rchb. f.*

P. concolor × *venustum var. pardinum* ist *P. Marshallianum Rchb. f.*

P. Constance Drew. ist *P. Curtisii* × *Stonei.*

P. Cooksonianum hort. ist *P. almum Rchb. f.*

P. Corningianum Rchb. f. ist *P. Youngianum Rchb. f. var.*

P. Creon Veitch. ist *P. oenanthum v. superbum* ♂ × *Harrisianum v. superbum* ♀.

P. Crossianum Rchb. f. (*P. amandum Rchb. f.*) von Cross aus P. insigne ♂ × venustum ♀ gezüchtet, letzterem näher stehend. Oberes Kelchblatt hell apfelgrün, dunkelgrün geadert, spärlich schwarzfleckig, weiss gerandet, unteres grünlichweiss, grün geadert, Blumenblätter aus grünem, braun punktiertem Grunde gelblichbraun, rotbraun geadert, Lippe grünlichbraun, kräftig geadert, eingefaltete Lappen und Säulenplatte trüb gelblich. November—Januar.

— **var. Lindeni hort.** (*var. superbum hort.*) ist kaum verschieden, etwas starkwüchsig und klar gefärbt.

P. Crossii hort. ist *P. barbatum Pfitz. var.*

P. cruciforme Zoll. et Mir. ist *P. Lowii Ldl.*

P. Curtisii Rchb. f. ist sehr nahe verwandt mit P. ciliolare Rchb. f., fast nur verschieden durch etwas grössere, stark gewimperte Blüten, deren oberes auffällig kleines, spitz-eiförmiges Kelchblatt grasgrün, grün geadert, breit weiss gesäumt, dahinter purpurstrichig ist, Blumenblätter aus weisser Mitte blasspurpurn, purpurfleckig, Lippe trüb purpurn, eingeschlagener Rand blasspurpurn, purpurwarzig. Säulenplatte breit-hufeisenförmig. Mai, Juni. Sumatra.

P. dariense Rchb. f. ist *P. longifolium Pfitz.*

P. Danthieri hort. ist *Harrisianum Rchb. f. var.*

P. Dayanum Rchb. f. (*P. spectabile Dayanum Ldl. Cypripedilum Petri Rchb. f. C. Burbidgei Rchb. f.*) Blätter länglich-elliptisch, etwa 4 zu 15 cm, hell und dunkelgrün gefleckt, Blüten einzeln auf 20 cm hohem Schaft mit kurzem Deckblatt, 10 cm breit, oberes Kelchblatt spitz breit-eiförmig, gewimpert, weiss, gleichmässig grünadrig, unteres ähnlich aber kleiner und spitzer, Blumenblätter riemenförmig, leicht herabgebogen, lang schwarzhaarig gefranst, aus bräunlichgrünem Grunde trübpurpurrosa, Lippe flachkegelig, bräunlichgrün geadert, eingefaltete Lappen heller, klein purpurwarzig, Säulenplatte länglich, vorn mit einem deutlichem Zahne. Mai, Juni. Borneo.

— **var. splendens hort.** Blätter dunkler, Blüten gleichfalls dunkler gefärbt.

— **var. superbum hort.** Blätter dunkelgrün, graugrün marmoriert, Blüten sehr dunkelfarbig.

P. Dayanum × *barbatum v. Crossii* ist *P. delicatutum Rchb. f.*

P. Dayanum × *barbatum* ist *P. Swanianum Rchb. f.*

P. Dayanum × *venustum* ist *P. caligare Rchb. f.*

P. delicatulum Rchb. f. von Drewett-Riding aus P. Dayanum × barbatum v. Crossii gezüchtet, ersterer Art sehr nahe stehend, oberes Kelchblatt weiss, grün geadert, am Rande je einen Purpurstrich, unteres weiss, grünadrig, Blumenblätter bräunlichpurpurn mit purpurnem Mittelnerv, sonst grün geadert. Lippe hellbräunlich, grünadrig.

P. Desboisianum hort. (*P. venustum* ♀ × *villosum v. Boxalli atratum*) ist dem P. pavoninum am nächsten. Oberes Kelchblatt gelbgrün, weiss schattiert, mit schwarzer Mitte und elfenbeinweissem Rande, Blumenblätter aus mahagonyrotem Grunde hellgrün-gelb, spärlich gross schwarz-punktiert. Lippe braunrötlich, smaragdgrün überlaufen und geadert.

P. discolor Rchb. f. von Warner-Broomfield wahrscheinlich aus P. barbatum × venustum gezogen und von P. chloroneurum Rchb. f. nur durch den fehlenden weissen Rand des oberen Kelchblattes und etwas hellere sonstige Färbung verschieden. Juli, August.

P. doliare Rchb. f. ist von P. plunerum kaum verschieden.

P. Dominyanum Rchb. f., der erste Selenipedilum-Bastart, von Dominy in Veitchs Gärten aus P. caricinum × caudatum gekreuzt. Oberes Kelchblatt weiss, trübgelb geadert, unteres blasser geadert, Blumenblätter 20 cm lang, hängend, sehr gedreht, aus blassgelbem, grün geadertem Grunde trüb rosa, Lippe gelbgrün, braun geadert, eingeschlagener Rand hellgelb, rosa punktiert. Säulenplatte grünlich, schwarz gewimpert. Juli, August.

— **var. elegans hort.** Blüten hellfarbig, sehr lang geschwänzt.

— **var. rubescens hort.** Blumenblätter vorn rötlichbraun, Lippe gelbbräunlich.

P. Dominyanum × *Schlimii* ist *P. albopurpureum Rchb. f.*

P. Doris Norm. ist *P. venustum* × *Stonei.* Es ist eine sehr grossblütige Form, welche in der Blütenfarbe dem P. venustum var. pardinum sehr ähnlich ist. Blütenblätter nach der Spitze zu breiter und leicht abwärts gekrümmt.

P. Druryi Beddome. Blätter spitz-riemenförmig, 3 zu 20 cm etwa, freudiggrün, Blüten einzeln auf 20 cm hohem Schaft mit kleinem Deckblatt, 6 cm breit, oberes Kelchblatt breit-eiförmig, vorn ausgerandet, stark übergebogen, zart gewimpert, gekielt, grünlichgelb, mit breitem, schwärzlichem Mittelband und zahlreichen schwärzlichen Haaren, unteres kleiner und blasser, Blumenblätter breit-riemenförmig, wellig, vorgebogen, ockergelb bis goldgelb mit breiter schwarzer Mittellinie, schwarzen Warzen am Grunde und schwarzen Haaren längs der Mitte, Lippe helmförmig, leuchtend gelb, innen rotpurpurn gesprenkelt, eingeschlagener Rand gleichfarbig. Säulenplatte fast quadratisch, oben ausgerundet, mitten erhaben. Januar bis April. Travancon-Hügel in Südindien von Colonel Drury entdeckt, 1875 nach Europa gesandt.

— **var. dilectum hort.** ist höchstens durch etwas grössere, breiter geöffnete Blüten verschieden.

P. Druryi × *niveum* ist *P. microchilum Rchb. f.*

P. Druryi × *barbatum* ist *P. orphanum Rchb. f.*

P. Druryi × *villosum* ist *P. Winnianum Rchb. f.*

P. Electra Rolfe ist von Seden in Veitchs Gärten aus P. Harrisianum und wahrscheinlich P. insigne var. Maulei gezogen worden. Oberes Kelchblatt apfelgrün, breit-weissrandig, schwarzfleckig und -adrig, unteres blassgrün, spärlich mitten schwärzlich gefleckt. Lippe bräunlichpurpurn. Säulenplatte trüb gelb, gezähnt. Oktober, November.

P. Elliottianum O'Brien. Blätter freudiggrün, riemenförmig, 4 zu 25 cm etwa. Blüten zu 2—5 auf steifem, 20 cm hohem, rötlich angelaufenem Schaft mit grossen Deckblättern, 10 cm breit, oberes Kelchblatt spitz-eiförmig, elfenbeinweiss, mit 15 dunkelkarminroten Längsstreifen, unteres ähnlich, aber kleiner und blässer, Blumenblätter schmal-rippenförmig, hängend, 10 cm lang, wellig, gewimpert, weiss, im Grunde karminfleckig, nach vorn karminstreifig, Lippe lang-pantoffelförmig, elfenbeinweiss, zart rosa geadert und getuscht. Säulenplatte schmal-beckenförmig. Juli, August. Philippinen.

P. Euryale Rolfe. (*P. Vervaetianum Rchb. f.*) von Seden bei Veitch aus P. Lawrenceanum × superbiens erhalten. Blätter hübsch gefleckt. Oberes Kelchblatt weiss, an den Rändern purpurn überlaufen, grün geadert, unteres weiss, grünadrig, Blumenblätter leicht herabgebogen, grün, dunkler geadert, an den Spitzen purpurn, längs der Mitte und den schwarzhaarigen Rändern schwarzwarzig, Lippe aus grünem Grunde purpurbraun. Säulenplatte blassgrün. Juli, August.

P. euryandrum Rchb. f., gleichfalls von Seden in Veitchs Garten gezüchtet und zwar aus P. barbatum × Stonei. Oberes Kelchblatt fast kreisrund, zugespitzt, mitten grün, dunkelgrün geadert, nach den Rändern blasspurpurn, dunkel-weinrotadrig, vorn weiss, unteres viel kleiner und blässer, Blumenblätter gelblichgrün, reich schwärzlichwarzig, nach vorn weinrötlich, Lippe bräunlichpurpurn. Säulenplatte gelblichgrün. September, Oktober.

— var. **grandiflorum hort.** Blüten bis 10 cm breit, hellfarbig.

P. Eyermannianum Sander ist *P. Spicerianum* × *barbatum grandiflorum*, Kelchblatt weiss, apfelgrün gestreift, Blumenblätter grün, braun überlaufen, Lippe wie von barbatum.

P. Fairieanum Ldl. Gedrängtwüchsig. Blätter freudiggrün, spitz-riemenförmig, 2 zu 12 cm etwa. Blüten einzeln mit kurzer Scheide auf 10 cm hohem Schaft, 6 cm breit, oberes Kelchblatt herzförmig, wellig gerandet, an der Spitze zusammengebogen, gekielt, aus blass-gelbgrünem Grunde weisspurpurn, längsstreifig und netzadrig, unteres kleiner, eiförmig, gewimpert, blassgrün, purpuradrig, Blumenblätter riemenförmig, wie ein Büffelhorn gekrümmt, wellig und schwarzhaarig gewimpert-gerandet, gelblichweiss, purpurstreifig, Lippe helmförmig, bräunlichgrün, purpuradrig, Innenlappen schmal, elfenbeinweiss, purpurfleckig. Säulenplatte breit-halbmondförmig mit einem Zacken in der Ausbuchtung, elfenbeinweiss mit grün, purpurn gesäumt. September, Oktober. Assam, Bhootan. Verlangt viel frische Luft und Licht, in geschlossener Warmhausluft geht es zu Grund.

P. Fairieanum × *Spicerianum* ist *P. Niobe Veitch.*

P. Fitchianum Will. (wahrscheinlich P. Hookerae × barbatum). Oberes Kelchblatt grünlichweiss, dunkel-grünadrig, unteres ähnlich, nur kleiner, Blumenblätter aus leuchtend grünem, dunkel geadertem Grunde vorn trübpurpurn, spärlich schwarzwarzig, Lippe gelblichgrün, dunkel geadert, trübpurpurn überlaufen. Säulenplatte grünlichgelb, dunkelgrün geadert. September, Oktober.

P. Försterianum hort. ist *P. Sanderianum Rchb. f.*

P. Fraseri Rchb. f. von Fraser-Derncleugh gezüchtet, wahrscheinlich aus P. hirsutissimum × barbatum, hält zwischen den Eltern die Mitte.

P. Galateae Rolfe, von Seden in Veitchs Garten aus P. Harrisianum und wahrscheinlich P. insigne var. Maulei gezogen, ist von P. Electra, Orestes, oenanthum, welche dieselben Eltern haben, nur durch die Färbung abweichend. Oberes Kelchblatt primelgelb, dicht braunfleckig, reinweiss gerandet, unteres heller, wenig gefleckt, Blumenblätter aus blassem Grunde rötlichbraun mit dunklerer Mittellinie und ein paar purpurnen Spritzflecken im Grunde, Lippe gelbbraun, dunkler geadert. Oktober, November.

P. gemmiferum Rchb. f. von Bowring-Forest Farm aus P. Hookerae × purpuratum gezogen. Oberes Kelchblatt weiss, dicht grünadrig, unteres blasser geadert, Blumenblätter aus blassgrünem, spärlich schwarzwarzigem Grunde vorn purpurrosa, Lippe purpurbraun, eingeschlagener Rand grünlich, dunkelpurpurn gesprenkelt. Säulenplatte grün marmoriert. Oktober—Dezember.

P. Germinyanum Rchb. f. von Seden in Veitchs Garten aus P. villosum × hirsutissimum gezüchtet. Blüten über 10 cm breit, durchweg kurz-weisshaarig gewimpert, oberes Kelchblatt braun, schwarz punktiert, gelbgrün gerandet, unteres blass-gelbgrün, Blumenblätter am Grunde wellig, gelbgrün mit weinroter Mitte, vorn verbreitert blassviolett-purpurn, Lippe aus grünem Grunde purpurbraun. Säulenplatte gelblich-grün. März—Mai.

P. glanduliferum Blume. (*Cypripedilum praestans Rchb. f.*) Blätter reitend, stumpf-riemenförmig, bis 4 zu 40 cm etwa, stark gekielt, ledrig,

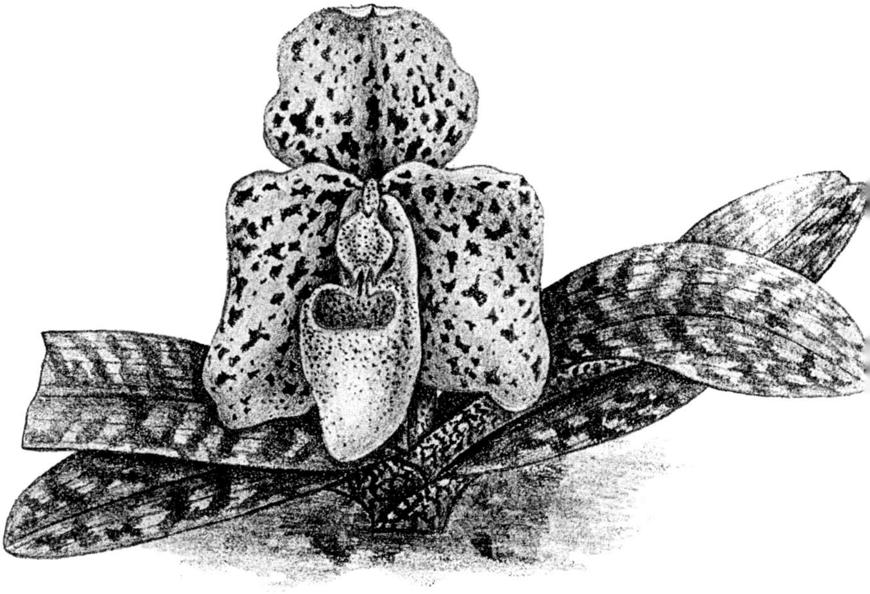

Fig. 146. Paphiopedilum Godefroyae Godefroy.

dunkelgrün. Blüten einzeln oder zu mehreren auf 40 cm hohem, trüb purpurnem, graubraunhaarigem Schafte hinter kurzen bräunlichen Deckblättern, 10 cm breit, oberes Kelchblatt breit-eiförmig, gekielt, gelblich-weiss, rotbraun längsadrig, unteres fast gleich, Blumenblätter schmal-linear, rippenförmig, 10 cm lang hängend, gedreht, gelbgrün, rotbraun längsadrig, am Grunde je 8—10 bärtige Warzen auf dem Rande, Lippe schmal-helm-förmig, blassgelb, rotbraun geadert. Säulenplatte fast quadratisch, blass-gelb mit rötlichbraunen Borsten. Mai, Juni. Neu-Guinea.

P. Godefroyae Godefr. (Fig. 146.) Blätter linear-länglich, 2 zu 10 cm etwa, satt grün, blassgrün gezeichnet, unterseits bräunlichrot gefleckt.

Blüten zu 1—2 auf 6—8 cm hohem, filzigem, rötlichgrünem Schaft mit kurzem Deckblatt, 5 cm breit, weiss oder weissgelb, feinhaarig, violett-purpurn gefleckt, oberes Kelchblatt fast kreisrund, kurz gespitzt, unteres viel kleiner, länglich-elliptisch, Blumenblätter breit-elliptisch, herabgebogen, Lippe fast cylindrisch, klein punktiert. Säulenplatte rundlich, gelblich, kleinfleckig purpurn. Februar—April. Siam, Champoninseln, dicht am Meere auf Felsen.

P. Godseffianum Rchb. f. (*P. villosum var. Boxallii* × *hirsutissimum* von Cookson-Oakwood gekreuzt) steht P. Germinyanum sehr nahe, nur ist das obere Kelchblatt dunkler und wenig gefleckt, das untere gelblich, Blumenblätter blasser, Lippe hellbraun.

P. gracile hort. ist *P. longifolium Pfitz. var.*

P. grande Rchb. f., von Seden in Veitchs Garten aus P. longifolium var. Hartwegii ♀ × caudatum ♂ gezogen, hat die grössten Blüten dieser Bastart-Gruppe. Oberes Kelchblatt 10 cm lang, gelblichweiss, gelbgrün geadert, unteres gleichgross, nur blasser, Blumenblätter aus gelblichem, grün geadertem Grund vorn rosa-fleischfarben, bis 40 cm lang, hängend und gedreht, Lippe 3 zu 6 cm, grünlichgelb, braun getuscht, eingefalteter Rand elfenbeinweiss, dunkelrosa gefleckt. Säulenplatte blassgelb, hinten schwärzlich behaart. Juli, August.

P. grandiflorum (*Pavon*) ist *P. Boissierianum Rchb. f.*

P. Harrisianum Rchb. f. (*P. villosum* × *barbatum*, von Dominy gezüchtet, zuerst 1869 bei Veitch-Chelsea blühend, ist das erste künstlich gekreuzte Paphiopedilum). Wuchs von P. barbatum. Blüten 12 cm breit, oberes Kelchblatt dunkel weinrot, nach vorn grün werdend, dicht schwärzlich geadert, unteres hellgrün, dunkelgrünadrig, Blumenblätter aus gelbgrünem, grün geadertem Grunde bräunlichpurpurn, dunkelpurpurn geadert, Mittellinie schwärzlichpurpurn, Lippe blasspurpurn, dunkler geadert, oben gelblichgrün. Säulenplatte braungrün. Januar—März.

— **var. atropurpureum h. Veitch.** (*var. nigrum hort.*) Oberes Kelchblatt und der Grund der Blumenblätter schwärzlichpurpurn.

— **var. biflorum hort.** Blüten meist zu zwei auf einem Schaft.

— **var. Brayi h. Veitch.** Blüten hellfarbig, die dunklen Flächen klein.

— **var. Dauthieri h. Veitch.** Oberes Kelchblatt bräunlich, breit grün gerandet, Blumenblätter hellfarbig.

— **var. hybridum h. Veitch.** (*var. Wallaertii hort.*) Oberes Kelchblatt gelblichgrün, nur kurz dunkeladrig, Blumenblätter blasser, Lippe dunkler braun.

— *var. nigrum hort.* ist *atropurpureum h. Veitch.*

— **var. planum hort.** Hellfarbig, oberes Kelchblatt und Blumenblätter fast flach.

— **var. purpurascens h. Veitch.** Adern des oberen Kelchblatts weinrot und diese Farbe in den weissen Rand ausstrahlend.

— **var. superbum Rchb. f.** Blüten gross, glänzend, oberes Kelchblatt purpuradrig, scharf abgesetzt weissrandig.

— **var. vivicans h. Veitch.** Spitze des oberen Kelchblattes schön apfelgrün, Blumenblätter dunkel.

— *var. Wallaertii hort.* ist *var. hybridum Veitch.*

P. Harrisianum × *insigne var. Maulei* umfasst *P. Electra Rolfe, Galatea Rolfe, Orestes Rolfe, oenanthum Rchb. f.* und *Thibautianum Rchb. f.*

P. Harrisianum v. superbum × *Spicerianum* ist *P. Osbornei How.*

P. Hartwegii Rchb. f. ist *P. longifolium Rchb. f. et Warsc. var.*

P. Haynaldianum Rchb. f. Blätter riemenförmig, 4 zu 25 cm etwa, vorn zweizackig, ledrig, dunkelgrün. Blüten zu 2—6 auf 50 cm hohem grünhaarigem Schaft mit kurzen Deckblättern, 10 cm breit, oberes Kelchblatt stumpf-eiförmig, mitten gefaltet, aus gelbgrünem, lang-braunfleckigem Grunde weissrosa, unteres eiförmig, weisslichgrün geadert, Blumenblätter linear-spatelförmig, 8 cm lang, mitten stark gedreht, vorn zurückgebogen, gewimpert, aus gelbgrünem, am Rande braunfleckigem Grunde vorn helltrübpurpurn, Lippe helmförmig, blassgrün, purpurn überlaufen, eingeschlagener Rand gelblich, Säulenplatte länglich, zweilappig. Januar—März Philippinen, Manila. Trägt den Namen des 1891 verstorbenen Cardinal Erzbischofs Haynald von Kalocsa.

P. Hephaestus Rolfe. gehört mit P. Electra, P. Galatea u. s. w. in den Formenkreis von P. Harrisianum × insigne var. Maulei.

P. Hincksianum Rchb. f. ist *P. longifolium Rchb. f. et Warsc. var.*

P. hirsutissimum Ldl. Blätter spitz linear-länglich, 3 zu 20 cm etwa, saftgrün. Blüten einzeln auf 20 cm hohem grünlichem Schaft, der wie das kleine Deckblatt und die Aussenseite der Blüten dicht purpurhaarig ist, 10 cm breit, an allen Rändern dicht gewimpert, oberes Kelchblatt breitherzförmig, gekielt, aus bräunlichem dunkler geflecktem Grunde vorn hellgrün, unteres kleiner, eiförmig, hellgrün mit ein paar rotbraunen Flecken, Blumenblätter wagerecht, breit-spatelförmig, leicht gedreht, Rand kraus wellig-lappig, aus grünem, purpurn geflecktem, schwarzbehaartem Grunde vorn leuchtend violett purpurn, Lippe vorstehend, helmförmig, trübgrün, bräunlich purpurn überlaufen, die kleine schwarzwarzige Säulenplatte fast quadratisch, grün mit zwei weissen Flecken. März—Mai. Assam.

— **var. coerulescens hort.** Spitze der Blumenblätter bläulich purpurn.

P. hirsutissimum × *barbatum* ist *P. Fraseri Rchb. f.*

P. hirsutissimum × *barbatum var. Crossii* ist *P. porphyrochlamys Rchb. f.*

P. hirsutissimum × *superbiens* ist *P. Castleanum Sand.*

P. hirsutissimum × *villosum* ist *P. Germinyanum Rchb. f.*

P. hirsutissimum × *villosum v. Boxallii* ist *P. Godseffianum Rchb. f.*

P. Hookerae Rchb. f. (*P. barbatum Ldl. var. Hookerae Rgl.*) Blätter länglich-elliptisch, 4 zu 12 cm etwa, dunkelgrün, hell graugrün gezeichnet. Blüten meist einzeln auf 20 cm hohem, schlankem, grauhaarigem Schaft, 5 cm breit, alle Ränder gewimpert, oberes Kelchblatt spitz-herzförmig, mitten leicht gefaltet, aus grünem Grunde gelbgrün, eben, unteres kleiner, eiförmig, blassgrün, Blumenblätter breit linear aus wenig verschmälertem grünem, schwarzfleckigem, purpurn- und wellig-gerandetem Grunde vorn matt purpurn, Lippe helmförmig, bräunlich purpurn mit grünem Schimmer, eingeschlagene Lappen gelblichbraun rot-purpurn gefleckt. Säulenplatte gross, breit-eiförmig, unten ausgerandet, purpurbraun mit gelbgrüner Mitte und Rand. Mai, Juni. Nord-Borneo.

— **var. Bullenianum Rchb. f.** Blätter dunkler, weniger gefleckt, Blüten kleiner, oberes Kelchblatt im Grunde schwarz gestreift, Blumenblätter mit 3—4 kleinen schwärzlichen Warzen am Rande, vorn blass gelbgrün. März, April.

— **var. luteum hort.** Blüten vorwiegend grünlichgelb.

— **var. majus hort.** nur durch etwas stärkeren Wuchs abweichend.

P. Hookerae × *barbatum* ist *P. Fitchianum* und *P. marmorophyllum Rchb. f.*

P. Hookerae × *purpuratum* ist *P. gemmiferum Rchb. f.*

P. Hornianum Rchb. f. vom Obergärtner Horn des Baron Rothschild, Hohe Warte bei Wien, aus P. Spicerianum × superbiens gekreuzt. Blätter gefleckt. Oberes Kelchblatt aus schmalem grünem Grunde weiss, spärlich schwärzlich purpurn gestreift, Blumenblätter herabgebogen, wellig gerandet, hellgrün mit hellpurpurnem Saum, zerstreut schwarzwarzig, Lippe purpurbraun. Säulenplatte purpurn, weiss gesäumt. August, September.

P. hybridum hort. ist ein Sammelname für alle möglichen Kreuzungen.

P. Hyeanum Rchb. f. ist *P. Lawrenceanum Rchb. f. var.*

P. javanico × superbiens vom Generalsekretär Bleu der Societé nat. d'Hortic. de France gezogen. Oberes Kelchblatt hellgrün, dunkelgrün geadert, weiss bordiert, unteres viel kleiner, weiss, grün geadert, Blumenblätter zu $^2/_3$ grün, dicht schwarzwarzig, vorn hellpurpurrosa, wenig warzig, Lippe unten grün, oben braun, eingefaltete Lappen rötlichbraun. Säulenplatte hellgelbgrün, dunkelgrün gezeichnet. Juli, August.

P. javanicum Reinw. Blätter länglich-elliptisch, 4 zu 15 cm etwa, graugrün, dunkelgrün gezeichnet. Blüten meist einzeln auf rot angelaufenem, 20 cm hohem Schaft, mit kurzem Deckblatt, 6 cm breit, an allen Rändern gewimpert, oberes Kelchblatt spitz-herzförmig, hellgrün, dunkler geadert, vorn weiss, unteres kleiner, länglich-eiförmig, Blumenblätter breit-riemenförmig, leicht herabgebogen, hellgrün, schwarzwarzig, das vordere Drittel trübpurpurn, warzenlos, Lippe fast cylindrisch, unten hellgrün, oben bräunlichgrün, eingeschlagene Lappen hellgrün, purpurn gefleckt. Säulenplatte bräunlichgrün, nierenförmig. Juni, Juli. Java, bei 1000—1400 m.

— **var. virens Rchb. f.** als Art. Blüten kleiner, vorwiegend freudig-grün, Blumenblätter von der Mitte an zurückgeschlagen, Lippe glänzend dunkelbraun. Nord-Borneo.

P. insigne Pfitz. (*Cypripedilum insigne Wall.*) Blätter schmal-riemenförmig, zugespitzt, 2 zu 20 cm etwa, ledrig, saftgrün. Blüten einzeln, selten zu zwei, auf 20 cm hohem Schaft mit langem Deckblatt, bis 10 cm breit, firnisglänzend, oberes Kelchblatt breit-eiförmig, kurz zugespitzt, oben übergebogen, Ränder leicht zurückgerollt, aus apfelgrünem, braunpurpurn geflecktem Grunde breit weiss gerandet, unteres Kelchblatt kleiner spitz-eiförmig, hellgrünlich, Blumenblätter querstehend, breit-linear, vorn etwas verbreitert, wellig gerandet, hellgelbgrün, purpurbraun längsadrig, Lippe helmförmig, gelbgrün, braun schattiert, eingeschlagene Ränder lehmgelb, heller gesäumt. Säulenplatte fast quadratisch, weichhaarig, grünlich mit orangegelber Mittelwarze. Oktober—Februar. Nepal, Sylhet, Khasya-Berge. Schon 1819 nach England gebracht.

— var. **albomarginatum Will.** Oberes Kelchblatt gelbgrün, ungefleckt, breit weiss gerandet.

— var. **aureum hort.** Blumen hellgelb, Lippe gelbbraun.

— var. **Cambridgeanum hort.** Blüten sehr gross und lebhaft gefärbt, oberes Kelchblatt fast weiss.

— var. **Chantinii Rafarin.** (*var. punctatum violaceum O'Brien. var. Veitchianum Van Houtte.*) Oberes Kelchblatt fast zur Hälfte weiss und dort violett gefleckt, Blumenblätter und Lippe stark glänzend, erstere bernsteingelb geadert, letztere schön kastanienbraun.

— *var. gracile hort.* ist *var. Sanderae h. Sander.*

— var. **grandiflorum hort.** (*var. maximum hort.*) Blüten sehr gross, hellfarbig.

— var. **Kimballianum hort.** Blüten sehr gross, oberes Kelchblatt breit weissgerandet, dunkel purpurfleckig, Lippe sehr dunkel.

— var. **longisepalum Sand.** Kleinwüchsig. Blüten klein, mit schmaleiförmigem, langem oberem Kelchblatt, mattfarbig.

— var. **Maulei Moore.** Blüten bis 12 cm breit, oberes Kelchblatt stark vorgebogen, fast zur Hälfte weiss, Blumenblätter stark wellig gerandet, hellgrüngelblich, hellbraun geadert, Lippe schmal und lang, hellbraun.

— *var. maximum hort.* ist *var. grandiflorum hort.*

— *var. punctatum violaceum O'Brien* ist *var. Chantinii Raf.*

— var. **rubromaculatum hort.** Oberes Kelchblatt in der weissen Partie braunrot gefleckt.

— var. **rubromarginatum hort.** Oberes Kelchblatt braunrot gesäumt.

— var. **Sanderae h. Sander.** (*var. gracile hort.*) Blüten zart primelgelb bis auf den reinweissen Rand des oberen Kelchblattes und einige braune Flecken in der Mitte dieses Blattes.

— var. **Sylhetense hort.** ist die typische Hauptform.

P. insigne × *barbatum* ist *P. Ashburtoniae Rchb. f.*

P. insigne × *Fairieanum* ist *P. Arthurianum Rchb. f.*

P, insigne × *Harrisianum var. Dauthieri* ist *P. Berggrenianum Rchb. f.*

P. insigne × *hirsutissimum* ist *P. Alcides Sander.*

P. insigne × *Spicerianum* ist *P. Leeanum Veitch.*

P. insigne × *venustum* ist *P. Crossianum Rchb. f.*

P. insigne × *villosum* ist *P. Sallierii Godfr.*

P. insigne var. Chantinii × *barbatum* ist *P. Laforcadei h. Bauer.*

P. insigne var. Maulei? × *Harrisianum* umfasst *P. Electra Rolfe, Oululeu Rolfe, Orestes Rolfe, oenanthum Rchb. f.* und *Thibautianum Rchb. f.*

P. insigne var. Maulei × *villosum* ist *P. nitens Rchb. f.*

P. inversum Sand. ist *P. Lathamianum Rchb. f. var.*

P. Jo Rchb. f. (*P. Juno hort. P. Argus* × *Lawrenceanum*, von Cookson-Oakwood gekreuzt.) Oberes Kelchblatt weiss, mitten grün-, seitlich purpurn geadert, unteres weiss, grün geadert, Blumenblätter im Grunde grünlich, reichlich mit grossen, schwarzen Warzen besetzt, vorn blasspurpurn, Lippe unten grünlich, oben bräunlichpurpurn. Säulenplatte hellgrün, dunkler geadert, rosa gesäumt. Juli, August.

P. Juno hort. ist *P. Jo Rchb. f.*

P. Kaieteurum N. E. Brown ist *P. Lindleyanum Schombg.*

P. Karietinum hort. ist ein wunderlicher Schreibfehler für *P. caricinum Ldl.*

P. Kimballianum hort. ist *P. insigne Pfitz. var.*

P. Klotzschianum Rchb. f. (*Selenipedilum Klotzschianum Rchb. f. Cypripedilum Schomburgkianum Klotzsch.*) Blätter carex-artig, gekielt, fein zweispitzig, bis 30 cm lang. Blüten zu 2—3 auf halbmeterhohem, weichhaarigem, mit länglichen Scheiden besetztem Schaft, 5 cm breit, oberes Kelchblatt spitz-lanzettlich, aussen flaumig, bräunlich, dunkler geadert, unteres breiter, spitz-eiförmig, Blumenblätter spitz-linear, halbhängend, 6 cm lang, bräunlich, Lippe cylindrisch, grünlich, rotbraun überlaufen. Juli, August. Britisch-Guiana. Hat in Europa noch nicht geblüht.

P. Kramerianum Rchb. f. ist *P. oenanthum* × *villosum.*

P. laevigatum Batem. ist *P. philippinense Rchb. f.*

P. Laforcadei h. Bauer. wurde von Bauer in der Muette in Paris aus P. barbatum × insigne var. Chantinii gekreuzt. Oberes Kelchblatt aus gelbgrünem, braunrot geadertem Grunde breit weiss gerandet, unteres hellgrün mit einigen braunen Flecken, Blumenblätter hellpurpurbraun, dunkel geadert, mitten im Grunde gelbgrün, purpurn gesprenkelt, Lippe unten grünlich, oben rötlichbraun. Säulenplatte von P. insigne. November—Januar.

— **var. Bartetii Carr.** Oberes Kelchblatt mitten und am Rande weinrot, unteres vorn weiss, Blumenblätter an der Spitze hellpurpurn.

P. Lathamianum Rchb. f. von Latham im Botanischen Garten von Birmingham aus P. Spicerianum × villosum erlangt. Oberes Kelchblatt aus grünem Grunde mit dunkelpurpurnem Mittelstreif weiss, unteres grünlich. Blumenblätter aus grüngelbem Grunde bräunlich mit dunkler Mitte und braunem, vorn welligem Rande, Lippe grün-bräunlich, Säulenplatte länglich-herzförmig, gelblich. Oktober, November.

— **var. inversum Sand.** Oberes Kelchblatt rosa gesäumt, Blumenblätter vorgebogen, hellbräunlich wie die Lippe.

P. Lawrenceanum Rchb. f. Blätter länglich-eiförmig, 5 zu 15 cm etwa, gelbgrün und dunkelgraugrün gewürfelt. Blüten meist einzeln auf 30 cm hohem Schafte mit kleinem Deckblatt, 10 cm breit, oberes Kelchblatt gross, fast kreisrund mit breit aufgesetzter Spitze, mitten gefaltet, mit breiten, abwechselnd kurzen und langen, unten grünen, oben weinroten Längsstreifen, unteres Kelchblatt viel kleiner, länglich-eiförmig, Blumenblätter wagerecht abstehend, riemenförmig, gewimpert, mit 5—6 schwarzen behaarten Warzen am Rande, grünlich mit purpurrotem Strich, Lippe aufgeblasen-pantoffelförmig, trübpurpurn, oben bräunlich. Säulenplatte halbmondförmig mit 8 Zähnchen im Ausschnitt, gelblich. April, Mai. Nord-Borneo.

— **var. coloratum hort.** Adern des oberen Kelchblattes abwechselnd grün und purpurrot.

— **var. Hyeanum L. Lind. et Rod.** (*var. Lindeni hort.*) Oberes Kelchblatt reinweiss, vortretend grünadrig, purpurn geflammt und gestreift, rosa berandet, Blumenblätter gelblichgrün, grünadrig, Lippe freudiggrün, dunkelgrün geadert.

— *var. Lindeni hort.* ist *var. Hyeanum Rchb. f.*

— **var. majus hort.** Wuchs kräftig, Blüten sehr gross, besonders das schön gezeichnete obere Kelchblatt.

— **var. nigrum hort.** Oberes Kelchblatt dunkel geadert, mitten schwarzwarzig.

— **var. stenostoma Rchb. f.** Blumenblätter eingebogen, Lippe kurz, glänzendbraun.

P. Lawrenceanum × *Argus* ist *P. Jo Rchb. f.*

P. Lawrenceanum × *barbatum* ist *P. almum Rchb. f.*

P. Lawrenceanum × *niveum* ist *P. Aphrodite Rchb. f.*

P. Lawrenceanum × *Spicerianum* ist *P. radiosum Rchb. f.*

P. Lawrenceanum × *superbiens* ist *P. Euryale Rolfe.*

P. Lawrenceanum × *venustum* ist *P. auroreum Rchb. f.*

P. Leeanum Veitch. ist *P. insigne* × *Spicerianum*, von Seden in Veitchs Garten gezogen. Oberes Kelchblatt aus schmalem apfelgrünem Grunde weiss mit unten braunen, oben blassvioletten Fleckenreihen, unteres hellapfelgrün, Blumenblätter gelbgrün, braunpurpurn geadert, Lippe gelbbraun, dunkeladrig, Innenlappen gelb, purpurfleckig. Säulenplatte trübgelb mit orangegelbem, drüsenhaarigem Ringe.

— **var. Masereelianum hort.** Grossblütig, scharf abgesetzt gefärbt.

— **var. superbum Veitch.** (*P. insigne var. Maulei* × *Spicerianum*). Oberes Kelchblatt fast reinweiss mit purpurnen Fleckreihen, unteres am Grunde ebenfalls gefleckt.

P. Lemoiniereanum Rchb. f. ist *P. Ainsworthii Rchb. f.*

P. leucorhodum Rchb. f. von Seden in Veitchs Garten aus P. longifolium var. Hartwegii × Schlimii var. albiflorum erzielt. Oberes Kelchblatt unten rosa, oben weiss, unteres reinweiss, Blumenblätter aus weissem Grunde vorn rosa, kurz abstehend, Lippe fleischfarbenrosa, weiss überlaufen, eingeschlagene Lappen elfenbeinweiss. Säulenplatte weiss, unten purpurhaarig, Juli, August

P. Lindeni Van Houtte ist *P. caudatum Ldl. var.*

P. Lindleyanum Schombgk. (*Selenipedilum Lindleyanum Rchb. f. Selenipedilum Kaieteurum N. E. Brown.*) Blätter schwertförmig, 5 zu 50 cm, grasgrün, hell gesäumt. Blüten zu 3—5 auf halbmeterhohem, rötlichgrünem, flaumigem Schafte, 5 cm breit, oberes Kelchblatt spitz-länglich, flaumig, braun geadert, grün gefurcht, indianischrot überlaufen, unteres gleichfarbig, breiter, elliptisch, zweispitzig, Blumenblätter herabgebogen, linear, 10 cm lang, wellig und gewimpert gerandet, hellgrün, braun geadert, ebenso die helmförmige Lippe, deren eingeschlagene rote Lappen dicht rotbraun punktiert sind. Säulenplatte fast quadratisch, flaumig, gelbgrün. Oktober, November. Britisch Guiana, Demerara am Kaieteura-Fall.

P. lineolare hort. ist *P. bellatulum Rchb. f. var. lineatulum hort.*

P. longifolium Pfitz. (*Selenipedilum longifolium Rchb. f. et Warsc. S. dariense Rhb. f. S. Reichenbachii Endres. P. magniflorum hort.*) Blätter spitz schmal-riemenförmig, 2 zu 40 cm etwa. Blüten zu 6—10 auf halbmeterhohem, rotbraunem, flaumigem Schafte, 10 cm lang, oberes Kelchblatt ei-lanzettlich, wellig, hellgrün, rosa geadert, weiss gerandet, unteres gleichförmig, hellgrün, etwas dunkler geadert, Blumenblätter linear-lanzettlich, abstehend, 10 cm lang, halbhängend, gedreht, blass gelbgrün, unten rosa, oben weiss berandet, Lippe schuhförmig mit einem Ohr zwischen dem gelbgrünem, braun überlaufenem Schuh und den gelbgrünen, rosa punktierten, eingebogenen Lappen. Säulenplatte dreieckig-herzförmig, hellgelbgrün, unten schwarz gewimpert. September, Oktober. Kordillere von Chiriqui, bei mehr als 2000 m.

— **var. gracile hort.** Blätter schmäler, Schaft schlanker, heller, Blüten kleiner, zartrosa.

— **var. Hartwegii Rchb. f.** (*Selenipedilum Hartwegii Rchb. f. Cypripedilum Roezlii Rgl. Selenipedilum longifolium var. coloratum Rchb. f.*) Kräftiger Schaft grün, Blüten gross, oberes Kelchblatt vorn rosa, Blumenblätter rosa bordiert. Januar. Anden von Quito bei 1400 m.

— **var. Hincksianum Rchb. f.** Schaft kaum 30 cm hoch, meist 2—3 blumig, sonst von v. Hartwegii nicht verschieden.

P. longifolium × *Schlimii* ist *P. Sedenii Rchb. f.*

P. longifolium × *Schlimii var. albiflorum* ist *P. Sedenii Rchb. f. var. candidulum Rchb. f.*

P. longifolium × *Sedenii* ist *P. Ainsworthii Rchb. f. var. calurum Rchb. f.*

P. longifolium var. Hartwegii × *caricinum* ist *P. conchiferum Rchb. f.*

P. longifolium var. Hartwegii × *caudatum* ist *P. grande Rchb. f.*

P. longifolium var. Hartwegii × *Schlimii* ist *P. Sedenii Rchb. f. var. porphyreum Rchb. f.*

P. longifolium var. Hartwegii × *Schlimii var. albiflorum* ist *P. leucorhodum Rchb. f.*

P. longifolium var. Hartwegii × Sedenii ist *P. Ainsworthii Rchb. f.*

P. longifolium × caudatum var. Lindeni ist *P. macrochilum Rchb. f.*

P. longisepalum Sand. ist *P. insigne Pfitz. var.*

P. Lowii Ldl. (*P. cruciforme Zoll. et Mir.*) Blätter aus reitendem Grunde riemenförmig, 3 zu 30 cm etwa, gekielt, vorn zweilappig, grasgrün, ledrig. Blüten zu 3—5 auf mehr als halbmeterhohem Schaft mit kurzen Deckblättern, 10 cm breit, alle Ränder gewimpert, oberes Kelchblatt breiteiförmig, untere Ränder zurückgeschlagen, oben übergebogen, mitten gefaltet, aus bräunlichem Grunde grünlichgelb, unteres kleiner und heller, Blumenblätter wagerecht, vorn zurück und abwärts gebogen, lang-spatelförmig, einmal gedreht, aus gelbgrünem, breit schwarzfleckigem Grunde vorn hell violettpurpurn, Lippe fast cylindrisch, bräunlich, eingeschlagene Lappen gelblich, mit einigen Zacken am unteren Rande. Säulenplatte verkehrt-herzförmig, bräunlich, purpurhaarig, mit einem Vorderzacken und hinterem Hörnchen. April, Mai. Nord-Borneo.

— **var. auriculatum hort.** Zacken am unteren Rande der Lippe öhrchenartig vergrössert.

P. Lowii × barbatum var. Crossii ist *P. calanthum Rchb. f.*

P. Lowii × superbiens ist *P. macropterum Rchb. f.*

P. Lowii × venustum ist *P. pycnopterum Rchb. f.*

P. macrochilum Rchb. f. (*P. longifolium* ♀ × *P. caudatum* (*Uropedium*) *Lindenii* ♂) hat Tracht und Blütenfarbe von P. caudatum, aber eine ungemein langgezogene Lippe, wodurch sie an die schwanzartige Pelorien-Lippe von Lindenii erinnert. Die Schwänze der Blumenblätter sind kürzer wie an Lindenii. Die Lippe ist innen schön rotbraun gefleckt. Juli, August. Von Veitch and Sons gezogen.

P. macropterum Rchb. f. ist *P. Lowii × superbiens* von Seden in Veitchs Garten gezogen. Blätter hell- und dunkelgrün gewürfelt, oberes Kelchblatt hellgrün, braun geadert, schmal weiss gerandet, unteres hellgrün, Blumenblätter bis 8 cm lang, wellig, herabgebogen, aus gelbem, schwarzpurpurn geflecktem Grunde vorn trübviolett, Lippe hellgelbbraun, Säulenplatte grün mit trübpurpurnem Rande. Mai, Juni.

P. „Mad. van Houtte" ist wahrscheinlich P. niveum mit einer Art aus der Venustum-Gruppe gekreuzt. Oberes Kelchblatt hellweinrot, grün geadert, weiss gesäumt, Blumenblätter fast ebenso gefärbt, nur der Rand gelblich, Lippe trübpurpurrosa mit elfenbeinweissem, eingeschlagenem Lappen. September, Oktober.

P. magniflorum hort. ist *P. longifolium Pfitz.*

P. marmorophyllum Rchb. f. ist von Seden in Veitchs Garten aus P. Hookerae ♂ × barbatum ♀ erlangt worden und steht in den Blättern P. barbatum, in der Blüte P. Hookerae nahe.

P. Marshallianum Rchb. f. (*P. venustum var. pardinum × concolor,* von Seden bei Veitch gezogen). Blätter länglich-elliptisch, auf hellgrünem Grunde dunkel marmoriert. Oberes Kelchblatt weiss, rosa überlaufen, dicht purpurn gefleckt, unteres klein, crêmeweiss, purpurfleckig, Blumenblätter weiss mit purpurrosa, Lippe gelbgrün, nur der Rand purpurn gefleckt. Säulenplatte hellgelb mit purpurner Mitte. Juli, August.

P. Masereelianum hort. ist *P. Leeanum Veitch. var.*

P. Mastersianum Rchb. f. Blätter spitz-länglich, 4 zu 20 cm etwa, dunkelgrün, grau gezeichnet. Blüten einzeln auf 25 cm hohem, purpurhaarigem Schafte mit kurzem Deckblatt, 6 cm breit, oberes Kelchblatt fast kreisrund, gewimpert, hellgrün, dunkelgrün geadert, grüngelb-randig, unteres viel kleiner, spitz-eiförmig, blassgrün, Blumenblätter wagerecht, spatelförmig, gewimpert, rotbraun, im Grunde reichlich schwarzwarzig, Lippe stark aufgeblasen, hell-rötlichbraun, die eingeschlagenen Lappen grünlichbraun, purpurfleckig. Säulenplatte hufeisenförmig, bräunlich. Mai, Juni. Sundainseln.

P. Mawoodii hort. ist *P. niveum × Harrisianum.*

P. Maynardii Sand. (*P. purpuratum × Spicerianum.*) Oberes Kelchblatt aus hellgrünem, breit rosa-geadertem Grunde vorn breit reinweiss, mit lang durchgehender purpurner Mittellinie, Ränder unten umgeschlagen. Unteres Kelchblatt kleiner und blasser. Blumenblätter blassgrün, im unteren Teile purpurfleckig, am Rande purpurn gesäumt. Lippe purpurbraun, Säulenplatte violett. November—Januar.

P. Measuresianum Will. (*P. Amesianum Will. P. villosum × venustum*). Blätter oben freudiggrün, unten trübpurpurn. Oberes Kelchblatt freudig gelbgrün, dicht schwarzadrig, schmal weiss gerandet, unteres blassgrün, freudiggrün geadert, Blumenblätter aus bräunlichgrünem Grunde orangebraun, mitten purpurbraun liniiert, Lippe gelblich, rotbraun und grün geadert, Säulenplatte orangebraun mit grünem Mittelfleck. November, Dezember.

P. Medea Veitch. ist *P. Spicerianum × hirsutissimum.*

P. Meirax Rchb. f., wahrscheinlich P. barbatum × venustum und von P. chloroneurum nur durch etwas hellere Färbung der Kelch- und Blumenblätter, dunklere Lippe und dunklere Säulenplatte verschieden. Oktober, November.

P. melanophthalmum Rchb. f. wahrscheinlich gleichfalls P. barbatum × venustum ist durch das Vorwiegen eines dunkelpurpurnen Farbentones ausgezeichnet, oberes Kelchblatt aus dunkelpurpurnem Grunde breit weiss, grün geadert, Blumenblätter mitten dunkelpurpurn, am Rande schwarzwarzig, vorn hell trübpurpurn. Oktober, November.

P. microchilum Rchb. f. ist von Seden bei Veitch aus P. niveum × Druryi gezogen worden und hat Blatt und Wuchs von P. niveum. Oberes Kelchblatt weiss mit dunkelpurpurnem Mittelstreif und hellgrünen Längsadern, unteres grünlichweiss, Blumenblätter weiss, mitten purpurn gestreift und seitlich purpurne Fleckreihen, Lippe klein, flachgedrückt, weiss, gelbgrün geadert. Säulenplatte mit grossem, gelbem Mittelfleck. März, April.

P. Morganiae Rchb. f., von Seden bei Veitch aus P. superbiens ♀ × Stonei ♂ gezogen, ist eine beide Eltern übertreffende Prachtpflanze mit Blüten von 10 cm Breite und 18 cm Länge. Oberes Kelchblatt weiss, meist rosa gerandet, abwechselnd purpurn und hellgelbgrün geadert, unteres Kelchblatt ähnlich, aber kleiner und blasser geadert, Blumenblätter 12 cm lang, 1,50 cm breit, hellgelb, schwärzlich-purpurnwarzig, Lippe blass-purpurrosa, dunkler geadert, eingeschlagene Lappen weiss mit ein paar purpurnen Fleckchen. Säulenplatte gelblichweiss. Juli, August.

— **var. burfordiense Sander.** Blüten grösser und lebhafter gefärbt.

P. Mooreanum hort. ist eine ziemlich unbedeutende Form der Kreuzungen zwischen P. venustum × villosum.

P. „Mrs. Canham" Rolfe., (*P. superbiens* ♀ × *villosum* ♂), von Veitch gezüchtet, ist von der entgegengesetzten Kreuzung = P. Canhami hort. (Mr. Charles Canham Rolfe) nur dadurch verschieden, dass hier P. villosum, dort P. superbiens sich mehr bemerkbar macht. Die Blüten messen 12—15 cm und übertreffen dadurch beide Eltern.

P. Muriel Hollington hort. ist eine Kreuzung von P. niveum, wahrscheinlich mit P. concolor. Kelchblätter crêmeweiss, grün schattiert, Blumenblätter weiss, zart rosa gefurcht. November, Dezember.

P. neoguinense Linden ist *P. Rothschildianum Rchb. f.*

P. nigritum hort. ist *P. Argus Rchb. f. var. nigricans hort.*

P. nigrum hort. ist *P. Lawrenceanum Rchb. f. var.*

P. Niobe Veitch ist eine sehr schöne Kreuzung von P. Fairieanum × Spicerianum.

P. nitens Rchb. f. von Seden bei Veitch aus P. villosum, ♀ × insigne var. Maulei ♂ gezüchtet. Oberes Kelchblatt schimmernd apfelgrün, weiss gerandet, breit schwarz (im weissen Teile fein purpurn) geadert, unteres Kelchblatt hellgrün, fast ungefleckt, Blumenblätter glänzend ockergelb, rotbraun geadert. Lippe glänzend grünlichbraun. Säulenplatte blass-ledergelb mit hochgelber Mittelwarze. November, Dezember.

P. nitidissimum Rchb. f. von Cookson-Oakland gekreuzt aus P. caudatum var. Warscewiczii × conchiferum. Kelchblätter weissgelb, rötlichbraun geadert, Blumenblätter langgeschwänzt, aus gelbem Grunde gelbbraun, Lippe crêmeweiss, innen prächtig rosa, aussen rot getuscht und grün geadert, eingeschlagene Lappen hellgelb, braunrot gefleckt. Säulenplatte braun, purpurn gefranst. August, September.

P. niveum Rchb. f. (*Cypripedilum concolor var. niveum Rchb. f.*) Blätter länglich, 3 zu 12 cm etwa, dunkelgrün, grau gezeichnet, unten trübpurpurn. Blüten zu 1—2 auf 15 cm hohem Schaft mit zwei kleinen Deckblättern, 6 cm breit, schneeweiss mit mehr minder dicht purpurn punktiertem Grunde, gewimpert, oberes Kelchblatt kreisrund, kurz gespitzt, stark ausgehöhlt übergebogen, gekielt, aussen trübrötlich, unteres viel kleiner, gleichfarbig, länglich-eiförmig, Blumenblätter abstehend, leicht abwärts gebogen, gerundet bis fast kreisrund, Lippe eiförmig mit zusammengezogener Öffnung. Säulenplatte nierenförmig, gelb, weissrandig. März, April. Penang bei Moulmein, Tambilouinseln bei Singapore.

— **var. majus punctatum hort.** Blüten grösser, gross rotfleckig.

P. niveum × *barbatum* ist *P. Tautzianum Rchb. f.*

P. niveum × *ciliolare* ist *P. Aylingii hort.*

P. niveum × *Druryi* ist *P. microchilum Rchb. f.*

P. niveum × *Harrisianum* ist *P. Mawoodii hort.*

P. niveum × *Lawrenceanum* ist *P. Aphrodite Rchb. f.* und *P. Antigone Rolfe.*

P. obscurum Rchb. f. ist *P. Ashburtoniae Rchb. f.*

P. oenanthum Rchb. f. gehört mit P. Electra, Galatea, etc. in den Bastartkreis P. Harrisianum × insigne var. Maulei und ist gewissermassen ein schön gefärbtes üppiges P. insigne. Oberes Kelchblatt grün, dick-längsreihig purpurfleckig und grün geadert, mit breitem reinweissem Rande, Blumenblätter herabgebogen, weinrot, grünadrig, Lippe weinrot-purpurn. November, Dezember.

— **var. superbum Rchb. f.** Blüten grösser, oberes Kelchblatt schön weinrot mit zahlreichen schwarzpurpurnen Flecken, welche in dem breitem weissem Teile violett werden.

P. oenanthum ist die erste Kreuzung aus dieser Familie, bei welcher ein Bastart (Harrisianum = villosum × barbatum) weiter gekreuzt wurde. Hauptform und Varietät verdankt die Gärtnerei Sedens geübter Hand, welcher sie in Veitchs Etablissement zog.

P. oenanthum × *villosum* ist *P. Kramerianum Rchb. f.*

P. oenanthum v. superbum × *Harrisianum v. suberbum* ist *P. Creon Veitch.*

P. orbum Rchb. f. ist *P. barbatum Ldl. var. Crossii hort.*

P. Orestes Rolfe., gleichfalls P. Harrisianum × insigne var. Maulei, ist ein trüb und dunkel gefärbtes P. oenanthum, die Flecken des oberen Kelchblattes sind rotbraun, die Blumenblätter bräunlichpurpurn, Lippe purpurbraun. November.

P. orphanum Rchb. f. ist von Seden gekreuzt aus einer Art der Barbatum-Gruppe mit P. Druryi. Oberes Kelchblatt weiss, blasspurpurn gerandet, mit breitem, tief purpurnem Mittelstreif und einigen grünen Adern, unteres weiss, grün geadert, Blumenblätter wie das obere Kelchblatt gefärbt, Lippe bräunlich mit weinrot-purpurnem Schatten. Säulenplatte purpurbraun. Februar—April.

P. Orpheus Sander ist *P. venustum* × *callosum.*

P. Osbornei hort. gehört zu *P. Harrisianum v. superbum* × *Spicerianum.*

P. pardinum Rchb. f. ist *P. venustum Wall. var.*

P. Parishii Rchb. f. (*Selenipedilum Parishii Linden.*) Blätter reitend, lang-riemenförmig, 5 zu 30 cm, vorn zweilappig, glänzend freudiggrün, Blüten zu 3—7 auf aufsteigendem, halbmeterhohem Schaft mit aufgeblasenen Deckblättern, 6 cm breit, oberes Kelchblatt spitz länglich-elliptisch, gekielt, oben vorgebogen, Seitenränder zurückgerollt, blassgelb, grün geadert, unteres ähnlich, kleiner, zweikielig, Blumenblätter linear, 10 cm lang, gedreht, hängend, aus grünem, spärlich schwarzwarzigem Grunde vorn schwärzlichpurpurn, hell gesäumt, Lippe schmal-helmförmig, bräunlich, eingeschlagene Lappen glatt, grünlich, braunpurpurn gefleckt. Säulenplatte länglich-eiförmig, blassgelb mit grün. April, Mai. Moulmein.

P. pavoninum Rchb. f. von Drewett-Riding aus P. villosum var. Boxallii × venustum gekreuzt und lezterer Art nahe stehend. Oberes Kelchblatt hellgrün, sepiabraun gefleckt und geadert, weiss gerandet, unteres weisslich mit zwei Reihen brauner Flecken, Blumenblätter aus gelbbraunem Grunde purpurbraun, dunkler gefleckt, Lippe gelblichbraun. Säulenplatte bräunlichgelb, grün genetzt. Oktober—Dezember.

P. Pearcei hort. ist *P. caricinum Ldl.*

P. Peetersianum Rchb. f. (*P. philippinense × barbatum*). Oberes Kelchblatt weiss, hellpurpurbraun geadert, unteres ähnlich, kleiner, Blumenblätter aus weissem, purpurfleckigem Grunde braunpurpurn, Lippe unten grüngelb, oben rötlichbraun. März, April.

P. Petri Rchb. f. ist *P. Dayanum Rchb. f.*

P. philippinense Rchb. f. (*Cypripedilum laevigatum Batem. C. Roebelenii Rchb. f.*) Blätter aus gefaltetem Grunde lang-riemenförmig, 3 zu 20 cm etwa, vorn zweilappig, glänzend dunkelgrün. Blüten zu 3—7 auf halbmeterhohem, braunscheidigem Schafte, 6 cm breit, oberes Kelchblatt breiteiförmig mit zusammengezogener Spitze, weiss, regelmässig braunpurpurn gestreift, unteres ähnlich, weisslich, grün geadert, Blumenblätter linear, 15 cm lang, aus 0,5 cm breitem gelblichem Grunde schmäler und rotbraun werdend, rippenförmig, hängend, gedreht, kurzhaarig gewimpert, grünspitzig, Lippe helmförmig, ledergelb, braun geadert. Säulenplatte fast herzförmig, bräunlich, schwarzhaarig. März—Mai. Philippinen.

P. philippinense × barbatum ist *P. Peetersianum Rchb. f.*

P. picturatum Lawr. ist eine Spicerianum-Kreuzung mit fast 10 cm grossen Blüten, deren oberes Kelchblatt dreieckig, weiss, reich karminrot geadert ist, Blumenblätter hellbraun, dunkler geadert, Lippe blass und trüb karmoisinrot, braun schattiert. Oktober, November.

P. Pitcherianum Manda ist *P. Argus Rchb. f.*

P. pleistochlorum Rchb. f. ist *P. barbatum × javanicum var. virens* von Drewett-Riding gezüchtet. Oberes Kelchblatt weisslich, mitten grün, seitlich purpurn geadert, blasspurpurn gesäumt, unteres weiss, grün geadert, Blumenblätter aus trüb grünem Grunde tief braunpurpurn. Säulenplatte blassgrün, dunkler geadert. August, September.

P. plunerum Rchb. f. (*P. villosum × venustum* wahrscheinlich, von Cookson-Oakfield gezüchtet). Oberes Kelchblatt weisslich, dunkelgrün geadert, unteres weniger geadert, Blumenblätter aus hellerem Grunde purpurbraun, grün geadert mit 6—7 schwärzlichen Randwarzen, Lippe trüb gelblichpurpurn. Säulenplatte grünlich. September, Oktober.

P. politum Rchb. f. (*P. barbatum × venustum* wahrscheinlich, von Warner-Broomfield gezogen) steht dem aus derselben Kreuzung entsprossenem P. chloroneurum sehr nahe. Blätter von P. venustum. Blüten mehr weiss als von P. chloroneurum, Lippe purpurbraun, dunkler geadert, eingeschlagene Lappen grün, purpurfleckig. Säulenplatte grünlich mit blassrosaer Mitte. September, Oktober.

P. Pollettianum Sander. (*P. calophyllum* × *oenanthum v. superbum.*) Grossblütiger schöner Bastart mit vorwiegend dunkelrosaem oberem Kelchblatt, dessen Grund dunkelbraun gestreift ist. Blumenblätter hellgrün, vorn dunkelrosa, Mittellinie purpurn, am Rande einige schwarze Warzen, Lippe purpurbraun. Dezember, Januar.

P. polystigmaticum Rchb. f. von Measures-Streatham aus P. venustum? × Spicerianum gezogen. Oberes Kelchblatt wie Spicerianum, breitästig purpuradrig, unteres aus hellockergelbem Grunde weisslich mit braunpurpurnen Fleckreihen, Blumenblätter aus zahlreich kleinschwarzwarzigem, grünem Grunde hell-rötlichbraun mit dunklerem Mittelstrich, Lippe hell-bräunlichpurpurn mit ockergelber Mitte unterseits. Säulenplatte hellpurpurn, mitten grün. November, Dezember.

P. porphyreum Rchb. f. ist *P. Sedenii Rchb. f. var.*

P. porphyrochlamys Rchb. f., von Seden in Veitchs Garten aus P. barbatum var. Crossii × hirsutissimum gezüchtet. Blätter schwach gezeichnet. Blüten gross, oberes Kelchblatt karminpurpurn, schwärzlich geadert, weissrandig, unteres viel heller, Blumenblätter aus klein-schwarzwarzigem, gelbgrünem Grunde schimmernd violettpurpurn, Lippe bräunlichpurpurn, unten grünlich. Säulenplatte bräunlichpurpurn. Februar—April.

P. porphyrospilum Rchb. f. ist *P. pycnopterum Rchb. f. var.*

P. praestans Rchb. f. ist *P. glanduliferum Bl.*

P. purpuratum Ldl. (*P. sinicum Hance.*) Blätter länglich-elliptisch, 7 zu 30 cm etwa, dunkelgrün, dicht blassgrün gezeichnet. Blüten einzeln auf 10—12 cm hohem Schaft mit grossem Deckblatt, 7 cm breit, gewimpert, oberes Kelchblatt fast kreisrund, kurz gespitzt, mitten zweispaltig, Ränder unten zurückgerollt, weiss, mitten grün und mit 8—10 regelmässigen braunpurpurnen Längsstreifen, unteres Kelchblatt grünlich, spitz-eiförmig, $^1/_3$ so gross als das obere, Blumenblätter wagerecht, fast spatelförmig, wellig, karminpurpurn, purpurn oder grün geadert, im Grunde zahlreiche kleine schwarze Warzen, Lippe fast cylindrisch, bräunlichpurpurn, dunkler geadert, eingefaltete Lappen purpurn, reichlich kleinwarzig. Säulenplatte halbmondförmig, trübgrün mit purpurnen Flecken. August, September. Hongkong.

P. purpuratum × *Hookerae* ist *P. gemmiferum Rchb. f.*

P. purpuratum × *Spicerianum* ist *P. Maynardii Sand.*

P. purpuratum × *villosum* ist *P. concinnum hort.*

P. pycnopterum Rchb. f., (*P. venustum* × *Lowii*), ist mit der nachstehenden Varietät von Seden in Veitchs Garten aus einer Kapsel gezogen worden. Oberes Kelchblatt freudiggrün, unteres blässer, Blumenblätter aus grünem braunwarzigem Grunde hellpurpurn, Lippe bräunlicholivengrün. Säulenplatte bräunlichgrün, dunkelgrün netzadrig. April, Mai.

— **var. porphyrospilum Rchb. f.** Blüten grösser, Kelchblätter weisslich, grün geadert, Blumenblätter vorn ganz hellrötlich, eingefaltete Lappen der Lippe gelblich, bräunlich-warzig.

P. radiosum Rchb. f. ist *P. Lawrenceanum* × *Spicerianum* von Seden bei Veitch gezüchtet. Blätter schachbrettfleckig. Oberes Kelchblatt wie von Spicerianum, weiss mit grünem Grunde, purpuradrig und purpurn längsgestreift, unteres hellgrün, Blumenblätter leicht herabgebogen, wellig, gewimpert, grün, braun geadert, Lippe grünlichbraun. Säulenplatte purpurn, heller gesäumt. März, April.

P. reflexum hort. ist *P. callosum Rchb. f.*

P. regale hort. ist *P. insigne v. Maulei* × *purpuratum.*

P. Regnieri Rchb. f. ist *P. concolor Par. var.*

P. Reichenbachii hort. ist *P. longifolium Rchb. et Warsc.*

P. reticulatum Rchb. f. ist *P. Boissierianum Rchb. f.*

P. Roebelenii Rchb. f. ist *P. philippinense Rchb. f.*

P. Roezlii Rgl. ist *P. longifolium Rchb. f. var. Hartwegii Rchb. f.*

P. roseum Linden. ist *P. caudatum Ldl. var. Warscewiczii Rchb. f.*

P. Rothschildianum Rchb. f. (*P. neoguinense Linden*). Blätter derb, steif, 5 zu 40 cm etwa, riemenförmig, glänzend grün. Blüten zu 3—7 auf spärlich behaartem, rötlichem, halbmeterhohem Schaft mit gelbgrünen, dunkelstreifigen, gewimperten Deckblättern, 10 cm breit, oberes Kelchblatt spitz-keilförmig, gelblich, braun-schwarzstreifig, weiss gesäumt, unteres fast gleich, nur wenig kürzer, Blumenblätter linear, rippenförmig hängend, schnurrbartartig, 20 cm lang, gelb mit dunklen Streifen und Punkten im Grunde, Lippe mit langem Stege kurz-pantoffelförmig, zimmtbraun mit ockergelben Innenrändern. Säulenplatte breit-keilförmig, gelblich, vorn behaart. Januar bis März. Neu-Guinea.

P. Rowellianum hort. gehört in den Formenkreis von P. villosum × venustum.

P. Sallierii Godfr. (*P. villosum* × *insigne*) hält fast genau die Mitte zwischen den Eltern. Oberes Kelchblatt apfelgrün, dunkler geadert, braunschwarz gefleckt, weiss gerandet, unteres hellgrün, fast ungefleckt, Blumenblätter aus gelbgrünem Grunde purpurbraun mit dunklerer Mitte, Lippe gelbbraun, Innenränder gelblich, ebenso die gezähnte Säulenplatte. Oktober bis Dezember.

— *var. Hyeanum hort.* ist *P. Lawrenceanum Rchb. f. var.*

P. Sanderianum Rchb. f. (*Cypripedilum Foerstermanni hort.*) Blätter reitend, breit-riemenförmig, 4 zu 20 cm etwa, gekielt, stumpf, dunkelgrün. Blüten zu 3—7 auf halbmeterhohem, weichhaarigem, rötlichem Schaft mit grossen behaarten, purpurbraunen Deckblättern, 8 cm lang, aussen weichhaarig, gewimpert, oberes Kelchblatt gekielt, spitz breit-lanzettlich, ausgehöhlt, vorn übergebogen, hellgelbgrün mit breiten schwarzbraunen

Längsstreifen, unteres ähnlich, etwas kleiner, Blumenblätter linear, bis 60 cm lang, rippenförmig hängend und gedreht, der etwas breitere Grund gelbgrün, dunkelbraun gefleckt und gerandet, dann einfarbig trüb purpurn, nur hier und da ein hellerer Fleck, Lippe mit langem Stege pantoffelförmig, unten gelblich, oben purpurbräunlich, Innenränder hell lehmgelb. Säulenplatte blassgelb mit purpurn, haarig. Februar—April. Malayischer Archipel.

P. Saundersianum Marshall. Vom Autor aus P. caudatum var. Warscewiczii × Schlimii gezogen. Oberes Kelchblatt weisslich, grün und rosa geadert, unteres weisslich mit grüner Spitze, Blumenblätter schmal-riemenförmig, wellig, dunkelrosa, Lippe trüb rosa, Innenränder weiss, purpurfleckig. Säulenplatte rosa, haarig. August, September.

P. Schlimii Batem. (*Selenipedilum Schlimii Rchb. f.*) (Fig. 147.) Blätter spitz-riemenförmig, 3 zu 20 cm etwa, grasgrün. Blüten zu 1—3 auf 30 cm hohem, flaumigem, rötlichem Schaft mit grossen Deckblättern, 5 cm breit, sammtig, oberes Kelchblatt gekielt, spitz-eiförmig, grünlichweiss, rosa getuscht, unteres breiter, weisslich, grün geadert, Blumenblätter länglich-eiförmig, weiss, rosapurpurn überlaufen, besonders am Grunde, Lippe aufgeblasen, breit-eirund, an der Öffnung eingezogen, unten weisslich, oben karminrosa, Innenränder weiss und karmin gestreift. Säulenplatte rautenförmig, gekielt, leuchtend gelb mit bräunlichem Vorderfleck. August bis Oktober. Kordilleren von Neu-Granada bei 1300 m, von dem Gärtner-Reisenden Schlim 1852 entdeckt.

— **var. albiflorum Linden.** (*var. album hort.*) Kräftig, Blüten fast reinweiss, nur am Grunde der Blätter noch rosa schimmernd.

— **var. superbum hort.** Blüten weiss mit stark vorstehender roter Färbung.

P. Schlimii × caricinum ist *P. stenophyllum Rchb. f.*

P. Schlimii × caudatum var. Warscewicizii ist *P. Saundersianum Marsh.*

P. Schlimii × Dominyanum ist *P. albopurpureum Rchb. f.*

P. Schlimii × longifolium ist *P. Sedenii Rchb. f.*

P. Schlimii × longifolium v. Hartwegii ist *P. Sedenii var. porphyreum Rchb f.*

P. Schlimii var. albiflorum × longifolium ist *P. Sedenii var. candidulum Rchb. f.*

P. Schlimii var. albiflorum × longifolium var. Hartwegii ist *P. leucorhodum Rchb. f.*

P. Schlimii var. albiflorum × Sedenii ist *P. cardinale Rchb. f.*

P. Schomburgkianum Klotzsch ist *P. Klotzschianum Rchb. f.*

P. Schroederae Rchb. f. ist von Seden in Veitchs Garten aus *P. caudatum × Sedenii* erzogen worden und ist eine der schönsten Kreuzungen dieser Gruppe. Oberes Kelchblatt 6 cm lang, weisslich, rosa überhaucht, grüngeadert, unteres ähnlich, nur weniger rosa, Blumenblätter 10 cm lang hängend, gedreht, gekielt, aus 1,5 cm breitem, weisslichem, behaartem Grunde stumpflinear, blassrosa-fleischfarben, dunkler geadert, Lippe bauchig, rosa, Innenränder elfenbeinweiss, rosa-purpurn gefleckt. Säulenplatte weisslich, purpurhaarig. Dezember—Januar.

Fig. 147. Paphiopedilum Schlimii.

— **var. splendens hort.** Blüten karminrosa überlaufen.

P. Sedenii Rchb. f. von Seden in Veitchs Garten aus *P. Schlimii* × *longifolium* gekreuzt und später vielfach zu Weiterkreuzungen mit Glück benutzt. Oberes Kelchblatt aussen rosa, innen elfenbeinweiss mit leichtem rosaem Schatten, unteres fast gleich, Blumenblätter gedreht, fast wagerecht, lang-lanzettlich, weiss, blassrosa gerandet, Lippe rosa-fleischfarben, Innenränder elfenbeinweiss, rosa gefleckt, Säulenplatte weiss, blassrötlich gefleckt, purpurn gefranst. August—Oktober.

— **var. albanense hort.** (*P. Schlimii* × *Sedenii?*) (Fig. 148.) weicht nur durch die eingezogene Lippenöffnung von Sedenii ab.

— **var. candidulum Rchb. f.** (*P. longifolium* × *Schlimii albiflorum*) Blüten elfenbeinweiss, Kelchblätter zart grünadrig, Blumenblätter vorn lichtrosa, Lippe blassrosa, Innenränder weiss, dunkelrosa punktiert.

— **var. grandiflorum hort.** (*var. superbum hort.*) Blüten sehr gross, sonst von der Hauptform nicht verschieden.

— **var. porphyreum Rchb. f.** (*var. sanguineum hort. P. longifolium var. Hartwegii* ♂ × *Schlimii* ♀.) Blüten grösser, dunkelrot überlaufen.

— *var. sanguineum hort.* ist *var. porphyreum Rchb. f.*

— *var. superbum hort.* ist *var. grandiflorum hort.*

— **var. Weidlichianum Rchb. f.** ist die entgegengesetzte Kreuzung von var. porphyreum und hat blassrosae kurze Blütenblätter.

P. Sedenii × *caudatum* ist *P. Schroederae Rchb. f.* (siehe auch P. longifolium).

P. Sedenii × *Schlimii var. albiflorum* ist *P. cardinale Rchb. f.*

P. Seegerianum h. Veitch. gehört zu den Bastarten von *P. Spicerianum.*

P. Seegerianum hort. ist *P. caudatum var. Wallisii Rchb. f.*

P. selligerum Rchb. f. von Seden bei Veitch gekreuzt aus *P. barbatum* × *philippinense.* Prachtpflanze! mit über 15 cm breiten Blüten. Oberes Kelchblatt aus grünem Grunde weiss, purpurstreifig, unteres kleiner und blasser, Blumenblätter 8 cm lang, gewimpert, im Grunde grünlich, schwarzwarzig, vorn rosapurpurn, Spitzen heller, Lippe purpurbräunlich, dunkler geadert. Säulenplatte grün, purpurhaarig.

P. sinicum Hance ist *P. purpuratum Ldl.*

— **var. majus hort.** (*var. rubrum hort.*) Blüten sehr gross, heller gefärbt.

P. Spicerianum Rchb. f. Blätter spitz länglich-linear, 2 zu 15 cm etwa, gekielt, ledrig, dunkelgrün, unterseits etwas rötlich. Blüten meist einzeln auf 20 cm hohem Schaft mit linearen, weissbräunlichen Deckblättern, 6 cm breit, oberes Kelchblatt fast genagelt, aus schmalem Grunde kreisrund, kurz zugespitzt, mitten gefaltet, vornüber gebogen, reinweiss mit schmalem purpurnem Mittelstreif aus grünlichem rotgeflecktem Grunde, unteres spitz, breit-eiförmig, grünlich, Blumenblätter riemenförmig, bald spitz, bald stumpf, vorwärts und leicht abwärts gebogen, stark gewellt, gelblichgrün, rötlich gefleckt und mit roter Mittellinie, Lippe rund-helmförmig, bräunlich, karminrot schattiert. Säulenplatte fast kreisrund, hellpurpurn, weissrandig. November, Dezember. Wahrscheinlich aus Assam, doch halten die Importeure die Heimat noch streng verschwiegen.

P. Spicerianum × *barbatum grandiflorum* ist *P. Eyermannianum Sander.*

Fig. 148. Paphiopedilum Sedenii var. albanense.

P. Spicerianum × *Fairieanum* ist *P. Niobe Veitch.*
P. Spicerianum × *Haynaldianum* ist *P. Carnusianum Rchb. f.*
P. Spicerianum × *hirsutissimum* ist *P. Medea Veitch.*

P. Spicerianum × *insigne* ist *P. Leeanum Rchb. f.*

P. Spicerianum × *insigne var. Mauloi* ist *P. Leeanum var. superbum Rchb. f.*

P. Spicerianum × *Lawrenceanum* ist *P. radiosum Rchb. f.*

P. Spicerianum × *philippinense* ist *P. Astraea Veitch.*

P. Spicerianum × *superbiens* ist *P. Hornianum Rchb. f.*

P. Spicerianum × *venustum?* ist *P. polystigmaticum Rchb. f.*

P. Spicerianum × *villosum* ist *P. Lathamianum Rchb. f.*

P. Spicerianum × *villosum var. Boxallii* ist *P. Calypso Veitch.*

P. stenophyllum Rchb. f. von Bowring aus *P. Schlimii* × *caricinum* erlangt. Oberes Kelchblatt weiss, grüngeadert, breitrosa gerandet, unteres ohne den rosaen Rand, Blumenblätter aus weisslichem Grunde blassrosa, halbhängend, Lippe rosa-fleischfarben, Innenränder elfenbeinweiss, dunkelfleischfarben punktiert. Säulenplatte weisslich, gefranst. August, September.

P. Stonei Rchb. f. (*Cypripedilum Cannarti hort.*) Blätter riemenförmig, 3 zu 40 cm etwa, dickledrig, zugespitzt, grasgrün. Blüten zu 3—7 auf halbmeterhohem, grünrötlichem, weichhaarigem Schafte mit kurzen, spitzlanzettlichen Deckblättern, 8 cm breit, kahl bis auf ein paar Wimperhaare am Grunde der Blumenblätter, oberes Kelchblatt breit-herzförmig mit plötzlich aufgesetzter langer Spitze, gekielt, weiss mit 2—3 schwärzlichroten Längsstrichen, unteres fast gleich, Blumenblätter linear, 15 cm lang, kurz wagerecht, dann rippenförmig hängend, gedreht, blassgelblich, rotbraun gefleckt, vorn hellbräunlichrot, Lippe mit langem Stege pantoffelförmig, unten weisslich, oben trüb rosa, karmin geadert, Innenränder weisslich, Säulenplatte länglich-eiförmig, gelblichweiss, borsthaarig gefranst. Mai—Juli. Borneo.

— **var. platytaenium Rchb. f.** Blüten grösser, leuchtender gefärbt, Kelchblätter breiter, vortretend breit gestreift, Blumenblätter abwärts und vorwärts gebogen, 12—15 cm lang, aus centimeterbreitem, weissgelbem, spärlich gewimpertem Grunde gelblich mit karminrötlichen Flecken, mitten über 2 cm breit nach vorn langsam in eine stumpfe Spitze verschmälert, in welcher die Flecken fast zusammenfliessen. Eine der schönsten aber auch teuersten Formen der Gattung. N. E. Brown sah 1887 an einem Exemplar im Garten des Baron Schroeder, The Dell bei Thaines, ein Blumenblatt dieser Varietät in die schmale Normalform umgewandelt.

P. Stonei × *Spicerianum* ist *P. Alice h. Drew.*

P. superbiens Rchb. f. (*Cypripedilum barbatum var. Veitchii van Houtte. C. Veitchianum Linden. C. barbatum var. superbum Lind.*) Tracht von P. barbatum, besonders hinsichtlich der länglich-elliptischen, bald mehr bald weniger graugrün gekästelten Blätter. Blüten einzeln auf 20 cm hohem Schafte mit kleinem Deckblatt, 8 cm breit, gewimpert, oberes Kelchblatt spitz breit-eiförmig, regelmässig grünstreifig, unteres ähnlich, viel kleiner, Blumenblätter breit-lanzettlich, herabgebogen, schwarzhaariggefranst, weiss, grünadrig, schwärzlich gefleckt, Randflecken grösser,

Lippe lang helmförmig, unten grünlich, oben bräunlich purpurn, Innenränder karminrot, dunkelwarzig. Säulenplatte fast nierenförmig mit einem Zahn in der Ausbiegung, grünbräunlich. Mai—Juli. Ophirberg auf der Halbinsel Malakka.

— **var. Lindeni hort.** weicht nicht vom Typus ab.

P. superbiens × *barbatum* ist *P. superciliare Rchb. f.*

P. superbiens × *Spicerianum* ist *P. Hornianum Rchb. f.*

P. superbiens × *Stonei* ist *P. Morganiae Rchb. f.*

P. superbiens × *venustum* ist *P. Carrierei Bauer.*

P. superbiens × *villosum* ist *P. „Mrs Canham" Rolfe.*

P. superciliare Rchb. f. von Seden bei Veitch gezogen aus P. barbatum × superbiens, zwischen beiden die Mitte haltend, enorm grosse, stark gewimperte Blüten tragend. Oberes Kelchblatt weiss, weinrot gestreift, dunkelgrün geadert, unteres weiss, blassgrün geadert, Blumenblätter aus grünem, schwarz punktiertem Grunde purpurrötlich, Lippe purpurbraun, Säulenplatte hellgrün, dunkler genetzt. Juli, August.

P. Swanianum Rchb. f. von Obergärtner Swan im Garten von Mr. Leech-Oaklei aus P. Dayanum × barbatum gezüchtet, stark an P. barbatum erinnernd, aber die Blumenblätter fast oder ganz warzenlos, dagegen die eingeschlagenen Ränder der braunen Lippe purpurwarzig. Juli, August.

P. Tautzianum Rchb. f. ist von Seden bei Veitch aus P. niveum × barbatum gekreuzt worden. Blätter spärlich gekästelt. Blüten sehr gross, alle Blätter weinrötlich, weiss gerandet, oberes Kelchblatt grün grundiert, purpuradrig, Blumenblätter schwarzhaarig gefranst, Lippe dunkelpurpurbraun, Innenränder warzig. März, April.

P. tessellatum porphyreum Rchb. f. (*P. concolor* × *barbatum*) von Seden bei Veitch gekreuzt. Blüten zu 2—3 auf 15 cm hohem Schaft, blassgelb, stark purpurrosa getuscht, oberes Kelchblatt dunkelweinrot geadert, unteres blasser, Blumenblätter im Grunde schwärzlich-purpurn warzig, Lippe unten grünlich, oben purpurn. Säulenplatte gelbgrün. Juli, August.

P. Thibautianum Rchb. f. von Seden in Veitchs Garten aus P. Harrisianum × insigne var. Maulei gezogen, ist von P. oenanthum, derselben Kreuzung, nur durch mehr grünliche Färbung der Kelchblätter und mehr grüngelbliche der Blumenblätter verschieden.

P. tonsum Rchb. f. Blätter länglich-eiförmig, 4 zu 12 cm etwa, dunkelgrün, graugrün gewürfelt, am Grunde purpurfleckig. Blüten einzeln auf 20 cm hohem grünrötlichem Schafte mit kleinem, kurzhaarigem Deckblatt, 8 cm breit, glänzend, oberes Kelchblatt spitz breit-eiförmig, mitten gefaltet, kurz gewimpert, weiss, grün und purpurn gestreift, unteres spitz länglich-elliptisch, viel kleiner, Blumenblätter wagerecht, breit-spatelförmig, hellgrün, dunkler geadert und trüb purpurn getuscht, mit 3—5 schwärzlichen Warzen längs der Mitte und einigen kleineren am oberen Rande, der nur an der Spitze ein paar Haare trägt, Lippe vorragend, helmförmig, trüb grün, hellrotbraun gezeichnet, Innenränder breit, warzig. Säulenplatte grünlich, nierenförmig. April, Mai. Sumatra.

P. Veitchianum Linden. ist *P. superbiens Rchb. f.*

P. venustum (Wall.) Pfitz. Blätter länglich-elliptisch, 4 zu 12 cm etwa dunkelgrün, graugrün marmoriert, unten meist trübpurpurn. Blüten meist einzeln auf 15 cm hohem Schafte mit langem Deckblatt, 5 cm breit, oberes Kelchblatt zugespitzt breit-eiförmig, weiss, dunkelgrün geadert, unteres spitz-eilanzettlich, kleiner, hellgrün, dunkelgrün geadert, Blumenblätter wagerecht, fast spatelförmig, gewimpert, aus grünem, schwarzwarzigem Grunde vorn trüb purpurbraun, Lippe klein, fast cylindrisch, hellgelbgrün, rosa überlaufen, grünadrig, Innenränder lehmgelb. Säulenplatte gelbgrün, halbmondförmig. Dezember — März. Sylhet. Kam als erste Art der Gattung 1819 vom botanischen Garten in Calcutta nach England.

— **var. pardinum Rchb. f.** (*var. spectabile Will.*) Blüten grösser, oberes Kelchblatt weiss, breit grün gestreift, Blumenblätter grünlichweiss, rosa getuscht mit wenigen grossen, zerstreuten Warzen, Lippe hell grünlichgelb, rosa getuscht.

P. venustum × *barbatum* ist sicher *P. chloroneurum Rchb. f.* und wahrscheinlich eine ganze Reihe anderer Bastartformen.

P. venustum × *callosum* ist *P. Orpheus Sand.*

P. venustum × *Dayanum* ist *P. caligare Rchb. f.*

P. venustum × *insigne* ist *P. amandum Rchb. f.*

P. venustum × *laevigatum* ist *P. Arthur h. Drew.*

P. venustum × *Lowii* ist *pycnopterum Rchb. f.*

P. venustum? × *Spicerianum* ist *P. polystigmaticum Rchb. f.*

P. venustum × *villosum* ist *P. Measuresianum Rchb. f.*

P. venustum v. pardinum × *concolor* ist *P. Marshallianum Rchb. f.*

P. venustum × *Stonei* ist *P. Doris Norm.*

P. vernixium Rchb. f. von Seden in Veitchs Garten aus P. Argus × villosum gezüchtet. Blüten firnissartig glänzend, oberes Kelchblatt grün, schwärzlichpurpurn gefleckt und geadert, schmal weiss gerandet, unteres hellgrün, dunkelgrün geadert, Blumenblätter herabgebogen, gelbbraun, purpurn schattiert, im Grunde schwarzwarzig, Lippe bräunlichgrün. Säulenplatte gelblichgrün. März, April.

P. Vervaetianum Rchb. f. ist *P. Euryale Rolfe.*

P. vexillarium Rchb. f., von Dominy in Veitchs Garten aus P. barbatum ♂ × Fairieanum ♀ gekreuzt, hat Blatt und Wuchs vollkommen von P. barbatum. Oberes Kelchblatt aus weissem, grünadrigem Grunde weinrot, dunkelpurpurn geadert, unteres weiss, weinrot überlaufen, grünadrig, Blumenblätter herabgebogen und an den Spitzen etwas aufwärts gekrümmt, wellig, gewimpert, aus grünem Grunde weiss, purpurn gesäumt, grün geadert, Lippe rötlichbraun, Innenränder grünlich, purpurfleckig. Säulenplatte hell grünbraun. April, Mai.

P. vexillarium × *Stonei* ist *P. Apollo Sand.*

P. villosum Ldl. Blätter aus reitendem Grunde lang-linear, 2 zu 30 cm etwa, spitz oder zweizackig, ledrig, dunkelgrün, unterseits nach dem Grunde zu trübpurpurn. Blüten einzeln auf behaartem, bis 30 cm hohem Schafte, mit grossem Deckblatt, 10—12 cm breit, firnissglänzend, gewimpert, oberes Kelchblatt behaart gekielt, breit-eiförmig mit kurz aufgesetzter, eingefalteter Spitze, Seitenränder mitten breit zurückgerollt, aus bräunlichem Grunde gelbgrün mit sehr schmalem, weissem Saum, unteres kleiner und heller, Blumenblätter breit-spatelförmig mit einigen Purpurhaaren am Grunde, fast wagerecht, vorwärts gebogen, mit purpurbrauner Mittellinie, obere Hälfte gelbbraun, untere heller, Lippe vortretend, gross pantoffelförmig, bräunlichgelb, hell gerandet, eingeschlagene Lappen trüb gelblich. Säulenplatte länglich-herzförmig, weichspitzig, mitten drüsenwarzig, gelblich. Dezember bis März. Moulmein, bei 1500 m.

— **var. albomarginatum hort.** Oberes Kelchblatt breit und elegant weiss gesäumt.

— **var. aureum Rchb. f.** Oberes Kelchblatt hellgrünlichgelb, weiss gesäumt, Lippe goldgelb schattiert.

— **var. Boxalli Rchb. f.** (*var. superbum hort.*) Oberes Kelchblatt am Grunde schmal, schwarzwarzig, breit weiss gerandet, unteres meist zweispitzig, Blumenblätter schmalgrundig, schachbrettartig hell und dunkel gelbbraun.

f. atratum hort. Die schwarzen Warzen des oberen Kelchblattes sehr zahlreich und zusammenfliessend.

f. pallidum hort. Wenig warzig, Blumenblätter und Lippe hell gelbbräunlich.

— **var. Lindeni hort.** ist höchstens durch etwas kräftigeren Wuchs ausgezeichnet.

— *var. superbum hort.* ist *var. Boxalli Rchb. f.*

P. villosum × *Argus* ist *P. vernixium Rchb. f.*

P. villosum × *barbatum* ist *P. Harrisianum Rchb. f.*

P. villosum × *Druryi* ist *P. Winnianum Rchb. f.*

P. villosum × *hirsutissimum* ist *P. Germinyanum Rchb. f.*

P. villosum × *insigne* ist *P. Sallierii Godf.*

P. villosum × *insigne var. Maulei* ist *P. nitens Rchb. f.*

P. villosum × *purpuratum* ist *P. concinnum Rchb. f.*

P. villosum × *superbiens* ist *P. Canhami hort.*

P. villosum × *venustum* ist sicher *P. Measuresianum Rchb. f.* und wahrscheinlich *P. plunerum Rchb. f.* und *P. Williamsianum Rchb. f.*

P. villosum var. Boxalli × *hirsutissimum* ist *P. Godseffianum Rchb. f.*

P. villosum var. Boxalii × *venustum* ist *P. pavoninum Rchb. f.*

P. virens Rchb. f. ist *P. javanicum Reinw. var.*

P. viridiflorum hort. ist eine fast einfarbig grün blühende Form von P. insigne.

P. vittatum Vellozo. (*Cypripedilum Binotii hort. Selenipedilum vittatum, breve Rchb. f.*) Blätter steif grasartig, bis 40 cm lang, hellgrün, gelbgerandet (Zufall?). Blüten zu 3—7 auf halbmeterhohem, spärlich behaartem Schafte, 5 cm breit, oberes Kelchblatt spitz-länglich, grünlichweiss, braunrot gefleckt, unteres ähnlich, hellgrün, Blumenblätter linear, 10 cm lang, rippenförmig gebogen, gedreht, aus hellgrünem Grunde purpurbraun, ebenso die kurz helmförmige Lippe, deren Innenränder grünlich mit spärlich purpurrosaen Flecken sind. Februar, März. Orgelgebirge Brasiliens.

P. Volonteanum Sander weicht von P. Hookerae nur durch breitere Blumenblätter und Lippe und braunrosae Flecken auf den Blumenblättern ab.

P. Wallisii hort. ist *P. caudatum Pfitz. var.*

P. Warscewiczii Rchb. f. ist *P. caudatum Pfitz. var.*

P. Weidlichianum Rchb. f. ist *P. longifolium var. Hartwegii* ♀ × *Schlimii* ♂.

P. Williamsianum Rchb. f. ist wahrscheinlich P. villosum × Harrisianum, von Warner-Broomfield gezüchtet, und gleicht einem kräftigem villosum mit schwach gezeichneten Blättern. Oberes Kelchblatt weiss mit dunkelbraunem Mittelstreif und grünen Adern, unteres weisslich, grüngeadert, Blumenblätter unten weisslich-hellrotbraun, vorn rotbraun, Lippe unten grünlichgelb, oben gelbbräunlich, Innenränder ockergelb. Säulenplatte gelbbraun. Januar—März.

P. Winnianum Rchb. f. ist von Seden bei Veitch aus P. villosum × Druryi gezüchtet worden, steht dem villosum sehr nahe, hat aber die schönen, charakteristischen, schwärzlichen-purpurnen Mittelstriche von P. Druryi auf Kelch- und Blumenblättern. Lippe und Säulenplatte wie von P. villosum. Januar—März.

P. Wittei hort. ist *P. Lawrenceanum Rchb. f.*

P. Youngianum Rchb. f. ist *P. superbiens* ♂ × *philippinense* ♀, die entgegengesetzte Kreuzung ist die dunkler blühende var. Corningianum Veitch.

Nachträge zur Gattung Paphiopedilum Pfitz:

P. Chamberlainianum O'Brien (nicht **Rchb. f.**) hat an hohen aufrechten Trieben scheinbar zweizeilig gestellte Blätter von 5 cm Breite bei 3 cm Länge. Blütenschaft halbmeterhoch mit reichblütiger kurzästiger Traube. Blüten fast 10 cm breit und hoch, oberes Kelchblatt fast kreisrund, mitten oft leicht eingefaltet mit kurz aufgesetzter kurzer Spitze, wellig gerandet, crêmeweiss mit sechs verlaufenden Purpurlinien und zahlreichen rosapurpurnen Flecken im Grunde. Unteres Kelchblatt fast gleich geformt, aber spärlicher gefleckt. Blumenblätter steif quer abstehend, ein- bis zweimal gewunden, langlinear, zugespitzt, crêmeweiss mit zahlreichen in Reihen stehenden karminroten Flecken. Lippe plump schuhförmig, fast sackartig lang gezogen, purpurrosa mit breitem weissem Rande, innen weiss mit dichter rosaer Fleckzeichnung. Säulenplatte breit herzförmig, purpurbraun.

P. chlorops Rchb. f. ist *P. longifolium var. Hartwegii* × *caricinum.*

Pattonia Wight. ist *Grammatophyllum Bl.*
Paxtonia Ldl. ist *Spathoglottis Bl.*
Pectinaria Ldl. ist *Mystacidium Ldl.*
Pedilea Ldl. ist *Microstylis Nutt.*
Pedilonum Bl. ist *Dendrobium Sw.*
Penthea Ldl. ist *Disa Berg,*
Peramium Salisb. ist *Goodyera R. Br.*

Peristeria *Hook.*

(Gongorinae 253.)

(Eckardia Rchb. f.)

Die fünf bekannten Arten stammen aus dem tropischen Waldgürtel Centralamerikas, wo sie teils direkte Baumbewohner, teils im Moose am Grunde alter Stämme oder beschatteter Felsen heimisch sind. Die grossen bis sehr grossen Scheinknollen tragen auf der Spitze einen Busch längsfaltiger Blätter, deren unterste den allmählichen Übergang aus den sie umgebenden Scheiden zum Laubblatt zeigen. Blüten gross, in vielblumigen, aufrechten oder hängenden Trauben, Kelch- und Blumenblätter fast gleich, mit den Spitzen zusammenneigend, so dass die Blüte fast kuglig erscheint, die seitlichen Kelchblätter sind am Grunde durch den Säulenfuss miteinander verbunden. Der Unterteil der Lippe (das Hypochil) ist mit dem Säulenfusse so innig verwachsen, dass seine Seitenanhängsel (Pleuridien) fast wie Flügel der Säule erscheinen, der Vorderteil (das Epichil) ist dem Unterteil beweglich angegliedert.

Alle Arten verlangen viel Wärme, während des Triebes reichlich Wasser, nach dem Triebe aber eine lange entschiedene Trockenperiode, da sie im Ruhezustande leicht faulen. Die Arten mit hängender Traube giebt man am besten in hängende Körbchen oder Kästchen, die mit aufrechtem Blütenstand in reichlich grosse, gut drainierte Töpfe. Als Bodenmischung nimmt man halb Sphagnum, halb gute Rasenerde mit Sand, fetter Lauberde und verrottetem Dung.

P. aspersa Rolfe. Blüten in aufrechter Traube gross, kugelig, gelbbraun, braunrot gesprenkelt, Lippe dunkelbraun, karmoisinrot gesäumt. Juli, August. Venezuela.

P. Barkeri Batem. ist *Acineta Barkerii Ldl.*

P. cerina Ldl. Scheinknollen länglich-eiförmig, 10 cm hoch, dunkelgrün, Blätter gross und lang, derb, breit-lanzettlich, dunkelgrün. Blüten zu 8—12 in kurzer, hängender Traube, wachholderduftig, gelb, 5 cm breit. Juni, Juli. Centralamerika.

P. elata Hook. Scheinknollen kuglig-eiförmig, bis 15 cm hoch, mit 3—5 hellgrünen, breit-lanzettlichen, bis meterhohen Blättern. Blüten auf anderthalbmeter hohem, steifem, aufrechtem Schafte in lockerer Traube, aufrecht gestielt, 8 cm breit, fast kuglig, wachsartig, weiss, Kelch- und Blumenblätter breit-eiförmig, Lippe dick, fleischig, weiss mit grossen öhrchenartigen, rötlich punktierten Anhängseln des Unterteils und fast kreisrundem Vorderteil, welcher eine mittlere vertiefte Rinne hat, im vorderen Teile reinweiss, im hinteren rötlich punktiert ist. Säule weiss, mit kleinem, spitzem Schnabelfortsatz. Juli—September. Panama. Lippe und Säule geben die in der That so erscheinende Form einer fliegenden weissen Taube, weshalb die Pflanze in der Heimat Taubenblume oder Heilige Geist-Blume getauft worden ist.

P. guttata Knowl. et Westc. Der P. cerina sehr ähnlich, aber die hängenden Blüten sind lachsrötlich mit purpurnen oder braunen Fleckchen und duften harzig. September. Demerara.

P. Humboldtii Batem. ist *Acineta superba Rchb. f.*

P. pendula Hook. Scheinknollen länglich-eiförmig, 5 cm hoch, gefurcht, mit 3—4 lanzettlichen, tief furchigen Blätter Blüten in hängender Traube zu 3—7, fleischrötlich-gelb, dicht purpurn gesprenkelt, Lippe bräunlich-weiss mit purpurnen Flecken und dickem, vortretendem Kamm, vorn tief ausgekehlt mit einem zurückgebogenen Spitzchen. August, September. Demerara.

Pescatorea *Rchb. f.*

(Huntleyinae 364.)

Knollenlose Baumbewohner Kolumbiens, von woher etwa zehn Arten bis jetzt bekannt sind, welche sämtlich durch schöne, grosse, langdauernde Blüten für die Gärtnerei von Wert sind. Die Blätter stehen in kräftigen, zweizeilig geordneten Büschen, sind gross und stark, immergrün, gekielt, breitlinear oder lanzettlich. Blüten einzeln auf starken, mit einigen kurzen, häutigen Scheiden besetzten, aufrechten oder aufsteigenden, die Blätter nicht überragenden, oft nur halb so langen Stielen, gross und fest. Kelch- und Blumenblätter ziemlich gleich, ausgebreitet, die seitlichen Kelchblätter bilden ein ausgesprochenes Kinn, Lippe deutlich genagelt, dreilappig, mit abstehenden Seitenlappen, Mittellappen gross, breit, gerundet, der Rand oft zurückgerollt, im Hintergrund ist ein querstehender Schwielenbogen der Lippe mit seiner breiten Fläche aufgewachsen. Säule schlank, grade. Die Pescatoreen vertragen nicht zu viel Wärme, am gedeihlichsten ist ihnen eine Wintertemperatur von etwa 10°, sie vertragen absolut keine Trockenperiode, sondern verlangen auch nach der Blüte Feuchtigkeit, besonders feuchte Luft, weil sie ununterbrochen treiben, Man bindet sie entweder einfach mit einer Hand voll Moos auf Korkrinde fest oder giebt sie hochgepflanzt in Sphagnum und Haideerde in einen Korb oder reichdrainierten Topf. Dunggüsse sind von grossem Einfluss auf die Stärke der Entwickelung.

P. Backhousiana Rchb. f. ist *P. Klabochorum Rchb. f. var.*

Fig. 149. Pescatorea cerina.

P. bella Rchb. f. (*Zygopetalum bellum Hook.*) Blätter etwa 3 zu 25 cm. Blüten auf 10 cm hohem Stiele, 12 cm breit, Kelch- und Blumenblätter eiförmig, kurz zugespitzt, weiss mit violettem Schimmer oder ganz blass violett, vor der Spitze ein breites, dunkel purpurviolettes Band, Lippe crêmegelb, fast pantoffelförmig umgeschlagen vorn, mit grossem hufeisenförmigem, 21rippigem, purpurrotem Schwielenbogen, vor welchem die Lippe einen breiten purpurvioletten Fleck zeigt. Säule aus gelbweissem Grunde hell aber unrein purpurn mit dunkleren Spritzflecken. März—Mai. Neu-Granada.

P. cerina Rchb. f. (*Huntleya cerina Batem. Zygopetalum cerinum Hook.*) (Fig. 149.) Blätter etwa 3 zu 20 cm, Blütenstiel kaum 10 cm hoch, Blüten 10 cm breit, Kelch- und Blumenblätter fleischig, länglich gerundet, ausgehöhlt, hell wachsgelb, Blumenblätter etwas dunkler, Lippe gelb, gestutzt-eiförmig, gewölbt, Schwielenbogen halbkreisförmig mit sehr vielen Rippen, dunkel purpurrot bandiert. Säule kurzkeulig. Mai, Juni. Veragua, Chiriqui, bei 2300 m.

P. Dayana Rchb. f. (*Zygopetalum Dayanum Hook.*) (Fig. 150.) Blätter etwa 3 zu 25 cm. Blüten auf 10 cm hohem Stiele, bis 10 cm breit, Kelchblätter verkehrt-eiförmig, weiss mit grünlichen Tuschstreifen, Blumenblätter etwas schmäler, mit schief verzogener Spitze, rein milchweiss, Lippe länglich, vorn gestutzt und ausgerandet, weiss, nur der fast kreisrunde, vielrippige Schwielenbogen purpurviolett. Säule gelblich, mit rötlichem Bande am Grunde, November, Dezember. Neu-Granada.

— **var. candidula Rchb. f.** Kelch- und Blumenblätter, sowie die Lippe reinweiss, Schwielenbogen hell karmin-purpurn.

— **var. rhodacra Rchb. f.** Blüten zartrosa, purpurn überlaufen.

— **var. Roezlii Rchb. f.** (als Art). Blüten weiss mit vielen violetten oder rosapurpurnen Tuschflecken, Lippe hellviolett oder purpurrosa.

— **var. splendens Rchb. f.** Kelch- und Blumenblätter vor der Spitze dunkel violettfleckig, Lippe ganz dunkelviolett.

P. Gairiana Rchb. f. (*Zygopetalum Gairianum Hook.*) Blätter etwa 2 zu 20 cm. Blüten auf kaum 10 cm hohem Schafte, 10 cm breit, Kelch- und Blumenblätter breit bandförmig, dunkelviolett, an der Spitze am dunkelsten, Lippe purpurrosa oder purpurbräunlich, vorn fast pantoffelförmig zurückgeschlagen, mit vielen Längsschwielen, zwischen denen zahlreiche Warzen sitzen, Schwielenbogen halbkreisförmig mit 15—17 Rippen, orangegelb, purpurn gestreift. Säule aus weissgelblichem purpurgespritztem Grunde oben dunkelviolett. Juli—September. Ecuador.

P. Klabochorum Rchb. f. (*Zygopetalum Klabochorum Hook.*) Blätter etwa 3 zu 25 cm, Blüten auf 10 cm hohem Schaft, reichlich 10 cm breit, Kelchblätter stumpf-länglich, Blumenblätter kürzer und vorn etwas verschmälert, weiss, reichlich purpurbraun getupft, Lippe kellenförmig, dreilappig, ockergelb oder weiss, am Rande glatt, sonst dicht bedeckt mit purpurköpfigen Hautsprossungen, Schwielenbogen hufeisenförmig, 19rippig, schwefelgelb mit braunen Linien. Säule gelblich mit verwaschenen braunpurpurnen Flecken. Juli—September. Ecuador. Der Pluralname ist zu Ehren der

Reisenden Brüder Klaboch gegeben, von welchen Franz Klaboch diese Art einführte.

— **var. Backhousiana Rchb. f.** als Art (*Zygopetalum Backhousianum*

Fig. 150. Pescatorea Dayana.

Hook.) Blüten crêmeweiss mit purpurvioletten Tupfen, Lippe crêmeweiss, purpurwarzig, Schwielenbogen goldgelb, braun liniert.

P. Lehmanni Rchb. f. (*Zygopetalum Lehmanni Hook.*) Blätter etwa

2 zu 20 cm. Blüten auf 10 cm hohem Schaft, reichlich 10 cm breit, weiss mit rötlichbraunen Parallellinien, Kelch- und Blumenblätter breitlänglich, nach vorn etwas verschmälert, Lippe bräunlich-purpurn, vorn länglich, gestutzt, zurückgeschlagen, mit dicken, langen, purpurnen Borsten, Schwielenbogen elfrippig, kastanienbraun. Juni—August. Ecuador.

P. Roezlii Rchb. f. ist *P. Dayana Rchb. f. var.*

P. Russeliana Rchb. f. (*Zygopetalum Russelianum Hook.*) Blüten auf 6—8 cm hohem Schaft, 10 cm breit, crêmeweiss mit rötlich-purpurnen Tuschflecken, Kelch- und Blumenblätter breit-eiförmig, Lippe rötlichpurpurn, Schwielenbogen 15 rippig, gelb mit karminroten Linien. Juli—September. Ecuador.

P. Wallisii Linden et Rchb. f. (*Zygopetalum Wallisii Hook.*) Der P. cerina in der Form gleichend, aber die Blüten sind crêmegelb mit bläulichvioletten Tuschflekken, Lippe längsfurchig, violett, weiss gesäumt, Schwielenbogen 17 rippig, weiss mit purpurnen Linien. Säule weiss mit dunkelvioletter Binde im Grunde. Juli bis September. Ecuador, bei 2500 m.

Pesomeria Ldl. ist *Phajus Lour.*

Fig. 151. Phajocalanthe irrorata.

Phajocalanthe *Rolfe*

(Phajinae 219 a)

umfasst die Bastarte zwischen den Gattungen Phajus und Calanthe resp. Preptanthe, Limatodes und Calanthidium.

Bisher sind von Obergärtner Dominy und dem unermüdlichen Obergärtner Seden in Veitchs Royal exotic nurseries in Chelsea drei derartige Kreuzungen bewirkt worden.

Ph. irrorata Rolfe. (*Phajus irroratus Rchb. f.*) (Fig. 151.) ist von Dominy aus Ph. Tankervilliae × Preptanthe Regnieri var. nivalis gekreuzt worden. Die Pflanze ist immergrün und gleicht auch sonst ungemein dem Phajus Tankervilliae, nur in der tiefen Zerspaltung der Lippe kommt die Preptanthe zur Geltung. Blüten 5 cm breit, crêmeweiss, mit grünlichem Grunde und rosaer Spitze der Kelch- und Blumenblätter Lippe rotpurpurn, weiss gerandet, mit grosser gelber, durch drei weisse Längschwielen unterbrochener Scheibe.

Ph. purpurea Rolfe. (*Phajus irroratus var. purpureus Rchb. f.*) ist von Seden aus Ph. Tankervilliae, × Preptanthe vestita var. rurooculata gezüchtet. Kelch- und Blumenblätter reinweiss, Lippe rotpurpurn, dunkler gestreift, breit weiss berandet.

Ph. Sedeniana Rolfe. (*Phajus Sedenianus Rchb. f.*) ist Phajus Tankervilliae × Preptanthe Veitchii von Seden gezüchtet. Da Preptanthe Veitchii die Kreuzung von Limatodes rosea × Preptanthe vestita ist, so sind also in dieser Phajocalanthe drei Gattungen!! vertreten. Der Wuchs ist auch hier von Phajus beibehalten, nur die vierlappige Lippe verrät den fremden Einfluss. Blüten 6 cm breit, crêmeweiss, gelblich schattiert, im Grunde rosa, Lippe gelblich, vorn weiss, breit rosapurpurn bordiert.

Phajus *Lour.*

(Phajinae 219.)

(Gastrorchis Bl., Limatodes Bl. z. Teil, Pachyne Salisb., Pesomeria Ldl., Tankervillea Lk.)

Fast alle zwölf Arten der im tropischen Asien, Afrika, Australien, den Südseeinseln, Maskarenen, in China und Japan einheimischen Gattung waren früher beliebte Gewächshauspflanzen, während sie heut etwas vernachlässigt werden. Sie sind sämtlich Erdbewohner mit stark entwickeltem Wurzelsystem und meist grossen vielgliedrigen Scheinknollen, seltener mit schlanken, verlängerten Stämmen. Die grossen, mehr minder breitlanzettlichen Blätter sind gewöhnlich in einen langen Stiel verschmälert, aber nicht gegliedert, und längsfurchig vielnervig. Die Blüten stehen in aufrechten, langgestielten, meist reichblumigen Trauben, welche aus den unteren Blattachseln hervorbrechen. Kelch- und Blumenblätter gleichen sich meist, sind aufrecht oder breit abstehend, die grosse Lippe ist frei, dreilappig, mit den Seitenlappen eng um die Säule gerollt oder dieselbe als weitbauchige Schale umgebend, und bildet meist mit dem Säulenfusse einen grossen kurz-kulpigen Sporn. Säule schlank, gerade bis halbkreisförmig gekrümmt. Die Blüten ändern ihre Farbe durch Druck oder sonstige Verletzungen in Indigoblau-schwarz. Je nach der Heimat gehören die Phajus ins warme oder halbwarme Haus. Sie bedürfen zur guten Entwickelung recht grosser drainierter Töpfe, deren Füllung aus guter Rasenerde, Lauberde, gut verottetem Kuh- oder Pferdedung und Sand bestehen soll. Während der Entwickelung halte man die Pflanzen warm und in etwas geschlossener Luft, nachher kühler. Sie bedürfen viel Wasser und können während des Triebes recht viel flüssige Dungstoffe aufnehmen. Nach der Blüte spart man mit dem Wasser, ohne aber die Pflanze dörren zu lassen. So behandelt, lohnen auch die alten Arten die Kultur und können sich getrost neben den meisten neueren Orchideen sehen lassen.

Pfitzer teilt die Gattung ein:

A. **Genuini:** Knollen kurz und dick, Sporn deutlich; z. B. Ph. Blumei Ldl.

B. **Gastrorchis Bl.**: Knollen kurz und dick, Lippe kurz gespornt, im Grunde weit bauchig; z. B. Ph. tuberculosus Rchb. f.

C. **Limatodes Bl.** Schlankstämmig, Sporn deutlich; z. B. Ph. cupreus Rchb. f.

D. **Pesomeria Ldl.** Schlankstämmig, statt des Sporns nur ein kurzer Höcker; z. B. Ph. tetragonus Rchb. f.

Ph. albus Will. ist *Thunia alba Rchb. f.*

Ph. Augustinianus Klotzsch ist *Ph. cupreus Rchb. f.*

Ph. australis F. Müll. ist *Ph. Tankervilliae Bl.*

Ph. Bensoniae hort. ist *Thunia Bensoniae Hook. f.*

Ph. Bernaysii Rchb. f. ist *Ph. Blumei Ldl. var.*

Ph. bicolor Ldl. ist *Ph. Wallichii Ldl. var.*

Ph. Blumei Ldl. (*Ph. grandifolius Blumei hort. Limodorum Incarvillei Bl.*) Scheinknollen eigross, rundlich-eiförmig, vielringig. Blätter bis 60 cm hoch, lang-lanzettlich, zugespitzt, vielfaltig, freudiggrün. Schaft über meterhoch mit 30 cm langer Endtraube. Blüten 5 cm breit, Kelch- und Blumenblätter spitz-lanzettlich, olivengrün-bräunlich, Seitenlappen der Lippe um die Säule gerollt, aussen ockergelb, Mittellappen eiförmig-wellig-kraus, vorn kurz gespitzt, karminrot mit gelblichem Rande. Sporn gelbgrün. März—April. Java.

— **var. Bernaysii Rchb. f.** Blüten aussen weiss, innen matt gelb, weiss, Seitenlappen der Lippe schwefelgelb, weiss gesäumt, Mittellappen dunkler gelb, weiss gesäumt, Sporn grün.

Ph. Carronii F. Müll. ist *Ph. Tankervilliae Bl.*

Ph. Cooksonii Rolfe ist aus Ph. tuberculosus ♂ × Ph. Wallchii ♀ gekreuzt worden, gleicht letzterem sehr stark, aber Umriss und Farbe der Lippe ist von Ph. tuberculosus ererbt.

Ph. cupreus Rchb. f. (*Ph. Augustinianus Klotzsch.*) ist heute aus den Gärten verschwunden. Er gleicht einem kleinen, schlankstämmigem Ph. Tankervilliae mit kleinen, dunkelrötlich-braunen deutlich gespornten Blüten mit etwas hellerer Lippe. Amboina.

Ph. Dodgsoni hort. ist *Thunia Dodgsoniana Will.*

Ph. grandifolius Lindley ist *Ph. Wallichii Ldl.*

Ph. grandifolius Lour. ist *Ph. Tankervilliae Bl.*

Ph. Humblotii Rchb. f. Scheinknollen eigross und rundlich-eiförmig, Blätter breit-lanzettlich, bis 40 cm hoch. Blüten in wenigblumiger Endtraube auf 50 cm hohem, steifem Schaft, 5 cm breit, rosa mit weissen und roten Tuschflecken, Kelchblätter spitz-länglich, Blumenblätter kürzer und doppelt so breit, Lippe spornlos, die Seitenlappen gerundet und vorwärts gestreckt, Mittellappen quergestutzt, ausgerandet, auf der weissen Scheibe eine hohe fleischige, sattelförmige, nach vorn in einen kurzen Kiel verlaufende gelbe Schwiele. April—Juni. Madagaskar.

Ph. irroratus Rchb. f. ist *Phajocalanthe irrorata Rolfe.*

Ph. leucophaeus F. Müll. ist *Ph. Tankervilliae Bl.*

Ph. luridus hort. ist *Ph. Wallichii Ldl. var. bicolor Ldl.*

Ph. maculatus Ldl. (*Bletia Woodfordii Bot. Mag.*) Scheinknollen gänseeigross, länglich-eiförmig, Blätter spitz ei-lanzettlich, 40 cm lang, dunkelgrün mit blassgelben runden Flecken. Blüten zu 10—12 am Ende des 60 cm hohen Schaftes in lockerer Traube, 6 cm breit, fleischig, blassgelb, Lippe stumpf gespornt, im Grunde cylindrisch eingerollt, vorn dreilappig, Mittellappen faltig-gezähnt, gelb mit rötlich-braunen Randstrichen. Februar—Mai. Japan, China.

Fig. 152. Phajus Tankervilliae.

Ph. niveus hort. ist *Thunia alba Rchb. f.*

Ph. philippinensis N. E. Brown. Wurzelstock Iris-artig, cylindrisch, blattnarbig. Blätter paarweis, spitz lanzettlich, in einen 10 cm langen gekielten Stiel zusammengezogen, 6 zu 30 cm etwa, längsfaltig. Blüten in wenigblumiger Traube auf 40 cm hohem Schafte, ledrig, 4 cm breit, halbgeschlossen, Kelch- und Blumenblätter spitz länglich-lanzettlich, aussen weiss, innen rötlichbraun, gelb gerandet, Lippe trompetenförmig mit zurückgeschlagenem, gefranstem Rande, weiss, gelblich-fleischfarben schattiert, mit drei Kielen. Sporn undeutlich. August, September. Philippinen, Mindanao bei 1000 m.

Ph. Tankervilliae Bl. (*Bletia Tankervilliae R. Br. Limodorum Tankervilliae Lodd. Pachyne spectabilis Ldl. Phajus grandifolius Lour.* nicht *Ldl. Ph. australis F. Müll. · Ph. Carronii F. Müll. Ph. leucophaeus F. Müll.*) (Fig. 152.) Scheinknollen faustgross, eiförmig. Blätter aus langem, schmalem Grunde spitz länglich-lanzettlich, 60 cm lang, dunkelgrün. Blüten in langer Endtraube auf über meterhohem, aufrechtem Schafte, 10 cm breit, aussen weiss, innen hell chocoladenbraun, Kelch- und Blumenblätter länglich-lanzettlich, Lippe lang röhrig gerollt, vorn kurz trichterförmig erweitert, wellig gezähnt, weiss mit gelbem, hellpurpuradrigem Schlund und Scheibe, die Röhre innen und aussen karminrot überlaufen. Dezember—April. China.

— **var. superbus v. Htte.** Blüten aussen elfenbeinweiss, innen leuchtend chamois, Lippe schön violett-rosa mit hellrosaem Saum.

Ph. tuberculosus Rchb. f. (*Bletia tuberculosa Bl. Limodorum tuberculosum R. Br.*). Stämme kurz, dick spindelförmig, 20 cm hoch. Blätter zugespitzt-länglich, 25 cm lang, dunkelgrün. Blüten zu 6—10 auf 40 cm hohem Schafte, 6 cm breit, reinweiss, Kelchblätter eiförmig, kurz zugespitzt, Blumenblätter etwas breiter mit vor den Spitzen eingeschlagenen Rändern, Seitenlappen der Lippe als flache Schüssel die Säule umgebend, gelb, dicht trüb karminrot, bronzefarben verlaufend, gefleckt, Vorderlappen breit-gerundet, mit faltig-krausen, tief ausgezackten Rändern, weiss mit rosa-purpurnen Flecken, im Hintergrunde ein hoher orangegelber Borstenkamm. Januar—März. Madagaskar. Gehört zu den wirklich schönen Orchideen, verlangt aber Aufmerksamkeit in der Pflege und dauernd warm-feuchte Luft.

Ph. Wallichii Ldl. gleicht im Bau und in der Form der Blüte vollkommen dem Ph. Tankervilliae, aber die aussen weissen Blüten sind innen orangegelb mit rötlich purpurnem Anfluge, Lippe mit lang-spitzigem, kraus-gezähntem Vorderlappen, Sporn gebogen und ausgerandet. März—Mai. Ostindien: Sylhet.

— **var. bicolor Ldl.** (*Ph. luridus hort.*) Kleiner. Lippe rosa gesäumt, Sporn gelblich.

Phalaenidium Pfitzer ist eine Unterabteilung von Aërides Lour., zu welcher z. B. A. Vandarum Rchb. f. gehört.

Phalaenopsis *Bl.*

(Aeridëae 381.)

(Stauroglottis Schauer.)

Etwa vierzig Arten, welche an nackten Felsen oder an Bäumen der ewig feuchten Waldregion des tropischen Ostindiens und der malayischen Inseln leben, und sämtlich für die Gartenkultur von hohem Wert sind.

In der Farbenpracht können sie sich zwar nicht mit so mancher buntschillernden Orchideenblüte der Tropen messen, in der Zartheit der Färbung aber wie in der Lieblichkeit der Formen werden sie von keiner anderen Gattung übertroffen und dabei sind gerade die zartesten Blüten oft von monatelanger Dauer.

Keine Phalaenopsis zeigt auch nur eine Andeutung zur Knollenbildung und auch der Stamm ist nur ganz kurz und dünn, aber fest, fast holzig. Vom Grunde des Stammes und bei alten Exemplaren auch aus den unteren Blattachseln entspringen ungemein kräftige, bis fingerdicke, oft verzweigte Wurzeln, welche sich an die Unterlage so fest ansaugen, dass sie oft bandartig verflacht erscheinen. An der wachsenden Spitze sind sie glasig durchscheinend hellgrün, im übrigen Teile sammtig oder später harthäutig weiss. Die grossen, derb fleischig-ledrigen Blätter sitzen fast regelmässig zweizeilig oder fast rosettenartig dicht gedrängt mit meist scheidenartigem, stammumfassendem Grunde, der aber allmählich in die breite Blattspreite übergeht, nicht von ihr abgegliedert ist. Mitunter sind die Blätter elegant gezeichnet.

Der Blütenschaft, aus den Blattachseln entspringend, ist meist hoch und überhängend, selten eine einfache Traube, meist eine vielverzweigte Rispe, an welcher oft mehr als hundert Blüten sitzen. An den alten Blütenständen brechen nicht selten, an Luddemanniana und Stuartiana regelmässig, Adventiv-Blattknospen hervor, welche sich rasch zu jungen Blattpflanzen entwickeln. Man lasse diese Sprosse erst Wurzeln treiben, ehe man sie von der Mutterpflanze ablöst, jedenfalls schneide man keinen Blütentrieb von Phalaenopsis ab, welcher nicht wirklich schon vollkommen abgestorben ist. Die Blüten sind gross und ansehnlich, bald von festem Bau, bald ungemein zart, aber gerade diese scheinbar zarten Formen halten sich ausserordentlich lange frisch.

Da die Blüten sich nacheinander entwickeln, ist es durchaus keine Seltenheit, dasselbe Exemplar ein halbes Jahr lang in Blüte zu haben. Die Blumenblätter sind stets breiter als die Kelchblätter, alle fünf sind breit abstehend, sodass die Blüte voll und gross dasteht. Die seitlichen Kelchblätter laufen am Säulenfuss mehr minder weit herab. Die mit dem Säulenfusse fest verwachsene Lippe ist genagelt oder sitzend, stets dreilappig mit aufrechten oder abstehenden, sehr verschieden geformten Seitenlappen, der Mittellappen ist ungeteilt, kurz zweiteilig oder in zwei oft sehr lange und dünne Fortsätze ausgezogen. Zwischen den Seitenlappen trägt die Lippe, dieselben scheinbar verbindend, einen grossen, oft dicken Schwielenkörper. Die Säule ist meist schlank, an der Spitze etwas überneigend und dort die zwei gefurchten Pollenkörper tragend.

Noch Anfang der siebziger Jahre gehörten die Arten von Phalaenopsis zu den buchstäblich mit Gold aufgewogenen Kostbarkeiten der deutschen Gärten und brachten ihre glücklichen (?) Besitzer halb zur Verzweiflung, weil sie um so schlechter wuchsen, je mehr an ihnen gethan wurde. Sie wurden in den unglaublichsten Erdmischungen von zehnerlei Stoffen in durchbrochenen Töpfen, in deren Innerem ein umgestürzter anderer Topf stand, der Zwischenraum mit Scherben ausgefüllt u. s. w., in den heissesten Kammern der Gewächshäuser mehr maltraitiert als gepflegt. Heut sind die Preise um mehr als das zehnfache gesunken, man bindet die Phalaenopsis einfach mit einer Handvoll sauberen, frischen Sphagnums an eine derbe Korkrinde oder festen Ast, hängt sie in ein gut ventiliertes, dabei recht feuchtes Warmhaus von mindestens 12° Wintertemperatur und da vollzieht sich das Wunder, dass die ehemals vor lauter Pflege nicht zum Gedeihen gelangenden Pflanzen jetzt leicht und gut wachsen, indem sie, fast sich selbst überlassen, nur einfach in die Bedingungen zurückversetzt werden, welche sie in der Heimat gewöhnt waren. Wesentlich ist nur eine stets feuchte, aber nicht stockende, gut erneuerte Luft und ein gleichmässiges Feuchthalten durch Spritzen. Exemplare, welche ernstlich trocken werden, lassen ihre schönen Blätter hängen, welken, runzeln und werfen sie schliesslich ab. Auch nach der Blüte darf keine Phalaenopsis zur Ruhe durch Trockenheit gezwungen werden, sondern nur durch niedere Temperaturen. Da die Ruhezeit in unsere Wintermonate fällt, giebt sich das fast von selbst. Kränkelnde Pflanzen säubere man durch scharfe Schnitte von allem Verdächtigem, stäube die Wunden mit Kohle ein und behandle sie nach dem Übertrocknen der Wundflächen als gesund, nur mit etwas sparsamem Giessen. Dunggüsse resp. Dungbäder der Wurzeln sind sehr zu empfehlen.

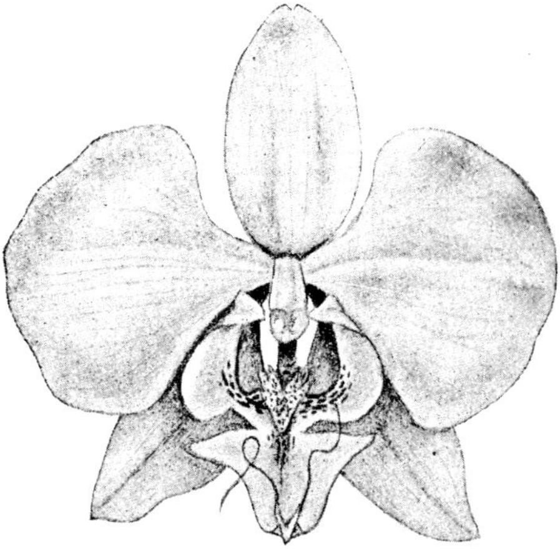

Fig. 153. Phalaenopsis amabilis.

Die neueste Einteilung der Gattung beruht hauptsächlich auf der Form der Lippe und ergiebt folgende natürliche Abteilungen:

A. **Eu-Phalaenopsis Bnthm:** Blumenblätter viel breiter als die Kelchblätter, Mittellappen der Lippe zweiteilig oder in zwei dünne Fäden ausgezogen; z. B. Ph. Schilleriana Rchb. f.

B. **Proboscidioides Pfitz.:** Blütenform wie von A., aber der Mittellappen der Lippe ungeteilt, die Säule vorn in einen langen, spitzen, rechtwinkelig ansitzenden Schnabel ausgezogen; z. B. Ph. Lowii Rchb. f.

C. **Zebrinae Pfitz.**: Kelch- und Blumenblätter fast gleich, weiss mit farbigen Querbändern auf hellem Grunde, Mittellappen der Lippe ungeteilt, länger als breit; z. B. Ph. sumatrana Korth.

D. **Stauroglottis Schauer.**: Kelch- und Blumenblätter fast gleich, meist einfarbig, Mittellappen der Lippe ungeteilt, breiter als lang, oft mit zahlreichen Anhängseln am Grunde; z. B. P. Parishii Rchb. f.

E. **Antenniferae Pfitz.**: Kelch- und Blumenblätter fast gleich, einfarbig, Lippe lang genagelt, mit breitem dreilappigem Mittellappen und zwei keulenförmigen aufrechten Anhängseln am Nagel; z. B. Ph. antennifera Rchb. f.

Ph. amabilis Bl. (*Lindley*, nicht *hort.*) (*Ph. grandiflora Ldl. et hort.*) (Fig. 153.) Blätter länglich-zugespitzt, etwa 4 zu 30 cm gross, zweizeilig, sehr derb, hellgrün, deutlich gekielt. Blüten wie von Ph. Aphrodite, aber erheblich grösser, Seitenlappen vorn gelblich, Rankfäden des schmal-spiessförmigen Mittellappens gelb (nicht weiss wie die von Ph. Aphrodite). Blütenstiele purpurn überlaufen. September—März. Java, Borneo. Von Ph. Aphrodite hauptsächlich durch die langen Blätter auf den ersten Blick unterschieden, in den Blüten sehr ähnlich.

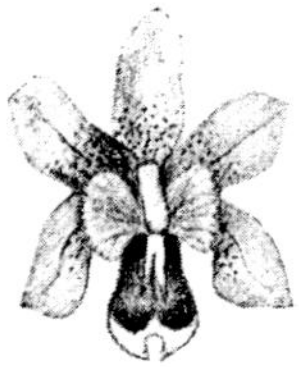

Fig. 154. Phalaenopsis amethystina.

— **var. aurea hort.** Wuchs gedrängt, Blüten 15 cm breit, matt elfenbeinweiss, Lippe vorn tief orangegelb schattiert, Seitenlappen und Rankfäden noch dunkler orange. Blütenstiele gelblich-grün. Borneo.

Ph. amabilis hort. ist *Ph. Aphrodite Rchb. f.*

Ph. Amesiana Rolfe ist von Seden in Veitchs Gärten aus P. intermedia ♂ × amabilis ♀ gezüchtet worden. Blüten 10 cm breit, weiss, nur die Lippe purpurn schattiert und die Seitenlappen hell purpurstreifig, Mittellappen rotpurpurn gestrichelt. Kamm gelb, rotpunktiert.

Ph. amethystina Rchb. f. (Fig. 154.) Blätter keilförmig-verkehrt eiförmig, zugespitzt, etwa 3 zu 10 cm, gestreift, an den Rändern wellig, derb, dunkelgrün. Blütenschaft 25 cm hoch, selten spärlich verzweigt, wenigblumig, Blüten 3 cm breit, weiss, nur die Lippe im Grunde gelblich und auf dem Vorderlappen amethystblau-purpurn überlaufen, die Seitenlappen keilförmig, Mittellappen rautenförmig, zweizackig tief ausgebuchtet, mit zwei kleinen Bartfäden im Grunde, Sporn kurz. Juli bis August. Sundainseln. So ziemlich die kleinste Art.

Ph. antennifera Rchb. f. Blätter spitz-länglich, ledrig, etwa 2 zu 10 cm, dunkelgrün. Blüten in kurzästiger, lockerer, halbmeterhoher Rispe zu 10 bis 20, 3 cm breit, Kelch- und Blumenblätter stumpf-länglich, zartrosa, Spitzen der Kelchblätter aussen ziegelrot, Mittellappen der lang genagelten Lippe breit, dreilappig, aus gelbem Grunde amethystblau, Seitenlappen und die Keulen im Grunde orangegelb mit roten Streifen. September, Oktober. Birma.

Ph. Aphrodite Rchb. f. (*Ph. amabilis hort.* nicht *Ldl.* oder *Bl.* (Fig. 155.) Die fleischigen Wurzeln sitzen in dichten Büscheln auf der Rinde und tragen einen kurzen Stamm mit 4—8 zweizeiligen, elliptisch-lanzettlichen, derben, schiefgestutzten, etwa 4 zu 20 cm grossen, dunkelgrünen, stark-gekielten Blättern. Blüten sehr zahlreich in lang-überhängenden Trauben oder Rispen zweizeilig geordnet, 10 cm breit, Kelch- und Blumenblätter reinweiss, Kelchblätter ei-elliptisch, Blumenblätter breit-rautenförmig, Lippe weiss, wundervoll zart fleischrosa und gelb getuscht und gesprenkelt, kürzer als die Blumenblätter, Seitenlappen aufsteigend, gross, blumenblatt-artig, vorn rosa, Mittellappen spiessförmig mit zwei seitlichen eingebogenen und gedrehten, zarten, langen Rankfäden. Blüht fast das ganze Jahr, hauptsächlich Oktober bis Januar. Java, Amboina, Philippinen. Wird in England — und mit vollem Recht — als Königin der Orchideen bezeichnet.

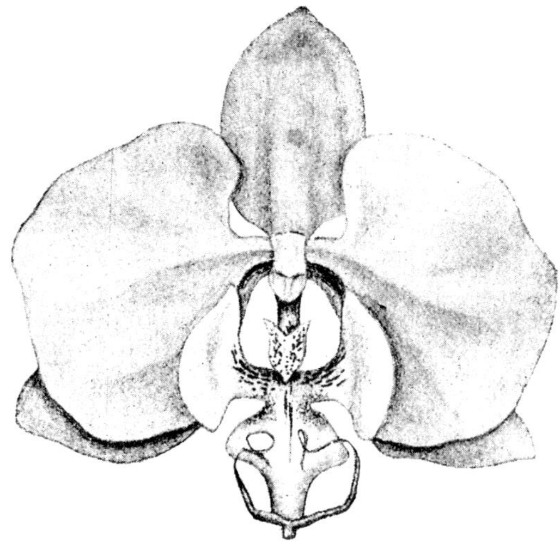

Fig. 155. Phalaenopsis Aphrodite.

— **var. Dayana Will.** Blüten sehr gross, die beiden seitlichen Kelchblätter vorn karminrot gesprenkelt, Seitenlappen der Lippe goldgelb, Vorderlappen mit scharlachrotem Mittelstreif und ebensolchen Spritzflecken.

— **var. gloriosa Rchb. f.** von v. Dayana nur durch hellgrünes Laub und den weissen Grund der Lippe abweichend.

Ph. Boxalli Rchb. f. Blätter länglich-eiförmig, 4 zu 15 cm etwa, glänzend grün. Blüten zu 4—12 in aufrechter, kurzschaftiger Traube, 3 cm breit, auf schlanken, weisslichen, von kurzen, grünen Deckblättern gestützten Stielen, Kelchblätter spitzlanzettlich, gelb, braun gefleckt und gebändert, Blumenblätter gleichgefärbt, kürzer und schmäler, Seitenlappen der Lippe weisslich, in eine kurze Ranke auslaufend, Vorderlappen ankerförmig, blassgelb mit einem purpurnem Zahn im Grunde. Säule mit zwei kleinen Flügeln an der Spitze, aus rotbraunem Grunde gelb. Juni, Juli. Philippinen.

Ph. Buyssoniana Rchb. f. ist *Ph. Esmeralda Rchb. f.*

Ph. casta Rchb. f. ist eine in der Heimat entstandene Kreuzung aus Ph. Aphrodite und Ph. Schilleriana. Blätter in der Jugend leicht weissschimmernd gefleckt, im Alter einfarbig mattgrün. Blüten gleich denen von Ph. Aphrodite; siehe Ph. leucorhoda Rchb. f. var.

Ph. Corningiana Rchb. f. (*Ph. Harriettae Rolfe.*) Blätter länglich-lanzettlich, zugespitzt, etwa 3 zu 12 cm, hellgrün. Blüten in kurzer, aufrechter, wenigblumiger Traube, 5 cm breit, Kelchblätter länglich, aussen stumpf gekielt, das obere länglich-keilförmig, weisslich mit purpurbraunen, zuweilen in hieroglyphische Zeichen verzogenen Längsflecken, und einigen grundständigen Querbinden, die seitlichen purpurbraun mit weissgelbem Saum und einzelnen weissgelben Längsflecken, Blumenblätter lang keilförmig, gelblichweiss mit purpurbraunen Längsstrichen und -flecken, Lippe vorwärts gebogen, Seitenlappen aufrecht, bandförmig gestutzt, mit einem kurzem Pfriemen am oberen Ende, weiss, Schwielenkörper dazwischen gelb, in der Mitte vertieft, Mittellappen länglich bandförmig, reich violettpurpurn mit einem Haarbusch auf der vorderen Mittellinie. Februar bis Mai. Wurde von Seden aus Ph. amabilis × violacea gekreuzt.

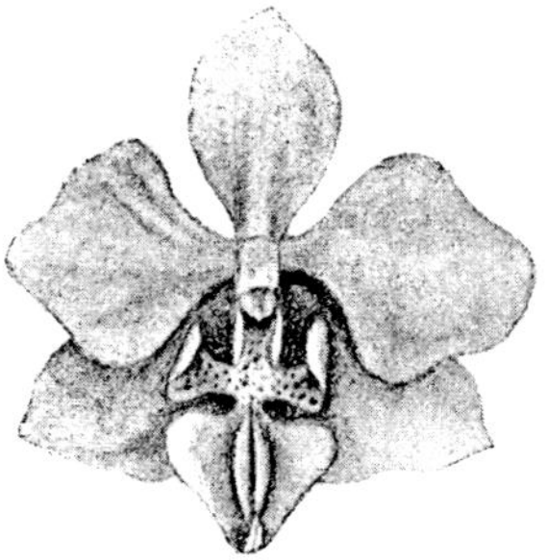
Fig. 156. Phalaenopsis intermedia.

Ph. Cornu-cervi Bl. ist *Polychilos Cornu cervi Kuhlet Hass.*

Ph. Cynthia Rolfe ist *Ph. leucorhoda Rchb. f. var.*

Ph. equestris Paxt. ist *Ph. rosea Ldl.*

Ph. Esmeralda Rchb. f. (*Ph. Buyssoniana Rchb. f. Ph. Regnieriana Rchb. f.*) Blätter bandförmig, zugespitzt, dunkelgrün. Blüten zu 15—20 in aufrechter Traube, 3 cm breit, gleichmässig leuchtend amethystblau, Kelch- und Blumenblätter stumpf-länglich, Seitenlappen der Lippe sparrig abstehend, länglich, Mittellappen länger, zungenförmig. Juni—September. Cochinchina.

— **var. candidula Rolfe.** Blüten fast reinweiss.

— **var. rubra hort.** Blüten violettrot.

Ph. gloriosa Rchb. f. ist *Ph. Aphrodite Rchb. f. var.*

Ph. grandiflora Ldl. ist *Ph. amabilis Bl.*

Ph. Harriettae Rolfe ist *Ph. Corningiana Rchb. f.*

Ph. intermedia Ldl. (*Ph. Lobbii Paxt.*) (Fig. 156) ist möglicher Weise eine frei entstandene Kreuzung von Ph. Aphrodite × rosea, welche vollkommen die Tracht der ersteren Art hat. Blüten in langer Traube oder kurzästiger Rispe, deren Schaft braunrot ist, 5 cm breit, Kelchblätter spitz-länglich, ausgehöhlt, weiss, Blumenblätter grösser, rautenförmig, reinweiss, mit ein paar rosaen Spritzern im Grunde, Seitenlappen der Lippe aufrecht, sichelförmig, stumpf, violett mit einigen karminroten Strichen, Mittellappen karminrot, vorn mit zwei langen gebogenen und gedrehten Rankfäden, Schwiele zwischen den Seitenlappen viereckig, dunkelgelb mit karminroten Fleckchen. Juni—September. Manila.

— var. **Brymeriana Rchb. f.** Kelchblätter weiss, die seitlichen mit purpurfleckigem Grunde, Blumenblätter rosa-lila übergossen, Lippe hell amethystfarben mit weissem Rande, weissen Seitenlappen und Rankfäden. Philippinen.

— var. **Portei Rchb. f.** (Fig. 157.) Blüten weiss, im Grunde hellrosa überlaufen, Lippe dunkel purpurrosa, Seitenlappen rosa, Schwiele und Umgebung orangegelb mit tief purpurroten Schmitzen.

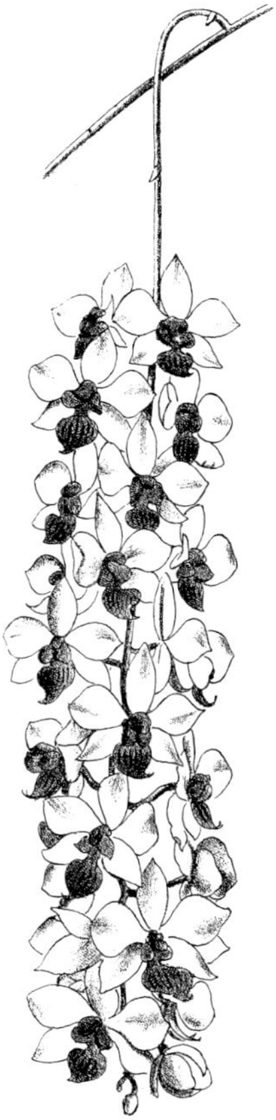

Fig. 157. Phalaenopsis intermedia var. Portei.

Ph. leucorhoda Rchb. f. ist in der Heimat aus Ph. Aphrodite × Schilleriana hervorgegangen. Blätter grün, verwaschen silbergrau gefleckt, Blüten bis 10 cm gross, weiss, die seitlichen Kelchblätter innen im Grunde purpurn überlaufen, die Blumenblätter im Grunde hellrosa, Seitenlappen der Lippe gross und gerundet, nach dem Grunde hin purpurn gestrichelt, Schwiele sattelförmig, orangegelb mit dunkelpurpurnen Schmitzen, der Scheibenfleck davor gelb, Vorderlappen und Rankfäden weiss. Oktober—Januar. Philippinen.

— var. **casta Rchb. f.** (als Art.) Kelchblätter weiss, das obere mit hellpurpurnem, die seitlichen mit gelbem, rotgestreiftem Grunde, Blumenblätter reinweiss, Lippe weiss mit hellgelbem rotgesprenkeltem Grunde. Mittellappen wie von Ph. Aphrodite.

— var. **Cynthia Rchb. f.** (*Ph. Cynthia Rolfe.*) Kelch- und Blumenblätter aus zart rosaem Grunde weiss, im Grunde purpurfleckig wie von Ph. Aphrodite, Mittellappen an Ph. Schilleriana erinnernd, weiss mit gelbem Grundfleck, purpurn gesprenkelt und gefleckt.

Ph. Lobbii Paxt. ist *Ph. intermedia Ldl.*

Ph. Lowii Rchb. f. (*Ph. proboscidioides Parish.*) Blätter zu wenigen in lockerer Rosette, fleischig-derb, länglich, spitz, freudiggrün. Blüten zu 4—5 auf schlankem, aufstrebendem Schaft in kurzer Traube, 3 cm breit, Kelch- und Blumenblätter weiss mit purpurnem Grunde, oberes Kelchblatt spitz-eiförmig, die seitlichen länglich, Blumenblätter breitgerundet keilförmig, Lippe so lang als die Kelchblätter, Seitenlappen linear und zurückgebogen, weiss mit hellpurpurnem Hauch, Mittellappen länglich, aufwärts gebogen, leuchtend violettpurpurn. Juli—September. Birma, Moulmein, an sonnigen nackten Felsen, die zur Regenzeit überflutet werden. In der Heimat während der Trockenperiode blattlos, daher auch in der Kultur anders zu behandeln als die übrigen Arten und nach der Blüte entschieden trocken zu halten.

Ph. Luddemanniana Rchb. f. Blätter länglich-bandförmig, spitz, etwa 2 zu 15 cm, dick, glänzend grün. Blüten in wenigblumiger, kurz aufrechter Traube, 5 cm breit, weiss mit amethystfarbenen Querbändern in der unteren und zimmtbraunen in der oberen Hälfte der spitz-länglichen Kelch- und Blumenblätter, Seitenlappen der Lippe bandförmig, tief zweispaltig, hellpurpurn, Mittellappen länglich, sattviolett. Die Blütenschafte entwickeln regelmässig junge Blatttriebe in ihren oberen Teilen. Mai—Oktober. Philippinen.

— **var. delicata Rchb. f.** Streifen schmal und gedrängt.

— **var. hieroglyphica Rchb f.** Blüten crêmeweiss mit kleinen zimmtbraunen Spritzflecken und Tupfen.

— **var. ochracea Carr.** Blüten gelblichrosa mit hellbraunen Querbändern.

— **var. pulchra Rchb. f.** Obere Hälfte der Kelch- und Blumenblätter weinrot, fast fleckenlos, untere amethystblau wie die Lippe.

Ph. maculata Rchb. f. Niedrige Pflanze mit länglich-elliptischen, 3 zu 10 cm grossen Blättern. Blüten zu 2—5 in aufsteigender kurzer Traube, kaum 1,5 cm gross, crêmeweis mit rotbraunen Querflecken, Lippe fleischig mit weissen, rotbraun gesprenkelten, aufrechten Seitenlappen und schmaler gelber Schwiele, Mittellappen gewölbt, weiss mit hochroter Mittellinie. Juni, Juli. Borneo, unter schattigen Bäumen auf nacktem Fels.

Ph. Mannii Rchb. f. Blätter länglich verkehrt-eiförmig, etwa 4 zu 15 cm, glänzend grün. Blüten zu 10—15 in kurzer, aufrechter, 2—3 ästiger Rispe, 4 cm gross, Kelch- und Blumenblätter spitz-länglich mit zurückgebogenem Rande, seitliche Kelchblätter sichelförmig, Blumenblätter schmäler und kürzer als die Kelchblätter, alle goldgelb, kastanienbraun gefleckt und gebändert, Lippe kurz, Seitenlappen aufrecht, gestutzt länglich, hellgelb, Mittellappen gleichfarbig, hinten sackartig, vorn ankerförmig, Arme des Ankers flaumhaarig und gezähnelt, vor den Seitenlappen ein purpurner Zahn und dahinter eine in zwei Ranken auslaufende Platte. Säule keulig mit zwei Zahnzacken am Grunde, gelb, rot gesprenkelt. Juni—August. Assam.

Ph. Mariae Burbidge. Blätter zweizeilig, herabgebogen, bandförmig, zugespitzt, schimmernd grün mit dunkleren Streifen. Blüten in lang überhängender, lockerblumiger Traube, 4 cm breit, Kelchblätter stumpf-länglich, Blumenblätter etwas breiter, weiss, jedes mit etwa 6 scharf abgesetzten rotbraunen Querflecken und einem amethystfarbenem Grundfleck, Lippe gewölbt, glatt, violett-purpurn mit weissem Saum. Juli—September. Sunda-Inseln, Sulu.

Ph. Micholitzii Sander hat den Wuchs von Ph. tetraspis, aber die Blüten sind über 6 cm breit, Kelch- und Blumenblätter fast eiförmig, rein elfenbeinweiss, nur die Kelchblätter leicht grünlich angehaucht. Juli, August. Ostindien.

Ph. ochracea Carr. ist *Ph. Luddemanniana Rchb. f. var.*

Ph. Parishii Rchb. f. Blätter zweizeilig, spitz länglich-lanzettlich, etwa 2,5 zu 10 cm, ledrig, dunkelgrün. Blüten in kurz aufrechten, 6—10-blumigen Trauben, etwa 2 cm breit, weiss, Kelchblätter länglich-eiförmig, Blumenblätter länglich-spatelförmig, Seitenlappen der Lippe klein, hornförmig, gelb mit purpurnen Flecken, Mittellappen breit dreieckig, flach ausgebreitet, leuchtend amethyst-purpurn, Schwiele gelb, halbmondförmig, gefranst, hinter ihr vier lange schlankkeulige Anhängsel. Juni—September. Birma, Vorberge des östlichen Himalaya.

Ph. Portei Rchb. f. ist *Ph. intermedia Ldl. var.*

Ph. Regnieriana Rchb. f. ist *Ph. Esmeralda Rchb. f.*

Ph. Reichenbachiana Sander. Blätter zweizeilig, breit-lanzettlich, etwa 6 zu 25 cm, derb, stark gekielt, dunkelgrün. Blüten zu 10—25 in steif-aufrechter, lockerer Traube von 30 cm Höhe, 5 cm breit, crêmeweiss, unregelmässig trüb rötlichbraun gefleckt und gebändert, Seitenlappen der Lippe orange und weiss gestreift, Mittellappen breit-dreieckig, bläulich-braun, auf der vorderen Scheibe ein kurzes Haarbüschel. September bis November. Ostindien.

Ph. rosea Ldl. (*Ph. equestris Paxt. Stauroglottis equestris Schauer.*) Blätter stumpf-länglich, etwa 3 zu 15 cm, zurückgebogen, ledrig, dunkelgrün. Blütenschaft steif aufrecht, 30 cm hoch, mit nickender, 10—20-blumiger, rotstieliger Rispe, Blüten 3 cm breit, Kelch- und Blumenblätter länglich-lanzettlich, weiss, hellrosa getuscht, besonders längs der Mitte, Seitenlappen der Lippe schief linear-spatelförmig, eingebogen, hellviolett mit orangeroten Flecken, Schwiele mondförmig, orangegelb, Mittellappen spitz-eiförmig, aufsteigend, in der Mitte dunkelviolett, nach dem Rande heller. Die alten Blütenrispen bringen im nächsten Jahre frische Knospen, sind also nicht abzuschneiden!, um so mehr als die Blüten dieser alten Rispen grösser werden. September—November. Philippinen.

— **var. leucaspis Rolfe.** Blüten kleiner, Blätter kürzer und breiter, Kelchblätter hellrosa mit weiss getupft, Blumenblätter und Lippe rosa, Schwiele weiss mit gelbbraunen Fleckchen.

Ph. Rothschildiana Rchb. f. ist **Ph. Schilleriana × amabilis**, von Seden gezüchtet. Blätter an Ph. Schilleriana erinnernd. Blüten 10 cm breit, der Ph. amabilis ähnelnd, oberes Kelchblatt und Blumenblätter reinweiss, seitliche Kelchblätter aussen weiss, innen gelblich mit purpurn gesprenkeltem Grunde, ebenso innen die Seitenlappen der Lippe, während

Fig. 158. Phalaenopsis Schilleriana.

der Mittellappen aus gelbem, rotgesprenkeltem Grunde vorn weiss ist. August, September.

Ph. Sanderiana Rchb. f., wahrscheinlich eine selbstentstandene Kreuzung von Ph. Aphrodite × Schilleriana, ist für den ersten Blick eine rosablühende Ph. Aphrodite. Auch die Blätter gleichen dieser Art, aber die matt silbergrau schimmernde Oberfläche weist auf Ph. Schilleriana hin. Die ganze Blüte ist bald hell weisslich-rosa, bald dunkelrosa, mit dunkleren Flächen, Lippe weiss mit zimmtbraunen oder purpurnen Strichen und einem gelbem Tuschfleck. Die Blütenform ist die von Ph. Aphrodite, nur die ankerähnlichen Rankfäden weisen wieder auf Ph. Schilleriana. Die hufeisenförmige Schwiele ist weiss mit braunpurpurnen Spritzern. Juli—Oktober. Philippinen.

— **var. alba Veitch.** Blüten weiss bis auf ein paar purpurne Grundflecken der Lippe und gelbe Kammflecken.

— **var. marmorata Will.** Seitliche Kelchblätter im Grunde reihenweis purpurn gefleckt, Lippe mit purpurnen Strichflecken in der Mittellinie und hellpurpurnen Tuschflecken an den Seiten.

— **var. punctata Rchb. f.** Seitliche Kelchblätter rotgesprenkelt.

Fig. 158a. Phalaenopsis Schilleriana.

Ph. Schilleriana Rchb. f. (Fig. 158, 158 a.) Wurzeln meist flach und wulstigrauh. Blätter meist nur zu 4—6, länglich-elliptisch, stumpf, etwa 5 zu 20 cm, aber auch bis 35 cm lang, derb, deutlich gekielt, dunkelgrün mit elegant vortretender silbergrauer, unregelmässiger Marmorierung der Oberseite, unterseits trüb purpurn. Blüten an jungen Pflanzen zu 4—10 in einfacher, nickender Traube, an älteren nach Hunderten zählend in über meterhoher, nickender, strausartig vielästiger Rispe, fast zweireihig angeordnet, 10 cm breit, ungemein zart rosa, weiss gesäumt, Kelchblätter verkehrt-eiförmig, Blumenblätter, rautenförmig, Seitenlappen der Lippe eiförmig, breit auseinander liegend, Schwiele gelb mit braunrötlichen Spritzern, vierhörnig, Vorderlappen eiförmig, vorn in zwei auseinanderstrebende langfädige Hörnchen oder Rankfäden auslaufend, rosa mit dunkleren Flecken. Juli—November. Philippinen.

— *var. alba hort.* ist *var. vestalis Rchb. f.*

— **var. immaculata Rchb. f.** (*var. delicata hort.*) Blüten zart hellrosa, ungefleckt, mit fast weissen Rändern.

— **var. splendens hort.** Blüten sehr gross, dunkelrosa mit breitem, vortretendem, weissem Rande.

— **var. vestalis Rchb. f.** (*var. alba hort.*) Blüten reinweiss.

Ph. Schilleriana × **Aphrodite var. gloriosa** von Hugh Low & Cie, Clapton, gezüchtet, hat die Form der Kelch- und Blumenblätter ersterer Art, aber die weissen Kelchblätter sind zimmtbraun gefleckt, Rankfäden und Spitze der weissen Lippe wie von Aphrodite.

Ph. Sedeni Rchb. f. (*Ph. „John Seden“ Rolfe.*) Von Seden in Veitchs Kulturen aus Ph. amabilis × Luddemanniana gezogen. Blüten 10 cm breit, Kelchblätter länglich-elliptisch, die seitlichen schief verzogen, Blumenblätter breiter, vorn stumpf, alle elfenbeinweiss, dicht mit hellpurpurroten Punkten bedeckt, Lippe gleichgefärbt, noch purpurrosa überhaucht, Kamm gelb, vorn aufgebogen mit zwei kurzen, graden, nach innen gerichteten Pfriemenspitzen. Mai—Juli.

Ph. speciosa Rchb. f. Blätter gross, länglich-keilförmig, stumpfspitzig, gelblichgrün. Blüten sternförmig, in vielblumigen, aufrechten Trauben oder Rispen, 5 cm breit, wohlriechend, aussen weisslichrosa mit reihenweisen purpurnen Flecken, innen purpurn mit einigen grossen, weissen Querflecken, oberes Kelchblatt eiförmig, seitliche breit-lanzettlich, Blumenblätter schmal-lanzettlich, alle kurz zugespitzt, Seitenlappen der Lippe sehr klein, aufrecht, dreieckig, gelb mit weissem Grund und Spitze, Mittellappen lang und schmal ausgezogen, weiss mit purpurnen Flecken oder ganz purpurn, vorn verdickt mit zahlreichen kurzen Borstenhaaren. Mai bis Juli. Andamanen-Inseln.

— **var. Christiana Rchb. f.** Kelchblätter und Säule purpurrosa, Blumenblätter weiss.

— **var. Imperatrix Sand.** Blüten dunkel purpurrosa mit einigen weissen Flecken.

Ph. Stuartiana Rchb. f. (Fig. 159.) Blätter länglich, zugespitzt, etwa 3 zu 18 cm, in der Jugend grauweiss marmoriert, später einfarbig mattgrün, dick, ledrig. Blüten in lang überhängenden Rispen, 5 cm breit, das obere Kelchblatt und die rautenförmigen Blumenblätter reinweiss, die seitlichen Kelchblätter aussen weiss, innen blassgelb und dicht zimmtbraun gesprenkelt, Lippe weiss, mitten zimmtbraun gesprenkelt, Ränder und Anhängsel, welche wie von P. Schilleriana geformt sind, weiss. Oktober—Januar. Ostindien.

— **var. bella Rchb. f.** Seitenlappen der Lippe rotstrichig, Mittellappen gross, braun-purpurfleckig.

— **var. Hrubyana Rchb. f.** Kelch- und Blumenblätter aussen purpurn überlaufen.

— **var. nobilis Rchb. f.** Blattunterseite und Blütenschaft trüb purpurn. Blüten sehr gross, wenig gefleckt, Schwiele tief orangegelb mit braunen Schmitzen.

var. punctatissima Rchb. f. (*v. punctulata Lind.*) Ausser den zimmtbraunen Fleckchen auf allen weissen Teilen dunkelrosa gefleckt.

Ph. sumatrana Korth. (*Ph. zebrina Hook.*) Blätter spärlich, länglich verkehrt-eiförmig, spitz, etwa 3 zu 10 cm, fleischig-dick, freudiggrün. Blüten zu 5—10 in lockerer, aufrechter Traube, 6 cm breit, Kelch- und Blumenblätter gelblichweiss, hell rotbraun quergebändert, erstere länglich, letztere länglich-keilförmig, Lippe mit in einen Zahn auslaufenden kurzen Seitenlappen, Mittellappen länglich-zungenförmig, gekielt, gelb mit vier violetten Längsstreifen und einem Busch Borsten an der Spitze. August bis November. Sumatra.

— **var. Kimballiana Rchb. f.** Kelch- und Blumenblätter breiter, hochgelb mit roten Querbändern, Lippe hellgelb.

— **var. paucivittata Rchb. f.** Kelch- und Blumenblätter spärlich und blasser rotbraun gezeichnet, Lippe dunkelpurpurn gestreift.

— **var. sanguinea Rchb. f.** Seitliche Kelchblätter dunkel braunrot mit einigen grüngelben Zeichnungen.

Ph. tetraspis Rchb. f. Blätter meist nur zu 2—3, spitz keilförmig-länglich, steif, dunkelgrün. Blüten in vielblumigen, nickenden Rispen, wohlriechend, 5 cm breit, glänzend elfenbeinweiss, braun gebändert, Kelch- und Blumenblätter länglich, Seitenlappen der Lippe aufrecht, gestutzt, mit je einem braunem Mittelfleck, Vorderlappen bandförmig, gewölbt, mit einem verfilztem Haarpolster. Juli bis September. Himalaya.

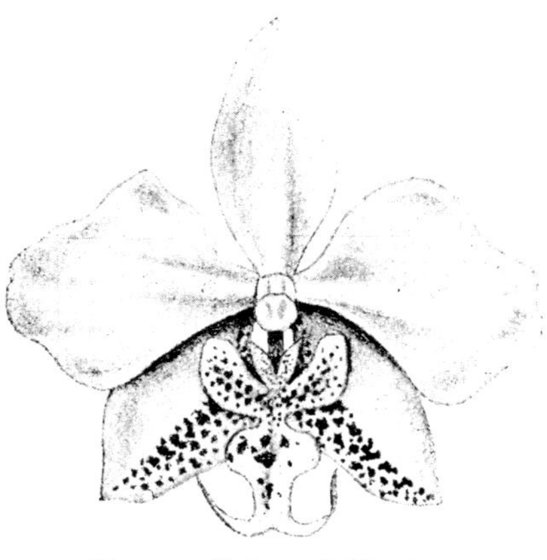

Fig. 159. Phalaenopsis Stuartiana.

Ph. Valentini Rchb. f. ist möglicherweise ein Bastart aus Ph. violacea × Polychilos Cornu cervi. Blätter schmal-länglich, nicht gewellt, hellgrün. Blüten in aufrechter Traube, 5 cm breit, Kelch- und Blumenblätter länglich-keilförmig, aussen purpurn, innen weiss mit purpurnen Querbinden und purpurner Spitze, Seitenlappen der Lippe mit einem im rechten Winkel abspreizendem Zipfel an der Spitze, weiss mit purpurnen Randflecken, Mittellappen geigenförmig, weiss, an der rosaen Spitze dreilappig, mit einem starkem Buckel in der Mitte, Schwiele und Säule gelb, letztere an der Spitze rotgestreift. Juli—Oktober. Malayischer Archipel.

Ph. Veitchiana Rchb. f. ist wahrscheinlich der Bastart Ph. rosea × Schilleriana und steht in der Tracht ersterer Art sehr nahe, während die Blüten unverkennbar die Vaterschaft der zweiten Art bekunden. Kelch- und Blumenblätter sind rosapurpurn, weiss gesäumt, Seitenlappen der Lippe stumpf länglich-keilförmig, leuchtend purpurn mit dreieckiger, gelber, braun gesprenkelter Schwiele dazwischen, Mittellappen länglich, vorn schmal und gabelspaltig, die Fäden straff, nicht gebogen oder gedreht, satt purpurn mit weisslich-lilaem Rande. September—November. Philippinen.

— **var. brachyodon Rchb. f.** Oberes Kelchblatt und Blumenblätter reinweiss, seitliche Kelchblätter innen weissgelblich, im Grunde braun gesprenkelt, Seitenlappen der Lippe aus weissem Grunde purpurn, Mittellappen aus gelbem Grunde bräunlichpurpurn, gelbgerandet und mit ein paar braunen Spritzern, vorn nur kurz zweizähnig.

Ph. violacea Teijsmann et Binnendjik. (*Stauritis violacea Rchb. f.*) Blätter gross, breit-lanzettlich, hellgrün. Blüten in kurz aufrechten, wenigblumigen Trauben, 5 cm breit, wohlriechend, aus rosapurpurnem Grunde nach oben und vorn hochgelb. Juni—September. Malayischer Archipel.

— **var. alba Teysm.** Blüten weiss, Seitenlappen und Kamm der Lippe gelb, Mittellappen hellrosa.

— **var. Bowringiana Rchb. f.** Blüten leuchtend gelb mit violettpurpurnem Innengrund der seitlichen Kelchblätter, einigen ebensolchen zarten Querbändern und zahlreichen Spritzflecken auf dem oberen Kelchblatt und den Blumenblättern.

— **var. Murtoni Rchb. f.** Blüten citrongelb, seitliche Kelchblätter mit einem Purpurfleck im Grunde, Lippe purpurfleckig.

— **var. Schroederiana Rchb. f.** Blüten gelblich, im Grunde mit rosapurpurnen Zickzackbinden.

Ph. Wightii Rchb. f. ist *Doritis Wightii Rchb. f.*, welche Gattung von Phalaenopsis durch die bis zur Spitze des Säulenfusses herablaufenden seitlichen Kelchblätter und den aufsteigenden Nagel der Lippe, welcher eine 2—3teilige Schwiele trägt, verschieden ist; fehlt wie alle fünf Doritis-Arten in unseren Gärten.

Ph. zebrina Hook. ist *Ph. sumatrana Paxt.*

Pholidota *Ldl.*

(Coelogyninae 155.)

(Acanthoglossum Bl. Chelonanthera Bl. Crinonia Bl. Ptilocnema Don.)

Die in Ostindien, auf den malayischen Inseln und in Südchina verbreiteten zwanzig Arten sind alle baumbewohnend. Sie sind durchweg unscheinbar und von rein botanischem Interesse, nur allenfalls die an die Rassel der Klapperschlange erinnernden Deckblätter, in welcher in zweizeiliger hängender Ähre die Blüten sitzen, machen sie für den Liebhaber interessant. Die Scheinknollen sind entweder einfach schlank oder sie stehen etagenweis aufeinander, die jüngere scheinbar aus der Spitze der älteren abgegliedert weiterwachsend, letztere Formen bilden die Gruppe:

Articulatae Rchb. f. Blätter ledrig, fest aber nicht dick, meist in den

Grund verschmälert. Blüten kaum 1 cm Durchmesser erreichend, unscheinbar gefärbt, in lang überhängender Ähre oder Traube, welche durch die vor der Blüte dicht aneinander schliessenden konvex-ringförmigen fleischfarbenen oder bräunlichen, trockenhäutigen Deckblätter wirklich der Rassel der Klapperschlange gleicht. Kelch- und Blumenblätter kurz und breit, aufrecht oder abstehend, Lippe mit breit sackförmig ausgehöhltem Grunde und quer verbreiterter, kurzer, abstehender Platte. Säule kurz, an der Spitze ringsum mehr minder geflügelt. Kultur wie von Coelogyne.

Ausserhalb der botanischen Gärten fast nur Ph. imbricata verbreitet, die zu den sehr alten Haus-Orchideen zählt.

Ph. articulata Ldl. (Fig. 160.) Blätter paarweis, eiförmig, gerieft. Blüten in schlaff überhängender Ähre hinter länglichen, ausgehöhlten Deckblättern, weiss, Kelch- und Blumenblätter eiförmig, Lippe gelblich, kappenförmig, vorn gerundet. April, Mai. Khasya-Gebirge.

Ph. carnea Ldl. Scheinknollen einzeln, länglich-eirund, Blätter zu 1—3, schmal-lanzettlich, Blüten in lockerer Traube mit kurzen Kelchblättern, klein, blass fleischrötlich, Kelch- und Blumenblätter schmallänglich, Lippe gerundet mit zwei Längswulsten. Oktober—Januar. Java.

Ph. imbricata Ldl. Scheinknollen länglich-eiförmig, flachkantig. Blätter einzeln, ei-lanzettlich, gerieft, 5 zu 30 cm etwa, dunkelgrün. Blüten auf 25 cm hohem, dünnem Schaft in langer, dichter, schlaff überhängender Traube zweizeilig in halbkugligen, dachziegelförmig gestellten, trockenhäutigen, blassgelb-fleischrötlichen Deckblättern, klein, blass fleischrot-gelblich mit violetten Fleckchen. Kelch- und Blumenblätter eiförmig, schiffchenartig gekielt, Lippe fast rund, kappen-

Fig. 160. Pholidota articulata.

förmig mit herzförmigem Mittellappen. Februar, März. Ostindien. Blühte 1824 zum erstenmale in Europa im Botanischen Garten von Glasgow und ist auch heute noch kulturwert ihrer interessanten, an das Schwanzende der Klapperschlange erinnernden Deckblätter wegen.

Ph. rubra Ldl. (*Coelogyne rubra Rchb. f.*) Scheinknollen eiförmig. Blätter paarweis, ei-lanzettlich. Blüten in aufsteigender, oben schlaff überhängender Ähre, hinter ziegelroten Deckblättern, fleischfarben-rötlich mit dreilappiger, gelber Lippe. März, April. Ostindien.

Physosiphon *Ldl.*

(Pleurothallidinae 181.)

Ph. Loddigesii Ldl. aus Brasilien ist allein in Kultur (vier von Mexiko bis Brasilien verbreitete Arten sind bekannt), und hat federkieldicke, aufrechte, dicht rasenartige Stämmchen mit länglichen, derbledrigen Blättern. Blüten auf 10—15 cm hohem Schaft in einseitwendiger Traube, an eine verkümmerte Hyacinthe erinnernd, kaum centimeterlang, gelblich, die Kelchblätter, zu einer glockigen Röhre verwachsen, vorn in drei kurze freie Zipfel ausgehend, umschliessen die winzigen Blumenblätter und die abwärts gewandte Lippe vollkommen. Juli, August. Gärtnerisch fast wertlose Art.

Physurus *L. C. Rich.*

(Physureae 108.)

(Erythrodes Bl. Microchilus Prsl.)

Blätter und Blütenstand wie von Anoectochilus (s. d.), im inneren Blütenbau abweichend durch den ausgehöhlten Grund der Lippe über dem Sporneingange und durch die tiefe Einschnürung zwischen dem Lippengrunde und der ungeteilten oder einfach gespaltenen (nicht gefransten) Lippe. Sporn zuweilen gablig, im Innern glatt (nicht warzig).

Etwa 20 baum- und moosbewohnende Arten im tropischen Asien und Amerika, meist mit schön gezeichneten Blättern.

Kultur wie von Anoectochilus (s. d.), aber viel leichter und williger wachsend.

Ph. argenteus Loud. (*Anoectochilus argenteus Ldl.*) Stämmchen hellgrün, bis 10 cm hoch, Blätter herz-eiförmig, etwa 3 zu 5 cm, fast sammtig hellgrün, das Adernetz silberweiss vortretend. Blüten in 20 cm hoher, gestielter, kurzer Ähre, glockig, gelbrötlich, sehr klein. Brasilien.

— *var. pictus hort.* ist *Ph. pictus Ldl.*

Ph. fimbrillaris Ldl. Blätter eiförmig, dunkelgrün mit silberweissem Adernetz. Blüten weiss, mit gelber, „gefranster" Lippe, (in welchem Falle diese mir unbekannte Art zu Anoectochilus zu ziehen wäre). Wälder um Rio Janeiro.

Ph. maculatus Hook. Stämmchen bis 10 cm hoch, dicht besetzt, mit breit-lanzettlichen, zugespitzten, etwa 2 zu 5 cm grossen Blättern, welche oberseits dunkelgrün mit zwei der Mittelrippe parallelen Längsreihen weisser länglicher Flecken sind, unterseits hellgrün. Blüten klein, gelblich, die kurze dichte Ähre die obersten Blätter wenig überragend. Oktober, November. Ecuador.

Ph. nobilis Rchb. f. (*Anoectochilus nobilis hort.*) Blätter breit-länglich, dunkelgrün, vortretend silbern geadert. (Da auch hier die Lippe „gefranst" beschrieben wird, so ist die Art besser zu Anoectochilus zu ziehen.) Brasilien.

Ph. pictus Ldl. (*Goodyera picta hort. Physurus argenteus Loud. var. pictus. Anoectochilus pictus Bl. Anoec. argenteus var. pictus Bl. Microchilus pictus Prsl.*) Stämmchen bis 10 cm hoch, Blätter eiförmig, zugespitzt, 3 zu 5 cm etwa, dunkelgrün mit silbernem Mittelstreif und silberweissem Adernetz. Blüten klein, weiss mit schwarzbrauner Rückenlinie jedes Blattes. September. Brasilien.

Ph. querceticolus Ldl. (*Anoectochilus querceticolus hort.*) Stämmchen bis 8 cm hoch, Blätter eiförmig, zugespitzt, etwa 3 zu 6 cm, hellgrün mit einer Reihe silbergrüner Flecken auf jeder Seite der Mittelrippe, Zwischenräume, aber nicht die Adern des Blattes, silbern. Blüten in lockeren Ähren, gelblich, mit dreizackiger Lippe. Florida.

Pilumna Ldl. ist *Trichopilia Ldl.*

Pinalia Ldl. ist *Eria Ldl.*

Platanthera *L. C. Rich.*

(Gymnadenieae 22.)

(Benthamia A. Rich. Centrochilus Schauer. Chaeroplectron Schauer. Cybele Falcon. Gennaria Parl. Lindblomia Fr. Mecosa Bl. Metostigma Bl. Peristylus Bl.)

Gegen 70 erdbewohnende Arten, meist der gemässigten Zone Nordamerikas angehörend, einige in Europa und Nordasien, und einige in den Tropen. Erdknollen meist handförmig, seltener länglich. Blätter entweder eins oder zwei sich gegenüberstehende oder zahlreich spiralig am Stengel verteilt und nach oben rasch kleiner werdend. Blüten in meist lang gestielter, kurzer, gedrängter Traube, hübsch und oft ansehnlich. Oberes Kelchblatt und die Blumenblätter zu einem Helm zusammengeneigt, seitliche Kelchblätter dem Helm anliegend oder breit abstehend, Lippe abstehend, ungeteilt oder dreilappig oder vielfach zerschnitten, gespornt, oft sehr lang gespornt. Trennungsfläche zwischen den Staubbeuteln oft sehr breit und die beiden Pollenkörper dadurch weit auseinander stehend.

Kultur wie von Ophrys (s. d.). Nur sehr wenige Arten in den Gärten, obgleich sie leicht wachsen und wenn auch keine grossen Schönheiten, so doch recht niedliche, meist köstlich duftende Blüten sind. In Europa häufig:

P. bifolia Rich. (*Orchis bifolia L.*) (Fig. 161.) Zwei grundständige, breit-eiförmige, etwa 3 zu 10 cm, grosse, hellgrüne gegenständige Blätter, etwa 5 cm über dem Boden, Blütenschaft nur Scheiden tragend, bis 40 cm hoch, Blüten in voller eiförmiger Traube, köstlich duftend, bis 1,5 cm breit, mit über 2 cm langem, dünnem Sporn, hellgrünlich-weiss, zart, Lippe ungeteilt, linear, weiss. Staubbeutelfächer parallel. Mai, Juni. Nordeuropa und Nordasien bis Kamtschatka, in sonniger Lage an Waldrändern und auf lehmigen, guten Wiesen.

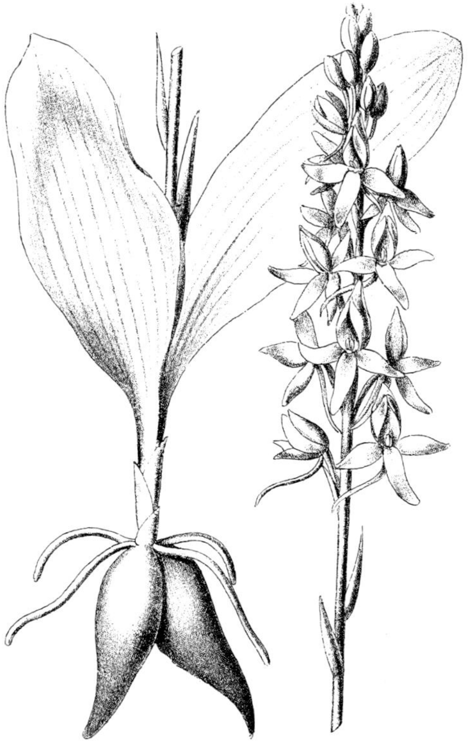

Fig. 161. Platanthera bifolia.

P. chlorantha Cust. ist *P. montana Schauer.*

P. gigantea Hook. ist *Habenaria Susannae Ldl.*

P. incisa Ldl. Blütenschaft bis 30 cm hoch, bis oben beblättert, Blätter breit-lanzettlich, dunkelgrün. Blüten in länglicher, dichter Traube, wohlriechend, klein, fast fleischig, hell purpurrot, Lippe dreiteilig und tief gefranst. Mai, Juni. Nordamerika.

P. montana Schauer. (*P. chlorantha Cust. Orchis montana L.*) Der P. bifolia äusserst ähnlich, Blüte eine Kleinigkeit grünlicher, Sporn kurzkeulig, Staubbeutelfächer nach unten auseinander gerichtet. Mai, Juni. Berg- und Waldwiesen durch ganz Europa (aber meist selten) und Nordasien bis zum Altai.

P. rotundifolia A. Gr. Blätter einzeln, rund schildförmig, freudiggrün, am Grunde des 30 cm hohen Schaftes, welcher eine lockere Ähre duftender, 2 cm breiter, weisser, zartrosa überhauchter Blüten trägt, deren länglich-eiförmige Kelchblätter abstehen, während die Blumenblätter eingebogen sind, Lippe kurz, fast ungeteilt, Säule vorgezogen, spitz. Sumpfwälder Canadas. Die kleinen Blüten werden mit einer fliegenden weissen Taube verglichen, wesshalb die niedliche Pflanze natürlich Heiligegeist-Blume heisst.

P. Susannae Ldl. ist *Habenaria Susannae Ldl.*

Platyclinis *Bnthm.*

(Coelogyninae 156.)

(Dendrochilum Bl.)

Schlanke Scheinknollen mit meist nur einem, seltener zwei, immergrünen, festen aber nicht dicken, in einen langen Stiel verschmälerten, endständigen Blättern. Blütenschaft lang und dünn, aufrecht, an der Spitze plötzlich umgebogen, mit lang hängender zweizeiliger Ähre oder Traube. Blüten klein, von kleinen Deckblättern gestützt, Kelch- und Blumenblätter gleich, abstehend, Lippe kurz und klein, genagelt oder sitzend, dreilappig. Säule kurz mit einem kleinem Hautläppchen an der Spitze und links und rechts davon je ein aufrechtes, winziges Flügelchen.

Von den etwa zehn Arten, welche im tropischen Ostasien und auf den malayischen Inseln baumbewohnend leben, sind wohl nur P. filiforme und P. glumaceum in Kultur ausserhalb der botanischen Gärten.

Kultur wie von Coelogyne.

P. abbreviata Bnthm. (*Dendrochilum abbreviatum Bl.*) Scheinknollen länglich-eiförmig. Blätter paarweis, lang-lanzettlich. Blüten grünlich, Lippe zurückgeschlagen, gezähnelt. Februar—Oktober. Java.

P. Cobbiana Hemsley. (*Dendrochilum Cobbianum Rchb. f.*) Scheinknollen eiförmig, 2 cm hoch. Blätter meist einzeln, breit-lanzettlich, langgestielt. Blüten auf 20 cm hohem Schaft in langhängender Traube, deren Spindel in regelmässigem Zickzack gebogen ist, fast 1 cm breit, Kelch- und Blumenblätter länglich, zugespitzt, hell schwefelgelb, Lippe orangegelb, mit borstlichen Seitenlappen, Säule gelbgrün, oben weiss. Mai—August. Philippinen.

P. cornuta Bnthm. (*Dendrochilum cornutum Bl.*) Dem P. abbreviatum sehr ähnlich, aber die Blätter schmäler, Blüten mehr gelblichgrün und die Lippe nicht zurückgeschlagen. Februar—September. Java.

P. filiformis Bnthm. (*Dendrochilum filiforme Ldl.*) Scheinknollen schlank-eiförmig, etwa 2 cm hoch, mattgrün. Blätter einzeln, langgestielt, breit-lanzettlich, zugespitzt, etwa 2 zu 6 cm, längsfaltig. Blütenschaft bis 30 cm hoch, dann im rechten Winkel abwärts biegend und die bis 25 cm lange zierliche zweizeilige Blütenähre tragend. Blüten locker gestellt, mit zartem Deckblatt, kaum 0,5 cm breit, grüngelblich, Kelch- und Blumenblätter spitz-eiförmig, Lippe länglich, undeutlich dreilappig. Juni—Oktober. Philippinen. Der Blütenstand erinnert an eine zierliche, feine Uhrkette und lässt durch seine Zierlichkeit, trotz der ganz unscheinbaren Blütchen, die Pflanze als einen netten Zuwachs für jede Sammlung erwünscht erscheinen.

P. glumacea Bnthm. (*Dendrochilum glumaceum Ldl.*) Der vorhergehenden Art im Wuchs sehr ähnlich. Blätter schmal-lanzettlich. Blüten wohlriechend, grünlich-weiss, kaum 0,5 cm breit. März—Juli. Philippinen.

P. uncata N. E. Brown. (*Dendrochilum uncatum Ldl.*) Gleichfalls der

P. filiformis im Wuchs ganz ähnlich, aber die hängenden Ähren kaum 10 cm lang, Blüten fast 1 cm breit, blassgrün, Kelch- und Blumenblätter lang zugespitzt. Mai—Juli. Philippinen, Malayischer Archipel.

Plecturus Rgl. ist *Tipularia Nutt.*

Pleione *Don.*

(Coelogyninae 152.)

(Bolborchis Zoll. Gomphostylis Wall.)

Von Coelogyne für das Auge des Gärtners leicht und sicher unterschieden durch das rasche Absterben der Scheinknollen, welche niemals zwei Jahr alt werden, so dass nur die werdenden Knollen des laufenden Jahres und die dann schon mit dem Schwinden beginnenden des vorhergehenden Jahres vorhanden sind, aber keine der früheren Jahrgänge. Die Scheinknollen sind ganz eigenartig geformt. Ursprünglich breit-kegelförmig veranlagt, bilden sie in etwa halber Höhe einen dicken, kragenartigen Ring oder Wulst, in welchen die obere Hälfte förmlich eingedrückt erscheint. Es macht in der That überraschend den Eindruck, als sei die Knolle von obenher ineinander gedrückt und dabei seitlich wulstig herausgequollen. Ausserdem zeigt sie meist eine Anzahl Narbenringe und oft noch die ganze Oberfläche furchig oder narbig. Die grüne Farbe verschwindet oft vollkommen unter bunten Anflügen, so dass die Knollen ein ungemein charakteristisches Äusseres haben. Meist sitzen die Knollen klumpig gedrängt und den grösseren Teil des Jahres blattlos, weil die auf der Spitze der Knollen stehenden, in der Knospenlage gerollten Blätter dünn und häutig sind und schon nach wenigen Monaten welken und abfallen. Die Blüten erscheinen entweder vor dem Triebe, zu welchem sie gehören oder mit demselben gleichzeitig, nie nach ihm, so dass die meist schön gefärbten grossen Blüten entweder nackt zwischen den alten Knollen stehen oder im frischen Grün der jungen Blätter. Blüten einzeln auf meist kurzen, mit häutigen Scheiden bekleideten Stielen, ansehnlich, seitlich vom Grunde der alten Knollen herauftauchend. Blumenblätter meist etwas schmäler, aber sonst in der Form den Kelchblättern gleichend, abstehend, Lippe gross, dreilappig, die Seitenlappen als Röhre die Säule umschliessend, Mittellappen trichterförmig, mehr minder auseinander biegend. Die meist zart rosae Blüte und die an einen in der Sonne offenen Crocus erinnernde Form hat den schönen Pflanzen in England den Namen „Indische Crocus" eingetragen, obgleich die Blüten noch frappanter an Colchicum erinnern, mit dem auch die Farbe übereinstimmt, so dass wir Deutschen sie populär als „Indische Herbstzeitlosen" bezeichnen sollten.

Die Kultur schliesst sich eng an Coelogyne an und wird hinsichtlich der Ruheperioden von der Pflanze selbst förmlich angezeigt. Mit dem Augenblick, wo die Blätter zu welken beginnen, fängt man an, mit dem

Giessen zu sparen und lässt damit nach und nach immer mehr nach, doch niemals so weit, dass ein Welken der Knollen bemerkbar wird. Zeigen sich die ersten Spitzen des jungen Blatt- oder Blütentriebes, so beginnt man sofort energisch zu giessen und durch Dungbäder den Trieb zu unterstützen. Je reichlicher die Bewässerung während des Treibens erfolgt, um so schöner werden die Blüten. Wir sahen Pleionen ebenso schön am Holz hängend kultiviert, als auch im Topf mit der Mischung halb Sphagnum, halb Rasenerde und Haideerde. Alle Arten sind sehr empfehlenswerte Warmhausgäste, bekannt sind etwa zehn baumbewohnende Arten aus den Gebirgen Ostasiens, soweit dieselben subtropisches Klima haben.

P. Arthuriana Rchb. f. ist *P. maculata Ldl. var.*

P. birmanica Rchb. f. (*Coelogyne birmanica Ldl.*) Scheinknollen 3 cm hoch, breit-kegelförmig mit dickem, vortretendem Wulst, bläulichrot überlaufen mit vielen weissen Ringen. Blüten vor den hinfälligen, breit-lanzettlichen Blättern, 5 cm breit, hell purpurrosa, die Lippe trägt auf weissem Grunde drei gezähnte Schwielen und längs dieser einige länglich-runde braune Flecke, Vorderteil rosapurpurn, kurz gezähnt. August, September. Birma.

P. concolor hort. ist *P. praecox Don. var.*

P. Hookeriana Ldl. (*Coelogyne Hookeriana Ldl.*) Scheinknollen keglig-eiförmig, glatt, (ohne Wulst und Narben), 2 cm hoch. Blätter mit den Blüten gleichzeitig, einzeln, ei-lanzettlich, zugespitzt, hellgrün, längsfaltig. Blüten auf kurzem Schafte, 6 cm breit, Kelch- und Blumenblätter elliptisch-lanzettlich, leuchtend rosa, Lippe aus gelbem Schlund vorn weiss mit 5—6 hell braunpurpurnen Tuschflecken. Mai—Juli. Sikkim—Himalaya.

— **var. brachyglossa Rchb. f.** Lippe kürzer, flacher, weiss mit hellgelbem braungesprenkeltem Schlunde.

P. humilis Don. (*Coelogyne humilis Ldl. Epidendrum humile Sm.*) Scheinknollen flaschenförmig, etwa 2 cm hoch, wulstig, grubig, vom Netzwerk alter Scheiden umsponnen. Blätter einzeln, lanzettlich, spitz, dunkelgrün. Blüten kurzgestielt, 10 cm breit, Kelch- und Blumenblätter spitz-lanzettlich, zart weissrosa, ebenso die Lippe, deren Vorderrand ausgerandet, gezackt und lang gefranst ist und sechs parallele fransenbesetzte Aderlinien trägt, deren Zwischenräume karminpurpurn sind. November bis Januar. Himalaya.

— **var. albata Rchb. f.** Blüten weiss, Lippe hell purpurstreifig und orangefleckig.

— **var. tricolor Rchb. f.** Kelch- und Blumenblätter hellrosa, Lippe ausgebreitet, fein kraus gefranst, hellgelb, mitten braungelb gestreift, die Ränder braungelb querfleckig. Januar, Februar.

P. Lagenaria Ldl. (*Coelogyne Lagenaria Ldl.*) (Fig. 162.) Scheinknollen breitflaschenförmig, unter dem Wulste bauchig, hellgrün, dicht braungefleckt. Blätter einzeln, lange nach den Blüten erscheinend und rasch welkend, spitz-lanzettlich, hellgrün. Blüten auf 10 cm hohem Schafte, 10 cm breit,

Kelch- und Blumenblätter lanzettlich, zart lilarosa, Lippe rosaweiss bis reinweiss, Vorderteil breit auseinander gelegt, Schlund gelb mit fünf roten Linien, nach vorn fünf gelbe zackige Linien, Rand kraus und zackig, weiss mit blutroten Querflecken. Januar—März. Birma, Assam.

P. maculata Ldl. (*Coelogyne maculata Ldl.*) Scheinknollen rundlich, niedergedrückt, 2 cm hoch, narbig-warzig, glänzend dunkelgrün, zwischen braunhäutigen Scheiden. Blätter nach den Blüten, einzeln, lanzettlich, längsfaltig, etwa 3 zu 12 cm gross, hellgrün. Blüten auf kurzem Schafte, 4 cm breit, Kelch- und Blumenblätter schmal-lanzettlich, weiss, Lippe

Fig. 162. Pleione Lagenaria.

weiss, im zusammengerollten Grunde purpurstreifig, Vorderlappen eiförmig, quergestutzt, wellig, Scheibe gelb mit fünf gefransten Adern, deren Zwischenlinien purpurrot sind, Rand kraus-wellig, purpurn querfleckig. Oktober, November. Assam, Khasya-Berge, bei 1500 m.

— **var. Arthuriana Rchb. f.** Scheinknollen kantig, kleiner. Blüten kleiner mit purpurnen Streifen auf den Blütenblättern und purpurnem Rand der Lippe.

P. praecox Don. (*Coelogyne praecox Ldl. Epidendrum praecox Sm.*) Scheinknollen flachgedrückt-kreiselförmig, 2 cm hoch, bräunlichrot, mit einem festen Netz alter Scheidenfäden. Blätter einzeln, breit-lanzettlich, fest, dunkelgrün, nach den Blüten. Letztere auf kurzem Schafte, 10 cm breit, Kelch- und Blumenblätter lanzettlich, sattrosa, Lippe 2 cm breit und bis 4 cm lang, weissrosa, Vorderteil kraus und elegant zackig-gefranst, Scheibe gelb mit fünf weit nach vorn reichenden, gezähnten Linien, einigen dunkelgelben und rosaen Flecken. Oktober—Dezember. Khasya-Berge bei 1600 m, Nepal bei 2500 m, Sikkim bei 1900 m, und infolge dieser hohen Lagen weniger wärmbedürftig als die anderen Arten.

— **var. concolor hort.** Blüte dunkelrosa bis auf die gelben Flecke der Lippe, welche braunrote Spritzer tragen, und den gelben Kamm.

— **var. Wallichiana Ldl.** (*Pleione Wallichiana Ldl. Coelogyne Wallichiana Griff.*) Scheinknollen dunkelgrün, hellgrün warzig und mit braunen Scheidenresten bekleidet. Blüten magenta-purpurn (lila-purpurn), Lippe mit breitem gelbem Mittelstrich, auf welchem fünf Reihen weisser Warzen und einige karminrote Flecken stehen, Vorderrand gezähnt, zweilappig. Khasya, Pentjab.

P. Reichenbachiana Moore. Scheinknollen lang-flaschenförmig, 5 cm hoch, mitten eingeschnürt, durch tiefe Längsfalten 6—8 lappig, diese wulstigen Lappen dunkelgrün mit braunen Netzlinien. Blüten vor den einzelnen, lanzettlichen Blättern, kurzgestielt, bis 10 cm breit, Kelchblätter schmallänglich, rosa-lila, heller gesäumt, Blumenblätter schmäler, heller, mit dunkel rosa-lilaem Längsstrich, Lippe weiss, Vorderlappen gewimpert-gezähnt, zweispaltig, auf der Scheibe drei Schwielen mit spitzen Warzen, dazwischen rosa-karminrote Adern und vorn einige ebensolche Flecken. Oktober, November. Birma, Moulmein.

P. Schilleriana Rchb. f. (*Coelogyne Schilleriana Ldl.*) Scheinknollen gehäuft, verkehrt-birnförmig, kaum 2 cm hoch, grün, leicht genarbt. Blätter paarweis, lanzettlich, längsstreifig, 2 zu 6 cm etwa, gleichzeitig mit den Blüten, welche auf kurzem Stiel stehen und 5 cm breit sind. Oberes Kelchblatt steif aufrecht, spitz-länglich, die seitlichen schmal-sichelförmig, abwärts gerichtet, Blumenblätter schmal-linear, alle weisslichgelb, Seitenlappen der Lippe aufrecht, halb eiförmig, weiss mit orangegelbem Rande, Mittellappen aus schmalem Grunde quer verbreitert, gewölbt, vorn ausgerandet und gezähnt, weissgelblich, unregelmässig orangerot gefleckt, Scheibe mit drei vortretenden Kammlinien, die durch orangerote Striche getrennt sind. Oktober, November. Moulmein.

Pleuranthium Ldl. ist *Epidendrum L.*

Pleurothallis *R. Br.*

(Pleurothallidinae 187.)

(Acianthera Scheidw. Acronia Prsl. Anathallis Barb. et Rodr. Centranthera Scheidw. Chaetocephala Barb. et Rodr. Crocodilanthe Rchb. f. Dubois-Reymondia Karst. Humboldtia R. P. Mioxanthus Poepp. et Endl. Rhynchopera Kl. Salpinaria Karsten. Specklinia Ldl.

Die Zahl der Synonyme zeigt, welche verschiedenen Typen die 400 hierher gehörenden Arten zeigen, welche von Brasilien und Bolivia bis

Westindien und Mexiko baumbewohnend verbreitet sind. Nur wenige von ihnen sind in Gartenkultur und von diesen nur einzelne ausserhalb der botanischen Gärten, weil sie in ihrer ganzen Erscheinung, besonders aber hinsichtlich der meist unscheinbaren Blüten zwar „recht interessant", aber durchaus nicht von zur Kultur einladender Schönheit sind.

Der niemals knollig-verdickte Stamm ist schlank und dünn und meist auch nur sehr kurz. Er endet in ein einziges, vom Stengel abgegliedertes, derbes, immergrünes Laubblatt, aus dessen Achselpunkt die einzelne Blüte oder die kurzgestielte Blütenähre entspringt. Blüten der meisten Arten klein und unansehnlich. Kelchblätter frei oder die beiden seitlichen teilweise oder vollkommen miteinander verwachsen, bald zusammenneigend, bald weit abstehend, Blumenblätter schmal, meist viel kleiner als die Kelchblätter, zuweilen ganz winzig, Lippe frei, immer klein, entweder ungeteilt und dann den Blumenblättern ähnelnd oder dreilappig. Säule kurz, einfach rundlich. Kultur wie von Masdevallia (s. d.).

Pfitzer teilt die Artenmenge ein in:

A. **Caulescentes Ldl.** Grüne Scheidenblätter unter dem einzigen Blatte; z. B.: P. caulescens Ldl.

B. **Elongatae Ldl.** Aufrechter Stamm ziemlich lang, Blüten in langen, das Laubblatt überragenden, vielblumigen Trauben oder Rispen; z. B.: P. Grobyi.

C. **Rhynchopera Kl.** Wuchs wie B., aber die Trauben wenigblumig, oft kürzer als das Blatt; z. B.: P. Matthewsii Ldl.

D. **Fasciculatae Ldl.** Wuchs wie B., Blüten einzeln oder an kurzen Stielen zu 3; z. B.: P. Cardium Rchb. f.

E. **Aggregatae Ldl.** Wuchs wie B., Blüten in Knäueln;

F. **Apodae Ldl.** Stamm kurz, Blüten in wenigblumigen, lockeren Trauben; z. B.: P. Barberiana Rchb. f.

P. atropurpurea Ldl. ist *Cryptophoranthus atropurpureus Rolfe.*

P. Barberiana Rchb. f. (*Masdevallia Culex hort.*) Klein, stammlos. Blätter gestielt, elliptisch, kaum 1 cm lang. Blüten zu 6—12 an haarfeinem, hängendem, bis 8 cm langem Schaft, kaum halbcentimeterbreit, weiss, purpurn gefleckt. Juli, August. Kolumbien. Blüten kleinen Mücken ähnlich.

P. coccinea hort. ist *Rodriguezia secunda H. B. K.*

P. Colibri hort. ist *P. ornata Rchb. f.*

P. fenestrata Ldl. ist *Cryptophoranthus atropurpureus Rolfe.*

P. glossopogon hort. ist *P. insignis Rolfe.*

P. Grobyi Ldl. Blätter ei-lanzettlich, etwa 1,5 zu 4 cm, fest, dunkelgrün. Blüten in lockerer, 10 cm hoher Rispe, etwa 1 cm gross, oberes Kelchblatt lanzettlich, gekielt, mit der Höhlung nach unten querstehend, hell strohgelb mit ziegelrotem Längsschimmer, seitliche Kelchblätter etwas länger, lanzettlich, bis zur Spitze verwachsen, ein querstehendes Schiffchen, Kiel nach unten, bildend, hellstrohgelb. Blumenblätter und die ungeteilte Lippe sehr klein, versteckt. Juli—September. Demerara. Niedliche Pflanze, deren Blüten frappant an eine hellgelbe Haferrispe erinnern, aus welcher die Körner ausgefallen und die äusseren Spelzen geblieben sind. Wie so viele Seltenheiten in voller Blüte August 1891 unter den sorgsamen Händen unseres Collegen Schütze in der Gärtnerei der Frau Kommerzienrat Eichborn, diesem Juwel schlesischer Privatgärten.

P. insignis Rolfe. (*P. glossopogon hort.*) Stämme schlank, 2 cm hoch, Blätter gleichlang, breit-linear. Blüten zu 1—2 auf ebenso langem Schaft, centimeterbreit, gelblichweiss, rotgestreift, Kelchblätter ei-lanzettlich in 4 cm lange Pfriemen ausgezogen, Blumenblätter linear, vorn gezähnt und kurz pfriemlich, Lippe dreilappig, Mittellappen linear, warzig, vorn borstig, chokoladenbraun. August—September. Neu-Granada.

P. laurifolia Rchb. f. ist *P. Roezlii Rchb. f.*

P. Leucopyramis Rchb. f. Stämme 5 cm hoch, schlank, mit braunschwarzen Scheiden bedeckt. Blätter länglich-lanzettlich, 1,5 zu 5 cm, dunkelgrün. Blüten in vielblumiger, aufrechter, schlanker, Zickzack-gebogener Traube, centimeterbreit, milchweiss, oberes Kelchblatt lanzettlich, gekielt, seitliche verwachsen, zweikielig, vorn zweizähnig. Blumenblätter und Lippe winzig, schief rautenförmig. August, September. Costarica.

P. ornata Rchb. f. (*P. Colibri hort.*) Stämmchen kaum kenntlich. Blätter fleischig dick, fest, eiförmig mit flacher Ober- und stark gewölbter, gekielter Unterseite, dunkelgrün, 1 zu 3 cm etwa. Blüten einzeln oder zu 2—3 auf kaum 3—4 cm hohem, fadendünnem Stielchen, kaum 0,5 cm breit, graubräunlich, Kelch- und Blumenblätter mit zierlichen millimeterlangen, weissen Wimpern besetzt. Juli, August. Neu-Granada, niedlich, aber gärtnerisch wertlos.

P. picta Ldl. (*P. surinamensis Focke.*) Dichtrasig. Blätter linear-spatelförmig, 1 zu 3 cm etwa. Blüten zu 5—9 auf aufrechtem, fadendünnem, 3—4 cm hohem Schaft, gelb mit rotgestreift, centimeterlang, in der Form von P. Grobyi. Juni, Juli. Demerara.

P. punctata R. Br. ist *Notylia punctata Ldl.*

P. purpurea Ldl. ist *Bolbophyllum Careyanum Spr.*

P. punctulata Rolfe. Stamm 4 cm hoch, zweikantig. Blätter spitzlanzettlich, 2 zu 6 cm etwa, in einen kurzen Stiel verschmälert, steif-ledrig, unten graugrün. Blüten einzeln auf 5 cm langem, aus weisslich aufgeblasener Scheide aus der Blattfalte entspringendem Schaft, 3 cm breit, hellgelb, braunpurpurn gefleckt, oberes Kelchblatt breit-lanzettlich spitz, untere breit-kahnförmig verwachsen, Blumenblätter klein, breit-lanzettlich, hell weinrot, purpurn gesprenkelt, Lippe länglich, dunkel kastanienbraun, oben warzig. Juli, August. Neu-Granada.

P Regeliana Rchb. f. Stämmchen drehrund, 1—2 cm hoch. Blätter derb-ledrig, aus gerundetem Grunde länglich, vorn leicht ausgerandet, graugrün, 4 zu 8 cm. Blüten in kurzer zurückgebogener Traube meist zu neun hinter kurzen Deckschuppen, aussen sammtig, lippenartig offen, oberes Kelchblatt aufrecht, schmal keilförmig, ockergelb, seitliche fast ganz verwachsen, zweispitzig, abwärts gebogen, rötlich, Blumenblätter schmal, spitz, weisslich, Lippe genagelt mit zwei Öhrchen im purpurstaubigem Grunde, kurz gestutzt, zartrosa. August—Oktober. Brasilien, Minas Geraes.

P. Roëzlii Rchb. f. (*P. laurifolia Rchb. f. Masdevallia Kienastiana hort.*) Stämme schlank, aufrecht, 10 cm hoch, braunscheidig. Blätter länglich-lanzettlich, 3 zu 12 cm etwa, dick-ledrig, hell grasgrün. Blüten zu 5—9 in nickender Traube auf 15 cm hohem, rötlichem, an den 2—3 Knoten mit angedrückten Scheiden besetztem Schaft, hängend, 3 cm breit, halb offen, dunkel blutrot, oberes Kelchblatt länglich-elliptisch, ausgehöhlt, gekielt, seitliche in ein ovales, zweikieliges Blatt verwachsen, Blumenblätter klein, länglich-elliptisch, Lippe zungenförmig, Ränder am Grunde eingebogen, vorn sammtig. Juli—September. Central-Kordillere von Neu-Granada.

P. surinamensis Focke ist *P. picta Ldl.*

Polychilos *Kuhl et Hass.*

(Aërideae 380.)

P. Cornu cervi Kuhl et Hass. (*Phalaenopsis Cornu cervi Bl. et Rchb. f.*), die einzige Art der Gattung, unterscheidet sich von Phalaenopsis durch die breit verflachte Spindel des Blütenstandes, an der die Blüten links und rechts hinter kleinen Deckblättern stehen, sonst giebt weder der Wuchs der Pflanze, noch der Bau der Blüte einen durchgreifenden Trennungs-Grund.

Blätter zweizeilig, ledrig, länglich, keilförmig, etwa 3 zu 15 cm, freudiggrün. Blütenschaft aufrecht, nach oben keulig und abgeplattet, 6—12 Blüten zweireihig an den Seiten der flachen Spindel hinter kleinen scharf gekielten Deckblättchen, ·5 cm breit, oberes Kelchblatt schmal lanzettlich, grüngelblich mit braunroten Querbinden, die seitlichen flach sichelförmig, nur aussen braungebändert, Blumenblätter schmäler, grüngelb mit braunen Querbinden, Lippe genagelt, weisslich, Seitenlappen stumpflänglich, zwischen ihnen eine flache Vertiefung und nach vorn eine häutige fünfborstige Schwiele, Mittellappen aus schmalem Stege quer verbreitert, vertieft, mit eingebogenen Rändern. Juni — September. Moulmein.

P. Cornu cervi × *Phalaenopsis violacea* ist *Phalaenopsis Valentinii Rchb. f.*
Pogochilus Falc. ist *Galeola Lour.*

Polycycnis *Rchb. f.*

(Gongorinae 264.)

Die wenigen hierher gehörenden in Guyana und in Centralamerika heimischen Baumbewohner erinnern im Wuchs an die bekannten Stanhopea's, inder Blüte z. T. an Cycnoches. Die grossen gedrängt stehenden Scheinknollen tragen auf der Spitze je ein einzelnes derbledriges immergrünes längsnerviges Blatt und vom Grunde der Knollen aus eine überhängende Blütentraube. Blüten ziemlich gross, Kelch- und Blumenblätter fast gleich, schmal, abstehend oder zurückgeschlagen, Unterteil (Hypochil) der Blüte genagelt, gewölbt, mit zwei seitlichen Hautlappen, Vorderteil (Epichil) der Unterseite des Unterteils angefügt, ungeteilt oder schwach dreilappig. Säule sehr schlank und stark gebogen.

Kultur wie von Cycnoches (s. d.).

P. barbata Rchb. f. (*Cycnoches barbatum Ldl.*) Scheinknollen flach eiförmig, 3 cm hoch. Blätter länglich-elliptisch, 4 zu 20 cm etwa. Blüten auf trüb purpurnem, 25 cm langem Schaft in mindestens ebenso langer hängender dichter Traube zu 30—80, 4 cm breit, Kelch- und Blumenblätter schmal-lanzettlich, orangegelb, trüb purpurn gefleckt, Lippe weiss, mit gelber Mitte, blutrot gesprenkelt, Vorderteil rundlich-herzförmig. Juli, August. Costarica, Neu-Granada.

P. gratiosa Endr. et Rchb. f. ist *P. lepida Linden et Rchb. f. var.*

P. lepida Linden et Rchb. f. Scheinknollen eiförmig, 4 cm hoch, dunkelgrün. Blätter länglich eiförmig, 4 zu 15 cm, dunkelgrün. Blüten zu 15—20 in lockerer, langgestielter, nickender Traube, 4 cm breit, Kelch- und Blumenblätter lanzettlich, hellgelb, so dicht trüb purpurn gesprenkelt, dass sie stellenweiss bräunlich erscheinen, mit aufrechten gestutzten Seitenanhängseln, im weissen Grund hellgelb, spärlich chocoladenbraun gefleckt. Juli, August. Neu-Granada.

— **var. gratiosa Endr. et Rchb. f. (als Art.)** Blüten in nur stark nickender Traube, mit feinflaumiger Spindel, grösser, Kelchblätter zuweilen aussen schwach bebartet, hellgelb mit hellbrauner Zeichnung, Vorderteil der Lippe spitz herzförmig, fast ungefleckt.

P. muscifera Rchb. f. (*Cycnoches musciferum Ldl.*) ist der P. barbata ähnlich, aber in allen Teilen kleiner und die Blüten heller gefärbt; der Vorderteil der Lippe ist schmal-eiförmig. Juli, August. Kolumbien.

Polystachya *Ldl.*

(Polystachyinae 170.)

(Epiphora Ldl. Eucyclia Poepp. et Endl.)

Von den reichlich 40 Arten sind nur ausserordentlich wenige und auch diese meist nur in den botanischen Gärten in Kultur, obgleich es darunter auch für den Gärtner wertvolle Formen giebt. Sie sind vorwiegend Baumbewohner des tropischen Afrikas, nur wenige Arten kommen im tropischen Asien und Amerika vor. Die Scheinknollen sind meist kurz, zuweilen aber stammartig verlängert und tragen an der Spitze einige gegliederte, kurze, lederartige, immergrüne Blätter. Blüten in endständigen Trauben oder Rispen. Das obere Kelchblatt ist vielmals schmäler als die seitlichen, welche mit dem Fusse der kurzen breiten Säule ein starkes Kinn bilden, Blumenblätter schmal, dem oberen Kelchblatt gleich. Lippe meist aufwärts gerichtet mit kleinen Seitenlappen und abstehendem oder zurückgeschlagenem, meist kleinem, breitem, ungeteiltem Mittellappen.

Kultur wie von Epidendrum (s. d.).

P. bracteosa Ldl. Scheinknollen rundlich, centimeterhoch. Blätter einzeln, länglich verkehrt-eiförmig, aus der Achsel entspringt eine hängende, weisshaarige Traube mit kleinen blass orangegelben Blütchen hinter blattartigen Deckblättern, Lippe feinflaumig. Juli, August. Sierra Leone.

T. luteola Hook. Scheinknollen walzig, 2—3 cm hoch. Blätter einzeln, schmal lanzettlich, vielnervig, 0,5 zu 6 cm etwa, dunkelgrün. Blüten in kurzer Rispe, klein, grünlichgelb. Juli, August. Westindien.

P. puberula Ldl. Scheinknollen eiförmig, 2 cm hoch. Blätter einzeln, lanzettlich, siebennervig, 1 zu 5 cm etwa. Blüten auf schlankem 6—8 cm hohem Schaft in lockerer Rispe, klein, gelbgrün. September, Oktober. Sierra Leone.

P. pubescens Rchb. f. (*Epiphora pubescens Ldl.*). Scheinkollen flach eiförmig, 1,5 cm hoch; Blätter zu 2—3, länglich-linear, etwa 2 zu 10 cm, flach, dunkelgrün, unterseits leicht behaart. Blüten in aufrechten, kurzen, vielblumigen Trauben, wohlriechend, 2 cm gross, goldgelb mit einigen purpurroten Linien, oberes Kelchblatt steif lanzettlich, ausgehöhlt, die seitlichen breit rund-eiförmigen mit kleiner zurückgebogener Spitze, alle drei aussen kurz behaart, Blumenblätter schmal spatelförmig, Vorderlappen der Lippe zurückgeschlagen, herzförmig. Mai, Juni. Kafferland, Delagoa-Bai.

P. rufinula Rchb. f. ist in der Tracht der P. puberula ähnlich, aber die kleinen Blütchen sind hellrotbräunlich. August, September. Zanzibar.

Pomatocalpa Kuhl et Hass. ist *Cleisostoma Bl.*

Preptanthe *Rchb. f.*

(Phajinae 221.)

Von Calanthe wesentlich nur abweichend durch die vom Stengel abgegliederten, im Alter abfallenden Blätter, welche in geringer Anzahl auf den oberirdischen Scheinknollen sitzen. Die Differenz in der Blüte ist sehr gering, Preptanthe hat zusammenfliessende, Calanthe getrennte Narbenflecken.

Hübsche dankbare Gartenpflanzen, die mehrfach mit Calanthe schon gekreuzt worden sind und welche auch wie Calanthe (s. d.) kultiviert werden. Beide bisher bekannte Arten sind seit alter Zeit in Kultur.

P. Barberiana Rchb. f. (siehe Calanthe Barberiana) ist *Pr. Regnieri var. nivalis* × *vestita.*

P. bella hort. (siehe Calanthe bella Rchb. f.) ist gekreuzt aus P. Veitchii ♂ (= Preptanthe vestita × Limatodes rosea) und P. Regnieri var. Turneri ♀, also ein Tripelbastart.

Pr. excellens hort. ist *Pr. vestita* × *Regnieri.*

Pr. Hallii hort. ist *Calanthe Hallii h. Hall.*

P. porphyrea Rchb. f. (siehe Calanthe porphyrea Rchb. f) ist eine Gartenkreuzung aus Prept. vestita var. rubro-oculata mit Calanthidium labrosum Pfitz.

P. Regnieri Rchb. f. (*Calanthe Regnieri Rchb. f. C. vestita Wall. var. Regnieri Rchb. f.*). Scheinknollen eckig-rundlich, 3 cm hoch, mitten eingedrückt, dunkelgrün. Blätter breit lanzettlich, längsnervig, freudiggrün. Blüten auf 40 cm hohem Schafte in kurzer dichter Endtraube, 2 cm breit. Kelch- und Blumenblätter lanzettlich, abstehend, reinweiss, Seitenlappen der Lippe aufrecht, kurz, gerundet, Mittellappen mit zwei kurzen seitlichen sichelförmigen Lappen, das kurz-gerundete Vorderstück tief ausgerandet, sattrosa. Januar—Mai. Cochinchina.

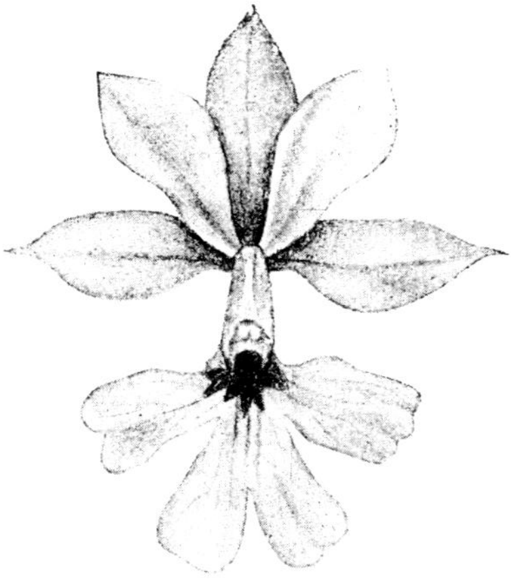

Fig. 163. Preptanthe vestita.

— **var. fausta Rchb. f.** (*Calanthe fausta hort.*). Grund der Lippe karminrot, ebenso der untere Teil der Säule, auf dem Vorderlappen der Lippe ein dreiteiliger karminroter Fleck.

— **var. nivalis hort.** (*Calanthe Turneri Rchb. f. var. nivalis hort.*) Blüten in der Tracht der var. Turneri aber vollkommen reinweiss.

— **var. Sanderiana hort.** (*Calanthe Sanderiana hort.*) Blüten dunkel rosakarmin.

— **var. Stevensii hort.** (*Calanthe Stevensii hort.*) Blüten weiss mit hellrosaem Lippenfleck.

Fig. 163a. Prepthante vestita. Seitenansicht.

— **var. Turneri Rchb. f.** (*Calanthe Turneri Rchb. f.*) Blüten grösser und in längeren Trauben, reinweiss mit einem dunkelrosaem Augenfleck im Grunde der Lippe. Vorderindien.

— **var. Williamsii Will.** (*Calanthe Williamsii hort.*) Blüten weiss, karminrosa getuscht, Lippe dunkelkarmin mit scharlachpurpurnem Lippenfleck.

P. Sandhurstiana hort. (siehe Calanthe Sandhurstiana Gosse) ist von Gosse aus Preptanthe vestita var. rubro-oculata × Limatodes rosea erlangt.

P. Sedeni hort. (siehe Calanthe Sedeni Veitch et Rchb. f.) ist von Seden aus Calanthe Veitchii, welche selbst ein Bastart ist nnd Preptanthe vestita var. rubro-oculata gekreuzt, also ein Rückschlags-Bastart.

P. Veitchii Ldl. (Calanthe Veitchii Ldl.) ist *Preptanthe vestita* × *Limatodes rosea,* von Dominy gekreuzt.

P. vestita Rchb. f. (*Calanthe vestita Wall. Cytheris Griffithii Wight.*) (Fig. 163.) Scheinknollen fast kegelförmig, stumpfkantig, bis 10 cm hoch, hellgrün, grau gestreift. Blätter spitz, breit lanzettlich, 8 zu 40 cm, in einen gekehlten und geflügelten Stiel zusammen gezogen, tief gefurcht. Blüten in langer vielblumiger Traube auf bis meterhohem behaartem Schafte mit grossen eilanzettlichen Deckblättern, 5 cm breit, milchweiss mit einem gelbem, streifigem Fleck am Grunde der Lippe, Kelch- und Blumenblätter spreizend, länglich eiförmig, zugespitzt, letztere breiter und stumpf, Lippe flach, Seitenlappen aufrecht, stumpf, länglich, Vorderlappen breit verkehrt herzförmig mit zwei seitlichen gerandeten und mittlerem tief zweilappig ausgeschnittenem Lappen. Sporn schlank, gebogen, grünlich. Dezember bis Februar. Tenasserim, Moulmein.

— **var. gigantea Will.** (*var. grandiflora Lind.*) Starkwüchsig, Lippenfleck orangerot.

— *var. grandiflora Lind.* ist *var. gigantea Will.*

— **var. igneo-oculata Rchb. f.** Lippenfleck brennend rot-purpurn.

— **var. luteo-oculata Rchb. f.** Lippenfleck goldgelb.

— **var. rubro-oculata Paxt.** Lippenfleck purpurrot.

P. vestita × *Phajus Tankervilliae* ist *Phajocalanthe irrorata Rolfe.*

P. Williamsii Rchb. f, ist *P. Regnieri Rchb. f. var.*

Prescottia *Ldl.*

(Cranichideae 137.)

(Decaisnea Brgn. Galeoglossum A. Rich.)

Blätter grundständig auf kriechendem Rhizom, die unscheinbaren kleinen Blüten auf nur mit Scheiden bekleideten Trieben in lockerer armblütiger Traube. Die drei Kelchblätter am Grunde zu einem flachem Becher oder einer Röhre verwachsen, oben auseinander stehend. Blumenblätter schmal und klein. Lippe am Grunde dem Kelchblatt-Becher angewachsen, mit aufrechter helmförmiger Platte, deren verdickte Ränder dem Eingang oft fast vollkommen schliessen, am Grunde mit zwei Öhrchen an Stelle der Seitenlappen. Säule kurz.

Kultur wie Masdevallia (s. d.).

Von den etwa 20 Arten, welche baumbewohnend von Brasilien bis

Mexiko und Westindien vorkommen, sind heut kaum noch die nachstehenden, früher mehrfach kultivierten, in den Gärten. Die unscheinbaren Pflanzen sind auch wenig zur Kultur einladend.

P. colorans Ldl. Blätter einzeln, länglich-eiförmig, zugespitzt. Blüten in schmaler langer Ähre auf 10 cm langem Schaft, klein, bräunlich, alle Blumenblätter pfriemlich, Lippe schmal, bräunlich. Januar, Februar. Brasilien.

P. plantaginea Ldl. Blätter aufrecht, bis 20 cm hoch, länglich lanzettlich, derb, dunkelgrün. Blüten auf 30 cm hohem Schaft in dichter, flacher Ähre, klein, grün-rötlich weiss, Kelchblätter länglich-eiförmig, Blumenblätter ganz klein, rötlich, Lippe löffelförmig, grün. November—Januar. Brasilien.

Promenaea *Ldl.*

(Huntleyinae 359.)

Die fünf bekannten Arten, Baumbewohner Brasiliens, erinnern an kleine zarte Odontoglossum-Formen, aber die Scheinknollen und endständigen Blätter sind bläulichgrün und die Blüten, welche auf übergeneigtem, grundständigem Schaft einzeln oder zu zweien sitzen, sind zarter. Kelch- und Blumenblätter sind einander fast gleich und sternförmig ausgebreitet. Die seitlichen Kelchblätter bilden ein starkes Kinn. Die Lippe besteht aus zwei kleinen aufrechten Seitenlappen und einem hinter der Trennungsstelle der Seitenlappen eingeschnürtem und dann wieder erheblich verbreitertem Mittellappen. Zwischen den Seitenlappen steht ein quer aufgerichteter Schwielenbogen, der mit Warzen (nicht mit Fransen) besetzt ist. Säule kurz, zuweilen mit einer Längsschwiele.

Kultur wie von Maxillaria (s. d.)

P. citrina Ldl. (*Maxillaria citrina Don.*) Scheinkolllen gehäuft, eiförmig, verwischt vierkantig, kaum 2 cm hoch. Blätter paarweis, länglich bandförmig, 1 zu 5 cm etwa, blass seegrün. Blütenschaft 5—8 cm hoch, überhängend, Blüten einzeln, 4 cm breit, Kelch- und Blumenblätter eiförmig, an den Spitzen verloren gewellt und zurückgeschlagen, citrongelb, Lippe ebenso mit einem dunkel-karminrotem Grundfleck, die kleinen Seitenlappen karminrotpunktiert, Vorderlappen verkehrt eiförmig mit kurz aufgesetztem Spitzchen. August, September. Brasilien.

P. microptera Rchb. f. (*Zygopetalum micropterum Rchb. f.*) Wuchs der vorhergehenden Art. Blüten crêmeweiss oder hellockergelb, Lippe mit länglich-lanzettlichem Mittellappen und kleinen Seitenlappen, weiss mit drei dunkel karminroten Strichen auf der Scheibe und kleinen Purpur-Sprenkeln im Grunde. Juni—August. Brasilien.

P. Rollisonii Ldl. (*Maxillaria Rollissoni Ldl*). Scheinknollen rundlich, 1,5 cm hoch. Blätter paarweis, länglich-lanzettlich, 2 zu 7 cm etwa, derb, längsnervig. Blüten auf herabgebogenem kurzem Schaft einzeln oder zu zweien, 3 cm breit, hellgeblich, Lippe weisslich, mit karminroten Spritzfleckchen, Seitenlappen aufrecht, kleinöhrig, Mittellappen länglich, zugespitzt. August — Oktober. Brasilien.

P. stapelioides Ldl. (*Maxillaria stapelioides Ldl.*) Scheinknollen eiförmig, vierkantig, 1,5 cm hoch. Blätter einzeln oder zu zweien, lanzettlich, dünn, blassgrün mit graugrüner Aderung. Schaft herabgebogen, zweiblumig. Blüten 3 cm breit, Kelch- und Blumenblätter rundlich-eiförmig, spitz, grünlich-gelb, trüb purpurn grossgefleckt, Lippe länglich, Seitenlappen linear aufrecht, Mittellappen länglich-eiförmig mit kapuzenartigem Grunde, schwarz-purpurn mit helleren Rändern und Kreuzflecken. Juli—September. Brasilien.

Prosthechea Knowl. Westc. ist *Epidendrum L.*
Pseudepidendrum Rchb. f. ist *Epidendrum L.*
Psilanthemum Klotzsch ist *Epidendrum L.*
Psittacoglossum Llave et Lex. ist *Maxillaria R. P.*
Psychechilus Kuhl et Hass. ist *Zeuxine Ldl.*
Pteroceras Kuhl et Hass. ist *Sarcochilus R. Br.*
Pterochilus Hook. ist *Microstylis Nutt.*
Ptilocnema Don. ist *Pholidota Ldl.*
Ptiloglossum Ldl. ist *Bolbophyllum Thou.*

Rhenanthera *Lour.*

(Aërideae 374.)

(Arachnanthe Bl. Arachnis Bl. Armodorum Kuhl et Hass. Arrhynchium Ldl. Nephranthera Hass.)

Die dünnen, holzigen, kletternden Stämme wachsen monopodial d. h. einachsig in ausserordentlichen Längen fort (der botanische Garten zu Breslau besitzt (1891) eine fünf Meter lange Rh. Flos aëris, die schon wiederholt am unteren Ende gekürzt worden ist und sogar unverzweigt endlos weiter wächst), tragen starke Luftwurzeln und zweizeilig gestellte, derbe, immergrüne, riemenförmige, vorn scharf gestutzte Blätter, aus deren Achseln die langen vielblumigen Trauben oder Rispen hervorbrechen. Blüten ansehnlich, zuweilen dimorph, d. h. neben der gewöhnlichen Form treten noch anders geformte, vorwiegend männliche Blüten auf. Kelch- und Blumenblätter fast gleich oder die seitlichen Kelchblätter grösser und anders gefärbt, alle ausgebreitet und frei oder die seitlichen Kelchblätter längere Zeit mit den Rändern zusammenhängend. Lippe klein, dem Säulengrunde beweglich angegliedert, mit oft nur undeutlichen kleinen aufrechten Seitenlappen, ohne oder mit einem kurzem Sporn. Säule kurz.

Kultur wie von Aërides. (s. d.) Durchweg schöne Pflanzen sehr warmer Häuser, in denen sie das vollste Sonnenlicht, unbeschattet, haben müssen, wenn sie blühen sollen. Die zwölf Baumkletterer des malayischen Archipels und Cochinchinas werden eingeteilt:

A. **Eurhenanthera Rchb. f.** Lippe deutlich dreilappig, Mittellappen flach; z. B. R. sanguinea Rchb. f.
B. **Arrhynchium Ldl.** Lippe ganz undeutlich dreilappig, Mittellappen durch die Spornbildung schuhartig ausgehöhlt; z. B. R. bilinguis Rchb. f.
C. **Arachnanthe Bl.** Fruchtknoten und Kelchblätter kahl, Lippe undeutlich dreilappig, Mittellappen seitlich zusammengedrückt, deutlich gespornt; z. B. R. Flos aëris Rchb. f.
D. **Erianthe Pfitzer.** Fruchtknoten und Kelchblätter aussen behaart, Lippe undeutlich dreilappig, Sporn kaum angedeutet; z. B. R. Lowii Rchb. f.

R. Arachnites Lour. ist *R. Flos aëris Rchb. f.*

R. coccinea Lour. Stämme bis 4 m lang klimmend, mit starken Luftwurzeln und dicht gestellten, 10 cm langen, dunkelgrünen Blättern. Blüten in lang überhängenden vielblumigen Trauben, 4 cm breit, oberes Kelchblatt und Blumenblätter schmal linear, stumpf, hochrot mit orange Flecken, seitliche Kelchblätter breit länglich-spatelförmig, kraus, scharlachrot, Lippe klein, Seitenlappen fast quadratisch, Mittellappen länglich, aus weissem Grunde dunkel karminrot. Juni—September. Cochinchina. Nach Speeds Angaben, welcher sie im Palmhause des Herzogs von Devonshire in Chatsworth wiederholt zur Blüte brachte, hat diese Art eine ausgesprochene Vorliebe für Birkenstämme als Kletterunterlage.

R. elongata Lour. (*Aërides elongatum Bl.*) Meterhohe, stark verästelte Stämme mit breit linearen, vorn schief ausgerandeten, derben Blättern. Blüten in nickender Traube, 4 cm breit, granatrot, Kelchblätter breit linear, Blumenblätter breit spatelförmig, Lippe eiförmig, mit zwei starken Schwielen. Mai—Juli. Java. Dankbar blühende Art, welche leider jetzt in den Kulturen selten geworden ist.

R. Flos aëris Rchb. f. (*Epidendrum Flos aëris L. Rhenanthera Arachnites Lour. Arachnanthe moschifera Bl. Arachnis moschifera Bl.*) Bis 6 m lange, schmale, meist unverzweigte, kletternde Stämme mit dicht gedrängten, 6 cm langen, glänzend dunkelgrünen Blättern. Blüten in lang überhängender, lockerer Traube, moschusduftend, 6 cm breit, crêmeweiss oder citrongelb, eigenartig purpurn gefleckt, so dass sie wirklich an irgend eine grosse bunte Spinne erinnern, Kelch- und Blumenblätter lanzettlich, Lippe mit nur angedeuteten Seitenlappen und kleinem kegelförmigem Sporn. Juli—September. Java. Scheint sehr undankbar zu blühen, wenigstens hat das grosse breslauer Exemplar, trotz vollem Licht, Wärme und event. Trockenperiode, nie Miene gemacht zu blühen, obgleich es jährlich über einen halben Meter an Länge zunahm und kerngesund war.

R. Lowii Rchb. f. (*Vanda Lowii Ldl. Arachnanthe Lowii Bnthm. et Hook.*) Stamm lang kletternd, reichlich daumendick, mit steif abstehenden Luftwurzeln und dicht gedrängten, dunkelgrünen, bis 80 cm langen, riemenförmigen, schief gestutzten Blättern. Blüten in erst aufsteigenden, dann rechtwinkelig langhängenden, behaarten, bis 4 m langen Ähren zu 40—50, dimorph, d. h. die beiden untersten, welche von den nächsten 20—30 cm abstehen, sind 5—6 cm breit, hell ledergelb mit karminroten Flecken, Kelch- und Blumenblätter sind breit-lanzettlich, fast eiförmig, mit zurückgebogenen Spitzen, während alle anderen Blüten 10 cm breit sind, mit spitz schmal-lanzettlichen, wellig und zurückgeschlagen gerandeten, grünlichgelben, dunkelbraun querfleckigen Kelch- und Blumenblättern. Juli bis September. Borneo. Blüht oft schon als meterhohe Pflanze.

— **var. Rohdeniana Bnthm.** (*Vanda Rohdeniana h. Luddem.*) Die untersten vier gelben Blüten dicht gedrängt, die oberen heller gefärbt als an der Hauptart.

R. matutina Ldl. (*Aërides matutinum Bl.*) Stämme verhältnismässig kurz, dick, mit dickfleischigen Wurzeln und dicken riemenförmigen Blättern. Blüten in purpurstieligen, sehr lockeren Trauben, 5 cm breit, oberes Kelchblatt spitz breit-linear, orangegelb, die seitlichen aus breitem Grunde zugespitzt, orangegelb mit dunkler orangegelben Schmitzen, ebenso die spitzen, schmal-linearen Blumenblätter, Lippe sehr klein, weiss mit einem rotem Mittelfleck. Juli, August. Java. Blüht schon als kleine Pflanze.

— **var. micrantha Ldl.** als Art. (*var. breviflora hort.*) Blüten kleiner, zahlreicher, dichter stehend, Farben scharf abgesetzt.

R. micrantha Ldl. ist *R. matutina Ldl. var.*

R. Storiei Rchb. f. Stämme bis vier Meter hoch, dichtbeblättert, Blätter riemenförmig, bis 20 cm lang. Blüten zu 50—60 in mitunter verzweigter, dickstenglicher Traube, 4 cm breit, oberes Kelchblatt und Blumenblätter schmal-lanzettlich, dunkel orange, die seitlichen Kelchblätter breit-lanzettlich, sammtartig, leuchtend karminrot mit helleren Abstufungen, Lippe klein mit dreieckigen Seitenlappen und bandförmigem Mittellappen, aus weisser Mitte dunkel karminrot mit gelben Bändern, vor dem Eingange in den kurz kegligen Sporn zwei quadratische Hautblättchen. Juni bis August. Philippinen.

Restrepia *H. B. K.*

(Pleurothallidinae 186.)

(Pinelia Ldl. ?)

Mehr sonderbare als schöne, nur in etwa drei der bekannten zwölf Arten kulturwerte Baumbewohner des subtropischen Amerikas von Brasilien bis Mexiko. Die dünnen, schlanken, niedrigen, von Scheiden umgebenen Stämme (an Masdevallia erinnernd) tragen je ein einziges endständiges Blatt, welches meist herzförmig, fest, lederartig ist und aus dessen durch eine Scheide markiertem Achselpunkt einzelne langgestielte Blüten sich entwickeln, oft in langer Reihenfolge hintereinander. Oberes Kelchblatt frei, lang zugespitzt, seitliche bis fast zur Spitze als flaches oder wenig ausgehöhltes Blatt miteinander verwachsen oder verklebt. Blumen schmal und lang, an der Spitze keulig. Lippe abwärts gerichtet, länglich, oft mit zwei zarten Zähnen am Grunde. Säule schlank. Kultur wie von Masdevallia (s. d.), aber nur in kühlen Räumen von 6—8° Wintertemperatur.

R. antennifera H. B. K. (*R. maculata Ldl. R. guttata Ldl.*) Stämme rasenartig gedrängt, schlank, 1—2 cm hoch, Blatt herz-eiförmig, etwa 1,5 zu 3 cm gross, dick, ledrig, dunkelgrün. Blüten einzeln auf aufrechtem, fädlichem, bis 3 cm hohem Stiel, etwa 2 cm lang, oberes Kelchblatt lanzettlich, lang fädlich zugespitzt und in einen kleinen Knopf endend, gelblichweiss, purpurn längsstrichelig, seitliche abwärts gebogen, in einer Fläche bis zur Spitze verwachsen, karminrot mit schwarzpurpurnen Flecken, Blumenblätter Fühlfäden ähnlich, gelblichweiss mit purpurnen Strichen, Lippe klein, karminrot, dunkler gefleckt. Juni—August. Kolumbia.

R. elegans Karsten. (*R. punctulata Hook.*) Blüten fast so gross und im Bau sehr ähnlich der R. antennifera. Oberes Kelchblatt lanzettlich, weiss, purpurn gestrichelt, in eine gelbe Knopf-Borste ausgezogen, die verwachsenen Kelchblätter länglich, ausgehöhlt, gelb mit dichten Linien purpurroter Fleckchen, Blumenblätter klein, weiss und purpurn strichfleckig, Lippe geigenförmig, vorn ausgerandet, gelb mit roter Fleckung. Juni bis August. Kolumbia, Caracas.

R. guttata Ldl. ist *R. antennifera H. B. K.*

R. Lansbergii Bot. Mag. ist *R. xanthophthalma Rchb. f.*

R. maculata Lind. ist *R. antennifera H. B. K.*

R. pandurata Rchb. f. Stämme 4 cm hoch, von lockeren Scheiden umgeben. Blätter spitz-eiförmig, 3 zu 5 cm etwa, steifledrig, dunkelgrün, untere rötlich. Blüten einzeln auf 3 cm hohem Schaft, mehrere nach einander aus der Blattachsel entspringend, von kurzen Scheiden gedeckt, 2 cm gross, weiss, karmin-purpurn geadert und gefleckt, oberes Kelchblatt schmal-lanzettlich, vorn kurz pfriemlich, seitliche in ein länglich-kahnförmiges, ausgerandetes Blatt verwachsen, Blumenblätter gleich dem oberen Kelchblatt, aber kleiner, mit Purpurstreifen im Grunde, Lippe geigenförmig ausgerandet, mit einer langen Borste an jedem Grundlappen. Juni, Juli. Neu-Granada.

R. punctulata Hook. ist *R. elegans Karst.*

R. vittata Ldl. Stämmchen schmal-cylindrisch, bis 10 cm hoch. Blätter länglich, stumpf, ledrig, dunkelgrün, 2 zu 8 cm etwa. Blüten einzeln auf flachen, 5 cm langen Stielen, Kelchblätter weisslichrosa, die unteren flach verwachsen, Blumenblätter gleichfarbig, lebhaft rosa gesprenkelt, zurückgeschlagen, Lippe sehr kurz, mattgelb, leuchtend rosa bandartig gestreift. Juni, Juli. Kolumbien.

R. xanthophthalma Rchb. f. (*R. Lansbergii Bot. Mag.*) Rasenbildend. Stämme 4 cm hoch, dicht mit Scheiden besetzt. Blätter stumpf, linearlänglich, 1 zu 4 cm. Blüten einzeln auf 3 cm langem Stiel, 1 cm breit, hellgelb, purpurn gefleckt. Oberes Kelchblatt pfriemlich mit Knopfspitze, seitliche in ein längliches, ausgehöhltes Blatt verwachsen, zweispitzig. Blumenblätter kurz, linear, Lippe klein, länglich, vorn gerundet. Juni bis August. Guatemala.

Rhynchopera Kl. ist *Pleurothallis R. Br.*

Rhynchostele Rchb. f. ist *Oncidium Sw.*

Rhynchostylis *Bl.*

(Aërideae 409.)

In der Tracht vollkommen mit Saccolabium (s. d.) übereinstimmend, auch in den langen, dichten, walzenförmigen Blütentrauben, aber durch die am Säulenfuss herablaufenden breiten, seitlichen Kelchblätter abweichend. Oberes Kelchblatt und die Blumenblätter einander gleich, die seitlichen breiter, Lippe gespornt, mit ungeteilter, am Grunde verschmälerter, vorn eingebogener Platte. Säule kurz. Die drei bekannten Arten sind Baumbewohner des tropischen Ostindiens und der malayischen Inseln.

Kultur wie Aërides (s. d.)

Rh. Blumei hort. ist *Rh. retusa Rchb. f.*

Rh. coelestis Rchb. f. (*Saccolabium coeleste Ldl.*) Stämme aufrecht, kaum 10 cm hoch, dicht beblättert, Blätter linear, gestutzt. Blüten in 6—10 cm langen, dichten, walzigen, aufrechten Trauben, 1,5 cm breit, Kelch- und Blumenblätter stumpf länglich-keilförmig, weiss, himmelblau überlaufen, der flachgedrückte, zurückgebogene, stumpfe Sporn himmelblau getuscht, der rautenförmige Vorderlappen der Lippe himmelblau, am Grunde zwei sichelförmige Anhängsel. August, September. Moulmein.

Rh. guttata Bl. ist *Rh. retusa Rchb. f. var.*

Rh. praemorsa Ldl. ist *Rh. retusa Rchb. f.*

Rh. retusa Rchb. f. (*Rh. retusa Rchb. f. var. praemorsa Ldl. Rh. Blumei hort. Aërides praemorsum Wght. Saccolabium Rheedii Wght. Saccolabium Blumei Ldl.*) (Fig. 164.) Stamm kurz aufrecht, dicht zweizeilig beblättert. Blätter 1 zu 15 cm, riemenförmig, ausgekehlt, schief gestutzt, freudiggrün, unterseits dunkel längsnervig. Blüten in 30 cm langen, achselständigen, hängenden, walzigen, dichten Trauben, kaum 2 cm breit, wachsartig, zart duftend, Kelchblätter eiförmig, Blumenblätter länglich, spreizend, weissrosa getuscht und an den Spitzen magentarot gefleckt, Lippe rundlich, gefranst, zurückgebogen, vorn ausgerandet, zart magentarosa. Sporn flachgedrückt, stumpf. Juli, August. Java.

f. major Rchb. f. Blätter beiderseits hell und dunkelgrün gestreift, Wuchs kräftig, Trauben länger, Blüten grösser, dunkler gezeichnet.

f. Russeliana Will. Nur durch sehr üppigen Wuchs, dichte, lange, grossblumige Trauben abweichend.

var. guttata Ldl. (*Aërides guttatum Roxbg. Aërides retusum Hook. Epidendrum retusum Sw. Sarcanthus guttatus Ldl. Rhynchostylis guttata Bl. Saccolabium guttatum Ldl.*) Stämme kürzer, Blätter dunkelgrün, Blüten wachsweiss, rosapurpurn gesprenkelt, Vorderlappen der Lippe lanzettlich, eingebogen, völlig purpurrot, Sporn gestutzt, kegelförmig, flach gedrückt, innen flaumhaarig. Mai—August. Java.

f. **furcatum hort.** (*Saccolabium furcatum hort.*) Blüten weiss, rosa gefleckt.

f. **gigantea hort.** In allen Teilen grösser und kräftiger, besonders durch lange, dichtgedrängte Blütenähren ausgezeichnet.

f. **Holfordianum Will.** Blätter breiter, vorn gestutzt, Trauben breit und lang, Blüten grösser, das Rot scharf abgesetzt, Lippe karminrot.

— **var. Turneri Will.** (*Saccolabium Turneri Will.*) Stämme bis 20 cm lang, Blätter 3 zu 25 cm. Blüten in langen, dichten Trauben, prächtig lila gezeichnet.

Rh. violacea Rchb. f. (*Saccolabium violaceum Ldl.*) *Vanda violacea R. Br.*) Stämme steif aufrecht, dicht zweizeilig beblättert, Blätter riemenförmig, etwa 4 zu 25 cm gross, sattgrün mit dunklen Längslinien. Blüten in achselständigen, hängenden, bis 30 cm langen, dicht vielblumigen Trauben, duftend, 1,5 cm breit, Kelch- und Blumenblätter reinweiss mit violettroten Spritzflecken, Lippe tief violettrötlich mit dunkleren Linien. Sporn kurz kegelförmig.. Januar—März. Manilla.

— **var. Berkeleyi Rchb. f.** (*Saccolabium Berkeleyi Rchb. f.*) Blüten weiss und amethystviolett, Mittellappen der Lippe spitz, nicht zweilappig, amethystviolett.

— **var. Harrisoniana Will.** (*Saccolabium Harrisonianum Hook.*) Blätter breiter, deutlich gekielt, heller grün, Blüten stark duftend, reinweiss. Insel Pulo Copang.

Fig. 164. Rhynchostylis retusa.

Robiquetia Gaud. ist *Saccolabium Bl.*

Rodriguezia *Ruiz et Pavon.*

(Jonopsideae 322.)

(Burlingtonia Ldl.)

Von den etwa zwei Dutzend im tropischen Süd- und Centralamerika als Baumbewohner verbreiteten Arten sind die schöner blühenden, alte Gäste unserer Gärten, allerdings in der Neuzeit etwas vernachlässigt, meist als Burlingtonia-Arten in den Verzeichnissen geführt.

Die Scheinknollen stehen entweder gedrängt oder sind auseinander gerückt auf kriechendem Wurzelstock verteilt, zuweilen richten sich auch die Stücke des Wurzelstockes steif auf und der Wuchs erscheint dann buschig. Meist stehen einige trockenhäutige Scheiden unter der Knolle, auch Scheidenblätter, stets sitzt ein einzelnes oder zwei ledrige Blätter auf der Spitze der Knolle. Die Blüten stehen in reichblumigen, aufrechten oder hängenden, grundständigen Trauben, sind meist ansehnlich und hübsch gefärbt. Das obere Kelchblatt ist frei und den freien Blumenblättern fast gleich, die seitlichen Kelchblätter sind verwachsen, oft am Grunde ausgehöhlt, alle mit den Spitzen zusammengeneigt, wodurch die Blüte natürlich an Ansehen verliert. Die Lippe ist am Grunde gespornt, ausgezackt oder nur höckrig, lang genagelt, der Säule parallel, vorn in eine meist grosse, die anderen Blütenblätter weit überragende, eingekerbte oder geteilte Platte verbreitet, die oft Längswülste trägt. Säule schlank mit zwei grossen Anhängseln an der Spitze.

Kultur wie Epidendrum (s. d.).

R. Barkerii Hook. ist *Gomeza Barkerii Bnthm.*

R. Batemanni hort. ist *R. candida Hook. var.*

R. candida Rchb. f. (*Burlingtonia candida Ldl.*) Scheinknollen gedrängt, eiförmig, 2 cm hoch. Blätter einzeln, breit-lanzettlich, tief gekielt, dunkelgrün, etwa 3 zu 10 cm gross, vorn übergebogen und kurz gespitzt. Blüten zu 3—7 in hängenden, lockeren Trauben von 10—20 cm Länge, wohlriechend, 3 cm lang, weiss, bis auf die gelbe, mit zwei Reihen Längsfalten besetzte Mitte der länglichen, wellig gerandeten, vorn fast kreisrunden, tief zweilappigen Lippe. April, Mai. Demerara.

— **var. Batemanni hort.** Mitte der Lippe violett-rötlich, sonst wie die Hauptform.

— **var. Farmeri hort.** Blüten stark duftend, grösser, Mitte der Lippe orangegelb.

R. crispa Hook. ist *Gomeza crispa Lodd.*

R. decora Rchb. f. (*Burlingtonia decora Ldl. Burlingtonia amoena Hook.*) Buschartig, Scheinknollen flachgedrückt, zweikantig, eiförmig. Blätter paarweis, ledrig, linear-länglich. Blüten zu 3—5 in aufrechten lockeren Trauben, zartweiss mit rosaem Hauch, Lippe gross, gerundet, vorn zweiteilig, reinweiss. November. Brasilien.

— **var. picta Hook.** Blüten bis zu 20 in breitästiger Rispe, grösser, intensiver geröthet.

R. Farmeri hort. ist *R. candida Rchb. f. var.*

R. lanceolata Hook. ist *R. secunda H. B. K.*

R. Knowlesii hort. ist *R. venusta Rchb. f. var.*

R. fragrans Rchb. f. (*Burlingtonia fragrans Ldl.*) Scheinkollen gedrängt, flach eiförmig, 2 cm hoch. Blätter einzeln, breit lanzettlich, zugespitzt, leicht gekielt. Blüten zu 5—9 in aufrechter Traube, 2 cm lang, stark weissdorn-duftend, Kelch- und Blumenblätter reinweiss, Lippe weiss mit rotgelber Mitte April, Mai. Brasilien.

R. Leeana Ldl. (*Burlingtonia Leeana Will.*) ist der R. fragrans nahe verwandt aber von stärkerem Wuchs. Blätter bis 20 cm lang, linear-lanzettlich. Blüten zu 10 und mehr in hängender Traube, stark duftend, 3 cm lang, Kelch- und Blumenblätter crêmegelb mit gelber Mittellinie, intensiv rosa überlaufen, Lippe crêmegelb, purpurrosa schattiert mit gelbem Kamm, dessen beide Hauptlinien je vier schmälere Seitenkiele nach aussen abzweigen. Januar, Februar. Rio negro.

R. maculata Rch. f. (*Burlingtonia maculata Ldl.*) Scheinknollen länglich, kaum 2 cm hoch. Blätter einzeln, schmal lanzettlich, derb, dunkelgrün. Blüten in hängender, dichter Traube zahlreich, wohlriechend, 2 cm breit, hochgelb, braunrot getigert. Mai, Juni. Brasilien. Blüte schon 1838 bei Loddiges, ist aber heut kaum noch in Kultur.

R. planifolia Ldl. ist *Gomeza planifolia Klotzsch.*

R. secunda H. B. K. (*R. lanceolata Hook. Pleurothallis coccinea hort.*) Scheinkollen gedrängt, eiförmig, flach gedrückt mit einer Leiste jederseits, Blätter paarweis, linearlänglich, schief gestutzt. Blüten zahlreich in nickender, einseitwendiger, bis 20 cm langer Traube, 1 cm lang, dunkel rosa, bräunlich gesprenkelt. Oktober, November. Neu-Granada, Trinidad.

R. venusta Rchb. f. (*Burlingtonia venusta Ldl.*) Scheinknollen gedrängt, flach eiförmig, kaum 2 cm hoch. Blätter einzeln, starr, dunkelgrün. Blüten zu 5—9 in hängenden Trauben, 2 cm lang, fast reinweiss bis auf einen gelben Mittelstrich der Lippe. August—Oktober, Brasilien.

— **var. Knowlesii hort.** (*Burlingtonia Knowlesii hort.*). Kleiner im Wuchs, Blüten weiss, rosa-lila gefurcht.

Saccochilus Bl. ist *Saccolabium Bl.*

Saccolabium *Bl.*

(Aërideae 388.)

(Gastrochilus Don. Oeceoclades Ldl. Omoea Bl. Robiquetia Gaudich. Saccochilus Bl.)

Von den etwa 20 Arten, welche bis jetzt als Baumbewohner des tropischen Ostindiens und der malayischen Inseln bekannt sind, zeichnet sich mehr als die Hälfte durch prächtige Blüten aus und diese Arten sind fast sämtlich in Kultur. Alle Saccolabium haben aufrechte monopodiale, meist kurze, dichtgliedrige, seltener langgliedrige Stämme und tragen immergrüne, feste, riemenförmige Blätter zweizeilig angeordnet. Aus deren Achseln treten in reichblütigen Trauben oder Rispen Blüten sehr verschiedener Grösse, deren Kelch- und Blumenblätter, unter sich gleich, ausgebreitet oder aufgerichtet sind. Die abwärts gewandte, gespornte Lippe ist mit dem Säulengrunde fest verbunden, dreiteilig, aber die Seitenlappen sind sehr klein oder ganz unterdrückt, der ungeteilte Endlappen ist sehr verschieden geformt. Die kurze, anhangslose Säule trägt 2 kuglige oder gefurchte Pollenmassen.

Kultur wie von Aërides (s. d.).

Pfitzer bildet folgende fünf Abteilungen:

A. **Genuina Bnthm:** Blüten ziemlich gross, in dichten Trauben, Lippenplatte kürzer als der Sporn; z. B. S. rubrum Ldl.

B. **Longilabellata Bnthm:** Wie A., aber die Lippenplatte länger als der (meist kegelförmige) Sporn; z. B. S. giganteum Ldl.

C. **Latilabellata Bnthm.:** Wie A., Mittellappen der Lippe quer verbreitert, gewimpert; z. B. S. bigibbum Rchb. f.

D. **Micrantha Bnthm.:** Blüten sehr klein; z. B. S. gemmatum Ldl. von den Khasya-Bergen mit senfkorngrossen Blüten.

E. **Teretifolia Pfitz.** Blätter drehrund; z. B. S. filiforme Rchb. f.

S. acutifolium Ldl. (*S. denticulatum Paxt.*) Stämme federhalterdick, 20 cm hoch, Blätter spitz, länglich-linear, 1 zu 20 cm etwa. Blüten gedrängt in kurzer vielblumiger Traube, fleischig, kaum centimeterbreit, Kelch- und Blumenblätter länglich-verkehrt eiförmig, stumpf, grünlichgelb, braun gefleckt, Lippe fast halbkuglig hochgelb, rotgefleckt, mit kleinem dreieckigem, weisslichem, drüsenhaarigem Lappen. Säule blasspurpurn. Juni, Juli. Sikkim.

S. ampullaceum Ldl. ist *S. rubrum Ldl.*

S. bellinum Rchb. f. Stämme kurz aufrecht, dicht beblättert, Blätter riemenförmig, schief gestutzt, herabgebogen. Blüten in tiefnickenden dichten Trugdolden, 3 cm breit, Kelch- und Blumenblätter länglich, strohgelb mit grossen dunkelbraunen Tupfen, Lippe fleischig, sackförmig, fadenförmige Anhängsel statt Seitenlappen, weiss mit violettpurpurnen Spritzflecken, mitten gelb, hochrot gesprenkelt. Februar, März. Birma.

S. Berkeleyi Rchb. f. ist *Rhynchostylis violacea Rchb. f. var.*

S. bigibbum Rchb. f. Zwergige Art. Stämme ganz kurz, Blätter linear, zweispitzig, freudiggrün, 10 cm lang. Blüten in kurzgestielten hängenden, trugdoldenartigen Trauben zu 6—10, 2 cm breit, Kelch- und Blumenblätter spatelförmig, hellgelb, Lippe aus gelber Mitte weiss, dreieckig, mit sehr breitem, stumpfem Sporn, ringsum elegant gewimpert. Oktober, November. Birma, Arracan.

S. Blumei Ldl. ist *Rhynchostylis retusa Rchb. f.*

S. Calceolare Ldl. (*Aërides Calceolare Sm.*) Stamm ganz kurz, Blätter spiralständig, riemenförmig, zurückgebogen, vorn schief zweizähnig, 1 zu 15 cm etwa, dunkelgrün mit rotgeflecktem Grunde. Blüten in reichblumiger Doldentraube, centimeterbreit, Kelch- und Blumenblätter länglich verkehrt-eiförmig, stumpf, grüngelb, hellrot punktiert, Lippe rundlich halbmondförmig, gelb, scharlach punktiert, gewimpert, Sporn schuhartig aufgeblasen. August, September. Ostindien.

S. coeleste Rchb. f. ist *Rhynchostylis coelestis Rchb. f.*

S. curvifolium Ldl. (*S. rubrum hort.* nicht *Ldl.* *S. miniatum Hook.* nicht *Ldl.*) Stämme aufrecht, bis 20 cm hoch. Blätter dicht gedrängt, spitz linear, ausgekehlt. Blüten in kurz aufrechten Trauben gedrängt, 2 cm breit, zinnoberrot. Mai, Juni. Ostindien.

— **var. luteum hort.** Blüten reingelb.

S. densiflorum Ldl. ist *S. giganteum Ldl.*

S. denticulatum Paxt. ist *S. acutifolium Ldl.*

S. furcatum hort. ist *Rhynchostylis retusa Rchb. f. var.*

S. giganteum Ldl. (*S. densiflorum Ldl.* *Vanda densiflora R. Br.*) Stamm aufrecht, bis 20 cm hoch. Blätter breit-riemenförmig, vorn schief gestutzt, steif, etwa 6 zu 25 cm gross, dunkelgrün, hell längsstreifig. Blüten prächtig duftend, in lang hängenden walzigen Trauben, fast 3 cm breit, Kelch- und Blumenblätter weiss mit amethystblauen Spritzern, die breit-keilförmige Lippe leuchtend violettrot. Säule grünlich. November bis Januar. Birma.

— **var. illustre Rchb. f.** Kräftiger in allen Teilen, Blüten grösser und dabei die Traube lockerer, weiss, rot gesprenkelt, Lippe violett. Cochinchina.

— **var. Petotii Rchb. f.** Blüten reinweiss.

S. guttatum Ldl. ist *Rhynchostylis retusa Rchb. f. var.*

S. Harrisonianum Will. ist *Rhynchostylis violacea Rchb. f. var.*

S. Hendersonianum Rchb. f. Stämme kurz, selten über 8 cm hoch. Blätter riemenförmig, gekielt, lebhaft grün, 2 zu 10 cm etwa. Blüten in aufrechter, dichter, vielblumiger Traube, 1,5 cm breit, zart rosa mit weisser, seitlich zusammengedrückter Lippe. Sporn ganz kurz. Mai, Juni. Borneo.

S. Huttoni Hook. ist *Aërides Thibautianum Rchb. f.*

S. illustre Rchb. f. ist *S. giganteum Ldl. var.*

S. miniatum Hook. ist *S. curvifolium Ldl.*

S miniatum Ldl. Stämme ganz kurz, aufrecht. Blätter riemenförmig, gekehlt, vorn schief gestutzt, dunkelgrün. Blüten in kurzen, aufrecht abspreizenden, walzigen, dichten Trauben, 1 cm breit, hell orangegelb. Sporn kurz. März, April. Java.

— **var. citrinum Will.** Blüten citronengelb mit dunklerem Centrum. Philippinen.

S. praemorsum hort. ist *Rhynchostylis retusa Rchb. f.*

S. retusum hort. ist *Rhynchostylis retusa Rchb. f.*

S. Rheedii Wght. ist *Rhynchostylis retusa Rchb. f.*

S. rubrum Ldl. (*S. ampullaceum Ldl.* *Aërides ampullaceum Roxbg.*) Stämme aufrecht, bis 20 cm hoch. Blätter dick, riemenförmig, etwa 2 zu 8 cm, gekehlt, vorn gestutzt und gezähnt, dunkelgrün. Blüten in aufrechten, länglichen, dichten Trauben, 2 cm breit, zart rosa, Kelch- und Blumenblätter eiförmig, Lippe linear. Sporn lang, schlank, zusammengedrückt. Mai, Juni. Sikkim-Himalaya, Sylhet.

— **var. moulmeinense hort.** Kräftiger im Wuchs, Blätter beiderseits bräunlich angelaufen, Traube lang und dicht, Blüten dunkelrosa. Moulmein.

S. rubrum Wight ist *Aërides radicosum A. Rich.*

S. rubrum hort. ist *S. curvifolium Ldl.*

S. Turneri Will. ist *Rhynchostylis retusa Rchb. f. var.*

S. violaceum Ldl. ist *Rhynchostylis violacea Rchb. f.*

S. Wightianum Ldl. ist *Aërides radicosum A. Rich.*

Salpinaria Karsten ist *Pleurothallis R. Br.*

Sarcanthus *Ldl.*

(Aërideae 383.)

Von den fünfzehn baumbewohnenden Arten, welche im tropischen Ostindien, Südchina und auf den malayischen Inseln ihre Heimat haben, kommen zwar einzelne immer wieder in den Handel, verschwinden aber meist bald wieder aus den Gärten, weil ihre fast durchweg unscheinbaren Blüten sie für den Gärtner wenig wertvoll erscheinen lassen. Der einfaches Längenwachstum zeigende Stamm ist entweder aufrecht und kurz gegliedert oder an das Substrat anliegend und verlängert gegliedert. Im ersteren Falle ähneln die Pflanzen einer Vanda mit zurückgebogenem Blattwerk, anderenfalls sind die Blätter drehrund oder flach und der Unterlage angeschmiegt. Blüten in achselständigen Trauben oder Rispen, 1 cm Breite selten überschreitend, Kelch- und Blumenblätter gleichgeformt, abstehend, Lippe mit dem Säulengrunde fest verbunden, gespornt, am Sporneingang mit zwei kleinen Seitenlappen, Mittellappen länglich, abstehend oder eingebogen. Die Spornhöhle wird durch eine Längsplatte halbiert. Säule schlank. Kultur wie von Aërides.

S. filiformis Ldl. Stämme lang hängend, stielrund, federkieldick, Blätter gleichfalls stielrund. Blüten in kurzer, gedrängter Ähre, klein, orangegelb, rot gestreift. Juli, August. China.

S. guttatus Ldl. ist *Rhynchostylis retusa Rchb. f. var.*

S. paniculatus Ldl. Blätter lang riemenförmig, vorn stumpf, schief zweilappig. Blüten in lockerer Rispe, klein, gelblich, Kelch- und Blumenblätter linear-länglich, wellig, mit blutroter Mittellinie. Lippe aufrecht, gelb, stumpf zweihörnig, Spitzen weiss, Mittellinie dickschwielig, grünlich. August, September. China.

S. rostratus Ldl. (*Vanda rostrata Lodd. Vanda recurva Hook.*) Blätter schmal-lanzettlich, zugespitzt, 1 zu 8 cm etwa, derb, dunkelgrün, rötlich überlaufen. Blüten in einfacher, aufsteigender Ähre, Kelch- und Blumenblätter länglich verkehrt-eiförmig, stumpf, flach ausgebreitet, orangebraun oder gelbgrün braungerandet, Lippe weisslich-violett mit weisser Spitze und stumpfem Sporn. August—Oktober. China. Seit 1824 in Europa.

S. succisus Ldl. Blätter wellig, länglich, vorn gestutzt. Blüten in einfacher überhängender Ähre, klein, Kelch- und Blumenblätter stumpf-länglich, grünlichgelb, mitten purpurn, Lippe fleischig, spitz-eiförmig, an der Spitze rachenartig aufgeblasen, gelb, vorn blutrot, kurz gespornt. Juni, Juli. China.

S. teretifolius Ldl. (*Vanda teretifolia Ldl.*) Blätter drehrund, kaum federkieldick. Blüten in einfacher, leicht überhängender Ähre, klein, Kelch- und Blumenblätter stumpf-länglich, zurückgebogen, gelbgrün mit drei blutroten Adern, Lippe fleischig, spitz-eiförmig, feinflaumig, weiss, braunrotviolett gesäumt. Sporn stumpf. Juli, August. China.

Sarcochilus *R. Br.*

(Aërideae 407.)

(Adenoncos Bl. Cylindrochilus Thw. Dendrocolla Bl. Gunnia Ldl. Micropera Dalz. Ornitharium Ldl. Orsidice Rchb. f. Pterococcus Kuhl et Hass. Thrixspermum Lour.)

Die in der Tracht meist an Saccolabium erinnernden 30 Arten, welche baumbewohnend von Ostindien über die malayischen und Südsee-Inseln bis Australien verbreitet sind, haben durchweg kleine, meist unscheinbare Blüten in meist reichblumigen Trauben oder Rispen und sind in den Gärten daher wenig vertreten. Die Spindel des Blütenstandes ist entweder abgeplattet und mit gekielten Deckblättern zweizeilig besetzt (Abteilung Cuculla Bl.) oder sie ist drehrund und die Deckblätter stehen spiralig (Abteilung Tubera Bl.). Kelch- und Blumenblätter sind fast gleich, abstehend, die seitlichen am Säulenfusse herablaufend. Die Lippe ist gespornt oder fast schuhförmig (S. Calceolus) mit aufrechten, blumenblattähnlichen oder nur zahnartigen Seitenlappen und fleischigem, sehr verschieden geformtem Mittellappen. Säule schlank.

Kultur wie von Aërides (s. d.).

S. Berkeleyi Hook. f. (*Thrixspermum Berkeleyi Rchb. f.*) Stämme federhalterdick, 20 cm hoch, Blätter steif, riemenförmig, etwa 2 zu 10 cm, dunkelgrün. Blüten zahlreich, dichtgedrängt, in 30 cm langer, nickender Traube, deren gelbgrüne Spindel an dem Ansatzpunkte geschwollen ist, 3 cm breit, crêmeweiss mit einer purpurnen Querbinde auf der Lippe, Kelch- und Blumenblätter breit-eiförmig, oberes Kelchblatt helmartig, Lippe sackförmig, flachgedrückt, Seitenlappen aufrecht, linear, sichelförmig, Mittellappen oben in zwei gekrümmte Hörnchen ausgehend, nach unten in einen Corydalis-Sporn ähnlichen Beutel. Säule kurz, grünlich. Juni bis August. Malayischer Archipel.

S. Calceolus Ldl. Stämme und Blätter von der Tracht einer Vanda. Blüten zu 2—3, dick, fest, sammtig, 5 cm breit, reinweiss, bis auf die spitz pantoffelförmige, gelblichweisse Lippe, welche am Grunde durch ein paar kleine Warzen geschlossen ist. Juni, Juli. Manilla.

S. falcatus R. Br. Kaum 10 cm hohes, unansehnliches Pflänzchen mit kurzen, spitz-lanzettlichen Blättern. Blüten zu 3, reinweiss mit einem hellgelbem Mittelstreif auf jedem Blatte, Lippe sackförmig, dann ausgebreitet, weiss, mit purpurnem Rande. April, Mai. Australien.

S. Fitzgeraldi F. v. Muell. Stämme ganz kurz, mit 3—5 linear-länglichen, ledrigen Blättern von 2 zu 10 cm etwa. Blüten zu 6—9 in schlanken, hängenden, 15—20 cm langen Trauben, 2 cm breit, weiss gestielt, breit geöffnet, Kelch- und Blumenblätter stumpf-eiförmig, weiss, dicht querreihenweis klein purpurrosa im Grunde gesprenkelt, Lippe kurz, Seitenlappen länglich, gerundet, weiss mit roten Punkten, Vorderlappen klein, höckerig bis kegelförmig, leuchtendgelb. Mai, Juni. Südostaustralien, an im Wasserdunst stehenden Felsen.

S. Hartmanni F. v. Muell. (*S. rubrocentrum Fitzg. Thrixspermum Hartmanni Rchb. f.*) Stämme 5 cm hoch, mit 3—5 derbfleischigen, länglich-linearen, stumpf-spitzigen Blättern von 2 zu 10 cm etwa. Blüten zahlreich in lockerer, aufrechter Traube, kaum 1 cm breit, weissrötlich gestielt. Kelch- und Blumenblätter länglich-eiförmig, weiss mit langem rot punktiertem Grunde, Lippe kurz, Seitenlappen aufrecht, sichelförmig, weiss und rot gestreift, Mittellappen klein, kegelförmig, orangegelb. Juni, Juli. Queensland.

S. luniferus Hook. f. (*Thrixspermum luniferum Rchb. f.*) ist ausserhalb der botanischen Gärten kaum in Kultur. Es ist eine unbedeutende, die Blätter abwerfende Art mit 2—3 kaum centimetergrossen, gelb und orange gefleckten, weisslippigen Blüten auf aufrechtem, höchstens 5 cm hohem Schafte. Lippe in der Vorderansicht mondförmig. Mai, Juni. Moulmein.

S. olivaceus Ldl. Stämme sehr kurz mit breit-lanzettlichen, stumpfen Blättern. Blüten in kurzer, armblütiger Traube, klein, gelblich-orangegrün. Mai, Juni. Australien. Wenig ansehnliche Art, 1837 durch Cunningham eingeführt, aber wohl kaum noch in Kultur.

S. purpureus Bnthm ist *Camarotis rostrata Rchb. f.*

Sarcoglossum suaveolens hort. ist *Cirrhaea dependens Rchb. f.*

Sarcopodium Lobbii Ldl. ist *Bolbophyllum Lobbii Ldl.*

S. Treacherianum Ldl. ist *Dendrobium Treacherianum Rchb. f.*

Satyridium Ldl. ist *Satyrium Sw.*

Satyrium *Sw.*

(Satyrieae 39.)

(Aviceps Ldl. Diplectrum Pers. Satyridium Ldl.)

In der Tracht stark an Orchis (s. d.) erinnernde Erdorchideen mit ungeteilten Erdknollen, von deren 60 Arten weitaus die meisten am Kap und im tropischen Afrika, einige aber auch auf den Maskarenen und in Ostindien heimisch sind. Keine Art ist eine hervorragende Schönheit, welche gärtnerisches Interesse hätte, die meisten dagegen sind nur für den Botaniker wertvoll.

Die Blüten haben keinen gedrehten, sondern einen einfach graden Fruchtknoten, die zweispornige oder in zwei kurze Säcke verlängerte Lippe steht deswegen nach oben, während die einander fast gleichen Kelch- und Blumenblätter unten stehen. Die Narbenfläche der Säule ist becherartig vertieft oder zweilappig, die Pollenmassen stehen im rechten oder spitzen Winkel zur Säule.

Erdkultur wie von Orchis, nur mit dem Unterschiede, dass die hierher gehörigen tropischen Arten Warmhauskultur bedürfen.

S. albidum L. ist *Gymnadenia albida Rich.*

S. aurantiacum hort. ist von S. aureum ausser durch etwas dunkler orangegelbe Blütenfarbe kaum verschieden. Kap.

S. aureum Paxt. Blütenschaft bis 30 cm hoch, weit hinauf lanzettlich beblättert. Blüten in kurzer, dichter Ähre, 2 cm breit, tief orangegelb mit brillanter karminroter Zeichnung. Juli, August. Südafrika.

S. candidum Hook. f. Blüten in schlanker, lockerer, hochgestielter Ähre, klein, reinweiss. Kap.

S. carneum R. Rr. (Fig. 165.) Blütenschaft 50 cm hoch mit breit-eirunden Blättern. Blüten in dichter Ähre, fleischfarben, über centimeterbreit, wohlriechend. Kap der guten Hoffnung. Kalthauskultur.

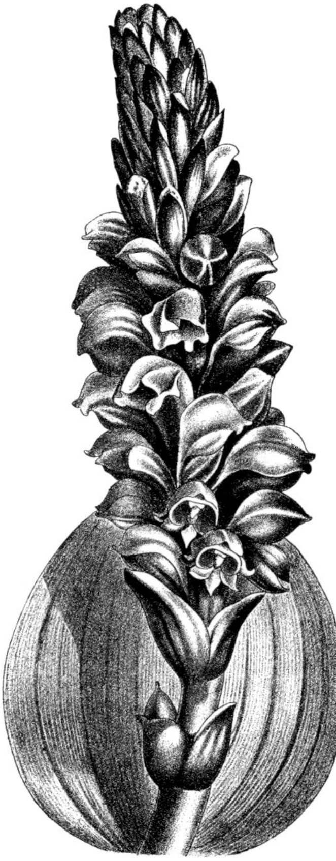

Fig. 165. Satyrium carneum.

S. coriifolium Sw. Tracht von S. aureum, Blätter etwas breiter und derb. Blüten mattgelb. Kap.

S. cucullatum Sw. Blüten klein, trübrötlich. Lippe kapuzenförmig aufgebogen. Kap.

S. erectum Sw. Schlankschaftig, bis 50 cm hoch, schmalblättrig. Blüten in lockerer Ähre, klein, hellpurpurrot. Kap.

S. grandiflorum Sw. ist *Disa grandiflora L.*

S. nigrum L. ist *Nigritella nigra Rchb. f.*

Scaphosepalum *Pfitzer.*

(Pleurothallidinae 185.)

Im Wuchs Masdevallia gleichend und nur im Blütenbau abweichend, indem die seitlichen Kelchblätter zu einem aufwärts gewandtem, kahnförmigem, zweispitzigem Dache verwachsen sind. Säule schlank, nach unten stehend. Blüten in langen, vielblumigen Trauben.

Kultur wie von Masdevallia (s. d.).

Sc. ochthodes Pfitz. (*Masdevallia ochthodes Rchb. f.*) Lockerrasig. Blätter derb, breit-lanzettlich, dunkelgrün. Blüten halbgeschlossen, centimetergross, rotbraun. Neu-Granada.

Sc. verrucosum Pfitz. (*Masdevallia verrucosa Rchb. f.*) Der vorhergehenden Art in Wuchs sehr ähnlich, nur sind die hellbraunen Blüten etwas grösser und die kleine versteckte Lippe zackig-warzig. Neu-Granada.

Scaphyglottis *Poepp. et Endl.*

(Ponereae 193.)

(Cladobium Ldl.)

Baumbewohner, etwa acht Arten von Brasilien bis Mexiko, mit schlanken, eingliedrigen Scheinknollen, welche auf der Spitze zwei lederartige, immergrüne Blätter und zwischen diesen einige kleine Blüten tragen. Die neuen Sprosse entstehen neben den alten, oft aber auch auf der Spitze der alten Knollen in den Achseln der Blätter. Das obere Kelchblatt und die Blumenblätter sind gleich, die seitlichen Kelchblätter erheblich breiter und mit dem Säulenfusse kinnbildend, alle aufrecht und einander parallel oder doch nur wenig ausgebreitet, so dass die Blüte höchstens halb offen ist. Lippe aus schmalem Grunde verbreitert, die breite Platte aufgebogen und die schlanke Säule umfassend.

Selten in Kultur, wie Epidendrum zu behandeln, und — ausser allenfalls Sc. violaceum — auch für den Gärtner von geringem Wert.

Sc. violacea Ldl. Scheinknollen in kleinen Gruppen, ganz schlank spindelförmig, glatt, hellgrün, unten mit bräunlichen Scheidenresten, kaum 1 cm dick, bis 10 cm lang, die jungen Sprosse meist oben in den Blattachseln bildend und dann dort auch Büschel fädlicher Luftwurzeln. Blätter schmal-linear, stumf, gekielt, etwa 1 zu 10 cm. Blüten in kleinen Büscheln, kurz gestielt, zwischen den Blättern, 1,5 cm lang, wenig geöffnet, sehr schön dunkelblau-violett, Kelch- und Blumenblätter ei-lanzettlich, Lippe vorn spitz, am Vorderrande fein gezähnt. Mai, Juni. Mexiko.

Schlimia *Planch. et Ldl.*

(Gongorinae 267.)

(Schlimia hort.)

Von den beiden Arten der Gattung fehlt Schl. alpina Rchb. f. wohl den europäischen Gärten, dagegen wird zuweilen kultiviert:

Schl. jasminodora Planch. et Ldl. (*Schl. trifida Rchb. f.*) (Fig. 166.) mit schmal-ellipsoidischen, gedrängten, bis 5 cm hohen Scheinknollen, deren

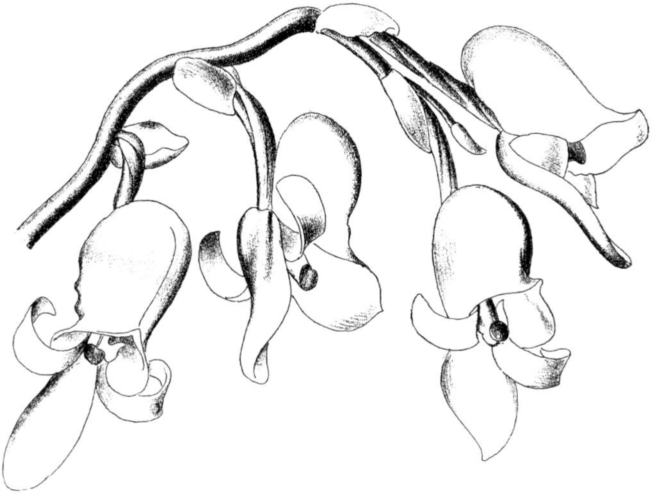

Fig. 166. Schlimia jasminodora.

jede ein in einen kurzen Stiel zusammengezogenes, breit-elliptisches, etwa 6 zu 12 cm grosses, kurz zugespitztes, parallel-vielnerviges, festes, dunkelgrünes Blatt trägt. Blüten in grundständiger, mit von einander entfernten, weisshäutigen Scheiden am trübpurpurnem Schaft besetzter, lang überhängender, lockerer, einseitiger Traube zu 4—6, hängend, 5 cm lang, kostbar und stark duftend (ein Mittelding zwischen Bergamot- und Jasminduft), dickblättrig, mittleres Kelchblatt nach unten stehend, infolge doppelter Drehung des langen, rötlichen Fruchtknotens, fast spatelförmig, wachsweiss, die seitlichen Kelchblätter zu einem hochgewölbtem, wachsweissem, innen verloren purpurn gesprenkeltem Helme vollständig verwachsen, welcher die kleine Lippe samt ihrem geigenförmigem, dreiteiligem, weiss mit orange gezeichnetem Unterteil (Hypochil) und spitz rautenförmigem, weissem Vorderteil gänzlich einhüllt, Blumenblätter breit-linear, kurz zugespitzt, im Dreiviertelkreis vorn zurückgebogen, weiss. Juni—August. In den Hochgebirgen Kolumbiens baumbewohnend. Durch Knolle und Blatt an eine breitblättrige Stanhopea erinnernd.

Kultur wie von Stanhopea, aber schon mit 8⁰ Winterwärme vorlieb nehmend.

Schl. trifida Rchb. f. ist *Schl. jasminodora Planch. et Ldl.*

Schlimmia hort. ist Schreibfehler für *Schlimia Pl. et Ldl.*

Schomburgkia *Ldl.*

(Cattleyeae 208.)

Die zwölf bekannten Arten, welche stark an Laelia erinnern, leben im tropischen Amerika baumbewohnend und sind durchweg schönblühende Arten; leider sind erst einige von ihnen in Kultur. Die kräftigen Knollen sind aus schmalem Grunde keulen- oder spindelförmig und tragen auf der Spitze selten zwei, meist drei immergrüne ledrige Blätter. Der endständige Blütenschaft ist schlank und lang, an jedem Knoten eine feste, bleibende Hautscheide tragend. Die langgestielten Blüten sitzen am Ende des Schaftes in lockeren Trauben oder Rispen. Kelch- und Blumenblätter sind sich gleich, meist schmal und gewellt, die deutlich dreilappige Lippe umfasst die Säule nicht oder nur wenig und steht frei ab. Acht Pollenkörper in zwei Reihen zu je vier.

Die Gattung ist Dr. Richard Schomburgk, dem noch heut segensreich wirkendem Direktor des botanischen Gartens in Adelaide, gewidmet, welcher 1840—44 mit seinem Bruder Sir Robert Schomburgk Britisch Guyana durchforschte und unter zahlreichen anderen Pflanzenschätzen auch die erste Art der neuen Gattung, Schomburgkia crispa, entdeckte.

Alle Arten lieben Sonne und in der Entwickelung sehr feuchte Luft, im übrigen sind sie wie die heisseren (mexikanischen) Laelia-Arten zu behandeln und im Winter nicht zu überhitzen.

Sch. crispa Ldl. (*Schomburgkia marginata Hook. Bletia crispina Rchb. f.*) Stämme spindelförmig, bis 15 cm hoch, kantig. Blätter paarweis, spitz lanzettlich, 3 zu 25 cm etwa. Schaft aufrecht, vielblumig, bis 2 Meter hoch. Blüten in dichter endständiger Traube, lang weissgestielt, 5 cm breit, Kelch- und Blumenblätter linear-länglich, stark krausrandig, bräunlichgelb mit dunkleren Adern, Lippe länglich mit drei hohen Mittellinien, hellrosa fleischfarben, an der Spitze dunkelrosa. Säule keulig mit flügelartigem Rande. November—Januar. Demerara, Honduras. Ist eine der neuerdings vielgenannten Ameisenpflanzen. Die Ameisen höhlen die grossen Knollen aus und leben darin, ohne dass die Pflanze leidet.

Sch. Humboldtii Rchb. f. (*Epidendrum Humboldti Rchb. f. Bletia Humboldtii Rchb. f.*) Wurzelstock fingerdick, Scheinknollen 2—3 knotig, schlank cylindrisch, oben zugespitzt, bis 20 cm hoch, längsfurchig. Blätter zu 2—3, länglich oder länglich-keilförmig, 15 cm lang, ledrig, gekielt, dunkelgrün. Blüten in über meterhoher vielblumiger Rispe, lang purpurngestielt, 10 cm breit, Kelchblätter spitz-länglich, helllila, wellig gerandet, Blumenblätter länglich-elliptisch, helllila, gegen die Spitzen violett-purpurn, stark krauswellig gerandet, Lippe breit eiförmig, dreilappig, Seitenlappen dreieckig, aufrecht, violett-purpurn, Mittellappen abstehend, tief zweilappig mit krausgefranstem Rande, leuchtend purpurrot, blasspurpurn gestrichelt, Scheibe gelb mit 5—7 purpurnen Längsschwielen. Säule unten gekehlt, oben rund. Oktober, November. Venezuela. Blüte 1887 zum erstenmale in Europa bei Backhouse in York.

Sch. Lyonsii Ldl. (*Bletia Lyonsii Rchb. f.*) Scheinknollen aus dünnem Grunde spindelförmig, bis 20 cm hoch. Blätter paarweis, länglich lincar, 3 zu 25 cm etwa, dunkelgrün, fest. Blüten auf langen, gelben, vorn nickenden Stielen in lockerer Traube zu 10—15 am Ende des 2 m hohen, mit zurückgebogenen Scheiden besetzten Schaftes, 5 cm breit, weiss mit purpurnen Quer-Strichflecken, Kelchblätter länglich lanzettlich, Blumenblätter länglich-eiförmig, zugespitzt, Seitenlappen der Lippe aufwärts gekrümmt, Vorderlappen zurückgeschlagen, länglich eiförmig, vorn spitz auslaufend, mit fünf Längsschwielen, fast ungefleckt reinweiss mit gelblichem Rande. Säule kurz, gekrümmt, vorn zweizähnig. September—November. Jamaika.

Sch. marginata Hook. ist *Sch. crispa Ldl.*

Sch. Thomsoniana Rchb. f. Stämme vielknotig, schlank cylindrisch, bis 25 cm hoch. Blätter zu 2—3, länglich, eiförmig, vorn stumpf, 3 zu 15 cm etwa, dunkelgrün, ledrig. Blüthen an langen gelbbraunen Stielen in lockerer End-Traube auf fast 2 m hohem, hochgelblichem, scheidenbesetztem Schafte, 10 cm breit, aus elfenbeinweissem Grunde ledergelb, Kelchblätter linearlänglich, wellig, Blumenblätter schmäler, kraus-wellig, Lippe dreilappig, Seitenlappen dreieckig, aufrecht, die Säule fast umfassend, weiss, Mittellappen länglich, stark gekraust, ausgerandet, tief braunpurpurn, Scheibe gelb mit fünf Schwielen bis zum Grunde, von denen die äusseren die breitesten sind, zwischen den Seitenlappen sind diese Linien dunkelpurpurn, dazwischen zahlreiche schräge Purpurstriche. September, Oktober. Vaterland unsicher. Blühte 1887 zum erstenmale in der Orchideensammlung von Mr. Thomson in St. Helens, Lancashire.

Sch. Tibicinis Batem. (*Bletia Tibicinis Rchb. f.*) Stämme vielknotig, undeutlich eckig, fast cylindrisch, oben schmäler, bis 40 cm hoch. Blätter zu 2—3, auseinander gelegt, länglich eiförmig, 4 zu 20 cm etwa, ledrig, dunkelgrün. Schaft in der Heimat bis über 3 m hoch, grün mit purpurnen Flecken, mit braunroten Scheiden, die lang purpurngestielten Blüten bald in endständiger lockerer, kurzer Traube, bald in ebensolcher, kurz verzweigter Rispe tragend. Blüten 10 cm gross, aus hellrötlichem Grunde rotbraun, Kelch- und Blumenblätter stumpf länglich, letztere erheblich schmäler und stärker wellig gerandet, Seitenlappen der länglichen Lippe gross, quer gestutzt mit gerundeten Ecken, flach, nur seitlich leicht wellig aufgebogen, orangegelb, vorn purpurn und auf der ganzen Fläche purpurn queradrig mit rein hellgelber Mittellinie und weisslichem Rande, aussen rosapurpurn, Mittellappen viel kleiner, aus breitem kurzem Stege plötzlich zu einem quer gestelltem Rechteck mit gerundeten Ecken, leichtgewellten Rändern und flacher vorderer Ausbuchtung verbreitert, weiss mit gelbem Scheibenfleck und hellpurpurnem Saum. Säule dick, dreikantig, weiss, purpurn gestrichelt. April, Mai. Honduras, Mexico, Costarica, Guatemala, überhaupt in Central-Amerika verbreitet, schon 1836 eingeführt, blühte die schöne Pflanze erst sehr spät und ist noch viel zu wenig verbreitet. Der Name Tibicinis, des „Rohrpfeifers", beruht auf der sonderbaren Thatsache, dass die Indianer die von den Ameisen ausgehölten Stämme als Signalhörner oder Pfeifen benutzen. Die wunderbare Erscheinung, dass eine Anzahl tropischer Knollenpflanzen den Ameisen in ihren Knollen Raum für Nesterbauten giebt, ist in den letzten Jahren vielfach beobachtet worden und stets in Zusammenhang mit der Befruchtung der betreffenden Art gebracht worden, was wohl auch hier der Fall sein wird. Jedenfalls schädigen die Ameisen-Kolonien in der Knolle den Wuchs der Pflanze nicht und nebenbei sind diese stets kriegslustigen Gäste eine nicht zu unterschätzende Waffe der Pflanze, da sie jedem Versuch, die Pflanzen zu sammeln, bissigsten Widerstand entgegen setzen, zum grossen Ärger der Berufssammler.

— **var. grandiflora Will.** Blüten grösser, hell purpurn, an den Rändern dunkler, Lippe viel vortretender gefärbt, in allen Schattierungen dunkler.

Sch. undulata Ldl. (*Bletia undulata Rchb. f. Deckera undulata Klotzsch.*) Scheinknollen aus dünnem Grunde spindelförmig, bis 25 cm hoch. Blätter zu 2—3, länglich, 5 zu 20 cm etwa, vorn stumpf, dickledrig. Blüten auf langen blasspurpurnen Stielen in endständiger, lockerer Traube auf dreiviertelmeter hohem Schafte, 4 cm breit, schön weinrot, nach vorn braun schattiert, Kelch- und Blumenblätter länglich-linear, stark wellig, Seiten lappen derLippe länglich, aufrecht, hellrosa, Mittellappen abstehend, spitz herzförmig, purpurrot mit weisser, von fünf Längsschwielen durchzogner Scheibe. Säule breit, purpurn. Juni, Juli. Venezuela, Neu-Granada, Caracas.

Scleropteris Scheidw. ist *Cirrhaea Ldl.*

Scuticaria *Ldl.*

(Maxillariinae 310.)

Beide bekannte Arten, Baumbewohner des tropischen Amerikas, weichen in der äusseren Erscheinung sehr von Maxillaria ab, stimmen aber im Blütenbau vollkommen mit dieser Gattung überein, bis auf die vier Pollenkörper, welche paarweis einander aufliegen und auf einem quergestrecktem zweispitzigem (an Maxillaria schuppenförmigem) Stielchen sitzen.

Die Scheinknollen sind auf dem kriechendem fleischig-wurzelndem Wurzelstock ganz verkümmert, kaum als solche erkennbar, und tragen je ein einziges, fleischiges, stielrundes, langes, dunkelgrünes, hängendes, lang in die Spitze ausgezogenes Blatt.

Kultur wie von Maxillaria (s. d.).

Sc. Dodgsoni Will. ist *Sc. Hadwenii Bnth. var.*

Sc. de Kayseriana hort. ist *Sc. Hadwenii Bnth.*

Sc. Hadwenii Bnth. (*Sc. de Kayseriana hort. Bifrenaria Hadwenii Ldl.*) Wurzelstock kurz, knotig, verästelt, zwischen kurzen Scheiden die kaum erkennbar verdickten Scheinknollen tragend. Blätter 25—40 cm lang, mit kurzer Längsfurche auf der Innenseite. Blüten einzeln oder zu zweien auf ganz kurzem Schafte, 3 cm breit, wohlriechend, Kelch- und Blumenblätter spreizend, länglich, scharf zugespitzt, hellgrünlich gelb, unregelmässig dunkelbraun gefleckt, Lippe gross, eiförmig, kapuzenförmig, weiss mit fleischrötlichen Längsfleckchen, innen flaumhaarig, mit länglichem, vorn dreizähnigem gelbem Kamm. Mai—Juli. Brasilien.

Fig. 167. Scuticaria Steelii.

— **var. Dodgsoni Will.** Blüten paarweis, aus dunklerem Grunde hellbraun, hellgelb getuscht, Lippe becherförmig, weiss, zartrosa und gelb gestreift.

Sc. Steelii Ldl. (*Maxillaria Steelii Hook.*) (Fig. 167.) Wurzelstock weit verzweigt, Blätter fast unmittelbar den Wurzelstock-Zweigspitzen ansitzend, jedes federhalterdick und bis meterlang, peitschenschnurartig verdünnt. Blüten zu 1—3 auf kurzem Schafte, 5 cm breit, wohlriechend, hellprimelgelb mit rotbraunen Flecken, Lippe dreilappig, hellgelb, leuchtend rotbraun gestreift, besonders die Seitenlappen, Kamm orangegelb mit drei Zähnen am vordern Ende. Mai—August. Demerara.

Selenipedilum (*Rchb. f.*) *Pfitzer.*

(Cypripedilinae 4.)

Von Cypripedilum und Paphiopedilum durch den vollkommen dreifächerigen Fruchtknoten, dessen drei Fächer aussen durch tiefe Furchen gekennzeichnet sind, und die hartkrustige Samenschale, von Paphiopedilum ausserdem durch die in der Knospe eingerollten — Paphiopedilum hat eingefaltete — vielrippigen Blätter getrennt. Leider ist noch keine der beiden bis fünf Meter hohen, schlanken, aus den Blattachseln verzweigten Pflanzen in europäischer Kultur.

Bekannt sind zwei Arten S. Chica Rchb. f. aus Panama, dessen Fruchtschoten als minderwertige Vanille, „Chica oder Vanilla en arbol" genannt, im Handel sind, und das geradezu riesige S. palmifolium Rchb. f. aus Guiana.

Alle in den Gärten kultivierten Selenipedilum-Arten und Bastarte gehören zu Paphiopedilum und sind dort nachzusehen.

Serapias *L.*

(Serapiadeae 9.)

Die fünf bekannten Arten sind im Mittelmeergebiet zu Haus, haben im allgemeinen die Tracht von Orchis und gehören zur grossen Gruppe der „recht interessanten" Orchideen. Die ungeteilten, ziemlich grossen, kugligen oder länglichen Erdknollen treiben eine spärliche Rosette grundständiger schmaler Blätter und aus ihnen einen 30—50 cm hohen, spärlich schmalblättrigen Schaft, der eine lockerblumige Ähre grosser, trübfarbiger, aber interessant geformter Blüten trägt, deren spornlose Lippe in Form einer roten Zunge — schmäler oder breiter — aus den helmartig zusammengeneigten Kelchblättern und den schmalen, kleinen, im Helm stehenden Blumenblättern frei heraushängt, von ihrem unterem aufgebogenem, die Helmöffnung mehr minder schliessendem Teile getragen. Säule kurz mit schwertförmig verlängertem Verbindungsstück der Pollenkörper.

Kultur wie von Orchis (s. d.), nur frostfrei zu überwintern.

S. Lingua L. Knollen rund, haselnussgross, Schaft 30 cm hoch mit zerstreuten lanzettlichen Blättern. Blüten in kurzer gedrängter Ähre, hinter braunroten Tragblättern, welche kürzer sind als die Blüten, Lippe im Grunde mit einer einfachen Schwiele, der Vorderteil spitz länglich-lanzettlich, am Grunde schwachbärtig, bräunlichrot. April, Mai. Südeuropa.

S. cordigera L. Knollen länglich-rund. Schaft selten über 20 cm hoch, mit breit-lanzettlichen Blättern. Blüten in kurzer Ähre, hinter langen braunroten Tragblättern, Vorderteil der Lippe breit-herzförmig, dunkel-rosarot. Mai, Juni. Südeuropa.

S. longipetala Pollin. ist *S. pseudocordigera Moric.*

S. pseudocordigera Moric. (*S. longipetala Pollini.*) Knollen ungeteilt, haselnussgross. Schaft bis 30 cm hoch, mit linear-lanzettlichen Blättern. Blüten in lockerer Traube zu 5—10, von den aus grünlichem Grunde purpurnen Tragblättern überragt, braunpurpurn, Lippe im Grunde mit zwei Plättchen, der heraushängende Vorderteil ei-lanzettlich, zugespitzt, am Grunde bärtig, dunkel-rosarot. Mai, Juni. Auf Bergwiesen, von Südtirol und dem Tessin an, durch Südeuropa.

S. speciosa Sw. ist *Stenorrhynchus speciosus Ldl.*

S. triloba Viv. (*Isias triloba De Not.*) ist der Bastart Serapias cordigera × Orchis laxiflora, der stellenweis in Italien vorkommt und zuweilen auch in den Handel gelangt. Die flach-dreilappige Teilung der Lippe zeigt auf Orchis, im übrigen erinnert die Pflanze mehr an Serapias.

Sestochilus Kuhl et Hass. ist *Bolbophyllum Thou.*

Siagonanthus Poepp. et Endl. ist *Ornithidium Salisb.*

Sievekingia *Rchb. f.*

(Gongorinae 256.)

S. suavis Rchb. f., die einzige Art, ist ausserhalb der botanischen Gärten kaum in Kultur. Scheinknollen klein, rundlich, glatt, dunkelgrün mit je einem kurzgestieltem, lang-elliptischem, derbem, dunkelgrünem Blatte. Blüten in kurzer, hängender Traube, 5 cm breit, stark duftend, hellgelblich, mehr minder orangebräunlich gefleckt. Säule kurz und dick mit spitzem Schnabel vorn, grünlichweiss. Kelch- und Blumenblätter schmal-eiförmig, zusammengeneigt, Lippe der kurzen Säule fest angewachsen, fast rechtwinklig abstehend, bauchig, rundlich-rautenförmig mit kurzer Grundschwiele und dreizähnigem Wulst auf der Scheibe. Juli—September. Costarica.

Kultur wie Acineta (s. d.).

Sigmatostalix *Rchb. f.*

(Odontoglosseae 355.)

S. radicans Rchb. f. aus Brasilien, (die übrigen sechs Arten sind in Peru und Kolumbien heimisch), ist die einzige in Kultur befindliche Art. Scheinknollen schmal-eiförmig, kaum 3 cm hoch, Blätter paarweis, lang-lanzettlich, derb, satt grün. Blüten in lockerer kurzer Rispe, grünlichweiss, kaum centimeterbreit, Kelch- und Blumenblätter eiförmig, das obere Kelchblatt etwas grösser als die anderen, Lippe reinweiss, genagelt, quer vorstehend, mit halbelliptischer, ausgerandeter Platte mit violetter dicker Schwiele, welche schräg nach vorn ansteigt und in einem hammerförmigem Wülstchen endet, auf der Platte fünf im Halbkreise stehende gelblichweisse Knöpfchen. Niedliches Blütchen, aber für die Gärtnerei vollkommen wertlos.

Kultur wie Oncidium (s. d.).

Sobralia *Ruiz et Pavon.*

(Sobraliinae 225.)

(Cyathoglottis Poepp. et Endl.)

Unter den bekannten 30 Arten, welche im tropischen Amerika von Peru bis Mexiko erdbewohnend wachsen, sind zahlreiche sehr schön blühende Arten, von denen ein grosser Teil seit alters her in unseren Gewächshäusern heimisch sind. Die fleischigen Wurzeln tragen in dichtem Busch einen Schoss schlanker, oft weit über meterhoher rohrartiger Stämme, welche in lokerer Spirale mit längsfaltigen Blättern besetzt sind, deren Scheide den Stamm umhüllt. Die Blüten stehen zwischen grossen Deckblättern in kleinen oder grossen, meist lockeren Trauben, sind durchweg ansehnlich, oft sehr gross, aber zart und dünnhäutig, besonders die Lippe ist in ihrer Zartheit auffallend dadurch, dass sie die Knitterfaltung, in welcher sie in der Knospe lag, auch nach der Entfaltung beibehält, so dass die Blüten immer gedrückt und „ramponiert" aussehen. Die grossen Kelch- und Blumenblätter sind gleich geformt und abstehend, die Lippe umhüllt mit ihrem unterem Teile die schlanke Säule und trägt im Grunde zuweilen häutige Längsfalten, der Vorderteil ist immer gross und abstehend ausgebreitet, aber — wie schon erwähnt — stets knitterfaltig und dadurch viel an Ansehen verlierend. Alle Sobralien verlangen grosse gut drainierte Töpfe mit einer humosen dungstoffreichen Erde, Haideerde in grober Brockung, Lehmerde und Sand. Während des Triebes sehr viel Wasser und reichliche Dunggüsse. Nach der Blüte vermindert man das Giessen, aber ohne eine Trockenperiode eintreten zu lassen. Zur Überwinterung genügen Räume mit 6—8° für die nicht direkt tropischen Arten. Alle Arten lieben Luft und volle Besonnung.

S. Bletia Ldl. Bis 50 cm hohe, locker beblätterte Stämme mit einzelnen, 5 cm breiten, gelbgrünlichen Blüten, deren weisse Lippe orangegelb längsstreifig ist. Juli, August. Chiriqui.

S. chlorantha Ldl. Kaum 25 cm hohe, sehr dünne Stämme mit breitlanzettlichen Blättern. Blüten einzeln, 8 cm breit, hell goldgelb, bauchigröhrig, vorn zusammengeneigt, kaum offen, Lippe kraus, mitten eingeschnürt, hell-schwefelgelb. Juni, Juli. Brasilien.

S. citrina Llav. et Lex. ist *Cattleya citrina Ldl.*

S. decora Ldl. Stämme meterhoch, rohrartig, dicht beblättert, spitzlanzettlich, tief gerippt. Blüten einzeln, 10 cm breit, leuchtend rosa in Weiss übergehend, Lippe kraus, aus goldgelbem Schlunde purpurrot. Juli, August. Guatemala.

S. dichotoma R. P. Stämme angeblich über meterhoch, Blätter spitz-eiförmig. Blüten zahlreich, 10 cm breit, dunkelrosa, Lippe gefranst, weiss, purpurn getuscht. Juni, Juli. Peru.

S. Elisabethae Ldl. Stämme meterhoch, dicht beblättert, Blätter spitz-eiförmig, Blüten bis 15 cm breit, stark wohlriechend, weiss, violett und purpurn überlaufen. Juli, August. Westindien.

S. fragrans Ldl. Kaum 30 cm hohe, schlanke, locker breitblättrige Stämme. Blüten zu 2—5 nacheinander, 5 cm breit, stark duftend, blass schwefelgelb mit fast weisser Lippe. Mai, Juni. Neu-Granada.

S. Kienastiana hort. ist *S. macrantha Ldl. var.*

S. labiata Ldl. steht der S. rosea sehr nahe, aber die Blüten sind fast um die Hälfte kleiner und sehr zart rosa mit im Grunde weisser Lippe. Juli. Chiriqui.

S. leucoxantha Rchb. f. Stämme 50 cm hoch, in dichtem Busch. Blätter länglich-keilförmig, lang gespitzt, Scheiden schwarzwarzig. Blüten zu 4—6 nacheinander, nur eintägig, zwischen grossen trockenhäutigen braunfleckigen Deckblättern, 5 cm breit, Kelch- und Blumenblätter weiss, länglich, zugespitzt, Lippe unten weiss, oben aus hochorangegelbem Grunde weiss, der breite Vorderlappen zweispaltig und gezähnelt, oft wellig gerandet. Juli—September. Costarica.

S. Liliastrum Ldl. (*Epidendrum Liliastrum Ldl.*). Stämme einem mächtigen Rohrbusch gleichend, bis 3 m hoch, Blätter lanzettlich, scharf zugespitzt. Blüten sehr rasch vergänglich, in zweizeiliger Traube zwischen grossen weisslichen Deckblättern, bis 10 cm breit, fast hängend, weiss, goldgelb geadert, Lippe zuweilen rosa überlaufen und dann weiss geadert. Juli, August. Guiana, Bahia.

S. Lindleyana Rchb. f. Kräftige, halbmeterhohe, dichtbuschige Stämme. Blätter saftgrün. Blüten zahlreich nacheinander, 10 cm breit, reinweiss mit dottergelber, rosa punktierter Lippe.

S. macrantha Ldl. (Fig. 168.) Stämme in dichtem Busch bis 2 m hoch, mit grossen spitz-eiförmigen, saftgrünen Blättern. Blüten nacheinander in kurzen Trauben zwischen grünlichen Deckblättern, bis 15 cm gross, duftend, prächtig violettpurpurn, Kelchblätter länglich, Blumenblätter breiter und vorn gekraust, Lippe vorn sehr breit gerundet, zweilappig, wellig gerandet, mit hellgelbem Mittelfleck. Juni—September. Mexiko, Guatemala. Hält schon in Sicilien im Freien aus, also in warmen deutschen Lagen möglicherweise unter Laubdecke zu überwintern.

— **var. albida hort.** Blüten weisslich, fliederfarben übertuscht.

— **var. Kienastiana Rchb. f.** Blüten einfarbig reinweiss.

— **var. nana hort.** ist nur eine dürftig entwickelte Hungerform.

— **var. pallida hort.** Blüten sehr gross, zart rosa, die Lippe fast weiss.

— **var. purpurea hort.** Blüten sehr gross, karminpurpurn.

— **var. rosea hort.** Blüten aus lavendelblau blassrosa, Lippe aus weissem Grunde hochgelb.

— **var. splendens hort.** (*v. Woolleyi hort.*) Blüten kaum 10 cm breit, dunkel-purpurviolett.

— *var. Woolleyi hort.* ist *var. splendens hort.*

S. macrophylla Rchb. f. Stämme kräftig, über halbmeterhoch, Blätter breit elliptisch, lang zugespitzt, 6 zu 15 cm etwa, derb. Blüten 10 cm

Fig. 168. Sobralia macrantha.

breit, blassgelb, rötlich berandet, Lippe heller. Juni, Juli. Chiriqui.

S. rosea Poepp. et Endl. (*S. Ruckeri Lind.*) Stämme bis 2 m hoch in lockerem Busch, Blätter eiförmig, zugespitzt. Blüten in kurzer Traube mit hin- und hergebogener Spindel zwischen kahnförmigen, trockenhäutigen Scheiden, dauernd, zu 2—4 gleichzeitig blühend, bis 15 cm breit, Kelch- und Blumenblätter hell-violettrot, Lippe aus weisser Mitte karminrot. Juni—August. Neu-Granada.

S. Ruckeri Lind. ist *S. rosea Poepp. et Endl.*
S. sessilis Ldl. ist *Epistephium Williamsii Hook. f.*

S. violacea Ldl. ähnelt der S. macrantha, aber die Blüten sind ganz hellviolett, die Lippe ist gefaltet und gelb gestreift. Juli, August. Venezuela.

S. Warscewiczii Rchb. f. steht der S. macrantha sehr nahe, ist aber etwas kleiner und die Blüten sind schimmernd purpurrot, aber leider sehr vergänglich. Juli, August. Chiriqui.

S. xantholeuca Rchb. f. ist in der Tracht vollkommen der S. macrantha ähnlich, aber die Blüten sind zart weissgelb, die Lippe schwefelgelb und zuweilen etwas gefranst am Rande, Kelchblätter breit-lanzettlich, Blumenblätter fast eiförmig, wellig-bogig. Juni—August. Guatemala. An dieser schön blühenden Art wirkt die Knitterfaltigkeit der Lippe direkt unschön.

— **var. alba Veitch.** Blüten weiss, nur ganz leicht primelgelb behaucht.

Sophrocattleya *Rolfe.*

(Cattleyeae 207 a.)

ist gegründet auf:

S. Batemanniana Rolfe. (*Laelia Batemanniana Rchb. f.*), einen Bastart aus zwei Arten nahe verwandter Gattungen, Sophronitis grandiflora Ldl. und Cattleya intermedia Grah., welcher von Seden im Juni 1881 in Veitchs Garten ausgesät wurde und im August 1886 zum erstenmale blühte. Stämme fast cylindrisch oder keulig, von Scheiden bekleidet, 5—8 cm hoch. Blätter paarweis, breit sitzend, länglich-eiförmig, etwa 1,5 zu 6 cm, stumpf-spitzig, gekielt, ledrig, dunkelgrün. Blüten zu 3—5 auf kurzem, aus langer Scheide vorbrechendem Schafte, 8 cm breit, Kelchblätter breit-lanzettlich, Blumenblätter breiter, länglich-eiförmig, leicht wellig-runzlich, alle tief rosa in scharlach übergehend, Lippe deutlich dreilappig, Seitenlappen gross, vorn gerundet, wellig ausgerandet, um die Säule geschlagen, vorn leicht nach aussen zurückgebogen, aussen helllila, innen aus crêmeweissem Grunde violettpurpurn, nach vorn viel breiter, Mittellappen kleiner, herabgebogen, aus schmalem, weisslichem, purpurn längsfleckigem Grunde vorn breit-eiförmig, krausfaltig, wellig gerandet, karminpurpurn. Säule weiss mit purpurner Spitze. August, September.

— **var. rosea Veitch.** Blüten hellrosa, ohne Übergang in scharlachrot.

Kultur wie von Laelia (s. d.).

Sophronia cernua hort. ist *Sophronitis cernua Ldl.*

Sophronitis *Ldl.*

(Cattleyeae 210.)

Die kleinen Scheinknollen der vier baumbewohnenden Arten, welche alle im Orgelgebirge Brasiliens heimisch sind, sitzen entweder gedrängt oder stehen links und rechts auf kriechendem, von Scheiden dicht umkleidetem Wurzelstock und tragen ein oder zwei flache Blätter auf der Spitze. Blüten endständig, einzeln oder in ganz armblütiger Traube, Kelch- und Blumenblätter gleichen einander und sind breit abstehend, die Lippe bildet einen breiten Mittellappen und zwei kleine, aufrechte Seitenlappen, am Grunde der Lippe ist die Öffnung für die Höhlung des Achsensporns, d. h. der Sporn ist nicht als solcher losgelöst, sondern mit und in der Achse verwachsen, von aussen nicht sichtbar, nur auf dem Längsschnitt. Säule kurz, oben zweiflügelig.

Durchweg kulturlohnende, schön, wenn auch klein blühende Arten, welche wie Cattleya behandelt werden.

S. grandiflora bildet mit Cattleya intermedia den unter Sophrocattleya beschriebenen Bastart.

S. cernua Ldl. (*Sophronia cernua hort. S. Hoffmannseggii Rchb. f. S. nutans Rchb. f.* Scheinknollen fast cylindrisch, wenig über 1 cm lang, auf dem kriechendem Wurzelstocke links und rechts so verteilt, dass sie wie eine Zickzacklinie auf der Rinde erscheinen. Blätter einzeln, länglich-eiförmig, stumpf, 1 zu 3 cm etwa, tief gekielt, ledrig, freudiggrün. Blüten zu 2—5 auf ganz kurzem Schaft, kaum 2 cm breit, leuchtend zinnoberrot, Grund der Lippe und Säule orangegelb, Kelchblätter spitz-elliptisch, Blumenblätter breiter, eiförmig, höher gefärbt, Lippe eiförmig, zugespitzt. November—März.

S. coccinea v. Htte ist *S. grandiflora Ldl. var.*

S. grandiflora Ldl. (*S. militaris Rchb. f.*) (Fig. 169.) Scheinknollen in Gruppen, eiförmig bis spindelförmig, 2—3 cm hoch. Blätter einzeln, dick, kurz gestielt oder sitzend, länglich-lanzettlich, 2 zu 9 cm etwa. Blüten zu 1—2 auf den Blättern gleichlangen Stielen, bis 5 cm breit, leuchtend scharlachrot, Grund der Lippe und Seitenlappen orangegelb, scharlach gestrichelt, Kelchblätter länglich-elliptisch, Blumenblätter gleichbreit, eiförmig, Seitenlappen der Lippe aufrecht, der Säule anliegend, Mittellappen länglich, spitz, ausgehöhlt. Säule weiss. November—März.

— **var. aurantiaca hort.** Blüten leuchtend orangerot.

— **var. coccinea v. Htte.** (*S. coccinea v. Htte. Cattleya coccinea Ldl.*) Blüten hell scharlachrot.

— **var. gigantea hort.** Blüten sehr gross, hochrot.

— **var. purpurea Rchb. f.** (*S. purpurea Rchb. f.*) Scheinknollen kürzer, dicker, Blätter elliptisch, kürzer, Blüte karmin-purpurrot.

— **var. rosea hort.** Blüten hell rosapurpurn.

S. Hoffmannseggii Rchb. f. ist *S. cernua Ldl.*

S. militaris Rchb. f. ist *S. grandiflora Ldl.*

S. nutans Rchb. f. ist *S. cernua Ldl.*

S. purpurea Rchb. f. ist *S. grandiflora Ldl. var.*

S. violacea Ldl. Scheinknollen dem kriechendem Wurzelstock zweireihig links und rechts angedrückt, von häutigen Scheiden bedeckt, eiförmig, 1—2 cm hoch. Blätter einzeln, dick, linear, 1 zu 6 cm etwa, tief gekielt. Blüten zu 1—2 auf ganz kurzen, die Blätter nicht überragenden Stielen, bis 3 cm breit, aus hellem Grunde purpurschimmernd violettrosa, Kelch- und Blumenblätter gleichmässig länglich-lanzettlich, so regel-

Fig. 169. Sophronitis grandiflora.

mässig auseinander stehend wie etwa eine Scilla-Blüte, Lippe verkehrt-eiförmig, stumpf, breiter als die Blumenblätter mit schmalem, weissem Grundfleck. November—Februar.

Spathium Ldl. ist *Epidendrum L.*

Spathoglottis *Bl.*

(Phajinae 229.)

(Paxtonia Ldl.)

Im Wuchs und allgemeinem Aussehen mit Bletia (s. d.) übereinstimmend, aber durch die Form des Mittellappens der Lippe leicht unterscheidbar; dieser ist aus breitem Grunde, an welchem die beiden aufrechten, kurzen Seitenlappen stehen, lang und schmal-bandartig vorgezogen und vorn in eine einfache (nicht zweilappige) kurze, runde Platte verbreitert. Von den 10 im tropischen Asien, auf den Südsee-Inseln und Australien erdbewohnend heimischen Arten ist kaum eine einzige in unseren Gärten weiter verbreitet.

Kultur wie von Bletia (s. d.).

Sp. Augustorum Rchb. f. ist *Sp. Vieillardii Rchb. f.*

Sp. aurea Ldl. (*Sp. Kimballiana h. Sander. Sp. plicata hort.*) Blätter spitz breit-lanzettlich, 10 zu 60 cm etwa, längsfaltig. Blüten in reichblumiger Traube auf fast meterhohem, mit derben Scheiden bekleidetem Schafte, 6 cm breit, Kelchblätter stumpf länglich-elliptisch, leuchtend kanariengelb, aussen rötlich gekielt und gestreift, Blumenblätter länglich-eiförmig, oft grösser, beiderseits leuchtend kanariengelb, Seitenlappen der kurzen gelben, rot gesprenkelten Lippe länglich, vorn breitrund, Mittellappen fleischig, lang spatelförmig mit zwei grade abstehenden dreieckigen Zipfeln am Grunde. Januar, Februar. Ophirberg, Halbinsel Malakka.

Sp. Fortunei Ldl. (*Pachystoma Fortunei Rchb. f.*) Wurzelstock knollig. Blätter paarweis, linear-lanzettlich, etwa 4 zu 25 cm. Blüten zu 5—9 in lockerer Traube auf 20 cm hohem Schafte, 5 cm breit, gelb, beiderseits rot gesprenkelt, Kelchblätter länglich-eiförmig, Blumenblätter breit-eiförmig, Seitenlappen der Lippe länglich, aufrecht, Vorderlappen verkehrt-herzförmig, ausgerandet. Kamm aus zwei fleischigen Lappen und einer mittleren langen Schwiele gebildet. Januar, Februar. Hongkong.

Sp. Kimballiana h. Sander ist *Sp. aurea Ldl.*

Sp. Lobbii Rchb. f. Scheinknollen niedergedrückt-rundlich. Blätter spitz breit-lanzettlich, 7—10 nervig. Blüten zu 4—6 auf 40 cm hohem, weichhaarigem, rötlichgrünem, schlankem Schafte, 4 cm gross, hochgelb mit einigen roten Linien, Kelch- und Blumenblätter spitz länglich-eiförmig, Seitenlappen der Lippe breit-linear, aufrecht, Mittellappen aus schmalem, mit doppelter Hautfalte gezeichnetem Grunde verkehrt-herzförmig, ausgerandet. Februar, März. Borneo.

Sp. pacifica hort. ist *Sp. Vieillardii Rchb. f.*

Sp. Petri Rchb. f. (*Sp. rosea hort.*) Scheinknollen fast kuglig, 3 cm dick. Blätter spitz schmal-lanzettlich, 6 zu 30 cm etwa. Blüten zu 9—12 auf halbmeterhohem Schafte, mit kleinen abfallenden Deckblättern, 3 cm breit, purpurn gestielt, hell rosa-fliederfarben, Kelchblätter länglich-eiförmig, Blumenblätter fast kreisrund, zugespitzt, Lippe kurz, Seitenlappen länglich, eingebogen, innen purpurn, Vorderlappen spitz-länglich, Schwiele herzförmig, gelbrot gesprenkelt. Januar, Februar. Von Peter Veitch auf den Fidschi-Inseln gesammelt.

Sp. plicata hort. ist *Sp. aurea Ldl.*

Sp. rosea hort. ist *Sp. Petri Rchb. f.*

Sp. Vieillardii Rchb. f. (*Sp. Augustorum Rchb. f.*) Scheinknollen eiförmig, 5 cm lang. Blätter meterlang und 20 cm breit, spitz-lanzettlich, tief längsfaltig, keilförmig, in einen kurzen Stiel verschmälert oder sitzend. Schaft aufrecht, halbmeterhoch mit vielblumiger Traube, meist 5—10 Blüten (von unten nach oben fortschreitend) gleichzeitig. Blüten auf 5 cm langen rötlichen Stielen hinter grossen spitz-eiförmigen Deckblättern, 4 cm breit, Kelch- und Blumenblätter weiss, ausgehöhlt, spitz länglich-elliptisch, Seitenlappen der Lippe rotbraun, länglich, auf- und einwärts gebogen, Vorderlappen aus langem linearem Stege, an dessen Grunde ein grosser gelbroter Schwielenkamm sitzt, breit-herzförmig, ausgerandet. Januar—März. Neu-Caledonien.

Specklinia Ldl. ist *Pleurothallis R. Br.*

Sp. atropurpurea Ldl. ist *Cryptophoranthus atropurpureus Rolfe.*

Spiranthes *L. C. Rich.*

(Spirantheae 100.)

(Gyrostachys Pers. Ibidium Salisb.)

Von dieser botanisch vielfach interessanten Erdorchideen-Gattung, welche in Europa durch zwei Arten (Sp. spiralis und Sp. aestivalis) vertreten ist, sind die übrigen 40 Arten in Amerika von Californien bis Chili und in Asien von Südsibirien bis in die tropische Zone verbreitet. Sie haben fleischige, schlanke oder lang-knollige Wurzeln, aus welchen entweder ein beblätterter Blütentrieb oder eine Blattrosette und neben dieser der dann nur mit grünen Schuppen besetzte Blütenschaft aufspriessen. Die grundständigen Blätter sind vorwiegend ei-elliptisch, oft in ausgesprochen vortretender Art netzadrig mit scheidenartig verbreitertem, aber nicht abgegliedertem Stiele, die Schaftblätter werden nach oben schnell schmäler und kleiner. Die kleinen, unscheinbar gefärbten Blüten haben einen derartig gebogenen Fruchtknoten, dass sie in einseitiger oder spiralig-einseitwendiger Ähre zu stehen scheinen. Das obere Kelchblatt und die beiden Blumenblätter sind zu einem Helm zusammengeneigt, die seitlichen Kelchblätter stehen frei, aber alle sind fast parallel vorgestreckt und höchstens vorn etwas umgebogen, so dass die Blüten fast geschlossen erscheinen. Die meist schmale, ungeteilte oder dreilappige Lippe ist mit der Spitze abwärts gebogen oder vorstehend.

Einzelne Arten lohnen des Blattwerkes wegen die sehr einfache Kultur, welche sich ganz an die Behandlungsweise von Orchis anschliesst, selbstredend mit dem Unterschiede, dass die wärmeren Arten dementsprechend warm behandelt werden müssen.

Sp. acaulis Sm. ist *Sp. picta Ldl.*

Sp. aestivalis Rich. Scheinknollen länglich, Blätter schmal-eiförmig, hellgrün, in spärlicher Rosette, Blütenschaft 20 cm hoch, am Grunde 2—3 lineal-lanzettliche Blätter. Blüten in langer, gelockerter, einseitwendiger Ähre, gelblichweiss, Lippe breit lineal-lanzettlich, fransig gekerbt. Juni, Juli. Auf Waldwiesen Mittel- und Südeuropas.

Sp. australis Rich. steht dem europäischen Sp. aestivalis sehr nahe, nur sind die Blüten kleiner, die Lippe rund und behaart. Für den Gärtner völlig wertlos. Juli, August. Australien.

Sp. autumnalis Rich. ist *Sp. spiralis C. Koch.*

Sp. bicolor Ldl. Wurzelblätter lanzettlich, Schaft glatt mit kurzen, gedrängten, linear-lanzettlichen Scheiden, 25 cm hoch. Blüten in spiraliger, zweizeiliger, zottiger Ähre mit spitz-linearen Deckblättern und kleinen weissen Blüten, Lippe aus herzförmigem Grunde linear, rötlich. Mai, Juni. Jamaika.

S. bracteata Ldl. Wurzelblätter länglich, spitz. Blütenschaft 20 cm hoch, fein behaart mit schmal-lanzettlichen, schuppenförmigen Deckblättern, Blüten in aufrechter Ähre, klein, behaart, weissgelblich. Mai, Juni. Sta. Catharina.

Sp. coloratus N. E. Br. ist *Stenorrhynchus speciosus Ldl.*

Sp. gracilis A. Gr. Blätter in spärlicher Rosette dicht an den Boden gedrückt, breit-lanzettlich, 2 zu 6 cm, glatt, graugrün. Blüten auf 20 cm hohem Schafte in dichter, einseitwendiger, spiralig gedrehter Ähre, klein, duftend, grünlichweiss mit gefranster weisser Lippe. Mai, Juni. Auf Waldwiesen Nordamerikas. Das Aussehen der Ähre hat der Pflanze den Namen „Lockenblume" verschafft.

Sp. picta Ldl. (*Sp. acaulis Sw.*), niedrige, ganz unbedeutende Art mit kleinen grünlichen, aber sehr stark duftenden Blüten. Jamaika.

Sp. spiralis C. Koch. (*Sp. autumnalis Rich.*) Knollen länglich, entweder eine spärliche Rosette in den Stiel verschmälerter, schmal-eiförmiger, parallelnerviger, bläulichgrüner Blätter oder einen nur mit Scheiden besetzten, 20 cm hohen Schaft mit endständiger, kurzer, einseitwendiger Ähre tragend. Blüten klein, weiss, wohlriechend, Lippe vorn fein gezähnelt. August, Oktober. Auf sonnigen Triften Süddeutschlands und Südeuropas.

Stanhopea *Frost.*

(Gongorinae 261.)

(Ceratochilus Ldl.)

Gegen 30 Arten im tropischen Amerika, von Mexiko bis Brasilien baumbewohnend verbreitet, mit durchweg grossen, sonderbar geformten, oft farbenprächtigen, stark riechenden — zuweilen während des Tages geruchlosen, nur in der Nacht duftenden, schönen Blüten und nebenbei so leicht wachsend und willig blühend, dass sie von jeher gern kultiviert wurden und dieser Pflege vollauf wert sind.

Die meist sehr kräftigen Scheinknollen treiben starke, anfangs fast fleischige Wurzeln und sind am Grunde mehr oder minder — besonders in der Jugend — von trockenhäutigen Scheiden umgeben. Das endständige einzige, grosse, feste, oft fast ledrige Blatt ist in einen immer deutlichen Stiel zusammengezogen und stark längsfaltig. Die Blüten sitzen hinter grossen trocknen Scheiden in lockeren, grundständigen, hängenden Trauben, welche sich gern durch das Kulturgefäss durchbohren und von dessen Boden herabhängen. Das mit Vorliebe berichtete „Knallen“ der Knospen beim raschen sich Öffnen haben wir entweder gar nicht oder nur als unbedeutendes Knistern der sich voneinander lösenden Blütenblätter gehört, welche in der Knospe förmlich mit den Rändern zusammengeleimt erscheinen, so dass man eher beide Blätter zerreissen als sie voneinander lösen kann. Kelch- und Blumenblätter sind zurückgeschlagen, erstere meist kahnförmig, letztere gewöhnlich schmäler, oft im Halbkreis zurückgerollt und stark gewellt. Die grosse komplizierte Lippe besteht aus einem fleischigem, tief ausgehöhltem Unterteile (Hypochil) mit oder ohne hornartige Seitenanhängsel und ist mit dem Grunde der oben oft stark geflügelten Säule fest verbunden. Sie geht nach vorn in ein mit ihr fest verbundenes oder nur angegliedertes Mittelstück (Mesochil) über, welches vollfleischig ist und gewöhnlich zwei fleischige Hörnchen (Pleuridien) trägt. Zwischen diesen sitzt das flache oder gewölbte, ungeteilte Vorderstück (Epichil), bald dem Mittelstück fest angewachsen, bald beweglich angegliedert. Die beiden deutlich gestielten Pollenmassen sitzen in einem Spitzenausschnitt der Säule unter meist sehr deutlichem Schutzhäutchen. Man kultiviert die Stanhopeas am besten in hängenden Holzkästchen aus Stäben, damit die Blütentrauben frei hängen können und zwar in reinem Sphagnum oder mit Zusatz von Haidebrocken und verrottetem Dung. Sie lieben volles Licht und viel Luft, sollen daher, wo irgend möglich, während des ganzen Sommers im Freien (unter Bäumen) hängen, im Winter im gut ventilierten Hause bei 5—12°. Während des Triebes verlangen sie reichlich Wasser und nehmen flüssigen Dung gern und dankbar auf. Nach der Blüte halte man die Pflanzen halbtrocken und spare schliesslich das Wasser immer mehr, ohne sie dörren zu lassen, obgleich sie auch eine wirkliche Dürre meist ohne Schaden aushalten.

St. amoena Klotzsch. ist *St. Wardii Lodd.*

St. aurea Ldl. ist *St. Wardii Lodd. var.*

St. aurantiaca Ldl. hat die Tracht der St. oculata, Blüten zu 5—8, wohlriechend, gross, Kelch- und Blumenblätter aus goldgelbem Grunde hellschwefelgelb, dicht klein purpurrot punktiert, Lippe goldgelb mit hellerer Mitte. Juli, August. Guatemala.

St. Bucephalus Ldl. (*Epidendrum grandiflorum Sw.*) Scheinknollen eiförmig, 3 cm hoch, gerippt, Blätter breit-lanzettlich, zugespitzt. Blüten stark duftend, 10 cm breit, trüb orange, blutrot gefleckt, Unterteil der Lippe tief kahnförmig, einfarbig orange, Mittelteil zweihörnig, Vorderteil rundlich-eiförmig, kurz zugespitzt. Juli, August. Peru, Ecuador.

— **var. guttata Ldl.** Lippe aprikosengelb mit je vier braunen Tuschflecken auf jedem Blumenblatt und dem Vorderteil der Lippe.

St. cirrhata Ldl. Blüten seitlich zusammengedrückt, gross, reinweiss, gross braun punktiert. Juli, August. Mexiko.

St. devoniensis Ldl. (*St. maculata h. angl. St. maculosa Ldl.*) (Fig. 170.) Scheinknollen länglich-eiförmig, 3 cm hoch, gerippt, Blätter lanzettlich, kurzgestielt, hellgrün. Blüten meist paarweis, stark duftend, 10 cm breit, hell crêmegelb, dicht unregelmässig hochrotfleckig, die unteren Flecken des oberen Kelchblattes und der Blumenblätter querbänderig, Lippe weisslich, purpurn gesprenkelt, Unterteil fast kuglig, tief ausgehöhlt, mit purpurnem Querstrich der Grundpartie, Mittelteil kurz-zweihörnig, Vorderteil schiefrautenförmig, vorn flach-dreizackig. Juli, August. Peru.

St. eburnea Ldl. (*St. grandiflora Ldl. Anguloa grandiflora R. P. Ceratochilus grandiflorus Ldl.* Scheinknollen eiförmig, bis 5 cm hoch, tief gefurcht. Blätter breit-lanzettlich, kurz gestielt. Blüten zu 4—6, stark duftend, bis 15 cm breit, reinweiss bis auf einige purpurne Grundflecken der Lippe, Unterteil gerundet, zweihörnig, Mittelteil ungehörnt, nur undeutlich dreizähnig, Vorderteil eiförmig, Säule sehr lang. Mai — August. Trinidad.

— **var. nivea hort.** Blüten ungefleckt reinweiss.

St. ecornuta Rchb. f. ist *Stanhopeastrum ecornutum Rchb. f.*

St. flava Ldl. ist *St. insignis Frost var.*

St. Fregeana Rchb. f. hat den Wuchs von St. devoniensis. Die grossen, duftenden Blüten sind beim Aufblühen eigelb, färben sich bald hell kupferrötlich und sind dunkelkarmoisin rundfleckig. August. Mexiko.

St. gibbosa Rchb. f. ist *St. Wardii Lodd.*

St. grandiflora Ldl. ist *St. eburnea Ldl.*

St. graveolens Ldl. Scheinknollen und Blätter wie von St. oculata. Blüten zu 2—6, gross, stark duftend, derbfleischig, Kelchblätter spitzeiförmig, vertieft, abstehend, Blumenblätter schmal ei-lanzettlich, nach aussen gerollt, wellig gerandet, rauh, strohgelb, Lippe sackartig, fast zusammengedrückt, glatt, vorn zweizähnig, unten orangegelb, braunrot punktiert, die beiden grossen Hörner elfenbeinweiss, Endlappen ei-lanzettlich, fein punktiert. Juli, August. Peru.

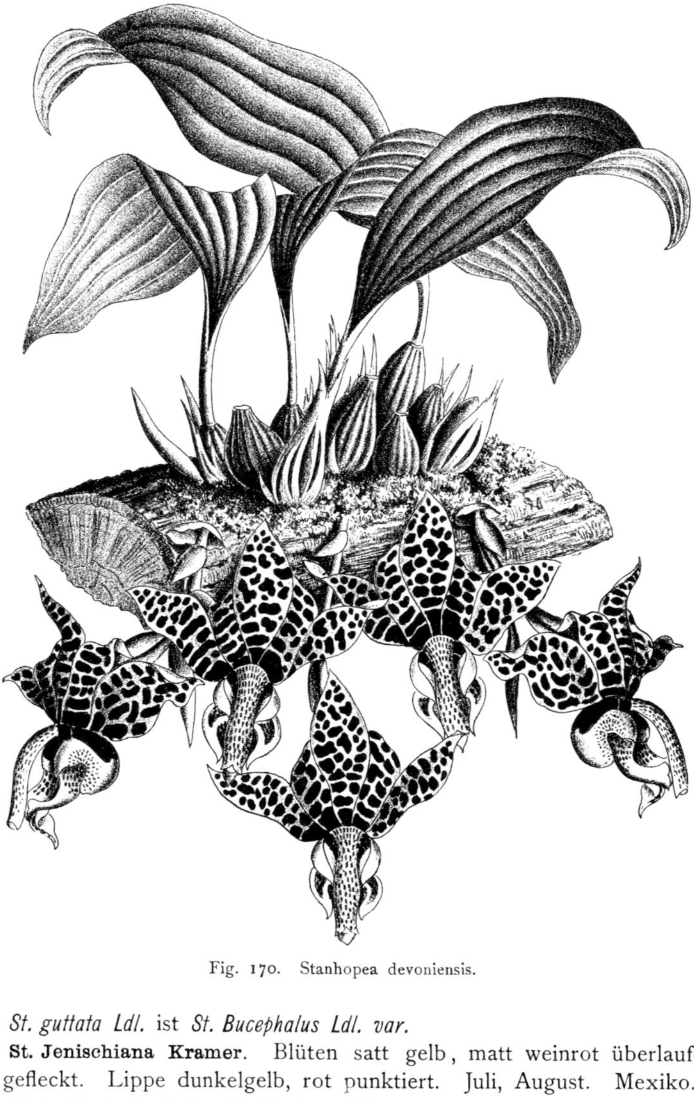

Fig. 170. Stanhopea devoniensis.

St. guttata Ldl. ist *St. Bucephalus Ldl. var.*

St. Jenischiana Kramer. Blüten satt gelb, matt weinrot überlaufen, rot gefleckt. Lippe dunkelgelb, rot punktiert. Juli, August. Mexiko.

St. implicata Hook. ist *St. Martiana Ldl.*

St. inodora Ldl. Blüten zu 3—5 an grüngelblicher, fein rauher, schwärzlich punktierter Spindel, gross, geruchlos, Kelchblätter grünlichgelb, karminrot punktiert, eiförmig, ausgehöhlt, Blumenblätter schmal, zurückgeschlagen, dicht punktiert, Lippe aus orangegelbem, innen braunem Grunde vorn weiss, Hörnchen elfenbeinweiss, Unterlippe aussen elfenbeinweiss, innen rot punktiert. Juli, August. Brasilien.

St. insignis Frost. Scheinknollen schlank-eiförmig, 4 cm hoch, Blätter breit-lanzettlich, kurzgestielt, dunkelgrün. Blüten zu 3—6, 10 cm breit, stark Vanille-duftend, aus matt gelbem Grunde crêmeweiss, innen zahlreich purpurn kleinfleckig, Lippe weisspurpurn gesprenkelt, Unterteil fast kuglig, vorn quer gestutzt, zum grössten Teile braunpurpurn, Mitteltei sichelförmig zweihörnig, Vorderteil rund-eiförmig mit kurzem Spitzchen. Säule breit geflügelt. August, September. Brasilien.

— **var. flava Ldl.** Blüten hellgelb, wenig gefleckt, sehr zart duftend.

St. Lindleyana hort. ist *St. oculata Ldl. var.*

St. maculata h. angl. und *St. maculosa Ldl.* ist *St. devoniensis Ldl.*

St. Martiana Ldl. (*St. implicata Hook.*) Scheinknollen dick-eiförmig 4 cm hoch, gefurcht. Blätter lanzettlich, langgestielt. Blüten meist paarweis, 10 cm breit, Kelchblätter hellstrohgelb mit vereinzelten weinroten Flecken, Blumenblätter weiss, grossfleckig mit je einem karminrotem Grundfleck, Lippe weiss, Unterteil kurz, beutelförmig, Mittelstück schmal mit gedrehten Hörnern, Vorderstück länglich-linear, dreizackig. Säule weichhaarig. August, September. Mexiko.

— **var. bicolor Hook.** Blüten zahlreich und dunkler als an der Normalform gefleckt.

St. nivea hort. ist *St. eburnea Ldl. var.*

St. oculata Ldl. (*Ceratochilus oculatus Ldl.*) Scheinknollen schlank-eiförmig, bis 5 cm hoch, gefurcht, Blätter breit-lanzettlich, kurzgestielt. Blüten zu 3—10, Vanille-duftend, 10 cm breit, mattgelb, nach den Rändern weissgelb, Kelchblätter dicht mit braunvioletten Punkten und Spritzflecken gezeichnet, Blumenblätter spärlich gefleckt, Lippe aus dunkelgelbem Grunde nach vorn heller, das Vorderteil mit vier grossen schwärzlichbraunen Augenflecken an den Seiten, Mittelstück fleischig zweigehörnt, Vorderstück eiförmig, kurz zugespitzt. Juli—Oktober. Mexiko.

— **var. aurea hort.** Grund der Lippe intensiv goldgelb, die ganze Blüte dunkler gelb.

— *var. Burkeriana hort.* ist *var. Lindleyi hort.*

— **var. crocea hort.** Blüte rötlichgelb, Lippe safrangelb.

— **var. Lindleyana hort.** (*var. Barkeriana hort.*) Blüten trüb und dunkel weinrot, spärlich gefleckt.

St. platyceras Rchb. f. Scheinknollen schlank-eiförmig, 3 cm hoch, gefurcht, Blätter gestielt, lanzettlich. Blüten zu 3—7, 10 cm breit, duftend, hellgelb, dunkelbraun punktiert, Kelchblätter schmal-eiförmig, Blumenblätter breit-lanzettlich, Unterteil der Lippe fast halbkuglig, Mittelstück schmal angegliedert mit zwei kurzen, stark verbreiterten Hörnchen, Vorderstück breit zungenförmig, plötzlich zugespitzt. Säule unten rundlich, oben flach und breit geflügelt. Juni—August. Mexiko.

St. quadricornis Ldl. Wuchs der St. oculata. Blüten gross, schmutzig weissgelb, spärlich rot punktiert, Lippe aus rötlichem Grunde elfenbeinweiss, mit vier vorstehenden elfenbeinweissen Hörnchen. Juli, August. Brasilien. 1836 von Rucker eingeführt.

St. Ruckeri Ldl. steht der St. Wardii am nächsten, aber die Blätter sind bis 8 zu 40 cm, Blüten zu 3—4, stark duftend, bis 10 cm breit, Kelchblätter breit-eiförmig mit kurzer Spitze, isabellfarben, mitten dicht rotadrig marmoriert, Ränder zurückgebogen, Blumenblätter kaum ein Drittel so gross, zurückgeschlagen und stark gewellt, gelblich, schwach rötlich überlaufen und gestrichelt, Lippe weissgelb, aber ganz dicht rot gestrichelt und punktiert, Unterteil sehr dick, aus schmalem Grunde fast vierkantig, mit oben eingebogenem Rande und jederseits einer tiefen Längsfurche, hornlos, aber oben mit einem starkem Zahn, Oberteil kurz eirund, zugespitzt, flach mit zwei kurzen, dicken, sichelförmigen Hörnchen. Juli, August. Mexiko, Guatemala.

St. saccata Lodd. Tracht der St. oculata, aber die Blüten nur halb so gross, Kelchblätter ganz zurückgeschlagen, grünlichgelb, regelmässig braun getigert, Blumenblätter ähnlich, nur schmäler, Lippe gleichfarbig, Unterteil sackartig ausgebaucht, vorn drei kurze Zähne tragend. August, September. Guatemala.

St. Shuttleworthii Rchb. f. Wuchs von St. oculata und deren var. crocea sehr ähnlich. Traube sehr reichblumig. Blüten 8 cm breit, hell rötlichgelb, reichlich braunfleckig. Alpen von Tolima, Neu-Granada.

St. tigrina Batem. (*Anguloa Hernandezii R. P. Maxillaria lyncea Hook.*) Scheinknollen dick-eiförmig, 5 cm hoch, gefurcht, Blätter kurzgestielt, breit-lanzettlich bis elliptisch, dunkelgrün. Blüten zu 3—5, sehr stark duftend, vorwiegend nach Vanille, bis 20 cm gross, dunkel orangegelb. Kelchblätter schwärzlich-purpurrot gross gefleckt und gebändert, Blumenblätter zarter gefleckt, das orangegelbe Unterteil der Lippe hat in der Höhlung häutige Längsriefen, Mittelstück kurz und dick zweigehörnt, Vorderstück eirund, dreispitzig, beide letztere gelblichweiss, purpurn gesprenkelt. Juli—September. Mexiko. Die einem ungeheuerlichem Kopf oder Rachen ähnelnde Blüte hat in Mexiko der Pflanze den Namen „Stierkopf", an anderen Orten „Schwiegermutterblüte", verschafft.

— **var. aurea hort.** Grundfarbe hellgelb.

— **var. grandiflora hort.** (*var. superba hort.*) Blüten bis 20 cm breit, intensiv und abstechend gefleckt.

— **var. lutescens Will.** Blüten hellgelb, chokoladenbraun gefleckt und gebändert.

— **var. nigroviolacea Morr.** Blüte ganz satt purpurbraun, nur die Ränder der Blütenblätter und die vorderen Teile der Lippe orangegelb.

— *var. superba hort.* ist *var. grandiflora hort.*

St. Wardii Lodd. (*St. amoena Klotzsch.*) Scheinknollen länglich-eiförmig, 5 cm hoch, gefurcht. Blätter breit-lanzettlich, kurzgestielt, wellig gerandet, dunkelgrün. Blüten zu 3—7, zart duftend, 10 cm gross, hell goldgelb, zart purpurbraun kleinfleckig, Lippe hellgelb mit zwei schwarzpurpurbraunen, sammtartigen Augenflecken an den Seiten des länglichen, tief eingedrückten, hochrandigen, apikosenfarbenen Unterteils der Lippe, Mittelstück schmal mit zwei schmalen, stark gebogenen Hörnchen, ebenso wie das eirunde, plötzlich zugespitzte Vorderteil fleischfarben-gelblich mit purpurbraunen Schmitzen. Juli—September. Guatemala.

— **var. aurea Ldl.** als Art. Blüten einfarbig hellorangegelb bis auf die silberschimmernden, dunklen Sammtaugen der Lippe.

Stanhopeastrum *Rchb. f.*

(Gongorinae 262.)

Von Stanhopea, mit deren Arten sie auch gleichmässig kultiviert wird, nur verschieden durch die einfach kahnförmige Lippe (Hypochil), welche weder ein Mittel-, noch ein Vorderteil besitzt. Die einzige Art ist:

St. ecornutum Rchb. f. (*Stanhopea ecornuta Rchb. f.*) Scheinknollen rund-eiförmig, 3 cm hoch, Blätter breit-lanzettlich, kurzgestielt, dunkelgrün. Blüten zu 3—7, 6 cm hoch, die drei Kelchblätter steif-aufrecht, stumpflänglich, flach-kahnförmig, die seitlichen am Grunde abgerundet, rechtwinklig vortretend, Blumenblätter kleiner, aus breitem Grunde etwas verschmälert und vorn wieder verbreitert und abgerundet, nach vorn und aufwärts stehend, Lippe unten querstehend, frei vortretend, aus abgerundetem Grunde plump-kahnförmig, fleischig, Säule der Lippe fast parallel, vorn sich nur wenig von ihr abhebend, kurz und breit. Juli—September. Guatemala.

Stauritis violacea Rchb. f. ist *Phalaenopsis violacea Teys. et Bin.*

Stauroglottis Schauer ist *Phalaenopsis Bl.*

St. equestris Schauer ist *Phalaenopsis rosea Ldl.*

Stauropsis fasciata Bnthm. ist *Trichoglottis fasciata Rchb. f.*

St. gigantea Bnthm. ist *Vandopsis gigantea Pfitz.*

St. lissochiloides Bnthm. ist *Vandopsis lissochiloides Pfitz.*

Stelis *Sw.*

(Pleurothallidinae 184.)

(Dialissa Ldl.)

Von den mehr als 150 Arten, welche von Mexiko bis Brasilien baumbewohnend bekannt sind, ist keine einzige in unseren Gärten weit verbreitet. Die nachstehenden Arten sind zeitweis kultiviert worden (wie

Masdevallia), aber ihrer kleinen, unansehnlichen Blüten wegen wohl meist wieder verschwunden. Sie wachsen meist dichtrasig (wie Masdevallia), mit welcher sie auch in der Blattform Ähnlichkeit haben, nur sehr wenige Arten haben kriechend-kletternden Wuchs, und die kleinen Blüten stehen in langen Trauben. Die einander gleichen, am Grunde verwachsenen Kelchblätter neigen glockig zusammen (Dialissa Ldl.) oder sind flach ausgebreitet (Eustelis Ldl.). Blumenblätter kurz gestutzt mit dicker Randlinie, Lippe ihnen gleich oder schmäler oder schwachdreilappig. Säule kurz, oft mit zwei fleischigen Spitzenanhängseln.

St. micrantha Sw. Blätter stumpf länglich-lanzettlich, ledrig, 1 zu 5 cm. Blüten in kurzer, dichter, etwa 10 cm hoher, zweizeiliger Ähre zu 12—18, sehr klein, hellgrünlich-gelb. April, Mai. Peru, Jamaika. Ganz unscheinbare Art.

St. ophioglossoides Sw. Blätter schmal-lanzettlich mit zurückgebogener Spitze, 2 zu 8 cm etwa, derb. Blüten in den Blättern gleichhoher, schlaffer, dichter Ähre, klein purpurbraun. August, September. Westindien. Kam schon 1791 nach Europa, ist aber ihrer Unansehnlichkeit wegen stets nur selten kultiviert worden.

In den belgischen Katalogen werden (ohne Preise meist, also nur als Phantasie-Artikel) noch aufgezählt die ebenso unscheinbaren: St. Bruckmülleri, canaliculata, ciliaris, Endresi, glossula, grandiflora, ovalifolia, sesquipedalis und zonata.

Stenia *Ldl.*

(Steniinae 307.)

Von den beiden bekannten Arten ist nur die nachstehende St. pallida zuweilen in Kultur und wie Galeottia zu behandeln.

St. Beaumontii Ldl. ist *Galeottia Beaumontii Rich.*

St. fimbriata Ldl. ist *Galeottia fimbriata Ldl.*

St. guttata Ldl. aus Peru ist der folgenden Art sehr ähnlich und fast nur durch hellgelbe, orangegelb gefleckte Blüten verschieden.

St. pallida Ldl. Scheinknolle schmal spindelig. Blätter paarweis, breitlanzettlich, spitz, glatt und glänzend dunkelgrün, 4 zu 10 cm etwa. Blüten auf grundständigem, aus einer Scheide unter der Knolle entspringendem, überhängendem Stiel einzeln, in braunen Scheiden, 3—4 cm breit, ausgebreitet, oberes Kelchblatt und Blumenblätter lanzettlich, kurz zugespitzt, seitliche Kelchblätter um die Hälfte breiter, mit dem Säulenfusse kinnbildend, alle hellledergelb, Lippe spitz sackförmig, oben nach aussen umgeschlagen, goldgelb, der Rand rot punktiert. Mai, Juni. Kolumbien, Guyana.

Stenocoryne Ldl. ist *Bifrenaria Ldl.*

Stenorrhynchus *L. C. Rich.*

(Spirantheae 103.)

Ungeteilte Erdknollen mit grundständiger Erdrosette und schlankem Blütenschaft, der eine durch grosse, oft buntgefärbte Deckblätter auffallende Traube trägt. Blüten klein, wenig geöffnet, oberes Kelchblatt und Blumenblätter helmbildend, seitliche Kelchblätter mit dem Säulenfusse ein Kinn bildend, Lippe mit breitem Grunde den unteren Teil der langen Säule umfassend, nach vorn in eine lange Spitze ausgezogen.

Kultur wie von Orchis, aber im Warmhause.

Von den etwa zehn Arten des tropischen Amerika sind — und nur sehr selten — in Kultur:

St. cinnabarinus Ldl. Blüten und Deckblätter zinnoberrot. Juni, Juli. Brasilien.

St. speciosus Ldl. (*Serapias speciosa Sw.*) Blüten und Deckblätter mennigrot. Juli, August. Westindien.

Strongyleria Pfitz. ist eine Abteilung von *Eria Ldl.*

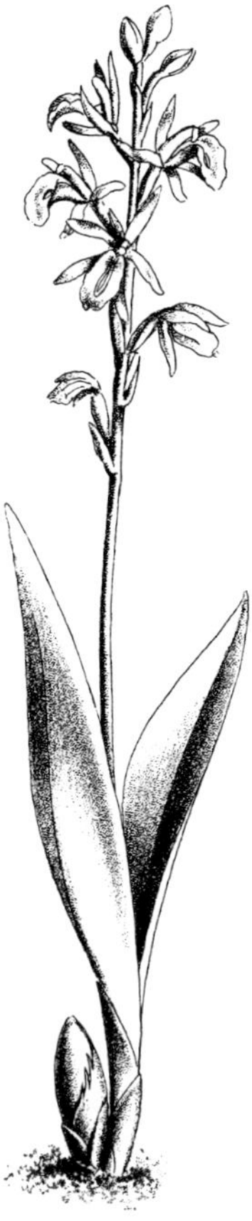

Fig. 171.
Sturmia Loeselii.

Sturmia *Rchb. f.*

(Coelogyninae 157).

nur eine, auf Sphagnum-Mooren in Nord-Europa und Nordamerika verbreitete, sehr unscheinbare Art:

St. Loeselii Rchb. f. (*Ophrys Loeselii L.*) (Fig. 171.) Centimeterhohe, weissgelbliche, zwiebelartige Scheinknolle mit zwei länglich-lanzettlichen, 5 cm langen, zarten, gelbgrünen Blättern und seitlicher, bis 15 cm hoher, armblumiger Traube winziger gelbgrüner Blütchen mit lanzettlichen Kelch- und Blumenblättern, aufsteigender, breit verkehrt eiförmiger Lippe und langer, rinnig gefurchter Säule. Mai—Juni.

Styloglossum Kuhl et Hass. ist *Calanthe R. Br.*

Sympetra Llav. ist *Cleisostoma Bl.*

Tainia *Bl.*

(Phajinae 224.)

(Ania Ldl. Mitopetalum Bl.)

Von den sieben in Südchina, Ostindien und auf den malayischen Inseln heimischen, erdbewohnenden Arten ist nur in Kultur:

T. stellata Pfitzer. (*Eria stellata Ldl.*) Scheinknollen kurz, mehrgliedrig, keglig-eiförmig mit einigen endständigen, deutlich gestielten und gegliederten, längsfaltigen, saftgrünen Blättern. Blüten in vielblumiger, aufrechter, langgestielter Traube, ausgebreitet, 2 cm breit, weisslich, Kelchblätter lang-lanzettlich, die seitlichen mit dem Säulenfusse kinnbildend, Blumenblätter breit-lanzettlich, Lippe breit-eiförmig, eingeschlagen, ganz kurz gespornt. März, April. Java.

Tankervillea Lk. ist *Phajus Lour.*

Taurostalix Rchb. f. ist *Bolbophyllum Thou.*

Telipogon *H. B. K.*

(Notylieae 314.)

Umfasst etwa 80 Arten des tropischen Amerika, durchweg ganz unbedeutende, zarte Pflanzen mit kriechendem Wurzelstock, langen, kaum knollig verdickten Gliedern und dicken Luftwurzeln. Die drei Kelchblätter machen wirklich den Eindruck eines sternartig ausgebreiteten, schmal- und spitzblättrigen Kelches, während die beiden Blumenblätter und die ihnen gleichende Lippe breit-eiförmig sind und, da sie ausgebreitet sitzen, das Bild einer Tradescantia-Blüte geben. Eingeführt ist nach und nach eine ganze Reihe Arten worden, aber keine hat sich in den Gärten eingebürgert. Kultur wie von Masdevallia.

Tetramicra Ldl. ist *Brassavola R. Br.*

T. bicolor Ldl. ist *Leptotes bicolor Ldl.*

Thiebautia Colla ist *Bletia R. Br.*

Thrixspermum Lour. ist *Sarcochilus R. Br.*

Thunia *Rchb. f.*

(Thuniinae 142.)

Stämme schlank oder gleichmässig wenig verdickt, ihrer ganzen Länge nach mit gegliederten graugrünen Blättern spiralig oder fast zweireihig besetzt, welche mit ihrer Scheide den Stamm umhüllen und aus fast reinen Scheidenblättern nach oben hin grösser werden. Blüten in endständiger, nickender, kurzer Traube zwischen grossen häutigen Tragblättern, in der Form an Phajus erinnernd, Kelch- und Blumenblätter flach, fast in einer Ebene wagerecht ausgebreitet, Lippe am Grunde gespornt (nur Th. pulchra spornlos), breit, ungeteilt, mit zwei Drittel ihrer Länge die schlanke Säule umrollend, vorn flach ausgebreitet und mit Faltenhäutchen längsstreifig besetzt.

Kultur der im Himalaya und in Birma baumbewohnenden Arten wie von Phajus (s. d.).

Th. alba Rchb. f. (*Phajus albus Wall.*) Stämme schlank, rund, bis 40 cm hoch, die unteren Blätter breit gerundet, die oberen länglich-lanzettlich, zugespitzt, bis 2 cm breit und 10 cm lang, in der Ruhezeit abfallend. Blüten in kurzer, dichter, nickender Traube zwischen häutigen, weisslichen Deckblättern, 5 cm breit, Kelch- und Blumenblätter zugespitzt, länglich-

Fig. 172. Thunia Marshalliana.

lanzettlich, rein-milchweiss, Lippe länglich, eingerollt, vorn breit gerundet, weiss, prächtig lila-purpurn getuscht, Rand fein gezähnelt. Juli, August. Birma.

— **var. Dodgsoniana Will.** als Art. (*var. flavotincta hort. Phajus Dodgsoniana hort.*) Kelch- und Blumenblätter weiss, Lippe aussen gelblich, innen schwefelgelb mit karminroter Streifung.

— *var. flavotincta hort.* ist *var. Dodgsoniana Will.*

— **var. nivalis hort.** Blüten reinweiss, ohne rote Zeichnung der Lippe.

Th. Bensoniae Rchb. f. Der Th. alba sehr ähnlich, aber etwas kräftiger. Blütentrauben fast aufrecht, Blüten 5—8 cm gross. Kelch- und Blumenblätter aus weissem Grunde rotviolett, ebenso die Lippe, deren Vorderteil länglich-rund, zierlich gefranst und purpurviolett mit gelben, gefransten Schwielen ist. Juni, Juli. Südl. Birma, Moulmein.

Th. Dodgsoniana Will. ist *Th. alba Rchb. f. var.*

Th. Marshalliana Rchb. f. (Fig. 172.) Im Wuchse gleichfalls einer kräftigen Th. alba ähnelnd, aber die Blüten sind kaum 5 cm breit, Kelch- und Blumenblätter schmal-lanzettlich, reinweiss, Lippe weiss, in einen zurückgebogenen sichelförmigen Sporn endend, im unteren (eingerollten) Teile gelb und rotstreifig, der runde Vorderteil gelb mit goldgelben Adern, breit weiss gesäumt und elegant gezähnelt, die gelben Aderschwielen der Scheibe kammartig zackig und kristallhaarig. Juni, Juli. Moulmein.

— **var. ionophlebia Rchb. f.** Lippe mitten gelb, an den Seiten weiss, purpurn gestreift, spornlos.

Th. nivalis hort. ist *Th. alba Rchb. f. var.*

Th. Veitchiana Rchb. f. (*Th. Wrigleyana Will.*) ist eine in den englischen Gärten mehrfach, zuerst von Toll in Manchester, später von Veitch und Sons, gezüchtete Kreuzung aus Th. Bensoniae × Marshalliana. Kelch- und Blumenblätter weiss, an den Spitzen violettrötlich angelaufen, Lippe aus weissem, violettadrigem Grunde vorn hell purpurviolett mit hoch orangegelben Zackenschwielen.

Th. Wrigleyana Will. ist *Th. Veitchiana Rchb. f.*

Tipularia *Nutt.*

(Polystachyinae 166.)

(Anthericlis Raf. Plectrurus Rafin.)

Von den beiden bekannten Arten ist nur die in Nordamerika heimische in Kultur, welche erdbewohnend ist, aber ganz die Tracht einer Baumorchidee zeigt und als nettes Frühjahrspflänzchen der Beachtung auch von gärtnerischer Seite wert ist.

T. discolor Nutt. Scheinknollen halb unterirdisch, klein, kegelig-eiförmig, kaum 2 cm hoch, gerippt, dunkelgrün, soweit sie ans Licht treten, sonst weissbräunlich. Blätter endständig, einzeln, lang gestielt, breit-elliptisch, zugespitzt, etwa 4 zu 10 cm, längsfaltig, derb, dunkelgrün. Blüten in langgestielter, endständiger, lockerer Traube, klein, weissrötlich, Kelch- und Blumenblätter schmal-lanzettlich, abstehend, Seitenlappen der Lippe klein, aufgebogen, Mittellappen flach, länglich, Sporn lang und dünn.

Titania Endl. ist *Oberonia Ldl.*

Traunsteinera Rchb. f. ist *Orchis L.*
Tribrachia Ldl. ist *Bolbophyllum Thou.*
T. purpurea Ldl. ist *Bolbophyllum Careyanum Spr.*

Trichocentrum *Poepp. et Endl.*

(Jonopsideae 320.)

Baumbewohnend, Scheinknollen klein, dichtrasig gedrängt mit Scheidenblättern unter und je einem endständigem, fast fleischig-derbem, breitem Blatt auf der Knolle. Blüten in seitenständigen, lockeren, zweizeiligen, wenigblumigen Trauben, meist nur 1—2 gleichzeitig offen, zuweilen überhaupt nur 1—2 am Schaft, ansehnlich, Kelch- und Blumenblätter fast gleich, weit ausgebreitet, Lippe aus schmalem Grunde sich keil- oder herzförmig schnell verbreiternd, mit zwei kleinen Seitenlappen und grossem, an der Spitze tief zweispaltigem Mittellappen, meist in einen kräftigen (nur selten in einen bloss kurzen) Sporn verlängert. Säule kurz. Von den 16 Arten des tropischen Süd- und Centramerika sind nur einige in Kultur.

Kultur wie von Odontoglossum (s. d.), auch nur im gemässigt warmen Hause.

Tr. albopurpureum Rchb. f. Scheinknollen eiförmig, centimeterhoch. Blätter spitz-länglich, hellgrün, etwa 3 zu 10 cm. Blüten einzeln auf schlankem Schafte, 5 cm breit, Kelch- und Blumenblätter lanzettlich, aussen mattgelb, innen hell zimmtbraun, Lippe gross, vorgestreckt, lang und breit herzförmig, weiss mit zwei grossen, purpurnen Grundflecken, Scheibe rosa, purpurn oder rötlichgelb geadert mit vierzeiligem Purpurkamm. August, September. Nord-Brasilien.

— **var. striatum hort.** Lippe im Grunde purpurn längsstrichig.

T. fuscum Ldl. Scheinknolle sehr schmal, kaum von dem dickem, fleischigem, einzelnem, dunkelgrünem, im Grunde rotgeflecktem Blatte abgesetzt. Blüten einzeln, bis 5 cm breit, Kelch- und Blumenblätter breitlanzettlich, rötlichbraun, Lippe ausgebreitet, weiss mit braunen Flecken und zwei Längshöckern. Sporn lang, grünlich, blutrot überlaufen. Juli, August. Mexiko.

T. orthoplectron Rchb. f. Blüten über 5 cm gross, in aufrechter Traube, Kelch- und Blumenblätter länglich-keilförmig, hell zimmtbraun, gelb getupft, Lippe fast quadratisch-rundlich, weiss mit zwei grossen karminroten Grundflecken, zwischen welchen fünf gleichfarbige Kiellinien laufen, Scheibenfleck gelb. Sporn grade, lang zugespitzt. September, Oktober. Brasilien.

T. porphyrio Rchb. f. Scheinknollen klein und dünn, Blätter länglichkeilförmig. Blüten einzeln auf langem Schaft, 4 cm breit, hellbraun, gelb gerandet und getupft, Lippe breit-geigenförmig, tief ausgerandet, satt purpurviolett mit weissem Saum und Spitze, Scheibenfleck schwefelgelb, Kamm dreilinig, purpurn. Sporn dünn und gekrümmt. August, September. Brasilien.

T. tigrinum Lind. et Rchb. f. Scheinknollen schmal-eiförmig, 1,5 cm hoch, Blätter länglich, zugespitzt. Blüten paarweis auf schlankem Schaft, 4 cm breit, Kelch- und Blumenblätter grünlichgelb, purpurbraun querbändrig und fleckig, Lippe sehr gross, breit keilförmig, fächerartig ausgebreitet, milchweiss mit gelbem Kamme und je einem sichelförmigem, purpurrotem Seitenfleck im Grunde. September, Oktober. Ecuador.

Trichoglottis *Bl.*

(Aërideae 411.)

Von den fünf, im malayischen Archipel heimischen, baumbewohnenden, in der Tracht an Vanda erinnernden Arten ist nur in Kultur:

T. fasciata Rchb. f. (*Stauropsis fasciata Bnthm.*) Stamm schlank, bis meterhoch, aufrecht, starkwurzlig, zweizeilig mit länglichen, stumpfen, etwa 1 zu 6 cm grossen, lederartigen, dunkelgrünen Blättern besetzt, deren Scheidenteil den Stamm umfasst. Blüten an kurzen, achselständigen, dreikantigen Stielen einzeln, paarweis oder zu 3—5, ledrig, bis 6 cm breit, oberes Kelchblatt und Blumenblätter länglich-keilförmig, seitliche Kelchblätter sichelförmig, alle aussen weiss, innen hell grünlichgelb mit zimmtbraunen Querbändern, Lippe mit bandförmigen Öhrchen am Grunde, zwischen denen drei sammtige Haarlinien laufen, dreiteilig, weisslich, Seitenlappen dreieckig, abstehend, gelb, spitzig, Mittellappen gekielt, vorn schief gestutzt, längs der Kiellinie purpursprenkelig. Die seitlichen Kelchblätter bilden am Säulenfuss herablaufend ein Kinn, die Lippe mit dem Säulenfusse einen kurzen Sporn, welcher das Kinn nicht überragt. Mai—Juli.

Kultur wie von Aërides (s. d.).

Trichopilia *Ldl.*

(Trichopilieae 338.)

(Leucohyle Klotzsch. Pilumna Ldl.)

Durchweg schöne und dankbar blühende Arten, gewissermassen Gloxynien unter den Orchideen, denn an erstere erinnert die Lippe der meisten Arten frappant. Sie sind Baumbewohner der amerikanischen Tropen, besonders Centralamerikas, bisher in etwa zwanzig Arten bekannt. Die am Grunde von trockenhäutigen Scheiden umkleideten Scheinknollen sind seitlich abgeplattet und tragen je ein endständiges, sitzendes oder kurzes, stark gekieltes, ledriges, dunkelgrünes Blatt. Blüten auf nickenden oder überhängenden Schaften zu 1—3, selten in armblumigen Trauben, unter der Knolle vortretend, gross und ansehnlich, weit geöffnet, nicht gespornt, Kelch- und Blumenblätter fast gleich, zuweilen gedreht, Lippe trichterförmig um die kurze Säule gerollt, vorn breit flach offen und meist am Rande nach aussen umgeschlagen, sehr gross im Verhältnis zu den anderen

Blättern. Kultur wie von Cattleya (s. d.), aber möglichst nahe dem Glase, denn nur in vollem Lichte setzen die Trichopilien reichlich Knospen an und entwickeln sie gut zur Blüte. Gegen stehendes Wasser sind sie in der Topfkultur sehr empfindlich, sogar in der Wachstumsperiode, obgleich sie in dieser Zeit dauernd feucht gehalten sein wollen und reichlich Dungguss vertragen.

T. alba Lind. ist *T. suavis Ldl. var.*

Tr. albida Wdld. gehört wohl auch in den Formenkreis von Tr. suavis. Scheinknollen flach länglich-eiförmig, 8 cm hoch. Blüten zu 2—5 in aufrechter Traube, 10 cm breit, schimmernd weiss bis auf den gelblichen Grunde der vorn vierspaltigen Lippe. Februar, März. Mexiko.

T. candida Batem. ist *T. fragrans Ldl.*

T. coccinea Lem. ist *T. marginata Henfr.*

T. crispa Ldl. (*Leucohyle Warscewiczii Kl.*) (Fig. 173.) Scheinknollen gedrängt, glatt, länglich-eiförmig, 3—4 cm hoch. Blätter aus kurz zusammengezogenem Stiel breit-lanzettlich mit kurz aufgesetzter Spitze, etwa 3 zu 12 cm. Blüten an wagerechtem Schaft nickend, einzeln oder zu drei, bis 10 cm breit, dauernd, schwach duftend, Kelch- und Blumenblätter schmallanzettlich, wellig, oft gedreht, zart kirschrosa mit weissem Rande, Lippe trompetenförmig, vorn weit gerundet, wellig-faltig und zierlich gekerbt gerandet, aus karminrotem Grunde hell kirschrot. April—Juni, oft im Oktober wieder blühend. Central-Amerika.

— **var. lepida h. Veitch.** als Art. Kelch- und Blumenblätter linearlanzettlich, hell rosalila, unregelmässig weiss gesäumt, Lippe vorn fast quadratisch, satt hellpurpurn mit sehr breitem weissem Saum.

— **var. marginata Warn.** Kelch- und Blumenblätter noch schmäler als an der Hauptart, lanzettlich, purpurrot, elegant weiss gesäumt, krausrandig, gedreht, Lippe aussen fast weiss, innen aus dunkel karminrotem Grunde nach vorn heller karmin und scharf abgesetzt weiss gesäumt.

T. fragrans Ldl. (*T. candida Batem. Pilumna fragrans Ldl.*) Scheinknollen länglich, bis 10 cm hoch, leicht zusammengedrückt, Blätter kurz gestielt, breit länglich-lanzettlich, gekielt, etwa 4 zu 10 cm gross. Blüten in hängenden Trauben zu 3—5, 10 cm breit, süss duftend, Kelch- und Blumenblätter länglich-lanzettlich zugespitzt, wellig, leicht gedreht, hell grüngelblich, Lippe reinweiss mit orangegelbem Grundfleck, vorn flach dreilappig mit kurzen Spitzchen. November—Februar. Neu-Granada.

T. fragrans Ldl. var. grandiflora und *var. nobilis* sind *T. nobilis Rchb. f.*

T. Galeottiana A. Rich. (*T. picta Lind. T. Turialbae Batem.* nicht *Rchb. f.*) Scheinknollen ganz flachgedrückt, 5 cm hoch, blassgrün, Blätter länglichkeilförmig, spitz, dunkelgrün. Blüten einzeln, sehr zahlreich, an wagerechten, langen, schlanken Stielen, 8 cm breit, Kelch- und Blumenblätter lanzettlichkeilförmig, letztere breiter, hellgrün mit mittleren olivengrün-braunen Streifen, Lippe dicht die Säule umschliessend, vorn dreilappig, Seitenlappen gerundet, Mittellappen nierenförmig, Scheibe hellgelb, karminrot gestreift und gefleckt, breit weiss gerandet. August, September. Mexiko, Chiapa, in höheren Lagen, also kühler zu kultivieren.

T. hymenantha Rchb. f. Scheinknollen rundlich, fast stammartig, Blätter fleischig, fast cylindrisch, spitz, am Grunde von braunen Scheiden umschlossen. Blüten in 6—10 blumiger, überhängender Traube, 5 cm breit, weiss bis auf den tief blutroten Grund der Lippe, Kelch- und Blumenblätter schmal-lanzettlich, gedreht, Lippe sitzend, vorn breit-elliptisch, fast flach, mit ausgefressen gezackten Rändern. Juni—August, Neu-Granada.

Tr. Lehmanni Rgl. steht der Tr. fragrans sehr nahe, aber die einzeln grossen Blüten stehen aufrecht und die Lippe ist fast quadratisch. Kelch- und Blumenblätter sehr schmal, reinweiss, Lippe aus goldgelbem Grunde ebenfalls reinweiss. Januar, Februar. Neu-Granada.

Fig. 173. Trichopilia crispa.

T. lepida h. Veitch ist *T. crispa Ldl. var.*

T. marginata Henfrey. (*T. coccinea Lem.*) Der T. crispa recht ähnlich, aber die flachen Knollen gefurcht, Blätter lanzettlich, vorn übergebogen, Blüten auf hängendem Schaft einzeln, 10 cm breit, Kelch- und Blumenblätter ganz schmal linear-lanzettlich, spitz, gedreht, bräunlichpurpurn, gelbweiss gerandet, Lippe trompetenförmig, aussen weisslich, vorn dreilappig, Seitenlappen gerundet, Mittellappen wellig, tief ausgerandet, aus dunkelkarminrotem Schlunde vorn rotpurpurn, weiss gesäumt. Mai—Juni. Centralamerika.

var. flaveola hort. ist *var. olivacea Rchb. f.*

— **var. olivacea Rchb. f.** (*var. flaveola hort.*) Blütenblätter olivengrün-bräunlich.

T. nobilis Rchb. f. (*T. fragrans Ldl. v. nobilis hort. T. fragrans Ldl.*

v. grandiflora hort. Pilumna nobilis Rchb. f.) Wuchs wie von T. fragrans, aber die Blüten grösser, an aufrechtem Schaft zu 3—5, nickend, süss duftend, Kelch- und Blumenblätter linear-lanzettlich, wellig, weiss, Lippe schlank zusammengerollt, oben aus eingezogener Mündung plötzlich fast quadratisch ausgebreitet, flach dreilappig, die seitlichen Lappen vorn übergebogen, der vordere viel grösser und breiter, reinweiss mit zwei ein Auge bildenden, orangegelben Grundflecken. November—Januar. Kolumbien, Peru.

T. sanguinolenta Rchb. f. ist *Helcia sanguinolenta Ldl.*

T. picta Lind. ist *T. Galeottiana A. Rich.*

T. suavis Ldl. Scheinknollen länglich-elliptisch, flach-gedrückt, 5—6 cm hoch, Blätter fast sitzend, elliptisch, 5 zu 15 cm etwa, spitz, wellig gerandet. Blüten zu 3—5 an schlankem, überhängendem Stiel, weissdornduftig, 5 cm breit, Kelch- und Blumenblätter aus schmalem Grunde lanzettlich, spitz, wenig gedreht, elfenbeinweiss, Lippe aus gelbem Schlunde ebenso, hell rosaviolett getuscht und gefleckt, wellig und fein gezähnelt. März, April. Costarica.

— **var. alba Lind.** Blüten reinweiss bis auf den gelblichen Schlundfleck.

— **var. grandiflora hort.** (*var. superba hort.*) Blüten bis 8 cm, Kelch- und Blumenblätter weiss, Lippe aus orangegelbem Schlunde weiss mit karminroten Flecken.

— *var. superba hort.* ist *var. grandiflora hort.*

T. tortilis Ldl. Scheinknollen fast bandförmig, 8 cm lang, Blätter länglich, zugespitzt, ledrig. Blüten einzeln auf nickendem Schaft, 10 cm breit, Kelch- und Blumenblätter schmal-lanzettlich, spiralig gedreht, gelbgrün mit trüb braunroten Schmitzen längs der Mittellinie, Lippe aussen weisslich, innen gelbweiss, dicht rosa und gelb gesprenkelt, vorn dreilappig, Mittellappen tief zweispaltig. April—Mai, oft auch im September, Oktober. Mexiko.

— **var. candida Lind. et Rchb. f.** (*var. alba hort.*) Blüten reinweiss.

T. Warscewiczii Kl. ist *T. crispa Ldl.*

Trichosma *Ldl.*

(Thuniinae 145.)

Die einzige im Himalaya auf faulenden Stämmen lebende Art ist:

T. suavis Ldl. (*Eria suavis Rchb. f. Eria coronaria Rchb. f. Eria cylindripoda Griff. Coelogyne coronaria R. Br.*) Wuchs der Coelogynen mit aufrechtem Blütenstande (Abteilung Erectae Ldl.) Kurze, schlanke, runde Stämme bis zu 20 cm Höhe mit zwei endständigen, derben, breitlanzettlichen, dreinervigen, dunkelgrünen Blättern. Blüten in endständiger, aufrechter, kurzer, wenigblumiger Traube, 5 cm breit, stark duftend, Kelch- und Blumenblätter lanzettlich, aufrecht abstehend, crêmeweiss, die seitlichen Kelchblätter mit dem Säulengrunde ein deutliches Kinn bildend,

Lippe dreilappig, mit den aufgerichteten weissen, hochrotbraun gestreiften Seitenlappen die schlanke Säule umfassend, Mittellappen breit gerundet, zurückgebogen, gelb, karminrot gesäumt, auf der Scheibe einige rote Kammlinien. März—Mai. Khasyaberge.

— **var. Tautziana Rchb. f.** (*var bella hort.*) Blüten fast weiss, Lippe weiss, leuchtend hochrot gestreift.

Trichotosia Bl. ist *Eria Ldl.*

Trigonidium monophyllum Grisb. ist *Octadesmia monophylla Bnthm.*

Tripleura Ldl. ist *Zeuxine Ldl.*

Trophianthus Scheidw. ist *Aspasia Ldl.*

Trymenium Ldl. ist *Odontoglossum H. B. K.*

Tussaca Raf. ist *Goodyera R. Br.*

Tylochilus Nees ist *Cyrtopodium R. Br.*

Uropedilum (Uropedium) *Lindeni Ldl.* ist eine Pelorienform von *Paphiopedilum caudatum Pfitzer.*

U. delicatum hort. ist *Phaphiopedilum caudatum Pfitz. var. Wallisii Rchb. f.*

Urostachya Ldl. ist *Eria Ldl.*

Vanda *R. Br.*

(Aërideae 392.)

Hochstämmige Pflanzen mit meist zweizeilig gestellten, flachen, riemenförmigen, zurückgekrümmten, seltener drehrunden Blättern. Blüten in seitenständigen, oft reichblütigen Trauben, meist gross und schön gefärbt. Kelch- und Blumenblätter ziemlich gleich, genagelt, mit mehr minder rundlicher Platte, ausgebreitet, Lippe mit dem Säulengrunde fest verbunden, kurz und breit gespornt, dreilappig, Seitenlappen klein, am Sporneingang aufgerichtet, Endlappen abstehend. Säule breit und kurz.

Kultur wie von Aërides, nur in voller Sonne zu halten, denn je mehr sie gewissermassen durchgebraten werden, um so besser blühen sie. Viele Arten blühen zweimal im Jahre.

Die reichlich 20 Arten, welche im tropischen Asien und auf den malayischen Inseln, eine auch im tropischen Australien, baumbewohnend heimisch sind, werden in folgende Gruppen geteilt:

A. **Euvanda Ldl.** Lippe deutlich gespornt, eben oder gefurcht; z. B. V. tricolor Rchb. f.

B. **Lamellaria Ldl.** Lippe deutlich gespornt mit aufrechten Längsfalten; z. B. V. coerulea Griff.

C. **Cristatae Ldl.** Lippe nur ausgesackt, Platte nackt; z. B. V. cristata Ldl.

D. **Teretifolia Pfitz.** Sporn weit, kegelförmig, Seitenlappen der Lippe gross; Blätter drehrund; z. B. V. teres Ldl.

V. alpina Ldl. (*V. Griffithii Ldl. Luisia alpina Ldl.*) Stämme federhalterdick, kaum 10 cm hoch, Blätter breit-linear, 2 zu 10 cm etwa, vorn ungleich zweilappig. Blüten einzeln oder zu zweien auf kurzem Schaft hinter trockenhäutigen Deckblättern, 3 cm breit, oberes Kelchblatt länglich-spatelförmig, seitliche länglich-eiförmig, Blumenblätter linear-länglich, alle eingebogen, hell-grünlichgelb, Lippe fleischig, dreieckig, aufrecht, ausgehöhlt, innen schwärzlich-purpurn, Mittellappen herzförmig, zurückgeschlagen, mit zwei Rankfäden an der Spitze, hellgelb, schwarzpurpurn längsstreifig. Juli, August. Khasyaberge bei 1600 m, schon im Gebiet des Schneefalles, daher Kalthauskultur.

V. Amesiana Rchb. f. Stämme niedrig, auffällig dick-wurzelig, Blätter fleischig, halbcylindrisch, tiefgrubig, lang zugespitzt, bis 25 cm lang und fingerdick. Blüten in lockerer Traube oder Rispe, deren Schaft trüb grün und rot überlaufen ist, süss wohlriechend, 5 cm breit, langgestielt, Kelch- und Blumenblätter stumpf länglich-eiförmig, weiss mit zartem purpurrosaem Hauch, Seitenlappen der Lippe klein, fast quadratisch, vorn gerundet, weiss mit hellrosaem Hauch, Mittellappen aus breitem Grunde quer gerundet, ausgerandet, Seitenränder zurückgeschlagen, mit drei dicken Längsschwielen, amethyst-purpurn, nach dem Rande in weiss verlaufend. Sporn sackartig, zusammengedrückt. Säule weiss, purpurnfleckig.

V. Batemanni Ldl. ist *Vandopsis lissochiloides Pfitzer.*

V. Bensonii Rchb. f. Stämme 30 cm hoch, Blätter steif, vorn zweispitzig. Blüten in aufrechten, bis 50 cm hohen, dichten Trauben, wie Vitis vulpina duftend, 5 cm breit, aussen weisslich, Kelchblätter und die kleinen Blumenblätter stumpf verkehrt-eiförmig, innen gelbgrün mit rotbraunen Tupfen, Lippe eiförmig, mit gewölbter Scheibe, welche drei Falkenhäutchen trägt, fleischfarben, vorn gerundet, mattviolett, die kleinen Öhrchen am Grunde und der Sporn weiss. Mai, Juni. Birma.

V. Boxallii Rchb. f. ist *V. coerulescens Griff. var.*

V. Cathcartii Ldl. ist *Esmeralda Cathcartii Rchb. f.*

V. Clarkei hort. ist *Esmeralda Clarkei Rchb. f.*

V. coerulea Griff. (Fig. 174.) Stämme meterhoch, Blätter lang überhängend, kahnförmig, vorn ungleich abgestutzt. Blüten zu 10—15 in langer lockerer Traube auf aufrechtem, halbmeterhohem Schaft, 10 cm breit, derbhäutig, Kelch- und Blumenblätter kurz genagelt, stumpf-länglich, prächtig hellhimmelblau, Lippe klein, linear-länglich, ledrig, dunkelblau, vorn zweilappig, auf der Scheibe drei Längsfalten. August—Oktober. Khasyaberge Ostindiens. — Das Blau der Blüte ist ungemein veränderlich und schwankt von reinstem Himmelblau bis in zart schiefergrau-bläuliche Töne.

V. coerulescens Griff. Stämme halbmeterhoch, Blätter ledrig, aufrecht, 2 zu 15 cm, riemenförmig, gekielt, vorn quer gestutzt, gerundet zweispitzig. Blüten in dichter Traube zu 10—20 auf schlankem, aufrechtem Schaft, Kelch- und Blumenblätter keilförmig-eiförmig mit eingebogenen Spitzen hell-lila, am Grunde leicht gedreht, Lippe aus breitem, rechteckigem Stege vorn quer gerundet satt violett, mit drei dunklen Längslinien, die Öhrchen am Grunde purpurlila, Sporn kegelförmig, violett mit grün. März, April. Birma.

— **var. Boxallii Rchb. f.** Blätter steif, kürzer, scharf gekielt, vorn schief gestutzt. Blüten in gedrängter Traube auf kurzem Schaft, weiss

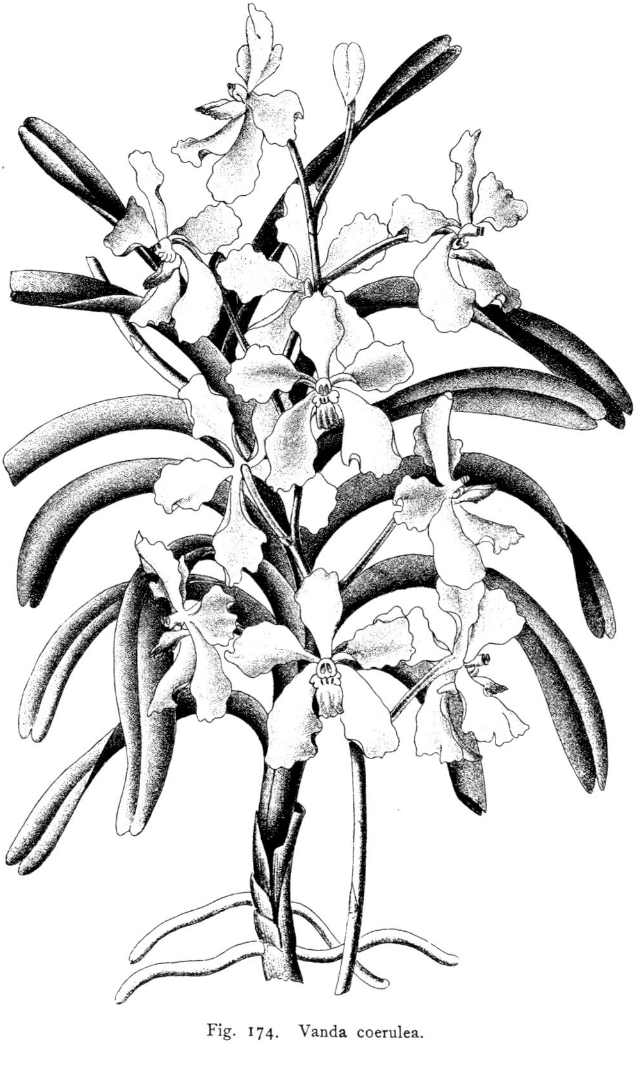

Fig. 174. Vanda coerulea.

mit lilaem Hauch, Lippe dunkelviolett, weiss gesäumt, auf der Scheibe dunkelblaue Längslinien mit weissen Strichen zwischen sich. Hinterindien.

— **var. Lowiana Rchb. f.** Blüte hellviolett, weiss überhaucht, Lippe hellrot-amethystpurpurn.

— **var. Vipani Rchb. f.** Blüte weiss, Lippe hellpurpurn getuscht.

V. concolor Bl. ist *V. Roxburghii R. Br. var.*

V. cristata Ldl. (*V. striata Rchb. f.*) Stämme aufrecht, meterhoch, Blätter lang-riemenförmig, gekehlt, vorn gestutzt und dreizähnig. Blüten zu 3—6 auf kurzem Schaft in kurzer Traube, 5 cm breit, Kelch- und Blumenblätter stumpf-länglich, eingebogen, grünlichgelb, Lippe länglich, vorn gewölbt und an der Spitze kurz spreizend-dreilappig, oberseits sammtig, lehmgelb mit hochblutroten Längsstreifen, die Öhrchen am Grunde eiförmig, innen blutrot. März—Juli. Nepal, Sikkim.

V. Denisoniana Benson et Rchb. f. Stämme aufrecht, kräftig, meterhoch, Blätter breit-riemenförmig, übergebogen, vorn tief und spitz zweispitzig, dunkelgrün. Blüten in steif-aufrechter Traube zu 5—7, prächtig Akazien-duftig, dickfleischig, 5 cm breit, oberes Kelchblatt und Blumenblätter länglich-spatelförmig, seitliche Kelchblätter breit-eiförmig, alle weiss mit hellgrünem Anflug, Lippe geigenförmig, weiss, vorn sparrig rund-zweilappig, Öhrchen am Grunde fast quadratisch; Sporn kurz-kegelförmig. Mai—Juli. Birma.

— **var. hebraica Rchb. f.** Blüten aussen hell-, innen dunkelschwefelgelb mit zahlreichen gelbbräunlichen Spritzern und Querstrichen, an hebräische Schriftzeichen erinnernd; Sporn innen orangegelb, Vordersaum der Lippe olivengrün.

— **var. punctata hort.** Flecken mehr rundlich, sonst wie v. hebraica.

V. densiflora R. Br. ist *Saccolabium giganteum Ldl.*

V. furva Ldl. ist *V. Roxburghii R. Br. var. concolor Bl.*

V. gigantea Ldl. ist *Vandopsis gigantea Pfitz.*

V. Griffithii Ldl. ist *V. alpina Ldl.*

V. hastifera Rchb. f. Der V. coerulescens Griff. var. Boxalli Rchb. f. sehr ähnlich, aber die Blüten stehen in lockeren Trauben und sind grösser, Kelch- und Blumenblätter wellig, hellgelb, innen blutrot gefleckt, Lippe mit spiessförmigem Mittelteil, Öhrchen länglich-dreieckig, auf der dicken, gewölbten Grundpartie behaart, weiss mit brauner und hellvioletter Zeichnung; Säule weiss, braun gefleckt; Sporn zusammengedrückt, kegelförmig. Juni—August. Sundainseln.

V. Hookeriana Rchb. f. Stämme schlank, drehrund, lang-wurzelnd, 30 cm hoch, mit zerstreuten, drehrunden, 6 cm langen, zugespitzten, blassgrünen Blättern. Blüten auf kaum 5 cm langem, den Blättern gegenüberstehendem Schaft im obersten Teil des Stammes, zu 2—5, derbhäutig, 5 cm breit, Kelchblätter weiss, rosa getuscht, die grösseren länglich-spatelförmigen Blumenblätter weiss, violettpurpurn gesprenkelt, Lippe aus keilförmigem Grunde vorn breit-dreilappig, weiss, mitten längsstreifig violettpurpurn, alle Ränder violettpurpurn, die Öhrchen tief purpurn. Juni, Juli. Borneo.

V. insignis Bl. Stämme aufsteigend, halbmeterhoch, mit steifen, schmalriemenförmigen, übergebogenen, gekehlten, vorn glatt oder gezähnelt gestutzten Blättern. Blüten zu 5—7, in überhängenden lockeren Trauben, 5 cm breit, Kelch- und Blumenblätter breit-spatelförmig, aussen weisslichgelb, innen hellgelbbraun, dunkel chokoladenbraun gefleckt, Lippe gross, geigenförmig, mit kurzen weissen Seitenlappen, Vorderlappen eiförmig, weiss, vorn halbmondförmig verbreitert, hell-purpurrosa, auf der Scheibe zwei flache Schwielen. Mai, Juni. Molukken.

— **var. Schroederiana Rchb. f.** Blüten hellgelb, Lippe reinweiss.

V. insignis hort. war vor der Einführung der Blume'schen Art *V. tricolor Ldl. var.*

V. Kimballiana Rchb. f. Blätter fast cylindrisch, lang zugespitzt, 15 cm lang, tief gefurcht, dunkelgrün, bronzefarben überlaufen. Blüten zu 8—12 in aufsteigender, lockerer, kurz- und schlank-schaftiger Traube, lang blassrötlich gestielt, 4 cm breit, oberes Kelchblatt stumpf-länglich, einmal um sich gedreht, wellig gerandet, seitliche genagelt, breit-spatelförmig, mit am Grunde eingerolltem Rande, ebenso die erheblich kleineren Blumenblätter, diese und das obere Kelchblatt weiss, rosa überlaufen, seitliche Kelchblätter reinweiss, Seitenlappen der Lippe lang-dreieckig ausgezogen mit gemshornartig eingebogener Spitze, gelblichweiss, innen rotbraun gefleckt, Mittellappen breit-eiförmig, wellig, kraus ausgefressen-gerandet, vorn tief ausgeschnitten, amethyst-purpurn. Sporn leicht gebogen, schlank, blasspurpurn. Säule weiss. Juli, August. Südl. Himalaya bei 1600 m.

V. lamellata Ldl. Stämme schlank-aufrecht, kaum halbmeterhoch mit langen, schmal-riemförmigen, stark überhängenden Blättern. Blüten zu 8—10 in kurzer, dichter Traube, kaum 5 cm breit, das obere Kelchblatt und die Blumenblätter zurückgeschlagen, breit-lanzettlich, seitliche Kelchblätter schlank-eiförmig, alle gelb mit rotbrauner Grundzeichnung, Lippe breit-geigenförmig, weisslich mit sechs purpurroten Längsstreifen. November bis Dezember. Philippinen.

— **var. Boxalli Rchb. f.** Blüten gross, bis zu 20 in langer Traube, oberes Kelchblatt und Blumenblätter aussen crêmeweiss, innen reinweiss mit zarten purpurbraunen Streifchen im Grunde, seitliche Kelchblätter längshalbiert, scharf abschneidend nach aussen weiss, nach innen purpurbraun, Lippe rosaviolett, purpurstreifig.

V. limbata Bl. Stämme kräftig, dickwurzlig, meterhoch. Blätter ledrig, lang-riemenförmig, etwa 2 zu 20 cm, gekehlt, dunkelgrün, vorn schief gestutzt. Blüten zu 10—15 in aufrechter, langer, lockerer Traube, 4 cm breit, Kelch- und Blumenblätter spatelförmig, hellzimmtbraun, aussen violett überlaufen, innen schachbrettartig rotbraun gefleckt und gelb gerandet, Lippe breit-geigenförmig, auf der geschwollenen Scheibe 5—7 parallele Furchen, rosa-fliederfarben, weiss gesäumt. Juni, Juli. Java.

V. Lindleyana Hook. ist *Vandopsis gigantea Pfitzer.*

V. lissochiloides Gaud. ist *Vandopsis lissochiloides Pfitzer.*

V. Lowii Ldl. ist *Rhenanthera Lowii Rchb. f.* (Fig. 175.) Beschreibung siehe: Seite 533.

V. multiflora Ldl. (*V. Wightiana Ldl.*) Meterhohe Stämme mit breit-

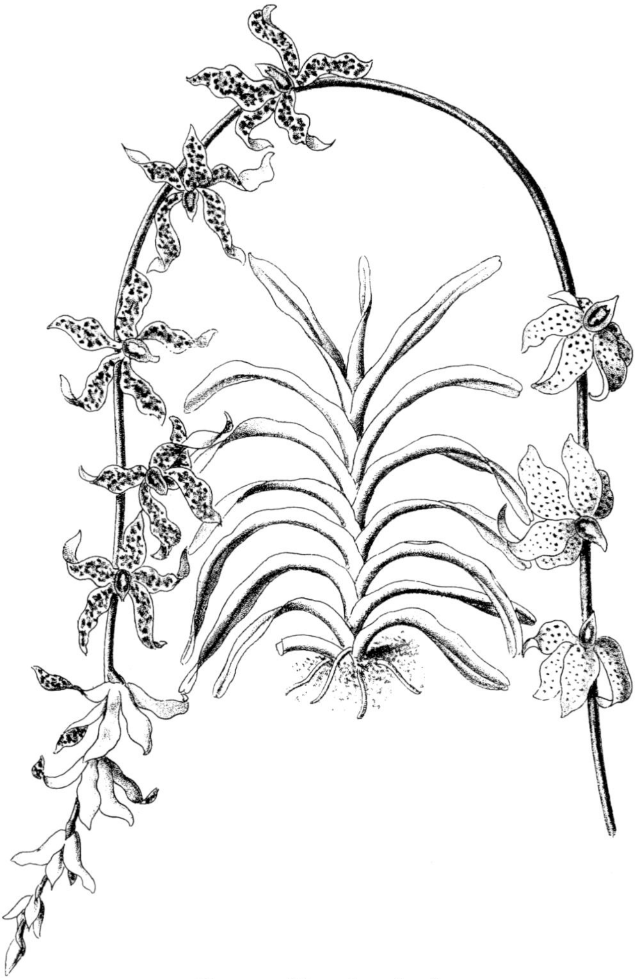

Fig. 175. Rhenanthera Lowii.

riemenförmigen, etwa 2 zu 20 cm grossen, dunkelgrünen, vorn schief ausgerandeten Blättern. Blüten in verästelter, fast doldenartiger Traube, 2 cm breit, Kelch- und Blumenblätter stumpf-länglich, blassgelb-purpurrot gestreift, Lippe kammlos, Mittellappen eiförmig, kurz zugespitzt, weiss, purpurn punktiert. August, September. China.

V. Parishii Rchb. f. Stämme niedrig, mit breit und stumpf linearen, steifen, fast fleischigen, freudiggrünen Blättern. Blüten zu 3—5 auf steif-aufrechtem, überhängendem Schaft, 5 cm gross, stark duftend, Kelch- und Blumenblätter spitz länglich-keilförmig, grünlichgelb, braunrot gefleckt, Lippe rautenförmig, höckerig mit einem nach der Spitze verlaufendem Kiel und einem violettem Kegelhöcker am Grunde vor dem kurzem Höckersporn, Öhrchen klein, weiss, orange gestreift, Vorderlappen hellviolettrot, schmal weiss gesäumt. Juni—August. Birma.

— **var. Marriottiana Rchb. f.** Kurzstämmig, dicht beblättert, Blüten nicht duftend, zu 4—8 in dichter Traube auf aufrechtem Schaft, bronzebraun, violett überlaufen, Lippe mit weissen Öhrchen und prächtig violettrotem Vorderteil.

V. parviflora Ldl. (*Vanda testacea Roxbg. Aërides Wightianum Ldl. Aërides testaceum Ldl.*) Stämme kurz, Blätter schmal-riemenförmig, 1,5 zu 20 cm etwa, vorn schief gestutzt mit einem Weichstachelchen in der Ausbuchtung. Blüten in überhängenden, vielblumigen Trauben, 2 cm breit, bräunlichgelb, Kelch- und Blumenblätter breit-spatelförmig, Seitenlappen der Lippe klein, eingebogen, Mittellappen gross, breit-länglich, vorn verbreitert und gekerbt, weiss mit erhabenen Schwielen auf der purpurfleckigen Scheibe. Sporn mässig lang, gebogen, stumpf. Juni, Juli. Assam, Birma, durch ganz Vorderindien bis Ceylon, weit verbreitet und schon 1844 von Loddiges eingeführt.

V. peduncularis Ldl. ist *Cottonia peduncularis Rchb. f.*

V. recurva Hook. ist *Sarcanthus rostratus Ldl.*

V. Rohdeniana h. Ludd. ist *Renanthera Lowii Rchb. f. var.*

V. rostrata Lodd. ist *Sacranthus rostratus Ldl.*

V. Roxburghii R. Br. (*Vanda tessellata Paxt. V. tesselloides Rchb. f. Cymbidium tesselloides Sw. Cymbidium tessellatum hort.*) Stämme halbmeterhoch, buschbildend, aufrecht, vielwurzlig, Blätter schmal-riemenförmig, gekehlt, ledrig, vorn dreispitzig. Blüten zu 6—12 in aufrechter, lockerer Traube, 4 cm breit, Kelch- und Blumenblätter stumpf-länglich, aussen weisslich, innen blassgrün mit gebrochenen violett- oder grünlichbraunen Linien, Lippe purpurviolett, nach vorn dunkler, Seitenlappen weiss, Sporn trüb rötlich. August—Oktober. Bengalen.

— **var. coerulea hort.** Lippe blauviolett.

— **var. concolor Blume** als Art. (*V. Roxburghii R. Br. var. unicolor hort. V. furva Ldl.*) Starkwüchsig, bis 2 m hoch, Blüten zahlreich, in sehr lockerer, langer Traube, aussen weisslich, innen einfarbig zimmtbraun, Lippe im Grunde sammtig, weiss mit rosa gesprenkelten Seitenlappen und zimmtbraunem Mittellappen. China.

V. rostrata Lodd. ist *Sarcanthus rostratus Ldl.*

V. Sanderiana Rchb. f. ist *Esmeralda Sanderiana Rchb. f.*

V. Stangeana Rchb. f. Der V. Roxburghii sehr ähnlich. Blüten zu 4—5 in kurzer Traube, 4 cm breit, Kelch- und Blumenblätter beim Aufblühen innen grünlich, bald ockergelb werdend, mit dunkel purpur-

Fig. 176. Vanda suavis.

brauner Schachbrett-Fleckung, Seitenlappen der Lippe stumpf, weiss mit gelben und trübvioletten Spritzflecken, Mittellappen aus schmalem Grunde breit-herzförmig, vorn tief ausgerandet, weiss mit blauvioletter Spitze oder ganz blauviolett. Juni—August. Assam.

V. striata Rchb. f. ist *V. cristata Ldl.*

V. suaveolens Bl. ist *V. tricolor Ldl.*

V. suavis Ldl. (*V. tricolor Ldl. var. suavis Rchb. f.*) (Fig. 176.) Stämme aufrecht, bis meterhoch, buschbildend, Blätter riemenförmig, flach, schlaff überhängend, dunkelgrün, vorn schief stumpfspitzig. Blüten zu 8—15 in aufrechten oder überhängenden Trauben, 5 cm breit, fleischig-fest, köstlich stark orangenblüten-duftend, Kelch- und Blumenblätter stumpf-spatelförmig, oberes Kelchblatt und die Blumenblätter zurückgeschlagen, gewölbt, stark wellig, seitliche Kelchblätter halb gedreht, so dass die Aussenseite innen steht, alle aussen rein milchweiss, innen vortretend purpurrot gefleckt,

Fig. 177. Vanda teres.

Seitenlappen der Lippe flach, eiförmig dunkel purpurrosa, Mittellappen hell purpurrosa, schmal, vorn tief zweispaltig. April—Juni und August bis Oktober. Java.

— **var. flava Ldl.** Blütenblätter blass gelblich, wenig gefleckt, Lippe rosa.

— **var. Gottschalckei Will.** Blüten weiss, dicht purpurn gesprenkelt, Lippe leuchtendrosa, weiss getupft.

V. teres Ldl. (Fig. 177.) Stämme drehrund, verworren buschig, oft fast kletternd, vielwurzelig, bis meterhoch. Blätter drehrund, fleischig, bis 10 cm lang, kurz zugespitzt, dunkelgrün. Blüten meist paarweis auf aufrechtem, kurzem Schaft, der den Blättern gegenübersteht, 10 cm breit, flach ausgebreitet, Kelchblätter eiförmig, wellig gerandet, flacher oder tiefer an der Spitze ausgebogt, weiss, zart rosa behaucht, Blumenblätter grösser, fast kreisrund, stark wellig gerandet, hell violettrosa mit fast weissem Rande, Seitenlappen der grossen Lippe breit-dreieckig, vorn gestutzt, vollständig um die Säule geschlagen, innen orangegelb mit karminroten Strichen, ebenso der schmale, streifig behaarte Grund, aus welchem sich der tief zweispaltige Vorderlappen halbkreisförmig, mit fein gezähntem Rande ausbreitet, leuchtend violettrosa mit heller, stark vortretender Aderung. Sporn kurz kegelförmig. Juni—August. Birma, Sylhet, Khasya-Berge. — Die Pflanze verlangt vollste Sonne, um Blüten zu entwickeln.

— var. **Andersoni Will.** Leicht und dankbar blühende Form. Blüten zu 5—6, leuchtender und dunkler gefärbt als die Hauptart.

— var. **Aurora Rchb. f.** Kelchblätter weiss, Blumenblätter weiss, rosa überlaufen, Schlund ockergelb, Seitenlappen rosa, Lippe dunkelrosa, purpurn gefleckt. Säule hell purpurrötlich.

— var. **candida Rchb. f.** Blüten reinweiss.

V. teretifolia Ldl. ist *Sarcanthus teretifolius Ldl.*

V. tessellata Paxt. ist *V. Roxburghii R. Br.*

V. tesselloides Rchb. f. ist *V. Roxburghii R. Br.*

V. testacea Rchb. f. ist *V. parviflora Ldl.*

V. tricolor Ldl. (Fig. 178.) (*V. suaveolens Bl.*) Stämme kräftig, über meterhoch, steif aufrecht, Blätter breit riemenförmig, 3 zu 20 cm und darüber, dunkelgrün, leicht und elegant überhängend, vorn unregelmässig ausgezackt. Blüten zu 5—15 in langen, aufsteigenden, dichten Trauben aus den oberen Blattachseln, 5 cm breit, auf weissen, langen Stielen, orangeblüten- und jasminduftend, besonders abends, aussen milchweiss, fleischig-derb, Kelch- und Blumenblätter aus schmalem Grunde stumpf länglich-eiförmig oder spatelförmig, innen weissgelblich, braunrot getupft und gepunktet, Seitenlappen der Lippe gerundet, aufrecht, weiss, Mittellappen breit-keilförmig, vorn gerundet, tief zweispaltig, aus hellem Grunde rosaviolett mit fünf weissen Längslinien auf der Scheibe. April, Mai oder August—Oktober, oft aber auch zu anderen Zeiten blühend, wie denn diese Art überhaupt die am willigsten und dankbarsten blühende Art der Gattung ist. Java. Im April 1891 blühte im Rotschildschen Garten in Gunnersbury (Obergärtner Hudson) ein Exemplar mit endständigen (Terminal-) Blüten, welche je zwei Lippen und zwei Säulen tragen.

— var. **aurea hort.** Blüten leuchtendgelb, zimmtbraun gezeichnet, Lippe prächtig violettrot.

— var. **cinnamomea hort.** Blüten dicht zimmtbraun getupft, so dass der weissgelbe Grund fast verschwindet.

— var. **Corningii Will.** Blüten hellgelb mit karminroter Zeichnung, innen und aussen purpurrosa gesäumt, Lippe aus hellrosaem Grunde pflaumenfarben.

— var. **Dodgsonii Will.** Blüten gross, in reichblumigen Trauben, hell bernsteingelb, rotbraun gezeichnet, violett gerandet, Lippe dunkel purpurviolett mit weissen Grundflecken.

— **var. formosa Veitch.** Blüten hochgelb, gleichmässig rotbraun gesprenkelt in oft zusammenfliessenden Linien.

— **var. insignis hort.** (*V. insignis hort.* in früherer Zeit, nicht *Blume.*) Kelch- und Blumenblätter nankinggelb, karminrot gezeichnet, Lippe blass fliederfarben.

— **var. nivea hort.** Kelch- und Blumenblätter ungefleckt reinweiss, Lippe rosa.

— **var. pallida hort.** Blüten gelblichweiss, hell rötlichbraun gefleckt, Lippe blass-violett.

— **var. Patersonii Rchb. f.** Blüten kaum 4 cm breit, crêmeweiss, dicht zimmtbraun gesprenkelt, Lippe satt violettrot.

— **var. planilabris Ldl.** Blüten gross, Kelch- und Blumenblätter aus schmalem Nagel sehr breit gerundet, citronengelb, dicht braun gesprenkelt, Lippe flach, gross, rosa purpurviolett gesäumt und auf der Scheibe purpurbraungestreift.

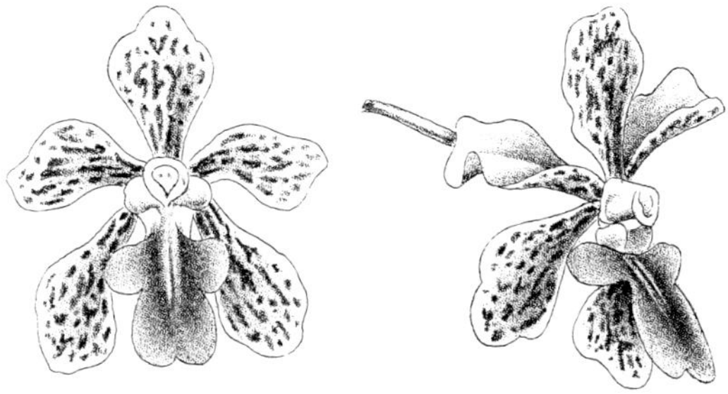

Fig. 178. Vanda tricolor.

— **var. praetexta Godefr.** Blütenblätter hellschwefelgelb, rosa gesäumt und breite rosae Spritzer auf der gelben Fläche.

— **var. Russeliana hort.** Wuchs sehr kräftig, aber sehr schlank, Blüten in vielblumiger, schlanker Traube, crêmeweiss, rot gezeichnet, Lippe hellviolett.

— *var. suavis Rchb. f.* ist *V. suavis Ldl.*

— **var. suavissima hort.** Hellblütige, wenig ausgezeichnete Form mit starkem Orange-Duft.

— **var. Warneri Will.** Blätter stark längsstreifig, Kelch- und Blumenblätter weiss, elegant rosa gesäumt, Lippe tief purpurrosa,

V. unicolor hort. ist *V. Roxburghii R. Br. var. concolor Bl.*

V. violacea R. Br. ist *Rhynchostylis violacea Rchb. f.*

V. Vipanii Rchb. f. Blätter linear, 1 zu 20 cm, überhängend. Blüten zu 5—7 in kurzen Trauben, 4 cm breit, weiss gestielt, Kelch- und Blumenblätter breit-spatelförmig, wellig, Blumenblätter schmäler, aussen weiss, innen schachbrettartig hell- und dunkelbraun, Seitenlappen der Lippe rundlich, weiss, purpurtupfig, Mittellappen herzförmig, mitten eingeschnürt, vorn tief ausgeschnitten, olivengrün mit bräunlichen oder rosaen Schattierungen. Sporn kurz kegelförmig. Säule weiss. Juni, Juli. Birma.

V. Wightiana Ldl. ist *V. multiflora Ldl.*

Vandopsis *Pfitz.*

(Aërideae 376.)

(Fieldia Gaud.)

Kräftige, hohe Pflanzen in der Tracht von Vanda mit starren abstehenden Blättern; Blüten in vielblütiger Traube, derb, im Bau von Vanda, aber die Lippe mit dem Grunde der Säule fest verbunden, dreiteilig, zwischen den Seitenlappen eine kleine Höhlung, Mittellappen fleischig, seitlich zusammengedrückt.

Kultur wie von Vanda (s. d.).

V. gigantea Pfitzer. (*Vanda gigantea Ldl. Fieldia gigantea Rchb. f. Stauropsis gigantea Bnthm. Vanda Lindleyana Hook.*) Stämme über 2 m hoch, Blätter 3 zu 30 cm, vorn stumpf zweispitzig ausgerandet. Blüten meist zu 3, aber auch bis zu 10—15, auf 15—20 cm langem, aufrechtem Schaft aus den oberen Blattachseln, 6 cm breit, Kelch und Blumenblätter stumpf länglich verkehrt-eiförmig, goldgelb mit grossen, zimmtbraunen Flecken, Lippe fleischig, hobelförmig, weiss, mit kurzen gerundeten Öhrchen, März—Mai. Birma. Die Zahl der Blüten hängt vom Alter und der Pflege ab; in England sind Schaupflanzen mit 15—17 Blüten in jeder Traube ausgestellt worden.

V. lissochiloides Pfitzer. (*Vanda lissochiloides Gaud. Fieldia lissochiloides Rchb. f. Stauropsis lissochiloides Bnthm. Vanda Batemanni Ldl.*) Stämme bis 2 m hoch, Blätter 2 zu 20 cm, hellgrün, vorn schief gestutzt. Blüten zahlreich in langer, aufrechter Traube, 5 cm breit, derb-fleischig, Kelch- und Blumenblätter breit sichelförmig, innen gelb mit karminroter Zeichnung, aussen dunkelrosa und violett gesäumt, Lippe aus sackartigem Grunde nach vorn verflacht mit erhöhten Rändern, gefurcht, dunkel karminrot, mit fleischigen Zähnchen auf der Scheibe und einem kurzen Querkamm am Grunde. Juli—September. Philippinen, Molukken.

Vanilla *Sw.*

(Vanilleae 90.)

(Myrobroma Salisb.)

Hochkletternde Stämme mit langen Gliedern, meist drehrund, Blätter fast sitzend, ledrig-fleischig, längsstreifig-nervig. Blüten in endständigen und in seitenständigen dichten Trauben aus den oberen Blattachseln,

Fig. 179. Vanilla Phalaenopsis.

meist gross. Kelch- und Blumenblätter ziemlich gleich, halb gespreizt oder flach abstehend, Lippe der Säule ziemlich stark angewachsen, den oberen Teil der Säule mit querstehendem, breitem Rande umfassend.

Früchte langschotig, fleischig, kaum oder erst sehr spät in zwei ungleichen Klappen aufspringend.

Die Vanillen werden einfach mit einer Handvoll Sphagnum an

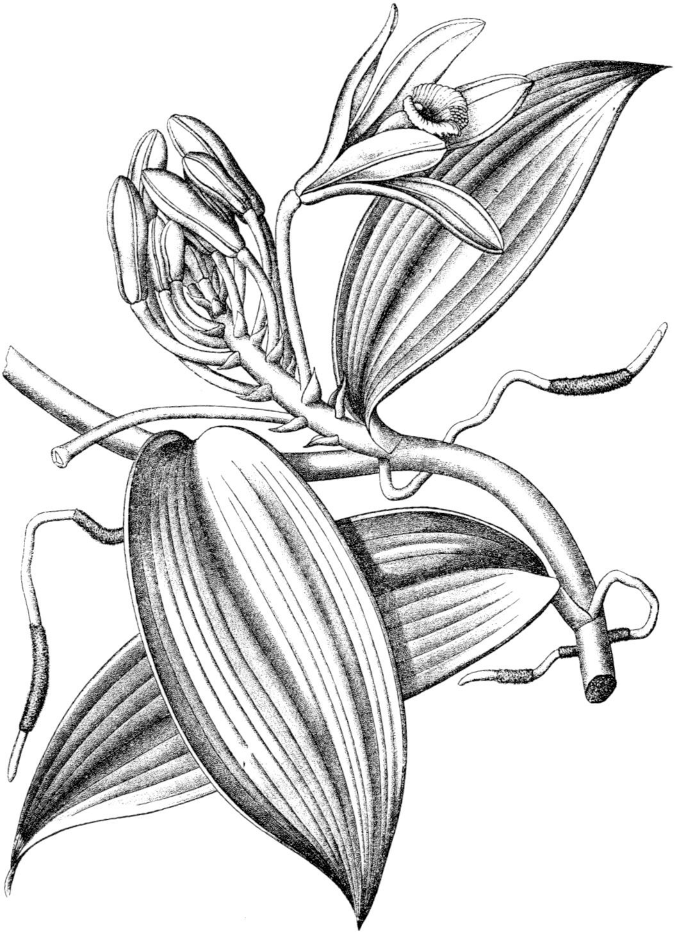

Fig. 180. Vanilla planifolia.

einen Stamm angebunden, an dem sie lang klettern und ihre reichlichen, fingerstarken Wurzeln anheften können. Sie verlangen viel Wärme und während des Wachsens viel Feuchtigkeit, eine eigentliche Ruheperiode ist nicht zu halten. Die Früchte von V. planifolia sind die beste im

Handel befindliche Vanille, sie werden grün abgenommen und entwickeln erst beim Trocknen den aromatischen Duft, der auf dem Vanillin beruht.

V. aphylla hort. ist *V. Phalaenopsis Rchb. f.*

V. aromatica Sw. (*V. Epidendrum hort. V. mexicana hort. Epidendrum Vanilla L.*) Blätter lanzettlich, lederartig, gerippt. Blüten duftend, 8 cm breit, aussen grünlich, innen weiss, Lippe weiss, innen gelb und rot gestreift. Frucht geruchlos. Südamerika.

V. bicolor Ldl. Blätter fast sitzend, eiförmig, kurz zugespitzt, gestreift, dunkelgrün mit rötlichen Rändern. Blüten zu 3—5 in dichtem Büschel, 6 cm breit, wohlriechend, Kelch- und Blumenblätter spitz-linear, abstehend, dunkelrot, Lippe röhrig, milchweiss. Juli, August. Demerara.

V. claviculata Sw. Blätter spitz breit-lanzettlich, ausgehöhlt, steif, zurückgeschlagen, dunkelgrün. Blüten in dichtem Büschel, 8 cm breit, duftend, reinweiss, fleischig, Kelch- und Blumenblätter stumpf ei-lanzettlich, Lippe eiförmig, wellig-kraus, wimperhaarig, vorn breit offenröhrig. August, September. Westindien.

V. Epidendrum hort. ist *V. aromatica Sw.*

V. mexicana hort. ist *V. aromatica Sw.*

V. Phalaenopsis Rchb. f. (Fig. 179.) Stämme fingerdick, grün mit tiefer Längsfurche, blattlos. Blüten zwischen kurzen, dunkelgrünen Tragblättern zu 6—7 in endständigem Büschel, 10 cm breit, Kelchblätter spitz länglich-eiförmig, gekielt, weiss, zartrosa angehaucht, Blumenblätter stumpf-eiförmig, gleichfarbig, Lippe breit, kurz-trompetenförmig eingerollt, aussen zartrosa, innen trüb orangegelb. Juli, August. Madagascar.

V. planifolia Andr. (*V. sativa Ldl. V. viridiflora Bl.*) (Fig. 180.) Blätter fleischig, ledrig, halb stengelumfassend, rippenlos, breit-lanzettlich, 3 zu 10 cm etwa, glänzend dunkelgrün. Blüten zu 10—30 in endständigem Büschel, 10 cm gross, Kelch- und Blumenblätter stumpf-lanzettlich, gekielt, schwielig gerandet, gelblichgrün, Lippe aus lang gerollter Röhre vorn schief ausgebreitet, gelbgrünlich mit hochgelbem Schlundfleck. Früchte stark duftend, bis 2,5 % Vanillin (Vanillesäure) enthaltend. Blüht durch den ganzen Sommer. Mexiko. Diese Art liefert die beste und wertvollste Vanille, und zwar ist die in der Kultur gewonnene Frucht besser als diejenige der wilden Pflanze.

V. sativa Ldl. ist *V. planifolia Andr.*

V. viridiflora Bl. ist *V. planifolia Andr.*

Warrea *Ldl.*

(Cyrtopodiinae 242.)

Nur zwei Arten; in der Tracht an kleine Phajus erinnernde Pflanzen, welche früher zu Maxillaria gezogen wurden. Kleine Scheinknollen mit einigen zweizeiligen, längsfaltigen, steifen Blättern. Blüten auf hohem, grundständigem Schaft in lockerer Traube, fast halbkuglig, fest, Kelch- und Blumenblätter ziemlich gleich, stark konkav, die seitlichen Kelchblätter mit dem Säulenfuss kinnbildend, Lippe an der Spitze des Säulenfusses sitzend, quer ausgehöhlt, mit mehreren Längsfalten.

Kultur wie von Phajus.

W. bidentata Ldl. ist *W. tricolor Ldl. var.*

W. candida Ldl. ist *Warscewiczella candida Rchb. f.*

W. cyanea Ldl. Blätter in dichtem, aufrechtem Busch, etwa 4 zu 10 cm, dunkelgrün. Blüten in kurzer, aufrechter Traube auf schlankem Schaft, 3 cm breit, Kelch- und Blumenblätter spitz-eiförmig, milchweiss, Lippe aus keilförmigem Grunde vorn breit gerundet und wellig, mit fünf Längsschwielen, himmelblau. Juni, Juli. Kolumbien.

— **var. alba Rchb. f.** Blüten (auch die Lippe) reinweiss.

W. discolor hort. ist *Warscewiczella Wendlandii Rchb. f. var.*

W. Lindeniana Henfr. ist *W. tricolor Ldl. var. bidentata.*

W. marginata Ldl. ist *Warscewiczella marginata Rchb. f.*

W. quadrata Batem. ist *Warscewiczella candida Rchb. f.*

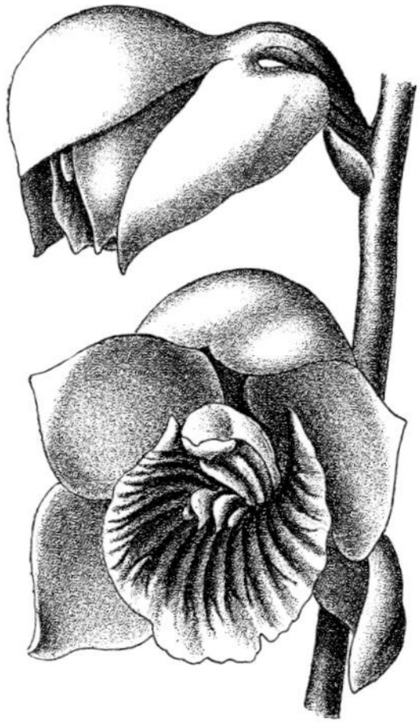

Fig. 181. Warrea tricolor.

W. tricolor Ldl. (*Maxillaria Warreana Loud.*) (Fig. 181.) Blätter 4 zu 20 cm, lanzettlich, in einen langen Stiel verschmälert, dunkelgrün. Blüten zu 8—10, in kurzer Traube auf 30 cm hohem, rot angelaufenem Schafte, 6 cm breit, fast kuglig, Kelch- und Blumenblätter rund-eiförmig, gelblichweiss, Lippe im Grunde kapuzenförmig, weiss mit gelber und purpurner Fleck-Zeichnung, drei fleischige Schwielen auf der Scheibe. Juni, Juli. Brasilien.

— **var. bidentata Ldl.** (*W. Lindeniana Henfr.*) Blüten rahmweiss, Lippe purpurn.

W. Wailesiana Ldl. ist *Warscewiczella Wailesiana Rchb. f.*

Warscewiczella *Rchb. f.*

(Huntleyinae 363.)

Triebe schlank, meist ganz knollenlos, einen Busch gegliederter, kräftiger, oft breiter Blätter tragend. Blüten einzeln auf kräftigem Schafte, welcher in einer höher gelegenen Blattachsel steht als der gleichzeitige Blatttrieb. Blüten gross, meist schön gefärbt, Kelch- und Blumenblätter einander gleich, die seitlichen Kelchblätter ein Kinn bildend, Lippe dem

Säulenfusse beweglich angegliedert, genagelt, dreilappig mit aufrechten Seitenlappen und einem querliegendem Schwielenbogen, welcher als freie Platte auf dem Mittellappen der Lippe liegt, ohne dass seine Unterseite mit dem Lappen verbunden ist.

Etwa zehn Arten, baumbewohnend von Peru bis Kolumbien, und sämtlich schöne Gartenpflanzen.

Kultur wie von Maxillaria (s. d.)

W. aromatica Rchb. f. (*Huntleya aromatica Batem. Zygopetalum aromaticum Hook.*) Blätter in dichtem Busch spitz länglich-keilförmig, 3 zu 15 cm, dunkelgrün. Blüten einzeln auf aufrechtem Schaft, über 10 cm breit, stark duftend, Kelch- und Blumenblätter spitz-lanzettlich, weiss, Lippe gross, verkehrt-nierenförmig, kraus und viellappig gerandet, blaupurpurn, weiss gesäumt, im zusammengezogenem Grunde einen halbmondförmigen, vielfurchigen Schwielenbogen. Juni, Juli. Centralamerika: Chiriqui.

W. candida Rchb. f. (*Huntleya candida Batem. Huntleya radians Hook. Warrea quadrata Batem. Warrea candida Ldl.*) Blätter spärlich, locker zweizeilig, länglich-linear, 2 zu 10 cm etwa, Blüten einzeln auf 10 cm hohem Schaft, 5 cm breit, die spitz-lanzettlichen Kelchblätter und die breiteren zurückgebogenen Blumenblätter weiss, die fast viereckig-spiessförmige Lippe ist rosapurpurn und elegant bläulich gerandet, Schwielenbogen vorn fünfzackig umgebogen, fünffurchig, breit-dreieckig, elfenbeinweiss mit fünf bläulichpurpurnen Flecken. Juni—August. Bahia.

W. cochlearis Rchb. f. (*Zygopetalum cochleare Hook. Z. flabelliforme Ldl.*) Scheinknollen oben braun geringelt. Blätter lanzettlich-elliptisch, 4 zu 20 cm. Blüten einzeln, auf kurzem Stiel halbgeneigt, prachtvoll Maiblumen-duftig, wachsartig, Kelch- und Blumenblätter reinweiss, Lippe sehr gross, bauchig, wellig, weiss, purpurblau gestreift, breit lila-gesäumt. August, September. Brasilien,

W. discolor hort. ist *W. Wendlandii Rchb. f. var.*

W. Gibeziae Rchb. f. (*Zygopetalum Gibeziae N. E. Br.*) hat den Wuchs von W. cochlearis, die grossen Blüten sind reinweiss, die Lippe flach, weiss, mit nicht zusammenfliessenden blauvioletten Streifen. Juli, August. Brasilien.

W. marginata Rchb. f. (*W. marginalis hort. Warrea marginata Ldl. Huntleya marginata Batem.*) Hat den Wuchs von W. candida, aber die reinweissen Kelch- und Blumenblätter sind breit violett-purpurn berandet. Lippe zartrosa, purpurn gesäumt. August, September. Neu-Granada.

— **var. vestalis Rchb. f.** Blüten reinweiss.

W. picta Rchb f. ist der W. candida sehr ähnlich, aber die weissen Blumenblätter sind violett gefleckt und die hell violette Lippe zeigt purpurne Grundzeichnung. Juli, August. Brasilien.

W. velata Rchb. f. et Warsc. (*Zygopetalum velatum Hook.*) (Fig. 182.)

Blätter breit-linear, 2 zu 10 cm etwa, zugespitzt, freudiggrün. Blüten einzeln auf 15 cm hohem Schaft, duftend, 6 cm breit, Kelch- und Blumenblätter breit-eiförmig, zugespitzt, aufstrebend, gelblichweiss, Lippe gleichfarbig,

Fig. 182. Warscewiczella velata.

karminrot gerandet, vorn tieflappig, breit und flach, Scheibe purpurstreifig, Schwielenbogen halbkreisförmig mit 5—7 Zähnen. Mai—Juli. Neu-Granada.

W. violacea Rchb. f. ist *Bollea violacea Rchb. f.*

W. Wailesiana Rchb. f. (*Warrea Wailesiana Ldl.*) Blätter breit-linear,

2 zu 10 cm, dunkelgrün. Blüten einzeln auf 10 cm hohem Schafte, duftend, 3 cm breit, crêmeweiss, Lippe rundlich, ausgehöhlt, weiss mit violettem Längsstrich, Schwielenbogen halbkreisrund mit fünf violetten Streifen. August—Oktober. Brasilien.

W. Wendlandii Rchb. f. (*Zygopetalum Wendlandii Hook.*) Blätter in dichtem Busch, spitz länglich-riemenförmig, 2 zu 20 cm etwa, hellgrün. Blüten einzeln auf 15 cm hohem Schaft, stark duftend, 10 cm breit, Kelch- und Blumenblätter lanzettlich, etwas gedreht, gelblichgrün, innen weiss, seitliche Kelchblätter zurückgeschlagen, Lippe am Grunde rückwärts geschlagen geöhrt, aus kurzem breitem Stege breit-herzförmig, kraus und lappig gerandet, an der Spitze zurückgeschlagen, weiss mit mittlerem langem purpurviolettem Fleck und etwa sieben dunkelpurpurnen Linien, Schwielenbogen halbmondförmig, gefranst, mit 7—9 purpurvioletten Rippen. August, September. Costarica.

— **var. discolor Rchb. f.** (*Warrea discolor hort.*) Kelch- und Blumenblätter grünlichgelb, Lippe sehr breit, krauslappig gerandet, weiss mit leuchtend violettem Mittelfleck.

Xylobium *Ldl.*

(Lycastinae 249.)

Scheinknollen mehrgliedrig, eiförmig oder schlank und fast cylindrisch, mit Schuppen am Grunde und 1—2 in einen kurzen Stiel gezogenen, längsfaltigen, derben, immergrünen Blättern. Blüten in einer aufrechten, aus dem jungen Blatttriebe vortretenden und diesem voraneilenden lockeren Traube, mittelgross, oberes Kelchblatt und Blumenblätter einander gleich, seitliche Kelchblätter mit breitem Grunde an der Säule herablaufend und ein starkes Kinn bildend, Lippe längsschwielig, mit aufrechten Seitenlappen und vorgestreckten Mittellappen.

Von den 20 Baumbewohnern des tropischen Amerika sind nur einige in Kultur, diese allerdings seit mehr als 50 Jahren, wo an die Schönheit der Orchideen noch sehr geringe Ansprüche gestellt wurden.

Kultur wie von Maxillaria (s. d.)

X. decoloratum Lodd. Scheinknollen länglich, flach gefurcht. Blätter spitz länglich-lanzettlich, 2 zu 10 cm. Blüten in kurzer, langgestielter Traube, klein, matt-gelblichweiss, Kelchblätter stumpf länglich-eiförmig, Blumenblätter viel kleiner, Lippe dreilappig, stumpf-kappenförmig. Januar, Februar. Jamaika.

X. foveatum Ldl. der vorhergehenden Art sehr ähnlich, fast nur durch die strohgelbe Blütenfarbe verschieden. Januar, Februar. Demerara.

X. pallidiflorum Hook. Scheinknollen gedrängt, cylindrisch, Blätter breit-lanzettlich, dreinervig, tief gefurcht, 4 zu 15 cm etwa. Blüten ganz unansehnlich, klein, grüngelblich. November, Dezember. Westindien.

X. squalens Ldl. Scheinknollen lang-eiförmig, flach gefurcht, dunkelbläulichgrün. Blätter paarweis, lanzettlich, derb, dunkelgrün, 5 zu 25 cm etwa. Blüten in fast wagerechter, wurzelständiger bis 15 cm langer, dicht mit blattartigen braunpurpurnen Schuppen besetzter Ähre zu 20—30, klein, dickblättrig, schwach duftend, blass-gelbbräunlich, aussen trüb purpurn gestreift, unscheinbar. Juni—September. Brasilien.

Xyphosium Griff. ist *Eria Ldl.*

Zeuxine *Ldl.*

(Physureae 112.)

(Adenostylis Bl. Haplochilus Endl. Monochilus Bl. Psychechilus Kuhl et Hass. Tripleura Bl.)

Von den mehr als 20 Arten, welche im Moos der Baumstämme, Felsen und des Waldbodens im tropischen Ostindien, auf den malayischen Inseln und im tropischen Afrika leben, ist nur in den Gärten:

Z. regium Ldl. (*Monochilus regium Ldl. Haplochilus regium Endl. Anoectochilus lineatus Bl. Anoectochilus striatus Bl. Anoectochilus regius hort.*) Wuchs der Anoectochilus', 10 cm hoch, Blätter ei-lanzettlich, kurz zugespitzt, etwa 2 zu 6 cm, sammtgrün mit dunkelgrünem Rande und einem weisslichem oder blasslilaem Mittelstreifen. Blüten klein, weissgrünlich, spornlos (darin liegt der Hauptunterschied gegen Anoectochilus), in lockerer Ähre, die Lippe vorn tief zweispaltig und die rundlichen Lappen tief gekerbt. September, Oktober. An bemoosten Baumstämmen auf Ceylon und Borneo.

Zygocolax Veitchii Rolfe ist der von Seden in Veitchs Etablissement gezüchtete Bastart aus Colax jugosus ♂ und Zygopetalum crinitum ♀, letzterer Art sehr nahe stehend.

Zygoglossum Reinw. ist *Cirrhopetalum Ldl.*

Zygopetalum *Hook.*

(Zygopetalinae 272.)

Scheinknollen eingliedrig, meist flaschenförmig, mit meist zwei gegliederten, endständigen Blättern, deren deutlicher scheidenartiger Stielteil oft noch lange nach dem Abfallen der Blattspreite auf der Spitze der Knollen stehen bleibt. Blüten in meist sehr langer lockerer Traube, welche aus dem Grunde des jungen Laubtriebes entspringt, meist ansehnlich und hübsch gefärbt, Kelch- und Blumenblätter ziemlich gleich, abstehend, die seitlichen Kelchblätter mit dem Säulenfusse ein starkes Kinn bildend, Lippe ungeteilt, am schmalen Grunde zuweilen zwei kurze Spitzen, rasch in eine breite, oft behaarte Platte verbreitert, mit hufeisenförmiger Schwielenreihe am Grunde der Platte.

Die meisten der zehn baumbewohnenden Arten des tropischen Süd-amerikas sind altbeliebte Gäste unserer Gärten und werden am besten in gut drainierten Töpfen gezogen, wenn sie auch meist mit dem Holzklotz vorlieb nehmen. Sie verlangen gutes Sphagnum mit Haidebrocken und Lehmerde und sind für reichliche Düngung sehr dankbar. Viel Wasser während des Triebes, viel Wärme und Licht, aber keine zu strenge Trockenperiode.

Z. africanum Bot. Mag. ist *Odontoglossum bictoniense Ldl.*

Z. aromaticum Hook. ist *Warscewiczella aromatica Rchb. f.*

Z. Backhousianum Hook. ist *Pescatorea Klabochorum Rchb. f. var.*

Z. bellum Hook. ist *Pescatorea bella Rchb. f.*

Z. brachypetalum Ldl. Blätter schmal-schwertförmig, 1 zu 15 cm etwa, dunkelgrün. Blüten in langer Traube auf aufsteigendem Schaft, 3 cm breit, Kelch- und Blumenblätter kurz und steif, stumpf-länglich, braun, verwaschen und spärlich grün, Lippe aus kurzem, schmalem Grunde breit gerundet, weiss, tief blauviolett geadert, Kamm kraus gefranst, weiss, blau gestreift. Dezember, Januar. Brasilien, Minas Geraes.

Z. Burkei Rchb. f. Scheinknollen schmallänglich, gedrängt, 6 cm hoch, Blätter paarweis, endständig, spitz länglich-lanzettlich. Blüten zu 4—5 auf langem Schafte, 5 cm gross, Kelch- und Blumenblätter ei-lanzettlich, weisslich-grün, dicht braun gefleckt und gebändert, Lippe genagelt, verkehrt-eiförmig, weiss mit etwa 13-furchiger, kastanienbrauner Schwielenreihe. November, Dezember. Guiana, Demerara.

Z. cerinum Hook. ist *Pescatorea cerina Rchb. f.*

Z. Clayi Rchb. f. ist eine Gartenkreuzung aus Z. crinitum × maxillare, von Oberst Clay auf Birkenhead, England, gezogen und die Mitte zwischen den Eltern haltend. Kelch- und Blumenblätter satt purpurbraun, grün gerandet, gebändert und gefleckt, Lippe breit, tief purpurviolett mit dunkelpurpurnen Linien, am Rande heller, Schwielenreihe weisslich mit bläulich-violetten Falten. November, Dezember.

Z. cochleare Hook. ist *Warscewiczella cochlearis Rchb. f.*

Z. crinitum Lodd. (*Z. Mackayi Hook. var. crinitum hort.*) Scheinknollen länglich-eiförmig, gedrängt, Blätter länglich-lanzettlich, zugespitzt, 1,5 zu 15 cm etwa, glänzend sattgrün. Blüten zahlreich in langer, lockerer bis 80 cm langschaftiger Traube, duftend, 5 cm breit, Kelch- und Blumenblätter länglich-lanzettlich, grün, braun gebändert, Lippe breit verkehrteiförmig, ausgerandet, weiss oder crêmeweiss, blauviolett und dichtbehaart geadert. Schwielenreihe klein, gelb. Dezember—Februar. Brasilien.

— **var. coeruleum hort.** (*v. coerulescens hort.*) Lippe tiefblau geadert.

— **var. roseum hort.** Lippe bläulich-rosa geadert.

Z. crinitum × maxillare ist *Z. Clayi Rchb. f.*

Z. Dayanum Hook. ist *Pescatorea Dayana Rchb. f.*

Z. flabelliforme Ldl. ist *Warscewiczella cochlearis Rchb. f.*

Z. Gairianum Hook. ist *Pescatorea Gairiana Rchb. f.*

Z. Gautieri Lem. ist *Z. maxillare Lodd. var.*

Z. Gautieri h. Sander ist *Z. Sanderianum Rgl.*

Z. Gibeziae N. E. Br. ist *Warscewiczella Gibeziae Rchb. f.*

Z. gramineum Hook. ist *Kefersteinia graminea Rchb. f.*

Fig. 183. Zygopetalum Mackayi.

Z. intermedium Lodd. ist *Z. maxillare Lodd. var.*

Z. Klabochorum Hook. ist *Pescatorea Klabochorum Rchb. f.*

Z. Lalindei Hook. ist *Bollea Lalindei Rchb. f.*

Z. Lehmanni Hook. ist *Pescatorea Lehmanni Rchb. f.*

Z. leopardinum Rchb. f. gehört zu den Kreuzungen aus Z. maxillare und Mackayi und ist wenig ausgezeichnet.

Z. Mackayi Hook. (Fig. 183.) Scheinknollen gross, eiförmig, bis 8 cm hoch, genarbt, hellgrün, Blätter zahlreich, zweireihig linear-lanzettlich. Blüten zu 5—8 auf übergebogenem oder aufrechtem, halbmeterhohem, starkem Schafte, levkoiduftend, 5 cm breit, Kelch- und Blumenblätter gelbgrünlich, purpurbraun gefleckt, Lippe wagerecht abstehend, wellig, vorn geschwungen ausgerandet, weiss, dicht blaupurpurn gestrichelt und geadert, die weiss und blau gestreifte Schwielenreihe gross und stark gewölbt. November—Februar. Brasilien.

— *var. crinitum hort.* ist *Z. crinitum Lodd.*

— **var. intermedium Rchb. f.** (*Z. intermedium Lodd. Z. velutinum Hoffm.*) Blätter schmäler und kürzer, Blüten gelblichgrün, kastanienbraun gefleckt. Lippe sammtig, fast ganz bläulich, purpurviolett gezeichnet und geadert.

Z. maxillare Lodd. Scheinknollen länglich, gefurcht. Blätter lang und schmal lanzettlich. Blüten in vielblumiger, lang überhängender Traube, duftend, 5 cm breit, Kelch- und Blumenblätter länglich-eiförmig, grün, chocoladenbraun gefleckt und gebändert, Lippe breit gerundet, bläulich purpurn, Schwielenreihe gross, hufeisenförmig, gekerbt, mit den kleinen aufrechten Seitenlappen vereinigt, purpurn. November—Februar. Brasilien.

— **var. Gautieri Lem.** Blüten dunkler, besonders die Lippe violettpurpurn mit sammtartigem purpurnem Schwielenbogen.

Z. micropterum Hook. ist *Promenaea microptera Rchb. f.*

Z. Murrayanum Gardn. ist wohl auch nur als Form zu Z. Mackayi zu ziehen, von welchem es fast nur durch den rötlichen Grund der sonst weissen Lippe abweicht.

Z. Roezlii hort. ist *Pescatorea Dayana Rchb. f. var.*

Z. rostratum Hook. ist *Zygosepalum rostratrum Rchb. f.*

Z. Russelianum Hook. ist *Pescatorea Russeliana Rchb. f.*

Z. Sanderianum Rgl. (*Z. Gautieri h. Sand.* nicht *Lem.*) Scheinknollen auf kriechendem Wurzelstock zerstreut, eiförmig, 6 cm hoch. Blätter zu 2—4, breit-lanzettlich, 5 zu 40 cm, vielrippig. Blüten zu 3—5 auf halbmeterhohem Schafte, langgestielt. 6 cm breit, Kelchblätter lanzettlich, Blumenblätter viel schmäler, alle hellolivengrün mit rotbraunen Punkten im Grunde, Lippe genau wie von Z. maxillare geformt, aber unterseits weisslila, oberseits lilapurpurn mit hellerem Rande. Januar—März. Brasilien, an Baumfarmen kriechend.

Z. Sedeni Rchb. f. ist der von Seden in Veitchs Etablissement gezüchtete Bastart aus Z. maxillare ♂ × Mackayi ♀, dem Z. Clayi sehr nahestehend. Kelch- und Blumenblätter dunkelpurpurbraun, gelbgrün gebändert, Lippe aus dunkel violett-purpurnem Grunde nach vorn heller, Schwielenbogen bläulich-purpurn.

Z. velatum Hook. ist *Warscewiczella velata Rchb. f.*

Z. velutinum Hoffm. ist *Z. Mackayi Hook. var. intermedium Rchb. f.*

Z. violaceum Rchb. f. ist *Bollea violacea Rchb. f.*

Z. Wallisii Hook. ist *Pescatorea Wallisii Lind et Rchb. f.*

Z. Wendlandii Hook. ist *Warscewiczella Wendlandii Rchb. f.*

Z. xanthinum Rchb. f. ist die kleinste Art der Gattung mit unbedeutenden Jonquille-gelben Blüten von schwachem Duft. Juni, Juli. Brasilien.

Zygosepalum *Rchb. f.*

(Zygopetalinae 273.)

Von Zygopetalum nur der Form der Pollenmassen wegen abgetrennt, welche dort oben gerundet, hier mit einem langem Fortsatz versehen sind. Äusserlich abweichend durch die aufrecht stehenden Blumenblätter und das aufrechte obere Kelchblatt, während die Kinn bildenden seitlichen Kelchblätter abwärts zeigen. Blüten einzeln auf schlankem Schaft.

Zwei Arten aus Brasilien und Surinam, Baumbewohner.

Kultur wie von Zygopetalum (s. d.).

Z. rostratum Rchb. f. (*Zygopetalum rostratum Hook.*) (Fig. 184.) Scheinknollen länglich-eiförmig, abgeflacht, auf dem kriechendem Wurzelstocke verteilt, Blätter spitz lanzettlich, dunkelgrün. Blüten paarweis auf auf-

Fig. 184. Zygosepalum rostratum.

rechtem Schafte, 12 cm breit, oberes Kelchblatt und die Blumenblätter linear-lanzettlich, aus weisslichem Grunde grün mit purpurbraunem Mittelstrich, seitliche Kelchblätter breiter, weisslich, Lippe eiförmig, zurückgebogen, aus gelblichem Grunde weiss mit blasslilaem, hufeisenförmigem, kleinem Schwielenbogen, von dem aus etwa zehn blasslilae Linien nach vorn verlaufen. Januar—März. Demerara.

Verzeichnis der deutschen Namen.

Druckfehler - Berichtigungen:

Seite	49	Zeile	23	von	oben	lies Trianaei.
,,	60	,,	8	,,	,,	setze breit elliptischen statt fast linearen.
,,	85	,,	21	,,	,,	schalte ein (Fig. 114.).
,,	90	,,	25	,,	,,	lies Lobbii statt Lobii.
,,	98	,,	7	,,	,,	,, B. statt R.
,,	111	,,	11	,,	,,	,, Christyanum.
,,	175	,,	5	,,	,,	,, Cypripedilum.
,,	188	,,	22	,,	,,	setze Tattonianum Batem. statt Pattonianum Hook.
,,	213	,,	20	,,	,,	lies Aspasia.
,,	270	,,	10	,,	,,	,, Gyrostachys.
,,	282	,,	27	,,	,,	setze Ipsea statt Ipse.
,,	283	,,	13	,,	,,	setze Ipsea statt Ipse.
,,	352	,,	11	,,	unten	lies Miltoniopsis.
,,	418	,,	23	,,	oben	setze O. statt v.
,,	436	,,	10	,,	unten	lies Ophrys.